菌物世界是一个趣味无穷、五彩缤纷的世界。

——裘维蕃

Mushrooms and toadstools and other larger fungi have become increasingly popular in recent years. They are not only of fascinating scientific interest but are extremely beautiful and variable in their form, offering pleasure to both artist and photographer. Their "overnight" appearance has made them objects of mystery and folklore for centuries. In addition, many species are edible and delicious, so providing a ready source of food and enriching many culinary dishes.

—— D. N. Pegler

杨祝良　李泰辉　李　玉　图力古尔　戴玉成

（由左至右）

国家出版基金项目
NATIONAL PUBLICATION FOUNDATION

中国菌物资源与利用

中国大型菌物资源
图鉴

李　玉　李泰辉　杨祝良　图力古尔　戴玉成　编著
Li Yu　Li Taihui　Yang Zhuliang　Bau Tolgor　Dai Yucheng

Atlas
of Chinese
Macrofungal
Resources

中原农民出版社
CENTRAL CHINA FARMER'S PUBLISHING HOUSE

·郑州·
ZHENGZHOU

图书在版编目 (CIP) 数据

中国大型菌物资源图鉴 / 李玉等编著 .—郑州 : 中原农民出版社，2015.7

（中国菌物资源与利用 / 李玉主编）

ISBN 978-7-5542-1256-1

Ⅰ.①中… Ⅱ.①李… Ⅲ.①菌类植物 – 植物资源 – 中国 – 图解 Ⅳ.① Q949.3–64

中国版本图书馆 CIP 数据核字 (2015) 第 163791 号

中国大型菌物资源图鉴

出 版 人　刘宏伟
编　　审　汪大凯

策　　划　段敬杰
责任编辑　段敬杰　赵林青　王艳红
编辑助理　张周丽　曹茂森　张付旭
责任校对　钟　远
设计总监　吴丹青
装帧设计　杨　柳　董　雪　薛　莲

出版发行　中原农民出版社
　　　　　地址　河南省郑州市经五路 66 号
　　　　　电话　0371-65751257
　　　　　网址　http://www.zynm.com
策划编辑联系方式　QQ：895838186　手机：13937196613
编辑部投稿信箱　895838186@qq.com　djj65388962@163.com

承印单位　郑州新海岸电脑彩色制印有限公司
开　　本　890 mm × 1 240 mm　大 16
印　　张　89.25
字　　数　2 618 千字
版　　次　2015 年 12 月第 1 版
印　　次　2015 年 12 月第 1 次印刷

书　　号　ISBN 978-7-5542-1256-1
定　　价　1 480.00 元

"中国菌物资源与利用"编委会

主 编 李 玉

秘书长 康源春

编 委（按姓氏笔画排序）

马海乐	王大为	王振河	包海鹰	邢晓科	孙晓波
杜爱玲	李泰辉	杨祝良	汪大凯	张玉亭	张劲松
张艳荣	林衍铨	图力古尔	周昌艳	段敬杰	康源春
康冀川	蔡为明	谭 琦	戴玉成		

本书作者

李 玉 李泰辉 杨祝良 图力古尔 戴玉成

提供部分图片和资料的作者（按姓氏笔画排列）

于晓丹	马海霞	王 旭	王 迪	王 琦	王 谦	王术荣
王向华	王庆彬	王建瑞	王超群	邓旺秋	邓春英	申露露
田恩静	田雪梅	冯 邦	司 静	边银丙	边禄森	朱学泰
任炳忠	刘 宇	刘 波	刘 秋	刘 斌	刘志恒	刘晓斌
闫文娟	安秀荣	祁亮亮	杜 萍	李 方	李 挺	李 静
李长田	李传华	李杏春	李春如	李艳双	李艳春	李海蛟
李增智	杨 姣	杨思思	肖正端	吴 刚	吴 芳	吴兴亮
员 瑗	何双辉	何晓兰	沈亚恒	宋 杰	宋 斌	宋宗平
张 平	张 明	张 波	陈作红	陈佳佳	陈圆圆	范 黎
范宇光	林 敏	尚 勇	周世浩	周丽伟	周彤燊	赵 宽
赵 琪	赵长林	赵永昌	赵震宇	郝艳佳	胡惠萍	段亚魁
贺新生	秦 姣	秦问敏	袁明生	袁海生	贾碧丝	夏业伟
顾宗京	徐 江	徐秀德	徐济责	高 洁	郭 婷	唐丽萍
黄 浩	曹春蕾	崔杨洋	崔宝凯	康源春	章卫民	盖宇鹏
梁俊峰	葛再伟	韩利红	韩美玲	童 毅	曾念开	游崇娟
蔡 箐	戴 丹	魏玉莲	魏生龙	魏铁铮	Matteo Gelardi	

资料整理

张 波 张 明 李艳双 沈亚恒（绘 图）

中文摘要

本图鉴记载中国大型菌物资源509属1 819种（包括个别变种、参照种和未定种），根据形态特征共划分十大类群：大型子囊菌196种，胶质菌21种，珊瑚菌47种，多孔菌、齿菌及革菌637种，鸡油菌（含钉菇类）11种，伞菌653种，牛肝菌130种，腹菌75种，作物大型病原真菌16种和大型黏菌33种。其中以中国为模式产地的有370种（约占全书所载种类的1/5），本书作者首次发现并已发表的有260多种（约占全书所载种类的1/7），而且不少种类为中国或东亚特有种。本图鉴所载种类均以中国资源与图片为依据，并经过深入的分类学研究，因此，较为全面而客观地反映了中国大型菌物资源的实际情况。

本图鉴所载种类均配有宏观形态和（或）生境彩色照片，以及主要宏观形态特征、显微结构特征、生态习性、经济用途（食用性、药用性或毒性）和在国内的大致分布区域等的简要文字描述，一些易混淆的种还增加了与相近种的鉴别特征比较。凡例及第一章还对本书的使用方法、常用的分类学技术方法和各类群在现代分类学系统中的地位等做了介绍。为方便读者查阅，从第二章开始各章所载物种均按拉丁学名的顺序排列，书后附有相关的菌物学名词解释、参考文献、本书记载菌物的中文名称索引和拉丁学名索引。

本图鉴内容与菌物学、食用菌学、植物病理学、卫生与医药学、生物资源学、生物多样性及生态学等学科相关，可供菌物学工作者、蘑菇等菌物的爱好者以及相关科研机构的专业人员与院校的师生参考。

Brief Introduction

One thousand eight hundred and nineteen species (or varieties) in 509 genera of macrofungi known from China are documented in this work. According to their morphological characteristics, they are practically divided into 10 groups, and introduced in 10 chapters accordingly, including 196 larger ascomycetes, 21 jelly fungi, 47 coral fungi, 637 polyporoid, hydnaceous and thelephoroid fungi, 11 cantharelloid fungi, 653 agarics, 130 boletes, 75 gasteroid fungi, 16 larger pathogenic fungi on crops, and 33 larger myxomycetes. All species are evidenced with vouchers and photographs. About 370 species (occupying 1/5 of the total species) with type localities in China are included, among which over 260 species (accounting for 1/7 of the species) were firstly discovered and published by the present authors, some of them as specific species in China and East Asia, which have tried to present the latest knowledge about the Chinese macrofungal resources.

All species are described accompanied with colour photographs showing their macro-morphology and (or) habitat. The macroscopic and microscopic diagnostic characters, ecological habits, economic importance (edibility, medicinal availability or toxicity) and geographical range in China are provided. The characteristics and using method of the book, related mycological vocabulary, common taxonomic techniques and positions of the fungal genera in modern taxonomic system are briefly introduced. For the convenience of the readers, all species in the ten chapters are arranged in alphabetical order of their Latin names, and indices of Chinese names and scientific Latin names to all species are appended.

The knowledge of this book should be interesting for mycologists, mycology fans and mushroom lovers, as well as for researchers, teachers and students studying on edible fungi, plant pathology, healthcare and biomedicine sciences, bioresources and biodiversity, ecology and other related disciplines. It is an ideal reference for those who are interested in the Chinese macrofungi and larger slime molds.

序

I

生物物种是生物基因的载体。基因本身在生物物种的个体之外是没有生存价值的。生存于多样性生态系统中的含有基因多样性的物种多样性是生物多样性的核心。没有物种多样性便没有基因多样性。因此，生物物种多样性是人类可持续发展所依赖的最重要的可再生自然资源宝库。

菌物是地球生物圈中物种多样性最丰富的生物类群之一。所谓菌物是指所有的真核菌类生物，包括真菌界的真菌 (Fungi)，管毛生物界的类真菌 (cromistan fungal analogues) 如卵菌等，以及原生动物界的类真菌 (protozoan fungal analogues) 如黏菌等。人类关于菌物物种多样性的知识还非常贫乏。据专家对菌物中真菌种数的保守估计，地球生物圈中至少有 250 万种以上。然而，已被人类所认识和命名的真菌只有 10 万种左右；尚有 96% 的真菌有待人类去发现、认识、命名、描述、研究和开发利用。此外，菌物和其他微生物一样，既能进行大规模工厂化生产，又能通过高科技发展为现代化大产业，是人类可持续发展所依赖的最为丰富的可再生自然资源。

由著名菌物学家李玉院士主编的四卷集"中国菌物资源与利用"包括《中国大型菌物资源图鉴》、《中国食用菌生产》、《中国菌物药》和《中国食用菌加工》，是我国迄今最全面的菌物资源与利用方面的巨著。

《中国大型菌物资源图鉴》所展示的 1 800 多种大型菌物，均为著者原创成果，其中记载了大量新发表的种类，反映了大型菌物研究的最新成果。该卷的特色在于文字简明扼要，图片精美，实用性强，是辨识菌物物种资源的重要参考工具。

《中国食用菌生产》系统地介绍了作为我国农业生产中第五大作物——食用菌的生产技术，包括生产过程中的成功范例和经验。

《中国菌物药》在上篇的总论中介绍了菌物药的定义、起源、发展、本草学考证，传统药性与配伍理论、化学成分、药理作用，鉴定与生产及民族菌物药；在下篇的专论中介绍了子座类、菌核类、发酵类以及其他类菌物药。

《中国食用菌加工》介绍了菌物加工的现状及前瞻，保鲜、储运、设施、设备、初级加工、精细加工、加工质量检测及加工范例等。

我国古代药王孙思邈将人类的健康状态分为上、中、下三个层次，即上为未病（健康），中为欲病（亚健康），下为已病（患者）。对于医疗系统也分为上、中、下三个层次，即治未病者为上医，治欲病者为中医，治已病者为下医。在防病重于治病的理论体系中早已展示出中医药学的博大精深。

现代科学已经证明并将继续证明，食用菌对保持人类健康的上游状态具有重要意义。因此，在大力发展食用菌产业时，与医疗卫生系统合作，实施产学研相结合，继续广泛深入地进行食用菌的研究、开发与利用，使人类保持上游未病状态的健康人数越来越多，下游患病的人数越来越少，无疑是利在当代、功在千秋的伟大事业。"中国菌物资源与利用"四卷集的问世，将为产学研相结合进行食用菌研究、开发与利用提供指导和借鉴，为菌物事业的发展和创新提供基础。

中国科学院　院士
中国菌物学会　名誉理事长
中国科学院中国孢子植物志编辑委员会　主编
中国科学院微生物研究所真菌学国家重点实验室　研究员

序

II

当我接到邀请写这个序的时候，我认为是一个很大的挑战。因为多年来，我疏于用中文写信件及论文。在犹豫不决的时候，偶然想到纳米比亚前总统萨姆·努乔马博士（Dr. Sam Nujoma）曾讲过"我常常喜欢接受挑战，因为在挑战中才有机会学习到新的东西"（I always take challenges as opportunities to learn new things）。写这个序的时候，我真的遇到很多困难与挑战，尤其是在电脑上用拼音写中文。同时我也因有这次挑战的机会学到很多新的东西。

蕈菌（食用菌）生物学（mushroom biology）是真菌学(mycology) 的一门新的学科分支。它专门探讨蕈菌的形态、机能、遗传、演化、发育、利用及其与环境间的基本关系等问题。蕈菌生物学不同于蕈菌科学（mushroom biology differs from mushroom science）。蕈菌科学是蕈菌生物学的一个分支，它主要涉及蕈菌的栽培及生产原理与实践。蕈菌生物技术（mushroom biotechnology）是蕈菌科学的一部分，它主要涉及由发酵或提取的蕈菌产品。这些问题的本质变化虽然不大，但是研究的方法却随着自然科学的发展而日新月异。因此，蕈菌生物学的教材内容与研究课题及其方法亦应经常有所增加或删除或改进。"中国菌物资源与利用"是依科技研发为基础编著而成的，它反映了我国蕈菌（大型真菌）生物学研发的最新成果。许多人低估了中国食用菌的科学、技术、创新（STC）政策与成果。统计表明，中国投资蕈菌的研究及开发利用方面的实力非常可观，这将带动食用菌基础研究及产业开发的持续走强。

编著者在前言中已将有关食用菌（蕈菌——大型真菌）的定义明确说明。有关大型真菌的国际会议及文献大都用 Edible mushrooms（食用蕈菌）或 Medicinal mushrooms（药用蕈菌），很少用 Edible fungi（食用真菌 或食用菌）或 Medicinal fungi(药用真菌或药用菌）。

最近估计，地球上真菌生物约有 300 万种（Hawksworth D L, 2012. Biodivers Conserv 21:2425-2433; Wasser S P, 2014. J. Biomed. Sci. 37: 345-356），被定名的真菌种在 2012 年约有 10 万种，但真菌的新种还在不断地被发现，过去 10 年来约有 60% 的真菌新品种是在热带地区发现的。目前估计蕈菌（Chang S T & P G Miles,1992. The Mycologist 6: 64-65）在地球上有 15 万 ~16 万种，但已知的蕈菌种类约为 16 000 种，仅占所估计蕈菌种类的 10%。其中大约有 2 000 种是安全可食的，其内包括 700 多种具有药用价值的蕈菌。蕈菌的生物多样性是一门综合性的生物科学，它对未来蕈菌资源的调查、鉴定及利用十分重要。生物多样性所面临的许多问题是高度复杂的。如，遗传学和分类学相互作用形成保护政策，并从多个层面探索和开发新的食、药用蕈菌资源。因此，对纯正的野生物种采取种质资源保护和进行遗传改良，至关重要。

现代科技在人类文明中的角色正日益扩张，尽管如此，当今人类的福祉还是面临着三大挑战：地区性食物短缺，人类健康质量下降，以及生态环境日趋恶化。这些问题会随着世界人口的持续增长而愈加严重。我们迫切需要掌握公平有效的全球性的知识和技术来解决或减轻这三大挑战，特别是人类健康损害的发生，不仅仅局限于贫困的国家或社会的贫困阶层。事实上，那些在发展中国家和发达国家，生活在高学历和富裕的家庭的人们也有很多健康问题，如高血压、心脏病、糖尿病和癌症等所谓的"富裕病"。这些健康问题的发生，导致了不良的经济后果，提高了消费者和纳税人的生活成本，并使劳动能力减弱，成为生产力下降的主要因素。

不管是个人还是国家都不能忽视这个问题。余从事蕈菌教学及研究已有 50 多年，曾获机会应邀至五大洲讲解有关蕈菌生物学及其科研规范和开发利用的知识。深信蕈菌能对人类面临的三大挑战做出贡献。蕈菌不仅能将含有大量纤维素及木质素的生物废弃物转化成食物，而且能生产出对人类健康意义重大的医疗、保健产品。蕈菌栽培的一个最显著的特点是，如果经营得当，不但可以减轻生态环境的恶化甚至可能实现对环境的零污染。而且，蕈菌产业基础的形成和发展可以提供新的就业机会。此外，栽培、发展食用菌与药用菌可以积极创造经济增长，这对个人和地区及国家的经济发展都具有积极的影响力。因此，蕈菌的研究与开发，未来将会继续扩大。因蕈菌生产（蕈菌本身）、蕈菌产品（蕈菌衍生产品）和废物利用（保护环境）对人类面临的三大挑战都会做出贡献，所以对蕈菌的资源与利用进行可持续的研究与发展，可以成为一种"非绿色的革命"（因为食用菌不含叶绿素，是一种非绿色生物）。

　　总结：主编李玉教授从构思、实施到完成这套书付出了艰辛的劳动。本套书的编著者都是极富蕈菌教学及研究经验的学者。这是一套全面、完整、系统地介绍我国蕈菌资源分类及生产加工等原理与技术的高文典册，是一套难得可贵的蕈菌学著作。

张树庭

香港中文大学生物系荣休讲座教授
二〇一五年一月十日于澳洲坎京

经过三余年的努力，"中国菌物资源与利用"的第一部《中国大型菌物资源图鉴》业已杀青，在即将付梓之时和读者说上几句以表心声。

本书涵盖的菌物类群是以蕈菌为主的大型种类。蕈菌又称菇菌或大型真菌，以区别于霉菌和酵母菌等其他小型菌物。中国古籍中将木生的大型菌物称为蕈，土生的称为菌，俗称为蘑菇。其实汉语中"菌"的原意就专指这一类真菌，相当于英文中的"mushroom"，德文中的"Pilze"，法文中的"champignon"，俄文中的"грибы"，日文中的"キノコ"。据《说文解字》记载，"菌"字指属于植物（艹字头），形状像一个圆形的粮仓（"廩之圆者"）的生命体；而在中国古代文献中涉及这一类生物的字有 30 多个，我们常用的"蘑菇"一词其实是从元代之后才开始使用的。按照《菌物词典》对这一类生命体所下的定义为："…… a macrofungus with a distinctive fruiting body which can be either hypogeous or epigeous, large enough to be seen with the naked eye and to be picked by hand"，也即指子囊菌中的虫草、羊肚菌、盘菌、块菌（松露），担子菌中的伞菌、马勃、牛肝菌、珊瑚菌、芝栭等。但是，能同时满足（大到）"肉眼可见，伸手可采"两个条件者在菌物中应该还有大型病原真菌和黏菌，世界各国大型菌类图鉴中不乏将之列入门墙者。

为了编好这本书，著者们思考了下面这些问题：

首先，为什么要写这样一本书？

中国浩瀚的古文献中有大量关于菌类的记载，较为系统地编撰成图谱则始于南北朝时期，至今应不下千余本。尤其是近十年，新书犹如雨后春笋，各地、各类出版社竞相推出，这是好事。且不说作者们付出辛勤心血和汗水的过程，仅就其科普价值而言，这类图书就功不可没，它们使过去少人问津的菌类生物变得越来越备受关注。但毋庸讳言，在诸多已有的同类出版物中，囿于出版时期的科学认知水平及作者专业水平等因素，措置失宜之处随处可见。随着科学技术的发展和国力的增强，当今国人已在此领域跻身于世界前沿，在发现大量新种的同时也更正了许多过去的物种鉴定错误，对我国的菌物资源有了新的认识。因此，著者与不少同行朋友都意识到很有必要根据近数十年（特别是近年）研究成果的积累，出版一本能体现中国当代研究水平的，能与国际优秀著作比肩的，能更全面、科学地反映中国资源情况的大型菌物资源图鉴，为读者正确识别我国大型菌物资源提供参考。否则，仍抱瓮灌园，讹误相传，错谬就会继续贻误后人。因此，本书的出版可以说是时代的呼唤、行业的需求，也是同行的期待！

第二，要写一本什么样的书？

关于世界各国蕈菌类的图书，从各分类群的专著到科普读物，林林总总，使人目不暇接；而国内同类图书的内容结构与版式类型则相对较少，甚至相似雷同或摘录转抄，少有令人眼前一亮者。在撰写本图鉴时，著者考虑到：如果写成大部头的分类专著，其后果将会是曲高和寡，知音难求；而如果著成入门读本，则容易苟随流俗，缺乏新意。所以，著者希望在内容取材与版面编排等方面有所突破，努力使之图文并茂、科学准确、通俗易懂、美观活泼。"雅俗共赏，识者众，用者广"，"入世而不低俗"是著者的共识和追求目标。

第三，采用什么体例来写？

作为既可供科教专业工作者参考，又可作大众赏读和青少年入门的读物，用晦涩的科学术语和分类学者的系统体系编排，恐怕难以奏效。因此，编著者在介绍各种菌物的图文编排顺序上并未严格按照时下流行的现代分类学系统排列方案，而选择了从形态入手，以形态为主识别特征，把书中涉及的大型菌物划分为十大类群。同一类群中的种类按其拉丁学名的顺序排列，以利查找；种类归属尽量采用与近年系统分类学研究成果或分子生物学证据一致的属名；各属大型菌物的系统学关系则在"第一章 概述"中"本书涵盖的菌物类群"部分得到充分的体现。这样既能方便直观的认知，又可体现现代科学成果的内涵。一些相关知识在概述及名词解释中体现。易入门、易上手、易理解、易使用，为严肃而沉闷的知识性专业书籍平添些许活泼。

第四，如何体现本书的科学性？

科学性无疑是科学著作的灵魂，而科学又是一个渐进的认知体系。随着人类认知水平的提高、认知手段的改善和认知事物内在关系的深化，不断纠正错误就成为必然。在一个时空坐标点上，相对的准确是科学的体现。这也正是著者追求的境界。因此，为了追求真实和科学，本书所划定的大型菌物资源的地理分区，是在前辈研究的基础上，依据气候地理与自然生态环境等因素加以改进，而非是按行政区划进行划分。在本书分区系统中，采纳了中国植被类型划分的最新研究成果，结合了历年采集菌物的记录，对相关的种类进行了区域分布标记。希望这一新的尝试，能更合理、更科学、更真实地反映出国内各地的菌物资源特点及其与自然气候地理和生境生态的关系。同时，本书的描述和图片基本上是根据著者研究过的标本，在与国外同类群标本比较鉴定后才确认的，是严格遵循分类学原则的研究结果，无仅凭形似而入选者，避免根据不确定信息进行臆断或仅凭照片定种。在编撰中，本图鉴秉承了这样的原则：力求做到不确切的种类不选；照片、标本、描述不统一，无法相互印证的不写；不清、不实、不准的图片不用。即使今后的归属有所变化，研究标本还在，依据还在。用科学性体现权威性，用事实说话，体现实践是检验真理的唯一标准。

第五，如何体现本书的代表性？

作为一本覆盖全国主要生态区域的图鉴，其广泛性和代表性是一致的。通常来说，来自中国的才能代表中国；本国的种类越多越能更好地反映本国的特色；只有包含类群更多，才能更好地代表各个生物类群；只有研究和认识某个类群的物种越多越深入的专家，才能更好地代表对该类群的认知水平。为充分体现其代表性，本书从采自我国各生态区的数万份标本中遴选收录了 1 800 余种（变种）菌物，使之成为迄今我国同类著作中收录种类数最多、由中国学者命名的种类最多，同时也是由著者参与发现的物种最多的大型菌物图鉴。中国菌物资源丰富多样，许多物种又与国外种类极为相似，要正确鉴定标本的种类，常常会遇到许多意想不到的困难，甚至还有大量的存疑标本和未见确切凭证的标本、已有记录种类暂时阙如等问题，亦只能作为遗憾留给后人。所幸的是，本人的四位主要合作著者能与本人并肩作战，为本图鉴的科学代表性做出了重要的贡献。他们均是目前活跃在第一线的年富力强的学者，具有国内外完整的教育与科研经历，在各自的研究领域都有深入的研究。在本书撰写过程中，他们的分工以各自熟悉的领域为主，很大程度上代表了我国目前对相关大型菌物资源的认知水平。著写期间由于得到国内各地和各分支领域专家的鼎力协助与支持，使本图鉴的代表性得到了更充分的体现。

第六，如何体现本书的原创性？

原创性的魅力对于所有不甘平庸的科学家来说是极具诱惑力的，也是多数读者所期望的，著作的原创才是最有生命力的。因此，本图鉴遵循追求原创、尊重读者的原则，收集了著者们多年专注钻研的菌物类群的图片与研究标本，并经过反复求证，撰写而成。这是著者们长期科研活动所积累学术成果的呈现。遴选材料宁缺毋滥，每一种类均有凭有据，丁一卯二，求真留实，避免张冠李戴、名实不符和滥竽充数。所有图文照片都是来自中国，材料撰写也以中国的标本（包括数百份本书作者发表新种时采用的模式标本）与图片为依据，不少种类为中国特有种及作者历年研究发现的新记录种，绝不借用国外材料或拼凑抄袭！这保证了图鉴的原创性与真实性。

第七，如何体现本书的时代性？

物种对于一个变化着的生命体系而言是相对稳定的、独立的，是科学认识生命世界的最基本单元，是在长期进化历程中通过生殖隔离、地理隔离等方式所形成的。探索物种多样性的奥秘一直令无数生物学家与爱好者所神往，历代分类学家的点滴积累汇成了巨大的知识宝库，而现代分子生物学的崛起、发展和应用使得人们对物种的认知水平不断提高，最新科学的发现更彰显出生命之树常青之伟大。由于历史和人所共知的那些原因，近两百年来，我国独立地针对本国资源开展的科学研究远远落后于东洋和西洋各国，时至今日仍有相当多领域处于落后状态，许多的研究还处在参照、模仿甚至直接借用他国资料的水准。中国对菌类的认知也概莫能外。过去受各种局限，在对西方命名的物种认识不甚了解的情况下，既不能拿自己的标本与之对比，也不能对自有的标本开展深入研究，盲目的李戴张冠现象比比皆是。我国的许多种类被长期错误地鉴定为欧美等发达国家已报道的种类，对相关的科学、生产与生活等造成极大的混乱。其实，东西方的生物类群从本质上有极大的不同。且不说中国数千年来奉为至宝、至今仍长盛不衰的灵芝一直在沿用欧洲的亮盖灵芝 *Ganoderma lucidum* 的拉丁学名，其实中国广为栽培的灵芝根本就不同于欧洲常见的亮盖灵芝；大量种植的黑木耳和欧洲木耳 *Auricularia auricula-judae* 也不是同一个种！更不用说像绣球菌这样的"后起之秀"，就根本不是日韩等国都在用的绣球菌 *Sparassis crispa*，而是广叶绣球菌 *S. latifolia* 了。类似的例子不胜枚举。改革开放以来，我国菌物学研究水平总体上有了极大的提高，部分领域已跻身世界先进行列。近 30 多年来，著者们也在各自的领域发现了大量菌物新种、新资源，更正了大量过去错误的鉴定，本图鉴在很大程度上总结了我国近几十年的研究成果，具有明显的时代性，能反映最新的研究成果。如，书中介绍的在公元 2000 年后才发表的种类就有 330 多种，它们无一不体现出新时代的烙印。

最后，如何彰显本书的艺术性？

一本能让科技工作者案头必备，让读者爱不释手的好书，除了内容上的新颖、丰富、精彩之外，其艺术性也至关重要。要体现高水平的艺术性，编辑、版式、纸张、装帧、印制等都是不可或缺的重要环节。常言"好马要配好鞍"也恰恰说明了这层意思。当然"好鞍"并不是银样镴枪头般好看不中用的金玉其表。编辑出版作为一门学问，在一本书上完全可从内外兼修上反映出其综合水准。比较世界各国的同类出版物，水平各异，仅就精美程度而言，日、德的书籍出版水平相对较高。如何使本书跻身其间是对出版社的严峻考验。在当今彩印设备大致趋同的前提下，设计、纸张、印刷诸因素更能体现出版者的视野、水平和操控能力。本人十分感谢中原农民出版社的社长、总编及有关工作人员为做好这门功课所付出的巨大努力。尽管历史上他们已有过众多精彩的展示，而此次精益求精，甚至打破常规的举措，更增强了版面的视觉冲击力与美学效果，实现了科学与艺术的结合，文化与美的同时体现！当泛着油墨清香的新著放在读者面前时，相信得到的应是交口称赞。我们也相信时间最能检验出这本书的科学价值与艺术价值。

本书除了编著者付出的辛劳之外，国内外一些著名的研究机构和学者们也同样慷慨相助，提供资料、标本和照片，令本书锦上添花，在此一并致以深切的谢忱。

　　时下，学界不少人士已不屑于从形态水平认知生命体了！更懒于野外考察！趋之若鹜的则是在四个碱基对间的游戏！利用新科技开展研究本无可厚非，传统科学不断融入新的技术更是历史的必然，但是厚此薄彼，甚至舍弃根本，采用盲人摸象、沙土建塔的方式开展研究工作的倾向，真的会贻误后人！尤其是在 SCI 影响因子指挥棒驱使下的如蝇逐臭、竞相奔高，加之心浮气躁、掺杂在追名逐利的大环境下，业已形成了蠹国残民的病学之态。如此下去纵有良方也无回天之术！不甘于现状的有识之士们，能有一颗"疏篱不与花为护，只为蛛丝作网竿"的平常心，到实践中，到田野中，到国民经济主战场中去，或许可以让人看到一线希望。

　　"长恨春归无觅处，不知转入此中来。"几十年的跋山涉水，风餐露宿，一草一木，一菌一菇，寸积铢累，终使这些大自然的精灵们以全新的姿态和读者见面了。出版了意味着一段历史的终结，又预示着新的开始。更新、更高、更精彩的新篇章就在前方！年轻的菌物学者们，"请君莫奏前朝曲，听唱新翻杨柳枝"！

　　对于本书不敢说力求做到了不失圭撮，但至少已尽力把错讹谬误降到最低限度，相信她可作为当今我国大型菌物资源研究的新起点。不积跬步，无以至千里。只有菌物学人从点滴做起，从现在做起，从自己做起，才能跟上时代的步伐，事业才会长江后浪推前浪，不断创新。

　　凝望着你们！企盼着你们！

李玉

谨识
甲午年隆冬

凡例

·构成

1. 总体构成　本书主要由序、前言、目录、概述、各种大型菌物的彩色照片及文字描述信息、名词解释、参考文献、中文名称索引和拉丁学名索引、跋、致谢等内容构成。

2. 分章概况　概述与各种大型菌物的彩色照片及特征描述是本书的主体部分。根据各大型菌物的分类学与形态学等特点，把书中 1 800 余种大型菌物划分为十大类群并相应地安排在 10 章中分别介绍。

3. 物种介绍　从第二章起各章对每个物种的描述通常包括原生态彩色照片 1 至多幅，中文名称及其部分俗名，拉丁学名及其部分异名，主要的宏观与显微结构特征、生态习性、分布地区及经济用途等。

·查阅方法

为了方便对特定种类或类群进行查阅，本书提供了多种查阅方法，读者可根据本人的已知信息及查找习惯选择使用。

1. 通过拉丁学名索引（按字母顺序排序）查阅　当已知所需查找种类的拉丁学名时，可通过书后拉丁学名索引查找到该种类在正文中出现的页码，进而获得该种类的信息。附有拉丁文异名的种类也可以根据其拉丁文异名通过索引查找。

2. 通过中文名称索引（按汉语拼音字母顺序排序）查阅　当已知所需查找种类的中文名称时，可通过书后中文名称索引查找到该种类在正文中出现的页码。附有中文俗名的种类也可以根据其俗名通过索引查找。

3. 通过目录查阅　书中各大类群的种类，均按拉丁学名字母顺序排列。当已知所需查找种类的拉丁学名并知道它属于本书十大类群的哪一类时，可根据其拉丁学名在该类群的目录中查找到该种类在正文中出现的页码。如要查找伞菌类的双孢

蘑菇 *Agaricus bisporus* 在正文出现的页码，可在目录中"第七章 伞菌"部分查找到 *Agaricus bisporus* 在正文中出现的页码为 702 页。

4. 根据侧切口和下切口特定区域的色块查阅　本书双码左下角页码的上方与单码右下角页码的左侧，用不同的色块区分不同章节，以便于读者快捷查找所需要的内容。██为概述，██为大型子囊菌，██为胶质菌，██为珊瑚菌，██为多孔菌、齿菌及革菌，██为鸡油菌，██为伞菌，██为牛肝菌，██为腹菌，██为作物大型病原真菌，██为大型黏菌，██为名词解释，██为参考文献，██为索引。

·部分格式与内容的说明

1. 菌物名称　在第二章至第十一章对各种大型菌物进行的详细介绍中，均有该菌物的规范名称，包括中文名称和拉丁学名。如有较常用的中文俗名则列在其规范中文名称后的括号内；如有较常用而又重要的拉丁异名，则列在其现用规范的拉丁学名之下。为减少篇幅，目录中没有列出中文俗名和拉丁异名。

2. 学名规范　书中拉丁学名的规范主要依据《国际藻类、菌物和植物命名法规》(International Code of Nomenclature for algae, fungi, and plants)，并多方查对真菌索引(Index Fungorum)、《菌物词典》第 10 版、学名最早出处的文献资料、相关的学名考证文章及最新发表的菌物分类学文献资料。这包括拉丁学名的作者（即命名人）的规范必须符合相关的规定，如拉丁学名中命名人姓名的缩写等要符合 Authors of Fungal Names 和 Authors of Plant Names 等相关的规定。

3. 命名人省略　在本书中，当菌物的拉丁学名的作者（即命名人）为 1~2 人时，命名人全部列出，如致命鹅膏 *Amanita exitialis* Zhu L. Yang & T.H. Li，两位命名人"Zhu L. Yang & T.H. Li"全部列出；当有 3 位或以上的命名人时，则只写第一命名人，其后的命名人以"et al."代替，如大果鹅膏 *Amanita macrocarpa* W.Q. Deng et al.，命名人实际上有"W.Q. Deng, T.H. Li & Zhu L. Yang"3位，在本书中以"W. Q. Deng et al."来表示。

4. 学名简化与缩写　除了作为一个菌物物种进行详细介绍外，为了减少篇幅，列举各种菌物进行讨论或作为例证出现的菌物拉丁学名，只列出属名和种加词，命名人全部省略；属名在该章第一次出现时全写，再次出现并有种加词随后时，属名缩写（即以属名首字母大写后加一下脚点表示）。

5. 图中菌物大小　为方便排版，也为便于读者阅读，书中的菌物图片并没有根据实际大小按统一的比例进行缩小或放大处理。菌物的实际大小以文字描述为准。

6. 图片序号　为方便读者查阅本图鉴主载物种，第一章概述中的有关图片单独排序；第二章至第十一章各物种图片序号与文字描述部分序号保持一致。

7. 文献排列　本书中文参考文献和外文参考文献分别列出。中文参考文献按汉语拼音字母顺序排列，外文参考文献按英文字母顺序排列。

8. 形态特征　各种类的形态特征同时以彩色照片及文字描述来表达。文字描述的宏观特征包括菌物各主要部位的大小、形状、颜色（及伤变色）、附属物等；显微特征包括大小、形状、表面特征等。因受生态环境、天气、菌体成熟程度等因素的影响，颜色与大小等特征会有较大的变化，照片及文字描述范围未必能全部涵盖。文字描述中一些同类菌物中共有或类同的特征则常省略。

9. 分布地区　本书将中国大型菌物的分布区划为东北地区、华北地区、华中地区、华南地区、内蒙古地区、西北地区和青藏地区7个大区。每个物种的介绍中都有其地区分布的信息。因过去有一些种类的地区分布报道是依据错误鉴定的标本甚或是没有凭证标本，所以少数种类虽然在国内某些地区已有报道，但由于本书作者未能找到真实可靠的凭据，并未将其分布范围写进本书中。因此有可能出现本书所列出的国内已知地区分布范围比其他资料介绍的分布范围窄的情况。

10. 经济用途　本书对各种类已知的食用性、药用性或其他经济用途给予简要的介绍；对于经济用途不明的种类不作注明。

11. 约定俗成的表达方法　本书对大型菌物显微结构等尺寸大小描述，采用了国际菌物学同行约定俗成的表示方式，即在"×"前的数字表示该构造的长度，在"×"后的数字表示该构造的宽度，长度单位只在最后出现一次。如：当要表示孢子长度为 9~10 μm、宽度为 4~5 μm 时，用"孢子 9~10 × 4~5 μm"来表示，而没有按照国家标准的要求写成"孢子（9~10）μm ×（4~5）μm"的形式来表示。如此表达是要与国际菌物学界的要求统一，便于同行间交流。此外，书中还有一些约定俗成的表达词汇：如"种子形"是指苹果或梨的种子形状，而不是其他种子的形状；"肉色"是指正常白种人或黄种人带粉红的肤色；等等。敬请读者在阅读时留意正确理解。

目 录
CONTENTS

第三章 胶质菌
CHAPTER III JELLY FUNGI

第四章 珊瑚菌
CHAPTER IV CORAL FUNGI

第五章 多孔菌、齿菌及革菌
CHAPTER V　POLYPOROID, HYDNACEOUS & THELEPHOROID FUNGI

第六章　鸡油菌
CHAPTER VI　CANTHARELLOID FUNGI

第七章　伞菌
CHAPTER VII　AGARICS

第八章 牛肝菌
CHAPTER VIII BOLETES

第九章　腹菌
CHAPTER IX　GASTEROID FUNGI

第十章 作物大型病原真菌
CHAPTER X LARGER PATHOGENIC FUNGI ON CROPS

第十一章 大型黏菌
CHAPTER XI LARGER MYXOMYCETES

中国大型菌物资源图鉴
ATLAS
OF CHINESE
MACROFUNGAL
RESOURCES

CHAPTER I
OVERVIEW

第一章
概述

我国菌物图鉴的
出版简况

在人类认知自然的历史长河中，以图为鉴是最直观、最便捷、最实用也应该是最翔实、最权威、最系统的描述事物的方式之一。图鉴、图谱、图志之间虽有些许差异，但是其以画面为主、用文字解说、系统编辑的内涵是一致的，较图片、图解、图示乃至图集更全面、系统、准确，也更具备图文信息密集、资料丰富权威、功能齐全强大的属性。在林林总总的这类工具书中，上至天文，下至地理，无所不容，无所不及。菌物，尤其大型菌物，更以其绚丽、精巧、多姿、神秘和魔幻般的奇异，使各国学人、艺术家乃至寻常百姓乐此不疲地描摹，成为被涉猎最广的生命体之一。

在中国用图来记述菌物的历史，可以追溯至8 500年前宁夏银川境内贺兰山上的灵芝岩画。之后，多处文献都记载有"黄帝登具茨之山，升于洪堤上，受神芝图于华盖童子"的传说。作为中国也是世界上最早的菌物图鉴，应是《太上灵宝芝草品》（约东晋末年）。该书虽然是道教的经典，但却是当时历史上汇聚灵芝图案最多（127种）的图集。在漫长的历史中，浩瀚的文献对菌类的记载可见于古农书（尤其是园艺类书籍）、本草类著作、史籍、笔记、食经、食谱、道藏、类书等，但大都湮没，所存者以从宗教、文学、艺术、哲学和神话传说的角度审视居多，多少缺乏"现代科学"视角的内涵。但毋庸讳言，宋·陈仁玉的《菌谱》、明·潘之恒的《广

菌谱》和清·吴林的《吴菌谱》，与早期的涉菌著作一起成为中国古代科学文化的璀璨明珠。

新中国成立后，大型菌物尤其是蘑菇领域以图鉴、图志方式呈现的出版物已近200种。裴维蕃的《云南牛肝菌图志》（1957）应视为起点，是早期的代表。之后的20世纪60年代、70年代仅零星作品见诸市面。邓叔群的《中国的真菌》（1963）是带有插图的志书，虽为经典，但尚无法归为图鉴系列；云南省卫生防疫站著，云南人民出版社出版的《云南常见的食菌与毒菌》（1961），以及福建省三明地区真菌试验站的《福建菌类图鉴》（1973、1978）和中国科学院微生物研究所真菌组的《毒蘑菇》（1975）可谓凤毛麟角。进入20世纪80年代逐渐增多，有代表性的作品如《食用蘑菇》（应建浙等）《中国药用真菌图鉴》（应建浙等）等，以及赵震宇、卯晓岚、刘正南等的著作。到90年代已呈繁

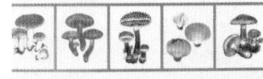

荣之势，毕志树、郑国扬、李泰辉、李茹光、张光亚、吴兴亮、臧穆、张树庭、卯晓岚、蒋长坪、章荷声，台湾学者彭金腾、陈启桢等都有佳作问世。以图志、图鉴形式出版的有卯晓岚等《西藏大型经济真菌》（1993），吴兴亮、臧穆等《灵芝及其他真菌彩色图志》（1997）等。其他多以菌志方式出版，虽有精美插图但还是归为志书更好。黄年来的《中国大型真菌原色图鉴》（1998）成为这一历史阶段的精品，是这一历史阶段的代表作。

进入 21 世纪，图志、图鉴类作品现井喷之势。由卯晓岚主编的《中国大型真菌》（2000）成为这一时期影响甚广的代表作，因许多业内及业外人士视为必备而广为利用、引证、参考甚至抄袭。近年，戴玉成、图力古尔、吴兴亮、袁明生、孙佩琼、贺新生、杨祝良及台湾学者张东柱、周文能等，陆续推出涉及不同地区、不同方向、不同层面、各具特色的图鉴、图谱和图志。值得一提的是已出版 40 余卷的《中国真菌志》，虽然不宜归为图鉴，但其作为文图并茂的志书且最具权威性，应该是一个历史阶段的代表作。

从技术层面上分析，早期的插图多为白描，后为水彩（或水粉）手绘，尽管这是早期分类学工作者必须掌握的基本功，训练有素的学者还能提炼出一些关键的分类学信息。但手绘彩图容易忽略一些细节特征并容易偏色，质量因作者科学素养和艺术水平的差异而参差不齐，最终仍被之后的彩色照片所取代。彩色胶片时代通常正片较之负片成像质量更高，但印刷水平却因纸张、设备、分色、排版等物质和技术因素而显高下。随着数码相机的问世、发展和普及，目前已基本为数码照片。数码技术的发展特别是印刷机械和纸张整体水平的改善，使得图版水平明显提升。但后期制作、版式及印刷质量，尤其是作者野外工作的经验，提供的原片，特别是其学养，成为关注的焦点。

从科学层面上分析，这些著作（虽然包括的种类、范围、质量水平参差各异）无不凝聚着编著者的艰辛，尤其是真正的经年累月的野外考察，已不只是长途跋涉、风餐露宿的千辛万苦，也不只是毒蛇猛兽、蚊蜱蛊豸的险阻艰难，单是他们一路走来全身心投入而不曾驻足以及耗尽的青春，都足以彰显其闪光的科学精神。特别是这些最原始的积累，包括标本、资料、图片等，其存在的本身就是我国菌物多样性的基本凭证，也是对我国资源研究一个历史阶段的记录。但是毋庸置疑，受时代、设备、资料、认知水平的局限，尤其是国际交流的不足，难以调阅存放于世界不同地方的模式标本及获得详尽可靠的分类学资料进行比对，导致诸多错讹并以讹传讹，影响至今。这些错误不仅对时下研究带来混乱，更给后人厘清工作造成极大困难。当今分子生物学技术的蓬勃发展，无疑提高了对物种本质的认知水平。但是如果藐视数百年传统分类学研究的积累，忽略传统分类学特征比对分析，企图只用个别基因片段的比对和不完整的数据来鉴定物种和解读物种之间的差异，甚至以此作为发表新种的"机器"，就会失去科学的严谨性，与分子生物学技术的原意相背离，与认识规律相背离了！近十多年来，采用错误鉴定或受污染标本的分子序列作为新物种鉴定依据的例子时有发生，其后果之严重可想然之。从基因组的变化、表观遗传性状的变化到形态特征整体的变化，是生物自然历史演化进程的不同层次与水平，甚至是不同阶段或不同时空的变化，以偏概全则易入歧途。由此推演下去就真的进入了恶性

概述

循环，称之为流毒也就不为言过其实了。

回望我国的菌物著作，与国际上的同类著作相比，以及更深入地与国际上的模式标本相比较，越发显现出我们自身的差距。但这同时也反证了我国自有资源的丰富、不同生态区域物种的差异和我们可以发展的更大空间。用比较全面、系统、准确、图文并茂的方式阐述对象，是作为资料性工具书——图鉴的核心和生命线，是图鉴编著者的不二之选。时代发展到今天，我们有了足迹遍布大江南北的采集基础，有了近百年的标本积累，有了国内外的最新资料，尤其是互联网带来的便捷，有了与国际同行互借互阅标本和切磋交流的空间，特别是有了一大批热衷于这份事业、受过良好专业训练，并立志献身于菌物资源事业的青年科技工作者，应该也必须拿出能代表当今水平，能与国际同类著作平身，能被同行称道，能让读者称赞，能做到集图片真实、信息准确、资料权威、功能齐全、知识密集、印刷精美于一身的工具书。面对着对菌物不甚了了的民众和年青学子们率真的求知欲望，菌物学家就更应该负起正本清源的历史责任了——拿出科学的证据，尽可能地展示真知并更正过去的错误。

科学在不断发展，期盼作者这些心血和汗水，能为中国菌物研究，特别是在图鉴、图志的发展历程上，写下浓墨重彩的一笔，为中国大型菌物学研究发展史留下一个坚实的脚印。

 **菌 物 在 生 物 界 中 的 地位及分类、命名**

（1）菌物在生物分类系统中的地位及分类

从古希腊哲学家亚里士多德（Aristotélēs）到瑞典植物分类学家林奈（Linneaus，1753），用肉眼区分生命体，非植物界即动物界。这是最古老的两界分类系统。两界区分的依据：植物界具有固定根，无固定形状，自养（光合作用），具有纤维素组成的细胞壁；动物界的成员能自由行动，具一定形状，异养（摄食），无细胞壁。在两界分类系统中菌物则归属于植物界真菌门。

随着人们对自然界认知水平的提高，德国科学家海克尔（Haeckel，1866）提出了三界系统，即在原有的两界系统上增加了原生生物界，原生生物界包括单细胞生物、真菌、藻类和原核生物。他第一次提出了真菌不属于植物，并将其列在原生生物界内。

美国科学家科普兰（Copeland，1938）提出了原核生物界、原生生物界、植物界和动物界四界系统。美国生物学家魏泰克（Whittaker，1959、1969）先是设立了另一个四界分类系统：原生生物界、真菌界、植物界和动物界。将真菌从植物界中独立出来，称为真菌界。之后在此基础上增加了原核生物界，调整为五界系统：原核生物界、原生生物界、真菌界、植物界和动物界，从此确立了真菌在生物界级系统中的地位。这一分类系统被人们普遍接受，成为一个历史时期内影响最大的分类系统。

北爱尔兰科学家摩尔（Moore，1971）建议在界级之上增设"域"（domain），并设立了3个"域"：病毒域、原核域和真核域。菌物归属于真核域中植物界下菌物亚界。

美国学者沃斯和福克斯（Woese & Fox，1977）提出将整个生物划分为细菌 Bacteria、古菌 Archaea 及真核生物 Eukaryotes 三大超界。真菌被放在真核生物超界中。

中国学者陈世骧和陈受宜（1979）提出把生物划分为3个总界：非细胞总界、原核总界和真核总界。菌物归属于真核总界中的真菌界。

随着分子生物学技术的发展，分类学家不断深入认知生物世界。英国科学家卡瓦利埃-史密斯（Cavalier-Smith，1987、1989）提出生物界的八界系统：细菌总界，包括真细菌界、古细菌界；真核总界，包括古菌界、原生生物界、植物界、动物界、茸鞭生物界和真菌界，而真菌界仅包括壶菌门 Chytridiomycota、接合菌门 Zygomycota、子囊菌门 Ascomycota 和担子菌门 Basidiomycota。这一系统的提出反映了当时人们对整个生物界的认知水平，具有划时代的意义。

沃斯等（Woese 等，1990）提出原核生物在进化上有两个重要分支，应将原核生物分为二界：古细菌原界和真细菌原界。提出了三原界系统，即古细菌原界（内含古细菌界，包括产甲烷细菌、极端嗜热细菌和极端嗜盐细菌）、真细菌原界（内含真

概述

中国大型菌物资源图鉴　　7

细菌界，包括细菌和蓝藻）和真核生物原界（内含原生生物界、真菌界、植物界和动物界）。

帕特森和索金（Patterson & Sogin，1992）依据生物分类单元的 16S rDNA 等序列进行相关的分析，将生物界划分为原核域（细菌界、古菌界）和真核域（原生生物界、茸鞭生物界、动物界、植物界和真菌界）。

随着分子生物学技术的全面发展，人们对菌物的认知水平从宏观到微观到分子不断发展。《菌物词典》（Ainsworth & Bisby's Dictionary of the Fungi）第 8、9、10 版的出版也逐步修改和完善了菌物分类系统，其中在第 8 版与第 9 版中将原来的菌物划分为原生动物界、藻物界和真菌界，真菌界中仅包括 4 个门，即壶菌门 Chytridiomycota、接合菌门 Zygomycota、子囊菌门 Ascomycota 和担子菌门 Basidiomycota（Hawksworth 等，1985；Kirk 等，2001）。在第 10 版（Kirk 等，2008）中对真菌的分类系统进行了重大的修订：新修订了 2 个门（微孢子虫门 Microsporidia 和球囊菌门 Glomeromycota）和 6 个亚门（子囊菌门中新增设了 3 个亚门，即盘菌亚门 Pezizomycotina、酵母菌亚门 Saccharomycotina 和外囊菌亚门 Taphrinomycotina；担子菌门新增设 3 个亚门，即蘑菇亚门 Agaricomycotina、柄锈菌亚门 Pucciniomycotina 和黑粉菌亚门 Ustilaginomycotina）。

英国科学家摩尔（Moore 等，2011）、埃伯斯贝格尔（Ebersberger 等，2012）等依据真菌分子系统分类的分析，报道了真菌界主要类群包括 7 个门：壶菌门 Chytridiomycota（105 属，706 种）、新丽鞭毛菌门 Neocallimastigomycota（6 属，20 种）、芽枝霉门 Blastocladiomycota（14 属，179 种）、微孢子虫门 Microsporidia（170 属，>1 300 种）、球囊菌门 Glomeromycota（12 属，169 种）、

子囊菌门 Ascomycota（6 359 属，64 163 种）、担子菌门 Basidiomycota（1 589 属，31 515 种）。由于从分子水平上进一步构建系统树，使得真菌界的分类系统发生了较大变动。如，在传统分类系统中目级分类单元芽枝霉目 Blastocladiales 在新分类系统中提升为门级分类单元，即芽枝霉门 Blastocladiomycota；同样壶菌类中厌氧的瘤胃微生物在传统的分类系统中为目级分类单元，即新丽鞭毛菌目 Neocallimastigales，已提升为门级的分类单元，即新丽鞭毛菌门 Neocallimastigomycota；而接合菌门在新的分类系统中已被分别放在球囊菌门 Glomeromycota 和四个分类地位未定的亚门 subphylla incertae sedis：毛霉亚门 Mucoromycotina、梳霉亚门 Kickxellomycotina、捕虫霉亚门 Zoopagomycotina、虫霉亚门 Entomophthoromycotina 之中。综合以上文献资料，菌物仍包含三个界，但其成员的归属却有很大变动。

晚近在真菌界中又增加了新成员，如肺炎泡囊菌属 Pneumocystis、透明针行藻属 Hyaloraphidium、隐菌门 Cryptomycota，等等。目前在 CNBI（2015.3.12）数据库中搜索的最新分类系统中增加了单毛壶菌门 Monoblepharidomycota，确定了虫霉亚门 Entomophthoromycotina 的分类地位，将其提升为门级分类单元，即虫霉菌门 Entomophthoromycota；同时以子囊菌门 Ascomycota 和担子菌门 Basidiomycota 建立了双核亚界 Dikarya。然而，上述的分类系统处理并非都被人们所接受，如在一些更新的分类系统中，接合菌门 Zygomycota 仍被保留，部分类群的分类等级仍有上下调整（如把地舌菌纲 Geoglossomycetes 降为地舌菌目 Geoglossales 置于锤舌菌纲 Leotiomycetes 之下）。如下是本图鉴定稿前不久才发表的一个菌物分类系统（Ruggiero 等，2015）：

真核超界 Eukaryota

原生动物界 Protozoa

始生动物亚界 Eozoa

眼虫动物下界 Euglenozoa

古虫下界 Excavata

肉鞭毛亚界 Sarcomastigota

变形虫门 Amoebozoa

领鞭毛虫门 Choanozoa

微孢子虫门 Microsporidia

沟毛虫门 Sulcozoa

假菌界（茸鞭生物界、原藻界）Chromista

真菌界 Fungi

 双核亚界 Dikarya[= 新菌界 Neomycota]

  子囊菌门 Ascomycota

   盘菌亚门 Pezizomycotina

    古根菌纲 Archaeorhizomycetes

    树斑衣纲 Arthoniomycetes

    座囊菌纲 Dothideomycetes

    散囊菌纲 Eurotiomycetes

    虫囊菌纲 Laboulbeniomycetes

    茶渍菌纲 Lecanoromycetes

    锤舌菌纲 Leotiomycetes

    异极衣纲 Lichinomycetes

    圆盘菌纲 Orbiliomycetes

    盘菌纲 Pezizomycetes

    粪壳菌纲 Sordariomycetes

   酵母菌亚门 Saccharomycotina

    酵母菌纲 Saccharomycetes

   外囊菌亚门 Taphrinomycotina

    新地舌菌纲 Neolectomycetes

    肺炎泡囊菌纲 Pneumocystidomycetes

    裂殖酵母纲 Schizosaccharomycetes

    外囊菌纲 Taphrinomycetes

  担子菌门 Basidiomycota

   亚门地位未定类群 Incertae sedis

    根肿黑粉菌纲 Entorrhizomycetes

   蘑菇亚门 Agaricomycotina

    蘑菇纲 Agaricomycetes

    花耳纲 Dacrymycetes

    银耳纲 Tremellomycetes

   柄锈菌亚门 Pucciniomycotina

    伞型束梗孢菌纲 Agaricostilbomycetes

    艾特金菌纲 Atractiellomycetes

    肿担梗菌纲 Classiculomycetes

    隐团菌纲 Cryptomycocolacomycetes

    囊担子菌纲 Cystobasidiomycetes

    微球黑粉菌纲 Microbotryomycetes

紫萁锈菌纲 Mixiomycetes

柄锈菌纲 Pucciniomycetes

黑粉菌亚门 Ustilaginomycotina

纲地位未定类群 Incertae sedis

（鳞斑霉目 Malasseziales）

外担子菌纲 Exobasidiomycetes

黑粉菌纲 Ustilaginomycetes

始生真菌亚界 Eomycota

壶菌门 Chytridiomycota

亚门地位未定类群 Incertae sedis

芽枝霉纲 Blastocladiomycetes

壶菌纲 Chytridiomycetes

单毛壶菌纲 Monoblepharidomycetes

球囊菌门 Glomeromycota

球囊菌纲 Glomeromycetes[=Glomomycetes]

接合菌门 Zygomycota

亚门地位未定类群 Incertae sedis

纲地位未定类群 Incertae sedis

（粪蛙霉目 Basidiobolales）

虫霉亚门 Entomophthoromycotina

纲地位未定类群 Incertae sedis

（虫霉目 Entomophthorales）

梳霉亚门 Kickxellomycotina

纲地位未定类群 Incertae sedis

（内孢毛霉目 Asellariales）

（双珠霉目 Dimargaritales）

（钩孢毛菌目 Harpellales）

（梳霉目 Kickxellales）

被孢霉亚门 Mortierellomycotina

纲地位未定类群 Incertae sedis

（被孢霉目 Mortierellales）

毛霉亚门 Mucoromycotina

纲地位未定类群 Incertae sedis

（内囊霉目 Endogonales）

（毛霉目 Mucorales）

捕虫霉亚门 Zoopagomycotina

纲地位未定类群 Incertae sedis

（捕虫霉目 Zoopagales）

植物界 Plantae[=Archaeplastida]

动物界 Animalia

分类系统查阅还可参考以下几个网站：Index Fungorum（IF）；MycoBank(MB)；Catalogue of Life(COL)；Encyclopedia of Life (EOL)；Global Biodiversity Information Facility (GBIF)；Integrated Taxonomic Information System (ITIS)；Wikipedia；http://www.discoverlife.org；NCBI（http://www.ncbi.nlm.nih.gov）。

国际研究小组与美国能源部联合基因组研究所合作开展了"1000 真菌的基因组"为期 5 年的项目，这将带来菌物的基因组时代（Genomic times），菌物的分类系统将会发生重大变化。利用基因组及 DNA 片段序列的证据，结合形态和生态特征，菌物的分类系统会在门一级的界定上更趋于合理性，纲、目级及以下分类单元将会做出重大调整，使各个分类等级更趋于自然。预计未来几年将发表一大批新科、新属和新种，缺乏 DNA 序列及基因组序列证据的新分类单元的发表将会逐渐减少，菌物的分类与命名将会更加标准化。

（2）菌物的命名

林奈（Linnaeus，1753）创立了"双名法"来命名生物物种，即拉丁学名。菌物拉丁学名由单个或两个或三个拉丁词组成。单个拉丁词表示一个分类群的名称，如属或属以上的分类群的名称都是单个拉丁词。两个拉丁词组成的学名是种的名称，也称为种名（nomen specificum），第一个词是属名，首字母大写；第二个词为种加词，首字母小写；种加词的后面还要加上命名人的姓或姓名的规范写法。三个拉丁词的名称则表示种以下分类单元的名称，构成方法是在种名的基础上，再增加一个拉丁词。手写体的拉丁学名，在属名和种加词下应加横线，在印刷时则使用斜体。如毛木耳 *Auricularia cornea* Ehrenb.，"*Auricularia*" 为属名，"*cornea*" 为种加词，"Ehrenb." 为命名人的规范写法。如果为两人命名，则在两人姓名中间用 "et" 或 "&" 连起来，如淡色冬菇 *Flammulina rossica* Redhead & R.H. Petersen。如果一个种由一位作者命名，但未曾合格发表，后来由另一位作者发表了，则在两位作者之间用 "ex" 连起来，合格发表的作者姓名在后面。如浅褐蜡孔菌 *Ceriporia excelsa* S. Lundell ex Parmasto。

1867 年，在法国召开的第一次国际植物学会议上形成了统一意见，真菌命名按照《国际植物命名法规》（International Code of Botanical Nomenclature）进行。1999 年，在美国圣路易斯召开的第 16 届国际植物学大会通过了《圣路易斯法规》；2005 年，在奥地利维也纳召开的第 17 届国际植物学大会上通过了《维也纳法规》；2011 年，澳大利亚墨尔本会议将此法规更名为《国际藻类、菌物和植物命名法规》（International Code of Nomenclature for algae, fungi, and plants）。墨尔本大会通过的命名法规的主要变化有：将《国际植物命名法规》改为《国际藻类、菌物和植物命名法规》；新分类单元要有拉丁文或英文的特征集要；从 2012 年 1 月 1 日起，在具有 ISSN 或 ISBN 号码的期刊或书籍中，以电子版 PDF 格式（推荐格式为 PDF/A）发表的新名称均为有效发表；菌物名称需注册；一个菌物一个名称。目前，菌物名称注册信息库有 Fungal Names（中国）、Index Fungorum（英国）和 MycoBank（荷兰）。

在菌物命名中，下述几个概念较为重要，故做简要介绍。

1）名称　包括无效名称和有效名称，有效名称包括不合格名称和合格名称，合格名称包括不合法名称和合法名称（异名和正名）。

$$
名称
\begin{cases}
无效名称 \\
有效名称
\begin{cases}
合格名称
\begin{cases}
合法名称
\begin{cases}
正确名称 \\
不正确名称
\end{cases} \\
不合法名称
\end{cases} \\
不合格名称
\end{cases}
\end{cases}
$$

名称必须有效发表。有效发表意指在公开发行的正式出版物，即具有 ISSN 或 ISBN 号码的期刊或书籍中发表，以电子版格式（能够打印出来并与印刷版相同的格式）发表的新名称和在刊物上发表的名称一样。

名称必须合格发表。合格发表的名称必须是有效发表的名称，遵循各等级的分类群的命名规则；必须伴随有该分类群的描述（2012 年 1 月 1 日起英语描述也可）或特征集要；必须指定模式标本及存放地点。

正确名称（简称正名）：在科及科以下的分类等级上，一个具有特定的范围、分类地位、分类等级的分类群的正确名称，即为符合命名法规的、有效发表的、合格发表的、合法的、最早的、唯一的正确名称（限于同一个分类等级）。

异名：包括基原异名和分类学异名，都称为同物异名，也称同义名。所谓基原异名就是当一个属中的某一种应转移到另一属中去时，如等级不变，可将它原来的种加词移动到另一属中而被留用，这样组成的新名称叫"新组合"，原来的名称叫基原异名。原命名人则用括号括上，转移的作者名写在括号之外。在表述这种命名法异名（nomenclatural synonym）的名称之间的关系时通常用"≡"表示。所谓分类学异名（taxonomical synonym）就是同一生物分类单元先后被给予了两个或两个以上的不同学名，这些名称虽异，但实指同物，其含义相同，故称分类异名。在表述各名称间的关系时通常用"="表示。也有可能同一生物分类单元只是命名时间和命名人不同，而该单元被给予的名称相同。

2）一个物种一个名称　从 2013 年 1 月 1 日起，菌物的所有名称（包括无性型和有性型）必须符合命名法规中那些不只限用于其他类群或菌物不被特别排除的条款。此前的命名法规版本为所谓的"形式单元"（一些多型性菌物的无性型）提供了单独的名称，而且限制这些名称只适用于那些以有性型模式标定的整个菌物。新条款"59.1"规定在 2013 年 1 月 1 日之前发表的非地衣型子囊菌和担子菌的同一分类单元的名称，若原始作者有意或暗示将其使用于不同的生活型（无性型、等无性型或有性型）或以不同的生活型进行模式标定，就不再作为条款"36.2"中的互用名称（alternative name），也不是条款"52.1"中命名法所指的多余名称（nomenclaturally superfluous）。如果它们都是合法的（legitimate）名称，则依据条款"11.3"和"11.4"，可以竞争作为该分类单元的正确名称。此前的命名法规中，认可名称的模式指定并没有明确规定是什么构成了名称所依据的原始材料，仅是依据合格发表作者可使用的或引用的材料，或者是认可作者可使用的或引用的材料。这次修改明确规定，这两种来源的原始材料在

选择后选模式（lectotype）时可以考虑使用。这一修改为保留目前的名称用法提供了最大限度的灵活性。

3）优先权　名称的选择取决于它是否为符合命名法规各有关条款的最早发表的名称。正确名称根据优先律，任一分类单元都必须采用最早发表的名称（应该是有效发表、合格和合法的名称），而所有其他名称均为异名。优先权原则对科以上的分类等级无效。《国际藻类、菌物和植物命名法规》优先律应用在保留名称上受到限制。为避免由于新命名法规的严格应用而引起命名上不利的改变，新命名法规提供了保留名的名单。保留名是合法的，即使它们最初可能是不合法的。菌物名称合格发表的命名起点（著作和发表日期）：地衣、黏菌起点为 1753 年 5 月 1 日，Linnaeus："Species Plantarum"第 1 版；锈菌、黑粉菌及腹菌起点为 1801 年 12 月 31 日，Persoon："Synopsis Methodica Fungorum"；其他菌物起点为 1821 年 1 月 1 日，Fries："Systema Mycologicum" 第 1~3 卷，Fries："Elenchus Fungorum" 第 1~2 卷。

4）模式标本　除了优先权之外，命名模式是命名法规中的一条重要原则。科级以下的分类群的名称都是凭命名模式（命名的模式标本是分类群名称的永久载体）来决定的，但更高一级的名称只有当其名称基于属名时，才凭命名模式来决定。因此，命名模式是菌物研究中最重要的依据之一。

① 主模式（holotype）　被原始作者使用过的，或被指定为命名模式的那一份标本。

② 等模式（isotype）　主模式的任何一个重号的标本，等模式永远是一份标本。

③ 后选模式（lectotype）　在作为命名模式的原始材料中指定的一份标本。总是优先于新模式。

④ 合模式（syntype）　除名称发表的原始出处外，原作者未曾指定主模式，而引证为名称模式的两份或多份标本中的任何一份标本，均为合模式。如果后来的作者在原作者引证的那份标本中又发现另一份标本的个体混杂其中时，这些标本是合模式。

⑤ 新模式（neotype）　当分类群的名称所依据的全部材料不存在时，另选出来用以替代主模式的命名模式。

⑥ 副模式（paratype） 新名称合格发表的原始出处中，原作者所引证的除主模式、等模式或合模式之外的任何一份标本。

⑦ 附加模式（epitype） 当主模式、后选模式、后来指定的新模式或与合格发表的名称有关的所有原始材料被证明模糊不清时，选出的一份标本为该种的附加模式。其目的是为进一步清晰解释该种的概念。

概述

中国菌物资源的
地理分区与分布

（1）大型菌物资源的地理分区

关于中国菌物的生态分布，早期权威的划分见于上海农业科学院食用菌研究所主编的《中国食用菌志》，之后黄年来主编的《中国大型真菌原色图鉴》、卯晓岚主编的《中国大型真菌》等书都对中国大型真菌的生态分布进行了探讨。众所周知，菌物生态分布与植被生态分布密切相关。晚近，《中国自然地理》根据综合性原则、主导因素原则和发生学原则，对中国植被的生态分布情况进行了不同地理区域的划分，这对菌物的生物地理学与区系学研究具有借鉴意义。

本书根据大型菌物水平分布特点，参照《中国自然地理》对中国植被地理区域的划分，对我国大型菌物资源进行了地理区域的划分，共分为：东北地区（Ⅰ）、华北地区（Ⅱ）、华中地区（Ⅲ）、华南地区（Ⅳ）、内蒙古地区（Ⅴ）、西北地区（Ⅵ）和青藏地区（Ⅶ）7个大区（图1）。虽然每个大区中都有特殊的生态类型（如新疆灌溉区与非灌溉区或荒漠的植被、西藏不同海拔的植被、台湾高山上的植被等都与周边的植被生态类型不同），可细分区划为不同的小区，但为了方便读者理解大型菌物资源的分布方位及便于读者采集和记录，本书对各大分区不再进一步细化，但将会对同一地区中不同植被类型的大型菌物资源做一些简要介绍。

以上分区主要是体现大型菌物的水平生态分布特点。然而，在各大区的范围内海拔相差较大的高山或山地中，菌物资源区系分布与植物植被类型一样，会随海拔的变化而变化，有不同的垂直生态分布特点。以青藏地区南部的植被类型为例：除各地都有较多比较独特的大型菌物资源外，海拔500~1 100 m为山地热带雨林、季雨林分布带，主要分布有与华南地区热带雨林中相同或相近的大型菌物类型；海拔1 100~1 800（~1 900）m为山地亚热带常绿阔叶林带，主要分布有与华南和华中地区亚热带常绿阔叶林中相同或相近的大型菌物类型；海拔1 800~2 200（~2 400）m为山地亚热带常绿、落叶阔叶混交林带，主要分布有与国内其他地区亚热带及温带常绿、落叶阔叶混交林中相同或相近的大型菌物类型；海拔2 200~2 800（~3 000）m为以云南铁杉等为主的亚高山针阔混交林带、海拔2 800~3 900（~4 000）m为以冷杉和红杉等为主的亚高山寒温带暗针叶林带（有时混有多种椴树和桦树等阔叶树），主要分布有与我国北方温带针叶林及南方亚高山针叶林相同或相近的大型菌物类型；海拔3 900~4 300（~4 400）m为高山寒温带疏林和灌丛带，海拔4 300~5 000 m为高山寒带草甸、草原和砾石滩，其菌物类型通常更为独特，且种类也比较少；再往高处海拔5 000 m以上为植物与菌物难以生长的雪线带。国内其他地方的高山或山地，植被类型及菌物区系都有类似的垂直分布规律，但

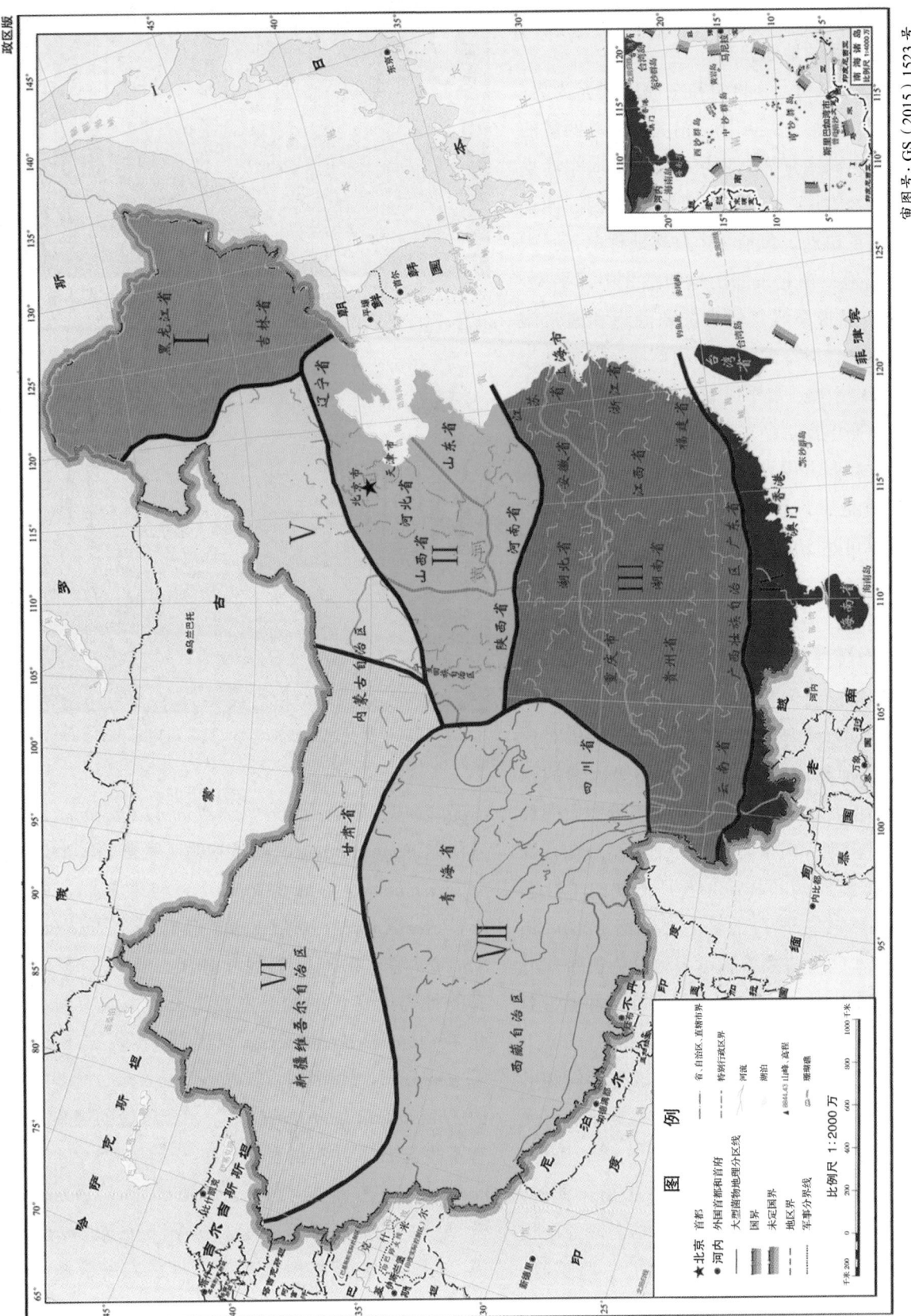

政区版

审图号：GS（2015）1523号

图1 中国大型菌物资源的地理分区

I 东北地区　II 华北地区　III 华中地区　IV 华南地区　V 内蒙古地区　VI 西北地区　VII 青藏地区

有关研究并不多，相对比较深入的分析有图力古尔等（2010）对东北长白山大型菌物的垂直分布特点的研究。

（2）大型菌物资源的地理分布

1）东北地区（Ⅰ） 北面和东面以国界为界，西界大致从大兴安岭北端开始，沿大兴安岭西麓的丘陵台地边缘，向南延伸至阿尔山附近，向东沿松辽分水岭南缘经瞻榆、保康，以下沿新开河、西辽河至东西辽河汇口处。包括3个自然地理单元：大兴安岭北部山地、东北东部山地和东北中部平原。东北地区属于温带季风气候带的寒温带和温带湿润、半湿润地区，以冷湿的森林和草甸草原景观为主，冬季风寒冷干燥，夏季风暖热湿润，春秋季短，四季分明，日照丰富。冬季受蒙古高压的影响，冷空气常自北方和西方侵入，盛行西北风。冬季长达半年以上，最北部冬季可达8个月，形成永冻土。地表积雪最厚可达50 cm。夏季降水较为丰富，年降水量可达500~700 mm，雨热同季，雨量不均，总体上东湿西干；最热月平均气温在平原南部高达24℃，而在大兴安岭北部却不足18℃，但大部分地区的极端高温都能达到35℃以上。

东北地区的大型菌物调查研究在国内相对比较深入，已知种类比较多。受雨、热等因素的影响，多数大型菌物种类（特别是伞菌类等肉质的种类）在7~9月出现，但也有一些种类只出现在特殊的季节（如草地或阔叶林地4~5月出现的羊肚菌 *Morchella* spp.，10月出现的缘毛多孔菌 *Polyporus ciliatus* 等）。本区的植被类型可大致分为温带落叶阔叶林、温带针阔混交林、寒温带针叶林和温带草原等类型，还有部分保护良好的温带湿地。

① 东北地区温带落叶阔叶林 该类型的阔叶林属中温带或寒温带落叶阔叶林。主要植物有壳斗科的蒙古栎、辽东栎等，桦木科的白桦、黑桦、岳桦等，杨柳科的钻天柳、山杨、甜杨、香杨、五蕊柳，榆科的光叶春榆，椴树科的紫椴，槭树科的假色槭、色木槭，以及其他科的一些植物。林内植物种类较南方阔叶林简单，基本以栎、桦和山杨等为优势种。

该林型中菌物的分布也较为丰富，林中以北半球温带广布种类为主，如不整新地舌菌 *Neolecta*

东北地区温带落叶阔叶林（吉林 白山市国家森林公园，海拔550 m）

东北地区温带落叶阔叶林（吉林 长白山国家级自然保护区，海拔600 m）

irregularis、黄侧火菇 *Pleuroflammula flammea*、矮光柄菇 *Pluteus nanus*、毛伏褶菌（毛黑轮）*Resupinatus trichotis*、毛缘菇 *Ripartites tricholoma*、黏柄小菇 *Roridomyces roridus*、疣孢离褶伞 *Tephrocybe tylicolor* 等。在该类型阔叶林中，报道的我国特有的种类或特色的种类也相当丰富，如中国小薄孔菌 *Antrodiella chinensis*、红鳞环柄菇 *Lepiota squamulosa*、变绿鳞伞 *Pholiota virescens*、侧壁泡头菌 *Physalacria lateripariess* 等。由于地缘的关系，还有不少与日本共有的种类，如厚囊丝盖伞 *Inocybe pachypleura*、日本类脐菇 *Omphalotus japonicus*、紫褶十字孢口蘑 *Tricholosporum porphyrophyllum* 等。同时，在该类型阔叶林中蕴藏着大量的天然食用菌资源，如蜜环菌 *Armillaria* spp.、金顶侧耳 *Pleurotus citrinopileatus*、花脸香蘑 *Lepista sordida*、离褶伞 *Lyophyllum* spp.、毛腿库恩菇 *Kuehneromyces mutabilis*、灰树花孔菌（灰树花）*Grifola fron-*

东北地区寒温带针叶林（落叶松林）（黑龙江 大兴安岭，海拔 500 m）

dosa、皱环球盖菇 *Stropharia rugosoannulata*、榆耳 *Gloeostereum incarnatum*、榆干玉蕈 *Hypsizygus ulmarius*、多种可食用的口蘑 *Tricholoma* spp.、我国特有的美味扇菇 *Panellus edulis* 以及需要特别处理后才可食用的胶陀螺菌 *Bulgaria inquinans* 等。国内其他地区很少出现的食用菌还有金粒囊皮伞 *Cystoderma fallax* 和掌状玫耳 *Rhodotus palmatus*。有毒的种类有鹿花菌 *Gyromitra* spp.、某些侧盘菌 *Otidea* spp.、紫肉蘑菇 *Agaricus porphyrizon*、淡玫瑰红鹅膏 *Amanita pallidorosea*、鳞柄白鹅膏 *A. virosa*、假球基鹅膏 *A. ibotengutake* 等；胶陀螺菌 *B. inquinans* 未经特别处理而食用时也会引起过敏性中毒。黏菌的种类在该类型的植被中分布也较多，如筒菌 *Tubifera* spp.、粉瘤菌 *Lycogala* spp.、绒泡菌 *Physarum* spp. 和煤绒菌 *Fuligo* spp. 等都有分布，而盔帽团网菌 *Arcyria galericulata* 为该类型植被中的特有种类。

② 东北地区寒温带针叶林与温带针阔混交林 该类型的针叶林属寒温带或中温带类型，常有或多或少的阔叶树混生其中，甚至形成典型的针阔混交林，实际上东北大部分森林属于针阔混交林。寒温

东北地区温带针阔混交林（黑龙江 丰林国家级自然保护区，海拔 600 m）

带针叶林以大兴安岭的兴安落叶松林和内蒙古东部沙地樟子松林为典型代表，兴安落叶松林在海拔 1 300~1 700 m 的区域常同时混生有少量的白桦和蒙古栎等阔叶树。中温带针叶林以长白山针叶林为代表，主要针叶树种有红松、云杉、冷杉、落叶松、紫杉等，常同时混生有钻天杨、岳桦、蒙古栎、槭树等阔叶树种类。

该类型的林中大型真菌分布主要为北半球广泛分布的物种，如厚环乳牛肝菌 *Suillus grevillei*、冷杉枝瑚菌 *Ramaria abietina*、球盖光柄菇 *P. podo-*

东北地区温带针阔混交林（吉林 长白山国家级自然保护区，海拔600 m）

东北地区温带针阔混交林—草地（内蒙古 阿尔山，海拔900 m）

spileus、乳酪粉金钱菌 Rhodocollybia butyracea 等。多年生的多孔菌类更是周年可见，种类繁多，最为常见的有红缘拟层孔菌 Fomitopsis pinicola、玫瑰拟层孔菌 F. rosea、落叶松木层孔菌 Phellinus laricis 等。该类型的林中发现我国的特有真菌种类有兴安薄孔菌 Antrodia hingganensis、肿丝变孔菌 Anomoporia vesiculosa、吉林小香菇 Lentinellus jilinensis、吉林球盖菇 S. jilinensis 和著名食用菌广叶绣球菌 Sparassis latifolia 等。也发现一些国内其他地区尚未发现或罕见的种类，如淡色粉褶蕈 Entoloma pallidocarpum、波扎里光柄菇 P. pouzarianus、松木小杯伞 Clitocybula familia、类连接小脆柄菇 Psathyrella spintrigeroides 等。食用菌有著名的松口蘑（松茸）T. matsutake、淡紫色钉菇 Chroogomphus purpurascens、松乳菇 Lactarius deliciosus、云杉乳菇 L. deterrimus、平截棒瑚菌 Clavariadelphus truncatus、珊瑚状猴头菌 Hericium coralloides，国内其他地区少见的食用菌还有淡

紫坂氏齿菌 Bankera violascens、绒柄枝瑚菌 R. murrillii、高山炮孔菌 Laetiporus montanus 和绒毛色钉菇 C. tomentosus 以及针叶林中草地上的草地拱顶伞 Cuphophyllus pratensis 等。黏菌种类在该植被类型中的分布较少，但发网菌 Stemonitis spp.、发丝菌 Stemonaria spp. 等分布较多。

③ 东北地区温带草原与草地　东北海拉尔地区有广袤的草原及一些草地，主要草本植物有羊草、披碱草、贝加尔针茅、小芦苇、碱蓬、野古草、洽草和隐子草属中多种植物；草地周边还可以混生有胡枝子、山黧豆、野苜蓿、山野豌豆、黄芪、野百合、线叶菊、柳兰、地榆、大油芒、冰草、早熟禾、羊茅、柴胡、野豌豆、唐松草等其他草类或灌木植物。这类生境多数位于温带半湿润气候向温带半干旱气候过渡带，属中温带大陆性气候，气候条件与该区的阔叶林等大致相同。

草生的大型菌物较为丰富，包括多种蘑菇 Agaricus spp.、田头菇 Agrocybe spp.、湿伞 Hygrocybe spp.、广义的鬼伞（包括鬼伞 Coprinus spp.、拟鬼伞 Coprinopsis spp. 和小鬼伞 Coprinellus spp.）、环柄菇 Lepiota spp.、铦囊蘑 Melanoleuca spp.、香蘑 Lepista spp.、黏盖草菇 Volvariella gloiocephala、螺青褶伞 Chlorophyllum agaricoides，马勃类真菌尤为丰富，包括秃马勃 Calvatia spp.、脱盖灰包 Disciseda cervina、马勃 Lycoperdon spp. 和栓皮马勃 Mycenastrum corium 等。粪生的大型真菌如斑褶菇 Panaeolus spp. 和黄盖粪伞 Bolbitius titubans 等常生长在牧场草畜粪堆上或周围的地上。草地上的紫柄铦囊蘑 M. porphyropoda 和稀树林地上的白柄铦囊

东北地区温带草原（内蒙古东北部 海拉尔，海拔600 m）

蘑 *M. leucopoda* 就是在东北地区发现的我国特有种。著名的食用菌蒙古口蘑 *T. mongolicum* 和硬柄小皮伞 *Marasmius oreades* 常可在草地上形成蘑菇圈。

④ 东北地区温带湿地　东北地区有数十个湿地自然保护区。在天然湿地中，有森林沼泽、草本沼泽、灌丛沼泽、河流湿地和湖泊湿地等。森林沼泽有白桦—沼柳—苔草沼泽；灌丛沼泽有柴桦—乌拉苔草沼泽和沼柳—尖嘴苔草沼泽；草本沼泽有芦苇沼泽、香蒲沼泽、浮毡沼泽、臌囊苔草沼泽和杂类草沼泽等。气候条件与附近林区相似，但地面常有水体淹没，较为潮湿，小生境有明显的区别。

湿地大型菌物资源以植物体上的腐生菌和寄生菌为主。由于土体常被淹没，地生的种类极少。湿地大型菌物资源的研究并不深入，已知种类不多，一般都是植物残体上极常见的腐生菌种类，如长在腐木上的裂褶菌 *Schizophyllum commune*、木耳 *Auricularia* spp.、桦褶孔菌 *Lenzites betulina* 等，其他菌类较少见。沼泽草本植物残体上主要有广义的鬼伞 *Coprinus* spp. 等草生种类，但也有一些比较特有的种类，如长于香蒲残体上的香蒲小脆柄菇 *P. typhae* 在国内其他地区尚未发现。湿地生态类型在国内其他地区也有分布，但由于在这一生态类型中的菌类相对稀少，研究也不够深入，本书不再单独介绍。

东北地区湿地植物群落（黑龙江 三江平原香蒲群落，海拔 80 m）

东北地区的阔叶林、针阔混交林（甚至针叶林）中杯伞属 *Clitocybe* 的种类要比南方地区丰富得多。这里也是国内鳞伞属 *Pholiota* 种类最丰富的地区。由于本区东部较潮湿，西部较干旱，故东部蜡伞属 *Hygrophorus* 较普遍，而西部木蹄层孔菌 *Fomes fomentarius* 和拟层孔菌 *Fomitopsis* spp. 较多。

2）华北地区（Ⅱ）　西邻青藏高原；东濒黄渤二海；北与东北地区、内蒙古地区相接；南界为秦岭—淮河线，具体界线为秦岭北麓，经伏牛山、淮河至苏北灌溉总渠。包括4个自然地理单元：东部的辽东山东低山丘陵、中部的黄淮海平原和辽河下游平原、西部的黄土高原、北部的冀北山地。气候表现为暖温带半湿润大陆性季风气候的特点，四季分明，光照充足。冬季寒冷干燥，夏季高温降水相对较多，降水在年内分配高度集中，多暴雨。本地区的降水量少于东北地区，但降水强度比东北地区大，降水变率大。黄淮海平原和辽河下游平原的热量和雨水明显多于黄土高原。

森林内大型菌物较为丰富，而半荒漠山地等干旱地区资源较少，多数菌类出现在夏秋季的雨季及雨季之后。与东北地区相似，也有一些种类只出现在特殊的季节，如羊肚菌 *Morchella* spp. 在4月即可大量出现；一些多孔菌等多年生种类则常年可见，部分多孔菌一般在10月才更为成熟，更易观察到孢子。华北地区植被类型多样，建群种以松科的松属和壳斗科的栎属的种类为主，种类相当丰富。本区的植被类型可大致分为温带落叶阔叶林、温带针叶林、温带针阔混交林、温带草地（山地草坡）和温带半荒漠化山地等。

① 华北地区温带落叶阔叶林　华北地区温带落叶阔叶林总的来说属暖温带落叶阔叶林，常分布在东部地区海拔 600~800 m 以下的地方。主要阔叶树种为喜温耐旱的栎树、桦树及人工栽植的杨、柳、榆、国槐、臭椿、泡桐等。

这种林型中大型真菌的分布主要为北方温带的种类，如与东北地区共有的种类有长囊锐孔菌 *Oxyporus obducens*、华木层孔菌 *Phellinus chinensis*、梨生多年卧孔菌 *Perenniporia pyricola*、平滑木层孔菌 *P. laevigatus*、杨锐孔菌 *O. populinus* 及刺槐多年卧孔菌 *P. robiniophila* 等。广布于国内各地区阔叶树上的种类也相当多，如二年残孔菌 *Abortiporus biennis*、狭髓多年卧孔菌 *P. medulla-panis*、桦褶孔菌 *L. betulina*、桦剥管孔菌 *Piptoporus betulinus* 和鳞皮扇菇 *P. stipticus* 等。与日本共有的种类有日

华北地区温带落叶阔叶林（阔叶小灌木）（山西 太行山，海拔 1 500 m）

华北地区温带落叶阔叶林（辽宁 海棠山国家级自然保护区，海拔 650 m）

华北地区温带落叶阔叶林（辽宁 老秃顶子国家级自然保护区，海拔 870 m）

本多年卧孔菌 *P. japonica*、长棱鹅膏 *A. longistriata* 和褐毛靴耳 *Crepidotus badiofloccosus* 等。而拟浅孔大孔菌 *Megasporoporia subcavernulosa* 则是与华南和华中地区共有的种类，有可能是热带、亚热带种类向温带地区延伸的例子。在这一地区发现的我国特有种类也有不少，如宁夏虫草 *Cordyceps*

华北地区温带落叶阔叶林（河南 栾川老君山，海拔 500 m）

ningxiaensis、太白多孔菌 *P. taibaiensis*、山东粉褶蕈 *E. shandongense*、王氏薄孔菌 *A. wangii* 及剧毒的淡玫瑰红鹅膏 *A. pallidorosea* 等。重要的野生经济真菌有著名药用菌灵芝 *Ganoderma lingzhi*、粗毛纤孔菌 *Inonotus hispidus*，北方温带广泛分布的食用菌有银白离褶伞 *L. connatum*、荷叶离褶伞 *L. decastes*、杨树口蘑 *T. populinum* 和白柄马鞍菌（巴楚蘑菇）*Helvella leucopus* 等。

②华北地区温带针叶林　一些东北等地区的北方针叶林在华北地区亦有分布，主要有松树林、落叶松林、云杉林、冷杉林、柏树林和银杏树。油松林是华北地区温性针叶林的代表类型，分布广泛，多生长在海拔 800~2 000 m 的低中山地；华山松林则分布于海拔 1 400~1 900 m 的暖温带山地，多位于华北的西部地区；赤松林分布于辽东半岛南部、胶东半岛直到苏北云台山一带；落叶松林分布于海拔 1 600~2 000 m 的阴坡、半阴坡山地；白杆和青杆多分布在海拔 1 500~2 300 m 的阴坡上；臭

华北地区温带针叶林（河北 坝上桦皮岭，海拔 1 300 m）

华北地区温带针叶林（山西 芦芽山国家级自然保护区，海拔 1 400 m）

华北地区温带针叶林（辽宁 丹东，海拔 830 m）

冷杉林在海拔 1 800~2 400 m 的山地阴坡或半阴坡上；侧柏在一定的环境中可以成为建群种，多长于 800~1 300 m 的低山地区。这一地区针叶林的气候条件与其阔叶林的接近，但针叶林更能适应海拔较高的寒冷地带。

林内常常阴暗潮湿，适合菌物生长，东北地区针叶林中的种类大多数都可以在华北地区出现，如我国北方分布极为广泛的冷杉附毛孔菌 *Trichaptum abietinum*、异形薄孔菌 *A. heteromorpha*、棉絮薄孔菌 *A. gossypium*、褐栗孔菌 *Castanoporus castaneus*、血红菇 *Russula sanguinea* 等。但人们对华北地区针叶林中的大型真菌物种多样性的研究远比东北地区的少，已知种类也相对较少。对植物有较大专一性的种类比较多，如银杏锐孔菌 *O. ginkgonis* 和柏树上的戴氏小褶孔菌 *Lenzitopsis daii*。特有的种类有灰波斯特孔菌 *Postia cana*、华粉蓝牛肝菌 *Cyanoboletus sinopulverulentus* 以及可以食用的太原块菌 *Tuber taiyuanense* 等。该地区针叶林中的野生经济真菌还有著名食用和药用真菌茯苓沃菲卧孔菌（茯苓）*Wolfiporia cocos*、鸡油菌 *Cantharellus cibarius*、翘鳞伞 *P. squarrosa*、粗糙肉齿菌 *Sarcodon scabrosus*、铜绿球盖菇 *S. aeruginosa*、小牛肝菌 *Boletus paluster*、黏铆钉菇 *Gomphidius glutinosus* 和斑点铆钉菇 *G. maculatus* 等。有毒的种类有鳞柄

白鹅膏 *A. virosa* 等。该植被中黏菌的物种分布较少，仅有少量发网菌 *Stemonitis* spp. 等。

③华北地区温带针阔混交林　这是华北地区的针叶林和夏绿阔叶林间的过渡类型。通常由栎属、槭属、椴树属等阔叶树种与云杉、冷杉、松属、侧柏、圆柏等针叶树的一些种类混合组成。总体气候环境与该地区的其他森林基本一致，但小气候环境因构成植物与地理因素的不同而有所变化。针叶林与阔叶林的菌物种类都有可能在混交林中出现，但特别阴暗潮湿环境中的针叶林种类在混交林中相对较少。

华北地区阔叶林和针叶林的大型菌物都有可能在混交林中出现，其中有广泛分布于温带的水粉杯伞 *C. nebularis*、多种可食用的蘑菇 *Agaricus* spp. 和裸脚伞 *Gymnopus* spp.、著名的食用菌鸡油菌 *C. cibarius* 以及有毒的紫肉蘑菇 *A. porphyrizon* 等都特别偏爱这种混交林的环境。华北较常见的针叶树圆柏是果树病害菌梨胶锈菌 *Gymnosporangium*

华北地区温带针阔混交林（山东　徂徕山国家森林公园，海拔 800 m）

华北地区温带针阔混交林（河北　承德雾灵山，海拔 1 400 m）

asiaticum 的转主寄主，并在枝叶上形成冬孢子角。黏菌的物种在这一植被中分布也较为丰富。

④华北地区温带草地（山地草坡）　华北地区的草地多为暖温带半湿润暖性草丛草地和山地草坡，为半干旱草原带，多数由喜暖的多年生草本植物构成其优势种，往往是由于历史上森林被破坏后形成的，总体气候条件与附近林区相似，但由于无高大植被的保护，大型菌物生长环境受天气的影响更加直接。

夏秋季为大型菌物出现的高峰期。多数内蒙古草原与青藏高原草原中的菌物种类也能在这里出现，如内蒙古著名的食用菌蒙古口蘑 *T. mongolicum* 和青藏地区的黄绿卷毛菇（黄绿蜜环菌）*Floccularia luteovirens* 均可延伸到这一地区。与北温带共有的还有香杏丽蘑 *Calocybe gambosa* 和脱盖灰包 *D. cervina* 等。分布较广的有广义鬼伞（包括鬼伞 *Coprinus* spp.、拟鬼伞 *Coprinopsis* spp. 和小鬼伞 *Coprinellus* spp.）、马勃类真菌、草食性动物粪便上生长的斑褶菇 *Panaeolus* spp. 和喜粪生裸盖菇 *Psilocybe coprophila* 等。可食用或药用的种类有裂皮大环柄菇 *Macrolepiota excoriata*、硬柄小皮伞 *M. oreades*、多个可食用或药用的广义马勃类真菌（秃马勃 *Calvatia* spp.、马勃 *Lycoperdon* spp.、小灰球菌 *Bovista pusilla*）和林缘或草地上广泛分布的蘑菇 *A. campestris*、麻脸蘑菇 *A. urinascens* 等。草地上还有一些可能有毒的种类，如粉褶白环蘑 *Leucoagaricus leucothites*、红鬼笔 *Phallus rubicundus*，以及某些斑褶菇 *Panaeolus* spp. 和裸盖菇 *Psilocybe* spp.。

华北地区温带草地（山地草坡）（山西　历山国家级自然保护区，海拔 2 300 m）

⑤ 华北地区温带半荒漠化山地　华北地区半荒漠化山地多为次生盐碱化，在接近西北地区的山地往往更为严重，环境干旱，森林仅残存于局部地方，由温带针叶树（如油松、白皮松、华北落叶松、青杆等）和温带落叶阔叶树（如桦树、栎树等）构成，林外是半荒漠化草地和灌木丛，通常由耐旱的种类构成。这类山地虽同属于暖温带半湿润大陆性气候，但由于植被的退化而显得较为干旱。

华北地区温带半荒漠化山地（辽宁 海棠山国家级自然保护区，海拔 600 m）

夏秋季为大型菌物的出现高峰期。山地中适合温带针叶林、阔叶林及灌丛草地生长、相对耐旱或耐贫瘠的大型菌物都有可能出现，如最常见的冷杉附毛孔菌 *T. abietinum*、桦褶孔菌 *L. betulina*、北方小香菇 *L. ursinus*、马勃 *Lycoperdon* spp. 等。但与其他植被类型比较，总体上大型真菌资源并不丰富，研究也不够深入。

3）华中地区（Ⅲ）　北起秦岭、淮河，南至南岭，西起中缅边界，东达东海、黄海之滨。包括 6 个自然地理单元：秦巴山地与淮阳丘陵、长江中下游平原、江南山地丘陵、浙闽山地丘陵、四川盆地和云贵高原。全区属于中亚热带和北亚热带温润季风气候，热量充足，降水丰沛，但季节差异较大，四季分明，年降水量 800~1 800 mm，东部高于西部。以夏雨最多，春雨次之，秋雨再次，冬雨最少，春末至秋初为大型菌物出现最多的季节。该区的神农架地区、秦岭山区、南岭的北坡等地保留有较好的森林，菌类十分丰富，一直受到菌物多样性工作者的关注；但本区的北部多为盐碱土，而且冬季气温达到零下的时间较长，生态环境相对较差，菌类较

贫乏。西南部的四川和云南是一个特殊的生态区，菌物物种丰富，特有种类繁多，食用菌的产量巨大，是野生食用菌的王国。华中地区植被类型多，区系成分复杂，阔叶树以壳斗科、樟科、山茶科、木兰科等常绿阔叶树种为主，但也混有较多北方温带植被和南方热带植被成分。该地区的主要植被可分为亚热带常绿阔叶林、亚热带常绿—落叶阔叶林、竹林、亚热带针阔混交林、亚高山针叶林或亚高山草地—针叶林、亚热带山顶矮林等不同的植被类型。

① 华中地区亚热带常绿阔叶林　亚热带常绿阔叶林广泛分布于华中地区的丘陵山地。典型的亚热带常绿阔叶林主要分布于四川盆地、湖南与广东接壤部分、云贵高原和江南与浙闽丘陵山地等中亚热带地区范围内。主要类群有栲属、青冈属、柯属、润楠属和木荷属等植物。由于地理与气候条件与华南相近，故有不少华南南亚热带地区亚热带常绿阔叶林的植物种类。常绿阔叶林通常分布在华中地区相对湿润的地方。华中地区东南部，林区最冷月平均气温 5℃以上，≥ 10℃积温 5 300℃以上，通常年降水量 1 600~1 700 mm。

华中地区（尤其西部）的常绿阔叶林中大型菌物资源非常丰富，特有物种也比较多，如云南侧盘菌 *O. yunnanensis*、可食用的窄褶蜡蘑 *Laccaria angustilamella* 和薄囊多汁乳菇 *L. tenuicystidiatus* 以及林缘草地上的白柄小皮伞 *M. albostipitatus* 等，还有许多针阔混交林中的华中地区特有种也可在常绿阔叶林中出现。在非特有种类中，菌物区系成分则与华南地区南亚热带常绿阔叶林的成分关系最为密切，包括两地区的喜高温种类大革耳 *Panus giganteus*、暗褐脉柄牛肝菌 *Phlebopus portentosus*

华中地区亚热带常绿阔叶林（云南 景东，海拔 2 300 m）

和粗壮粉孢牛肝菌 *Tylopilus valens* 等。与华南地区共有的种类还有浅肉色拟层孔菌 *F. feei*、多种锈革菌 *Hymenochaete* spp.、紫褐黑孔菌 *Nigroporus vinosus*、尖囊锐孔菌 *O. subulatus*、变蓝斑褶菇 *P. cyanescens*、烟色血韧革菌 *Stereum gausapatum*、集毛孔菌 *Coltricia* spp.、欧氏鹅膏 *A. oberwinklerana*、蓝鳞粉褶蕈 *E. azureosquamulosum*、方孢粉褶蕈 *E. quadratum*、近杯伞状粉褶蕈 *E. subclitocyboides*、大津粉孢牛肝菌 *T. otsuensis*、红皮丽口菌 *Calostoma cinnabarinum*、黑柄炭角菌 *Xylaria nigripes* 等。可药用的古尼虫草 *C. gunnii* 以及剧毒的灰花纹鹅膏 *A. fuliginea* 和亚黑红菇 *R. subnigricans* 也都较为常见。广义的虫草种类比较丰富。虽然同样是以春末到秋初为理想的采集季节，晚秋等其他季节种类不多，但也可采集到野生的食用菌香菇 *Lentinula edodes* 等重要食用菌以及其他较低温的种类。

② 华中地区亚热带常绿—落叶阔叶混交林　这类混交林是常绿阔叶林与落叶阔叶林之间的过渡类型，在华中地区秦巴山地、淮阳山地和长江中下游平原等地有较广泛的分布。与常绿阔叶林相比，植物群落有一定的季节变化。落叶树成分在

华中地区亚热带常绿—落叶阔叶混交林（安徽 黄山，海拔 1 500 m）

华中地区北部和西部高海拔地区往往更为典型，林中温度通常比华中地区亚热带常绿阔叶林低，雨量也有所减少。这里的落叶阔叶树主要有落叶栎类、槭树、桦树、鹅耳枥、黄连木、水青冈、化香、合欢、枫香等；在石灰岩山地的落叶树还有朴属、榆属、青檀属、榉属、栾树属等种类。常绿阔叶树主要有壳斗科（如青冈属、栲属和柯属等）、樟科和木樨科的常绿种类。由此可见，该地区植物类型十分复杂多样，除了本地的一些优势种外，邻近的华北、

华中地区亚热带常绿—落叶阔叶混交林（安徽 黄山，海拔 700 m）

华中地区亚热带常绿—落叶阔叶混交林（江苏 铁山寺森林公园，海拔 200 m）

华中地区亚热带竹林（浙江 天目山国家级自然保护区，海拔 1 000 m）

华南和青藏地区的阔叶树种都有部分延伸到这一地区。同样，该区域的大型菌物种类资源也相当丰富。

华北、华南和青藏地区的阔叶林中的许多大型真菌的种类也可在该区域出现。当然，这类森林与华中地区的常绿阔叶林关系最为密切。除了一些特别喜温的种类外，华中地区亚热带常绿阔叶林中大型菌物的种类几乎都可在该区域出现，这里不再重复列举。从大的菌物区系来看，林中主要分布有北半球区系及东亚区系的大型菌物，如白薄孔菌 *A. albida*、环带小薄孔菌 *A. zonata*、三色拟迷孔菌 *Daedaleopsis tricolor* 和淡黄木层孔菌 *P. gilvus* 等；国内比较少见的北美洲种类脐突菌瘿伞 *Squamanita umbonata* 在华中地区也有出现；许多特有或特色的大型菌物的种类也分布于该区域，如黄山锈革菌 *H. huangshanensis*、神农架肉杯菌 *Sarcoscypha shennongjiana*、平伏拟木层孔菌 *Phellinopsis resupinata* 和脱皮大环柄菇 *M. detersa* 等。

③ 华中地区亚热带竹林　华中地区有较多成片的竹林，是该地区植被类型的重要组成。竹林的气候条件与大型菌物的采集季节与邻近的阔叶林相似。

竹林中鬼笔科的鬼笔 *Phallus* spp.、竹荪 *Dictyophora* spp.、蛇头菌 *Mutinus* spp. 等种类及小皮伞科的小皮伞 *Marasmius* spp. 和类脐菇科的微皮伞 *Marasmiellus* spp. 等种类都比较常见。竹生薄孔菌 *A. bambusicola* 是在我国竹林中发现的特有种。偏爱竹子的种类还有竹生锈革菌 *H. muroiana* 及药用菌

竹黄 *Shiraia bambusicola* 等。著名的食用菌长裙竹荪 *D. indusiata*、白鬼笔 *P. impudicus* 以及珍贵的药用菌蝉花（蝉棒束孢）*Isaria cicadae* 在竹林有较大的产量。而乳头青褶伞 *C. neomastoideum* 则是这一地区竹林中较常见的有毒种类。

④ 华中地区亚热带针阔混交林及亚热带针—阔—竹混交林　华中地区大部分针叶树都与阔叶树混生形成亚热带针阔混交林。有些地方的针阔混交林还常常与竹子混生，形成针—阔—竹混交林。其中针叶树的种类主要有松属、金钱松属、杉木属、圆柏属、三尖杉属、红豆杉属及油杉属，此外还有银杉、铁杉、柳杉、银杏、竹柏、柏树等；阔叶树的种类更为复杂，附近常绿阔叶林及常绿—落叶阔叶混交林的树种都有可能混生其中。

这种混交林的气候条件与大型菌物的采集季节与邻近的阔叶林相似。由于植物的种类及其提供的营养多样性，林中大型菌物类型较为复杂，上述华中地区阔叶林和竹林中的菌种均有可能出现；而与针叶树有关的种类除了紫杉胶黏孔菌 *Gloeoporus taxicola* 等分布较广的种类外，还发现有许多当地的物种，如云南美牛肝菌 *Caloboletus yunnanensis*、小褐牛肝菌 *Imleria parva*、易混色钉菇 *C. confusus*、细丝色钉菇 *C. filiformis*、东方色钉菇 *C. orientirutilus*、淡粉色钉菇 *C. roseolus*、庄氏地花菌 *Albatrellus zhuangii*、黄山薄孔菌 *A. huangshanensis*、铁杉集毛孔菌 *C. tsugicola* 等。裸脚伞属 *Gymnopus* 的物种在针阔混交林中特别常见。与华南地区共有的有覆瓦假皱孔菌 *Pseudomerulius*

华中地区亚热带针—阔—竹混交林（江西 白水仙森林公园，海拔 500 m）

华中地区亚热带针阔混交林（湖南 莽山国家级自然保护区，海拔 1 100 m）

华中地区亚热带针—阔—竹混交林（湖南 九龙江国家森林公园，海拔 700 m）

curtisii 和穆雷粉褶蕈 E. murrayi 等种类，这些物种体现该地区与华南的地缘相关性。与华北共有的物种则有考氏齿舌革菌 Radulodon copelandii，与东北地区共有的物种有柠檬蜡伞 H. lucorum 等，这些物种的出现有可能代表着北方菌物区系对该地区的影响。华中地区西部的食用菌资源非常丰富，如食用菌松茸 T. matsutake 和变绿红菇 R. virescens 等的天然产量很高，在松树与栎树等组成的针阔混交林中相当常见；较为重要的食用菌还有红黄鹅膏 A. hemibapha、梭柄松苞菇 Catathelasma ventricosum、多种可食用的枝瑚菌 Ramaria spp.、牛肝菌 Boletus spp.、鸡油菌 Cantharellus spp.、乳菇 Lactarius spp.、红菇 Russula spp.、肉齿菌 Sarcodon spp. 以及干巴菌 Thelephora ganbajun、蚁巢伞（鸡枞菌）Termitomyces spp.、块菌 Tuber spp.、云南硬皮马勃 Scleroderma yunnanense、疣孢鸡油菌 C. tuberculosporus 等。这些食用菌大部分也是青藏地区较低海拔的混交林中共有的，可见华中地区西部的菌物区系与青藏地区菌物区系的紧密联系。

⑤ 华中地区亚高山针叶林和丘陵亚热带针叶林 在华中地区某些高海拔的山上分布有部分亚高山针叶林，其中以神农架 2 400 m 以上的亚高山针叶林带较为典型，树种多为冷杉等相对耐寒的针叶树。当针叶林受破坏后，周围常有箭竹侵入或形成

华中地区亚热带亚高山草地—针叶林（湖北 神农架国家级自然保护区，海拔 2 200 m）

华中地区亚热带山顶矮林（四川 格萨拉生态旅游区，海拔 3 000 m）

草地。而低海拔的丘陵地带也有一些由松树、杉树等构成的亚热带针叶林。

对这一地区针叶林中的大型菌物资源，目前的认识仍然有限。据现有资料，这里亚高山针叶林植物类型和生境等与我国北方或青藏地区亚高山的针叶林相似，大型菌物的种类也比较接近；而低海拔的丘陵亚热带针叶林则常常多少混生一些阔叶树种，已知的大型菌物的种类基本上都是该地区针阔混交林中与针叶树有关的种类。针叶林周边草地上也有其他一些草地上常见的类群，如草地生的蘑菇 Agaricus spp. 及马勃 Lycoperdon spp. 等种类。黄褐大环柄菇 M. subcitrophylla 是华中地区针叶林林缘地上发现的我国特有的食用菌。另外，此植被类型中还分布着一些我国特有和特色的物种，如云南花耳 Dacrymyces yunnanensis、黄山薄孔菌 A. huangshanensis、庄氏地花菌 A. zhuangii 等。

⑥ 华中地区亚热带山顶矮林 构成这一林型的植物以栎属及杜鹃花属种类为主。景观与小气候条件和华南地区的山顶矮林十分相似，但温度相对略低，各种生态环境都十分适合大型菌物的生长。

林中菌类生长季节较长，但仍以夏秋季菌类最为丰富。暗金钱菌 Phaeocollybia spp.、蜜环菌 Armillaria spp.、钉菇 Gomphus spp. 和锤舌菌（胶地锤）Leotia spp. 等喜湿的种类十分常见。黏菌的物种分布在该类型植被中较为丰富，如筒菌 Tubifera spp.、粉瘤菌 Lycogala spp.、绒泡菌 Physarum spp. 和煤绒菌 Fuligo spp. 等都有分布。该类型植被中大型菌物资源十分丰富，但研究工作仍有待加强。

华中地区栽培食用菌种类也较多，其中香菇 L. edodes 的栽培面积和产量较大。

4）华南地区（Ⅳ） 位于我国最南部。北与华中地区相接；南面包括辽阔的南海和南海诸岛，与菲律宾、马来西亚、印度尼西亚、文莱等国相望；西南侧是我国与越南、老挝、缅甸等国家的边界。本区北界是南亚热带与中亚热带的分界线。包括 5 个自然地理单元：台湾、雷州半岛与海南岛、南海诸岛、岭南丘陵和平原、滇南间山宽谷。

全区表现为热带—南亚热带季风气候的特点，总体上气温常年较高，降水丰沛，降水强度大，多数地区年降水量 1 400~2 000 mm，是我国降水最丰沛的地区。该区丰富多样的植被环境和充沛的水分，孕育了极为丰富的菌物多样性。但由于热带和南亚热带地区温度较高不利于有机物积累，且有较大面积的酸性土壤环境或贫瘠的喀斯特地貌环境，阔叶林中常有多种植物混杂生长，所以经常会出现种类很多但每个种的量都很小的情况。这一地区温湿条件优越，大型菌物的生长季节比较长，每年 4 月底至 10 月底的雨季是较理想的采集季节，6~9 月最为丰富，而自 11 月开始至翌年 4 月初的旱季也能采集到一些稍为耐旱的种类。

该区植被以热带区系成分为主，在华南热带性植物中，绝大多数是热带亚洲成分，其中印度马来西亚植物区系的比重较大，最具代表性的是龙脑香科植物，如分布于海南的青梅（青皮），见于云南、广西的望天树（擎天树）等。而在一些高海拔的亚高山地区，则有一些台湾冷杉等亚高山针叶林等温

华南地区热带雨林—季雨林（云南 西双版纳国家级自然保护区，海拔 600 m）

带性的植物区系成分。这一地区的植被类型多样十分复杂，本书仅介绍其中几种最具代表性的植被类型，即华南地区的热带雨林—季雨林、亚热带常绿阔叶林、山地（或亚高山）针叶林与山地针阔混交林、热带和亚热带海岸红树林、热带小海岛灌木林、热带海岛木麻黄林和华南地区山顶矮林。

① 华南地区热带雨林—季雨林　我国热带雨林主要是热带季风下发育的雨林，即热带雨林—季雨林，大体分布在台湾南部，琼、粤、桂沿海，滇南及滇西南等谷地。雨林的植物种类丰富多样，通常优势种不明显，树木以桑科、无患子科、番荔枝科、桃金娘科、肉豆蔻科、楝科、橄榄科、使君子科、梧桐科、天料木科、龙脑香科、四数木科和苦木科等的植物为主，林下及林缘植物则有禾本科、棕榈科、茜草科、姜科、天南星科、竹芋科、爵床科、芸香科、大戟科和一些大型蕨类植物等种类。林区受热带季风气候影响，气温常年较高，变化不明显，月平均气温 18℃以上，雨水充足，年降水量 1 750 mm 以上，4~9 月雨水最为丰富，林下环境阴湿闷热，营养丰富，特别适合大型菌物生长，4 月底至 10 月底雨季及稍后是较理想的采集季节，其他月份也有不少的菌物在生长。

华南地区热带雨林生物区系与东南亚的热

华南地区热带雨林—季雨林（海南 尖峰岭国家级自然保护区，海拔 800 m）

华南地区热带雨林—季雨林（保护区边缘的次生阔叶林）（海南 尖峰岭国家级自然保护区，海拔 800 m）

华南地区热带雨林—季雨林（台湾 拳头姆山，海拔 300 m）

带雨林有较密切的联系，大型菌物中的佩奇粉褶蕈 Entoloma petchii、丛伞胶孔菌 Favolaschia manipularis、爪哇革耳 P. javanicus、网翼南方牛肝菌 Austroboletus dictyotus、长柄条孢牛肝菌 Boletellus longicollis、科耐牛肝菌 Corneroboletus indecorus、黄纱松塔牛肝菌 Strobilomyces mirandus、垂边红孢纱牛肝菌 Veloporphyrellus velatus 等都是与热带亚洲地区共有的种类；毛缘毛杯菌 Cookeina tricholoma、多明各歪盘菌 Phillipsia domingensis、皱波斜盖伞 Clitopilus crispus、环柄香菇 Lentinus sajor-caju 和黑柄四角孢伞 Tetrapyrgos nigripes 等也是这一植被类型中的代表性物种；而可食用的热带种类刺孢扁枝瑚菌 Scytinopogon echinosporus 也仅见于云南的热带地区。此外，这一地区还有些喜欢生长于热带植物棕榈科植物上的种类，如棕榈浅孔菌 Grammothele fuligo 等。本地发现的特有或特色种类相当丰富，如黑球炭角菌 X. atroglobosa、版纳炭角菌 X. bannaensis、版纳嗜蓝孢孔菌 Fomitiporia bannaensis、海南粉褶蕈 E. hainanense、窄褶黏滑菇 Hebeloma angustilamellatum、海南丝盖伞 I. hainanense、具托大环柄菇 M. velosa、台湾光盖伞 P. taiwanensis、厚囊褶孔牛肝菌 Phylloporus pachycystidiatus、糙孢玫耳 R. asperior 等均为在我国热带发现的种类。

②华南地区亚热带常绿阔叶林　华南典型的亚热带常绿阔叶林是由壳斗科、樟科、山茶科、木兰科、金缕梅科和杜英科等的常绿阔叶树种组成，由于与热带接壤，桃金娘科、楝科、桑科甚至棕榈科等的热带成分也有分布。

该地区属南亚热带地区，受亚热带季风气候影响，气温较高，最冷月平均气温 15℃ 以上，≥10℃ 积温 8 200℃（西段 8 000℃）以上，相对湿度较大，适合大型菌物生长。通常年降水量 1 600 mm 以上，4~9 月雨水最为丰富，5 月底至 10 月底的雨季是较理想的采集季节。一些种类则会在春天湿度较高的时间内大量出现，在华南地区发现的致命鹅膏 A. exitialis 通常只在 3~4 月大量出现。而在 11 月开始至翌年 5 月初也有一些种类在生长，如在冬天可采集到常年生长的多孔菌类或者在华南地区的北部采集到野生或半野生的食用菌香菇 L. edodes。这类森林大型菌物的物种多样性非常丰富，特别是与壳斗科（栲属、青冈属和栎属等）有关的真菌最为常见，不胜枚举。部分热带雨林中的种类也可以在这一地区生长，如许多喜高温分布的微皮伞 Marasmiellus spp. 和小皮伞 Marasmius spp. 等泛热带类群均较常见，蚁巢伞（鸡枞菌）Termitomyces spp. 的种类

华南地区南亚热带常绿阔叶林（广东 鼎湖山国家级自然保护区，海拔 500 m）

也不少。当然，在这里发现的特有或特色大型菌物种类也相当多，如经济用途未明的大果鹅膏 *A. macrocarpa*、淡灰黄斜盖伞 *C. ravus*、始兴环柄菇 *L. shixingensis*、小红菇小变种 *R. minutula* var. *minor* 和类铅紫粉孢牛肝菌 *T. plumbeoviolaceoides*，可以食用的灰肉红菇 *R. griseocarnosa*、球根蚁巢伞 *T. bulborhizus*、褐盖褶孔牛肝菌 *P. brunneiceps*、斑盖褶孔牛肝菌 *P. maculatus*，药用的椭圆嗜蓝孢孔菌 *F. ellipsoidea* 和剧毒的毒沟褶菌 *Trogia venenata* 等种类，目前已知的自然分布基本上仅限于这一地区。可以食用或药用的重要经济真菌种类还有很多，其中紫芝 *G. sinense*、云芝栓孔菌（云芝）*Trametes versicolor*、大革耳 *P. giganteus* 等有较大量的天然分布。漂亮的食用菌金黄喇叭菌 *Craterellus aureus*、美丽褶孔牛肝菌 *P. bellus* 和个体相当大的暗褐脉柄牛肝菌 *P. portentosus* 在国内也主要分布在华南地区，可视作热带种类向亚热带延伸的代表。

③ 华南地区山地（或亚高山）针叶林与山地针阔混交林　华南地区纯的天然针叶林相对较少，常与阔叶树混杂一起形成针阔混交林，它们常分布于海拔稍高的山地，在台湾，海拔 3 000 m 以上还有亚高山针叶林分布。这类树林中起主导作用的针叶树种主要有：陆均松、罗汉松、红桧、台湾杉、华南五针松、海南五针松、云南松、思茅松、南亚松及人工种植的杉树及马尾松等，海拔更高的还有台湾冷杉等亚高山针叶树种。低海拔地区的针叶林和针阔混交林的气候条件与周边的阔叶林相近，但有时林中保水能力相对较弱；而高海拔地区的森林则降水充足，年降水量可达 3 000 mm 以上，云雾天气频繁。

低海拔地区的针叶林及针阔混交林夏秋季是大型菌物采集的理想季节，而高海拔地区的采集季节则相对较长。针叶林中有大量的广布种（主要包括一些最早描述于欧洲的种类和部分描述于热带亚洲的种类），如黑地舌菌 *Geoglossum nigritum*、胶角耳 *Calocera viscosa*、桂花耳 *Dacryopinax spathularia*、污薄孔菌 *A. sordida*、异形薄孔菌 *A. heteromorpha*、冷杉褐褶菌 *Gloeophyllum abietinum*、橡胶小木层孔菌 *Phellinidium lamaoense*、黑顶小皮伞 *M. nigrodiscus*、耳状小塔氏菌 *Tapinella*

华南地区山地草坡—针叶林（台湾 合欢山，海拔 2 600 m）

华南地区山地针阔混交林（台湾 狮头山，海拔 1 000 m）

panuoides、赭盖鹅膏 *A. rubescens* 和多种乳牛肝菌 *Suillus* spp. 等。豆马勃 *Pisolithus arhizus* 在人工种植的松树林等针叶树附近十分常见。一些最早描述自日本的种类，则体现了这一地区菌物区系的东亚特色，其典型代表如白龟裂红菇 *R. alboareolata*、日本红菇 *R. japonica*、纺锤孢南方牛肝菌 *A. fusisporus*、长囊体圆孔牛肝菌 *Gyroporus longicystidiatus* 和大津粉孢牛肝菌 *T. otsuensis* 等。华南针叶林及针阔混交林中也有不少我国的特色种类，如罗汉松瘤孢孔菌 *Bondarzewia podocarpi*、南方异担子菌 *Heterobasidion australe*、中华鹅膏 *A. sinense*、粉黄牛肝菌 *B. roseoflavus*、褐丛毛圆孔牛肝菌 *G. brunneofloccosus* 和小褐牛肝菌 *I. parva* 等。野生经济真菌资源相当丰富，其中食用菌有各种鸡油菌 *Cantharellus* spp.、喇叭菌 *Craterellus* spp.、钉菇 *Gomphus* spp.、松乳菇 *L. deliciosus* 和红汁乳菇 *L. hatsudake* 或这些乳菇的近缘种洁丽

新香菇 Neolentinus lepideus、黄鳞伞 P. flammans、黑边光柄菇 P. atromarginatus、中华牛肝菌 B. sinicus、栗色圆孔牛肝菌 G. castaneus、胶质刺银耳 Pseudohydnum gelatinosum、焰耳 Guepinia helvelloides 等；药用菌则有黄假皱孔菌 P. aureus 等。有毒的种类有覆瓦假皱孔菌 P. curtisii 以及黄柄鹅膏 A. flavipes、格纹鹅膏 A. fritillaria、簇生垂幕菇 Hypholoma fasciculare、臭红菇 R. foetens、日本红菇 R. japonica 等，混交林中还可能分布有华南地区阔叶林的有毒种类。

④华南地区热带和亚热带海岸红树林 华南大陆与海岛沿岸分布有较多的热带和亚热带海岸红树林。其中的植物种类主要有红茄苳、红树、红榄李、水椰、杯萼海桑、水芜花等嗜热窄布种以及木榄、角果木、红海兰、海莲、海漆、榄李、银叶树、卤蕨等嗜热广布种。受热带海洋性季风气候影响，气温常年较高，光照较强，雨水较充分，植物可利用海水生长而不太受雨水的影响。

红树林中大型真菌发生的季节性不强，多发生于空气湿度较大的春天及夏秋季的雨后。由于林中的树根常被海水浸没且枯枝落叶又被潮汐的海水带走，大型的菌根真菌基本无法生长，而腐生的真菌也较少。红树林中最常见的大型真菌都是小皮伞 Marasmius spp.、微皮伞 Marasmiellus spp.、炭角菌 Xylaria spp. 等一些植物的兼性内生真菌，以及一些分布极广的裂褶菌 S. commune、木耳 Auricularia spp.、栓孔菌 Trametes spp. 和炭团菌 Hypoxylon spp. 等种类。

华南地区热带海岸红树林（广西 防城港，海拔约 0 m）

⑤华南地区热带小海岛灌木林 热带小海岛由于受台风的影响，树林多为较低矮的灌木林，常见的植物有海杧果、草海桐、露兜树（野菠萝）、厚藤（马鞍藤）、四棱草等。

华南地区热带小海岛灌木林（广东 外伶仃岛，海拔 80 m）

受热带海洋性季风气候影响，气温常年较高，但由于小海岛往往比较贫瘠且受海风的影响，光照强烈，大型菌物相对较少。大型菌物发生的季节性不强，春天及夏秋季台风季节的雨后为理想的采集季节。林中常见的大型真菌有分布极广的裂褶菌 S. commune、栓孔菌 Trametes spp. 和木耳 Auricularia spp. 等种类，灌木林旁的草地上还可以采集到湿伞 Hygrocybe spp. 及硬皮马勃 Scleroderma spp. 等种类。

⑥华南地区热带海岛木麻黄林 木麻黄具有耐盐防风的特性，广泛种植于我国热带海岛及大陆海岸的沙滩及附近山丘上，是这些地区的重要树种。热带海岛的气候条件前文已有所提及，木麻黄林中常有较强的海风和较强的日照，营养相对贫乏，大型菌物资源不太丰富。

多孔菌类等木质大型真菌可常年生长，而伞菌等肉质大型真菌通常需要较多的水分，多发生在雨后的一段时间内，每年 5 月底至 10 月底的雨季是较理想的采集季节。除了生长有南方灵芝 G. australe、光盖革孔菌 Coriolopsis glabrorigens 等热带常见的种类外，还有梅内胡裸脚伞 G. menehune 和木麻黄赖特孔菌 Wrightoporia casuarinicola 等一些国内其他树林尚未发现的特色种类，而喇叭状粉褶蕈 E. tubaeforme 更是全球范围内其他植被类型尚未发现的特有种。

华南地区热带海岛木麻黄林（广东 硇洲岛，海拔 20 m）

⑦华南地区山顶矮林 山顶矮林是华南地区重要的森林生态类型，是该地区常绿阔叶林的一个特殊类型。其中云南的热带山顶矮林以壳斗科、杜鹃花科和槭树科为优势植物；海南的热带山顶矮林以樟科、壳斗科、杜鹃花科和八角茴香科等占优势；广东的亚热带山顶矮林通常有厚皮香属、栎属、山矾属、杜鹃花属等植物；台湾山顶矮林的植物成分主要有杜鹃花属、八角属、栎属、山矾属、冬青属、吊钟花属、马醉木属、越橘属和黄杨属等。

下图为我国海南五指山的热带山顶矮林。其乔木主要优势种有栎子椆、硬壳柯、厚壳桂、厚皮香八角、海南鹅掌柴及华南五针松等，灌木树有猴头杜鹃、华南杜鹃、齿叶吊钟花、乌饭树、大头茶、海南树参和紫毛野牡丹等。华南地区山顶矮林常年暖湿多雾，年降水量 1 800 mm 以上，5~10 月为湿季，11 月至翌年 4 月略旱，年平均气温 16~18℃，几乎周年都可以采集，但冬天由于气温低、空气湿度下降而使大型菌物相对较少。各类大型菌物种类都相当丰富，包括各类伞菌、牛肝菌、子囊菌和腹

华南地区热带山顶矮林（海南五指山国家级自然保护区，海拔 1 800 m）

菌等。我国目前对山顶矮林的大型菌物研究并不十分深入，但在华中至华南过渡地区的山顶矮林中已发现有纤细金牛肝菌 Aureoboletus tenuis 等特有种类，相信深入研究后将一定有更多的新发现。

除上述生态类型外，华南地区也有部分的草地，但没有典型的草原。除一般草地生的种类外，著名食用菌草菇 V. volvacea、洛巴伊大口蘑（金福菇）Macrocybe lobayensis 以及我国特有种雪白草菇 V. nivea，都在这一地区的林缘草地、竹林或香蕉、甘蔗和水稻等草本作物田园腐烂的单子叶植物残体上或地上有自然分布；草地上常见的毒蘑菇则有华南地区经常引起中毒事故的铅青褶伞（铅绿褶菇）C. molybdites 和泛热带种类古巴裸盖菇 P. cubensis 等。

华南地区许多类群的物种都十分丰富，是某些类群的天然主产区或分布中心。如在华南热带和亚热带阔叶林中，灵芝属 Ganoderma 种类相当丰富，意味着这一区域有可能是灵芝属的起源中心和现代分布中心；著名药用菌牛樟芝 Taiwanofungus camphoratus 和功效未明的莲蓬稀管菌 Sparsitubus nelumbiformis 都是我国的特有种和特有属。华南地区的褶孔牛肝菌属 Phylloporus 和粉孢牛肝菌属 Tylopilus 的种类也非常丰富，虽然近年已描述了许多新种，但仍有不少未命名的种类有待深入研究。其他牛肝菌属也有许多我国的特色种。国内已知的大孔菌属 Megasporoporia 的种类也主要分布在华南。在华南地区热带雨林和亚热带常绿阔叶林，炭角菌属 Xylaria 的种类显然要比我国其他地区的更为丰富。在华南地区的西部，还有较多种常见的野生食用菌，如木耳 Auricularia spp.、侧耳 Pleurotus spp.、蚁巢伞（鸡枞菌）Termitomyces spp. 以及我国最早发现的紫褐牛肝菌 B. violaceofuscus 和中华干蘑 Xerula sinopudens 等。多种蚁巢伞 Terminomyces spp. 等热带非洲种类相当常见，这从一个侧面反映了非洲真菌区系与我国热带真菌区系的联系。黏菌的物种分布在该地区也较为丰富，如筒菌 Tubifera spp.、粉瘤菌 Lycogala spp.、绒泡菌 Physarum spp. 和煤绒菌 Fuligo spp. 等都有分布。

本地区的粤北山区、鼎湖山国家级自然保护区和海南山区等都有过大量菌物多样性的研究报告。

5）内蒙古地区（V） 位于我国北部边疆，北

以我国与蒙古、俄罗斯之间国境线为界；东、南、西三面与东北、华北、西北 3 个自然地区为邻。此地区以独特的温带高原草原景观区别于其他地区，与周边地区之间具有鲜明的自然界线。包括 4 个自然地理单元：内蒙古高原、大兴安岭南部与阴山山地、鄂尔多斯高原与河套平原、西辽河平原与燕山北侧黄土丘陵台地。该区处在东南季风区边缘，大部分属非季风区，表现出中温带半干旱气候的特点，降水由东向西递减，年降水量由 500 mm 减至 150 mm 以下，降水多在 7~8 月。植被以草甸草原为主，但局部地区有针叶林、桦木林等森林植被。从呼伦贝尔草原至阴山河套平原一带的草原气候区，大陆性季风气候影响不强或为非大陆性季风气候区，冬季达半年之久，最低平均气温为 –28℃，5~9 月春夏秋相连，气候温和；东部大青沟国家级自然保护区等地为温带大陆性季风气候区，年平均气温 5.6℃，冬季同样漫长寒冷，春秋两季干燥多风，但降水量在区内相对较多，年平均降水量 450 mm。7~9 月初是大型菌物多发季节。

① 内蒙古地区温带落叶阔叶林　内蒙古东部有部分保护良好的温带落叶林，其中位于内蒙古通辽市科尔沁左翼后旗境内的大青沟国家级自然保护区是其中的代表。该保护区属于温带大陆性季风气候区，附近有著名的科尔沁草原植被或辽河平原草甸草原植被。然而，大青沟的沟下植被景观和沟外植被景观截然不同：沟下主要以高大笔直的乔木组成，密度高、郁闭度大，木本植物近 100 种，主要树种有水曲柳、茶条枫、黄檗、多种柳和杨、核桃楸、榆、山梨、忍冬、蒙椴、黑弹树（小叶朴）、油桦等，多数与大型担子菌形成外生菌根。沟外植被稀疏、

内蒙古地区温带落叶阔叶林（内蒙古　大青沟国家级自然保护区，海拔 200 m）

开阔度大、树干矮小、曲折，形成以蒙古栎群落为演替顶极的疏林草原景观，主要树种有蒙古栎、榆、元宝槭、蒙桑、小叶朴、刺榆、西伯利亚杏、大果榆等。

这里的菌物资源比较丰富，主要发生在夏秋季。保护区及其周围已知的大型真菌 300 多种，其区系特点已有研究（图力古尔　李玉，2000）：种类较多的类群（含 5 种以上的属）有丝盖伞 *Inocybe* spp.、小皮伞 *Marasmius* spp.、多孔菌 *Polyporus* spp.、鳞伞 *Pholiota* spp.、光柄菇 *Pluteus* spp.、炭角菌 *Xylaria* spp.、蘑菇 *Agaricus* spp.、粉褶蕈 *Entoloma* spp.、蜡伞 *Hygrophorus* spp.、湿伞 *Hygrocybe* spp.、靴耳 *Crepidotus* spp.、铦囊蘑 *Melanoleuca* spp.、栓孔菌 *Trametes* spp. 和马鞍菌 *Helvella* spp.。从种的区系成分上来看，世界分布种约占 34.11 %，北温带分布种占 42.05 %、北温带—澳大利亚分布种占 5.30 %、温带—亚热带—热带分布种占 3.31 %、欧亚大陆分布种占 2.98 %、东亚—北美间断分布种占 2.32%、东亚分布种占 1.97 %、中国—日本共有种占 4.64 % 和特有成分占 3.97 %。大型菌物区系表现出鲜明的温带区系特征，区系亲缘关系与长白山等东北的温带阔叶林较为接近，而与热带、亚热带的区系较为疏远。红鳞环柄菇 *L. squamulosa* 就是本地区发现的特有种。主要食用菌有粗腿羊肚菌 *M. crassipes*、蜜环菌 *A. mellea*、冬菇 *Flammulina velutipes*、榆耳 *G. incarnatum*、猴头菌 *H. erinaceus*、毡盖木耳 *A. mesenterica*、杨鳞伞 *P. populnea* 等，药用菌有蛹虫草 *C. militaris*、大秃马勃 *C. gigantea*、三色拟迷孔菌 *D. tricolor*、鲜红密孔菌 *Pycnoporus cinnabarinus*、粗毛纤孔菌 *I. hispidus* 等，主要毒蘑菇有黄盖鹅膏 *A. subjunquillea* 以及丝盖伞 *Inocybe* spp.。部分黏菌的物种在该地区也有分布，如筒菌 *Tubifera* spp.、粉瘤菌 *Lycogala* spp.、绒泡菌 *Physarum* spp. 和煤绒菌 *Fuligo* spp. 等。

② 内蒙古地区温带针叶林（沙地云杉林）　沙地云杉是我国仅有的、沙地上集中连片生长的云杉属植物，是内蒙古草原地带浑善达克沙地上的残遗森林生态系统类型，形成了我国十分罕见的沙地森林草原。沙地云杉又称蒙古云杉，主要分布于内蒙古赤峰市克什克腾旗，是内蒙古白音敖包国家级自

内蒙古地区温带沙地云杉林（内蒙古 克什克腾旗，海拔
1 100 m）

然保护区的主要保护物种。保护区气候属寒温带半
干旱森林草原气候，年降水量 450 mm 左右，多集
中在 6~8 月。

因此，大型菌物的发生也多在 6 月下旬至 9 月
上旬。这里的大型菌物种类多数与东北地区针叶
林中的种类相同，特别是多年生的木质多孔菌类。
林下常见的菌根真菌有土味丝盖伞原变种 *Inocybe
geophylla* var. *geophylla*、冷杉枝瑚菌 *R. abietina*，
可以食用的有灰鹅膏 *A. vaginata* 和美味红菇 *R.
delica* 等。此处，还有鲜艳的毒蝇鹅膏 *A. muscaria*
生于桦木林中。针叶林中常见的腐生菌有沟条盔孢
伞 *Galerina vittiformis* 和洁小菇 *Mycena pura* 等。这
里针叶林及其周边常混生有白桦、山杨和榆树等阔

叶树，因此还有许多阔叶林中的种类，包括可食
用的毛腿库恩菇 *K. mutabilis* 和杨鳞伞 *P. populnea*
以及可药用的桦褶孔菌 *L. betulina* 和桦剥管孔菌
P. betulinus 等种类。森林边缘草地上则有可食用
的（或药用的）田野蘑菇 *A. arvensis*、白秃马勃 *C.
candida*、大白桩菇 *Leucopaxillus giganteus* 和花脸
香蘑 *L. sordida*。有毒的种类有草食性动物粪便上
的喜粪生裸盖菇 *P. coprophila* 等。

③ 内蒙古地区寒温带针阔混交林及针阔混交
林—草原过渡带 这一生态类型在大兴安岭西南山
麓阿尔山附近的森林比较典型。植被类型属于寒温
带针阔混交林，主要由西伯利亚植物区的蒙古植物
区系组成，天然植被特征主要是兴安落叶松、樟子
松等针叶林和白桦。虽地处中温带区域，但由于受
西伯利亚寒流及高原低温等因素的影响，气候特征
属寒温带大陆性季风气候，常年寒冷湿润，冬长
夏短，春秋相连，年平均气温 –3.2℃，平均海拔
1 100 m。7~8 月气温及降水等条件适合大型菌物的
生长。

林中已知的大型菌物种类与东北等我国北
方混交林中的菌类种类基本相同，而草地上的菌
类则与周边草原上种类基本一致。盔盖小菇 *M.
galericulata* 等北方广布种十分常见。这里野生食
用菌资源丰富，如与阔叶树关系密切的有卷边桩菇

内蒙古地区寒温带森林—草原过渡带（内蒙古 大兴安岭南麓，海拔 1 500 m）

Paxillus involutus、牛肝菌 *B. edulis*、水粉杯伞 *C. nebularis*，与落叶松关系更为密切的食用菌有多洼马鞍菌 *H. lacunosa* 和柠檬蜡伞 *H. lucorum* 等，林间草地上的食用菌（或药用菌）则有头状秃马勃 *C. craniiformis*、条柄蜡磨 *L. proxima*、硬柄小皮伞 *M. oreades*、紫丁香磨 *L. nuda* 等。重要的药用菌有斜生纤孔菌 *Inonotus obliquus* 和药用拟层孔菌 *F. officinalis* 等。有毒的种类则有林下的砖红垂幕菇 *H. lateritium* 等。

④ 内蒙古地区温带落叶阔叶林—草原过渡带　扎鲁特旗罕山国家级自然保护区是这种过渡带的典型代表。该保护区位于大兴安岭主脉南段、科尔沁沙地西北缘，是典型的山地向平原、森林向草原的过渡地带，也是暖温带向寒温带的过渡地带，属中纬度带半干旱大陆性季风气候。春季干旱多大风，蒸发量大；夏季雨热同季，降水集中；秋季短促；冬季漫长而寒冷。这里有良好的森林—草原生态系统，主要植被是大兴安岭主脉南段比较有代表性的典型的温带夏绿阔叶林，包括山地落叶阔叶灌丛、常绿阔叶灌丛、沙地落叶阔叶灌丛、河岸湿地灌丛。天然的乔木种类主要有白桦、黑桦、山杨、蒙古栎等优势种或建群种，伴生种类有辽椴、色木槭和大果榆等。灌木植物种类有近 30 种。7~8 月为该地真菌最为丰富的季节。林中已知的大型菌物种类与东北等我国北方混交林中的菌类种类基本相同，而草地上的菌类则与周边草原上的种类基本一致。

比较常见和重要的种类包括腐生菌白蛋巢菌 *Crucibulum laeve*，可食用的棒柄杯伞 *Ampulloclitocybe clavipes*、黑耳 *Exidia glandulosa*、毛腿库恩菇 *K. mutabilis*，药用菌黑轮层炭壳 *Daldinia concentrica*、木蹄层孔菌 *F. fomentarius* 以及有毒的白霜杯伞 *C. dealbata* 和粪生菌大孢斑褶菇（参照种）*P.* cf. *papilionaceus* 等。还有大量的菌根真菌，如可食用的红蜡磨 *L. laccata*、褐疣柄牛肝菌 *Leccinum scabrum*、花脸香磨 *L. sordida*、网纹马勃 *L. perlatum*、白褐离褶伞 *L. leucophaeatum* 和裂皮大环柄菇 *M. excoriata* 等。

⑤ 内蒙古地区温带草原　温带草原根据组成草原的层片结构分为草甸草原、典型草原、荒漠草原和高寒草原等类型，内蒙古地区草原以典型草原为主，也有一些向其他类型过渡的草原。本书将分别介绍其中最具代表性的 3 个草原：保存良好的典型草原呼伦贝尔大草原、土地干旱沙化较严重向半荒漠草原过渡的锡林郭勒温带针茅草原及海拔稍高的高格斯台罕乌拉国家级自然保护区温带山地草原。

呼伦贝尔大草原（温带典型草原）：中国当今保存完好的草原，主要牧草有羊草、针茅属、苜蓿、冰草、山韭等。

下图显示的是呼伦贝尔市陈巴尔虎草原莫尔格勒河附近区域。这里山清水秀、水草丰美，是天然的牧场。每到水草丰美的季节，这里就会聚集很多游牧的牧民，形成一个自然的游牧部落。中国北方草原上几乎所有的草地生大型菌物种类都有可能在这里出现。它们主要发生在短暂的夏秋季。其中可食（药）用的种类有田野蘑菇 *A. arvensis*、蘑菇 *A. campestris*、大秃马勃 *C. gigantea*、脱盖灰包 *D. cervina*、小灰球菌 *B. pusilla*、白鬼笔 *P. impudicus*、大白桩菇 *L. giganteus*、裂皮大环柄菇 *M. excoriata*、

内蒙古地区温带落叶阔叶林—草原过渡带（内蒙古 罕山国家级自然保护区，海拔 1 000 m）

内蒙古地区温带典型草原（内蒙古 呼伦贝尔草原，海拔 600 m）

硬柄小皮伞 *M. oreades*、粉紫香蘑 *L. personata*、花脸香蘑 *L. sordida*、香杏丽蘑 *C. gambosa*、蒙古口蘑 *T. mongolicum*，可药用的有尖顶地星 *Geastrum triplex*、螺青褶伞 *C. agaricoides* 等，而最为著名的食用菌当属蒙古口蘑 *T. mongolicum*。有毒的种类则有铅青褶伞 *C. molybdites*、粪生斑褶菇 *P. fimicola* 和喜粪生裸盖菇 *P. coprophila* 等。草原上还有不少个体比较小的种类，如草生小皮伞 *M. graminum* 及一些不知名的小伞菌、小子囊菌等。

锡林郭勒温带草原（温带针茅草原）：该草原属于中温带半干旱大陆性气候，是我国境内最有代表性的丛生禾草—根茎禾草（针茅）真草原，也是欧亚大陆草原区亚洲东部草原亚区保存比较完整的原生草原部分，连同邻近的草甸草原、沙地疏林草原和河谷湿地生态系统等一起组成锡林郭勒草原国家级自然保护区。

下图为典型的针茅草原，构成植物主要有大针茅和克氏针茅等。由于干旱和土地沙化的加剧，大型真菌分布较少，夏秋季常见的食用菌主要有田野蘑菇 *A. arvensis*、蘑菇 *A. campestris*、脱盖灰包 *D. cervina*、硬柄小皮伞 *M. oreades*、蒙古口蘑 *T. mongolicum*，药用菌有螺青褶伞 *C. agaricoides*，有毒菌有喜粪生裸盖菇 *P. coprophila* 等。

高格斯台罕乌拉国家级自然保护区温带草原（温带山地草原）：该保护区地处大兴安岭南麓，属中纬度半干旱大陆性季风气候。保护区具有较为完整的森林、草原、湿地和沙地生态系统，自然条件优越。这里的草原保护良好，草原上的大型菌物种类与呼伦贝尔大草原（温带典型草原）的种类基本相同，不再重复赘述。

保护区境内还有阔叶林、灌丛和半灌丛草

内蒙古地区温带山地草原（内蒙古 高格斯台罕乌拉国家级自然保护区，海拔 1 200 m）

内蒙古地区温带针茅草原（内蒙古 锡林郭勒针茅草原，海拔 1 000 m）

原、草甸和沼泽等植被类型。林中及林缘的大型菌物有可食用的大白桩菇 *L. giganteus*、杯伞 *C. gibba*、紫丁香蘑 *L. nuda*、淡色香蘑 *L. irina*、美味红菇 *R. delica*、灰光柄菇 *P. cervinus* 和尖枝瑚菌 *R. apiculata* 等，有药用的木蹄层孔菌 *F. fomentarius*、桦褶孔菌 *L. betulina* 和桦剥管孔菌 *P. betulinus* 等，毒蘑菇则有落叶杯伞 *C. phyllophila*、大孢斑褶菇（参照种）*P.* cf. *papilionaceus* 和臭红菇 *R. foetens* 等。此外，林中的硬毛粗盖孔菌 *Funalia trogii*、洁小菇 *M. pura* 和白须瑚菌 *Pterula multifida* 也十分常见。

6）西北地区（Ⅵ） 东以贺兰山为界，南以昆仑山、阿尔金山、祁连山北麓为界，西界、北界均为国界。全区包括新疆的大部分，甘肃和内蒙古的西部，以及宁夏的西北部。包括5个自然地理单元：阿尔泰山与邻山山地、准噶尔盆地、天山山地、塔里木盆地、阿拉善高原与河西走廊。西北地区属暖温带至中温带干旱大陆性气候，光照时间长，气温变化大，风沙天气多。冬季寒冷，普遍在0℃以下；夏季暖热，平均气温在16~24℃。大部分地区为干旱区和半干旱区，降水量在400 mm以下，基本没有雨季，是我国最干旱的区域；除高大山地及北疆西部的伊犁、塔城等地区外，全年降水量均不足

250 mm。极端干旱的气候和贫瘠多盐的土壤，造成植被类型结构简单；但由于地处中亚、西伯利亚、蒙古、西藏和华北的交汇，所以植物区系的地理成分复杂。旱生的灌木与小灌木荒漠是西北地区主要的地带性植被。然而在局部地区，却有一些生态环境截然不同的略为湿润的森林。本书对其中代表性的西北地区温带针叶林、温带落叶阔叶林、温带草甸与草原和温带荒漠—沙漠分别介绍如下。

① 西北地区温带针叶林 主要分布于海拔1 500~3 800 m的地带。主要树种有分布于海拔1 500~2 800 m山地上的雪岭云杉，海拔2 400~3 400 m阴坡上的青海云杉及阳坡上的祁连山圆柏和紫果云杉，海拔3 100~3 600 m的太白红杉等。天山和阿尔泰山区有茂密的西伯利亚落叶松、雪岭云杉和针叶柏等原始森林。它们常可形成大片的纯林，也可与其他冷杉、云杉、铁杉、落叶松、桦树、槭树等混生形成混交林。

虽然地处干旱区和半干旱区，但在某些针叶林区内可形成湿润环境，菌物资源较为丰富，适合大型菌物生长的季节也较林外的长，6月底至9月初为大型菌物多发季节。菌物中以欧亚温带或北半球温带共有成分为主，如绵地花菌 *A. ovinus*、

西北地区温带针叶林（新疆 天山，海拔1 800 m）

西北地区温带针叶林（甘肃 康乐，海拔 2 300 m）

西北地区亚高山针叶林—草地（新疆 奇台，海拔 1 900 m）

西北地区亚高山针叶林—苔藓（甘肃 海潮坝森林公园，海拔 2 900 m）

白黄拟变孔菌 Anomoloma albolutescens、柔丝变孔菌 A. bombycina、鲑色波斯特孔菌 P. placenta、冷杉枝瑚菌 R. abietina、黄索氏盘菌 Sowerbyella rhenana、半球土盘菌 Humaria hemisphaerica 和紫星裂盘菌 Sarcosphaera coronaria 等，还有不少其他的广布类群，包括多种的蘑菇 Agaricus spp.、红菇 Russula spp. 以及可食用和药用的翘鳞肉齿菌（黑虎掌菌）S. imbricatus、焰耳 G. helvelloides、胶质刺银耳 P. gelatinosum、灰鹅膏 A. vaginata、淡色香蘑 L. irina、网纹马勃 L. perlatum 等。国内其他地区比较少见的食用菌有云杉林内苔藓丛中的脐形小鸡油菌 Cantharellula umbonata。有毒的种类则有锥形湿伞 H. conica。在我国发现的特有或特色种类则有崖柏小薄孔菌 A. thujae 和云杉地花菌 A. piceiphilus 等。

②西北地区温带落叶阔叶林 西北地区温带落叶阔叶林主要分布在塔里木河、玛纳斯河等河流两岸，如在塔里木河流域仍有世界著名的天然胡杨林和灰胡杨林。人工种植的阔叶林则散布于各地，造林树种有白杨、柳树、榆树、白蜡树、槭树、槐树、沙枣、桑树和各种果树等。

虽然同在西北地区，但这里的阔叶林生态环境与针叶林有较大的差异，阔叶林通常分布在低海拔的地方，温度可能会略微高些；而且西北地区许多阔叶林比较稀疏且生长在干旱的沙地上，环境更加干旱和贫瘠。因此，大型菌物资源相对较少，且主要集中在夏秋季较短的时间里出现。尽管如此，由于西北地区内不同地方的阔叶林形态及环境变化相当大，所以大型菌物的类型也较为多样，包括阔叶林中的广布种，如苹果薄孔菌 A. malicola、亚黑管孔菌 Bjerkandera fumosa、一色齿毛菌 Cerrena unicolor、紫软韧革菌 Chondrostereum purpureum、绒毛波斯特孔菌 P. hirsuta、湿黏田头菇 A. erebia、丝膜菌 Cortinarius spp.、榆干玉蕈 H. ulmarius、丝盖伞 Inocybe spp.、红菇 Russula spp.、北方小香菇 L. ursinus 以及杨鳞伞 P. populnea 等；地星属 Geastrum 种类也比较丰富。与东北地区共有的种类，

西北地区温带阔叶林（新疆 喀什胡杨林，海拔 1 500 m）

如可食用的球根白丝膜菌 *Leucocortinarius bulbiger*、奶油焖孔菌 *L. cremeiporus* 和棒瑚菌 *C. pistillaris* 等。这里也有一些在我国发现的特有种类，如中国刺皮菌 *Heterochaete sinensis*。食用菌种类比较有特色或著名的有分布于胡杨林中的著名食用菌白柄马鞍菌（巴楚蘑菇）*H. leucopus*、阔孢马鞍菌 *H. latispora*、栎树林中的牛肝菌 *B. edulis*、粗腿羊肚菌 *M. crassipes*、猴头菌 *H. erinaceus* 和榆干玉蕈 *H. ulmarius* 等。此外，国内其他地区不太常见的食用菌指状钟菌 *Verpa digitaliformis* 在该植被类型内也有分布。

西北地区还有少量由针叶树（如云杉、落叶松）和阔叶树（如桦、栎、槭等）组成的针阔混交林，林中可同时具有该地区阔叶林和针叶林的大型菌物种类，如与针叶树关系密切的亚洲物种亚洲小牛肝菌 *B. asiaticus* 和与混交林中阔叶树关系较密切的中国特有种杆孢华蜂巢菌 *Sinofavus allantosporus* 等。其他常见的大型菌物还有多种杯伞 *Clitocybe* spp. 和蘑菇 *Agaricus* spp. 等，其中可食用的黄绿杯伞 *C. odora* 在国内目前仅见于西北地区。欧洲十分著名而国内仅限于最北端分布的毒蘑菇毒蝇鹅膏 *A. muscaria* 以及东亚的假灰托鹅膏 *A. pseudovaginata*

都比较偏爱这里的松栎针阔混交林。有毒的种类还有林中地上的褐黄侧盘菌 *O. cochleata* 和生于腐木上的簇生垂幕菇 *H. fasciculare* 等。

③ 西北地区温带草甸与草原　西北地区的草原与草甸植被主要由多年生耐寒和耐旱的草本植物组成，植物类群有针茅、碱韭、冰草、狐茅、赖草、异燕麦、早熟禾、银穗草等。

这里的草原可分类荒漠草原、真草原、草甸草原和寒生草原，通常在山地北坡发育比较完整，在天山南北有全国第二大的天然草原牧场。这里是半

西北地区温带草甸（高山草甸—灌丛）（新疆 天山，海拔 4 000 m）

西北地区温带丘陵草原（新疆 巴音布鲁克草原，海拔 2 400 m）

西北地区温带草甸（山地草甸）（甘肃 祁连山，海拔3 200 m）

干旱至干旱的大陆性气候特征的气候，降水偏少，气候干燥，以夏季阵雨为主；冬季寒冷漫长，冷风劲吹；夏季短促温暖，日照充分，是草原的黄金季节，大多数大型菌物出现在7~9月。大型菌物种类以草地生类群为主，马勃 *Lycoperdon* spp.、秃马勃 *Calvatia* spp. 和黑铅色灰球菌 *B. nigrescens* 等腹菌种类相当常见，蘑菇属 *Agaricus* 种类和螺青褶伞 *C. agaricoides* 也是草地上的常见种。牧区动物粪便上有多种斑褶菇 *Panaeolus* spp. 和黄盖粪伞 *B. titubans* 等粪生种类。细线虫草 *Ophiocordyceps gracilis* 则常常分布于林缘的草地或苔藓中。与青藏地区共有的黄绿卷毛菇 *F. luteovirens*、多种美味的羊肚菌 *Morchella* spp. 和与东北地区共有的大白

桩菇 *L. giganteus* 等，都是这里著名的食用菌。但也有有毒的种类，如有神经毒素的喜粪生裸盖菇 *P. coprophila* 等。

④ 西北地区温带荒漠—沙漠　温带荒漠—沙漠是西北地区的主要生态类型之一。植被以荒漠植物为主体，旱生的灌木与小灌木荒漠是西北地区的地带性植被。荒漠植物属全北区成分，以古地中海成分为主。它们基本都是强旱生种类，包括半乔木荒漠的梭梭、银沙槐，灌木荒漠的膜果麻黄、霸王、泡泡刺。荒漠小乔木由藜科的梭梭和白梭梭组成。半灌木和小半灌木荒漠主要分布于砾质戈壁及荒漠性低山，以琵琶柴、假木贼属、合头草、猪毛菜、戈壁藜、珍珠猪毛菜、小蓬等组成。沙生灌木荒漠有沙拐枣和沙棘；草原化灌木荒漠有沙冬青和针茅；多汁盐柴类荒漠有盐节木、盐穗木、盐爪爪、碱蓬和柽柳等；蒿类荒漠有蒿属植物。沙漠往往在荒漠植被消失后形成。地处内陆的西北地区温带荒漠和沙漠，中心极端干旱，外围雨量略增并向草原带过渡。

新疆准噶尔盆地冬春常有小雨，但其余地区冬春十分干旱，降水多集中于夏季，大型菌物则多出现在夏秋季。虽然物种资源较少，但有一些沙生的种类相当特别，如沙地上的毛柄钉灰包 *Battarrea*

西北地区温带荒漠—沙漠（新疆 古尔班通古特沙漠，海拔470 m）

stevenii、奇异蒴氏包 *Queletia mirabilis* 和地盘菌 *Geopora tenuis* 等形态与生境都与其他常见的菌类有较大差别。此外，还有一些天然条件下对相关植物比较专一的种类，如沙棘林中的药用菌沙棘嗜蓝孢孔菌 *F. hippophaëicola*、阿魏上的刺芹侧耳托里变种（白灵菇、白灵侧耳）*P. eryngii* var. *tuoliensis* 等。刺芹侧耳托里变种是新疆著名的食用菌，目前已成为国内重要的栽培种类。黑铅色灰球菌 *B. nigrescens* 在国内仅见于西北地区；杆孢华蜂巢菌 *S. allantosporus* 和宁夏虫草 *C. ningxiaensis* 则是在这一地区发现的我国特有种，它们是该区大型真菌的典型代表。黏菌物种在该地区中分布较多，如筒菌 *Tubifera* spp.、粉瘤菌 *Lycogala* spp.、绒泡菌 *Physarum* spp. 和煤绒菌 *Fuligo* spp. 等都有分布。

7）青藏地区（Ⅶ） 位于我国西南部，北起昆仑山、阿尔金山及祁连山，南抵喜马拉雅山。行政区划上包括青海和西藏的全部以及甘肃、新疆、四川和云南的部分地区。包括 8 个自然地理单元：东喜马拉雅南麓、藏东川西山地高原、青东南川西北高原、藏南山地与谷地、藏北高原、昆仑山地、祁连山地与阿尔金山、柴达木盆地。该地区是世界上植被垂直生态变化最为明显的地区，也是大型菌物区系垂直分布差异显著的地区。从低海拔至高海拔分别有山地热带雨林和季雨林分布带、山地亚热带常绿阔叶林带、山地亚热带常绿—落叶阔叶混交林带、亚高山针阔混交林带、高山寒温带暗针叶林带、高山寒温带疏林和灌丛带、高山寒带草甸、草原和砾石滩等不同植被类型。上述林带和草原等的生态环境和菌物资源特点又分别与国内其他地区热带、亚热带及温带相对应的植被类型相似。在高海拔地区，随着地势上升，植被类型更加偏离所处纬度的地带性特征，表现为高山草甸、草原和高寒荒漠的景观。在寒冷、干燥的严酷气候条件下，自然植被一般都比较矮小稀疏并具有抗干寒、抗风、耐盐等生态特征。该地区东南部的察隅以南，降水丰沛，而北部柴达木盆地的西端，年降水量极少，仅 13.5 mm，降水分布的地区差异极为悬殊。该地区菌物生物多样性异常丰富，不但种类多，而且资源特色明显，特有种类比例相当高。

① 青藏地区亚高山阔叶林 青藏地区主要属于

青藏地区亚高山阔叶林（桦树林）（西藏 波密，海拔 2 800 m）

青藏地区亚高山阔叶林（青冈林）（四川 格西沟国家级自然保护区，海拔 3 200 m）

高原山地、亚高山和高山气候（半湿润或半干旱高原季风性气候），气温随高度增高而降低，气候垂直变化显著，海拔高，气温低，但太阳辐射强，降水少，冬半年风力强劲。在海拔 2 600~4 700 m 的半湿润地区，分布有部分山地、亚高山（或高山）阔叶林，这一类型的树林往往有明显的单一优势种，如海拔相对较低的桦树林、青冈林、天然或人工种植的柳树林以及可生长在 4 500 m 以上的高山杜鹃林等。

在桦树林中的大型菌物较为丰富，包括紫软韧革菌 *C. purpureum*、桦褶孔菌 *L. betulina*、桦剥管孔菌 *P. betulinus*、桦附毛孔菌 *T. pargamenum*、楷米干酪菌 *Tyromyces kmetii*、北方小香菇 *L. ursinus*、盘状幕盖菇 *Tectella patellaris* 等种类。

青冈林中的大型菌物同样十分丰富，包括牛肝菌类及红菇科 Russulaceae 等的菌根真菌及许多腐生的种类，数不胜数；我国特有的白肉灵芝 *G.*

青藏地区亚高山阔叶林（高山杜鹃林）（西藏 色季拉山，海拔 4 400 m)

青藏地区亚高山阔叶林（柳树林）（西藏 拉萨，海拔 3 700 m）

leucocontextum 在天然条件下就长在青冈树上。

杜鹃林中也有一些我国发现的特有种类，如裂纹锈革菌 *H. fissurata*、球生锈革菌 *H. sphaericola*、杜鹃大孔菌 *M. rhododendri* 和德钦外担子菌 *Exobasidium deqenense* 等。

而柳树林中的大型菌物则有裂拟迷孔菌 *D. confragosa*、硬毛粗盖孔菌 *F. trogii*、香味全缘孔菌 *Haploporus odorus*、贝形木层孔菌 *P. conchatus*，以及在我国发现的种类拟变形多孔菌 *P. subvarius* 等。可食用的淡色冬菇 *F. rossica* 目前国内仅见于这一地区的高山柳树上。

②青藏地区亚高山针叶林　针叶林是青藏高原上分布最广的森林类型，其中常绿针叶林有松林、铁杉林、云杉林、冷杉林、圆柏林、柏木林等；落叶针叶林有落叶松林。由云杉和冷杉组成的暗针叶林多长于阴坡，可在海拔 3 200~4 200 m 的针叶林带形成大面积的森林；一些温带松树林则多长于阳坡。这些针叶林可分布于海拔 2 500~4 500 m 的湿润亚高山（或高山）地带，海拔与气温跨度较大，但总体气候环境同样是气温低，降水少，光照条件则因山势而异。大型菌物发生的季节多在夏秋季。

这一类型的林中主要分布北半球区系及喜马拉

青藏地区亚高山针叶林 （四川 米亚罗风景区，海拔 3 800 m）

青藏地区亚高山针叶林（西藏 亚东，海拔 3 800 m）

雅区系的大型真菌，如柔丝变孔菌 *A. bombycina*、狭檐薄孔菌 *A. serialis*、褐栗孔菌 *C. castaneus*、污叉丝孔菌 *Dichomitus squalens*、斑粉金钱菌 *R. maculata*、冷杉附毛孔菌 *T. abietinum* 和褐紫附毛孔菌 *T. fuscoviolaceum* 等。此外，还有一些喜高山针叶林的种类，如山地丝盖伞 *I. montana* 等。除了有我国北方针叶林中的大部分常见菌物种类外，这里特殊多样的生态环境还孕育了不少的特有种，如晶毛盾盘菌 *Scutellinia hyalohirsuta*、拟黄薄孔菌 *A. subxantha*、硫黄拟蜡孔菌 *Ceriporiopsis*

egula、林芝异担子菌 *H. linzhiense*、西藏异担子菌 *H. tibeticum*、西藏多年卧孔菌 *P. tibetica*、栗褐乳菇 *L. castaneus*、翘鳞乳菇 *L. imbricatus*、暗绿红菇 *R. atroaeruginea*、四川红菇 *R. sichuanensis* 和亚高山褐牛肝菌 *I. subalpina* 等。鬼笔腹菌 *Phallogaster saccatus* 在国内仅在青藏地区有发生。食药用菌相当丰富，比较重要的有翘鳞肉齿菌（黑虎掌菌）*S. imbricatus*、梭柄松苞菇 *C. ventricosum*、平截棒瑚菌 *C. truncatus*、云杉乳菇 *L. deterrimus*、珊瑚状猴头菌 *H. coralloides* 和喜山丝膜菌 *Cortinarius emodensis* 等；在国内其他地区没有或罕见的可食用种类还有喜马拉雅棒瑚菌 *C. himalayensis*、云南棒瑚菌 *C. yunnanensis*、雪松枝瑚菌 *R. cedretorum*、黄绿枝瑚菌 *R. luteoaeruginea*、易混色钉菇 *C. confusus* 和鳞盖褶孔牛肝菌 *P. imbricatus* 等。由此可见，这里的经济真菌资源和特色资源都非常丰富。

③青藏地区亚高山针阔混交林　这类森林是亚高山阔叶林与亚高山针叶林的过渡类型，构成的植物树种多样，针叶树云杉、冷杉、铁杉、松树和柏树等都较为常见，常见的阔叶树则有桦树、杜鹃和桦树等。分布区域常与亚高山阔叶林和亚高山针叶林相互交错，气候条件也较为相似。大型菌物大多

青藏地区亚高山针阔混交林（西藏 林芝，海拔 2 600 m）

概述

青藏地区亚高山针阔混交林（西藏 林芝，2 400 m）

青藏地区亚高山针阔混交林（四川 雅江松茸保护区，海拔3 800 m）

出现在夏秋季，亚高山阔叶林与亚高山针叶林的大型菌物种类在混交林中均有可能出现。

在青藏地区南部或东南部，大型菌物资源与华中地区西部的资源一样丰富，如食用菌松茸 *T. matsutake* 的天然产量很高，在松树与栎树等组成的针阔混交林中相当常见；著名的食用菌还有红黄鹅膏 *A. hemibapha* 及其近缘种、多种可食用的牛肝菌 *Boletus* spp.、鸡油菌 *Cantharellus* spp.、乳菇 *Lactarius* spp.、红菇 *Russula* spp.、枝瑚菌 *Ramaria* spp.、肉齿菌 *Sarcodon* spp. 等，天然产量都很高。特有或特色的种类也有不少，如西藏金牛肝菌 *A. thibetanus*、四川地锤菌 *Cudonia sichuanensis*、黄无座盘菌 *Agyrium aurantium*、晶毛盾盘菌 *S. hyalohirsuta*、长柄鹅膏 *A. altipes* 和可食用的网盖牛肝菌 *B. reticuloceps* 等。

④ 青藏地区高山草原与草甸　青藏地区有辽阔的高山（或亚高山和山地）草原、草甸及荒漠化草原。高山草原与草甸主要以禾本科、莎草科植物组成，报春花属植物种类也相当丰富；还有在高山上形态比较特别的点地梅属、虎耳草属、风毛菊属等的垫状植物；荒漠化草原则有藜科的碱蓬属、猪毛菜属等植物。

这一区域属高原山地气候，雨季为每年的 6~9 月，多有夜雨。其中海拔在 4 500 m 以上的高山草原为典型的亚寒带气候，高寒缺氧，干旱，虽日照强烈但仍热量不足且昼夜温差大。而在青藏地区海

青藏地区高山草甸（西藏 洛隆，海拔4 500 m）

青藏地区高山草原（西藏 八宿，海拔 4 500 m）

青藏地区高山灌丛—草地（西藏 帕里，海拔 4 800 m）

拔较低的山坡谷地则分布着各类山地草原，常见的有藏南地区的三刺草草原，温度与湿度相对略高。

在青藏地区的草原与草甸中，生长有著名的药用菌冬虫夏草 *O. sinensis*，每年 5 月是其采集的最佳时节，主要分布于海拔 3 000~5 000 m 的区域。而著名的食用菌则有黄绿卷毛菇 *F. luteovirens* 和一些可食用的蘑菇属 *Agaricus* 的种类，它们主要出现于每年的 7~9 月。各类马勃的种类也较为常见。我国北方草原的不少种类，同样可以在该地区草原中生长。

⑤ 青藏地区高山灌丛—草地　青藏高原各地都有灌丛出现，类型众多。既有东南部的常绿革叶灌丛和常绿针叶灌丛，也有散布各处的多种落叶阔叶灌丛、干旱谷地的浆质刺灌丛甚至荒漠地区的盐生灌丛。在开阔的高山上，常见有矮化的杜鹃类灌丛。

这类灌丛海拔与气温跨度较大，周围常为草地或草甸，气候条件与青藏地区高山草原与草甸的较为接近。草地上已知的大型菌物的种类与高山草原与草甸的种类大致相同，包括重要的经济种类冬虫夏草 *O. sinensis* 等。与灌丛相关的菌物种类则多以耐寒广布种类为主。虽然这类生态类型的大型菌物资源也许不如低海拔的森林那样丰富，研究资料也不多，但作者坚信，这样特殊环境下生长的菌物种类也一定具有其明显的特点，特有物种的比例应该是比较高的。本书中所记载的两个未命名的地锤菌，即地锤菌（种 1）*Cudonia* sp.1 和地锤菌（种

2）*Cudonia* sp.2，就是在高山灌丛下发现的特有种。相信今后深入的研究将可发现更多的特殊物种。

事实上，青藏地区还有更多不同的生态类型，每个不同的生态类型都可能有不同特色的种类。例如，这一地区还有一些长在亚高山地区的竹林，竹林里就有目前其他地区尚未发现的药用真菌中华肉座菌 *Engleromyces sinensis* 和卵碟菌 *Ovipoculum album*。该地区是生物多样性最为丰富的地区之一，非常值得关注！而该地区黏菌的物种多样性的研究也非常多，大量的黏菌工作者都对这一地区的黏菌进行了调查研究。

以上是作者根据目前现有资料，对我国菌物资源的生态区划分所做的初步尝试，我们认为这只是我国菌物区系学和生物地理学发展过程中的初步阶段。由于人们对我国菌物资源的了解还不全面，加上作者的知识所限，本书参照《中国自然地理》对中国植被的地理区域的划分所提出的菌物生态区划分及对各地区大型菌物资源分布的介绍，显然都是不够全面的，同时还极有可能存在着诸多的错漏和不尽合理之处，敬请读者批评指正。希望作者的工作能起到抛砖引玉的作用，相信随着研究的不断深入，我国的菌物资源信息必将更加丰富、准确和全面，通过分析比较和研究，一定会形成更符合实际的中国大型菌物资源地理分布详图，我国菌物资源生态区划也必将更趋自然合理。

概述

菌物资源的
收 集

（1）野外调查

1）采集标本　采集标本时应该注意采集没有破损的、完整的标本（如有菌环、菌托的标本要保持标本的完整性）。每一个种类尽可能多采一些标本（收集不同发育阶段的标本），但应注意不要"采尽杀绝"，尤其是稀见的种类，要保留部分个体在原生长地以留给后人研究，同时避免对其生境造成破坏。

2）采集器材　采集工作者在野外进行调查研究时要注意着装，防止蚊、虫、蛇等动物的叮咬，同时要随身携带刀、剪、锯、放大镜（用于观察微小的菌物特征）、指南针、GPS（记录菌物生长地点经纬度和海拔等信息）、蚊香、篮子、水袋等物品。

菌物的标本，特别是肉质的，应该放置在平底的篮子或具有支持作用的容器里，以尽量减少对标本的损坏。野外采集时必须将标本用蜡纸（报纸也可以）分别包裹，以防止不同种类孢子混淆。小型或纤细的种类，以及微小标本（如黏菌等）应分开收放在各自的容器内（如小型标本整理盒）。

3）调查手段　采用记录、拍照、录像等手段，记载菌物资源的地理信息、生态环境信息、自然生长状态与实时生长情况，如用数码相机拍摄大型菌物子实体的生境、形态特征等，用摄像机记录黏菌等特殊类群的原生质团移动过程、子实体成熟过程等。数码相机宜选用像素和分辨率高，成像屏可翻转（便于拍摄子实体较小的标本）的。选择适宜的三脚架并配合快门线使用，可便捷地提高影像拍摄质量。完成影像资料的收集后，可对部分资源进行采集保存，以进行研究与利用。

4）数据记录　数据记录应包括产地、生境、生态、基物等。每一份标本都要有采集标号，可用相机的照片编号标号（有重复性，不便长期重复记录），或者使用自制标签，在拍照时将标签和标本一同照相，挂在标本上保留。编号后，对新鲜标本进行详细的描述性记录（表1）。

① 子实体结构大小　成熟标本各结构（包括菌盖、菌柄、菌褶等）的长度和宽度（一般量取最大、适中、最小的成熟子实体共5~6个）。子实体结构如图2所示。

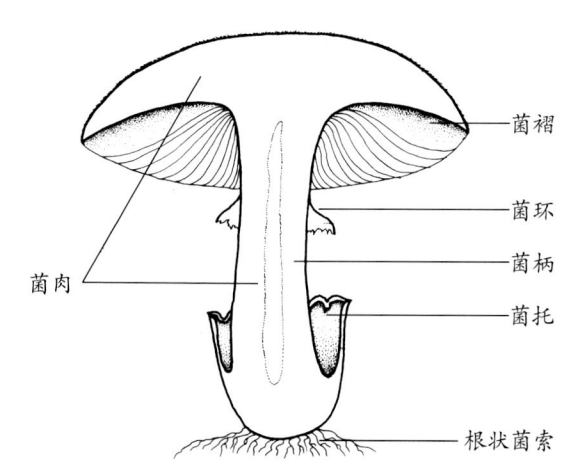

图 2　子实体结构示意图

表1 野外采集记录

菌 名	中文名称		采集日期：		
	拉丁学名		照片编号：		
			菌株号：		
	中文俗名		采集人：		
			定名人：		
采集地	省（区） 县		海拔： m		
			经度： 纬度：		
生 境	针叶林 阔叶林 混交林 灌丛 草地 草原 阳坡 阴坡		基物：树干 腐木 枯立木 地上 粪上 枯叶 菇体 虫体		
生 态	单生 散生 群生 丛生 簇生 叠生				
菌 盖	边缘颜色： 中央颜色：		黏 不黏		
	形状：钟形 斗笠形 半球形 平展 漏斗形		边缘有条纹 边缘无条纹		
	直径： cm	角鳞 块鳞 丛毛鳞 纤毛 疣 粉末 丝光 蜡质 龟裂	水浸状 非水浸状		
菌 肉	颜色：	气： 味：	伤变色：	汁液变色：	
菌 褶	颜色：	密度：稀 中 密	离生 弯生 直生 延生		
	等长 不等长 分叉 网状 横脉	宽：			
菌 管	孔口： mm	圆形 多角形			
	管面颜色：	管里颜色：			
菌 环	位置：上 中 下	颜色：	条纹：	单层 双层	
	膜质 肉质 丝膜状		脱落 不脱落	活动 不活动	
菌 柄	长： cm	直径： cm		颜色：	
	实心 空心	肉质 脆骨质 纤维质	鳞片 腺点 纤毛	基部：绒毛 假根 稍膨大 明显膨大	
菌 托	大型 小型	杯状 浅杯状 袋状		消失 不易消失	
孢子印	白色 粉红色 锈色 褐色 青褐色 紫褐色 黑色				
附 记					

② 色泽　子实体（包括早、后期）各部分的颜色、碰伤时的颜色变化、新鲜时撕开或干燥时的菌肉颜色，以及乳汁（乳菇）的颜色（包括是否变色）等。确定颜色时应与正式出版的色谱进行比较。

③ 子实体各结构形态与特征

A. 子实体及菌盖的形态　常见的有 39 种，如图 3 所示。

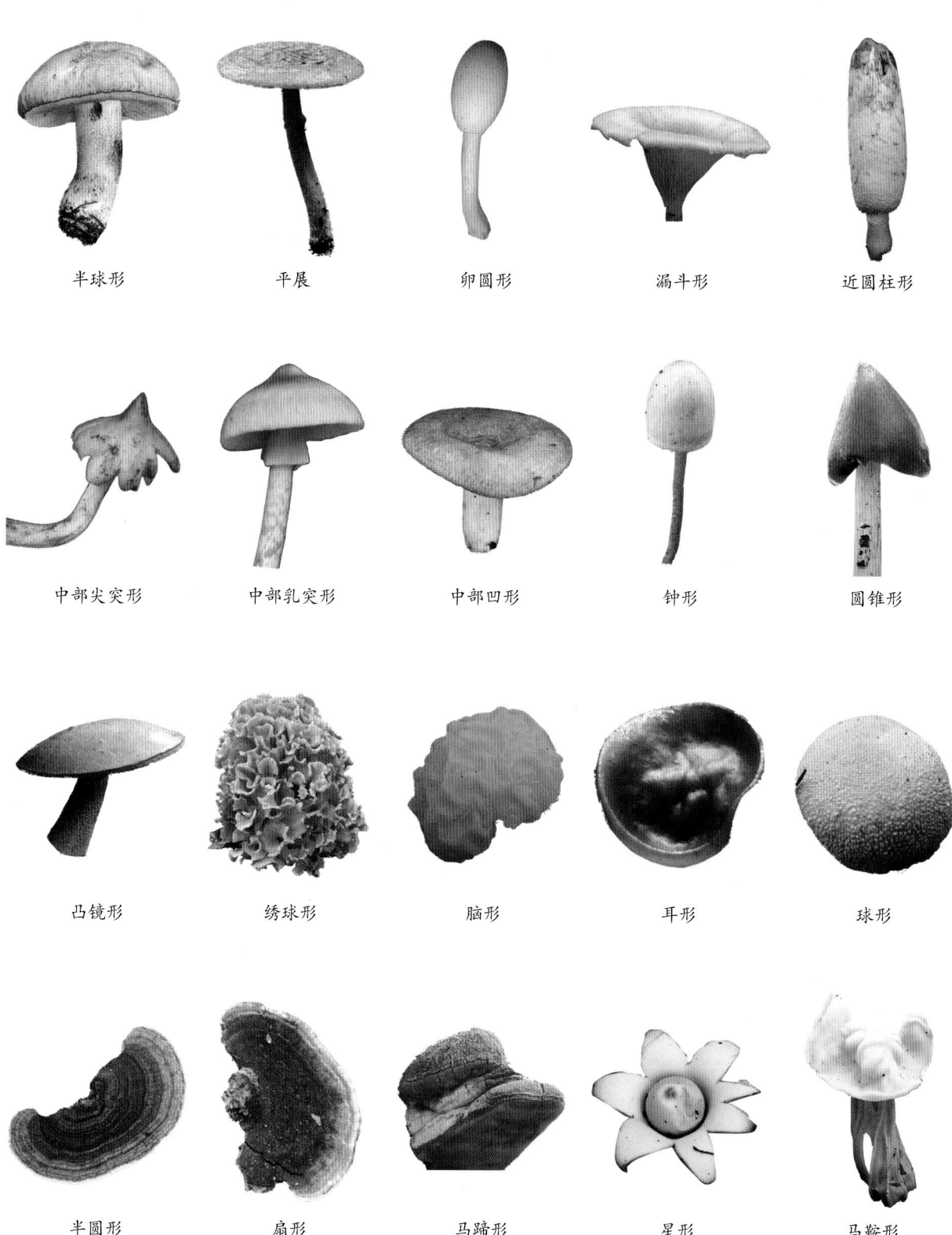

半球形	平展	卵圆形	漏斗形	近圆柱形
中部尖突形	中部乳突形	中部凹形	钟形	圆锥形
凸镜形	绣球形	脑形	耳形	球形
半圆形	扇形	马蹄形	星形	马鞍形

鸟巢形　　喇叭形　　陀螺形　　吊钟形　　鹿角形

笼头形　　笔形　　棒形　　盘形　　碗形

杯形　　珊瑚形　　长舌形　　舌形　　匙形

线形　　黏菌孢囊　　黏菌复囊体　　黏菌联囊体

图 3　子实体及菌盖的形态

B. 菌盖的表面特征　常见的有 12 种，如图 4 所示。

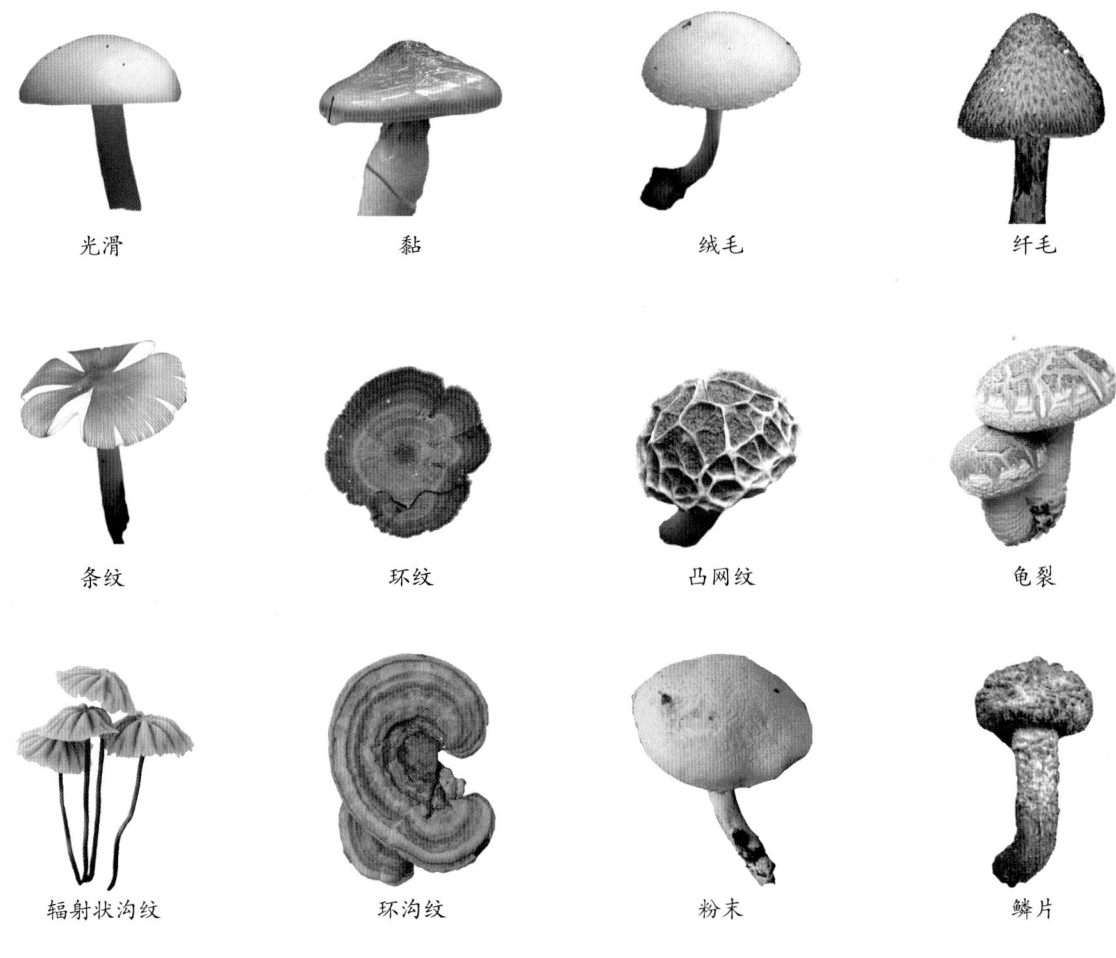

| 光滑 | 黏 | 绒毛 | 纤毛 |

| 条纹 | 环纹 | 凸网纹 | 龟裂 |

| 辐射状沟纹 | 环沟纹 | 粉末 | 鳞片 |

图 4　菌盖的表面特征

C. 菌盖上的鳞片形态　常见的有 10 种，如图 5 所示。

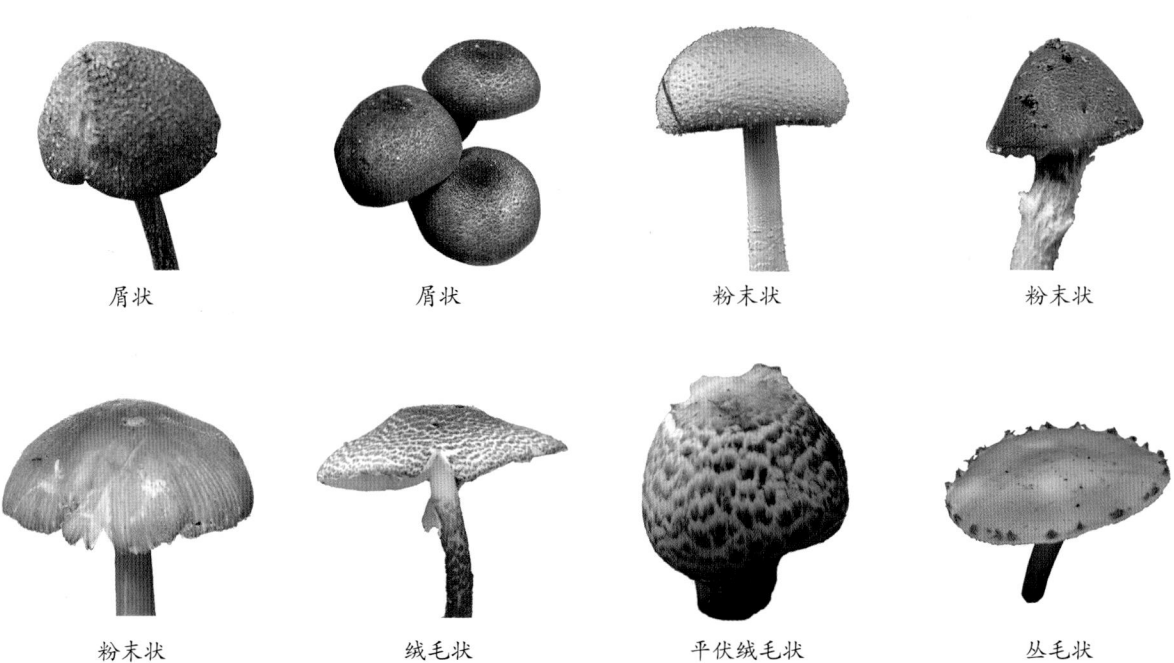

| 屑状 | 屑状 | 粉末状 | 粉末状 |

| 粉末状 | 绒毛状 | 平伏绒毛状 | 丛毛状 |

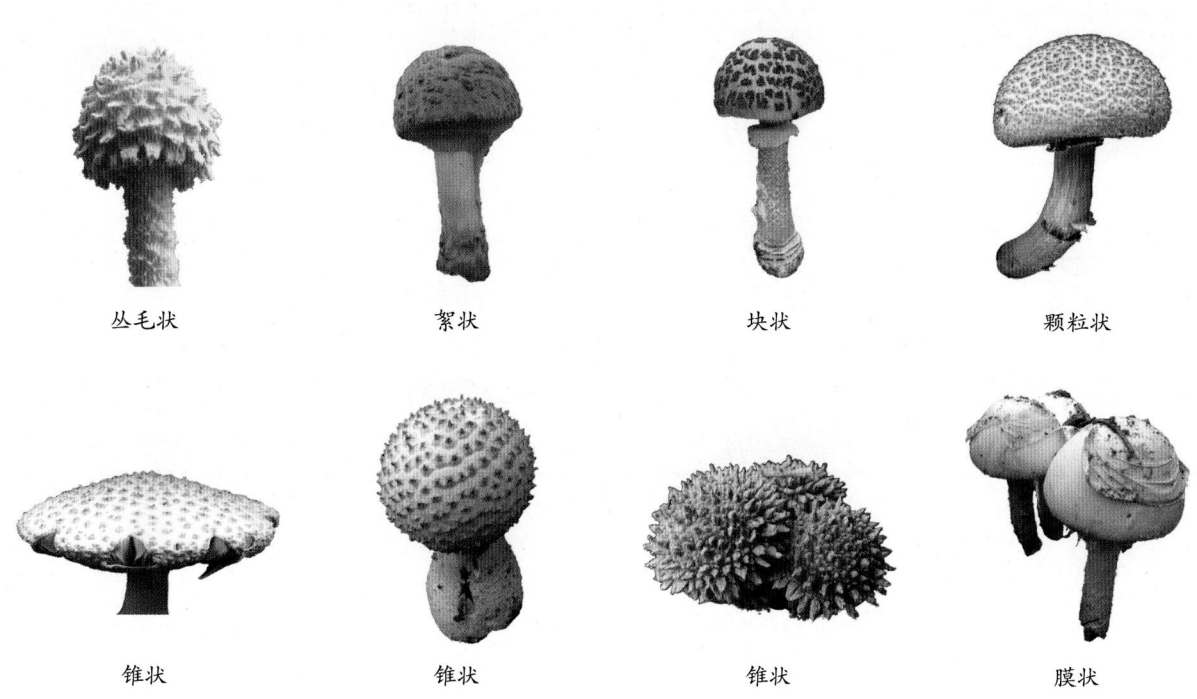

丛毛状　　　　　　絮状　　　　　　块状　　　　　　颗粒状

锥状　　　　　　锥状　　　　　　锥状　　　　　　膜状

图 5　菌盖上的鳞片形态

D. 菌环的形态特征　如图 6 所示。

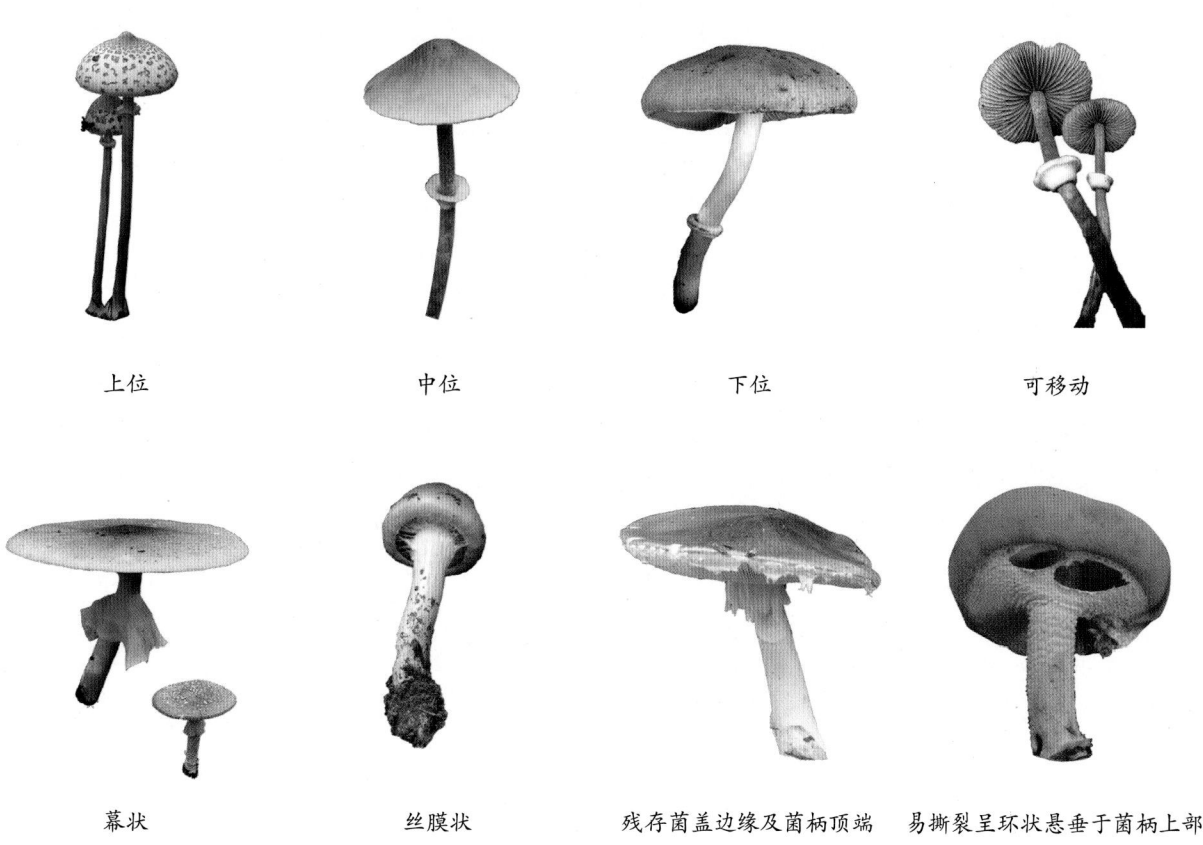

上位　　　　　　中位　　　　　　下位　　　　　　可移动

幕状　　　　　丝膜状　　　残存菌盖边缘及菌柄顶端　　易撕裂呈环状悬垂于菌柄上部

图 6　菌环的形态特征

概述

E. 菌柄的形状及表面特征　常见的有 11 种，如图 7 所示。

圆柱形	基部膨大	基部具环形鳞片	基部具假根
基部具绒毛	基部吸盘形	光滑	具网纹
具腺点	基部菌丝体白色	基部菌丝体黄色	

图 7　菌柄的形状及表面特征

F. 菌褶（菌管、菌齿）的着生方式　常见的有 8 种，如图 8 所示。

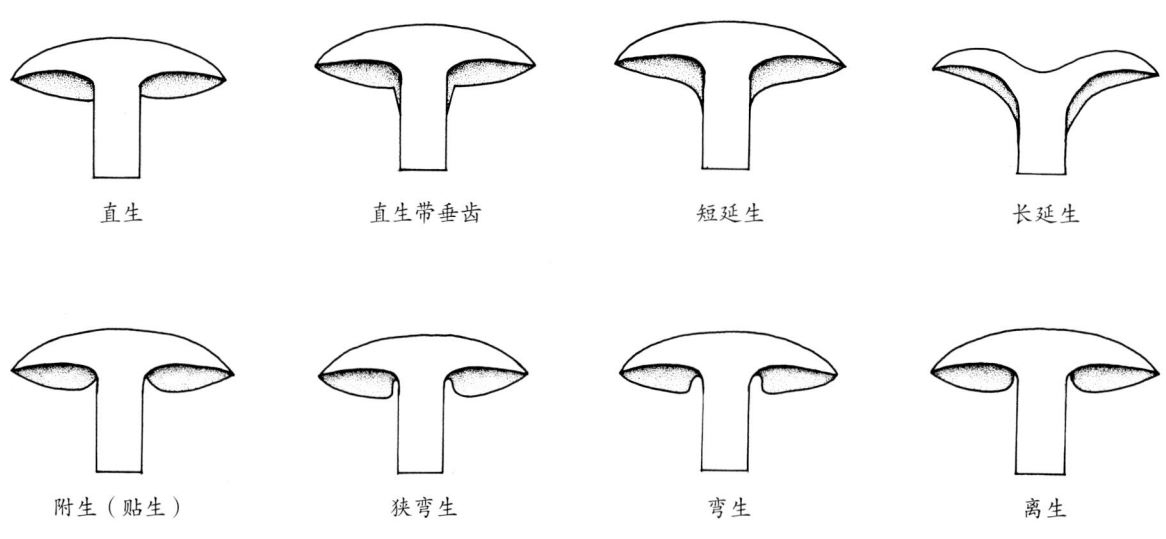

| 直生 | 直生带垂齿 | 短延生 | 长延生 |
| 附生（贴生） | 狭弯生 | 弯生 | 离生 |

图 8　菌褶（菌管、菌齿）的着生方式

G.菌托的形态　菌托形态各异，部分为颗粒状或粉末状，常见的有以下6种，如图9所示。

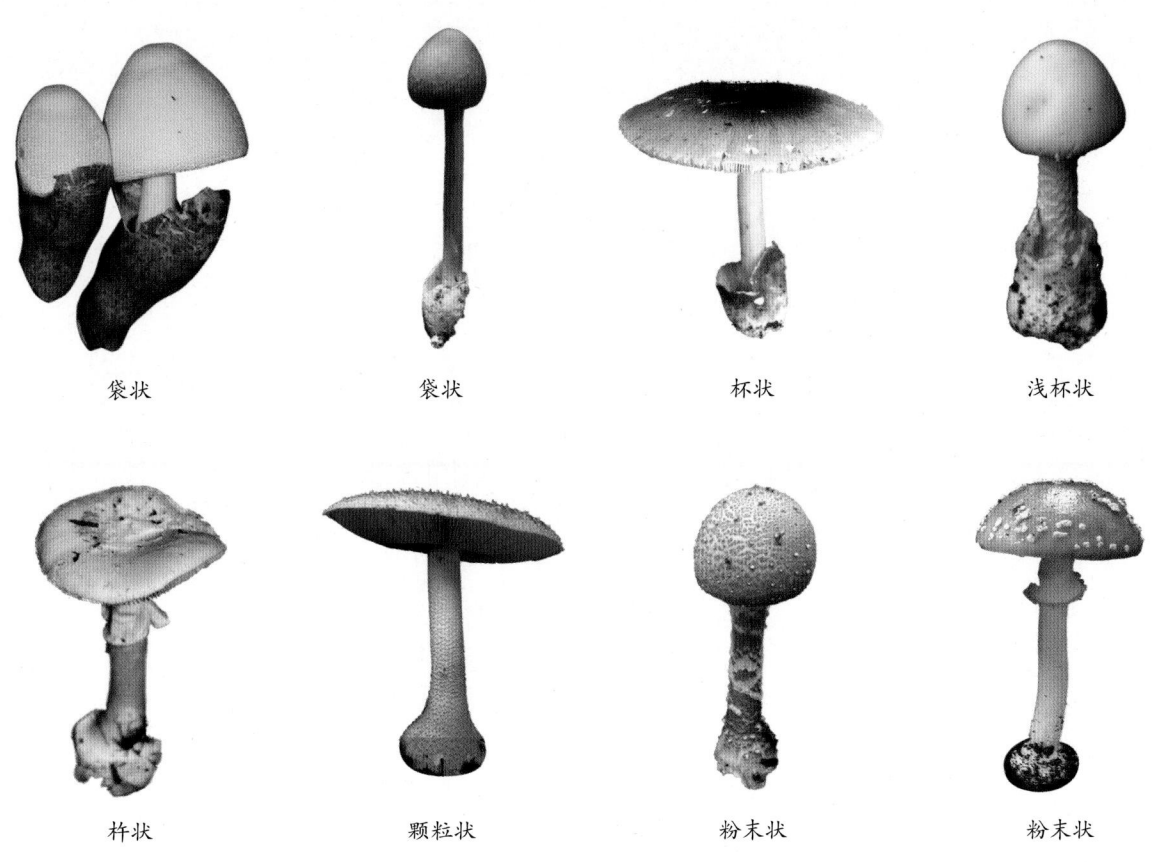

袋状　　　　　袋状　　　　　杯状　　　　　浅杯状

杵状　　　　　颗粒状　　　　　粉末状　　　　　粉末状

图9　菌托的形态

④气味和质地　许多种类具有很强的特征性气味，并且只有在新鲜的时候才能嗅出。菌物的质地对菌物的鉴定非常重要，如菌柄纤维质、肉质或木质等特征。

由于每一份标本都需要花费大量的时间来记录有关信息，所以每次采集的标本不要太多，以保证在一定的时间内将所有的标本完整记录。

（2）室内鉴定

1）孢子印的制作　对大型菌物来说，制作孢子印是十分必要的。把子实体的子实层朝下置于硬纸片上面，于凉爽处过夜，无色或者浅色孢子用黑色纸片收集，深色孢子用白色纸片收集，也可预备好黑白各半的纸卡片方便野外工作。为防标本干燥，应将标本罩住，以保持菌盖湿润。有些多孔菌的产孢期很短，因此这些种类的孢子印收集就尤为重要。如果收集孢子印的标本太干燥，可把子实体放在带有湿棉花团的封闭容器内吸湿，也能成功得到孢子

印；或直接将中间有洞（插入菌柄）的卡片纸放在玻璃杯上采集孢子印。孢子印经空气干燥后，与标本一起收藏。孢子印与标本都应清楚标记号码，以防可能出现的标本混杂。

2）标本干燥与保存　标本采集后要尽快干燥，以保持标本的形状和颜色，并防止材料变质。小型伞菌可以整体干燥，极小的种类最好置于纸袋中干燥以免丢失，而大型伞菌则应剖成两半才有助于干燥。多孔菌类一般比伞菌容易干燥。干燥的温度以35~40℃为宜。应注意温度不要太高，以免破坏DNA及烤熟标本；但也不能太低，若温度太低，易使昆虫幼虫孵化，取食标本。标本可以带回实验室在烘干橱内干燥，或在野外采集时使用便携式烘干箱进行干燥。

3）子实体微观观察　适当染色，通过光学显微镜，必要时可通过扫描电镜对子实体微观形态结构特征进行观察。

概述

① 孢子的形态　如图 10 所示。

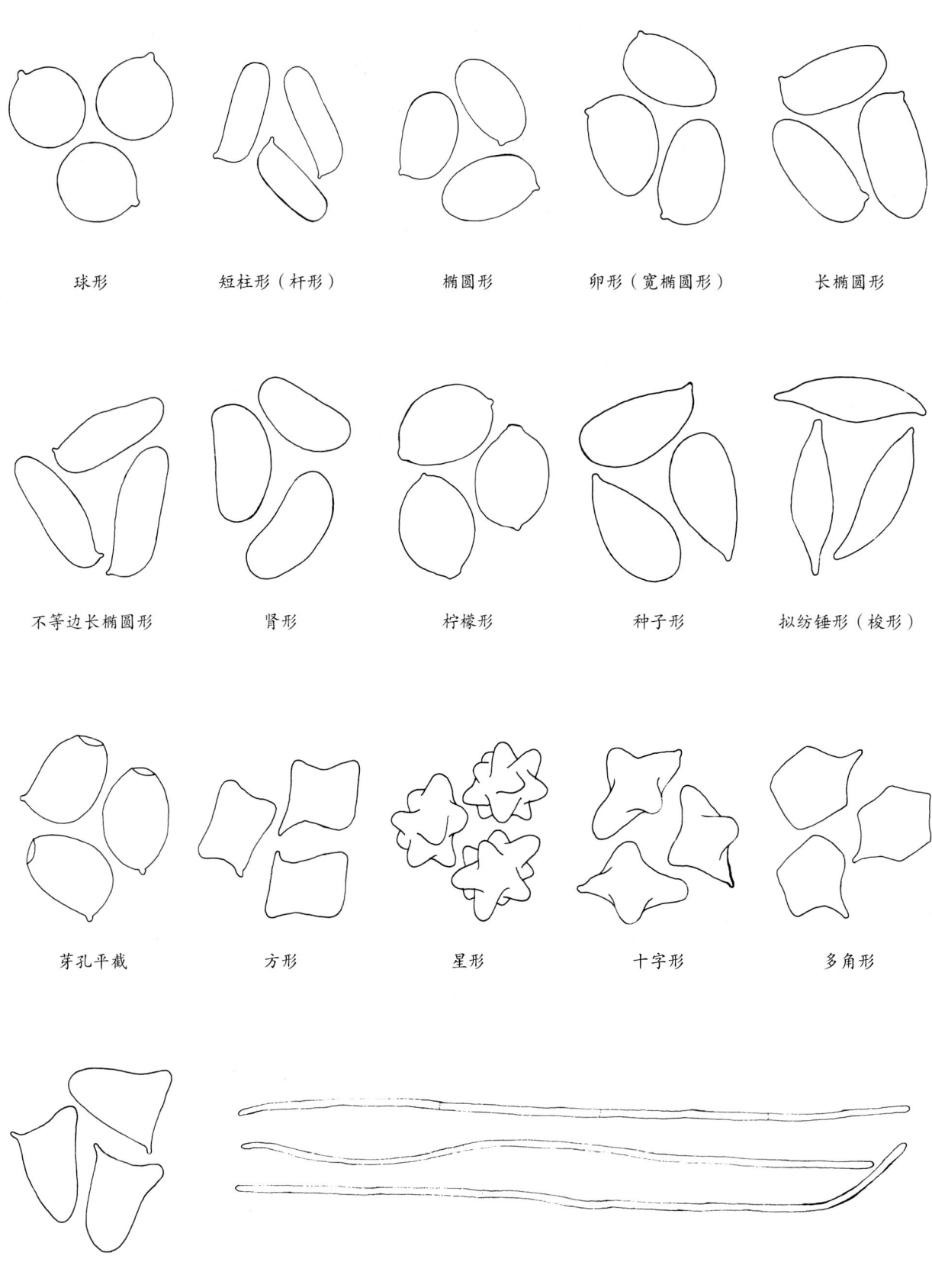

球形　　短柱形（杆形）　　椭圆形　　卵形（宽椭圆形）　　长椭圆形

不等边长椭圆形　　肾形　　柠檬形　　种子形　　拟纺锤形（梭形）

芽孔平截　　方形　　星形　　十字形　　多角形

具距　　　　　　　　　　　线形

图 10　孢子的形态

② 孢子表面特征　如图 11 所示。

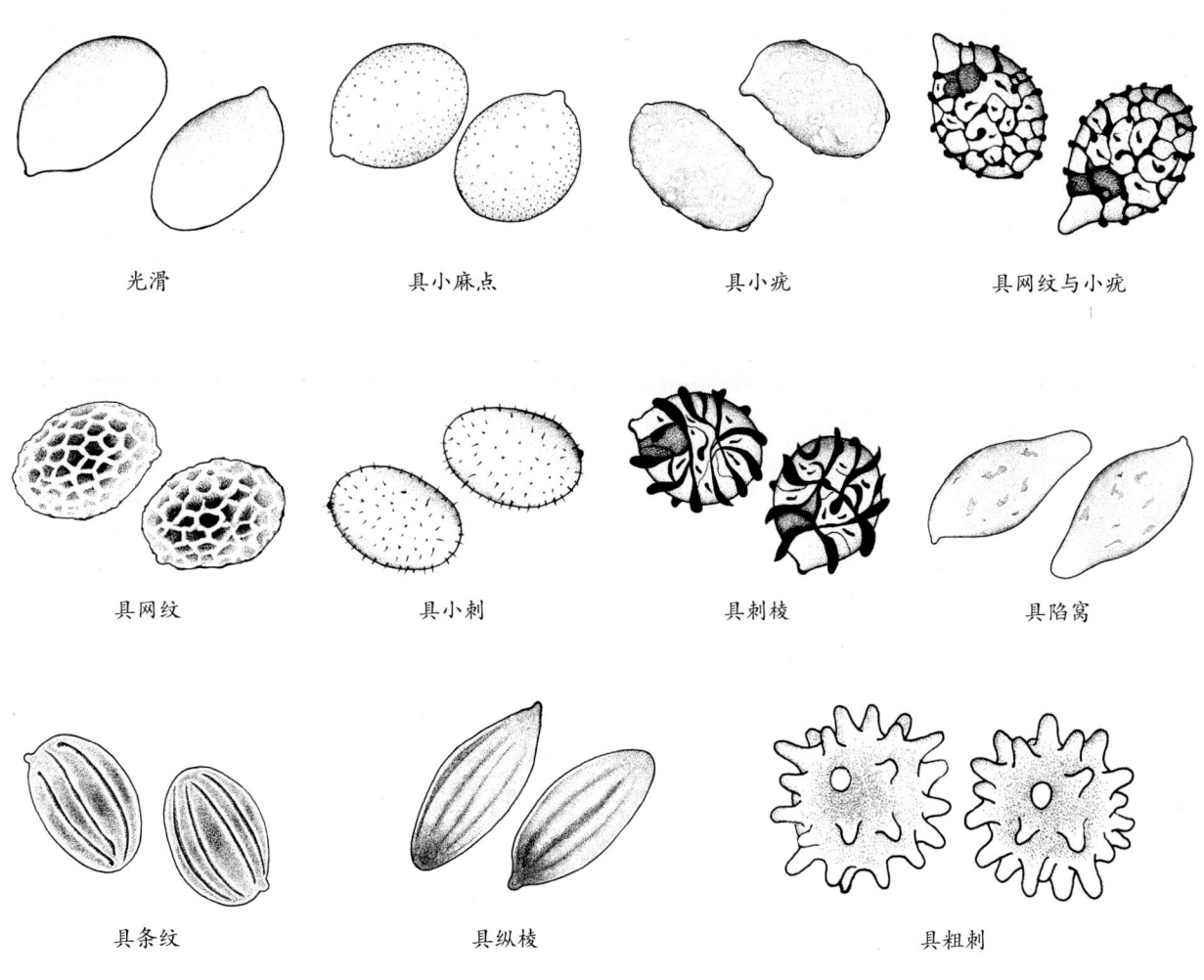

光滑　　　　　　具小麻点　　　　　　具小疣　　　　　　具网纹与小疣

具网纹　　　　　　具小刺　　　　　　具刺棱　　　　　　具陷窝

具条纹　　　　　　　具纵棱　　　　　　　具粗刺

图 11　孢子表面特征

4）标本鉴定　通过查阅检索表综合其宏观和微观结构特征进行鉴定。鉴定中要学会熟练正确地使用检索表，不宜采用对照图鉴"看图识字"式的鉴定方法。对于疑难的物种有必要结合其核基因、核糖体基因及线粒体基因来进一步验证。利用 CTAB 法或试剂盒提取 DNA，根据特定的引物扩增目的基因，将扩增的目的基因进行测序，并与 GenBank 中注册的相关序列进行比对分析，结合其形态学的特征来确定物种的分类学地位。

（3）菌物资源保育体系的构建

菌物资源保育体系的构建，可概括为"一区一馆五库"的建设。菌物多样性是生物多样性和生态稳定的决定因素之一。近些年来，由于受人类活动、环境污染、全球气候变化等因素影响，菌物生存环境受到了不同程度的威胁，特别是过量氮沉降更是加速了真菌子实体种类和数量的急剧减少。多个国家的资料都证明了森林中蘑菇和其他真菌的种类与数量不断下降。1992 年联合国环境与发展大会上，包括中国在内的 153 个国家在《生物多样性公约》上签了字，从而使保护生物多样性成为世界范围内的联合行动。2010 年国务院印发了《中国生物多样性保护战略与行动计划》，明确了我国保护生物多样性的战略和计划。近些年来，面对人们对环境的破坏尤其是人们过度采集等因素，许多珍稀菌物资源更是受到了严重威胁：如藏区冬虫夏草的过度采集，使得野生冬虫夏草生物量连年下降，濒危灭绝；

又如松茸过度的采集，也同样导致其产量连年下降，濒临灭绝。所以，有必要以大型菌物为主要研究对象，通过对代表地区系统调查，了解菌物资源分布特征和多样性，明晰菌物物种濒危状态，编写《中国濒危菌物红皮书》，构建重要珍稀菌物资源保育体系，在保护扶育的基础上促进菌物资源的可持续利用。

1）一区　指的是建立菌物保育区（Conservation）。所谓的保育包括保护（Protection，Reserve）和复育（Restoration）。在珍稀菌物资源产地进行就地保育。我国在吉林天佛指山松茸自然保护区、新疆布尔津冬虫夏草自然保护区等的基础上，先后又建立了图们市月晴乡黑木耳保育区、云台山香菇保育区、雅江松茸保育区等。

2）一馆　指的是菌物标本馆。目前我国存放菌物较有影响的标本馆共有6个：中国科学院微生物研究所真菌与地衣标本馆（HMAS）、中国科学院昆明植物研究所隐花植物标本馆（HKAS）、广东微生物研究所真菌标本馆（GDGM）、吉林农业大学菌物标本馆（HMJAU）、中国科学院沈阳应用生态研究所东北生物标本馆（IFP）和北京林业大学标本馆（BJFC）。其他多所科研机构和高等院校内也都存有一定数量的标本。

3）五库　包括菌种库、菌体库、遗传物质库、有效化合物成分库和综合信息库。

①菌种库　对野外采集标本进行菌种分离，所分离菌株在实验室内进行纯化鉴定，评价其生物学特性后，将菌种及其相关的信息进行保存。这也是迁地保育（异地保育）的重要基础性工作。

②菌体库　在野外采集标本时，从菌物标本上取下一块干净的菌肉组织，用干净的纸巾或者已灭菌的滤纸包裹后放入相应尺寸的封口袋中，倒入硅胶进行干燥，如硅胶变色应及时更换硅胶，同时要标记好采集编号，带回实验室4℃保存；或者将取下的一小块菌肉组织放入到装有已配制好的保存DNA缓冲液的安瓿管中，带回实验室4℃保存，用于之后的各项研究，尤其是对遗传物质的研究。

③遗传物质库　将收集到的每个物种的核糖体基因及线粒体基因等遗传物质及数据保存，建库。

④有效化合物成分库　对菌物资源开展活性成分研究后获得的各种化合物，尤其是标准品，入库保存。

⑤综合信息库　将以上四个库的信息通过应用计算机软件建立起具有便捷的人机对话界面的系统化综合信息数据库。

中国菌物资源的
利 用

菌物作为资源，就其本身是它在自然界的形成、演化、质量特征与时空规律特征，及与人类社会相互关系的综合体系；而作为人类则是如何更好地开发、利用、保护和管理，并协调它与人类、其他生物资源、环境和社会的和谐发展关系，以利于人类社会经济的可持续发展。

我国对菌物的认知和利用，有着悠久的历史。4000多年前，我们的祖先就已经掌握了利用菌物发酵酿酒技术，周朝时，酿酒、制酱技术已相当发达。"清醴之美，始于耒耜"，"满斟玉液葡萄酿，高擎春色珍珠醓"，人们食用的酱油、食醋、腐乳、酒酿、乳酪、面包、馒头……都归功于菌物。"东门之池，可以沤纻"，人们穿的丝、麻、布匹、皮革……乃至所用的纸张、洗漱用品、涂料、颜料，也都离不开菌物。亚麻、蚕丝的脱胶，牛仔布料的柔顺，织物的退浆，皮草的除毛，纸浆的发酵，盛筵之上的山珍，寻常百姓餐桌上的各种鲜美的蕈菇、芝栭，都有着数千年的传承。

在近代，受国力衰弱与战乱等因素的影响，中国菌物资源利用的研究并无明显的进展。新中国成立以后，我国在大型菌物资源利用方面为全球菌物产业的发展做出了巨大的贡献。目前已大规模生产的灵芝 *G. lingzhi*、紫芝 *G. sinense*、白肉灵芝 *G. leucocontextum*、草菇 *V. volvacea*、银耳 *T. fuciformis*、猴头菌 *H. erinaceus*、刺芹侧耳托里

变种（白灵菇）*P. eryngii* var. *tuoliensis*、大革耳（猪肚菇）*P. giganteus*、柱状田头菇（茶树菇）*A. cylindracea*、柳生田头菇（柳树菇）*A. salicacicola*、黑木耳 *A. heimuer*、数种竹荪 *Dictyophora* spp.、广东虫草 *C. guangdongensis*、蝉花（蝉棒束孢）*I. cicadae*、毛头鬼伞（鸡腿蘑）*C. comatus*、牛樟芝 *T. camphoratus*、广叶绣球菌 *S. latifolia* 和暗褐脉柄牛肝菌 *P. portentosus* 等食药用菌均为我国科技人员首先从我国丰富的野生菌物资源中驯化而来。蛹虫草 *C. militaris*、梯纹羊肚菌 *M. importuna*、蜜环菌 *Armillaria* spp.（及与蜜环菌共生栽培生产的天麻）、洛巴伊大口蘑（金福菇）*M. lobayensis* 等种类主要在我国进行人工栽培。冬菇（金针菇）*F. velutipes*、双孢蘑菇 *A. bisporus*、刺芹侧耳（杏鲍菇）*P. eryngii*、灰树花孔菌（灰树花）*G. frondosa* 等著名的食药用菌工厂化生产技术在我国得到迅猛的发展和普及。以冬虫夏草 *O. sinensis*、灵芝 *G. lingzhi*、猴头菌 *H. erinaceus*、云芝栓孔菌 *T. versicolor* 等真菌的菌丝体发酵生产的药物或保健食品得到了广泛的应用。

随着科学技术的飞速发展，人类认知菌物的水平不断提高，菌物已不仅仅是餐桌上的一道佳肴，"凌虚宴，取香菌以供"早已是跨越千年的一声叹息！菌物以其数量之繁多、分布之广泛、繁殖之快速及其独特的生理代谢优势，与环境物质交换、能

量传递、信息流动的便捷，使之在资源再生转化中较之其他生物类群更为有利，也更有利于为人类利用。

（1）维持生态平衡

腐生菌在生物降解中充当着分解者的重要角色。设想如果没有菌物，我们这个星球将会被尸骨、垃圾等残余物堆积覆盖，幸运的是在菌物酶类的高效作用下，动植物死亡后能迅速分解，重新回到生物圈中。菌物促进了物质的循环，保障了环境安全，维系着生态平衡。

（2）为人类提供需要的食物蛋白

据测算，我国每年在动植物生产过程中产生约30亿 t 的废弃物，只要将其中的 5% 用于食用菌生产，即 1.5 亿 t，就可以生产至少 1 000 万 t 干食用菌。如果按照每吨干食用菌含 19%~40% 的蛋白质计算，相当于增加 190 万 ~400 万 t 蛋白质。这一过程是完全利用农业废弃物的转化过程，符合循环经济的3R 标准，即"减量化（Reduce），再利用（Reuse），再循环 (Recycle)"。利用食用菌可将秸秆转化为人类所需的大量蛋白质。

（3）在工业中发挥巨大作用

菌物在现代生物技术的支持下，可以产生众多的工业新产品，已深入食品工业、医药工业、化工能源、环境保护等领域，促进了传统产业的技术改造和新型产业的产生，对人类的生活产生积极的影响。轻工业中使用的酶类，如蛋白酶、淀粉酶、凝乳酶、脂肪酶、木聚糖酶、单宁酶、几丁质酶、壳聚糖酶、纤维素酶等；醇类，如乙醇、木糖醇、丙三醇、赤藓糖醇和麦角固醇等；有机酸，如柠檬酸、丙酮酸、乳酸、衣康酸、苹果酸、高不饱和脂肪酸等；还有多糖类等；都和菌物息息相关。

（4）药用菌的开发方兴未艾

随着药物研究的先进技术和手段的广泛应用，越来越多的药用菌有效成分被发现，特别是药用菌突出的抗癌作用和免疫增强作用，愈来愈受到医药界科学家的广泛关注，菌物药物的开发受到前所未有的重视。药用菌已广泛应用于抗肿瘤，降胆固醇，治疗心血管系统、消化系统、泌尿生殖系统疾病，增强免疫力，降血糖及其镇痛药物的生产。菌物药和药用菌产业方兴未艾，开发的潜力巨大，已是不争的事实。作为一项并不奢侈的投资，应该也必然会成为国家的必备产业。

（5）菌物在农业中的应用彰显优势

植物病虫草害的有效防治是农业高产、稳产的重要保证。近年来，化学农药对人类健康的危害，对环境的污染，对非靶标生物的恶劣影响，以及有害生物抗药性的增强等不良现象的发生日益严重，因此，利用菌物以菌治菌，以菌治虫，以菌治病，以菌维持生态平衡的研究备受人们关注。目前菌物已经在生物除草剂、菌物杀线虫剂、菌物杀菌剂、菌物杀虫剂等的生产应用上取得了较大的进展。

（6）食用菌生产成为朝阳产业

食用菌生产不与人争粮，不与粮争地，不与地争肥，不与农争时，不与其他争资源。我国食用菌生产经过几十年发展，总量持续增长，产业规模日益壮大，助农增收效果十分显著。不仅满足了国人对食用菌及其相关产品的需求，也对世界食用菌产业的发展做出了贡献。据中国食用菌协会的不完全统计，2013 年全国食用菌生产总量达到 3 169.68 万 t，产值达到 2 017.9 亿元，占种植业总产值的 5%，成为国内种植业中排名于粮、油、菜、果之后的第五大产业。食用菌产业真正地实现了农业废弃物资源化，真正地推进了循环经济的快速发展，真正地为国家食品安全做出了积极贡献，真正地成为利国利民的朝阳产业。

当然，菌物在为人类带来独特的、不可估量的益处的同时，也表现出了不利的方面：引起植物病害，导致作物减产乃至绝收，造成人类的大饥荒；引起动物病害；引起木材腐朽；引起食物污染和腐败，人食用后导致腹泻甚至中毒死亡；等等。

随着人们对菌物的基因学、信息学、生物化学等研究的不断深入，相信不远的将来，更多的发现和创新将始于菌物界。菌物家族中愈来愈多的成员将为大自然的如画美景和人类的生活、健康及宗教、信仰、文化、艺术乃至工业、农业、军事、医学等领域而献身。

本书涵盖的
菌物类群

本书所涵盖的类群均为"肉眼可见,伸手可采"的大型菌物。按照 Index Fungorum 网站的菌物分类系统,其类群包括真菌界 Fungi 中子囊菌门 Ascomycota 的盘菌亚门 Pezizomycotina(如盘菌 *Peziza* spp.、块菌 *Tuber* spp.、羊肚菌 *Morchella* spp.、虫草 *Cordyceps* spp. 等),外囊菌亚门 Taphrinomycotina(如不整新地舌菌 *Neolecta irregularis*);担子菌门 Basidiomycota 的柄锈菌亚门 Pucciniomycotina(如胶锈菌 *Gymnosporangium* spp.),黑粉菌亚门 Ustilaginomycotina(如黑粉菌 *Ustilago* spp.),蘑菇亚门 Agaricomycotina(如蘑菇 *Agaricus* spp.、牛肝菌 *Boletus* spp. 和灵芝 *Ganoderma* spp. 等)。另外,还包括原生动物界 Protozoa 中变形虫门 Amoebozoa 的菌虫亚门 Mycetozoa(如绒泡菌 *Physarum* spp.、团网菌 *Arcyria* spp.、发网菌 *Stemonitis* spp. 等)。其中以蘑菇亚门的种类最为丰富,其次是盘菌亚门的种类,它们正是大家通常所指的蕈菌。

为方便读者的使用,本书将所有种类分为 10 个不同的类群分别进行介绍,即:"第二章 大型子囊菌",包括子囊菌中子实体呈盘形、杯形、棒形、马鞍形等的大型菌物类群,如虫草 *Cordyceps* spp.、羊肚菌 *Morchella* spp.、块菌 *Tuber* spp. 等能产生大型子囊果的子囊菌类,同时也涵盖了一些分类学上已证明属于子囊菌的无性型种类,如蝉花(蝉棒束孢)*I. cicadae* 等;"第三章 胶质菌",包括大型担子菌中目前属于蘑菇亚门、通常菌体为胶质的所有担子有分隔的异担子菌种类,如木耳 *Auricularia* spp.、花耳 *Dacryopinax* spp.、银耳 *Tremella* spp. 等,其担子形态与典型的担子有较大的差异,故也称为大型异担子菌;"第四章 珊瑚菌",包括蘑菇亚门中菌体为珊瑚形及棒形的种类及其近缘类群,如珊瑚菌 *Clavaria* spp.、棒瑚菌 *Clavariadelphus* spp.、枝瑚菌 *Ramaria* spp. 等;"第五章 多孔菌、齿菌及革菌",包括蘑菇亚门中菌体较坚硬、木质至革质的多孔菌、齿菌及革菌等形态相似的类群,如灵芝 *Ganoderma* spp.、肉齿菌 *Sarcodon* spp.、干巴菌 *T. ganbajun* 等;"第六章 鸡油菌",包括蘑菇亚门中菌体多呈漏斗形、菌褶不发达至脊凸状的鸡油菌 *Cantharellus* spp. 及其近缘类群,如喇叭菌 *Craterellus* spp.、钉菇 *Gomphus* spp. 等;"第七章 伞菌",包括蘑菇亚门中菌体典型为伞形、肉质且具菌褶的类群,即典型的蘑菇状的类群,如蘑菇 *Agaricus* spp.、鹅膏 *Amanita* spp.、侧耳 *Pleurotus* spp.、草菇 *Volvariella* spp. 等;"第八章 牛肝菌",包括蘑菇亚门中菌体典型为伞形、肉质且具菌管的类群,如牛肝菌 *Boletus* spp.、粉孢牛肝菌 *Tylopilus* spp.、绒盖牛肝菌 *Xerocomus* spp. 等;一些虽具菌褶但菌肉较厚、菌体形态与分类学地位都更接近牛肝菌的类群,如色钉菇 *Chroogomphus* spp.、桩菇

Paxillus spp.、褶孔牛肝菌 *Phylloporus* spp. 等也划分于此;"第九章 腹菌",包括蘑菇亚门中菌体产孢组织(子实层体)常被包裹、传统上被称为腹菌的类群,如马勃 *Lycoperdon* spp.、竹荪 *Dictyophora* spp.、地星 *Geastrum* spp. 等;"第十章 作物大型病原真菌",包括能引起作物严重病害的大型菌物,如担子菌门柄锈菌亚门的胶锈菌 *Gymnosporangium* spp. 和黑粉菌亚门的黑粉菌 *Ustilago* spp. 等;"第十一章 大型黏菌",包括传统上由菌物学者研究的黏菌,如真黏菌纲 Myxogastrea 中发网菌目的发网菌 *Stemonitis* spp.、绒泡菌目的绒泡菌 *Physarum* spp.、团毛菌目的团毛菌 *Trichia* spp. 等。

为方便查询,同时便于比较同属种类的细微差别,各大类群(各章)的种类按其拉丁学名字母顺序排列。本书的物种未按最新的分类系统排列,原因是近年菌物各类群的分类学地位仍在急剧变化中,作者不希望本书采用一个仍在变化且未成熟的系统。更重要的原因是本书是一本偏重介绍宏观形态的图鉴,而在新的分类系统中,一些形态极为相似的类群可能被划分到不同的类群中,而相近类群的种类形态又差异甚大。例如,按最新的分类系统,应将属于红菇目 Russulales 的肉质伞菌状的红菇 *Russula* spp. 和乳菇 *Lactarius* spp.、木质多孔菌状的瘤孢孔菌 *Bondarzewia* spp. 及革菌状的韧革菌 *Stereum* spp. 放在一起,读者很难凭宏观形态有规律地寻找所查的种类。

在方便读者查询使用的同时,本书也十分注重科学严谨性,每个种类鉴定均查阅了最新的研究成果,除个别有争议的种类外,所有种类都尽量采用分类学地位已得到最新系统分类学(包括分子系统学)证据支持的名称,从而体现出相关种类的最新科学研究成果。

当今大型菌物的分类学与系统学研究十分活跃,其分类系统仍在不断完善之中。为便于读者了解本图鉴中各类大型菌物在当今相关分类系统中的地位与亲缘关系,作者参考 Index Fungorum 网站(http://www.Indexfungorum.org/Names/ Names.asp)(2015)中最新的系统分类学研究成果,并结合《菌物词典》第 10 版(Kirk 等,2008)及近年新发表的科学文献,对本图鉴中涉及的 509 属菌物的现代分类地位进行了查证和整理,附之于此,供读者参考。在同一分类等级中,各分类单元按拉丁学名字母顺序排列,地位未定的类群置于其他分类单元之后。

真菌界 Fungi

子囊菌门 Ascomycota

盘菌亚门 Pezizomycotina

座囊菌纲 Dothideomycetes

格孢菌亚纲 Pleosporomycetidae

格孢菌目 Pleosporales

竹黄科 Shiraiaceae

竹黄属 *Shiraia*

散囊菌纲 Eurotiomycetes

散囊菌亚纲 Eurotiomycetidae

散囊菌目 Eurotiales

发菌科 Trichocomaceae

须刷菌属 *Trichocoma*

地舌菌纲 Geoglossomycetes

地舌菌亚纲 Geoglossomycetidae

地舌菌目 Geoglossales

地舌菌科 Geoglossaceae

地舌菌属 *Geoglossum*

毛舌菌属 *Trichoglossum*

茶渍菌纲 Lecanoromycetes

厚顶盘菌亚纲 Ostropomycetidae

无座盘菌目 Agyriales

无座盘菌科 Agyriaceae

无座盘菌属 *Agyrium*

锤舌菌纲 Leotiomycetes

锤舌菌亚纲 Leotiomycetidae

柔膜菌目 Helotiales

皮盘菌科 Dermateaceae

软盘菌属 *Mollisia*

柔膜菌科 Helotiaceae

囊盘菌属 *Ascocoryne*

小双孢盘菌属 *Bisporella*

杯盘菌属 *Chlorociboria*

耳盘菌属 *Cordierites*

贫盘菌科 Hemiphacidiaceae

绿盘菌属 *Chlorencoelia*

晶杯菌科 Hyaloscyphaceae

短毛盘菌属 *Psilachnum*

粒毛盘菌科 Lachnaceae

螺菌属 *Neobulgaria*

核盘菌科 Sclerotiniaceae

葡萄孢盘菌属 *Botryotinia*

二头孢盘菌属 *Dicephalospora*

杜蒙盘菌属 *Dumontinia*

地杖菌属 *Mitrula*

核盘菌属 *Sclerotinia*

科地位未定类群 Incertae sedis

华蜂巢菌属 *Sinofavus*

锤舌菌目 Leotiales

胶陀螺菌科 Bulgariaceae

胶陀螺菌属 *Bulgaria*

锤舌菌科 Leotiaceae

锤舌菌属 *Leotia*

斑痣盘菌目 Rhytismatales

地锤菌科 Cudoniaceae

地锤菌属 *Cudonia*

地勺菌属 *Spathularia*

盘菌纲 Pezizomycetes

　盘菌亚纲 Pezizomycetidae

　　盘菌目 Pezizales

　　　粪盘菌科 Ascobolaceae

　　　　粪盘菌属 *Ascobolus*

　　　平盘菌科 Discinaceae

　　　　平盘菌属 *Discina*

　　　　鹿花菌属 *Gyromitra*

　　　　腔地菇属 *Hydnotrya*

　　　　假根盘菌属 *Pseudorhizina*

　　　马鞍菌科 Helvellaceae

　　　　马鞍菌属 *Helvella*

　　　羊肚菌科 Morchellaceae

　　　　羊肚菌属 *Morchella*

　　　　钟菌属 *Verpa*

　　　盘菌科 Pezizaceae

　　　　盘菌属 *Peziza*

　　　　星裂盘菌属 *Sarcosphaera*

　　　火丝菌科 Pyronemataceae

　　　　网孢盘菌属 *Aleuria*

　　　　缘刺盘菌属 *Cheilymenia*

　　　　地盘菌属 *Geopora*

　　　　土盘菌属 *Humaria*

　　　　弯毛盘菌属 *Melastiza*

　　　　侧盘菌属 *Otidea*

　　　　垫盘菌属 *Pulvinula*

　　　　盾盘菌属 *Scutellinia*

　　　　索氏盘菌属 *Sowerbyella*

　　　　疣杯菌属 *Tarzetta*

　　　　长毛盘菌属 *Trichophaea*

　　　根盘菌科 Rhizinaceae

　　　　根盘菌属 *Rhizina*

　　　肉杯菌科 Sarcoscyphaceae

　　　　毛杯菌属 *Cookeina*

　　　　小口盘菌属 *Microstoma*

　　　　歪盘菌属 *Phillipsia*

　　　　暗盘菌属 *Plectania*

　　　　假黑盘菌属 *Pseudoplectania*

　　　　肉杯菌属 *Sarcoscypha*

　　　　黑杯盘菌属 *Urnula*

丛耳属 *Wynnea*

肉盘菌科 Sarcosomataceae

盖尔盘菌属 *Galiella*

块菌科 Tuberaceae

块菌属 *Tuber*

粪壳菌纲 Sordariomycetes

肉座菌亚纲 Hypocreomycetidae

肉座菌目 Hypocreales

麦角菌科 Clavicipitaceae

麦角菌属 *Claviceps*

绿僵虫草属 *Metacordyceps*

清水菌属 *Shimizuomyces*

绿核菌属 *Ustilaginoidea*

虫草科 Cordycipitaceae

虫草属 *Cordyceps*

棒束孢属 *Isaria*

虫壳菌属 *Torrubiella*

肉座菌科 Hypocreaceae

类肉座菌属 *Hypocreopsis*

肉棒菌属 *Podostroma*

线虫草科 Ophiocordycipitaceae

大团囊虫草属 *Elaphocordyceps*

线虫草属 *Ophiocordyceps*

粪壳菌亚纲 Sordariomycetidae

小球腔菌目 Magnaporthales

小球腔菌科 Magnaporthaceae

小球腔菌属 *Magnaporthe*

炭角菌亚纲 Xylariomycetidae

炭角菌目 Xylariales

炭角菌科 Xylariaceae

轮层炭壳菌属 *Daldinia*

肉球菌属 *Engleromyces*

胶球炭壳属 *Entonaema*

炭团菌属 *Hypoxylon*

孔座壳菌属 *Poronia*

炭角菌属 *Xylaria*

外囊菌亚门 Taphrinomycotina

新地舌菌纲 Neolectomycetes

新地舌菌亚纲 Neolectomycetidae

新地舌菌目 Neolectales

新地舌菌科 Neolectaceae

新地舌菌属 *Neolecta*

担子菌门 Basidiomycota

蘑菇亚门 Agaricomycotina

蘑菇纲 Agaricomycetes

蘑菇亚纲 Agaricomycetidae

蘑菇目 Agaricales

蘑菇科 Agaricaceae

蘑菇属 *Agaricus*

钉灰包属 *Battarrea*

灰球菌属 *Bovista*

秃马勃属 *Calvatia*

青褶伞属 *Chlorophyllum*

绿褶托菇属 *Clarkeinda*

粉环柄菇属 *Coniolepiota*

鬼伞属 *Coprinus*

白蛋巢菌属 *Crucibulum*

黑蛋巢菌属 *Cyathus*

囊皮伞属 *Cystoderma*

囊小伞属 *Cystolepiota*

脱顶马勃属 *Disciseda*

卷毛菇属 *Floccularia*

环柄菇属 *Lepiota*

白环蘑属 *Leucoagaricus*

白鬼伞属 *Leucocoprinus*

马勃属 *Lycoperdon*

大环柄菇属 *Macrolepiota*

暗褶伞属 *Melanophyllum*

小蘑菇属 *Micropsalliota*

栓皮马勃属 *Mycenastrum*

红蛋巢菌属 *Nidula*

蒯氏包属 *Queletia*

灰锤属 *Tulostoma*

鹅膏科 Amanitaceae

鹅膏属 *Amanita*

黏伞属 *Limacella*

粪伞科 Bolbitiaceae

粪伞属 *Bolbitius*

锥盖伞属 *Conocybe*

胃腹菌属 *Galeropsis*

珊瑚菌科 Clavariaceae

　　珊瑚菌属 *Clavaria*

　　拟锁瑚菌属 *Clavulinopsis*

　　扁枝瑚菌属 *Scytinopogon*

丝膜菌科 Cortinariaceae

　　丝膜菌属 *Cortinarius*

　　圆头伞属 *Descolea*

　　盔孢伞属 *Galerina*

　　黏滑菇属 *Hebeloma*

　　半球盖菇属 *Hemistropharia*

　　暗金钱菌属 *Phaeocollybia*

挂钟菌科 Cyphellaceae

　　软韧革菌属 *Chondrostereum*

　　榆耳属 *Gloeostereum*

粉褶蕈科 Entolomataceae

　　斜盖伞属 *Clitopilus*

　　粉褶蕈属 *Entoloma*

牛舌菌科 Fistulinaceae

　　牛舌菌属 *Fistulina*

轴腹菌科 Hydnangiaceae

　　轴腹菌属 *Hydnangium*

　　蜡蘑属 *Laccaria*

蜡伞科 Hygrophoraceae

　　棒柄杯伞属 *Ampulloclitocybe*

　　紫褶亚脐菇属 *Chromosera*

　　拱顶伞属 *Cuphophyllus*

　　湿伞属 *Hygrocybe*

　　蜡伞属 *Hygrophorus*

　　地衣亚脐菇属 *Lichenomphalia*

丝盖伞科 Inocybaceae

　　靴耳属 *Crepidotus*

　　暗皮伞属 *Flammulaster*

　　丝盖伞属 *Inocybe*

　　侧火菇属 *Pleuroflammula*

　　绒盖菇属 *Simocybe*

离褶伞科 Lyophyllaceae

　　星孢寄生菇属 *Asterophora*

　　丽蘑属 *Calocybe*

　　玉蕈属 *Hypsizygus*

　　离褶伞属 *Lyophyllum*

木生杯伞属 *Ossicaulis*

灰盖伞属 *Tephrocybe*

蚁巢伞属 *Termitomyces*

小皮伞科 Marasmiaceae

小孢伞属 *Baeospora*

风铃菌属 *Calyptella*

脉褶菌属 *Campanella*

毛筐菌属 *Chaetocalathus*

小杯伞属 *Clitocybula*

毛皮伞属 *Crinipellis*

哈宁管菌属 *Henningsomyces*

湿柄伞属 *Hydropus*

乳金伞属 *Lactocollybia*

大囊伞属 *Macrocystidia*

小皮伞属 *Marasmius*

大金钱菌属 *Megacollybia*

四角孢伞属 *Tetrapyrgos*

沟褶菌属 *Trogia*

小菇科 Mycenaceae

网孔菌属 *Dictyopanus*

胶孔菌属 *Favolaschia*

小菇属 *Mycena*

扇菇属 *Panellus*

黏柄小菇属 *Roridomyces*

幕盖菇属 *Tectella*

干脐菇属 *Xeromphalina*

类脐菇科 Omphalotaceae

炭褶菌属 *Anthracophyllum*

联脚伞属 *Connopus*

裸脚伞属 *Gymnopus*

微香菇属 *Lentinula*

微皮伞属 *Marasmiellus*

小盖伞属 *Micromphale*

蒜味皮伞属 *Mycetinis*

类脐菇属 *Omphalotus*

粉金钱菌属 *Rhodocollybia*

泡头菌科 Physalacriaceae

蜜环菌属 *Armillaria*

刺孢伞属 *Cibaomyces*

鳞盖伞属 *Cyptotrama*

冬菇属 *Flammulina*

小奥德蘑属 *Oudemansiella*

拟干蘑属 *Paraxerula*

泡头菌属 *Physalacria*

玫耳属 *Rhodotus*

球果伞属 *Strobilurus*

干蘑属 *Xerula*

侧耳科 Pleurotaceae

亚侧耳属 *Hohenbuehelia*

侧耳属 *Pleurotus*

光柄菇科 Pluteaceae

光柄菇属 *Pluteus*

草菇属 *Volvariella*

突孔菌科 Porotheleaceae

点孔菌属 *Stromatoscypha*

小脆柄菇科 Psathyrellaceae

小鬼伞属 *Coprinellus*

拟鬼伞属 *Coprinopsis*

近地伞属 *Parasola*

小脆柄菇属 *Psathyrella*

须瑚菌科 Pterulaceae

龙爪菌属 *Deflexula*

须瑚菌属 *Pterula*

裂褶菌科 Schizophyllaceae

裂褶菌属 *Schizophyllum*

冠孢孔菌科 Stephanosporaceae

林氏孔菌属 *Lindtneria*

球盖菇科 Strophariaceae

田头菇属 *Agrocybe*

裸伞属 *Gymnopilus*

垂幕菇属 *Hypholoma*

库恩菇属 *Kuehneromyces*

鳞伞属 *Pholiota*

裸盖菇属 *Psilocybe*

球盖菇属 *Stropharia*

口蘑科 Tricholomataceae

阿氏菇属 *Arrhenia*

色孢菌属 *Callistosporium*

小鸡油菌属 *Cantharellula*

松苞菇属 *Catathelasma*

杯伞属 *Clitocybe*

金钱菌属 *Collybia*

贝伞属 *Conchomyces*

雅薄伞属 *Delicatula*

香蘑属 *Lepista*

白丝膜菌属 *Leucocortinarius*

白桩菇属 *Leucopaxillus*

囊环菇属 *Leucopholiota*

大口蘑属 *Macrocybe*

铦囊蘑属 *Melanoleuca*

黏脐菇属 *Myxomphalia*

亚脐菇属 *Omphalina*

假小蜜环菌属 *Pseudoarmillariella*

假杯伞属 *Pseudoclitocybe*

黑轮属 *Resupinatus*

毛缘菇属 *Ripartites*

辛格杯伞属 *Singerocybe*

菌瘿伞属 *Squamanita*

口蘑属 *Tricholoma*

拟口蘑属 *Tricholomopsis*

十字孢口蘑属 *Tricholosporum*

假脐菇科 Tubariaceae

假脐菇属 *Tubaria*

核瑚菌科 Typhulaceae

杵瑚菌属 *Pistillaria*

科地位未定类群 Incertae sedis

斑褶菇属 *Panaeolus*

牛肝菌目 Boletales

牛肝菌科 Boletaceae

金牛肝菌属 *Aureoboletus*

南方牛肝菌属 *Austroboletus*

条孢牛肝菌属 *Boletellus*

牛肝菌属 *Boletus*

美牛肝菌属 *Caloboletus*

辣牛肝菌属 *Chalciporus*

科耐牛肝菌属 *Corneroboletus*

蓝牛肝菌属 *Cyanoboletus*

黄脚粉孢牛肝菌属 *Harrya*

网孢牛肝菌属 *Heimioporus*

褐牛肝菌属 *Imleria*

疣柄牛肝菌属 *Leccinum*

黏盖牛肝菌属 *Mucilopilus*

褶孔牛肝菌属 *Phylloporus*

红孢牛肝菌属 *Porphyrellus*

粉末牛肝菌属 *Pulveroboletus*

网柄牛肝菌属 *Retiboletus*

罗叶腹菌属 *Rossbeevera*

玉红牛肝菌属 *Rubinoboletus*

红牛肝菌属 *Rubroboletus*

华牛肝菌属 *Sinoboletus*

松塔牛肝菌属 *Strobilomyces*

紫盖牛肝菌属 *Sutorius*

粉孢牛肝菌属 *Tylopilus*

红孢纱牛肝菌属 *Veloporphyrellus*

褐孢牛肝菌属 *Xanthoconium*

小绒盖牛肝菌属 *Xerocomellus*

绒盖牛肝菌属 *Xerocomus*

臧氏牛肝菌属 *Zangia*

微牛肝菌科 Boletinellaceae

微牛肝菌属 *Boletinellus*

脉柄牛肝菌属 *Phlebopus*

丽口菌科 Calostomataceae

丽口菌属 *Calostoma*

粉孢革菌科 Coniophoraceae

粉孢革菌属 *Coniophora*

圆齿菌属 *Gyrodontium*

双囊菌科 Diplocystidiaceae

硬皮地星属 *Astraeus*

铆钉菇科 Gomphidiaceae

色钉菇属 *Chroogomphus*

铆钉菇属 *Gomphidius*

圆孔牛肝菌科 Gyroporaceae

圆孔牛肝菌属 *Gyroporus*

拟蜡伞科 Hygrophoropsidaceae

拟蜡伞属 *Hygrophoropsis*

桩菇科 Paxillaceae

短孢牛肝菌属 *Gyrodon*

桩菇属 *Paxillus*

须腹菌科 Rhizopogonaceae

须腹菌属 *Rhizopogon*

硬皮马勃科 Sclerodermataceae

 豆马勃属 *Pisolithus*

 硬皮马勃属 *Scleroderma*

干腐菌科 Serpulaceae

 干腐菌属 *Serpula*

乳牛肝菌科 Suillaceae

 小牛肝菌属 *Boletinus*

 乳牛肝菌属 *Suillus*

小塔氏菌科 Tapinellaceae

 假皱孔菌属 *Pseudomerulius*

 小塔氏菌属 *Tapinella*

鬼笔亚纲 Phallomycetidae

地星目 Geastrales

 地星科 Geastraceae

  地星属 *Geastrum*

  弹球菌属 *Sphaerobolus*

钉菇目 Gomphales

 棒瑚菌科 Clavariadelphaceae

  棒瑚菌属 *Clavariadelphus*

 钉菇科 Gomphaceae

  胶鸡油菌属 *Gloeocantharellus*

  钉菇属 *Gomphus*

  枝瑚菌属 *Ramaria*

 木须菌科 Lentariaceae

  刺顶菌属 *Hydnocristella*

鬼笔目 Phallales

 鬼笔科 Phallaceae

  尾花菌属 *Anthurus*

  笼头菌属 *Clathrus*

  竹荪属 *Dictyophora*

  内笼头菌属 *Endoclathrus*

  网球菌属 *Ileodictyon*

  小林块腹菌属 *Kobayasia*

  小林鬼笔属 *Linderia*

  散尾鬼笔属 *Lysurus*

  蛇头菌属 *Mutinus*

  鬼笔属 *Phallus*

  爪鬼笔属 *Pseudocolus*

  柄笼头菌属 *Simblum*

亚纲地位未定类群 Incertae sedis

淀粉质伏革菌目 Amylocorticiales
    淀粉质伏革菌科 Amylocorticiaceae
        蜡革菌属 *Ceraceomyces*
木耳目 Auriculariales
    木耳科 Auriculariaceae
        木耳属 *Auricularia*
        黑耳属 *Exidia*
        刺皮菌属 *Heterochaete*
    科地位未定类群 Incertae sedis
        榆孔菌属 *Elmerina*
        焰耳属 *Guepinia*
        卵碟菌属 *Ovipoculum*
        纵隔担孔菌属 *Protomerulius*
        刺银耳属 *Pseudohydnum*
        拟胶瑚菌属 *Tremellodendropsis*
鸡油菌目 Cantharellales
    滑瑚菌科 Aphelariaceae
        滑瑚菌属 *Aphelaria*
    鸡油菌科 Cantharellaceae
        鸡油菌属 *Cantharellus*
        喇叭菌属 *Craterellus*
    角担菌科 Ceratobasidiaceae
        亡革菌属 *Thanatephorus*
    锁瑚菌科 Clavulinaceae
        锁瑚菌属 *Clavulina*
        地衣棒瑚菌属 *Multiclavula*
    齿菌科 Hydnaceae
        齿菌属 *Hydnum*
伏革菌目 Corticiales
    伏革菌科 Corticiaceae
        囊革菌属 *Cytidia*
褐褶菌目 Gloeophyllales
    褐褶菌科 Gloeophyllaceae
        褐褶菌属 *Gloeophyllum*
        灰卧孔菌属 *Griseoporia*
锈革菌目 Hymenochaetales
    锈革菌科 Hymenochaetaceae
        星毛革菌属 *Asterodon*
        集毛孔菌属 *Coltricia*
        小集毛孔菌属 *Coltriciella*

环褶孔菌属 *Cyclomyces*

红革菌属 *Erythromyces*

嗜蓝孢孔菌属 *Fomitiporia*

锈齿革菌属 *Hydnochaete*

锈革菌属 *Hymenochaete*

核纤孔菌属 *Inocutis*

拟纤孔菌属 *Inonotopsis*

纤孔菌属 *Inonotus*

昂尼孔菌属 *Onnia*

小木层孔菌属 *Phellinidium*

拟木层孔菌属 *Phellinopsis*

木层孔菌属 *Phellinus*

叶孔菌属 *Phylloporia*

红皮孔菌属 *Pyrrhoderma*

锐孔菌科 Oxyporaceae

锐孔菌属 *Oxyporus*

藓菇科 Rickenellaceae

藓菇属 *Rickenella*

裂孔菌科 Schizoporaceae

刺孔菌属 *Echinoporia*

丝齿菌属 *Hyphodontia*

白木层孔菌属 *Leucophellinus*

软卧孔菌属 *Poriodontia*

附毛孔菌属 *Trichaptum*

辐片包目 Hysterangiales

鬼笔腹菌科 Phallogastraceae

鬼笔腹菌属 *Phallogaster*

多孔菌目 Polyporales

囊韧革菌科 Cystostereaceae

囊韧革菌属 *Cystostereum*

拟层孔菌科 Fomitopsidaceae

淀粉囊孔菌属 *Amylocystis*

拟变孔菌属 *Anomoloma*

丝变孔菌属 *Anomoporia*

薄孔菌属 *Antrodia*

金黄孔菌属 *Auriporia*

顶囊孔菌属 *Climacocystis*

迷孔菌属 *Daedalea*

菌索孔菌属 *Fibroporia*

拟层孔菌属 *Fomitopsis*

炮孔菌属 *Laetiporus*

细孔菌属 *Leptoporus*

寡孔菌属 *Oligoporus*

软帕氏孔菌属 *Parmastomyces*

暗孔菌属 *Phaeolus*

剥管孔菌属 *Piptoporus*

波斯特孔菌属 *Postia*

小红孔菌属 *Pycnoporellus*

沃菲卧孔菌属 *Wolfiporia*

脆孔菌科 Fragiliporiaceae

脆孔菌属 *Fragiliporia*

灵芝科 Ganodermataceae

假芝属 *Amauroderma*

灵芝属 *Ganoderma*

惠氏栓孔菌属 *Whitfordia*

浅孔菌科 Grammotheleaceae

浅孔菌属 *Grammothele*

石色乳孔菌属 *Theleporus*

巨盖孔菌科 Meripilaceae

树花孔菌属 *Grifola*

巨盖孔菌属 *Meripilus*

变色卧孔菌属 *Physisporinus*

硬孔菌属 *Rigidoporus*

皱孔菌科 Meruliaceae

残孔菌属 *Abortiporus*

烟管孔菌属 *Bjerkandera*

栗孔菌属 *Castanoporus*

波边革菌属 *Cymatoderma*

黄囊孔菌属 *Flavodon*

胶卧孔菌属 *Gelatoporia*

胶黏孔菌属 *Gloeoporus*

耙齿菌属 *Irpex*

容氏孔菌属 *Junghuhnia*

白齿耳菌属 *Mycoleptodonoides*

射脉革菌属 *Phlebia*

射脉卧孔菌属 *Phlebiporia*

齿舌革菌属 *Radulodon*

齿耳菌属 *Steccherinum*

拟韧革菌属 *Stereopsis*

平革菌科 Phanerochaetaceae

小薄孔菌属 *Antrodiella*

棉絮干朽菌属 *Byssomerulius*

蜡孔菌属 *Ceriporia*

拟蜡孔菌属 *Ceriporiopsis*

肉齿耳属 *Climacodon*

平革菌属 *Phanerochaete*

剖匝孔菌属 *Pouzaroporia*

伪壶担菌属 *Pseudolagarobasidium*

蓝伏革菌属 *Pulcherricium*

多孔菌科 Polyporaceae

多孢孔菌属 *Abundisporus*

深黄孔菌属 *Aurantiporus*

齿毛菌属 *Cerrena*

灰孔菌属 *Cinereomyces*

革孔菌属 *Coriolopsis*

隐孔菌属 *Cryptoporus*

拟迷孔菌属 *Daedaleopsis*

异薄孔菌属 *Datronia*

小异薄孔菌属 *Datroniella*

叉丝孔菌属 *Dichomitus*

二丝孔菌属 *Diplomitoporus*

俄氏孔菌属 *Earliella*

艾氏孔菌属 *Erastia*

层架菌属 *Flabellophora*

红盖孔菌属 *Flammeopellis*

层孔菌属 *Fomes*

粗盖孔菌属 *Funalia*

拟浅孔菌属 *Grammothelopsis*

彩孔菌属 *Hapalopilus*

全缘孔菌属 *Haploporus*

蜂窝孔菌属 *Hexagonia*

皱皮孔菌属 *Ischnoderma*

炳生褐腐孔菌属 *Laccocephalum*

香菇属 *Lentinus*

褶孔菌属 *Lenzites*

核生柄孔菌属 *Lignosus*

脊革菌属 *Lopharia*

大孔菌属 *Megasporoporia*

黑壳孔菌属 *Melanoderma*

黑卧孔菌属 *Melanoporia*

小孔菌属 *Microporus*

新异薄孔菌属 *Neodatronia*

新小层孔菌属 *Neofomitella*

新香菇属 *Neolentinus*

黑层孔菌属 *Nigrofomes*

黑孔菌属 *Nigroporus*

革耳属 *Panus*

多年卧孔菌属 *Perenniporia*

多孔菌属 *Polyporus*

假棱孔菌属 *Pseudofavolus*

密孔菌属 *Pycnoporus*

火木蹄孔菌属 *Pyrofomes*

干皮孔菌属 *Skeletocutis*

稀管菌属 *Sparsitubus*

毡被孔菌属 *Spongipellis*

色孔菌属 *Tinctoporellus*

栓孔菌属 *Trametes*

干酪菌属 *Tyromyces*

绣球菌科 Sparassidaceae

绣球菌属 *Sparassis*

科地位未定类群 Incertae sedis

牛樟芝属 *Taiwanofungus*

红菇目 Russulales

地花孔菌科 Albatrellaceae

地花孔菌属 *Albatrellus*

杨氏孔菌属 *Jahnoporus*

淀粉韧革菌科 Amylostereaceae

淀粉韧革菌属 *Amylostereum*

耳匙菌科 Auriscalpiaceae

杯冠瑚菌属 *Artomyces*

耳匙菌属 *Auriscalpium*

小香菇属 *Lentinellus*

瘤孢孔菌科 Bondarzewiaceae

淀粉孢孔菌属 *Amylosporus*

瘤孢孔菌属 *Bondarzewia*

胶丝革菌属 *Gloiodon*

异担子菌属 *Heterobasidion*

刺孢齿耳菌属 *Stecchericium*

赖特孔菌属 *Wrightoporia*

木齿菌科 Echinodontiaceae

劳里拉革菌属 *Laurilia*

猴头菌科 Hericiaceae

　软齿菌属 *Dentipellis*

　猴头菌属 *Hericium*

茸瑚菌科 Lachnocladiaceae

　皮垫革菌属 *Scytinostroma*

红菇科 Russulaceae

　乳菇属 *Lactarius*

　多汁乳菇属 *Lactifluus*

　红菇属 *Russula*

韧革菌科 Stereaceae

　盘革菌属 *Aleurodiscus*

　韧革菌属 *Stereum*

　趋木革菌属 *Xylobolus*

蜡壳耳目 Sebacinales

　蜡壳耳科 Sebacinaceae

　　蜡壳耳属 *Sebacina*

革菌目 Thelephorales

　坂氏齿菌科 Bankeraceae

　　坂氏齿菌属 *Bankera*

　　肉齿菌属 *Sarcodon*

　革菌科 Thelephoraceae

　　小褶孔菌属 *Lenzitopsis*

　　簇扇菌属 *Polyozellus*

　　革菌属 *Thelephora*

　　毛革菌属 *Tomentella*

糙孢孔菌目 Trechisporales

　刺孢孔菌科 Hydnodontaceae

　　糙孢孔菌属 *Trechispora*

目地位未定类群 Incertae sedis

　科地位未定类群 Incertae sedis

　　扇革菌属 *Cotylidia*

　　罗勒亚脐菇属 *Loreleia*

花耳纲 Dacrymycetes

花耳亚纲 Dacrymycetidea

花耳目 Dacrymycetales

　花耳科 Dacrymycetaceae

　　胶角耳属 *Calocera*

　　花耳属 *Dacrymyces*

　　桂花耳属 *Dacryopinax*

金舌耳属 *Dacryoscyphus*

胶杯耳属 *Femsjonia*

银耳纲 Tremellomycetes

银耳亚纲 Tremellomycetidea

银耳目 Tremellales

银耳科 Tremellaceae

银耳属 *Tremella*

柄锈菌亚门 Pucciniomycotina

微球黑粉菌纲 Microbotryomycetes

微球黑粉菌亚纲 Microbotryomycetidea

微球黑粉菌目 Microbotryales

微球黑粉菌科 Microbotryaceae

轴黑粉菌属 *Sphacelotheca*

柄锈菌纲 Pucciniomycetes

亚纲地位未定类群 Incertae sedis

柄锈菌目 Pucciniales

柄锈菌科 Pucciniaceae

胶锈菌属 *Gymnosporangium*

黑粉菌亚门 Ustilaginomycotina

外担菌纲 Exobasidiomycetes

外担菌亚纲 Exobasidiomycetidae

外担菌目 Exobasidiales

外担菌科 Exobasidiaceae

外担菌属 *Exobasidium*

腥黑粉菌目 Tilletiales

腥黑粉菌科 Tilletiaceae

尾孢黑粉菌属 *Neovossia*

黑粉菌纲 Ustilaginomycetes

黑粉菌亚纲 Ustilaginomycetidae

黑粉菌目 Ustilaginales

黑粉菌科 Ustilaginaceae

孢堆黑粉菌属 *Sporisorium*

黑粉菌属 *Ustilago*

原生动物界 Protozoa

变形虫门 Amoebozoa

菌虫亚门 Mycetozoa

真黏菌纲 Myxogastrea

亚纲地位未定类群 Incertae sedis

无丝目 Liceida

筛菌科 Cribrariaceae

筛菌属 *Cribraria*

线筒菌科 Dictydiaethaliaceae

线筒菌属 *Dictydiaethalium*

筒菌科 Tubiferaceae

粉瘤菌属 *Lycogala*

线膜菌属 *Reticularia*

筒菌属 *Tubifera*

绒泡菌目 Physarida

双皮菌科 Didymiaceae

双皮菌属 *Diderma*

钙皮菌属 *Didymium*

绒泡菌科 Physaraceae

彩囊钙丝菌属 *Badhamia*

白头高杯菌属 *Craterium*

煤绒菌属 *Fuligo*

光果菌属 *Leocarpus*

针箍菌属 *Physarella*

绒泡菌属 *Physarum*

发网菌目 Stemonitida

发网菌科 Stemonitidaceae

白柄菌属 *Diachea*

发丝菌属 *Stemonaria*

发网菌属 *Stemonitis*

团毛菌目 Trichiida

团网菌科 Arcyriaceae

团网菌属 *Arcyria*

散丝菌科 Dianemataceae

纹丝菌属 *Calomyxa*

团毛菌科 Trichiaceae

半网菌属 *Hemitrichia*

变毛菌属 *Metatrichia*

盖碗菌属 *Perichaena*

团毛菌属 *Trichia*

原柄黏菌纲 Protostelea

亚纲地位未定类群 Incertae sedis

原柄黏菌目 Protostelida

鹅绒菌科 Ceratiomyxaceae

鹅绒菌属 *Ceratiomyxa*

中国大型菌物资源图鉴
ATLAS
OF CHINESE
MACROFUNGAL
RESOURCES

Chapter II
LARGER ASCOMYCETES

第二章
大型子囊菌

图1

1 黄无座盘菌
Agyrium aurantium W.Y. Zhuang & Zhu L. Yang

子囊盘直径 0.5~1.5 mm，近圆球形至小脓疱状，无柄。子实层表面橘黄色，光滑。囊盘被（下或外表面）同色，光滑。子囊 100~110×13~16 μm，棒形，具 4~8 个子囊孢子，厚壁，顶部加厚，在梅氏试剂中不变色。子囊孢子 14~17×8~10 μm，椭圆形，无色至浅黄色。

夏秋季丛生于腐木上。分布于青藏地区。

2 橙黄网孢盘菌
Aleuria aurantia (Pers.) Fuckel

子囊盘直径 3~6 cm，浅杯形至盘形，无柄。子实层表面橘红色至橘黄色，光滑。囊盘被颜色较淡，光滑。菌肉脆骨质。子囊 200~250×12~16 μm，棒形，具 8 个子囊孢子，在梅氏试剂中不变色。子囊孢子 15~22×8~12 μm，椭圆形，两端常有小尖，被网状纹。

夏秋季丛生于地上。食用。分布于中国大部分地区。

图 2-1

图 2-2

大型子囊菌

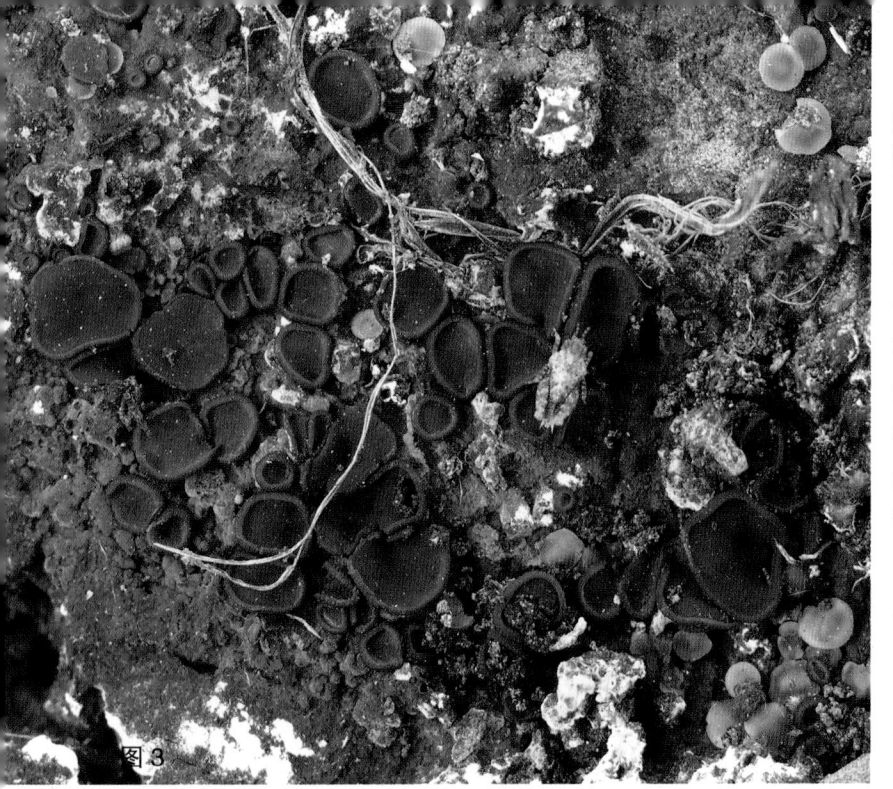
图3

3 炭生粪盘菌（炭色粪盘菌）
Ascobolus carbonarius P. Karst.

子囊盘直径 5~6 mm，初球形，后展开呈碗形至碟形，无柄。子实层表面初期橙褐色到带紫灰的橙褐色，渐变暗，最后暗紫黑褐色。囊盘被有小鳞片或绒毛，黄褐色至紫褐色带橙褐色。子囊 200~260×19~25 μm，棒形，下端变细，有2列8个子囊孢子。子囊孢子 16~24×10~15 μm，纺锤形，有疣，初近无色，后紫褐色。

群生于富含有机物的地上或火烧过的炭上。分布于东北、华南等地区。

4 紫色囊盘菌（杯紫胶盘菌）
Ascocoryne cylichnium (Tul.) Korf

子囊盘直径 5~22 mm，盘形至杯形或带柄的酒杯形，胶质。子实层表面暗紫褐色至带紫红的灰褐色，光滑。囊盘被外观与子实层表面相似，或色稍浅，有细绒毛。菌柄有或缺。子囊 200~230×14~16 μm。子囊孢子 18~28×4~6 μm，纺锤形，光滑，有多个小油滴，成熟时有数个横隔。分生孢子常可形成，近球形，但不成串。

群生于针、阔叶树的腐木上。分布于东北地区。

图4

图 5

5 橘色小双孢盘菌
Bisporella citrina (Batsch) Korf & S.E. Carp.

子囊盘直径约 3.5 mm，杯形至盘形，上、下表面均光滑，柠檬黄色至橘黄色，干后有褶皱，颜色变深。菌柄短小且下端渐细或不具柄，光滑。子囊 100~135×7~10 μm。子囊孢子 8.5~14×3~5 μm，椭圆形，表面光滑，具油滴，成熟后常具隔。

夏秋季群生于阔叶林腐木上。分布于华南地区。

6 硫色小双孢盘菌
Bisporella sulfurina (Quél.) S.E. Carp.

子囊盘直径 0.4~1.2 mm，垫状或盘形，中间凹陷，无柄。子实体与菌核相连。菌核较小，不易发现。子实层表面与囊盘被光滑，亮黄色至柠檬黄色，半透明。子囊 55×6~8 μm，圆柱形。子囊内含 8 个子囊孢子，顶端非淀粉质。子囊孢子 8~11×2~2.5 μm，长椭圆形至近纺锤形，少弯曲，透明，成熟后具 1 个分隔，双层排列。

夏秋季群生于阔叶树上。分布于东北地区。

图 6

7 毛茛葡萄孢盘菌
Botryotinia ranunculi Hennebert & J.W. Groves

子囊盘直径 3~7 mm，幼时浅碟形，成熟后平展，边缘常下卷，具柄。子实层表面浅棕褐色、淡黄褐色至赭色，光滑。囊盘被颜色稍深，淡黄褐色至红褐色或暗褐色。菌柄长 1~2 mm 或稍长，圆柱形，与子实层表面同色，基部颜色渐深，与黑色菌核相连。菌核 8~12×1~2 mm。子囊孢子 12~14×5.5~6.5 μm，椭圆形，光滑，透明，单行排列。

夏秋季生于潮湿的地上及腐木上。分布于青藏地区。

本种与驴蹄草葡萄孢盘菌 *B. calthae* 相似。但后者子囊及子囊孢子略小。

图 7

大型子囊菌

图 8

图 9

8 胶陀螺菌（胶鼓菌 猪嘴蘑）

Bulgaria inquinans
(Pers.) Fr.

子囊盘直径 3~15 mm，陀螺形，伸展后呈浅杯形，初黄色球形，带有黄棕色麻点，顶端逐渐开裂成 1 至多个裂口，裂口边缘向内呈不等分凹陷，开口逐渐扩大，使子实体呈杯形，最后凹陷变平，整个子实层表面颜色加深变黑色。柄短。边缘及不育面具成簇的绒毛。菌肉质地坚硬，不易折断，断面胶质。子囊筒形或近棒形，具长柄，有子囊孢子部分较长。子囊孢子两种：大孢子 11~14×6~7 μm，紫黑色；小孢子 5~7×2~4 μm，浅黄色，不等边，椭圆形。在子囊上端小子囊孢子双行排列，但大子囊孢子一般都是单行排列。

夏秋季散生或丛生于桦树、柞树、榆树等的倒木和木桩上，常生长在遮阴面，雨后大量出现。有毒，有光过敏型神经毒素，但经过特殊加工处理后可食用。分布于东北地区。

9 粪生缘刺盘菌

Cheilymenia fimicola
(Bagl.) Dennis

子囊盘宽 3~5 mm，盘形至贝壳形，无柄。子实层表面黄色至橘黄色。下表面色稍淡，被绒毛或刺毛，子囊盘边缘刺毛更多而且直立。子囊 170~200×14~18 μm，近圆柱形。子囊孢子 15~20×10~12 μm，椭圆形，无色，光滑。侧丝线形，直立，具分隔，顶端稍膨大。

夏秋季生于羊粪上。分布于中国大部分地区。

10 多形墨绿盘菌
***Chlorencoelia versiformis* (Pers.) J.R. Dixon**

子囊盘宽 7~16 mm，陀螺形、浅杯形至漏斗形。子实层表面与囊盘被光滑或有褶皱，橄榄黄色至橄榄绿色。菌柄长 2~5 mm，直径 0.5~1 mm，向下渐细，中生，少数偏生。子囊 80~100×7~8 μm，内含 8 个子囊孢子。子囊孢子 9~13×3~3.5 μm，圆柱形至椭圆形，两端圆钝，直或稍弯曲，光滑，无色。

夏秋季生于针阔混交林中腐木上。分布于东北、华中等地区。

图 10

11 变绿杯盘菌（小孢绿杯菌）
Chlorociboria aeruginascens

(Nyl.) Kanouse ex C.S. Ramamurthi et al.

子囊盘宽 3~7 mm，盘形至贝壳形。子实层表面深蓝绿色。囊盘被深绿色或稍淡，边缘稍内卷或波状，光滑。菌柄长 1~5 mm，直径 0.5~1 mm，常偏生至近中生。子囊 70~100×6~8 μm，近圆柱形，具 8 个子囊孢子，顶端遇碘变蓝。子囊孢子 6~8×1~3 μm，椭圆形至梭形，稍弯曲，无色，光滑。

夏秋季生于腐木上。分布于中国大部分地区。

本种与绿杯盘菌 *C. aeruginosa* 相似，但后者子实体常呈扁盘形，子囊孢子稍大。

1-1

图 11-2

大型子囊菌

图 12-1

图 12-2

12 绿杯盘菌

Chlorociboria aeruginosa (Oeder)
Seaver ex C.S. Ramamurthi et al.

子囊盘宽 1~4 mm，盘形至贝壳形。子实层表面深绿色。囊盘被深绿色或色稍淡。菌柄长 0.5~1 mm，中生。子囊 70~110×6~8 μm，近圆柱形，具 8 个子囊孢子，顶端遇碘变蓝。子囊孢子 12~15×3.5~4.5 μm，椭圆形至梭形，稍弯曲，无色，光滑。

夏秋季生于腐木上。分布于中国大部分地区。

13 印度毛杯菌

Cookeina indica Pfister & R. Kaushal

子囊盘宽 2~4 cm，歪盘形至缺口杯形。子实层表面鲜黄色至杏黄色，有时稍带粉红色。囊盘被黄色至淡黄色，近边缘被微绒毛。菌柄无或近无。子囊 350~380×14~16 μm，近圆柱形，基部变细，壁较厚，具 8 个子囊孢子。子囊孢子 25~30×9~13 μm，不等边梭形至两端较尖的椭圆形，外表具细纵纹。

夏秋季生于腐木上。分布于华南地区。

图 13

14 大孢毛杯菌（大孢刺杯菌）
**_Cookeina insititia_ (Berk. &
M.A. Curtis) Kuntze**

子囊盘直径 4~10 mm，高 5~10 mm，初期坛状，后高脚杯形，近白色至带肉色或蛋壳色，边缘有白色至肉色粗毛或刺毛。菌柄幼时甚短，成熟时显著增长，长 2~36 mm，直径 1~2 mm，圆柱形，近白色，空心。子囊盘边的毛长 0.5~2 mm，直径 0.2~0.5 mm，圆锥形，由成束的菌丝组成，近无色至微黄色。子囊 400~450×13~18 μm，近圆柱形。子囊孢子 45~55×9~13 μm，不等边梭形或近肾形，稍弯曲，光滑，无色或近无色，在子囊中单行排列。

夏秋季常散生或群生于林中水沟旁腐木上。分布于华南地区。

图 14

15 艳毛杯菌
**_Cookeina speciosa_ (Fr.)
Dennis**

子囊盘直径 2~4 cm，杯形至漏斗形。子实层表面初期粉红色，后期黄褐色。囊盘被颜色稍淡，近边缘有同心环状排列的绒毛。菌柄长 2~4 cm，直径 2~4 mm。子囊 300~320×17~22 μm，椭圆形，基部变细，壁稍厚，具 8 个子囊孢子。子囊孢子 26~33×13~15 μm，椭圆形，两端稍尖，外表有多条细纵纹。

夏秋季生于腐木上。分布于华南地区。

图 15

16 **毛缘毛杯菌**
Cookeina tricholoma (Mont.)
Kuntze

子囊盘直径 2~4 cm，杯形至深杯形。子实层表面橘红色，有时粉红色，后期黄褐色。子层托色稍淡，被长毛。菌柄长 2~4 cm，直径 2~4 mm。子囊 300~320×15~20 μm，椭圆形，基部变细，壁稍厚，具 8 个子囊孢子。子囊孢子 23~29×13~15 μm，椭圆形，两端稍尖，外表有细纵纹。

夏秋季生于腐木上。分布于华南地区。

图 16

图 17-1

17 **叶状耳盘菌**（假木耳）
Cordierites frondosa (Kobayasi) Korf

　　子囊盘宽 1.5~3 cm，花瓣状、盘形或浅杯形，边缘波状。子实层表面近光滑。囊盘被有褶皱，黑褐色至黑色，由多片叶状瓣片组成，干后墨黑色，脆而坚硬。具短柄或不具柄。子囊 43~48×3~5 μm，细长，棒形。子囊孢子 5.5~7×1~1.5 μm，稍弯曲，近短柱形，无色，平滑。

　　夏秋季生于阔叶树倒木或腐木上。有毒。此种极似木耳，木耳产区多发生误食中毒。中毒症状同胶陀螺菌 *B. inquinans*，表现为日光过敏性皮炎。分布于东北和华中地区。

图 17-2

图 18

18 球孢虫草
Cordyceps bassiana Z.Z. Li et al.

　　子座长 3~4.5 cm，单个或多个从寄主头部和腹部伸出，寄主体表被白色菌丝层，圆柱形。可育部分长 2~3.5 cm，直径 3~8 mm，圆柱形，黄色。不育菌柄长 5~12 mm，直径 2~6 mm，圆柱形，黄色。子囊壳 600~720×230~320 μm，卵形，埋生。子囊 300~590×3.5~4 μm，线形至长圆筒形，无色。子囊帽宽 3~4 μm。子囊孢子 300~570×0.8~1.2 μm，线形，透明无色，成熟时断裂形成分孢子。分孢子 4.5~10.5×0.8~1.2 μm，圆柱形，吸水膨大后或可呈长纺锤形。

　　生于鳞翅目昆虫木蠹蛾幼虫上，常藏于常绿阔叶林内的腐木中。

　　其无性型为球孢白僵菌 *Beauveria bassiana*，著名虫生真菌，可用于生物防治。各区均有分布。但有性型分布于华中地区。

19 鲜红虫草
Cordyceps cardinalis G.H. Sung & Spatafora

　　子座总长 2.5~3 cm，从寄主腹部长出。可育部分长 0.7~1 cm，直径 2~3 mm，圆柱形，橙红色至橙黄色。不育菌柄长 1.5~2 mm，直径 1.5~2 mm，颜色渐浅，橙黄色至黄色。子囊壳 450~550×200~270 μm，瓶形至卵形，垂直半埋生。子囊 250~320×3.5~4 μm，线形。子囊帽宽 2.9~3.2 μm。子囊孢子 240~300×1~1.5 μm，线形，不断裂，有隔。

　　单生于灯蛾幼虫上。分布于华南及华中等地区。

图 19

大型子囊菌

图 20-1

20	**柱形虫草**

Cordyceps cylindrica **Petch**

子座总长 3~6 cm，自寄主虫茧长出，圆柱形。可育部分长 8~25 mm，直径 3~5 mm，圆柱形至近圆柱形，与不育菌柄分界明显，近白色至淡黄色，成熟时可变淡紫色，附淡紫色分生孢子。不育菌柄长 2~4.5 cm，直径 2.5~4 mm，白色至黄白色。子囊壳 1 000~1 150×180~340 μm，长烧瓶形，垂直埋生。子囊 570~650×5~6 μm，线形。子囊孢子比子囊稍短，可断裂形成分孢子。分孢子 2.5~5.5×1~1.8 μm。

夏秋季生于蜘蛛、虫茧上。药用。本种无性型（图 20-2）为紫色野村菌 *Nomuraea atypicola*。分布于华南及华中等地区。

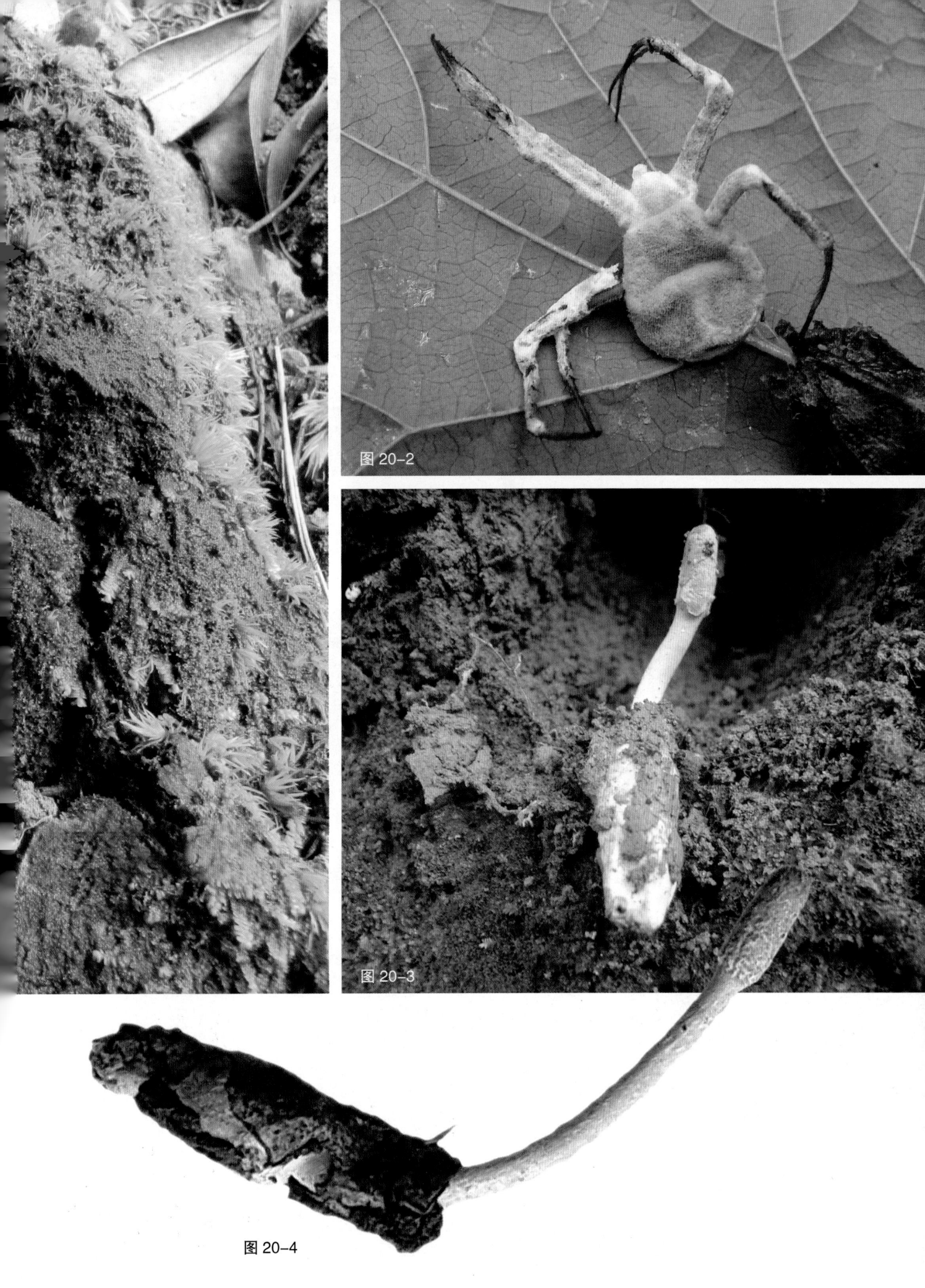

图 20-2

图 20-3

图 20-4

大型子囊菌

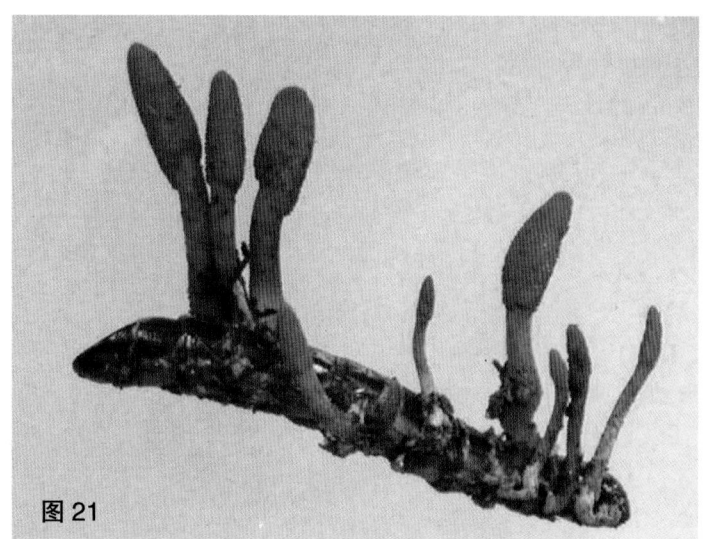

图 21

21　台湾虫草
Cordyceps formosana Kobayasi & Shimizu

子座高 1.2~1.8 cm，可由寄主任何部位长出，棍棒形。可育部分长 3~8 mm，直径 2~3 mm，圆柱形至长椭圆形，淡朱红色至橙黄色。子囊壳近表生，分散或致密，近卵形。子囊孢子线形，多分隔，成熟时断裂形成分孢子。分孢子 5~7×1.8~2 μm。

夏秋季单生或多个群生于甲虫幼虫虫体上。分布于华南等地区。

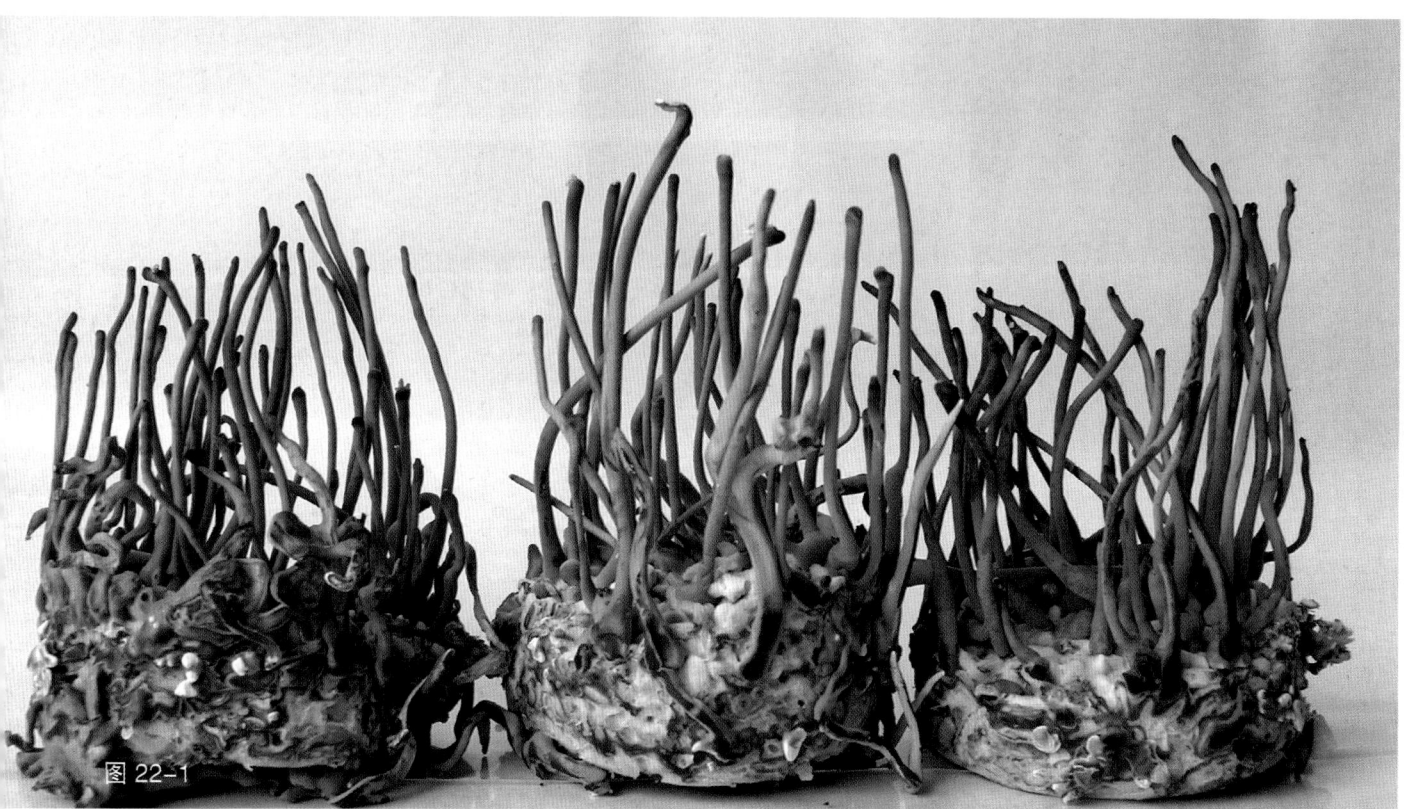

图 22-1

图 22-2

图 22-3

图 22-4

22 广东虫草
Cordyceps guangdongensis
T.H. Li et al.

子座长 3~7 cm，不分枝，柱形至棒形，肉质。可育部分，长 1~3 cm，直径 5~8 mm，圆柱形，顶端圆形，顶生，橄榄色、暗橄榄色至黄灰色或褐灰色，无不育顶端，成熟时可见极小点状子囊壳孔口。不育菌柄长 2~4 cm，直径 3~6 mm，圆柱形，黄灰色、灰橄榄色或暗黄色，通常在靠基部呈灰色。子囊壳 250~500×160~320 μm，椭圆形至烧瓶形，埋生。子囊 195~270×7~10 μm，长筒形至近线形。子囊孢子 180~260×2~3.7 μm，线形，多分隔，后断裂形成分孢子。分孢子 10~17×2~3.7 μm，圆柱形，两端平截，透明无色。

春季寄生于大团囊菌子实体上，散生或群生。食药兼用；可人工栽培。分布于华南地区。

图 22-5

大型子囊菌

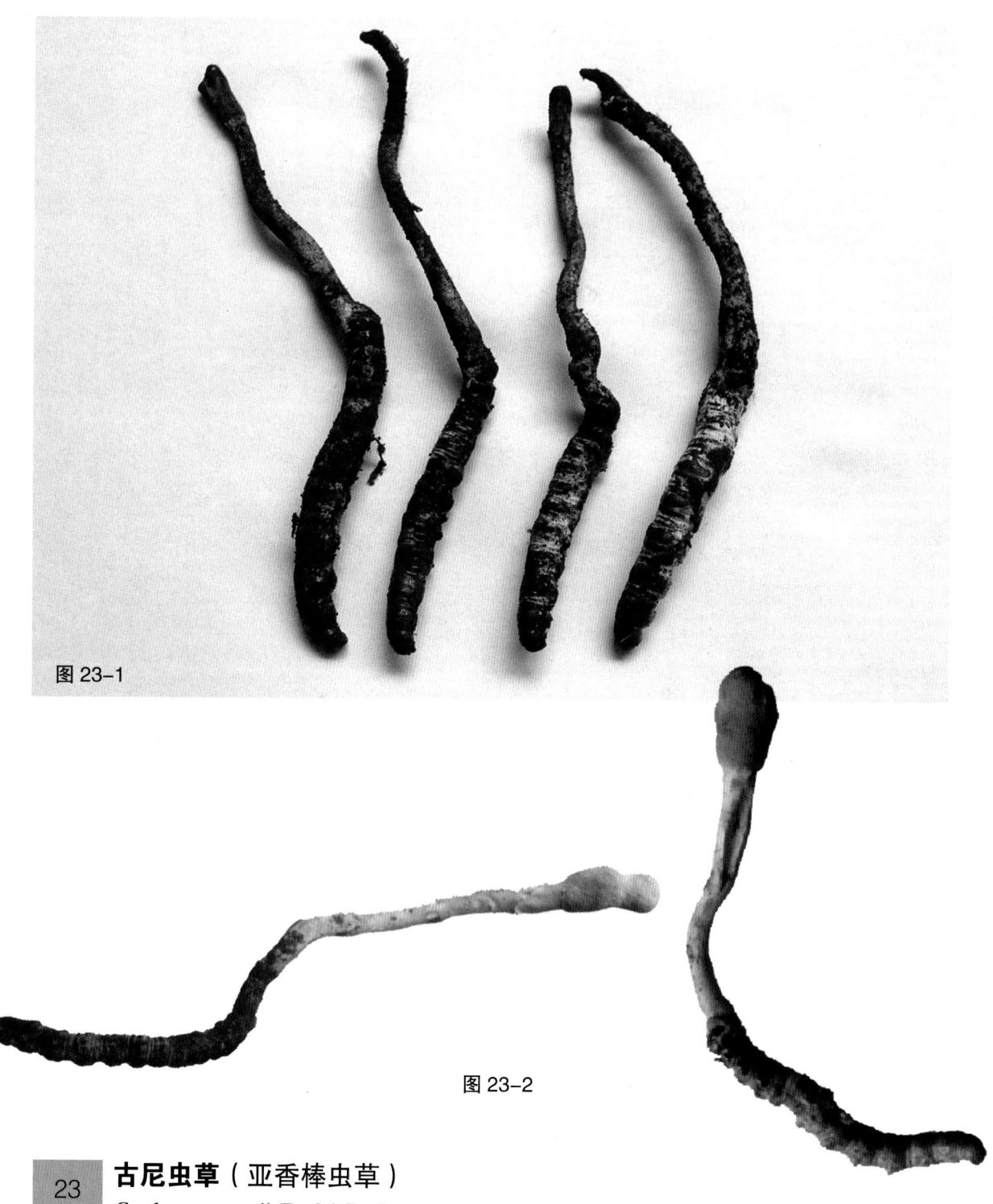

图 23-1

图 23-2

23 **古尼虫草**（亚香棒虫草）
Cordyceps gunnii (Berk.) Berk.

　　子座长 4~10 cm，多单根由寄主头端伸出，罕 2~3 根或有分枝。可育头部长 14~25 mm，直径 4~5 mm，圆柱形或近椭圆形，顶端钝圆，无不育顶端，青灰褐色、灰青黄褐色至灰茶褐色，有时部分呈青黄色。不育菌柄上半段直径 3~5 mm，基部可增粗至 7~8 mm，圆柱形，灰白色、淡青黄色至青灰褐色，有纵皱纹和微细绒毛。子囊壳 640~800×224~320 μm，椭圆形至卵形，埋生。壳孔口直径 35~53 μm，点粒状。子囊 210~466×7~8 μm，近柱形至蠕虫形，顶端略膨大，呈扁球帽形，基部稍缢缩，具 8 个子囊孢子。子囊孢子比子囊稍短，宽 1~1.8 μm，线形，成熟后可断裂形成分孢子。分孢子 3.5~5.3×1~1.8 μm。

　　生于埋在阔叶林地内的鳞翅目昆虫幼虫上。食药兼用。分布于华南、华中等地区。

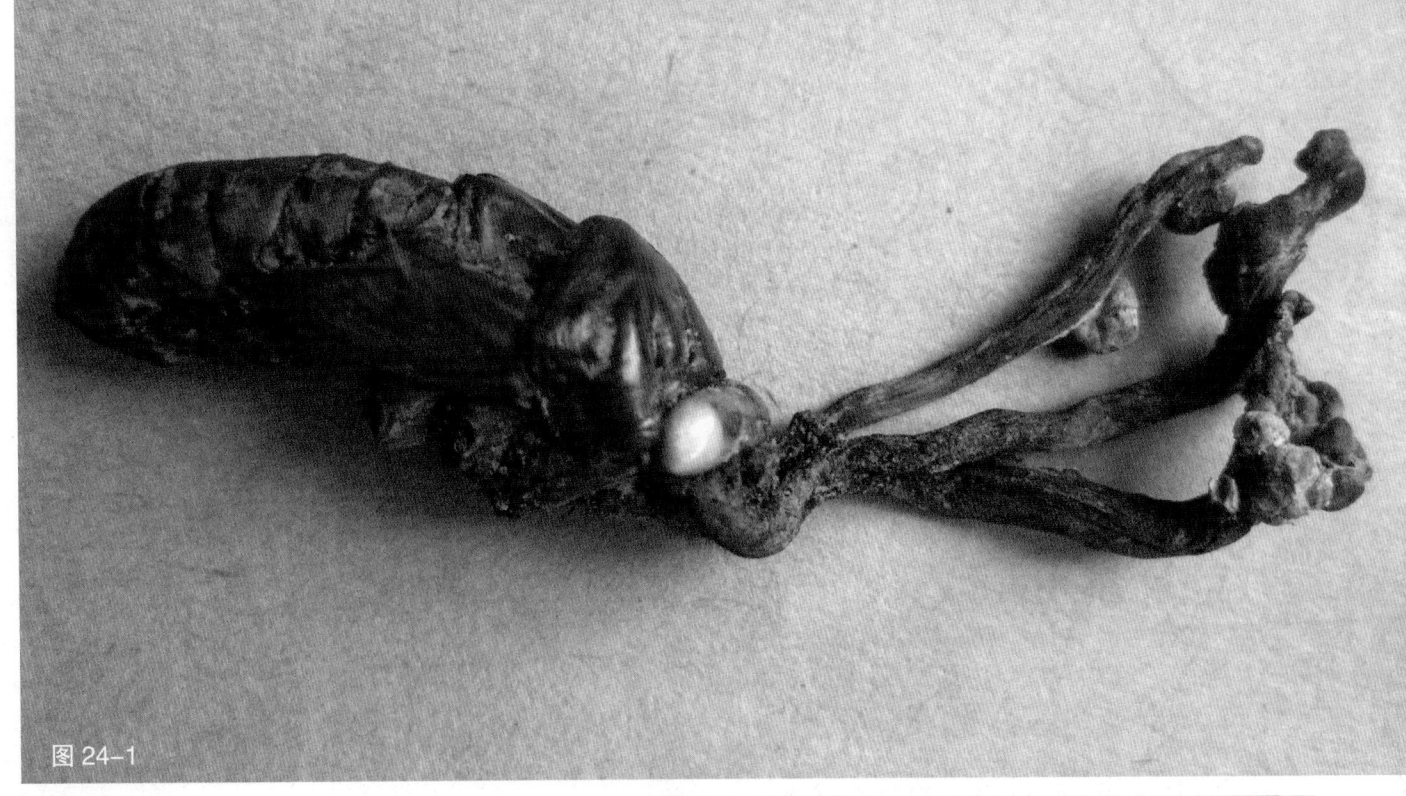

图 24-1

图 24-2

24	**发簪虫草**

Cordyceps kanzashiana Kobayasi &

Shimizu

子座高 2.2~4 cm，顶部 2~6 个分枝。可育头部长 2.5~5.5 mm，直径 2~7 mm，球形至椭圆形，黄白色。不育菌柄直径 3~5 mm，圆柱形，淡褐色至灰褐色。子囊壳 900~1 050×270~300 μm，半埋生。子囊及完整的子囊孢子未能观察。子囊孢子线形，多分隔，成熟后断裂形成分孢子。分孢子 3~5×1 μm。

多单个或多个生于蝉幼虫头部。分布于华南和华中等地区。

25	**九州虫草**

Cordyceps kyushuensis A. Kawam.

子座长 4~8 cm，常群生或簇生于寄主的头或腹部，近圆柱形至不规则棒形，寄主体表有白色菌丝体。可育部分长 2~3 cm，直径 5~8 mm，近圆柱形至棒形，顶端略变尖，淡黄色、橙色至橙红色，干后变褐色。不育菌柄长 2~5 cm，直径 2~4 mm，柱形，黄白色至淡黄色。子囊壳 300~500×200~300 μm，卵形，半埋生，淡褐色。子囊宽 3~4.5 μm，圆柱形。分孢子 5~7×0.7~1 μm，圆柱形，无色。

生于鳞翅目昆虫豆天蛾幼虫上。分布于东北、西北、华中和华南等地区。

图 25

大型子囊菌

26 勿忘虫草

***Cordyceps memorabilis* (Ces.) Ces.**

= *Isaria farinosa* (Holmsk) Fr.

子座长 13~25 mm，可由寄主的任何部位长出，不分枝或偶二叉分枝，直立至稍弯曲，肉质至纤维质。可育部分长 10~20 mm，直径 2~2.5 mm，圆柱形，等粗，长满表生、褐色的子囊壳。不育菌柄短，长 3~5 mm，直径 0.5~1.5 mm。子囊壳 250~330×200~250 μm，梨形，褐色。子囊 100~120×4~5 μm，圆柱形。子囊孢子 100~110×1~1.5 μm，线形。

生于双翅目昆虫幼虫及鳞翅目昆虫虫蛹上。药用。各区均有分布，尤以无性型更为常见。

本种的无性型为粉棒束孢 *I. farinosa*。孢梗束群生或近丛生于寄生昆虫上，虫体被白色基质菌丝包裹。孢梗束高 15~40 mm，直径 1~1.5 mm，不分枝，或偶有分枝，直立。上部长分生孢子部分白色，粉末状。不育部分蛋壳色、橙黄色至米黄色，光滑。分生孢子梗 13~20×2~2.5 μm。分生孢子 2~3.5×1~1.5 μm，近球形至宽椭圆形。

图 26-1

图 26-2

图 26-3

图 26-4

大型子囊菌

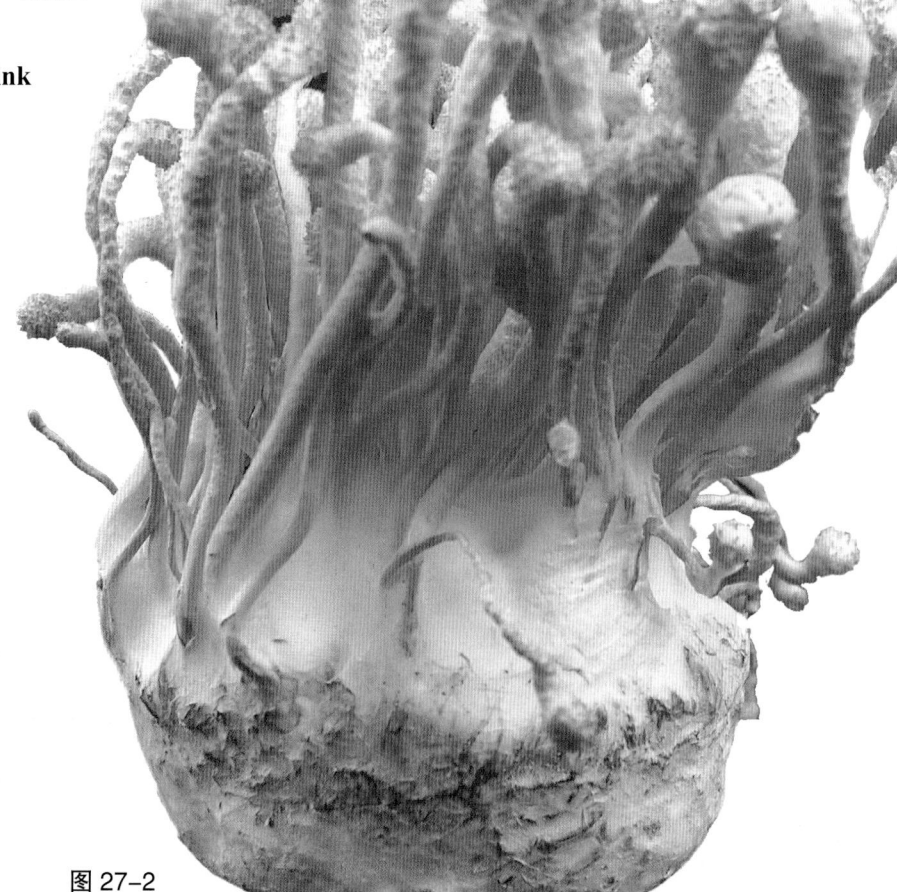

图 27-1

27 蛹虫草（北冬虫夏草 北虫草 虫草花）

Cordyceps militaris (L.) Link

子座高 3~5 cm，单个或数个从寄主头部长出，有时从虫体节部生出，橙黄色，一般不分枝，有时分枝。可育头部长 1~2 cm，直径 3~5 mm，棒形，表面粗糙。不育菌柄长 2.5~4 cm，直径 2~4 mm，近圆柱形，实心。子囊壳外露，近圆锥形，下部埋生于头部的外层。子囊 300~400×4~5 μm，棒形，具 8 枚子囊孢子。子囊孢子细长，直径约 1 μm，线形，成熟时产生横隔，并断成分孢子。分孢子 2~3 μm。

夏秋季生于半埋于林地上或腐枝落叶层下鳞翅目昆虫的蛹上。食药兼用；可人工栽培。各区均有分布。

图 27-2

图 28

28 鼠尾虫草
Cordyceps musicaudata Z.Q. Liang & A.Y. Liu

子座长 6~16 cm，2~3 根从寄主背部侧面出生，披针形或鼠尾状，不分枝。可育部分长 3~10 cm，白色至淡棕色，与不育菌柄分界明显。不育菌柄长 3~6 cm，直径 2~3 mm，咖啡色，具明显纵沟。子囊壳 350~420×180~210 μm，近椭圆形，埋生。子囊 200~230×6~8 μm，圆柱形。子囊帽宽 4~4.5 μm，高 4.5~5 μm，短柱形。子囊孢子 9~30×1.8~2 μm，细长，线形，在子囊中扭曲排列，多隔。

生于柳杉云枯叶蛾上。分布于华中地区。

29 莲状虫草
Cordyceps nelumboides Kobayasi & Shimizu

子座高 5~6 mm，由寄主的任何部位长出，常多个群生，有大量白色毛状菌丝，绵毛质，顶端膨大呈莲座状。莲座状膨大顶端直径 1.3~2 mm，淡黄色，表面约有 50 个分散的疣状突起（子囊壳）。子囊壳 530~550×180~200 μm，纺锤形至近椭圆形，半埋生。子囊 400~450×5~6 μm，柱形。子囊帽宽 4~5 μm。子囊孢子 380~420×1.5 μm，成熟时断裂形成分孢子。分孢子 5~7×1.5 μm，光滑，无色。

生长于蜘蛛上。分布于华南等地区。

图 29

大型子囊菌

30 新表生虫草
Cordyceps neosuperficialis T.H. Li et al.

　　子座长 8~12 cm，线形，纤细，分枝或不分枝，从寄主的头部一端（偶有从头尾两端）长出，上部未长子囊壳时灰白色，下部则黄褐色至褐色。可育部分不膨大，与不育菌柄无明显界限，顶端变细，常不育。子囊壳表生于子座的上部四周，群生至丛生，卵形至近锥形，橙褐色。子囊 145~210×4~6 μm，蠕虫形，具 8 个子囊孢子。子囊孢子直径 0.7 μm，线形，有多个隔膜，后可断裂形成分孢子。分孢子 4.5~7.5×0.7 μm，圆柱形，无色。

　　生于阔叶林枯枝落叶层下腐枝内的鞘翅目昆虫幼虫上。分布于华南地区。

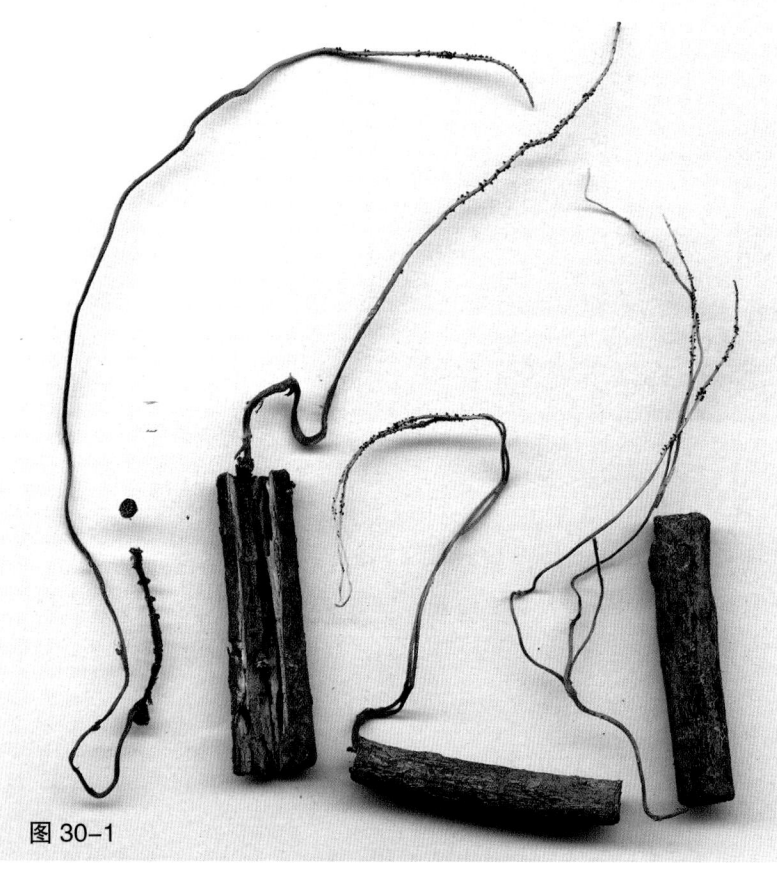

图 30-1

图 30-2

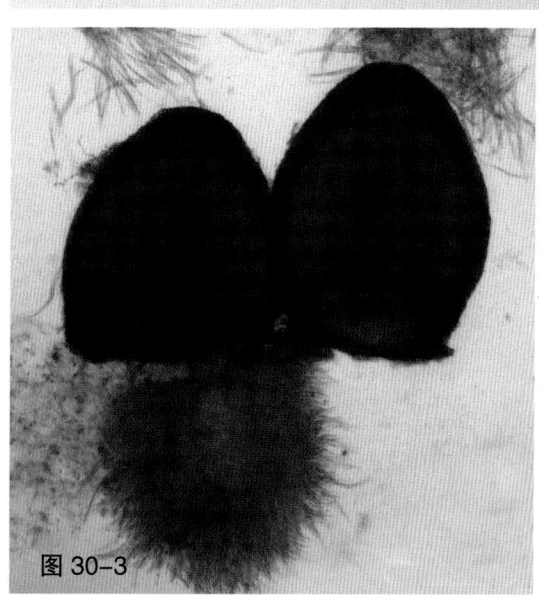

图 30-3

图 30-4

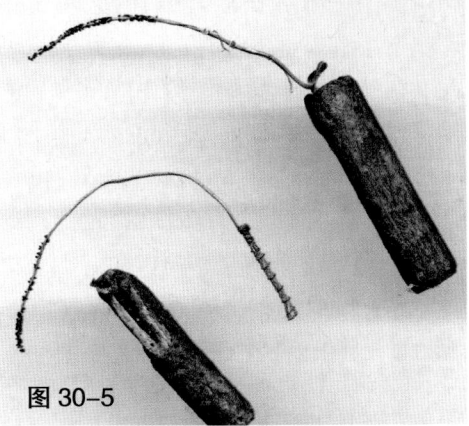

图 30-5

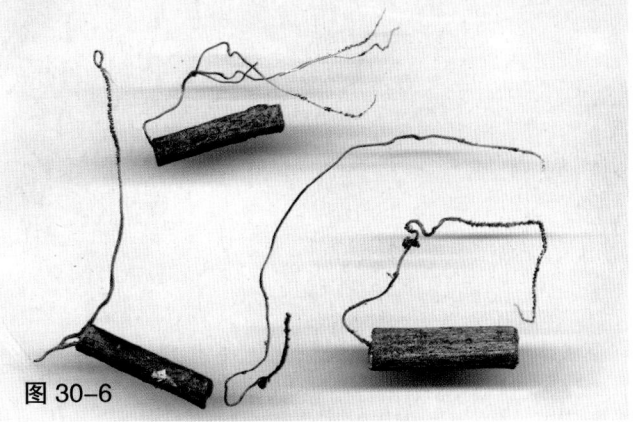

图 30-6

大型子囊菌

图 31-1

图 31-2

宁夏虫草

Cordyceps ningxiaensis
T. Bau & J.Q. Yan

　　子座长 5~15 mm，直径 0.3~1.2 mm，基部被白色菌丝，1~3 个长于蝇蛹上。可育头部长 1.2~3 mm，直径 1.2~2.8 mm，球形至卵形，橙黄色，与不育菌柄有明显分界。不育菌柄长 3.8~12 mm，肉质，淡黄色至橙黄色，圆柱形。子囊壳 288~400×103~240 μm，椭圆形至卵圆形，垂直半埋生。子囊壁厚约 10 μm。子囊 168~205×4~5.5 μm，圆柱形。子囊帽 3.4~3.8×2.9~3.4 μm，扁球形至半球形加厚。子囊孢子线形，光滑，不均匀分隔，断裂形成分孢子。分孢子 3.6~7.8×1~1.4 μm。

　　夏季生于蝇蛹上。分布于西北、华北地区。

图 32-1

32 **蛾蛹虫草（无性型）**
（细柄棒束孢）

***Cordyceps polyarthra* Möller**

= *Isaria tenuipes* Peck

　　无性分生孢子体生于蛾蛹上，由多根孢梗束组成。虫体被灰白色或白色菌丝包被。孢梗束高 2~3.8 cm，群生或近丛生，常有分枝。孢梗束柄纤细，黄白色、浅青黄色、蛋壳色至米黄色，部分偶带淡褐色，光滑。上部多分枝，白色，粉末状。分生孢子 2~3×1.5~2 μm，近球形至宽椭圆形。

　　生于林中枯枝落叶层或地下蛾蛹等上。分布于华中、华南等地区。

　　部分学者认为细柄棒束孢 *I. tenuipes* 是高雄山虫草 *C. takaomontana* 的无性型。

图 32-2

大型子囊菌

图 33-1

图 33-2

33 粉被虫草
Cordyceps pruinosa Petch

子座长 1~5 cm，通常多根，有分枝，鲜橙红色，成熟时可育部分橙黄色至浅黄色。可育部分长 3~8 mm，直径 1~2 mm，顶部钝圆至略尖。不育菌柄直径 0.5~1.2 mm，稍弯曲，基部往往有白色菌丝体。子囊壳 200~400×100~200 μm，卵形。子囊 100~200×2.5~4 μm。子囊孢子比子囊稍短，线形，可断裂形成分孢子。分孢子 4~6×1 μm，无色。

生于林下鳞翅目刺蛾科昆虫的茧上。药用。分布于华中、华南等地区。

34 垫枝虫草
Cordyceps ramosostipitata **Kobayasi & Shimizu**

子座长 8~10 cm。可育部分子囊壳聚合而成。不育菌柄长革质，暗赭色至暗褐色，光滑。子囊3.5~5 μm。子囊孢子线形，直径约 1 μm，多分隔，光滑，无色。

寄生于蝉幼虫上。分布于华中地区。

常长在不育菌柄靠顶部的侧面，垫状至近球形或瘤状，由多个8~9.5 cm，直径 3.6~4.5 mm，圆柱形，顶部可分枝或不分枝，壳 750~925×275~300 μm，梨形，半埋生。子囊直径极易断裂形成分孢子。分孢子 3×1 μm，杆形或柱形，

图 34

35 金龟虫草
Cordyceps scarabaeicola **Kobayasi**

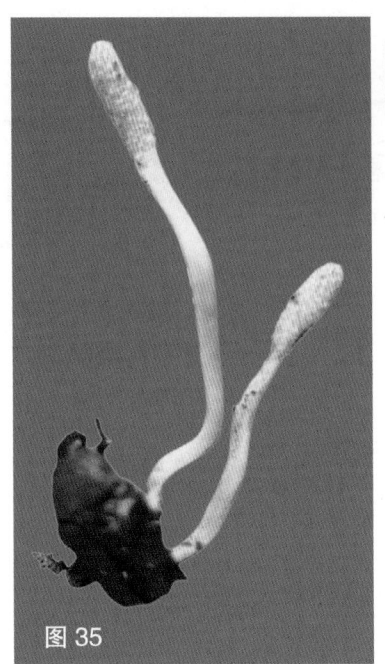

图 35

子座长 3~4 cm，直径 2.5~4 mm，从寄主腹部侧面或头部长出，棒形，可分枝，基部常弯曲，肉质，白色至淡黄色。可育部分长 1~2 cm，直径 2.5~4 mm，圆柱形，顶端钝，无不育尖端，与不育菌柄无明显界限。不育菌柄长 1.5~3 cm，直径2~3 mm，圆柱形。子囊壳 450~557×200~250 μm，近卵形，埋生，孔口部分钝。子囊 135~150×4~4.5 μm，长圆筒形。子囊帽直径 3 μm。子囊孢子多隔，成熟后断裂形成分孢子。分孢子 5.4~11×1~1.5 μm。

寄生于金龟子的幼虫上。分布于华中和华南地区。

36 高雄山虫草
Cordyceps takaomontana **Yakush. & Kumaz.**

子座可分枝。可育部分长 8~10 mm，直径 1.5~3 mm，圆柱形，黄色至黄白色。不育菌柄长 8~10 mm，直径 1~1.5 mm，圆柱形，黄色至黄白色。子囊壳 375~450×150~200 μm，瓶状，表生。子囊300~350×2.5~3 μm，细长，线形。子囊孢子长度略比子囊短，线形，无色，易断裂形成分孢子。分孢子 6~8×0.5~0.8 μm，杆形至柱形。

单生、丛生和簇生于鳞翅目昆虫幼虫或茧上。分布于华中、华南等地区。

图 36

大型子囊菌

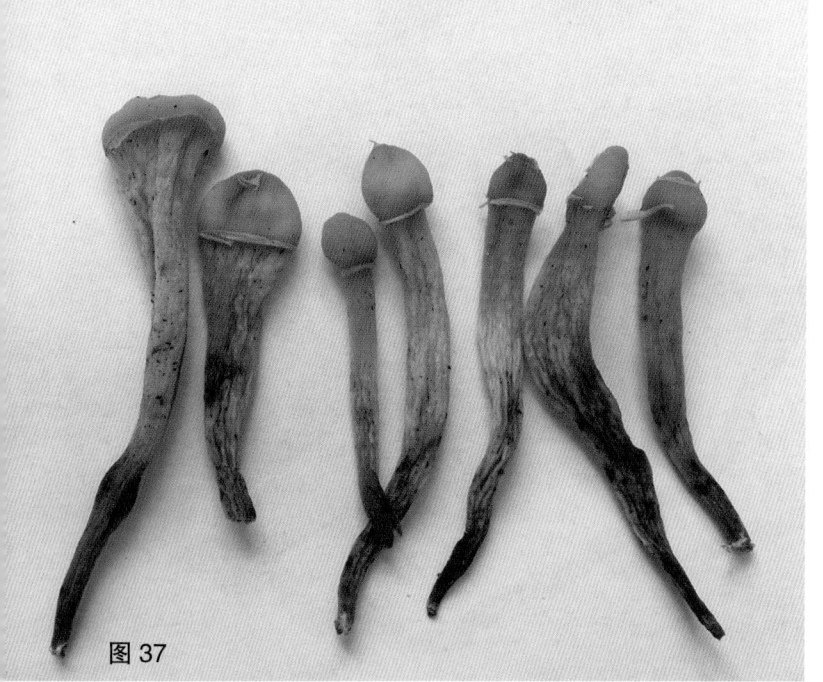

图 37

37 **四川地锤菌**
Cudonia sichuanensis Zheng Wang

子囊盘宽 3~6 mm，头状，子实层表面黄色至蜡黄色。菌柄长 2~3 cm，直径 2~5 mm，近圆柱形或向下变细，常两侧压扁并有明显纵向皱纹，淡褐色至污白色，下部常带灰色。子囊 130~150×12~15 μm，近棒形，基部变细，具 8 个子囊孢子。子囊孢子 45~65×2~2.5 μm，针形，外表被胶样物质。菌柄表皮为角胞组织。

夏秋季生于亚高山林中地面腐殖质上。分布于青藏地区。

图 38

38 **地锤菌（种1）**
Cudonia sp. 1

子囊盘宽 5~10 mm，棒形。子实层生于菌柄顶部，黄色至鲜黄色。菌柄长 2~4 cm，直径 4~8 mm，近圆柱形，污白色、淡灰色至淡褐色，平滑，无鳞片。子囊 110~160×10~13 μm，近棒形，基部变细，具 8 个子囊孢子。子囊孢子 35~53×2~2.5 μm，针形，外表被胶样物质。菌柄表皮多为匍匐菌丝。

夏秋季生于高山及亚高山灌丛下苔藓丛中。分布于青藏地区。

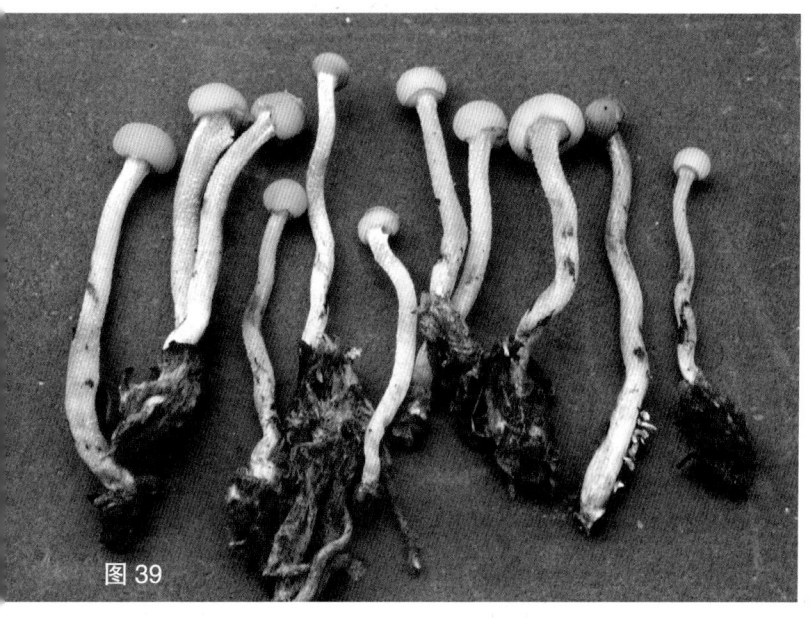

图 39

39 **地锤菌（种2）**
Cudonia sp. 2

子囊盘宽 3~8 mm，半球形、球形至近球形。子实层表面黄色、鲜黄色至淡黄褐色，有时覆盖有膜质残片。菌柄长 2.5~6 cm，直径 2~4 mm，被污白色至淡褐色鳞片。子囊 100~120×10~12 μm，近棒形，基部变细，具 8 个子囊孢子。子囊孢子 40~55×1.5~2 μm，针形，外表被胶样物质。菌柄表皮为不连续的、疏松的角胞组织。

夏秋季生于亚高山灌丛和林中苔藓丛上。分布于青藏地区。

启迪轮层炭壳
Daldinia childiae J.D. Rogers & Y.M. Ju

子座宽 1~5 cm，球形至近球形，近无柄，外表红褐色、褐色至暗褐色，近光滑至有细小疣突。子座内部纤维状，有时胶状，有灰色至黑色同心环纹。子座色素在氢氧化钾中呈茶褐色。子囊孢子 12~14×5.5~6.5 μm，近椭圆形，黄褐色至深褐色，光滑。芽孔线形，较子囊孢子稍短或与子囊孢子等长，外壁易脱落。

夏秋季生于腐木上。分布于东北、华中等地区。

图 40

大型子囊菌

图 41-1

41 黑轮层炭壳（炭球菌）
Daldinia concentrica (Bolton) Ces. & De Not.

子座宽 2~8 cm，高 2~6 cm，扁球形至不规则马铃薯形，多群生或相互连接，初褐色至暗紫红褐色，后黑褐色至黑色，近光滑，光滑处常反光，成熟时出现不明显的子囊壳孔口。子座内部木炭质，剖面有黑白相间或部分几乎全黑色至紫蓝黑色的同心环纹。子座色素在氢氧化钾中呈淡茶褐色。子囊壳埋生于子座外层，往往有点状的小孔口。子囊 150~200×10~12 μm。子囊孢子 12~17×6~8.5 μm，近椭圆形或近肾形，光滑，暗褐色。芽孔线形。

生于阔叶树腐木和腐树皮上。药用。各区均有分布。

图 41-2

41-3

图 41-4

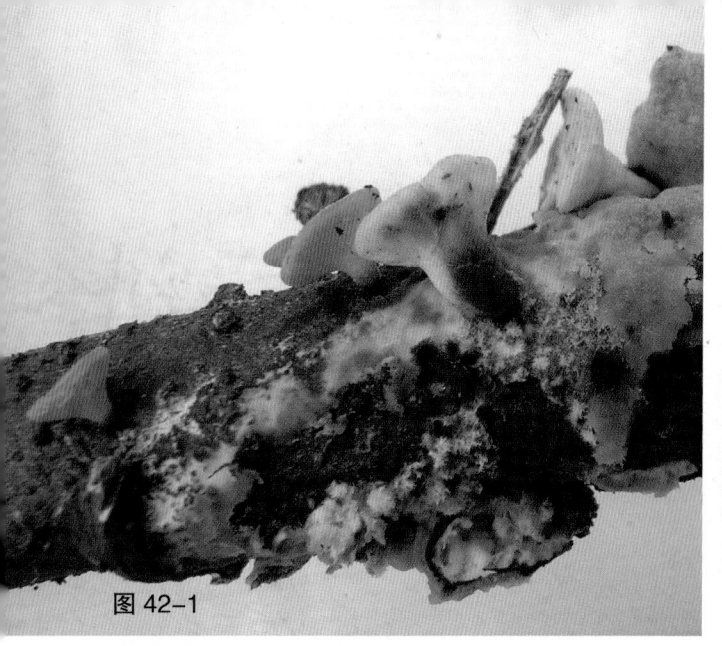

图 42-1

图 42-2

42 橙红二头孢盘菌
Dicephalospora rufocornea (Berk. & Broome) Spooner

子囊盘直径 1~4 cm，盘形。子实层表面橘红色、橘黄色至污黄色。囊盘被污黄色至近白色。菌柄淡黄色，基部暗褐色。子囊 120~180×13~15 μm，近圆柱形至棒形，孔口遇碘液变蓝，具 8 个子囊孢子。子囊孢子 24~47×4~6 μm，长梭形，无色，光滑，两端具透明附属物。侧丝线形，顶端宽 1.5~2.5 μm。

夏秋季生于林中腐木上。分布于华南和华中地区。

43 珠亮平盘菌
Discina perlata (Fr.) Fr.

子囊盘宽 3~6 cm，下凹。子实层表面暗棕色，有褶皱，中部脐状。囊盘被近白色。菌柄白色，短而粗壮。子囊 380~450×18~21 μm，圆柱形。子囊孢子 25~35×8~16 μm，椭圆形或拟纺锤形，光滑，无色，两端各有 1 个小尖突。

夏秋季群生或散生于腐木上。有毒。分布于青藏、华中等地区。

图43

图 44-1

杜蒙盘菌
Dumontinia tuberosa
(Bull.) L.M. Kohn

子囊盘宽 1~3 cm，杯形至漏斗形。子实层表面褐色或红褐色，干时边缘深色。囊盘被浅黄色至浅黄褐色。菌柄长 5~12 cm，直径 2~3 mm，褐色，深入到土层中与黑色的颗粒状菌核相连接。菌核直径 5~10 mm，球形，表面黑褐色，内部白色，质地较密，表面往往黏着土壤颗粒。子囊 120~180×5~10 μm，圆柱形，孔口遇碘液阳性反应，具 8 个子囊孢子，单行排列。子囊孢子 10~15×5~8 μm，椭圆形，无色，含 2 个油球。

早春季节群生于银莲花根际。分布于东北地区。

图 44-2

大型子囊菌

图 45-1

图 45-2

45 **头状大团囊虫草**（头状虫草 加拿大虫草 加拿大大团囊虫草）

Elaphocordyceps capitata
(Holmsk.) G.H. Sung et al.

≡ *Cordyceps capitata* (Holmsk.) Link

= *Elaphocordyceps canadensis*
　Ellis & Everh.

　　子座高 5~10 cm，单个至多个直接生于寄主上，不分枝。可育头部初期长 4~7 mm，直径 5~7 mm，成熟时直径 5~15 mm，卵圆形至近球形，表面粗糙，密布颗粒，鲜时土黄色至暗黄色，渐变栗褐色、淡褐黄色至黑褐色、黑色，干后紫黑色，内部白色。不育菌

图 45-3

柄长 5~8 cm，直径 0.3~1 cm，圆柱形，坚韧，常弯曲，不分枝，粗糙有颗粒和有纵纹，新鲜时上部有蛇皮状细鳞，黄褐色，干后黄褐色、黄色或黄白色，基部白色，内部近白色。子囊壳 350~500×150~230 μm，椭圆形，孔口突出。子囊 300~400×15~20 μm，长梭形，光滑，无色。子囊孢子细长，线形，无色，有多个分隔，成熟后断裂形成多个小段。分孢子 20~40×3~5 μm，长舟形，光滑，无色。

在红松阔叶林中寄生于大团囊菌上，寄主是菌根菌。分布于东北和青藏地区。

图 45-4

大型子囊菌

图 46-1

大团囊虫草

Elaphocordyceps ophioglossoides
(J.F. Gmel.) G.H. Sung et al.

≡ *Cordyceps ophioglossoides*
(J.F. Gmel.) Fr.

子座长 2~8 cm，头部长 0.5~1.5 cm，直径 3~5 mm，棒形，肉质，橙黄色至暗绿色，干后黑色，多单生，偶有 3~6 个，由根状多分枝的菌索固定于被寄生的一种真菌的地下子实体上。可育头部长 5~13 mm，宽 3~5 mm，椭圆形、倒卵形至棒形，暗褐色，干后近黑色。不育菌柄直径 1~2.5 mm，少分枝，暗绿色至紫褐色，有纵纹。子囊壳 550~650×300~375 μm，卵形，埋生，孔口突出。子囊 300~500×7~10 μm，细长。子囊帽宽 5 μm，高 3.6 μm。子囊孢子线形，无色透明，成熟时断裂形成分孢子。分孢子 2.5~4×2~2.5 μm，短柱形。

寄生于竹林或栎树林下疏松土壤中大团囊菌的子实体上。药用。分布于华中、华南等地区。

图 46-2

图46-3

47 分枝大团囊虫草（分枝虫草）

Elaphocordyceps ramosa (Teng) G.H. Sung et al.

≡ *Cordyceps ramosa* Teng

子座长 3~5 cm，个别可达 10 cm，直径 1.5~3 mm，通常多根，有分枝，柄弯曲，基部常相连，基物埋得比较深或子座被遮挡时可长得更长，土黄色至黄褐色，有时新长部分白色，成熟时锈褐色。可育部分与不育菌柄分界不明显，顶部有不育顶尖。子囊壳 300~400×220~280 μm，卵形。子囊 200~260×5~6 μm。子囊孢子比子囊稍短，线形，可断裂形成分孢子。分孢子 2~3×1~1.5 μm，无色。

生于林中地下大团囊菌子实体上。药用。分布于华中、华南等地区。

图47

大型子囊菌

48 中华肉座菌
Engleromyces sinensis
M.A. Whalley et al.

子座直径 5~8 cm，球形至近球形，有小疣突，外表橘黄色、黄褐色至淡褐色，内部白色至淡木色。子囊壳 700~800×450~600 μm，球形、卵圆形至花瓶形。子囊 130~150×15~20 μm，圆柱形至棒形，具 8 个子囊孢子，单行排列。顶端帽状体在梅氏试剂中变蓝，漏斗形或"T"字形。子囊孢子 15~20×11~15 μm，近宽椭圆形至近卵形，深褐色至黑色，无芽孔。

夏秋季生于亚高山竹林中竹子的主干上。药用。分布于青藏地区。

49 黄红胶球炭壳
Entonaema cinnabarinum (Cooke & Massee) Lloyd

子座宽 2~5 cm，厚 1~3 cm，近球形至扁平状，橘黄色至红褐色，内部肉状胶质。表面可育，因子囊壳顶部的小疣突而显得粗糙。子囊壳球形至卵圆形。子囊 110~130×6~8 μm，圆柱形至棒形，具 8 个子囊孢子，单行排列。顶端帽状体在梅氏试剂中变蓝。子囊孢子 8.5~11×5.5~6.5 μm，近宽椭圆形至近卵形，褐色，光滑，有芽缝。

夏秋季生于林中腐木上。分布于华南地区。

图 48

图 49

50 华美胶球炭壳

***Entonaema splendens* (Berk. & M.A. Curtis) Lloyd**

子实体宽 5~6 cm，不规则球形，基部狭缩，空心，新鲜时胶质，富有弹性，橙黄色至红褐色，平滑，表面有黑点。皮壳黑色，其外表系橙黄色的薄膜，内侧有液体状的胶质层。子囊壳 600~820×300~600 μm，卵形，黑色，单层排列，孔口稍外突。子囊圆柱形，具 8 个子囊孢子，单行排列。子囊孢子 8.5~11×5.5~6.5 μm，褐色，椭圆形，内含 1~2 个油滴。

夏秋季丛生于腐木上，常与黑轮层炭壳 *D. concentrica* 伴生。分布于东北、华中等地区。

图 50

51 黑龙江盖尔盘菌

***Galiella amurensis* (Lj.N. Vassiljeva) Raitv.**

子囊盘直径 13~55 mm，半球形至陀螺形，无柄。子实层表面褐色、浅褐色，平滑。囊盘被表面暗褐色或黑色，被褐色毛状物。子囊具 8 个子囊孢子，近圆柱形。子囊孢子 27~37×11.5~16.5 μm，椭圆形，两端略尖，具细疣状纹，无色。

秋季单生、群生于云杉腐木上。分布于东北地区。

图 51-1

图 51-2

大型子囊菌

52 爪哇盖尔盘菌
Galiella javanica (Rehm) Nannf. & Korf

子囊盘直径 3~5 cm，高 4~6 cm，陀螺形，无柄。子实层表面灰黄色、灰褐色至深褐色。囊盘被褐色至暗褐色，被褐色至烟色绒毛，绒毛表面有细小颗粒。菌肉（盘下层）强烈胶质。子囊 400~500×14~17 μm，近圆柱形，具 8 个子囊孢子。子囊孢子 26~34×9~12 μm，椭圆形至近椭圆形，外表具疣状纹。

夏秋季生于腐木上。分布于华南地区。

53 假地舌菌
Geoglossum fallax E.J. Durand

子实体高 1~7 cm，黄褐色，后变暗褐色，棍棒形至带菌柄的舌形。可育头部长 0.5~2.5 cm，直径 0.3~1 cm，扁平至长舌形。不育菌柄长 1~4.5 cm，直径 1~4 mm，圆柱形，具小鳞片。子囊棍棒形。子囊孢子 66~90×5~6 μm，棍棒形或圆柱形，薄壁，分隔，棕色。

夏秋季散生至群生于林中地上。分布于东北、青藏等地区。

图 52

图 53

54 黑地舌菌
Geoglossum nigritum
(Pers.) Cooke

子实体高 5~8 cm，单生，黑色，具细长柄。可育部分高度为总高的 1/3~1/2，长舌形至舌形，扁平，最宽处横切面 2~5×1~1.5 mm，顶端及四周可育。不育菌柄直径 1~2 mm，近圆柱形。子囊 173~245×17~20 μm，长棒形，具 8 个子囊孢子，幼嫩时无色，成熟后褐色。子囊孢子 77~93×5~6 μm，棒形至圆柱形，下端稍窄，多具 7 个隔膜，初无色，后褐色。

夏秋季腐生于针阔混交林苔藓丛中。分布于华南、华中等地区。

图 54

图 55

55 沙地盘菌（沙地孔菌）
Geopora sumneriana (Cooke) M. Torre

子囊盘直径 4~6.5 cm，高 3~5 cm，初期为生于地下的空心球体，后期破土并开裂。子实层表面浅黄色至浅褐色，覆盖暗色毛状物。菌肉厚，脆，白色。子囊孢子 27~34×13~15 μm，椭圆形至纺锤形，无色，光滑，内具 2 个大油滴。

冬季至春季生于沙质土林中地上。分布于东北地区。

大型子囊菌

图 56

 地盘菌
Geopora tenuis (Fuckel)
T. Schumach.

　　子囊盘口部直径 1~2 cm, 无柄, 半埋于地下, 最初半球形, 后似深碗, 不规则叶瓣上开裂, 后扭曲, 中心部位隆起。子囊盘表面光滑或稍具脉纹, 灰白色或奶油白色, 下表面红棕色, 被成束红棕色绒毛。菌肉薄, 易碎。子囊 336~270×16~22 μm, 有帽, 具 8 个子囊孢子, 单行排列, 圆柱形, 头部钝圆, 基部稍细。子囊孢子 19~24.5×9.1~12.5 μm, 长椭圆形, 光滑, 具 1 个或 2 个大油滴。

　　夏秋季生于林中或林缘地下, 特别是沙质地上。分布于东北、西北地区。

57 **鹿花菌**
Gyromitra esculenta
(Pers.) Fr.

　　子囊盘高 10~15 cm, 宽 4~8 cm, 不规则, 脑形, 初时光滑, 逐渐多褶皱, 红褐色、紫褐色或金褐色、咖啡色或褐黑色, 粗糙, 边缘部分与菌柄连接。菌柄长 4~6 cm, 直径 0.8~2.5 cm, 往往短粗, 污白色, 空心, 表面粗糙而凹凸不平。子囊孢子 17~22×8~10 μm, 椭圆形, 透明, 含 2 个小油滴。

　　春至夏初多单生或群生于林中地上。有毒。分布于东北、华中等地区。

图 57

58 **赭鹿花菌**
Gyromitra infula (Schaeff.) Quél.

子囊盘宽 4.6~8 cm，马鞍形，具皱褶，但不形成脑状，黄褐色至红褐色，成熟后多为暗褐色。菌柄长 4~7 cm，直径 2~3 cm，不具横棱，灰色。子囊圆柱形 7~10 μm。子囊孢子 17~24×7~11 μm，长椭圆形，光滑，无色。侧丝浅褐色，顶端稍膨大。

夏秋季单生、散生或群生于阔叶树或针叶树腐木上，或苔藓丛中。分布于东北地区。

图 58

大型子囊菌

皱马鞍菌（皱柄白马鞍菌）

Helvella crispa (Scop.) Fr.

　　子囊盘宽 2~4 cm，马鞍形，成熟后常呈不规则瓣片状，白色到淡黄色，有时带灰色，边缘与柄不相连。子实层生于菌盖上表面，光滑，常有褶皱。菌柄长 5~6 cm，直径 1~2 cm，有纵棱及深槽形陷坑，棱脊缘窄而往往交织，与菌盖同色。子囊孢子 14~20×10~15 μm，宽椭圆形，光滑至粗糙，无色。

　　夏秋季单生于阔叶林中地上。可食。分布于中国大部分地区。

图 59-1

图 59-2

图 59-3

图 59-4

9-5

图 59-6

大型子囊菌

图 60

60 **迪氏马鞍菌**

Helvella dissingii Korf

子囊盘宽 3~4.5 cm，不规则盘形或近马鞍形，边缘弯曲，具轻微的缺口或裂缝。子实层表面平滑，深灰色或灰褐色。囊盘被及边缘有近麸状的小鳞片，有毛，与子实层表面同色至浅灰褐色。菌柄长 1~1.5 cm，直径 3~5 mm，圆柱形，少有纵沟，白色至米色，光滑，上端有近麸状的小鳞片。子囊 230~300×12~14 μm，具 8 个子囊孢子。子囊孢子 17.5~18×10~12.5 μm，宽椭圆形，光滑，具油滴。

生于林中地上。分布于东北地区。

本种与大柄马鞍菌 *H. macropus* 相似，但后者子囊孢子椭圆形或梭形。

图 61

61 **马鞍菌（弹性马鞍菌）**

Helvella elastica Bull.

子囊盘宽 2~4.5 cm，马鞍形，蛋壳色、灰蜡黄色至灰褐色或近黑色。子实层表面平滑，常卷曲，边缘与菌柄分离。菌柄长 4~10 cm，直径 0.6~1 cm，圆柱形，白色，成熟后渐变蛋壳色、灰白色至灰色。子囊 200~280×15~20 μm，具 8 个子囊孢子，单行排列。子囊孢子 17~22×10~14 μm，椭圆形，无色，具 1 个油滴，光滑至稍粗糙。

夏秋季生于林中地上。据记载可食，但也有人食后中毒，不宜采食。各区均有分布。

图 62

62 **灰褐马鞍菌**

Helvella ephippium Lév.

子囊盘宽 0.5~1.4 cm，马鞍形或不规则的马鞍形，灰色至灰褐色或近黄褐色，表面平坦。囊盘被颜色稍浅，近灰白色，粗糙拟糠状，边缘与柄不连接。菌柄长 2~5 cm，直径 1~3 mm，圆柱形，平滑或具浅沟凹，表面粗糙拟糠状，实心。子囊 230~280×13~18 μm，圆柱形，具 8 个子囊孢子，单行排列。子囊孢子 18~21×11~13 μm，椭圆形，无色，平滑，具 1 个大油滴。

夏季单生或群生于针叶林、阔叶林中地上。分布于西北、东北地区。

图 63

63　多洼马鞍菌（棱柄马鞍菌）

Helvella lacunosa Afzel.

　　子囊盘宽 2~6 cm，马鞍形。子实层表面平整或凹凸不平，不规则地折叠或起皱，灰色、灰褐色或暗褐色至近黑色，盖边缘不与菌柄连接。菌柄长 4~12 cm，直径 4~6 mm，早期近白色，后灰白色至灰色，具纵向沟槽。子囊 200~280×14~21 μm，棒形，具 8 个子囊孢子。子囊孢子 15~22×10~13 μm，椭圆形或卵形，光滑，无色。

　　夏秋季单生或群生于林中地上。可食，但也有文献记载有毒，慎食。分布于中国大部分地区。

64　阔孢马鞍菌

Helvella latispora Boud.

　　= *Leptopodia stevensii* (Peck) Le Gal

　　子囊盘宽 15~25 mm，呈压扁状马鞍形，边缘内卷但不与菌柄相连。子实层表面光滑，棕灰色。囊盘被灰赭色，具绒毛。菌柄长 4~5 cm，直径 4~6 mm，圆柱形，有时稍扁，具绒毛，白色至黄灰色。子囊 250~300×12~15 μm，具 8 个子囊孢子。子囊孢子 17~21×11~12.5 μm，宽椭圆形，光滑，透明，具 1 个油滴。

　　夏秋季单生或群生于阔叶林中或沙石地上。分布于西北地区。

　　本种与马鞍菌 *H. elastica* 相似，但后者子囊盘不规则马鞍形，下表面光滑，菌柄光滑。

图 64

65　白柄马鞍菌（巴楚蘑菇　裂盖马鞍菌）

Helvella leucopus Pers.

　　子实体高 3~8 cm。子囊盘宽 2~4 cm，有 3~4 片裂片，暗褐至黑褐色，似绒状，边缘部分与菌柄连接。菌柄长 2~6 cm，直径 1~1.5 cm，下部直径达 1.2~2.8 cm，白色至污白色，基部膨大处有沟和凹窝。子囊 250~300×16~20 μm，长棒形至长圆柱形，具 8 个子囊孢子，单行排列。子囊孢子 17.7~22.9×12.7~16.5 μm，宽椭圆形至宽卵圆形，光滑，无色或微带黄色。

　　春夏季群生、单生或散生于杨树林中沙质地上。食用。分布于西北、华北等地区。

图 65

大型子囊菌

66 大柄马鞍菌（粒柄马鞍菌 粗柄马鞍菌 灰长柄马鞍菌）
Helvella macropus (Pers.) P. Karst.
≡ *Macropodia macropus* (Pers.) Fuckel

　　子囊盘宽 15~27 mm，碟形。子实层表面光滑，灰色至棕灰色。囊盘被与边缘具明显绒毛，与子实层表面同色或颜色略浅。菌柄长 2~5 cm，直径 2~5 mm，圆柱形，向下渐粗，具绒毛，与囊盘被同色。子囊 220~350×15~20 μm，具 8 个子囊孢子。子囊孢子 20~26×10~12 μm，椭圆形或梭形，表面常具麻点，通常具 1 个大油滴和 2 个分布于两端的小油滴。

　　夏秋季单生至散生于阔叶林中地上，特别是长有苔藓的地上。分布于东北、西北等地区。

图 66

67 **半球土盘菌**

Humaria hemisphaerica (F.H. Wigg.) Fuckel

子囊盘直径 0.8~2 cm，深杯形至碗形，无柄，边缘具毛。子实层表面白色至灰白色。囊盘被淡褐色，被 90~700 μm 长的绒毛或粗毛，褐色至淡褐色，具分隔。子囊 230~310×18~21 μm，近圆柱形，有囊盖，具 8 个子囊孢子。子囊孢子 18~25×10~14 μm，椭圆形，具有 2 个油滴，表面有疣状纹。

夏秋季生于林中地上。分布于中国大部分地区。

图 67

68 **脑状腔地菇**

Hydnotrya cerebriformis Harkn.

子囊盘总宽 0.5~6 cm，高 1~3 cm，近球形至近扁球形，块状扭曲折叠成脑形，多处有明显的、大小不等的孔口，污白色、奶油色或黄色至黄褐色，干后褐色。包被浅黄褐色，产孢组织白色至浅黄色，由迷路状分枝和狭窄的向外开口的腔组成，子实层排列于腔的内侧。子囊 180~250×30~80 μm，宽柱形，具 8 个子囊孢子。子囊孢子直径 18~33 μm，球形，厚壁，初期光滑无色，成熟时黄褐色具刺，含 1 个大油球。

夏秋季群生于针叶林中地上。可食。分布于西北地区。

图 68

69 **地衣状类肉座菌（佛手菌）**

Hypocreopsis lichenoides (Tode) Seaver

子座宽达 12 mm，厚 6 mm，与基质紧密连接，常发育成圆形斑块，新鲜时似软木塞，干后变硬。子座分裂成辐射状的脊或脑叶状，前端似佛手，紧贴基物；前期奶油色，成熟后浅棕色或雪茄棕色，中间部位红棕色。幼时表面光滑，后中间部位出现褶皱。子囊壳圆形，具 8 个子囊孢子。子囊孢子 22~30×7~9.5 μm，线形，光滑，薄壁，具中隔。

夏季群生于云杉腐木上。分布于东北地区。

图 69

大型子囊菌

图 70-1

70 山地炭团菌

Hypoxylon monticulosum Mont.

　　子座 0.5~2×0.5~1.5 cm，厚 1.5~2.5 mm，通常呈垫状；黑色带锈褐色，常有光泽；成熟时子囊壳外表形成小瘤状突起，小突起宽 0.3~0.5 mm，常不规则扁半球形，多个相连。子座表层下及子囊壳间组织近木质至炭质，黑色。子囊壳 0.2~0.3×0.2~0.4 mm，球形至倒卵球形，孔口稍突起。子囊孢子 7~11×3.5~4 μm，长椭圆形至长肾形，不等边，单胞，光滑，暗褐色至近黑褐色。

　　群生于阔叶树腐树皮上。分布于华中和华南地区。

图 70-2

图 70-4

图 70-3

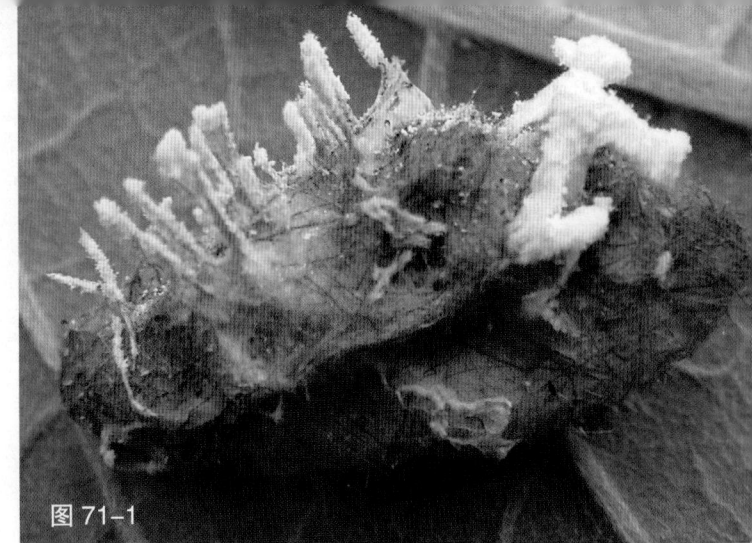

图 71-1

71 斜链棒束孢
Isaria cateniobliqua (Z.Q. Liang) Samson & Hywel-Jones

孢梗束生于寄主虫体上，虫体被绒毛状白色至粉红色基质菌丝包裹。孢梗束长 8~12 mm，直径约 1 mm，柱形至棒形，一般不分枝，玫瑰红色至血红色，成熟后白色孢子覆盖上半部分，上部包括孢子直径达 2~3 mm，呈白色或淡粉红色。分生孢子梗 90~150×1~1.5 μm，个别长达 500 μm，直立，可分枝 2~3 次，近透明，光滑。分生孢子 2.5~7×1~2.5 μm，长矩形、近杆形、近椭圆形至卵圆形或不规则长圆形，透明，光滑。孢子或多或少平行至略倾斜排列，形成长 30~100 μm 的孢子链。

生于鳞翅目昆虫幼虫、蛹和革翅目昆虫（蠼螋）幼虫上。分布于华中和华南等地区。

图 71-2

图 71-3

大型子囊菌

图 72-1

图 72-2

72　**蝉花**（蝉棒束孢）

Isaria cicadae Miq.

　　分生孢子体由从蝉蛹头部长出的孢梗束组成。虫体表面棕黄色，为灰色或白色菌丝包被。孢梗束长 1.6~6 cm，分枝或不分枝。上部可育部分长 5~8 mm，直径 2~3 mm，总体长椭圆形、椭圆形或纺锤形或穗状，长有大量白色粉末状分生孢子。不育菌柄长 1~5 cm，直径 1~2 mm，黄色至黄褐色。分生孢子梗 5~8×2~3 μm，瓶状，中部膨大，末端渐细或突然窄细，常成丛聚生在束丝上。分生孢子 5~14×1.8~3.5 μm，长椭圆形、纺锤形或近半圆形，具 1~3 个油滴。

　　散生于疏松土壤中的蝉蛹上。药用；可人工栽培。分布于华中地区。

![图 72-3]

图 72-3

图 73-1

73 黄柄锤舌菌（黄柄胶地锤）
Leotia aurantipes (S. Imai) F.L. Tai

子囊盘直径 8~15 mm，帽形至扁半球形。子实层表面近橄榄色，有不规则皱纹。菌柄长 2~5 cm，直径 2~4 mm，近圆柱形，稍黏，黄色至橙黄色，被同色细小鳞片。子囊 110~130×9~11 μm，具 8 个子囊孢子；顶端壁加厚但不为淀粉质。子囊孢子 16~20×4.5~5.5 μm，长梭形，两侧不对称，表面光滑，无色。

夏秋季群生于针阔混交林中地上。分布于东北、华中等地区。

图 73-2

74 弯毛盘菌
Melastiza cornubiensis (Berk. & Broome)

J. Moravec

子囊盘直径 0.5~1 cm，盘形，无柄。子实层表面红色、血红色至橘红色。囊盘被表面红色至橘红色，被短毛，毛长 80~170 μm，具分隔。囊盘被为角胞组织，盘下层为交错丝组织。子囊 230~280×11~16 μm，有囊盖，具 8 个子囊孢子。子囊孢子 15~18×7~10 μm，椭圆形，无色，表面有明显的网状纹。

夏秋季生于林缘地上。分布于西北、青藏等地区。

图 74

大型子囊菌

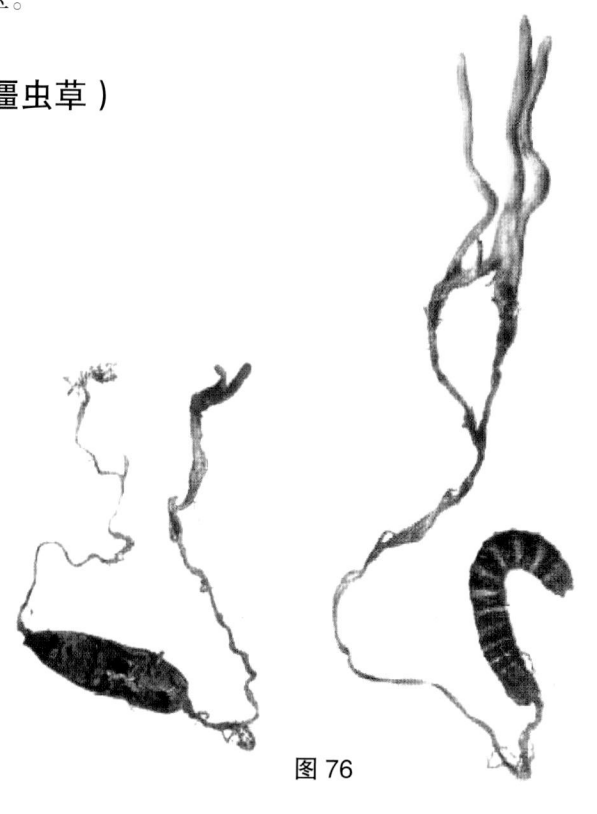
图 75

75 苏格兰毛盘菌
Melastiza scotica Graddon

子囊盘直径 8~32 mm，幼时杯形，后平展，基部稍有褶皱，伸长为柄状基。子实层表面光滑，亮橘黄色，边缘具近白色至亮棕色绒毛。囊盘被苍黄色，裸露。子囊 285~350×18 μm，具 8 个子囊孢子。子囊孢子 24~26×12 μm，壁粗糙。

夏季单生或群生于林中地上或苔藓上。分布于青藏地区。

76 丽叩甲绿僵虫草（打铁虫虫草 打铁虫绿僵虫草）
Metacordyceps campsosterni

(W.M. Zhang & T.H. Li) G.H. Sung et al.

≡ *Cordyceps campsosterni* W.M. Zhang & T.H. Li

子座总长 14~16 cm，从寄主头部长出，地下到地面部分可有 1~2 次分叉，青黄色、灰青黄色至灰青黄褐色。可育部分长 1.5~2 cm，直径 3~4 mm，圆柱形，无不育顶端。不育菌柄长达 12 cm，直径 4 mm，其中地下部分长达 10 cm，直径 1.5~2 mm。子囊壳 270~440×165~275 μm，梨形至倒卵形。子囊 175~350×3.5~4 μm，线形至长柱形。子囊孢子比子囊稍短，直径约 1 μm，线形，多隔，后断裂成分孢子。分孢子 3~5.9×1 μm。

寄生于松丽叩甲的成虫和幼虫上。分布于华南地区。

图 76

77　牯牛降绿僵虫草
Metacordyceps guniujiangensis C.R. Li et al.

子座长 40~43 mm，直径 2.5~2.7 mm，由寄主的头部长出，可同时有 1~2 根或多根，在基部汇聚一起，圆柱形，暗灰绿色，常弯曲。可育部分长 8~12 mm，直径 2.7~3.2 mm，圆柱形，有不育顶端。不育顶端部分收缩呈不规则锥形，长 5~15 mm，光滑，黄色。不育菌柄长 25~30 mm，直径 2.5~3 mm。子囊壳 640~770×240~320 μm，瓶形。子囊 310~380×4~5 μm，棒形，具 8 个子囊孢子。子囊帽直径 2.8~3 μm。子囊孢子 240~330×0.8~1 μm，线形，光滑，无色，具分隔，成熟时断裂形成分孢子。分孢子 8~17×0.8~1 μm。

生于蝉上。分布于华中地区。

78　草剃绿僵虫草（草剃虫草）
Metacordyceps kusanagiensis (Kobayasi & Shimizu)

Kepler et al.

≡ *Cordyceps kusanagiensis* Kobayasi & Shimizu

子座长 7~15 mm，从寄主虫体长出，同一虫体可同时长有 2~3 根，棒形。可育部分长 3~6 mm，直径 2~3 mm，球形、卵形至梭形或近圆柱形，白色至黄白色。不育菌柄长 4~10 mm，直径 1~2 mm，圆柱形，白色至黄白色。子囊壳 600~650×350~400 μm，卵形，表生，孔口锥形。未见完整子囊及子囊孢子。分孢子 3~5×1.5~1 μm，透明无色。

生于鳞翅目昆虫缀叶丛螟幼虫上。分布于华中地区。

图 77

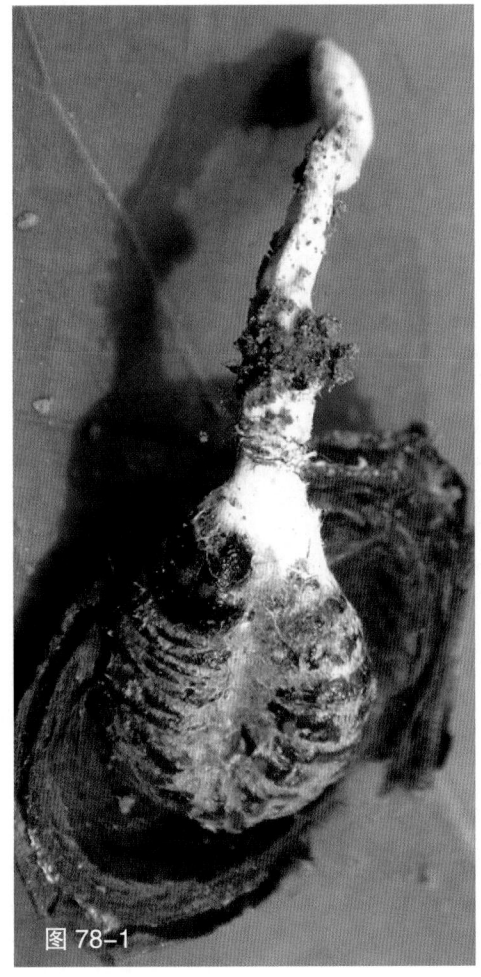

图 78-1

图 78-2

大型子囊菌

珊瑚绿僵虫草（珊瑚虫草）

***Metacordyceps martialis* (Speg.) Kepler et al.**

≡ *Cordyceps martialis* Speg.

子座总高 3~6 cm，常 2~3 个至多个从寄主虫体长出，常有分枝，或基部分枝，朱红色、橙红色至灰橙褐色或淡灰橙红色，有时顶端（及菌体其他部分）长有绿僵菌的孢子。可育部分长 1~3 cm，直径 1~3 mm，长梭形，顶端渐尖，有时可左右相连。不育菌柄长 1~3 cm，直径 0.5~1 mm，圆柱形，可分叉或分叉后再相连，颜色较可育部分暗至灰褐色。子囊壳 450~530×130~160 μm，瓶形或近卵形，倾斜埋生。子囊 200~260×5~6 μm。子囊帽 6~7×4~5 μm。子囊孢子比子囊短，直径约 1 μm，线形，多隔，无色，成熟时断裂形成分孢子。分孢子 5~7×1 μm，柱形。

生于鳞翅目昆虫幼虫上。药用。分布于华中、华南等地区。

图 79

戴氏绿僵虫草（戴氏虫草）

***Metacordyceps taii* (Z.Q. Liang & A.Y. Liu) G.H. Sung et al.**

≡ *Cordyceps taii* Z.Q. Liang & A.Y. Liu

子座长 2.5~4.5 cm，直径 2~3 mm，有时直径可达 6 mm，可有多根从寄主头部长出，柱形，青黄色至橙黄色。可育部分长 2~3.5 cm，直径 2~5 mm，柱形，向上变细。子囊壳 750~950×250~350 μm，瓶状，颈部弯曲，倾斜埋生。子囊 305~480×3.3~4.5 μm，柱形。子囊帽 1.8~2.5×3~3.5 μm。子囊孢子稍短，直径 1~1.4 μm。分孢子 21~29×1~1.4 μm，柱形。

寄生于一种鳞翅目昆虫的幼虫上。分布于华中、华北等地区。

图 80

图 81-1

81 聚生小口盘菌
***Microstoma aggregatum* Otani**

　　子囊盘宽 5.5~7.5 mm，深可达 4~5 mm，蜂窝状至深杯形，聚生，具菌柄。子实层表面淡粉紫色。囊盘被面被绒毛。菌柄长 10~16 mm，基部相连。子囊 295~360×9.5~20 μm，近圆柱形，向基部渐细，具 8 个子囊孢子，单行排列。子囊孢子 20~28×9~12.5 μm，长椭圆形，表面平滑，具 1 个大油滴或多个小油滴，无色。

　　秋季生于腐木上。分布于东北地区。

图 81-2

大型子囊菌

图 82

82 白毛小口盘菌（白毛肉杯菌）
Microstoma floccosum (Schwein.) Raitv.

子囊盘宽 3~7 mm，杯形、深杯形至漏斗形。子实层表面肉黄色、粉黄色、淡橙褐色、粉红色至鲜红色。囊盘被颜色较淡，被白色绒毛。菌柄长 0.2~2 cm，直径 1~2 mm，污白色，被白色绒毛。子囊 230~280×15~23 μm，具 8 个子囊孢子。子囊孢子 20~36×11~17 μm，椭圆形，表面平滑。

夏秋季生于腐木上。分布于中国大部分地区。

83 大孢小口盘菌
Microstoma macrosporum (Y. Otani) Y. Harada & S. Kudo

子囊盘宽 15 mm，高 25 mm，深杯形。子实层表面干后粉白色至肉粉色。囊盘被被白色毛状物。毛状物刚毛状，具分隔，顶端尖锐。菌柄长达 15 mm。子囊近圆柱形，基部渐细，具 8 个子囊孢子。子囊孢子 49~56×19~23 μm，椭圆形，两端略尖，表面平滑，具多个油滴，无色或近无色。

春季群生于林中腐木上。分布于东北地区。

图 83-1

图 83-2

图 84

84   短孢地杖菌
***Mitrula brevispora* Zheng Wang**

　　子实体高 15~30 mm。子囊盘长 5~10 mm,直径 2~4 mm,近圆柱形,黄色。菌柄长 1~2 cm,直径 0.1~0.2 mm,近棒形,污白色。子囊 80~120×6~8 μm,具 8 个子囊孢子,顶端有淀粉质孔口。子囊孢子 7~10×2.5~3 μm,长椭圆形至近梭形。

　　夏秋季生于亚高山林中地上苔藓丛中。分布于华中、青藏等地区。

85   灰软盘菌
Mollisia cinerea

(Batsch) P. Karst.

　　子囊盘直径 5~15 mm,幼时杯形,后平展。子实层表面灰白色、灰赭色至灰色,边缘幼时发白,下表面具绒毛,棕灰色,无柄,基部有时有菌丝缠绕。子囊 50~70×5~6 μm,具 8 个子囊孢子。子囊孢子 7~9×2~2.5 μm,椭圆形,有时稍弯曲,光滑,透明,常具油滴。

　　夏秋季群生于腐木上。分布于华中地区。

图 85

大型子囊菌

86 肋脉羊肚菌

Morchella costata (Vent.) **Pers.**

子囊盘高 6~8 cm，直径 3.5~4.5 cm，长圆锥形，顶端钝或尖，浅黄土色或淡黄褐色，脉棱少，纵脉棱明显长。菌柄表面粉状，内部直至盖部空心。菌肉较薄而脆。子囊近长圆柱形，具 8 个子囊孢子。子囊孢子 18.7~24.5×10~13 μm，椭圆形，平滑，无色。

春至初夏单生或群生于林中地上，食用。分布于东北、西北等地区。

87 粗腿羊肚菌（粗柄羊肚菌）

Morchella crassipes (Vent.) **Pers.**

子囊盘长 5~7 cm，宽 5 cm，圆锥形，表面有许多凹坑，似羊肚状，凹坑近圆形或不规则形，大而浅，淡黄色至黄褐色，交织成网状，网棱窄。菌柄长 3~8 cm，直径 3~8 cm，粗壮，基部膨大，稍有凹槽。子囊孢子 10~13×22~25 μm，椭圆形或圆形，大小较均一，无色。

春夏之交生于潮湿地上和开阔地及河边沼泽地上。食药兼用。分布于东北、西北、内蒙古地区。

图 88-1　　　　图 88-2　　　　图 88-3　　　　图 88-4　　　　图 88-5

图 88-6　　　　图 88-7　　　　图 88-8　　　　图 88-9　　　　图 88-10

图 88-11　　　　图 88-12　　　　图 88-13　　　　图 88-14　　　　图 88-15

图 88-16　　　　图 88-17

88　梯纹羊肚菌

Morchella importuna M. Kou et al.

子实体高 6~20 cm，宽 3~7 cm。子囊盘钝锥形，纵脊近平行，横脊与纵脊近垂直，呈梯状，近黑色。子实层表面黄褐色，下陷。菌柄长 3~10 cm，直径 2~5 cm，近棒形，污白色，被白色绒毛。子囊 200~300×15~25 μm，具 8 个子囊孢子。子囊孢子 18~24×10~13 μm，椭圆形，表面平滑。

夏秋季生于林中地上。食用；可人工栽培。分布于中国大部分地区。

大型子囊菌

图 89-1

图 89-2

89 小海绵羊肚菌
Morchella spongiola **Boud.**

　　子实体高 2~4 cm，宽 1.5~3.5 cm，扁圆形至近圆锥形，新鲜时黄褐色至灰褐色或暗褐色，表面覆有深而不规则的凹窝，凹窝间相连的棱较厚，凹窝内的颜色与棱面比稍浅。菌柄长 3~5 cm，直径 1.5~2.5 cm，白色，空心。子囊 194~267×14~17 μm，长柱形，薄壁，无色，具 8 个子囊孢子，单行排列。子囊孢子 17.5~22×11.5~14 μm，椭圆形，无色，光滑，非淀粉质。

　　春季群生于阔叶林中地上或草地上。食用。分布于东北地区。

90 紫螺菌
Neobulgaria pura
(Pers.) Petr.

子囊盘高 1~2 cm，直径 1~4 cm，陀螺形至垫状，赭石棕色，略带淡紫色，半透明似胶质，有弹性，表面近平滑，内部充实，柔软半透明，无明显气味，边缘近波状。子囊 70~95×8 μm，具 8 个子囊孢子，单行排列。子囊孢子 8~9×3.5~4.5 μm，椭圆形，光滑，透明，内具 2 个油滴。

夏秋季群生于阔叶林中的朽木上。有毒。分布于青藏地区。

图 90

图 91

91 不整新地舌菌（畸果无丝盘菌）
Neolecta irregularis (Peck) Korf & J.K. Rogers

子囊盘高 2~8 cm，直径 0.6~3 cm，弯曲圆柱形、棍棒形、扁平状不规则扭曲、裂片形至分枝形，表面有纵沟纹，顶端钝圆，鲜黄色。菌肉肉质，米色至浅黄色。不育基部柄状，表面乳白色至淡黄色，有绒毛。子囊 100~135×5~7 μm，长圆柱形至棍棒形，顶部光滑，有柄，具 8 个子囊孢子，单行排列。子囊孢子 6~10×3.5~5 μm，无色，圆形、椭圆形或肾形，表面光滑。

秋季散生于阔叶林中地上。分布于东北地区。

大型子囊菌

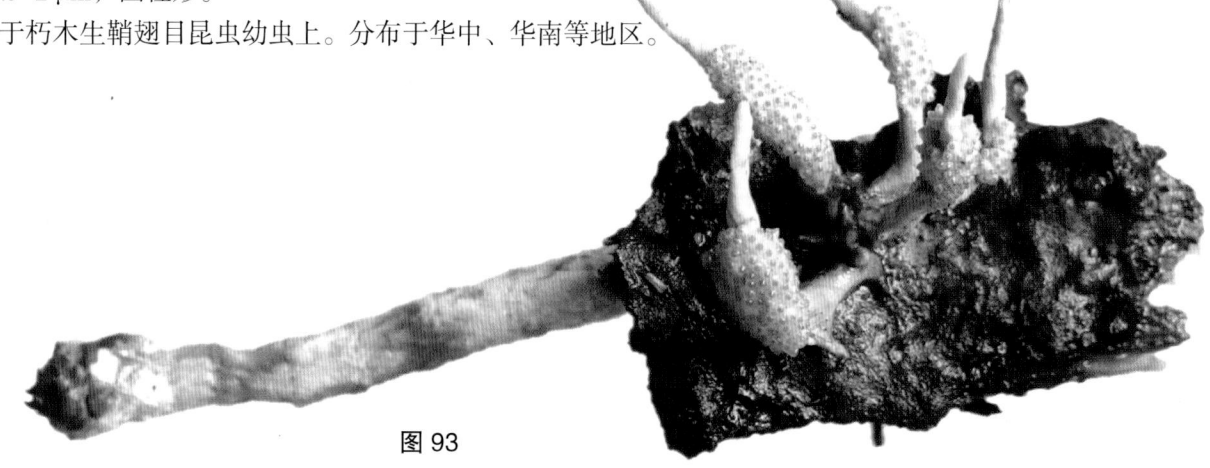

图 92

92 巴恩斯线虫草（参照种）

Ophiocordyceps cf. *barnesii* (Thwaites) G.H. Sung et al.

子座长 5~7 cm，直径 2~5 mm，从黄色至黄褐色鞘翅目昆虫幼虫的前端长出，柱形至棒形，灰橙色、灰黄色至灰色。可育部分圆柱形，有或没有不育尖端。子囊壳 330~360×130~170 μm，长卵形，埋生。子囊 100~120×6~8 μm，长圆柱形。子囊孢子长度比子囊短，易断裂形成分孢子。分孢子 32~45×2~2.5 μm，柱形。

单生于鞘翅目昆虫幼虫上。分布于华南地区。

93 黄棒线虫草

Ophiocordyceps clavata (Kobayasi & Shimizu) G.H. Sung et al.

子座总长 1.5~2 cm，肉质，常分叉，单生至数个从寄主幼虫头部长出，寄主幼虫包被于朽木之中。可育部分长 8~15 mm，直径 3~5 mm，不规则棒形，淡橙色，有不育顶端。不育顶端长 3~8 mm，灰白色。不育菌柄长 3~10 mm，直径 1.5~2 mm，灰白色。子囊壳 550~620×290~340 μm，近卵形，半埋生，孔口突出。子囊 250~330×5.5~6.5 μm，线形。子囊帽宽 4.5~5 μm。子囊孢子成熟时常断裂形成分孢子。分孢子 7~12×1.5~2 μm，圆柱形。

生于朽木生鞘翅目昆虫幼虫上。分布于华中、华南等地区。

图 93

图 94

94 发线虫草（发虫草）

Ophiocordyceps crinalis (Ellis ex Lloyd)
G.H. Sung et al.

 Cordyceps crinalis Ellis ex Lloyd

子座高 4~15 cm，直径 0.5~1 mm（包括表生的子囊壳直径 1~2 mm），可从寄主任何部位长出，丝状，常弯曲，可分枝，黄褐色至灰褐色，带子囊壳部分暗褐色。子囊壳 220~435×180~280 μm，近卵形至柠檬形，表生，略分散至致密集，暗褐色。子囊 156~205×4~8 μm，柱形。子囊帽宽 3.6~4.2 μm。子囊孢子几乎与子囊等长，线形，多分隔，成熟时断裂形成分孢子。分孢子 5~7×1.5 μm，无色。

单生或多个生于毛虫上。分布于华中、华南等地区。

95 丝线虫草

Ophiocordyceps filiformis (Moureau)
G.H. Sung et al.

子座高 1.5~3 cm，宽约 0.5 mm，丝状，表面深黄色至黄褐色，肉质淡黄色，易断裂，不分枝或稍分枝，无不育尖端。子囊壳 409~458×292~370 μm，离散表生，拟卵形或卵锥形。子囊 168~234×4.9~7.4 μm，圆柱形。子囊帽柱状加厚，高 4.9~6.3 μm，宽 3.9~4.9 μm。子囊孢子分隔不断裂，宽约 1.5 μm，间隔细胞长约 5 μm。

夏秋季单生于鳞翅目昆虫幼虫上。分布于东北地区。

图 95

96 蚁窝线虫草（蚁窝虫草）

Ophiocordyceps formicarum (Kobayasi)
G.H. Sung et al.

≡ *Cordyceps formicarum* Kobayasi

子座长 3~9 cm，宽 0.2~0.3 mm，亮黄色或淡黄色。可育头部长 3~4.5 mm，直径 2.5~3.5 mm，顶生，椭圆形，与不育菌柄分界较明显。不育菌柄长 6.5~9.5 cm，直径约 1 mm，细柱形至近线形。子囊壳 485~525×168~218 μm，倾斜埋生，卵形。子囊圆柱形，基部渐细。子囊帽半球形。子囊孢子线形。分孢子 6~9×1~2 μm，纺锤形至椭圆形。

夏秋季单生于林内，寄生于蚂蚁上。分布于东北、华南等地区。

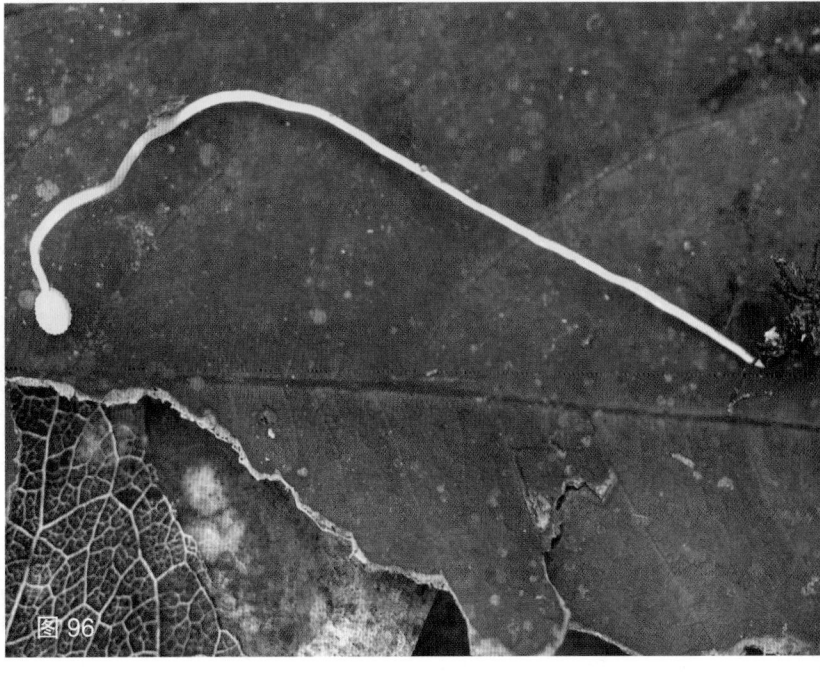

图 96

大型子囊菌

图 97

97 拟细线虫草

Ophiocordyceps gracilioides (Kobayasi) G.H. Sung et al.

子座从寄主甲虫幼虫体长出，肉质。可育头部直径 5~5.5 mm，球形或卵形，橙黄色、黄褐色至橙褐色，成熟时可附着有白色孢子。不育菌柄长 5~9 cm，直径 2.5~3 mm，圆柱形，平滑，白色、淡褐色、黄褐色或带淡紫色。子囊壳 830~900×200~300 μm，长颈瓶状，埋生。子囊 600~700×6~7 μm，圆筒形，顶端头部膨大。子囊头部 6.5~7×6~6.5 μm，球形或矩形。子囊孢子比子囊短，线形，成熟后断裂形成分孢子。分孢子 6~8.5×1.2~1.5 μm，光滑，无色。

单生于甲虫幼虫上。分布于华中等地区。

98 细线虫草（细蛇形虫草）

Ophiocordyceps gracilis (Grev.) G.H. Sung et al.

子座高 5~6 cm。可育头部长 4.4 mm，直径 4 mm，近球形，黄色至黄褐色，后至黑褐色。不育菌柄长 1~2 cm，直径 2~2.5 mm，圆柱形，初近白色、黄白色至淡黄褐色。子囊壳 380~550×100~270 μm，近卵形或呈瓶状，颈部稍长，垂直埋生。子囊 250~280×6~7 μm，宽约 7 μm，圆柱形。子囊帽高约 3 μm，宽约 5 μm，半球形加厚。子囊孢子 7~10×1~2 μm，可分隔断裂形成分孢子。分孢子 6~9×1 μm。

夏季单生于蝙蝠蛾幼虫上。分布于西北、青藏等地区。

图 98-1

图 98-2

图 98-3

图 98-4

图 99

| 99 | **蝼蛄线虫草**（朝鲜虫草 高丽虫草） |

***Ophiocordyceps gryllotalpae* Petch**

= *Cordyceps koreana* Kobayasi

子座长 4~9 cm，直径 1~2 mm，单生或 2~4 个从寄主虫体长出，披针形，近基部灰褐色至淡灰黄色，向上渐变为灰白色，顶端渐尖细。可育部分与不育菌柄无明显界限。子囊壳 500~800×250~300 μm，表生、裸生至（或）半裸生，细小，卵形至近圆锥形，淡褐色，长于子座表面，不均匀分布，部分子座表面成群密集，大部分子座表面不长子囊壳呈裸露状，多长于中下部至中部，而不长于子座上端。子囊孢子 40~65×1.5~2.5 μm，线形，有 7~8 个横隔，无色。

生于蝼蛄上。分布于华南地区。

| 100 | **根足线虫草**（根足虫草 根足虫草琅琊山变种） |

***Ophiocordyceps heteropoda* (Kobayasi) G.H. Sung et al.**

≡ *Cordyceps heteropoda* var. *langyashanensis* C.R. Li et al.

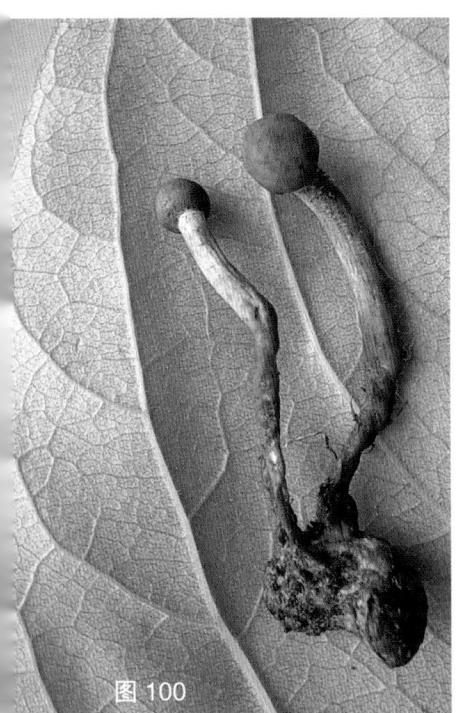

图 100

子座总长 4~6.5 cm，1~2 个从寄主头部或胸部长出，寄主覆盖有橙色至褐色菌丝体，圆柱形，扭曲，橙黄色、赭黄色、皮革色至暗褐色，由可育头部及不育菌柄组成。可育部分直径 5~8.5 mm，球形或近球形，皮革色至灰黄褐色。不育菌柄长 3.5~6 cm，直径 2~4 mm，圆柱形，赭黄色、黄色至褐色，基部褐色更为明显。子囊壳 770~1 150×200~300 μm，埋生，安瓿瓶状，有一长颈。子囊 420~560×5~7.5 μm，圆柱形。子囊帽长 3.5~4 μm，宽 5.5~6 μm，近球形。子囊孢子直径 1.7~2.2 μm，比子囊稍短，线形，成熟的子囊孢子断裂形成分孢子。分孢子 7~14×1.7~2.2 μm，柱形，无色。

生于蝉幼虫上。分布于华南地区。

| 101 | **高原线虫草** |

***Ophiocordyceps highlandensis* Zhu L. Yang & J. Qin**

子座长 3.5~8 cm，棒形至近圆柱形，不分枝，从寄主头部长出。可育部分长 5~15 mm，直径 2.5~4 mm，圆柱形或近梭形，暗褐色至近黑色。不育顶部长 5~10 mm，向上逐渐变细。不育菌柄长 2.5~6 cm，直径 1.5~2.5 mm，圆柱形，暗褐色至近黑色，平滑，基部与寄主头部相连。子囊壳埋生，瓶形、卵形至矩圆形。子囊 140~170×5~6.5 μm，窄棒形至近柱形，基部有钩状体。子囊帽宽 4.5~5.5 μm，高 2.5~4.5 μm。子囊孢子 130~150×1.5~2 μm，线形，3~4 隔，成熟后断裂形成 4（稀 5）个分孢子。分孢子 30~55×1.5~2 μm。菌柄表皮由子实层状排列的细胞组成。

寄生于鞘翅目鳃金龟幼虫上。药用。分布于华中地区。

图 101

102 日本线虫草（日本虫草）

Ophiocordyceps japonensis

(Hara) G.H. Sung et al.

≡ *Cordyceps japonensis* Hara

子座直径 2~5 mm，从寄主体上长出，1~2 个或多个。可育部分顶生，近球形至半球形，淡黄色、土黄褐色至棕褐色。不育菌柄长 1~3.5 cm，直径 1~1.5 mm，圆柱形，常弯曲，近白色至淡褐色，上端颜色较淡，向下渐深色。子囊壳 600~850×300~400 µm，椭圆形，倾斜埋生。子囊 650~700×4~6 µm，长圆筒形至近长棒形。子囊孢子 600~680×1~1.5 µm，细长，线形，具多横隔，成熟后断裂形成分孢子。分孢子 9~10×1~1.5 µm，近柱形，两端略窄，透明无色。

生于蚂蚁上。分布于华中、华南等地区。

图 102

103 江西线虫草（江西虫草）

***Ophiocordyceps jiangxiensis* (Z.Q. Liang et al.)**

G.H. Sung et al.

≡ *Cordyceps jiangxiensis* Z.Q. Liang et al.

子座长 4.5~8 cm，直径 3~5 mm，从寄主的头部长出，簇生或丛生，柱形，可分枝，淡褐色，无不育尖端，表面很容易长出绿色霉菌。子囊 400~450×7~7.5 µm，棒形。子囊孢子 5.5~7×1~1.2 µm，长柱形，不断裂。

寄生于林下丽叩甲或绿腹丽叩甲的幼虫上。分布于华中、华南等地区。

图 103-1

图 103-2

大型子囊菌

图 104-1

图 104-2

104 极长座线虫草
Ophiocordyceps longissima (Kobayasi) G.H. Sung et al.

子座单生或分叉，有时很长（大于 18 cm）。可育部分长 1.5~4 cm，直径 3~4.5 mm，圆柱形或近长梭形，顶端圆钝或稍尖，与不育菌柄界限明显，浅黄褐色至褐色，成熟时常带孢子堆的白色。不育菌柄长 4~14 cm，直径 1.5~2.5 mm，圆柱形，常弯曲，黄色至黄褐色。子囊壳 550~630×130~230 μm，安瓿瓶状，埋生。子囊 280~420×4.5~5.5 μm，线形，无色。子囊孢子宽 1~1.5 μm，比子囊略短，线形，成熟后断裂形成分孢子。分孢子 8~13×1~1.5 μm，细杆形。

生于蝉上。药用。分布于华中等地区。

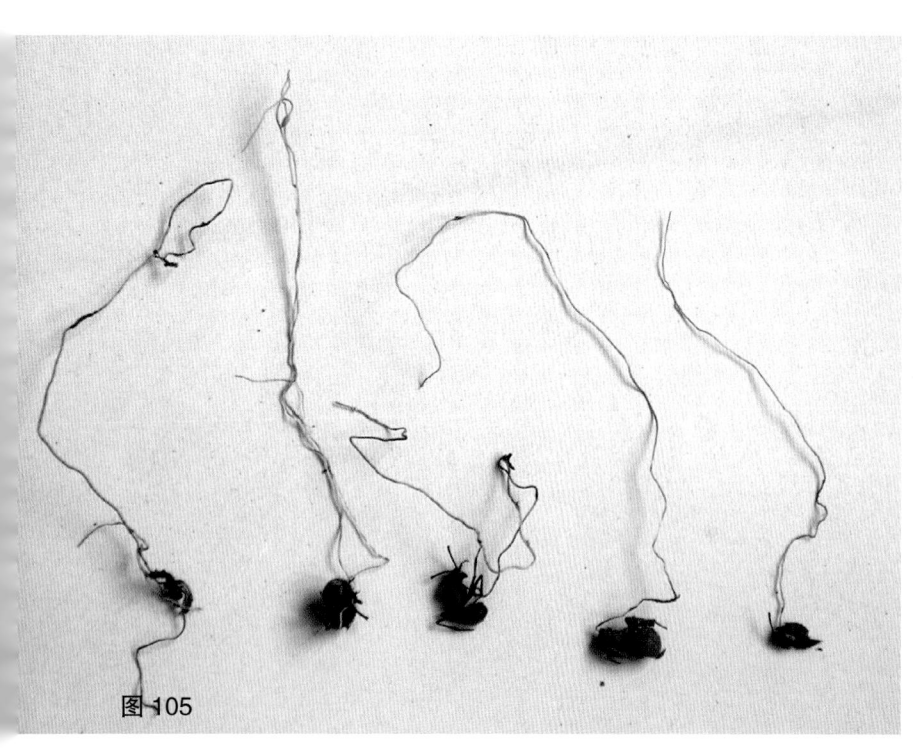

图 105

105 蚂蚁线虫草（蚂蚁虫草 蚁虫草）
Ophiocordyceps myrmecophila (Ces.) G.H. Sung et al.

≡ *Cordyceps myrmecophila* Ces.

子座长 0.5~5 cm，从宿主蚂蚁胸部或头部长出，单生，偶有 2~3 个，淡黄色至黄色。可育头部直径 1~2.5 mm，卵形。不育菌柄直径 0.5 mm，细长，多弯曲。子囊壳 550~600×230~260 μm，卵形，埋生。子囊 280~300×5~6 μm。子囊孢子比子囊稍短，成熟后可断裂形成分孢子。分孢子 8~12×1 μm，近梭形，无色。

夏秋季生于林下蚂蚁上。分布于东北、华中、华南等地区。

106 下垂线虫草（椿象虫草 下垂虫草）

***Ophiocordyceps nutans* (Pat.)
G.H. Sung et al.**

≡ *Cordyceps nutans* Pat.

子座单生，偶尔 2~3 根，从寄主胸侧长出。地上部长 3.5~13 cm，分为头部和柄部。头部长 0.4~1.1 cm，直径 1~2 mm，长椭圆形至短圆柱形，新鲜时橙红色或橙黄色，随着成熟逐渐褪至呈黄色，最后浅黄色，老熟后下垂。菌柄长 3~10 cm，不规则弯曲，纤维状肉质，黑色至黑褐色，有金属光泽，外皮与内部组织间有空隙，内部为白色。子囊孢子线形，无色，薄壁，光滑，成熟后断裂形成分孢子。分孢子 8~10×1.4~2 μm，短圆柱形。

秋季生于半翅目蝽科昆虫成虫上，多出现于林地枯枝落叶层。药用。各区均有分布。

图 106-1

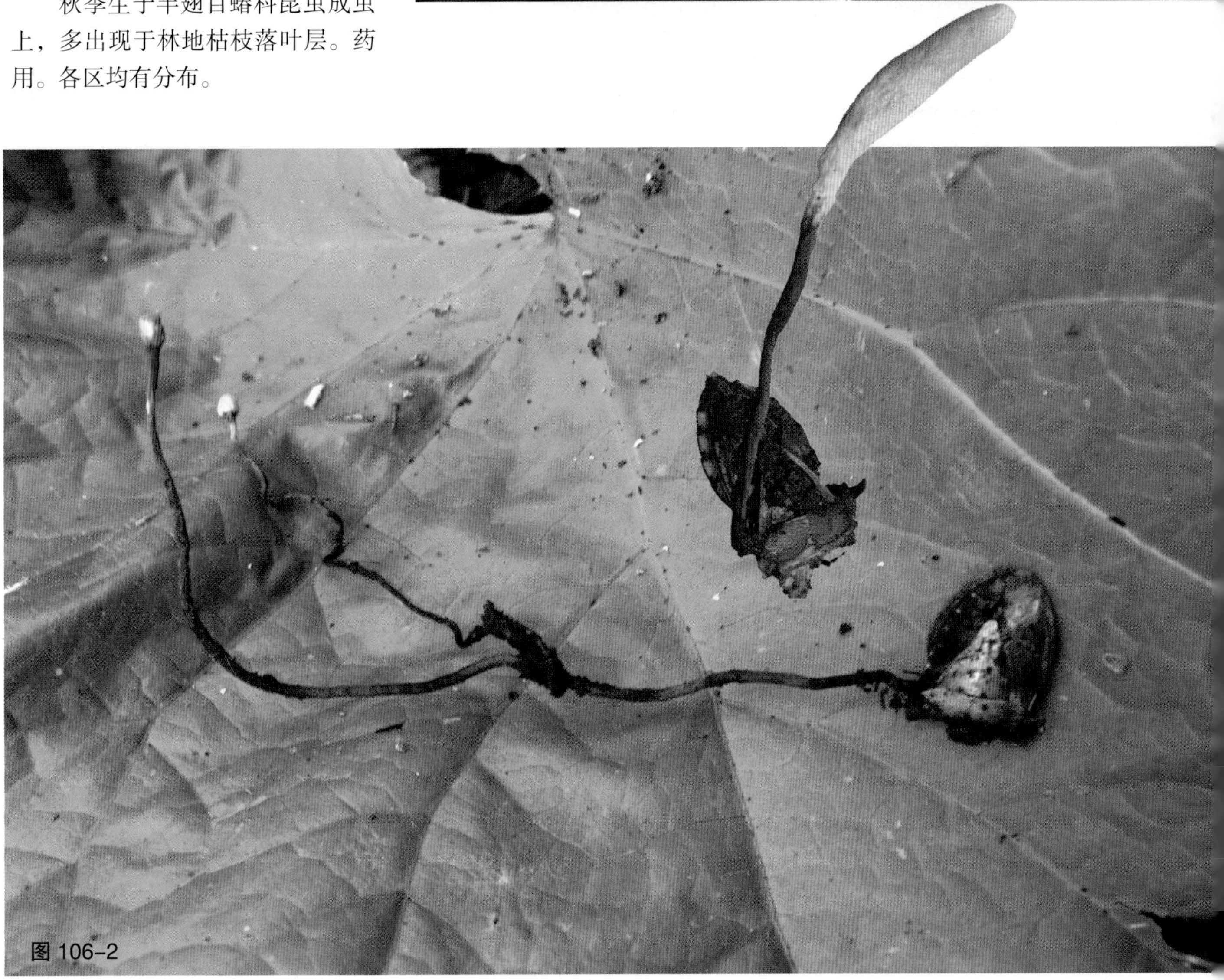

图 106-2

大型子囊菌

图 107

107 蜻蜓线虫草（蜻蜓虫草）

Ophiocordyceps odonatae
(Kobayasi) G.H. Sung et al.

≡ *Cordyceps odonatae* Kobayasi

子座长 3~9 mm，可由寄主的任何部位长出，浅黄色。可育部分长 1~3 mm，宽 1~1.5 mm，不规则球形至长椭圆形，常有纵沟。不育菌柄长 2~7 mm，直径 0.7~1 mm，圆柱形，多弯曲，光滑。子囊壳 100~120×50~60 μm，瓶状，埋生，孔口疣状微突起。子囊直径 8 μm。子囊帽 10×7 μm。子囊孢子线形，成熟后断裂形成分孢子。分孢子 2.2~3.5 μm，柱形。

多单生于蜻蜓上。分布于华南、东北等地区。

108 尖头线虫草（尖头虫草）

Ophiocordyceps oxycephala **(Penz. & Sacc.) G.H. Sung et al.**

≡ *Cordyceps oxycephala* Penz. & Sacc.

子座长 13~15 cm，黄色，单个或 2 个从蜂体上长出，多数不分枝，偶有二叉分枝。可育部分成熟时较粗，长占 1/6~1/4，10~20×1~2 mm，椭圆形至柱形，有不育尖端。不育菌柄细长，直径 0.8~1.5 mm，常弯曲。子囊壳 800~1 000×220~300 μm，长瓶颈状，倾斜埋生。子囊 420~470×4~6 μm。子囊帽 3.5~4×3~4.2 μm，近球形。子囊孢子比子囊略短，易断裂形成分孢子。分孢子 8~12×1~1.5 μm，长梭形。

秋季寄生于胡蜂科或姬蜂科昆虫成虫上。药用。分布于东北、华中、华南等地区。

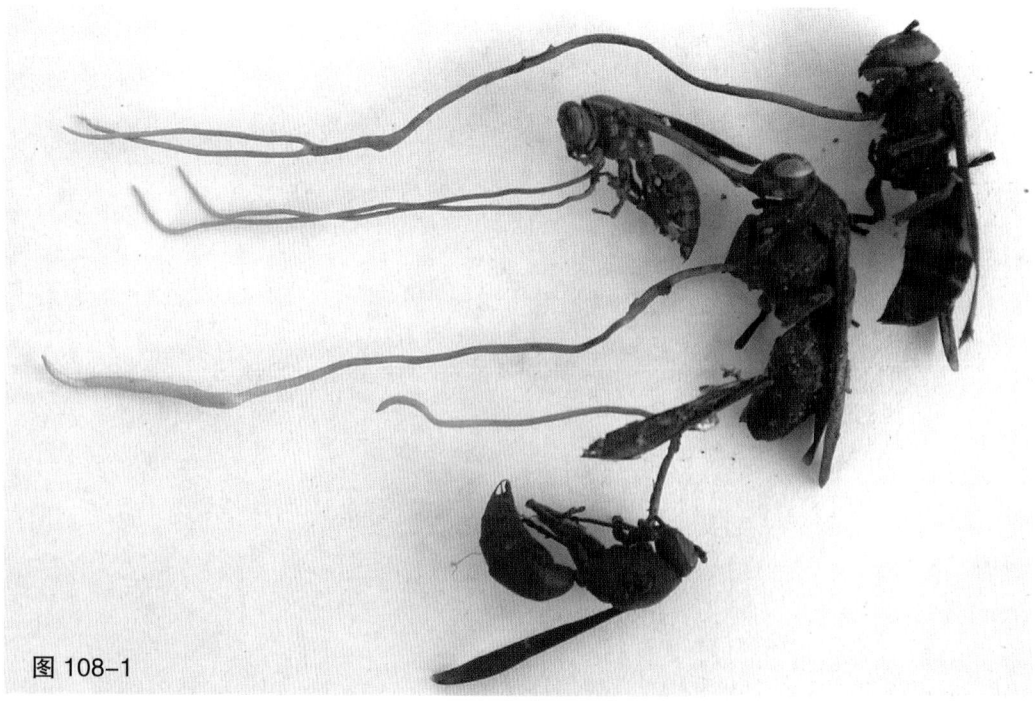

图 108-1

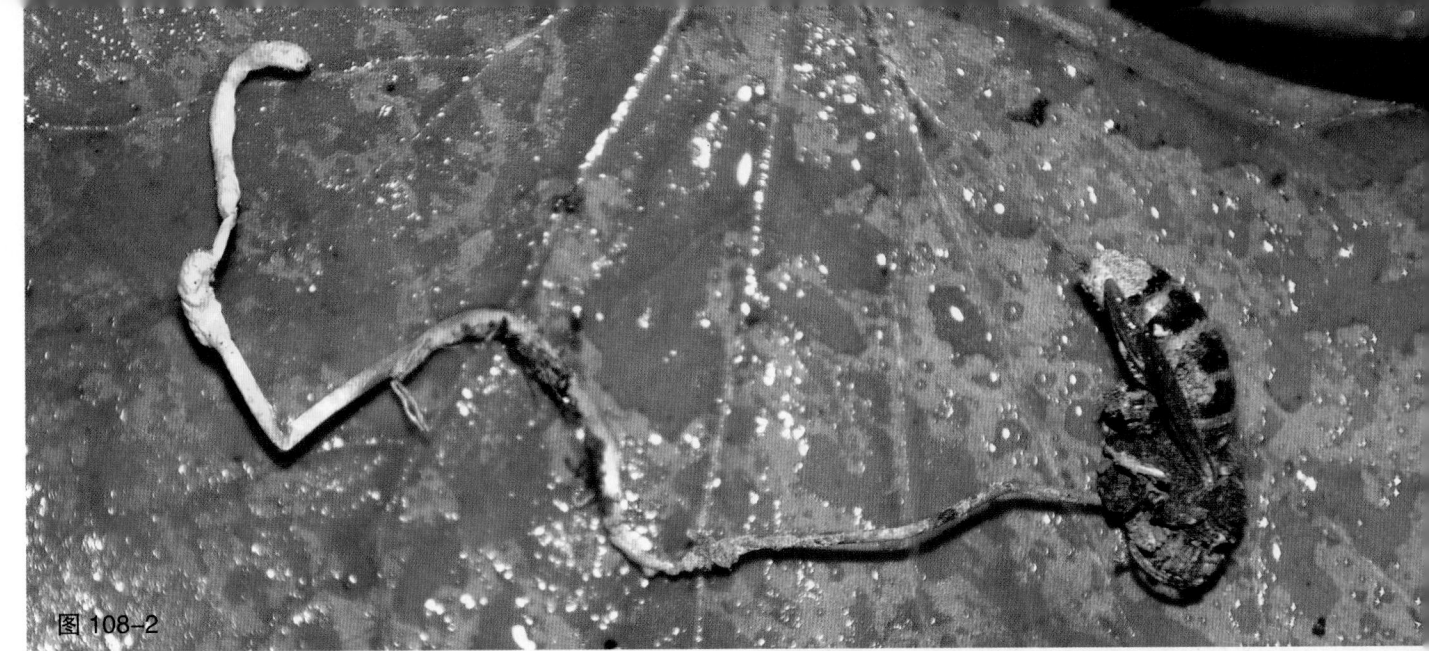

图 108-2

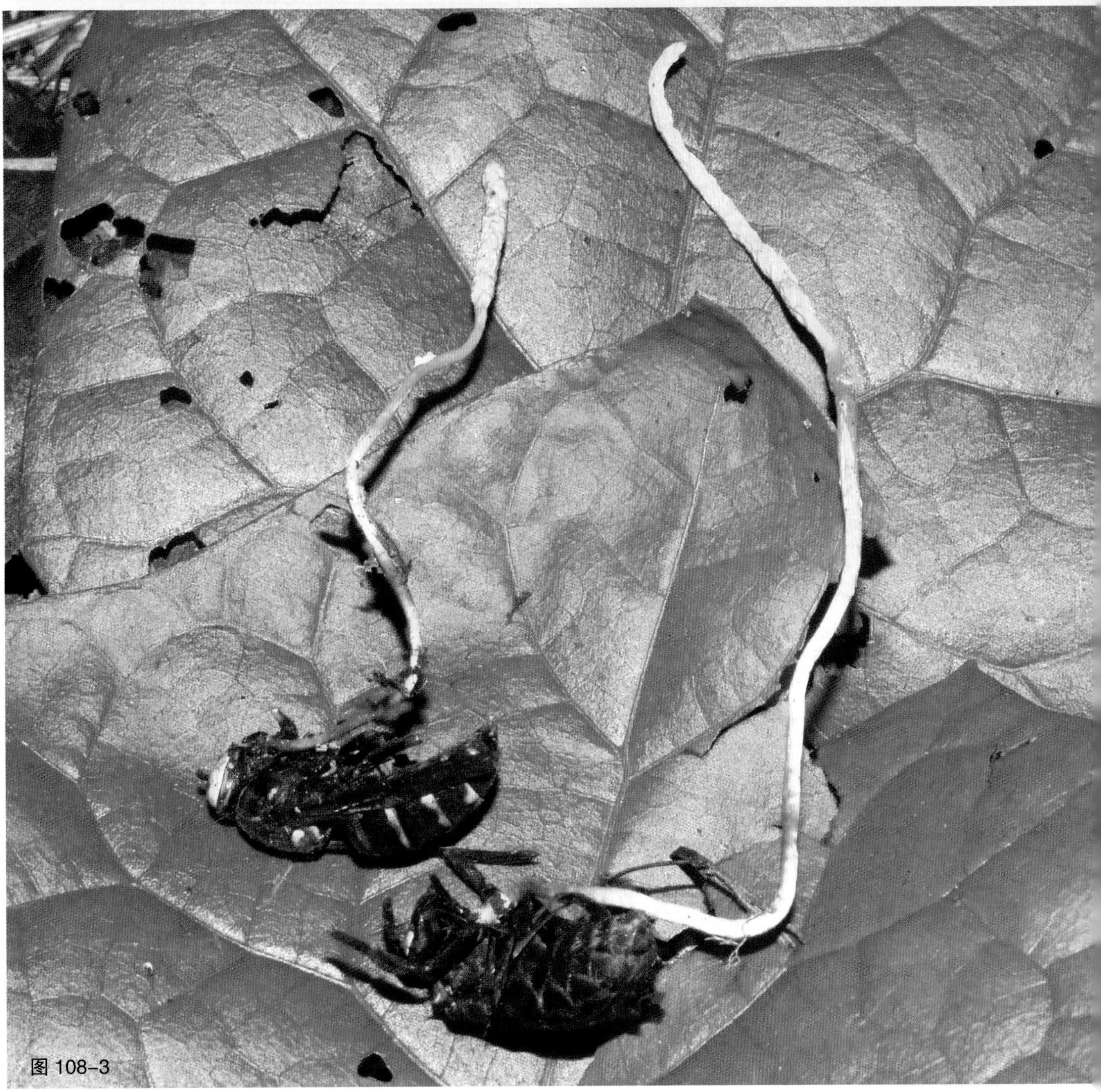

图 108-3

图 109

109 冬虫夏草（中华线虫草 冬虫草 中华虫草 中华丝虫草）

***Ophiocordyceps sinensis* (Berk.) G.H. Sung et al.**

≡ *Cordyceps sinensis* (Berk.) Sacc.

子座长 5~10 cm，从寄主头部长出，褐色至黄褐色，内部白色。上部可育部分直径 3~6 mm，近圆柱形，暗褐色，表面有小疣突。顶部不育，变尖。下部不育菌柄较细，直径 3~6 mm。子囊壳 300~400×120~250 μm，卵圆形至椭圆形，埋生至半埋生，有时近表生。子囊 250~450×8~12 μm，顶端帽状体厚，有顶孔。子囊孢子 180~350×5~6.5 μm，线形，无色，多分隔但不断裂。

春夏季单个寄生于高山、亚高山鳞翅目昆虫幼虫上。著名药用菌。分布于青藏及周边海拔 3 000~5 000 m 的地区。

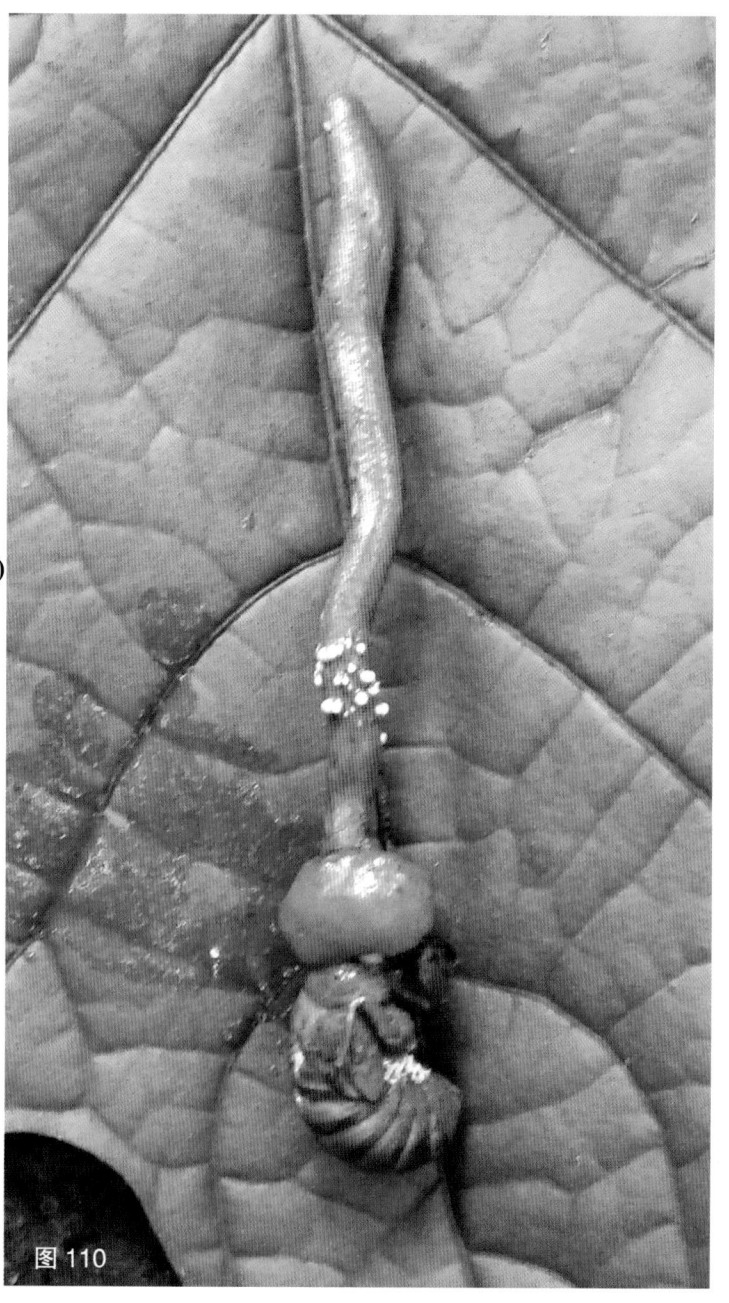

图 110

110 小蝉线虫草（小蝉草）

***Ophiocordyceps sobolifera* (Hill ex Watson) G.H. Sung et al.**

≡ *Cordyceps sobolifera* (Hill ex Watson) Berk. & Broome

子座长 2~8 cm，直径 2~6 mm，棒形，不分枝，从寄主蝉幼虫主头部长出。可育部分长 1.5~2 cm，直径 5~6 mm，圆柱形或近梭形，中部略膨大，橙红色、红褐色、土黄色至淡褐色。不育菌柄长 2.5~4.5 cm，直径 3~4 mm，圆柱形，与可育部分同色，基部与寄主头部相连并缢缩。子囊壳埋生，瓶形至柱形。子囊 300~470×5.6~6.5 μm，柱形，基部变狭，子囊帽宽 5.4~6.5 μm，高 3~3.4 μm，半球形。子囊孢子 6~13×1~1.5 μm，线形，多隔，成熟后断裂形成分孢子。分孢子 6~7.2×1.2~1.5 μm。

寄生于蝉幼虫上。药用。分布于华中地区。

图 111-1

111 **蜂头线虫草**（蜂头虫草）
Ophiocordyceps sphecocephala
(Klotzsch ex Berk.)
G.H. Sung et al.

≡ *Cordyceps sphecocephala*
(Klotzsch ex Berk.) Berk. &
M.A. Curtis

子座由寄主胸部长出，偶可同一虫体上长 2 根子座。可育部分明显膨大，长 4~8 mm，直径 1.5~2.5 mm，卵形、椭圆形至橄榄形，黄色至橙黄色。不育菌柄长 5~12 cm，粗 0.5~1 mm，常弯曲，淡黄色至橙黄色或黄褐色，有时老后呈黄白色。子囊壳 620~780×200~230 μm，瓶状，埋生。子囊 200~300×5~7 μm，近圆柱形。子囊孢子线形，成熟后断裂形成分孢子，无色。分孢子 8~12×1~1.5 μm。

单个寄生于黄蜂的成虫上。分布于华南、华中等地区。

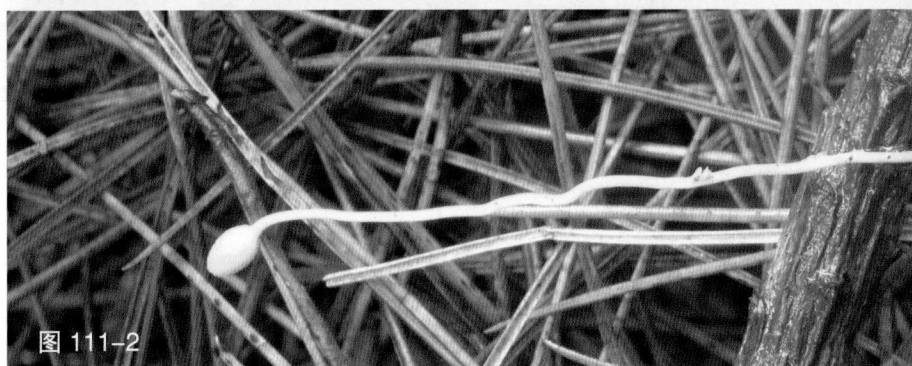

图 111-2

蜂头线虫草（蜂头虫草）

图 111-3

图 112-1

图 112-2

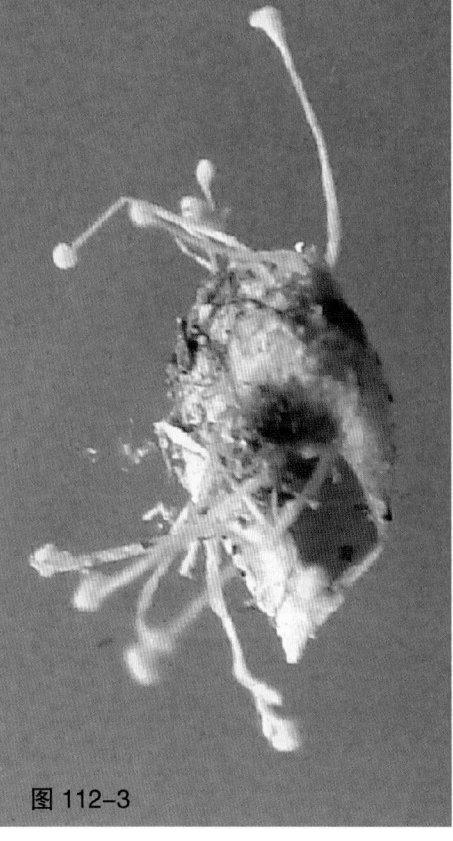

图 112-3

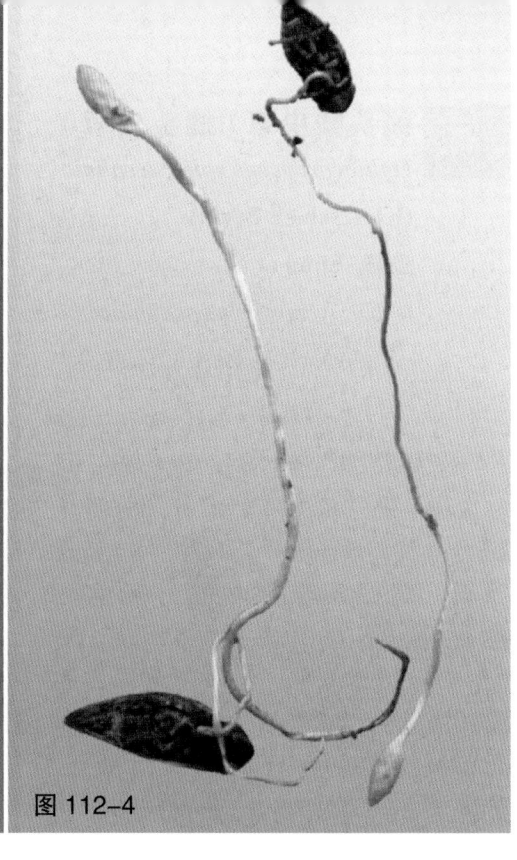

图 112-4

112 沫蝉线虫草（沫蝉虫草）
***Ophiocordyceps tricentri* (Yasuda) G.H. Sung et al.**

≡ *Cordyceps tricentri* Yasuda

子座长 3~6 cm，偶尔可达 13 cm，单生至多个生于寄主上，除可育的头部外各部均呈线形，纤细，多弯曲，不分枝，黄白色、淡黄色至淡橙黄色。可育部分长 3~7 mm，直径 1.5~2 mm，柠檬形、近球形至短柱形，顶生，黄白色、淡黄色至淡橙黄色。不育菌柄直径 0.5~1 mm，线形。子囊壳 600~800×150~250 μm，长椭圆形至瓶状，颈部弯曲，倾斜埋生。子囊 300~400×5~8 μm，长圆柱形。子囊帽 5.5~12.5×4.2~5.5 μm，柱形。子囊孢子长度比子囊略短，直径 1.5~2 μm，线形，多隔，成熟后断裂形成分孢子。分孢子 9~12×1.5~2 μm，柱形至梭形。

寄生于沫蝉虫体上。分布于华中等地区。

113 变形线虫草
***Ophiocordyceps variabilis* (Petch) G.H. Sung et al.**

子座高 0.5~1.5 cm，常自藏于腐木内的寄主长出，可从寄主不同部位同时长出多个，不分枝，偶尔二叉分枝，黄色至黄褐色。可育部分宽 2~4 mm，不规则头状或瘤状，常生于不育菌柄的侧面，有时多个瘤状结构包围着菌柄，黄色至黄褐色。不育菌柄长 5~15 mm，直径 0.5~1.5 mm。在可育部分之上形成不育变尖的顶端。子囊壳 250~500×180~350 μm，近卵形，埋生，孔口突起。子囊 200~300×8~9 μm，棒形。子囊孢子长度比子囊短，直径 1.5~2 μm，多隔膜，光滑，无色，成熟后断裂形成长度不同的分孢子。分孢子 2~8×1.5~2 μm，圆柱形。

生于鞘翅目昆虫幼虫上，分布于西北、华中等地区。

图 113

114　屋久岛线虫草

***Ophiocordyceps yakusimensis* (Kobayasi) G.H. Sung et al.**

　　子座长 9~14 cm，单生至多个生于寄主昆虫上，多从接近寄主头部的地方长出，圆柱形至棒形，常弯曲，可分枝。可育部分长 1.5~3 cm，直径 3~4 mm，近圆柱形至近棒形，灰黄褐色至灰褐色。不育菌柄长 6~11 cm，直径 1.5~2 mm，细长，常弯曲，灰褐色或淡褐色。子囊壳 740~800×170~230 μm，长卵形至细长的舟形，埋生。子囊 270~310×5~6 μm，棒形至圆筒形。子囊孢子 250~300×1 μm，线形，多分隔，无色，成熟后可断裂形成分孢子。分孢子 10~15×1 μm，长柱形。

　　寄生于蝉若虫及幼虫虫体上。分布于华南地区。

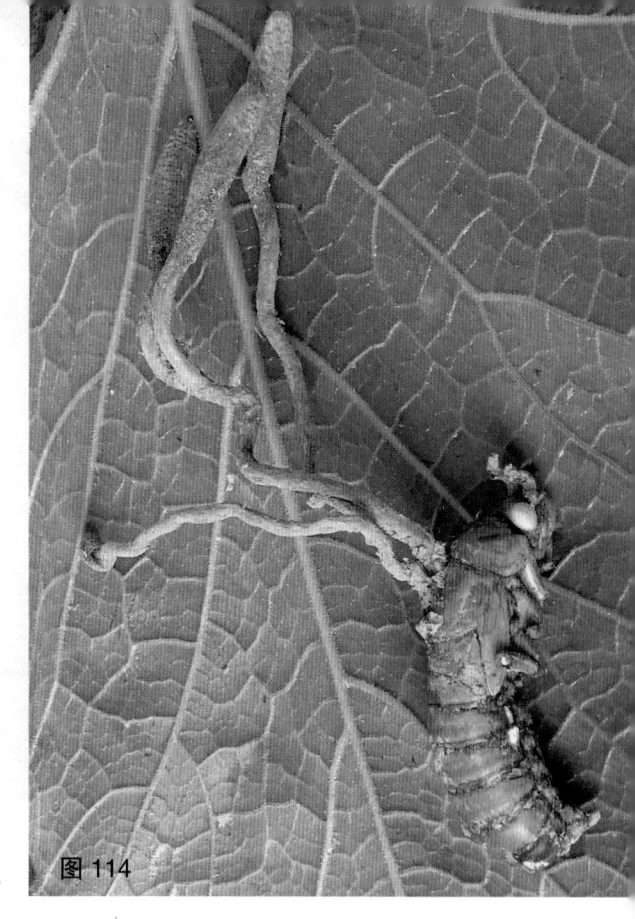

图 114

115　双色侧盘菌

***Otidea bicolor* W.Y. Zhuang & Zhu L. Yang**

　　子囊盘宽 2~3 cm，杯形，一侧纵向深裂。子实层表面蜡黄色。囊盘被粉红灰色至紫褐色，被稀疏颗粒。菌柄短粗，近白色。子囊 140~180×9~11 μm，近圆柱形，有囊盖，具 8 个子囊孢子。子囊孢子 10~12×5.5~6 μm，椭圆形，表面光滑。

　　夏秋季生于针阔混交林中地上。分布于华中地区。

图 115

大型子囊菌

图 116

116 **褐黄侧盘菌**

Otidea cochleata (L.) Fuckel

  子囊盘宽 3~5 cm，侧生，边缘向内卷呈耳形。子实层表面褐黄色或浅褐色至浅灰褐色，表面平滑。囊盘被颜色与子实层表面接近，常带淡紫色色泽，有绒毛。子囊 185~220×11~14 μm，长圆形，具 8 个子囊孢子，单行排列。子囊孢子 17~20×9~11 μm，卵形或椭圆形，光滑，内含 2 个油滴。

  夏秋季丛生于林中地上或苔藓丛中。有毒。分布于东北、西北、青藏等地区。

图 117

117 **优雅侧盘菌**

Otidea concinna

(Pers.) Sacc.

  子囊盘高达 5 cm，常于一侧开裂，稍内卷，近耳形，亮柠檬黄色，基部略浅。子实层表面光滑。囊盘被颜色与子实层表面接近，被明显的绒毛或颗粒。菌肉白色。子囊 150×10 μm，具 8 个子囊孢子。子囊孢子 10~12×5~6 μm，椭圆形，光滑，内含 2 个油滴。

  夏秋季单生或群生于阔叶林中地上，常见于苔藓间。有毒。分布于东北、青藏等地区。

118 近紫侧盘菌
Otidea subpurpurea W.Y. Zhuang

子囊盘宽 3~4 cm，杯形，端口多少平截，一侧纵向深裂。子实层表面蜡黄色。囊盘被紫灰色，被稀疏颗粒。菌柄长 1~2 cm，直径 7~15 mm，短粗，蜡黄色至污白色，空心。子囊 130~180×8~10 μm，近圆柱形，具 8 个子囊孢子。子囊孢子 10~12×5~6.5 μm，椭圆形，表面光滑。

夏秋季生于针阔混交林中地上。分布于华中地区。

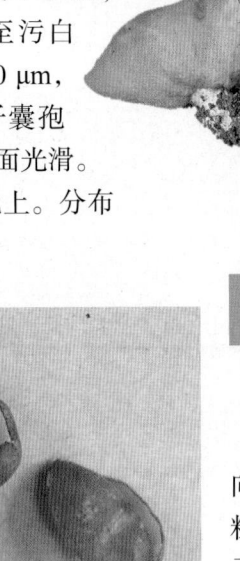
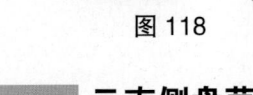

图 118

119 云南侧盘菌
Otidea yunnanensis (B. Liu & J.Z. Cao) W.Y. Zhuang & C.Y. Liu

子囊盘宽 1~2.5 cm，杯形，端口多少平截，一侧纵向深裂。子实层表面蜡黄色。囊盘被蜡黄色，密被褐色颗粒。菌柄长 1.8~2.5 cm，直径 4~6 mm，深紫褐色，有绒毛。子囊 220~250×9~13 μm，近圆柱形，有囊盖，具 8 个子囊孢子，在梅氏试剂中不变色。子囊孢子 16~20×8~610 μm，椭圆形，表面有小刺。

夏秋季生于阔叶林或针阔混交林中地上。分布于华中地区。

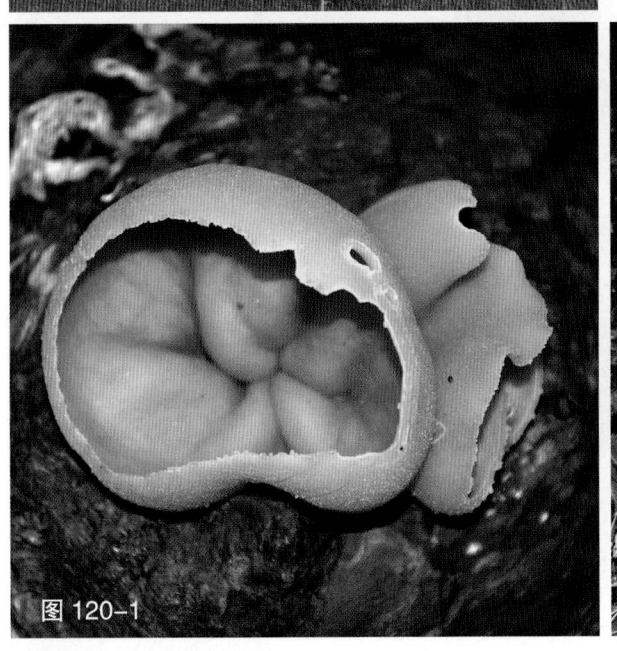

图 119

图 120-1

图 120-2

120 阿维纳盘菌
Peziza arvernensis Roze & Boud.

子囊盘宽 3~10 cm，初期囊状至杯形，后期渐平展呈浅盘形或不规则状。有不规整褶皱，无柄。子实层表面光滑，榛子棕色至栗褐色。囊盘被颜色稍浅，边缘渐白色，多数光滑，少数糠状，或覆盖近白色微细绒毛。菌肉薄，易碎。子囊 180~240×11~13 μm，具 8 个子囊孢子。侧丝圆柱形，分隔，头部棒形，略膨大。子囊孢子 14~17×8~9 μm，宽椭圆形，表面粗糙具麻点。

夏秋季单生或群生于林中地上。有毒。各区均有分布。

大型子囊菌

图 121-1

图 121-2

图 121-3

121 疣孢褐盘菌

Peziza badia Pers.

　　子囊盘宽 3~7 cm，浅碟形，不规则起伏，无柄。子实层表面深黄褐色。囊盘被红棕色，表面拟糠状，近边缘粗糙更明显。菌肉薄，易碎，红棕色。子囊 300~330×15 μm，具 8 个子囊孢子。子囊孢子 17.5~18×10~11 μm，椭圆形，透明，表面有不规则网状纹，内含 2 个油滴。

　　夏秋季群生于林中地上。食用，但须注意有毒的相似种类，慎食。主要分布于西北地区。

122 家园盘菌（居室盘菌）
Peziza domiciliana Cooke

子囊盘宽 1.5~5 cm，不规则杯形，边缘开裂并向内弯曲，成熟后边缘变平展但畸形。子实层表面光滑，浅褐色。囊盘被大多光滑，灰白色至白赭色。菌肉较薄，易碎。无柄或具不明显的短柄。子囊 200~250×11~12 μm，近圆柱形，具 8 个子囊孢子。子囊孢子12.5~15.5×7~8.8 μm，椭圆形，完全成熟后表面出现细微的斑点纹，具油滴。

夏秋季单生或群生于庭院环境中，也生于沙壤土、砂岩上。分布于东北地区。

图 122

123 莫拉盘菌
Peziza moravecii (Svrček) Donadini

子囊盘直径 1~5 cm，半球形至浅碟形、平展或贝壳形。子实层表面幼时赭色，后颜色变浅至榛子褐色或栗褐色，边缘颜色稍浅，光滑。囊盘被颜色稍浅，具颗粒。无柄。菌肉薄，易碎。子囊 190~210×10~12 μm，具 8 个子囊孢子。子囊孢子 13~15×6~8 μm，光滑，成熟后有轻微麻点，椭圆形。

夏秋季单生或群生于牛粪、马粪上。分布于东北地区。

图 123

124 雪盘菌
Peziza nivalis (R. Heim & L. Rémy) M.M. Moser

子囊盘直径 1~3.5 cm，幼时杯形，后为盘形，边缘向下弯曲。子实层表面光滑至稍有褶皱，边缘有时开裂，榛子褐色至栗褐色。囊盘被同色或稍浅，近糠状。菌肉白色，易碎。无柄。子囊 260~335×12~14 μm。侧丝头部略膨大，具横隔，细胞在横隔处不规则膨大或向外突起。子囊孢子 18~21×9~10 μm，椭圆形，光滑。

春季群生于林中地上。主要分布于东北地区。

图 124

大型子囊菌

图 125

125	**茶褐盘菌**

Peziza praetervisa Bres.

　　子囊盘直径 0.7~5 cm，幼时圆形或盘形，后平展或呈不规则形状。子实层表面光滑，浅或深紫罗兰色，或棕紫罗兰色。囊盘被颜色稍浅，近糠状。无柄。菌肉薄，易碎。子囊 170~250×9~12 μm，具 8 个子囊孢子。子囊孢子 12~14×6~8 μm，椭圆形，成熟后表面具小疣，内含 2 个油滴。

　　散生或群生于阔叶林或针阔混交林中地上。分布于东北、华中地区。

图 126

126	**甜盘菌**

Peziza succosa Berk.

　　子囊盘直径 1.5~8 cm，不规则杯形至盘形或平展。子实层表面光滑，近中心有褶皱，污白色、榛子褐色至亮褐色。囊盘被颜色稍浅，棕色，近糠状，近边缘处带黄色。菌肉不易碎，受伤后流出的液体会很快变为黄色。无柄。子囊 300×15 μm，具 8 个子囊孢子。子囊孢子 17~22×9.5~11.5 μm，椭圆形，表面粗糙有疣至棱纹，内含 2 个油滴。

　　单生至群生于林中地上或沙石地上。主要分布于东北地区。

图 127-1

图 127-2

127 泡质盘菌

Peziza vesiculosa Pers.

　　子囊盘宽 1.5~5.5 cm，有时可达 10 cm，幼时近球形至不规则碗形，后伸展成不规则碗形至近盘形。子实层表面近白色，逐渐变为淡棕色，外部白色，有粉状物。菌肉厚可达 2~3.5 mm，质脆，白色。无菌柄。子囊 255~335×14.5~25 μm。子囊孢子 15~25×8~15 μm，光滑，无油滴，无色，单行排列。

　　夏秋季多群生于空旷处的肥土及粪堆上。食用，但须注意与其他有毒种类区别开来，慎食。分布于华北、华南、青藏、东北等地区。

图 128-1

128 中华歪盘菌
Phillipsia chinensis
W.Y. Zhuang

子囊盘直径 1~5 cm，盘形至歪盘形，无柄至近无柄。子实层表面紫红色、污紫红色，有淡色斑点。囊盘被颜色较淡。子囊 350~380×15~18 μm，近圆柱形，基部变细，壁较厚，具 8 个子囊孢子。子囊孢子 23~30×11~14 μm，不等边椭圆形，两端稍钝，外表具 7~11 条细脊状纵纹。

夏秋季生于腐木上。分布于华中地区。

图 128-2

大型子囊菌

图 129

多明各歪盘菌
Phillipsia domingensis (Berk.) Berk.

子囊盘直径 1~4 cm，盘形至歪盘形，无柄至近无柄。子实层表面紫红色、污红色至红褐色。囊盘被颜色较淡。子囊 350~380×15~18 μm，近圆柱形，基部变细，壁较厚，具 8 个子囊孢子。子囊孢子 20~25×11~14 μm，不等边椭圆形，两端突起，外表具 3~5 条粗脊状纵纹。

夏秋季生于腐木上。分布于华南地区。

130　皱暗盘菌
Plectania rhytidia (Berk.) Nannf. & Korf

子囊盘直径 1~2 cm，盘形至杯形，近无柄，基部具深色菌丝垫。子实层表面暗褐色至黑色。囊盘被暗褐色至黑色，有近黑色绒毛。子囊 350~400×15~18 μm，近圆柱形，具 8 个子囊孢子。子囊孢子 22~31×10~13 μm，扁椭圆形，一面具 9~17 条横沟纹，其余表面平滑。

夏秋季生于腐木上。分布于华中地区。

图 130

131 肉棒菌
Podostroma alutaceum (Pers.) G.F. Atk.

子座高 7~11 cm，直立，内部白色，坚实。可育头部直径 5.5~12.5 mm，棒形或稍扁平，中央具一纵裂缝，朱红色至大红色。不育菌柄圆柱形，浅黄色。子囊壳 205~240×84~140 μm，椭圆形，埋生于子座内。子囊狭圆柱形，无色。子囊孢子宽 4.5~6 μm，近球形，无色，有小疣，单行排列。

散生至丛生于阔叶林中地上。分布于东北地区。

132 点孔座壳
Poronia punctata (L.) Fr.

子座初棒形，后顶端变宽展开呈盘形。子囊盘直径 3~7 mm。子实层表面白色，上有黑色小点。囊盘被黑色。菌柄高 5~13 mm，黑色，常埋生于基质内。子囊壳直径 400~545 μm，近球形，黑色，埋生，孔口外突。子囊圆柱形，具短柄。子囊孢子 20~27×10~14 μm，单行排列，椭圆形，暗黑色。

夏秋季生于牛粪上。分布于东北、西北地区。

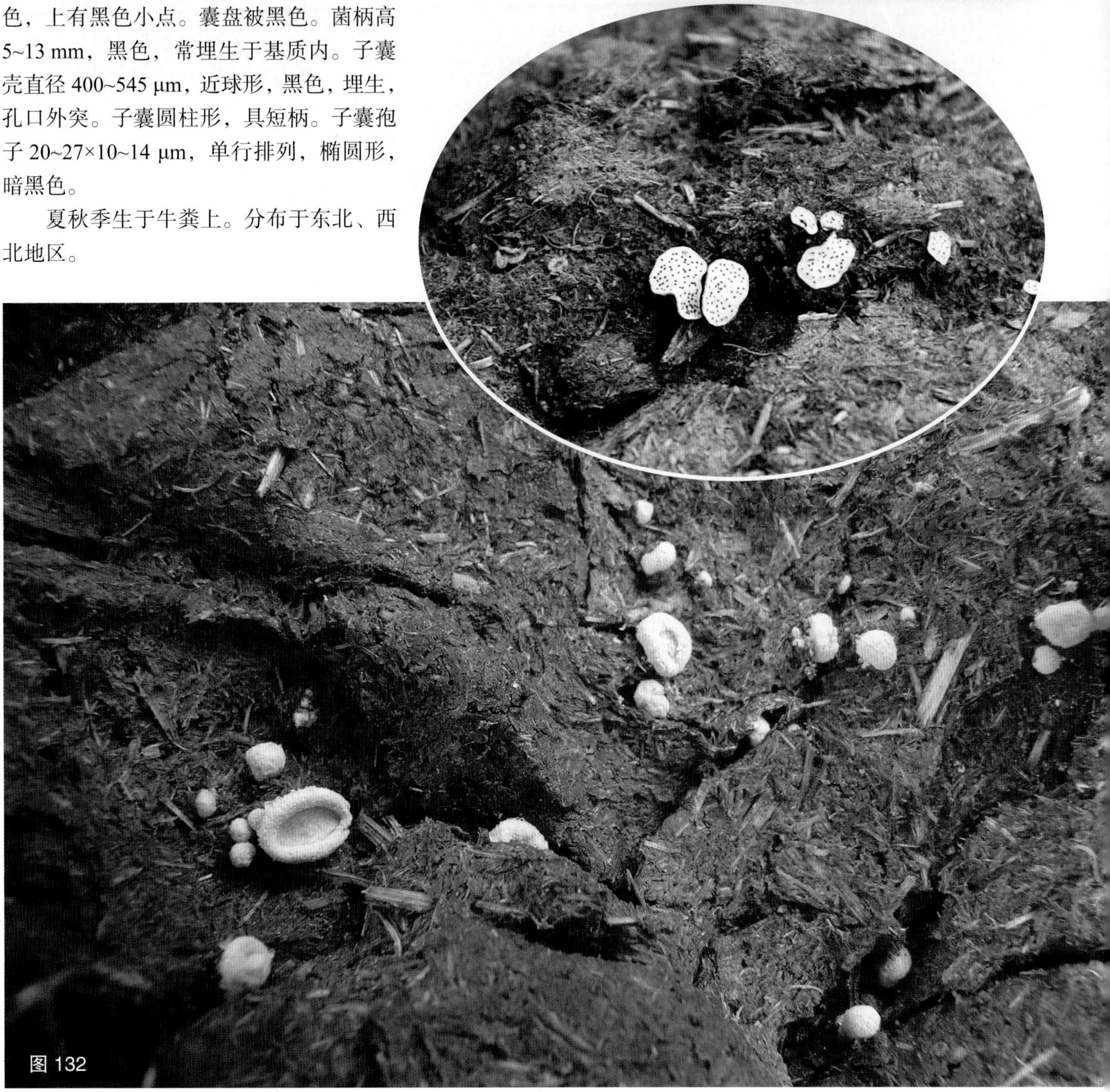

图 131

图 132

大型子囊菌

图 133

133 假黑盘菌
Pseudoplectania nigrella (Pers.) Fuckel

子囊盘直径 1~3.5 cm，杯形或盘形，无柄或具短柄，基部有绒毛状黑色菌丝状物。子实层表面近褐色，干时黑褐色，边缘近波浪状，干时内卷。囊盘被黑褐色，被弯曲褐色光滑绒毛。子囊 230~300×11~15 μm，长圆柱形，具 8 个子囊孢子，单行排列。子囊孢子直径 10~13 μm，球形，光滑，无色，内常具 1 个大油滴。

生于冷杉树干上。分布于东北、青藏等地区。

图 134-1

134 球孢假根盘菌（球孢鹿花菌）
Pseudorhizina sphaerospora (Peck) Pouzar

子囊盘宽 4.5~13 cm，高 2~7 cm，凸面体，表面波状、垫状，有褶皱，少数稍马鞍形，光滑，边缘内卷，棕灰色、深灰色、褐色至暗褐色，成熟后常破裂。囊盘被表面有棱纹，颜色稍浅。菌肉薄、脆，近白色。菌柄长 2~10 cm，直径 1.5~5 cm，具棱纹，形成沟槽，棱凸由基部延伸至囊盘被，白色至部分紫红色，往往上部近白色，下部浅粉色至浅紫红色。子囊孢子直径 8.5~12 μm，近球形，光滑，内含 1 个油滴。

春夏季单生、散生或群生于阔叶树或针叶树腐木上，或苔藓丛中。分布于东北地区。

图 134-2

图 134-3

大型子囊菌

图 135

135 **金点短毛盘菌**

Psilachnum chrysostigmum (Fr.) Raitv.

　　子囊盘直径 0.4~0.7 mm,杯形至盘形,具短柄。子实层表面白色至奶油色。囊盘被表面与柄同色,具短绒毛,边缘波状,轻微内卷。受伤后几秒内通体变为硫黄色,之后变为橙黄色。子囊 40×4~5 μm,具 8 个子囊孢子,排列成 2 列。子囊孢子 5~6×1.5~2 μm,椭圆形,光滑,透明,具 2 个油滴。

　　夏秋季单生或群生于植物残体上。分布于东北地区。

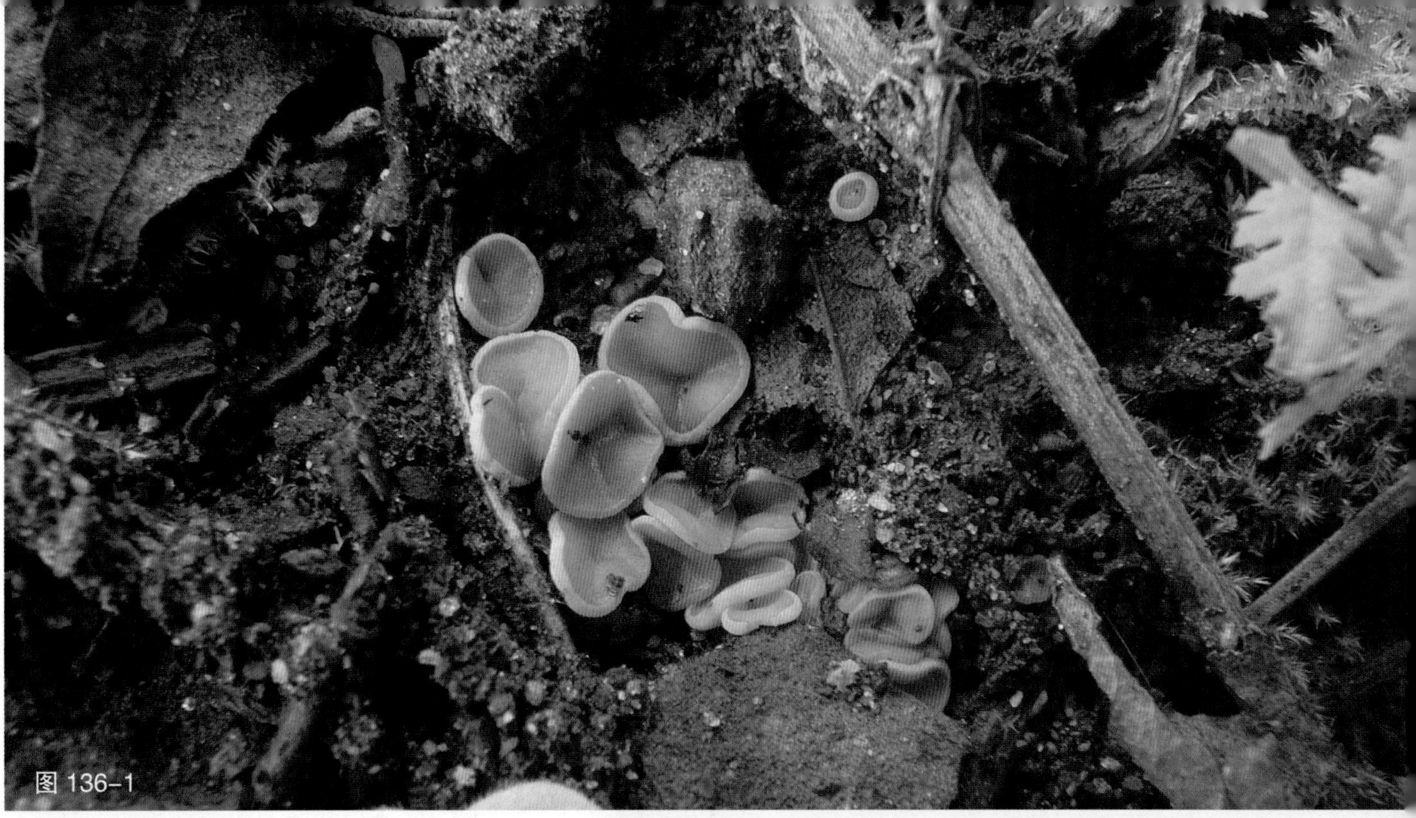

图 136-1

136 炭垫盘菌
***Pulvinula carbonaria* (Fuckel) Boud.**

　　子囊盘直径 3~8 mm，碟形，无柄。子实层表面猩红色、红色、橘红色至黄色。囊盘被淡黄色、米色至近白色。外囊盘被为角胞组织，盘下层为交错丝组织。子囊 200~290×15~20 μm，有囊盖，具 8 个子囊孢子，基部叉状。子囊孢子直径 15~18 μm，近球形，无色，具有 1 个油滴，表面平滑。

　　夏秋季生于针阔混交林中过火地附近。分布于华北、西北、青藏等地区。

图 136-2

图 136-3

图 136-4

图 137-1

图 137-2

波状根盘菌
Rhizina undulata Fr.

子囊盘直径 2~10 cm, 盘形至贝壳形, 无柄, 空心, 平展至垫状附于地上, 波浪状或有褶皱。子实层表面光滑, 颜色较深, 褐色至深褐色, 光亮。囊盘被土褐色、赭色至黄色, 幼时边缘白色。菌肉浅红褐色, 有菌丝束固着在地上。子囊 300~400×15~25 μm, 近圆柱形, 具 8 个子囊孢子。子囊孢子 30~40×7~13 μm, 纺锤形或梭形, 无分隔, 两端突尖, 光滑, 无色, 含 2 个小油滴。

秋季匍匐于地表, 群生于针叶林中地上。分布于华中地区。

图 137-3

图 138

138 肉杯菌（红白毛杯菌）

Sarcoscypha coccinea (Jacq.) Sacc.

子囊盘直径 1~2 cm，杯形。子实层表面下凹，鲜红色，外部红色带白色，有微细绒毛。绒毛无色，多弯曲。菌柄极短，长 2 mm，直径 2 mm，如柄状基。子囊 320~384×11~14 μm，圆柱形，遇梅氏试剂不变蓝色。子囊孢子 21~22×9~11 μm，椭圆形，单胞，单行排列，无色。

生于阔叶林中腐木上。分布于东北地区。

图 139

139 平盘肉杯菌

Sarcoscypha mesocyatha F.A. Harr.

子囊盘直径 1~3 cm，盘形，无柄至近无柄。子实层表面猩红色至深红色。囊盘被颜色较淡。外囊盘被为矩胞组织至薄壁丝组织，盘下层为交错丝组织。子囊 210~280×11~13 μm，近圆柱形，具 8 个子囊孢子，在梅氏试剂中不变色。子囊孢子 20~28×8~11 μm，椭圆形至矩椭圆形，两端常深陷，表面平滑。

夏秋季生于林中腐木上。分布于华中地区。

大型子囊菌

图 140

176 中国大型菌物资源图鉴

140 西方肉杯菌
（小红毛杯菌）
Sarcoscypha occidentalis (Schwein.) Sacc.

子囊盘直径 0.5~2 cm，初期至后期漏斗形。子实层表面橘黄色至鲜红色，外侧白色，具很细的绒毛。菌柄长 0.2~1.5 cm，白色，有时偏生。子囊 390~420×12~15 μm，圆柱形，向基部渐变细，具 8 个子囊孢子，单行排列。子囊孢子 15~22×8~12 μm，椭圆形，无色，光滑，有颗粒状内含物。侧丝宽约 3 μm，线形，上端稍膨大或分枝，有横隔，毛无色，厚壁，有微小刺。

秋季单生或群生林中倒腐木上。分布于西北、华中、东北等地区。

大型子囊菌

图 141

141 神农架肉杯菌
Sarcoscypha shennong-jiana W.Y. Zhuang

子囊盘直径 1~3 cm，盘形至杯形，无柄至近无柄。子实层表面红色至橘红色。囊盘被颜色较淡。外囊盘被为矩胞组织至薄壁丝组织，盘下层为交错丝组织。子囊 240~300×10~13 μm，近圆柱形，具 8 个子囊孢子，在梅氏试剂中不变色。子囊孢子 18~25×8~11 μm，椭圆形至矩椭圆形，两端深陷或各有一小突起，表面平滑。

夏秋季生于林中腐木上。分布于华中地区。

142 紫星裂盘菌
Sarcosphaera coronaria (Jacq.) J. Schröt.

子囊盘宽 5~8 mm，初期不规则球形，空心，成熟后顶部开裂，近无柄。子实层表面淡紫色至污白色。囊盘被淡灰色至污白色。子囊 150~200×11~13 μm，近圆柱形，具 8 个子囊孢子，在梅氏试剂中不变色。子囊孢子 13~18×8~10 μm，椭圆形，表面平滑。

夏季生于寒温性针叶林中腐殖质上。分布于西北、青藏等地区。

图 142

图 143

143 刺盾盘菌
Scutellinia erinaceus (Schwein.)
Kuntze

子囊盘直径 2~3 mm，幼时球形或近球形，渐展开呈盘形，密布褐色刺状刚毛。子实层表面橙红色。囊盘被基本同色，被褐色刚毛。刚毛厚壁，有横隔。子囊 290~330×15~16.5 μm，圆柱形。子囊孢子 19~23×11~13 μm，椭圆形，平滑，单行排列。

夏秋季群生于阔叶树腐木上。分布于东北、西北等地区。

144 晶毛盾盘菌
Scutellinia hyalohirsuta
W.Y. Zhuang

子囊盘直径 5~7 mm，盘形至马鞍形。子实层表面橘红色至橘色。囊盘被淡橘红色，被白毛。毛长 100~370 μm，具分隔。外囊盘被为角胞组织，盘下层为角胞组织混合交错丝组织。子囊 240~310×15~22 μm，有囊盖，具 8 个子囊孢子。子囊孢子 20~24×15~18 μm，宽椭圆形，表面具细小疣状纹。

夏秋季生于针阔混交林中、溪边地上。分布于青藏地区。

图 144

大型子囊菌

图 145

145 克地盾盘菌小孢变种
Scutellinia kerguelensis var.
microspora W.Y. Zhuang

子囊盘直径 3~5 mm，盘形。子实层表面橘红色至橘黄色。囊盘被淡橘红色，边缘被暗褐色硬毛。毛长 200~500 μm，具分隔。子囊 230~280×18~25 μm，有囊盖，具 8 个子囊孢子。子囊孢子 17~25×12~17 μm，宽椭圆形，表面具细疣状纹。

夏秋季生于针叶林或针阔混交林中腐木上。分布于东北、青藏等地区。

图 146

146 小盾盘菌
Scutellinia minor
(Velen.) Svrček

子囊盘直径 3~6 mm，盘形。子实层表面橘红色至橘黄色。囊盘被淡橘红色，边缘被暗褐色硬毛。毛长 180~280 μm，具分隔。子囊 280~340×20~28 μm，有囊盖，具 8 个子囊孢子。子囊孢子直径 17~22 μm，球形至近球形，表面具密集的 2~3×2~3 μm 大小的指状纹。

夏秋季生于林中地表腐殖质上。分布于青藏地区。

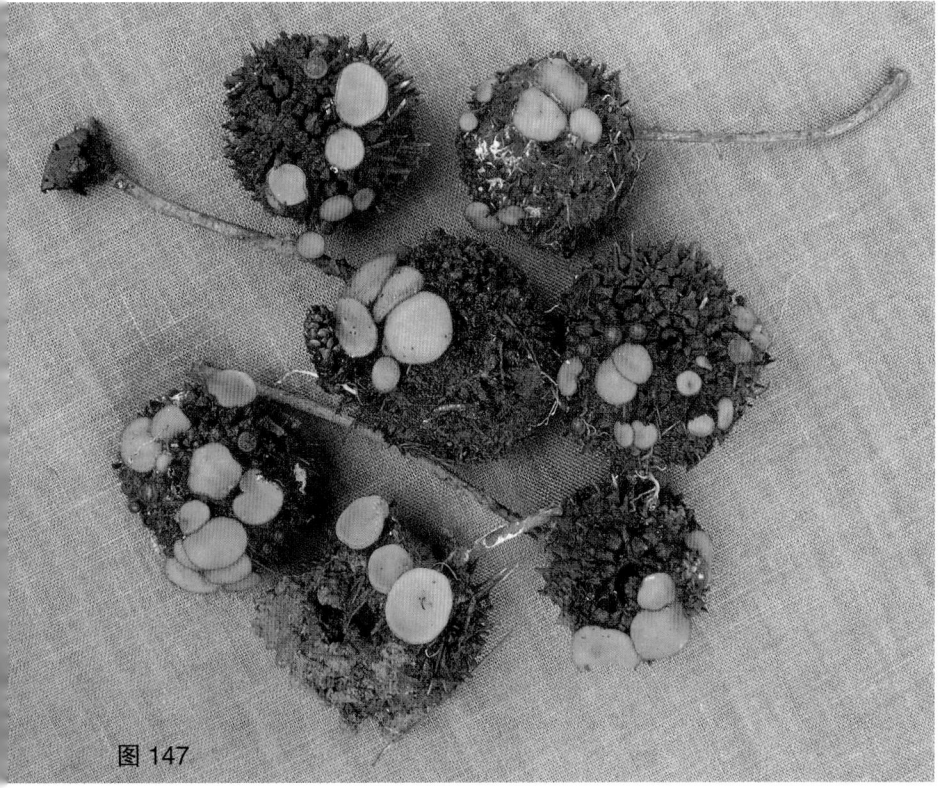

图 147

147 假小疣盾盘菌
Scutellinia pseudovitreola
W. Y. Zhuang & Zhu L. Yang

子囊盘直径 5~10 mm，盘形。子实层表面橘黄色至橘红色。囊盘被淡橘红色，表面及边缘被淡褐色至暗褐色硬毛。毛长 100~1 300 μm，具分隔。子囊 180~240×11~15 μm，有囊盖，具 8 个子囊孢子。子囊孢子 15~20×9~13 μm，宽椭圆形，表面具细疣状纹。

夏秋季生于枫香果实上或地上。分布于华中地区。

图 148-1

图 148-2

148 盾盘菌

Scutellinia scutellata (L.) Lambotte

　　子囊盘直径 3~15 mm，扁平呈盾状。子实层表面鲜红色、深红色至橙红色，老后或干后变浅色，平滑至有小皱纹，边缘有褐色刚毛。刚毛长达 2 mm，硬直，顶端尖，有分隔，壁厚。无柄。子囊 175~240×12~18 μm，圆柱形。子囊孢子 16~22×11~15 μm，椭圆形至宽椭圆形，成熟后有小疣。子囊孢子单行排列。

　　群生于潮湿的腐木上。分布于中国大部分地区。

大型子囊菌

图 149

149 奇异清水菌
Shimizuomyces paradoxus Kobayasi

子座总长 1.5~3 cm，长于近球形的种子表面，可 2~3 个或多个长于同一种子上。可育部分长 3~10 mm，直径 1.5~2 mm，圆柱形，底色为灰白色，露出橘黄色的子囊壳孔口。不育菌柄长 1~2 cm，直径 1~1.5 mm，圆柱形，淡黄白色。子囊壳 320~390×180~270 μm，梨形，垂直或近垂直埋生。子囊 90~150×6.5~7 μm，弓形。子囊帽直径 4~5 μm。子囊孢子 55~87.5×3~3.5 μm，近梭形，具隔膜，成熟后不断裂成分孢子。

生于植物种子上，分布于华南地区。

150 竹黄
Shiraia bambusicola Henn.

子座长 3~5 cm，宽 1~3 cm，疣状至鸡肾状，表面粉红色、肉红色至淡肉红色，遇氢氧化钾变蓝绿色。内部菌肉红色。子囊壳近球形，埋生于子座内。子囊 350~400×20~30 μm，含 6~8 个子囊孢子，在梅氏试剂中不变色。子囊孢子 60~80×15~25 μm，梭形，有砖隔状分隔，近无色至淡黄色。侧丝线形，直立，直径 1~2 μm。

夏秋季生于竹子的枝干上。药用。分布于华中地区。

图 150

图 151

151 杆孢华蜂巢菌
Sinofavus allantosporus W.Y. Zhuang & T. Bau

子实体由 30~50 个子囊盘聚集而成，总宽约 9 mm，半球形，蜂窝状，干后宽 3~4.5 mm。幼时或复水后聚在一起的子囊盘类网状，无明显的边界。子囊盘宽 0.8~1.5 mm，深杯形，无柄，干后宽 0.4~0.8 mm，新鲜时子囊盘表面浅灰褐色，边缘稍灰白色，干后褐色至咖啡色，边缘灰白色。子囊 50~67×5~6 μm，近圆柱形，具 8 个子囊孢子，两行排列或不规则排列。子囊孢子 7.5~10×1.5~1.8 μm，不分隔，囊状至棒形，光滑。

秋季生于针阔混交林阔叶树腐木上。分布于西北地区。

152 黄索氏盘菌
Sowerbyella rhenana
(Fuckel) J. Moravec

子囊盘直径 1~2 cm，杯形。子实层表面鲜橙色至橘红黄色。囊盘被淡黄色至污黄色，被白色细小鳞片。菌柄长 1~3 cm，直径 3~5 mm，淡黄色。外囊盘被为角胞组织，盘下层为交错丝组织。子囊 270~340×12~14 μm，有囊盖，具 8 个子囊孢子。子囊孢子 18~20×9~10.5 μm，椭圆形，有 2 个油滴，表面具完整网纹。

夏季生于松林中地上。分布于华中、西北等地区。

图 152

大型子囊菌

图 153

153 黄地勺菌
Spathularia
flavida Pers.

子实体宽 1~2.5 cm，匙形至近扇形。可育部分生于柄上部，扁平，淡黄色至黄色。菌柄长 1~3 cm，直径 2~4 mm，近圆柱形或向下变细，污白色至米色。子囊 90~120×10~13 μm，近棒形，基部变细，具 8 个子囊孢子。子囊孢子 35~50×2~3 μm，针形，外表被胶样物质。

夏秋季生于针叶林中地面腐殖质上。可食。分布于中国大部地区。

大型子囊菌

图 154-1

图 154-2

154 杯状疣杯菌（碗状疣杯菌）

Tarzetta catinus (Holmsk.) Korf & J.K. Rogers

子囊盘直径 1~4 cm，杯形或碗形，边缘齿状，变老时平展或分裂，老时边缘稍内卷。近无柄至具深埋于地下的柄。子实层表面奶油色。囊盘被具毡状绒毛，与子实层表面同色或颜色稍浅。菌肉薄，易碎。外囊盘被为角胞组织至球胞组织，盘下层为交错丝组织。子囊 270~300×13~16 μm，有囊盖，具 8 个子囊孢子。子囊孢子 20~24×11~13 μm，椭圆形，两端稍窄，光滑。

夏秋季单生或群生于针叶林或阔叶林中地上。分布于中国大部分地区。

155 大别山虫壳菌
Torrubiella dabieshanensis
B. Huang et al.

子实体 0.5~1.5 cm，大小随宿主大小而变化，可覆盖部分或整个宿主，由灰白色至灰黄色的菌丝垫和子囊壳组成。子囊壳 500~800×200~350 μm，从菌丝层长出，表生至浅埋生，长卵形至梨形，黄褐色，孔口黄色。子囊 550~650×4.8~6 μm，细圆筒形至近线形。子囊帽直径 5 μm。子囊孢子略短于子囊，宽 0.7~1.2 μm，从子囊喷出后呈波浪形弯曲，多隔，可断裂形成分孢子，透明无色。分孢子 9~15×0.7~1.2 μm，长圆柱形。

有时无性型与有性型同时长于同一蜘蛛上。孢梗束长 3~10 mm，基部宽 0.2~0.5 mm，白色，在其 2/3 处仍有分生孢子梗。分生孢子梗长 25~45 μm，近光滑，末端膨大为泡囊。泡囊直径 7~9 μm，球形。瓶梗 8~11×2~3 μm，瓶状，顶部加厚。分生孢子 3~4×1.1~1.8 μm，纺锤形，光滑，无色。另可有以糙梗孢式的共无性型方式产生的分生孢子，大小为 11~20×0.7~1.1 μm，线形，光滑，无色。

生于蜘蛛上。分布于华中地区。

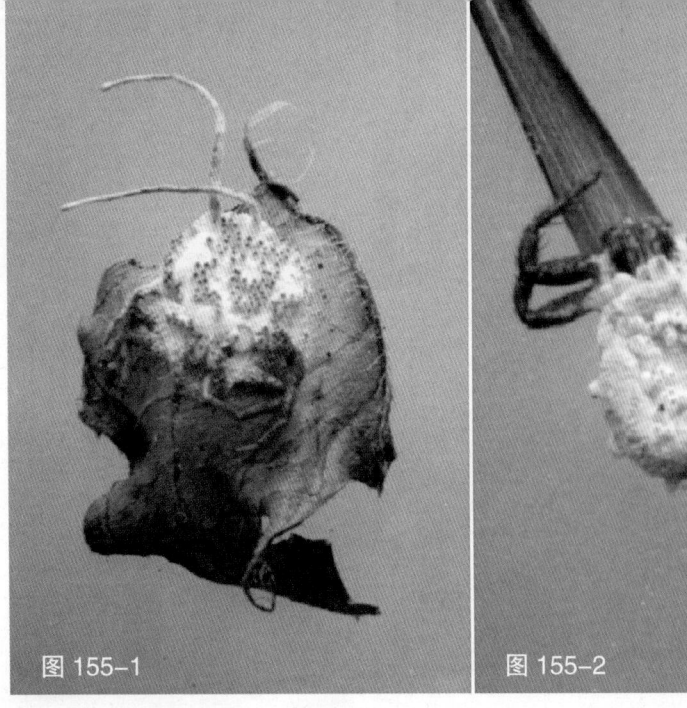

图 155-1　　　　　图 155-2

156 须刷菌
***Trichocoma paradoxa* Jungh.**

子实体高 2~3.5 cm，初期硫黄色，渐变为褐色，幼时球形，半埋生于基物中，成熟后全部外露。包被上部薄，下部坚实，具暗褐色粗糙的柄状基部。孢丝、子囊及子囊孢子从包被中突出形成一圆柱体。孢丝直立，无色，线形。子囊囊状，具 8 个子囊孢子，成串间杂于孢丝中，成熟后易消失。子囊孢子 6~7×5 μm，宽椭圆形，有横棱纹。

夏秋季生于腐木上。分布于华南地区。

图 156

大型子囊菌

图 157

157 毛舌菌
Trichoglossum hirsutum (Pers.) Boud.

子实体总高达 8 cm，舌形，具细柄或者棒状柄，可育部分和不育菌柄有延伸出表面的刚毛，外观绒状黑色。可育部分长 20 mm，直径 5 mm，较扁平。不育菌柄长 20~60 mm，直径 1.5~2 mm，近圆柱形。刚毛顶部尖，深褐色，壁厚，宽 7~20 μm。子囊棒形，具 8 个子囊孢子，孔口在碘液中变明显蓝色。子囊孢子 77~187×4.8~6 μm，两端稍窄，黄色至褐色，成束排列，绝大多数 15 个分隔，成熟后断裂。

散生或聚生于林中地上或有苔藓的地上。分布于东北地区。

图 158

158 拟半球长毛盘菌
Trichophaea hemisphaerioides (Mouton) Graddon

子囊盘直径 5~15 mm，最初半球形至坛状，后杯形或平展，边缘具绒毛，内卷。无柄。子实层表面白色至灰白色，有时稍带蓝色。囊盘被与边缘具棕色绒毛。绒毛深棕色，厚壁，分隔，尖端渐细。子囊 175~200×7~8 μm，具 8 个子囊孢子。侧丝细长，有隔膜，头部略膨大。子囊孢子 13~16×5~7 μm，长椭圆形，透明，少数表面粗糙具麻点，内含 2 个小油滴。

夏秋季单生或群生于林中地上。分布于东北地区。

图 159

159 光巨孢块菌
***Tuber glabrum* L. Fan & S. Feng**

子实体直径 0.8~3 cm，近球形，幼时黄白色或淡黄褐色，后黄褐色至暗褐色带黄绿色，常有带白色的沟纹，仅沟纹处有绒毛，其余表面光滑无毛。包被厚 125~175 μm，单层。包被菌丝直径 3~5 μm，有分隔，黄色，近表面菌丝壁略厚，近内侧菌丝无色且薄壁。产孢组织幼时苍白色，然后变灰色、褐色，最后带黑色，似黑白大理石纹。子囊 90~130×80~125 μm，近球形至椭圆形，无柄，内含 1 个孢子，无色，薄壁。子囊孢子 80~93×55~63 μm，椭圆形，幼时无色或黄色，后暗红褐色，壁厚 10~12.5 μm，有网纹，在孢子横径有 4~7 个网格。

生于林中地下。食用。分布于华中地区。

160 会东块菌
***Tuber huidongense* Y. Wang**

子实体直径 0.5~3 cm，球形或近球形至不规则瘤状，鲜时褐色至黄褐色，干后褐色至红褐色，平滑或具极微细易脱落颗粒。包被厚 150~300 μm，分两层。外层细胞直径 10~30 μm，近球形，为拟薄壁组织细胞，褐色，有时产生少量游离的菌丝。内层菌丝直径 2~3 μm，无色，交织。产孢组织幼时为白色，成熟时变为褐色或近黑褐色，有白色多分枝脉纹。子囊 45~60×40~55 μm，近球形、椭圆形或短棒形至不规则形，具 8~25×5~15 μm 的柄，内含 1~4 个子囊孢子。子囊孢子 20~35×18~25 μm，椭圆形至近球形，幼时透明，渐变为浅黄色，成熟时黄褐色，具明显的刺网纹，刺长达 4~6 μm，孢子横径有 3~5 个网格。

图 160

生于林中地下。食用。分布于华中地区。

图 161

161 印度块菌
Tuber indicum
Cooke & Massee

子实体直径 2~3 cm，球形、近球形至椭圆形，黑色至暗灰色，外表被金字塔状至不规则的疣突。包被厚 500~700 μm，由两层组成，外层较厚；颜色较暗；内层较薄；颜色较淡。产孢组织暗灰色至近黑色，具有大理石样纹理。子囊直径 50~75 μm，近球形，具 3~5 个子囊孢子。子囊孢子 20~35×15~25 μm，宽椭圆形至椭圆形，褐色至暗褐色，被网刺。

秋冬季生于亚热带针叶林或针阔混交林中地下。食用；可半人工栽培。分布于华中地区。

大型子囊菌

图 162

162 阔孢块菌

Tuber latisporum Juan Chen & P.G. Liu

子实体宽 2~3 cm，近球形至不规则形，污白色，初期被绒毛。包被厚 200~500 μm，由两层组成，外层由膨大细胞构成，内层由菌丝组成。产孢组织暗灰色至近黑色，具污白色纹理。子囊 60~90×40~75 μm，近球形至椭圆形，具 1~4 个子囊孢子。子囊孢子 25~50×22~38 μm，宽椭圆形，黄褐色至红褐色，被网眼。

秋冬季生于亚热带针叶林或针阔混交林中地下。食用。分布于华中地区。

163 丽江块菌

Tuber lijiangense L. Fan & J.Z. Cao

子实体直径 0.5~3 cm，近球形或不规则块状，表面具褶皱或沟纹，白色、黄白色、浅黄褐色至黄褐色，表面有细弱的柔毛。包被厚 250~350 μm，分两层。外层包被浅褐色，由拟薄壁组织构成，组成细胞直径 7.5~25 μm，近球形至不规则形，壁厚达 1 μm。内层包被菌丝直径 2.5~5 μm，无色透明，交织。最外层细胞有刚毛状菌丝。刚毛状菌丝 60~100×2.5~5 μm，无色或近无色，具 1~2 个分隔。产孢组织成熟时紫褐色，有白色多分枝脉纹。子囊 60~90×50~80 μm，球形或近球形，无柄，内含 1~3 个子囊孢子。子囊孢子直径 25~42.5 μm，球形，黄褐色至褐色，壁厚 2.5~5 μm，具网纹。

生于林中地下。食用。分布于华中地区。

图 163

图 164

164 李玉块菌
Tuber liyuanum L. Fan & J.Z. Cao

子实体直径 0.5~8 cm，球形或近球形，有不规则浅裂沟纹，有时有陷窝，鲜时白色或淡褐白色，干后灰白色到灰褐色，光滑，无毛或被微柔毛，气味温和至强烈，有令人愉快的气味。包被厚 300~350 μm，两层。外层包被厚 200~250 μm，由拟薄壁细胞构成。拟薄壁细胞直径 12.5~37.5 μm，球形、近球形或不规则形透明无色，偶有丝状的绒毛菌丝。绒毛菌丝长 50~100 μm，直径 5 μm，锥形，有 1~4 个隔膜。内层包被厚 50~150 μm，由直径 2.5~5 μm 的透明薄壁细胞组成。子囊 80~92.5×62.5~70 μm，近球形或椭圆形，无柄，透明，薄壁，具 1~4 个子囊孢子。子囊孢子 35~50×27.5~32.5 μm，椭圆形，幼时透明或浅褐色，成熟时黄色至淡黄褐色，有网纹状。

生于林中地下。食用。分布于华中地区。

大型子囊菌

图 165

165 新凹陷块菌
Tuber neoexcavatum L. Fan & Yu Li

子实体直径 3~4 cm，近球形，有陷窝，有明显的疣，黄褐色至暗褐色带橄榄绿色。陷窝内有大小不一的疣，苍白色至黄白色。包被厚 250~350 μm（包括 100~150 μm 的疣）。包被外层菌丝直径 3~6 μm，浅褐色，壁稍厚；内层菌丝直径 2.5~5 μm，透明，薄壁。产孢组织黄褐色到褐色，成熟时带橄榄绿色，有白色或奶油白色脉纹。子囊 75~100×62.5~100 μm，近球形至长椭圆形，有短柄，具 2~4 个子囊孢子，透明，薄壁。子囊孢子 30~47.5×25~30 μm，椭圆形或长椭圆形，初透明，成熟时浅褐色或褐色，有网纹，在孢子横径上有 2~4 个网格，网格深 5~6 μm。

生于林中地下。食用。分布于华中地区。

图 166

166 假喜马拉雅块菌（假凹陷块菌）
Tuber pseudohimalayense G. Moreno et al.

子实体直径 2~3 cm，近球形至马铃薯形，淡红褐色至暗红褐色。包被厚 250~500 μm，两层。外层包被厚 200~350 μm，最外几层细胞直径 10~37 μm，红褐色，近多角形；内层包被菌丝直径 2.5~9 μm，透明，交织。产孢组织幼时白色，成熟后变为褐色、咖啡色、茶褐色至灰黑色，有白色菌脉。子囊 40~100×30~65 μm，近球形、宽椭圆形或不规则形，无柄或具一短柄，内含 1~8 个随机排列的子囊孢子。子囊孢子 20~32×16~20 μm，椭圆形至宽椭圆形，幼时无色透明，逐渐变为浅黄色，成熟时黄褐色至褐色，表面具刺网格纹，刺长 3~8 μm，多直立，末端尖；网格直径 2.5~8 μm。

生于林中地下。食用。分布于华中地区。

167 拟白块菌
Tuber pseudomagnatum L. Fan

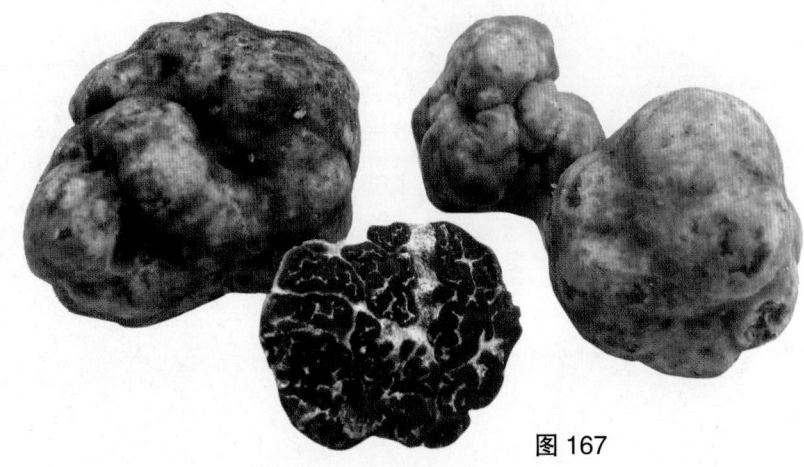

子实体直径 1.5~2 cm，球形或近球形至不规则形，新鲜时黄白色或乳白色，光滑或有小疣，无毛。气味刺鼻但愉快，味道强烈而怡人。包被厚 175~250 μm，分两层。外层厚 75~150 μm，细胞直径 7.5~20 μm，透明无色；内层包被细胞直径 5~7.5 μm，薄壁。产孢组织最初白色、成熟时深褐色或近带黑色，有黑白大理石纹。子囊 75~100×60~75 μm，近球形或椭圆形，无柄，透明，薄壁，内含 1~4 个子囊孢子。子囊孢子 22.5~35×20~27.5 μm，主要为椭圆形，稀宽椭圆形，浅褐色、褐色至深褐色，有网纹，纹高 5~7.5 μm。

图 167

生于林中地下。食用。分布于华中地区。

图 168

168 拟球孢块菌
Tuber pseudosphaerosporum L. Fan

子实体直径 2~4.5 cm，不规则形，大多有深沟和浅裂纹，白色至黄白色，可带土壤的褐色，近无毛。成熟时气味刺鼻。包被厚 250~350 μm，分两层。外层包被厚 150~250 μm，由近梭状或不规则的细胞构成，菌丝直径 5~25 μm，细胞透明无色至带黄色。内层包被菌丝直径 3~5 μm，偶尔有几个肿胀菌丝直径达 20 μm，薄壁。产孢组织白色，逐渐变成褐色，最后有黑褐紫色色调，有白色大理石纹。子囊 55~85×52.5~75 μm，近球形至椭圆形，无柄，内含 1~3 个子囊孢子。子囊孢子直径 25~37.5 μm，球形至近球形，褐色，有网纹，纹高 4~7.5 μm，孢子横径上有 3~4 个网眼。

生于林中地下。食用。分布于华中地区。

大型子囊菌

图 169

中华夏块菌

Tuber sinoaestivum J.P. Zhang & P.G. Liu

子实体直径 2~10 cm，近球形至块状或不规则形，常具浅裂，成熟时黑色，表面具明显的瘤。小瘤基部宽 2~3 mm，高 0.5~1.5 mm，呈 4~6 边形，偶 7 边形，锥形，具 3~5 个棱脊。气味幼嫩时微弱，随成熟度的增加而变得稍浓。包被厚 200~400 μm，为拟薄壁组织，由多角形或不规则形细胞组成，细胞直径 6~15 μm。外围细胞深红褐色，向内逐渐色浅呈浅黄色，壁较厚，再向内逐渐过渡为由交织菌丝组成的产孢组织。产孢组织幼时白色，成熟时变为黄褐色或橄榄褐色，有白色较密的菌脉。菌脉由直径 2~4.5 μm 的交织菌丝构成。子囊 60~100×50~75 μm，棒形或近球形，具小柄，内含 1~5 个子囊孢子，多数 3~4 个。子囊孢子 20~45×17.5~30 μm，椭圆形或近球形，幼时无色，渐为淡黄色，成熟时黄褐色，有明显网纹。网格直径 5~10 μm，多数 5~6 边形，在孢子横径上有 2~4 个。

生于林中地下。食用。分布于华中地区。

中华凹陷块菌

图 170

Tuber sinoexcavatum L. Fan & Yu Li

子实体直径 1.5~3 cm，球形、近球形或扁球形，乳白色、淡褐色至黄褐色，表面具不明显的细疣，凹陷处有较明显的疣突。味淡。包被厚 200~300 μm，分两层。外层包被为拟薄壁组织，细胞近球形或近多角形，最外侧的几层细胞淡褐色，直径 5~15 μm。内层包被菌丝直径 2.5~5 μm，无色透明，由交织组织菌丝构成。产孢组织橙褐色或黄褐色，有白色菌脉。子囊 75~125×62.5~100 μm，近球形至袋状，具短柄，内含 2~3 个子囊孢子。子囊孢子 35~50×30~45 μm，球形或近球形，偶为宽椭圆形，黄褐色至褐色，表面具网纹。网格直径 7.5~15 μm，高 5~7.5 μm，5~6 边形，在孢子横径上有 3~5 个。

生于林中地下。食用。分布于华中地区。

171 **中华球孢块菌**
Tuber sinosphaerosporum
L. Fan et al.

子实体直径 1.5~5.5 cm，不规则球形，有浅裂纹，白色、近白色、淡黄白色，干燥后淡褐色，有微细绒毛。气味幼时微弱，成熟时有强烈的大蒜味。包被厚 250~300 μm，分两层。外层厚 100~150 μm，由直径 7.5~17.5 μm、近球形的细胞组成。内层包被厚 150~200 μm，由直径 2.5~5 μm 菌丝组成。绒

图 171

毛 10~40×2.5~5 μm，圆柱形，顶端圆钝，透明或淡黄色，薄壁，有 1~2 隔膜。产孢组织白色、褐色至黄褐色，具白色脉纹。子囊 75~125×62.5~125 μm，球形至椭圆形，无柄，内含 1~4 个子囊孢子。子囊孢子直径 20~42.5 μm，球形，透明，成熟时黄褐色，有网纹。网格深 5~7.5 μm。

生于林中地下。食用。分布于华中地区。

图 172

172 **亚球孢块菌**
Tuber subglobosum **L. Fan & C.L. Hou**

子实体直径 1~2 cm，近球形，表面有扁平的疣，无毛，成熟时褐色。有轻微的气味，不刺鼻。包被厚 200~300 μm，分两层。外层厚 100~150 μm，细胞直径 7.5~15 μm，厚壁，黄褐色。内层厚 100~150 μm，菌丝直径 2.5~5 μm，透明，薄壁，分枝，有隔膜。产孢组织成熟时灰褐色到褐色，有大理石纹。子囊 75~100×45~70 μm，近球形、椭圆形至棍棒形或不规则，透明，厚壁，大多内含 2~4 个孢子，稀含 1 个孢子。子囊孢子 20~32.5×20~27.5 μm，近球形至椭圆形，成熟时深褐色。纹刺网状，刺长 3~6 μm，直或弯曲。

生于林中地下。食用。分布于华中地区。

图 173

173 太原块菌
***Tuber taiyuanense* B. Liu**

子实体直径 0.7~1.5 cm，球形至近球形，或呈不规则块状，黄白色、浅黄褐色至红褐色，表面平滑，有时褶皱处具微柔毛。气味较淡，有点类似生马铃薯味。包被厚 150~300 μm，分两层。外层为拟薄壁组织，浅黄色至黄褐色，由不规则多角形或近球形的细胞组成。外层细胞直径 5~20 μm，向内过渡为直径 2~3.5 μm 的内层透明的交织菌丝。毛状菌丝长 75~125 μm，易脱落。产孢组织幼时白色，成熟后灰黄色、灰褐色至褐色，有白色菌脉。子囊 50~90×35~70 μm，近球形、椭圆形、棒形、梨形至不规则形，有短柄，具 1~4 个子囊孢子。子囊孢子 20~45×18~30 μm，椭圆形，幼时无色透明，渐变淡黄色，成熟时浅黄褐色，具明显的刺网纹。刺长 2.5~5 μm。网眼直径 2.5~5 μm，5~6 边形。

生于林中地下。食用。分布于华北地区。

图 174

174 黑杯盘菌
***Urnula craterium* (Schwein.) Fr.**

子囊盘直径 1.5~2 cm，漏斗形至深杯形，具柄。子实层表面干后近黑色至暗褐色。囊盘被暗褐色，表面被褐色丛毛状小鳞片。丛毛菌丝直径 4~9 μm，近圆柱形，直或波状弯曲，壁平滑，褐色。子实层厚 280~330 μm。子囊直径 13~15 μm，具 8 个子囊孢子，近圆柱形，在梅氏试剂中不变蓝。子囊孢子 23~33×10~13 μm，长椭圆形，两端钝圆，在子囊中单行排列，表面平滑，内含物具折射性，略带黄色，无油滴。

生于林中地上。分布于东北地区。

175 **皱盖钟菌**
Verpa bohemica (Krombh.) J. Schröt.

子囊盘直径 2~4 cm，锥形或钟形，常具由褶皱形成的纵向的脊，脊常接合形成脉状网络，黄褐色至灰褐色。囊盘被颜色稍浅，只有顶部与菌柄相连，其余部分与菌柄分离。菌柄长 6~12 cm，直径 1~2.5 cm，乳白色，向上渐细，初期菌柄内部具松散的絮状菌丝，后期空心。菌肉白色。子囊 275~350×16~23 μm，内含 2~3 个子囊孢子。子囊孢子 60~80×15~18 μm，长椭圆形，表面光滑，有时弯曲。

春季单生或散生于林中地上。分布于东北、华中地区。

图 175

176 **指状钟菌**
Verpa digitaliformis Pers.

子囊盘直径 1~3.5 cm，钟形至半球形，肉质，易破碎。子实层表面平滑或有皱纹，顶端稍下凹，赭石色至暗褐色。菌柄长 3~9 cm，直径 0.5~1 cm，圆柱形，近白色，空心，表面有横排列细小鳞片。子囊 230~250×14~20 μm，圆柱形，内含 8 个子囊孢子。子囊孢子 22~26×11~14 μm，长椭圆形，无色，单行排列。

春季单生或散生于阔叶林中地上。可食。分布于西北地区。

图 176

大型子囊菌

图 177-2

177 **大丛耳菌**（兔耳朵 丛耳菌）
Wynnea gigantea Berk. & M.A. Curtis

　　子囊盘长 4~8 cm，宽 2~3 cm，兔耳状，直立，边缘内卷，下部与菌核相连。子实层表面红褐色。囊盘被面黄褐色，向下变为红褐色。菌核暗褐色，结状。子囊 280~300×15~20 μm，近

图 177-1

图 177-3

图 177-4

圆柱形，具 8 个子囊孢子。子囊孢子
25~35×11~15 μm，近舟形，表面具纵
向脊状纹，两端无明显乳头状突起。

夏秋季丛生于林中地上。分布于
华中地区。

大型子囊菌

178 黑球炭角菌

Xylaria atroglobosa H.X. Ma et al.

子座直径 6~1.2 cm，高 3~6 mm，半球形或凹陷的球形，基部缢缩，及有很细的部分与基质连接，表面黑色，内部白色。子囊壳球形，孔口突起。在梅氏试剂中子囊环变蓝。子囊孢子 24.5~27×7.5~9 μm，椭圆形、舟形、新月形，不等边，褐色，光滑。

生于腐木上。分布于华南地区。

图 178

179 版纳炭角菌

Xylaria bannaensis H.X. Ma et al.

子座长 7~10 cm，棒形，不分枝，顶端圆钝可育，下有假根。表面黑褐色至黑色。内部初期可能白色，后期全黑色，组织非常硬。子囊壳卵球形，孔口乳突状。子囊长 60~95 μm，在梅氏试剂中子囊环变蓝。子囊孢子 5.5~7.5×3~4 μm，褐色至黑褐色。

生于埋木上。分布于华南地区。

图 179

图 180-1

图 180-2

180 大孢炭角菌

Xylaria berkeleyi Mont.

　　子座高 4~9 cm。可育部分长 2~6.5 cm，直径 4~8 mm，近椭圆形，顶部钝圆，黑褐色。菌肉白色。不育菌柄长 1~4 cm，直径 2~3 mm，圆柱形，黑褐色或暗紫褐色，有皱纹，基部具绒毛。子囊壳宽 500~700 μm，近球形，孔口疣突。子囊圆柱形。子囊孢子 9~25×5~7 μm，椭圆形或肾形，单行排列，深褐色或褐色。

　　夏秋季群生于阔叶林中地上。分布于华南地区。

大型子囊菌

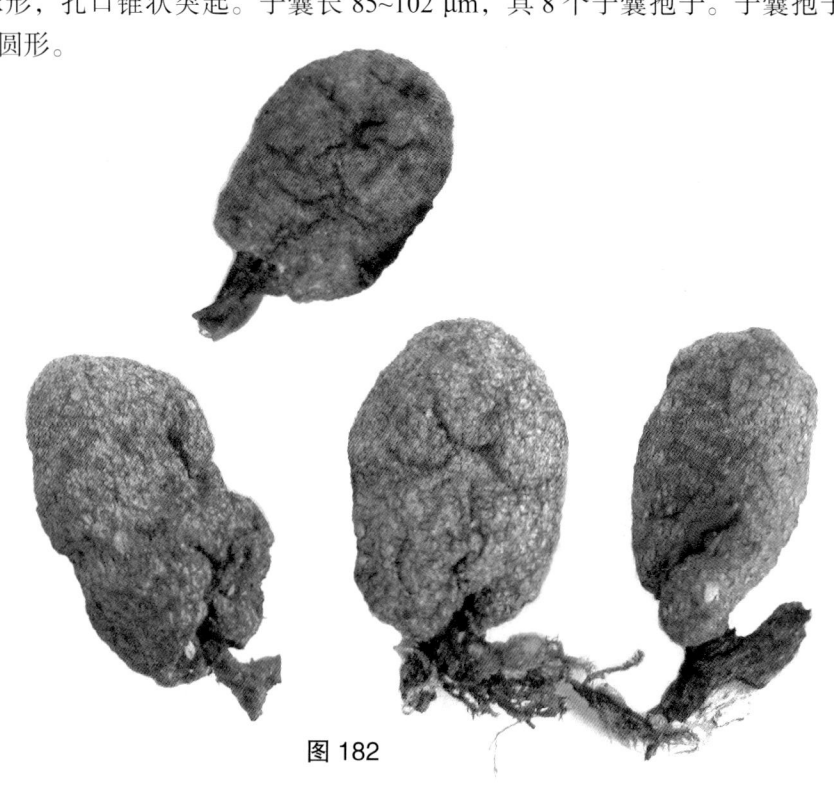

图 181

181 紫褐炭角菌
Xylaria brunneovinosa Y.M. Ju & H.M. Hsieh

子座高 3~6 cm，圆柱形，有时稍扁，不分枝或偶尔在柄分枝，顶部尖锐不育，下有扭曲的假根。可育部分褐红色，内部乌青色。子囊壳球形，孔口锥状突起。子囊长 85~102 μm，具 8 个子囊孢子。子囊孢子 5.5~7×3.5~4.5 μm，黑褐色，单胞，椭圆形。

生于埋木上。分布于华南地区。

182 周氏炭角菌
Xylaria choui H.X. Ma et al.

子座高 7~16 mm，宽 4~11 mm，不分枝，顶端圆钝可育，短柄，表面灰色，带白色鳞片。子囊壳球形，孔口稍突起。子囊长 260~325 μm，在梅氏试剂中子囊环变蓝。子囊孢子 31~37×8.5~9.5 μm，椭圆形，褐黑色，单胞。

生于枯树皮上。分布于华中、华南等地区。

图 182

图 183

183 古巴炭角菌
Xylaria cubensis (Mont.) Fr.

子座高 2~5 cm，不分枝，棒形，顶端圆钝可育，表面铜褐色至褐黑色，内部白色。子囊壳卵球形，孔口不明显至明显。子囊全长 120~180 μm，在梅氏试剂中子囊环变蓝。子囊孢子 9.5~10.5×5.5~6.5 μm，椭圆形，褐色至黑褐色。

生于阔叶树腐木或枯树枝上。各区均有分布。

184 短小炭角菌
Xylaria curta Fr.

子座高 1~2 cm，直径 4~7 mm，棒形或扁棒形，不分枝，顶端钝圆可育，黑褐色至黑色，带灰白色鳞屑，大部分可育。不育菌柄短或退化至缺，光滑，黑色。菌肉内部白色。子囊壳直径可达 500 μm，近球形，埋生，孔口黑色乳突状。子囊 100~130×6~8 μm，圆柱形，具柄，具 8 个子囊孢子。子囊孢子 9.5~11.5×4.5~5.5 μm，椭圆形，光滑，单胞，褐色。

夏秋季单生、散生、群生或丛生于阔叶林腐木上。分布于华中地区。

图 184

大型子囊菌

图 185

185　梵净山炭角菌
Xylaria fanjingensis
H.X. Ma et al.

　　子座高 1.5~2.5 mm，直径 1.5~3.5 mm，球形、半球形至扁球形，基部与基质有小连接，内部有 2~3 个子囊壳。子囊壳半球形，孔口乳突状。子囊全长 240~290 μm，子囊环在梅氏试剂中变锈色。子囊孢子 38~45×18~20 μm，黑褐色，单胞。

　　生于枯树皮上。分布于华中地区。

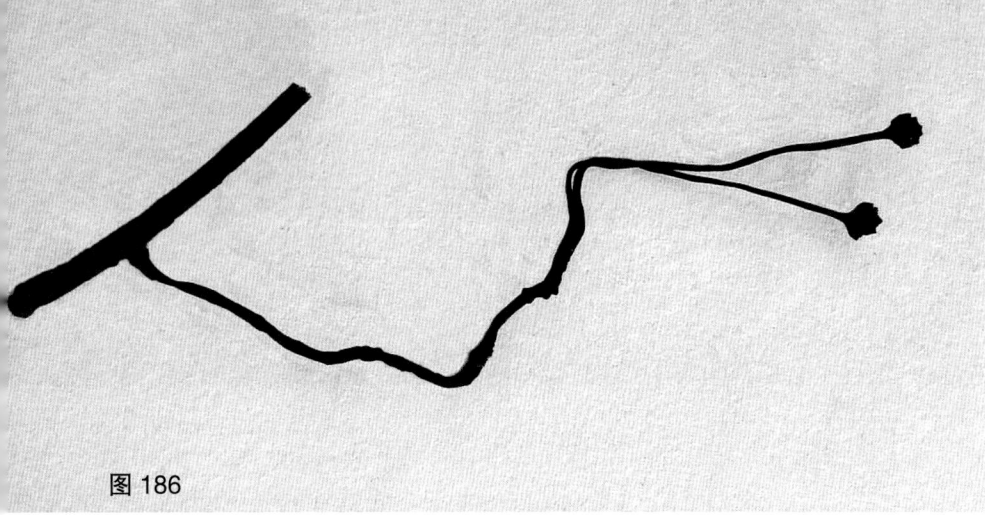

图 186

186　榕生炭角菌
Xylaria ficicola
H.X. Ma et al.

　　子座直立或倒伏，通常单生。可育头部直径 1~2.5 mm，三角形或近球形。菌肉组织软，内部白色，外部黑色。不育菌柄长 4~6 cm，直径 0.5~1 mm。子囊壳球形，孔口不明显。子囊长 190~220 μm。子囊孢子 16~22×6.5~8.5 μm，褐色至黑褐色，单胞，两端带明显的透明状附属物。

　　生于榕树叶子和叶柄上。分布于华南地区。

图 187

187　梭孢炭角菌
Xylaria fusispora
H.X. Ma et al.

　　子座高 1~3 cm，近棒形至近柱形，顶端尖锐、不育，不分枝或偶尔分枝。可育部分初期白色至淡黄色，后期黑色，内部白色。子囊壳球形，孔口稍突起。子囊易断裂，在梅氏试剂中子囊环不变蓝。子囊孢子 26.5~31.5×13.5~14.5 μm，纺锤形，黑褐色，单胞。

　　群生于林下枯死树皮或枯枝上。分布于华中地区。

188 半球炭角菌
Xylaria hemisphaerica
H.X. Ma et al.

子座高 3~5 mm，直径 4~7 mm，半球形或不规则的球形，基部缢缩，有很细的部分与基质连接，灰黑色至黑色，内部白色。子囊壳球形，孔口不明显。子囊全长 200~260 μm。子囊孢子 26~31×7~8.5 μm，褐色，单胞。

生于腐木上。分布于华南地区。

图 188

189 炭角菌
Xylaria hypoxylon (L.) Grev.

子座高 3~8 cm，圆柱形、鹿角形或扁平鹿角形，不分枝到分枝较多，污白色至乳白色，后期黑色，基部黑色，并有细绒毛，顶部尖或扁平、鸡冠形。子囊壳黑色。子囊 100~150×6~8 μm，圆筒形，具 8 个子囊孢子。子囊孢子 11~14×5~6 μm，光滑，无隔。

群生于林中腐木或枯枝上。各区均有分布。

图 189

大型子囊菌

图 190

190 平滑炭角菌

***Xylaria laevis* Lloyd**

子座高 0.6~2.2 cm，直径 2.5~6 mm，圆柱形或棒形，直立，通常单生，不分枝，顶端可育部分圆钝。不育菌柄较短或退化，暗褐色至黑褐色，内部初期白色，后变空心，最后只留下一层很薄易碎的壳。子囊长 130~210 μm。子囊孢子 8.8~10×5~6 μm，椭圆形或近纺锤形，褐色，单胞。

生于阔叶树腐木或枯树枝上。各区均有分布。

图 191

191 枫果炭角菌

***Xylaria liquidambaris* J.D. Rogers et al.**

子座高 2~8 cm，直立，不分枝或偶分枝，单生或从一个果实上簇生，通常顶端尖锐，带纵向的条纹。不育菌柄光滑或有绒毛从毡状的基部伸出，表面初期褐色，后黑色，内部白色。子囊全长 125~155 μm。子囊孢子 12~15×4.5~6.5 μm，椭圆形至新月形，不等边，光滑，褐色。

生于枫香果实上。各区均有分布。

192 **黑柄炭角菌**（巴西炭角菌 威灵仙 乌灵参 鸡茯苓 鸡㙡蛋 吊金钟）

Xylaria nigripes **(Klotzsch) Cooke**

= *Xylaria brasiliensis* (Theiss.)

Lloyd

子座地上部分长 6~12 cm，直径 4~8 mm，通常不分枝，有时具少数分枝，棍棒形，顶部圆钝，乌黑色至黑色，新鲜时革质，干后硬木栓质至木质。可育部分表面粗糙。不育菌柄约占地上部分长度的 1/5，近光滑至稍有裂纹。地下部分常假根状，长可达 10 cm，直径可达 4 mm，弯曲，硬木质。子囊孢子 4~5×2~3 μm，近椭圆形至近球形，黑色，厚壁，非淀粉质，不嗜蓝。

夏秋季生于阔叶林中地上，通常深入地下与白蚁窝相连。药用。分布于华中、华南等地区。

图 192-1

图 192-2

图 192-3

大型子囊菌

图 193

193 总状炭角菌
Xylaria pedunculata
(Dicks.) Fr.

子座高 10~35 mm，聚成小丛，不分枝至从柄基分叉，炭质。可育头部圆柱形，顶端有不育顶端，粗糙，初期黄褐色后变黑色，内部白色。不育菌柄短或无，被细绒毛。子囊壳埋生，近球形。子囊含 8 个孢子。子囊孢子 10~14.2×5.5~6.8 μm，长椭圆形，两端稍尖，幼时淡褐色，成熟时呈褐色，光滑，单行排列。

夏秋季群生至丛生于林地或菇棚菌床。各区均有分布。

194 多型炭棒
Xylaria polymorpha
(Pers.) Grev.

子座高 3~12 cm，直径 0.5~2.2 cm，上部棒形、圆柱形、椭圆形、哑铃形、近球形或扁曲，内部肉色，干时质地较硬，表皮多皱，暗色或黑褐色至黑色，无不育顶部。不育菌柄一般较细，基部有绒毛。子囊壳直径 500~800 μm，近球形至卵圆形，埋生，孔口疣状，外露。子囊 150~200×8~10 μm，圆筒形，有长柄。子囊孢子 20~30×6~10 μm，梭形，单行排列，常不等边，褐色至黑褐色。

单生至群生于林间倒腐木、树桩的树皮或裂缝间。药用。各区均有分布。

图 194-1

图 194-2

195 斯氏炭角菌
Xylaria schweinitzii
Berk. & M.A. Curtis

子座高 2~6 cm，直径 8~12 mm，直立，圆柱形、棒形或不规则形，通常不分枝，可育顶端圆钝。子座表面黑褐色或黑色，内部白色，表面粗糙、有皱。子囊长 200~242 μm。子囊孢子 26~30×8.5~9.5 μm，椭圆形至舟形、拟纺锤形，不等边，褐色至黑褐色，单胞。

单生于阔叶腐木或枯树枝上。分布于华中与华南地区。

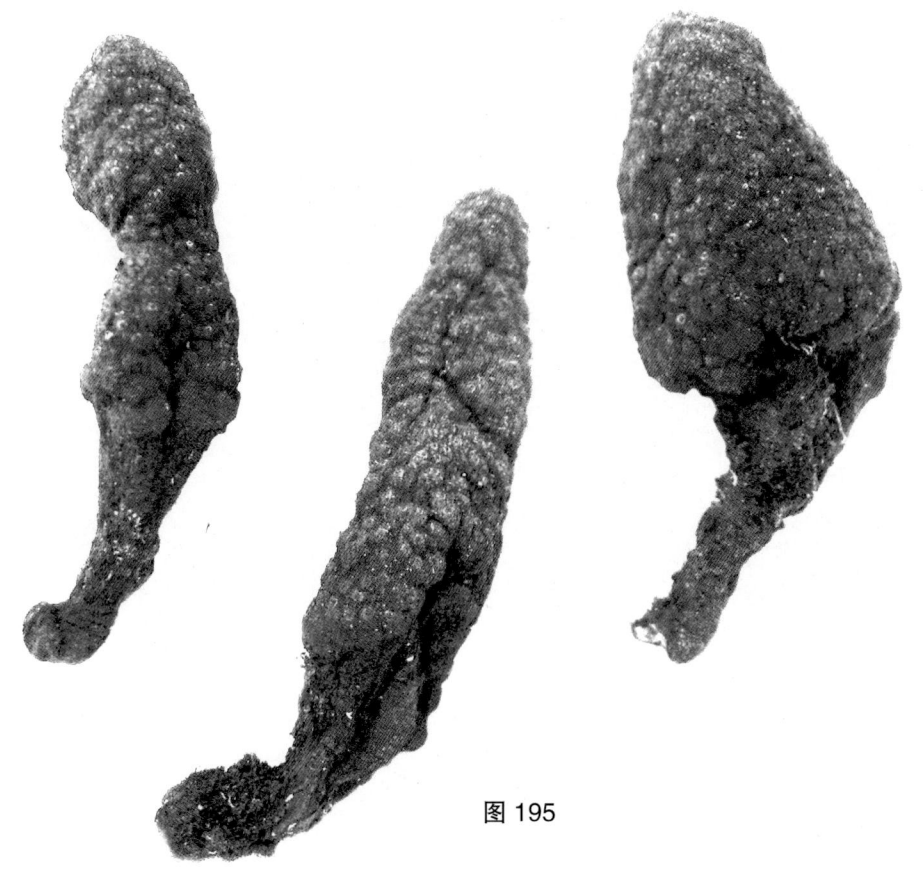

图 195

大型子囊菌

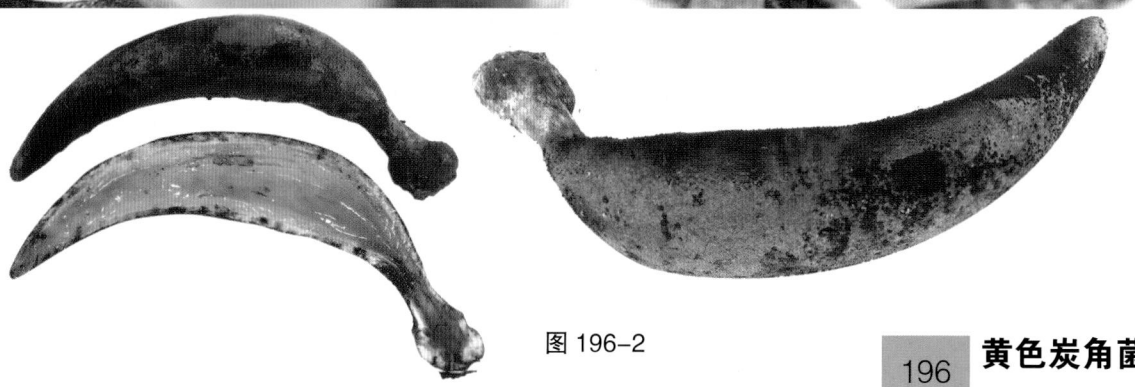

图 196-1

图 196-2

图 196-3

黄色炭角菌

Xylaria tabacina (J. Kickx f.) Berk.

子座高 5~11 cm, 直径 1~2.5 cm, 棒形至窄香蕉形或长尖辣椒形, 不分枝至偶有分枝, 鲜时稍软, 干后质地变硬。可育部分长 4~9 cm, 直径 1~2.5 cm, 棒形至或倒棒形, 顶部圆钝或渐细, 鲜时表面光滑, 土黄色、橙褐色、灰黄色至灰色, 外层常黄色带黑色裂纹, 成熟时可见黑色的孔口, 孔口可产生大量黑色的子囊孢子堆。子座内部白色, 后期空心, 往往贮存有清澈的液体。子囊孢子 20~25×6.3~7.5 μm, 长椭圆形至肾形, 两端稍尖或圆钝, 光滑, 褐色至黑褐色。

单生或多个生于阔叶林中接近地面或地上的腐木上。分布于华南地区。

中国大型菌物资源图鉴
ATLAS
OF CHINESE
MACROFUNGAL
RESOURCES

CHAPTER III
JELLY FUNGI

第三章
胶质菌

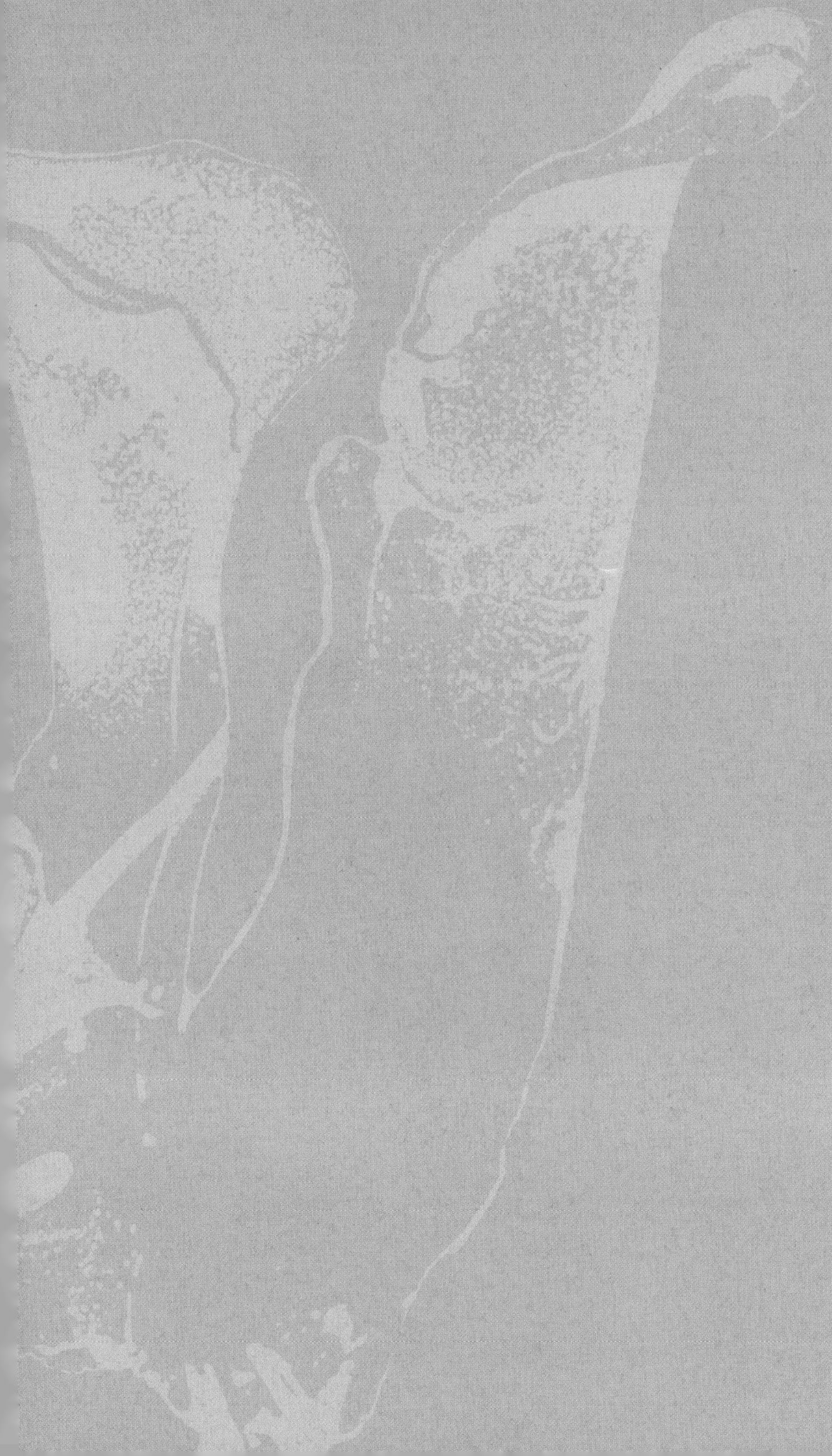

图 197-1

197 毛木耳

Auricularia cornea **Ehrenb.**

子实体一年生，直径可达 15 cm，厚 0.5~1.5 mm。新鲜时杯形、盘形或贝壳形，较厚，通常群生，有时单生，棕褐色至黑褐色，胶质，有弹性，质地稍硬，中部凹陷，边缘锐且通常上卷。干后收缩，变硬，角质，浸水后可恢复成新鲜时形态及质地。不育面中部常收缩成短柄状，与基质相连，被绒毛，暗灰色，分布较密。子实层表面平滑，深褐色至黑色。担孢子 11.5~13.8×4.8~6 cm，腊肠形，无色，薄壁，平滑。

夏秋季生长在多种阔叶树倒木和腐木上。食用；可栽培。各区均有分布。

在中国本种曾经长期一直被错认为是热带的多毛木耳 *A. polytricha*，最新研究证明它应为毛木耳 *A. cornea*。

图 197-2

图 197-3

图 198

198 **皱木耳**（脆木耳 多皱木耳 砂耳）

Auricularia delicata (Mont.) Henn.

　　子实体长 2~4 cm，宽 3~6 cm，无柄，扇形或贝壳形，胶质。不育面稍具绒毛，非光滑或有褶皱，褐色至红褐色。子实层表面呈明显的褶皱，具不规则网状棱纹，粉褐色。担孢子 10~12×5~6 μm，长椭圆形至不规则柱形，无色，光滑。

　　夏季叠生或群生于阔叶树腐木上。可食。分布于华中、华南等地区。

图 199-1

图 199-2

图 199-3

199 黑木耳

Auricularia heimuer F. Wu et al.

　　子实体宽 2~9 cm，有时可达 13 cm，厚 0.5~1 mm。新鲜时呈杯形、耳形、叶形或花瓣形，棕褐色至黑褐色，柔软半透明，胶质，有弹性，中部凹陷，边缘锐，无柄或具短柄。干后强烈收缩，变硬，脆质，浸水后迅速恢复成新鲜时形态及质地。子实层表面平滑或有褶状隆起，深褐色至黑色。不育面与基质相连，密被短绒毛。担孢子 11~13×4~5 μm，近圆柱形或弯曲成腊肠形，无色，薄壁，平滑。

　　夏季单生或簇生于多种阔叶树倒木和腐木上。重要栽培食用菌。各区均有分布。

　　根据新近的分子系统学证据，中国广泛分布和栽培的木耳，并非产于欧洲的木耳 *A. auricula* 或 *A. auricula-judae*，而是黑木耳 *A. heimuer*。

胶质菌

图 200-1

200 毡盖木耳（肠膜木耳 牛皮木耳）

***Auricularia mesenterica* (Dicks.) Pers.**

子实体长 2~6 cm，宽 3~15 cm，厚 1.5~3 mm，初期平伏生长，后期边缘逐渐与基物分离，呈覆瓦状排列，常开裂。不育面暗褐色至暗紫丁香色，具密集长绒毛，干时呈灰白色，带环纹，成丛密生。子实层表面（下表面）胶质，干时软骨质，平滑或有少量皱纹，新鲜时淡青褐色至淡黄褐色，干时带灰黑色至暗紫灰色。担孢子 13~19×5.5~7 μm，腊肠形至肾形，无色。

生于阔叶树枯木上。食用。各区均有分布。

图 200-2

图 201

201 中国胶角耳

***Calocera sinensis* McNabb**

子实体高 5~15 mm，直径 0.5~2 mm，淡黄色、橙黄色，偶淡黄褐色，干后红褐色、浅褐色或深褐色，硬胶质，棒形，偶分叉，顶端钝或尖，横切面有 3 个环带。子实层周生。菌丝具横隔，壁薄，光滑或粗糙，具锁状联合。担子 25~52×3.5~5 μm，圆柱形至棒形，基部具锁状联合。担孢子 10~13.5×4.5~5.5 μm，弯圆柱形，薄壁，具小尖，具一横隔。隔壁薄，无色。

群生于阔叶树或针叶树朽木上。分布于东北、华北、华中、华南等地区。

图 202-1

202 胶角耳（鹿角胶菌）
Calocera viscosa (Pers.) Fr.

　　子实体高 5~7 cm，直径 3~7 mm，顶端分叉，上部鹿角形分枝，下部圆柱形，顶端较尖，金黄色或橙黄色，近基部近白色，胶质，黏，平滑。基部有时呈假根状，穿过落叶层等直到木质的生长基物，被落叶层等遮盖部分近白色。担子叉状，淡黄色。担孢子 8~11.5×3~5 μm，椭圆形至腊肠形，光滑。

　　丛生或簇生于针叶林中地上。分布于东北、华北、华中、华南等地区。

图 202-2

203 掌状花耳
Dacrymyces palmatus Bres.

　　子实体高 1~3.5 cm，直径 2~5 cm，瘤状，有褶皱和沟纹，鲜橙黄色至橘黄色。近基部近白色，胶质，初为多泡状突起，后为垫状、脑形、扇形或具短柄、盘形。边缘波状卷叠，常群生愈合成较大型的、直立的、脑状或花瓣状无柄或具短柄的群体，形状不规则瓣裂。菌肉胶质，较厚，有弹性，与外表颜色基本相同。子实层周生。担孢子 15~22×4.5~7 μm，呈弯曲圆柱形或圆柱形至腊肠形，光滑，近无色，壁稍厚或厚，初期无隔，后变至 3~7 横隔，多为 7 隔。

　　春季至秋季雨后生长在针叶树腐木或枯枝上。可食。分布于东北、青藏等地区。

图 203

胶质菌

图 204-1

204 云南花耳
Dacrymyces yunnanensis B. Liu & Li Fan

  子实体宽 0.5~1.5 cm，高达 5 mm，脑形，橘红色，韧胶质，有一近白色的柄状基部。担子 55~85×8~13 μm，二叉状。担孢子 15~25×13~16 μm，宽椭圆形至近球形，有 3~7 横隔并有 1 或 2 个纵隔。

  夏秋季生于油杉等腐木上。分布于华中地区。

图 204-2

图 205

<table>
<tr><td>205</td><td>**桂花耳**</td></tr>
</table>

Dacryopinax spathularia (Schwein.) G.W. Martin

　　子实体高 0.8~2.5 cm，柄下部直径 4~6 mm，具细绒毛，橙红色至橙黄色；基部栗褐色至黑褐色，延伸入腐木裂缝中。担子 2 分叉，2 孢。担孢子 8~15×3.5~5 μm，椭圆形至肾形，无色，光滑，初期无横隔，后期形成 1~2 横隔。

　　春至晚秋群生或丛生于杉木等针叶树倒腐木或木桩上。食用。各区均有分布。

胶质菌

図206

206 金舌耳
Dacryoscyphus chrysochilus R. Kirschner & Zhu L. Yang

分生孢子果杯形或舌形，长达 5 mm，宽达 4 mm，胶质，边缘金黄色。菌柄长约 0.5 mm，直径约 1 mm，侧生。金黄色的部分产生分生孢子梗及分生孢子。分生孢子侧生或顶生，佛手状，单指长 24~34 μm，直径 4~6 μm，无色，具 1~6 横隔。有性阶段不详。

夏秋季生于高山、亚高山针叶林中腐木上。分布于青藏地区。

207 黑耳（黑胶耳）
Exidia glandulosa (Bull.) Fr.

子实体直径 1.5~3.5 cm，高 1~4 cm，胶质，初期为瘤状突起，后扩展贴生，彼此联合，表面具小疣突，鲜时灰黑色至黑褐色，干后为一膜状黑色薄层。菌丝具锁状联合。原担子近球形，成熟后下担子卵形，十字纵分隔，上担子圆筒形。担孢子 12~14×4~5 μm，腊肠形，萌发产生再生担孢子或萌发管。

夏秋季群生于阔叶林中阔叶树倒木或朽木上。有文献报道有毒。分布于东北、内蒙古、青藏等地区。

图207

208 短黑耳
Exidia recisa (Ditmar) Fr.

子实体直径 1.5~3 cm，高 1~2 cm，鲜时硬胶质，初期黄棕色至肉桂色，干后黑色。不育面中部具短柄状着生点，被褐色细鳞片，似轮状分布。子实层向上一侧光滑，常具黑色乳头状突起，不育面菌丝具锁状联合。原担子初期近梭形，渐变为近球形，成熟后下担子通常卵圆形，十字纵分隔，上担子管状。担孢子 10.3~14.9×3.1~4.2 μm，腊肠形，透明，萌发产生再生担孢子。

群生于阔叶林中阔叶树树枝上。有人采食，慎食。分布于华北、西北、华中、华南、青藏等地区。

图208

图 209-1

图 209-2

图 209-3

209 胶杯耳（盘形韧钉耳）

Femsjonia peziziformis (Lév.) P. Karst.

≡ *Ditiola peziziformis* (Lév.) D.A. Reid

　　子实体高 0.3~1 cm，直径 0.5~1 cm，陀螺形至近盘形，硬胶质。子实层表面黄色至橘黄色。不育面（外表面）被白色至污白色绒毛。原担子 50~80×6~10 μm，叉状，基部有锁状联合。担孢子 25~35×8~12 μm，弯椭圆形，有 1 至多个横隔。菌肉菌丝直径 2~5 μm，有锁状联合。不育面由近栅状排列的厚壁菌丝组成。

　　夏秋季生于腐木上。分布于中国大部分地区。

胶质菌

图 210

210 **焰耳（胶勺）**

Guepinia helvelloides (DC.) Fr.

≡ *Phlogiotis helvelloides* (DC.)

G.W. Martin

子实体高 3.2~8.5 cm，宽 2~6.4 cm，胶质，匙形或近漏斗形，柄部半开裂呈管状，浅土红色至橙褐色或红褐色，内侧表面被白色粉末。子实层表面近平滑，或有褶皱或近似网纹状，盖缘卷曲或后期呈波状。担孢子 8.5~12.2×3.7~7.3 μm，腊肠形至椭圆形，光滑，无色，具有担孢子小尖。

夏季或秋季单生或群生于针叶林或针阔混交林中地上，有时近丛生。各区均有分布。

图 211

图 212-1

211 中国刺皮菌

Heterochaete sinensis Teng

子实体平伏、平展，革质或近膜质，初期圆形，后相互连接成片，大小随基物的大小变化，可达 10 cm 以上，厚 150~300 μm，易剥落，新鲜时灰白色、米黄色至淡褐色，干后变成浅肉色至浅土黄色或肉桂浅黄色，有小刺柱。小刺 120~200×25~55 μm，突出部分达 100~150 μm，颜色与子实层相同，散生，圆柱形，由平行的、直径 2~3.5 μm 的菌丝组成。子实层胶质化。担孢子 9~12×5~6 μm，肾形至近腊肠形。

群生于阔叶树枯枝上。分布于西北、华中、华南等地区。

212 卵碟菌

Ovipoculum album Zhu L. Yang & R. Kirschner

分生孢子体直径 2~6 mm，高 1~3 mm，近杯形，胶质，无柄，白色，上半部生长有大量分生孢子组成的分子孢子团。分生孢子团直径 80~120 μm，近球形、卵形至椭圆形，由 3~26×6~22 μm 的细胞组成。分生孢子体上下部主要由直径 2~3 μm 的菌丝组成。

夏秋季生于高山、亚高山针叶林中腐竹的干上。分布于青藏地区。

图 212-2

胶质菌

图 213-1

图 213-2

213 胶质刺银耳（虎掌菌 胶虎掌菌 虎掌刺银耳）
Pseudohydnum gelatinosum (Scop.) P. Karst.

≡ *Tremellodon gelatinosus* (Scop.) Fr.

菌盖宽 1~7 cm，贝壳形至近半圆形，胶质，不黏，表面光滑或具微细绒毛，透明，白色至浅灰色、褐色或暗褐色。下部长 0.2~0.4 cm，具肉刺，圆锥形，胶质，透明，白色至浅灰色，有时稍具蓝色。菌柄长 0.5~1 cm，直径 0.8~1.2 cm，侧生，胶质，光滑，与菌盖近同色。担孢子 4.8~7.4×4.3~7 μm，球形，光滑，无色。

夏秋季单生至群生于针叶林及针阔混交林中针叶树朽木及树桩上。可食。分布于东北、华中、华南、青藏、西北等地区。

214 蜡壳耳
Sebacina incrustans (Pers.) Tul. & C. Tul.

子实体厚 1~3 mm，长宽变化较大，白色至污白色，蜡质至硬胶质。下担子 12~20×9~14 μm，近球形至椭圆形，纵向十字分隔成 4 个细胞，每个细胞顶端各长出 1 个上担子。担孢子 10~13×6~7.5 μm，近卵形至椭圆形，无横隔。

夏秋季生于枯枝落叶上、地表或活的草本植物上。分布于中国大部分地区。

图 214

215 **茶色银耳**（茶耳 血耳 茶银耳）
Tremella foliacea Pers.

　　子实体直径 3~8 cm，近球形，由叶状至花瓣状分枝组成，茶褐色至淡肉桂色，顶端平钝，无凹缺。菌肉稍胶质，白色，干后变硬。菌柄阙如或短。下担子 12~20×10~16 μm，十字纵裂。担孢子 8~10×6.5~8 μm，卵形至近球形，光滑。

　　夏秋季生于林中阔叶树腐木上。食用。分布于中国大部分地区。

图 215

216 **银耳**（雪耳）
Tremella fuciformis Berk.

　　子实体宽 4~7 cm，白色，透明，干时带黄色，遇湿能恢复原状，黏滑，胶质，由薄而卷曲的瓣片组成。有隔担子 8~11×5~7 μm，宽卵形，有 2~4 个斜隔膜，无色，小梗长 2~5 μm，生于顶部，常弯曲，无色。担孢子直径 5~7 μm，近球形，光滑，无色。菌丝直径约 3.5 μm，无色，有锁状联合。

　　群生于阔叶树的腐木上。著名食用菌和药用菌；可人工栽培。各区均有分布。

图 216-1

图 216-2

胶质菌

图 217

217 橙黄银耳（黄银耳）

Tremella mesenterica Retz.

子实体直径 4~11 cm，高 3~6 cm，由许多弯曲的裂瓣组成，新鲜时黄色至橘黄色，干后暗黄色，内部微白，基部较窄，胶质。菌肉厚，有弹性，胶质。担子纵裂 4 瓣，宽椭圆形至卵圆形。担孢子 7.9~14.2×6.3~10.5 μm，球形至宽椭圆形，光滑。

群生或单生于腐木上。可食。分布于东北、华北、华中等地区。

中国大型菌物资源图鉴
ATLAS
OF CHINESE
MACROFUNGAL
RESOURCES

Chapter IV
CORAL FUNGI

第四章
珊瑚菌

图 218

218　裂枝滑瑚菌

***Aphelaria lacerata* R.H. Petersen & M. Zang**

子实体长 1.5~5 cm，宽 1~3 cm，长宽变化较大，基部厚 1~5 mm，上部分枝呈尾鞭状，米色至淡黄色，蜡质至硬胶质。担子 30~50×7~10 μm，基部未见锁状联合，但菌髓、菌丝、横隔上常有 1~3 个锁状联合。担孢子 6~8×5~6 μm，宽椭圆形至近球形，光滑，薄壁。

夏秋季生于热带枯枝落叶上。分布于华南地区。

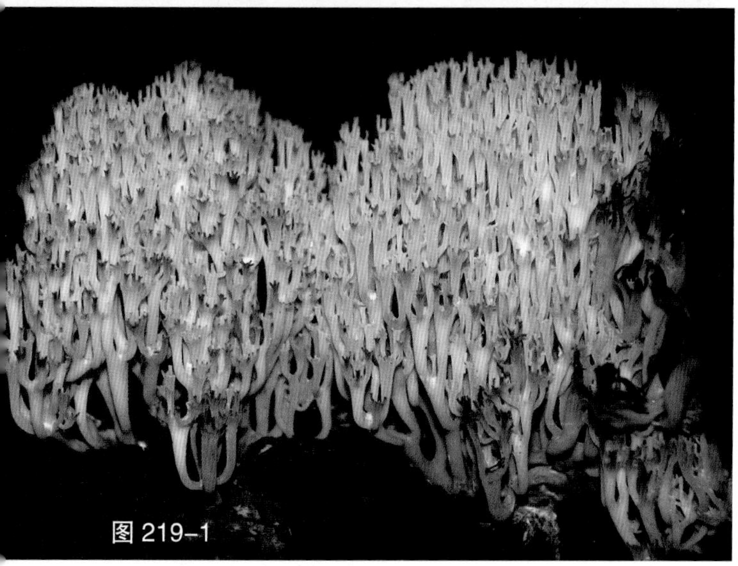

图 219-1

219　杯冠瑚菌（杯珊瑚菌）

***Artomyces pyxidatus* (Pers.) Jülich**

≡ *Clavicorona pyxidata* (Pers.) Doty

子实体高 4~10 cm，宽 2~10 cm，珊瑚状，初期乳白色，渐变为黄色、米色至淡褐色，后期呈褐色，表面光滑。主枝 3~5 条，直径 2~3 mm，肉质。分枝 3~5 回，每一分枝处的所有轮状分枝构成一环状结构，分枝顶端凹陷具 3~6 个突起，初期乳白色至黄白色，后期呈棕褐色。柄状基部长 1~3 cm，直径达 1 cm，近圆柱形，初期白色，渐变粉红色至褐色。菌肉污白色。担孢子 4~5×2~3 μm，椭圆形，表面具微小的凹痕，无色，淀粉质。

夏秋季散生于针阔混交林中腐木上。可食。分布于中国大部分地区。

图 219-2

图 220-1

图 220-2

图 220-3

220 脆珊瑚菌（虫形珊瑚菌 豆芽菌）

***Clavaria fragilis* Holmsk.**

= *Clavaria vermicularis* Batsch

　　子实体高 2~6 cm，直径 2~4 mm，细长圆柱形或长梭形，顶端稍细、变尖或圆钝，直立，不分枝，白色至乳白色，老后略带黄色且往往先从尖端开始变浅黄色至浅灰色，脆，初期实心，后期空心。柄不明显。担孢子 4~7.5×3~4 μm，光滑，无色，长椭圆形或种子形。

　　夏秋季丛生于林中地上。分布于东北、华中、华南等地区。

图 220-4

珊瑚菌

图221

221 菫紫珊瑚菌
Clavaria zollingeri Lév.

子实体高 1.5~7 cm，密集成丛，丛宽 1~5 cm，基部常相连一起，呈珊瑚状，肉质，易碎，新鲜时呈淡紫色、菫紫色或水晶紫色，通常向基部渐褪色。基部之上各分枝通常不再分枝，有时顶部分为两叉或多分叉的短枝，分枝直径 0.3~0.6 cm。担孢子 5.4~7.3×4.4~5.4 μm，宽椭圆形至近球形，光滑，无色。

夏秋季丛生或群生于冷杉等针叶林中地上或针阔混交林中地上。分布于东北、华中等地区。

图222

222 喜马拉雅棒瑚菌
Clavariadelphus himalayensis Methven

子实体高 12~18 cm，直径 1~1.5 cm，棒形，向下渐细成菌柄，不分枝，顶部圆钝，蛋壳色至淡黄褐色。菌柄颜色稍淡，与上端可育部分分界不明显，基部有白色菌丝体。菌肉白色至污白色，伤不变色。担孢子 9~11×5~6.5 μm，椭圆形，表面光滑。

夏秋季生于针叶林或针阔混交林中地上。可食，但不宜多食。分布于青藏地区。

图223

223 棒瑚菌
Clavariadelphus pistillaris (L.) Donk

子实体高 10~30 cm，直径 1~3 cm，棒形，不分枝，顶部钝圆，幼时光滑，后渐有纵条纹或纵皱纹，向基部渐渐变细，直或稍弯曲，土黄色，后期赭色或带紫褐色，向下色渐变浅。菌肉白色，松软，有苦味。柄部细，污白色。孢子 10~11.5×6~8 μm，椭圆形，光滑，无色。

夏秋季散生于阔叶林中地上。可食。分布于东北与西北地区。

224 平截棒瑚菌
Clavariadelphus truncatus (L.) Donk

子实体高 8~15 cm，直径 3~6 cm，棒形，顶部平截，较大，基部渐细成菌柄。可育部分蜡黄色、橙黄色或黄褐色至土褐色，有时红褐色。菌柄与可育部分分界不明显，颜色稍淡，干后褪色，光滑或有时有纵向棱纹或皱纹，有白色细绒毛。菌肉近白色，海绵状，实心，伤不变色到伤后变暗色。担孢子 9~13×5~8 μm，椭圆形，光滑，无色。菌丝有锁状联合。

秋季单生或散生于暗针叶林或针阔混交林中地上。可食。分布于东北、青藏等地区。

本种与棒瑚菌 C. *pistillaris* 接近，但后者的子实体顶端为圆形而非平截。

图 224-1

图 224-2

225 云南棒瑚菌
Clavariadelphus yunnanensis Methven

子实体高 6~15 cm，直径 1~1.5 cm，棒形，向下渐细成菌柄，不分枝，顶部圆钝，土黄色、黄褐色至红褐色。菌柄颜色稍淡，与可育部分分界不明显，基部有白色菌丝体。菌肉白色至污白色，伤不变色。担孢子 10~14×6~7 μm，椭圆形至宽椭圆形，表面光滑。

夏秋季生于暗针叶林或针阔混交林中地上。可食，但不宜多食。分布于青藏地区。

图 225

图 226-1

图 226-2

图 226-3

226　珊瑚状锁瑚菌（冠锁瑚菌）
***Clavulina coralloides* (L.) J. Schröt.**

= *Clavulina cristata* (Holmsk.) J. Schröt.

　　子实体总体高 3~6 cm，直径 2~5 cm，珊瑚状，多分枝，白色、灰白色或淡粉红色，枝顶端有丛状密集细尖的小枝。菌肉白色，伤不变色，内实。担子 40~60×6~8 μm，双孢，棒形，稀有横隔，具 2 个小梗。担孢子 7~9.5×6~7.5 μm，近球形，光滑，内含 1 个大油球。

　　夏秋季生于针阔混交林中地上。可食。分布于中国大部分地区。

图 227

图 228

227 皱锁瑚菌
Clavulina rugosa (Bull.) J. Schröt.

子实体高 4~7 cm，直径 3~5 mm，不分枝或少分枝而呈鹿角形，污白色至灰白色，常凹凸不平。菌肉白色，伤不变色。担子 40~80×7~10 μm，双孢。担孢子 8~14×7.5~12 μm，宽椭圆形至近球形，表面光滑至近光滑。

夏秋季生于针阔混交林中地上。可食。分布于中国大部分地区。

228 金赤拟锁瑚菌
Clavulinopsis aurantiocinnabarina (Schwein.) Corner

子实体高 1.5~4.5 cm，直径 0.5~2 mm，不分枝或少分枝，橘红色，棒形，空心，枝端尖，偶微瓣裂。菌柄分界不明显，长 2~5 mm，直径 0.3~1.5 mm，颜色稍暗呈暗橙褐色。菌肉黄褐色，伤不变色。担子长 3~6 μm，棒形，具 2~4 个担孢子。担孢子 5~7.5×5~6.5 μm，近球形，光滑，无色，非淀粉质。菌丝有锁状联合。

夏秋季单生或丛生至簇生于阔叶林中地上。分布于东北、华北、华中、华南等地区。

珊瑚菌

229 梭形黄拟锁瑚菌
Clavulinopsis fusiformis (Sowerby) Corner

子实体高 5~10 cm，直径 2~7 mm，近梭形，鲜黄色，顶端钝，下部渐成菌柄，不分枝，簇生。菌柄阙如或不明显。菌肉淡黄色，伤不变色。担子 40~60×6~10 μm。担孢子 7~9×6~7 μm，宽椭圆形，表面光滑。

夏秋季生于针阔混交林中地上。可食。分布于华中和华南等地区。

230 雪白龙爪菌
Deflexula nivea (Pat.) Corner

子实体长 5~10 mm，直径 1 mm，7~20 根一簇，由同一基点成丛长出，倒悬弯曲的针刺形，不分叉，末端尖，四周长有子实层，白色。菌肉质韧。担孢子 11~13×7~8 μm，椭圆形，光滑，无色。有锁状联合。

夏秋季生于倒木皮上。分布于华南地区。

图 229

图 230

图 231-1

231 中华地衣棒瑚菌

***Multiclavula sinensis* R.H. Petersen & M. Zang**

子实体高 2~3.5 cm，直径 1~2.5 mm，棒形，可育部分较宽，橘红色至橘红黄色，顶部圆钝。菌柄长 5~10 mm，直径 1~2 mm，基部与藻类相连。担孢子 6.5~8×3~4 μm，椭圆形，光滑。髓部菌丝直径 3~8 μm。

夏秋季生于热带至南亚热带路边土坡上，与藻类共生。分布于华南地区。

图 231-2

珊瑚菌

图 232

图 233

232 蜂斗叶杵瑚菌
Pistillaria petasitis S. Imai

　　子实体长 3~7 mm，直径 0.5~1.5 mm，棒形，近胶冻状，白色，透明，老熟后或干时淡黄色。菌柄长 0.5~3 mm，直径 0.2~0.5 mm，半透明，白色，向基部渐细。担孢子 7~9×3~4 μm，长椭圆形，光滑。生殖菌丝直径 2.5~3.5 μm，厚壁，有锁状联合。

　　生于草本植物干枯叶柄上。分布于东北、华中等地区。

233 白须瑚菌
Pterula multifida (Chevall.) Fr.

　　子实体高 2~5 cm，总宽 3~6 cm，从底部开始多分枝，帚状，初淡黄色，后象牙白色、黄色至黄褐色，干后多呈黄褐色。分枝直径 0.3~1 mm，可再生不规则分枝，圆柱形，纤细，终端尖锐。菌肉软骨质，柔软。担孢子 5~6×2.5~3.5 μm，椭圆形，光滑，无色。

　　夏秋季群生于枯叶、枯树枝上。分布于东北、内蒙古地区。

234 冷杉枝瑚菌
Ramaria abietina (Pers.) Quél.

子实体总体高 5~7.5 cm，宽 3~5 cm，整体近球形至倒圆锥形。菌柄长 0.5~1.5 cm，直径 1~2 cm，较粗壮，从基质中的菌丝束中发出，分叉为数个分枝，上部黄褐色，下部白色，伤后变蓝绿色。主枝长 1~4 cm，直径 0.5~1 cm，黄褐色或橄榄绿色。分枝 3~5 回，枝顶钝，二叉分枝或多歧分枝，黄褐色或橄榄绿色，伤后变蓝绿色。担孢子 7~9×3.5~4.5 μm，泪滴形或卵圆形，有小尖刺。

夏秋季单个或丛生于针叶林中落叶层上。味苦，不宜食用。分布于东北、西北、内蒙古地区。

图 234

235 尖枝瑚菌
Ramaria apiculata (Fr.) Donk

子实体高 4~9 cm，宽 2~9 cm，多次分枝成帚状，浅肉色，顶端近同色，伤后变褐色。菌柄长 0.5~1 cm，直径 2~4 mm，由基部或靠近基部开始分枝，基部具有棉绒状菌丝体。小枝弯曲生长，密，顶端细而尖，下部 2~3 叉分枝，上部以不规则二叉状分枝方法进行多次分枝。菌肉软韧质，白色，伤后颜色变暗。担孢子 6~9×4~5 μm，椭圆形至宽椭圆形，表面具褶皱或小疣，浅锈色至黄锈色。

夏秋季单生或丛生于林中倒腐木上、地上以及腐殖质上。食用。分布于东北、内蒙古和青藏等地区。

图 235

236 尖枝瑚菌褐色变种
Ramaria apiculata var. *brunnea* R.H. Petersen

子实体总体高约 10 cm，宽约 5 cm，呈宽纺锤形，基部有毡状或粉状菌丝体，常有不明显的根状菌丝束。菌柄直径 3~7 mm，从基部产生分枝，与枝同色，纤维质，韧。分枝直径 2~4 mm，常侧扁或有纵沟纹，可育部位肉桂色，手摸或擦伤后容易缓慢变色呈红棕色；枝顶幼时淡粉肉桂色，老时淡赭色。担孢子 8~10×4~4.5 μm，长椭圆形，有分散小瘤。

夏秋季单生、群生或丛生于腐烂的针叶树上。分布于华中地区。

图 236

237 亚洲枝瑚菌
Ramaria asiatica (R.H. Petersen & M. Zang)
R.H. Petersen

子实体高 8~12 cm，直径 4~8 cm，多分枝呈帚状。主枝 3~5 个，肉质，上展，紫褐色，伤后缓慢变为红褐色。分枝 3~5 回，圆柱形，枝顶细长，二叉分枝，幼时色较暗，老时与主分枝同色。菌柄长 2~4 cm，直径 2~3 cm，肉质，基部圆钝或假根状，紫褐色。菌肉白色。担孢子 10.5~12×5~6 μm，长椭圆形，表面被瘤状至短杆状纹。

夏秋季生于针阔混交林中地上。可食。分布于华中地区。

图 237

238 葡萄色枝瑚菌
Ramaria botrytis (Pers.) Richen

子实体总高约 16 cm，宽约 8 cm，整体呈花椰菜形，单生或偶尔 2~3 枝愈合在一起，象牙白色、奶油黄色、粉红色或肉色，老时浅皮革色，手摸或擦伤后容易缓慢变暗黄色或棕黄色。主干菌柄粗壮，基部钝圆，白色或近白色。菌肉紧密，白色，湿润但不胶质化，干后柔软，轻质。担孢子 11.5~17×4~6 μm，长椭圆形，有显著的斜条纹。

夏秋季单生、散生于阔叶林中地上。食用。分布于东北、华中等地区。

淡红枝瑚菌 *R. hemirubella* 与本种的主要区别在于其担孢子较短。

图 238

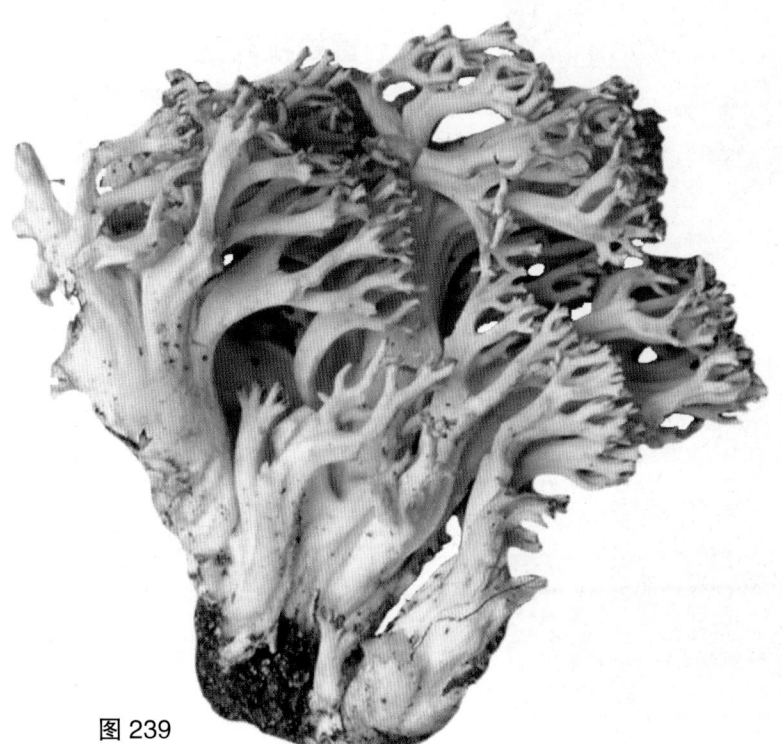

图 239

239　红顶枝瑚菌小孢变种
Ramaria botrytoides* var. *microspora
R.H. Petersen & M. Zang

子实体高 10 cm，宽 7 cm，整体呈倒三角形。菌柄较粗壮，淡粉紫色至带白色，具白色粉状附属物；具败育枝。主枝 2~4 个，分枝 3~6 回，幼时淡赭色，成熟时颜色稍深。小分枝纤细易碎，二叉分枝，幼时或遮光处亮玫瑰粉色，成熟后与主枝同色。菌肉紧密，白色，半胶质化，脆。担孢子 6.5~9×4~5 μm，宽椭圆形，纹饰显著，有不规则排列的分散小瘤或短脊。

夏秋季常丛生于针阔混交林中地上。食用。分布于华中地区。

240　布鲁姆枝瑚菌
***Ramaria broomei* (Cotton &**
Wakef.) R.H. Petersen

子实体整体高 12 cm，宽 6 cm，倒圆锥形或帚状，多分枝。菌柄单生，较粗壮，向上多次分枝，初污白色，后变为橄榄色至灰褐色，向下颜色渐深，受伤或受挤压后变棕黑色。主枝数个，幼时短，成熟后显著伸长，黄褐色或橄榄绿色。分枝 3~5 回，二叉分枝或多歧分枝，亮黄褐色，顶部黄色至黄褐色。菌肉白色，伤后变棕红色。担孢子 13.5~18.5×5.5~7.5 μm，长椭圆形，有长达 3 μm 的尖刺。担子双孢。

夏秋季生于阔叶林或针阔混交林中地上。味苦，不宜食用。分布于东北地区。

图 240

珊瑚菌

图 241

241 雪松枝瑚菌
Ramaria cedretorum (Maire) Malençon

子实体高 8~15 cm，宽 5~12 cm。菌柄长 3~5 cm，直径 1.2~2.5 cm，基部白色，其他区域均为淡紫色。主枝数个，粗壮。分枝较粗短，多歧分枝，深紫色，枝尖齿状。菌肉白色，质地紧密，伤不变色。担孢子 9~12×4.5~6 μm，宽椭圆形，有疣。

夏季生于高海拔地区云杉林中地上。食用。分布于青藏地区。

本种与丁香枝瑚菌 *R. mairei* 接近，但前者颜色鲜艳些，且老时不褪色。

图 242

242 嗜蓝粒枝瑚菌
Ramaria cyaneigranosa Marr & D.E. Stuntz

子实体高 4~12 cm，宽 2~11 cm，整体呈倒卵形或纺锤形。菌柄长 1~4 cm，直径 0.5~3 cm，单生或相连，其上有多次分枝，基部绒毛白色，略呈假根状。分枝 5~6 回，分枝幼时淡红色，成熟时鲑肉棕色，端顶幼时红色，成熟时与枝同色。菌肉与子实层同色调，但颜色较淡。担孢子 8~10×4~5 μm，椭圆形，有小瘤。

夏秋季生于针叶林中地上。可食。分布于华中、华南等地区。

243 蓝顶枝瑚菌（参照种）

***Ramaria* cf. *cyanocephala* (Berk. & M.A. Curtis) Corner**

子实体高 7~10 cm，宽 6~9 cm，多分枝，密被褐色绒毛，绒毛下透出部分紫蓝色色泽，顶端紫蓝色。菌柄粗壮，可多次分枝。小枝顶端紫蓝色，基部常有假根。菌肉污白色。担孢子 10~15×5~8 μm，近椭圆形，有刺疣，浅黄褐色。

秋季群生于阔叶林中地上。分布于华中等地区。

蓝顶枝瑚菌 *R. cyanocephala* 蓝色至蓝绿色明显。本文照片所代表的中国这个物种，顶部呈紫蓝色，暂作一个参照种。

图 243

244 延生枝瑚菌南方变种

***Ramaria decurrens* var. *australis* (Coker) R.H. Petersen**

子实体高 5~15 cm，宽 3~8 cm，单株呈倒圆锥形，常多个子实体聚在一起呈假簇生状，分枝细密。菌柄长 0.5~3 cm，直径 3~6 mm，暗黄色，手摸后颜色变深为棕色，基部菌丝垫发达，覆盖着白色菌丝。主枝数个，向上延伸，暗赭黄色，老时色更深，质较韧。小分枝数量多，角度较小，排列拥挤，分枝 5~6 回，可育区域棕色，不育区域橄榄赭色。顶端尖细，幼时黄色，老时与分枝其他部位同色。担孢子 5.5~7.5×3~4 μm，椭圆形，有尖细小刺。

夏季群生于针叶林、阔叶林、竹林中腐殖落叶层上。味苦，不宜食用。分布于华中地区。

图 244

图 245

245 离生枝瑚菌
Ramaria distinctissima
R.H. Petersen & M. Zang

　　子实体大型，多分枝呈帚状。菌柄粗壮，金黄色至橙黄色，柄基部常呈假根状。分枝亮黄色、金黄色至杏黄色，上部橙色。顶端不易弯曲，二叉分枝，金黄色或橙黄色。菌肉近子实层处黄色，中心处白色。担孢子 12~16×5~6 μm，长椭圆形，有低矮疣突。

　　生于亚高山针叶林中地上。分布于青藏地区。

246 枯皮枝瑚菌（肉粉色枝瑚菌）
Ramaria ephemeroderma R.H. Petersen & M. Zang

　　子实体高 10~13 cm，直径 5~8 cm，主枝 3~5 个，淡鲑肉色，局部黄色。菌柄长 2~4 cm，直径 1.5~2.5 cm，表面有白粉或光滑。分枝 3~7 回，近圆柱形，鲑肉色，易褪色为粉色或淡鲑肉色至近白色。枝顶纤细，成熟后细指状，亮黄色。担孢子 9~12×4.5~6.5 μm，椭圆形，被低矮瘤突至短条状纹。

　　夏秋季生于针阔混交林中地上。可食。分布于华中地区。

　　本种与美枝瑚菌 *R. formosa* 相似，但后者的菌丝具有锁状联合。

图 246-1

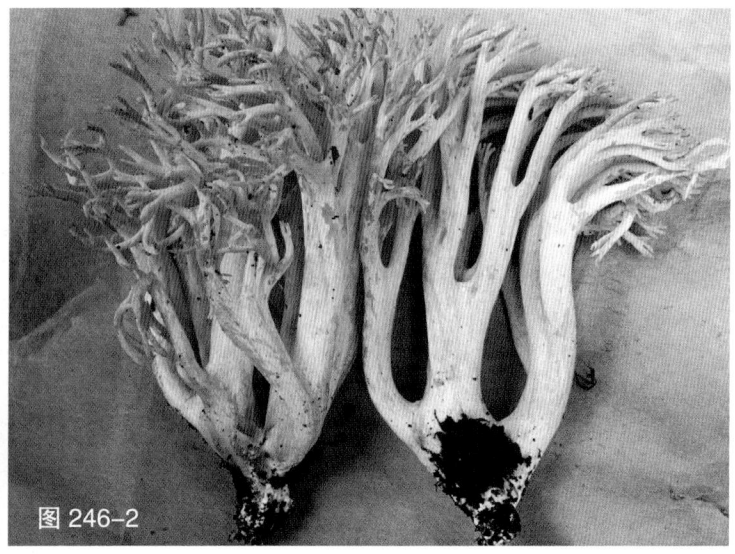

图 246-2

247 芬兰枝瑚菌
Ramaria fennica (P. Karst.) Ricken

子实体高 5~11 cm，宽 3~8 cm，整体呈倒卵形或纺锤形，幼时呈紫色。菌柄长 2.5~5 cm，直径 0.5~5 cm，成熟时灰白色。地上部分及主枝下部赭紫色，中下部分枝紫灰色，向上渐浅，黄褐色调增加；中上部分枝土黄褐色，烟肉桂色，带红紫色调。分枝 5~6 回，分枝角度小，排列比较紧密；枝尖锐而细长，黄褐色。菌肉白色或米黄色，略苦。担孢子 10~12×4~5 μm，椭圆形，有小瘤。

夏秋季单生或假簇生于阔叶林中地上。分布于华中地区。

本种与丁香枝瑚菌 *R. mairei* 相似，但后者菌柄显著，担孢子较宽，锁状联合少见。

图 247

248 黄枝瑚菌
Ramaria flava (Schaeff.) Quél.

子实体高 9~16 cm，宽 6~14 cm，多分枝，似珊瑚，柠檬黄色或硫黄色至污黄色，干燥后青褐色。菌柄长 3~5 cm，直径 1.2~2 cm，靠近基部近污白色，伤后变红色。小枝密集，稍扁，帚状，节间的距离较长。菌肉白色至淡黄色，较脆，伤后近柄处变红色。味道柔和。担孢子 11.5~15.8×4.6~5.8 μm，长椭圆形，具小疣，浅黄色，含油滴。有锁状联合。

夏秋季散生或群生于阔叶林和针阔混交林中地上。食药兼用。各区均有分布。

图 248

图 249

249 胶黄枝瑚菌
Ramaria flavigelatinosa
Marr & D.E. Stuntz

子实体高 5~14 cm，宽 3~10 cm，整体呈倒卵形或宽纺锤形，胶质，干后变硬。菌柄白色，下部局部伤后变酒红色或有因土壤颗粒引起的紫色斑点。枝黄白色至淡黄褐色，枝尖与枝同色或稍黄。分枝 3~5 回，分歧角 U 形，枝间隙大，排列不很紧密；枝尖幼时齿状，排列成梯田状，成熟时指状。担孢子 9~11×4~5 μm，椭圆形，有非常显著的小瘤，强嗜蓝。

夏秋季散生、群生、单生或假簇生于针叶林中地上。食用。分布于华中、华南等地区。

本种与黄枝瑚菌 *R. flava* 相似，但前者子实体胶质，大体为黄白色，而非鲜艳的黄色，菌柄基部容易染上酒红色斑。

图 250

250 美枝瑚菌（粉红扫帚菌）
Ramaria formosa (Pers.) Quél.

子实体高 10 cm，宽 7 cm，整体呈扫帚状。菌柄偶尔假根状，光滑，近白色至黄色，手摸或擦伤后缓慢变色。主枝 2~4 个，伸展，略呈圆柱形。分枝 3~6 回，圆柱形，淡鲑肉色，常有纵皱纹；节间向上渐短；横截面半圆形或扁圆形。枝顶幼时尖，成熟后指状，奶油色或奶油黄色。菌肉紧密，湿润，非胶质，外层粉黄色，内层近白色，干后柔软，易复水，非纤维质。担孢子 10.8~12.2×5~5.8 μm，椭圆形，有大块扁平瘤状纹。

夏秋季单生或散生或假簇生至簇生于阔叶林或混交林中地上。国外有采食本种中毒的报道，但在中国南方被广泛采食，未见中毒报道。分布于华中、华南等地区。

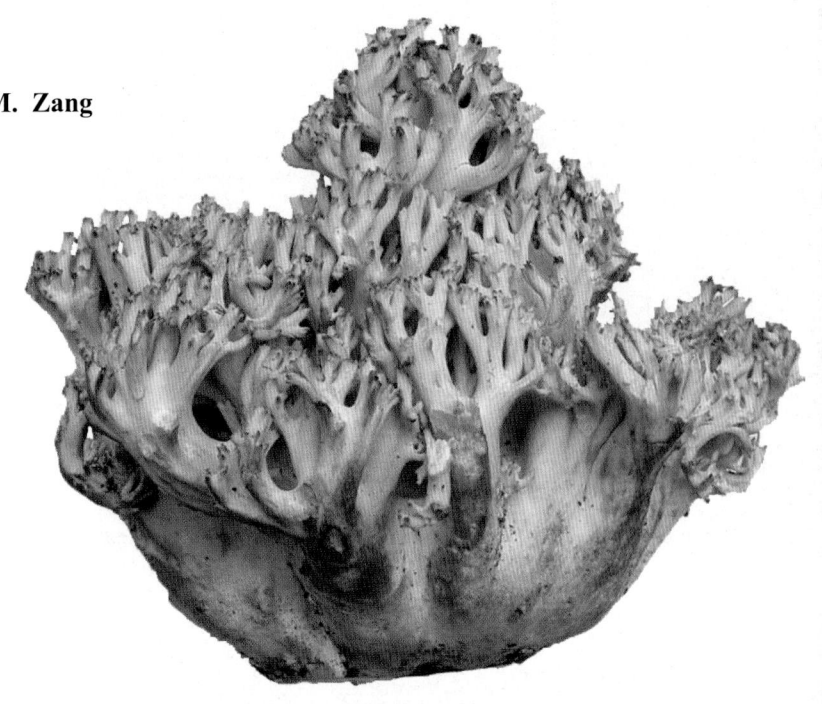

图 251-1

251 淡红枝瑚菌（淡红扫帚菌）
Ramaria hemirubella R.H. Petersen & M. Zang

子实体高 10~15 cm，直径 8 cm。菌柄粗壮，长 3~6 cm，直径 1.5~3 cm。主枝数个，圆柱形。分枝 3~7 回，向上渐细，米色至浅赭色，枝顶深红色至红褐色。菌肉紧密。担孢子 8.5~11×4.5~5.5 μm，长椭圆形，表面被有斜向近平行的条状纹。

夏秋季生于林中地上。可食。分布于华北、西北、华中等地区。

本种与葡萄色枝瑚菌 *R. botrytis* 相似，但后者的担孢子要明显大些。

图 251-2

珊瑚菌

图 252

252 印滇枝瑚菌
Ramaria indoyunnaniana
R.H. Petersen & M. Zang

子实体高 8 cm，直径 4 cm，整体呈宽倒卵形。菌柄单生，长短不一，结实，无败育枝，光滑，象牙色。主枝数个，伸展但不直，幼时淡粉红色，带有酒红色泥土污点，横截面圆。枝顶尖，幼时可能排列成阶梯状，柔和的洋红色，越幼嫩颜色越亮，老时褪为淡赭色。菌肉近白色，切口略滑。担孢子 7.2~8.3×4.3~5 μm，椭圆形，明显粗糙。

夏秋季散生、群生于阔叶林中地上。食用。分布于华中地区。

图 253

253 细枝瑚菌
Ramaria linearis R.H. Petersen & M. Zang

子实体高 10~15 cm，直径 4~8 cm。菌柄长 1~2 cm，直径 1~1.5 cm。主枝数个，呈圆柱形，直向上伸展，黄色至杏黄色。分枝数回，淡橙色或淡鲑肉色。枝顶细小，指状，金黄色至淡橙黄色。担孢子 10~14×4.5~6 μm，长椭球形，表面粗糙。

夏秋季生于亚高山针叶林中地上。分布于青藏地区。

图 254

254 黄绿枝瑚菌
Ramaria luteoaeruginea P. Zhang et al.

子实体高 6~8 cm，直径 4~5 cm。菌柄粗壮，长 3~4 cm，直径 2~3 cm，污白色，局部铜绿色。主枝 4~6 个，圆柱形，上部黄色，下部白色至黄色。分枝数回，下部黄色，枝顶暗蓝绿色至绿色。菌肉紧密。担孢子 10.5~12.5×5~6 μm，种子形至近梭形，顶端圆钝，基部较细，表面被有高达 1 μm 的钝刺或疣突。

夏秋季生于亚高山针叶林中地上。可食。分布于青藏地区。

图 255

255 丁香枝瑚菌（紫丁香枝瑚菌 梅尔枝瑚菌）
***Ramaria mairei* Donk**

子实体高 7~15 cm，宽 4~7 cm，珊瑚状，多分枝，密，淡紫色。菌柄长 3~7 cm，直径 3~4 cm，短，粗，基部白色。菌肉白色，味道先甜后苦，老后不易消化。担孢子 8.5~11.8×4.3~5.8 μm，椭圆形，粗糙，淡黄色。

夏秋季生于阔叶林中地上。可食。分布于华中、青藏等地区。

图 256

256 绒柄枝瑚菌
***Ramaria murrillii* (Coker) Corner**

子实体高 5~10 cm，宽 3~6 cm，整体呈梨形。菌柄长 3 cm，较细，基部有一团白色绵毛状菌丝团，可延伸至菌柄的中部，黄褐色。菌肉白色，肉质至纤维质。分枝 2~4 回，比较稀疏，幼时黄色，成熟时褐色至棕褐色，带粉紫色，横截面圆形。枝顶尖细，二叉分枝，黄色。担孢子 8~9.5×3~4 μm，种子形，具小尖刺。

夏季单生或假丛生于偃松树下枯枝落叶层上。可食，味较差。分布于东北地区。

257 淡紫枝瑚菌
***Ramaria pallidolilacina* P. Zhang & Z.W. Ge**

子实体高 13 cm，宽 10 cm，整体呈倒卵形或近球形。菌柄长 3 cm，直径 2 cm，向下渐细，基部有绒毛，向上渐光滑，无败育枝，白色至奶油色，伤不变色。主枝 4~6 条，粗壮，直径达 1 cm，向上伸展，与枝同色。分枝 4~5 回，伸展，多歧分枝，有纵皱纹，淡丁香紫色，渐变为紫灰色，节间向上渐短，横截面近圆形。枝尖钝，长 0.5~1 mm，拥挤，幼时白齿状，成熟后寻状或短指状，与枝同色。菌肉紧密，白色，不胶质化，不黏滑，干后坚硬但容易复水。担孢子 10.5~13×5~6 μm，椭圆形，纹显著，有不规则排列的分散小瘤或短脊。

夏季单生于阔叶林中地上。可食。分布于青藏地区。

本种与雪松枝瑚菌 *R. cedretorum* 相似，但后者的子实体颜色要更鲜艳一些，且老时也不褪色。

图 257

珊瑚菌

图 258

258 朱细枝瑚菌
Ramaria rubriattenuipes
R.H. Petersen & M. Zang

子实体高达 10 cm，宽达 6 cm。菌柄长 3~5 cm，直径 1~2.5 cm，粉黄色至紫红色，受伤后或至后期呈紫红色。主枝 3~5 个，弯曲伸展，近圆柱形，奶油色或近白色。分枝 4~6 回，新鲜时奶油色或赭黄色，常有红色斑点，老时赭黄色，枝顶淡粉红色。担孢子 12~16×4.5~5.5 μm，瓜子形至近圆柱形，表面粗糙。

夏秋季生于针叶林中地上。可食。分布于华中地区。

259 红柄枝瑚菌（红斑扫帚菌）
Ramaria sanguinipes **R.H. Petersen & M. Zang**

子实体高达 9 cm，宽达 6 cm。菌柄短粗，上部奶油色至带紫红色，下部与分枝同色，淡紫红色至土红色或红褐色。主枝 3~5 个，弯曲伸展，近圆柱形，象牙色。分枝 4~6 回，象牙色至奶油色，枝顶奶油色至淡黄色。担子 40~50×8~10 μm。担孢子 9.5~12×4~5 μm，椭圆形，表面粗糙。

夏秋季生于针叶林或针阔混交林中地上。可食。分布于华中地区。

图 259-1

图 259-2

图 260

260 华联枝瑚菌
Ramaria sinoconjunctipes
R.H. Petersen & M. Zang

子实体高 9.5 cm，直径 5 cm，常 10~20 个个体簇生在一起，群体呈纺锤形或梨形。菌柄丛生或簇生，向下渐细，假根状，表面多皱，常有败育枝，下部近白色，上部略带粉色。分枝 2~5 回，直立伸展，圆柱形或侧扁，淡鲑肉色，上部渐为赭肉色或赭黄色，空心。枝顶长，针形，偶尔冠状，幼时黄色，老时赭黄色。菌肉为很浅的粉色，似水浸状但非胶质，下部结实，上部空心或实心，干后角质。担孢子 7.2~9×4.7~5.4 μm，椭圆形，略粗糙。

夏秋季生于阔叶林或混交林中地上。食用。分布于华中地区。

图 261

261 密枝瑚菌（枝瑚菌 密丛枝）
Ramaria stricta (Pers.) Quél.

子实体高 5~12 cm，宽 4~7 cm，近肤色，淡黄色或土黄色，带紫色调，干燥后黄褐色。菌柄长 2~6 cm，明显，淡黄色，向上不规则二叉状分枝。小枝细而密，直立，尖端具 2~3 个细齿，浅黄色。菌肉白色，内实，味道微辣，有时带有芳香味。担孢子 6.5~10.2×3.6~5 μm，椭圆形，近光滑或稍粗糙，淡黄褐色。

夏秋季群生于阔叶林中腐木上。可食。分布于东北、青藏等地区。

图 262

262 斑孢枝瑚菌
Ramaria zebrispora R.H. Petersen

子实体高达 10 cm，直径达 5 cm。菌柄长 1~2 cm，直径达 1~1.5 cm，从基部开始分为数枝，近白色，伤后有时变为浅褐色，有酒红色斑点。主枝为 2~5 枝，米色。细分枝乳白色，枝顶端呈指状突起，淡黄色至柠檬黄色。菌肉白色。担孢子 8~10×4~5 μm，近圆柱形至长椭圆形，表面有纵向近平行的条状纹。

夏秋季生于林中地上。可食。分布于华中地区。

珊瑚菌

图 263

263 刺孢扁枝瑚菌
Scytinopogon echinosporus
(Berk. & Broome) Corner

　　子实体高 10~15 cm，直径 5~8 cm，分枝多。菌柄长 5~10 cm，直径 3~5 cm，圆柱形或稍压扁，基部有白色菌丝体。分枝下部淡褐色，上部淡紫色至紫罗兰色，顶端暗紫褐色。菌肉白色，脆骨质。担孢子 5~5.5×3~4 μm，角状至肾状，表面被刺状纹。

　　夏秋季生于热带林中地上。可食。分布于华南地区。

264 拟胶瑚菌（银莲花拟胶瑚菌）
Tremellodendropsis tuberosa
(Grev.) D.A. Crawford

　　子实体高 3~7 cm，直径 2~5 mm，珊瑚状，菌柄白色至淡灰色，基部有白色菌丝体。分枝两侧压扁，米色至淡黄色，顶端钝，两侧压扁，白色。菌肉白色，质地较硬。担子 70~110×12~16 μm，顶部十字纵裂。担孢子 14~20×6~8 μm，近杏仁形至种子形，表面光滑。

　　夏秋季生于林中地上。分布于中国大部分地区。

图 264-1

图 264-2

中国大型菌物资源图鉴

ATLAS
OF CHINESE
MACROFUNGAL
RESOURCES

CHAPTER V
POLYPOROID, HYDNACEOUS
& THELEPHOROID FUNGI

第五章
多孔菌、齿菌
及革菌

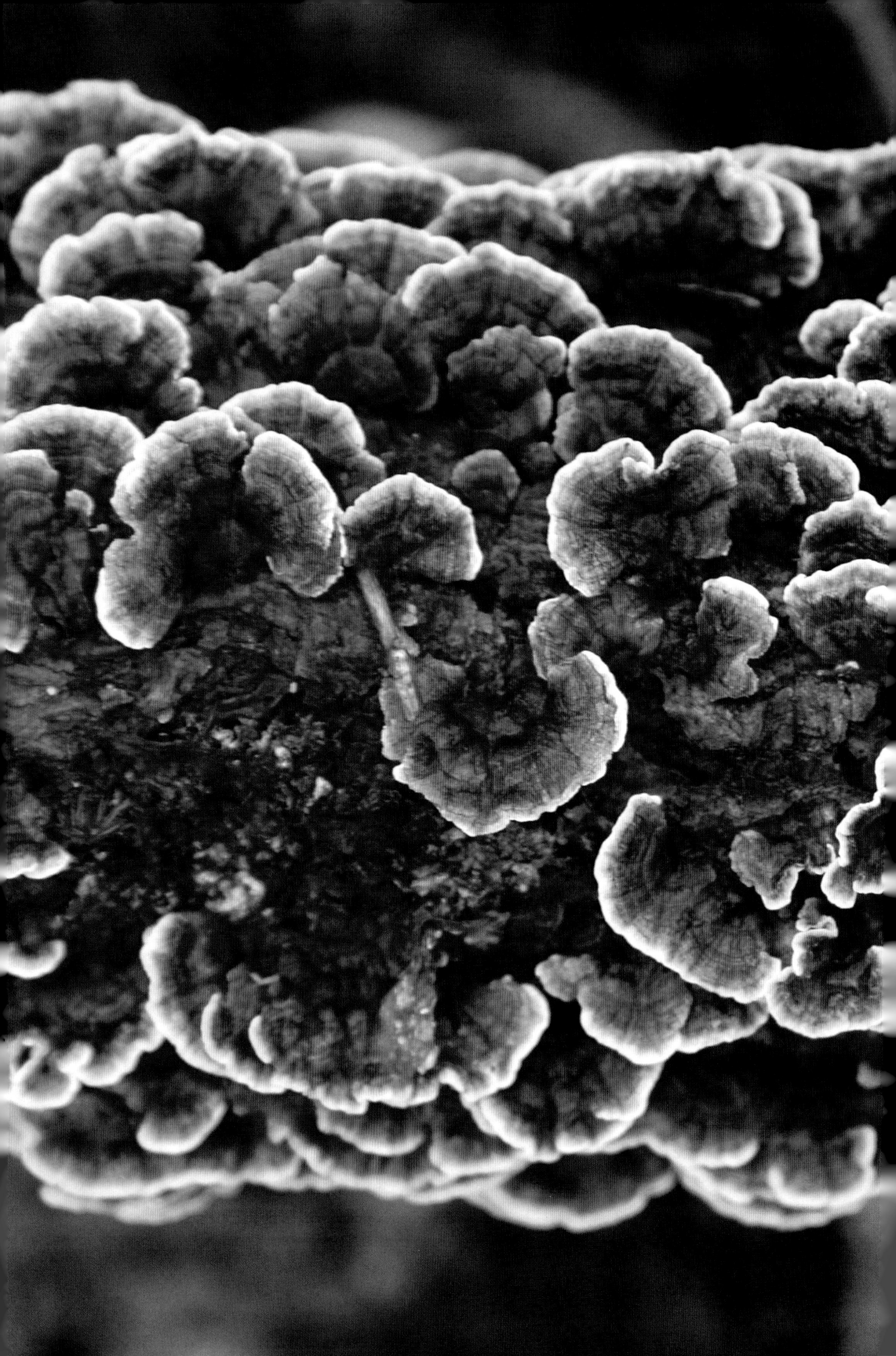

图 265-1

图 265-2

265 **二年残孔菌**

Abortiporus biennis (Bull.) Singer

子实体一年生,无柄,覆瓦状叠生。菌盖半圆形,外伸可达 8 cm,宽可达 9 cm,基部厚可达 10 mm;表面干后灰黑褐色,被细绒毛。孔口表面新鲜时浅黄色至酒红褐色,触摸后变为黑色,干后变为浅灰褐色;多角形至迷宫状或褶状,每毫米 1~3 个;边缘薄,撕裂状。菌肉异质,靠近菌盖部分浅咖啡色,海绵质;靠近菌管部分浅木材色,木栓质,厚可达 5 mm。菌管浅木材色,长可达 5 mm。担孢子 4.6~5.5×3.2~4 μm,宽椭圆形,无色,壁稍厚,光滑,非淀粉质,不嗜蓝。厚垣孢子 7~8×6~7 μm,存在于菌肉中,近球形,无色,厚壁,光滑。

夏秋季生于阔叶树倒木、树桩及建筑木上,造成木材白色腐朽。药用。分布于东北、华北、华中地区。

266 粉多孢孔菌

Abundisporus
pubertatis (Lloyd)
Parmasto

子实体一年生或多年生，平伏或平伏至反卷，新鲜时软革质，无臭无味，干后木栓质。平伏时长可达 8 cm，宽可达 3 cm，厚可达 10 mm。孔口表面红褐色至深棕色，被一层白色粉，具折光反应，触摸后变为棕色；近圆形，每毫米 5~7 个；边缘厚，全缘。不育边缘明显，宽可达 4 mm。菌肉深棕褐色，软木栓质，无环区，厚可达 6 mm。菌管比菌肉颜色稍浅，新鲜时软革质，干后木栓质，长可达 5 mm。担孢子 4~4.8×2.4~3.2 μm，椭圆形，无色，厚壁，光滑，非淀粉质，嗜蓝。

夏秋季生于栎树倒木上，造成木材白色腐朽。分布于东北和华中地区。

图 266-1

图 266-2

多孔菌、齿菌及革菌

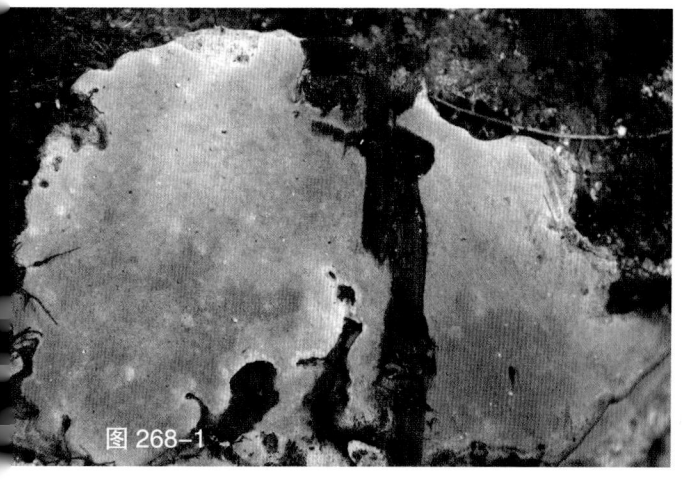

图 267

267 栎生多孢孔菌
Abundisporus quercicola Y.C. Dai

子实体多年生，无柄，新鲜时木栓质，无臭无味，干后木质。菌盖马蹄形，外伸可达 5 cm，宽可达 7 cm，基部厚可达 5 cm；表面黑灰色至黑色，从基部向边缘颜色渐浅，光滑，具明显且宽的同心环区；边缘钝。孔口表面新鲜时乳白色，干后浅棕黄色，无折光反应；近圆形，每毫米 5~7 个；边缘厚，全缘。不育边缘明显，宽可达 5 mm。菌肉黑褐色，新鲜时木栓质，干后硬木栓质，厚可达 30 mm。菌管多层，分层明显，暗褐色，比菌肉颜色浅，长可达 20 mm，层间具一薄菌肉层。担孢子 6.8~8.8×4.2~5 μm，窄卵圆形，不平截，向顶部渐窄，黄色，光滑，厚壁，非淀粉质，嗜蓝。

春季至秋季单生于栎树树干上，造成木材白色腐朽。分布于青藏地区。

268 浅粉多孢孔菌
Abundisporus roseoalbus (Jungh.) Ryvarden

子实体多年生，无柄，新鲜时木栓质，干后木质。菌盖半圆形，外伸可达 8 cm，宽可达 10 cm，基部厚可达 4.5 cm；表面深褐色至黑褐色，光滑，具同心环区；边缘锐或略钝。孔口表面新鲜时灰白色，干后葡萄灰色，无折光反应；近圆形，每毫米 8~9 个；边缘厚，全缘。不育边缘明显，宽可达 2 mm。菌肉深褐色，干后木质，厚可达 5 mm。菌管暗褐色，分层明显，层间具一薄菌肉层，长可达 4.5 cm。担孢子 2.9~3.2×2.1~2.5 μm，宽椭圆形至卵圆形，浅褐色，厚壁，光滑，多数塌陷，非淀粉质，嗜蓝。

春季至秋季单生于阔叶树死树和倒木上，造成木材白色腐朽。分布于华南地区。

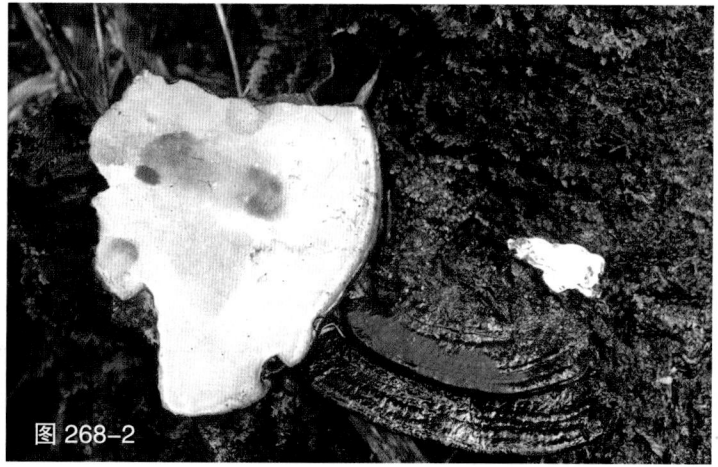

图 268-1

图 268-2

图 269-1

269 地花菌
***Albatrellus confluens* (Alb. & Schwein.)**

Kotl. & Pouzar

≡ *Polyporus confluens* (Alb. & Schwein.) Fr.

子实体一年生，具中生或偏生柄，新鲜时肉质，且具弱芳香味，干后木栓质至胶质。菌盖近圆形至匙形，直径可达 11 cm，基部厚可达 2 cm；表面新鲜时粉黄色，干后浅橙色至黄褐色，光滑，无环带；边缘锐，有时开裂，干后内卷。孔口表面新鲜时乳白色至奶油色，干后浅橙色；圆形至多角形，每毫米 3~5 个；边缘薄，全缘或裂齿状。菌肉干后棕黄色，木栓质至胶质，无环区，厚可达 18 mm。菌管具一黑红色线，干后浅橙色，比菌肉颜色浅，胶质，长可达 2 mm。担孢子 4~5×3.2~3.8 μm，卵圆形，无色，壁稍厚，光滑，淀粉质，不嗜蓝。

秋季单生或聚生于针叶林中地上。食药兼用。分布于青藏地区。

图 269-2

270

奇丝地花菌

***Albatrellus dispansus* (Lloyd) Canf. & Gilb.**

≡ *Polyporus dispansus* Lloyd

子实体一年生，高 5~15 cm，宽 5~20 cm，具多个侧生或中生且分枝的菌柄及菌盖，新鲜时肉质，无特殊气味，干后脆质。菌盖近扇形；表面新鲜时粉黄色，干后黄褐色，粗糙，无环带；边缘钝，有时开裂，干后内卷。孔口表面新鲜时乳白色至奶油色，干后浅黄色；圆形，每毫米 4~5 个；边缘薄，全缘或裂齿状。菌肉干后棕黄色，木栓质，无环区，厚可达 2 mm。菌管干后橙黄色，长可达 2 mm。担孢子 3~4×2.5~3.5 μm，宽椭圆形至近球形，无色，薄壁，光滑，非淀粉质，不嗜蓝。

秋季单生或簇生于针叶林中地上。食药兼用。分布于华中地区。

271

黄鳞地花菌

***Albatrellus ellisii* (Berk.) Pouzar**

≡ *Polyporus ellisii* Berk.

≡ *Scutiger ellisii* (Berk.) Murrill

子实体一年生，具偏生或侧生柄，新鲜时肉质，无特殊气味，干后木栓质。菌盖近圆形，直径可达 17 cm，基部厚可达 15 mm；表面新鲜时绿黄色至粉黄色，干后浅橙色至黄褐色，粗糙至具鳞片，有时开裂无环带；边缘钝，干后内卷。孔口表面新鲜时奶油色，干后灰绿色；圆形至多角形，每毫米 1~2 个；边缘厚，全缘。菌肉干后棕黄色，木栓质，无环区。菌管干后浅绿色，脆质，长可达 5 mm。担孢子 8~11×5~8 μm，椭圆形，无色，薄壁，光滑，非淀粉质，不嗜蓝。

秋季单生或数个聚生于针叶林中地上。食药兼用。分布于华中地区。

图 271-1

图 271-2

图 272

272 绵地花菌
Albatrellus ovinus (Schaeff.) Kotl. & Pouzar

≡ *Polyporus ovinus* (Schaeff.) Fr.

≡ *Scutiger ovinus* (Schaeff.) Murrill

子实体一年生,具中生或侧生柄,新鲜时肉质,无臭无味。菌盖圆形,直径可达 15 cm,中部厚可达 2.4 cm;表面新鲜时奶油色至浅黄色,光滑,干后褶皱,淡灰色至淡橄榄绿色;边缘锐,干后稍内卷。孔口表面新鲜时白色至奶油色,干后灰色至土黄色;多角形至近圆形,每毫米 3~5 个;边缘薄,撕裂状。菌肉新鲜时奶油色,肉质,靠近菌管处具一黑线,干后软木栓质,厚可达 2 cm。菌管干后浅黄色,长可达 4 mm。菌柄奶油色至淡褐色,具细微绒毛,长可达 7 cm,直径可达 3 cm。担孢子 3.8~4.3×3~3.5 μm,卵圆形至近球形,无色,壁稍厚,光滑,淀粉质,不嗜蓝。

夏末和秋季单生或数个左右连生于针叶林中地上。食药兼用。分布于青藏和西北地区。

图 273-1

273 云杉地花菌
Albatrellus piceiphilus B.K. Cui & Y.C. Dai

子实体一年生,具中生或侧生柄。菌盖近圆形,中部凹陷呈漏斗形,直径可达 12 cm,中部厚可达 6 mm;表面新鲜时黄色至黄褐色,干后土黄色至浅褐色并变皱,光滑;边缘锐,有时开裂,干后内卷。孔口表面新鲜时浅黄色至黄色,干后浅黄褐色至肉桂黄色;多角形,每毫米 2~4 个;边缘薄,全缘或略呈撕裂状。菌肉浅黄色,新鲜时肉质,干后脆质,暗褐色,厚可达 3 mm,菌肉和菌管之间具一黑线。菌管与孔口表面同色,长可达 3 mm。菌柄浅褐色,干后灰褐色,褶皱,长可达 4 cm,直径可达 1 cm。担孢子 4.4~5×3.5~4 μm,椭圆形至宽椭圆形,无色,壁稍厚,淀粉质,不嗜蓝。

夏末和秋季生于针叶林中地上。食药兼用。分布于青藏和西北地区。

图 273-2

多孔菌、齿菌及革菌

图 274

图 276-1

图 276-2

图 275

274 丁香地花菌

***Albatrellus syringae* (Parmasto) Pouzar**

≡ *Scutiger syringae* Parmasto

≡ *Xanthoporus syringae* (Parmasto) Audet

子实体一年生。菌盖近圆形，中部凹陷呈漏斗形，直径可达 10 cm，中部厚可达 5 mm；表面新鲜时黄褐色至浅黄色，近光滑，干后暗黄褐色至暗褐色，褶皱，具同心环区；边缘锐，波状，有时开裂，干后内卷。孔口表面新鲜时浅黄色至奶油黄色，干后暗褐色；多角形至不规则形，每毫米 3~5 个；边缘薄，撕裂状。菌肉奶油黄色，新鲜时肉质，干后脆质。菌管与孔口表面同色，延生至菌柄上部，长可达 4 mm。菌柄浅黄色，粗糙，干后变皱和纤维质，长可达 4 cm，直径可达 8 mm。担孢子 3.8~4.7×2.8~3.5 μm，椭圆形，无色，薄壁，具 1 个大的液泡，着生端渐尖，非淀粉质，不嗜蓝。

夏季和早秋单生或数个聚生于阔叶林中地上。分布于东北地区。

275 **西藏地花菌**
Albatrellus tibetanus H.D. Zheng &
P.G. Liu

　　子实体一年生，具中生柄。菌盖近圆
形，中部略凹陷，直径可达 9 cm；表面新
鲜时棕黄色至灰棕色，具明显鳞片，干后
褐色至暗褐色，皱；边缘锐，波状，有时
开裂，干后内卷。孔口表面新鲜时浅黄色
至奶油黄色，干后米色。菌柄棕灰色，粗
糙，长可达 3 cm，直径可达 10 mm。担孢子
4~5×3~4 μm，宽椭圆形，无色，薄壁，淀粉质。
　　夏秋季聚生于亚高山暗针叶林中地上。
分布于青藏地区。

276 **庄氏地花菌**
Albatrellus zhuangii Y.C. Dai & Juan Li

　　子实体一年生，具中生或侧生柄。菌盖近圆形，直
径可达 10 cm，中部厚可达 6 mm；表面新鲜时粉黄色
至浅黄色，光滑，具黏性；边缘锐，新鲜时浅黄色，干
后浅褐色，有时开裂，干后内卷。孔口表面新鲜时白色
至奶油色，干后黄褐色；多角形，每毫米 2~3 个；边缘
薄，全缘或略呈撕裂状。菌肉新鲜时肉质，白色至奶油
色；干后脆质，暗褐色，厚可达 2 mm；表面具明显的表
皮层，表皮上层浅黄色，下层黑色。菌管与孔口表面同
色，延生至菌柄上部，长可达 4 mm。菌柄浅褐色，干
后暗褐色，变皱，长可达 6 cm，直径可达 1 cm。担孢
子 5~6×3.9~4.5 μm，宽椭圆形，无色，壁薄至稍厚，具
1 个大的液泡，中度淀粉质，不嗜蓝。
　　夏末和秋季单生于针叶林中地上。分布于华中地区。

多孔菌、齿菌及革菌

图277

277 刺丝盘革菌
***Aleurodiscus mirabilis* (Berk. &**
M.A. Curtis) Höhn.

≡ *Acanthophysium mirabile*
(Berk. & M.A. Curtis) Parmasto

子实体一年生，平伏，边缘卷起呈盘状，新鲜时无臭无味，革质，干后木栓质。菌盖表面新鲜时橘红色至桃红色，边缘颜色略浅，干后淡黄色至赭色，光滑。单个菌盘直径可达 2 cm，厚可达 1 mm。担孢子 24~26×11.5~13 μm，椭圆形、柠檬形至半月形，无色，壁稍厚，具刺，淀粉质，不嗜蓝。

春季至秋季数个连生于多种阔叶树树皮上，造成木材白色腐朽。药用。分布于华北、华中、华南和西北地区。

图278

278 粗柄假芝
Amauroderma elmerianum
Murrill

子实体一年生，具偏生或中生柄，干后木质。菌盖半圆形至扇形，外伸可达 10 cm，宽可达 12 cm，基部厚可达 1.1 cm；表面灰褐色至黑褐色，干后黑褐色，具同心环沟和放射状皱纹。孔口表面乳白色，触摸后迅速变为血红色；近圆形，每毫米 5~7 个；边缘薄，全缘。不育边缘窄至几乎无。菌肉干后黑色，木栓质，上表面形成一硬皮壳，厚可达 5 mm。菌管干后黑色，木栓质，长可达 6 mm。菌柄与菌盖同色，圆柱形。担孢子 9~11×8~9.5 μm，宽椭圆形，浅褐色，双层壁，外壁光滑、无色，内壁具小刺，非淀粉质，弱嗜蓝。

春夏季生于阔叶树活立木的基部，造成木材白色腐朽。分布于华南地区。

图 279

279 普氏假芝
***Amauroderma preussii* (Henn.) Steyaert**

子实体一年生，具中生至偏生柄，革质，干后木栓质。菌盖圆形，中部下凹，直径可达 7 cm，中部厚可达 0.9 cm；表面灰褐色至淡褐色，具辐射状深皱纹和不明显的同心环纹，干后褶皱明显；边缘锐，波状，内卷。孔口表面灰白色，干后近黑色；圆形，每毫米 5~6 个。不育边缘几乎无。菌肉淡褐色，厚可达 5 mm。菌管褐色，长可达 3 mm。菌柄黑褐色，长可达 3 cm，直径可达 8 mm。担孢子 9.8~11.2×8~8.8 μm，近卵形，双层壁，外壁无色透明、光滑，内壁浅黄色至淡黄褐色，非淀粉质，嗜蓝。

春夏季生于阔叶树树桩附近，造成木材白色腐朽。分布于华南地区。

多孔菌、齿菌及革菌

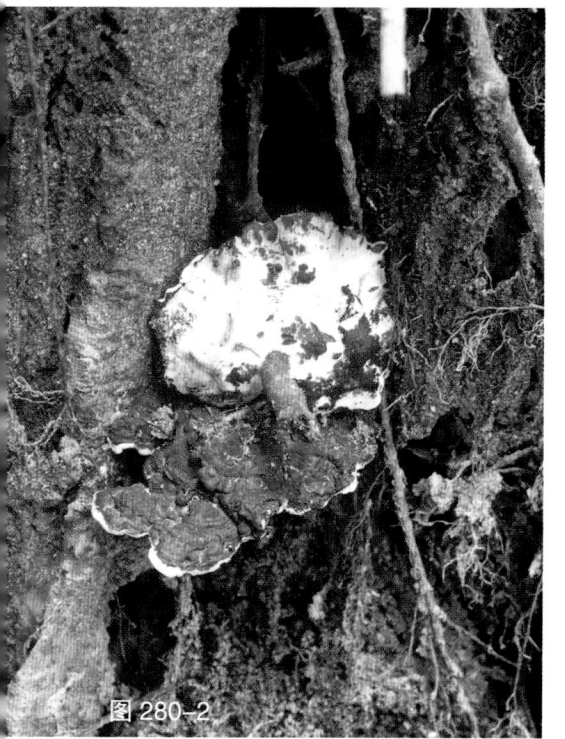

图 280-1

图 280-2

280 皱盖假芝

Amauroderma rude (Berk.) Torrend

子实体一年生，具侧生柄，干后硬木栓质。菌盖半圆形或不规则形，外伸可达 8 cm，宽可达 12 cm，基部厚可达 3 cm；表面黑色，具明显的环沟和放射状纵沟，具漆样光泽。孔口表面肉桂色至锈褐色；圆形，每毫米 3~4 个；边缘厚，全缘。不育边缘明显，深褐色至黑色，宽可达 3 mm。菌肉表面形成皮壳，厚可达 1.5 cm。菌管茶褐色，长可达 1.7 cm。菌柄与菌盖同色，长可达 15 cm，直径可达 2.2 cm。担孢子 14~17.5×9.5~12 μm，广卵圆形，无色至浅黄色，双层壁，外壁光滑、无色，内壁具小刺，非淀粉质，嗜蓝。

春季至秋季生于阔叶树腐木上，造成木材白色腐朽。药用；可栽培。分布于华南地区。

图 281

281 假芝
Amauroderma rugosum (Blume & T. Nees) Torrend

　　子实体一年生，具中生柄，干后木栓质。菌盖近圆形，外伸可达 7.5 cm，宽可达 8.5 cm，厚可达 1 cm；表面灰褐色至褐色，具明显的纵皱和同心环纹，中心部分凹陷，无光泽；边缘深褐色，波状，内卷。孔口表面新鲜时灰白色，触摸后变为血红色，干后变为黑色；近圆形至多角形，每毫米 6~7 个；边缘厚，全缘。菌肉褐色至深褐色，厚可达 4 mm。菌管褐色至深褐色，长可达 6 mm。菌柄与菌盖同色，外被一层皮壳，圆柱形，光滑，中空，长可达 7.5 cm，直径可达 1 cm。担孢子 9.5~11.5×8~9.5 μm，宽椭圆形至近球形，双层壁，外壁光滑、无色，内壁深褐色、具小刺，非淀粉质，嗜蓝。

　　春季至秋季单生或群生于阔叶林中地上或腐木上，造成木材白色腐朽。药用；可栽培。分布于华中和华南地区。

图 282-1

282 树脂假芝
Amauroderma subresinosum (Murrill) Corner
≡ *Ganoderma subresinosum* (Murrill) C.J. Humphrey

　　子实体一年生，无柄，新鲜时木质，干后硬木质。菌盖半圆形，外伸可达 4 cm，宽可达 6 cm，中部厚可达 3 cm；表面新鲜时黄褐色，干后深红褐色，光滑，无同心环纹；边缘钝，奶油色。孔口表面新鲜时白色，干后奶油色；圆形或多角形，每毫米 4~5 个；边缘厚，全缘。不育边缘不明显。菌肉乳白色，干后硬木栓质，具明显环区，厚可达 20 mm。菌管与孔口表面同色，干后硬木栓质，长可达 10 mm。担孢子 12~16×7~9 μm，卵圆形，浅黄褐色，双层壁，内壁具刺，非淀粉质，嗜蓝。

　　春季至秋季生于阔叶树树桩上，造成木材白色腐朽。分布于华南地区。

图 282-2

多孔菌、齿菌及革菌

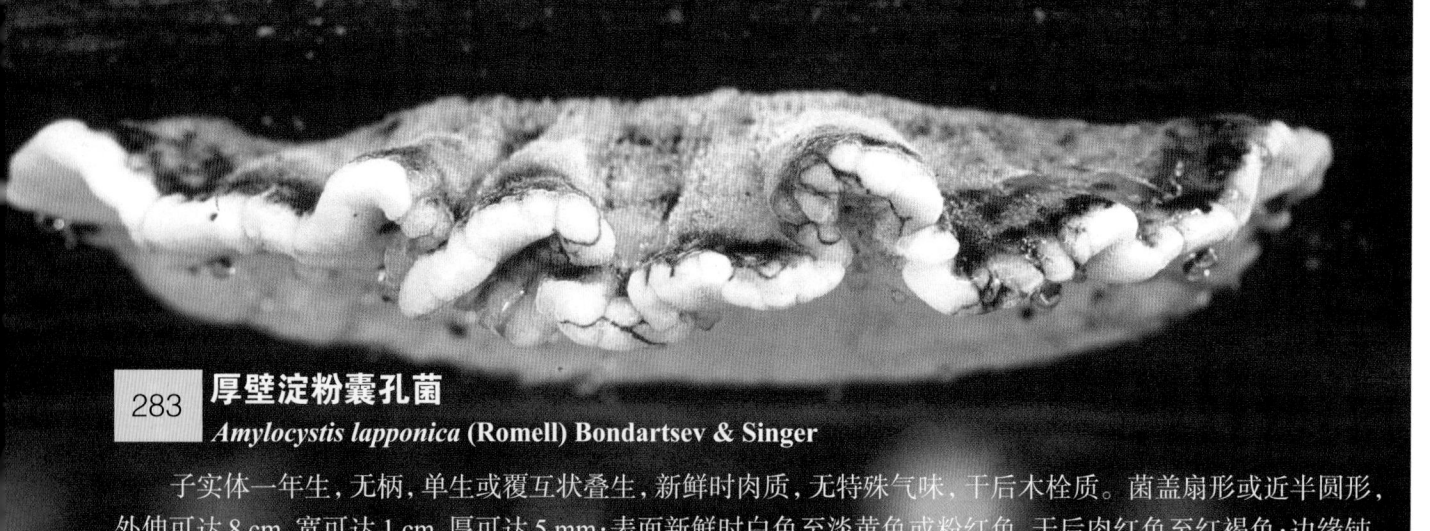

283　厚壁淀粉囊孔菌
Amylocystis lapponica (Romell) Bondartsev & Singer

　　子实体一年生,无柄,单生或覆互状叠生,新鲜时肉质,无特殊气味,干后木栓质。菌盖扇形或近半圆形,外伸可达8 cm,宽可达1 cm,厚可达5 mm;表面新鲜时白色至淡黄色或粉红色,干后肉红色至红褐色;边缘钝,干后波状。孔口表面新鲜时黄白色至淡黄褐色,干后黄褐色至红褐色,无折光反应;形状不规则,每毫米3~4个;边缘薄,全缘或略呈撕裂状。菌肉白色至淡黄色,木栓质,厚可达3 mm。菌管比菌肉颜色略深,木栓质,长可达2 mm。担孢子7~9×2.6~3.2 μm,长椭圆形或圆柱形,无色,薄壁,非淀粉质,不嗜蓝。

　　秋季生于针叶树上,造成木材褐色腐朽。分布于东北地区。

图283-1

图283-2

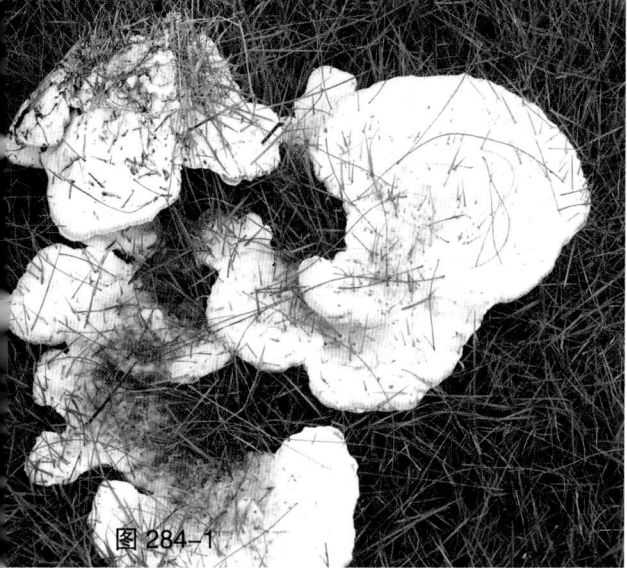

图284-1

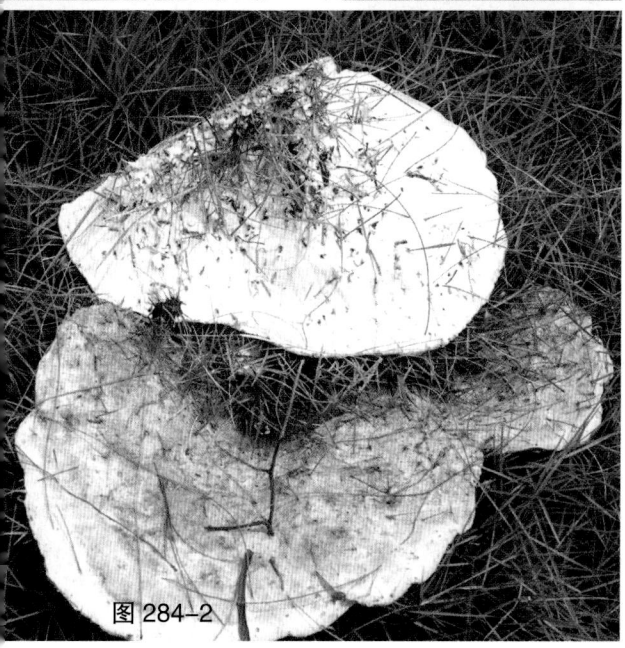

图284-2

284　坎氏淀粉孢孔菌（坎氏黑孢孔菌）
Amylosporus campbellii (Berk.) Ryvarden

　　子实体一年生,具中生或侧生柄,新鲜时肉质至软革质,干后木栓质。菌盖圆形至扇形,向边缘渐薄,直径可达15 cm,中部厚可达4 cm;表面新鲜时奶油色,干后浅粉黄色至粉褐色,光滑,无环纹。孔口表面新鲜时奶油色,干后浅黄色;多角形,每毫米2~3个;边缘薄,撕裂状。菌肉奶油色至粉黄褐色,干后木栓质,厚可达3 cm。菌管延生至菌柄上部,干后浅黄色,脆质,长可达1 cm。菌柄短粗,浅黄色,木栓质,长可达1 cm,直径可达2 mm。担孢子4.5~5.2×3~3.8 μm,椭圆形,无色,薄壁,具小刺,淀粉质,嗜蓝。

　　春夏季数个连生于阔叶树腐木、树桩旁,造成木材白色腐朽。分布于华南地区。

285 空隙淀粉韧革菌
Amylostereum areolatum
(Chaillet ex Fr.) Boidin

子实体一年生，平伏反卷或具明显菌盖，覆瓦状叠生，新鲜时革质，无臭无味，干后硬革质。菌盖外伸可达 2 cm，宽可达 8 cm，厚可达 2 mm；表面红褐色至黑褐色，具绒毛和不明显的环带；边缘锐，波状。子实层体初期奶油色，后期浅黄褐色，光滑。不育边缘窄至几乎无。担孢子 6.5~7.5×2.5~3 μm；近圆柱形至纺锤形，无色，薄壁，光滑，淀粉质，不嗜蓝。

夏秋季生于针叶树上。分布于华南地区。

图 285

286 沙耶淀粉韧革菌
Amylostereum chailletii
(Pers.) Boidin

子实体一年生，平伏反卷或具明显菌盖，菌盖左右相连，覆瓦状叠生，新鲜时革质，无臭无味，干后硬革质。菌盖外伸可达 2 cm，宽可达 5 cm，厚可达 3 mm；表面黑褐色，具绒毛；边缘锐，波状。子实层体初期赭色，后期褐色，粗糙，具疣状突起。不育边缘明显，乳白色，宽可达 4 mm。担孢子 6~7.5×2.5~3 μm，圆柱形至长椭圆形，无色，薄壁，光滑，淀粉质，不嗜蓝。

夏秋季生于针叶树上。分布于东北地区。

图 286

多孔菌、齿菌及革菌

图 287

图 288-1

图 288-2

287 **白黄拟变孔菌**

***Anomoloma albolutescens* (Romell)**

Niemelä & K.H. Larss.

≡ *Anomoporia albolutescens* (Romell)

Pouzar

子实体一年生，平伏，易与基物剥离，新鲜时软，干后脆质，从一小块平展成一大片，长可达 8 cm，宽可达 5 cm，厚可达 2 mm；边缘略宽，紧贴于基物上，具淡黄色的菌索。孔口表面新鲜时奶油色或淡黄色至灰白黄色或淡黄褐色，干后淡黄色或橘黄色，无折光反应；多角形或不规则形，每毫米 2~4 个；边缘薄，全缘。菌肉淡黄色，木栓质，较薄，厚可达 1 mm。菌管与孔口表面同色，脆木质，长可达 1 mm。担孢子 3.9~4.9×3~3.7 μm，卵圆形，无色，薄壁，淀粉质，不嗜蓝。

秋季生于针叶树腐木上，造成木材白色腐朽。分布于东北和西北地区。

288 **鲜黄拟变孔菌**

***Anomoloma flavissimum* (Niemelä)**

Niemelä & K.H. Larss.

≡ *Anomoporia flavissima* Niemelä

子实体一年生，平伏，易与基物剥离，新鲜时软，干后脆质，从一小块到平展成一大片，长可达 50 cm，宽可达 20 cm，厚可达 2 mm；边缘淡黄色至黄色，具黄色的菌索。孔口表面新鲜时淡黄色至鲜黄色，干后黄色或浅橘黄色至淡黄褐色，无折光反应；形状不规则，每毫米 3~5 个；边缘薄，全缘至裂齿状。菌肉很薄，淡黄色，木栓质。菌管与孔口表面同色，脆质，长可达 1 mm。担孢子 3.5~4.3×2.5~3.1 μm，宽椭圆形至卵圆形，无色，薄壁，淀粉质，不嗜蓝。

秋季生于针阔叶树腐木上，造成木材白色腐朽。分布于东北地区。

289 白菌索拟变孔菌
Anomoloma myceliosum (Peck)
Niemelä & K.H. Larss.

子实体一年生，平伏，易与基物剥离，新鲜时软，干后脆质，长可达 6 cm，宽可达 4 cm，厚可达 2 mm；边缘白色至淡黄色，具白色至淡黄色的菌索。孔口表面新鲜时略白色或淡黄色至浅黄褐色，干后淡黄色至黄褐色，无折光反应；形状不规则；未成熟的子实层体孔口为孔状，成熟后的子实层体孔口为裂齿状，每毫米 2~4 个。菌肉很薄，淡黄色，厚可达 1 mm。菌管与孔口表面同色，长可达 1 mm。担孢子 3.2~4.2×2.2~3.1 μm，卵圆形，无色，薄壁，淀粉质，不嗜蓝。

秋季生于针叶树和阔叶树腐木上，造成木材白色腐朽。分布于东北、西北和华中地区。

290 黄菌索拟变孔菌
Anomoloma rhizosum Y.C. Dai & Niemelä

子实体一年生，平伏，新鲜时软，干后脆质，长可达 10 cm，宽可达 5 cm，厚可达 1 mm；边缘淡黄色至黄色，具黄色的菌索。孔口表面新鲜时鲜黄色，干后黄色或浅橘黄色至淡黄褐色，无折光反应；多角形，每毫米 4~6 个；边缘薄，全缘。菌肉很薄，黄色，软木栓质。菌管与孔口表面同色，脆质，长可达 1 mm。担孢子 4.6~5.4×3.3~4 μm，宽椭圆形，无色，壁薄至稍厚，淀粉质，中度嗜蓝。

夏秋季生于针叶树和阔叶树腐木上，造成木材白色腐朽。分布于青藏地区。

图 289-1

图 289-2

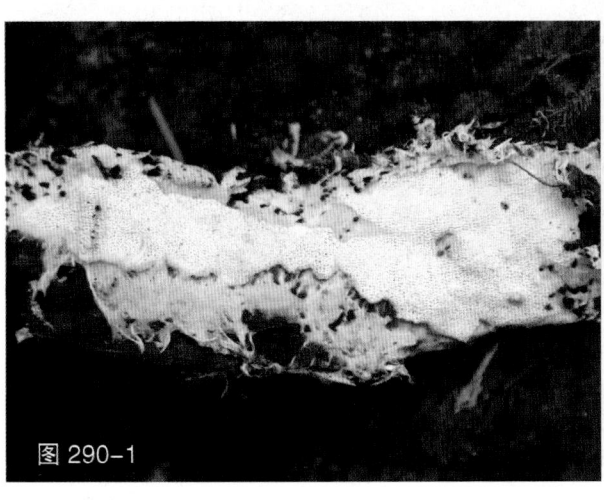

图 290-1

图 290-2

多孔菌、齿菌及革菌

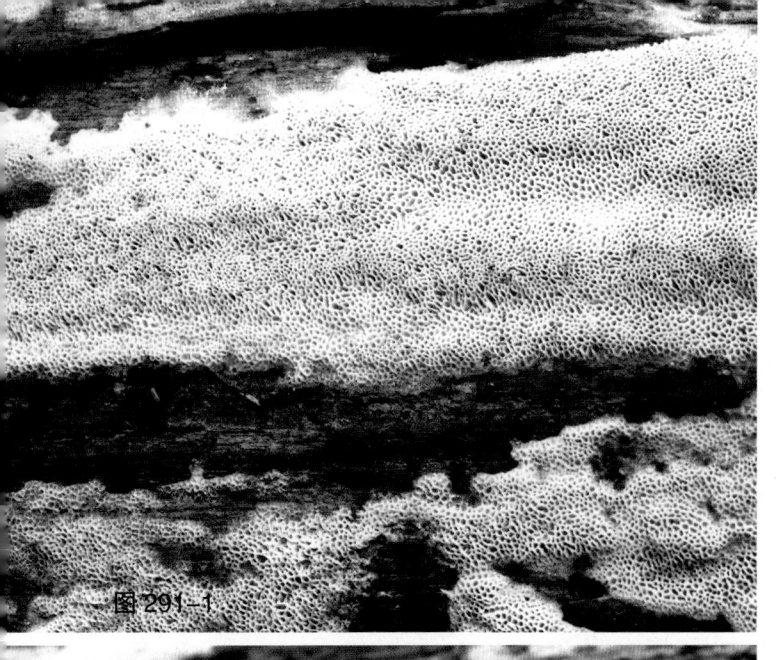
图291-1

291 柔丝变孔菌
Anomoporia bombycina (Fr.) Pouzar

子实体一年生，平伏，易与基物剥离，新鲜时软，干后脆质，长可达 20 cm，宽可达 8 cm，厚可达 1 mm；边缘淡灰色至淡黄褐色，具少量菌索。孔口表面淡褐色至砖红色或土黄褐色，无折光反应；略圆，多角形或不规则形，每毫米 2~4 个；边缘薄，全缘。菌肉很薄，淡灰黄色，厚可达 0.1 mm。菌管与孔口表面同色，长可达 1 mm。担孢子 6~7×4~4.8 μm，宽椭圆形，无色，薄壁，淀粉质，不嗜蓝。

秋季生于针叶树腐木上，造成木材褐色腐朽。分布于东北、青藏和西北地区。

292 肿丝变孔菌
Anomoporia vesiculosa Y.C. Dai & Niemelä

子实体一年生，平伏，不易与基物剥离，软，长可达 10 cm，宽可达 4 cm，厚可达 1 mm；边缘薄，灰白色，无菌索。孔口表面新鲜时浅黄色，干后酒红色，无折光反应；圆形至多角形，每毫米 1~3 个；边缘薄，撕裂状。菌肉很薄，淡灰黄色，棉质，厚可达 0.5 mm。菌管与孔口表面同色，长可达 0.5 mm。担孢子 5.5~7.5×2.8~4.2 μm，长椭圆形，无色，薄壁，淀粉质，不嗜蓝。

秋季生于针叶树腐木上，造成木材褐色腐朽。分布于东北地区。

图291-2

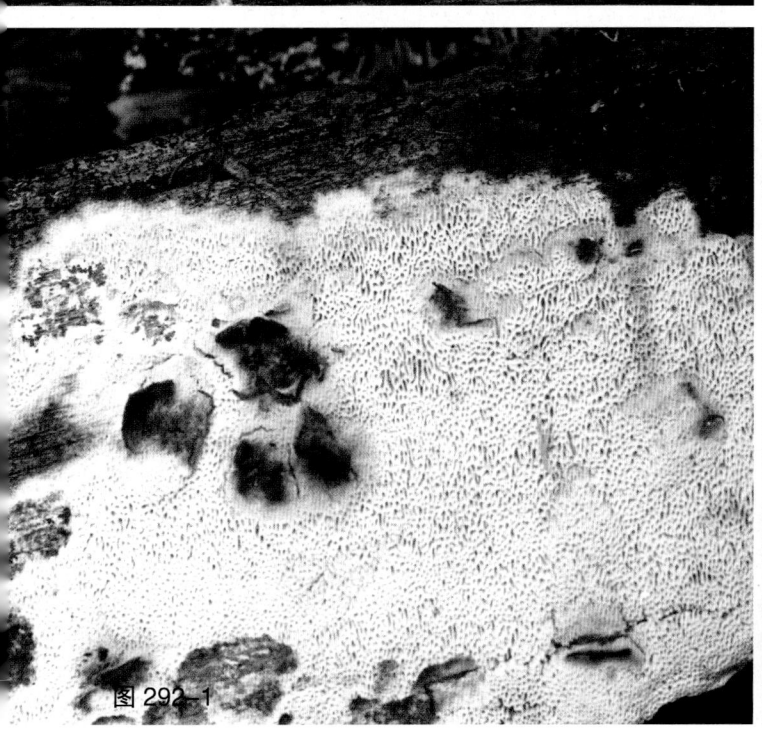
图292-1

图292-2

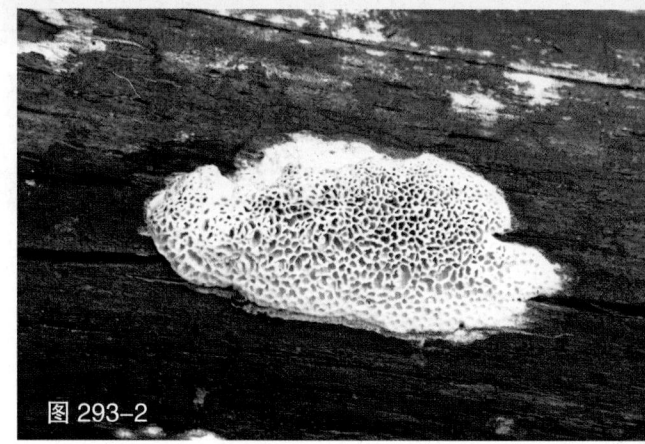

图 293-1

293 白薄孔菌

Antrodia albida (Fr.) Donk

子实体一年生，无柄，有时平伏或平伏反卷，覆瓦状叠生。平伏时长可达 20 cm，宽可达 2.5 cm。菌盖外伸可达 4 cm，宽可达 7 cm，厚可达 8 mm；表面新鲜时奶油色至淡黄色，干后淡黄色至土黄色或黄褐色；边缘锐或钝，奶油色、淡黄色至黄褐色。子实层体初期孔状，后期不规则状、半褶状或裂齿状。孔口表面淡黄褐色或黄褐色，无折光反应；形状不规则，每毫米 1~2 个；边缘薄，撕裂状。菌肉白色至浅黄褐色，木栓质，厚可达 2 mm。菌管或菌齿单层，黄褐色，干后硬木栓质，长可达 7 mm。担孢子 7~8.8×3~4.2 μm，椭圆形，无色，薄壁，光滑，非淀粉质，不嗜蓝。

夏秋季生于阔叶树的腐木、树桩、倒木、储木、栅栏木和薪炭木上，造成木材褐色腐朽。药用。分布于东北、华北、华中和西北地区。

图 293-2

294 竹生薄孔菌

Antrodia bambusicola Y.C. Dai & B.K. Cui

子实体一年生，平伏，贴生，不易与基物剥离，新鲜时革质，干后木栓质，长可达 40 cm，宽可达 5 cm，厚可达 0.5 mm。孔口表面新鲜时乳白色至奶油色，干后浅黄色，无折光反应；圆形或多角形，每毫米 3 个；边缘薄，全缘。不育边缘明显，渐薄。菌肉很薄，厚可达 0.1 mm。菌管与孔口表面同色，长可达 0.5 mm。担孢子 5~6×3~3.4 μm，椭圆形，无色，薄壁，光滑，非淀粉质，不嗜蓝。

夏秋季生于倒竹上，造成木材褐色腐朽。分布于华中地区。

图 294

多孔菌、齿菌及革菌

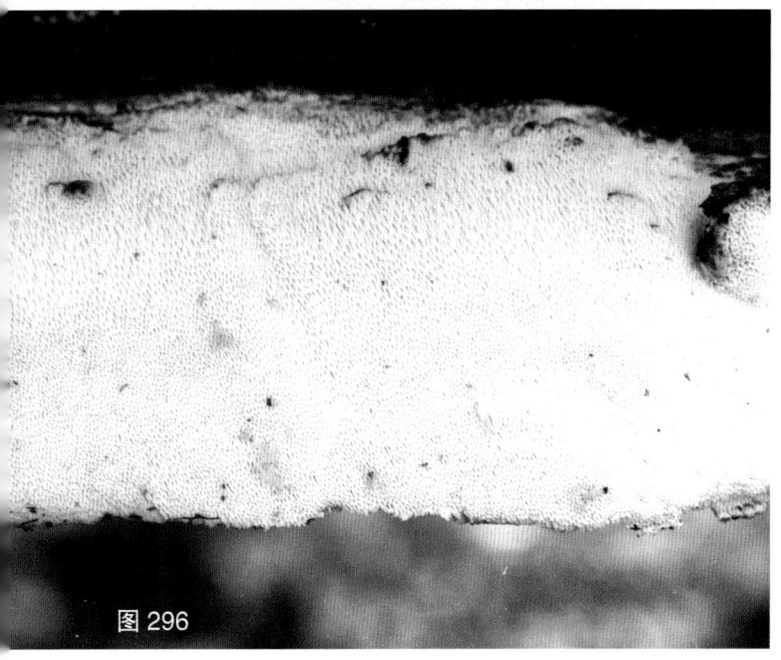

图 295

图 296

295

295 碳薄孔菌
Antrodia carbonica (Overh.) Ryvarden & Gilb.

　　子实体一年生，平伏，贴生，易与基物剥离，新鲜时革质，干后木栓质，长可达 20 cm，宽可达 8 cm，厚可达 6 mm。孔口表面新鲜时乳白色至奶油色，干后浅黄褐色，无折光反应；圆形或多角形，每毫米 2~4 个；边缘薄，撕裂状。不育边缘不明显。菌肉乳白色，新鲜时硬革质，干后木栓质，厚可达 3 mm。菌管浅黄色，新鲜时软木栓质，干后木栓质至硬纤维质，长可达 5 mm。担孢子 6~7.5×2.8~3.8 μm，长椭圆形，无色，薄壁，光滑，非淀粉质，不嗜蓝。

　　秋季生于针叶树上，造成木材褐色腐朽。分布于东北地区。

296 厚层薄孔菌
Antrodia crassa (P. Karst.) Ryvarden

　　子实体多年生，平伏，较易与基物剥离，新鲜时无特殊气味，木栓质，干后白垩质至干酪质，易碎，长可达 20 cm，宽可达 7 cm，中部厚可达 7 mm。孔口表面新鲜时乳白色至乳黄色，干后淡黄色至黄色或淡黄褐色；圆形或近圆形，偶尔略呈多角形，每毫米 4~6 个；边缘薄，全缘。不育边缘较窄或几乎无。菌肉白色至浅黄色，新鲜时木栓质，干后白垩质，厚可达 1 mm。菌管多层，分层明显，每层长可达 4 mm，与孔口表面同色或略浅，新鲜时木栓质，干后白垩质。担孢子 5.5~7×2.7~3.3 μm，宽圆柱形至宽椭圆形，无色，薄壁，光滑，非淀粉质，不嗜蓝。

　　春季至秋季生于针叶树倒木上，造成木材褐色腐朽。分布于东北地区。

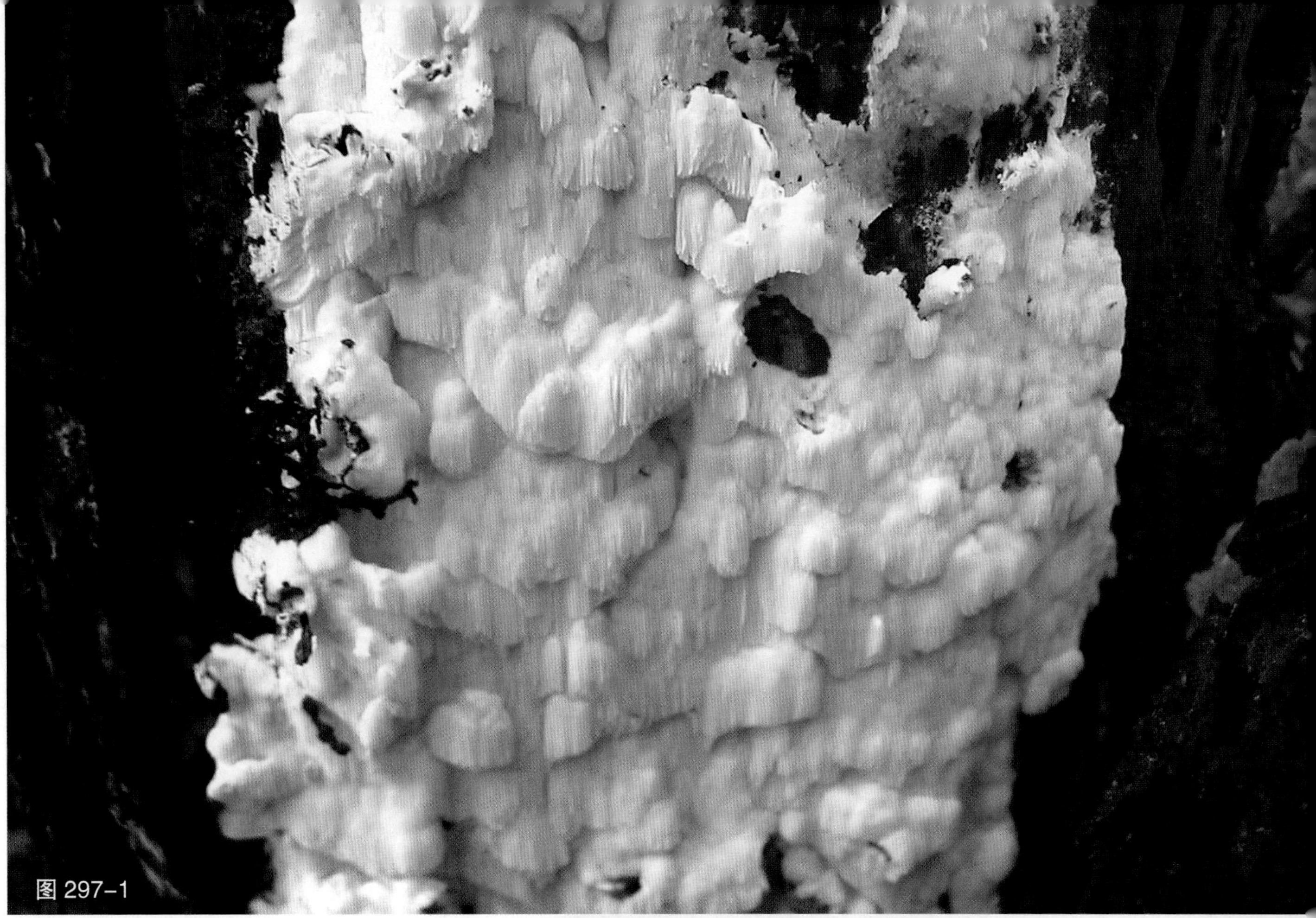

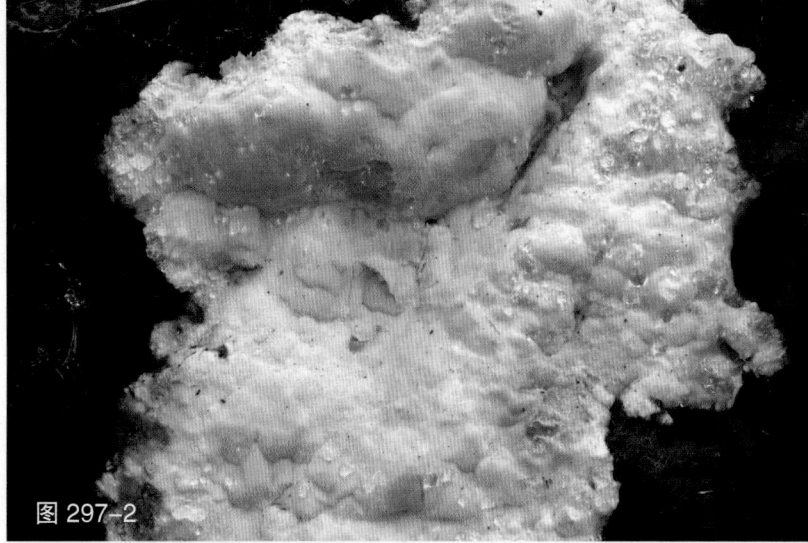

图 297-1

297 棉絮薄孔菌
Antrodia gossypium (Speg.) Ryvarden

≡ *Fibroporia gossypium* (Speg.) Parmasto

子实体一年生，平伏，贴生，易与基物剥离，新鲜时无臭无味，柔软，蜡质，干后软木栓质，脆，长可达 50 cm，宽可达 20 cm，中部厚可达 10 mm。孔口表面新鲜时乳白色至奶油色，触摸后变为污黄色，干后变为淡黄色，具弱折光反应；圆形至多角形，每毫米 4~6 个；边缘薄，略全缘。不育边缘明显，乳白色至奶油色，具菌索。菌索奶油色，棉絮状。菌肉白色或奶油色，软木栓质至脆质，厚可达 1 mm，有时具褐色松油状物质。菌管新鲜时奶油色，蜡质，干后浅棕黄色，脆，长可达 9 mm。担孢子4.4~5.8×2.2~3 μm，宽椭圆形，无色，非淀粉质，不嗜蓝。

秋季生于多种针叶树的倒木、储木或建筑木上，造成木材褐色腐朽。分布于东北、华北、华中地区。

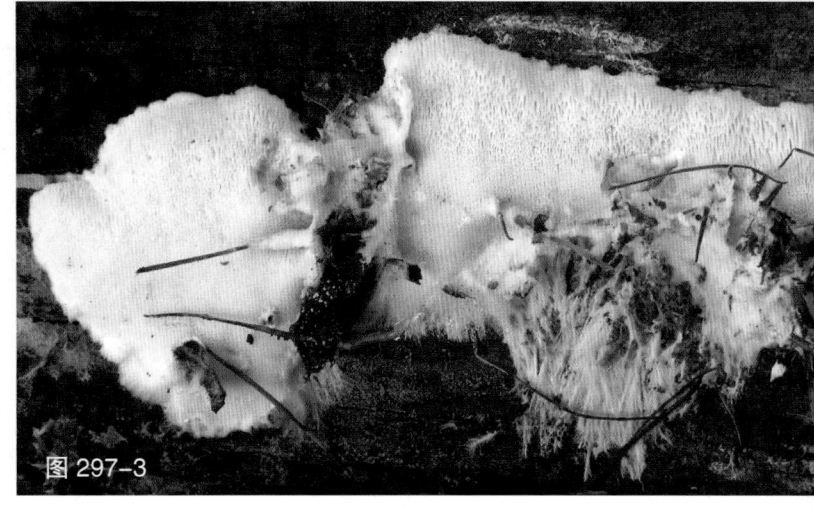

图 297-2

图 297-3

多孔菌、齿菌及革菌

图 298-1

图 298-2

298 异形薄孔菌
***Antrodia heteromorpha* (Fr.) Donk**

一年生，平伏或平伏反卷，无柄，覆瓦状叠生。单个菌盖外伸可达 2 cm，宽可达 6 cm。孔口表面新鲜时乳白色至乳黄色，干后淡黄色至淡黄褐色或浅褐色，无折光反应；不规则形或近圆形至多角形、迷宫状，每毫米 0.5~1.5 个；边缘薄，全缘或撕裂状。成熟子实层体裂齿状，菌齿紧密排列，每毫米 0.5~1 个。菌肉白色至浅黄色，新鲜时软木质，干后木栓质，厚可达 1 mm。菌管与孔口表面同色或略浅，长可达 7.5 mm。担孢子 8~12×3.6~4.8 μm，圆柱形，无色，薄壁，光滑，非淀粉质，不嗜蓝。

夏秋季生于针叶树上，造成木材褐色腐朽。各区均有分布。

图 299-1

图 299-2

299 兴安薄孔菌

Antrodia hingganensis Y.C. Dai & Penttilä

子实体一年生或二年生，平伏，难与基物剥离，新鲜时无臭无味，革质至软木栓质，干后木栓质，长可达 25 cm，宽可达 6 cm，中部厚可达 2 mm。孔口表面新鲜时奶油色，成熟时浅黄色至浅黄褐色，干后木材色至浅褐色，无折光反应；圆形至多角形，每毫米 3~5 个；边缘薄，全缘或略呈撕裂状。不育边缘不明显至几乎无，奶油色。菌肉奶油色至浅黄色，木栓质，厚可达 0.5 mm。菌管与孔口表面同色，木栓质至硬纤维质，长可达 1.5 mm。担孢子 4~5.4×1.1~1.5 μm，圆柱形或腊肠形，无色，薄壁，光滑，非淀粉质，不嗜蓝。

夏秋季生于多种针叶树倒木及储木上，造成木材褐色腐朽。分布于东北、华北、华中、西北和青藏地区。

300 黄山薄孔菌

Antrodia huangshanensis Y.C. Dai & B.K. Cui

子实体一年生，平伏，难与基物剥离，长可达 7 cm，宽可达 3 cm，中部厚可达 6 mm。孔口表面新鲜时奶油色，干后浅黄色至浅黄褐色，无折光反应；圆形至多角形，每毫米 1~3 个；边缘薄，全缘或略呈撕裂状。不育边缘不明显至几乎无，奶油色。菌肉奶油色至浅黄色，木栓质，厚可达 1 mm。菌管与孔口表面同色，木栓质至硬纤维质，长可达 5 mm。担孢子 5~6.5×1.6~2 μm，圆柱形或腊肠形，无色，薄壁，光滑，非淀粉质，不嗜蓝。

夏秋季生于针叶树倒木上，造成木材褐色腐朽。分布于华中地区。

图 300-1

图 300-2

多孔菌、齿菌及革菌

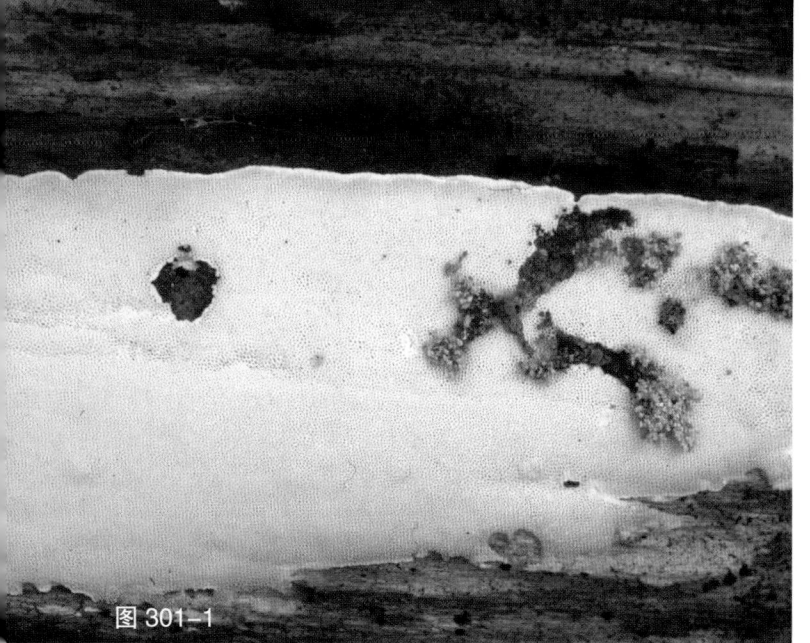
图 301-1

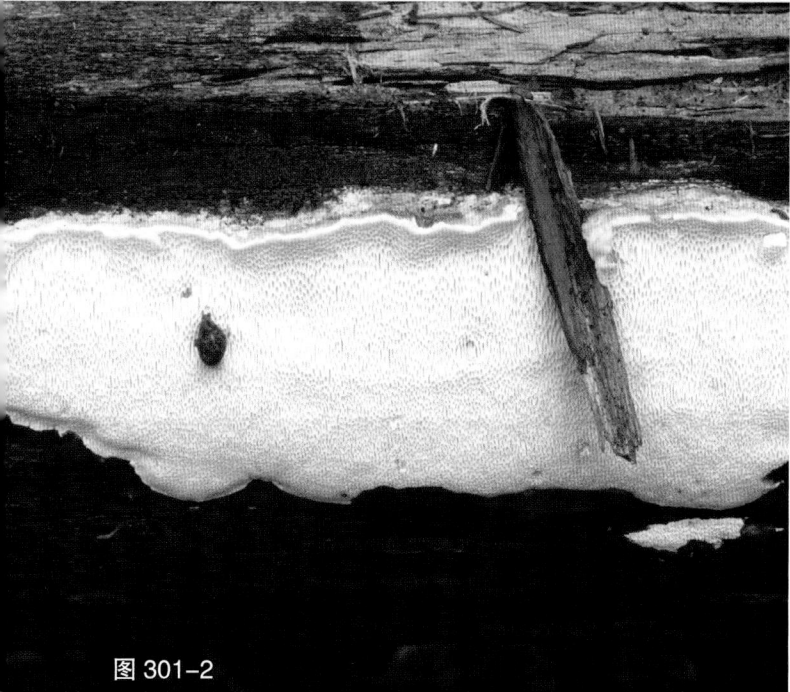
图 301-2

301 乳白薄孔菌

***Antrodia leucaena* Y.C. Dai & Niemelä**

子实体一年生，平伏至平伏反卷，紧贴于基物生长，新鲜时革质，具强烈的防腐剂味，干后木栓质。平伏时长可达 15 cm，宽可达 4 cm。菌盖外伸可达 1 cm，宽可达 10 cm。表面新鲜时奶油色，干后淡奶油色至暗褐色；边缘钝。孔口表面新鲜时白色至奶油色，干后淡褐色至污褐色；圆形，每毫米 3~5 个；边缘薄，全缘。菌肉奶油色，木栓质，颜色较菌管浅。菌管奶油色，木栓质，长可达 2 mm。担孢子 6~9×2.5~3.5 μm，圆柱形，无色，薄壁，光滑，非淀粉质，不嗜蓝。

秋季生于杨树上，造成木材褐色腐朽。分布于东北地区。

302 大孢薄孔菌

***Antrodia macrospora* Bernicchia & De Domincis**

子实体一年生，平伏或平伏反卷，易与基物剥离，新鲜时无特殊气味，木栓质，软，干后木质，长可达 10 cm，宽可达 3.5 cm，中部厚可达 7.5 mm。孔口表面新鲜时白色至淡黄色，干后淡土黄色至赭黄色，无折光反应；不规则形、圆形或近圆形至多角形，每毫米 1.5~2.5 个；边缘薄，全缘或略呈撕裂状。不育边缘较窄或几乎无。菌肉白色至浅黄色，新鲜时木栓质，干后木质，较薄，厚可达 1 mm。菌管单层，长可达 6.5 mm，与孔口表面同色或略浅，新鲜时木栓质，干后木质。担孢子 12~14×4.5~5.5 μm，宽椭圆形，无色，薄壁，光滑，非淀粉质，不嗜蓝。

秋季生于栎树倒木上，造成木材褐色腐朽。分布于东北地区。

图 302-1

图 302-2

303 苹果薄孔菌
***Antrodia malicola* (Berk. & M.A. Curtis) Donk**

　　子实体一年生，无柄，单生或覆瓦状叠生，新鲜时无臭无味，木栓质，干后硬木栓质。菌盖半圆形，单个菌盖外伸可达 2 cm，宽可达 3 cm，厚可达 7 mm；表面新鲜时淡黄色至黄褐色，干后土黄色至黄褐色；边缘锐，淡黄色至黄褐色。孔口表面淡黄褐色或土黄色至黄褐色，具折光反应；不规则形、圆形或近圆形至多角形，每毫米 2~3 个；边缘薄，全缘。不育边缘明显，奶油色至淡黄褐色，宽可达 5 mm。菌肉奶油色至浅黄褐色，木栓质，厚可达 2 mm。菌管单层，淡黄褐色，新鲜时木栓质，干后木质，长可达 7 mm。担孢子 7~8.5×3~4 μm，圆柱形至椭圆形，无色，薄壁，光滑，非淀粉质，不嗜蓝。

　　夏秋季生于多种阔叶树的活立木、倒木及储木上，造成木材褐色腐朽。各区均有分布。

304 原始薄孔菌
***Antrodia primaeva* Renvall & Niemelä**

　　子实体一年生，平伏或平伏反卷，长可达 20 cm，宽可达 4 cm，中部厚可达 1.5 mm。孔口表面新鲜时白色至奶油色，干后淡黄色至淡褐色；形状不规则，每毫米 2~3 个；边缘薄，全缘。不育边缘明显，乳白色。菌肉白色至奶油色，新鲜时软木栓质，干后木质，厚可达 1 mm。菌管与孔口表面同色或略浅，新鲜时木栓质，干后脆木质，长可达 0.5 mm。担孢子 6.5~7.5×2.5~3 μm，圆柱形或椭圆形，无色，薄壁，光滑，非淀粉质，不嗜蓝。

　　秋季生于针叶树过火木上，造成木材褐色腐朽。分布于东北地区。

图 303-1

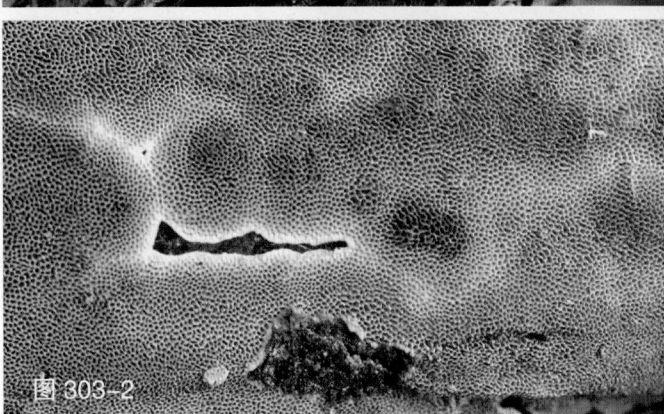

图 303-2

图 304-1

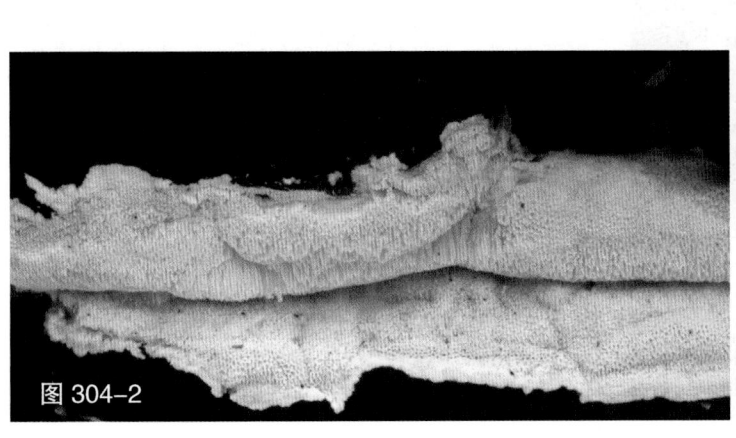

图 304-2

图 304-3

多孔菌、齿菌及革菌

中国大型菌物资源图鉴　　283

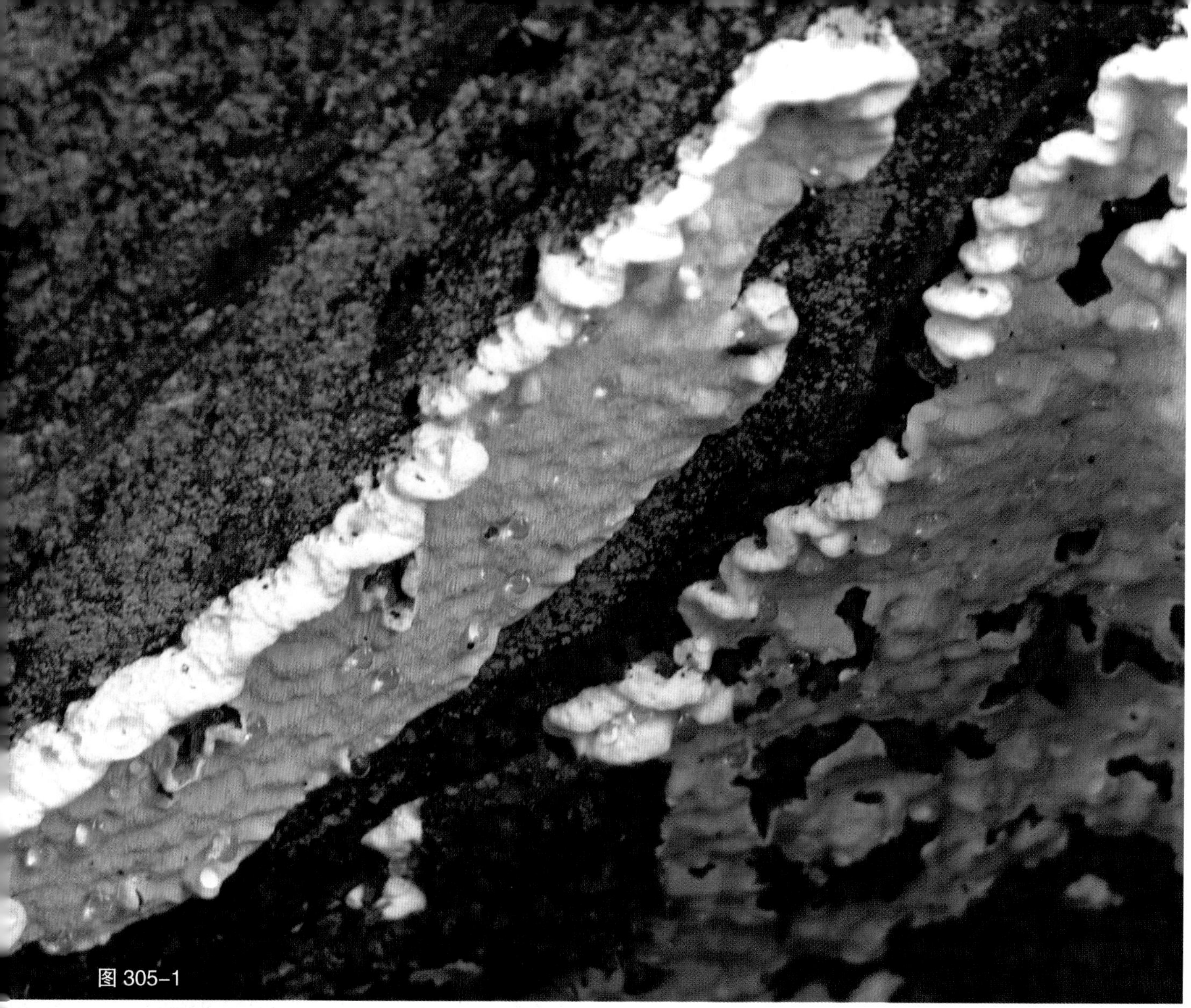

图 305-1

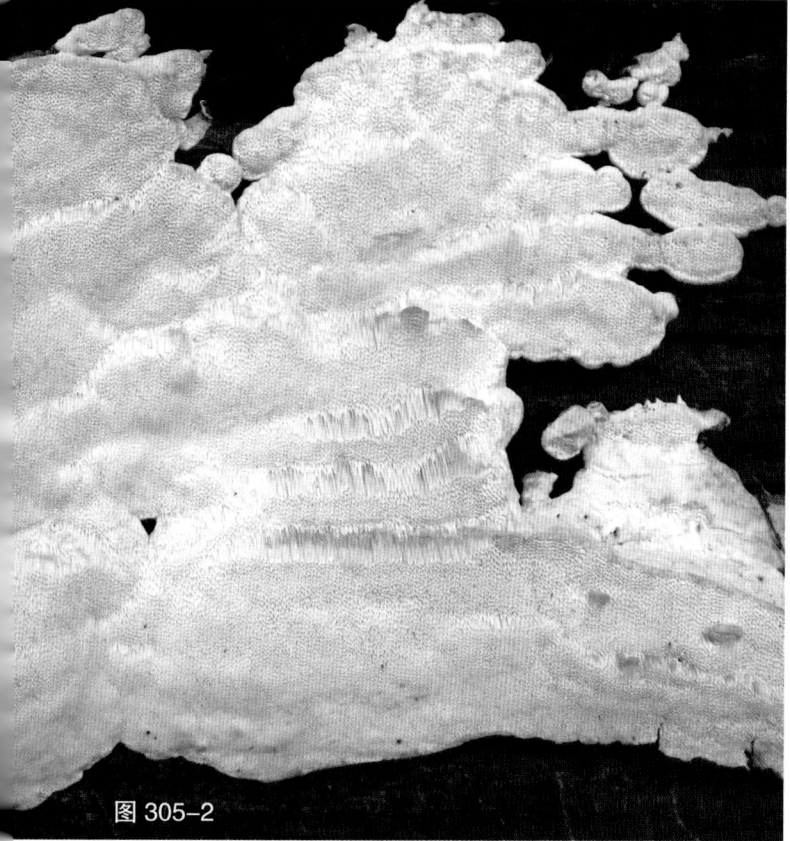

图 305-2

305 狭檐薄孔菌
Antrodia serialis (Fr.) Donk

　　子实体一年生至多年生，平伏，有时平伏反卷，菌盖覆瓦状叠生或左右连生，新鲜时无臭无味，韧革质，干后硬木栓质。单个菌盖通常很窄，外伸可达 5 mm，宽可达 10 cm，厚可达 4 mm；表面奶油色至赭色，光滑，有时具同心环纹；边缘锐。孔口表面新鲜时奶油色，干后乳黄色至木材色；多角形，每毫米 2~4 个；边缘薄，全缘至撕裂状。不育边缘不明显至几乎无。菌肉奶油色，硬木栓质，无环区，厚可达 1.5 mm。菌管奶油色，木栓质，长可达 2.5 mm。担孢子 6.3~8×2.2~3.3 μm，近纺锤形至圆柱形，无色，薄壁，光滑，非淀粉质，不嗜蓝。

　　夏秋季生于多种针叶树的倒木和储木上，造成木材褐色腐朽。分布于东北、华中、西北和青藏地区。

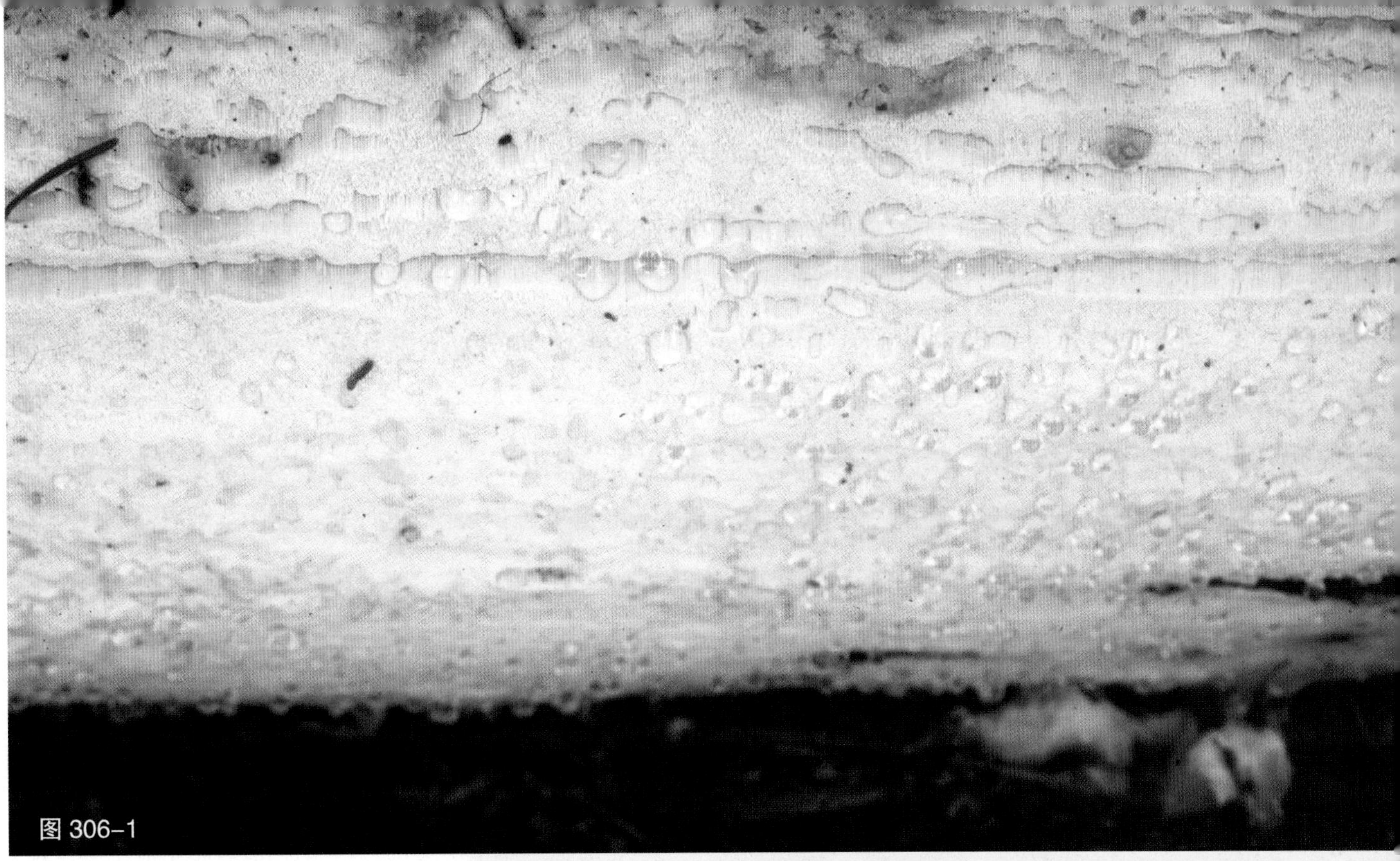

图 306-1

306 锡特卡薄孔菌

Antrodia sitchensis
(D.V. Baxter) Gilb. &
Ryvarden

≡ *Amyloporia sitchensis*
(D.V. Baxter) Vampola &
Pouzar

子实体多年生，平伏，难与基物剥离，新鲜时软木栓质或木栓质，具芳香味，干后硬木栓质或木质，长可达 90 cm，宽可达 15 cm，厚可达 2 cm。孔口表面白色至奶油色，干后琥珀色至蜜黄色；近圆形，每毫米 4~5 个；边缘厚，全缘。菌肉奶油色，厚可达 2 mm。菌管木材色，分层明显，木栓质或石灰质，长可达 18 mm。担孢子 4.5~5.5×1.8~2.2 μm，圆柱形，略弯曲，无色，薄壁，光滑，非淀粉质，不嗜蓝。

春季至秋季生于针叶树倒木上，造成木材褐色腐朽。分布于东北地区。

图 306-2

图 306-3

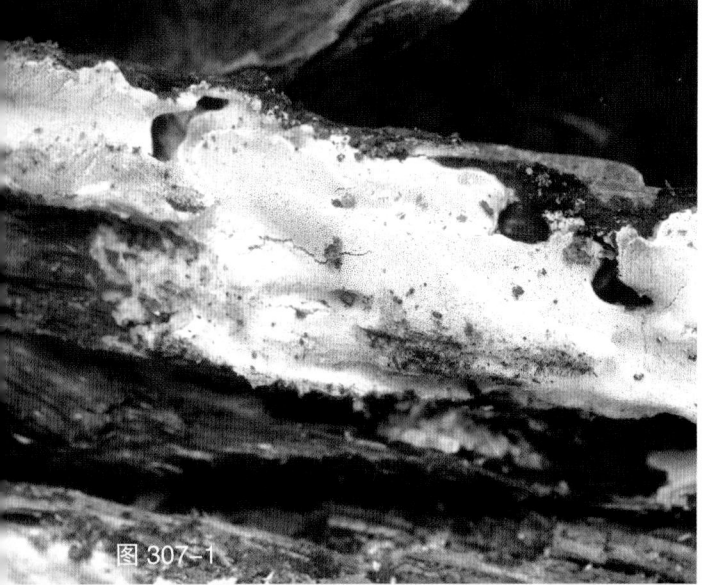

图 307-1

307 污薄孔菌
***Antrodia sordida* Ryvarden & Gilb.**

子实体一年生，平伏，难与基物剥离，新鲜时软革质，干后木栓质，长可达 20 cm，宽可达 6 cm，中部厚可达 2 mm。孔口表面干后浅褐色；圆形，每毫米 5~6 个；边缘薄，全缘或略呈撕裂状。不育边缘不明显至几乎无，奶油色。菌肉奶油色，木栓质，厚可达 0.2 mm。菌管与孔口表面同色，木栓质，长可达 1.8 mm。担孢子 5~6×1.9~2.1 μm，圆柱形，无色，薄壁，光滑，非淀粉质，不嗜蓝。

春夏季生于南亚松树腐木上，造成木材褐色腐朽。分布于华南地区。

308 拟黄薄孔菌
***Antrodia subxantha* Y.C. Dai & X.S. He**

子实体一年生至多年生，平伏，成熟时裂成小方块状，紧贴于基物上，新鲜时具香味，软木栓质，长可达 7 cm，宽可达 3.5 cm，中部厚可达 12 mm。孔口表面新鲜时稻草色至柠檬色，干后淡黄色，无折光反应；多角形，每毫米 5~8 个；边缘薄，全缘至略呈撕裂状。不育边缘窄至几乎无。菌肉奶油色至浅黄色，易碎，厚可达 10 mm。菌管单层至多层，与孔口表面同色，长可达 2 mm。担孢子 3~4×1.6~2 μm，圆柱形至长椭圆形，无色，薄壁，光滑，非淀粉质，不嗜蓝。

春季至秋季生于柏树活立木上，造成木材褐色腐朽。分布于华中、青藏地区。

图 307-2

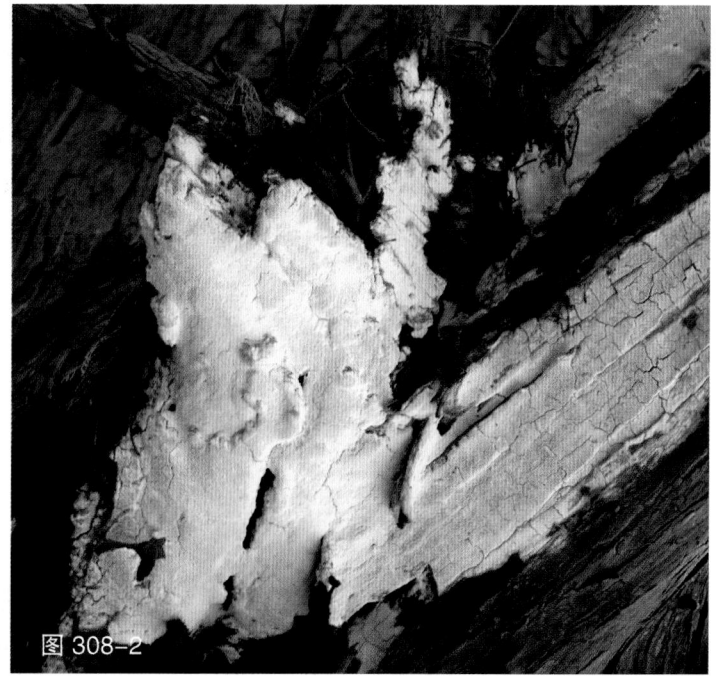

图 308-1

图 308-2

309 威兰薄孔菌

***Antrodia vaillantii* (DC.) Ryvarden**

≡ *Fibroporia vaillantii* (DC.) Parmasto

　　子实体一年生，平伏，较易与基物剥离，新鲜时无臭无味，肉质至软革质，干后软木栓质，易碎，长可达 20 cm，宽可达 6 cm，中部厚可达 6 mm。孔口表面奶油色至淡黄色，具弱折光反应；圆形或近圆形，有时不规则形，每毫米 4~6 个；边缘薄，全缘。不育边缘明显，具菌索。菌索白色至奶油色。菌肉白色至浅黄色，新鲜时革质，干后棉质，厚可达 2 mm。菌管与菌肉同色或略浅，长可达 4 mm。担孢子 4.3~6.3×3~3.4 μm，卵圆形至宽椭圆形，无色，壁薄至稍厚，光滑，非淀粉质，不嗜蓝。

　　夏秋季生于多种针叶树的腐木及建筑木上，造成木材褐色腐朽。分布于东北、华中、西北和青藏地区。

图 309

310 变形薄孔菌

***Antrodia variiformis* (Peck) Donk**

　　子实体一年生，平伏或平伏反卷，覆瓦状叠生，新鲜时无特殊气味，木栓质，软，干后韧革质。菌盖外伸可达 1 cm，宽可达 3 cm，厚可达 7 mm；表面幼嫩时淡褐色，被细绒毛，成熟时土黄色或锈褐色，光滑，无绒毛，具不明显的同心环纹。孔口表面新鲜时淡褐色，干后污褐色至褐色，无折光反应；不规则形或近圆形至多角形，裂齿状，每毫米 1~2 个；边缘薄，全缘或撕裂状。不育边缘较窄或无。菌肉白色至浅褐色，新鲜时木栓质，厚可达 1 mm。菌管与孔口表面同色或略浅，长可达 6 mm。担孢子 8.2~10×3.1~4 μm，圆柱形，无色，薄壁，光滑，非淀粉质，不嗜蓝。

　　夏秋季生于针叶树倒木上，造成木材褐色腐朽。分布于东北和华中地区。

图 310-1

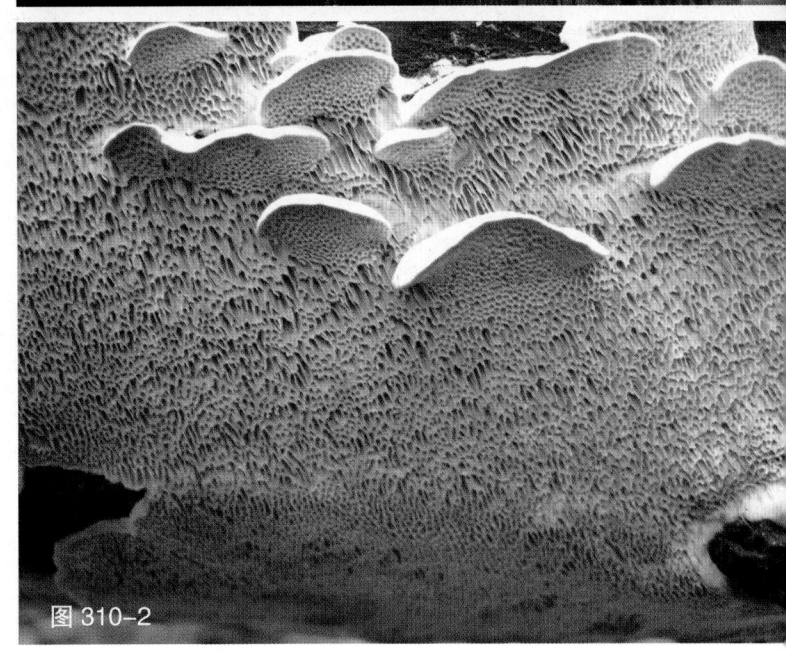

图 310-2

多孔菌、齿菌及革菌

图 311-1

图 311-2

311 王氏薄孔菌
Antrodia wangii Y.C. Dai & H.S. Yuan

子实体一年生，平伏反卷或平伏，难与基物剥离，新鲜时无特殊气味，革质，干后木栓质。菌盖外伸可达 1 cm，宽可达 10 cm，厚可达 6 mm；表面新鲜时奶油色，干后浅黄褐色，光滑；边缘锐。孔口表面新鲜时奶油色，干后奶油色至浅黄色，无折光反应；圆形至多角形，每毫米 4~5 个；边缘薄，全缘。菌肉奶油色至浅黄色，无同心环区，木栓质，较薄，厚可达 1 mm。菌管与菌肉同色，木栓质，长可达 5 mm。担孢子 6.3~7.8×2.1~2.6 μm，圆柱形，有时稍弯曲，无色，厚壁，光滑，非淀粉质，不嗜蓝。

夏秋季生于李树上，造成木材褐色腐朽。分布于华北地区。

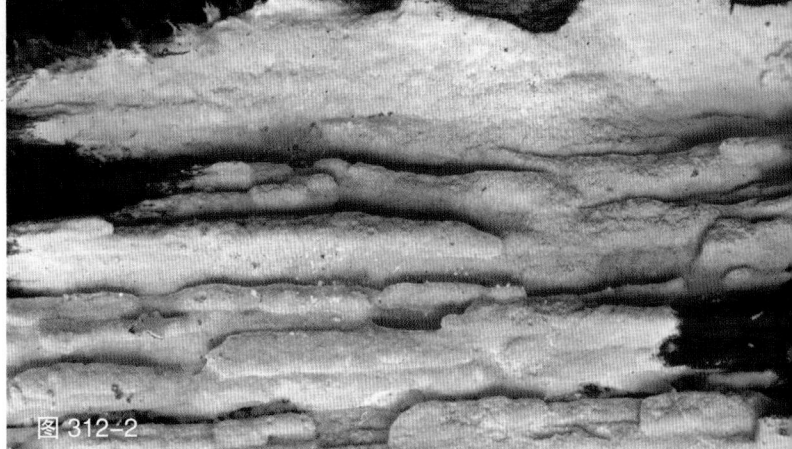

图 312-1

312 黄薄孔菌

***Antrodia xantha* (Fr.) Ryvarden**

≡ *Amyloporia xantha* (Fr.) Bondartsev &
  Singer

子实体一年生至多年生，平伏，成熟时
裂成小方块状，难与基物剥离；新鲜时无臭无
味，软木栓质，干后白垩质，易碎，长可达
100 cm，宽可达 20 cm，中部厚可达 5 mm。孔
口表面新鲜时奶油色、柠檬色或硫黄色，干后
淡黄色或奶油黄色，具弱折光反应；圆形或近
圆形，每毫米 5~7 个；边缘薄，全缘。不育边
缘明显，白色，棉垫状，宽可达 2 mm。菌肉白
色至浅黄色，厚可达 1 mm。菌管单层至多层，
与孔口表面同色或略浅，长可达 5 mm。担孢子
4~5×1.2~1.5 μm，腊肠形，无色，薄壁，光滑，
非淀粉质，不嗜蓝。

春季至秋季生于针叶树和阔叶树的腐木、
树桩、倒木、储木和薪炭木上，造成木材褐色
腐朽。药用。分布于东北、华北、青藏和西北
地区。

图 312-2

图 312-3

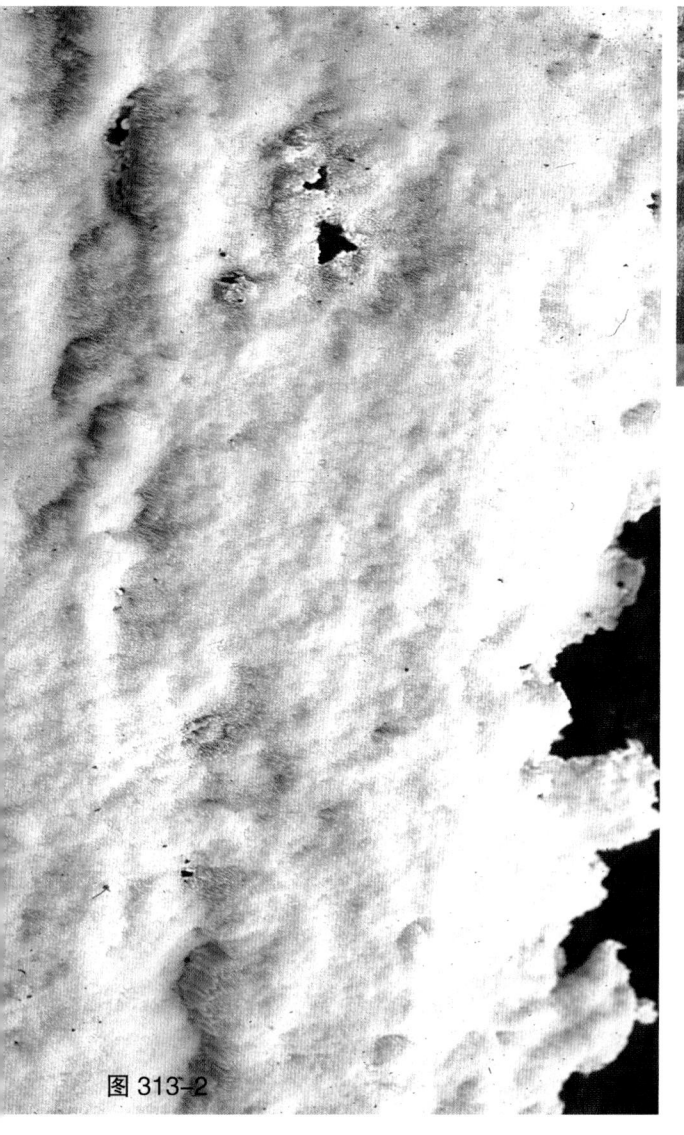

图 313-1

图 313-2

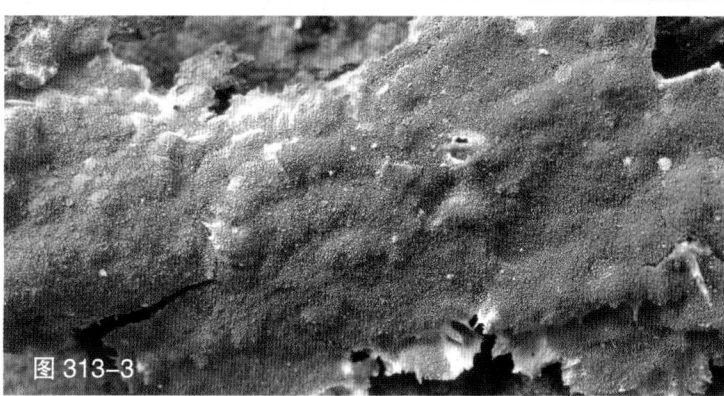

图 313-3

313 白黄小薄孔菌
Antrodiella albocinnamomea Y.C. Dai & Niemelä

子实体一年生，平伏，新鲜时革质至软木栓质，干后变为硬木栓质，长可达 50 cm，宽可达 20 cm，厚可达 5 mm，边缘较薄或明显缺失。孔口表面奶油色至红褐色，无折光反应；圆形至多角形，每毫米 3~5 个；边缘薄，全缘或略呈撕裂状。菌肉奶油色，软木栓质，厚可达 0.5 mm。菌管与菌肉同色，木栓质，长可达 4.5 mm。担孢子 3.7~5×2.1~2.9 μm，长椭圆形，无色，薄壁，光滑，非淀粉质，不嗜蓝。

夏秋季生于阔叶树倒木上，造成木材白色腐朽。分布于东北、华北和华中地区。

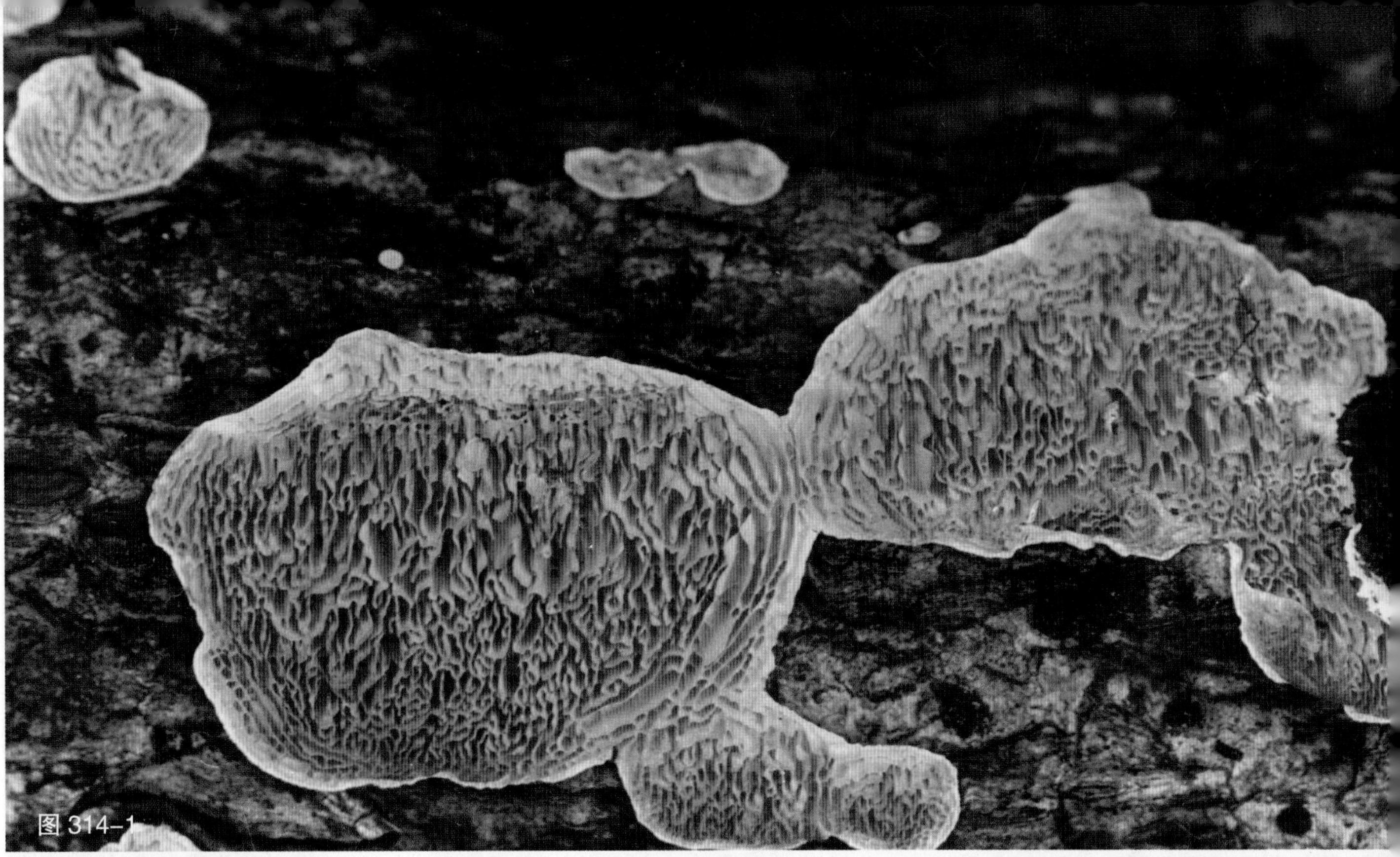

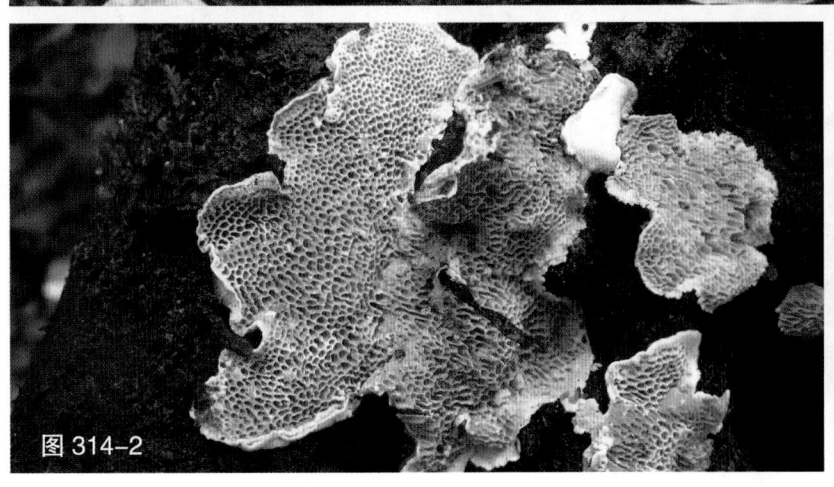

图 314-1

图 314-2

314 红黄小薄孔菌
Antrodiella aurantilaeta (Corner) T. Hatt. & Ryvarden

　　子实体一年生，平伏至反卷，偶尔覆瓦状叠生，新鲜时肉质至革质，干后木栓质。菌盖外伸可达 1 cm，宽可达 3 cm，厚可达 6 mm；表面新鲜时橘红色，成熟时橙黄色，干后几乎奶油色，具环纹，具绒毛；边缘锐，干后内卷。孔口表面深橘红色，干后橘红色，具折光反应；初期多角形，后期不规则形、迷宫状或裂齿形，有时为同心环褶形，每毫米 1~3 个；边缘薄，撕裂状。不育边缘明显，奶油色，宽可达 1 mm。菌肉浅米黄色，异质，厚可达 1 mm。上层为绒毛层，柔软，下层较密，木栓质，两层之间具一褐色线。菌管与菌肉同色，木栓质，长可达 5 mm。担孢子 3~3.5×1.5~2 μm，短圆柱形至椭圆形，无色，薄壁，光滑，非淀粉质，不嗜蓝。

　　秋季生于多种阔叶树的倒木及储木上，造成木材白色腐朽。分布于华中和华南地区。

图 314-3

多孔菌、齿菌及革菌

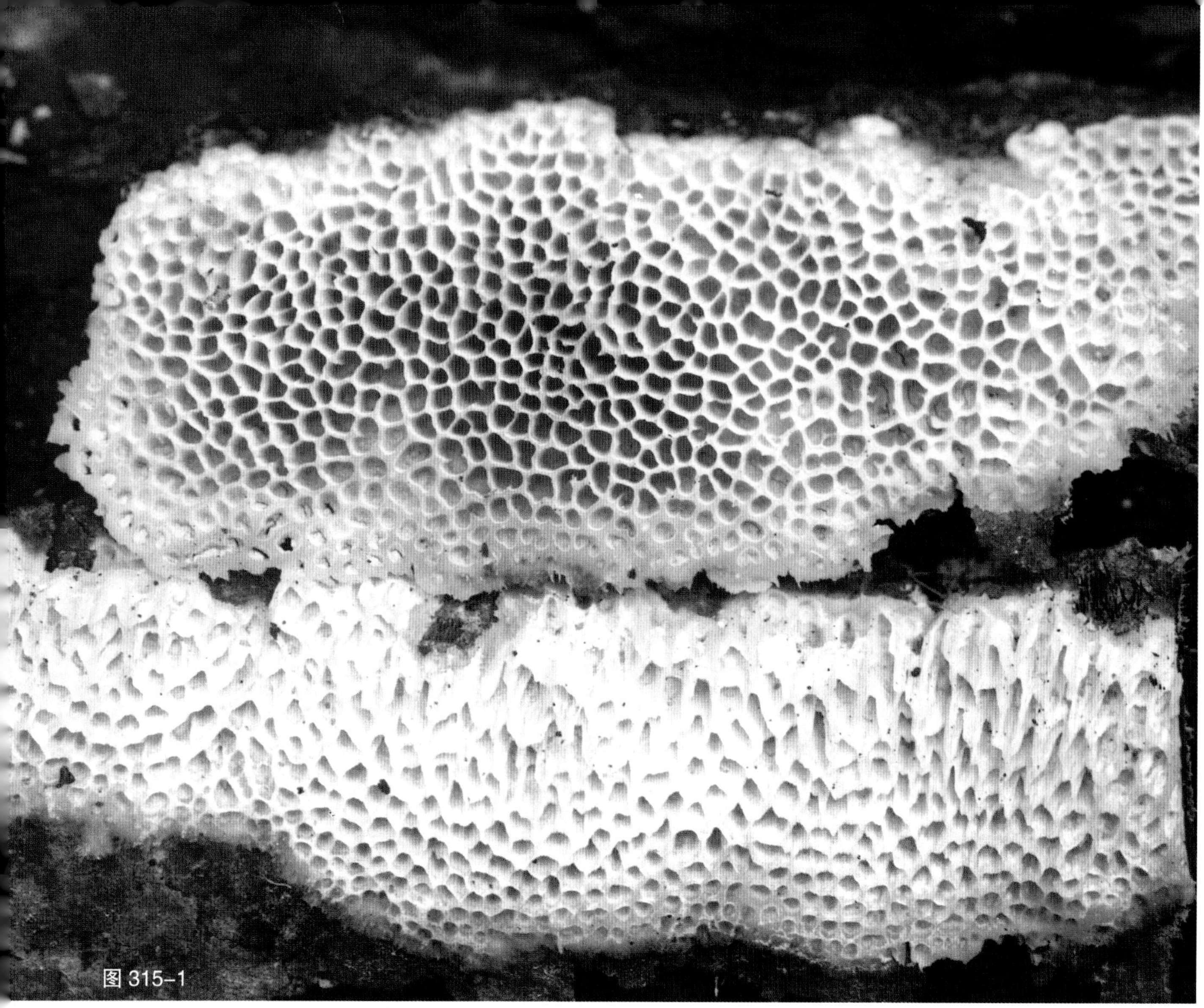

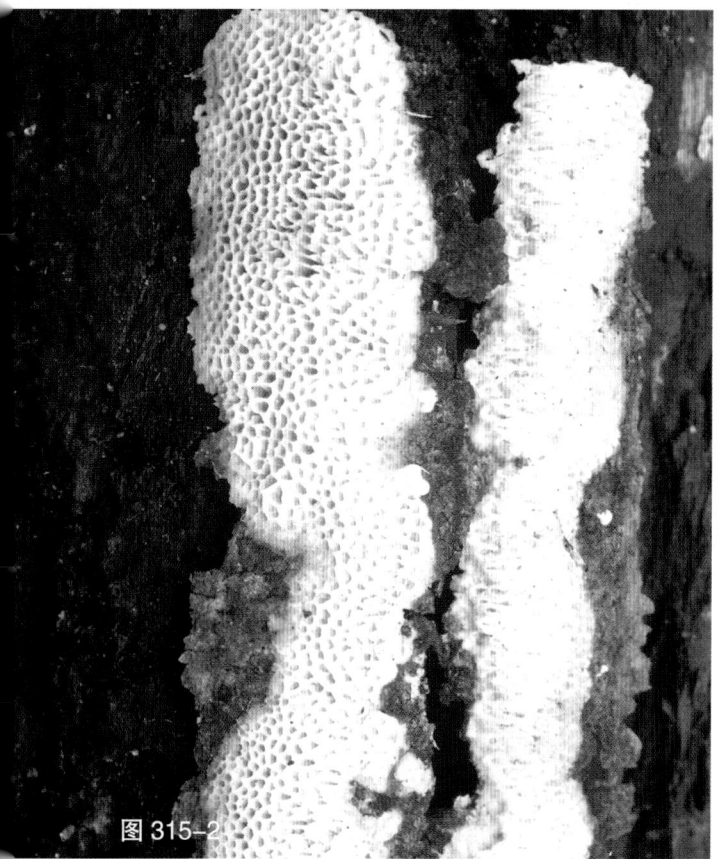

图 315-1

图 315-2

315 中国小薄孔菌
Antrodiella chinensis **H.S. Yuan**

　　子实体一年生，平伏，新鲜时具轻微气味，软木栓质，干后硬木栓质至革质，长可达4 cm，宽可达2 cm，厚可达3 mm，边缘较薄或明显缺失。孔口表面奶油色至稻草色或浅黄色，无折光反应；多角形，每毫米1~2个；边缘薄，全缘或略呈撕裂状。新鲜子实体不育边缘非常明显，成熟时不育边缘缺失。菌肉白色至浅黄色，木栓质，厚可达1 mm。菌管与菌肉同色，木栓质，长可达2 mm。担孢子3~4×1.3~2 μm，椭圆形，无色，薄壁，光滑，非淀粉质，不嗜蓝。

　　秋季生于阔叶树倒木上，造成木材白色腐朽。分布于东北地区。

图 316-1

316 柔韧小薄孔菌
Antrodiella duracina

(Pat.) I. Lindblad & Ryvarden

≡ *Tyromyces duracinus* (Pat.) Murrill

子实体一年生，具侧生柄，新鲜时革质，干后木栓质。菌盖匙形至半圆形，直径达4 cm；表面中部呈稻草色，具明显或不明显的同心环纹，光滑；边缘锐，淡黄色至黄褐色。孔口表面新鲜时奶油色，干后稻草色至淡黄灰色，具折光反应；多角形，每毫米 7~8 个；边缘薄，全缘。不育边缘明显。菌肉奶油色，厚可达 1 mm。菌管淡黄色，长可达 1 mm。菌柄圆柱形或稍扁平，长可达 1 cm，直径可达3 mm。担孢子 4.1~5.2×1.7~2 μm，圆柱形至腊肠形，无色，薄壁，光滑，非淀粉质，不嗜蓝。

春季至秋季生于阔叶树腐木上，造成木材白色腐朽。分布于华南地区。

图 316-2

多孔菌、齿菌及革菌

图 317-1

317 白膏小薄孔菌
Antrodiella gypsea (Yasuda) T. Hatt. & Ryvarden

子实体一年生至多年生，平伏或平伏反卷，不易与基物剥离，覆瓦状叠生。菌盖外伸可达 0.8 cm，宽可达 1.5 cm，厚可达 4 mm；表面奶油色至淡黄色，被细微绒毛，无同心环带；边缘锐，橘黄色，干后内卷。孔口表面初期奶油色，后期淡黄色至橘黄褐色，具折光反应；多角形，每毫米 7~8 个；边缘薄，全缘。不育边缘不明显至几乎无。菌肉白色至奶油色，软木栓质，厚可达 1 mm。菌管与菌肉几乎同色，软木栓质，长可达 3 mm。担孢子 2.6~3×1.2~1.7 μm，椭圆形，无色，薄壁，光滑，非淀粉质，不嗜蓝。

夏秋季生于多种针叶树活立木、倒木和储木上，造成木材白色腐朽。分布于东北、西北和华中地区。

图 317-2

图 317-3

图 317-4

多孔菌、齿菌及革菌

图 318-1

图 318-2

318 奶油小薄孔菌
Antrodiella lactea H.S. Yuan

　　子实体一年生，平伏或平伏反卷，革质，新鲜时无特殊气味，干后木栓质，长可达 8 cm，宽可达 2.5 cm。平伏部分厚可达 1.5 mm，反卷菌盖外伸可达 3 mm。菌盖表面奶油色至淡黄色，无明显环带和环沟，光滑；边缘钝，干后内卷。孔口表面新鲜时白色至奶油色，干后奶油色至稻草色；圆形至多角形，每毫米 6~7 个；边缘薄，全缘。不育边缘明显，宽可达 1 mm。菌肉白色至奶油色，木栓质，无环区，厚约 0.5 mm。菌管与孔口表面同色，木栓质，长可达 1 mm。担孢子 3.1~3.6×2.1~2.4 μm，椭圆形，无色，薄壁，光滑，非淀粉质，不嗜蓝。

　　秋季生于阔叶树上，造成木材白色腐朽。分布于华南地区。

图 319-1

图 319-2

319 **黑卷小薄孔菌**

Antrodiella liebmannii (Fr.) Ryvarden

≡ *Tyromyces liebmannii* (Fr.) G. Cunn.

　　子实体一年生至多年生，具侧生柄，新鲜时脆革质，干后骨质。菌盖匙形至半圆形，长可达 6 cm，宽可达 4 cm，厚可达 5 mm；表面褐色至深蓝色，具同心环带，光滑；边缘锐。孔口表面干后棕褐色至污灰褐色；圆形至多角形，每毫米 18~22 个；边缘薄，全缘。菌肉淡棕黄色至深褐色，骨质，厚可达 2 mm。菌管深褐色，分层，每层厚可达 1 mm。菌柄短，扁平，褐色，光滑，长可达 1 cm，直径可达 4 mm。担孢子 3.2~3.7×1.7~2 μm，短圆柱形至长椭圆形，无色，薄壁，光滑，非淀粉质，不嗜蓝。

　　夏秋季单生或数个连生于阔叶树倒木和腐木上，造成木材白色腐朽。分布于华中和华南地区。

多孔菌、齿菌及革菌

中国大型菌物资源图鉴　　**297**

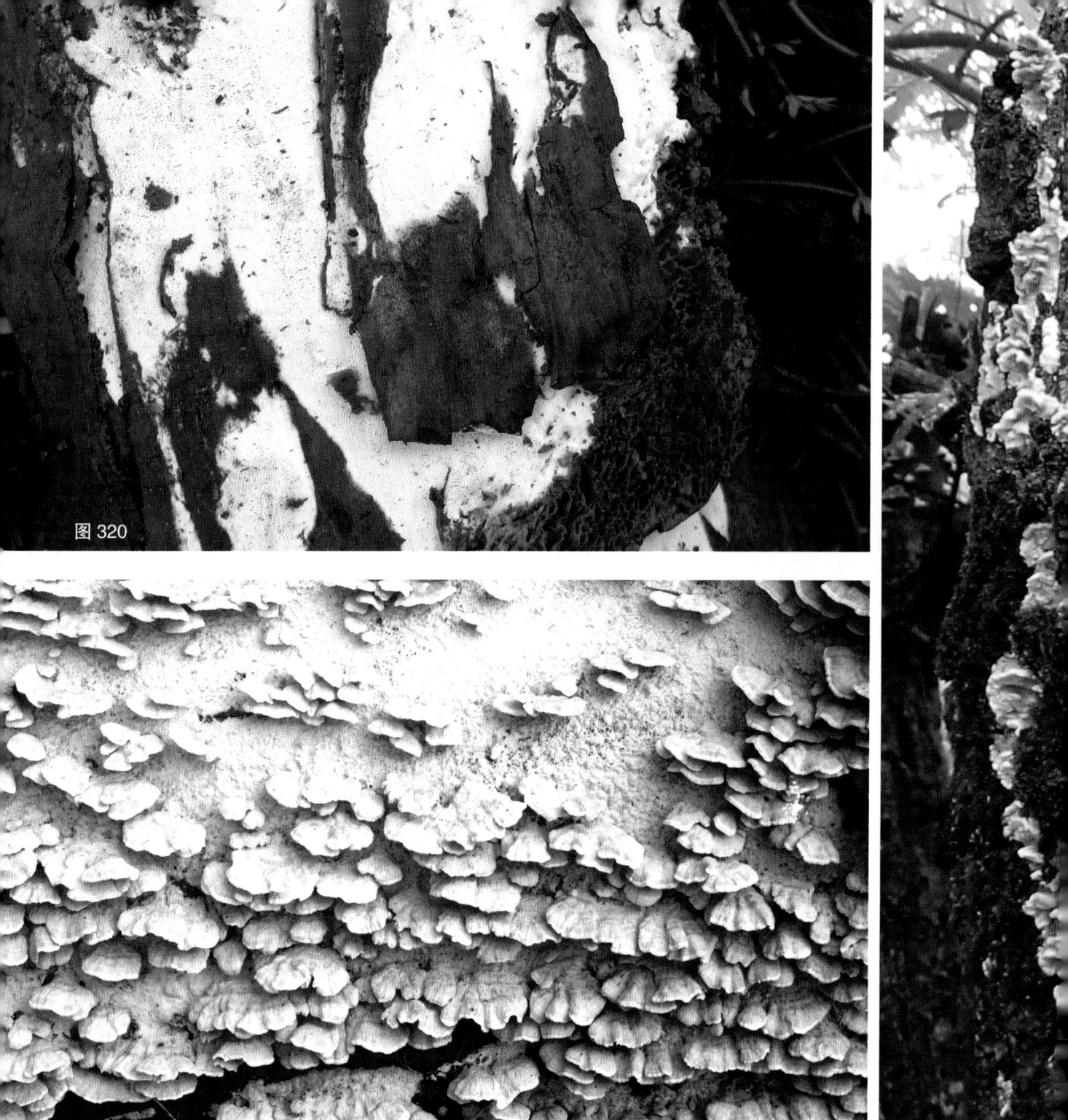

图 320

图 321-1

崖柏小薄孔菌

Antrodiella thujae Y.C. Dai & H.S. Yuan

子实体多年生,平伏或平伏至反卷,极少盖形。平伏时长可达 10 cm,宽可达 6 cm。菌盖外伸可达 0.5 cm,宽可达 2 cm,厚可达 0.5 mm;表面灰棕黄色,无明显环纹,光滑或具突起;边缘锐,淡黄色。孔口表面新鲜时白色至奶油色,干后淡黄色,具裂纹,具折光反应;圆形至多角形,每毫米 5~7 个;边缘棉絮状,奶油色至淡黄色,宽可达 1 mm;薄,全缘。菌肉蜜黄色,无环带,木栓质,厚可达 0.2 mm。菌管奶油色至淡黄色,木栓质,厚可达 0.3 mm。担孢子 4.2~5×1.2~1.5 μm,腊肠形,无色,薄壁,光滑,非淀粉质,不嗜蓝。

秋季生于柏树活立木上,造成木材白色腐朽。分布于西北地区。

图 321-2

图 321-3

321 环带小薄孔菌

Antrodiella zonata (Berk.) Ryvarden

≡ *Irpex zonatus* Berk.

　　子实体一年生，平伏至具明显菌盖，覆瓦状叠生，新鲜时革质，干后硬革质。菌盖外伸可达 3 cm，宽可达 5 cm，厚可达 8 mm；表面新鲜时橘黄色至黄褐色，具同心环带；边缘锐，干后内卷。孔口表面橘黄褐色至黄褐色；近圆形，每毫米 2~3 个；边缘薄，撕裂状。不育边缘窄至几乎无。菌肉革质，厚可达 4 mm。菌管或菌齿单层，黄褐色，干后硬纤维质，长可达 4 mm。担孢子 4.3~6×3~4 μm，宽椭圆形，无色，薄壁，光滑，非淀粉质，不嗜蓝。

　　春季至秋季生于阔叶树的活立木、死树和倒木上，造成木材白色腐朽。药用。分布于华中和华南地区。

多孔菌、齿菌及革菌

图 322-1

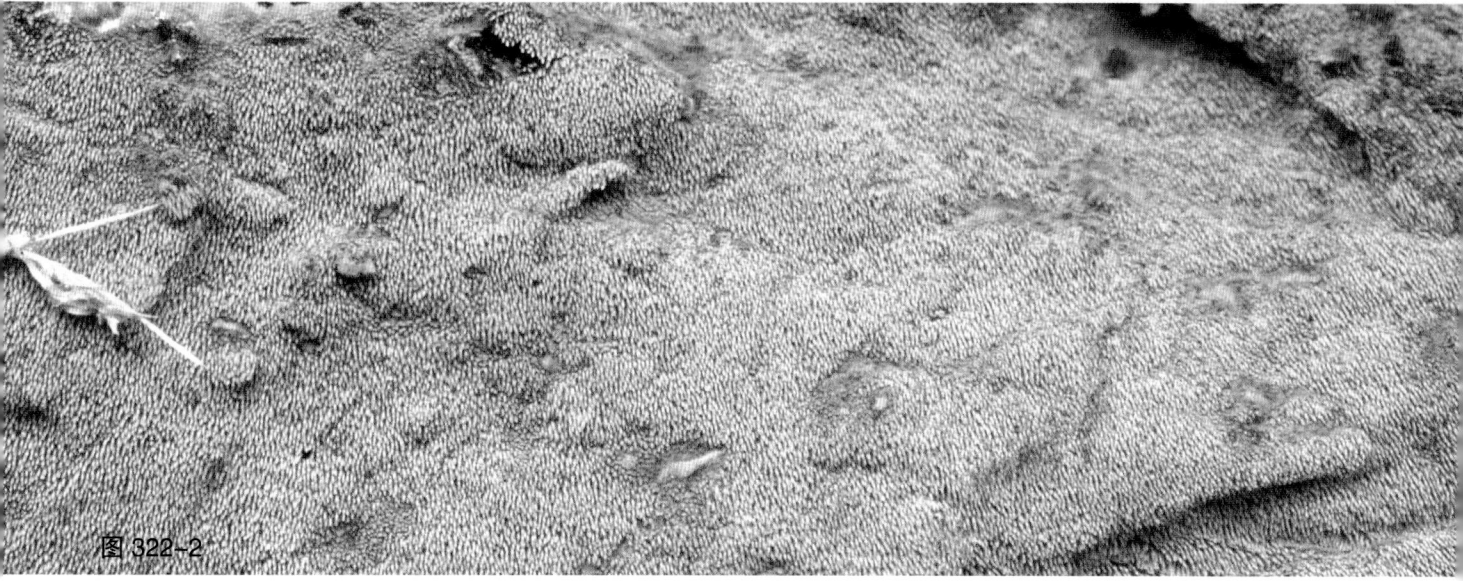

图 322-2

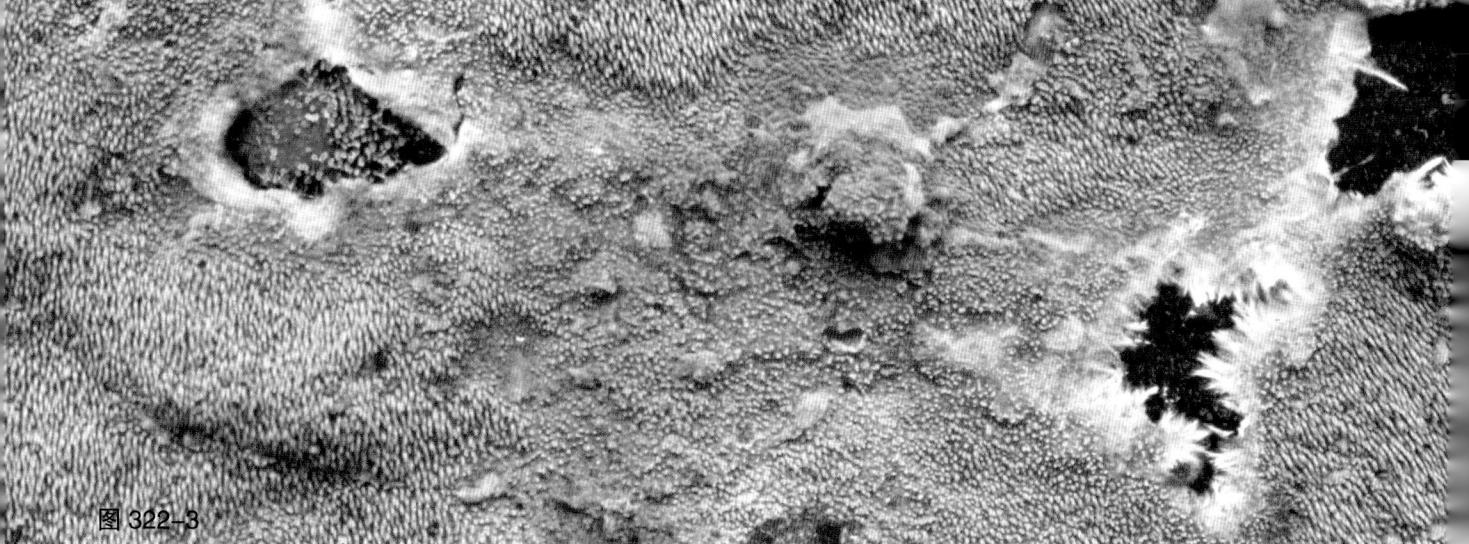

图 322-3

322 锈色星毛革菌（锈色星毛齿革孔菌）

Asterodon ferruginosus Pat.

　　子实体一年生，有时可从已经死亡的子实体上长出新的一层，长可达 200 cm，宽可达 40 cm，厚可达 5 mm。子实层体浅黄色、浅灰褐色或浅红褐色，具稠密的刺，刺锥形，脆；边缘蛛网状或纤毛状，生长活跃，近白色至浅黄色。菌肉暗锈褐色，软木栓质，厚可达 1 mm。担孢子 5.1~7.2×3.4~4.4 μm，椭圆形，无色，壁略厚，光滑，非淀粉质，不嗜蓝。

　　秋季生于云杉倒木上，造成木材白色腐朽。分布于东北地区。

图 323

323 藏红深黄孔菌
Aurantiporus croceus (Pers.) Murrill

≡ *Hapalopilus croceus* (Pers.) Donk

子实体一年生，无柄，新鲜时软木栓质，多汁液，干后硬木栓质，收缩。菌盖半圆形，外伸可达 5 cm，宽可达 5 cm，中部厚可达 2 cm；表面橙黄色至橙黄褐色；边缘钝。孔口表面新鲜时橙红色，干后紫褐色或暗红褐色；形状不规则，每毫米 3~4 个；边缘薄，全缘。不育边缘明显，宽可达 1 mm。菌肉新鲜时橙红色，海绵质，多汁液，干后深橙黄色至树脂褐色，硬木栓质，无环区，厚可达 1.7 cm。菌管与孔口表面同色或略浅，硬木栓质，长可达 5 mm。担孢子 3.8~5.4×3~3.9 μm，广卵圆形至近球形，无色，薄壁，光滑，非淀粉质，不嗜蓝。

秋季生于针叶树倒木上，造成木材白色腐朽。分布于东北地区。

图 324-1

324 裂皮深黄孔菌
Aurantiporus fissilis (Berk. & M.A. Curtis) H. Jahn

≡ *Tyromyces fissilis* (Berk. & M.A. Curtis) Donk

子实体一年生，无柄盖形或平伏反卷，单生或覆瓦状叠生，肉质，具甜味，含水量大，干后木栓质，强烈收缩。菌盖近马蹄形，外伸可达 8 cm，宽可达 15 cm，基部厚可达 4.5 cm；表面新鲜时乳白色，后期浅粉褐色，具绒毛，粗糙；边缘钝，干后波状。孔口表面新鲜时乳白色，触摸后变为浅褐色，干后变为黄褐色；多角形或近圆形，每毫米 1~3 个；边缘薄，全缘或略呈撕裂状。菌肉干后污褐色，木栓质，无环带，厚可达 5 mm。菌管干后黄褐色，木栓质或脆质，长可达 40 mm。担孢子 4.3~5×2.6~3.4 μm，椭圆形，无色，薄壁，光滑，非淀粉质，不嗜蓝。

夏秋季生于阔叶树上，造成木材白色腐朽。分布于华北和华中地区。

图 324-2

多孔菌、齿菌及革菌

图 325

325 金黄孔菌
Auriporia aurea (Peck) Ryvarden

子实体一年生，平伏，易与基物剥离，新鲜时无特殊气味，软木质，干后木栓质，长可达 10 cm，宽可达 5 cm，厚可达 4 mm；边缘淡黄色至橘黄色，宽可达 2 mm。孔口表面淡黄色至砖红色，无折光反应；圆形或近圆形至不规则形，每毫米 3~5 个；边缘薄，全缘或撕裂状。菌肉橘黄色，木栓质，厚可达 1 mm。菌管与孔口表面同色或略浅，长可达 3 mm。担孢子 4.8~6.5×2.5~3.5 μm，圆柱形至长椭圆形，无色，透明，薄壁，非淀粉质，不嗜蓝。

夏秋季生于阔叶树腐木上，造成木材白色腐朽。分布于东北地区。

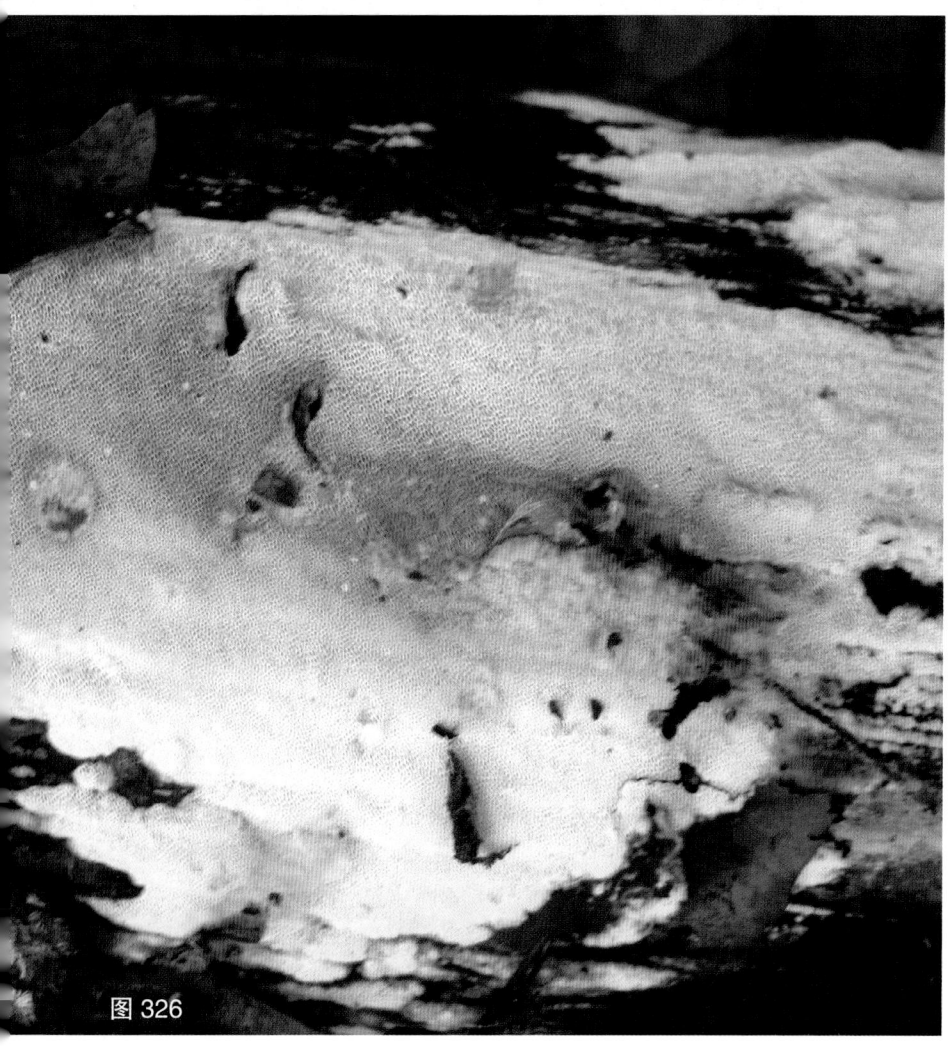

图 326

326 橘黄孔菌
Auriporia aurulenta A. David et al.

子实体一年生，平伏，不易与基物剥离，新鲜时非常软，具微弱的杏仁味，长可达 5 cm，宽可达 2 cm，厚可达 2 mm。孔口表面橘黄色至金黄色；圆形至多角形，每毫米 3~4 个；边缘薄，全缘。不育边缘明显，浅橘黄色，宽可达 1 mm。菌肉黄色，厚可达 0.5 mm。菌管与孔口表面同色，干后蜡质，长可达 1.5 mm。担孢子 4.2~5.5×2.4~3.1 μm，椭圆形，无色，薄壁，通常在中部具一圆形油状物，非淀粉质，不嗜蓝。

夏秋季生于阔叶树腐木上，造成木材白色腐朽。分布于东北地区。

图 327

耳匙菌
Auriscalpium vulgare Gray

　　子实体一年生，具中生菌柄，新鲜时革质至软木栓质，无臭无味，干后木栓质至木质。菌盖圆形，直径可达 2 cm，中部厚可达 1 mm；表面灰褐色至红褐色，被硬毛；边缘锐，干后内卷。不育边缘窄至几乎无。菌肉干后褐色，木栓质，无环区，厚可达 0.2 mm。菌齿圆柱形，末端渐尖，每毫米 2~3 个；褐色，脆质，易碎，长可达 1 mm。担孢子 4.5~5.5×3.5~4.5 μm，宽椭圆形，具小疣突，淀粉质。

　　夏秋季单生或数个聚生于松科树的球果上。分布于中国大部分地区。

多孔菌、齿菌及革菌

图328

328　褐白坂氏齿菌

***Bankera fuligineoalba* (J.C. Schmidt) Coker & Beers ex Pouzar**

≡ *Hydnum fuligineoalbum* J.C. Schmidt

≡ *Sarcodon fuligineoalbus* (J.C. Schmidt) Quél.

　　子实体一年生，具中生菌柄，新鲜时革质至软木栓质，无臭无味，干后木栓质至木质。菌盖近圆形，直径可达 13 cm，基部厚可达 15 mm；表面新鲜时黄褐色至褐色；边缘锐，干后内卷。子实层体新鲜时乳白色至奶油色，干后灰褐色。不育边缘窄至几乎无。菌肉干后浅黄色，木栓质，无环区，厚可达 12 mm。菌齿圆柱形，末端渐尖，每毫米2~3个；灰褐色，脆质，易碎，长可达 3 mm。担孢子3.5~4.5×3~3.5 μm，宽椭圆形至近球形，无色，壁稍厚，具短刺或疣突，非淀粉质，不嗜蓝。

　　夏末和秋季单生或数个聚生于针阔混交林中地上，造成木材白色腐朽。药用。分布于华中地区。

329　淡紫坂氏齿菌

***Bankera violascens* (Alb. & Schwein.) Pouzar**

≡ *Hydnum violascens* Alb. & Schwein.

≡ *Sarcodon violascens* (Alb. & Schwein.) Quél.

　　子实体一年生，具中生菌柄，新鲜时革质至软木栓质，无臭无味，干后木栓质至木质。菌盖初期凸镜形，后期逐渐平展中部凹陷、近圆形；初期白色纤维状，后期渐变为暗紫灰色、棕色至红色，直径可达 10 cm。子实层体齿状，初期白色，后期呈灰色。菌肉白色至淡紫色，伤不变色。菌齿长可达 6 mm。菌柄棒状，与菌盖同色，长可达 10 cm，直径可达 3 cm。担孢子 4.5~5.5×4~4.5 μm，近球形，无色，壁稍厚，表面具刺。

　　秋季单生或数个聚生于针叶林中地上。食用。分布于东北地区。

图329

图 330-1

图 330-2

图 330-3

330 烟管孔菌

Bjerkandera adusta (Willd.) P. Karst.

　　子实体一年生，无柄，覆瓦状叠生，新鲜时革质至软木栓质，干后木栓质。菌盖半圆形，外伸可达 4 cm，宽可达 6 cm，基部厚可达 3 mm；表面乳白色至黄褐色，无环带，有时具疣突，被细绒毛；边缘锐，乳白色，干后内卷。孔口表面新鲜时烟灰色，干后黑灰色；多角形，每毫米 6~8 个；边缘薄，全缘。不育边缘明显，乳白色，宽可达 4 mm。菌肉干后木栓质，无环区，厚可达 2 mm。菌管和孔口表面颜色相近，木栓质，长可达 1 mm。担孢子 3.5~5×2~2.8 μm，长椭圆形，无色，薄壁，光滑，非淀粉质，不嗜蓝。

　　夏秋季生于阔叶树的活立木、死树、倒木和树桩上，造成木材白色腐朽。药用。各区均有分布。

多孔菌、齿菌及革菌

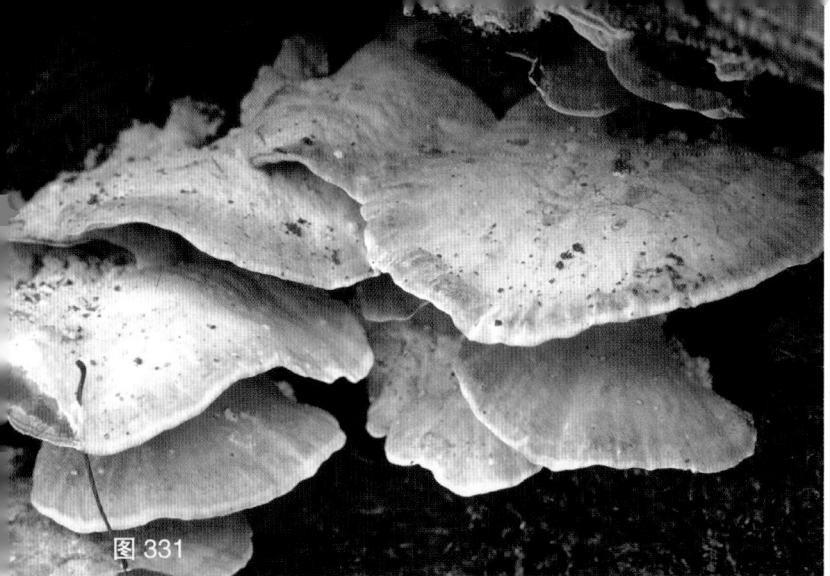

图 331

图 332

331 亚黑管孔菌
Bjerkandera fumosa (Pers.) P. Karst.

子实体一年生，无柄，覆瓦状叠生，新鲜时革质，无臭无味，干后木栓质。菌盖半圆形，外伸可达 5 cm，宽可达 7 cm，基部厚可达 4 mm；表面浅黄褐色至浅灰色，无环带，有时具疣突，粗糙；边缘锐，干后内卷。孔口表面新鲜时浅黄色至烟灰色；圆形，每毫米 5~6 个；边缘薄，全缘。不育边缘明显，宽可达 2 mm。菌肉厚可达 3 mm，浅黄褐色，和菌管之间具一细的黑线。菌管浅灰褐色，长可达 2 mm。担孢子 4.3~5.2×2.6~3.2 μm，长椭圆形至短圆柱形，无色，薄壁，光滑，非淀粉质，不嗜蓝。

夏秋季生于阔叶树的死树、倒木和树桩上，造成木材白色腐朽。药用。分布于东北、华北、华中和西北地区。

332 伯克利瘤孢孔菌
Bondarzewia berkeleyi
(Fr.) Bondartsev & Singer

子实体一年生，具柄，莲花状叠生，新鲜时肉质至软革质，无臭无味，干后软木栓质。菌盖半圆形至匙形，外伸可达 10 cm，宽可达 12 cm，基部厚可达 6 mm；表面灰褐色至污褐色，无环带，干后粗糙；边缘钝至锐，颜色略浅，干后内卷。孔口表面木材色，无折光反应；圆形至多角形，每毫米 2~4 个；边缘薄，撕裂状。不育边缘窄，宽可达 3 mm。菌肉奶油色至木材色，木栓质，厚可达 5 mm。菌管木材色，长可达 3 mm。担孢子 6.4~7.3×5.9~6.7 μm，球形或近球形，无色，厚壁，具明显的短刺，淀粉质，嗜蓝。

夏秋季生于栎树根部，造成木材白色腐朽。食药兼用。分布于青藏地区。

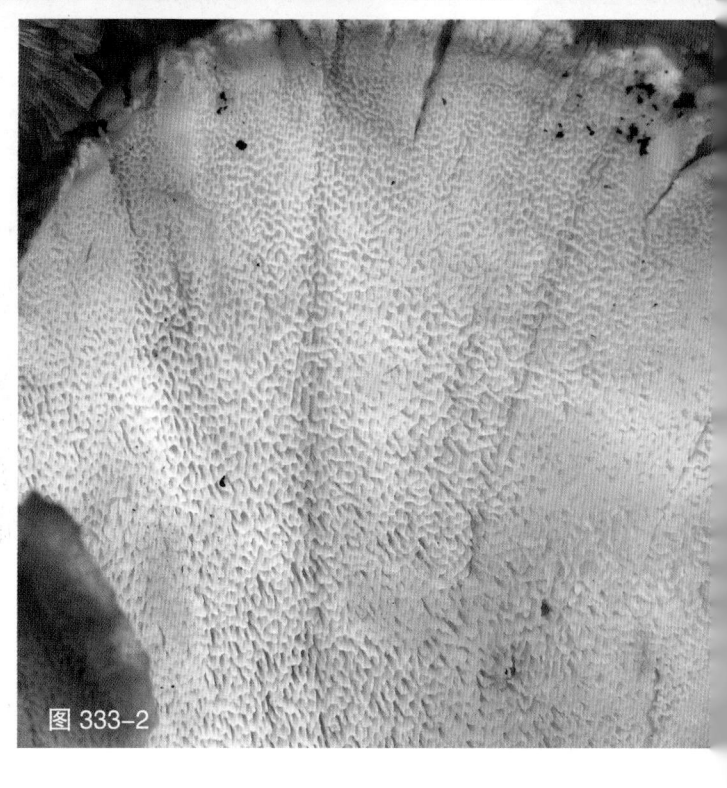

图 333-1

333 高山瘤孢孔菌
Bondarzewia montana (Quél.) Singer

　　子实体一年生，具中生或侧生柄，莲花状叠生，新鲜时肉质至软革质，无臭无味，干后软木栓质。菌盖略圆形，直径可达 15 cm，基部厚可达 10 mm；表面新鲜时黄褐色至紫褐色，具同心环带；边缘锐，撕裂状，干后内卷。孔口表面奶油色至浅黄色，无折光反应；多角形，每毫米 1~3 个；边缘薄，撕裂状。不育边缘窄至几乎无。菌肉奶油色，木栓质，厚可达 8 mm。菌管浅黄色，脆质，易碎，长可达 2 mm。菌柄长可达 5 cm，直径可达 1.8 cm。担孢子 6~7.8×5.5~7 μm，球形或近球形，无色，厚壁，具明显的短刺，淀粉质，嗜蓝。

　　夏秋季生于针叶树根部，造成木材白色腐朽。食药兼用。分布于华中地区。

图 333-2

多孔菌、齿菌及革菌

图 334-1

图 334-2

图 334-3

334　罗汉松瘤孢孔菌
Bondarzewia podocarpi Y.C. Dai & B.K. Cui

　　子实体一年生，无柄，覆瓦状叠生，新鲜时软木栓质，多水，干后硬木栓质或硬木质。菌盖半圆形，外伸可达 7 cm，宽可达 9 cm，基部厚可达 2 cm；表面幼嫩时白色至奶油色，成熟后浅黄褐色至锈褐色，光滑，无同心环带。孔口表面新鲜时奶油色，干后黄褐色，无折光反应；圆形至多角形，每毫米 1~3 个；边缘薄，全缘或略呈撕裂状。菌肉浅黄色，硬木质，厚可达 1 cm。菌管浅黄色，干后硬木栓质，长可达 2 mm。担孢子 5.6~7.5×5.1~6.5 μm，宽椭圆形至近球形，无色，厚壁，具明显的疣突，非淀粉质，不嗜蓝。

　　夏秋季生于鸡毛松的活立木上，造成木材白色腐朽。分布于华南地区。

图 335

335 革棉絮干朽菌
Byssomerulius corium (Pers.)
Parmasto

子实体一年生，贴生，平伏，偶尔平伏反卷，平伏时椭圆形至圆形，一般长 1~2.5 cm，宽 1~2 cm，反卷的菌盖很窄；新鲜时表面奶油色，具微绒毛，韧革质，干后粗糙，浅黄色，具环纹，较脆。子实层体新鲜时乳白色，干后黄锈色，初期光滑，后期具不规则瘤突；边缘颜色较浅，光滑，宽可达 1 mm。菌肉较薄。担孢子 5~6×2~3 μm，近圆柱形或椭圆形，无色，薄壁，光滑，非淀粉质，不嗜蓝。

夏秋季生于阔叶树的死树、倒木或落枝上，造成木材白色腐朽。分布于华中和华南地区。

图 336-1

336 褐栗孔菌
Castanoporus castaneus (Lloyd)
Ryvarden

子实体一年生，平伏，不易与基物剥离，新鲜时无臭无味，革质至软木栓质，干后硬木栓质或硬纤维质，长可达 20 cm，宽可达 3.5 cm，厚可达 2 mm。孔口表面肉桂色至暗褐色，无折光反应；近圆形、多角形、不规则形或裂齿状，每毫米 1~2 个；边缘薄至厚，全缘至撕裂状。不育边缘明显，奶油色至土黄色，宽可达 1.5 mm。菌肉干后硬木栓质，与孔口表面同色，厚可达 1 mm。菌管与孔口表面同色，干后硬纤维质，长可达 1 mm。担孢子 6.4~8.9×2.3~3 μm，腊肠形，无色，薄壁，光滑，非淀粉质，不嗜蓝。

夏秋季生于松树的死枝、落枝或倒木上，造成木材白色腐朽。药用。分布于东北、华北、青藏和华中地区。

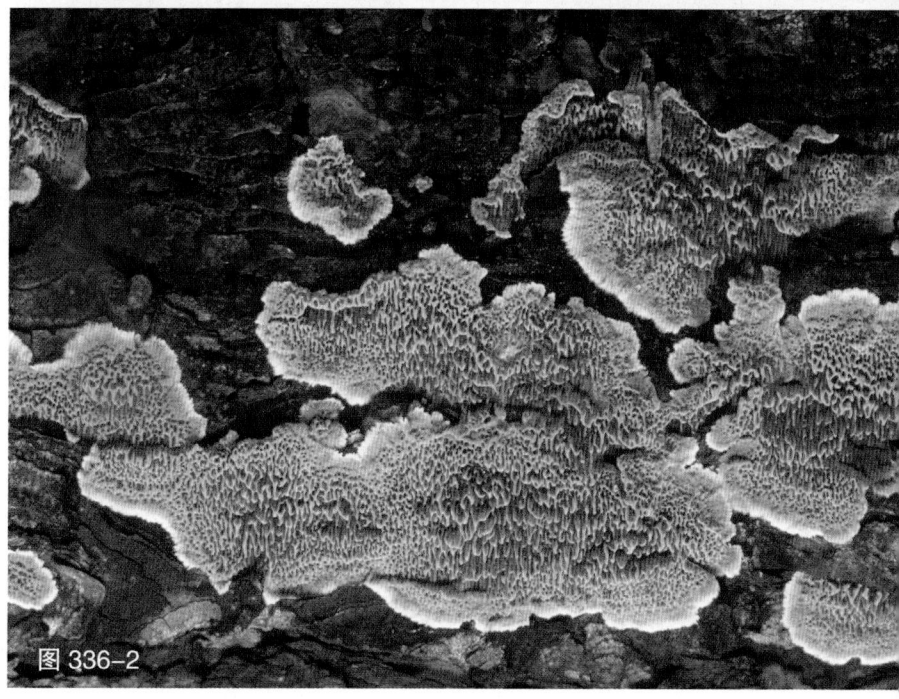
图 336-2

多孔菌、齿菌及革菌

图 337

图 338-1

图 338-2

337 硫黄蜡革菌
Ceraceomyces sulphurinus
(P. Karst.) J. Erikss. &
Ryvarden

子实体一年生，平伏，贴生，疏松贴于基物上，膜质，干后裂成片状，长可达 8 cm，宽可达 3 cm，厚可达 0.5 mm。子实层体幼时亮黄色，成熟后污黄色，光滑；边缘不规则，不明显。菌肉浅黄色，厚可达 0.5 mm。担孢子 4.5~6×2.5~3.1 μm，宽椭圆形，无色，薄壁，光滑，有时具 1~2 个液泡，非淀粉质，不嗜蓝。

秋季生于针叶树和阔叶树腐木上，造成木材白色腐朽。分布于东北和青藏地区。

338 阿拉华蜡孔菌
Ceriporia alachuana (Murrill)
Hallenb.

子实体一年生，平伏，干后易碎，长可达 10 cm，宽可达 2.2 cm，中部厚可达 0.5 mm。孔口表面干后奶油色、浅黄色至黄褐色；圆形至多角形，每毫米 3~5 个；边缘厚，全缘至略呈撕裂状。不育边缘薄，奶油色，棉絮状，宽可达 1.2 mm。菌肉奶油色，棉絮状，厚可达 0.4 mm。菌管与孔口表面同色，易碎，长可达 0.1 mm。担孢子 3.3~4.1×2~2.2 μm，长椭圆形，无色，薄壁，光滑，多数具液泡，非淀粉质，不嗜蓝。

夏秋季生于针叶树和阔叶树倒木上，造成木材白色腐朽。分布于华北和华中地区。

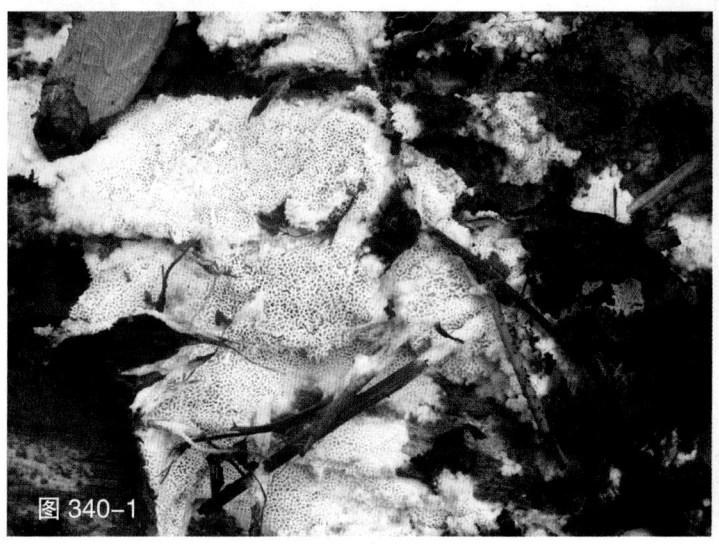

图 339

339 橘黄蜡孔菌

Ceriporia aurantiocarnescens

(Henn.) M. Pieri & B. Rivoire

子实体一年生，平伏，干后易碎，长可达 12 cm，宽可达 3.5 cm，中部厚可达 0.7 mm。孔口表面干后浅橙色、土粉色至浅红褐色；圆形至多角形，每毫米 5~8 个；边缘薄至厚，全缘至略呈撕裂状。不育边缘薄，窄至几乎无，蜜黄色，棉絮状。菌肉奶油色，棉絮状，厚可达 0.5 mm。菌管与孔口表面同色，易碎，长可达 0.3 mm。担孢子 3.3~4.2×1.7~1.9 μm，腊肠形，无色，薄壁，光滑，非淀粉质，不嗜蓝。

秋季生于阔叶树倒木或腐木上，造成木材白色腐朽。分布于东北、华北和华中地区。

340 厚壁蜡孔菌

Ceriporia crassitunicata Y.C. Dai & Sheng H. Wu

子实体一年生，平伏，新鲜时白色，较软，不易与基质剥离，干后软绵质，长可达 8 cm，宽可达 6 cm，厚可达 2 mm。孔口表面新鲜时白色，干后浅黄色，无折光反应；圆形或多角形，每毫米 3~4 个；边缘薄，略呈裂齿状。不育边缘不明显。菌肉奶油色，软木栓质，厚可达 1 mm。菌管与菌肉同色，长可达 1 mm。担孢子 3.4~4.1×1.6~2 μm，长椭圆形，无色，薄壁，光滑，非淀粉质，不嗜蓝。

夏秋季生于阔叶树腐木上，造成木材白色腐朽。分布于华中地区。

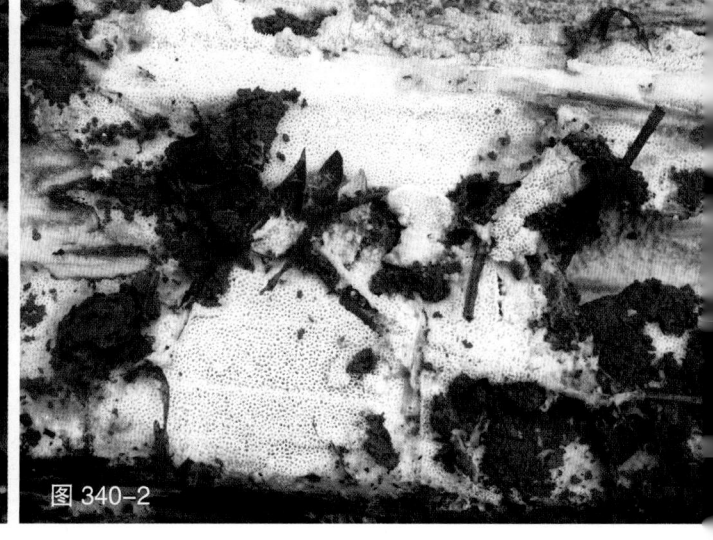

图 340-1

图 340-2

多孔菌、齿菌及革菌

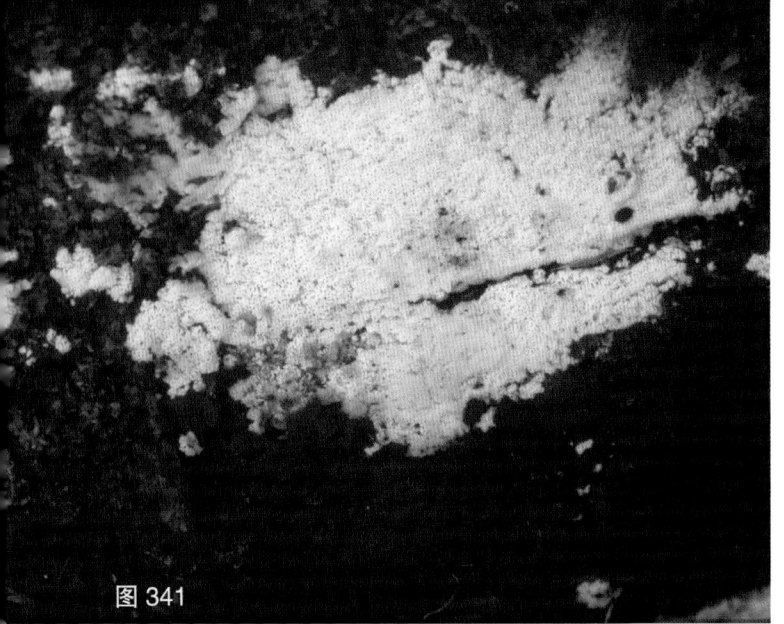

图 341

341　浅褐蜡孔菌

Ceriporia excelsa S. Lundell ex Parmasto

子实体一年生，平伏，新鲜时软木质，干后易碎，长可达 7.2 cm，宽可达 3.4 cm，中部厚可达 0.4 mm。孔口表面浅黄色至蜜黄色；圆形至多角形，每毫米 3~4 个；边缘厚，全缘至略呈撕裂状。不育边缘薄，窄至几乎无，浅黄色。菌肉奶油色，棉絮状，厚可达 0.1 mm。菌管与孔口表面同色，易碎，长可达 0.3 mm。担孢子 3.1~4.1×1.9~2.5 μm，长椭圆形，部分略弯，无色，薄壁，光滑，少数具液泡，非淀粉质，不嗜蓝。

夏秋季生于阔叶树倒木和腐木上，造成木材白色腐朽。分布于东北、西北、华中和华南地区。

图 342-1

342　撕裂蜡孔菌

Ceriporia lacerata N. Maek. et al.

子实体一年生，平伏，干后易碎，长可达 12 cm，宽可达 10 cm，中部厚可达 3 mm。孔口表面干后奶油色、浅黄色、暗黄色至黄褐色；圆形至多角形，每毫米 2~5 个；边缘薄，撕裂状。不育边缘薄，奶油色，宽可达 2 mm。菌肉奶油色，软木质，厚可达 0.6 mm。菌管与孔口表面同色，易碎，长可达 2.4 mm。担孢子 4.3~4.9×2.5~2.7 μm，椭圆形至长椭圆形，无色，薄壁，光滑，非淀粉质，不嗜蓝。

夏秋季生于阔叶树的活立木、死树、落枝、倒木、树桩和腐木上，造成木材白色腐朽。分布于华北、华中、西北和华南地区。

图 342-2

图 342-3

图 343

343 宽边蜡孔菌
***Ceriporia latemarginata* Y.C. Dai & B.S. Jia**

子实体一年生，平伏，新鲜时白色，较软，不易与基质剥离，干后软绵质，长可达 8 cm，宽可达 6 cm，厚可达 2 mm。孔口表面新鲜时白色，干后浅黄色，无折光反应；圆形或多角形，每毫米 3~4 个；边缘薄，略呈裂齿状。不育边缘不明显。菌肉奶油色，软木栓质，厚可达 1 mm。菌管与菌肉同色，长可达 1 mm。担孢子 3.4~4.1×1.6~2 μm，长椭圆形，无色，薄壁，光滑，非淀粉质，不嗜蓝。

夏秋季生于阔叶树腐木上，造成木材白色腐朽。分布于华中和华南地区。

344 蜂蜜蜡孔菌
***Ceriporia mellita* (Bourdot & Galzin) Bondartsev & Singer**

子实体一年生，平伏，不易与基物剥离，新鲜时软革质或软绵质，干后革质或脆质，长可达 15 cm，宽可达 2 cm，厚可达 0.5 mm。孔口表面初期浅黄色或柠檬色，干后黄褐色，无折光反应；多角形或不规则形，每毫米 1~2 个；边缘薄，初期规则，后期呈裂齿状。不育边缘毛缘状，初期奶油色，后期浅黄色至米黄色，宽可达 1 mm。菌肉极薄，米黄色，厚可达 0.2 mm。菌管与菌肉同色，脆质，长可达 0.3 mm。担孢子 5.4~6.7×2.8~3.3 μm，椭圆形至圆柱形，无色，薄壁，光滑，非淀粉质，不嗜蓝。

秋季生于阔叶树腐木上，造成木材白色腐朽。分布于华南地区。

图 344-1

图 344-2

多孔菌、齿菌及革菌

图 345

345 网状蜡孔菌
Ceriporia reticulata (Hoffm.) Domański

子实体一年生，平伏，不易与基物剥离，新鲜时软绵质，干后革质，长可达 12 cm，宽可达 3 cm，厚可达 1 mm。孔口表面奶油色至淡黄色，无折光反应；多角形或不规则形，每毫米 1~3 个；边缘薄，初期规则，后期呈裂齿状。不育边缘毛缘状，奶油色至乳白色，宽可达 1 mm。菌肉淡黄色，厚可达 0.2 mm。菌管与菌肉同色，干后脆质，长可达 0.8 mm。担孢子 6.2~7.3×3~3.5 μm，圆柱形，无色，薄壁，光滑，非淀粉质，不嗜蓝。

秋季生于阔叶树腐木上，造成木材白色腐朽。分布于华中地区。

346 紧密蜡孔菌
Ceriporia spissa (Schwein.) Rajchenb.

子实体一年生，平伏，无菌索，不易与基物剥离，新鲜时软革质，干后革质至木栓质，长可达 15 cm，宽可达 6 cm，厚可达 1.5 mm。孔口表面新鲜时酒红色至粉褐色，干后黄褐色至紫褐色，无折光反应；圆形，每毫米 5~7 个；边缘薄，全缘。不育边缘较窄至几乎无。菌肉薄，紫色，干后软木栓质，厚可达 1 mm。菌管与菌肉同色，干后木栓质，长可达 0.5 mm。担孢子 3~4×0.9~1.2 μm，腊肠形，无色，薄壁，光滑，非淀粉质，不嗜蓝。

秋季生于阔叶树腐木上，造成木材白色腐朽。分布于东北、西北和华中地区。

图 346-1

图 346-2

图 347-1

347　**红褐蜡孔菌**
Ceriporia tarda (Berk.) Ginns

子实体一年生，平伏，干后易碎，长可达 25 cm，宽可达 8 cm，中部厚可达 0.4 mm。孔口表面新鲜时白色至玫瑰紫色，干后浅橙色、土粉色、浅红褐色或浅黄褐色；多角形至不规则形，每毫米 3~4 个；边缘薄，略呈撕裂状。不育边缘很薄，奶油色，棉絮状，宽可达 1.2 mm。菌肉奶油色，棉絮状，厚可达 0.2 mm。菌管与孔口表面同色，易碎，长可达 0.3 mm。担孢子 3.7~4.4×1.8~2.1 μm，长椭圆形，顶端逐渐变细，部分略弯，无色，薄壁，光滑，部分具液泡，非淀粉质，不嗜蓝。

秋季生于阔叶树腐木上，造成木材白色腐朽。分布于东北地区。

图 347-2

多孔菌、齿菌及革菌

图 348-1

图 348-2

348 圆孢蜡孔菌

Ceriporia totara (G. Cunn.) P.K. Buchanan & Ryvarden

子实体一年生,平伏,干后软,易碎,长可达 20 cm,宽可达 8 cm,中部厚可达 1 mm。孔口表面新鲜时奶油色、浅黄色至黄褐色、浅酒红色,干后黄褐色至土黄色;多角形、迷宫状至不规则形,每毫米 3~5 个;边缘薄,全缘至齿状。不育边缘薄,奶油色,棉絮状,宽可达 0.4 mm。菌肉奶油色,棉絮状,厚可达 0.2 mm。菌管与孔口表面同色,软,长可达 0.8 mm。担孢子 2.6~3×2~2.2 μm,卵形至近球形,无色,薄壁,光滑,多数具液泡,非淀粉质,不嗜蓝。

秋季生于阔叶树腐木上,造成木材白色腐朽。分布于华南地区。

图 349-1

349 变色蜡孔菌
Ceriporia viridans (Berk. & Broome) Donk

子实体一年生，平伏，形状不规则，不易与基物剥离，新鲜时肉质或软革质，干后软木栓质，长可达 5 cm，宽可达 3 cm，厚可达 0.5 mm。孔口表面白色、奶油色、黄褐色、浅绿色或紫褐色，无折光反应；圆形至多角形，每毫米 3~5 个；边缘薄，全缘或略呈撕裂状。不育边缘较窄至几乎无。菌肉薄，干后稻草色，软木栓质，厚可达 0.1 mm。菌管与菌肉同色，干后软木栓质，长可达 0.4 mm。担孢子 3~5×1.4~2.2 μm，椭圆形，无色，薄壁，光滑，非淀粉质，不嗜蓝。

夏秋季生于阔叶树腐木上，造成木材白色腐朽。各区均有分布。

图 349-2

350 白黄拟蜡孔菌
Ceriporiopsis alboaurantius
C.L. Zhao et al.

子实体一年生，平伏，不易与基物剥离，新鲜时无特殊气味，软，长可达 4.5 cm，宽可达 2.5 cm，厚可达 2 mm。孔口表面新鲜时白色，干后变为杏黄色；多角形，每毫米 2~3 个；边缘薄，全缘。不育边缘明显，宽可达 3 mm。菌肉浅黄色，厚达 0.5 mm。菌管与孔口表面同色，长可达 1.5 mm。担孢子 4.1~5×3.1~3.2 μm，椭圆形，无色，薄壁，光滑，非淀粉质，不嗜蓝。

秋季生于针叶树木上，造成木材白色腐朽。分布于华中地区。

图 350

多孔菌、齿菌及革菌

图 351-1

图 351-2

| 351 | **黑白拟蜡孔菌** |

Ceriporiopsis albonigrescens **Núñez et al.**

子实体一年生，平伏，不易与基物剥离，新鲜时无特殊气味，软，长可达 5 cm，宽可达 3 cm，厚可达 2 mm。孔口表面新鲜时白色至奶油色，触摸后变为黑色，干后变为墨黑色；圆形至多角形，每毫米 3~4 个；边缘薄，撕裂状。不育边缘几乎无。菌肉乳黄色，厚可达 0.6 mm。菌管与孔口表面同色，长可达 1.4 mm。担孢子 2.9~3.5×1.8~2.1 μm，长椭圆形，无色，薄壁，光滑，非淀粉质，弱嗜蓝。

秋季生于阔叶树腐木上，造成木材白色腐朽。分布于东北地区。

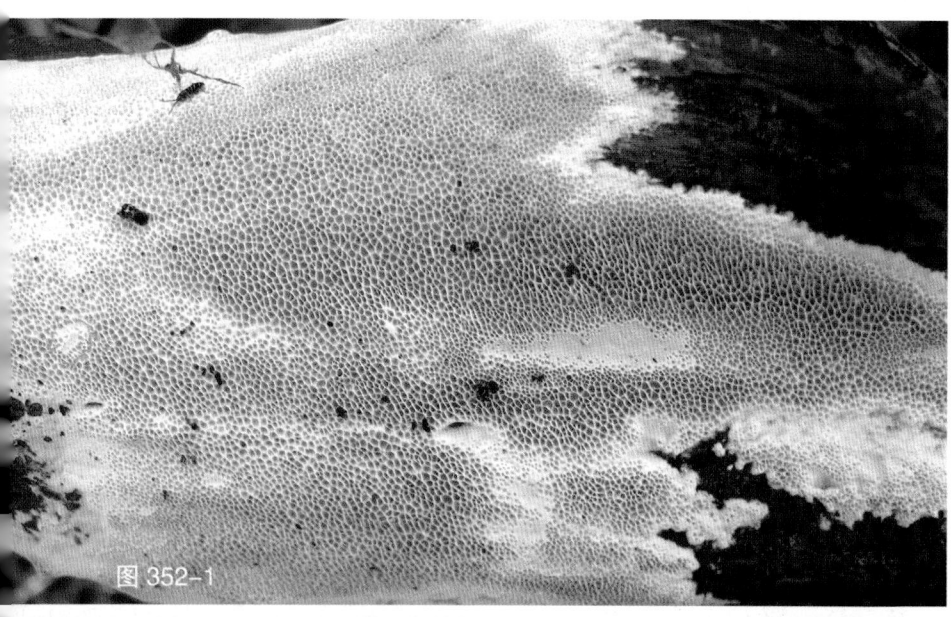

图 352-1

图 352-2

| 352 | **角孔拟蜡孔菌** |

Ceriporiopsis aneirina
(Sommerf.) Domański

子实体一年生，平伏，不易与基物剥离，新鲜时无特殊气味，软革质，干后脆革质，长可达 15 cm，厚可达 3 mm。孔口表面红褐色，无折光反应；圆形至多角形，每毫米 1~3 个；边缘薄，全缘或略呈撕裂状。不育边缘白色，成熟后几乎无。菌肉极薄。菌管长可达 3 mm。担孢子 5~6.1×2.9~3.5 μm，宽椭圆形，无色，薄壁，光滑，非淀粉质，弱嗜蓝。

秋季生于杨树倒木上，造成木材白色腐朽。分布于东北地区。

353 近缘拟蜡孔菌
Ceriporiopsis consobrina (Bres.)
Ryvarden

子实体一年生，平伏，边缘无菌索，不易与基物剥离，新鲜时肉质，无臭无味，干后石灰质，长可达 4.2 cm，宽可达 1.3 cm，厚可达 0.8 mm。孔口表面新鲜时奶油色，后期乳黄色至淡黄褐色，干后浅黄褐色，无折光反应；形状不规则，每毫米 2~4 个；边缘薄，撕裂状。不育边缘明显，奶油色。菌肉极薄，厚可达 0.1 mm。菌管与菌肉同色，干后石灰质，长可达 0.7 mm。担孢子 3~4×2~3 μm，近球形，无色，薄壁，光滑，非淀粉质，弱嗜蓝。

秋季生于阔叶树上，造成木材白色腐朽。分布于东北地区。

图 353

354 硫黄拟蜡孔菌
Ceriporiopsis egula C.J. Yu & Y.C. Dai

子实体一年生，平伏，边缘无菌索，不易与基物剥离，新鲜时软革质，无臭无味，长可达 12 cm，宽可达 6 cm，厚可达 2 mm。孔口表面硫黄色，干后不变色，无折光反应；圆形至多角形，每毫米 3~4 个；边缘薄，撕裂状。不育边缘棉质，奶油色。菌肉硫黄色，软木栓质，厚可达 0.5 mm。菌管与菌肉同色，软木栓质，长可达 1.5 mm。担孢子 4.9~6.8×2.4~3.3 μm，椭圆形，无色，薄壁，光滑，非淀粉质，弱嗜蓝。

秋季生于针叶树上，造成木材白色腐朽。分布于青藏地区。

图 354

355 菌索拟蜡孔菌
Ceriporiopsis fimbriata C.L. Zhao &
Y.C. Dai

子实体一年生，平伏，不易与基物剥离，新鲜时无特殊气味，软，长可达 13 cm，宽可达 5 cm，厚可达 2 mm。孔口表面新鲜时白色至粉土黄色，干后黄褐色；多角形，每毫米 2~3 个；边缘薄，全缘。不育边缘菌索状，宽可达 2 mm。菌肉奶油色，厚可达 0.5 mm。菌管与孔口表面同色，长可达 1.5 mm。担孢子 4.4~5×1.7~2.1 μm，长椭圆形至近圆柱形，无色，薄壁，光滑，非淀粉质，不嗜蓝。

秋季生于阔叶树腐木上，造成木材白色腐朽。分布于华中地区。

图 355

多孔菌、齿菌及革菌

图 356-1

图 356-2

图 357

356 浅黄拟蜡孔菌
Ceriporiopsis gilvescens
(Bres.) Domański

子实体一年生，平伏，不易与基物剥离，新鲜时蜡质，无臭无味，干后革质至脆质，长可达 15 cm，宽可达 4 cm，厚可达 4 mm。孔口表面新鲜时白色、奶油色、粉红色至浅肉红色，干后稻草色、黄褐色至浅褐色，无折光反应；圆形或多角形，每毫米 5~6 个；边缘薄，全缘至略呈撕裂状。不育边缘绒毛状，奶油色至乳灰色，宽可达 0.2 mm。菌肉软革质，厚可达 0.1 mm。菌管与孔口表面几乎同色，胶革质，长可达 4 mm。担孢子 4.1~4.8×1.8~2 μm，长椭圆形，无色，薄壁，光滑，非淀粉质，不嗜蓝。

夏秋季生于多种阔叶树上，造成木材白色腐朽。分布于东北、华北、华中和西北地区。

357 霉拟蜡孔菌
Ceriporiopsis mucida (Pers.)
Gilb. & Ryvarden

子实体一年生，平伏，具菌索，不易与基物剥离，新鲜时软革质，干后脆革质，长可达 8 cm，宽可达 4 cm，厚可达 1 mm。孔口表面初期雪白色至奶油色，后期稻草色至黄褐色，干后黄褐色，无折光反应；圆形，每毫米 4~6 个；边缘薄，全缘。不育边缘明显，新鲜时白色，宽可达 4 mm。菌肉薄，干后稻草色，软木栓质，厚可达 0.3 mm。菌管与孔口表面同色，干后软木栓质，长可达 0.7 mm。担孢子 3~3.9×2~2.7 μm，椭圆形，无色，薄壁，光滑，非淀粉质，不嗜蓝。

秋季生于阔叶树的倒木、树桩和腐木上，造成木材白色腐朽。各区均有分布。

358 胶拟蜡孔菌
Ceriporiopsis resinascens (Romell) Domański

子实体一年生，平伏，不易与基物剥离，新鲜时软革质，干后革质至木栓质，长可达 20 cm，宽可达 10 cm，厚可达 3 mm。孔口新鲜时淡灰色、灰褐色至红褐色，干后深褐色，无折光反应；圆形至不规则形，每毫米 3~5 个；边缘薄，全缘。不育边缘窄至几乎无。菌肉薄，干后暗褐色，木栓质，厚可达 0.2 mm。菌管与孔口表面同色，干后木栓质，长可达 2.8 mm。担孢子 3.5~5×2.2~3 μm，宽椭圆形，无色，薄壁，光滑，非淀粉质，不嗜蓝。

夏秋季生于阔叶树腐木上，造成木材白色腐朽。分布于东北、华北、西北和华中地区。

图 358-1

359 玫瑰拟蜡孔菌
Ceriporiopsis rosea C.L. Zhao & Y.C. Dai

子实体一年生，平伏，不易与基物剥离，新鲜时无特殊气味，软，长可达 12 cm，宽可达 5 cm，厚可达 8.5 mm。孔口表面新鲜时玫瑰色至酒红色，干后变为红褐色；多角形，每毫米 2~3 个；边缘薄，撕裂状。不育边缘褐色，宽可达 1 mm。菌肉黄褐色，厚可达 3.5 mm。菌管红褐色，长可达 5 mm。担孢子 4~5.2×3.2~3.8 μm，宽椭圆形，无色，薄壁，光滑，非淀粉质，不嗜蓝。

秋季生于阔叶树腐木上，造成木材白色腐朽。分布于华南地区。

图 358-2

图 359

多孔菌、齿菌及革菌

图 360-1

图 360-2

图 360-3

360 一色齿毛菌（单色云芝）
Cerrena unicolor (Bull.) Murrill

≡ *Coriolus unicolor* (Bull.) Pat.

　　子实体一年生，覆瓦状叠生，新鲜时软革质，无臭无味，干后硬革质。菌盖半圆形，外伸可达 8 cm，宽可达 30 cm，中部厚可达 5 mm；表面初期乳白色，后期浅黄色至灰褐色，被粗毛或绒毛，具不同颜色的同心环带和浅的环沟；边缘锐，黄褐色，干后波状。孔口表面乳白色至污褐色；初期近圆形，很快变为迷宫状或齿裂状，每毫米 3~4 个；边缘厚，撕裂状。不育边缘窄，宽可达 1 mm。菌肉异质，上层菌肉褐色、柔软，下层菌肉浅黄褐色、木栓质，层间具一黑色细线。菌管与孔口表面同色，软木栓质，长可达 2 mm。担孢子 4.2~5.8×2.6~3.5 μm，椭圆形，无色，薄壁，光滑，非淀粉质，不嗜蓝。

　　春季至秋季生于多种阔叶树的活立木、倒木、腐木及树桩上，造成木材白色腐朽。药用。分布于东北、华北、华中、青藏、内蒙古和西北地区。

图 361-1

361 紫软韧革菌
Chondrostereum purpureum (Pers.)
Pouzar

子实体一年生，平伏、平伏反卷，覆瓦状叠生，菌盖左右相连，新鲜时软革质，无臭无味，干后硬革质至脆质。菌盖外伸可达 3 cm，宽可达 6 cm，厚可达 1 mm；表面灰白色、橄榄黄色至黄紫色，被灰白色绒毛，具明显的环带；边缘锐，奶油色，波状。子实层体初期奶油色，后期紫色至紫黑色，光滑，有时具疣突。不育边缘明显，乳白色至奶油色，宽可达 1 mm。担孢子 5~6.5×2~2.6 μm，近圆柱形至近腊肠形，无色，薄壁，光滑，非淀粉质，不嗜蓝。

夏秋季生于桦树上，造成木材白色腐朽。分布于东北、华北、西北、青藏和华中地区。

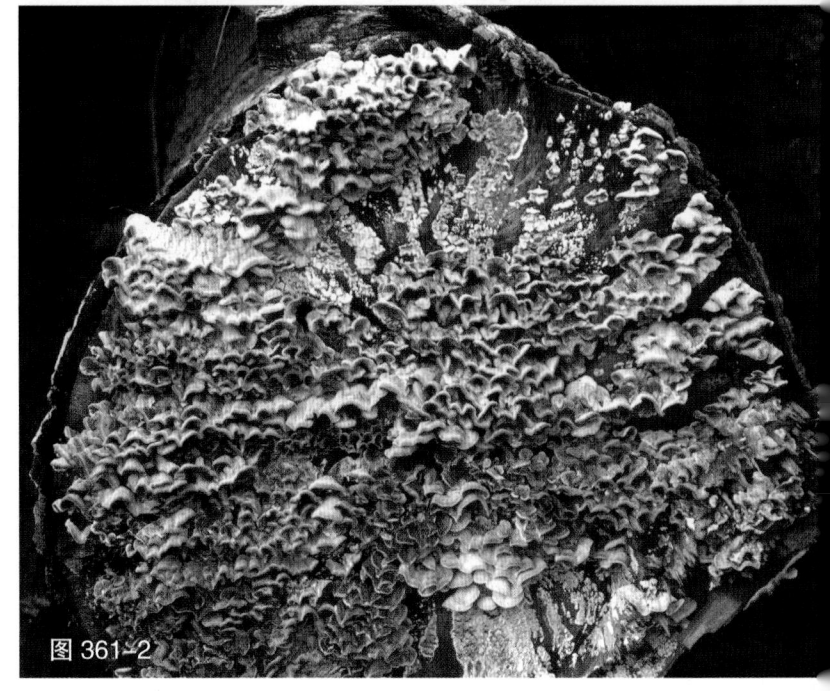

图 361-2

多孔菌、齿菌及革菌

图 362-1

图 362-2

图 362-3

362 **常见灰孔菌**
Cinereomyces vulgaris (Fr.) Spirin

　　子实体一年生，平伏，新鲜时软木质，干后木质，长可达 9 cm，宽可达 4 cm，厚可达 0.4 mm。孔口表面新鲜时白色至乳白色，干后奶油色至浅黄色，无折光反应；近圆形，每毫米 6~8 个；边缘薄，全缘。不育边缘明显，有时菌索状，宽可达 2 mm。菌肉极薄至几乎无。菌管浅黄色，长可达 0.2 mm。担孢子 3~4×1~1.1 μm，腊肠形，无色，光滑，薄壁，非淀粉质，不嗜蓝。

　　秋季单生于阔叶树和陆均松的腐木上，造成木材白色腐朽。各区均有分布。

图 363-1

图 363-2

图 363-3

363 北方顶囊孔菌

Climacocystis borealis (Fr.) Kotl. & Pouzar

子实体一年生，覆瓦状叠生，新鲜时肉革质，含水量大，干后硬骨质。菌盖半圆形或扇形，外伸可达 5 cm，宽可达 6 cm，基部厚可达 5 mm；表面白色至乳黄色，无环带，具放射状条纹，新鲜时具绒毛，粗糙；边缘锐，干后不内卷。孔口表面乳白色至黄褐色，无折光反应；多角形至不规则形，每毫米 1~2 个；边缘薄，撕裂状。不育边缘几乎无。菌肉奶油色，新鲜时肉质，干后革质，无环区，厚可达 2 mm。菌管干后乳黄色，硬纤维质，长可达 3 mm。担孢子 5.5~6.9×3.3~3.9 μm，椭圆形，无色，薄壁，光滑，非淀粉质，不嗜蓝。

秋季生于云杉和松树基部，造成木材白色腐朽。分布于东北地区。

图 364

364 花状肉齿耳

Climacodon dubitativus (Lloyd) Ryvarden

　　子实体一年生，具中生短柄，覆瓦状叠生，新鲜时革质，干后硬骨质。菌盖半圆形至圆形，直径可达
25 cm，厚可达 1 cm；表面乳白色至乳黄色，干后橘黄褐色，具微绒毛，具不明显同心环纹；边缘逐渐变薄，钝，
干后波状。菌柄与菌盖同色，长可达 3 cm，直径可达 1 cm。菌齿表面新鲜时奶油色至乳黄色，干后黄褐色；锥形，
每毫米 3~4 个；略延生至菌柄上部。担孢子 4.2~5.1×3.1~3.6 μm，宽椭圆形，无色，薄壁，光滑，具 1 个液泡，
非淀粉质，不嗜蓝。

　　夏秋季生于阔叶树树桩旁边，造成木材白色腐朽。分布于华南地区。

图 365

图 366

丽极肉齿耳

Climacodon pulcherrimus (Berk. & M.A. Curtis) **M.I. Nikol.**

　　子实体一年生，无柄，覆瓦状叠生，新鲜时肉质，无特殊气味，干后软木栓质。菌盖扇形至半圆形，外伸可达 3 cm，宽可达 5 cm，基部厚可达 5 mm；表面新鲜时乳白色，干后黄褐色，具不明显的环区，被粗毛；边缘锐，干后内卷。菌肉干后棕黄色，软木栓质，厚可达 3 mm。菌齿表面新鲜时白色，干后黄褐色；纤维质，长可达 2 mm；锥状，顶端锐，每毫米 3~5 个。担孢子 4.1~5.1×2.1~2.5 μm，短圆柱形至椭圆形，无色，薄壁，光滑，非淀粉质，不嗜蓝。

　　夏秋季生于阔叶树倒木上，造成木材白色腐朽。分布于华南地区。

玫瑰斑肉齿耳

Climacodon roseomaculatus (Henn. & **E. Nyman) Jülich**

　　子实体一年生，无柄或具短柄，覆瓦状叠生，新鲜时革质，干后硬革质。菌盖半圆形至圆形，直径可达 8 cm，厚可达 5 mm；表面橘红色至深红色，干后橘黄褐色，光滑，无同心环纹；边缘逐渐变薄，锐，撕裂状，干后波状。菌齿表面新鲜时红色，干后黄褐色；锥形，每毫米 3~4 个；略延生至菌柄上部。担孢子 4.3~5.7×3~2.7 μm，椭圆形，无色，薄壁，光滑，非淀粉质，不嗜蓝。

　　夏秋季生于阔叶树上，造成木材白色腐朽。分布于华南地区。

多孔菌、齿菌及革菌

图 367-1

图 367-2

367 北方肉齿耳

Climacodon septentrionalis (Fr.) P. Karst.

子实体一年生,无柄,覆瓦状叠生,新鲜时肉质至革质,略具酸味;干后硬木栓质或硬骨质,略具馊味。菌盖半圆形至扇形,外伸可达 10 cm,宽可达 12 cm,厚可达 2.5 cm;表面乳白色至木材色,具微绒毛,干后粗糙;边缘逐渐变薄,锐,干后内卷。不育边缘明显,宽可达 7 mm。菌肉新鲜时乳白色,干后木材色,木质至骨质,具明显环区,厚可达 1.5 cm。菌齿表面奶油色至黄褐色;圆柱形,从基部向顶部渐细,新鲜时肉质,干后硬纤维质,每毫米 3~5 个,长可达 7 mm。担孢子 4~5 ×2~2.6 μm,椭圆形,无色,薄壁,非淀粉质,不嗜蓝。

夏秋季生于槭树活立木上,造成木材白色腐朽。分布于东北地区。

图 368-1

图 368-2

368 肉桂集毛孔菌

Coltricia cinnamomea (Jacq.) Murrill

　　子实体一年生，具中生柄，软革质，无明显气味。菌盖近圆形，数个菌盖合生，直径可达 6 cm，中部厚可达 3 mm；表面深褐色，具不明显的同心环带，被绒毛；边缘薄，锐，干后内卷。孔口表面锈褐色；多角形，每毫米 2~4 个；边缘薄，全缘或撕裂状。菌肉锈褐色，革质，厚可达 1 mm。菌管红褐色，软木栓质，长可达 2 mm。菌柄暗红褐色，木栓质，被短绒毛，长可达 4 cm，直径可达 3 mm。担孢子 6.4~8.4×4.6~6.2 μm，宽椭圆形，浅黄色，厚壁，光滑，非淀粉质，嗜蓝。

　　夏秋季生于阔叶树林中地上，造成木材白色腐朽。分布于东北、华北和华中地区。

多孔菌、齿菌及革菌

图 369

369 厚集毛孔菌
Coltricia crassa Y.C. Dai

子实体一年生，具侧生柄。菌盖半圆形至扇形，有时近圆形，外伸可达 4 cm，宽可达 6 cm，基部厚可达 2 cm；表面浅黄褐色，具粗毛，无同心环带；边缘钝。孔口表面奶油色至浅黄色；多角形，每毫米 0.5~2 个；边缘薄，全缘。菌肉黄褐色至黑褐色，干后较脆，具窄的环区，厚可达 12 mm。菌管与孔口表面同色或略深，干后易碎，长可达 3 mm。菌柄锈褐色，木栓质，光滑，长可达 5 cm，直径可达 2.5 cm。担孢子 9~12×5.9~7 μm，椭圆形，浅黄色，厚壁，光滑，非淀粉质，嗜蓝。

夏秋季单生于阔叶树基部，造成木材白色腐朽。分布于青藏地区。

370 大孔集毛孔菌
Coltricia macropora
Y.C. Dai

子实体一年生，具偏生柄，新鲜时木栓质，具臭味；干后革质，具强烈臭味。菌盖舌形至近圆形，直径可达 9 cm，中部厚可达 8 mm；表面新鲜时红褐色，干后土黄色，具明显的同心环区和环沟，干后具放射状皱脊；边缘钝，新鲜时奶油色至浅黄色。孔口表面新鲜时浅黄色，干后土黄色；多角形，每毫米 1~2 个；边缘薄，全缘。菌肉黄褐色至暗褐色，革质，厚可达 2 mm。菌管比菌肉颜色略浅，长可达 6 mm。菌柄黄褐色至暗褐色，光滑，长可达 2.5 cm，直径可达 12 mm。担孢子 7.2~8.5×5.1~6 μm，椭圆形，浅黄色，厚壁，光滑，非淀粉质，不嗜蓝。

夏季集生于阔叶林中地上，造成木材白色腐朽。分布于华南地区。

图 370

图 371-1

371 大集毛孔菌
Coltricia montagnei (Fr.) Murrill

子实体一年生，具中生柄，新鲜时无特殊气味，干后脆质。菌盖近圆形至漏斗形，直径可达 4 cm，中部厚可达 3 mm；表面干后肉桂色，被微绒毛至光滑，具不明显同心环带；边缘薄，锐，有时撕裂状，干后内卷。子实层体黄褐色至褐色，具同心环菌褶。菌褶每毫米 1~2 个。褶边缘或孔口边缘薄，撕裂状。菌肉暗褐色，干后软木栓质，厚可达 0.5 mm。菌褶或菌管与孔口表面同色，干后脆质，长可达 2.5 mm。菌柄浅黄褐色，硬木栓质，具绒毛，长可达 3 cm，直径可达 4 mm。担孢子 9~12×5.4~7 μm，椭圆形至卵圆形，有时长椭圆形，浅黄色，厚壁，光滑，非淀粉质，嗜蓝。

夏季单生于阔叶林中地上，造成木材白色腐朽。分布于华南地区。

图 371-2

多孔菌、齿菌及革菌

图 372-1

图 372-2

372 多年集毛孔菌
Coltricia perennis (L.) Murrill

　　子实体一年生，具中生柄，软革质，无明显气味。菌盖近圆形，通常数个菌盖合生，直径可达6 cm，中部厚可达13 mm；表面幼嫩时肉桂色至深褐色，成熟后浅灰色，具明显的同心环带，被绒毛或短绒毛；边缘薄，锐，干后内卷。孔口表面金黄褐色至锈褐色；多角形至圆形，每毫米3~4个；边缘薄，全缘或撕裂状。菌肉锈褐色，革质，厚可达10 mm。菌管浅灰褐色，明显浅于菌肉颜色，软木栓质，长可达3.5 mm。菌柄暗红褐色，木栓质，被短绒毛，长可达4 cm，直径可达6 mm。担孢子7~9×4.2~5 μm，椭圆形，浅黄色，厚壁，光滑，非淀粉质，不嗜蓝。

　　夏秋季生于针叶林中地上，造成木材白色腐朽。分布于东北、西北和青藏地区。

图 373

373 喜红集毛孔菌
Coltricia pyrophila (Wakef.) **Ryvarden**

子实体一年生，具中生柄。菌盖略圆形至漏斗形，直径可达 3 cm，中部厚可达 1.5 mm；表面新鲜时红褐色至黄褐色，具不明显的同心环区，被微绒毛；边缘薄，锐，有时撕裂状，干后内卷或外卷。孔口表面新鲜时橄榄黄色，干后肉桂色至褐色；多角形，每毫米 3~4 个；边缘薄，全缘。菌肉干后浅黄褐色，软革质，厚可达 1 mm。菌管与孔口表面同色，干后易碎，长可达 0.5 mm。菌柄暗褐色，长可达 2.5 mm，直径可达 3 mm。担孢子 7~9×4.2~5 μm，宽椭圆形，浅黄色，厚壁，光滑，非淀粉质，不嗜蓝。

夏秋季生于阔叶林中地上，造成木材白色腐朽。分布于华中和华南地区。

图 374-1

374 铁色集毛孔菌
Coltricia sideroides (Lév.) **Teng**

子实体一年生，具中生柄，新鲜时软木栓质，无特殊气味。菌盖圆形或漏斗形，直径可达 3 cm，中部厚可达 3 mm；表面锈褐色，具不明显的同心环纹，光滑，边缘锐，干后内卷。孔口表面褐色；多角形，每毫米 3~5 个；边缘薄，撕裂状。不育边缘明显，宽可达 1 mm。菌肉暗褐色，革质，厚可达 2 mm。菌管灰褐色，明显浅于菌肉颜色，干后脆质，长可达 2 mm。菌柄锈褐色，木栓质，具微绒毛，长可达 2 cm，直径可达 3 mm，根部膨胀可达 6 mm。担孢子 6~7×5~6 μm，宽椭圆形至近球形，浅黄色，厚壁，光滑，非淀粉质，嗜蓝。

春夏季单生于阔叶林中地上，造成木材白色腐朽。分布于华南地区。

图 374-2

图 375-1

图 375-2

375 刺柄集毛孔菌
Coltricia strigosipes Corner

子实体一年生，具中生柄。菌盖略圆形至漏斗形，直径可达 2.8 cm，中部厚可达 1.2 mm；表面新鲜时橘黄褐色至红褐色，干后土褐粉色，具不明显的同心环区，具硬毛；边缘薄，干后内卷。孔口表面新鲜时葡萄酒色，干后浅黄褐色；圆形至多角形，每毫米 3~5 个；边缘薄，全缘。菌肉暗褐色，干后脆质，易碎，厚可达 0.4 mm。菌管与孔口表面同色，干后易碎，长可达 0.8 mm。菌柄新鲜时浅红褐色，干后褐红色，具大量硬毛，长可达 2.4 cm，直径可达 3 mm。担孢子 5.6~6.6×4.8~5.5 μm，广椭圆形至近球形，浅黄色，厚壁，光滑，非淀粉质，嗜蓝。

春夏季单生或数个连生于阔叶林中地上，造成木材白色腐朽。分布于华中和华南地区。

376 铁杉集毛孔菌
***Coltricia tsugicola* Y.C. Dai & B.K. Cui**

子实体一年生，具中生柄，新鲜时软木栓质，无特殊气味；干后木栓质，易碎。菌盖略圆形至漏斗形，直径可达 1 cm，中部厚可达 4 mm；表面新鲜时浅黄色至红褐色，干后肉桂色、黄褐色至锈褐色；边缘薄，钝，干后内卷。孔口表面新鲜时黄色，干后黄褐色至锈褐色；多角形至不规则形，每毫米 3~5 个；边缘薄，全缘。菌肉肉桂色至锈褐色，革质，厚可达 1 mm。菌管黄褐色，长可达 3 mm。菌柄暗黄褐色，长可达 5 mm，直径可达 1 mm。担孢子 8.5~12×5.5~7 μm，椭圆形至长椭圆形，浅黄色，厚壁，光滑，非淀粉质，弱嗜蓝。

春夏季单生或集生于针叶树腐木上，造成木材白色腐朽。分布于华中地区。

图 376

377 糙丝集毛孔菌
***Coltricia verrucata* Aime et al.**

子实体一年生，具中生柄，新鲜时软，无特殊气味，干后软木栓质。菌盖略圆形至漏斗形，直径可达 1 cm，中部厚可达 1 mm；表面肉桂褐色至黑褐色，具不明显的同心环区，被粗硬毛，硬毛在菌盖中部直立，在边缘倒伏并伸出菌盖边缘，长可达 3 mm；边缘薄，撕裂状，干后内卷。孔口表面黄褐色至暗褐色；多角形，每毫米 2~3 个；边缘薄，略呈撕裂状。菌肉黑褐色，革质，厚可达 0.5 mm。菌管黄褐色，长可达 0.5 mm。菌柄黑褐色，长可达 2 cm，直径可达 1 mm。担孢子 7.5~9×4.8~5.1 μm，椭圆形，浅黄色，厚壁，光滑，非淀粉质，嗜蓝。

春夏季单生于阔叶林中地上，造成木材白色腐朽。分布于华中地区。

图 377

图 378-1

图 378-2

378 魏氏集毛孔菌
Coltricia weii Y.C. Dai

　　子实体一年生，具中生柄，新鲜时革质，干后木栓质。菌盖圆形至漏斗形，直径可达 3 cm，中部厚可达 1.5 mm；表面锈褐色至暗褐色，具明显的同心环区；边缘薄，锐，撕裂状，干后内卷。孔口表面肉桂黄色至暗褐色；圆形至多角形，每毫米 3~4 个；边缘薄，全缘至略呈撕裂状。菌肉暗褐色，革质，厚可达 0.5 mm。菌管棕土黄色，长可达 1 mm。菌柄暗褐色至黑褐色，长可达 1.5 cm，直径可达 2 mm。担孢子 5.6~7.2×4.3~5.5 μm，宽椭圆形，浅黄色，厚壁，光滑，非淀粉质，弱嗜蓝。

　　春夏季生于阔叶林中地上，造成木材白色腐朽。分布于华中地区。

图 379-1

379 合生小集毛孔菌
Coltriciella confluens Y.C. Dai

子实体一年生，平伏至反卷或具明显菌盖，新鲜时软纤维质，干后韧。平伏时长可达 15 cm，宽可达 3 cm，中部厚可达 5 mm。菌盖外伸可达 2 cm，宽可达 12 cm，基部厚可达 2.2 mm；表面新鲜时黄褐色，干后褐色，光滑；圆形至多角形，每毫米 1~3 个；边缘薄，全缘至略呈撕裂状。不育边缘浅黄色，宽可达 1 mm。菌肉浅褐色，软木栓质，厚可达 3 mm。菌管与孔口表面同色，软纤维质，长可达 2 mm。担孢子 7~8.8×4.2~5.8 μm，宽椭圆形，浅黄色，厚壁，具微小疣，有时塌陷，非淀粉质，不嗜蓝。

春夏季生于阔叶树腐木上，造成木材白色腐朽。分布于青藏地区。

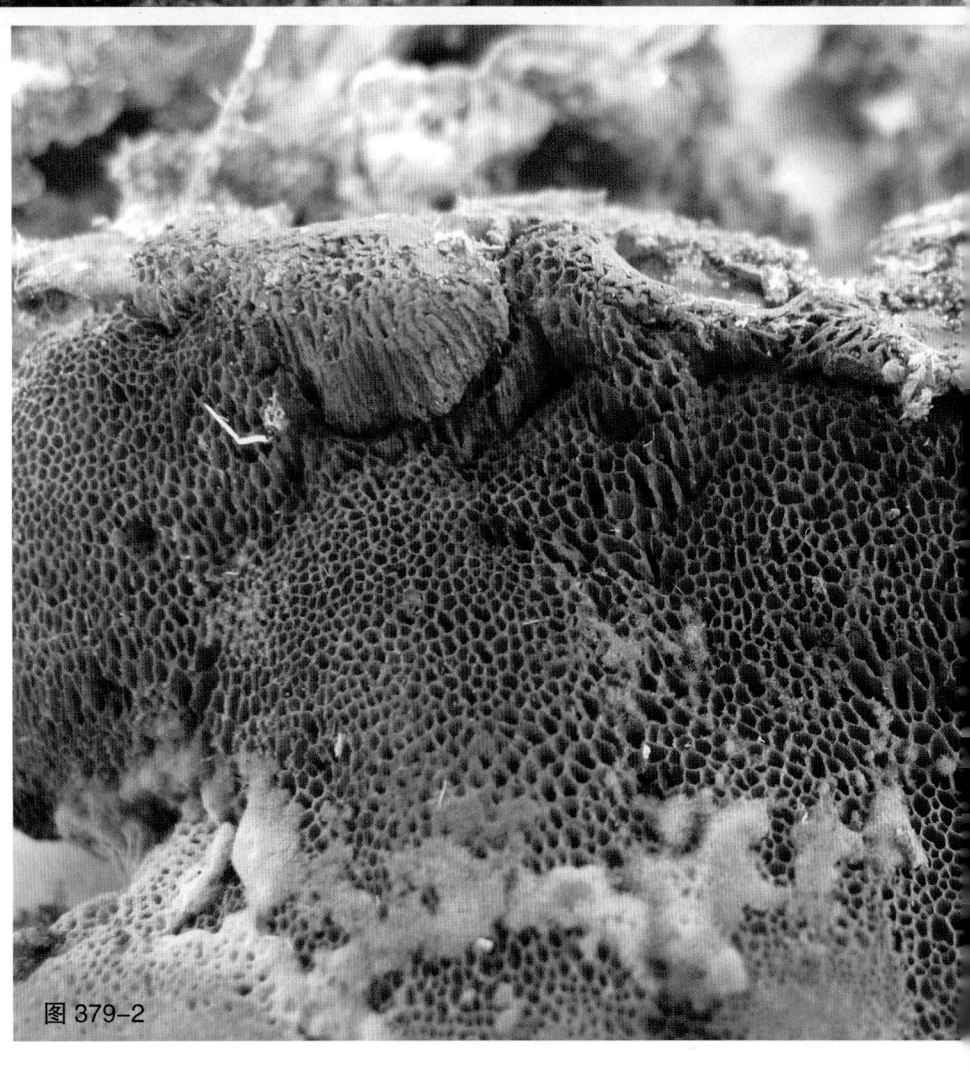

图 379-2

多孔菌、齿菌及革菌

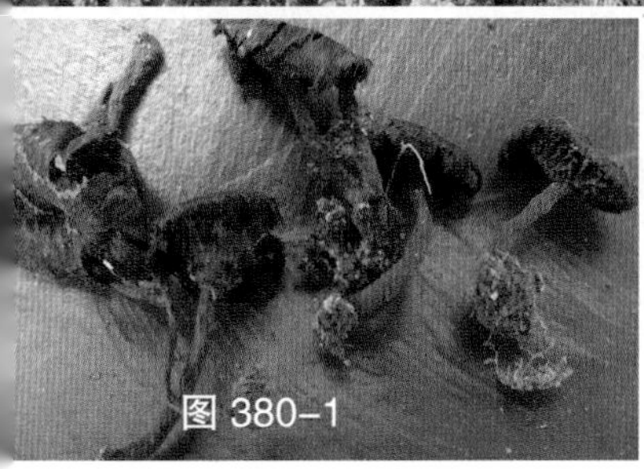

図 380-1

図 380-2

图 380-3

380 悬垂小集毛孔菌

Coltriciella dependens (Berk. & M.A. Curtis) Murrill

= *Coltricia subperennis* (Z.S. Bi & G.Y. Zheng) G.Y. Zheng & Z.S. Bi

　　子实体一年生，具侧生柄，悬吊生长，新鲜时软木栓质，干后木栓质。菌盖扇形至不规则形，直径可达 1 cm，中部厚可达 0.5 mm；表面红褐色至锈褐色，无同心环纹，粗糙；边缘锐，稍齿裂，干后内卷。孔口表面锈褐色；多角形，每毫米 2~3 个；边缘薄，全缘。菌肉褐色，革质，厚可达 0.3 mm。菌管黄褐色，软木栓质，长可达 0.2 mm。菌柄黄褐色，长可达 1.5 cm，直径可达 0.5 mm。担孢子 6~8.5×4~5.5 μm，长椭圆形，金黄色至褐色，厚壁，具疣突，非淀粉质，不嗜蓝。

　　春季至秋季单生或集生于阔叶林中地上，造成木材白色腐朽。分布于华中和华南地区。

381 假悬垂小集毛孔菌

Coltriciella pseudodependens
L.S. Bian & Y.C. Dai

子实体一年生，具侧生柄，悬吊生长，新鲜时软木栓质，干后木栓质至纤维质。菌盖略圆形，直径可达 6 mm，中部厚可达 3 mm；表面黄褐色至灰褐色，具不明显的同心环区，光滑。孔口表面浅黄色至灰褐色；多角形，每毫米 1~3 个；边缘薄，全缘。菌肉褐色，软，厚可达 0.2 mm。菌管与孔口表面同色，软纤维质，长可达 2.8 mm。菌柄被生，红褐色至黑褐色，长可达 1 mm，直径可达 0.4 mm。担孢子 9~11.8×5~6.2 μm，长椭圆形，黄色，厚壁，具疣突，非淀粉质，不嗜蓝。

春季至秋季单生或数个集生于阔叶树腐木上，造成木材白色腐朽。分布于华中地区。

图 381

382 塔斯马尼亚小集毛孔菌

Coltriciella tasmanica (Cleland & Rodway) D.A. Reid

子实体一年生，平伏，易与基物剥离，新鲜时软，革质，干后软棉质至棉革质，长可达 10 cm，宽可达 5 cm，中部厚可达 3 mm。孔口表面新鲜时黄色至黄褐色，干后锈褐色至暗褐色；圆形至多角形，每毫米 2~3 个；边缘薄，全缘。不育边缘明显，锈褐色，宽可达 2 mm。菌肉锈褐色，棉质，厚可达 1 mm。菌管锈褐色，软棉质，长可达 2 mm。担孢子 7~8×5~5.8 μm，椭圆形，浅黄色至褐色，厚壁，具疣突，非淀粉质，不嗜蓝。

春夏季生于松树腐木上，造成木材白色腐朽。分布于华南地区。

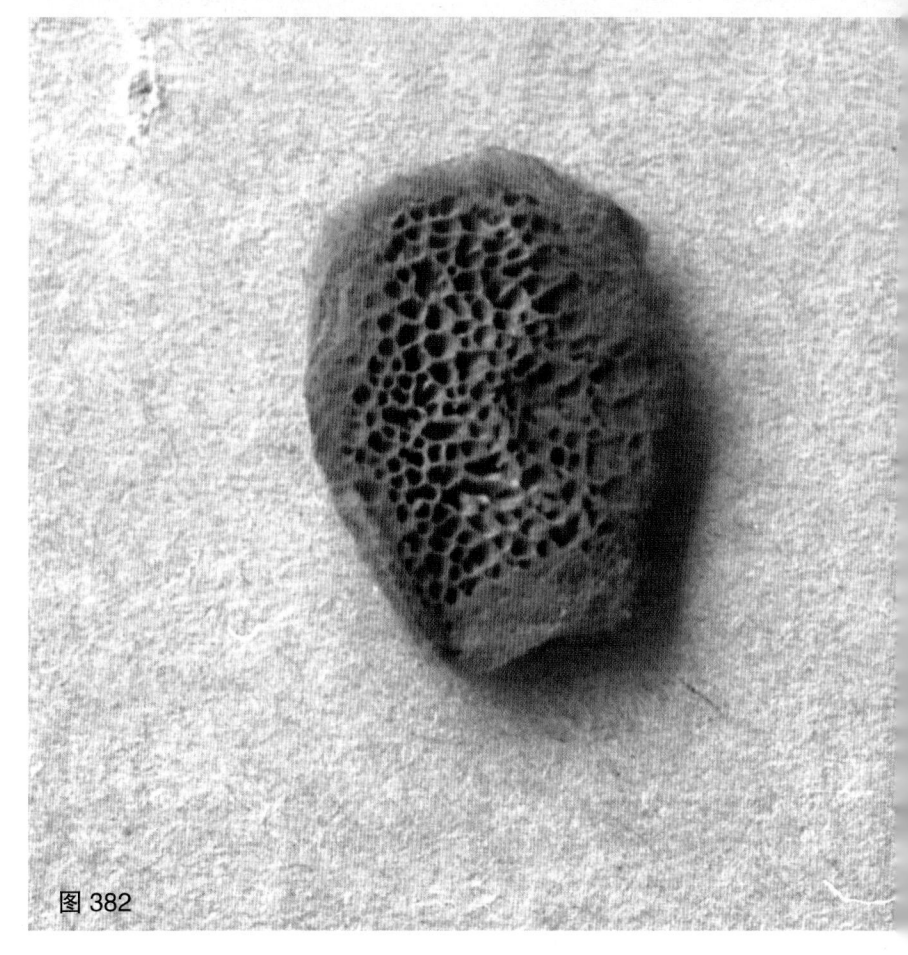

图 382

多孔菌、齿菌及革菌

图 383-1

图 383-2

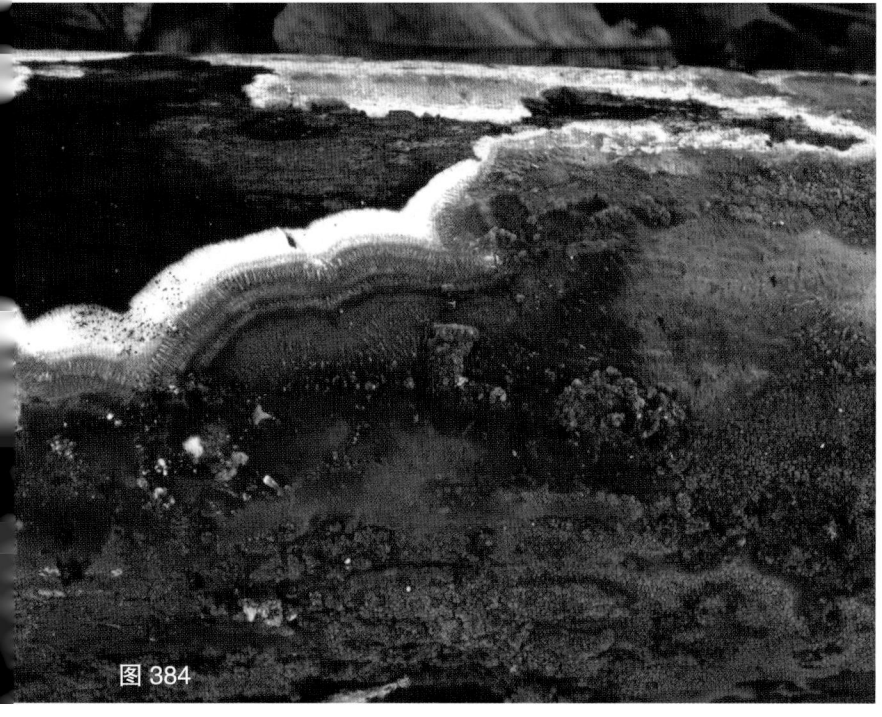

图 384

383 橄榄粉孢革菌
Coniophora olivacea (Fr.) P. Karst.

子实体一年生，平伏，贴生，不易与基物剥离，中部稍厚，向边缘逐渐变薄，新鲜时革质，无臭无味；干后脆，易碎，长可达 10 cm，宽可达 3 cm，厚可达 1 mm。子实层体新鲜时灰褐色、橄榄色至土黄橄榄色，干后褐色至土黄色或暗褐色，光滑至略粗糙。不育边缘明显，奶油色至乳白色，宽可达 3 mm，有时具不明显的细微菌索或呈棉絮状。菌肉黑褐色，革质，厚可达 1 mm。担孢子 9~11.2×4.3~5.1 μm，椭圆形至苹果核形，浅黄褐色，厚壁，光滑，拟糊精质，嗜蓝。

夏秋季生于多种针叶树上，造成木材褐色腐朽。分布于东北地区。

384 凹痕粉孢革菌
Coniophora puteana (Schumach.) P. Karst.

子实体一年生或多年生，平伏，贴生，不易与基物剥离，新鲜时软革质，具刺激性气味，干后革质至脆革质，从中心向边缘逐渐变薄，长可达 20 cm，宽可达 10 cm，厚可达 2 mm。子实层体新鲜时乳白色、灰黄色、灰褐色至黄褐色，干后暗褐色至黑褐色，粗糙，具疣状、类褶状或皱纹状突起，活跃生长时具明显的环区。不育边缘明显，新鲜时奶油色至乳白色，棉絮状，宽可达 3 mm。菌肉土黄色，干后脆革质，厚可达 2 mm。担孢子 11~14×7~9 μm，宽椭圆形，浅黄褐色，厚壁，光滑，拟糊精质，嗜蓝。

夏秋季生于多种针叶树上，造成木材褐色腐朽。分布于东北地区。

图 385-1

图 385-2

图 385-3

图 385-4

385 粗糙革孔菌

Coriolopsis aspera (Jungh.) Teng

≡ *Funalia aspera* (Jungh.) Zmitr. & V. Malysheva

≡ *Trametes aspera* (Jungh.) Bres.

子实体一年生，无柄，覆瓦状叠生，新鲜时革质，具芳香味，干后硬革质。菌盖半圆形或扇形，有时近圆形，外伸可达 5 cm，宽可达 10 cm，中部厚可达 1.5 cm；表面新鲜时暗黄褐色至铁锈色，并具暗色斑点，具明显的同心环纹。孔口表面初期灰奶油色，具折光反应，干后肉桂褐色至暗褐色，折光反应消失；圆形至不规则形，每毫米 5~6 个；边缘稍厚，全缘。不育边缘明显，宽可达 2 mm。菌肉褐色，硬革质，厚可达 10 mm。菌管浅黄褐色，硬革质，长可达 6 mm。担孢子 9~10.3×3.4~4.2 μm，圆柱形，无色，薄壁，光滑，非淀粉质，不嗜蓝。

夏秋季生于阔叶树倒木和腐木上，造成木材白色腐朽。分布于华北、华中和华南地区。

多孔菌、齿菌及革菌

图 386

386 褐白革孔菌
Coriolopsis brunneoleuca
(Berk.) Ryvarden

子实体一年生，平伏反卷，无柄，新鲜时革质，干后硬革质。菌盖半圆形或扇形，外伸可达 5 cm，宽可达 8 cm，中部厚可达 2 mm；表面浅黄褐色至黄褐色，被绒毛，具明显的同心环纹。孔口表面奶油色至浅黄褐色，具折光反应；圆形至多角形，每毫米 3~6 个；边缘薄，全缘。不育边缘明显，奶油色，宽可达 2 mm。菌肉黄褐色，软木栓质至革质，厚可达 1.2 mm。菌管灰白色，革质，长可达 0.8 mm。担孢子 6.3~8.5×2.3~3.3 μm，圆柱形，无色，薄壁，光滑，非淀粉质，不嗜蓝。

夏秋季生于阔叶树倒木和腐木上，造成木材白色腐朽。分布于华中和华南地区。

图 387

387 软盖革孔菌
Coriolopsis byrsina (Mont.)
Ryvarden

子实体一年生，平伏反卷或具明显盖形，新鲜时革质，干后木栓质。菌盖半圆形，外伸可达 1.5 cm，宽可达 3.5 cm，中部厚可达 2.5 mm；表面新鲜时浅棕黄色，干后浅黄褐色，被绒毛，具同心环纹；边缘钝。孔口表面奶油色至棕灰褐色；近圆形至多角形，每毫米 3~4 个；边缘薄，全缘。菌肉浅褐色，干后木栓质，厚可达 1 mm。菌管与菌肉同色，干后木栓质，长可达 1.5 mm。担孢子 12.1~14.1×5.1~6 μm，圆柱形，无色，薄壁，光滑，非淀粉质，不嗜蓝。

夏秋季生于阔叶树死树上，造成木材白色腐朽。分布于华南地区。

图 388-1

388 光盖革孔菌

Coriolopsis glabrorigens (Lloyd)
Núñez & Ryvarden

子实体一年生，覆瓦状叠生，新鲜时革质，干后木栓质。菌盖半圆形、扇形或近贝壳形，外伸可达 2 cm，宽可达5 cm，基部厚可达 5 mm；表面肉桂黄褐色至土黄褐色，基部被密绒毛；边缘锐或钝，颜色较中部浅。孔口表面新鲜时浅棕黄褐色至红褐色，具折光反应；多角形，每毫米 5~6 个；边缘薄，全缘。不育边缘不明显，乳黄色，宽可达 1 mm。菌肉浅土黄色，木栓质，厚可达 2 mm。菌管与菌肉同色，木栓质，长可达 3 mm。担孢子 5.2~6×2~2.5 µm，细圆柱形，无色，薄壁，光滑，非淀粉质，不嗜蓝。

夏秋季生于阔叶树死树上，造成木材白色腐朽。分布于华南地区。

图 388-2

389 多带革孔菌

Coriolopsis polyzona (Pers.)
Ryvarden

≡ *Polystictus polyzonus* (Pers.) Cooke

≡ *Trametes polyzona* (Pers.) Corner

子实体一年生，覆瓦状叠生，新鲜时革质，干后硬木栓质。菌盖半圆形或扇形，外伸可达 4 cm，宽可达 6 cm，基部厚可达 7 mm；表面浅黄褐色至黄褐色，被密绒毛；边缘锐。孔口表面新鲜时奶油色至浅棕黄色，干后肉桂色，具折光反应；多角形，每毫米 2~3 个；边缘厚，全缘。不育边缘明显，干后肉桂色，宽可达 2 mm。菌肉土黄色，厚可达 2 mm。菌管新鲜时奶油色，干后浅黄色至肉桂色，木栓质至硬纤维质，长可达 4 mm。担孢子 5~8.5×2.5~3.5 µm，短圆柱形至细圆柱形，无色，薄壁，光滑，非淀粉质，不嗜蓝。

夏秋季生于阔叶树死树上，造成木材白色腐朽。分布于华南地区。

图 389

多孔菌、齿菌及革菌

图 390

390 茶褐革孔菌
***Coriolopsis retropicta* (Lloyd) Teng**

子实体一年生，新鲜时革质，干后木栓质。菌盖扁平，半圆形，外伸可达 5 cm，宽可达 8 cm，中部厚可达 1.5 cm；表面栗黄色至黄褐色，幼时具辐射状硬粗毛，后渐脱落，具明显的同心环纹；边缘薄，锐，新鲜时具白边，成熟后不明显，波浪形，撕裂状。孔口表面灰白色至棕色；圆形至不规则形，每毫米 3~5 个；边缘厚，全缘。菌肉锈褐色至栗褐色，厚可达 8 mm。菌管与菌肉同色，长可达 7 mm。担孢子 5~6×2~2.2 μm，圆柱形，无色，薄壁，光滑，非淀粉质，不嗜蓝。

夏秋季生于阔叶树倒木上，造成木材白色腐朽。分布于华南地区。

图 391-2

图 391-1

391 红斑革孔菌

Coriolopsis sanguinaria (Klotzsch) Teng

子实体一年生或多年生，无柄，新鲜时革质，干后木栓质。菌盖半圆形至扇形，外伸可达 4.5 cm，宽可达 8 cm，基部厚可达 4 mm；表面新鲜时浅黄褐色至红褐色，干后浅黄褐色，靠近基部红褐色至黑褐色，光滑或具疣突，具明显的同心环带；边缘锐，奶油色。孔口表面黄褐色，无折光反应；圆形，每毫米 7~9 个；边缘厚，全缘。不育边缘明显，奶油色。菌肉浅棕褐色，木栓质，厚可达 2 mm。菌管浅黄褐色，干后木栓质，长可达 2 mm。担孢子 4.1~6×2~3.5 μm，椭圆形，无色，薄壁，光滑，非淀粉质，不嗜蓝。

春季至秋季生于阔叶树的活立木、死树、倒木和腐木上，造成木材白色腐朽。分布于华中和华南地区。

图 391-3

多孔菌、齿菌及革菌

图 392

392 膨大革孔菌

Coriolopsis strumosa (Fr.) Ryvarden

≡ *Polystictus strumosus* (Fr.) Fr.

≡ *Trametes strumosa* (Fr.) Zmitr. et al.

子实体一年生，无柄，新鲜时革质，干后木栓质。菌盖半圆形，外伸可达 6 cm，宽可达 10 cm，中部厚可达 1 cm；表面新鲜时棕褐色至赭色，干后灰褐色，粗糙，近基部具瘤突，具明显的同心环沟。孔口表面初期奶油色至乳灰色，后期橄榄褐色；圆形，每毫米 6~7 个；边缘薄，全缘。不育边缘明显，比孔口表面颜色稍浅，宽可达 2 mm。菌肉黄褐色至橄榄褐色，木栓质，厚可达 9 mm。菌管暗褐色，长可达 1 mm。担孢子 8~10×3.5~4 μm，圆柱形，无色，薄壁，光滑，非淀粉质，不嗜蓝。

夏秋季生于相思树倒木上，造成木材白色腐朽。分布于华南地区。

393 白杯扇革菌

Cotylidia komabensis (Henn.) D.A. Reid

≡ *Thelephora komabensis* Henn.

子实体一年生，具中生菌柄，新鲜时软革质，无特殊气味，干后革质。菌盖漏斗形，直径可达 3.5 cm；表面新鲜时白色，干后奶油色，光滑，具明显的同心环区和放射状条纹。子实层体白色，干后奶油色。菌柄长可达 0.9 cm，直径可达 3 mm，白色，表面具微细毛状物，基部呈圆盘状。担孢子 6~8.5×2.5~3.4 μm，椭圆形，无色，薄壁，光滑，非淀粉质，不嗜蓝。

夏秋季生于阔叶林中地上。分布于东北地区。

图 393

图 394-1

图 394-2

图 394-3

中国隐孔菌
Cryptoporus sinensis Sheng H. Wu & M. Zang

　　子实体一年生，具柄或近无柄，新鲜时无特殊气味，软木栓质，干后木栓质。菌盖扁球形，外伸可达 2 cm，宽可达 3 cm，基部厚可达 1 cm；表面新鲜时乳白色至蛋壳色，干后黄褐色至红褐色，光滑；边缘钝，颜色比菌盖表面浅，延生至孔口表面形成覆盖整个子实层的菌幕，仅在基部具一小孔。孔口表面干后灰褐色，无折光反应；圆形或近圆形，每毫米 3~5 个；边缘厚，全缘。菌肉奶油色，干后木栓质，厚可达 7 mm。菌管奶油色，硬木栓质，长可达 3 mm。担孢子 8.3~9.5×3.8~4.2 μm，圆柱形，无色，厚壁，光滑，着生端变窄，非淀粉质，弱嗜蓝。

　　春夏季单生于针叶树的死树、倒木及腐木上，尤其以松树上最为常见，造成木材白色腐朽。药用。分布于华中和华南地区。

多孔菌、齿菌及革菌

图 396-1

图 396-2

图 395

395 遮孔隐孔菌
Cryptoporus volvatus (Peck) Shear

子实体一年生，具柄或近无柄，新鲜时无特殊气味，软木栓质，干后木栓质。菌盖近马蹄形或近扁球形，长可达 4.5 cm，宽可达 3.5 cm，基部厚可达 2.5 cm；菌盖表面乳白色至深蛋壳色，光滑，有的区域呈褐色；边缘钝，颜色比菌盖表面深，延生至孔口表面形成覆盖整个子实层的菌幕，仅在基部具一小孔。孔口表面栗褐色，无折光反应；圆形或近圆形，每毫米 3~5 个；边缘厚，全缘。菌肉奶油色至淡黄色，软革质或软木栓质，厚可达 2 cm。菌管浅黄褐色，硬木栓质，长可达 5 mm。担孢子 9.2~11.5×4.1~5 μm，圆柱形，无色，厚壁，光滑，非淀粉质，弱嗜蓝。

夏季单生于针叶树的死树、倒木及腐木上，尤其以松树上最为常见，造成木材白色腐朽。药用。分布于东北、华北、华中和西北地区。

图 396-3

396 同心环褶孔菌

Cyclomyces fuscus Kunze

　　子实体一年生，无柄，革质。菌盖半圆形至扇形，稀圆形，外伸可达 2 cm，宽可达 4 cm，基部厚可达 2 mm；表面黑褐色，被绒毛，具明显的同心环带和浅的环沟；边缘锐，有时齿裂，干后内卷。子实层体黄褐色，环褶状。不育边缘几乎无，浅黄褐色。菌褶黄褐色，长可达 1.5 mm；每毫米 4~5 个；边缘薄，全缘或撕裂状。菌肉暗褐色，异质，层间具一黑色细线，整个菌肉层厚可达 0.5 mm。担孢子 3.7~4.3×1.7~2.2 μm，长椭圆形，无色，薄壁，光滑，非淀粉质，不嗜蓝。

　　春季至秋季生于阔叶树倒木上，造成木材白色腐朽。分布于华中和华南地区。

图 397-1

397 纵褶环褶孔菌
Cyclomyces lamellatus Y.C. Dai & Niemelä

子实体一年生，平伏反卷，覆瓦状叠生，革质。平伏时长可达 50 cm，宽可达 10 cm，基部厚可达 2 mm。菌盖半圆形至扇形，外伸可达 1 cm，宽可达 2 cm，基部厚可达 2 mm；表面黄褐色至锈褐色，被厚绒毛，粗糙，具明显的同心环沟；边缘锐，金黄色。子实层体黄褐色至暗褐色，孔状、齿状、不规则形至明显褶状，每毫米 2~4 个；黄褐色，革质，长可达 0.5 mm；边缘薄，撕裂状。不育边缘不明显至几乎无，金黄色。菌肉褐色，革质，异质，两层菌肉之间具一黑色细线，整个菌肉层可达 2 mm，上层菌肉松软，下层菌肉木栓质。担孢子 3.6~4.8×1.5~1.8 μm，圆柱形，无色，薄壁，光滑，非淀粉质，不嗜蓝。

夏秋季生于多种阔叶树上，造成木材白色腐朽。分布于华中和华南地区。

图 397-2

图 397-3

图 397-4

图 398-1

398 针孔环褶孔菌

Cyclomyces setiporus (Berk.) Pat.

子实体一年生或二年生，干后革质。菌盖半圆形至扇形，外伸可达 3 cm，宽可达 5 cm，厚可达 3 mm；表面锈褐色、红褐色至黑褐色，被微绒毛，具明显的同心环带和浅的环沟；边缘锐，有时齿裂，干后内卷。孔口表面肉桂褐色；多角形，每毫米 1~3 个；边缘薄，撕裂状。不育边缘明显，浅黄褐色，宽可达 1 mm。菌肉肉桂褐色，异质，层间具一黑色细线，整个菌肉层可达 1.5 mm。菌管黄褐色，长可达 1.5 mm。担孢子 3.1~4×1.8~2.5 μm，椭圆形，无色，薄壁，光滑，通常 4 个黏结在一起，非淀粉质，弱嗜蓝。

夏秋季单生或集生于阔叶树腐木上，造成木材白色腐朽。分布于华南地区。

图 398-2

图 398-3

多孔菌、齿菌及革菌

图 399-1

图 399-2

图 399-3

399 **浅褐环褶孔菌**
Cyclomyces tabacinus (Mont.) Pat.

　　子实体一年生或多年生，覆瓦状叠生，革质。菌盖半圆形至扇形，外伸可达 5 cm，宽可达 8 cm，厚可达 3 mm；表面锈褐色、红褐色至黑褐色，被厚绒毛，具明显的同心环带和浅的环沟；边缘锐或钝，鲜黄色。孔口表面暗褐色至黑褐色；圆形，每毫米 7~9 个；边缘薄，全缘。不育边缘明显，锈褐色至暗褐色，宽可达 2 mm。菌肉锈褐色至暗褐色，异质，层间具一黑色细线，整个菌肉层可达 2 mm。菌管黄褐色，长可达 1 mm。担孢子 3.2~4×1.9~2.1 μm，长椭圆形，无色，薄壁，光滑，非淀粉质，弱嗜蓝。

　　春季至秋季生于阔叶树死树或倒木上，造成木材白色腐朽。药用。分布于华南地区。

图 400-1

400 干环褶孔菌

Cyclomyces xeranticus (Berk.) Y.C. Dai &
Niemelä

　　子实体一年生或二年生，平伏反卷，覆瓦状叠生，革质。菌盖半圆形至扇形，外伸可达3 cm，宽可达7 cm，基部厚可达4 mm；表面黄褐色至暗褐色，被绒毛或光滑，具不明显的同心环带和浅的环沟；边缘锐，鲜黄色，干后波状。孔口表面黄褐色，具折光反应；圆形至多角形，每毫米3~5个；边缘薄，撕裂状。不育边缘窄至几乎无。菌肉鲜黄色至暗褐色，革质，异质，层间具一黑色细线，整个菌肉层可达2 mm。菌管金黄色，长可达3 mm。担孢子3~4×1.1~1.5 µm，圆柱形，稍弯曲，无色，薄壁，光滑，非淀粉质，弱嗜蓝。

　　夏秋季生于阔叶树上，造成木材白色腐朽。分布于东北、华北、西北、华中和华南地区。

图 400-2

图 400-3

多孔菌、齿菌及革菌

图 401

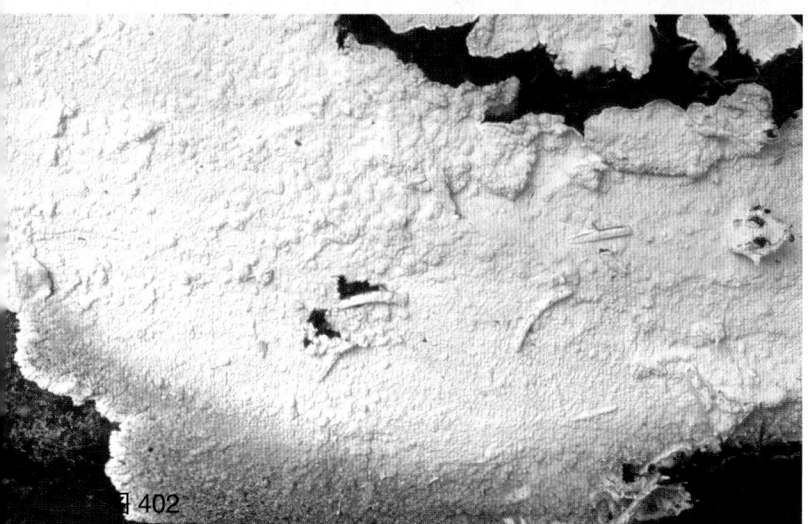

图 402

图 403

401 优雅波边革菌
Cymatoderma elegans Jungh.

子实体一年生，具侧生短柄，偶尔多个合生，新鲜时革质，干后木栓质。菌盖漏斗形，直径可达 10 cm，厚可达 4 mm；表面新鲜时黄褐色，被厚乳白色绒毛，由中部向边缘延生，具明显皱褶突起，近边缘处具环带，干后灰白色至浅土黄色；边缘薄，锐，干后波状。子实层体新鲜时乳白色，干后米黄色，具皱褶。菌肉米黄色，木栓质。菌柄圆柱形，长可达 4 cm，直径可达 5 mm，被褐色细绒毛。担孢子 7.8~9×4~5 μm，宽椭圆形，无色，薄壁，光滑，非淀粉质，不嗜蓝。

夏秋季生于阔叶树倒木和落枝上，造成木材白色腐朽。分布于华南地区。

402 穆氏囊韧革菌
Cystostereum murrayi (Berk. & M.A. Curtis) Pouzar

子实体一年生，平伏至平伏反卷，新鲜时革质，具芳香气味，干后脆质。平伏时长可达 80 cm，宽可达 10 cm，厚可达 2 mm。子实层体乳白色至浅黄褐色，粗糙至具疣状物。不育边缘明显，菌索状，白色至奶油色，宽可达 4 mm。担孢子 4.5~5.5×2.5~3 μm，长椭圆形，无色，薄壁，光滑，非淀粉质，不嗜蓝。

夏秋季生于针叶树倒木上。分布于东北地区。

403 柳树分枝囊革菌
Cytidia salicina (Fr.) Burt

子实体一年生，平伏反卷，覆瓦状叠生，通常形成明显菌盖，新鲜时软革质，无特殊气味，干后革质。菌盖通常盘形或不规则形，外伸可达 1 cm，宽可达 2 cm，中部厚可达 3 mm；表面新鲜时紫红色，光滑或具疣状物，无同心环带；边缘锐。子实层体红色至紫红色，光滑。不育边缘窄至几乎无。担孢子 12~18×4~5 μm，腊肠形，无色，薄壁，光滑，非淀粉质，不嗜蓝。

夏秋季生于阔叶树（特别是柳树）死枝或树干上。分布于东北地区。

图 404-1

图 404-2

图 404-3

404 迷氏迷孔菌

Daedalea dickinsii Yasuda

子实体多年生，无柄，覆瓦状叠生，木栓质。菌盖半圆形，外伸可达 10 cm，宽可达 20 cm，中部厚可达 5 cm；表面浅黄色至深黑褐色，光滑，具同心环带和不明显的放射状纵条纹，有时具小疣和瘤状突起；边缘锐或略钝，浅黄色至浅黄褐色。孔口表面浅黄褐色至深褐色；近圆形、多角形、迷宫状至几乎褶状，每毫米 1~2 个；边缘薄或厚，全缘。不育边缘明显，宽可达 2 mm。菌肉肉色至浅黄褐色，厚可达 25 mm。菌管单层或多层，与菌肉同色。担孢子 4.8~6×2~3 μm，圆柱形，无色，薄壁，光滑，非淀粉质，不嗜蓝。

春季至秋季生于栎树无皮倒木上，造成木材褐色腐朽。药用。分布于东北、华北、华中和西北地区。

图 404-4

图 406-1

图 406-2

图 406-3

图 405

405 灰白迷孔菌

Daedalea incana (P. Karst.) Sacc. & D. Sacc.

　　子实体一年生，无柄，新鲜时木栓质，干后木质。菌盖半圆形，外伸可达 10 cm，宽可达 15 cm，基部厚可达 1.5 cm；表面深褐色，从基部向边缘颜色渐浅，被细绒毛，具同心环区；边缘锐至略钝。孔口表面新鲜时奶油色，干后浅褐色，无折光反应；近圆形、迷宫状至不规则形，每毫米 2~3 个；边缘稍厚，全缘。不育边缘明显，宽可达 1 mm。菌肉奶油色，新鲜时木栓质，干后硬木栓质至木质，厚可达 5 mm。菌管与菌肉同色，硬木栓质，长可达 10 mm。担孢子 2.5~3×1.8~2 μm，卵圆形，无色，薄壁，光滑，非淀粉质，不嗜蓝。

　　秋季单生于阔叶树死树上，造成木材褐色腐朽。分布于华南地区。

图 406-4

谦逊迷孔菌

Daedalea modesta (Kunze) Aoshima

≡ *Trametes modesta* (Kunze) Ryvarden

　　子实体一年生，无柄，覆瓦状叠生，韧革质。菌盖半圆形至贝壳形，外伸可达 3 cm，宽可达 5 cm，厚可达 3 mm；表面棕黄色至粉黄色，光滑，基部具明显奶油色增生物，具明显的同心环带；边缘锐，奶油色，波状。孔口表面乳白色至土黄色；近圆形，每毫米 5~6 个；全缘，边缘厚。不育边缘明显，奶油色，宽可达 1.5 mm。菌肉浅木材色，厚可达 2.5 mm。菌管与孔口表面同色，长可达 0.5 mm。担孢子 3~4×2~2.2 μm，椭圆形，无色，薄壁，光滑，非淀粉质，不嗜蓝。

　　春季至秋季生于阔叶树倒木上，造成木材褐色腐朽。分布于华中和华南地区。

多孔菌、齿菌及革菌

图 407-1

图 407-2

图 407-3

407 **裂拟迷孔菌**

Daedaleopsis confragosa

(Bolton) J. Schröt.

子实体一年生，覆瓦状叠生，木栓质。菌盖半圆形至贝壳形，外伸可达 7 cm，宽可达 16 cm，中部厚可达 2.5 cm；表面浅黄色至褐色，初期被细绒毛，后期光滑，具同心环带和放射状纵条纹，有时具疣突；边缘锐。孔口表面奶油色至浅黄褐色；近圆形、长方形、迷宫状或齿裂状，有时褶状，每毫米 1 个；边缘薄，锯齿状。不育边缘窄，奶油色，宽可达 0.5 mm。菌肉浅黄褐色，厚可达 15 mm。菌管与菌肉同色，长可达 10 mm。担孢子 6.1~7.8×1.2~1.9 μm，圆柱形，略弯曲，无色，薄壁，光滑，非淀粉质，不嗜蓝。

夏秋季生于柳树的活立木和倒木上，造成木材白色腐朽。各区均有分布。

图 408-1

408 紫带拟迷孔菌
Daedaleopsis purpurea (Cooke)
Imazeki & Aoshima

子实体一年生，覆瓦状叠生，无柄，新鲜时软木栓质，干后木栓质。菌盖半圆形，外伸可达 8 cm，宽可达 5 cm，中部厚可达 1.7 cm；表面初期褐色、被细绒毛，后期栗红色至黑褐色、光滑，有时具疣突；边缘锐。孔口表面紫褐色；圆形，每毫米 0.5~1 个；边缘薄，全缘至略呈撕裂状。不育边缘无。菌肉淡紫褐色，硬木栓质，无环区，厚可达 2 mm。菌管木栓质，长可达 1.5 cm。该菌通常不育。

夏秋季生于阔叶树倒木或树桩上，造成木材白色腐朽。分布于华南地区。

图 408-2

多孔菌、齿菌及革菌

图 409-1

图 409-2

图 409-3

图 409-4

409 中国拟迷孔菌

Daedaleopsis sinensis (Lloyd) Y.C. Dai

子实体一年生，无柄，木栓质。菌盖半圆形，外伸可达 6 cm，宽可达 11 cm，厚可达 4 cm；表面肉红色或黄褐色，被细绒毛，具明显的同心环带，有时具瘤状突起；边缘锐。孔口表面新鲜时奶油色，干后淡黄色至浅黄褐色；圆形或多角形，每毫米 1~2 个；边缘薄，全缘或强烈撕裂状。不育边缘不明显或几乎无。菌肉奶油色至浅黄色，木栓质，厚可达 20 mm。菌管与菌肉同色，木栓质，长可达 20 mm。担孢子 4.9~6×1.6~1.8 μm，圆柱形，略弯曲，无色，薄壁，光滑，非淀粉质，不嗜蓝。

秋季生于赤杨上，造成木材白色腐朽。分布于东北地区。

图 410-1

图 410-2

图 410-3

410 三色拟迷孔菌

Daedaleopsis tricolor (Bull.) Bondartsev & Singer

子实体一年生，覆瓦状叠生，盖形，无柄，木栓质。菌盖半圆形，外伸可达 5 cm，宽可达 10 cm，基部厚可达 1 cm；表面灰褐色至红褐色，光滑，具同心环带；边缘锐，与菌盖表面同色。子实层体灰褐色至栗褐色，初期呈不规则孔状，每毫米 1~2 个；成熟后呈褶状，有时二叉分枝，每毫米 1~2 个。菌肉浅褐色，木栓质，厚可达 1 mm。菌褶颜色比子实层体稍浅，木栓质，厚可达 9 mm。担孢子 6.9~9.1×2.1~2.5 μm，圆柱形，无色，薄壁，光滑，非淀粉质，不嗜蓝。

春季至秋季生于多种阔叶树的死树、倒木、树桩和落枝上，造成木材白色腐朽。药用。各区均有分布。

多孔菌、齿菌及革菌

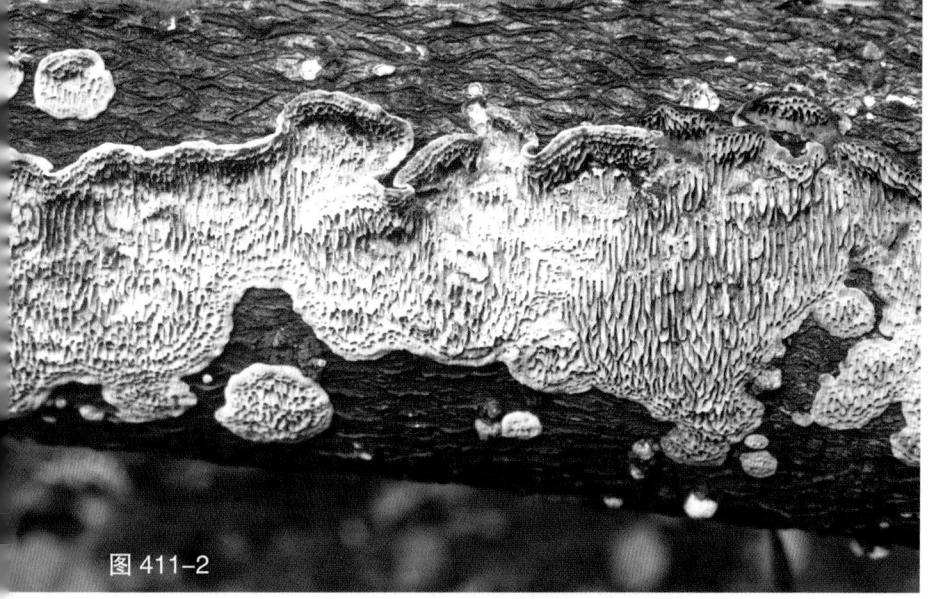

图 411-1

图 411-2

图 411-3

软异薄孔菌
Datronia mollis

(Sommerf.) Donk

子实体一年生，平伏反卷，木栓质。菌盖半圆形，外伸可达 5 cm，宽可达 8 cm，厚可达 6 mm；表面深褐色至近黑色，具同心环带；边缘锐，干后稍内卷。孔口表面浅灰褐色至污褐色；圆形至不规则形，每毫米 1~2 个；边缘薄，全缘或撕裂状。不育边缘明显，宽可达 1.5 mm。菌肉淡褐色或浅黄褐色，异质，上层为绒毛层，下层为菌肉层，厚可达 1 mm，层间具一条黑线。菌管单层，长可达 3 mm。担孢子 6.5~9×2.5~3.5 μm，圆柱形，无色，薄壁，光滑，非淀粉质，不嗜蓝。

春季至秋季生于榕树等阔叶树倒木上，造成木材白色腐朽。分布于东北、华北、西北和华中地区。

图 412-1

图 412-2

图 412-3

412 **盘异薄孔菌**

Datronia scutellata (Schwein.) Gilb. & Ryvarden

子实体一年生，无柄，单生或覆瓦状叠生，木栓质。菌盖半圆形或圆盘形，基部倒挂于基物上，外伸可达 1.5 cm，宽可达 3 cm，中部厚可达 5 mm；表面污白色至黑褐色，光滑，具同心环带和皱纹；边缘略钝，灰色至浅灰褐色。孔口表面初期白色至浅黄色，后期浅褐色至褐色；圆形或近圆形至多角形，每毫米 3~4 个；边缘薄或略厚，具毛缘，全缘。不育边缘不明显，宽可达 1 mm。菌肉淡褐色或褐色，具一硬壳，厚可达 2 mm。菌管淡褐色或木材色，长可达 4 mm。担孢子 9~10.6×3~3.2 μm，圆柱形，无色，薄壁，透明，光滑，非淀粉质，不嗜蓝。

秋季生于阔叶树上，造成木材白色腐朽。分布于东北地区。

图 413-1

图 413-2

413 革异薄孔菌
Datronia stereoides (Fr.) Ryvarden

子实体一年生，平伏，紧贴于基物上，木栓质，长可达 16 cm，宽可达 4 cm，中部厚可达 2 mm。孔口表面浅褐色或浅灰褐色，无折光反应；不规则形、圆形、近圆形、多角形或撕裂状，每毫米 3~4 个；边缘薄，全缘或撕裂状。不育边缘较窄，浅褐色，宽可达 2 mm。菌肉淡褐色或褐色，很薄，厚可达 1 mm。菌管浅褐色或褐色，木栓质，长可达 2 mm。担孢子 6~8×2~3 μm，圆柱形，无色，薄壁，透明，光滑，非淀粉质，不嗜蓝。

夏秋季生于阔叶树上，造成木材白色腐朽。分布于东北和华中地区。

图 414

414 黑盖小异薄孔菌
Datroniella melanocarpa B.K. Cui et al.

子实体一年生，无柄，单生或覆瓦状叠生，木栓质。菌盖外伸可达 0.8 cm，宽可达 2 cm，中部厚可达 3 mm；表面褐色至黑色，光滑，具同心环带和皱纹；边缘锐。孔口表面初期白色，后期和干后浅褐色；圆形，每毫米 2~3 个；边缘薄，全缘。不育边缘不明显。菌肉淡褐色，木栓质，厚可达 0.5 mm。菌管与孔口表面同色，长可达 2.5 mm。担孢子 8.8~11×3~4 μm，圆柱形，无色，薄壁，透明，光滑，非淀粉质，不嗜蓝。

秋季生于阔叶树上，造成木材白色腐朽。分布于华中地区。

图 415

415 亚热带小异薄孔菌
Datroniella subtropica B.K. Cui et al.

子实体一年生，平伏反卷至无柄盖形，新鲜时无特殊气味，干后木栓质。菌盖外伸可达 8 mm，宽可达 1.5 cm，基部厚可达 2 mm；表面从边缘到基部浅黄色、黄褐色至黑色，光滑，具窄同心环沟。孔口表面白色至浅褐色；圆形，每毫米 6~8 个；边缘厚，全缘。不育边缘不明显。菌肉黄褐色，木栓质，厚可达 0.2 mm。菌管与孔口表面同色，长可达 1.8 mm。担孢子 6.8~8×2~2.7 μm，圆柱形，无色，薄壁，透明，光滑，非淀粉质，不嗜蓝。

夏秋季生于阔叶树上，造成木材白色腐朽。分布于华中和华南地区。

图 416

图 417

416 西藏小异薄孔菌
Datroniella tibetica B.K. Cui et al.

子实体一年生，平伏至平伏反卷，木栓质。菌盖外伸可达 0.7 cm，宽可达 1.5 cm，中部厚可达 3 mm；表面从边缘到基部浅褐色至黑色，光滑，具环区和环沟；边缘锐。孔口表面初期灰白色，后期和干后灰色；圆形至多角形，每毫米 4~6 个；边缘薄至厚，全缘。不育边缘窄至几乎无。菌肉黄褐色，木栓质，厚可达 0.3 mm。菌管与孔口表面同色，长可达 2.7 mm。担孢子 8~10.2×2.5~3 μm，圆柱形，无色，薄壁，透明，光滑，非淀粉质，不嗜蓝。

秋季生于阔叶树上，造成木材白色腐朽。分布于青藏地区。

417 热带小异薄孔菌
Datroniella tropica B.K. Cui et al.

子实体一年生，平伏反卷，木栓质。菌盖外伸可达 2 cm，宽可达 2 cm，中部厚可达 2.5 mm；表面黄褐色至红褐色，光滑，无环带；边缘锐。孔口表面初期白色，后期和干后灰色；圆形，每毫米 5~7 个；边缘薄至厚，全缘。不育边缘浅黄色，宽可达 1 mm。菌肉黄褐色，木栓质，厚可达 2.2 mm。菌管与孔口表面同色，长可达 0.3 mm。担孢子 8~9.8×2.5~3.5 μm，圆柱形，无色，薄壁，透明，光滑，非淀粉质，不嗜蓝。

秋季生于阔叶树上，造成木材白色腐朽。分布于华南地区。

图 418-1

图 418-2

418 台湾软齿菌

Dentipellis taiwaniana Sheng H. Wu

子实体一年生，盖形或具狭窄基部，新鲜时肉质，干后革质。菌盖半圆形至扇形，外伸可达 1.6 cm，宽可达 2 cm，中部厚可达 2.3 mm；表面新鲜时白色，干后奶油色至浅黄色，具同心环纹。子实层体新鲜时白色，干后浅黄色。不育边缘明显，与菌盖同色，干后内卷。菌肉干后奶油色，革质，厚可达 0.5 mm。菌齿紧密相连，每毫米 9~10 个；比菌肉颜色略深，长可达 1.8 mm。担孢子 2.3~3×2~2.2 μm，球形至近球形，无色，具小刺，壁薄至稍厚，淀粉质，嗜蓝。

秋季群生于阔叶树腐木上，造成木材白色腐朽。分布于华南地区。

图 419-1

419 污叉丝孔菌

Dichomitus squalens (P. Karst.) D.A. Reid

子实体一年生至二年生，平伏或平伏反卷，覆瓦状叠生，木栓质。菌盖扇形，外伸可达 3 cm，宽可达 4 cm，基部厚可达 15 mm；表面新鲜时近白色至奶油色，干后淡黄白色至黄褐色；边缘锐或稍钝，淡黄色至黄褐色，干后内卷。孔口表面新鲜时白色至奶油色，干后淡黄白色至淡黄褐色，具弱折光反应；圆形或多角形，每毫米 3~5 个；边缘薄，全缘。不育边缘较窄，白色至淡黄色。菌肉白色至淡黄色，厚可达 4 mm。菌管与孔口表面同色，长可达 5 mm。担孢子 8.2~10×2.9~3.2 μm，圆柱形，无色，薄壁，光滑，非淀粉质，不嗜蓝。

夏秋季生于针叶树上，造成木材白色腐朽。分布于东北、华北、西北、青藏和华中地区。

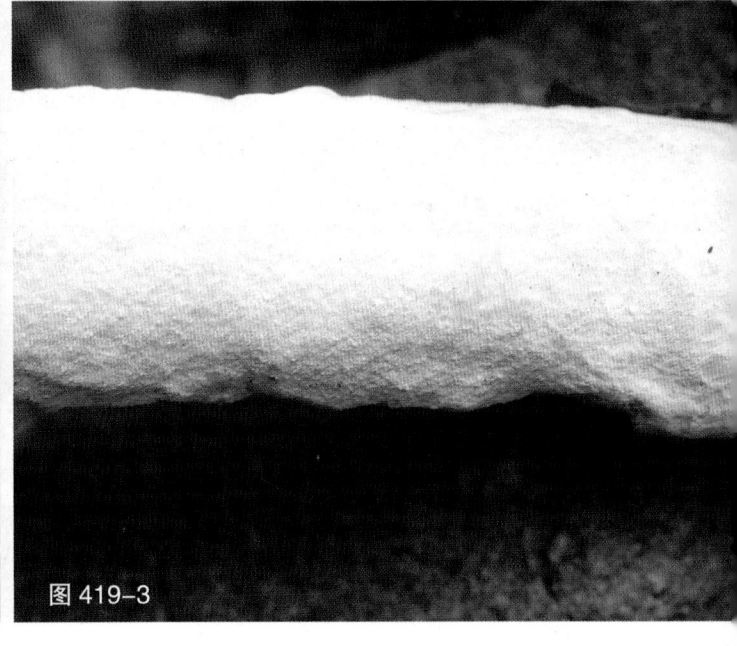

图 419-2

图 419-3

图 420

图 421-1

420 小网孔菌
Dictyopanus pusillus
(Pers. ex Lév.) Singer

子实体一年生，具侧生短柄，革质至木栓质。菌盖半圆形至圆形，外伸可达 2 mm，宽可达 3 mm，中部厚可达 0.3 mm；表面新鲜时白色至奶油色，干后浅黄色，光滑；边缘锐，与菌盖表面同色。孔口表面新鲜时乳白色至奶油色，干后奶油色至浅黄色，无折光反应；近圆形，每毫米 5~7 个；边缘稍厚，全缘。不育边缘几乎无。菌肉浅黄色，极薄，厚可达 0.2 mm。菌管与孔口表面同色，长可达 0.1 mm。担孢子 3.5~4.3×2~2.5 μm，长椭圆形，无色，薄壁，光滑，淀粉质，不嗜蓝。

夏秋季单生于阔叶树落枝上，造成木材白色腐朽。分布于华南地区。

图 421-2

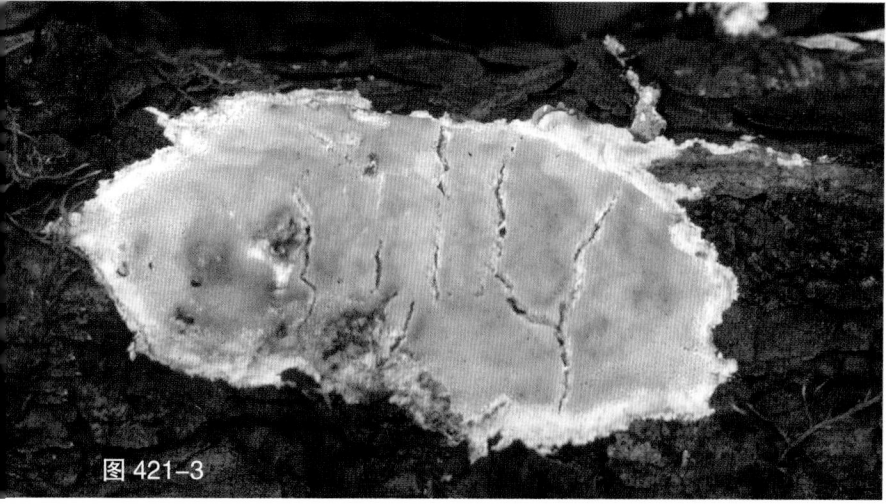

图 421-3

421 硬二丝孔菌
Diplomitoporus crustulinus
(Bres.) Domański

子实体一年生，平伏，不易与基物剥离，新鲜时革质，干后木栓质，长可达 12 cm，宽可达 5 cm，厚可达 2 mm。孔口表面新鲜时鲑肉色，干后黄褐色，具折光反应；圆形或近圆形至多角形，每毫米 3~5 个；边缘薄，全缘至略呈撕裂状。不育边缘几乎无。菌肉浅黄色，木栓质，厚可达 0.2 mm。菌管与孔口表面同色或略浅，木栓质，长可达 2 mm。担孢子 4.8~5.1×2.9~3.1 μm，腊肠形或新月形，薄壁，无色，光滑，非淀粉质，不嗜蓝。

秋季生于云杉倒木上，造成木材白色腐朽。分布于东北和青藏地区。

422 黄二丝孔菌
Diplomitoporus flavescens (Bres.) Domański

子实体一年生，平伏，不易与基物剥离，新鲜时软革质，干后木栓质，长可达 5 cm，宽可达 4 cm，厚可达 8 mm。孔口表面新鲜时橘黄色，干后黄褐色或稻草色，具折光反应；圆形或近圆形至多角形，每毫米 2~3 个；边缘薄，全缘。不育边缘柔毛状，宽可达 1 mm。菌肉淡黄色，木栓质，厚可达 3 mm。菌管与孔口表面同色或略浅，木栓质，长可达 5 mm。担孢子 5.2~6.5×2.3~2.8 μm，腊肠形，无色，薄壁，光滑，非淀粉质，不嗜蓝。

秋季生于松树活立木上，造成木材白色腐朽。分布于华北和青藏地区。

图 422

423 林氏二丝孔菌
Diplomitoporus lindbladii (Berk.) Gilb. & Ryvarden

≡ *Antrodia lindbladii* (Berk.) Ryvarden

≡ *Cinereomyces lindbladii* (Berk.) Jülich

子实体一年生至多年生，平伏，不易与基物剥离，新鲜时革质至软木栓质，无臭无味，干后硬木栓质，长可达 18 cm，宽可达 6 cm，中部厚可达 6 mm。孔口表面灰色、浅灰褐色、蓝灰色或近黄色，具折光反应；圆形或近圆形，每毫米 3~5 个；边缘薄或略厚，全缘或撕裂状。不育边缘明显，近白色至奶油色。菌肉奶油色至灰黄色，厚可达 1 mm。菌管与孔口表面同色或略浅，木栓质，长可达 5 mm。担孢子 4~5×1.5~2 μm，腊肠形，无色，薄壁，光滑，非淀粉质，不嗜蓝。

夏秋季生于多种阔叶树上，造成木材白色腐朽。分布于东北、华北、西北和华中地区。

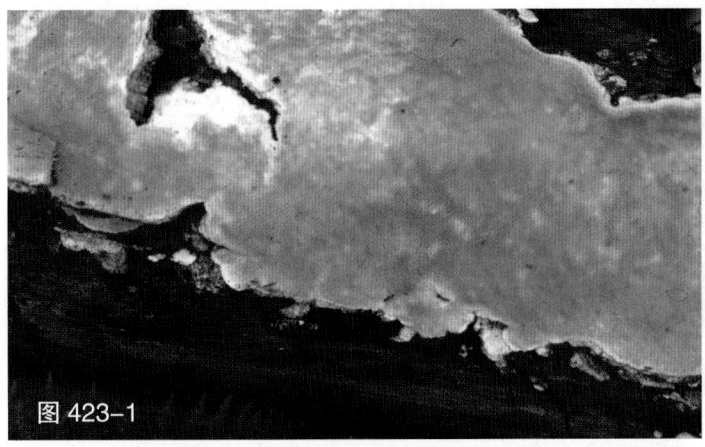

图 423-1

图 423-2

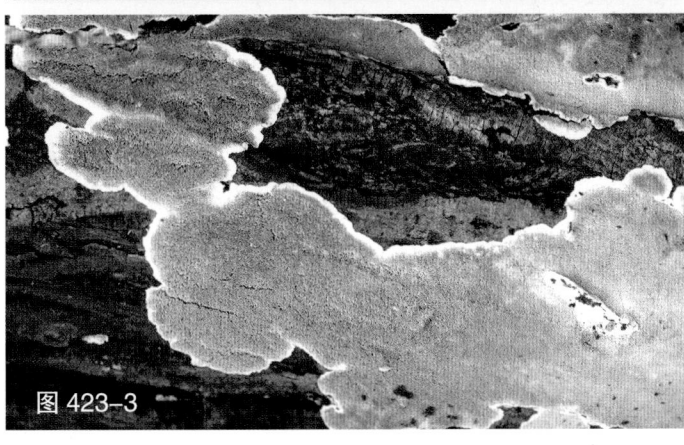

图 423-3

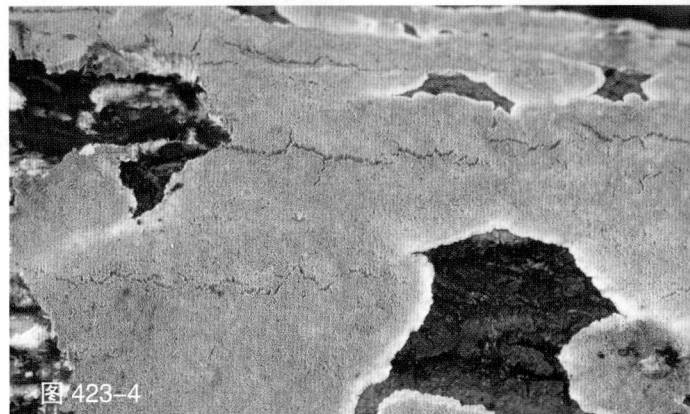

图 423-4

多孔菌、齿菌及革菌

图 424-1

424 红贝俄氏孔菌

Earliella scabrosa (Pers.) Gilb. & Ryvarden

　　子实体一年生，平伏反卷至盖形，覆瓦状叠生，木栓质。菌盖半圆形，外伸可达 2 cm，宽可达 6.5 cm，中部厚可达 6 mm；表面棕褐色至漆红色，光滑，具同心环纹；边缘锐，奶油色。孔口表面白色至棕黄色；多角形至不规则形，每毫米 2~3 个；边缘厚或薄，全缘或略呈撕裂状。不育边缘奶油色至浅黄色，宽可达 2 mm。菌肉奶油色，厚可达 4 mm。菌管浅黄色，长可达 2 mm。担孢子 7~9.5×3.5~4 μm，圆柱形或长椭圆形，靠近孢子梗逐渐变细，无色，薄壁，光滑，非淀粉质，不嗜蓝。

　　春季至秋季生于阔叶树的活立木、死树、倒木、建筑木和腐木上，造成木材白色腐朽。药用。分布于华南地区。

图 424-2

图 424-3

图 424-4

图 424-5

图 424-6

多孔菌、齿菌及革菌

图 425-1

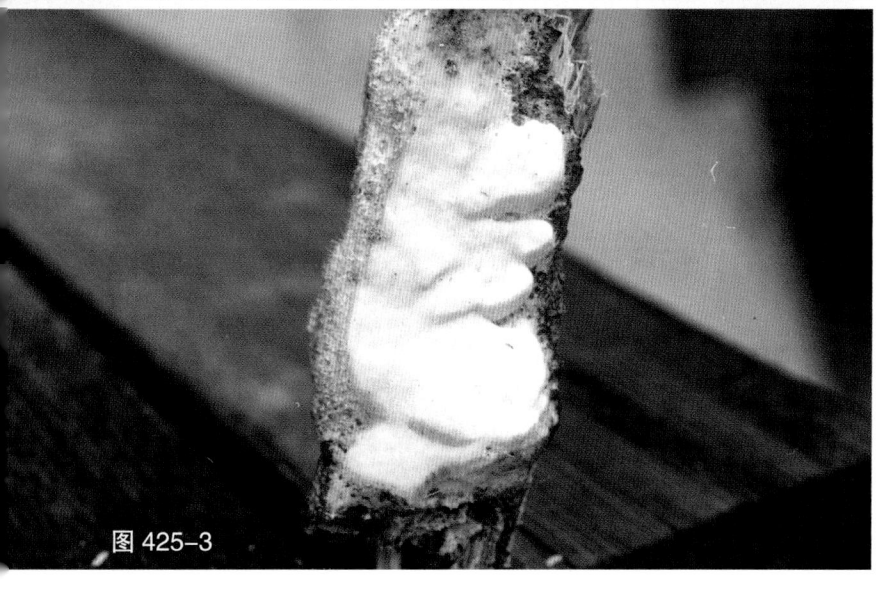

图 425-2

图 425-3

425 **齿小刺孔菌**
Echinoporia hydnophora
(Berk. & Broome) Ryvarden

子实体一年生，平伏反卷，新鲜时软，干后脆质。菌盖三棱形，外伸可达 3 cm，宽可达 4 cm，中部厚可达 6 mm；表面新鲜时乳白色至棕黄色，被密粗毛（分生孢子器）；边缘钝。孔口表面新鲜时白色，干后浅黄色；多角形，每毫米 3~4 个；边缘薄，全缘或略呈撕裂状。菌肉奶油色，厚可达 3 mm。菌管干后脆，长可达 3 mm。担孢子 4~4.8×3.5~4.1 μm，近球形至广椭圆形，无色，薄壁，光滑，非淀粉质，不嗜蓝。

秋季生于阔叶树倒木和腐木上，造成木材白色腐朽。分布于华南地区。

图 426-1

426 分支榆孔菌

Elmerina cladophora (Berk.) Bres.

子实体一年生，无柄，新鲜时奶油色，韧
革质，干后黑色，硬木栓质。菌盖半圆形，
外伸可达 2 cm，宽可达 3 cm，中部厚可达
6 mm；表面新鲜时奶油色，被粗毛，干后黄
褐色，无环纹；边缘钝。孔口表面新鲜时奶油
色，干后暗褐色；多角形至拉长成半褶形，每
毫米 1 个；边缘厚，略呈撕裂状，具菌丝钉。
菌肉奶油色，干后木栓质，厚可达 1.5 mm。
菌管干后硬脆质，长可达 4.5 mm。担孢子
8.5~12.7×4.5~6 μm，椭圆形，无色，薄壁，光
滑，非淀粉质，不嗜蓝。

秋季单生于阔叶树倒木和腐木上，造成木
材白色腐朽。分布于华南地区。

图 426-2

多孔菌、齿菌及革菌

图 427-1

图 427-2

427 毛榆孔菌（粗毛原迷孔菌）
Elmerina hispida
(Imazeki) Y.C. Dai & L.W. Zhou

≡ *Protodaedalea hispida* Imazeki

子实体一年生，无柄，新鲜时肉质，干后硬木栓质。菌盖半圆形至扇形，外伸可达 3 cm，宽可达 4 cm，基部厚可达 1 cm；表面新鲜时粉肉桂色，干后肉桂色至棕黄褐色，被硬毛，无同心环带；边缘锐，干后稍内卷。孔口表面棕黄色，无折光反应；不规则形、近圆形至多角形，有时为褶状，每毫米 1 个；边缘薄，全缘。不育边缘棕黄色，宽可达 3 mm。菌肉浅黄色，新鲜时肉质，干后硬木栓质，厚可达 6 mm。菌管与孔口表面同色或稍浅，硬木栓质，长可达 5 mm。担孢子 9~12×5.4~6.4 μm，卵圆形，无色，薄壁，光滑，非淀粉质，不嗜蓝。

秋季生于阔叶树倒木和腐木上，造成木材白色腐朽。分布于东北地区。

428 鲑色艾氏孔菌

Erastia salmonicolor (Berk. &
M.A. Curtis) Niemelä & Kinnunen

≡ *Sarcoporia salmonicolor* (Berk. &
M.A. Curtis) Teixeira

子实体一年生,平伏,不易与基物剥离,新鲜时肉质或软革质,干后软木栓质,长可达 20 cm,宽可达 6 cm,厚可达 0.5 cm。孔口表面新鲜时鲑肉色,触摸后变为黑色,干后变为暗红色、暗褐色至黑褐色,无折光反应;圆形,斜生至不规则形,每毫米 3~5 个;边缘薄,全缘或略呈撕裂状。不育边缘不明显,新鲜时鲑肉色,干后暗红色,宽可达 1 mm。菌肉较薄,暗红色至黑色,厚可达 0.5 mm。菌管与菌肉同色,长可达 4.5 mm。担孢子 3.7~4.2×2.8~3.3 μm,椭圆形,无色,薄壁,光滑,非淀粉质,不嗜蓝。

秋季生于阔叶树腐木上,造成木材白色腐朽。分布于东北、西北和华中地区。

图 428

图 429-1

429 硬锈红革菌

Erythromyces crocicreas (Berk. &
Broome) Hjortstam & Ryvarden

子实体多年生,平伏,不易与基物剥离,新鲜时木栓质,干后硬木质,长可达 200 cm,宽可达 60 cm,厚可达 0.5 mm。子实层体新鲜时白色至乳白色,光滑,具强烈折光反应,干后灰褐色至锈褐色,有时不规则开裂。不育边缘不明显。菌肉红褐色,硬木质。担孢子 6~8×2.8~3.2 μm,圆柱形至长椭圆形,无色,薄壁,光滑,非淀粉质,不嗜蓝。

春季至秋季生于阔叶树的死树、倒木或树桩上,偶尔生于腐木上,造成木材白色腐朽。分布于华南地区。

图 429-2

多孔菌、齿菌及革菌

图 430-1

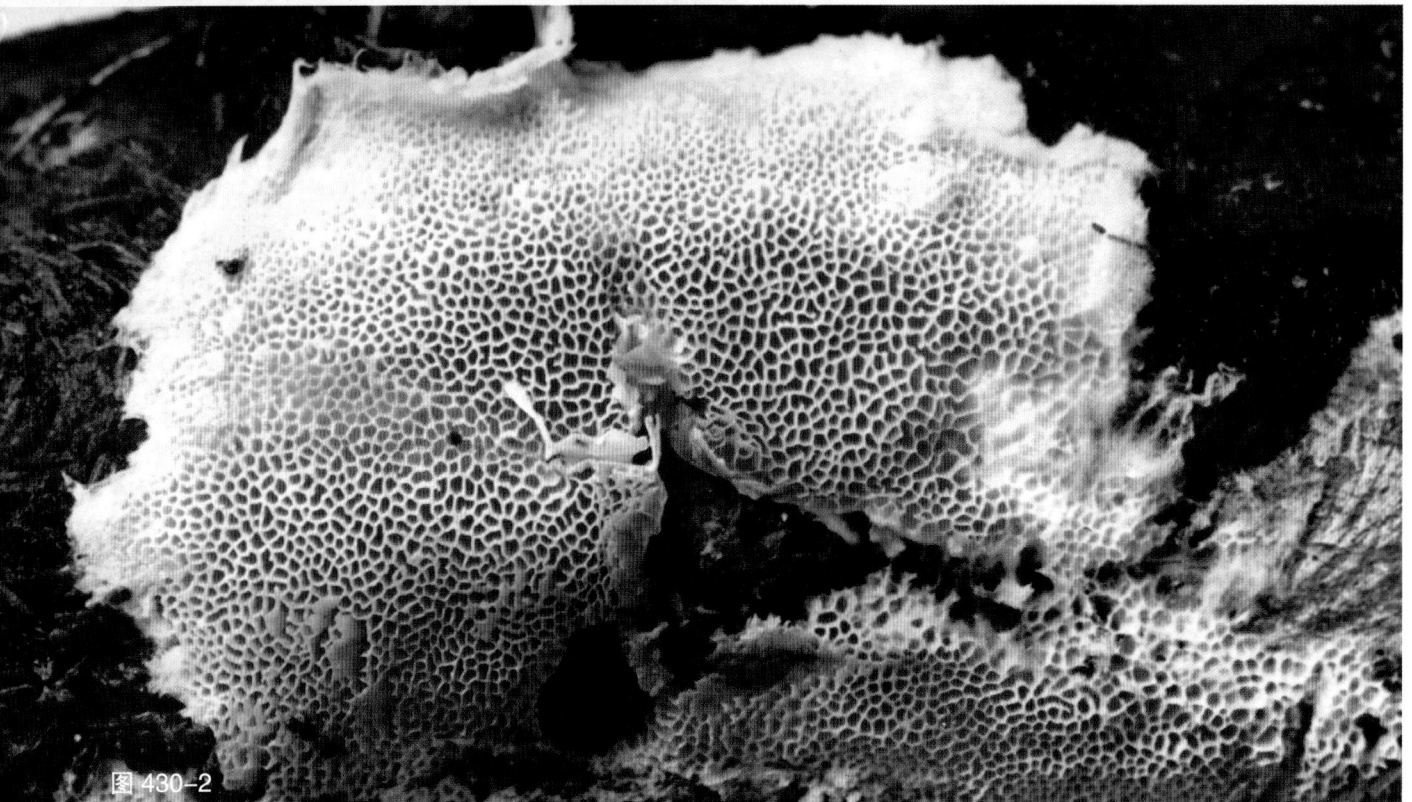

图 430-2

430 根状菌索孔菌

Fibroporia radiculosa (Peck) Parmasto

≡ *Antrodia radiculosa* (Peck) Gilb. & Ryvarden

子实体一年生，平伏，较易与基物剥离，新鲜时软棉质至革质，无臭无味，干后易碎，长可达 60 cm，宽可达 10 cm，中部厚可达 4 mm。孔口表面鲜黄色至淡黄褐色，无折光反应；多角形，每毫米 1~3 个；边缘薄，全缘至略呈撕裂状。不育边缘明显，奶油色至浅黄色，宽可达 2 mm，具明显的浅黄色菌索。菌肉浅黄色，厚可达 1 mm。菌管与孔口表面同色或略浅，易碎，长可达 3 mm。担孢子 4.8~7×2.8~4 μm，卵圆形，无色，壁薄至稍厚，光滑，非淀粉质，不嗜蓝。

夏秋季生于松树上，造成木材褐色腐朽。分布于东北、西北、华中和华南地区。

图 431-1

图 431-2

图 431-3

431 亚牛舌菌（亚牛排菌）

Fistulina subhepatica B. K. Cui & J. Song

子实体一年生，无柄或具侧生柄，新鲜时肉质，伤后有血红色汁液流出，具特殊气味。菌盖近圆形至牛舌形，直径可达 20 cm，基部厚可达 6 cm；表面新鲜时红褐色、粉褐色至紫褐色，被细小绒毛或栉状鳞片，干后具放射状褶皱。孔口表面新鲜时白色，触摸后变为灰褐色至黑色，干后变暗褐色；为独立、成簇聚集、易于剥离的小管，每毫米 6~9 个；边缘厚，全缘。菌肉红色，具条纹斑痕，厚可达 5 cm。菌管新鲜时白色至黄白色，干后褐色，长可达 1 cm。担孢子 4~6×3~4.5 μm，宽椭圆形至近球形，无色，壁稍厚，光滑，非淀粉质，嗜蓝。

春季至秋季生于壳斗科树的死树上，造成木材褐色腐朽。食药兼用。分布于华中和华南地区。

图 431-4

多孔菌、齿菌及革菌

432 层架菌
***Flabellophora superposita* (Berk.) G. Cunn.**

子实体一年生，具柄，由埋藏在地下的假菌核生出，新鲜时肉革质，无气味，干后硬革质，具特殊气味（臭）。菌盖肾形，从柄的一侧层叠生出，单个菌盖外伸可达 3 cm，宽可达 4 cm，厚可达 3 mm；表面新鲜时黄褐色至肉桂色，具环纹，干后黄褐色至黑褐色；边缘锐，干后内卷。孔口表面黄白色至黄褐色；圆形至多角形，每毫米 4~6 个；边缘薄，全缘。菌肉米黄色至木材色，厚可达 1 mm。菌管与菌肉同色，长可达 2.5 mm。担孢子 3.6~4×2.8~3.2 μm，近球形，无色，薄壁，光滑，非淀粉质，不嗜蓝。

秋季生于阔叶树腐木上，造成木材白色腐朽。分布于华南地区。

图 432

433 竹生红盖孔菌
***Flammeopellis bambusicola* Y.C. Dai et al.**

子实体一年生，具中生菌柄，木栓质。菌盖半圆形，外伸可达 7 cm，宽可达 5 cm，基部厚可达 4 mm；表面红褐色，具皮层和同心环区；边缘钝，黄褐色。孔口表面新鲜时白色，干后奶油色，无折光反应；圆形，每毫米 6~7 个；孔口边缘厚，全缘。不育边缘不明显，奶油色，宽可达 1 mm。菌肉奶油色，木栓质，厚可达 1.5 mm，上表面具一明显皮壳。菌管与孔口表面同色，木栓质，长可达 2.5 mm。菌柄红褐色，长可达 4.5 cm，直径可达 1.5 cm。担孢子 4.5~5.1×3.5~4 μm，椭圆形至水滴形，浅黄色，厚壁，光滑，弱拟糊精质，嗜蓝。

秋季单生或数个叠生于腐朽竹木上，造成竹木白色腐朽。分布于华中地区。

图 433-1

图 433-2

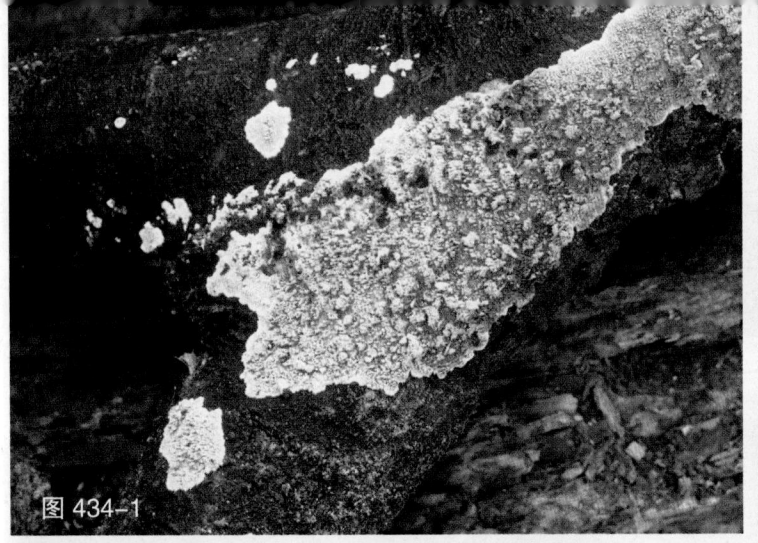

图 434-1

图 434-2

图 434-3

434 浅黄囊孔菌

Flavodon flavus (Klotzsch) Ryvarden

子实体一年生，平伏至反卷，覆瓦状叠生，干后软革质。菌盖外伸可达 1 cm，宽可达 2 cm，厚可达 3 mm；表面灰白色至黄褐色，被微绒毛，具同心环沟；边缘锐。子实层体新鲜时橘黄色，干后烟草黄色至褐色，具明显齿状。菌齿排列较疏松，每毫米 1~3 个；长可达 2 mm，多数呈扁齿形，有时呈锥形，单生或 2~3 个连接成片。不育边缘明显，宽可达 2 mm。菌肉分层，软革质，厚可达 1 mm，上层颜色与菌盖接近，下层与菌齿同色。担孢子 4.8~5.2×2.9~3.1 μm，椭圆形，无色，薄壁，非淀粉质，不嗜蓝。

夏秋季生于阔叶树的死树、倒木、树桩及建筑木上，造成木材白色腐朽。药用。分布于华南地区。

图 434-4

多孔菌、齿菌及革菌

图 435-1

图 435-2

图 435-3

图 435-4

图 435-5

435　木蹄层孔菌
Fomes fomentarius (L.) Fr.

　　子实体多年生，马蹄形，木质。
菌盖半圆形，外伸达 20 cm，宽可达
30 cm，中部厚可达 12 cm；表面灰色至
灰黑色，具同心环带和浅的环沟；边缘
钝，浅褐色。孔口表面褐色；圆形，每
毫米 3~4 个；边缘厚，全缘。不育边缘
明显，宽可达 5 mm。菌肉浅黄褐色或
锈褐色，厚可达 5 cm，上表面具一明
显且厚的皮壳，中部与基物着生处具
一明显的菌核。菌管浅褐色，长可达
7 cm，分层明显，层间有时具白色的菌
丝束。担孢子 18~21×5~5.7 μm，圆柱形，
无色，薄壁，光滑，非淀粉质，不嗜蓝。

　　春季至秋季生于多种阔叶树的活
立木和倒木上，造成木材白色腐朽。
药用。分布于东北、华北、华中、青藏、
内蒙古和西北地区。

图 436-1

图 436-2

436　版纳嗜蓝孢孔菌
Fomitiporia bannaensis

Y.C. Dai

　　子实体多年生，平伏，不易与基
物剥离，新鲜时硬木质，干后硬木质
至硬骨质，长可达 30 cm，宽 15 cm，
中部厚可达 12 mm。孔口表面浅黄褐
色，具折光反应；圆形，每毫米 8~10
个；边缘薄，全缘。不育边缘收缩生
长，浅褐色，宽可达 2 mm。菌肉栗褐
色，硬木质，非常薄，厚可达 1 mm。
菌管锈褐色，长可达 10 mm。担孢子
4.2~5.2×3.8~4.8 μm，近球形至球形，
无色，壁稍厚，光滑，拟糊精质，嗜蓝。

　　春季至秋季生于阔叶树倒木上，
造成木材白色腐朽。分布于华中和华
南地区。

图 436-3

多孔菌、齿菌及革菌

图 437-1

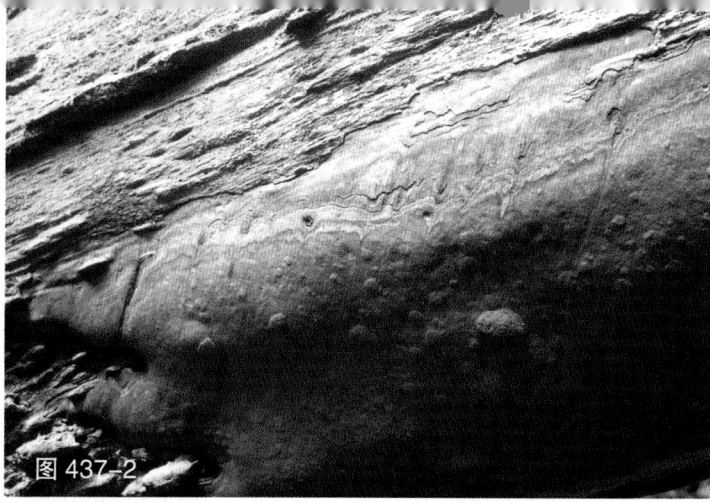

图 437-2

图 437-3

图 437-4

437 椭圆嗜蓝孢孔菌
Fomitiporia ellipsoidea B.K. Cui & Y.C. Dai

子实体多年生，平伏，不易与基物剥离，新鲜时木栓质，无特殊气味，干后革质，长可达 10 m，宽可达 50 cm，中部厚可达 5 cm。孔口表面黄褐色至锈褐色，具折光反应；圆形，斜生时扭曲形，每毫米 5~8 个；边缘稍厚，全缘。不育边缘黄色至黄褐色，宽可达 2 mm。菌肉黄褐色，木栓质，厚可达 1 mm。菌管与孔口表面同色，木质，分层明显，长可达 49 mm。担孢子 4.9~6×3.8~4.8 μm，椭圆形至宽椭圆形，无色，厚壁，光滑，拟糊精质，嗜蓝。

春季至秋季生于阔叶树倒木上，造成木材白色腐朽。药用。分布于华中和华南地区。

图 438-1

438 哈蒂嗜蓝孢孔菌

Fomitiporia hartigii (Allesch. & Schnabl) Fiasson & Niemelä

≡ *Phellinus hartigii* (Allesch. & Schnabl) Pat.

子实体多年生，无柄，硬木质。菌盖马蹄形，外伸可达 10 cm，宽可达 23 cm，基部厚可达 11 cm；表面灰色至浅灰黑色，光滑，具同心环沟和宽的环带，过成熟的子实体龟裂；边缘圆，钝。孔口表面黄褐色至栗褐色，具折光反应；圆形，每毫米 4~6 个；边缘厚，全缘。菌肉黄褐色，具同心环带，厚可达 4 cm。菌管与菌肉同色，硬木质，分层明显，长可达 9 cm。担孢子 6~7.2×5.1~6.4 μm，近球形，无色，厚壁，光滑，拟糊精质，嗜蓝。

春季至秋季生于针叶树上，造成木材白色腐朽。药用。分布于东北地区。

图 438-2

图 438-3

图 439-1

图 439-2

图 439-3

图 439-4

图 439-5

图 439-6

439 沙棘嗜蓝孢孔菌

Fomitiporia hippophaëicola (H. Jahn) Fiasson & Niemelä

子实体多年生，无柄，盖形或平伏反卷，新鲜时木栓质，干后硬木质。菌盖马蹄形或半圆形，外伸可达 8 cm，宽可达 12 cm，基部厚可达 5 cm；表面浅黄褐色至暗褐色，具同心环沟，龟裂；边缘钝。孔口表面浅灰褐色至暗褐色；圆形至多角形，每毫米 6~8 个；边缘薄，全缘。菌肉浅灰褐色，厚可达 2 cm。菌管与菌肉同色，干后硬木栓质，分层不明显，长可达 3 cm。担孢子 5.5~7.5×5.2~7.2 μm，近球形，无色，厚壁，光滑，拟糊精质，嗜蓝。

春季至秋季生于沙棘和胡颓子树的活立木或倒木上，造成木材白色腐朽。药用。分布于青藏、西北和内蒙古地区。

多孔菌、齿菌及革菌

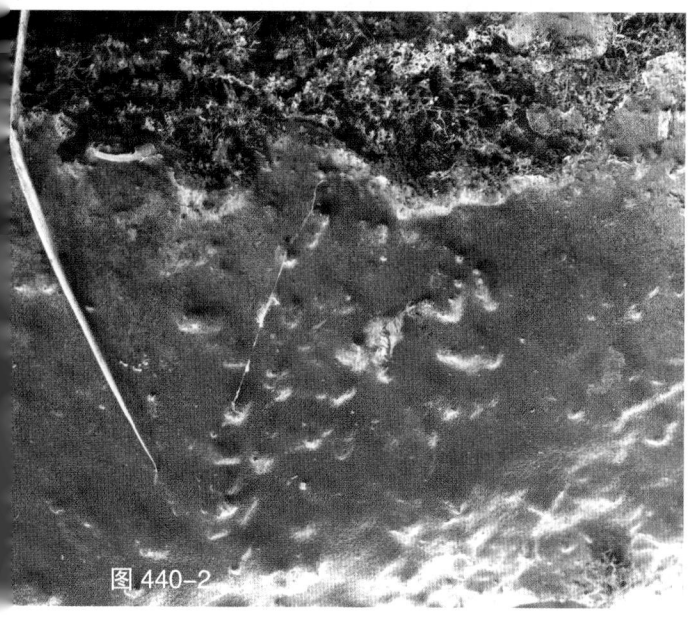

图 440-1

图 440-2

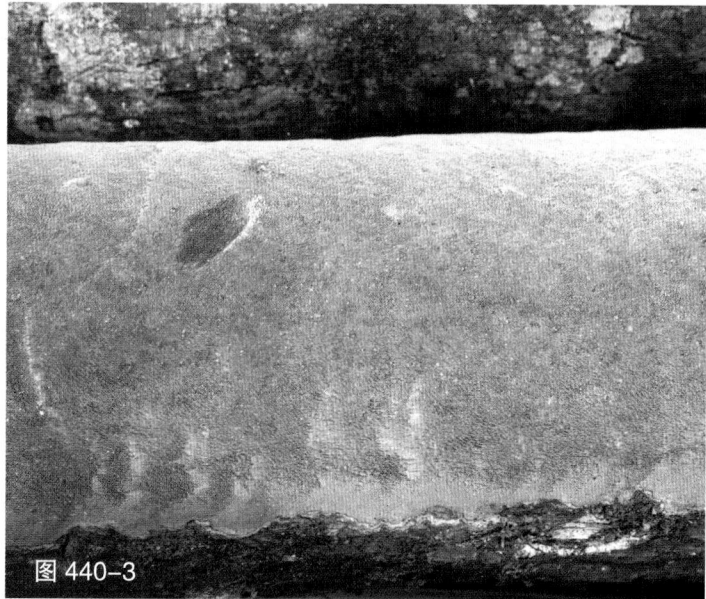

图 440-3

440 假斑嗜蓝孢孔菌

Fomitiporia pseudopunctata (A. David et al.) Fiasson

子实体多年生，平伏，垫状，不易与基物剥离，新鲜时木栓质，无特殊气味，干后革木质，长可达 20 cm，宽可达 8 cm，中部厚可达 5 mm。孔口表面新鲜时黄褐色，触摸后变为黑褐色，具折光反应；圆形，每毫米 5~7 个；边缘薄，全缘。不育边缘明显，灰褐色，逐年退缩。菌肉褐色，木栓质，厚可达 1 mm。菌管与孔口表面同色，木质，分层明显，长可达 4 mm。担孢子 5~6×4~5 μm，宽椭圆形至近球形，无色，厚壁，光滑，拟糊精质，嗜蓝。

春季至秋季生于阔叶树倒木上，造成木材白色腐朽。分布于华中地区。

图 441-1

图 441-2

441 斑点嗜蓝孢孔菌
Fomitiporia punctata (P. Karst.)
Murrill

≡ *Phellinus punctatus* (P. Karst.) Pilát

子实体多年生,平伏,不易与基物剥离,新鲜时木栓质,无臭无味,干后硬木质,长可达 70 cm,宽可达 20 cm,中部厚可达 20 mm,后期变为垫状。孔口表面锈褐色,具折光反应;圆形,每毫米 6~8 个;边缘薄,全缘。不育边缘明显,逐年渐宽,初期淡褐色,后期呈黑色,宽可达 8 mm。菌肉暗褐色,厚可达 5 mm。菌管与孔口表面同色,硬木栓质,分层明显,长可达 15 mm。担孢子 5.5~7.5×5.2~6.7 μm,近球形,无色,厚壁,光滑,拟糊精质,嗜蓝。

春季至秋季生于多种阔叶树的活立木、倒木和树桩上,造成木材白色腐朽。药用。分布于东北、华北、华中、西北和内蒙古地区。

图 441-3

图 442-1

图 442-2

图 442-3

442　石榴嗜蓝孢孔菌
***Fomitiporia punicata* Y.C. Dai et al.**

子实体多年生，平伏至反卷或具明显菌盖，单生或覆瓦状叠生，新鲜时木栓质，无特殊气味。菌盖三角形或马蹄形，外伸可达 7 cm，宽可达 6 cm，基部厚可达 5 cm；表面干后黑褐色，粗糙，无环区，开裂；边缘钝，黄褐色。孔口表面浅黄褐色至肉桂褐色，具折光反应；圆形至多角形，每毫米 4~6 个；边缘薄，全缘。菌肉黄褐色，具环区，木质，厚可达 4 cm。菌管肉桂褐色，木质，分层明显，长可达 1 cm。担孢子 5.8~7×4.5~6.2 μm，近球形至球形，无色，厚壁，光滑，拟糊精质，强烈嗜蓝。

春季至秋季生于多种阔叶树上，尤其以石榴树的活立木、倒木和树桩上最为常见，造成木材白色腐朽。药用。分布于华北和西北地区。

图 443-1

图 443-2

443 稀针嗜蓝孢孔菌

***Fomitiporia robusta* (P. Karst.) Fiasson &
Niemelä**

≡ *Phellinus robustus* (P. Karst.) Bourdot &
Galzin

子实体多年生，无柄，木栓质。菌盖近马
蹄形，外伸可达 15 cm，宽可达 18 cm，基部厚
可达 8 cm；表面灰褐色至暗褐色，具同心环沟和
宽的同心环带，龟裂；边缘钝，黄褐色，被细绒
毛。孔口表面黄褐色至锈褐色，具折光反应；圆
形，每毫米 5~8 个；边缘厚，全缘。不育边缘明显，
宽可达 4 mm。菌肉黄褐色，具同心环带，厚可达
4 cm。菌管土黄色，分层明显，长可达 40 mm。
担孢子 6~7.7×5.3~7 μm，近球形，无色，厚壁，
光滑，拟糊精质，嗜蓝。

春季至秋季单生于阔叶树尤其是壳斗科树的
活立木和死树上，造成木材白色腐朽。药用。分
布于华北、华中和华南地区。

图 443-3

图 444

444 香榧嗜蓝孢孔菌
Fomitiporia torreyae Y.C. Dai & B.K. Cui

子实体多年生，平伏，不易与基物剥离，新鲜时木质，无特殊气味，干后硬木质，长可达 20 cm，宽可达 10 cm，中部厚可达 8 mm。孔口表面新鲜时灰褐色，干后浅褐色至锈褐色，具折光反应，后期开裂；圆形，斜生时扭曲形，每毫米 4~6 个；边缘薄，全缘。不育边缘明显，浅褐色，逐年退缩。菌肉暗褐色，木质，厚可达 0.5 mm。菌管黄褐色至锈褐色，硬木栓质，分层明显，长可达 7.5 mm。担孢子 5~5.9×4.4~5.3 μm，近球形至球形，无色，厚壁，光滑，拟糊精质，嗜蓝。

春季至秋季生于针叶树活立木上，造成木材白色腐朽。分布于华中地区。

图 445-2

图 445-3

图 445-1

图 446

445 粉拟层孔菌
Fomitopsis cajanderi (P. Karst.) Kotl. & Pouzar

子实体多年生，无柄盖形或平伏至反卷，单生或覆瓦状叠生，木栓质。菌盖扇形，外伸可达 4 cm，宽可达 8 cm，基部厚可达 1.5 cm；表面棕褐色至黑褐色；边缘锐，浅粉红色。孔口表面肉粉色至粉红色，具折光反应；多角形，每毫米 5~6 个；边缘厚，全缘。不育边缘明显，奶油色，宽可达 2 mm。菌肉肉粉色，软木栓质，厚可达 1 cm，上表面具一明显皮壳。菌管明显分层，颜色比菌肉浅，木栓质，长可达 5 mm。担孢子 4.8~6×1.2~1.9 μm，腊肠形，无色，薄壁，光滑，非淀粉质，不嗜蓝。

夏秋季生于多种针叶树上，造成木材褐色腐朽。分布于东北和青藏地区。

446 囊体拟层孔菌
Fomitopsis cystidiata B.K. Cui & M.L. Han

子实体一年生，无柄，木栓质。菌盖马蹄形，外伸可达 4 cm，宽可达 7 cm，基部厚可达 2 cm；表面橘褐色至黑褐色，具同心环区；边缘钝，奶油色。孔口表面粉紫色至黄褐色，无折光反应；多角形，每毫米 0.5~1 个；边缘厚，全缘。不育边缘不明显，奶油色，宽可达 0.5 mm。菌肉肉粉色，木栓质，厚可达 1 cm，上表面具一明显皮壳。菌管颜色比孔口表面浅，木栓质，长可达 10 mm。担孢子 4.9~6.2×2~2.8 μm，圆柱形至长椭圆形，无色，薄壁，光滑，非淀粉质，不嗜蓝。

夏秋季单生或数个复生于阔叶树上，造成木材褐色腐朽。分布于华南地区。

多孔菌、齿菌及革菌

图 447-1

图 447-2

图 447-3

447 浅肉色拟层孔菌
***Fomitopsis feei* (Fr.) Kreisel**

　　子实体一年生，无柄，新鲜时革质，干后韧革质。菌盖半圆形，外伸可达 3.7 cm，宽可达 4.7 cm，基部厚可达 6 mm；表面肉色、粉灰色至肉桂色，向边缘颜色逐渐加深，粗糙，具明显的环带；边缘锐，肉桂色。孔口表面新鲜时粉红色至粉灰色，干后灰褐色至橙褐色，具折光反应；多角形，每毫米 2~4 个；边缘薄，全缘。不育边缘明显，橙褐色，宽可达 1 mm。菌肉粉灰色，厚可达 2 mm。菌管颜色比菌肉深，长可达 4 mm。担孢子 5~6.5×2~2.5 μm，短圆柱形至长椭圆形，无色，厚壁，光滑，非淀粉质，不嗜蓝。

　　春季至秋季生于阔叶树倒木上，造成木材褐色腐朽。分布于华中和华南地区。

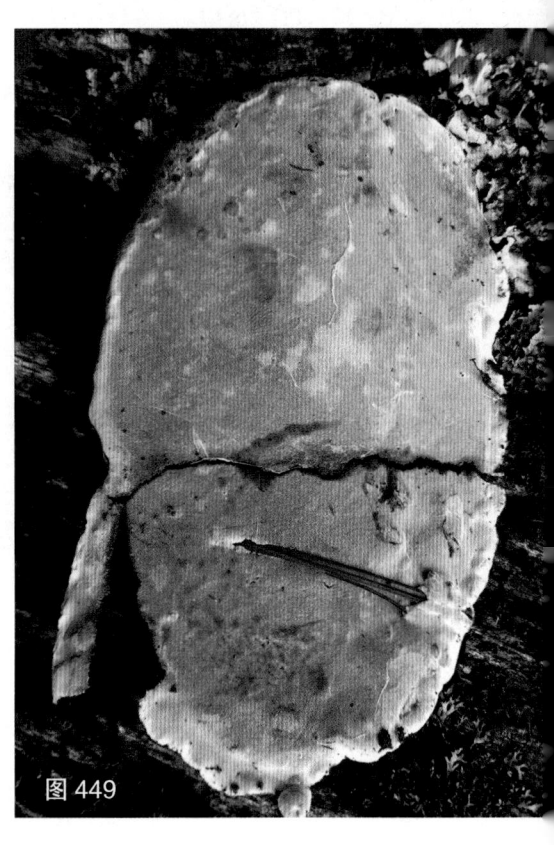

图 448

脆拟层孔菌

Fomitopsis fragilis B.K. Cui & M.L. Han

子实体一年生,无柄,木栓质。菌盖马蹄形,外伸可达 3.5 cm,宽可达 5 cm,基部厚可达 2.5 cm;表面黑褐色,具同心环区;边缘钝,奶油色。孔口表面奶油色至土黄色,略具折光反应;多角形,每毫米 1~2 个;边缘厚,全缘。不育边缘不明显,奶油色,宽可达 0.5 mm。菌肉土黄色,脆质,厚可达 5 mm。菌管土黄色,脆质,长可达 20 mm。担孢子 4.1~5.2×2.2~2.8 μm,长椭圆形,无色,薄壁,光滑,非淀粉质,不嗜蓝。

夏秋季单生于阔叶树上,造成木材褐色腐朽。分布于华南地区。

449　灰拟层孔菌

Fomitopsis incarnatus K.M. Kim et al.

子实体多年生,平伏反卷至盖形,干后木栓质,坚硬,变轻。菌盖半圆形至不规则形,外伸可达 6 cm,宽可达 8 cm,基部厚可达 1.3 cm;表面褐色至鼠灰色,粗糙或具明显的环沟;边缘锐,与菌盖表面同色。孔口表面新鲜时浅粉色,干后变成粉褐色;圆形至多角形,每毫米 5~7 个;边缘薄,全缘。不育边缘明显,比孔口表面颜色浅,宽可达 2 mm。菌肉棕褐色,木栓质,厚可达 4 mm。菌管与孔口表面同色,木栓质,坚硬,分层明显,长可达 9 mm。担孢子 4~4.8×2~2.1 μm,圆柱形至长椭圆形,常弯曲,无色,薄壁,光滑,非淀粉质,不嗜蓝。

夏秋季生于针叶树和阔叶树上,造成木材褐色腐朽。分布于西北和华中地区。

图 449

多孔菌、齿菌及革菌

图 450-1

图 450-2

450 白边拟层孔菌
Fomitopsis niveomarginata
L.W. Zhou & Y.L. Wei

子实体一年生或多年生，无柄，新鲜时木栓质。菌盖马蹄形，外伸可达 4 cm，宽可达 10 cm，厚可达 3 cm；表面白色至灰褐色，无同心环沟；边缘钝，乳白色至淡粉红色。孔口表面棕黄色、黄褐色，具折光反应；圆形，每毫米 5~6 个；边缘厚，全缘。不育边缘明显，宽可达 3 mm。菌肉乳白色，厚可达 2 cm，上表面具一较薄的皮壳。菌管与菌肉同色，木栓质，分层明显，中间由一白色菌肉层隔开，长可达 6 mm。担孢子 3.4~3.9×1.7~2 μm，长椭圆形，无色，薄壁，光滑，非淀粉质，不嗜蓝。

春季至秋季生于阔叶树上，造成木材褐色腐朽。分布于东北地区。

图 451-1

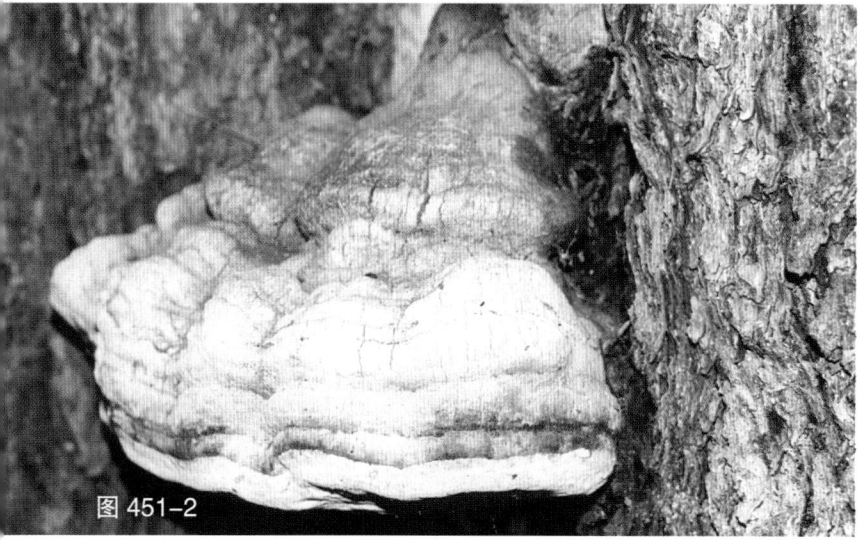

图 451-2

451 药用拟层孔菌
Fomitopsis officinalis (Vill.)
Bondartsev & Singer

≡ *Laricifomes officinalis* (Vill.)
Kotl. & Pouzar

子实体多年生，无柄，新鲜时木栓质，具明显的苦味，干后白垩质。菌盖马蹄形，外伸可达 12 cm，宽可达 18 cm，厚可达 15 cm；表面白色至灰褐色，光滑至粗糙，开裂；边缘钝，灰褐色或黄褐色。孔口表面乳白色或棕黄色，无折光反应；圆形，每毫米 4~5 个；边缘厚，全缘。不育边缘明显，宽可达 3 mm。菌肉乳白色，上表面具一明显且厚的皮壳，厚可达 10 cm。菌管与菌肉同色或略深，分层明显，长可达 50 mm。担孢子 4.1~5.8×2.9~3.2 μm，椭圆形，无色，薄壁，光滑，通常含油滴，非淀粉质，不嗜蓝。

春季至秋季单生于针叶树上，尤其以落叶松的活立木和倒木上最为常见，造成木材褐色腐朽。药用。分布于东北、内蒙古地区。

图 452-1
图 452-2
图 452-3
图 452-4
图 452-5
图 452-6

452　红缘拟层孔菌（松生拟层孔菌）

***Fomitopsis pinicola* (Sw.) P. Karst.**

　　子实体多年生，无柄，新鲜时硬木栓质，无臭无味。菌盖半圆形或马蹄形，外伸可达 24 cm，宽可达 28 cm，中部厚可达 14 cm；表面白色至黑褐色；边缘钝，初期乳白色，后期浅黄色或红褐色。孔口表面乳白色；圆形，每毫米 4~6 个；边缘厚，全缘。不育边缘明显，宽可达 8 mm。菌肉乳白色或浅黄色，上表面具一明显且厚的皮壳，厚可达 8 cm。菌管与菌肉同色，木栓质，分层不明显，有时被一层薄菌肉隔离，长可达 6 cm。担孢子 5.3~6.5×3.3~4 μm，椭圆形，无色，壁略厚，光滑，不含油滴，非淀粉质，不嗜蓝。

　　春季至秋季生于多种针叶树和阔叶树的活立木、倒木和腐木上，造成木材褐色腐朽。药用。分布于东北、西北、华南和青藏地区。

多孔菌、齿菌及革菌

图 453-1

图 453-2

图 453-3

453 玫瑰拟层孔菌

Fomitopsis rosea (Alb. & Schwein.) P. Karst.

　　子实体多年生，无柄，木栓质。菌盖半圆形或马蹄形，外伸可达 6 cm，宽可达 6 cm，厚可达 1.5 cm；表面淡玫瑰色至黑褐色，粗糙；边缘钝。孔口表面淡粉红色至粉棕色，具折光反应；圆形至多角形，每毫米 6~8 个；边缘厚，全缘。不育边缘明显，宽可达 3 mm。菌肉粉棕色，上表面具一皮壳，厚可达 8 mm。菌管与菌肉同色，分层明显，长可达 7 mm。担孢子 5.1~6.1×2.1~2.6 μm，椭圆形至圆柱形，无色，薄壁，光滑，非淀粉质，不嗜蓝。

　　春季至秋季生于多种针叶树上，尤其以云杉的倒木和腐木上最为常见，造成木材褐色腐朽。药用。分布于东北、西北和青藏地区。

454 硬拟层孔菌

***Fomitopsis spraguei* (Berk. & M.A. Curtis) Gilb. & Ryvarden**

≡ *Trametes spraguei* (Berk. & M.A. Curtis) Ryvarden

子实体一年生，无柄，新鲜时肉质，多汁，无特殊气味。菌盖半圆形，外伸可达 8 cm，宽可达 10 cm，基部厚可达 2 cm；表面新鲜时浅黄色，基部具同心沟槽，被绒毛，成熟时淡黄褐色，绒毛脱落；边缘钝。孔口表面奶油色至淡黄褐色；圆形至不规则形，每毫米 3~4 个；边缘较厚，全缘。菌肉乳白色，厚可达 1 cm。菌管颜色比孔口表面稍浅，木栓质，长可达 7 mm。担孢子 4~6×3.3~5 μm，椭圆形，无色，薄壁，光滑，非淀粉质，不嗜蓝。

夏秋季单生或叠生于阔叶树活立木上，造成木材褐色腐朽。分布于华中和华南地区。

图 454

455 似浅肉色拟层孔菌

***Fomitopsis subfeei* B.K. Cui & M.L. Han**

子实体多年生，无柄盖形至平伏反卷，单生或数个聚生，木栓质。菌盖形状不规则，外伸可达 4 cm，宽可达 11 cm，基部厚可达 2.5 cm；表面棕褐色至暗褐色，光滑；边缘钝或锐，粉褐色。孔口表面粉红色至酒红色，无折光反应；圆形至多角形，每毫米 4~6 个；边缘厚，全缘。不育边缘明显，比孔口表面颜色浅，宽可达 2 mm。菌肉棕褐色，木栓质，厚可达 2 mm。菌管与孔口表面同色，木栓质，分层明显，长可达 23 mm。担孢子 4~5×1.9~2.4 μm，长椭圆形至圆柱形，略弯曲，无色，薄壁，光滑，非淀粉质，不嗜蓝。

夏秋季生于针叶树和阔叶树上，造成木材褐色腐朽。分布于华中地区。

图 455

多孔菌、齿菌及革菌

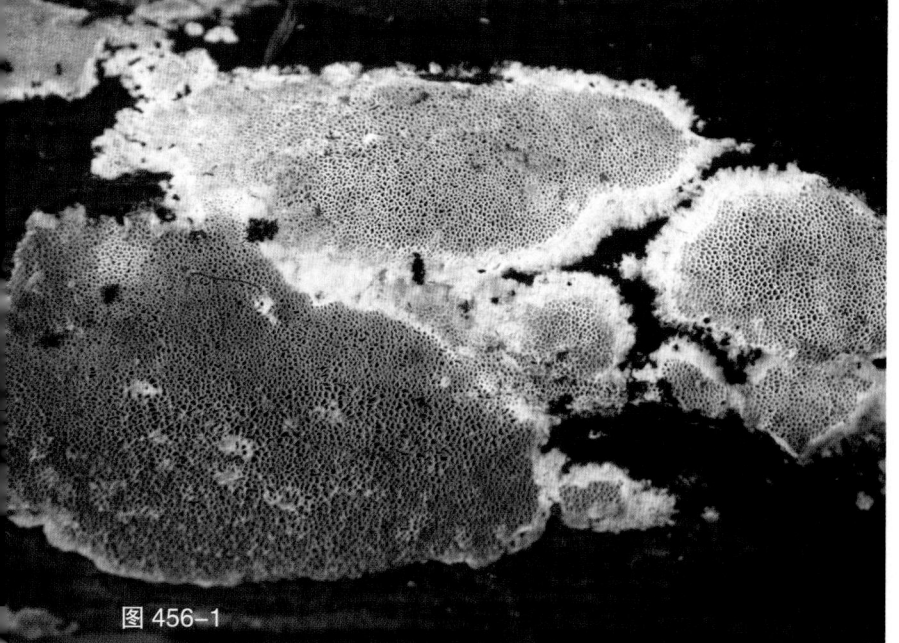

图 456-1

456 脆孔菌

Fragiliporia fragilis Y.C. Dai et al.

子实体一年生，平伏，不易与基物剥离，新鲜时无特殊气味，很软，长可达 15 cm，宽可达 5 cm，厚可达 6 mm。孔口表面新鲜时灰色，干后灰褐色；多角形，每毫米 0.5~1 个；边缘薄，全缘。不育边缘明显，菌索状，宽可达 6 mm。菌肉黄褐色，厚可达 0.5 mm。菌管与孔口表面同色，脆，长可达 5.5 mm。担孢子 4.8~5.4×1.7~2 μm，腊肠状，无色，薄壁，光滑，非淀粉质，不嗜蓝。

秋季生于阔叶树腐木上，造成木材白色腐朽。分布于华中地区。

图 456-2

457 淡黄粗盖孔菌

Funalia cervina (Schwein.) Y.C. Dai

≡ *Trametes cervina* (Schwein.) Bres.

≡ *Trametopsis cervina* (Schwein.) Tomšovský

子实体一年生，无柄，覆瓦状叠生，软木栓质。菌盖半圆形至近贝壳形，外伸可达 5 cm，宽可达 7 cm，中部厚可达 10 mm；表面蛋壳色或淡黄褐色，被粗硬毛，具同心环带和放射状纵条纹；边缘锐，干后稍内卷。孔口表面白色至黄褐色；近圆形至多角形或裂齿状，每毫米 0.5~3 个；边缘薄，裂齿状。不育边缘明显，奶油色，宽可达 2 mm。菌肉浅黄色，厚可达 5 mm。菌管与菌肉同色，长可达 8 mm。担孢子 5.6~6.9×2~3 μm，腊肠形至圆柱形，无色，薄壁，光滑，非淀粉质，不嗜蓝。

夏秋季生于多种阔叶树上，造成木材白色腐朽。分布于东北、华北、华中、华南和西北地区。

图 457

图 458-1

图 458-2

法国粗盖孔菌

Funalia gallica (Fr.) Bondartsev & Singer

≡ *Coriolopsis gallica* (Fr.) Ryvarden

≡ *Trametes gallica* Fr.

　　子实体一年生,无柄,覆瓦状叠生,木栓质。菌盖半圆形,外伸可达 7 cm,宽可达 10 cm,中部厚可达 2 cm;菌盖表面新鲜时白色至浅黄色,被粗毛,无环纹;粗毛新鲜时白色,后期棕黄色,长可达 1 cm,明显与菌肉分开。孔口表面新鲜时奶油色,干后黄褐色;多角形,每毫米 1~2 个;边缘薄,略呈撕裂状。菌肉浅棕黄色,厚可达 12 mm。菌管浅黄色,长可达 7 mm。担孢子 11.7~14.1×4~5 μm,圆柱形,无色,薄壁,光滑,非淀粉质,不嗜蓝。

　　夏季生于橡胶树倒木上,造成木材白色腐朽。分布于华南地区。

多孔菌、齿菌及革菌

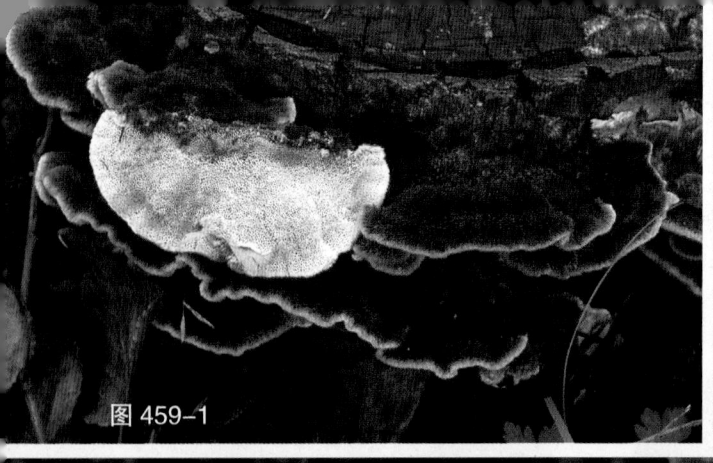

图 459-1

图 459-2

图 459-3

图 459-4

459 硬毛粗盖孔菌

Funalia trogii (Berk.) Bondartsev & Singer

≡ *Trametes trogii* Berk.

　　子实体一年生，无柄，覆瓦状叠生，木栓质。菌盖半圆形或近贝壳形，外伸可达 12 cm，宽可达 16 cm，中部厚可达 3.2 cm；表面黄褐色，被密硬毛；边缘钝或锐。孔口表面初期乳白色，后期黄褐色至暗褐色；近圆形，每毫米 1~3 个；边缘厚，全缘或略呈锯齿状。不育边缘窄，宽可达 0.2 mm。菌肉浅黄色，厚可达 10 mm。菌管与菌肉同色，木栓质，长可达 22 mm。担孢子 8.1~11.2×3~3.8 μm，圆柱形，无色，薄壁，光滑，非淀粉质，不嗜蓝。

　　夏秋季生于杨树和柳树上，造成木材白色腐朽。分布于东北、内蒙古、华北、西北、华中和青藏地区。

图 460-1

460 树舌灵芝（扁灵芝 老牛肝）
***Ganoderma applanatum* (Pers.) Pat.**

子实体多年生，无柄，单生或覆瓦状叠生，木栓质。菌盖半圆形，外伸可达 28 cm，宽可达 55 cm，基部厚可达 9 cm；表面锈褐色至灰褐色，具明显的环沟和环带；边缘圆，钝，奶油色至浅灰褐色。孔口表面灰白色至淡褐色；圆形，每毫米 4~7 个；边缘厚，全缘。菌肉新鲜时浅褐色，厚可达 3 cm。菌管褐色，长可达 6 cm，有时具白色菌丝束。担孢子 6~8.5×4.5~6 μm，广卵圆形，顶端平截，淡褐色至褐色，双层壁，外壁无色、光滑，内壁具小刺，非淀粉质，嗜蓝。

春季至秋季生于多种阔叶树的活立木、倒木及腐木上，造成木材白色腐朽。药用；可栽培。分布于东北、华北、华中、内蒙古和西北地区。

图 460-2

图 460-3

多孔菌、齿菌及革菌

图 461-1

图 461-2

图 461-3

图 461-4

461 南方灵芝

Ganoderma australe (Fr.) Pat.

　　子实体多年生，无柄，木栓质。菌盖半圆形，外伸可达 35 cm，宽可达 55 cm，基部厚可达 7 cm；表面锈褐色至黑褐色，具明显的环沟和环带；边缘圆，钝，奶油色至浅灰褐色。孔口表面灰白色至淡褐色；圆形，每毫米 4~5 个；边缘较厚，全缘。菌肉新鲜时浅褐色，干后棕褐色，厚可达 3 cm。菌管暗褐色，长可达 4 cm。担孢子 7~8.5×4.2~5.5 μm，广卵圆形，顶端平截，淡褐色至褐色，双层壁，外壁无色、光滑，内壁具小刺，非淀粉质，嗜蓝。

　　春季至秋季生于多种阔叶树的活立木、倒木、树桩和腐木上，造成木材白色腐朽。药用；可栽培。分布于华中和华南地区。

图 462-1

图 462-2

462 狭长孢灵芝

Ganoderma boninense Pat.

子实体一年生至多年生，无柄，覆瓦状叠生，干后木质。菌盖半圆形，外伸可达 10 cm，宽可达 15 cm，厚可达 2 cm；表面橘黄色至黑褐色，光滑，具不明显的同心环带，具漆样光泽；边缘干后奶油色，皮壳干后红褐色。孔口表面新鲜时白色，干后草黄色；近圆形，每毫米 6~7 个；边缘厚，全缘。不育边缘明显，宽可达 5 mm。菌肉干后浅木材色，具环区，厚可达 1.5 cm。菌管灰褐色，长可达 5 mm。担孢子 9.6~11.2×5.7~6.9 μm，卵圆形，顶端平截，黄褐色，双层壁，外壁光滑，内壁具小刺，非淀粉质，嗜蓝。

春季至秋季生于多种阔叶树的活立木和倒木上，造成木材白色腐朽。药用。分布于华南地区。

多孔菌、齿菌及革菌

图 463

图 464-1

图 464-2

463 弯柄灵芝

***Ganoderma flexipes* Pat.**

子实体一年生，具背生柄，软木栓质至木栓质。菌盖近匙形至近圆形，外伸可达 2 cm，宽可达 3 cm，厚可达 1 cm；表面黄红褐色至红褐色，具漆样光泽；边缘钝或呈截形。孔口表面污白色至污灰色；近圆形，每毫米 4~5 个；边缘厚，全缘。菌肉木材色至淡褐色，厚可达 2 mm。菌管暗褐色，长可达 9 mm。菌柄与菌盖同色，长可达 10 cm，直径可达 1 cm。担孢子 8~9.5×4.6~6 μm，椭圆形，顶端平截，黄褐色，双层壁，外壁光滑，内壁具小刺，非淀粉质，弱嗜蓝。

夏季生于阔叶林中地下腐木上，造成木材白色腐朽。分布于华南地区。

464 有柄灵芝

***Ganoderma gibbosum* (Blume & T. Nees) Pat.**

子实体多年生，具侧生柄，具甜香味，干后木栓质至木质。菌盖近圆形，直径可达 11 cm，中部厚可达 3.5 cm；表面被一皮壳，污褐色至锈褐色，具明显的同心环纹和环沟。孔口表面奶油色至浅黄绿色；圆形，每毫米 3~5 个；边缘薄，全缘。不育边缘明显，奶油色，宽可达 2 mm。菌肉异质，上层浅黄褐色，下层褐色，具黑色骨质夹层，厚可达 6 mm。菌管褐色，单层长可达 1.6 cm。菌柄与菌盖同色，具瘤状突起，长可达 11.5 cm，直径可达 2.6 cm。担孢子 7~9.1×6.5~8 μm，卵圆形，顶端平截，外壁无色，内壁浅黄色至橙黄色，遍布小刺，非淀粉质，嗜蓝。

春季至秋季单生于阔叶树树桩上，造成木材白色腐朽。分布于华南地区。

图 465

465 白肉灵芝

Ganoderma leucocontextum T.H. Li et al.

　　子实体一年生,具中生柄,新鲜时软木栓质,干后木栓质。菌盖平展盖形,外伸可达 10 cm,宽可达 20 cm,基部厚可达 3 cm;表面具漆样光泽,成熟时暗红褐色、暗紫红褐色或几乎黑红褐色,具同心环纹,常有弱的放射状皱纹;边缘白色至浅黄色,渐变黄色至红褐色。孔口表面新鲜时白色至奶油色,伤处淡褐色至褐色,近圆形,每毫米 4~6 个。菌肉白色,干后奶油色,软木栓质至木栓质,近表皮有一薄的带褐色皮壳,厚可达 2.2 cm。菌管赭色至淡灰褐色或灰褐色,长可达 8 mm。菌柄圆柱形至略扁,侧生至偏生,有时近无柄,暗红褐色至暗紫褐色,具光泽。担孢子 9~10.7×5.8~7 μm,椭圆形,顶端平截,浅褐色,双层壁,内壁具小刺,非淀粉质,嗜蓝。

　　夏秋季散生至群生于青冈树腐木上,造成木材白色腐朽。药用;已有人工栽培。常与灵芝 *G. lingzhi* 混淆使用。分布于华中、青藏地区。

　　白肉灵芝与相似种的区别:灵芝 *G. lingzhi*、亮盖灵芝 *G. lucidum* 和四川灵芝 *G. sichuanense* 的菌肉颜色均略深于白肉灵芝,孢子略小;松杉灵芝 *G. tsugae* 与俄勒冈灵芝 *G. oregonense* 的孢子都明显更大,而且常长在针叶树上。ITS 序列比较同样显示白肉灵芝不同于任何已知灵芝种类。

图 466-1

图 466-2

图 466-3

图 466-4

466 灵芝（赤芝）

Ganoderma lingzhi Sheng H. Wu et al.

子实体一年生，具侧生或偏生柄，新鲜时软木栓质，干后木栓质。菌盖平展盖形，外伸可达 12 cm，宽可达 16 cm，基部厚可达 2.6 cm；颜色多变，幼时浅黄色、浅黄褐色至黄褐色，成熟时黄褐色至红褐色；边缘钝或锐，有时微卷。孔口表面幼时白色，成熟时硫黄色，触摸后变为褐色或深褐色，干燥时淡黄色；近圆形或多角形，每毫米 5~6 个；边缘薄，全缘。不育边缘明显，宽可达 4 mm。菌肉木材色至浅褐色，双层，上层菌肉颜色浅，下层菌肉颜色深，软木栓质，厚可达 1 cm。菌管褐色，木栓质，颜色明显比菌肉深，长可达 1.7 cm。菌柄扁平状或近圆柱形，幼时橙黄色至浅黄褐色，成熟时红褐色至紫黑色，长可达 22 cm，直径可达 3.5 cm。担孢子 9~10.7×5.8~7 μm，椭圆形，顶端平截，浅褐色，双层壁，内壁具小刺，非淀粉质，嗜蓝。

夏秋季生于多种阔叶树的垂死木、倒木和腐木上，造成木材白色腐朽。药用。分布于华北和华中地区。

灵芝 *G. lingzhi* 广泛分布于中国东部暖温带和亚热带，其主要形态特征是孔口表面白色至硫黄色，成熟时菌肉中有黑褐色区带，管口壁厚度为 80~120 μm。亮盖灵芝 *G. lucidum* 主要分布于欧洲和亚洲，在中国分布于华中海拔较高地区，其孔口表面新鲜时白色至奶油色，成熟时菌肉中无黑褐色区带，管口壁厚度为 40~80 μm。四川灵芝 *G. sichuanense* 尽管其担孢子与灵芝 *G. lingzhi* 相似，但其模式标本 ITS 序列与灵芝的不同，是个独立的种，且在广东也有发现。中国多数地方栽培的灵芝为 *G. lingzhi*。

鉴于"灵芝"这一名称在中国已使用 2 000 余年，故"*G. lingzhi*"的中文名为"灵芝"（俗称赤芝），而灵芝属的模式种 *G. lucidum* 的中文名改为"亮盖灵芝"。

图 466-5

图 466-6

图 466-7

图 466-8

图 466-9

多孔菌、齿菌及革菌

图 467

467 亮盖灵芝（白灵芝）

***Ganoderma lucidum* (Curtis) P. Karst.**

　　子实体一年生，具侧生柄，新鲜时软木栓质，干后木栓质。菌盖平展盖形、半圆形或扇形，外伸可达 20 cm，宽可达 25 cm，基部厚可达 4 cm；表面新鲜时金黄褐色至褐色，具漆样光泽，成熟时红褐色、深褐色至紫褐色，漆样光泽明显，被一皮壳，光滑，具同心环带，通常被褐色的孢子粉覆盖；边缘钝。孔口表面新鲜时白色至奶油色，干后污褐色至浅褐色；近圆形，每毫米 4~5 个；边缘薄，全缘。不育边缘明显，红褐色，宽可达 5 mm。菌肉木材色至浅褐色，从上至下颜色由浅至深，木栓质，厚可达 2 cm。菌管多层，分层不明显，浅褐色，新鲜时纤维质，干后木栓质，颜色明显比菌肉深，长可达 20 mm。担孢子 8~11×5.1~6 µm，椭圆形，顶端平截，浅褐色，双层壁，外壁无色、光滑，内壁具小刺，非淀粉质，嗜蓝。

　　夏秋季生于多种针叶树的活立木、倒木和腐木上，尤其以落叶松上最为常见，造成木材白色腐朽。药用；可栽培。分布于华中地区。

　　亮盖灵芝 *G. lucidum* 是 1871 年由 William Curtis 根据采自英国的标本描述的新物种。最近的研究表明，中国广泛分布和栽培的灵芝 *G. lingzhi* 与产于欧洲的亮盖灵芝 *G. lucidum* 不同，是一个独立的种，其合法的拉丁学名应为 *G. lingzhi*。但亮盖灵芝 *G. lucidum* 在中国也有分布。灵芝 *G. lingzhi* 与亮盖灵芝 *G. lucidum* 的区别见前文。

图 468-1

图 468-2

468　重伞灵芝
Ganoderma multipileum Ding Hou

　　子实体一年生，具侧生柄，木栓质。菌盖扇形至半圆形，外伸可达 4.5 cm，宽可达 7 cm，基部厚可达 8 mm；表面干后红棕色至棕黄色，具明显的环纹，具漆样光泽；边缘圆，钝，棕黄色。孔口表面奶油色至浅黄色；圆形至不规则形，每毫米 5~7 个；边缘厚，全缘。菌肉深棕色，软木栓质，厚可达 4.5 mm。菌管深褐色，单层，硬木栓质，长可达 3.5 mm。担孢子 8.7~10.1×5.3~6.8 μm，宽椭圆形，顶端平截，褐色，双层壁，外壁无色、光滑，内壁具小刺，非淀粉质，嗜蓝。

　　春夏季连生于多种阔叶树的倒木和树桩上，造成木材白色腐朽。药用。分布于华南地区。

多孔菌、齿菌及革菌

图 469

469 紫芝（中华灵芝）
Ganoderma sinense J.D. Zhao et al.

子实体一年生，具侧生柄，干后软木栓质至木栓质。菌盖半圆形、近圆形或匙形，外伸可达 8 cm，宽可达 9.5 cm，基部厚可达 2 cm；表面新鲜时漆黑色，光滑，具明显的同心环纹和纵皱，干后紫褐色、紫黑色至近黑色，具漆样光泽。孔口表面干后污白色、淡褐色至深褐色；略圆形，每毫米 5~6 个；边缘薄，全缘。菌肉褐色至深褐色，中间具一黑色壳质层，软木栓质，厚可达 8 mm。菌管褐色至深褐色，长可达 1.3 cm。担孢子 11.2~12.5×7~8 μm，椭圆形，双层壁，外壁无色、光滑，内壁淡褐色至褐色、具小脊，非淀粉质，弱嗜蓝。

春季至秋季单生于多种阔叶树的腐木上，造成木材白色腐朽。药用；可栽培。分布于华中和华南地区。

图 470-1

图 470-2

<table>
<tr><td>470</td><td>

热带灵芝
Ganoderma tropicum (Jungh.) Bres.

</td></tr>
</table>

　　子实体一年生，无柄或具侧生短柄，干后木栓质。菌盖半圆形至圆形，外伸可达 12 cm，宽可达 16 cm，基部厚可达 2.5 cm；菌盖黄褐色至紫褐色，被一厚皮壳，具漆样光泽；边缘薄，钝，颜色变浅。孔口表面污白色至灰褐色，无折光反应；近圆形，每毫米 3~4 个；边缘厚，全缘。不育边缘明显，奶油色，宽可达 4 mm。菌肉黄褐色，厚可达 1 cm。菌管浅褐色，多层，分层不明显，长可达 15 mm。菌柄与菌盖同色，圆柱形，长可达 3 cm，直径可达 1.5 cm。担孢子 8.8~10.5×6.1~7.8 μm，椭圆形，顶端稍平截，褐色，双层壁，外壁无色、光滑，内壁具小刺，非淀粉质，嗜蓝。

　　春夏季单生或数个叠生于多种阔叶树尤其是相思树的树桩、倒木和腐木上，造成木材白色腐朽。药用。分布于华南地区。

<table>
<tr><td>471</td><td>

松杉灵芝
Ganoderma tsugae Murrill

</td></tr>
</table>

　　子实体一年生，通常有侧生菌柄，新鲜时软木栓质，干后木栓质。菌盖平展盖形、半圆形或扇形，长可达 25 cm，宽可达 20 cm，基部厚可达 4 cm；表面初期金黄褐色、褐色，有漆样光泽，成熟时颜色为红褐色、深褐色或紫褐色，漆样光泽明显，光滑，同心环带明显，有时有很弱的同心环钩，通常被褐色的孢子粉覆盖；边缘钝。孔口表面新鲜时奶油色，干后污褐色至浅褐色；近圆形，每毫米 4~5 个；边缘薄，全缘。不育边缘明显，红褐色，宽可达 5 mm。菌肉木材色至浅褐色，菌肉从上至下颜色由浅至深，木栓质，厚达 2 cm，菌盖上表面形成一皮壳。菌管多层，分层不明显，浅褐色，新鲜时纤维质，干后木栓质，明显比菌肉颜色深，长达 20 mm。担孢子 7~11×5~6 μm，椭圆形，顶端平截，浅褐色，双层壁，外壁无色、平滑，内壁有小刺。

　　生于多种针叶树上。药用。分布于东北地区。

图 471

多孔菌、齿菌及革菌

图 472-1

图 472-2

472 粗皮灵芝
Ganoderma tsunodae Yasuda

子实体一年生，无柄，单生或覆瓦状叠生，木栓质。菌盖半圆形，外伸可达 15 cm，宽可达 25 cm，基部厚可达 4 cm；表面锈褐色，被一皮壳，无漆样光泽；边缘钝，白色至奶油色。孔口表面奶油色；圆形，每毫米 3~4 个；边缘较厚，全缘。菌肉新鲜时奶油色，厚可达 2 cm。菌管木材色，长可达 20 mm。担孢子 20~24×14~17 μm，宽椭圆形或近球形，淡黄色，双层壁，外壁光滑，内壁密布小刺，非淀粉质，嗜蓝。

秋季生于山鸡树活立木根部，造成木材白色腐朽。分布于华中地区。

473 韦伯灵芝
Ganoderma weberianum
(Bres. & Henn. ex Sacc.) Steyaert

子实体一年生至多年生，无柄，单生或覆瓦状叠生，木栓质。菌盖平展盖形或半圆形，外伸可达 6 cm，宽可达 8 cm，厚可达 3 cm；表面奶油色至栗褐色，具不明显的同心环带，被一皮壳，具漆样光泽，皮壳新鲜时栗褐色，干后褐色；边缘钝，白色至奶油色。孔口表面白色至浅灰色；近圆形，每毫米 4~5 个；边缘厚，全缘。不育边缘明显，宽可达 5 mm。菌肉新鲜时浅木材色，厚可达 2.7 cm。菌管层灰褐色，长可达 3 mm。担孢子 6.7~8.2×3.9~5.2 μm，卵圆形，顶端平截，初期无色，成熟后黄褐色，双层壁，外壁光滑，内壁具小刺，非淀粉质，嗜蓝。

夏秋季生于阔叶树上，造成木材白色腐朽。分布于华南地区。

图 473

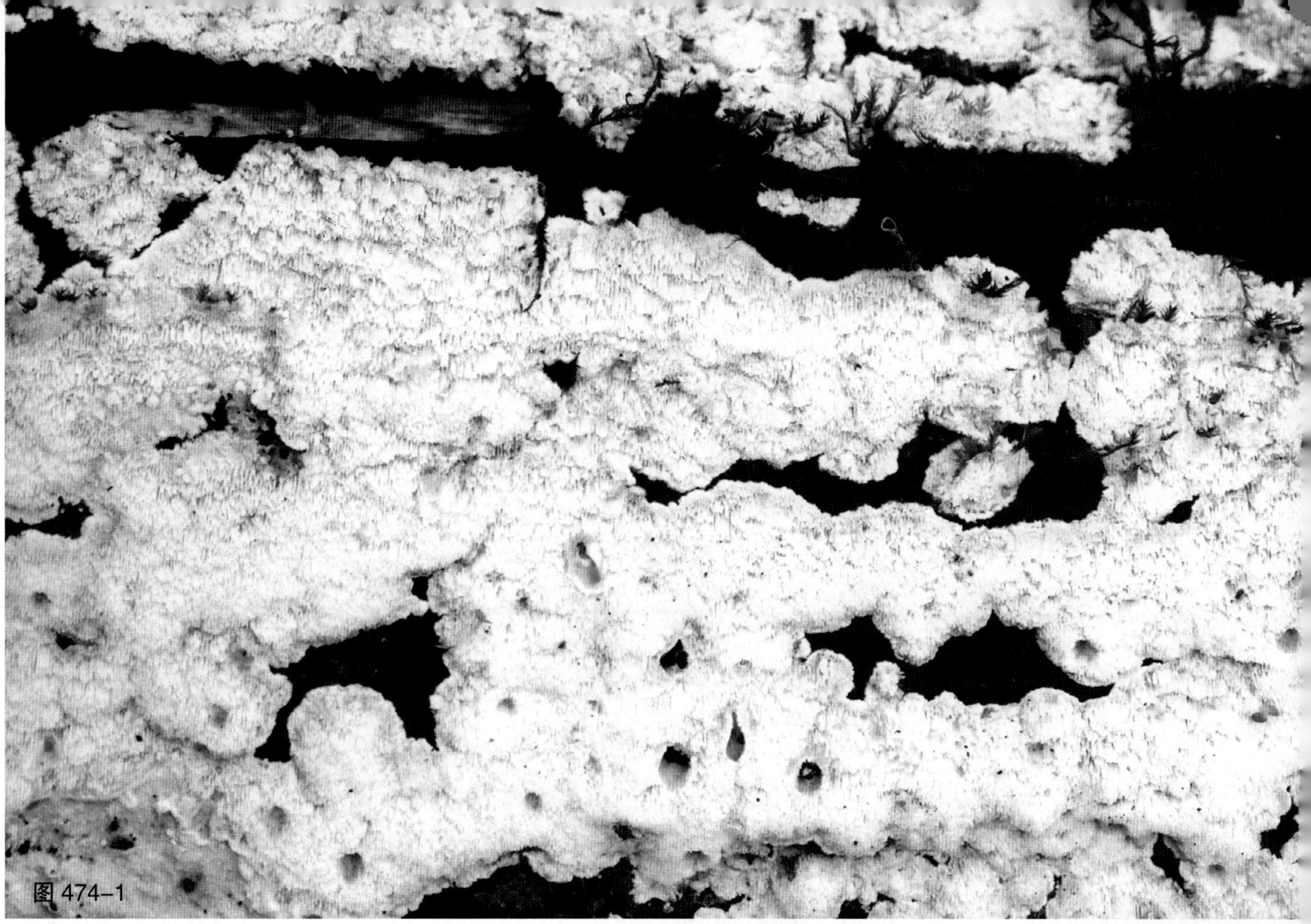

图 474-1

474 弯孢胶卧孔菌

***Gelatoporia subvermispora* (Pilát) Niemelä**

≡ *Ceriporiopsis subvermispora*

(Pilát) Gilb. & Ryvarden

子实体一年生，平伏，不易与基物剥离，边缘无菌索，新鲜时肉质，无臭无味，长可达 100 cm，宽可达 20 cm，厚可达 2.5 mm。孔口表面新鲜时白色至奶油色，干后黄褐色，无折光反应；角形，每毫米 3~5 个；边缘薄，全缘或略呈撕裂状。不育边缘不明显。菌肉黄褐色，厚可达 0.5 mm。菌管与菌肉同色，长可达 2 mm。担孢子 4.5~6×1.1~1.5 μm，腊肠形，无色，薄壁，透明，光滑，非淀粉质，不嗜蓝。

夏秋季生于阔叶树上，造成木材白色腐朽。分布于东北和青藏地区。

图 474-2

图 474-3

图 475-1

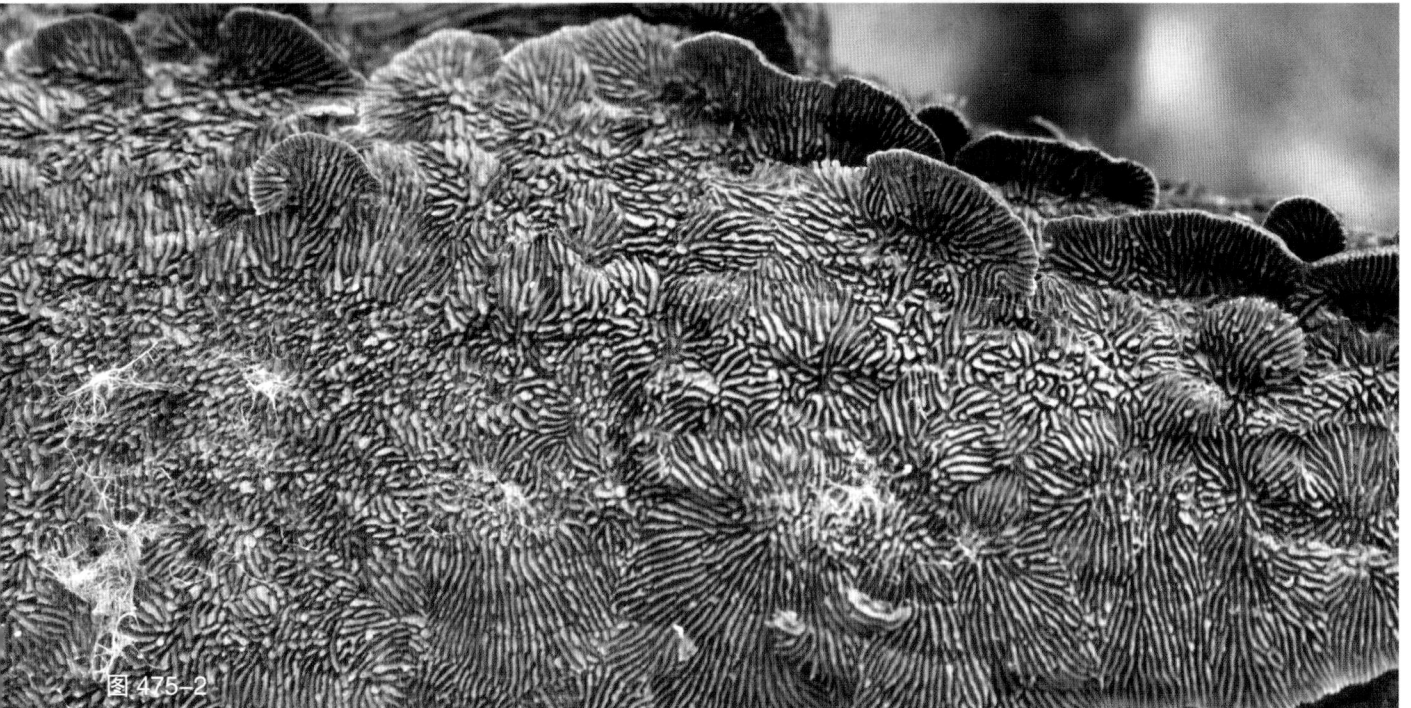

图 475-2

475 冷杉褐褶菌

Gloeophyllum abietinum (Bull.) P. Karst.

子实体一年生或多年生，覆瓦状叠生，革质。菌盖扇形，外伸可达 5 cm，宽可达 15 cm，基部厚可达 1 cm；表面亮黄褐色至黑色，具明显的同心环纹和环沟；边缘锐。子实层体金黄褐色至赭色，褶状。不育边缘明显，宽可达 2 mm。菌肉棕褐色，厚可达 3 mm。菌褶稠密并相互连接，边缘撕裂状，每毫米 1~2 个，成孔状的区域每毫米 2~3 个。菌褶或菌管不分层，黄褐色，革质，厚可达 7 mm。担孢子 7.9~10.5×3~3.7 μm，圆柱形，无色，薄壁，光滑，非淀粉质，不嗜蓝。

春季至秋季生于多种针叶树倒木上，尤其以云杉和松树上最为常见，造成木材褐色腐朽。药用。分布于东北、华南地区。

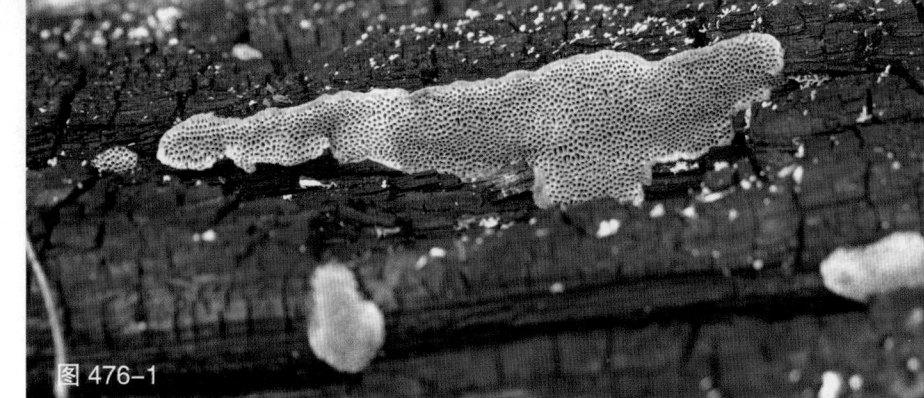

图 476-1

476 炭生褐褶菌

Gloeophyllum carbonarium

(Berk. & M.A. Curtis)

Ryvarden

≡ *Griseoporia carbonaria*

(Berk. & M.A. Curtis) Ginns

子实体一年生或多年生，平伏或平伏至反卷或具明显菌盖，木栓质，长可达 5 cm，宽可达 1 cm，厚可达 0.6 cm。菌盖宽可达 1 cm；表面棕褐色，软，被细密绒毛。孔口表面深褐色，无折光反应，触摸干标本后变为棕黄色；多角形，每毫米 2~3 个；边缘薄，全缘。不育边缘明显。菌肉深棕色，软，厚可达 2 mm。菌管与菌肉同色，长可达 5 mm。担孢子 5~9×2.2~2.6 μm，圆柱形，无色，薄壁，光滑，非淀粉质，不嗜蓝。

秋季生于针叶树过火木上，造成木材褐色腐朽。分布于东北地区。

图 476-2

477 耸毛褐褶菌

Gloeophyllum imponens

(Ces.) Teng

≡ *Hispidaedalea imponens*

(Ces.) Y.C. Dai & S.H. He

子实体多年生，无柄，单生或覆瓦状叠生，革质至木栓质。菌盖半圆形，外伸可达 15 cm，宽可达 10 cm，厚可达 3 cm；暗褐色，被密粗毛，粗毛长可达 0.5 cm，前段分叉，无同心环沟和环带；边缘锐，具疣突。孔口表面暗褐色，较菌盖颜色稍浅，无折光反应；半褶状、长孔状至孔状，每毫米 0.5~1 个；边缘薄，全缘。不育边缘明显，宽可达 3 mm。菌肉棕黄色至褐色，厚可达 0.5 cm。菌管与孔口表面同色，长可达 2.5 cm。担孢子 8.5~12×2.5~4.5 μm，椭圆形至圆柱形，无色，薄壁，光滑，非淀粉质，不嗜蓝。

春季至秋季生于阔叶树倒木上，造成木材褐色腐朽。分布于华南地区。

图 477-1

图 477-2

多孔菌、齿菌及革菌

图 478-1

图 478-2

图 479-1

图 479-2

478 **香褐褶菌**

Gloeophyllum odoratum
(Wulfen) Imazeki

≡ *Osmoporus odoratus* (Wulfen) Singer

≡ *Trametes odorata* (Wulfen) Fr.

子实体多年生，无柄，不易与基物剥离，新鲜时木栓质，具强烈的茴香味，干后硬木栓质。菌盖半圆形至马蹄形，外伸可达 8 cm，宽可达 10 cm，厚可达 4 cm；表面初期黄褐色，被细密绒毛，后期黄褐色、褐色至近黑色，粗糙，具瘤状突起，具明显的同心环沟；边缘钝，黄褐色至锈褐色。孔口表面黄褐色或棕黄色，无折光反应；多角形，每毫米 2~3 个；边缘厚，全缘。不育边缘明显，初期奶油色，宽可达 3 mm。菌肉黄褐色至锈褐色，厚可达 3 cm。菌管灰白色至灰褐色，长可达 1 cm。担孢子 6~8×2.6~3.2 μm，圆柱形，无色，薄壁，光滑，非淀粉质，不嗜蓝。

春季至秋季生于针叶树倒木和树桩上，造成木材褐色腐朽。分布于东北、西北和青藏地区。

479 **喜干褐褶菌**

Gloeophyllum protractum (Fr.) **Imazeki**

≡ *Osmoporus protractus* (Fr.) Bondartsev

子实体多年生，无柄，侧向融合，革质。菌盖扇形，外伸可达 6 cm，宽可达 10 cm，基部厚可达 15 mm；表面初期赭色至浅褐色，后期灰色至黑褐色，粗糙，具辐射状条纹，具明显的同心环纹和环沟；边缘锐或钝，黄褐色。孔口表面浅黄色至黄褐色；多角形，每毫米 2~3 个；边缘厚，全缘。不育边缘明显，奶油色至黄褐色，宽可达 1 mm。菌肉棕褐色，厚可达 5 mm。菌管与孔口表面同色，长可达 10 mm。担孢子 7.5~11.2×3.5~4.2 μm，圆柱形，无色，薄壁，光滑，非淀粉质，不嗜蓝。

春季至秋季生于针叶树上，造成木材褐色腐朽。分布于东北、西北和青藏地区。

图 480-1

图 480-2

图 480-3

480 深褐褶菌

Gloeophyllum sepiarium (Wulfen) P. Karst.

子实体一年生或多年生，无柄，覆瓦状叠生，革质。菌盖扇形，外伸可达 5 cm，宽可达 15 cm，基部厚可达 7 mm；表面黄褐色至黑色，粗糙，具瘤状突起，具明显的同心环纹和环沟；边缘锐。子实层体生长活跃的区域浅黄褐色，后期金黄色或赭色，具褶状或不规则的孔状。不育边缘明显，宽可达 2 mm。菌肉棕褐色，厚可达 3 mm。菌褶每毫米 1~2 个，边缘略呈撕裂状；成孔状的区域每毫米 2~3 个；侧面灰褐色至淡棕黄色，宽可达 5 mm。担孢子 7.9~10.5×3~3.7 μm，圆柱形，无色，薄壁，光滑，非淀粉质，不嗜蓝。

夏秋季生于多种针叶树的倒木上，造成木材褐色腐朽。分布于东北、华中、华南、西北和青藏地区。

图 480-4

多孔菌、齿菌及革菌

图 481-1

图 481-2

481 条纹褐褶菌
Gloeophyllum striatum (Swartz) Murrill

　　子实体一年生，无柄盖形或平伏反卷，覆瓦状叠生，侧向融合，革质。菌盖扇形至半圆形，外伸可达 2 cm，宽可达 4 cm，基部厚可达 1 mm；表面褐色至灰褐色，新鲜时粗糙，后期光滑，具同心环纹或环沟；边缘锐。子实层体烟褐色。不育边缘肉桂褐色，宽可达 1 mm。菌肉暗褐色，木栓质，厚可达 0.5 mm。菌褶革质，高可达 0.5 mm；直，每毫米 1~2 个。担孢子 6~7.9×3.8~4.5 μm，椭圆形，无色，薄壁，光滑，非淀粉质，不嗜蓝。

　　夏秋季生于阔叶树倒木上，造成木材褐色腐朽。分布于华南地区。

图 482-1

图 482-2

482 密褐褶菌
Gloeophyllum trabeum (Pers.) Murrill

　　子实体一年生至多年生，无柄，覆瓦状叠生，软木栓质。菌盖扇形，外伸可达 4 cm，宽可达 8 cm，基部厚可达 6 mm；表面灰褐色、棕褐色至烟灰色，被细密绒毛或硬刚毛，粗糙，略具辐射状纹，具不明显的同心环纹或环沟；边缘锐，浅黄色，干后内卷。子实层体赭色至灰褐色，迷宫状至部分孔状，无折光反应。不育边缘明显，浅黄色，宽可达 1 mm。菌肉棕褐色，厚可达 0.3 mm。菌褶灰褐色，革质，宽可达 5 mm。菌褶或菌孔每毫米 2~4 个。担孢子 7.6~9.1×2.8~4 μm，圆柱形，无色，薄壁，光滑，非淀粉质，不嗜蓝。

　　夏秋季生于多种阔叶树的倒木和建筑木上，造成木材褐色腐朽。药用。分布于东北、华北和华中地区。

图 483-1

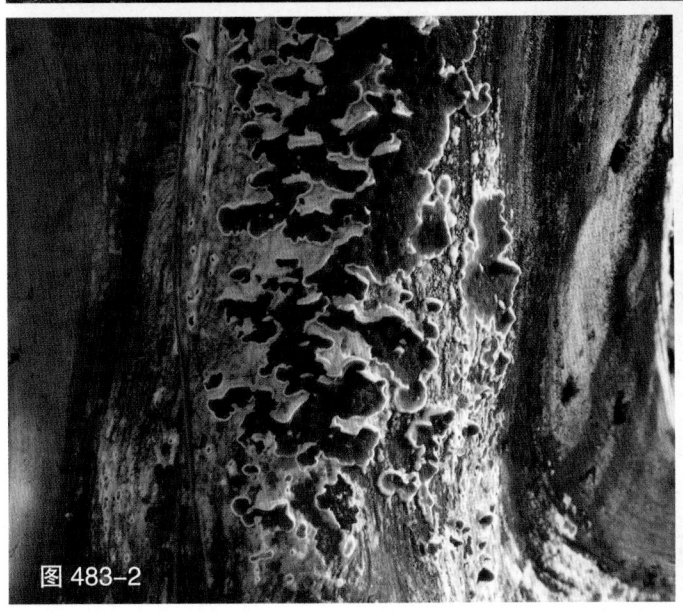

图 483-2

图 483-3

483 二色胶黏孔菌（二色半胶菌）

***Gloeoporus dichrous* (Fr.) Bres.**

子实体一年生，无柄，覆瓦状叠生，新鲜时软革质，干后脆胶质。菌盖半圆形，外伸可达 2 cm，宽可达 4 cm，基部厚可达 3 mm；表面初期白色或乳白色，后期淡黄色或灰白色；边缘锐，干后稍内卷。孔口表面粉红褐色至紫黑色；圆形、近圆形或多角形，每毫米 4~6 个；边缘薄，全缘。不育边缘明显，乳白色或淡黄色，宽可达 3 mm。菌肉白色，厚可达 2 mm。菌管与孔口表面同色或略浅，长可达 1 mm。担孢子 3.5~4.5×0.9~1 μm，腊肠形至圆柱形，无色，薄壁，光滑，非淀粉质，不嗜蓝。

秋季生于阔叶树倒木上，造成木材白色腐朽。各区均有分布。

多孔菌、齿菌及革菌

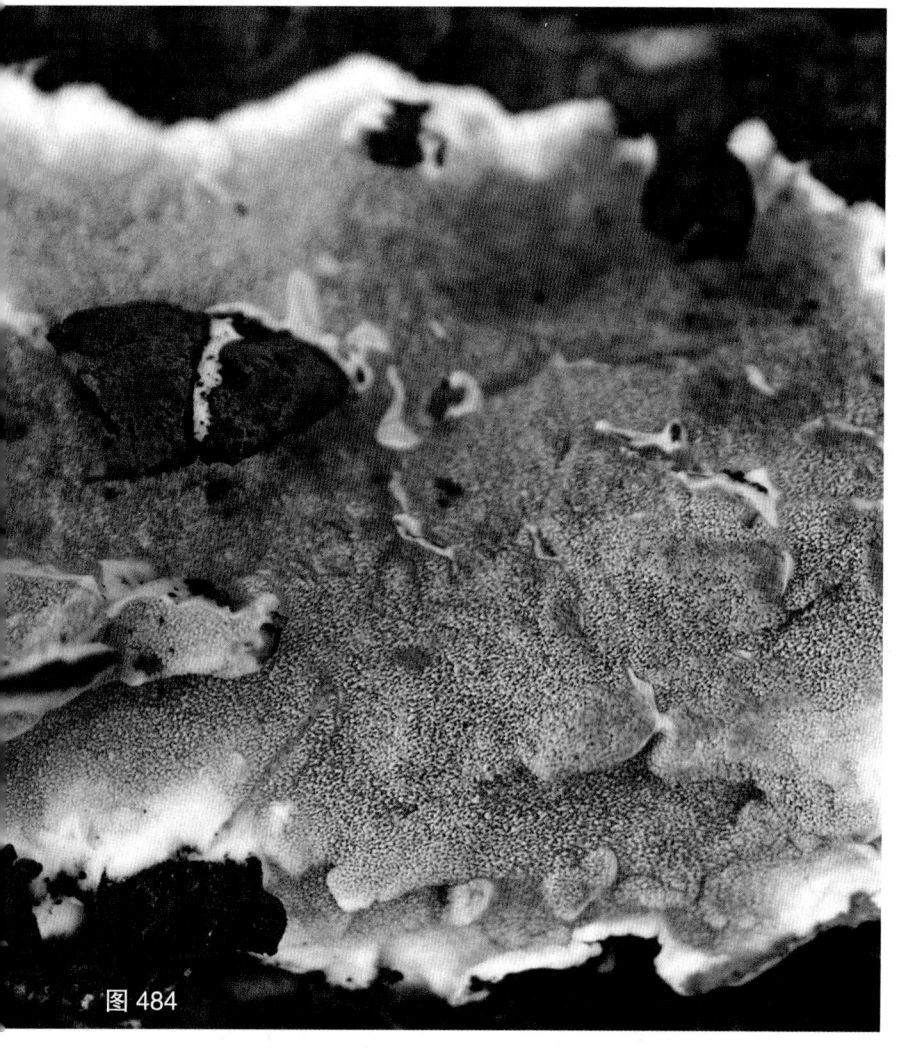

图 484

484 紫杉胶黏孔菌（紫杉半胶菌）
Gloeoporus taxicola
(Pers.) Gilb. & Ryvarden

子实体一年生，平伏或贴生，不易与基物剥离，新鲜时韧革质或蜡质，长可达 10 cm，宽可达 6 cm，厚可达 3 mm。孔口表面淡红色、桃红褐色至深紫色，无折光反应；近圆形或不规则形，每毫米 3~5 个；边缘薄，全缘。不育边缘明显，奶油色至淡黄色，宽可达 1 mm。菌肉乳白色至浅黄色，厚可达 1 mm。菌管与孔口表面同色或略浅，近胶质，长可达 2 mm。担孢子 4~5.2×1.2~1.5 μm，腊肠形至圆柱形，无色，薄壁，光滑，非淀粉质，不嗜蓝。

秋季生于松树的活立木和倒木上，造成木材白色腐朽。分布于东北、华北、华中、西北和青藏地区。

图 485

485 类革胶黏孔菌（类革半胶菌）
Gloeoporus thelephoroides
(Hook.) G. Cunn.

子实体一年生，平伏或平伏反卷，新鲜时软革质，干后软木栓质。菌盖窄半圆形，左右相连，与基物广泛连接，外伸可达 2.5 cm，宽可达 3.5 cm，基部厚可达 1.5 mm；表面新鲜时乳白色，干后灰白色，粗糙；边缘锐，干后内卷。孔口表面新鲜时灰赭色，干后赭褐色，无折光反应；多角形至圆形，每毫米 7~9 个；边缘薄，全缘。不育边缘明显，宽可达 1 mm。菌肉浅黄色，胶质，厚可达 1 mm。菌管与孔口表面同色或略浅，木栓质或胶质，长可达 0.5 mm。担孢子 4~4.8×0.9~1.1 μm，腊肠形，无色，薄壁，光滑，非淀粉质，不嗜蓝。

秋季生于阔叶树倒木上，造成木材白色腐朽。分布于华南地区。

486 榆耳（肉色胶韧革菌）
Gloeostereum incarnatum
S. Ito & S. Iami

子实体一年生，无柄，新鲜时肉质，无特殊气味，干燥后变为硬革质。菌盖近圆形，外伸可达 4 cm，宽可达 5 cm，基部厚可达 3.5 mm；新鲜时浅灰褐色，干后浅棕黄色，无环带，上表面具细绒毛；边缘较钝。子实层体新鲜时肉桂色，干后锈褐色，表面胶质，具不规则突起。菌肉肉桂色至浅棕黄色。担孢子 5.8~8.5×3~4 μm，圆柱形至近椭圆形，无色，薄壁，光滑，非淀粉质，不嗜蓝。

夏秋季通常单生于多种阔叶树的活立木和倒木上，在春榆和糖槭的树洞或树干上最为常见。食用；可人工栽培。分布于东北、内蒙古地区。

图 486-1

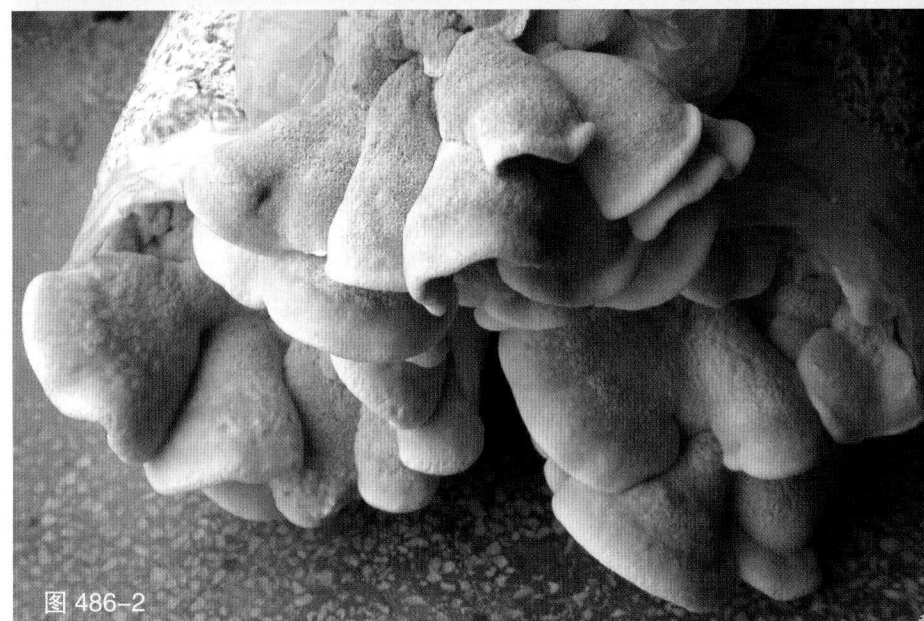

图 486-2

487 刺胶丝革菌
Gloiodon strigosus
(Sw.) P. Karst.

子实体一年生，无柄，覆瓦状叠生，新鲜时肉质，无特殊气味，干后脆质或硬革质。菌盖扇形，外伸可达 7 cm，宽可达 8 cm，基部厚可达 4 mm；新鲜时黄褐色，干后褐色，无环带，上表面具粗毛；边缘较钝，干后内卷。子实层体齿状，新鲜时浅色，干后锈褐色。不育边缘几乎无。菌肉肉桂色，革质。担孢子 4~6×3~4 μm，近球形，无色，厚壁，具疣突，淀粉质，不嗜蓝。

夏秋季通常生于多种阔叶树死树和倒木上。分布于东北地区。

图 487

多孔菌、齿菌及革菌

图 488-1

图 488-2

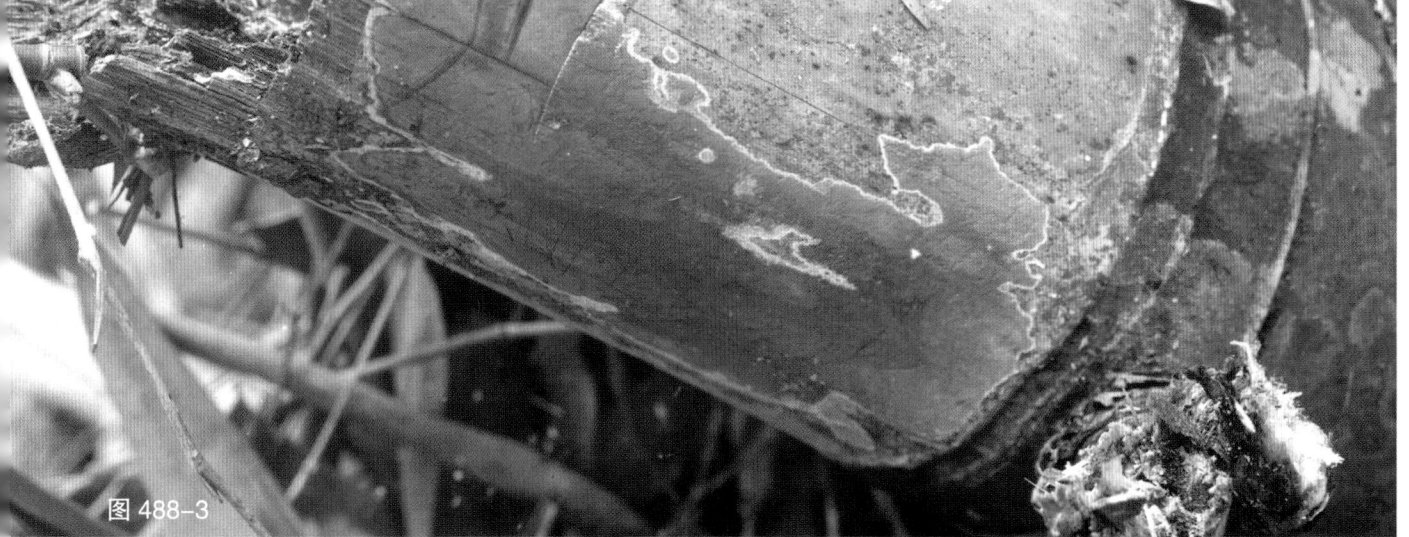

图 488-3

488 棕榈浅孔菌

***Grammothele fuligo* (Berk. & Broome) Ryvarden**

子实体一年生，平伏，中部稍厚，向边缘逐渐变薄，贴生，不易与基物剥离，新鲜时革质，干后软木栓质，长可达 15 cm，宽可达 8 cm，厚可达 0.6 mm。孔口表面新鲜时灰蓝色，干后浅蓝灰色至深灰色，无折光反应；多角形，每毫米 7~9 个；边缘薄，全缘。不育边缘明显，浅蓝灰色，宽可达 2 mm。菌肉浅褐色，厚可达 0.2 mm。菌管与孔口表面同色，厚可达 0.4 mm。担孢子 5.2~7×2.3~3 μm，长椭圆形至腊肠形，无色，薄壁，光滑，非淀粉质，不嗜蓝。

春季至秋季生于棕榈或竹子的活立木或死树上，造成木材白色腐朽。分布于华南地区。

489 线浅孔菌
Grammothele lineata
Berk. & M.A. Curtis

子实体一年生，平伏，中部稍厚，向边缘逐渐变薄，贴生，不易与基物剥离，新鲜时革质，干后软木栓质，长可达 28 cm，宽可达 12 cm，厚可达 1 mm。孔口表面新鲜时灰褐色，干后暗灰色，无折光反应；多角形至不规则形，每毫米 2~3 个；边缘薄，略呈撕裂状；具菌丝钉。不育边缘不明显或几乎无。菌肉粉灰色，厚可达 0.2 mm。菌管与子实体表面同色，长可达 0.8 mm。担孢子 4.6~6.5×2.6~3.2 μm，长椭圆形，无色，薄壁，光滑，非淀粉质，不嗜蓝。

春季至秋季生于阔叶树倒木上，造成木材白色腐朽。分布于华南地区。

图 489-1

图 489-2

490 亚洲拟浅孔菌
Grammothelopsis asiatica
Y.C. Dai & B.K. Cui

子实体一年生，平伏，贴生，不易与基物剥离，木栓质，长可达 9 cm，宽可达 1 cm，厚可达 0.6 mm。孔口表面奶油色，圆形至多角形，每毫米 3~4 个；边缘薄，全缘或略呈撕裂状。不育边缘较窄，奶油色，宽可达 1 mm。菌肉奶油色，厚可达 0.1 mm。菌管与子实体表面同色，长可达 0.5 mm。担孢子 10.5~13×5.4~6 μm，椭圆形至长椭圆形，无色，厚壁，光滑，非淀粉质，弱嗜蓝。

秋季生于毛竹倒木上，造成木材白色腐朽。分布于华南地区。

图 490

多孔菌、齿菌及革菌

图 491-1

图 491-2

图 491-3

图 491-4

图 491-5

图 491-6

491 灰树花孔菌（灰树花）
Grifola frondosa (Dicks.) Gray

≡ *Polyporus frondosus* (Dicks.) Fr.

子实体一年生，具柄，柄从基部分枝形成许多具侧生柄的菌盖，覆瓦状叠生或连生，新鲜时肉质，干后软木质。菌盖扇形、贝壳形至花瓣形，外伸可达 7 cm，宽可达 8 cm，厚可达 0.7 cm；表面灰白色至浅褐色，光滑，具不明显放射状条纹，无同心环带；边缘与菌盖表面同色，波状，干后下卷。孔口表面白色至奶油色；形状不规则，每毫米 2~3 个；边缘薄，撕裂状。菌肉白色至奶油色，厚可达 4 mm。菌管与孔口表面同色，延生至菌柄上部，长可达 3 mm。菌柄多分枝，奶油色，长可达 8 cm，直径可达 1.5 cm。担孢子 5.2~6.7×3.8~4.2 μm，卵圆形至椭圆形，无色，薄壁，光滑，非淀粉质，不嗜蓝。

夏秋季生于多种阔叶树基部，尤其以蒙古栎上最为常见，造成木材白色腐朽。食药兼用；可人工栽培。分布于东北和华北等地区。

图 492

492 台湾灰卧孔菌
Griseoporia taiwanense Y.C. Dai & S.H. He

子实体多年生，平伏至平伏反卷，革质。菌盖外伸可达 3 cm，宽可达 4 cm，基部厚可达 2.3 cm；表面初期赭色至褐色，光滑，具明显的同心环纹和环沟；边缘锐，黄褐色。孔口表面锈褐色；多角形至迷宫状，每毫米 1~2 个；边缘厚，全缘。不育边缘窄至几乎无，黄褐色。菌肉黑褐色，厚可达 3 mm。菌管与孔口表面同色，长可达 20 mm。担孢子 5.8~7×2.5~3 μm，圆柱形，无色，薄壁，光滑，非淀粉质，不嗜蓝。

春季至秋季生于针叶树上，造成木材褐色腐朽。分布于华南地区。

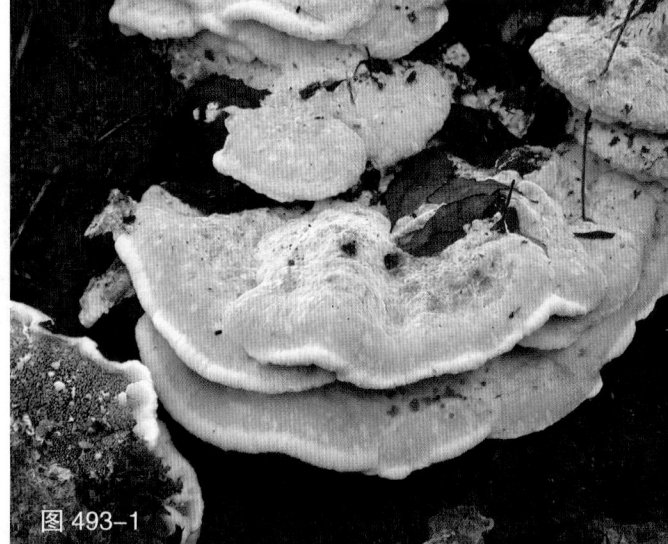

图 493-1

493 糖圆齿菌
Gyrodontium sacchari (Spreng.) Hjortstam

子实体一年生，盖形，易与基物剥离，覆瓦状叠生，新鲜时软，肉质，干后皱缩变脆。菌盖扇形至半圆形，外伸可达 8 cm，宽可达 10 cm，基部厚可达 1 cm；表面新鲜时奶油色至浅黄褐色，光滑或粗糙，干后表面覆盖棕褐色粉末层；边缘锐或钝，乳白色，干后内卷。子实层体新鲜时黄色至黄绿色或浅棕黄色，干后深棕褐色，齿状。不育边缘明显，乳白色至橘黄色，宽可达 4 mm。菌肉淡黄色，厚可达 2 mm。菌齿扁平至锥形，单生或侧向联合生长，长可达 8 mm，每毫米 1~2 个。担孢子 3.8~4.2×2.5~2.8 μm，椭圆形，淡黄色，厚壁，光滑，非淀粉质，嗜蓝。

夏季生于阔叶树活立木基部，造成木材白色腐朽。分布于华南地区。

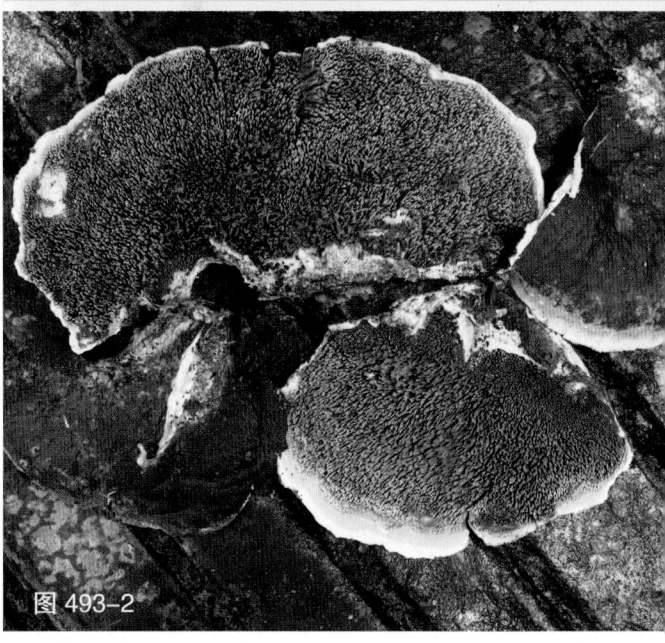

图 493-2

图 494

图 495-1

图 495-2

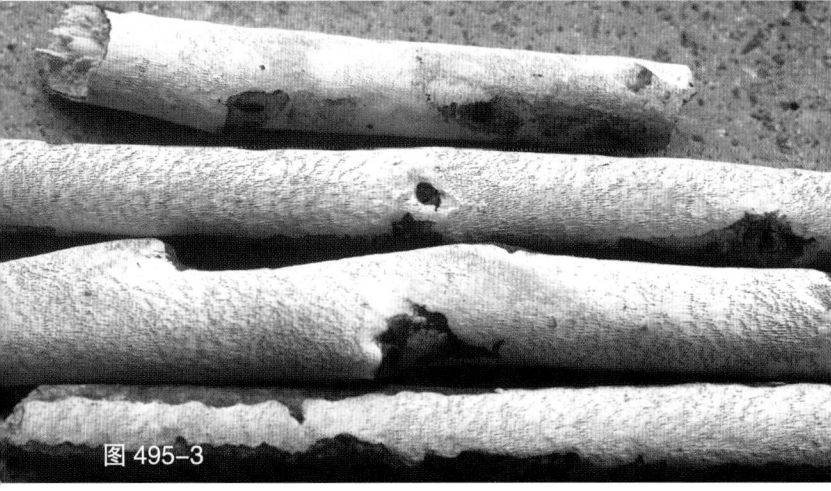

图 495-3

红彩孔菌

Hapalopilus rutilans (Pers.) Murrill

= *Hapalopilus nidulans* (Fr.) P. Karst.

= *Polyporus nidulans* Fr.

子实体一年生，无柄，新鲜时软革质或近肉质，多汁液，无特殊气味，干后木栓质。菌盖近圆形，外伸可达 6 cm，宽可达 8 cm，中部厚可达 1.5 cm；表面肉桂色至赭黄色，初期被绒毛，后期光滑，无同心环带及放射状纵条纹；边缘钝或稍锐。孔口表面肉桂褐色至赭黄色，稍具折光反应；多角形至不规则形，每毫米 2~4 个；边缘薄，全缘或呈锯齿状。不育边缘明显，宽可达 2 mm。菌肉浅黄褐色，软纤维质，厚可达 8 mm。菌管与菌肉同色，长可达 6 mm。担孢子 3~3.5×2~2.5 μm，椭圆形至卵圆形，无色，薄壁，光滑，非淀粉质，不嗜蓝。

秋季生于桦树倒木上，造成木材白色腐朽。分布于东北地区。

亚拉巴马全缘孔菌

Haploporus alabamae (Berk. & Cooke) Y.C. Dai & Niemelä

≡ *Pachykytospora alabamae* (Berk. & Cooke) Ryvarden

子实体一年生，平伏，不易与基物剥离，新鲜时软木质，干后硬木质，长可达 9 cm，宽可达 3 cm，厚可达 0.5 mm。孔口表面新鲜时奶油色，干后浅褐色，无折光反应；近圆形，每毫米 3~5 个；边缘薄，略呈撕裂状。不育边缘明显，宽可达 1 mm。菌肉几乎无。菌管浅褐色，长可达 0.5 mm。担孢子 8.3~12.5×4.2~6.8 μm，椭圆形，无色，厚壁，表面具细微疣刺，非淀粉质，嗜蓝。

夏季生于阔叶树的活立木、死枝和落枝上，造成木材白色腐朽。分布于华中和华南地区。

496 宽孢全缘孔菌
Haploporus latisporus
Juan Li & Y.C. Dai

子实体一年生，平伏，不易与基物剥离，新鲜时软木质，干后硬木质，长可达3 cm，宽可达2 cm，厚可达1 mm。孔口表面新鲜时奶油色，干后浅黄色，无折光反应；圆形至多角形，每毫米2~3个；边缘薄，略呈撕裂状。不育边缘几乎无。菌肉几乎无。菌管与孔口表面同色，长可达1 mm。担孢子13~16×8~10 μm，椭圆形，无色，厚壁，表面具细微疣刺，非淀粉质，嗜蓝。

夏秋季生于阔叶树落枝上，造成木材白色腐朽。分布于华中地区。

图 496

497 香味全缘孔菌
Haploporus odorus (Sommerf.)
Bondartsev & Singer

≡ *Trametes odora* (Sommerf.) Fr.

≡ *Fomitopsis odora* (Sommerf.)
 P. Karst.

子实体多年生，无柄，新鲜时革质，具强烈的芳香气味，干后硬木栓质，芳香气味可存留数月甚至1年。菌盖半圆形或马蹄形，外伸可达8 cm，宽可达10 cm，中部厚可达3 cm；表面奶油色至棕褐色；边缘钝。孔口表面乳白色至浅灰白色，具折光反应；近圆形，每毫米3~4个；边缘厚，全缘。不育边缘明显，宽可达3 mm，有时会逐年变宽。菌肉新鲜时奶油色，干后浅乳黄色，厚可达1 cm。菌管多层，长可达20 mm。担孢子4.5~5.5×3.5~4.1 μm，椭圆形，无色，厚壁，表面具细微疣刺，非淀粉质，嗜蓝。

春季至秋季生于柳树活立木上，造成木材白色腐朽。分布于东北、华北和青藏地区。

图 497-1

图 497-2

图 498-1

图 498-2

图 499-1

图 499-2

图 499-3

 **纸全缘孔菌**
498

Haploporus papyraceus (Cooke)
Y.C. Dai & Niemelä

≡ *Pachykytospora papyracea* (Cooke)
Ryvarden

子实体一年生，平伏，新鲜时革质，干后木栓质，不规则形，长可达 5 cm，宽可达 2 cm，中部厚可达 0.2 mm。孔口表面灰白色至黄白色；多角形至近圆形，每毫米 5~6 个；边缘薄，全缘。不育边缘明显，白色，宽可达 1 mm。菌肉极薄至几乎无，黄色。菌管与菌肉同色，长可达 0.2 mm。担孢子 11~15×5.6~7 μm，椭圆形，无色，厚壁，表面具细微疣刺，非淀粉质，嗜蓝。

夏秋季生于阔叶树落枝上，造成木材白色腐朽。分布于华中和华南地区。

499 **亚栓全缘孔菌**

Haploporus subtrameteus
(Pilát) Y.C. Dai & Niemelä

≡ *Pachykytospora subtrametea*
(Pilát) Kotl. & Pouzar

子实体多年生，平伏，新鲜时木栓质，干后硬木质，长可达 3 cm，宽可达 1.5 cm，中部厚可达 1.3 cm。孔口表面新鲜时肉红色，干后淡红褐色，无折光反应；不规则形、圆形或近圆形至多角形，每毫米 3~4 个；边缘薄至略厚，全缘。不育边缘不明显。菌肉新鲜时木栓质，厚可达 2 mm。菌管淡黄色，分层明显，长可达 10 mm。担孢子 7.7~11×4.6~6.2 μm，椭圆形，无色，厚壁，内含液泡，表面具细微疣刺，非淀粉质，嗜蓝。

秋季生于李树活立木上，造成木材白色腐朽。分布于东北和华中地区。

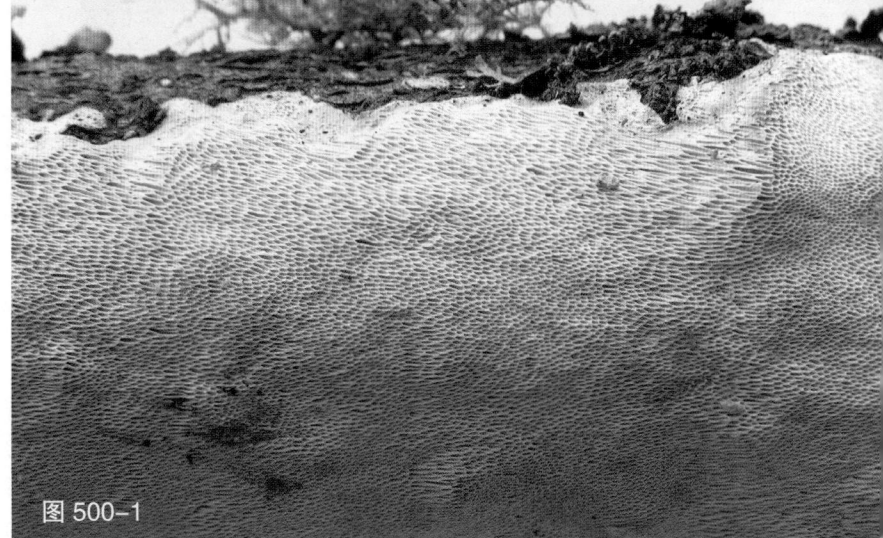

图 500-1

500 辛迪全缘孔菌

***Haploporus thindii* (Natarajan & Koland.) Y.C. Dai**

≡ *Pachykytospora thindii* Natarajan & Koland.

子实体一年生，平伏，新鲜时革质，具芳香味，干后木栓质，长可达 25 cm，宽可达 12 cm，中部厚可达 8 mm。孔口表面奶油色至浅黄色；多角形，每毫米 3~4 个；边缘薄，全缘。不育边缘明显，宽可达 5 mm。菌肉薄，浅黄色。菌管粉黄色，长可达 7 mm。担孢子 10.5~14.5×5.2~6.4 μm，椭圆形，无色，厚壁，表面具细微疣刺，非淀粉质，嗜蓝。

夏秋季生于阔叶树倒木上，造成木材白色腐朽。分布于青藏地区。

图 500-2

图 501-1

501 菌肉哈宁管菌

***Henningsomyces subiculatus* Y.L. Wei & W.M. Qin**

子实体一年生，平伏，不易与基物剥离；新鲜时白色，软，触摸后变为暗褐色，干后浅黄色至黄褐色；脆质，易碎；长可达 6 cm，宽可达 5 cm，中部厚可达 0.4 mm；由紧密排列的小管组成。小管长可达 0.3 mm，直径可达 0.1 mm，基部具菌肉。菌肉软木栓质，厚可达 0.1 mm。担孢子 4.8~5.7×4.3~5.1 μm，近球形，无色，薄壁，光滑，非淀粉质，不嗜蓝。

秋季生于阔叶树腐木上，造成木材白色腐朽。分布于华南地区。

图 501-2

多孔菌、齿菌及革菌

图 502

502 卷须猴头菌

Hericium cirrhatum (Pers.) Nikol.

≡ *Creolophus cirrhatus* (Pers.) P. Karst.

子实体一年生，无柄，通常覆瓦状叠生，新鲜时白色至奶油色，近肉质至革质，干后脆质。菌盖半圆形或扇形，外伸可达 5 cm，宽可达 8 cm，厚可达 9 mm；表面粗糙、具粗毛，初期白色至黄白色，后期淡黄色；边缘锐，干后内卷。子实层体齿状，新鲜时奶油色，干后浅黄色。菌肉不分层，奶油色，软木栓质，易碎，厚可达 3 mm。菌齿较密，锥形，顶端锐，不分枝，长可达 6 mm。担孢子 3.5~4.5×2.6~3.5 μm，椭圆形，无色，厚壁，表面具短刺，淀粉质，嗜蓝。

夏秋季生于阔叶树上，造成木材白色腐朽。分布于东北地区。

503 珊瑚状猴头菌

Hericium coralloides (Scop.) Pers.

子实体一年生，具一短粗柄，上部盖状，珊瑚状分枝，丛枝再生出小枝，小枝下生密集刺；新鲜时白色至淡黄色，肉质，外伸可达 8 cm，宽可达 10 cm，高可达 5 cm。菌盖表面光滑或粗糙，具辐射状沟纹，淡黄色至黄褐色。珊瑚状分枝弯曲，直径 1~3 mm，横切面呈多边形，干后通常皱缩。菌齿分布较密，暗黄色至棕黄色，老后变褐色，锥形，顶端锐，不分枝，长 1.5~4 mm，每毫米 3~4 个。菌肉不分层，奶油色，软木栓质，易碎，厚可达 3 mm。担孢子 4~4.3×3.1~3.7 μm，椭圆形至近球形，无色，厚壁，表面具短刺，淀粉质，嗜蓝。

夏秋季生于阔叶树或针叶树上，造成木材白色腐朽。食药兼用。分布于东北和青藏地区。

图 503-1

图 503-2

图 503-3

图 504-2

图 504-1

图 504-3

图 504-4

504 猴头菌
Hericium erinaceus (Bull.) Pers.

子实体一年生，无柄或具非常短的侧生柄，新鲜时肉质，后期软革质，无臭无味，干燥后奶酪质或软木栓质，略具馊味。菌盖近球形，直径可达 25 cm；表面雪白色至乳白色，后期浅乳黄色，干后木材色，具微绒毛，干后粗糙，无同心环纹。菌齿表面新鲜时雪白色或奶油色，干后黄褐色，强烈收缩；圆柱形，从基部向顶部渐尖，新鲜时肉质，干后硬纤维质，长达 10 mm，每毫米 1~2 个。菌肉干后木材色，奶酪质或软木栓质，具穴孔，无环区，厚可达 10 cm。菌柄白色或乳白色，干后软木栓质，长可达 2 cm，直径达 2 cm。担孢子 5.8~7×4.8~5.9 μm，椭圆形，无色，厚壁，表面具细小疣突，淀粉质，嗜蓝。

夏秋季通常单生有时数个连生于阔叶树上，造成木材白色腐朽。食药兼用。分布于东北、青藏、内蒙古和西北地区。已成为重要栽培食用菌。

多孔菌、齿菌及革菌

图 505

图 506-1

图 506-2

505 糊精异担子菌

Heterobasidion amyloideum

Y.C. Dai et al.

子实体一年生，无柄，覆瓦状叠生，新鲜时革质，干后木栓质。菌盖半圆形或扇形，外伸可达 5 cm，宽可达 8 cm，厚可达 6 mm；表面新鲜时奶油色至红褐色，具明显环区；边缘奶油色，锐。孔口表面新鲜时白色，干后粉黄色，无折光反应；近圆形，每毫米 4~6 个；边缘薄，全缘。菌肉白色至奶油色，厚可达 3 mm。菌管与菌肉同色，长可达 3 mm。担孢子 4.9~5.8×3.9~4.5 μm，宽椭圆形，无色，厚壁，表面具细微疣刺，非淀粉质，嗜蓝。

夏秋季生于针叶树木上，造成木材白色腐朽。分布于青藏地区。

506 南方异担子菌

Heterobasidion australe

Y.C. Dai & Korhonen

子实体一年生，无柄，覆瓦状叠生，新鲜时革质，干后硬革质或木栓质。菌盖半圆形或扇形，外伸可达 3 cm，宽可达 7 cm，厚可达 7 mm；表面新鲜时奶油色，干后红褐色；边缘锐，奶油色。孔口表面新鲜时白色至奶油色，干后浅黄色，具折光反应；近圆形至不规则形，每毫米 4~5 个；边缘薄，全缘。菌肉奶油色，厚可达 2 mm。菌管与菌肉同色，长可达 5 mm。担孢子 4.3~5.5×3.5~4.5 μm，宽椭圆形至近球形，无色，厚壁，表面具细微疣刺，非淀粉质，弱嗜蓝。

夏秋季生于针叶树的活立木、死树和树桩上，造成木材白色腐朽。分布于华中和华南地区。

507 无壳异担子菌
Heterobasidion ecrustosum
Tokuda et al.

子实体一年生，无柄，覆瓦状叠生，新鲜时革质，干后硬革质或木栓质。菌盖半圆形或扇形，外伸可达 4 cm，宽可达 8 cm，厚可达 1.5 cm；表面新鲜时奶油色至橘红色，干后土黄色至黄褐色，有时靠近基部呈黑褐色；边缘锐，颜色明显浅。孔口表面新鲜时白色至奶油色，干后浅黄褐色，具折光反应；近圆形至不规则形，每毫米 3~5 个；边缘薄，撕裂状。不育边缘明显，奶油色，宽可达 1 mm。菌肉干后浅乳黄色，厚可达 1 cm。菌管与菌肉同色，长可达 5 mm。担孢子 4.6~6×3.5~5 μm，近球形，无色，厚壁，表面具细微疣刺，非淀粉质，弱嗜蓝。

夏秋季生于松树的活立木、死树、树桩及建筑木上，造成木材白色腐朽。分布于华中和华南地区。

图 507-1

图 507-2

508 林芝异担子菌
Heterobasidion linzhiense
Y.C. Dai & Korhonen

子实体一年生，无柄，覆瓦状叠生，新鲜时革质，干后硬革质或木栓质。菌盖半圆形或扇形，外伸可达 3 cm，宽可达 5 cm，厚可达 8 mm；表面新鲜时奶油色至褐色，无同心环纹；边缘锐，颜色明显浅，干后波状。孔口表面新鲜时奶油色，干后浅黄色；多角形，每毫米 2~4 个；边缘薄，全缘至撕裂状。菌肉干后奶油色，厚可达 3 mm。菌管与菌肉同色，长可达 5 mm。担孢子 5.7~7.8×4.1~6.1 μm，宽椭圆形至近球形，无色，厚壁，表面具细微疣刺，非淀粉质，弱嗜蓝。

夏秋季生于针叶树的死树、倒木和树桩上，造成木材白色腐朽。分布于青藏地区。

图 508

多孔菌、齿菌及革菌

图 509

509 东方异担子菌
Heterobasidion orientale Tokuda et al.

子实体一年生，无柄，覆瓦状叠生，新鲜时革质，干后硬革质或木栓质。菌盖半圆形或扇形，外伸可达7 cm，宽可达 10 cm，厚可达 10 mm；表面新鲜时奶油色至红褐色，无同心环纹；边缘锐，颜色明显浅，干后波状。孔口表面新鲜时奶油色，干后浅黄色；多角形，每毫米 1~3 个；边缘薄，撕裂状。菌肉干后奶油色，厚可达 3 mm。菌管与菌肉同色，长可达 7 mm。担孢子 5~6.5×4~5 μm，宽椭圆形至近球形，无色，厚壁，表面具细微疣刺，非淀粉质，弱嗜蓝。

夏秋季生于针叶树的死树、倒木和树桩上，造成木材白色腐朽。分布于东北地区。

图 510-1

图 510-2

图 510-3

图 510-4

图 510-5

510 **小孔异担子菌**

Heterobasidion parviporum Niemelä & Korhonen

　　子实体多年生，无柄，覆瓦状叠生，新鲜时革质，干后硬革质或木栓质。菌盖半圆形或扇形，外伸可达 10 cm，宽可达 18 cm，中部厚可达 25 mm；黄褐色至灰黑色，粗糙，有时具环沟；边缘锐。孔口表面乳白色至浅乳黄色；多角形或近圆形，每毫米 4~5 个；边缘薄，全缘。菌肉新鲜时奶油色，干后浅乳黄色，革质，厚可达 1 cm。菌管与孔口表面同色，长可达 15 mm。担孢子 4.6~5.4×3.8~4.6 μm，近球形，无色，厚壁，表面具细微疣刺，具 1 个液泡，非淀粉质，嗜蓝。

　　春季至秋季生于多种针叶树特别是松树、云杉、冷杉、落叶松等树木的活立木、死树、倒木和树桩上，偶尔也出现在阔叶树倒木上，造成木材白色腐朽。药用。分布于东北、青藏和西北地区。

511 西藏异担子菌

Heterobasidion tibeticum Y.C. Dai et al.

子实体多年生，无柄，覆瓦状叠生，新鲜时革质，干后硬革质或木栓质。菌盖半圆形或扇形，外伸可达 3 cm，宽可达 8 cm，厚可达 15 mm；表面新鲜奶油色至红褐色，具环区；边缘钝，奶油色。孔口表面新鲜时白色，干后奶油色，无折光反应；近圆形至多角形，每毫米 3~6 个；边缘薄，全缘至略呈撕裂状。菌肉奶油色，厚可达 10 mm。菌管与菌肉同色，长可达 5 mm。担孢子 4.5~6×3.6~5.3 μm，宽椭圆形，无色，厚壁，表面具细微疣刺，非淀粉质，弱嗜蓝。

夏秋季生于针叶树上，造成木材白色腐朽。分布于青藏地区。

图 511

512 毛蜂窝孔菌

Hexagonia apiaria (Pers.) Fr.

子实体一年生或多年生，无柄，新鲜时革质，干后木栓质。菌盖半圆形或扇形，外伸可达 8 cm，宽可达 14 cm，基部厚可达 2 cm；表面新鲜时灰褐色至黄褐色，靠近基部黑褐色，干后灰黑褐色，被大量粗硬绒毛，具明显的同心环纹；边缘锐，褐色至暗褐色。孔口表面新鲜时浅灰褐色至浅黄褐色，干后黄褐色；六角形，直径可达 2~4 mm；边缘薄，全缘。菌肉黑褐色，厚可达 10 mm。菌管灰褐色，长可达 10 mm。担孢子 11~14×5~6 μm，圆柱形，无色，薄壁，光滑，非淀粉质，不嗜蓝。

春季至秋季单生于多种阔叶树的枯枝、倒木和落枝上，造成木材白色腐朽。药用。分布于华南地区。

图 512-1

图 512-2

图 513-1

513 光盖蜂窝孔菌
Hexagonia glabra (P. Beauv.) Ryvarden

子实体一年生，无柄，新鲜时革质，无臭无味，干后木栓质。菌盖半圆形，外伸可达4 cm，宽可达8 cm，基部厚度可达2 mm；表面干后浅褐色至黄褐色，具明显的同心环纹和环沟；边缘锐，灰白色。孔口表面淡黄褐色，无折光反应；六角形，每毫米1个；边缘薄，全缘。菌肉异质，上层浅黄褐色，木栓质，厚可达0.7 mm；下层白色，木栓质，厚可达0.3 mm。菌管干后浅黄褐色，长可达1 mm。担孢子13.1~15.3×4.2~5.6 μm，圆柱形，无色，薄壁，光滑，非淀粉质，不嗜蓝。

夏秋季单生于阔叶树上，造成木材白色腐朽。分布于华南地区。

图 513-2

多孔菌、齿菌及革菌

图 514-1

图 514-2

514 薄蜂窝孔菌
Hexagonia tenuis (Hook.) Fr.

　　子实体一年生，无柄，覆瓦状叠生，干后硬革质。菌盖半圆形、圆形或贝壳形，外伸可达 5 cm，宽可达 8 cm，中部厚可达 2 mm；表面新鲜时灰褐色，干后赭色至褐色，光滑，具明显的褐色同心环纹。孔口表面初期浅灰色，后期烟灰色至灰褐色；蜂窝状，每毫米 2~3 个；边缘薄，全缘。菌肉黄褐色，厚可达 2 mm。菌管烟灰色至灰褐色，韧革质，长可达 0.5 mm。担孢子 11~13.5×4~4.5 μm，圆柱形，无色，薄壁，光滑，非淀粉质，不嗜蓝。

　　夏秋季生于阔叶树的倒木、落枝和储木上，造成木材白色腐朽。分布于华南地区。

图 514-3

图 514-4

515 　无刚毛锈齿革菌
Hydnochaete asetosa Y.C. Dai

　　子实体一年生，平伏反卷至盖形，覆瓦状叠生，革质。菌盖贝壳形，外伸可达 2 cm，宽可达 4 cm，厚可达 1.5 mm；表面黑褐色，被绒毛，具同心环纹；边缘锐，干后内卷。子实层体新鲜时浅黄色，干后锈黄色，齿状。菌齿锥状，长可达 2 mm，每毫米 3~4 个。菌肉褐色，异质，上层绒毛层，下层硬木栓质，中间有一明显黑线。担孢子 5~6×2.8~3.3 μm，长椭圆形，无色，薄壁，光滑，非淀粉质，不嗜蓝。

　　秋季生于托盘青冈死树上，造成木材白色腐朽。分布于华南地区。

图 516

图 516-1

图 516-2

图 516-3

图 516-4

图 516-5

516 烟黄色锈齿革菌

Hydnochaete tabacina (Berk. & M.A. Curtis) Ryvarden

= *Hymenochaete odontoides*
S.H. He & Y.C. Dai

子实体一年生，平伏至反卷或盖形，覆瓦状叠生，革质。平伏时长可达 20 cm，宽可达 5 cm。菌盖外伸可达 1 cm，宽可达 2 cm；表面棕褐色至黑褐色，被微绒毛，具同心环沟；边缘锐，干后内卷。子实层体橙黄色至灰黄褐色，齿状。不育边缘明显，颜色较淡，宽可达 1 mm。菌肉分层，上层颜色较暗，下层与菌齿同色，层间具一明显的黑线，厚可达 1 mm。菌齿黄褐色，排列稠密，每毫米 3~5 个，长可达 3 mm。担孢子 4.6~5.2×1.2~1.4 μm，腊肠形，无色，薄壁，光滑，非淀粉质，不嗜蓝。

夏秋季生于栎树倒木上，造成木材白色腐朽。分布于华北地区。

图 517-1

517 拟烟黄色锈齿革菌

Hydnochaete tabacinoides (Yasuda) Imazeki

≡ *Pseudochaete tabacinoides*
(Yasuda) S.H. He & Y.C. Dai

子实体一年生，平伏至反卷或盖形，覆瓦状叠生，革质。平伏时长可达 80 cm，宽可达 5 cm，厚可达 5 mm。菌盖外伸可达 1 cm，宽可达 4 cm；表面黄褐色、红褐色至黑红褐色，被厚绒毛，具同心环区；边缘锐，金黄色，波状，有时撕裂状，干后内卷。子实层体黄褐色至暗褐色，明显齿状或半褶状，有时褶状。不育边缘几乎无。菌肉分层，上层锈褐色，下层褐色，致密，层间具 1~2 条明显的黑线，厚可达 1 mm。菌齿或菌褶排列稀疏，菌齿长可达 4 mm，每毫米 1~2 个；菌褶放射状排列。担孢子 4.4~5.5×1.5~1.9 μm，圆柱形，无色，薄壁，光滑，非淀粉质，不嗜蓝。

夏秋季生于阔叶树倒木上，造成木材白色腐朽。分布于华中和华南地区。

图 517-2

图 518

图 519

图 520

518 宽丝刺顶菌
***Hydnocristella latihypha* Jia J. Chen et al.**

子实体一年生，平伏，无特殊气味，长可达 12 cm，宽可达 5 cm，厚可达 10 mm。不育边缘菌索状，白色，棉质，宽可达 1 cm。菌肉棉质，白色至奶油色，厚可达 5 mm。菌齿新鲜时奶油色至粉黄色，干后灰褐色至灰黄色；长可达 5 mm，基部每毫米 4~5 个。担孢子 10.2~12.2×4.2~5.5 μm，纺锤形，无色，薄壁，光滑，非淀粉质，不嗜蓝。

秋季生于针叶树倒木上，造成木材白色腐朽。分布于华中地区。

519 卷缘齿菌
***Hydnum repandum* L.**

子实体一年生，具中生或偏侧生柄，新鲜时肉质，干后软木栓质。菌盖圆形，直径可达 10 cm，中部厚可达 5 mm；表面新鲜时奶油色至淡黄色，干后土黄色，光滑；边缘锐，干后上卷。子实层体淡黄色至黄褐色，刺状，菌刺间部分粗糙。菌肉分层，上层奶油色至淡黄色，软木栓质，厚可达 1 mm；下层颜色稍暗，硬木栓质，厚可达 0.5 mm。菌刺黄褐色，分布较密，锥形，顶端尖锐，新鲜时脆质，触摸后易折断，干后稍弯曲，长可达 4 mm，每毫米 2~3 个。菌柄与菌盖表面同色，圆柱形，实心，干后皱缩，表面具不规则沟槽，长可达 4 cm，直径可达 1 cm。担孢子 7.8~9×6.6~7.8 μm，近球形，无色，薄壁，光滑，非淀粉质，不嗜蓝。

夏秋季单生或聚生于阔叶林或针阔混交林中地上，有时也生于林地边缘和路边空旷地上。食药兼用。分布于东北、华北和西北地区。

520 异常锈革菌
***Hymenochaete anomala* Burt**

子实体一年生，平伏，不易与基物剥离，木栓质，长可达 20 cm，宽可达 5 cm，厚可达 0.2 mm。子实层体灰褐色至黄褐色，具微瘤状，不规则开裂。不育边缘初期明显，毛刷状，颜色较子实层体浅，灰白色，后期不明显。担孢子 2.8~4×1.5~2 μm，椭圆形，无色，薄壁，光滑，非淀粉质，不嗜蓝。

夏秋季生于阔叶树倒木或枯枝上，造成木材白色腐朽。分布于华中和华南地区。

图 521

521 贝尔泰罗锈革菌
***Hymenochaete berteroi* Pat.**

子实体一年生，平伏，革质至木栓质，长可达 15 cm，宽可达 8 cm，厚可达 0.8 mm。子实层体新鲜时鼠灰色、黄褐色至深褐色，光滑，不开裂。不育边缘明显，颜色较子实层体浅，肉桂色至黄褐色。担孢子 3.5~4×1.9~2.2 μm，椭圆形，无色，薄壁，光滑，非淀粉质，不嗜蓝。

夏秋季生于阔叶树的倒木、死树或树桩上，造成木材白色腐朽。分布于华南地区。

图 522

522 厚锈革菌
***Hymenochaete cinnamomea* (Pers.) Bres.**

子实体多年生，平伏，不易与基物剥离，革质至木栓质，椭圆形，长可达 15 cm，宽可达 5 cm，中部厚可达 0.5 mm。子实层体新鲜时黄褐色至锈褐色，光滑或略粗糙，触摸后黑褐色，干后暗褐色至黑褐色。不育边缘明显，金黄色至褐色，宽可达 1 mm。担孢子 4.5~5.3×2~2.3 μm，长椭圆形，无色，薄壁，光滑，非淀粉质，不嗜蓝。

秋季生于罗汉松倒木上，造成木材白色腐朽。分布于华中和华南地区。

图 523

523 长矛锈革菌
***Hymenochaete contiformis* G. Cunn.**

子实体一年生，平伏，不易与基物剥离，木栓质，初期形成小的菌落，长可达 10 cm，宽可达 3 cm，厚可达 0.2 mm。子实层体新鲜时灰褐色至土褐色，光滑，干后颜色变深，不开裂。不育边缘初期明显，毛刷状，颜色较子实层体浅，肉桂色至黄褐色。担孢子 7.8~9.5×3.5~4.2 μm，椭圆形至圆柱形，无色，薄壁，光滑，非淀粉质，不嗜蓝。

夏秋季生于阔叶树倒木或枯枝上，造成木材白色腐朽。分布于青藏地区。

524 针毡锈革菌
Hymenochaete corrugata (Fr.) Lév.

子实体一年生，平伏，不易与基物剥离，木栓质，长可达 20 cm，宽可达 6 cm，厚可达 0.1 mm。子实层体白褐色至锈褐色，不规则开裂。不育边缘初期明显，毛刷状，颜色较子实层体浅，灰白色。担孢子 4~5.5×1.2~2 μm，细圆柱形，轻微弯曲，无色，薄壁，光滑，非淀粉质，不嗜蓝。

夏秋季生于阔叶树倒木或枯枝上，造成木材白色腐朽。各区均有分布。

图 524

525 红锈革菌
Hymenochaete cruenta (Pers.) Donk

子实体一年生，平伏，革质，长可达 20 cm，宽可达 8 cm，厚可达 0.5 mm。子实层体新鲜时血红色，光滑，干后颜色变深，不开裂。不育边缘不明显，窄。担孢子 7.2~8.5×1.5~2.8 μm，圆柱形，无色，薄壁，光滑，非淀粉质，不嗜蓝。

夏秋季生于冷杉树的死树、倒木或枯枝上，造成木材白色腐朽。分布于东北和青藏地区。

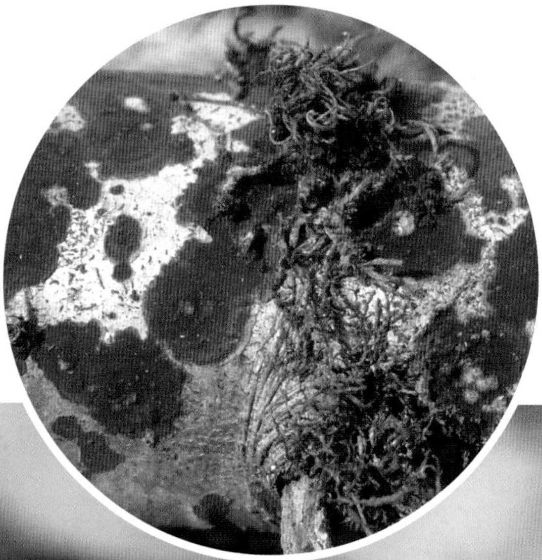

图 525

526 裂纹锈革菌
Hymenochaete fissurata
S.H. He & Hai J. Li

子实体一年生，平伏至平伏反卷，不易与基物剥离，木质，易碎，长可达 20 cm，宽可达 6 cm，厚可达 0.8 mm。子实层体新鲜时浅鼠灰色、烟灰色至葡萄灰色，光滑或具轻微瘤状，干后不规则开裂。不育边缘初期明显，颜色较子实层体浅，肉桂色至黄褐色。担孢子 3.6~5×2.1~2.8 μm，椭圆形至卵圆形，无色，薄壁，光滑，非淀粉质，不嗜蓝。

夏秋季生于杜鹃树的倒木或树桩上，造成木材白色腐朽。分布于华中、青藏地区。

图 526

527 佛罗里达锈革菌
Hymenochaete floridea Berk. & Broome

子实体一年生，平伏，不易与基物剥离，革质至木栓质，长可达 23 cm，宽可达 6 cm，厚可达 0.2 mm。子实层体新鲜时鲜红色，光滑，干后红褐色，不开裂。不育边缘不明显，与子实层体同色。担孢子 5~6×2~3 μm，椭圆形至圆柱形，无色，薄壁，光滑，非淀粉质，不嗜蓝。

夏秋季生于阔叶树的倒木或枯枝上，造成木材白色腐朽。分布于华中和华南地区。

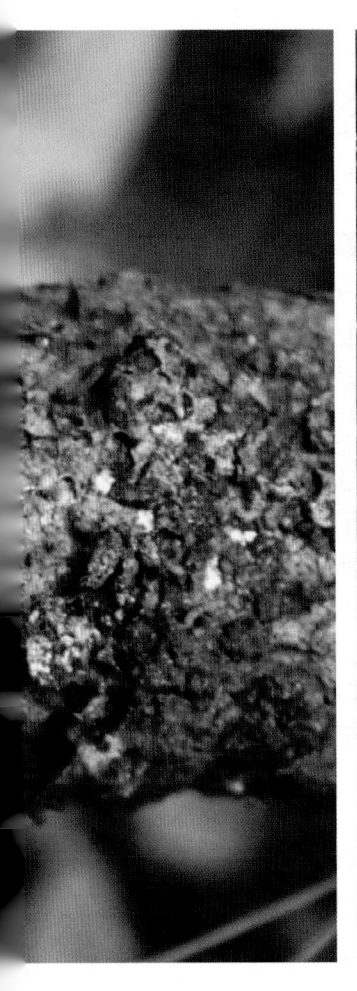

图 527

多孔菌、齿菌及革菌

図 528

528 黄锈革菌
Hymenochaete fulva Burt

子实体一年生，平伏，不易与基物剥离，革质，长可达 8 cm，宽可达 4 cm，厚可达 0.3 mm。子实层体新鲜时肉桂色、黄褐色至土褐色，光滑，干后颜色变深，不开裂。不育边缘明显，颜色较子实层体浅，淡黄褐色。担孢子 5~6×3.5~4 μm，宽椭圆形，无色，薄壁，光滑，非淀粉质，不嗜蓝。

夏秋季生于阔叶树倒木或枯枝上，造成木材白色腐朽。分布于华中、华南地区。

图 529

529 圆孢锈革菌
Hymenochaete globispora G.A. Escobar

子实体一年生，平伏，易与基物剥离，革质，易碎，长可达 20 cm，宽可达 5 cm，厚可达 0.4 mm。子实层体浅鼠灰色至烟灰色，光滑或轻微瘤状，不开裂。不育边缘不明显，较子实层体色浅或同色。担孢子 5~6.5×4~5.5 μm，近球形，无色，薄壁，光滑，非淀粉质，不嗜蓝。

夏秋季生于阔叶树倒木或树桩上，造成木材白色腐朽。分布于华南地区。

图 530

530 黄山锈革菌
Hymenochaete huangshanensis S.H. He & Y.C. Dai

子实体一年生，平伏反卷至盖形，覆瓦状叠生，膜质，软，易与基物剥离，长可达 25 cm，宽可达 7 cm，厚可达 0.5 mm。菌盖扇形或半圆形，外伸可达 0.4 cm，宽可达 1 cm；表面锈褐色或深褐色，具同心环纹；边缘窄，锐，干后内卷。子实层体肉桂色至黄褐色，光滑或具少量小齿，不开裂。不育边缘不明显，窄，较子实层体色浅或同色。担孢子 5.5~7×2~2.8 μm，圆柱形或尿囊形，无色，薄壁，光滑，非淀粉质，不嗜蓝。

夏秋季生于阔叶树倒木或枯枝上，造成木材白色腐朽。分布于华中地区。

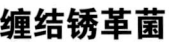

531 非交织锈革菌
Hymenochaete innexa G. Cunn.

　　子实体一年生，平伏，不易与基物剥离，木栓质，长可达 15 cm，宽可达 4 cm，厚可达 0.1 mm。子实层体新鲜时灰褐色、红褐色至深褐色，光滑，干后颜色变深，不开裂。不育边缘初期明显，肉桂色。担孢子 4~5×1.9~2.3 μm，长椭圆形，无色，薄壁，光滑，非淀粉质，不嗜蓝。

　　夏秋季生于阔叶树倒木或枯枝上，造成木材白色腐朽。分布于华中和华南地区。

图 531

532 缠结锈革菌
Hymenochaete intricata (Lloyd) S. Ito

　　子实体一年生，平伏反卷至盖形，覆瓦状叠生，革质，易与基物剥离，长可达 20 cm，宽可达 8 cm，厚可达 1 mm。菌盖扇形或半圆形，外伸可达 0.7 cm，宽可达 3 cm，基部厚可达 1 mm；表面褐色至锈褐色；边缘锐，干后内卷。子实层体肉桂色至黄褐色，不开裂。不育边缘明显，奶油色至土黄色。担孢子 3.5~5×1.6~2 μm，细圆柱形或尿囊形，无色，薄壁，光滑，非淀粉质，不嗜蓝。

　　夏秋季生于阔叶树倒木或枯枝上，造成木材白色腐朽。分布于青藏、西北和东北地区。

图 532-1

图 532-2

多孔菌、齿菌及革菌

图 533

533　莱热锈革菌
Hymenochaete legeri Parmasto

子实体一年生，平伏，不易与基物剥离，木栓质，长可达 22 cm，宽可达 5 cm，厚可达 0.7 mm。子实层体浅鼠灰色、浅葡萄灰色至灰褐色，具少量裂纹。不育边缘初期明显，毛刷状，白色。担孢子 5~8×1.8~2.7 μm，圆柱形，无色，薄壁，光滑，非淀粉质，不嗜蓝。

夏秋季生于阔叶树倒木或枯枝上，造成木材白色腐朽。分布于华中和华南地区。

图 534

534　长孢锈革菌
Hymenochaete longispora Parmasto

子实体一年生，平伏，不易与基物剥离，木栓质，长可达 20 cm，宽可达 6 cm，厚可达 0.1 mm。子实层体灰褐色至土黄色，光滑，不开裂。不育边缘初期明显，毛刷状，白色。担孢子 7~9.5×2.8~3.5 μm，长圆柱形，无色，薄壁，光滑，非淀粉质，不嗜蓝。

夏秋季生于阔叶树倒木或枯枝上，造成木材白色腐朽。分布于华中和华南地区。

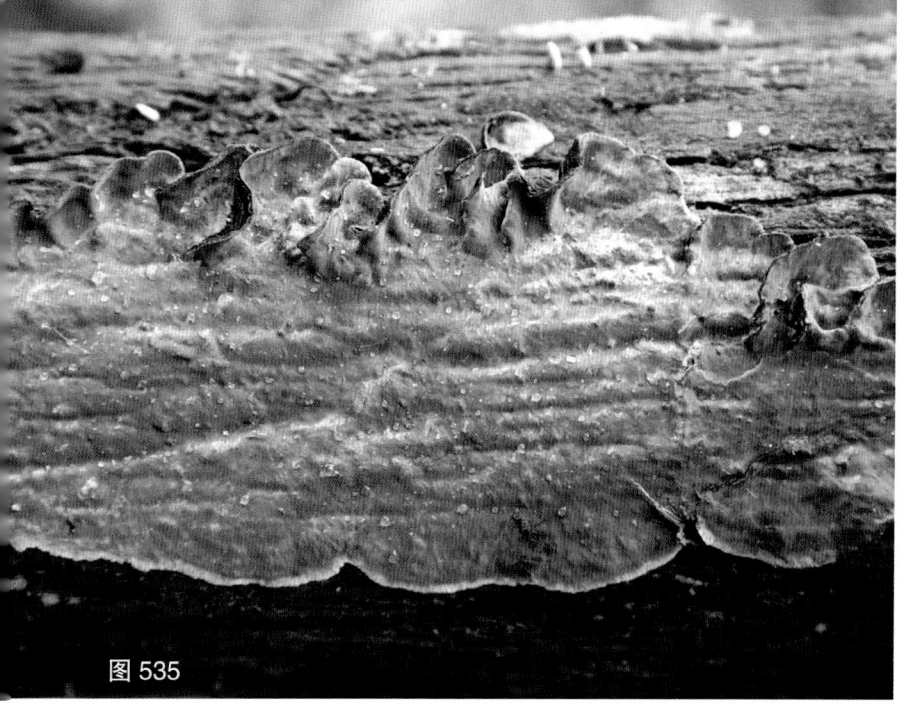

图 535

535　黄褐锈革菌
Hymenochaete luteobadia (Fr.) Höhn. & Litsch.

子实体一年生，平伏反卷至盖形，覆瓦状叠生，易与基物剥离，革质至木栓质，易碎。菌盖半圆形或扇形，外伸可达 3.5 cm，宽可达 5 cm，基部厚可达 1.5 mm；表面黄褐色、褐色至深褐色，具同心环纹。子实层体灰黄色至灰褐色，光滑，不开裂。不育边缘窄，黄褐色。担孢子 3.5~5×2~2.8 μm，椭圆形，无色，薄壁，光滑，非淀粉质，不嗜蓝。

夏秋季生于阔叶树倒木上，造成木材白色腐朽。分布于华南地区。

536　大孢锈革菌

Hymenochaete megaspora

S.H. He & Hai J. Li

子实体一年生，平伏至平伏反卷，易与基物剥离，革质。菌盖外伸可达 0.4 cm，宽可达 7 cm，厚可达 0.3 mm；表面灰褐色至深灰色，被绒毛，具同心环纹；边缘薄，颜色较菌盖表面浅。子实层体浅鼠灰色至葡萄灰色，光滑或轻微瘤状，成熟后具少量细的裂纹。不育边缘明显，毛刷状，肉桂色至黄褐色，宽可达 0.5 cm。担孢子 7.5~10×5~7 μm，宽椭圆形，无色，薄壁，光滑，非淀粉质，不嗜蓝。

夏秋季生于阔叶树倒木或枯枝上，造成木材白色腐朽。分布于华中地区。

图 536

537　小锈革菌

***Hymenochaete minor* S.H. He & Hai J. Li**

子实体一年生，平伏，不易与基物剥离，革质，初期形成小的菌落，长可达 15 cm，宽可达 4 cm，厚可达 0.2 mm。子实层体肉桂色至土黄色，光滑或轻微瘤状，不规则开裂。不育边缘不明显，窄，与子实层体同色或稍浅。担孢子 3~4.5×1.7~2 μm，椭圆形，无色，薄壁，光滑，非淀粉质，不嗜蓝。

夏秋季生于阔叶树倒木或枯枝上，造成木材白色腐朽。分布于华中和华南地区。

图 537

538　鼠灰锈革菌

***Hymenochaete murina* Bres.**

子实体一年生，平伏，不易与基物剥离，木栓质，长可达 18 cm，宽可达 5 cm，厚可达 0.2 mm。子实层体烟灰色至深褐色，光滑，不开裂。不育边缘不明显，窄，与子实层体同色。担孢子 4~5×1.8~2.5 μm，椭圆形至圆柱形，无色，薄壁，光滑，非淀粉质，不嗜蓝。

夏秋季生于阔叶树倒木或枯枝上，造成木材白色腐朽。分布于华中和华南地区。

图 538

多孔菌、齿菌及革菌

图 539

539 竹生锈革菌

Hymenochaete muroiana

I. Hino & Katum.

子实体一年生，平伏，不易与基物剥离，成熟后可形成小的碎片，革质，长可达 10 cm，宽可达 3 cm，厚可达 0.1 mm。子实层体葡萄灰色至深褐色，光滑，不开裂。不育边缘不明显，与子实层体同色。担孢子 3~4×2~2.8 μm，椭圆形，无色，薄壁，光滑，非淀粉质，不嗜蓝。

夏秋季生于死竹或竹片上，造成竹子白色腐朽。分布于华南、华中地区。

图 540

540 微孢锈革菌

Hymenochaete nanospora

J.C. Léger

子实体一年生，平伏，不易与基物剥离，木栓质，长可达 20 cm，宽可达 5 cm，厚可达 0.3 mm。子实层体灰褐色至暗褐色，光滑，干后不规则开裂。不育边缘不明显，与子实层体同色。担孢子 2~3×0.8~1.2 μm，椭圆形，无色，薄壁，光滑，非淀粉质，不嗜蓝。

夏秋季生于阔叶树倒木或枯枝上，造成木材白色腐朽。分布于华南地区。

图 541

541 赭边锈革菌

Hymenochaete ochromarginata

P.H.B. Talbot

子实体一年生，无柄，覆瓦状叠生，革质，易碎。菌盖半圆形、扇形或不规则形，外伸可达 3 cm，宽可达 5 cm，基部厚可达 0.3 mm；表面灰褐色至黑褐色，被绒毛，具不明显的环带；边缘锐，波状，新鲜时金黄色至黄褐色。子实层体灰褐色至褐色，具小突起。担孢子 3~4×2~3 μm，椭圆形，无色，薄壁，光滑，非淀粉质，不嗜蓝。

秋季生于阔叶树腐木上，造成木材白色腐朽。分布于华南地区。

图 542-1

542 大黄锈革菌（软锈革菌）

Hymenochaete rheicolor
(Mont.) Lév.

= *Hymenochaete sallei*
Berk. & M.A. Curtis

　　子实体一年生，平伏反卷，单生或偶尔覆瓦状叠生，革质。菌盖半圆形或不规则形，外伸可达 1 cm，宽可达 4 cm，厚可达 0.4 mm；表面黄褐色，被绒毛；边缘锐，波状，黄褐色。子实层体黄褐色，光滑。担孢子 3~6×1.7~3 μm，椭圆形，无色，薄壁，光滑，非淀粉质，不嗜蓝。

　　秋季生于阔叶树腐木上，造成木材白色腐朽。分布于华中、华南等地区。

图 542-2

图 543

图 544-1

图 544-2

543 暗锈锈革菌
Hymenochaete rubiginosa
(Dicks.) Lév.

子实体一年生，平伏至反卷或无柄，通常呈覆瓦状叠生，干后硬革质至硬木栓质。菌盖外伸可达 1.5 cm，宽可达 4 cm，基部厚可达 2 mm；半圆形、扇形至不规则形，通常汇合，表面灰褐色、锈褐色至黑褐色，具明显的同心环沟和环带，初期被绒毛，后期光滑。子实层体灰褐色至土褐色，光滑或有时具小瘤。不育边缘黄褐色，窄或不明显。菌肉黄褐色至暗褐色，木栓质，厚可达 1.5 mm。担孢子 4.3~5.1×2.5~3 µm，椭圆形，无色，薄壁，光滑，非淀粉质，不嗜蓝。

夏秋季生于阔叶树倒木或树桩上，造成木材白色腐朽。分布于华中和华南地区。

544 分离锈革菌
Hymenochaete separabilis
J.C. Léger

子实体一年生，平伏，不易与基质分离，干后木栓质，初期形成小的菌落，后期汇合可达 20 cm 或更长，厚可达 0.2 mm。子实层体黄褐色至土褐色，光滑，不开裂或有时轻微开裂。不育边缘明显，较子实层体颜色浅，宽达 1 mm。担孢子 2.8~3.5×1.9~2.5 µm，椭圆形，无色，薄壁，光滑，非淀粉质，不嗜蓝。

夏秋季生于阔叶树倒木或枯枝上，造成木材白色腐朽。分布于华中和华南地区。

图 545

545 匙毛锈革菌
Hymenochaete spathulata J.C. Léger

子实体一年生，平伏，不易与基质分离，干后木栓质，初期形成小的菌落，后期汇合可达 20 cm 或更长，厚可达 0.3 mm。子实层体浅鼠灰色至灰褐色，光滑，不开裂。不育边缘早期明显，白色，毛缘状，成熟后与子实层体同色。担孢子 6~7.1×1.8~2.1 μm，圆柱形至腊肠形，无色，薄壁，光滑，非淀粉质，不嗜蓝。

夏秋季生于阔叶树倒木或枯枝上，造成木材白色腐朽。分布于华南地区。

546 球生锈革菌
Hymenochaete sphaericola Lloyd

子实体一年生，平伏，易与基质分离，干后脆革质，初期形成小的菌落，后期汇合可达 10 cm 或更长，厚可达 0.5 mm。子实层体红褐色至褐色，光滑，有时具小瘤，不开裂。不育边缘不明显，与子实层体同色。担孢子 7.4~9×2.5~3 μm，圆柱形，有时稍弯曲，无色，薄壁，光滑，非淀粉质，不嗜蓝。

夏秋季生于杜鹃或栎树的枯枝或倒木上，造成木材白色腐朽。分布于华中和青藏地区。

图 546

多孔菌、齿菌及革菌

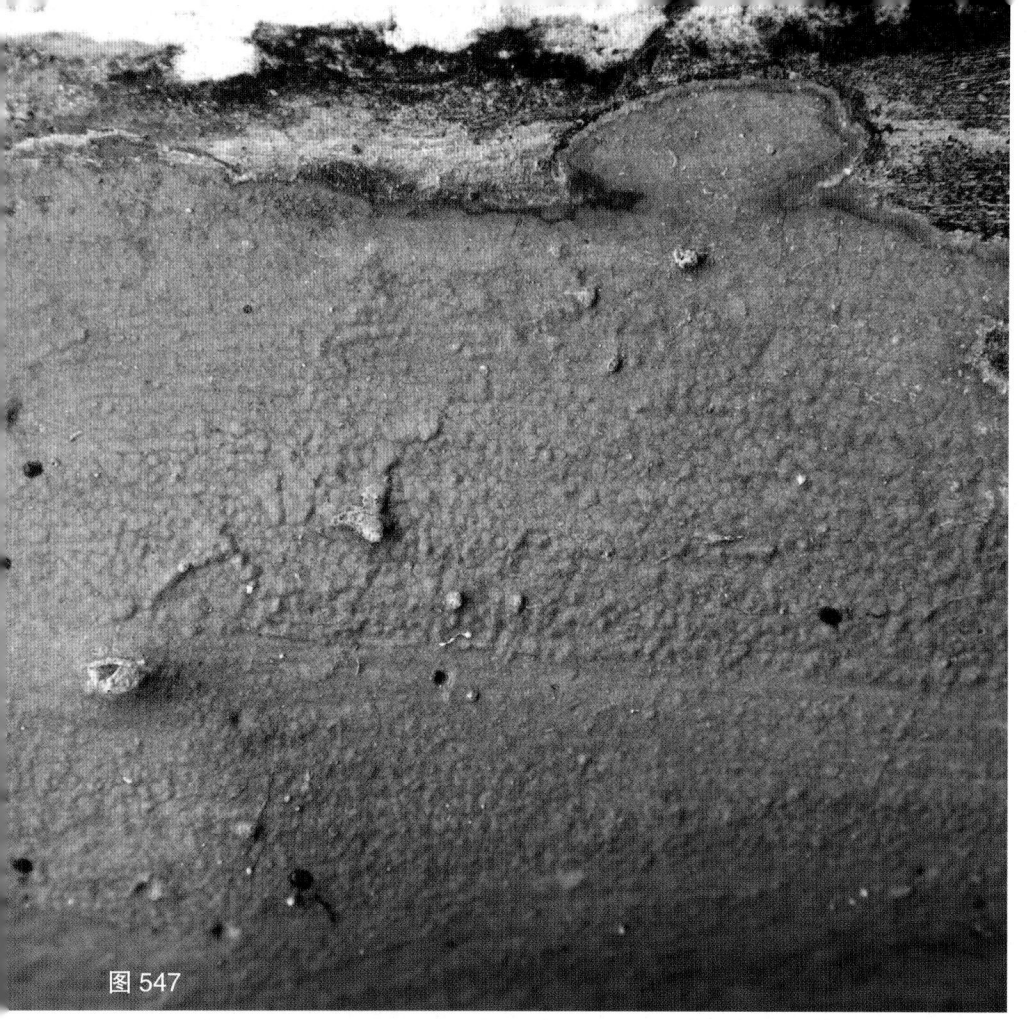

图 547

547 **球孢锈革菌**
Hymenochaete sphaerospora
J.C. Léger & Lanq.

子实体多年生，平伏，不易与基质分离，干后木栓质，初期形成小的菌落，后期汇合可达 20 cm 或更长，厚可达 0.4 mm。子实层体浅鼠灰色至灰褐色，光滑，不开裂至轻微开裂。不育边缘明显，土褐色至肉桂色，宽达 2 mm。担孢子 5~6×4~5 μm，宽椭圆形至近球形，无色，薄壁，光滑，非淀粉质，不嗜蓝，通常具大的液泡。

夏秋季生于阔叶树倒木上，造成木材白色腐朽。分布于华南地区。

图 548

548 **浅锈锈革菌**
Hymenochaete subferruginea Bres. & Syd.

子实体一年生，无柄，覆瓦状叠生，常汇合，干后脆革质至硬木栓质，易碎。菌盖半圆形至扇形，外伸可达 2.5 cm，宽可达 5 cm，厚可达 1 mm；表面烟褐色至肉桂褐色，初期被绒毛，后期光滑，具同心环沟和环带。子实层体灰褐色，光滑，不开裂。不育边缘明显，黄褐色，宽可达 1 mm。担孢子 2.8~3.5×2~2.5 μm，宽椭圆形至卵圆形，无色，薄壁，光滑，非淀粉质，不嗜蓝。

夏秋季生于阔叶树树桩的根部，造成木材白色腐朽。分布于华南地区。

图 549-1

图 549-2

图 549-3

549 辐裂锈革菌
Hymenochaete tabacina (Sowerby) Lév.

　　子实体一年生，平伏至反卷或无柄，覆瓦状叠生，软革质。菌盖半圆形，外伸可达 1.5 cm，宽可达 3 cm，基部厚可达 1 mm；表面蜜褐色至黑褐色，具同心环沟或环带，具瘤状突起；边缘波状，奶油色或棕黄色，干后内卷。子实层体表面浅黄色至紫褐色，光滑，具瘤状物。不育边缘明显，奶油色至浅黄色。担孢子 4.8~6.1×1.6~2 μm，圆柱形或近腊肠形，无色，薄壁，光滑，非淀粉质，不嗜蓝。

　　夏秋季生于阔叶树倒木上，造成木材白色腐朽。分布于东北、华北、华中、青藏和西北地区。

多孔菌、齿菌及革菌

图 550-1

图 550-2

550 柔毛锈革菌

Hymenochaete villosa (Lév.) Bers.

子实体一年生，平伏至反卷或无柄，覆瓦状叠生，软革质。菌盖半圆形至近圆形，外伸可达 2 cm，宽可达 3 cm，基部厚可达 1 mm；表面黄褐色至黑褐色；边缘波状，金黄色。子实层体黄褐色至黑褐色，光滑。不育边缘明显，浅黄色。担孢子 3.5~4×2~2.5 μm，圆柱形，无色，薄壁，光滑，非淀粉质，不嗜蓝。

夏秋季生于阔叶树倒木上，造成木材白色腐朽。分布于华南地区。

图 551

551 **卷边锈革菌**
Hymenochaete yasudae Imazeki

子实体一年生，平伏至平伏反卷，易与基质分离，革质，干后易碎，初期形成小的菌落，后期汇合可达 20 cm 或更长，厚可达 0.4 mm。子实层体黄褐色、红褐色至黑褐色，光滑至轻微瘤状，通常不开裂。不育边缘毛缘状，与子实层体同色或稍浅。担孢子 6.5~8.5×2~3 μm，圆柱形至腊肠形，无色，薄壁，光滑，非淀粉质，不嗜蓝。

夏秋季生于松树枯枝或倒木上，造成木材白色腐朽。分布于东北、华中和华南地区。

552 **锐丝齿菌**
Hyphodontia arguta (Fr.) J. Erikss.

≡ *Odontia arguta* (Fr.) Quél.

子实体一年生，平伏，贴生，新鲜时软革质，干后木栓质，开裂，长可达 8 cm，宽可达 4 cm，中部厚可达 1 mm，边缘蛛网状，颜色较淡。子实层体新鲜时奶油色，干后淡赭色，齿状。菌齿稠密簇生，长可达 2 mm。担孢子 4.9~5.3×3.9~4.5 μm，宽椭圆形至近球形，无色，薄壁，光滑，非淀粉质，不嗜蓝。

秋季生于阔叶树腐木上，造成木材白色腐朽。分布于华南地区。

图 552

多孔菌、齿菌及革菌

图 553-1

图 553-2

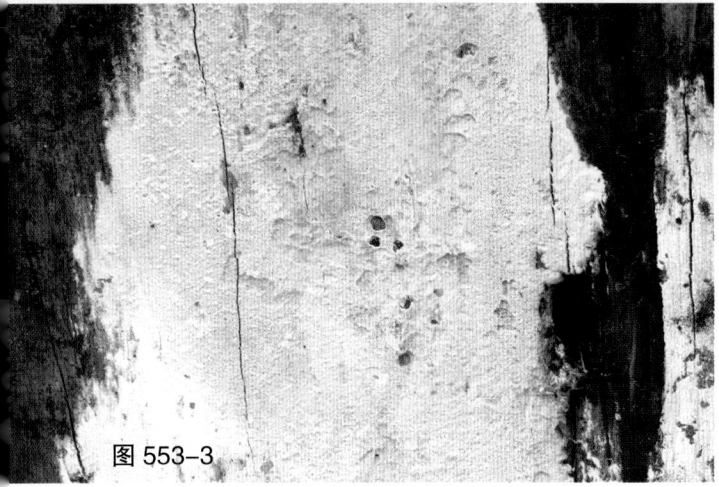

图 553-3

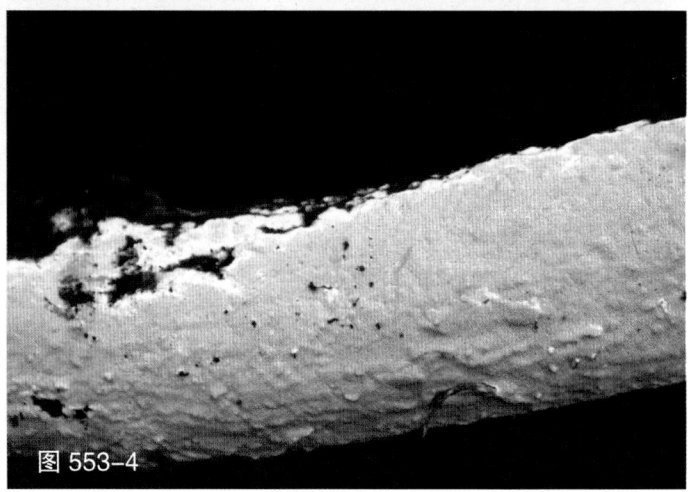

图 553-4

图 553-5

553 淡黄丝齿菌

Hyphodontia flavipora (Berk. & M.A. Curtis ex Cooke) Sheng H. Wu

≡ *Schizopora flavipora* (Berk. & M.A. Curtis ex Cooke) Ryvarden

子实体一年生，平伏，不易与基物剥离，新鲜时肉质，干后软木栓质，长可达 50 cm，宽可达 8 cm，厚可达 2 mm。子实层体孔状，后期裂齿状。孔口表面新鲜时奶油色、浅黄色至土黄色，干后浅黄色至肉色；多角形，每毫米 3~6 个；边缘厚，撕裂状。不育边缘不明显。菌肉浅黄色，厚可达 0.5 mm。菌管与菌肉同色，长可达 1.5 mm。担孢子 3.5~4.2×2.5~3.1 μm，宽椭圆形至卵圆形，无色，薄壁，光滑，非淀粉质，不嗜蓝。

夏秋季生于阔叶树腐木和落枝上，造成木材白色腐朽。各区均有分布。

图 554-1

图 554-2

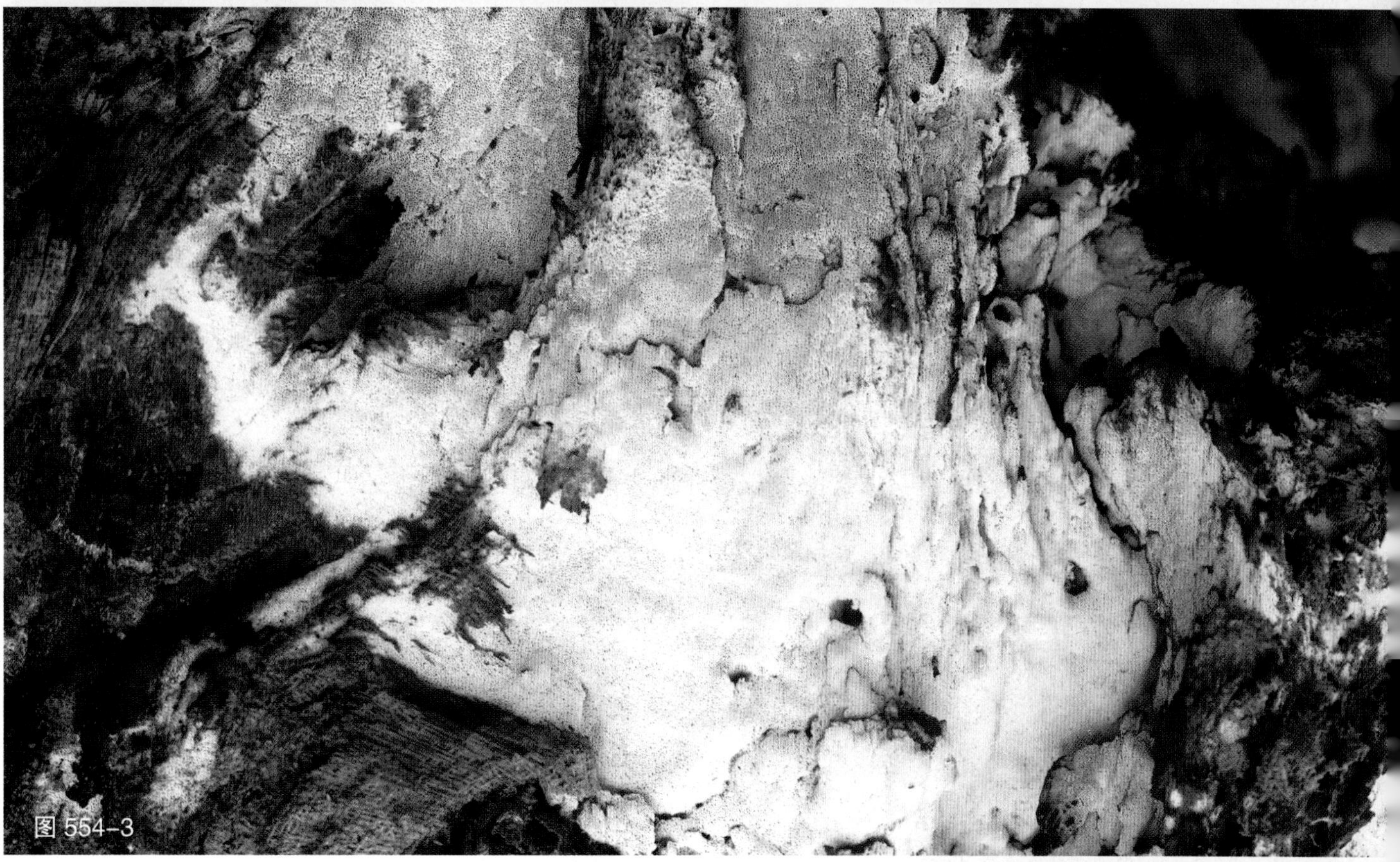

图 554-4

图 554-3

554 隐囊丝齿菌

Hyphodontia latitans (Bourdot & Galzin) Ginns & M.N.L. Lefebvre

≡ *Chaetoporellus latitans* (Bourdot & Galzin) Bondartsev & Singer

≡ *Chaetoporus latitans* (Bourdot & Galzin) Parmasto

子实体一年生至多年生，平伏，贴生，不易与基物剥离，新鲜时软，干后软木栓质，长可达 15 cm，宽可达 3 cm，厚可达 3 mm。孔口表面新鲜时奶油色，干后奶油色至黄褐色，具折光反应；多角形，每毫米 3~6 个；边缘薄，全缘或撕裂状。菌肉奶油色，厚可达 1 mm。菌管奶油色，木栓质，长可达 2 mm。担孢子 3~4×0.5~0.8 μm，腊肠形，无色，薄壁，光滑，非淀粉质，不嗜蓝。

秋季生于阔叶树或松树腐木上，造成木材白色腐朽。分布于东北、华中和华南地区。

图 555-1

图 555-2

555 **奇形丝齿菌**

Hyphodontia paradoxa (Schrad.)
Langer & Vesterh.

≡ *Schizopora paradoxa* (Schrad.) Donk

子实体一年生，平伏，不易与基物剥离，新鲜时革质，干后软木栓质，长可达16 cm，宽可达5 cm，厚可达5 mm。孔口表面新鲜时奶油色至浅黄褐色，干后黄褐色；不规则形至齿状，每毫米2~5个；边缘薄，撕裂状。不育边缘明显，奶油色，宽可达1 mm。菌肉浅黄褐色，厚可达1 mm。菌管或菌齿与菌肉同色，长可达3 mm。担孢子5~6.2×3.9~4.5 μm，宽椭圆形，无色，薄壁，光滑，非淀粉质，不嗜蓝。

夏秋季生于阔叶树上，造成木材白色腐朽。分布于东北、华中和华南地区。

556 拟热带丝齿菌
Hyphodontia pseudotropica
C.L. Zhao et al.

子实体一年生，平伏，不易与基物剥离，新鲜时革质，干后软木栓质，长可达 18 cm，宽可达 6 cm，厚可达 1.2 mm。子实层体孔状。孔口表面新鲜时奶油色，干后浅黄色；多角形，每毫米 6~7 个；边缘薄，全缘。不育边缘白色至奶油色，宽可达 0.5 mm。菌肉浅黄色，厚可达 0.2 mm。菌管与菌肉同色，长可达 1 mm。担孢子 4.3~4.9×2.8~3 μm，宽椭圆形至卵圆形，无色，薄壁，光滑，非淀粉质，不嗜蓝。

夏秋季生于阔叶树腐木上，造成木材白色腐朽。分布于华南地区。

图 556

557 宽齿丝齿菌
Hyphodontia radula (Pers.) Langer & Vesterh.

≡ *Schizopora radula* (Pers.) Hallenb.

子实体一年生，平伏，不易与基物剥离，新鲜时革质，干后软木栓质，长可达 6 cm，宽可达 2 cm，厚可达 1 mm。孔口表面初期奶油色，后期乳黄色至淡黄褐色；多角形，每毫米 2~4 个；边缘薄，撕裂状。不育边缘不明显至几乎无。菌肉干后黄褐色，厚可达 0.1 mm。菌管与菌肉同色，长可达 0.9 mm。担孢子 4.6~5.5×3~3.6 μm，宽椭圆形至卵圆形，无色，薄壁，光滑，非淀粉质，不嗜蓝。

夏秋季生于阔叶树上，造成木材白色腐朽。分布于东北、华中和青藏地区。

图 557

558 菌索丝齿菌
Hyphodontia rhizomorpha C.L. Zhao et al.

子实体一年生，平伏，不易与基物剥离，新鲜时软，干后软木栓质，长可达 11 cm，宽可达 7 cm，厚可达 1 mm。子实层体初期孔状，后期齿裂状。孔口表面新鲜时白色，干后奶油色；多角形，每毫米 1~2 个；边缘薄，撕裂状。不育边缘白色，菌索状，宽可达 0.2 mm。菌肉奶油色，厚可达 0.2 mm。菌管与菌肉同色，长可达 0.8 mm。担孢子 4~5.2×3.2~3.8 μm，宽椭圆形至卵圆形，无色，薄壁，光滑，非淀粉质，不嗜蓝。

夏秋季生于阔叶树腐木上，造成木材白色腐朽。分布于华南地区。

图 558

多孔菌、齿菌及革菌

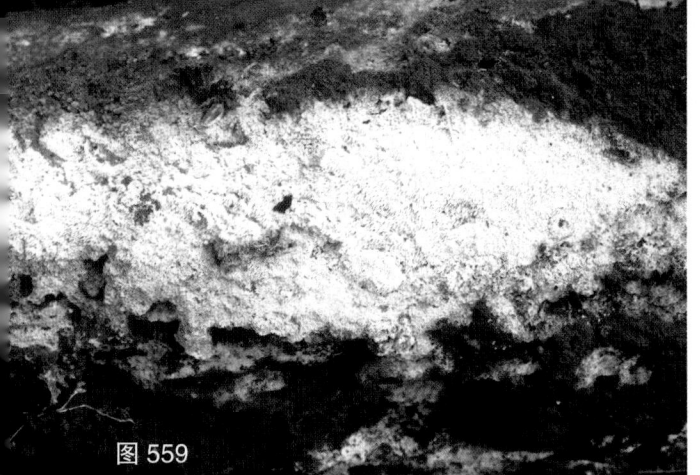

图 559

559 亚球孢丝齿菌
Hyphodontia subglobosa Sheng H. Wu

子实体一年生，平伏，贴生，新鲜时软革质，干后革质，不开裂，长可达 8 cm，宽可达 3 cm，中部厚可达 1 mm。子实层体新鲜时白色至乳黄色，干后浅黄色，齿状。菌齿锥形，表面流苏状，每毫米 3~6 个。不育边缘极薄至几乎无。担孢子 4~5×3~3.6 μm，宽椭圆形或近球形，无色，薄壁，光滑，有时具 1 个小液泡，非淀粉质，不嗜蓝。

秋季生于阔叶树倒木上，造成木材白色腐朽。分布于华南地区。

图 560-1

560 热带丝齿菌
Hyphodontia tropica Sheng H. Wu

子实体一年生，平伏，紧贴于基物上，木栓质，长可达 18 cm，宽可达 6 cm，厚可达 6 mm。孔口表面白色至浅黄色，具折光反应；圆形或近圆形至不规则形，每毫米 6~8 个；边缘薄，全缘或撕裂状。不育边缘明显，宽可达 2 mm。菌肉奶油色，厚可达 1 mm。菌管奶油色至淡黄色，长可达 5 mm。担孢子 3.7~4.1×2.9~3.2 μm，宽椭圆形至近球形，无色，薄壁，光滑，非淀粉质，不嗜蓝。

夏秋季生于阔叶树和松树的落枝、倒木、树桩和腐木上，造成木材白色腐朽。分布于华中和华南地区。

图 560-2

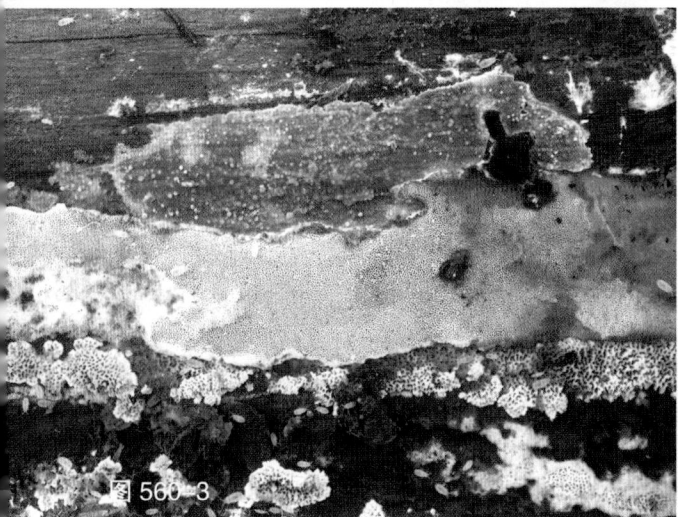

图 560-3

图 560-4

图 561-1

561 光核纤孔菌
Inocutis levis (P. Karst.) Y.C. Dai

≡ *Inonotus levis* P. Karst.

子实体一年生，无柄，木栓质至纤维质。菌盖近马蹄形，外伸可达 8 cm，宽可达 12 cm，基部厚可达 6 cm；表面褐色至黑褐色，粗糙，被粗毛，具不明显的同心环区；边缘钝。孔口表面浅灰褐色；圆形，每毫米 2~3 个；边缘稍厚，全缘。菌肉黄褐色，厚可达 2 cm，基部具菌核。菌管黄褐色，纤维质至脆质，长可达 4 cm。担孢子 7.3~9.5×5~6.5 μm，椭圆形，黄褐色，厚壁，非淀粉质，弱嗜蓝。

夏末至秋季单生于阔叶树活立木或倒木上，造成木材白色腐朽。药用。分布于西北地区。

图 561-2

多孔菌、齿菌及革菌

图 562-1

图 562-2

562 杨核纤孔菌

Inocutis rheades (Pers.) Fiasson & Niemelä

≡ *Inonotus rheades* (Pers.) Bondartsev & Singer

　　子实体一年生，无柄，覆瓦状叠生，木栓质至纤维质。菌盖平展，外伸可达 4 cm，宽可达 7 cm，基部厚可达 2 cm；表面黄褐色，被粗毛，具不明显的同心环区；边缘钝。孔口表面浅黄褐色至黑褐色；多角形至圆形，每毫米 2~3 个；边缘薄，撕裂状。菌肉赭褐色，厚可达 8 mm，基部具菌核。菌管与菌肉同色，硬纤维质，长可达 1 cm。担孢子 5.5~6.8×4~4.7 μm，椭圆形，黄褐色，厚壁，非淀粉质，弱嗜蓝。

　　夏末至秋季生于阔叶树特别是杨树的活立木或倒木上，造成木材白色腐朽。药用。分布于东北、华北和西北地区。

图 563-1

图 563-2

图 563-3

柽柳核纤孔菌

***Inocutis tamaricis* (Pat.) Fiasson & Niemelä**

≡ *Inonotus tamaricis* (Pat.) Maire

　　子实体一年生，无柄，覆瓦状叠生，软木栓质至木栓质。菌盖半圆形或扇形，外伸可达8 cm，宽可达12 cm，基部厚可达5 cm；表面黄褐色，被硬毛或长柔毛；边缘钝。孔口表面锈褐色至暗褐色；多角形，每毫米2~3个；边缘薄，撕裂状。不育边缘明显，宽可达2 mm。菌肉锈褐色，厚可达3 cm。基部具颗粒状菌核。菌管黄褐色，长可达20 mm。担孢子6.8~8.2×4.8~5.8 μm，椭圆形，黄褐色，厚壁，光滑，非淀粉质，幼期嗜蓝。

　　春季至秋季生于柽柳的活立木或死树上，造成木材白色腐朽。药用。分布于华北、华中、内蒙古和西北地区。

图 564

图 565

图 566

564 椭圆孢拟纤孔菌

Inonotopsis exilispora **(Y.C. Dai & Niemelä)**
Y.C. Dai

≡ *Inonotus exilisporus* Y.C. Dai & Niemelä

子实体一年生或二年生，平伏，贴生，不易与基物剥离，木栓质，椭圆形，长可达 20 cm，宽可达 5 cm，厚可达 4 mm；边缘薄而狭窄，锈褐色，被绒毛。孔口表面浅灰褐色；多角形，每毫米 4~5 个；边缘薄，全缘或略呈撕裂状。菌肉暗褐色，厚可达 1 mm。菌管浅灰褐色至暗褐色，长可达 3 mm。担孢子 6.1~7.3×2.8~3.5 μm，长椭圆形，无色，薄壁，光滑，内含 1~2 个油滴，非淀粉质，不嗜蓝。

夏秋季生于阔叶树倒木上，造成木材白色腐朽。分布于东北和华南地区。

565 垫拟纤孔菌

Inonotopsis subiculosa **(Peck) Parmasto**

≡ *Inonotus subiculosus* (Peck) J. Erikss. &
　 Å. Strid

子实体一年生，平伏，易与基物剥离，新鲜时和干后均柔软，干后易碎，长可达 30 cm，宽可达 10 cm，厚可达 5 mm；边缘向外渐薄，浅黄褐色至栗褐色，形成明显的根状菌索。孔口表面淡褐色；多角形，每毫米 2~4 个；边缘多数薄，全缘或撕裂状。菌肉栗褐色，柔软，棉絮状，厚可达 3 mm。菌管与孔口表面同色，长可达 2 mm。担孢子 6.1~7.5×4~5.1 μm，椭圆形，无色，薄壁，光滑，常具 1 个大的油滴，非淀粉质，不嗜蓝。

秋季生于针叶树腐木上，造成木材白色腐朽。分布于东北地区。

566 安氏纤孔菌

Inonotus andersonii **(Ellis & Everh.) Nikol.**

子实体一年生，平伏，生长于树皮内，贴生，不易与基物剥离，干后木栓质，长可达 120 cm，宽可达 20 cm，厚可达 10 mm；边缘向外渐薄至几乎无。孔口表面金黄褐色至褐色；多角形，每毫米 3~5 个；边缘薄，强撕裂状。菌肉浅红褐色，厚可达 0.3 mm。菌管浅黄褐色，脆，易碎，长可达 10 mm。担孢子 5.9~7.1×4.7~5.2 μm，椭圆形，浅黄色，厚壁，光滑，非淀粉质，不嗜蓝。

秋季生于阔叶树倒木上，造成木材白色腐朽。分布于东北和西北地区。

567 鲍姆纤孔菌

Inonotus baumii (Pilát) T. Wagner & M. Fisch.

≡ *Phellinus baumii* Pilát

子实体多年生，无柄，木栓质。菌盖多马蹄形，外伸可达 7 cm，宽可达 10 cm，基部厚可达 5 cm；表面黑灰色至近黑色，具同心环带和浅的沟纹，开裂；边缘钝，污褐色。孔口表面褐色至黑褐色，具折光反应；多角形，每毫米 7~10 个；边缘薄，全缘。不育边缘明显，黄褐色，宽可达 5 mm。菌肉褐色至污褐色，厚可达 1 cm。菌管分层明显，长可达 3 cm。担孢子 3.3~4×2.4~3.3 μm，宽椭圆形，浅黄色，厚壁，光滑，非淀粉质，不嗜蓝。

春季至秋季生于多种阔叶树的活立木或垂死木上，尤其在暴马丁香树上最为常见，造成木材白色腐朽。药用；可栽培。分布于东北和华北地区。

图 567-1

568 金边纤孔菌

Inonotus chrysomarginatus B.K. Cui & Y.C. Dai

子实体一年生至多年生，无柄，覆瓦状叠生，干后硬木栓质。菌盖扁平或马蹄形，外伸可达 9 cm，宽可达 15 cm，中部厚可达 6 cm；表面黄褐色至暗褐色。孔口表面干后灰褐色至浅黄褐色，具折光反应；圆形或不规则形，每毫米 5~8 个；边缘薄，全缘。不育边缘明显，金黄色至浅黄色，宽可达 5 mm。菌肉浅黄褐色至肉桂褐色，厚可达 4 cm。菌管肉桂褐色，长可达 2 cm。担孢子 4.7~6×4~5 μm，宽椭圆形至近球形，浅黄色，壁稍厚，光滑，非淀粉质，弱嗜蓝。

秋季生于阔叶树倒木上，造成木材白色腐朽。分布于华南地区。

图 567-2

图 568

多孔菌、齿菌及革菌

图 569

569 聚生纤孔菌
Inonotus compositus Han C. Wang

子实体一年生，盖形，覆瓦状叠生，木栓质。菌盖半圆形，外伸可达 8 cm，宽可达 10 cm，基部厚可达 3.5 cm；表面新鲜时柠檬黄色，后期变暗，粗糙，具同心环沟；边缘钝，肉桂色至橘黄褐色。孔口表面新鲜时灰黄色至浅黄色，触摸后变为红褐色；多角形，每毫米 2~3 个；边缘薄，全缘。菌肉浅褐色，厚可达 3 cm。菌管与孔口表面同色，长可达 5 mm。担孢子 6~7.2×4~4.9 μm，椭圆形，浅黄色，壁稍厚，光滑，非淀粉质，嗜蓝。

秋季生于阔叶树倒木上，造成木材白色腐朽。分布于青藏地区。

570 薄皮纤孔菌
Inonotus cuticularis (Bull.) P. Karst.

子实体一年生，无柄，覆瓦状叠生，木栓质。菌盖平展，外伸可达 3 cm，宽可达 8 cm，基部厚 1 cm；表面黄褐色至锈褐色或黑褐色，被粗毛至绒毛；边缘钝，干后内卷。孔口表面褐色至黑褐色，具折光反应；多角形，每毫米 5~6 个；边缘薄，略呈撕裂状。不育边缘明显，金黄色，宽可达 2 mm。菌肉肉桂褐色，厚可达 5 mm，异质，上层为绒毛层，下层为致密菌肉，中间具一黑线。菌管与孔口表面同色，长可达 5 mm。担孢子 6.2~8.2×4.3~6 μm，椭圆形，黄褐色，厚壁，光滑，非淀粉质，不嗜蓝。

夏秋季生于阔叶树死树或倒木上，造成木材白色腐朽。药用。分布于华中、华南和西北地区。

571 海南纤孔菌
Inonotus hainanensis H.X. Xiong &Y.C. Dai

子实体一年生，无柄，覆瓦状叠生，新鲜时软革质，干后脆质，易碎。菌盖半圆形，外伸可达 1.5 cm，宽可达 3 cm，中部厚可达 3 mm；表面新鲜时黄褐色至暗褐色，干后黑色至锈褐色，具不明显的同心环纹；边缘锐。孔口表面黄褐色；多角形，每毫米 3~4 个；边缘薄，全缘。菌肉暗褐色，厚可达 1 mm。菌管与菌肉同色，长可达 2 mm。担孢子 6~7×3.9~4.9 μm，椭圆形，黄褐色，厚壁，光滑，非淀粉质，弱嗜蓝。

夏季生于阔叶树腐木上，造成木材白色腐朽。分布于华南地区。

图 570

图 571

多孔菌、齿菌及革菌

图 572

572 **河南纤孔菌**
Inonotus henanensis Juan Li & Y.C. Dai

　　子实体一年生，平伏，不易与基物剥离，木栓质，长可达 15 cm，宽可达 7 cm，中部厚可达 7 mm。孔口表面新鲜时灰色至灰褐色，具折光反应，干后颜色几乎不变；多角形，每毫米 6~7 个；边缘薄，全缘。不育边缘浅黄褐色，非常窄至几乎无。菌肉黄褐色，厚可达 0.5 mm。菌管黄褐色，木质，长可达 7 mm。担孢子 5.5~6.5×4.5~5.7 μm，近球形，无色，薄壁，光滑，非淀粉质，不嗜蓝。

　　夏季生于阔叶树腐木上，造成木材白色腐朽。分布于华中和青藏地区。

图 573-1

573 粗毛纤孔菌
***Inonotus hispidus* (Bull.) P. Karst.**

　　子实体一年生，无柄，革质至软木栓质。菌盖平展，外伸可达 22 cm，宽可达 29 cm，基部厚可达 5 cm；表面浅褐色，活跃生长时金黄褐色，成熟时暗褐色，被粗毛；边缘钝。孔口表面褐色至暗褐色；多角形，每毫米 2~3 个；边缘薄，撕裂状。不育边缘明显，宽可达 3 mm。菌肉暗栗褐色，厚可达 3 cm。菌管与孔口表面同色，长可达 35 mm。担孢子 8.5~10×7.5~8.8 μm，椭圆形，金黄褐色，明显厚壁，非淀粉质，未成熟的孢子嗜蓝。

　　夏秋季单生于多种阔叶树的活立木和倒木上，尤其以水曲柳上最为常见，造成木材白色腐朽。药用。分布于东北、华北、内蒙古和西北地区。

图 573-2

图 574

574 宽边纤孔菌
Inonotus latemarginatus
Y.C. Dai

　　子实体一年生，无柄，干后木栓质，易碎。菌盖半圆形，外伸可达 8 cm，宽可达 10 cm，中部厚可达 1 cm；表面新鲜时暗褐色至砖红色，干后暗褐色，被绒毛。孔口表面新鲜时浅黄色，干后肉桂黄色；圆形，每毫米 4~6 个；边缘薄，略呈撕裂状。不育边缘明显，宽可达 5 mm。菌肉新鲜时软而多水，干后收缩，变为黄暗褐色，厚可达 5 mm，被一明显的暗褐色皮壳。菌管与菌肉同色，长可达 5 mm。担孢子 7.1~8.7×6.2~7.8 μm，近球形，浅黄色，厚壁，光滑，非淀粉质，弱嗜蓝。

　　夏秋季单生于阔叶树腐木上，造成木材白色腐朽。分布于华南地区。

图 575-1

575 忍冬纤孔菌
Inonotus lonicericola
(Parmasto) Y.C. Dai

　　≡ *Phellinus lonicericola* Parmasto

　　子实体多年生，无柄，覆瓦状叠生，木栓质。菌盖半圆形至马蹄形，外伸可达 8 cm，宽可达 9 cm，基部厚可达 3 cm；表面黑褐色或灰褐色，生长初期被微细绒毛，后期粗糙，具不规则龟裂，具同心环沟；边缘钝。孔口表面黄褐色至锈褐色，具折光反应；近圆形，每毫米 8~10 个；边缘薄，全缘。不育边缘明显，黄褐色，宽可达 5 mm。菌肉黄褐色，厚可达 1 cm。菌管褐色，长可达 20 mm。担孢子 3.3~4.1×2.4~3.3 μm，宽椭圆形，黄褐色，厚壁，光滑，非淀粉质，不嗜蓝。

　　春季至秋季生于忍冬的活立木和倒木上，造成木材白色腐朽。药用。分布于东北地区。

图 575-2

图 575-3

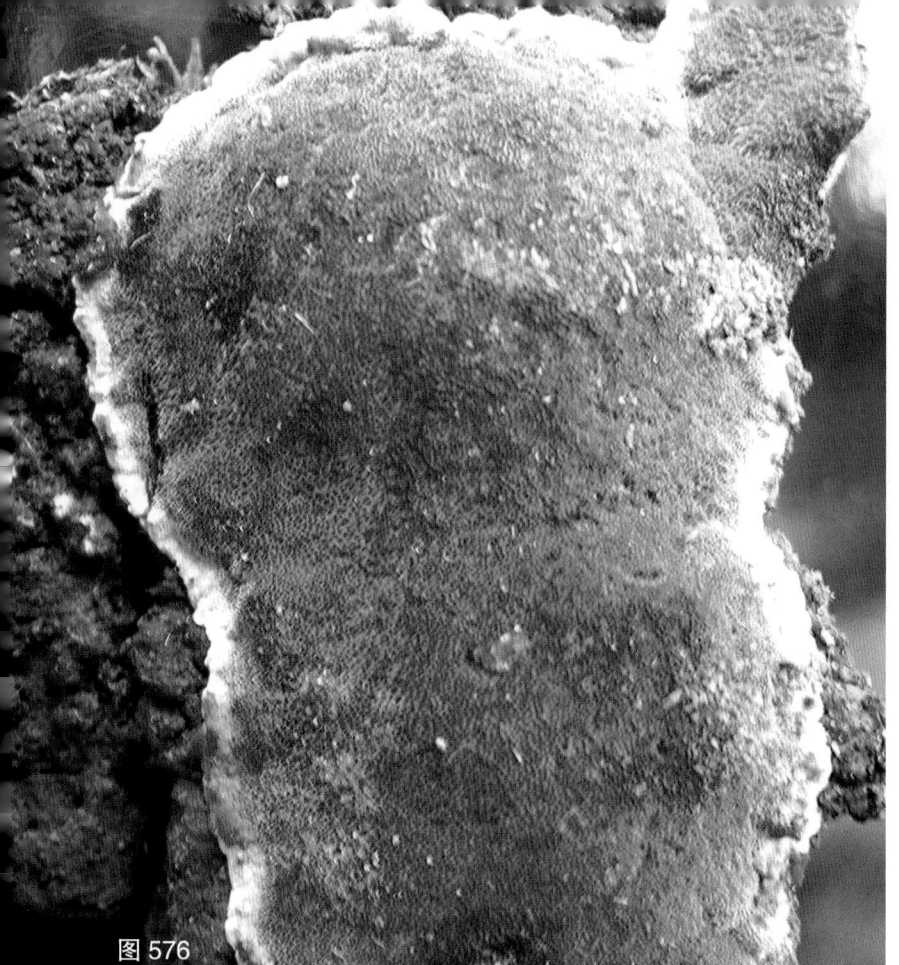

图 576

576 白边纤孔菌

Inonotus niveomarginatus
H.Y. Yu et al.

子实体一年生，平伏，垫状，不易与基物剥离，木栓质，长可达 4 cm，宽可达 2.5 cm，厚可达 4 mm，边缘明显，白色。孔口表面黄褐色至黑褐色；圆形，每毫米 6~8 个；边缘厚，全缘。菌肉褐色，厚可达 1 mm。菌管黑褐色，长可达 3 mm。担孢子 4.9~5.7×4.5~5.2 μm，卵圆形至近球形，浅黄色，厚壁，光滑，非淀粉质，不嗜蓝。

夏秋季生于阔叶树倒木上，造成木材白色腐朽。分布于华南地区。

图 577-1

577 斜生纤孔菌（桦褐孔菌 白桦茸）

Inonotus obliquus
(Ach. ex Pers.) Pilát

子实体一年生，平伏，通常生长在树皮下面，贴生，不易与基物剥离，新鲜时木栓质至硬木栓质，长可达 20 cm，宽可达 7 cm，厚可达 5 mm。孔口表面褐色至暗红褐色，具强烈的折光反应；圆形，每毫米 6~7 个；边缘厚，全缘，老龄时略呈撕裂状。不育边缘窄或宽，浅黄色，活跃生长时乳黄色，宽可达 5 mm。菌肉浅黄褐色，厚可达 1 mm。菌管黑褐色，长可达 3 mm。担孢子 7.9~9.8×5.2~6.1 μm，宽椭圆形，无色，薄壁，光滑，非淀粉质，不嗜蓝。

夏秋季生于桦树的活立木或倒木上，造成木材白色腐朽。药用。分布于东北、华北、内蒙古、西北和华南地区。

图 577-2

图 577-3

图 577-4

多孔菌、齿菌及革菌

图 578

578 赭纤孔菌
Inonotus ochroporus (Van der Byl) Pegler

子实体一年生，基部收缩，软木栓质。菌盖平展，外伸可达 30 cm，宽可达 40 cm，基部厚可达 25 cm；表面浅褐色至黑褐色，具一皮壳；边缘钝，黄褐色，宽可达 0.5 mm。孔口表面土黄褐色；不规则形，每毫米 5~7 个；边缘薄，全缘。菌肉暗肉桂褐色，具环区，厚可达 15 cm。菌管肉桂褐色，长可达 10 cm。担孢子 5.8~7×4.9~6.2 μm，宽椭圆形至近球形，浅黄色，稍厚壁，光滑，通常具小的液泡，非淀粉质，弱嗜蓝。

夏秋季单生于阔叶树活立木上，造成木材褐色腐朽。分布于华南地区。

图 579

579 剖氏纤孔菌
Inonotus patouillardii (Rick) Imazeki

子实体一年生，无柄，木栓质。菌盖半圆形，外伸可达 6 cm，宽可达 10 cm，中部厚可达 4 cm；表面新鲜时黄褐色至黑褐色，干后黑褐色，粗糙或光滑，具不明显的同心环纹；边缘钝。孔口表面褐色，多角形至圆形，每毫米 3~5 个；边缘薄，全缘。菌肉栗褐色，厚可达 15 mm。菌管干后黄褐色，长可达 25 mm。担孢子 7.8~8.1×4.9~5.8 μm，椭圆形，黄褐色，厚壁，光滑，非淀粉质，嗜蓝。

夏秋季单生于阔叶树腐木上，造成木材白色腐朽。分布于华南地区。

图 580

580 杨纤孔菌
Inonotus plorans (Pat.) Bondartsev & Singer

子实体一年生，盖形，无柄，木栓质。菌盖半圆形，外伸可达 16 cm，宽可达 20 cm，中部厚可达 4 cm；表面干后肉桂色，被细绒毛；边缘钝。孔口表面茶褐色至棕褐色；多角形，每毫米 1~3 个；边缘薄，撕裂状。菌肉棕褐色，厚可达 2 cm，异质，上面具一皮壳状层区，菌肉层与皮壳层具一明显黑线。菌管浅肉桂色，长可达 2 cm。担孢子 9.6~11×8~9.2 μm，宽椭圆形，金黄褐色，厚壁，光滑，非淀粉质，弱嗜蓝。

夏秋季单生于杨树活立木上，造成木材白色腐朽。分布于西北地区。

图581

581 粉纤孔菌
Inonotus pruinosus Bondartsev

子实体一年生至多年生，平伏，不易与基物剥离，纤维质，长可达 50 cm，宽可达 15 cm，中部厚可达 21 mm；边缘逐渐变薄，浅黄色至污褐色，宽可达 3 mm。孔口表面老化时被白色粉霜层，通常开裂；圆形至多角形，每毫米 2~3 个；边缘厚，全缘至撕裂状。菌肉暗褐色，厚可达 1 mm。菌管浅黄褐色至暗褐色，纤维质至脆质，长可达 20 mm。担孢子 6~7.4×4.5~6 μm，宽椭圆形至卵圆形，金黄色，厚壁，光滑，非淀粉质，弱嗜蓝。

秋季生于柳树活立木上，造成木材白色腐朽。分布于东北地区。

图 582-1

图 582-2

图 582-3

582 **辐射状纤孔菌**

Inonotus radiatus (Sowerby)

P. Karst.

≡ *Mensularia radiata* (Sowerby)

Lázaro Ibiza

　　子实体一年生，无柄，覆瓦状叠生，木栓质。菌盖半圆形，外伸可达 6 cm，宽可达 11 cm，基部厚可达 20 mm；表面浅黄褐色至浅红褐色，被纤细绒毛至光滑，具明显的环纹；边缘锐，干后内卷。孔口表面栗褐色，具折光反应；多角形，每毫米 4~7 个；边缘薄，撕裂状。不育边缘明显，宽可达 4 mm。菌肉栗褐色，厚可达 10 mm。菌管浅灰褐色，长可达 11 mm。担孢子 3.8~5×2.6~3.5 μm，椭圆形，浅黄色，壁略厚，光滑，非淀粉质，嗜蓝。

　　秋季生于阔叶树活立木或倒木上，造成木材白色腐朽。药用。分布于东北和华北地区。

图 582-4

图 582-5

多孔菌、齿菌及革菌

图 583-1

图 583-2

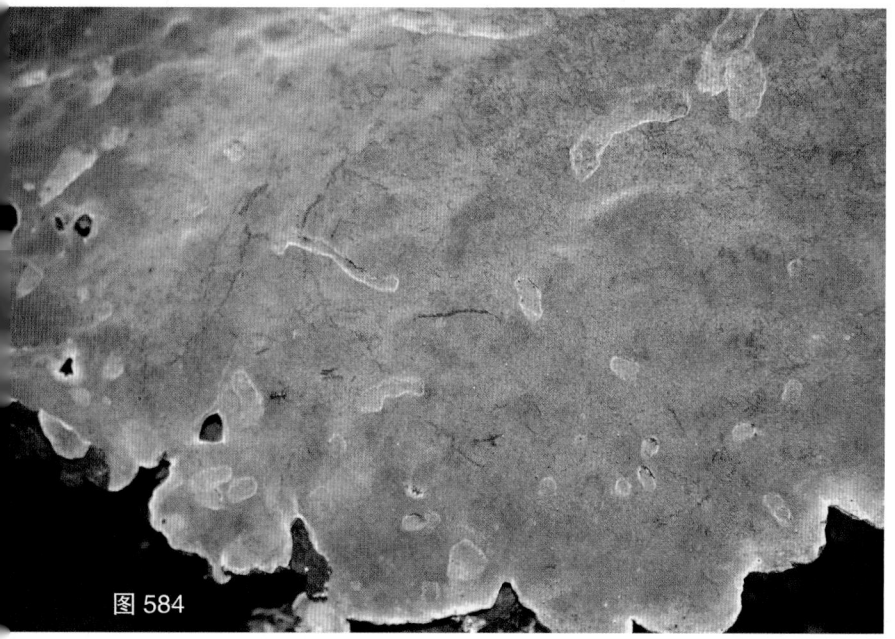

图 584

583 里克纤孔菌
Inonotus rickii (Pat.) D.A. Reid

子实体一年生，无柄，木栓质。菌盖半圆形，长可达 3 cm，宽可达 4 cm，中部厚可达 1.3 cm；表面深黄褐色，被细绒毛；边缘钝。孔口表面黄褐色；圆形，每毫米 2~4 个；边缘略厚，全缘或略呈撕裂状。不育边缘明显，宽可达 2 mm。菌肉肉桂色至棕褐色，厚可达 6 mm。菌管浅肉桂色，长可达 7 mm。本种通常不形成子实体，而形成一个形状不规则的褐色菌核，易破碎成褐色的粉末状，主要由厚垣孢子组成。担孢子 7~8×5.5~6 μm，椭圆形至宽椭圆形，黄褐色，厚壁，光滑，非淀粉质，不嗜蓝。厚垣孢子 10~26×8~14 μm，不规则形，暗褐色，厚壁。

夏秋季单生于阔叶树活立木或倒木上，造成木材白色腐朽。分布于华中和华南地区。

584 硬纤孔菌
Inonotus rigidus B.K. Cui & Y.C. Dai

子实体一年生，平伏，不易与基物剥离，长可达 25 cm，宽可达 10 cm，中部厚可达 2.5 mm。孔口表面蜜黄色，具折光反应；圆形，每毫米 8~9 个；边缘厚，全缘。菌肉黄褐色，无环区，硬纤维质，厚可达 0.5 mm。菌管蜜黄褐色至黄褐色，硬纤维质，长可达 2 mm。担孢子 3.9~4.5×2.9~3.7 μm，宽椭圆形，黄褐色，厚壁，光滑，非淀粉质，弱嗜蓝。

夏秋季生于阔叶树倒木上，造成木材白色腐朽。分布于华南地区。

图 585-1

585 桑黄纤孔菌（桑黄）

Inonotus sanghuang

Sheng H. Wu et al.

子实体多年生，无柄，新鲜时具酸味，木栓质。菌盖马蹄形，外伸可达 5 cm，宽可达 7 cm，基部厚可达 4 cm；表面黄褐色至灰褐色，具明显的环沟和环区；边缘钝，鲜黄色。孔口表面黄色至褐色，略具折光反应；圆形至多角形，每毫米 8~9 个；边缘薄，全缘。不育边缘明显，宽可达 3 mm。菌肉黄色，具环区，厚可达 3.5 cm。菌管褐色，长可达 5 mm。担孢子 3.6~4.6×3~3.5 μm，宽椭圆形，黄色，厚壁，光滑，非淀粉质，不嗜蓝。

春季至秋季单生于桑树上，造成木材白色腐朽。药用；可栽培。分布于华中和华南地区。

图 585-2

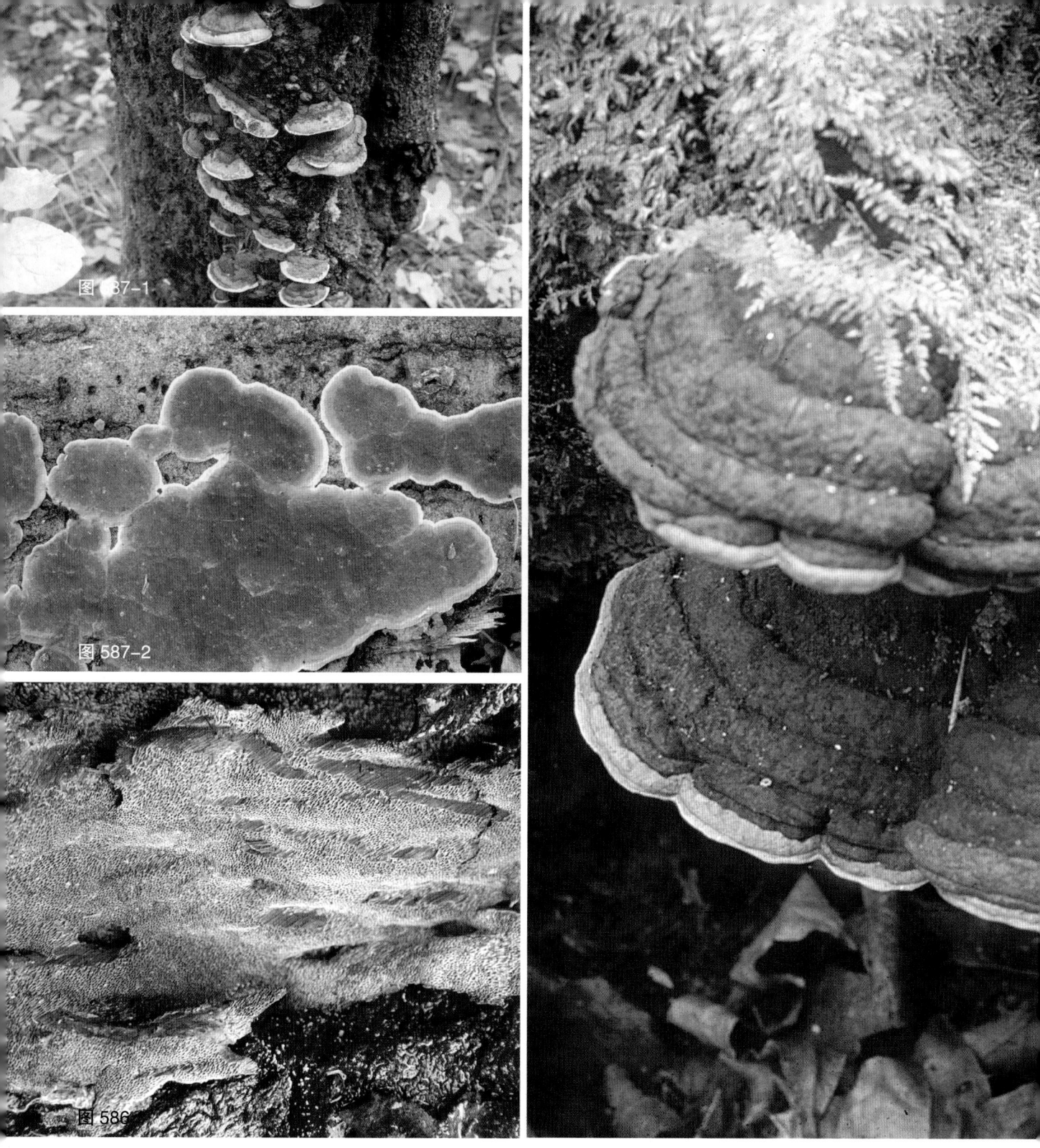

图 587-1

图 587-2

图 586

586 薄纤孔菌

Inonotus tenuissimus H.Y. Yu et al.

　　子实体一年生，平伏，不易与基物剥离，木栓质，长可达 15 cm，宽可达 7 cm，厚可达 2 mm。不育边缘不明显。孔口表面紫灰色至灰褐色；多角形，每毫米 3~4 个；边缘薄，全缘。菌肉褐色，木栓质，厚可达 1 mm。菌管暗褐色，长可达 1.3 mm。担孢子 4.3~5×3.2~4 μm，椭圆形，黄色，厚壁，光滑，非淀粉质，不嗜蓝。

　　夏秋季生于阔叶树倒木上，造成木材白色腐朽。分布于华南地区。

图 587-3

587 瓦尼纤孔菌

Inonotus vaninii (Ljub.) T. Wagner & M. Fisch.

≡ *Phellinus vaninii* Ljub.

 子实体多年生，平伏至无柄。平伏时长可达 30 cm，宽可达 8 cm。菌盖半圆形，外伸可达 7 cm，宽可达 12 cm，基部厚可达 5 cm。表面红褐色至灰黑色；边缘鲜黄色，在氢氧化钾试剂中变血红色。孔口表面栗褐色，具折光反应；多角形，每毫米 6~8 个；边缘薄，全缘或撕裂状。不育边缘明显，鲜黄色，宽可达 1 mm。菌肉鲜黄色至污褐色，厚可达 3 cm。菌管与孔口表面同色，长可达 20 mm。担孢子 3.8~4.4×2.8~3.7 μm，卵形至宽椭圆形，浅黄色，壁略厚，光滑，非淀粉质，嗜蓝。

 春季至秋季生于杨树的活立木和倒木上，造成木材白色腐朽。药用。分布于东北地区。

多孔菌、齿菌及革菌

中国大型菌物资源图鉴   483

图 588

588 锦带花纤孔菌
Inonotus weigelae T. Hatt. & Sheng H. Wu

子实体多年生，平伏反卷至无柄，木栓质。菌盖外伸可达 4 cm，宽可达 10 cm，基部厚可达 4 cm；表面暗褐色至近黑色，具明显的环沟和环区，开裂；边缘钝，橘黄色。孔口表面黄褐色，具折光反应；圆形，每毫米 5~7 个；边缘薄，全缘。不育边缘明显，肉桂黄色，宽可达 3 mm。菌肉肉桂色，异质，上层的绒毛层和菌肉之间具一黑线，上层厚可达 1 mm，下层厚可达 2 mm。菌管与菌肉同色，长可达 37 mm。担孢子 3~3.8×2.3~3 μm，宽椭圆形，浅黄色，厚壁，光滑，非淀粉质，不嗜蓝。

春季至秋季生于多种阔叶树的活立木或倒木上，造成木材白色腐朽。药用。分布于华中和华南地区。

图 589

589 环区花纤孔菌
Inonotus zonatus Y.C. Dai & X.M. Tian

子实体多年生，无柄，新鲜时无特殊气味，木栓质。菌盖平展，外伸可达 9 cm，宽可达 14 cm，基部厚可达 3 cm；表面黄褐色至黑褐色，具明显的同心环区和环沟，有时不规则开裂；边缘锐，黄褐色。孔口表面蜜黄色，具折光反应；圆形，每毫米 7~8 个；边缘薄，全缘。不育边缘明显，肉桂黄色，宽可达 3 mm。菌肉黄色，厚可达 2 cm。菌管黄色，长可达 1 cm。担孢子 3.5~4×2.9~3.1 μm，宽椭圆形至椭圆形，黄色，厚壁，光滑，非淀粉质，不嗜蓝。

春季至秋季生于多种阔叶树的活立木或倒木上，造成木材白色腐朽。药用。分布于华南地区。

图 590-1

590 齿囊耙齿菌
Irpex hydnoides
Y.W. Lim & H.S. Jung

子实体一年生，平伏、平伏至反卷，革质。菌盖窄平展，外伸可达 0.5 cm，宽可达 3 cm，基部厚可达 0.4 cm；表面乳白色至奶油色，被细密绒毛，具同心环带；边缘与菌盖表面同色，波状。子实层体奶油色至淡黄色。孔口初期孔状，后期呈耙齿状至齿状，每毫米 2~4 个。不育边缘明显，奶油色。菌肉奶油色，厚可达 1 mm。菌齿与子实层体同色，长可达 3 mm。担孢子 4.9~5.8×3~3.8 μm，椭圆形，无色，薄壁，光滑，非淀粉质，不嗜蓝。

春季至秋季生于多种阔叶树的死树、倒木和落枝上，造成木材白色腐朽。药用。分布于东北地区。

图 590-2

多孔菌、齿菌及革菌

图 591-1

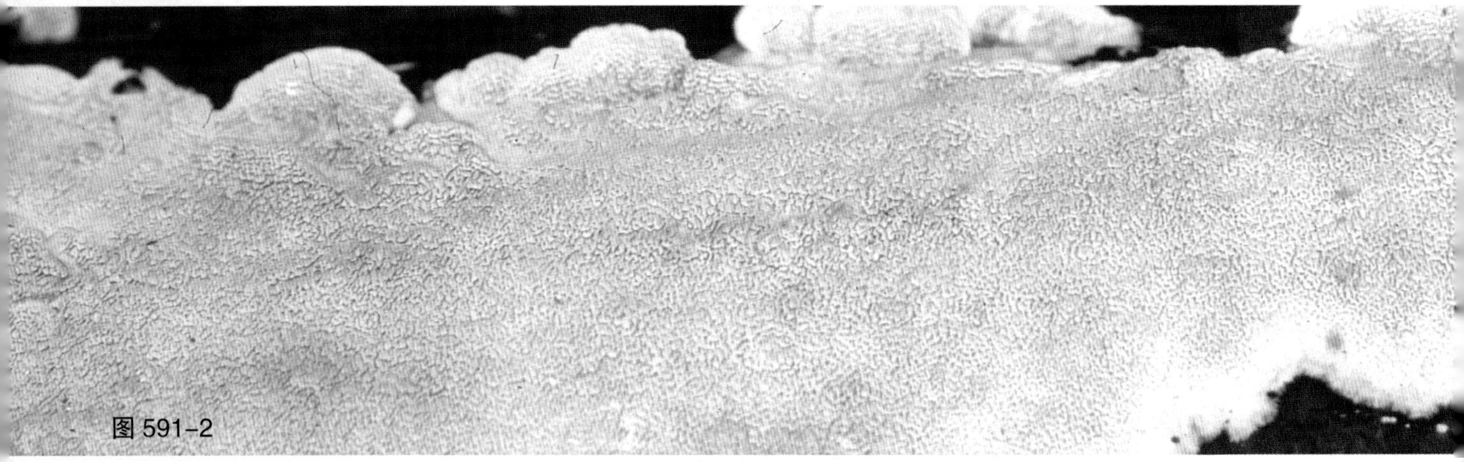

图 591-2

图 591-3

591 **白囊耙齿菌**（白耙齿菌）
Irpex lacteus (Fr.) Fr. s.l.

　　子实体一年生，形态多变，平伏、平伏至反卷，覆瓦状叠生，革质。平伏时长可达 10 cm，宽可达 5 cm。菌盖半圆形，外伸可达 1 cm，宽可达 2 cm，厚可达 0.4 cm；表面乳白色至浅黄色，被细密绒毛，同心环带不明显；边缘与菌盖表面同色，干后内卷。子实层体奶油色至淡黄色。孔口多角形，每毫米 2~3 个；边缘薄，撕裂状。菌肉白色至奶油色，厚可达 1 mm。菌齿或菌管与子实层体同色，长可达 3 mm。担孢子 4~5.5×2~2.8 μm，圆柱形，稍弯曲，无色，薄壁，光滑，非淀粉质，不嗜蓝。

　　夏秋季生于多种阔叶树的倒木和落枝上，造成木材白色腐朽。药用。各区均有分布。

图 592-1

图 592-2

592 绒囊耙齿菌

Irpex vellereus Berk. & Broome

子实体一年生，平伏或平伏反卷，革质。平伏时长可达 15 cm，宽可达 5 cm，厚可达 3 mm。菌盖半圆形，外伸可达 1 cm，宽可达 10 cm；表面奶油色至浅灰黄色，被细密绒毛，具明显的同心环纹和环带。子实层体淡黄褐色，干后暗赭石色。孔口浅孔状至耙齿状，每毫米 1~2 个。菌齿长可达 2 mm。菌肉与子实层体同色，厚可达 1 mm。担孢子 5.4~6×2.8~3.4 μm，短圆柱形至椭圆形，无色，薄壁，光滑，非淀粉质，不嗜蓝。

夏秋季生于阔叶树落枝上，造成木材白色腐朽。分布于华南地区。

多孔菌、齿菌及革菌

图 593-1

图 593-2

图 593-3

593 **芳香皱皮孔菌**
Ischnoderma benzoinum
(Wahlenb.) P. Karst.

　　子实体一年生，无柄，覆瓦状叠生，木栓质。菌盖半圆形，外伸可达 4 cm，宽可达 8 cm，基部厚可达 1.6 cm；表面新鲜时深褐色，干后黑色，具环沟和黑色的同心环带；边缘锐，浅灰褐色。孔口表面新鲜时灰白色，干后黑色，具折光反应；圆形，每毫米 3~4 个；边缘薄，全缘。不育边缘几乎无。菌肉新鲜时浅黄色，厚可达 6 mm。菌管干后灰褐色，长可达 10 mm。担孢子 4.3~5.3×1.7~2 μm，腊肠形，无色，薄壁，光滑，非淀粉质，不嗜蓝。

　　秋季生于针叶树上，造成木材白色腐朽。分布于东北地区。

图 594-1

594 松脂皱皮孔菌
Ischnoderma resinosum (Fr.) P. Karst.

子实体一年生至二年生，无柄，覆瓦状叠生，木栓质。菌盖半圆形，外伸可达5 cm，宽可达 10 cm，基部厚可达 2.2 cm；表面新鲜时深褐色，具环沟和浅褐色的同心环带；边缘较锐，白色。孔口表面新鲜时奶油色，干后黄褐色；圆形，每毫米 4~6 个；边缘薄，撕裂状。不育边缘几乎无。菌肉淡褐色，厚可达 16 mm。菌管淡褐色，长可达 5 mm。担孢子 4.2~5.2×1.7~2 μm，腊肠形，无色，薄壁，光滑，非淀粉质，不嗜蓝。

夏秋季生于多种阔叶树的死树、倒木和树桩上，造成木材白色腐朽。药用。分布于东北、华北和西北地区。

图 594-2

图 594-3

多孔菌、齿菌及革菌

图 595

595　毛杨氏孔菌
Jahnoporus hirtus (Cooke) Nuss

　　子实体一年生，具侧生柄，新鲜时肉质，具芳香气味，干后软木栓质。菌盖圆形或匙形，外伸可达 3 cm，宽可达 6 cm，厚可达 8 mm；表面浅灰色至淡紫褐色，被粗硬毛；边缘钝，稍内卷。孔口表面奶油色至黄色；多角形，每毫米 1~2 个；边缘薄，全缘或撕裂状。不育边缘几乎无。菌肉干后浅黄色，厚可达 4 mm。菌管与菌肉同色，可延生至菌柄上部，长可达 4 mm。菌柄上部与菌盖同色或呈灰白色，直径可达 4 cm。担孢子 11~15×4.2~5.5 μm，纺锤形，两端略弯曲，无色，薄壁，光滑，具 1 个液泡，非淀粉质，不嗜蓝。

　　秋季生于云杉腐木上，造成木材白色腐朽。分布于东北地区。

596　皱容氏孔菌
Junghuhnia collabens (Fr.) Ryvarden

　　子实体一年生，平伏，新鲜时革质，干后木栓质，长可达 5 cm，宽可达 2 cm，厚可达 4 mm；边缘奶油色至淡粉色，宽可达 2 mm。孔口表面新鲜时淡粉褐色，干后肉桂色至红棕色，具折光反应；圆形至多角形，每毫米 7~8 个；边缘薄至稍厚，全缘。菌肉淡粉黄色，厚可达 1 mm。菌管与菌肉同色，长可达 2 mm。担孢子 3~3.5×1.5~1.9 μm，短圆柱形至腊肠形，无色，薄壁，光滑，非淀粉质，不嗜蓝。

　　秋季生于针叶树上，造成木材白色腐朽。分布于东北地区。

图 596-1

图 596-2

图 596-3

597 硬脆容氏孔菌
Junghuhnia crustacea (Jungh.) Ryvarden

子实体一年生，平伏，革质，新鲜时无特殊气味，干后木栓质，易碎，长可达 10 cm，宽可达 3 cm，厚可达 1 mm。孔口表面新鲜时白色至奶油色，干后淡黄色至稻草色；初期为不规则齿状，后期齿相互连接融合成孔状，圆形至稍不规则，每毫米 4~6 个；边缘不明显，白色至奶油色，薄，撕裂呈齿状。菌肉奶油色至淡黄色，干后木栓质，厚约 0.3 mm。菌管与孔面同色，木栓质，长可达 0.7 mm。担孢子 4.1~5×2.4~3 μm，椭圆形，无色，薄壁，光滑，非淀粉质，不嗜蓝。

秋季生于阔叶树上，造成木材白色腐朽。分布于华南地区。

图 597

598 毛边容氏孔菌
Junghuhnia fimbriatella (Peck) Ryvarden

子实体一年生，平伏，革质，长可达 10 cm，宽可达 4 cm，厚可达 3 mm。孔口表面新鲜时乳白色至奶油色，干后淡黄色至橘黄色；多角形，每毫米 3~5 个；边缘薄，撕裂状。不育边缘明显，通常具明显的根状分枝菌索。菌肉奶油色至淡黄色，厚可达 1 mm。菌管与孔口表面同色，长可达 2 mm。担孢子 2.7~3.1×2~2.2 μm，椭圆形至卵形，无色，薄壁，光滑，非淀粉质，不嗜蓝。

秋季生于阔叶树倒木和腐木上，造成木材白色腐朽。分布于东北和华北地区。

图 598-1

图 598-2

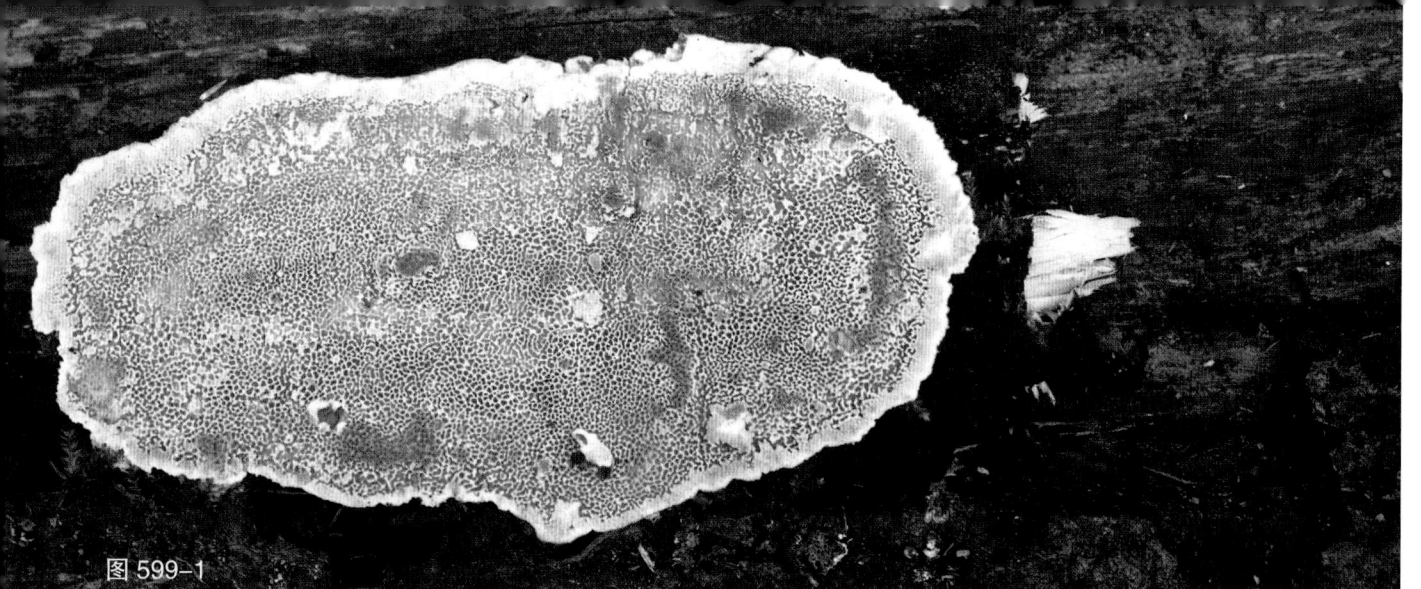

图 599-1

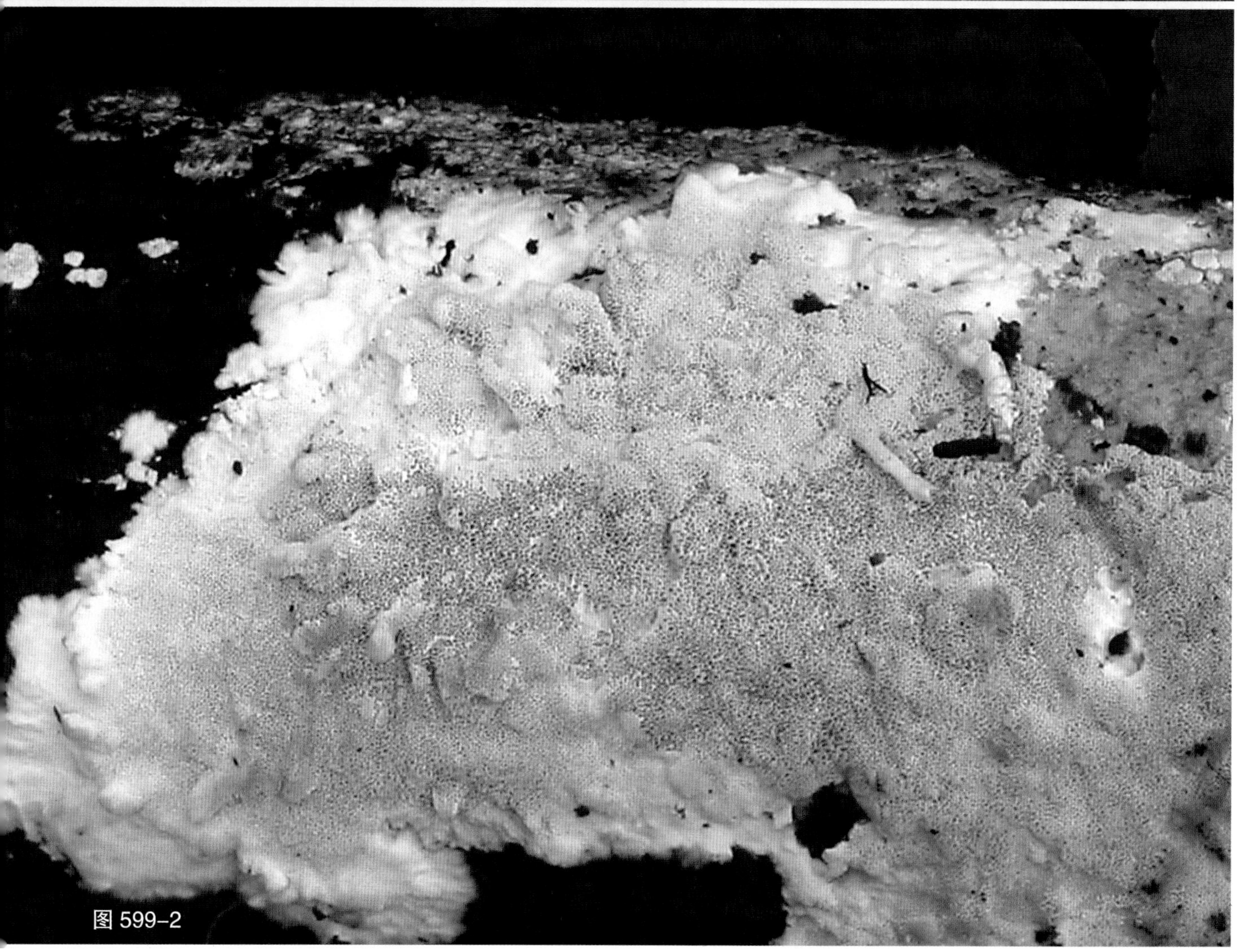

图 599-2

撕裂容氏孔菌

Junghuhnia lacera (P. Karst.) Niemelä & Kinnunen

　　子实体一年生，平伏，易与基物剥离，革质，长可达 15 cm，宽可达 7 cm，厚可达 1.5 mm。孔口表面新鲜时黄棕色至粉黄色，干后肉桂黄色，无折光反应；多角形，每毫米 6~8 个；边缘薄，撕裂状。不育边缘奶油色，具白色或奶油色菌索。菌肉奶油色，厚可达 0.5 mm。菌管与孔口表面同色，长可达 1 mm。担孢子 3.6~5×2.7~3.3 μm，椭圆形至卵圆形，无色，薄壁，光滑，非淀粉质，不嗜蓝。

　　夏秋季生于阔叶树死树上，造成木材白色腐朽。分布于华中地区。

图 600-1

图 600-2

600 黄白容氏孔菌

Junghuhnia luteoalba

(P. Karst.) Ryvarden

子实体一年生，平伏，不易与基物剥离，软革质，长可达 10 cm，宽可达 2 cm，厚可达 2 mm。孔口表面初期乳白色至奶油色，后期浅黄褐色至酒红褐色，干后淡黄色至肉桂色，具折光反应；圆形至多角形，每毫米 7~8 个；边缘薄，略呈撕裂状。不育边缘明显，乳白色至奶油色，稍被绒毛，宽可达 1 mm。菌肉奶油色至淡黄色，厚可达 1 mm。菌管与孔口表面同色，长可达 1 mm。担孢子 3.6~4×2.2~2.8 μm，椭圆形至长椭圆形，无色，薄壁，光滑，非淀粉质，不嗜蓝。

夏秋季生于针叶树上，造成木材白色腐朽。分布于东北、华中和西北地区。

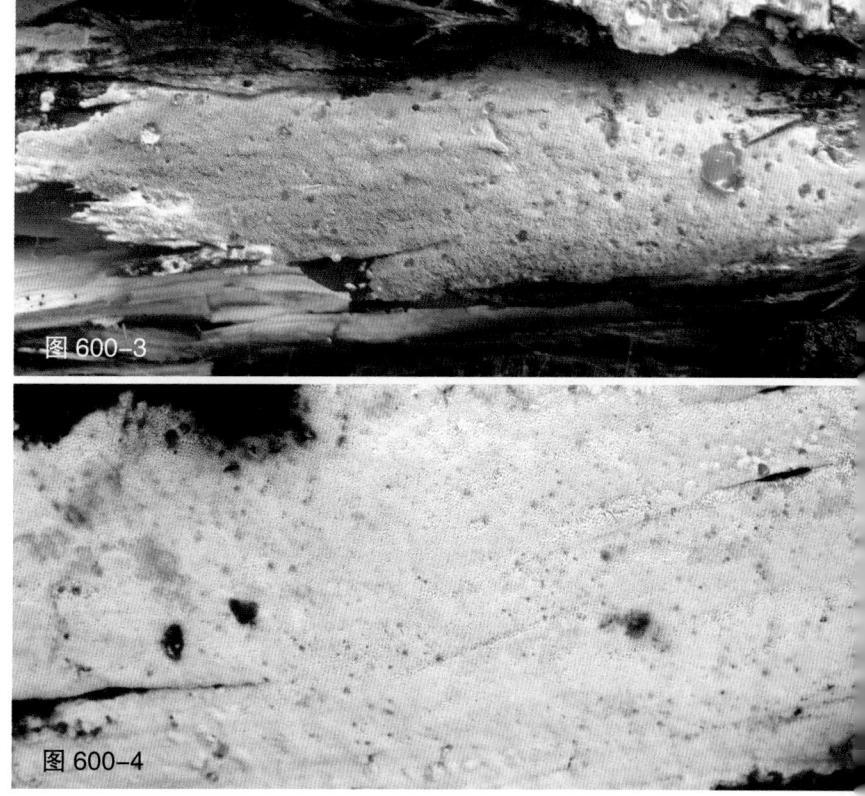

图 600-3

图 600-4

多孔菌、齿菌及革菌

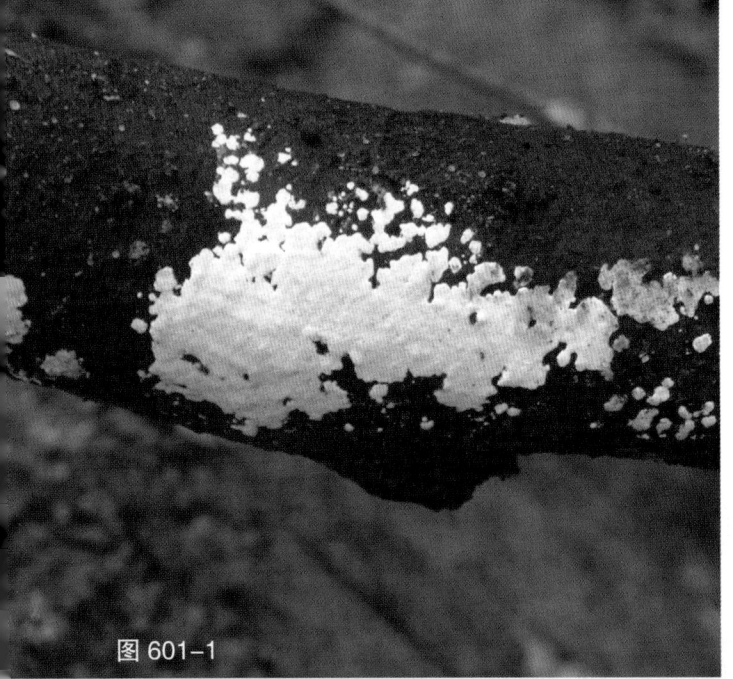

图 601-1

601 小容氏孔菌
Junghuhnia minor H.S. Yuan

子实体一年生，平伏，革质，新鲜时无特殊气味，干后木栓质，长可达 15 cm，宽可达 1 cm，厚可达 1 mm。孔口表面新鲜时奶油色至淡黄色，干后草黄色；多角形，每毫米 5~6 个；边缘薄，稍撕裂。不育边缘薄，膜质，奶油色，宽约 3 mm。菌索新鲜时白色，干后奶油色。菌肉极薄，奶油色至淡黄色，厚约 0.1 mm。菌管与孔口表面同色，木栓质，长可达 0.4 mm。担孢子 2.7~3×1.9~2.2 μm，椭圆形，无色，薄壁，光滑，非淀粉质，不嗜蓝。

秋季生于阔叶树上，造成木材白色腐朽。分布于华南地区。

图 601-2

图 602

602 光亮容氏孔菌
Junghuhnia nitida (Pers.) Ryvarden

子实体一年生，平伏，不易与基物剥离，革质，长可达 8 cm，宽可达 3 cm，厚可达 3 mm。孔口表面新鲜时奶油色至淡黄色，干后粉肉桂色至红褐色，具折光反应；多角形至近圆形，每毫米 6~8 个；边缘薄，略呈撕裂状。不育边缘明显，乳白色至奶油色，宽可达 1 mm。菌肉奶油色至淡黄色，厚可达 1 mm。菌管与孔口表面同色，长可达 2 mm。担孢子 4~5×2.1~2.6 μm，椭圆形至长椭圆形，无色，薄壁，光滑，非淀粉质，不嗜蓝。

夏秋季生于阔叶树上，造成木材白色腐朽。分布于东北、华北、西北和华南地区。

603 假小孢容氏孔菌
Junghuhnia pseudominuta
H.S. Yuan & Y.C. Dai

子实体一年生，平伏或平伏反卷，革质。平伏时长可达 4 cm，宽可达 3 cm，厚可达 5 mm。菌盖外伸可达 1 cm，宽可达 2 cm；表面新鲜时奶油色至粉黄色，干后灰黄色，粗糙，具明显的同心环纹和环带；边缘锐。孔口表面新鲜时白色，干后奶油色；圆形至多角形，每毫米 12~15 个；边缘薄，全缘。菌肉与孔口表面同色，胶化成脆骨质，厚可达 4 mm。菌管与孔口表面同色，长可达 1.5 mm。担孢子 2.1~2.6×1.5~2 μm，宽椭圆形至近球形，无色，薄壁，光滑，非淀粉质，不嗜蓝。

夏秋季生于阔叶树倒木上，造成木材白色腐朽。分布于华南地区。

604 菌寄生容氏孔菌
Junghuhnia pseudozilingiana
(Parmasto) Ryvarden

子实体一年生，平伏反卷或盖形，革质，长可达 10 cm，宽可达 6 cm，厚可达 6 mm。孔口表面奶油色至橙黄色，无折光反应；多角形，每毫米 2~3 个；边缘薄，撕裂状。不育边缘明显，白色至淡黄色，宽可达 2 mm。菌肉奶油色至淡黄色，厚可达 1 mm。菌管与菌肉同色，厚可达 5 mm。担孢子 3.6~4×2.2~2.8 μm，椭圆形至长椭圆形，无色，薄壁，光滑，非淀粉质，不嗜蓝。

夏秋季生于阔叶树倒木或木蹄层孔菌 *F. fomentarius* 的子实体上，造成木材白色腐朽。分布于东北地区。

图 603

图 604-1

图 604-2

图 605

605 菌索容氏孔菌
Junghuhnia rhizomorpha
H.S. Yuan & Y.C. Dai

子实体一年生，平伏，革质，新鲜时无特殊气味，干后木栓质，长可达15 cm，宽可达9 cm，厚可达0.3 mm。孔口表面新鲜时奶油色至淡黄色，干后黄褐色；圆形至多角形，每毫米8~10个；边缘薄，全缘，具菌索，菌索新鲜时白色，干后奶油色。菌肉奶油色至淡黄色，干后木栓质，厚约0.1 mm。菌管与孔口表面同色，木栓质，长可达0.2 mm。担孢子2.7~3×1.9~2.1 μm，椭圆形至近圆形，无色，薄壁，光滑，非淀粉质，不嗜蓝。

秋季生于阔叶树上，造成木材白色腐朽。分布于华南地区。

图 606

606 半伏容氏孔菌
Junghuhnia semisupiniformis
(Murrill) Ryvarden

子实体一年生，平伏反卷，革质。菌盖半圆形，外伸可达1 cm，宽可达1.5 cm，厚可达2 mm；表面黄褐色，被微绒毛，具不明显的环带；边缘锐，淡黄色至奶油色。孔口表面奶油色至黄棕色，无折光反应；多角形，每毫米6~8个；边缘薄，全缘。不育边缘不明显。菌肉灰褐色至赭石色，厚可达1 mm。菌管比菌肉颜色稍浅，长可达1 mm。担孢子3.5~3.9×2.4~2.7 μm，椭圆形，无色，薄壁，光滑，非淀粉质，不嗜蓝。

夏秋季数个合生于阔叶树死树上，造成木材白色腐朽。分布于东北和华中地区。

607 哈氏炳生褐腐孔菌

Laccocephalum hartmannii
(Cooke) Núñez & Ryvarden

≡ *Polyporus hartmannii*
Cooke

子实体一年生，具中生柄，革质。菌盖近圆形，外伸可达 12 cm，宽可达 15 cm，厚可达 2 cm；表面红褐色；边缘锐，新鲜时橙色，干后黑色。孔口表面橙色至黑褐色；圆形至多角形，每毫米 3~4 个；边缘薄，全缘。菌肉奶油色至米黄色，厚可达 1.5 cm。菌管黄褐色，长可达 3 mm。菌柄红褐色，长可达 4 cm，直径可达 3 cm。担孢子 6.1~7×2~2.6 μm，细圆柱形至纺锤形，无色，薄壁，光滑，非淀粉质，不嗜蓝。

夏季生于阔叶树林中地上，造成木材白色腐朽。分布于华南地区。

图 607

608 哀牢山炯孔菌

Laetiporus ailaoshanensis
B.K. Cui & J. Song

子实体一年生，无柄或具短柄，覆瓦状叠生，肉质至干酪质。菌盖扁平，外伸可达 8 cm，宽可达 10 cm，中部厚可达 1.3 cm；表面新鲜时橘黄色至橘红色；边缘钝，较菌盖表面颜色浅。孔口表面新鲜时奶油色至浅黄色；多角形，每毫米 3~5 个；边缘薄，全缘至撕裂状。不育边缘浅黄色至土黄色，宽可达 1 mm。菌肉乳白色至浅黄色，厚可达 1 cm。菌管与孔口表面同色，长可达 3 mm。担孢子 4.9~6.2×3.9~5 μm，卵圆形至椭圆形，无色，薄壁，光滑，非淀粉质，不嗜蓝。

春夏季生于石栎属树木上，造成木材褐色腐朽。食药兼用。分布于华中地区。

图 608

多孔菌、齿菌及革菌

图 609

图 610

图 611

609 奶油炮孔菌（硫黄菌）
Laetiporus cremeiporus Y. Ota & T. Hatt.

子实体一年生，无柄或具短柄，覆瓦状叠生，肉质至干酪质。菌盖扁平，外伸可达 7 cm，宽可达 10 cm，中部厚可达 2 cm；表面新鲜时黄褐色至红褐色；边缘波状，较菌盖表面颜色浅，干后内卷。孔口表面新鲜时奶油色至白色，成熟时淡黄色；多角形，每毫米 3~4 个；边缘薄，撕裂状。不育边缘窄。菌肉乳白色，厚可达 2 cm。菌管与孔口表面同色，长可达 1 mm。担孢子 5.2~6.2×3.3~3.8 μm，宽椭圆形，无色，薄壁，光滑，非淀粉质，不嗜蓝。

春夏季生于阔叶树的活立木、倒木和树桩上，尤其以壳斗科树上最为常见，造成木材褐色腐朽。食药兼用。分布于东北、华北和西北地区。

610 高山炮孔菌
Laetiporus montanus Černý ex Tomšovský & Jankovský

子实体一年生，无柄或具短柄，覆瓦状叠生，肉质至干酪质。菌盖扁平，外伸可达 24 cm，宽可达 36 cm，中部厚可达 2 cm；表面幼嫩时橘黄色，成熟后淡黄褐色；边缘钝或略锐，波状，颜色较菌盖表面浅。孔口表面新鲜时浅黄色，成熟时污白色；多角形，每毫米 3~4 个；边缘薄，撕裂状。不育边缘窄。菌肉乳白色，厚可达 1 cm。菌管与孔口表面同色，长可达 1 cm。担孢子 6~7.5×4.1~5 μm，宽椭圆形，无色，薄壁，光滑，非淀粉质，不嗜蓝。

春夏季生于针叶树特别是落叶松的活立木、倒木和树桩上，造成木材褐色腐朽。食药兼用。分布于东北地区。

611 变孢炮孔菌
Laetiporus versisporus (Lloyd) Imazeki

子实体一年生，无柄，肉质至木栓质。菌盖球形、近球形或不规则形，外伸可达 5 cm，宽可达 6 cm，基部厚可达 4 cm；表面新鲜时浅黄色至黄褐色，干后污黄褐色至深污褐色；边缘钝。孔口表面新鲜时奶油色至浅黄色，干后硫黄色至黄褐色，无折光反应；形状不规则，每毫米 2~3 个；边缘薄，全缘或略呈撕裂状。菌肉奶油色至污黄褐色，厚可达 3.6 cm。菌管与孔口表面同色，长可达 4 mm。担孢子 4.7~6×3.9~5 μm，椭圆形，无色，薄壁，光滑，非淀粉质，不嗜蓝。

秋季单生或叠生于阔叶树上，造成木材褐色腐朽。分布于华中和华南地区。

图612

612 环区炮孔菌
***Laetiporus zonatus* B.K. Cui & J. Song**

　　子实体一年生，无柄或具短柄，覆瓦状叠生，肉质至干酪质。菌盖扁平，外伸可达10 cm，宽可达17 cm，中部厚可达3 cm；表面新鲜时橘黄色至橘红色；边缘钝，较菌盖表面颜色深。孔口表面新鲜时奶油色至土黄色；多角形，每毫米2~5个；边缘薄，全缘至撕裂状。不育边缘浅黄色至土黄色，宽可达1 mm。菌肉奶油色至浅黄色，厚可达2.5 cm。菌管与孔口表面同色，干后脆质，长可达5 mm。担孢子5.8~7.2×4.3~5.5 μm，水滴形至椭圆形，无色，薄壁，光滑，非淀粉质，不嗜蓝。

　　春夏季生于阔叶树上，造成木材褐色腐朽。食药兼用。分布于华中地区。

图613

613 环沟劳里拉革菌
***Laurilia sulcata* (Burt) Pouzar**

　　子实体多年生，平伏反卷，覆瓦状叠生，新鲜时硬革质，干后木栓质。菌盖半圆形，外伸可达3 cm，宽可达10 cm，中部厚可达5 mm；表面黑褐色至黑色，具绒毛层和明显的环沟；边缘钝。子实层体新鲜时奶油色，略粗糙，干后开裂。不育边缘白色，宽可达2 mm。担孢子5.5~6.5×4.5~5 μm，球形至近球形，厚壁，具小刺，淀粉质，不嗜蓝。

　　春夏季生于针叶树倒木上，造成木材白色腐朽。分布于东北地区。

多孔菌、齿菌及革菌

图 614

614 锐褶孔菌
***Lenzites acuta* Berk.**

子实体一年生，无柄，木栓质。菌盖半圆形，外伸可达 11 cm，宽可达 13 cm，中部厚可达 1.7 cm；表面浅黄色至黄褐色，具瘤状突起，具同心环纹；边缘锐，完整或波状。子实层体黄褐色，中心部分孔状或迷宫状；边缘褶状，厚，全缘，不等长，二叉分枝，放射状排列。孔口多角形，每毫米 0.5~1 个；边缘厚，撕裂状。菌肉黄褐色，厚可达 0.3 cm。菌管与菌肉同色，长可达 1.4 cm。担孢子 6.3~8.2×2.2~3 μm，圆柱形至腊肠形，无色，薄壁，光滑，非淀粉质，不嗜蓝。

夏秋季生于阔叶树落枝和腐木上，造成木材白色腐朽。分布于东北、华中和华南地区。

图 615-1

615 桦褶孔菌
***Lenzites betulina* (L.) Fr.**

子实体一年生，无柄，覆瓦状叠生，革质。菌盖扇形，外伸可达 5 cm，宽可达 7 cm，中部厚可达 1.5 cm；表面新鲜时乳白色至浅灰褐色，被绒毛或粗毛，具不同颜色的同心环纹；边缘锐，完整或波状。子实层体初期奶油色，后期浅褐色，干后黄褐色至灰褐色，褶状，放射状排列，靠近边缘处孔状或二叉分枝；边缘薄，全缘或稍撕裂状。不育边缘不明显至几乎无。菌肉浅黄色，厚可达 3 mm。菌褶黄褐色至灰褐色，宽可达 12 mm；每毫米 0.5~2 个。担孢子 4.5~5.3×1.5~2 μm，圆柱形至腊肠形，无色，薄壁，光滑，非淀粉质，不嗜蓝。

春季至秋季于阔叶树特别是桦树的活立木、死树、倒木和树桩上，造成木材白色腐朽。药用。各区均有分布。

图 615-2

图 615-3

图 615-4

图 616-1

图 616-2

616 大褶孔菌
Lenzites vespacea (Pers.) Pat.

子实体一年生，无柄，覆瓦状叠生，革质。菌盖扇形，直径可达8 cm，基部厚可达1 cm；表面新鲜时白色、浅稻草色至赭石色，干后灰褐色，被灰色或褐色绒毛，具同心环纹和环沟；边缘锐，呈波状，干后略呈撕裂状。子实层体新鲜时白色至奶油色，干后灰褐色至浅黄褐色，褶状，放射状排列。菌肉新鲜时白色，干后奶油色，厚可达1.5 mm。菌褶厚可达0.2 mm，边缘呈齿状，每毫米0.7~1个，奶油色至浅黄褐色，宽可达9 mm。担孢子为5.1~6.1×2.4~3.1 μm，宽椭圆形，无色，薄壁，光滑，非淀粉质，不嗜蓝。

夏秋季生于阔叶树倒木或栈道木上，造成木材白色腐朽。分布于华中和华南地区。

617 戴氏小褶孔菌
Lenzitopsis daii L.W. Zhou & Kõljalg

子实体一年生，具侧生柄，革质。菌盖扇形，外伸可达2 cm，宽可达3 cm，厚可达1 cm；表面黑褐色，被绒毛，无环纹；边缘锐，浅粉黄色，波状，干后内卷。子实层体黑色，褶状。菌肉浅粉黄色，厚可达2 mm。菌褶每毫米1~3个，与菌肉同色，宽可达8 mm。担孢子5~6.7×4.8~6 μm，近球形，浅褐色，厚壁，具疣刺，非淀粉质，不嗜蓝。

夏秋季数个聚生于柏树活立木上，造成木材白色腐朽。分布于华北和华中地区。

图 617

图 618

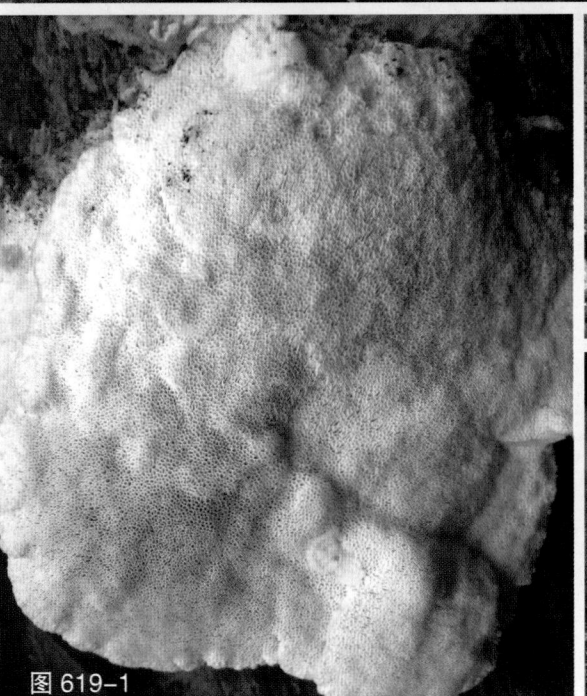

图 619-1

图 619-2

图 619-3

618 柔软细孔菌
Leptoporus mollis (Pers.) Quél.

　　子实体一年生，平伏反卷，新鲜时柔软，含水分较多，干后强烈收缩。菌盖半圆形，外伸可达 2 cm，宽可达 3 cm，厚可达 5 mm；表面粉红色至紫褐色；边缘钝，干后内卷。孔口表面新鲜时浅粉红色，干后暗紫褐色；近圆形至多角形，每毫米 2~4 个；边缘薄，略呈锯齿状或全缘。不育边缘明显，宽可达 5 mm。菌肉干后粉黄色，厚可达 2 mm。菌管干后暗紫褐色，长可达 3 mm。担孢子 4.7~6×1.6~2.1 μm，腊肠形，无色，薄壁，光滑，非淀粉质，不嗜蓝。

　　秋季单生于云杉树上，造成木材褐色腐朽。分布于东北地区。

619 霍氏白木层孔菌
Leucophellinus hobsonii (Cooke) Ryvarden

　　子实体多年生，无柄，覆瓦状叠生，木栓质。菌盖半圆形，外伸可达 3 cm，宽可达 8 cm，基部厚可达 4 cm；表面干后浅黄绿色至黄褐色，粗糙；边缘钝。孔口表面奶油色至浅黄色；多角形，每毫米 1~2 个；边缘薄，全缘或略呈撕裂状。不育边缘明显，奶油色，有时棉絮状，宽可达 5 mm。菌肉奶油色至浅木材色，厚可达 5 mm。菌管多层，层间夹具一薄层菌肉，长可达 3.5 cm。担孢子 7.8~9.8×5.2~6.2 μm，宽椭圆形至卵形，无色，厚壁，非淀粉质，弱嗜蓝。

　　夏秋季生于阔叶树的活立木或倒木上，造成木材白色腐朽。分布于华南地区。

多孔菌、齿菌及革菌

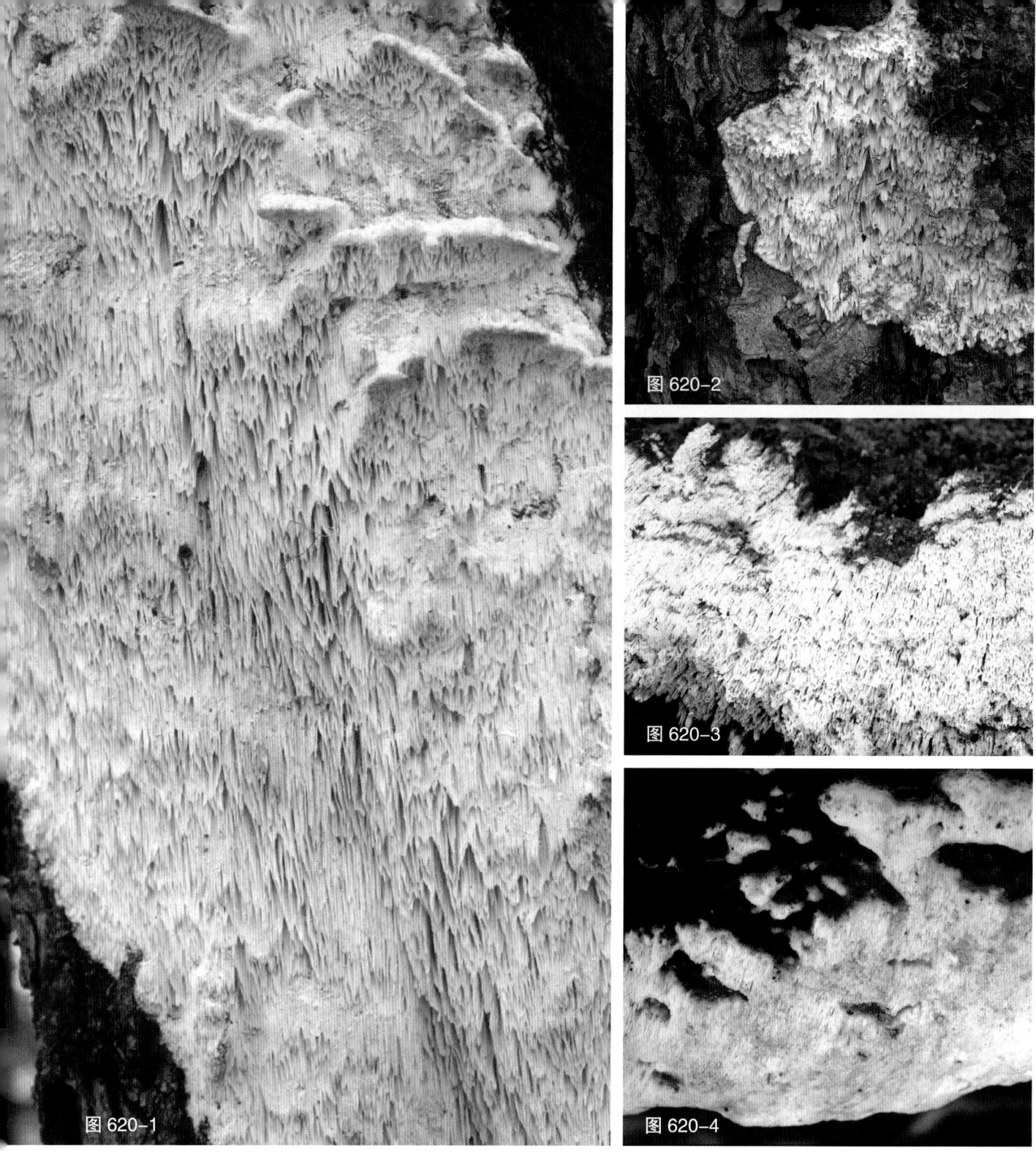

图 620-1

图 620-2

图 620-3

图 620-4

620 齿白木层孔菌
Leucophellinus irpicoides (Pilát) Bondartsev & Singer

子实体多年生，平伏，革质，长可达 30 cm，宽可达 8 cm，厚可达 15 mm。孔口表面新鲜时乳白色、奶油色或乳黄色，干后乳黄色，无折光反应；不规则形、圆形至扭曲形，每毫米 1~1.5 个；边缘薄，撕裂状。不育边缘明显，宽可达 5 mm。菌肉乳黄色，厚可达 4 mm。菌管多层，长可达 10 mm。担孢子 6.2~8.5×4.8~6 μm，椭圆形，无色，厚壁，非淀粉质，弱嗜蓝。

夏秋季生于槭树活立木上，造成木材白色腐朽。分布于东北、华北、西北和华中地区。

图 621

621 海南核生柄孔菌
Lignosus hainanensis B.K. Cui

子实体一年生,具中生柄,基部具一大的菌核,新鲜时革质。菌盖圆形,直径可达 10 cm,厚可达 5 mm;表面干后黄褐色,光滑,具明显的同心环纹;边缘锐,锈褐色。孔口表面奶油色至浅黄色,略具折光反应;圆形至多角形,每毫米 3~4 个;边缘薄,全缘。菌肉奶油色,厚可达 1 mm。菌管奶油色,长可达 4 mm。菌柄长可达 8 cm,直径可达 8 mm,连接菌核处分枝。菌核形状不规则,干后收缩。担孢子 4.9~6×2.2~2.9 μm,长椭圆形至圆柱形,无色,薄壁,光滑,非淀粉质,不嗜蓝。

夏季生于阔叶林中地上。分布于华南地区。

图 622

622 黄林氏孔菌
Lindtneria flava Parmasto

子实体一年生,平伏,新鲜时柔软,易与基物剥离,干后软木栓质,易碎,长可达 5 cm,宽可达 3 cm,厚可达 1 mm。孔口表面新鲜时黄色,干后棕黄色至粉黄色;边缘窄,奶油色,薄,撕裂状;不规则形,每毫米 1 个。菌肉白色至奶油色,厚可达 0.2 mm。菌管与孔口同色,干后易碎,长可达 1 mm。担孢子 7.9~9.3×4.8~5.8 μm,椭圆形,无色,厚壁,具疣突,具 1 个液泡,非淀粉质,嗜蓝。

秋季生于阔叶树腐木上,造成木材白色腐朽。分布于华南地区。

623 糙孢林氏孔菌
Lindtneria trachyspora
(Bourdot & Galzin) Pilát

子实体一年生,平伏,易与基物剥离,革质至脆粉质,长可达 2.7 cm,宽可达 0.6 cm,厚可达 1 mm。孔口表面新鲜时鲜黄色至柠檬黄色,干后黄褐色;多角形或不规则形,排列不规则,中部孔口大,边缘孔口小,每毫米 2~3 个;边缘较薄,撕裂状。不育边缘不明显至几乎无。菌肉较薄,黄色,干后脆质,厚可达 0.5 mm。菌管与菌肉同色,脆质,长可达 0.5 mm。担孢子 6.3~7.7 × 6.1~6.9 μm,近球形或球形,无色,壁稍厚,具明显的短刺,非淀粉质,嗜蓝。

秋季生于阔叶树腐木上,造成木材白色腐朽。分布于华南地区。

图 623

多孔菌、齿菌及革菌

图 624-1

图 624-2

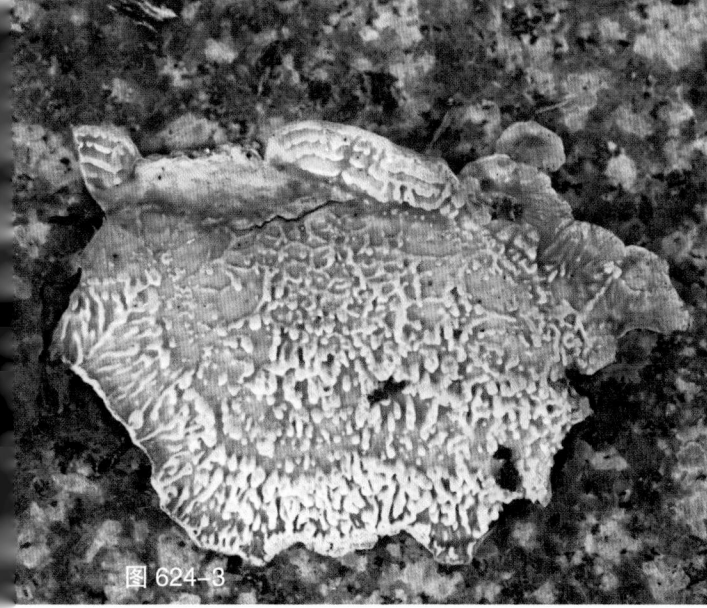
图 624-3

图 624-4

624 奇异脊革菌

Lopharia mirabilis (Berk. & Broome) Pat.

子实体一年生，平伏，革质，长可达 45 cm，宽可达 25 cm，厚可达 3 mm。子实层体表面淡黄色至淡褐色，干后灰黄色，形状不规则，初期似孔状，成熟时耙齿状或迷宫状。孔口边缘薄，全缘。不育边缘奶油色，宽可达 1 mm。菌肉分两层，上层淡灰色，毡状，软；下层木材色至灰黄色，层间具一黑褐色环纹。担孢子 9~12×5.5~7.2 μm，椭圆形，无色，薄壁，光滑，具 1 个大的液泡，非淀粉质，不嗜蓝。

夏秋季生于阔叶树倒木和腐木上，造成木材白色腐朽。分布于东北、华北、华中和华南地区。

拟囊体大孔菌
Megasporoporia cystid-iolophora B.K. Cui & Y.C. Dai

子实体一年生，平伏，革质，长可达 4 cm，宽可达 3.8 cm，厚可达 3 mm。孔口表面新鲜时奶油色至浅棕黄色，干后粉褐色；圆形至多角形，每毫米 3~5 个；边缘薄，全缘，无菌丝钉。不育边缘明显，新鲜时奶油色至浅黄色，宽可达 1 mm。菌肉奶油色，无环区，厚可达 1 mm。菌管与孔口表面同色，长可达 2 mm。担孢子 11.7~14.9×4.1~5.6 μm，圆柱形，无色，薄壁，光滑，非淀粉质，不嗜蓝。

夏秋季生于阔叶树落枝上，造成木材白色腐朽。分布于华南地区。

图 625

蜂巢大孔菌
Megasporoporia hexagonoides (Speg.) J.E. Wright & Rajchenb.

子实体一年生，平伏，难与基物剥离，革质，椭圆形，长可达 10 cm，宽可达 5 cm，厚可达 3 mm，从中心向边缘渐薄。孔口表面新鲜时奶油色至浅灰黄色，干后灰黄褐色；圆形至多角形或蜂窝形，每毫米 0.5~1 个；边缘薄，全缘或撕裂状。不育边缘几乎无。菌肉浅褐色，厚可达 1 mm。菌管与孔口表面同色，长可达 3 mm。担孢子 17~21×5~6 μm，圆柱形至腊肠形，无色，薄壁，光滑，非淀粉质，不嗜蓝。

夏秋季生于阔叶树落枝上，造成木材白色腐朽。分布于华南地区。

图 626-1

图 626-2

多孔菌、齿菌及革菌

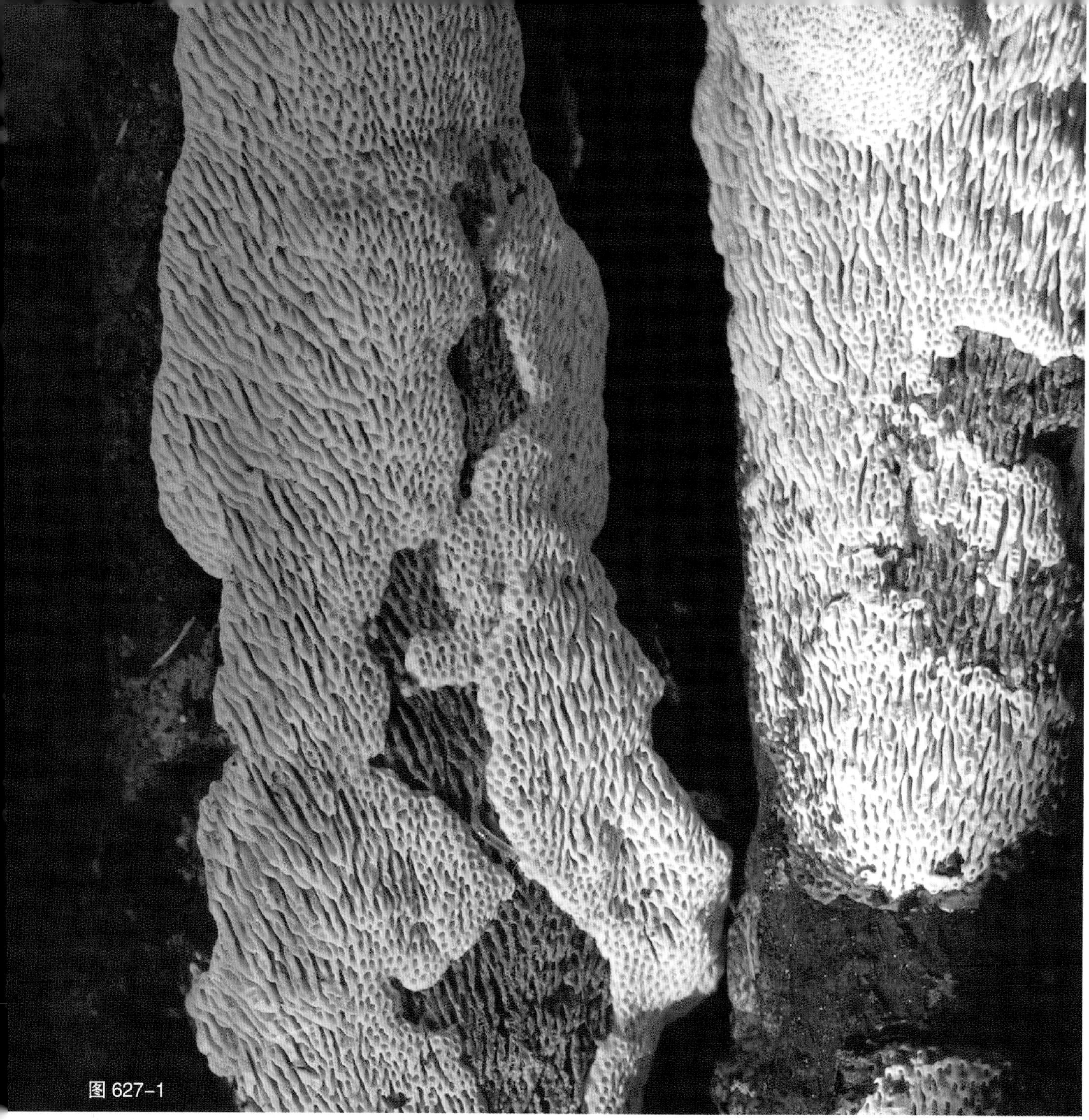

图 627-1

图 627-2

627 大孢大孔菌

Megasporoporia major (G.Y. Zheng & Z.S. Bi) Y.C. Dai

≡ *Pachykytospora major* G.Y. Zheng & Z.S. Bi

子实体一年生，平伏，难与基物剥离，革质，椭圆形，长可达 6 cm，宽可达 3 cm，厚可达 2 mm。孔口表面新鲜时奶油色至乳白色，干后浅黄色；圆形至多角形，每毫米 1~1.5 个；边缘薄，全缘，具菌丝钉。不育边缘几乎无。菌肉奶油色，厚可达 0.5 mm。菌管奶油色至浅木材色，长可达 1.5 mm。担孢子 16~20×5.8~7.1 μm，长椭圆形至近圆柱形，无色，壁薄至稍厚，光滑，非淀粉质，不嗜蓝。

夏秋季生于阔叶树落枝上，造成木材白色腐朽。分布于华南地区。

628 小孔大孔菌

Megasporoporia minuta
Y.C. Dai & X.S. Zhou

子实体一年生至二年生，平伏，难与基物剥离，革质，长可达 8 cm，宽可达 6 cm，厚可达 4 mm。孔口表面新鲜时奶油色至灰黄色，干后浅灰色；圆形，每毫米 6~8 个；边缘薄，全缘。不育边缘明显，浅黄褐色，宽可达 1 mm。菌肉奶油色，厚可达 1.6 mm。菌管与孔口表面同色，长可达 1.2 mm。担孢子 7.7~9.7×3.6~4.9 μm，长椭圆形至近圆柱形，无色，薄壁，光滑，非淀粉质，不嗜蓝。

夏秋季生于阔叶树倒木上，造成木材白色腐朽。分布于华南地区。

图 628

629 杜鹃大孔菌

Megasporoporia rhododendri
Y.C. Dai & Y.L. Wei

子实体一年生，平伏或平伏反卷，难与基物剥离，木栓质。平伏时长可达 10 cm，宽可达 4 cm，厚可达 2 mm。菌盖外伸可达 2 cm，宽可达 2 cm，厚可达 2 mm。孔口表面新鲜时奶油色，干后浅灰色；圆形，每毫米 4~5 个；边缘厚，全缘。不育边缘明显，棕黄色，宽可达 3 mm。菌肉奶油色，厚可达 1.5 mm。菌管与孔口表面同色，长可达 0.5 mm。担孢子 11~14×6.5~8 μm，椭圆形，无色，薄壁，光滑，非淀粉质，不嗜蓝。

夏秋季生于杜鹃树上，造成木材白色腐朽。分布于青藏地区。

图 629

多孔菌、齿菌及革菌

图 630-1

图 630-2

630 多毛大孔菌

***Megasporoporia setulosa* (Henn.) Rajchenb.**

　　子实体一年生，平伏，不易与基物剥离，革质，长可达 7 cm，宽可达 1.5 cm，厚可达 1 mm。孔口表面土黄色至黄褐色，无折光反应；多角形，蜂窝状排列，每毫米 0.5~1 个；边缘薄，波状。不育边缘几乎无。菌肉深黄褐色，木栓质，厚可达 0.2 mm。菌管与孔口表面同色，长可达 0.8 mm。担孢子 15.6~19.3×5.3~7 μm，长圆柱形，无色，薄壁，光滑，非淀粉质，不嗜蓝。

　　夏秋季生于阔叶树倒木上，造成木材白色腐朽。分布于华北、华中和华南地区。

图 631-1

图 631-2

631 拟浅孔大孔菌

Megasporoporia subcavernulosa
Y.C. Dai & Sheng H. Wu

子实体一年生，平伏，不易与基物剥离，革质至木栓质，长可达 7 cm，宽可达 1 cm，厚可达 1.5 mm。孔口表面新鲜时奶油色，干后浅灰色，无折光反应；圆形，每毫米 2~4 个；边缘薄，全缘。菌肉奶油色，厚可达 0.5 mm。菌管与孔口表面同色，长可达 1 mm。担孢子 9~12.1×4.2~5.2 μm，圆柱形，无色，薄壁，光滑，非淀粉质，不嗜蓝。

夏秋季生于阔叶树落枝上，造成木材白色腐朽。分布于华北、华中和华南地区。

图 631-3

多孔菌、齿菌及革菌

图 632-1

图 632-2

图 632-3

632 **小黑壳孔菌**

Melanoderma micaceum B.K. Cui & Y.C. Dai

子实体多年生，无柄，平伏或平伏反卷，覆瓦状叠生，革质至木栓质。菌盖半圆形，外伸可达1.2 cm，宽可达2 cm，厚可达5 mm；表面黑色，光滑，具同心环带；边缘钝，颜色略浅。孔口表面新鲜时白色，干后奶油色，无折光反应；近圆形，每毫米7~9个；边缘厚，全缘。菌肉奶油色，厚可达1 mm，上表面具皮壳。菌管奶油色至黄色，分层明显，长可达4 mm。担孢子5.1~6.4×1.9~2.7 μm，椭圆形，无色，薄壁，光滑，非淀粉质，不嗜蓝。

春季至秋季生于阔叶树倒木上，造成木材白色腐朽。分布于华南地区。

633 **栗黑卧孔菌**

Melanoporia castanea (Imazeki)

T. Hatt. & Ryvarden

≡ *Fomitopsis castanea* Imazeki

≡ *Nigrofomes castaneus* (Imazeki) Teng

≡ *Nigroporus castaneus* (Imazeki) Ryvarden

子实体多年生，无柄，硬革质至木质。菌盖马蹄形，外伸可达20 cm，宽可达30 cm，厚可达12 cm；表面栗褐色或灰黑色，具宽的同心环带或环沟；边缘钝。孔口表面黄褐色、暗褐色或紫黑色，无折光反应；近圆形，每毫米6~7个；边缘薄，绒毛状，近全缘。不育边缘明显，宽可达7 mm。菌肉紫褐色，厚可达90 mm，上表面具一栗褐色或灰黑色皮壳。菌管与菌肉同色，长可达30 mm。担孢子3.8~4.5×1.8~2.2 μm，长椭圆形，无色，薄壁，光滑，非淀粉质，不嗜蓝。

春季至秋季单生于蒙古栎或板栗基部，造成木材褐色腐朽。分布于东北地区。

图 633-1

图 633-2

图 633-3

图 633-4

图 633-5

图 635-1

图 635-2

图 634

634 巨盖孔菌

Meripilus giganteus (Pers.) P. Karst.

子实体一年生，覆瓦状叠生，肉质至革质。菌盖半圆形至匙形，外伸可达 12 cm，宽可达 20 cm，基部厚可达 2 cm；表面新鲜时浅黄褐色至赭褐色，干后灰黑色，具明显的放射状皱纹；边缘锐，波状，有时裂片状。孔口表面新鲜时奶油色至木材色，干后灰黑色，无折光反应；圆形，每毫米 4~6 个；边缘薄，全缘。菌肉干后暗褐色，厚可达 15 mm。菌管与孔口表面同色，长可达 5 mm。担孢子 5~6.8×4.2~5.8 μm，宽椭圆形至近球形，无色，壁薄至稍厚，光滑，通常具 1 个大的液泡，非淀粉质，不嗜蓝。

夏秋季生于阔叶树树桩或腐木上，造成木材白色腐朽。药用。分布于东北地区。

图 635-3

635 近缘小孔菌

Microporus affinis (Blume & T. Nees) Kuntze

子实体一年生，具侧生柄或几乎无柄，木栓质。菌盖半圆形至扇形，外伸可达 5 cm，宽可达 8 cm，基部厚可达 5 mm；表面淡黄色至黑色，具明显的环纹和环沟。孔口表面新鲜时白色至奶油色，干后淡黄色至赭石色；圆形，每毫米 7~9 个；边缘薄，全缘。菌肉干后淡黄色，厚可达 4 mm。菌管与孔口表面同色，长可达 2 mm。菌柄暗褐色至褐色，光滑，长可达 2 cm，直径可达 6 mm。担孢子 3.5~4.5×1.8~2 μm，短圆柱形至腊肠形，无色，薄壁，光滑，非淀粉质，不嗜蓝。

春季至秋季群生于阔叶树倒木或落枝上，造成木材白色腐朽。分布于华中和华南地区。

图 635-4

多孔菌、齿菌及革菌

图 636-1

图 636-2

图 637

636 拟近缘小孔菌
Microporus subaffinis (Lloyd) Imazeki

子实体一年生,具短柄,革质。菌盖半圆形,外伸可达 2 cm,宽可达 3 cm,厚可达 2.5 mm;表面干后草黄色至黄褐色,具明显的同心环纹和辐射状条纹;边缘锐,裂齿状,干后略内卷。孔口表面新鲜时亮乳白色,干后奶油色或浅黄色,具折光反应;圆形,每毫米 7~9 个;边缘薄,全缘。菌肉新鲜时和干后均为乳白色,厚可达 2 mm。菌管与菌肉同色,长可达 1 mm。担孢子 4~6×1.8~2.5 μm,短圆柱形,无色,薄壁,光滑,非淀粉质,不嗜蓝。

秋季群生于阔叶树上,造成木材白色腐朽。分布于东北地区。

637 褐扇小孔菌
Microporus vernicipes (Berk.) Kuntze

子实体一年生,具侧生柄,木栓质。菌盖扇形,外伸可达 4 cm,宽可达 5 cm,基部厚可达 4 mm;表面新鲜时黄褐色至黑褐色,具同心环纹;边缘锐,浅粉黄色,波状。孔口表面新鲜时乳白色,干后淡赭石色;多角形,每毫米 7~8 个;边缘薄,全缘。不育边缘明显,宽可达 2 mm。菌肉干后淡粉黄色,厚可达 3 mm。菌管与孔口表面同色,长可达 1 mm。菌柄具浅酒红色表皮,光滑,长可达 1 cm,直径达 3 mm。担孢子 5~7×2~2.5 μm,短圆柱形,无色,薄壁,光滑,非淀粉质,不嗜蓝。

春季至秋季单生或群生于阔叶树倒木上,造成木材白色腐朽。分布于华南地区。

图 638-1

638 **黄褐小孔菌**

Microporus xanthopus (Fr.) Kuntze

　　子实体一年生，具中生柄，韧革质。菌盖圆形至漏斗形，直径可达 8 cm，中部厚可达 5 mm；表面新鲜时浅黄褐色至黄褐色，具同心环纹；边缘锐，浅棕黄色，波状，有时撕裂。孔口表面新鲜时白色至奶油色，干后淡赭石色；多角形，每毫米 8~10 个；边缘薄，全缘。不育边缘明显，宽可达 1 mm。菌肉干后淡棕黄色，厚可达 3 mm。菌管与孔口表面同色，长可达 2 mm。菌柄具浅黄褐色表皮，光滑，长可达 2 cm，直径可达 2.5 mm。担孢子 6~7.5×2~2.5 μm，短圆柱形，略弯曲，无色，薄壁，光滑，非淀粉质，不嗜蓝。

　　春季至秋季单生或群生于阔叶树倒木上，造成木材白色腐朽。分布于华南地区。

图 639

图 638-2

639 **长齿白齿耳菌**

Mycoleptodonoides aitchisonii (Berk.)

Maas Geest.

≡ *Hydnum aitchisonii* Berk.

　　子实体一年生，无柄或具很短柄，覆瓦状叠生，新鲜时肉质，干后脆质或革质。菌盖近圆形或扇形，外伸可达 5 cm，宽可达 8 cm，中部厚可达 5 mm；表面新鲜时白色，无同心环区，干后奶油色；边缘锐，波状，有时撕裂，干后内卷。子实层体齿状，新鲜时白色至奶油色，干后淡赭石色。担孢子 5~6.5×2~2.5 μm，弯曲椭圆形，光滑，无色。

　　夏秋季生于阔叶树腐木上。可食。分布于东北和青藏地区。

多孔菌、齿菌及革菌

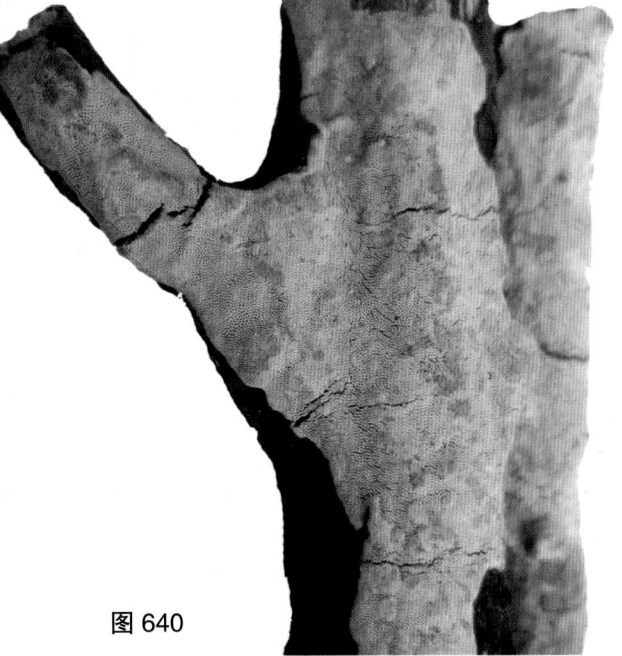

图 640

640 高黎贡山新异薄孔菌
Neodatronia gaoligongensis B.K. Cui et al.

子实体一年生，平伏，紧贴于基物上，新鲜时无特殊气味，干后硬木栓质，长可达17 cm，宽可达3 cm，中部厚可达0.4 mm。孔口表面奶油色或浅灰色，无折光反应；多角形，每毫米5~8个；边缘薄，全缘或撕裂状。不育边缘不明显，宽可达0.5 mm。菌肉黄褐色，硬木栓质，厚可达0.2 mm。菌管与孔口表面同色，脆质，长可达0.2 mm。担孢子7~9.8×3~3.8 μm，圆柱形，略弯曲，无色，薄壁，透明，光滑，非淀粉质，不嗜蓝。

夏秋季生于阔叶树上，造成木材白色腐朽。分布于华中和青藏地区。

图 641

641 中国新异薄孔菌
Neodatronia sinensis B.K. Cui et al.

子实体一年生，平伏，紧贴于基物上，木栓质，长可达20 cm，宽可达7 cm，中部厚可达1 mm。孔口表面奶油色或浅灰色，无折光反应；多角形，每毫米4~6个；边缘薄，全缘或撕裂状。不育边缘浅黄色，宽可达1 mm。菌肉黄褐色，木栓质，厚可达0.8 mm。菌管与孔口表面同色，脆质，长可达0.2 mm。担孢子6.8~8×2~2.6 μm，圆柱形，略弯曲，无色，薄壁，透明，光滑，非淀粉质，不嗜蓝。

夏秋季生于阔叶树上，造成木材白色腐朽。分布于东北和华中地区。

图 642

642 环区新小层孔菌
Neofomitella polyzonata Y.C. Dai et al.

子实体一年生，无柄，单生或覆瓦状叠生，木栓质。菌盖外伸可达6 cm，宽可达10 cm，中部厚可达6 mm；表面浅黄色至红褐色，具绒毛和黑色同心环带；边缘锐，奶油色，干后内卷。孔口表面初期奶油色，后期和干后浅褐色；圆形，每毫米3~4个；边缘薄，全缘。不育边缘不明显。菌肉黄褐色至淡褐色，木栓质，厚可达3 mm。菌管与孔口表面同色，长可达3 mm。担孢子3.9~5×1.9~2.1 μm，圆柱形，无色，薄壁，透明，光滑，非淀粉质，不嗜蓝。

夏秋季生于阔叶树上，造成木材白色腐朽。分布于华中和华南地区。

643 栗黑层孔菌

Nigrofomes melanoporus

(Mont.) Murrill

≡ *Phellinus melanoporus* (Mont.) G. Cunn.

子实体多年生，无柄，硬木质。菌盖三角形或马蹄形，外伸可达 15 cm，中部厚可达 3 cm；表面新鲜时栗褐色，成熟时近黑色，具明显的同心环纹和环沟；边缘厚，钝。孔口表面暗茶褐色至紫褐色；多边形至圆形，每毫米 6~7 个；边缘薄，全缘。不育边缘明显，宽可达 2 mm。菌肉紫褐色，厚可达 2.5 cm。菌管紫褐色，长可达 5 mm。担孢子 4~4.7×2~2.3 μm，长圆柱形，无色，薄壁，光滑，非淀粉质，不嗜蓝。

春季至秋季生于阔叶树倒木和腐木上，造成木材白色腐朽。分布于华南地区。

图 643-1

图 643-2

图 643-3

多孔菌、齿菌及革菌

图 644-1

图 644-2

644 乌苏里黑孔菌

Nigroporus ussuriensis (Bondartsev & Ljub.) Y.C. Dai & Niemelä

≡ *Phellinus ussuriensis* Bondartsev & Ljub.

子实体多年生，无柄，覆瓦状叠生，革质。菌盖半圆形，外伸可达 8 cm，宽可达 10 cm，厚可达 10 mm；表面暗褐色，具不明显的环沟；边缘锐或钝，颜色略浅。孔口表面新鲜时粉色，干后粉棕色至玫瑰褐色；圆形，每毫米 5~7 个；边缘厚，全缘。不育边缘明显，宽可达 2 mm。菌肉浅紫褐色，厚可达 5 mm。菌管粉紫色，长可达 5 mm。担孢子 4~5×2~2.5 μm，短圆柱形，无色，薄壁，光滑，非淀粉质，不嗜蓝。

春季至秋季生于蒙古栎腐木上，造成木材白色腐朽。分布于东北地区。

645 紫褐黑孔菌

Nigroporus vinosus (Berk.) Murrill

子实体一年生，无柄，覆瓦状叠生，革质。菌盖半圆形，外伸可达 7 cm，宽可达 9 cm，厚可达 5 mm；表面新鲜时紫红褐色至紫褐色，具不同颜色的同心环带或环沟，有时具瘤状突起，干后黑褐色；边缘锐或钝，奶油色至浅褐色。孔口表面黄褐色至灰紫褐色；圆形至多角形，每毫米 8~10 个；边缘薄，全缘。不育边缘明显，奶油色，宽可达 3 mm。菌肉浅紫褐色，厚可达 3.5 mm。菌管紫褐色，长可达 1.5 mm。担孢子 3.5~4.4×1.6~2.1 μm，腊肠形至圆柱形，无色，薄壁，光滑，非淀粉质，不嗜蓝。

夏秋季生于阔叶树腐木上，造成木材白色腐朽。分布于华中和华南地区。

图 645-1

图 645-2

图 645-3

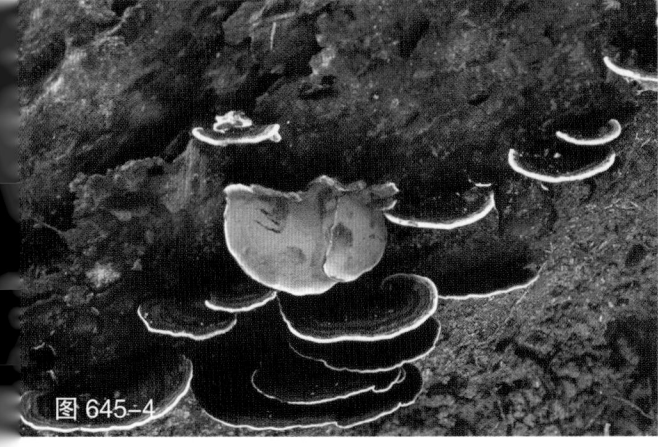

图 645-4

图 645-5

多孔菌、齿菌及革菌

图 646

646 骨寡孔菌（骨干酪孔菌）

Oligoporus obductus (Berk.) Gilb. & Ryvarden

≡ *Grifola obducta* (Berk.) Aoshima & H. Furuk.

≡ *Osteina obducta* (Berk.) Donk

≡ *Tyromyces obductus* (Berk.) Murrill

子实体一年生，具侧生柄，覆瓦状叠生，肉质至纤维质。菌盖半圆形至扇形，直径可达 13 cm，中部厚可达 3 cm；表面新鲜时白色，干后暗灰褐色，褶皱；边缘锐，与菌盖表面同色，波状，干后内卷。孔口表面新鲜时白色至淡黄色，干后黄色至黄褐色；多角形至不规则形，每毫米 3~5 个；边缘薄，全缘至撕裂状。菌肉奶油色，中部厚可达 2.8 cm。菌管黄色，长可达 3 mm。菌柄圆柱形，长可达 5 cm，直径可达 2 cm。担孢子 4.7~5.2×2~2.4 μm，圆柱形，无色，薄壁，光滑，非淀粉质，不嗜蓝。

夏秋季生于针叶树特别是落叶松基部，造成木材褐色腐朽。药用。分布于东北地区。

图 647-1

647 柔丝寡孔菌（柔丝干酪孔菌）

Oligoporus sericeomollis (Romell) Bondartseva

≡ *Postia sericeomollis* (Romell) Jülich

子实体一年生，平伏，贴生，易与基物剥离，蜡质至软棉絮质，易碎，长可达 15 cm，宽可达 6 cm，厚可达 3 mm。孔口表面新鲜时白色至奶油色，干后淡黄色至污褐色，无折光反应；不规则形、圆形至多角形，每毫米 2~4 个；边缘薄，撕裂状。不育边缘明显至不明显，白色，棉絮状，宽可达 1 mm。菌肉白色至浅黄褐色，厚可达 0.1 mm。菌管淡黄色至淡黄褐色，厚可达 2.5 mm。担孢子 4~4.9×1.9~2.2 μm，椭圆形，无色，薄壁，光滑，非淀粉质，嗜蓝。

秋季生于针阔叶树腐木上，造成木材褐色腐朽。分布于东北、西北、青藏、华中和华南地区。

图 647-2

图 647-3

图 647-4

图 647-5

图 648

图 649-1

图 649-2

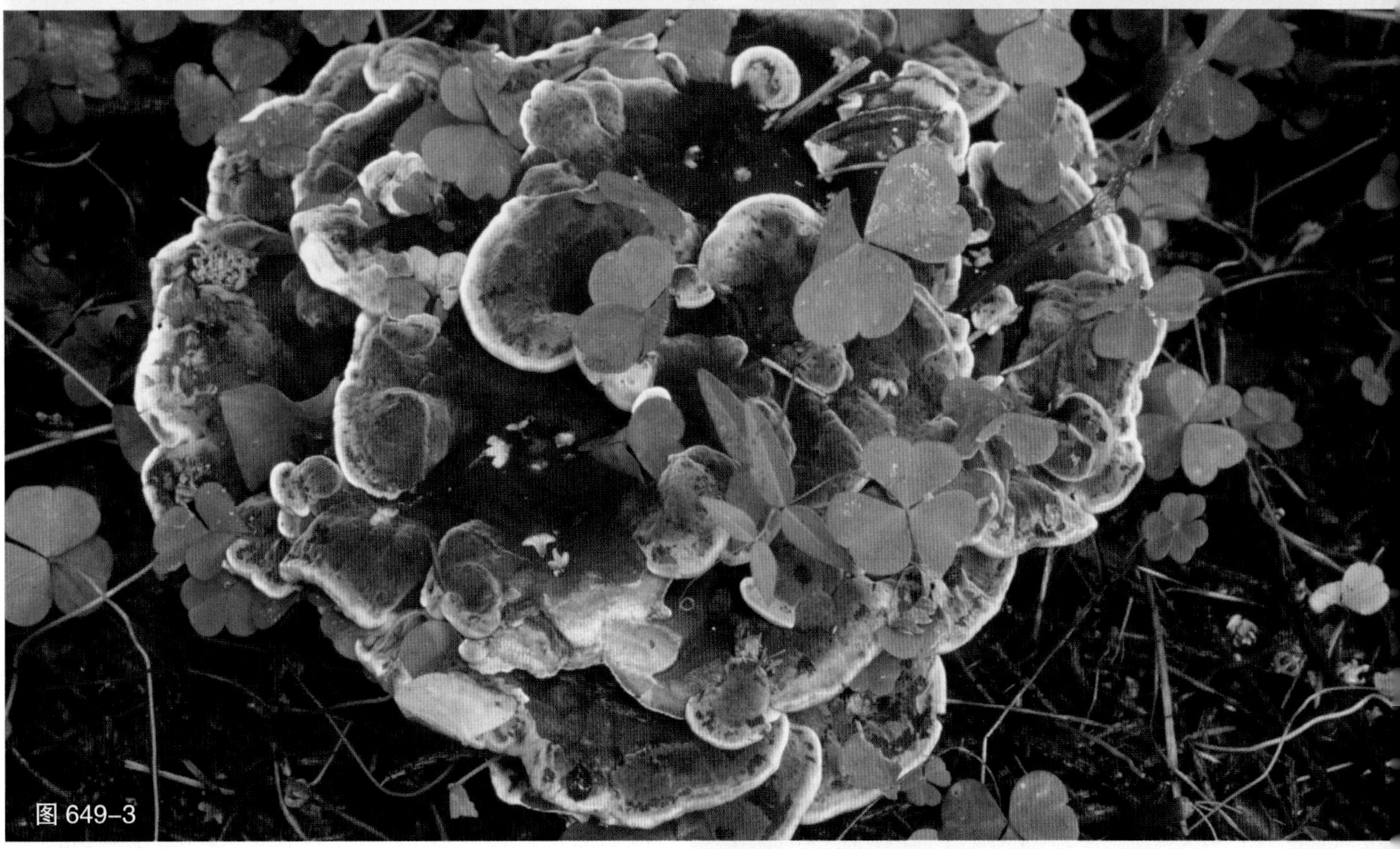

图 649-3

648 鳞片昂尼孔菌

Onnia leporina (Fr.) H. Jahn

≡ *Inonotus leporinus* (Fr.) Gilb. & Ryvarden

　　子实体一年生，具侧生柄，覆瓦状叠生，革质。菌盖多为扇形，外伸可达 4 cm，宽可达 6 cm，基部厚可达 8 mm；表面锈褐色，具不规则疣突；边缘锐或钝，干后内卷。孔口表面锈褐色至暗栗褐色；多角形，每毫米 3~4 个；边缘薄，撕裂状。菌肉锈褐色，双层，上层海绵质，下层木栓质，层间具一黑色细线。菌管浅棕褐色，长可达 5 mm。菌柄棕褐色，长可达 1.5 cm，直径可达 7 mm。担孢子 6.2~7×3.4~4.2 μm，椭圆形，无色，薄壁，光滑，非淀粉质，不嗜蓝。

　　秋季生于云杉树上，造成木材白色腐朽。分布于东北地区。

649 绒毛昂尼孔菌

Onnia tomentosa (Fr.) P. Karst.

≡ *Inonotus tomentosus* (Fr.) Teng

　　子实体一年生，具中生或侧生柄，单生或覆瓦状叠生，革质至木栓质。菌盖圆形至扇形，中部凹陷，直径可达 8 cm，中部厚可达 7 mm；表面黄褐色至锈褐色，被厚绒毛；边缘锐或钝，活跃生长时乳白色至乳黄色。孔口表面新鲜时黄褐色，干后污褐色或黑褐色；多角形至圆形，每毫米 2~4 个；边缘薄，撕裂状。不育边缘明显，宽可达 5 mm。菌肉锈褐色，双层，上层绒毛质，下层木栓质至硬木栓质。菌管黄褐色，长可达 3 mm。菌柄锈褐色，长可达 5 cm，基部直径可达 1.8 cm。担孢子 5~6.3×3~3.8 μm，椭圆形，无色，薄壁，光滑，非淀粉质，不嗜蓝。

　　秋季生于针叶树根部，造成木材白色腐朽。分布于东北、西北和青藏地区。

多孔菌、齿菌及革菌

图 650

650 三角形昂尼孔菌
***Onnia triquetra* (Pers.) Imazeki**

≡ *Inoderma triquetrum* (Pers.) P. Karst.

子实体一年生，具侧生柄。菌盖半圆形，外伸可达 3 cm，宽可达 4 cm，中部厚可达 1 cm；表面锈褐色，被短绒毛，具不明显的同心环纹；边缘锐。孔口表面浅黄褐色至栗褐色；多角形，每毫米 3~4 个；边缘薄，略呈撕裂状。菌肉双层，上层锈褐色，海绵质，厚可达 3 mm；下层栗褐色，厚可达 5 mm，两层之间具不明显界限。菌管淡栗褐色，长可达 3 mm。菌柄锈褐色，硬骨质，被短绒毛，长可达 1 cm，直径可达 5 mm。担孢子 5.4~7×3.1~4.8 μm，椭圆形，无色，薄壁，光滑。

夏秋季生于松树基部，造成木材白色腐朽。分布于华中地区。

图 651-1

651 皮生锐孔菌
***Oxyporus corticola* (Fr.) Ryvarden**

子实体一年生至多年生，平伏，覆瓦状叠生，肉质至革质。平伏时长可达 30 cm，宽可达 9 cm，厚可达 2 mm。菌盖扇形、半圆形，外伸可达 3 cm，宽可达 6 cm，基部厚可达 3 mm；表面新鲜时奶油色至浅灰褐色，被绒毛，具同心环带和环沟；边缘锐，颜色明显浅，干后内卷。孔口表面新鲜时奶油色至乳黄色，干后黄褐色；圆形，每毫米 2~4 个；孔口边缘薄，全缘或略呈撕裂状。不育边缘明显，奶油色，棉絮状，宽可达 4 mm。菌肉新鲜时乳白色，干后淡黄色，厚可达 2 mm。菌管干后淡黄褐色，长可达 1 mm。担孢子 4.9~6.2×3~4 μm，椭圆形，无色，薄壁，光滑，非淀粉质，不嗜蓝。

夏秋季生于针叶树和阔叶树的死树、倒木、树桩和腐木上，造成木材白色腐朽。药用。各区均有分布。

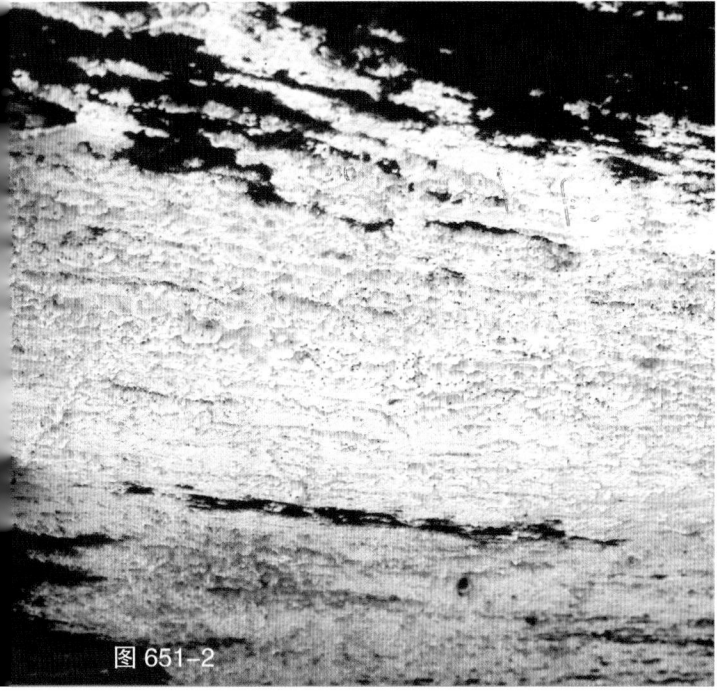

图 651-2

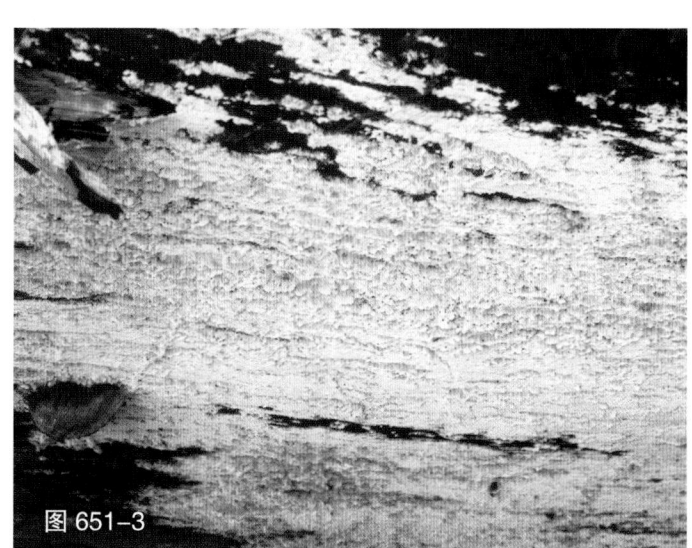

图 651-3

图 652-1

图 652-2

图 652-3

图 652-4

652 楔囊锐孔菌
Oxyporus cuneatus (Murrill) Aoshima

子实体一年生，平伏至无柄盖形，覆瓦状叠生，难与基物剥离，革质，无臭无味。平伏时长可达 200 cm，宽可达 12 cm，厚可达 2 mm。菌盖扇形至半圆形，外伸可达 4 cm，宽可达 6 cm，基部厚可达 3 mm；表面白色、奶油色至浅赭色或浅黄褐色；边缘锐，波状，干后内卷。孔口表面新鲜时白色至奶油色，干后奶油色，无折光反应；多角形，每毫米 2~3 个；边缘薄，撕裂状。不育边缘不明显至几乎无。菌肉极薄至几乎无，干后奶油色至浅黄色。菌管与菌肉同色，长可达 2 mm。担孢子 4~5×3~4 μm，宽椭圆形，无色，薄壁，光滑，非淀粉质，不嗜蓝。

夏秋季生于杉木和柳杉上，造成木材白色腐朽。分布于华中和西北地区。

多孔菌、齿菌及革菌

图 653-1

图 653-2

图 654

653 银杏锐孔菌
Oxyporus ginkgonis
Y.C. Dai

子实体一年生至二年生，平伏，革质，长可达 7 cm，宽可达 4 cm，基部厚可达 5 mm。孔口表面新鲜时白色至奶油色，干后奶油色至浅黄色，无折光反应；多角形，每毫米 4~5 个；边缘薄，略呈撕裂状。不育边缘窄至几乎无。菌肉新鲜时乳白色，软革质，干后奶油色，软木栓质，厚可达 0.2 mm。菌管干后奶油色，长可达 4.5 mm。担孢子 5~6×4.1~5 μm，宽椭圆形至近球形，无色，薄壁，光滑，非淀粉质，不嗜蓝。

秋季生于银杏树腐木上，造成木材白色腐朽。分布于东北、华北和华南地区。

654 宽边锐孔菌
Oxyporus latemar-ginatus (Durieu & Mont.) Donk

子实体一年生，平伏，不易与基物剥离，革质至木栓质，长可达 30 cm，宽可达 10 cm，厚可达 5 mm。孔口表面新鲜时奶油色、浅肉色至浅黄褐色，干后浅污黄色至黄褐色，无折光反应；多角形，每毫米 1~3 个；边缘薄，撕裂状。不育边缘明显，奶油色至浅黄色，宽可达 2 mm。菌肉干后奶油色，软木栓质，厚可达 1 mm。菌管奶油色，长可达 3 mm。担孢子 5~7×3~4 μm，宽椭圆形，无色，薄壁，光滑，非淀粉质，不嗜蓝。

夏秋季生于阔叶树上，造成木材白色腐朽。分布于东北和华中地区。

图 655-1

655 长囊锐孔菌
Oxyporus obducens (Pers.) Donk

　　子实体一年生，平伏，不易与基物剥离，木栓质，长可达 13 cm，宽可达 5 cm，厚可达 0.6 mm。孔口表面新鲜时乳白色或乳黄色，干后浅黄褐色，略具折光反应；圆形，每毫米 3~5 个；边缘薄，全缘，成熟后略呈撕裂状。不育边缘不明显。菌肉浅黄褐色，极薄。菌管与菌肉同色，长可达 0.5 mm。担孢子 $3.3~4.6 \times 2.7~3.5$ μm，椭圆形，无色，薄壁，光滑，非淀粉质，不嗜蓝。

　　夏秋季生于阔叶树倒木上，造成木材白色腐朽。分布于东北和华北地区。

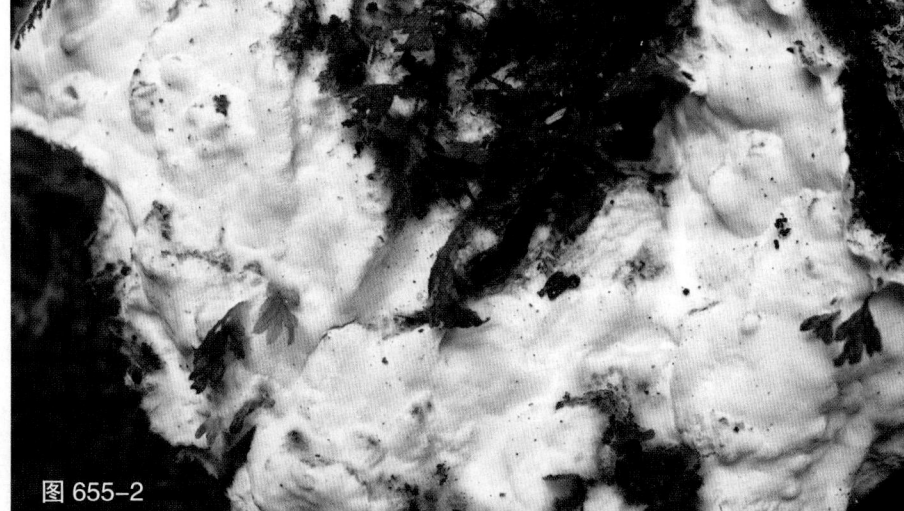

图 655-2

图 655-3

多孔菌、齿菌及革菌

图 656-1

图 656-2

656 杨锐孔菌

Oxyporus populinus (Schumach.) Donk

≡ *Rigidoporus populinus* (Schumach.) Pouzar

子实体多年生，无柄，覆瓦状叠生，木栓质。菌盖半圆形，外伸可达 10 cm，宽可达 15 cm，厚可达 7 cm；表面初期白色至浅黄色，后期灰黄色；边缘锐，乳白色。孔口表面新鲜时乳白色至奶油色，干后浅黄色，具折光反应；圆形，每毫米 6~8 个；边缘薄，全缘。不育边缘明显，乳白色，宽可达 2 mm。菌肉奶油色至浅棕黄色，厚可达 1 cm。菌管与孔口表面同色，分层明显，层间具一菌肉层，长可达 60 mm。担孢子 3.2~4×3~3.6 μm，近球形或卵圆形，无色，薄壁，光滑，非淀粉质，不嗜蓝。

春季至秋季生于槭树或杨树上，造成木材白色腐朽。各区均有分布。

图 657

657 中国锐孔菌
Oxyporus sinensis X.L. Zeng

子实体多年生，无柄，单生或覆瓦状叠生，革质至木质。菌盖半圆形，外伸可达 15 cm，宽可达 20 cm，基部厚可达 4 cm；表面暗灰色至黑褐色，无同心环沟和环带，粗糙，具不规则的疣突；边缘钝，乳白色至黄棕色。孔口表面新鲜时乳白色，干后深棕色，无折光反应；圆形，每毫米 4~5 个；边缘略厚，全缘。不育边缘明显，宽可达 4 mm。菌肉奶油色至棕黄色，厚可达 1.5 cm。菌管与孔口表面同色，分层明显，层间具一菌肉层，长可达 2.5 cm。担孢子 5.2~6.6×4~5 μm，宽椭圆形，无色，薄壁，光滑，非淀粉质，不嗜蓝。

春季至秋季生于杨树基部，造成木材白色腐朽。分布于东北地区。

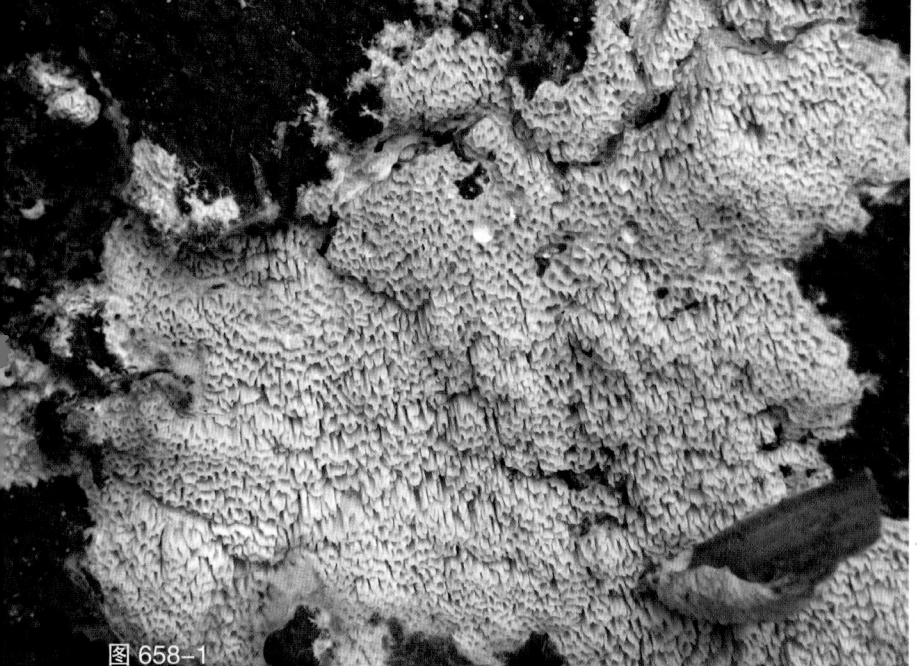

图 658-1

图 658-2

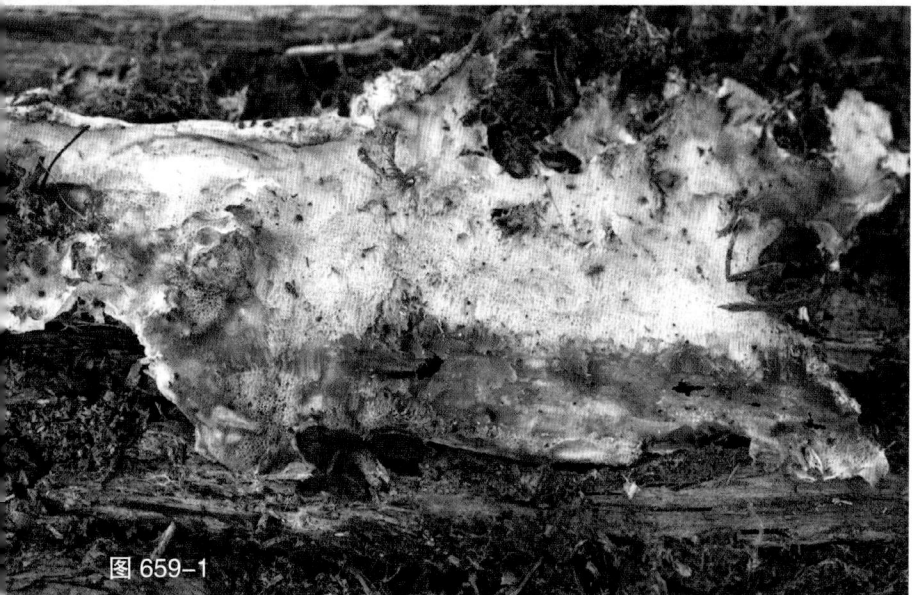

图 659-1

658 尖囊锐孔菌
Oxyporus subulatus Ryvarden

子实体一年生，平伏，革质，长可达 7 cm，宽可达 5 cm，基部厚可达 5 mm。孔口表面新鲜时白色至奶油色，干后奶油色至浅黄色，无折光反应；多角形至不规则形，每毫米 1~2 个；边缘稍厚，略呈撕裂状。不育边缘窄至几乎无。菌肉奶油色，软木栓质，厚可达 0.2 mm。菌管干后浅黄色，长可达 5 mm。担孢子 4.4~5×2.5~3 μm，椭圆形，无色，薄壁，光滑，非淀粉质，不嗜蓝。

夏秋季生于阔叶树落枝上，造成木材白色腐朽。分布于华中和华南地区。

659 软帕氏孔菌
Parmastomyces mollissimus
(Maire) Pouzar

= *Parmastomyces transmutans*
(Overh.) Ryvarden & Gilb.

子实体一年生，平伏、平伏反卷或盖形，新鲜时肉质，干后变脆，易碎。平伏时长可达 7 cm，宽可达 3 cm，厚可达 1 mm。菌盖窄半圆形，外伸可达 1 cm，宽可达 3 cm，基部厚可达 2 mm；表面新鲜时奶油色，成熟时浅黄褐色；边缘钝，干后内卷。孔口表面新鲜时奶油色至乳黄色，触摸后褐色，干后黄褐色至暗褐色；圆形至多角形，每毫米 2~3 个；边缘薄，撕裂状。不育边缘明显，奶油色，宽可达 3 mm。菌肉新鲜时乳白色，厚可达 1 mm。菌管干后褐色，长可达 1 mm。担孢子 5~6×2.9~3.2 μm，椭圆形，无色，厚壁，光滑，拟糊精质，嗜蓝。

秋季生于阔叶树腐木上，造成木材褐色腐朽。分布于东北、西北、青藏和华南地区。

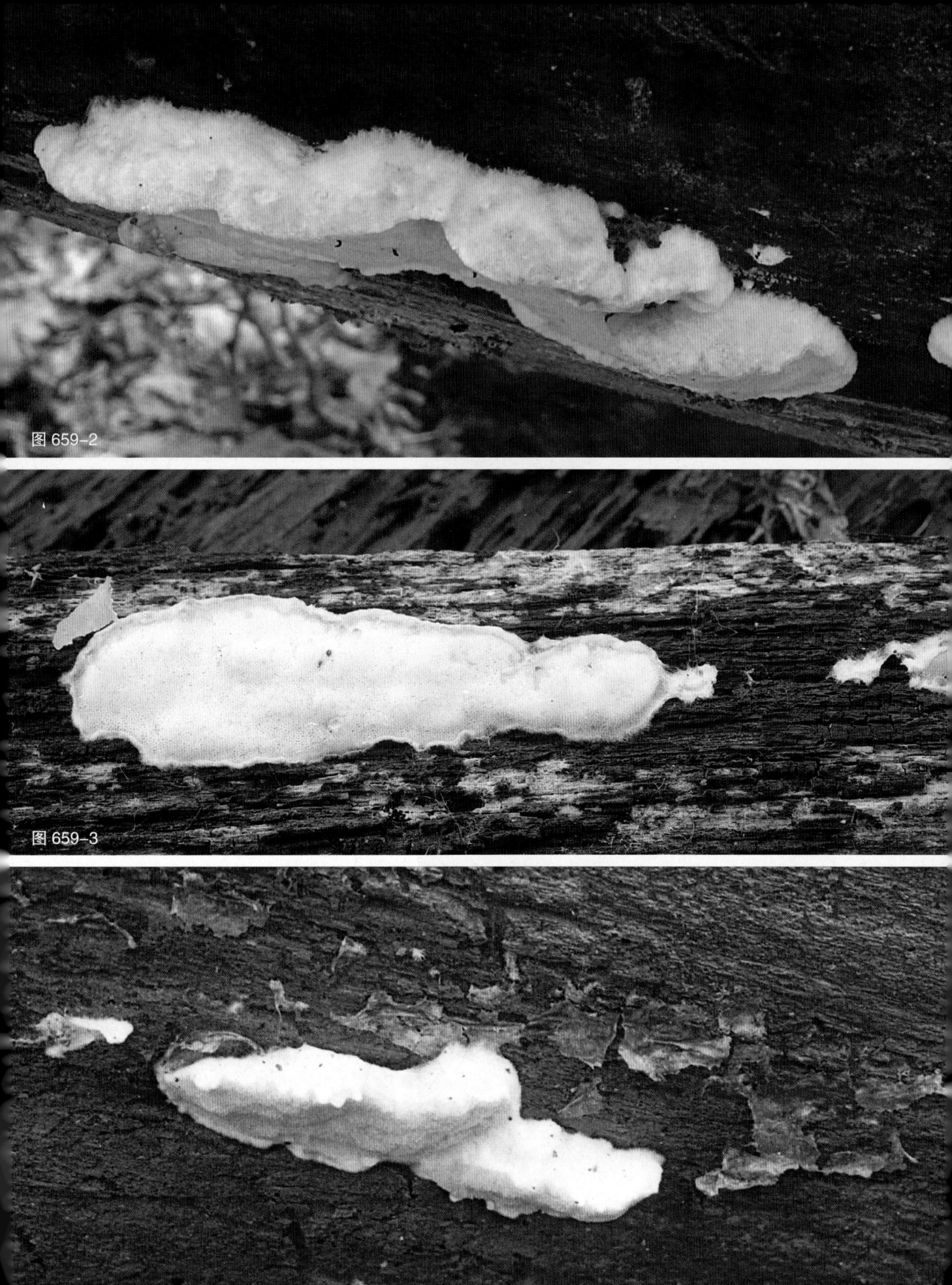

图 659-2

图 659-3

图 659-4

多孔菌、齿菌及革菌

图 660

图 661

图 662

660 紫杉帕氏孔菌
Parmastomyces taxi (Bondartsev) Y.C. Dai & Niemelä

子实体一年生，无柄，覆瓦状叠生，具收缩的基部，肉质，具强烈的腐臭味。菌盖半圆形，外伸可达 5 cm，宽可达 7 cm，基部厚可达 10 mm；表面黄褐色至黑褐色，粗糙；边缘钝，干后内卷。孔口表面新鲜时乳白色，触摸后褐色，干后橄榄色，无折光反应；多角形，每毫米 4~6 个；边缘薄，略呈齿裂状。菌肉厚可达 5 mm。菌管新鲜时乳黄色，长达 5 mm。担孢子 3.8~4.5 × 2~2.4 μm，长椭圆形，无色，拟糊精质，嗜蓝。

夏秋季生于落叶松基部，造成木材褐色腐朽。分布于东北地区。

661 干多年卧孔菌
Perenniporia aridula B.K. Cui & C.L. Zhao

子实体多年生，平伏，贴生，干后木栓质，长可达 18 cm，宽可达 8.5 cm，厚可达 6.2 mm。孔口表面新鲜时奶油色，干后奶油色至浅黄色；圆形，每毫米 6~7 个；边缘薄，全缘。不育边缘窄，浅黄色，宽可达 1 mm。菌肉白色至浅黄色，厚可达 0.6 mm。菌管与孔口表面同色，长可达 5.6 mm。担孢子 6~7×5.1~6 μm，近球形，平截，无色，厚壁，光滑，拟糊精质，嗜蓝。

夏季生于阔叶树倒木上，造成木材白色腐朽。分布于华中地区。

662 版纳多年卧孔菌
Perenniporia bannaensis B.K. Cui & C.L. Zhao

子实体一年生，平伏，难与基物剥离，新鲜时革质，干后木栓质，长可达 9.8 cm，宽可达 6.5 cm，中部厚可达 2.1 mm。孔口表面新鲜时奶油色，干后稻草色；圆形至多角形，每毫米 6~8 个；边缘薄，全缘或撕裂状。不育边缘薄，奶油色，宽可达 0.4 mm。菌肉浅黄色，薄，厚可达 0.4 mm。菌管与孔口表面同色，单层，长可达 1.7 mm。担孢子 5.2~6×4~4.6 μm，长椭圆形，不平截，无色，厚壁，光滑，拟糊精质，嗜蓝。

夏季生于阔叶树倒木上，造成木材白色腐朽。分布于华南地区。

663 皮生多年卧孔菌
Perenniporia corticola
(Corner) Decock

子实体多年生，平伏，新鲜时革质，干后木栓质，多不规则形，长可达 10 cm，宽可达 5 cm，中部厚可达 0.3 cm，边缘薄。孔口表面黄白色；近圆形，每毫米 5~6 个；边缘稍厚，全缘。不育边缘明显，宽可达 2 mm。菌肉黄色，极薄至几乎无。菌管与菌肉同色，长可达 2 mm。担孢子 5.2~6×3.8~5 μm，宽椭圆形，无色，厚壁，平截，拟糊精质，嗜蓝。

夏秋季生于阔叶树腐木上，造成木材白色腐朽。分布于华南地区。

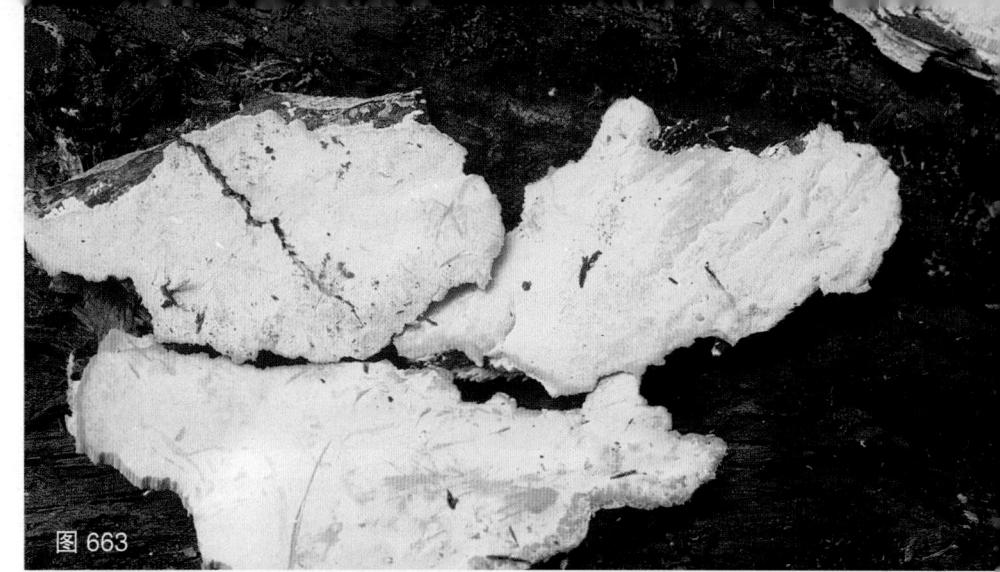

图 663

664 白蜡多年卧孔菌
Perenniporia fraxinea
(Bull.) Ryvarden

子实体一年生，覆瓦状叠生，木栓质。菌盖半圆形，外伸可达 9 cm，宽可达 13 cm，基部厚可达 2 cm；表面浅黄褐色至红褐色或污褐色，粗糙至光滑，同心环带不明显；边缘锐或钝。孔口表面新鲜时奶油色，无折光反应；圆形，每毫米 7~8 个；边缘厚，全缘。菌肉浅黄褐色，厚可达 10 mm。菌管与菌肉同色，长可达 10 mm。担孢子 5.2~6.1×4.6~5.2 μm，宽椭圆形至近球形，无色，厚壁，光滑，拟糊精质，嗜蓝。

夏秋季生于多种阔叶树的活立木、死树、倒木和树桩上，造成木材白色腐朽。药用。分布于华北和华中地区。

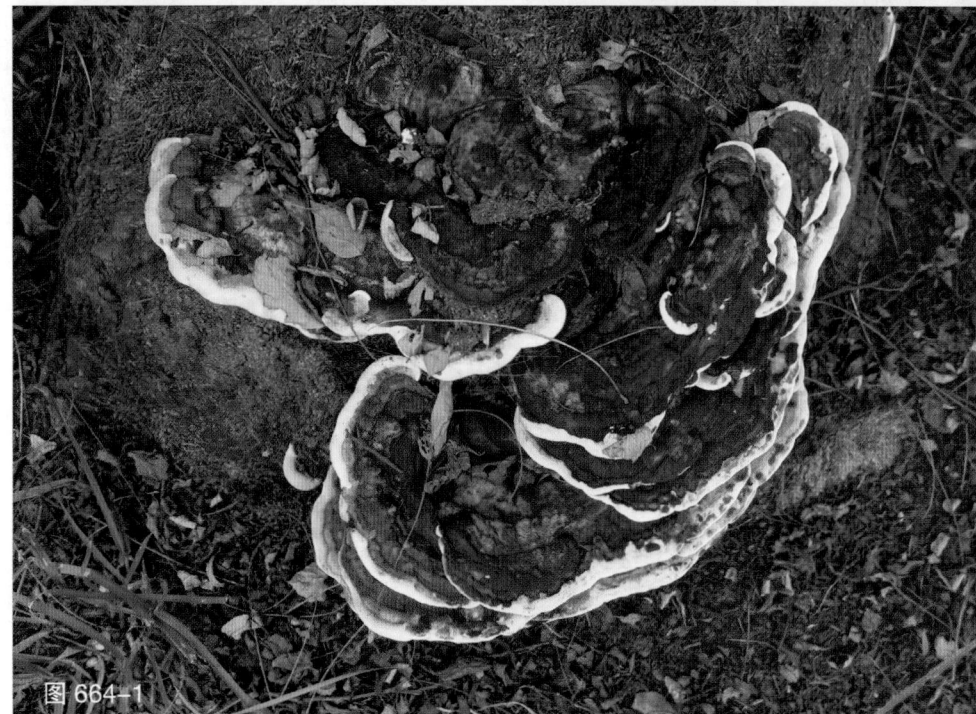

图 664-1

图 664-2

多孔菌、齿菌及革菌

图 665

图 666-1

图 666-2

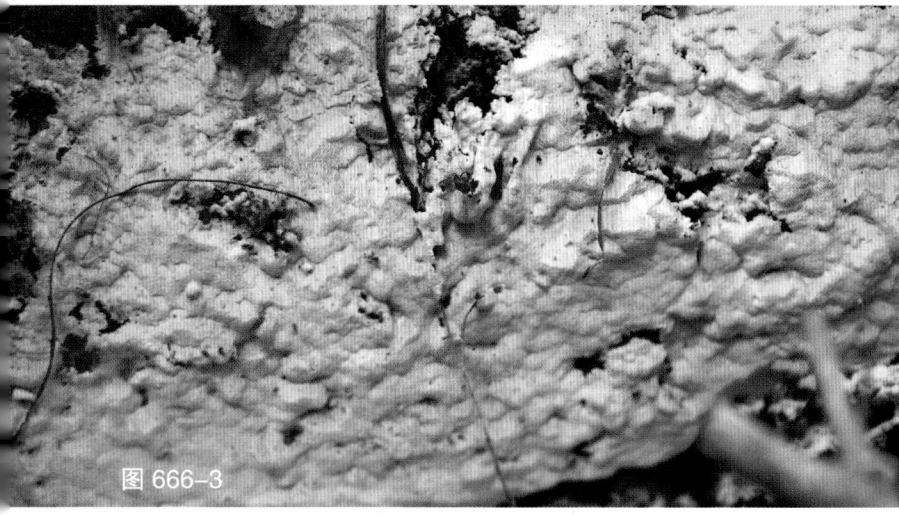

图 666-3

665 服部多年卧孔菌
Perenniporia hattorii
Y.C. Dai & B.K. Cui

子实体一年生，平伏，木栓质至脆质，不规则形，长可达 15 cm，宽可达 4 cm，中部厚可达 1.2 mm。孔口表面新鲜时奶油色至浅黄色，触摸后变为肉桂黄色，干后变为浅黄褐色；圆形至多角形，每毫米 3~5 个；边缘薄，全缘。不育边缘奶油色至浅黄色，宽可达 1 mm。菌肉奶油色至浅黄色，厚可达 0.2 mm。菌管与孔口表面同色，木栓质至脆质，长可达 1 mm。担孢子 9.8~12.7×5.8~7.2 μm，椭圆形，无色，厚壁，平截，光滑，拟糊精质，嗜蓝。

夏秋季生于阔叶树倒木上，造成木材白色腐朽。分布于华南地区。

666 日本多年卧孔菌
Perenniporia japonica
(Yasuda) T. Hatt. & Ryvarden

子实体一年生至多年生，平伏，贴生，木栓质，长可达 15 cm，宽可达 6 cm，中部厚可达 4.5 mm。孔口表面干后白色至灰黄色；圆形，每毫米 5~7 个；边缘厚，全缘。不育边缘薄，白色至奶油色，宽可达 2 mm。菌肉奶油色，厚可达 1 mm。菌管与孔口表面同色，木栓质，长可达 3.5 mm。担孢子 4~4.9×3.1~3.9 μm，椭圆形，平截，无色，厚壁，光滑，拟糊精质，嗜蓝。

夏秋季生于针阔叶树的枯立木或倒木上，造成木材白色腐朽。分布于东北、华北和华中地区。

宽被多年卧孔菌
Perenniporia latissima (Bres.)
Ryvarden

子实体一年生至多年生，无柄，木栓质。菌盖外伸可达 3 cm，宽可达 4 cm，厚可达 1.1 cm；表面新鲜时深红褐色，干后黑褐色；边缘稍钝，干后不内卷。孔口圆形，每毫米 5~6 个；边缘厚，全缘。菌肉深褐色，厚可达 4 mm。菌管浅褐色至暗褐色，分层明显，每层长可达 4 mm，层间无菌肉层。担孢子 7~8.2×4.2~5 μm，西瓜子形，无色，厚壁，光滑，顶部稍平截，拟糊精质，嗜蓝。

春季至秋季单生或左右连生于阔叶树的活立木和死树上，造成木材白色腐朽。分布于华南地区。

图 667

668 怀槐多年卧孔菌
Perenniporia maackiae
(Bondartsev & Ljub.)
Parmasto

子实体一年生至多年生，平伏或反卷至盖形，不易与基物剥离，革质。菌盖窄半圆形，外伸可达 1 cm，宽可达 3 cm，厚可达 5 mm。平伏时长可达 20 cm，宽可达 10 cm，厚可达 5 mm；表面初期黄褐色至红褐色，后期灰黑色，粗糙。孔口表面新鲜时鲜黄色，后期黄色或棕黄色；近圆形，每毫米 5~8 个；边缘厚，全缘。不育边缘明显，浅黄色，宽可达 2 mm。菌肉浅黄色，厚可达 2 mm。菌管与孔口表面同色，长可达 3 mm。担孢子 5~6.5×3.5~4.5 μm，椭圆形，顶部平截，无色，厚壁，光滑，拟糊精质，嗜蓝。

春季至秋季生于槐树上，造成木材白色腐朽。分布于东北地区。

图 668-1

图 668-2

多孔菌、齿菌及革菌

图 669

图 670-1

图 670-2

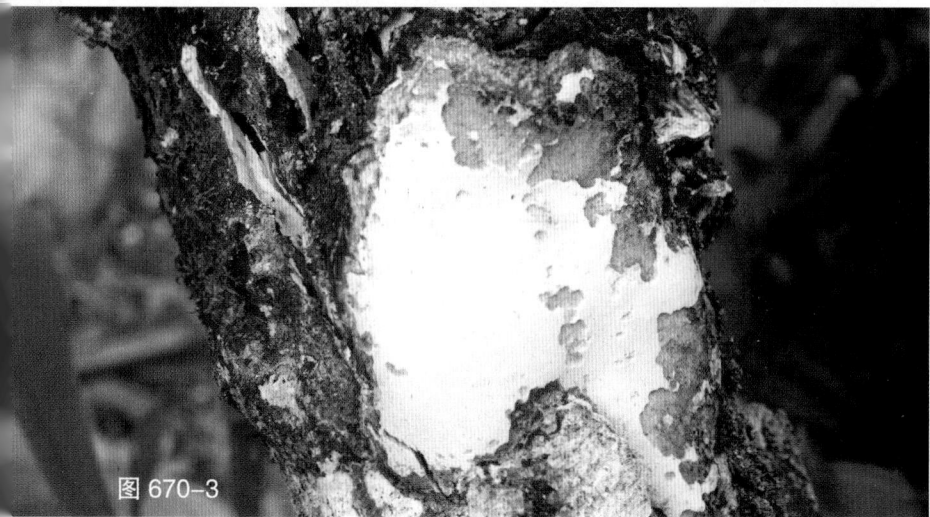

图 670-3

669 角壳多年卧孔菌
Perenniporia martia (Berk.) Ryvarden

子实体多年生，革质至木栓质。菌盖扁平或马蹄形，外伸可达 10 cm，宽可达 15 cm，基部厚可达 5 cm；表面中部深褐色，粗糙，具明显的同心环沟；边缘钝，白色至奶油色。孔口表面新鲜时白色至奶油色，干后奶油色至淡黄色；圆形，每毫米 5~6 个；边缘厚，全缘。不育边缘明显，宽可达 5 mm。菌肉赭石色至黑褐色，厚可达 4 cm。菌管褐色至黑褐色，层间具菌肉层分隔，长可达 1 cm。担孢子 8~9×4~4.6 μm，长杏仁形，顶端明显变细，无色，厚壁，光滑，拟糊精质，嗜蓝。

夏秋季单生于多种阔叶树的活立木和死树上，造成木材白色腐朽。药用。分布于华中和华南地区。

670 狭髓多年卧孔菌
Perenniporia medulla-panis (Jacq.) Donk

子实体一年生至多年生，平伏，不易与基物剥离，革质至木栓质，长可达 8 cm，宽可达 3 cm，厚可达 5 mm。孔口表面新鲜时乳白色，成熟时浅乳黄色，无折光反应；近圆形，每毫米 5~7 个；边缘厚，全缘。不育边缘明显，浅乳黄色，宽可达 1 mm。菌肉浅褐色，厚可达 1 mm。菌管与孔口表面同色，分层明显，长可达 2 mm。担孢子 4.3~5.1×3.3~4 μm，椭圆形，无色，厚壁，光滑，顶部平截，拟糊精质，嗜蓝。

秋季生于阔叶树腐木上，造成木材白色腐朽。分布于东北、华北、西北和华南地区。

图 671-1

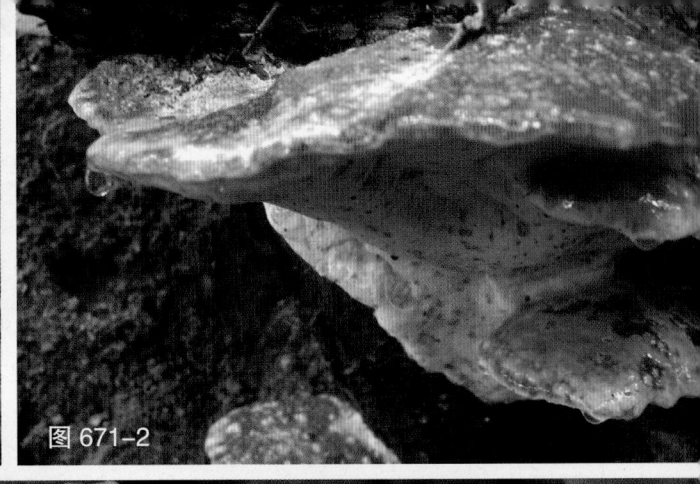

图 671-2

图 671-4

图 671-3

671 骨质多年卧孔菌
Perenniporia minutissima (Yasuda) T. Hatt. & Ryvarden

　　子实体一年生，无柄，单生或覆瓦状叠生，干后硬骨质。菌盖形状不规则，外伸可达 6 cm，宽可达 8 cm，基部厚可达 3 cm；表面橙棕色至浅红棕色，具疣突。孔口表面新鲜时奶油色，干后黄棕色至赭褐色；多角形，每毫米 3~5 个；边缘薄，全缘。不育边缘明显，黄棕色。菌肉奶油色至浅黄色，厚可达 2 cm。菌管浅黄色至黄褐色，长可达 1 cm。担孢子 9.9~12.8×5.9~7.8 μm，长椭圆形，无色，厚壁，光滑，拟糊精质，嗜蓝。

　　春夏季生于阔叶树倒木和树桩上，造成木材白色腐朽。分布于华中和华南地区。

图 672

图 673

672 南岭多年卧孔菌

Perenniporia nanlingensis

B.K. Cui & C.L. Zhao

子实体一年生，平伏，不易与基物剥离，木栓质，长可达 35 cm，宽可达 10 cm，中部厚可达 5.5 mm。孔口表面干后浅黄色至肉桂色；圆形，每毫米 6~7 个；边缘厚，全缘。菌肉奶油色至浅黄色，薄，厚可达 0.5 mm。菌管与孔口表面同色，长可达 5 mm。担孢子 9~10×5~6 μm，椭圆形，平截，无色，厚壁，光滑，拟糊精质，嗜蓝。

夏秋季生于阔叶树死树上，造成木材白色腐朽。分布于华中地区。

673 纳雷姆多年卧孔菌

Perenniporia narymica

(Pilát) Pouzar

子实体一年生至多年生，平伏，难与基物剥离，革质，长可达 10 cm，宽可达 5 cm，厚可达 5 mm。孔口表面新鲜时乳黄色至黄褐色，干后淡黄褐色至红褐色，无折光反应；多角形或近圆形，每毫米 4~5 个；边缘薄，全缘或略呈撕裂状。菌肉浅黄褐色，厚可达 1 mm。菌管与孔口表面同色，长可达 4 mm。担孢子 4~4.8×3.1~3.9 μm，宽椭圆形，无色，厚壁，光滑，顶部稍平截，弱拟糊精质，嗜蓝。

夏秋季生于阔叶树的活立木和死树上，造成木材白色腐朽。分布于东北、华北、西北、华中和华南地区。

图 674-1

674 **白赭多年卧孔菌**
Perenniporia ochroleuca
(Berk.) Ryvarden

　　子实体多年生，无柄，覆瓦状叠生，革质至木栓质。菌盖近圆形或马蹄形，外伸可达 1.5 cm，宽可达 2 cm，厚可达 10 mm；表面奶油色至黄褐色，具明显的同心环带；边缘钝，颜色浅。孔口表面乳白色至土黄色，无折光反应；近圆形，每毫米 5~6 个；边缘厚，全缘。不育边缘较窄，宽可达 0.5 mm。菌肉土黄褐色，厚可达 4 mm。菌管与孔口表面同色，长可达 6 mm。担孢子 9~12×5.5~7.9 μm，椭圆形，顶部平截，无色，厚壁，光滑，拟糊精质，嗜蓝。

　　春季至秋季生于阔叶树倒木上，造成木材白色腐朽。分布于东北、华北、华中和华南地区。

图 674-2

图 675-1

图 675-2

675 梨生多年卧孔菌

Perenniporia pyricola Y.C. Dai & B.K. Cui

子实体多年生，平伏，贴生，木栓质，长可达 20 cm，宽可达 8 cm，中部厚可达 1.2 cm。孔口表面新鲜时奶油色至肉桂黄色，干后黄白色；圆形至多角形，每毫米 3~5 个；边缘薄，全缘。不育边缘新鲜时奶油色至浅黄色，宽可达 1 mm。菌肉奶油色，薄，厚可达 0.2 mm。菌管与孔口表面同色，长可达 1 cm。担孢子 6.3~7.6×4.8~6.5 μm，椭圆形，平截，无色，厚壁，光滑，拟糊精质，嗜蓝。

夏秋季生于阔叶树的活立木或死树上，造成木材白色腐朽。分布于东北和华北地区。

676 菌索多年卧孔菌

Perenniporia rhizomorpha B.K. Cui et al.

子实体一年生，平伏，难与基物剥离，木栓质，长可达 15 cm，宽可达 4 cm，中部厚可达 3 mm。孔口表面新鲜时奶油色，干后浅黄色；圆形至多角形，每毫米 4~6 个；边缘薄，全缘。不育边缘薄，奶油色至橙黄色，宽可达 1 mm，具奶油色至浅黄色菌索。菌肉奶油色至浅黄色，厚可达 1 mm。菌管与孔口表面同色，长可达 2 mm。担孢子 5.3~6.5×4.1~5.2 μm，椭圆形，不平截，无色，厚壁，光滑，拟糊精质，嗜蓝。

夏秋季生于阔叶树倒木上，造成木材白色腐朽。分布于华中和华南地区。

图 676

图 677-1

677 刺槐多年卧孔菌

677

Perenniporia robiniophila

(Murrill) Ryvarden

≡ *Trametes robiniophila* Murrill

　　子实体多年生，覆瓦状叠生，木栓质。菌盖半圆形，外伸可达 6 cm，宽可达 10 cm，基部厚可达 2.2 cm；表面浅黄褐色至红褐色或污褐色；边缘锐或钝。孔口表面灰褐色，触摸后变为浅棕褐色，无折光反应；圆形，每毫米 4~6 个；边缘厚，全缘。菌肉浅黄褐色，厚可达 10 mm。菌管与菌肉同色，长可达 12 mm。担孢子 6~7.5×5.5~6 μm，水滴形或近球形，无色，厚壁，光滑，拟糊精质，嗜蓝。

　　夏秋季生于刺槐的活立木、死树、倒木及树桩上，造成木材白色腐朽。药用。分布于东北、华北、华中和西北地区。

图 677-2

图 678-1

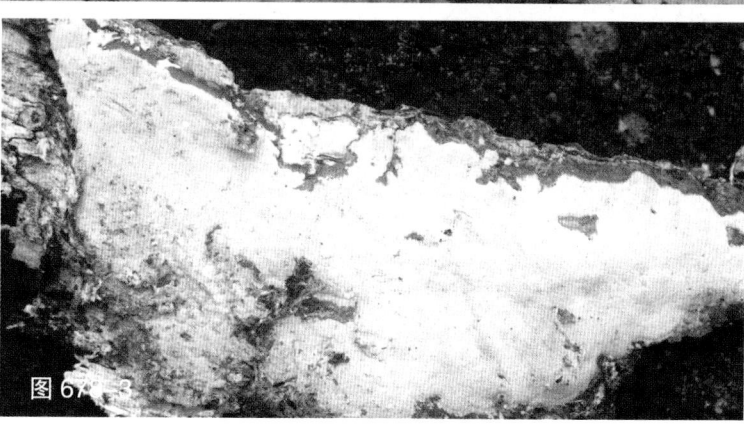

图 678-2   图 678-3

678 微酸多年卧孔菌
Perenniporia subacida (Peck) Donk

　　子实体一年生至多年生，平伏，不易与基物剥离，革质，长可达 200 cm，宽可达 70 cm，厚可达 2 cm。孔口表面白色、奶油色、浅黄色至棕黄色，无折光反应；近圆形至多角形，每毫米 4~6 个；边缘薄，全缘。不育边缘毛缘状，白色至浅黄色，宽可达 2 mm。菌肉厚可达 1 mm。菌管与菌肉同色，长可达 19 mm。担孢子 4.3~5.4×3.2~4.1 μm，宽椭圆形，无色，壁略厚，光滑，拟糊精质，嗜蓝。

　　夏秋季生于多种针阔叶树的活立木、死树、倒木、树桩和腐木上，造成木材白色腐朽。药用。分布于东北和华中地区。

679 薄多年卧孔菌
Perenniporia tenuis (Schwein.) Ryvarden

　　子实体一年生，平伏，不易与基物剥离，木栓质，长可达 15.5 cm，宽可达 5.5 cm，中部厚可达 3.5 mm。孔口表面新鲜时奶油色，干后浅黄色至黄色；圆形至多角形，每毫米 4~6 个；边缘薄，全缘。菌肉奶油色，薄，厚可达 0.5 mm。菌管与孔口表面同色，长可达 3 mm。担孢子 5.5~6.5×4~5 μm，宽椭圆形，平截，无色，厚壁，光滑，拟糊精质，嗜蓝。

　　夏秋季生于针阔叶树的倒木及枯立木上，造成木材白色腐朽。分布于东北、华北和华中地区。

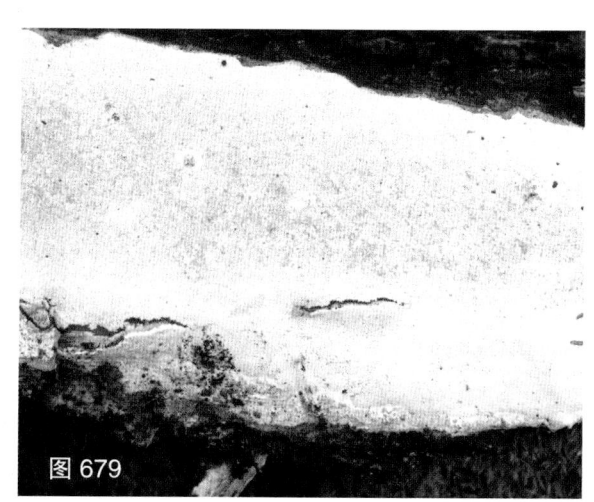

图 679

图 680-1

680 灰孔多年卧孔菌

Perenniporia tephropora (Mont.) Ryvarden

≡ *Loweporus tephroporus* (Mont.) Ryvarden

　　子实体多年生，平伏或平伏反卷，木栓质。平伏时长可达 20 cm，宽可达 10 cm，厚可达 5 mm。菌盖半圆形，外伸可达 2 cm，宽可达 4 cm，厚可达 5 mm；表面灰色至灰黑色；边缘钝。孔口表面灰土色至茶褐色；圆形或多角形，每毫米 5~7 个；边缘薄或厚，全缘或撕裂状。不育边缘明显或不明显，浅灰色，宽可达 1 mm。菌肉褐色，厚可达 0.5 mm。菌管深褐色，长可达 4.5 mm。担孢子 4.4~5×3.4~4 μm，椭圆形，一端平截，无色，厚壁，光滑，拟糊精质，嗜蓝。

　　春季至秋季生于阔叶树倒木或树桩上，造成木材白色腐朽。分布于华中和华南地区。

图 680-2

多孔菌、齿菌及革菌

中国大型菌物资源图鉴　　545

图 682-1

图 682-2

图 681

681　西藏多年卧孔菌
Perenniporia tibetica B.K. Cui & C.L. Zhao

子实体一年生，平伏，木栓质，长可达 15 cm，宽可达 5 cm，中部厚可达 3 mm。孔口表面新鲜时奶油色至浅黄色，干后浅黄色；多角形，每毫米 2~3 个；边缘薄，全缘。不育边缘薄，白色至奶油色，宽可达 1 mm。菌肉奶油色，厚可达 0.5 mm。菌管与孔口表面同色，长可达 2.5 mm。担孢子 6.7~8.7×5.3~6.8 μm，椭圆形，无色，厚壁，光滑，拟糊精质，嗜蓝。

夏季生于阔叶树活立木或阔叶树倒木上，造成木材白色腐朽。分布于青藏地区。

图 682-3

682 栗褐暗孔菌

Phaeolus schweinitzii (Fr.) Pat.

　　子实体一年生，具中生或侧生柄，覆瓦状叠生，肉质至干酪质。菌盖圆形，直径可达 25 cm，基部厚可达 2 cm；表面幼嫩时黄色，成熟时黄褐色，干后暗红褐色，具明显的同心环沟；边缘锐，波状，宽可达 3 mm。孔口表面幼嫩时橘黄色，成熟时绿褐色，触摸后迅速变为暗褐色，干后变为黑褐色，无折光反应；多角形，每毫米 2~3 个；边缘薄，锯齿状。菌肉暗褐色，厚可达 1 cm。菌管黄褐色，长可达 10 mm。菌柄干后暗红褐色，新鲜时纤维质，长可达 7 cm，直径可达 20 mm。担孢子 5.7~9×4~5 μm，椭圆形，无色，薄壁，光滑，非淀粉质，不嗜蓝。

　　春季至秋季生于多种针叶树的基部和倒木上，尤其以过熟林中最为常见，造成木材褐色腐朽。药用。分布于东北、西北和青藏地区。

多孔菌、齿菌及革菌

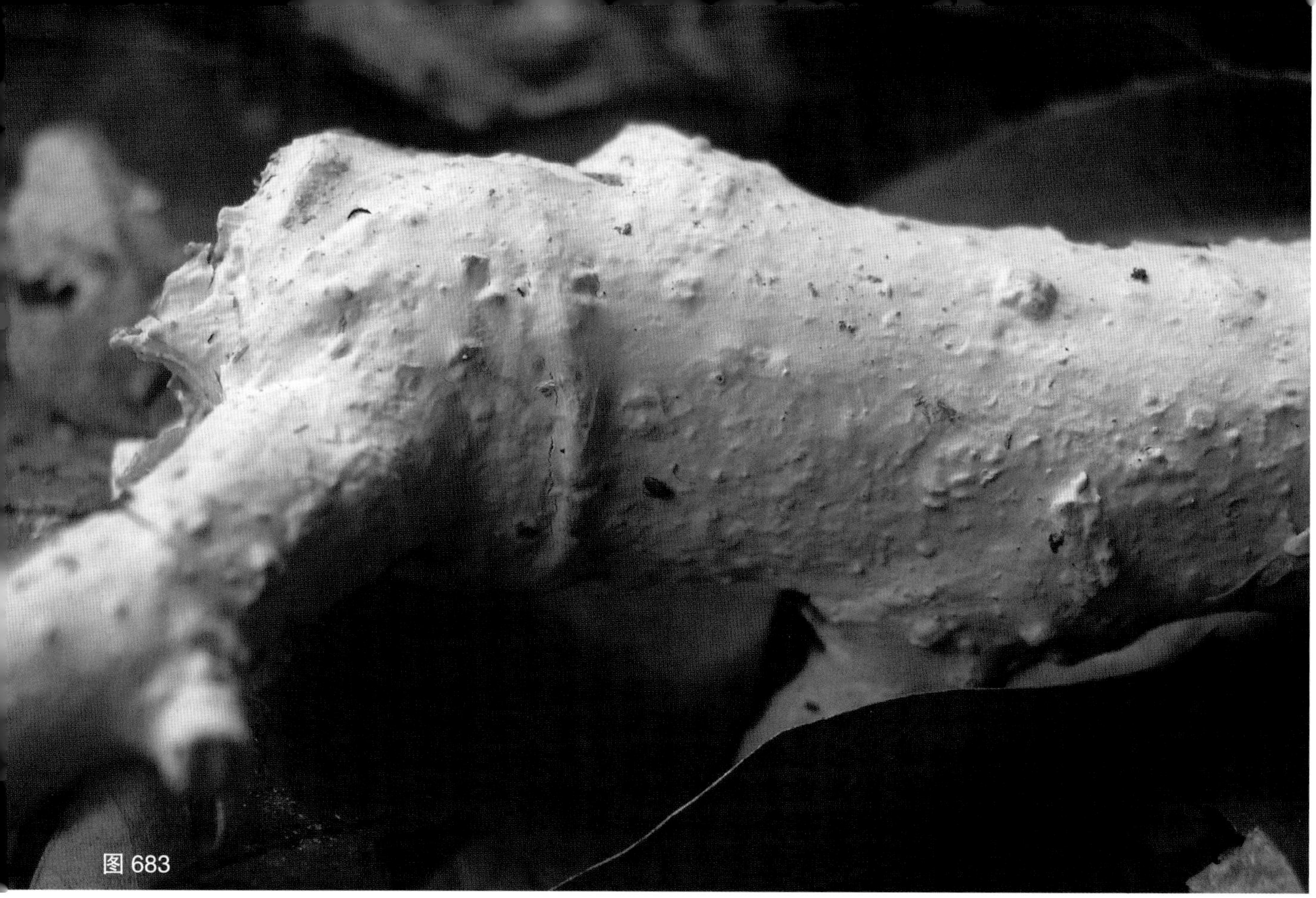

图 683

683 污白平革菌
Phanerochaete sordida (P. Karst.)
J. Erikss. & Ryvarden

　　子实体平伏，成片贴生于基物上，膜质至纸质，长可达 100 cm，宽可达 20 cm，厚可达 3 mm。子实层体光滑，有时有粒状突起，干时偶有稀疏裂纹，具短绒毛，乳白色至乳黄色，干时颜色略深。不育边缘不明显至几乎无。担孢子 5~7×2.7~3.3 μm，卵形至椭圆形，无色，薄壁。

　　秋季生于阔叶林中腐木上，造成木材白色腐朽。分布于华中和华南地区。

684 尖针小木层孔菌
Phellinidium aciferum Y.C. Dai

　　子实体多年生，平伏，不易与基物剥离，硬木质，长可达 100 cm，宽可达 20 cm，厚可达 15 mm。孔口表面栗褐色，具折光反应；圆形至多角形，每毫米 4~6 个；边缘厚，全缘。不育边缘狭窄，宽可达 1 mm，淡褐色至暗褐色。菌肉暗栗褐色，厚可达 4 mm。菌管与孔口表面同色，长可达 12 mm。担孢子 3~4×1.1~1.5 μm，圆柱形，无色，薄壁，光滑，非淀粉质，不嗜蓝。

　　春季至秋季生于栎树倒木上，造成木材白色腐朽。分布于东北地区。

图 684-1　　　　　　　　　图 684-2

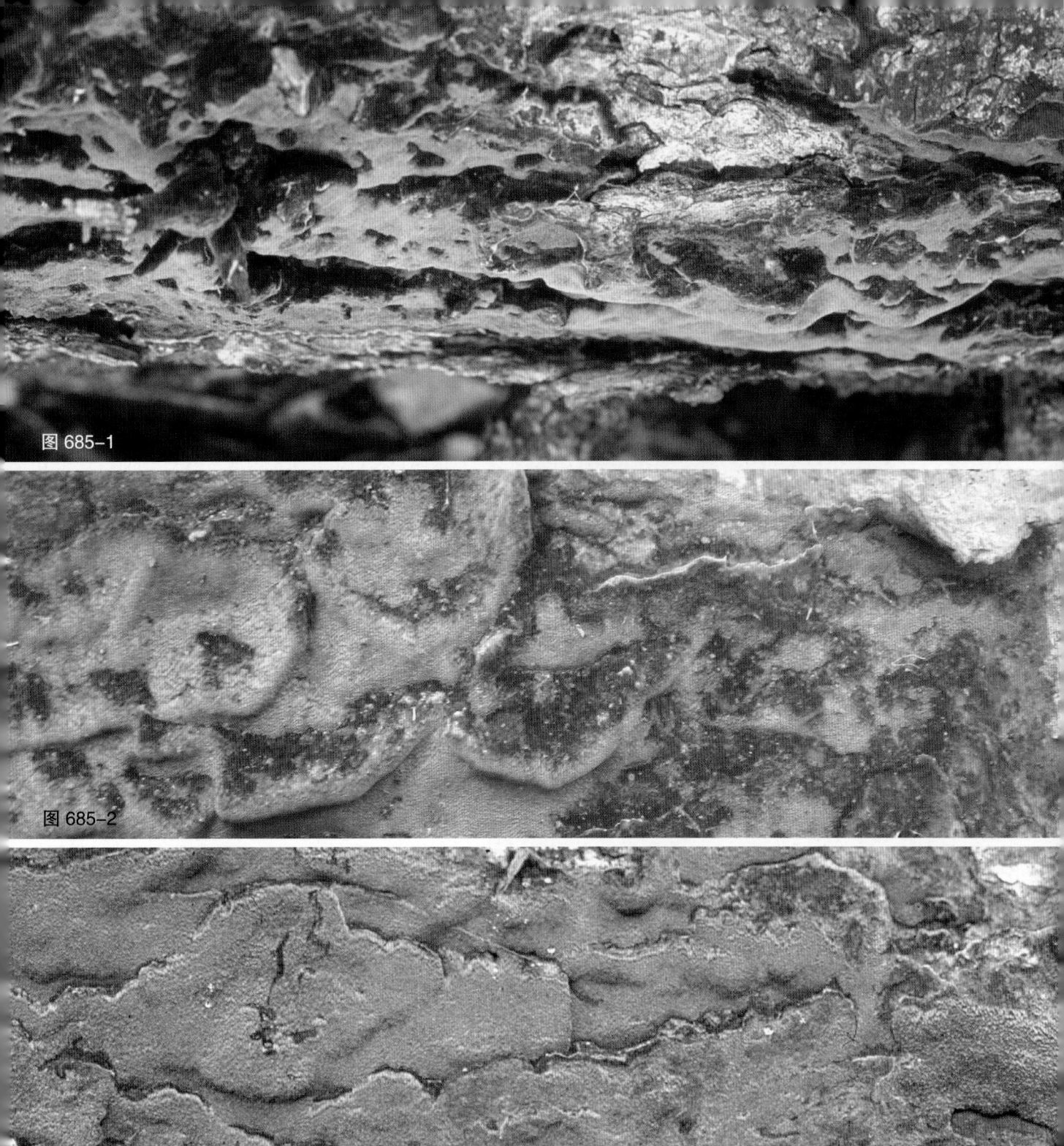

图 685-1

图 685-2

图 685-3

685　锈小木层孔菌

***Phellinidium ferrugineofuscum* (P. Karst.) Fiasson & Niemelä**

≡ *Phellinus ferrugineofuscus* (P. Karst.) Bourdot & Galzin

　　子实体一年生，平伏，不易与基物剥离，木栓质，长可达 50 cm，宽可达 10 cm，厚可达 8 mm。孔口表面褐色至淡紫褐色，有时龟裂；圆形至多角形，每毫米 4~6 个；边缘薄，全缘或略呈撕裂状。不育边缘狭窄至几乎无，淡褐色。菌肉栗褐色，厚可达 1 mm。菌管浅灰褐色，长可达 5 mm。担孢子 4.2~5.1 × 1.5~1.9 μm，腊肠形，无色，薄壁，光滑，非淀粉质，不嗜蓝。

　　秋季生于针叶树倒木上，造成木材白色腐朽。分布于东北地区。

图 686-1

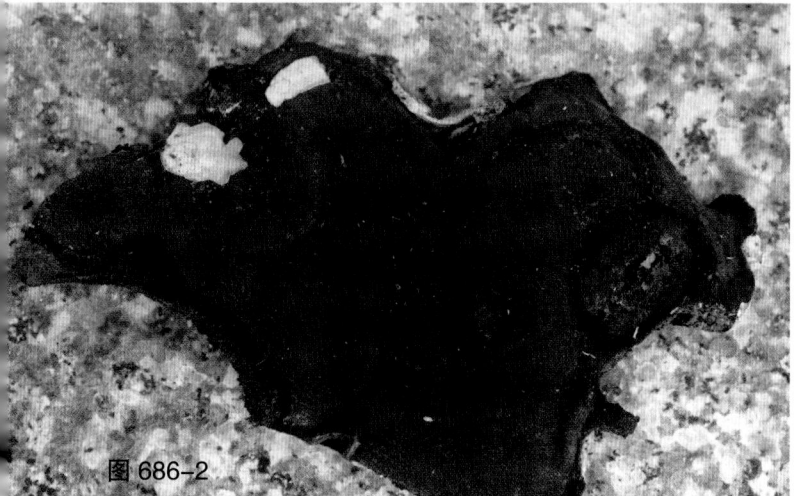

图 686-2

686 橡胶小木层孔菌
Phellinidium lamaoense
(Murrill) Y.C. Dai

≡ *Phellinus lamaoensis* (Murrill) Pat.

子实体多年生，无柄，硬木栓质。菌盖半圆形，外伸可达 5 cm，宽可达 12 cm，基部厚可达 2.5 cm；菌盖表面暗褐色至黑色，干后黑褐色，被绒毛，具同心环纹；边缘钝，黄褐色。孔口表面新鲜时灰褐色，干后黑褐色，具折光反应；圆形，每毫米 7~9 个；边缘薄，全缘。不育边缘明显，黄褐色，宽可达 3 mm。菌肉黄褐色，异质，菌肉与绒毛层间具一黑线区，白色次生菌丝束偶尔存在于菌肉间，厚可达 1 cm。菌管灰褐色，长可达 10 mm。担孢子 3.2~4.3 × 2~2.4 μm，长椭圆形，无色，薄壁，非淀粉质，不嗜蓝。

春季至秋季生于多种针叶树基部和倒木上，尤其以过熟林中最为常见，造成木材白色腐朽。药用。分布于华南地区。

图 687-1

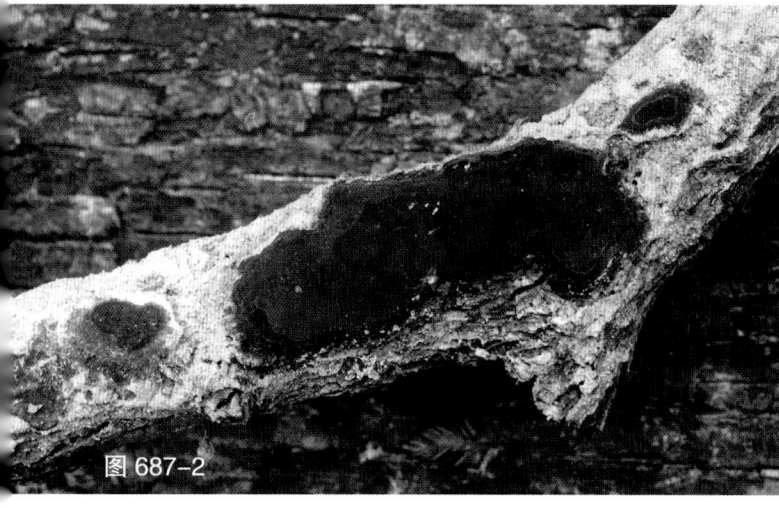

图 687-2

687 有害小木层孔菌
Phellinidium noxium (Corner)
Bondartseva & S. Herrera

≡ *Phellinus noxius* (Corner) G. Cunn.

子实体多年生，平伏至反卷，硬革质至木栓质。平伏时长可达 40 cm，宽可达 15 cm。菌盖半圆形，外伸可达 6 cm，宽可达 10 cm，基部厚可达 2.5 cm。孔口表面灰褐色至暗褐色，无折光反应；圆形，每毫米 7~8 个；边缘薄，全缘。不育边缘明显，宽可达 5 mm。菌肉黄褐色，具同心环带，厚可达 1.5 cm，菌肉上方具一明显的黑色薄皮壳，菌肉和菌管之间具一条黑色细线。菌管褐色，长可达 10 mm。担孢子 2.6~3.3 × 2~2.4 μm，椭圆形或倒卵形，无色，薄壁，非淀粉质，不嗜蓝。

春季至秋季生于阔叶树的倒木、腐木及储木上，造成木材白色腐朽。分布于华南地区。

图 688

688 祁连小木层孔菌
***Phellinidium qilianense* B.K. Cui et al.**

子实体多年生，平伏，不易与基物剥离，软木栓质，长可达 30 cm，宽可达 14 cm，中部厚可达 30 mm。孔口表面灰褐色；圆形至多角形，每毫米 5~8 个；边缘厚，全缘至略呈撕裂状。不育边缘黄褐色至灰褐色，宽可达 1 mm。菌肉肉桂褐色，厚可达 1 mm。菌管灰褐色至赭色，新生菌管明显比成熟菌管颜色浅，分层明显，长可达 29 mm。担孢子 3.4~4.6×2.9~3.8 μm，宽椭圆形，无色，厚壁，光滑，非淀粉质，不嗜蓝。

夏秋季生于柏树活立木基部，造成木材白色腐朽。分布于西北地区。

图 689

689 硫小木层孔菌
Phellinidium sulphurascens
(Pilát) Y.C. Dai

≡ *Phellinus sulphurascens* Pilát

子实体一年生，平伏，不易与基物剥离，木栓质，长可达 300 cm，宽可达 50 cm，厚可达 15 mm。孔口表面黄褐色至暗褐色，具强烈的折光反应；多角形，每毫米 4~5 个；边缘薄，撕裂状。不育边缘明显，奶油色或浅黄褐色，有时具明显的菌索，具大量菌丝状刚毛，宽可达 7 mm。菌肉褐色，厚可达 1 mm，菌肉与基物之间具一明显黑线。菌管暗褐色，长可达 14 mm。担孢子 3.6~4.5×2.9~3.6 μm，椭圆形，无色，薄壁，光滑，非淀粉质，不嗜蓝。

夏秋季生于针叶树上，造成木材白色腐朽。分布于东北和西北地区。

690 平伏拟木层孔菌
Phellinopsis resupinata L.W. Zhou

子实体多年生，平伏，垫状，不易与基物剥离，硬木质，长可达 150 cm，宽可达 60 cm，厚可达 10 mm。子实层体刚毛常见。孔口表面蜜黄色，略具折光反应；多角形，每毫米 5~7 个；边缘厚，全缘。不育边缘明显，宽可达 1.5 mm。菌肉黄褐色，木栓质，厚可达 1 mm。菌管与孔口表面同色，分层明显，长可达 9 mm。担孢子 4.6~5.3×4~4.7 μm，宽椭圆形至近球形，厚壁，浅黄色，非淀粉质，不嗜蓝或弱嗜蓝。

夏秋季生于栎树倒木上，造成木材白色腐朽。分布于华中地区。

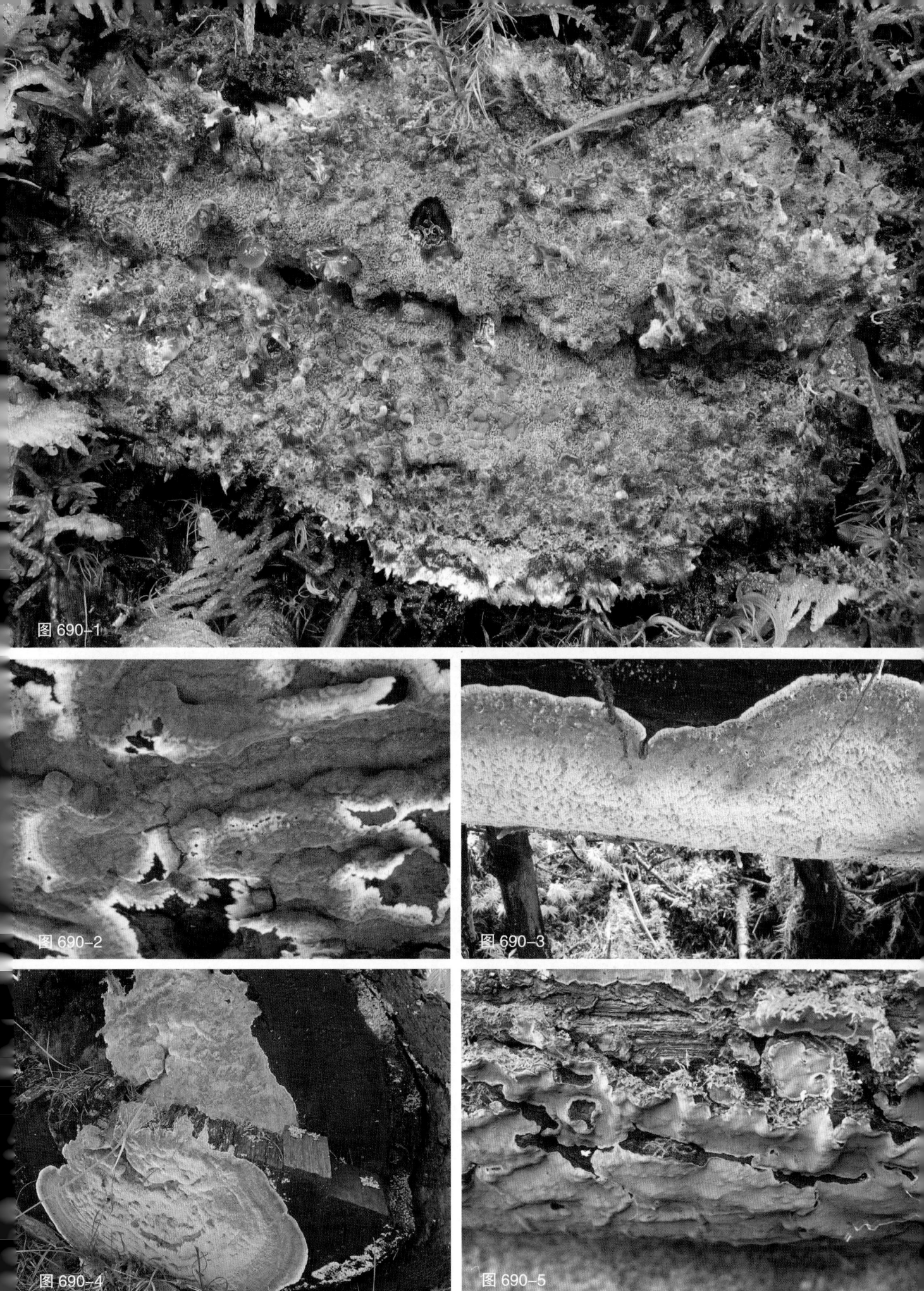

图 690-1

图 690-2

图 690-3

图 690-4

图 690-5

图 691-1

图 691-2

691 阿拉迪木层孔菌
Phellinus allardii (Bres.) S. Ahmad

子实体多年生，基部与基物广泛连接。菌盖略呈三角形，外伸可达 6 cm，宽可达 8 cm，基部厚可达 4 cm；表面深红褐色至暗灰色，具同心环沟和窄的环带；边缘渐薄，钝。孔口表面污褐色至暗褐色，略具折光反应；多角形至圆形，每毫米 7~8 个；边缘薄，全缘。不育边缘不明显。菌肉暗褐色，菌盖表面有时硬化并形成一薄的皮壳，菌肉和基物之间具一黑色细线。菌管栗褐色，长可达 10 mm，在成熟菌管中具白色菌丝束，分层不明显。担孢子 4.2~5.1×3.5~4.2 μm，宽椭圆形，浅黄褐色，非淀粉质，不嗜蓝。

秋季单生于阔叶树上，造成木材白色腐朽。分布于华中地区。

图 692-1

692 赤杨木层孔菌

Phellinus alni (Bondartsev)

Parmasto

子实体多年生，无柄，硬木栓质至木质。菌盖马蹄形，外伸可达 8 cm，宽可达 12 cm，基部厚可达 6 cm；表面灰色、黑灰色至近黑色，具宽的同心环带和沟纹，成熟后开裂；边缘钝，肉桂褐色。孔口表面浅褐色至黑褐色；圆形，每毫米 5~6 个；边缘厚，全缘。不育边缘不明显，暗褐色，宽可达 1 mm。菌肉锈褐色，厚可达 3 mm，上表面具明显皮壳，有时与基物相连处具菌核。菌管锈褐色，分层明显，长可达 5.7 cm，具白色的次生菌丝束。担孢子 4.9~6×4~5.2 μm，近球形，无色，厚壁，非淀粉质，弱嗜蓝。

春季至秋季单生或叠生于多种阔叶树的活立木、倒木及树桩上，造成木材白色腐朽。药用。分布于东北地区。

图 692-2

图 692-3

多孔菌、齿菌及革菌

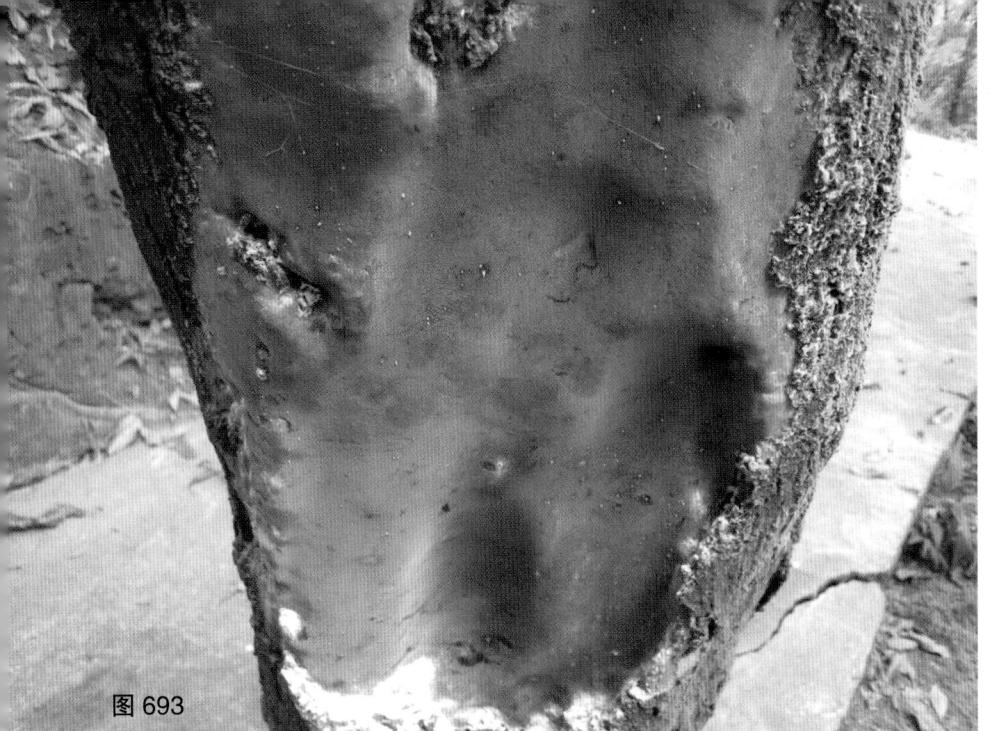

图 693

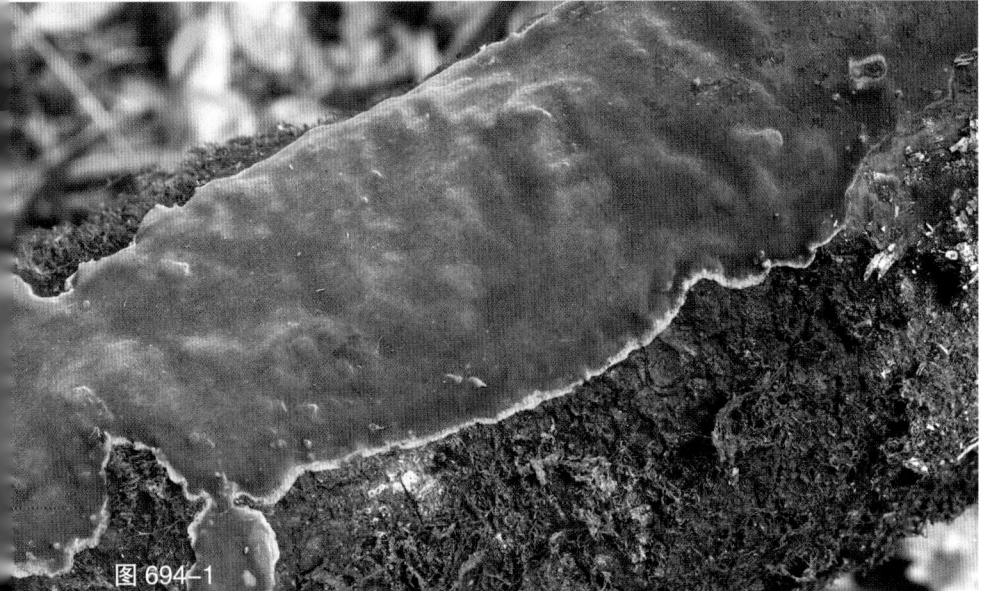

图 694-1

图 694-2

693 栲木层孔菌
Phellinus castanopsidis B.K. Cui et al.

子实体一年生，平伏，不易与基物剥离，硬木质，长可达 40 cm，宽可达 15 cm，厚可达 4 mm。孔口表面灰褐色至深褐色，具强烈的折光反应；多角形，每毫米 5~8 个；边缘薄，全缘。不育边缘不明显。菌肉黄褐色，厚可达 1 mm。菌管与孔口表面同色，长可达 3 mm。担孢子 5~6×4.5~5 μm，宽椭圆形至卵圆形，薄壁，无色，弱拟糊精质，中度嗜蓝。

夏秋季生于栲树活立木上，造成木材白色腐朽。分布于华中地区。

694 塞萨特木层孔菌
Phellinus cesatii (Bres.) Ryvarden

子实体多年生，平伏，不易与基物剥离，木栓质，长可达 6 cm，宽可达 2 cm，厚可达 5 mm。孔口表面锈褐色、污褐色至暗褐色，略具折光反应；圆形至多角形，每毫米 8~10 个；边缘薄，全缘。不育边缘明显，淡黄褐色，宽可达 1 mm。菌肉栗褐色，厚可达 0.5 mm，菌肉层和基物之间具明显的黑色环带。菌管与孔口表面同色，分层不明显，每层由薄的菌肉层分开，长可达 4 mm。担孢子 3.3~4.1×2.5~3.1 μm，宽椭圆形至近球形，壁略厚，浅黄色，非淀粉质，弱嗜蓝。

春季至秋季生于阔叶树倒木上，造成木材白色腐朽。分布于华中地区。

图 695

695 华木层孔菌
Phellinus chinensis (Pilát) Pilát

子实体一至二年生，平伏反卷或覆瓦状叠生，木栓质。菌盖半圆形，外伸可达 3 cm，宽可达 8 cm，厚可达 5 mm；表面褐色至暗灰色，具同心环沟和窄的环纹；边缘锐。孔口表面暗红色，略具折光反应；多角形至圆形，每毫米 3~4 个；边缘薄，略呈撕裂状。不育边缘狭窄，宽可达 1 mm。菌肉褐色至暗褐色，厚可达 4 mm，层间具黑色细线，线宽可达 0.5 mm。菌管暗褐色，分层不明显，长可达 1.5 mm。担孢子 4.5~5.5×3.6~4.2 μm，宽椭圆形，壁略厚，浅黄色，非淀粉质，弱嗜蓝。

夏秋季生于杨树倒木上，造成木材白色腐朽。分布于东北、华北、西北和青藏地区。

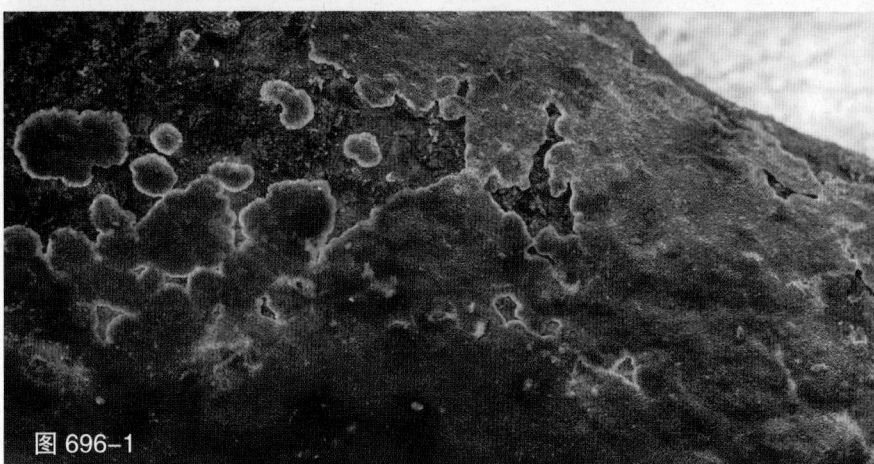

图 696-1

696 金黄木层孔菌
Phellinus chryseus (Lév.)
Ryvarden

子实体多年生，平伏，不易与基物剥离，木栓质，长可达 20 cm，宽可达 10 cm，厚可达 5 mm。孔口表面锈褐色至黄褐色，干后暗褐色；圆形，每毫米 9~10 个；边缘厚，全缘。不育边缘窄至几乎无。菌肉黄褐色，厚可达 2 mm。菌管与孔口表面同色，长可达 3 mm。担孢子 3.5~4×2.5~3 μm，椭圆形，无色，薄壁，光滑，非淀粉质，不嗜蓝。

秋季生于阔叶树倒木上，造成木材白色腐朽。分布于华南地区。

图 696-2

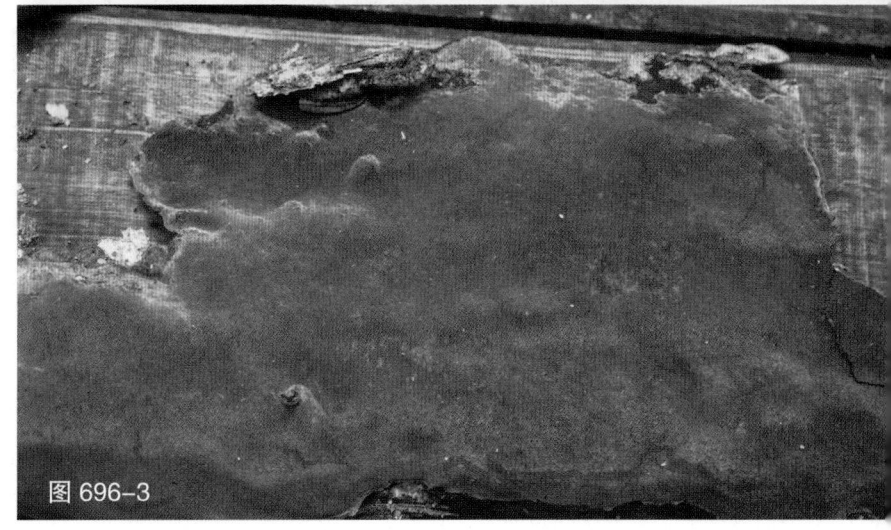

图 696-3

多孔菌、齿菌及革菌

图 697-1

图 697-2

图 697-3

697 贝形木层孔菌
***Phellinus conchatus* (Pers.)**
Quél.

子实体多年生，平伏反卷或具明显菌盖，覆瓦状叠生，木栓质。平伏时长可达 10 cm，宽可达 4 cm。菌盖半圆形，外伸可达 6 cm，宽可达 8 cm，基部厚可达 1 cm；表面暗灰色至黑色，具不明显的同心环沟和狭窄的环带；边缘锐。孔口表面古铜色至栗褐色，无折光反应；圆形，每毫米 5~7 个；边缘厚，全缘。不育边缘狭窄至几乎无，颜色比孔口表面浅。菌肉暗褐色至污褐色，厚可达 0.5 mm。菌管浅褐灰色，分层明显，长可达 1 cm。成熟菌管中具白色菌丝束。担孢子 5~6×4~5 μm，宽椭圆形，无色，后变浅黄色，壁略厚，光滑，非淀粉质，弱嗜蓝。

春季至秋季生于多种阔叶树的活立木和倒木上，尤以柳树上最为常见，造成木材白色腐朽。药用。分布于东北、华北、西北、华中、华南和青藏地区。

图 698-1

图 698-2

图 698-3

698 相连木层孔菌

Phellinus contiguus (Pers.) Pat.

子实体一至二年生，平伏，不易与基物剥离，木栓质，长可达 20 cm，宽可达 5 cm，厚可达 2 mm。孔口表面浅黄褐色、暗褐色至黑褐色，稍具折光反应；多角形，每毫米 2~3 个；边缘薄，全缘。不育边缘窄至几乎无，红褐色，具大量菌丝状刚毛。菌肉暗褐色，厚可达 0.5 mm。菌管灰褐色，长可达 1.5 mm。担孢子 4.5~6.1×2.5~3.5 μm，长椭圆形，无色，薄壁，光滑，非淀粉质，不嗜蓝。

夏秋季生于阔叶树倒木或落枝上，造成木材白色腐朽。分布于华北、华中和华南地区。

多孔菌、齿菌及革菌

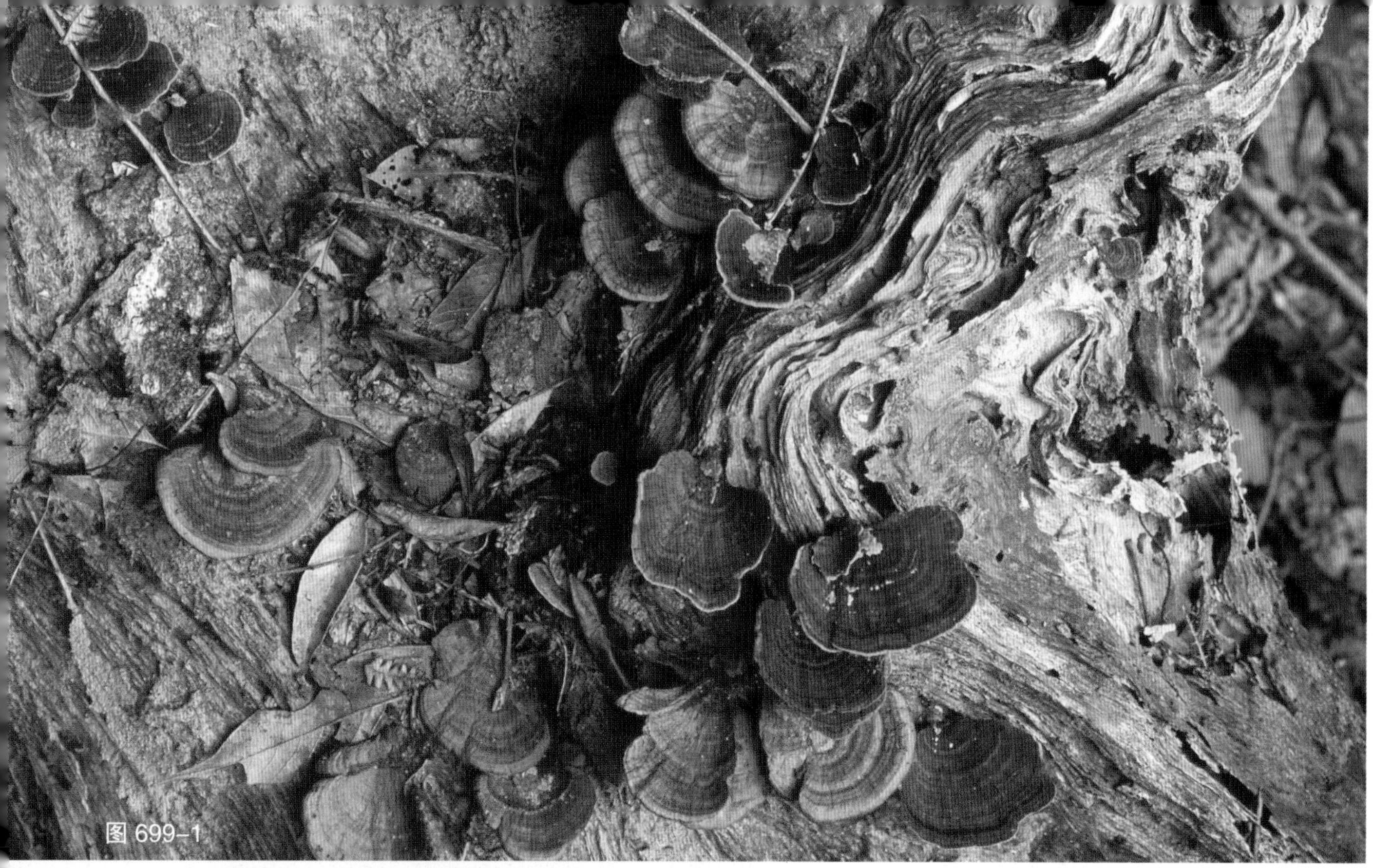

图 699-1

图 699-2

图 699-3

699 侧柄木层孔菌

Phellinus discipes (Berk.) Ryvarden

子实体一至二年生,具侧生短柄,覆瓦状叠生,革质至木栓质。菌盖半圆形,外伸可达4 cm,宽可达6 cm,厚可达3 mm;表面锈褐色至暗红色,具同心环带或环沟;边缘锐,黄褐色,有时叶状开裂,干后内卷。孔口表面黄褐色至暗褐色;圆形,每毫米6~8个;边缘薄,全缘至裂齿状。不育边缘明显,锈褐色,宽可达2 mm。菌肉锈褐色至金黄褐色,厚可达2 mm。菌管暗褐色,长可达1 mm。菌柄长可达5 mm,直径可达4 mm。担孢子5.2~6.5×2.5~3 μm,圆柱形至长椭圆形,无色,薄壁,非淀粉质,弱嗜蓝。

夏秋季生于阔叶树腐木上,造成木材白色腐朽。分布于华南等地区。

图 699-4

700 硬木层孔菌

Phellinus durissimus
(Lloyd) A. Roy

子实体多年生，硬木质。菌盖略圆形至漏斗形，外伸可达 4 cm，宽可达 7 cm，厚可达 1 cm；表面锈褐色至暗褐色，被细绒毛，无环带；边缘锐。孔口表面浅黄褐色至暗栗褐色；圆形，每毫米 6~7 个；边缘薄，全缘。不育边缘狭窄或几乎无，浅黄褐色。菌肉褐色至暗栗褐色或浅栗色，厚可达 5 mm。菌管与孔口表面同色，分层明显，长可达 5 mm。担孢子 4~5×3.6~4.4 μm，近球形，壁略厚至厚，黄褐色至锈褐色，光滑，非淀粉质，弱嗜蓝。

春季至秋季单生或几个聚生于阔叶树腐木上，造成木材白色腐朽。分布于华南地区。

图 700

701 高贵木层孔菌

Phellinus fastuosus (Lév.)
S. Ahmad

子实体多年生，木栓质。菌盖半圆形或圆形，外伸可达 7 cm，宽可达 10 cm，厚可达 5 cm；表面新鲜时黄褐色，干后褐色，具不明显的同心环纹或环沟，有时具皮壳；边缘钝。孔口表面新鲜时黄褐色，干后暗褐色；圆形，每毫米 7~9 个；边缘薄，全缘。不育边缘窄，黄褐色。菌肉锈褐色，厚可达 2 cm。菌管与孔口表面同色，分层明显，长可达 3 cm。担孢子 5~6.1×4.2~5.6 μm，近球形，锈褐色，厚壁，光滑，非淀粉质，不嗜蓝。

春季至秋季生于多种阔叶树的倒木和树桩上，造成木材白色腐朽。药用。分布于西北、华南地区。

图 701

多孔菌、齿菌及革菌

图 702-1

图 702-2

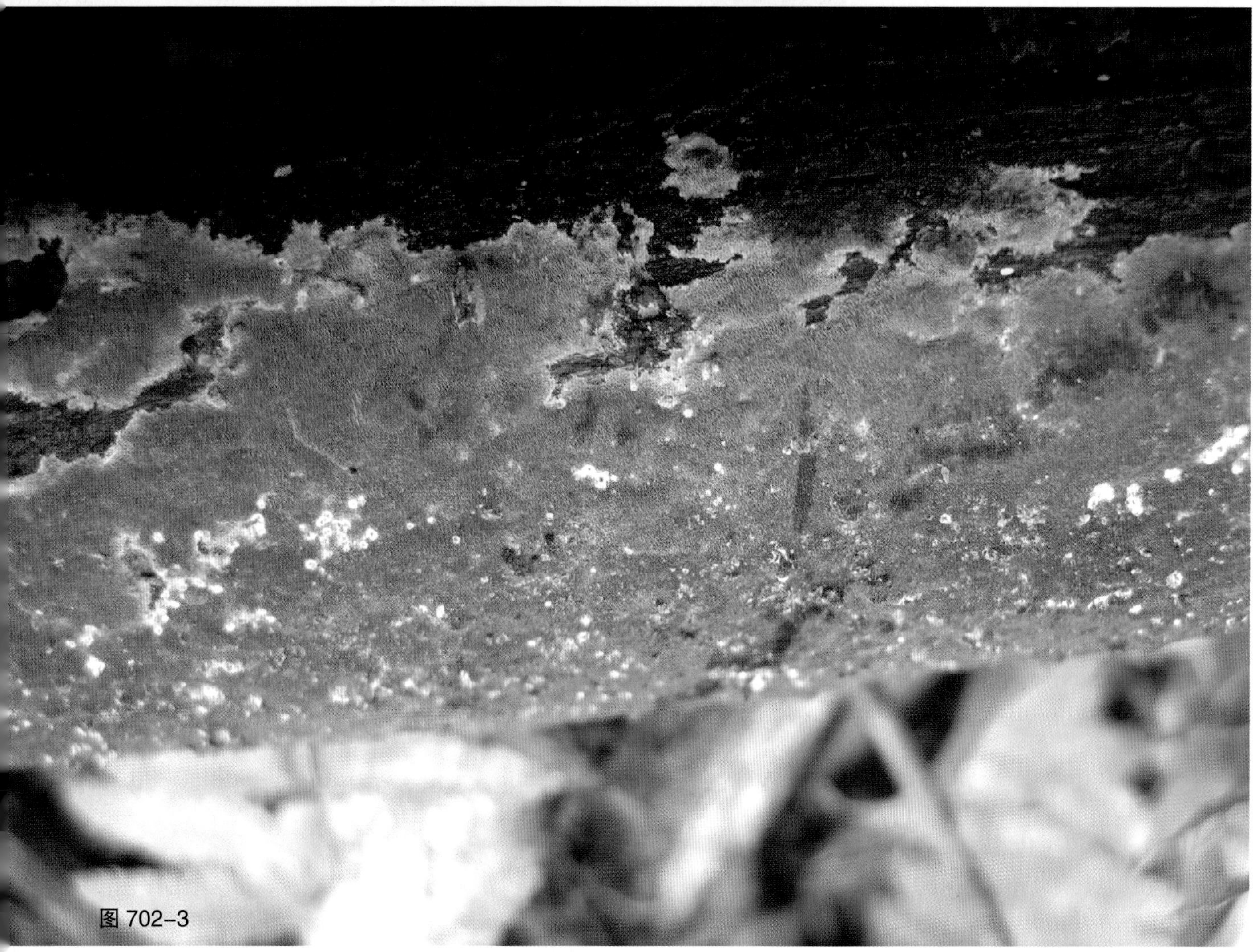

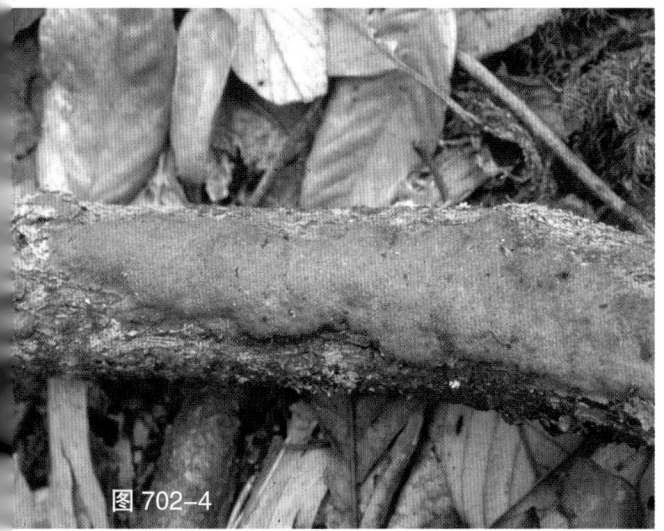

图 702-3

图 702-4

702 铁木层孔菌
Phellinus ferreus (Pers.) Bourdot & Galzin

　　子实体一至二年生，平伏，不易与基物剥离，革质至木栓质，长可达 16 cm，宽可达 5 cm，厚可达 4.5 mm。孔口表面浅黄色、黄褐色至暗褐色，具折光反应；圆形，每毫米 5~7 个；边缘薄，全缘。不育边缘明显，灰褐色至锈褐色，无菌丝状刚毛，宽可达 1.5 mm。菌肉暗褐色，厚可达 0.5 mm。菌管黄褐色，分层明显，长可达 4 mm。担孢子 5.5~7.6×2~2.6 μm，圆柱形，无色，薄壁，光滑，非淀粉质，不嗜蓝。

　　夏秋季生于阔叶树倒木上，造成木材白色腐朽。各区均有分布。

图 703-1

图 703-2

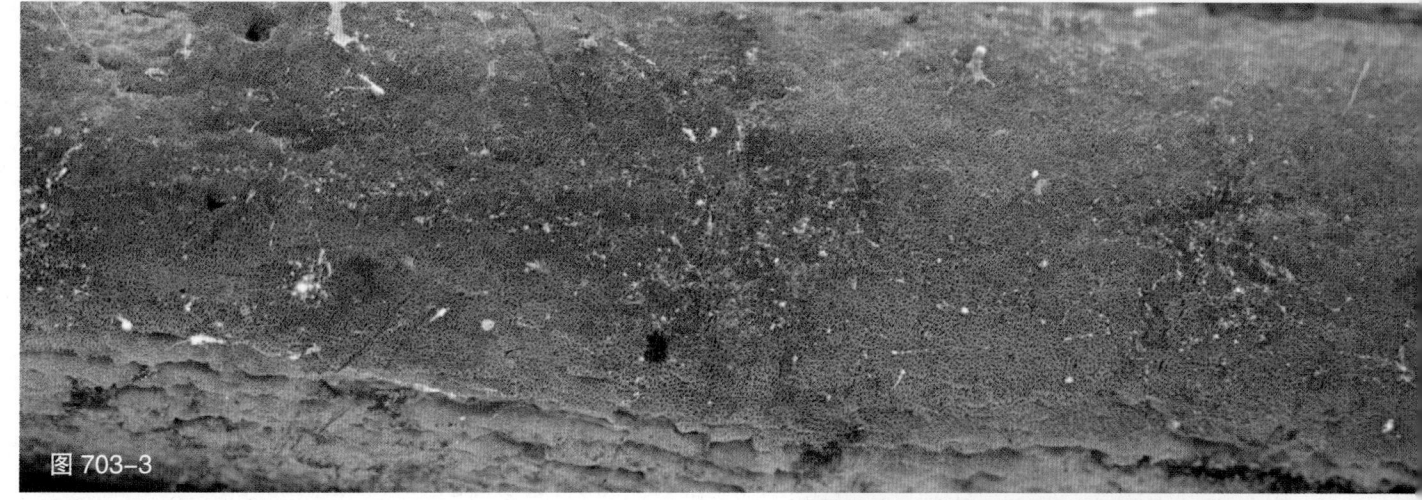

图 703-3

703 锈木层孔菌

Phellinus ferruginosus (Schrad.) Pat.

子实体一至多年生，平伏，不易与基物剥离，革质至木栓质，长可达 21 cm，宽可达 7 cm，厚可达 3 mm。孔口表面新鲜时黄褐色，干后暗红褐色；圆形，每毫米 7~8 个；边缘薄，全缘至略呈撕裂状。不育边缘明显，浅黄褐色，具菌丝状刚毛，宽可达 2 mm。菌肉暗褐色，厚可达 0.3 mm。菌管黄褐色，分层明显，长可达 3 mm。担孢子 4.2~5.2×2.9~3.5 μm，长椭圆形，无色，薄壁，光滑，具液泡，非淀粉质，不嗜蓝。

夏秋季生于阔叶树倒木上，造成木材白色腐朽。各区均有分布。

图 703-4

多孔菌、齿菌及革菌

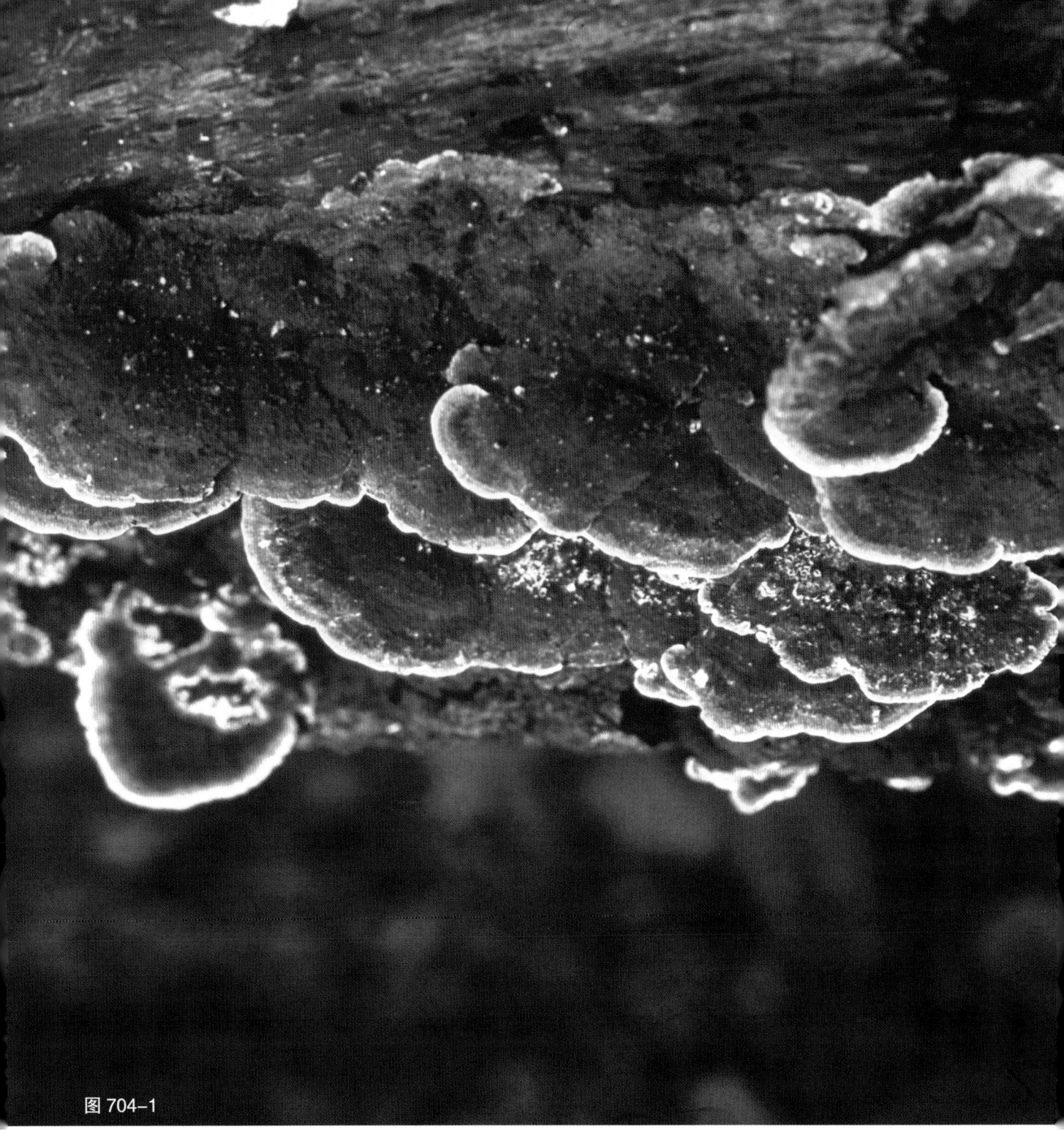

图 704-1

淡黄木层孔菌
Phellinus gilvus (Schwein.) Pat.

　　子实体一年生，偶尔多年生，覆瓦状叠生，木栓质。菌盖半圆形或贝壳形，外伸可达 4 cm，宽可达 7 cm，厚可达 15 mm；表面淡黄褐色至暗红色，同心环带不明显，活跃生长期被粗毛，后期粗毛脱落，表面变粗糙；边缘锐。孔口表面暗红色至紫红色，具折光反应；圆形，每毫米 6~8 个；边缘薄，撕裂状。菌肉黄褐色至暗褐色，厚可达 3 mm。菌管比菌肉颜色浅，长可达 12 mm。担孢子 3.2~4.2×2.2~3 μm，椭圆形，无色，薄壁，光滑，非淀粉质，不嗜蓝。

　　春季至秋季生于多种阔叶树倒木、腐木及树桩上，造成木材白色腐朽。各区均有分布。

图 704-2

图 704-3

图 704-4

图 704-5

多孔菌、齿菌及革菌

图 705

705 灰褐木层孔菌
Phellinus glaucescens (Petch) Ryvarden

子实体一年生，平伏，不易与基物剥离，革质至木栓质，长可达 24 cm，宽可达 6 cm，厚可达 1.5 mm。孔口表面肉桂色至深褐色，具折光反应；多角形，每毫米 7~9 个；边缘薄，浅裂状。不育边缘几乎无。菌肉深褐色，厚可达 0.1 mm。菌管与孔口表面同色，长可达 1.4 mm。担孢子 2.9~3.9×2.6~3.5 μm，宽椭圆形至近球形，浅黄色，光滑，厚壁，非淀粉质，弱嗜蓝。

秋季生于阔叶树倒木或落枝上，造成木材白色腐朽。分布于华南地区。

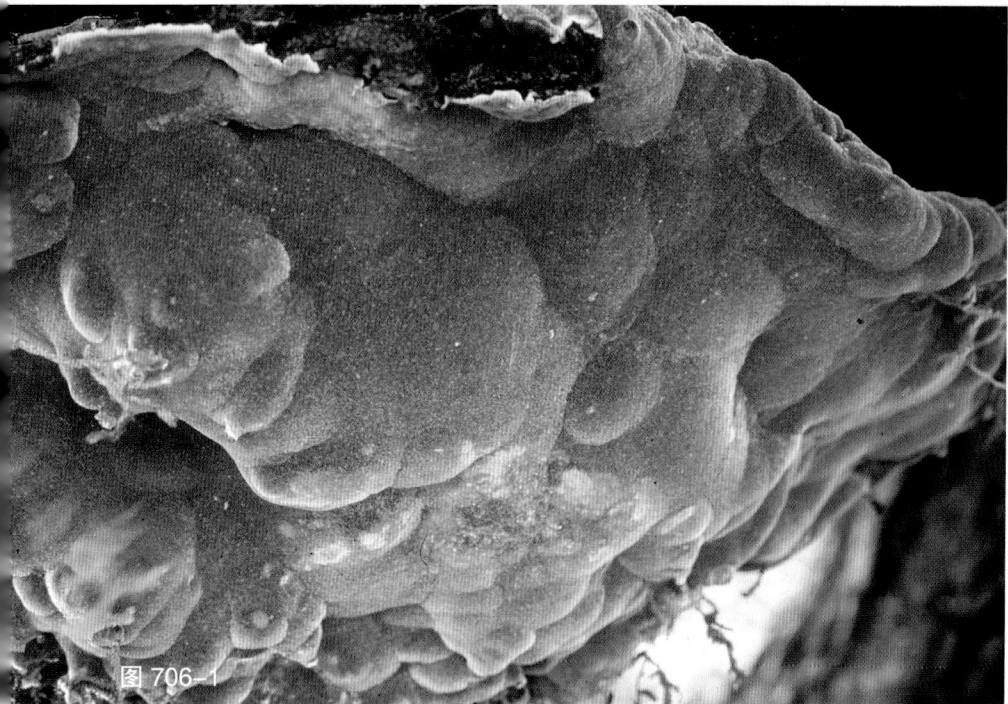

图 706-1

706 喜马拉雅木层孔菌
Phellinus himalayensis Y.C. Dai

子实体多年生，平伏反卷，覆瓦状叠生，木栓质至木质。菌盖半圆形或贝壳形，外伸可达 6 cm，宽可达 10 cm，基部厚可达 3 cm；表面暗褐色至灰褐色，具同心环带和环沟；边缘锐，灰褐色。孔口表面暗褐色，具折光反应；圆形至多角形，每毫米 5~7 个；边缘薄，全缘。不育边缘窄至几乎无，锈褐色。菌肉赭褐色，厚可达 5 mm。菌管锈褐色，长可达 25 mm。担孢子 4.2~5.2×3.7~4.4 μm，卵圆形，无色，壁薄至稍厚，光滑，通常四个黏结在一起，非淀粉质，中度嗜蓝。

春季至秋季生于针叶树特别是云杉的活立木、倒木和树桩上，造成木材白色腐朽。药用。分布于西北、华中和青藏地区。

图 706-2

图 706-3

图 706-4

多孔菌、齿菌及革菌

图 707-1

图 707-2

图 707-3

图 707-4

图 707-5

707 **火木层孔菌**

Phellinus igniarius (L.) Quél. s.l.

　　子实体多年生，木栓质至木质。菌盖马蹄形，外伸可达 11 cm，宽可达 17 cm，基部厚可达 5 cm；表面灰黑色至黑色，具同心环沟和宽的环带，具明显皮壳，后期开裂至具裂缝；边缘钝，棕褐色，不光滑。孔口表面棕褐色；圆形，每毫米 4~6 个；边缘厚，全缘。不育边缘锈褐色，宽可达 4 mm。菌肉深褐色，厚可达 1 cm，具白色菌丝束，靠基物处具颗粒状菌核。菌管土黄褐色，硬木质，分层明显，成熟菌管中有白色菌丝束填充，长可达 4 cm。担孢子 4.9~6×4~5.5 μm，近球形至卵圆形，无色，厚壁，光滑，非淀粉质，弱嗜蓝。

　　春季至秋季单生于多种阔叶树活立木和倒木上，牢固地附着于基物上，造成木材白色腐朽。药用。分布于东北和内蒙古地区。

图 708-1

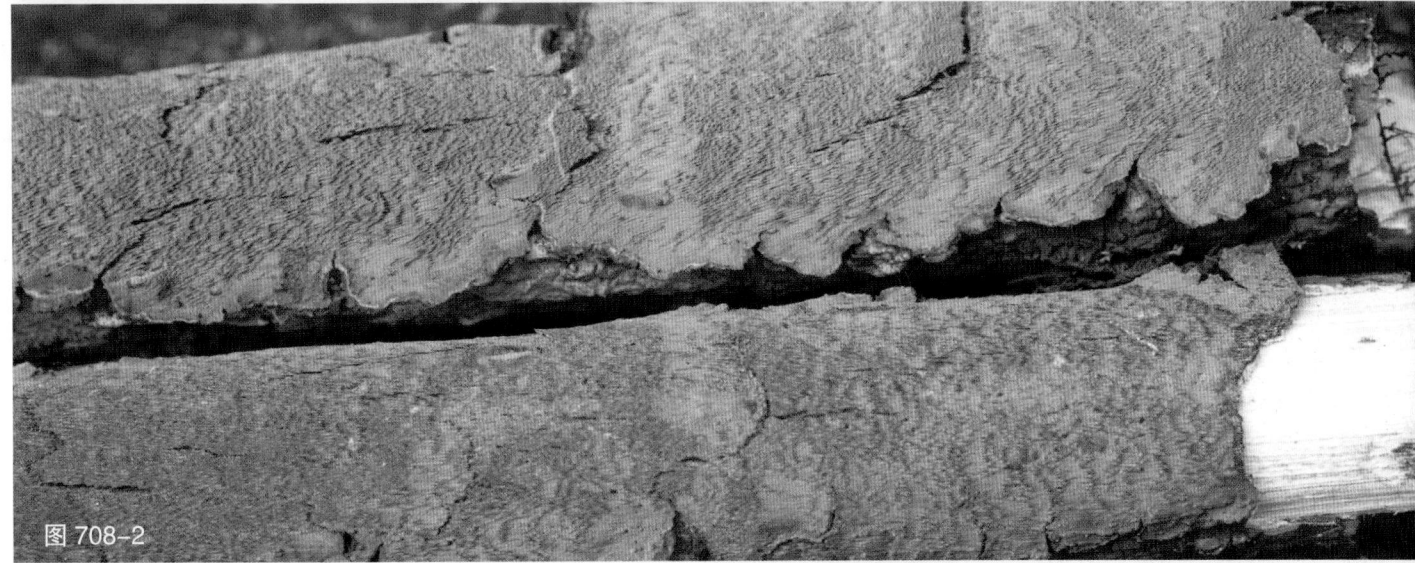

图 708-2

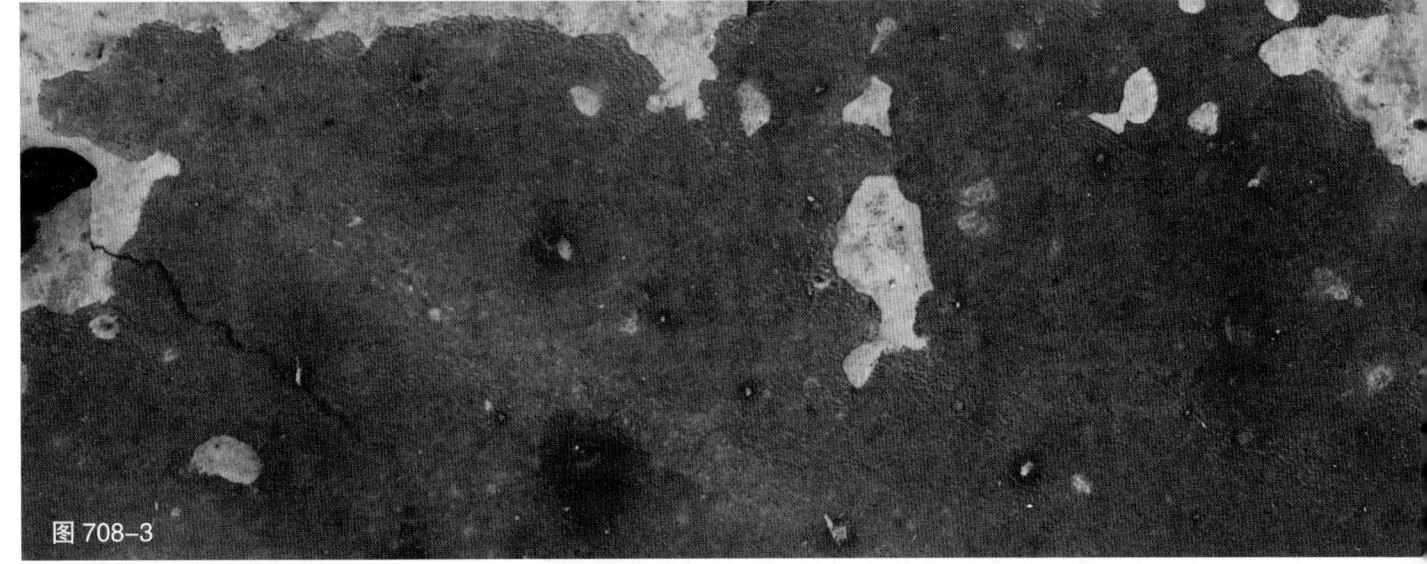

图 708-3

708　无针木层孔菌

Phellinus inermis (Ellis & Everhart) G. Cunn.

　　子实体一至二年生，平伏，不易与基物剥离，木栓质，不规则开裂，长可达 8 cm，宽可达 3 cm，厚可达 3 mm。孔口表面灰褐色至黑褐色，干后黄褐色，具弱折光反应；圆形至多角形，每毫米 5~7 个；边缘薄，全缘。不育边缘明显，黄褐色，宽可达 2 mm。菌肉暗褐色，厚可达 1 mm。菌管锈褐色，分层不明显，长可达 2 mm。担孢子 4.3~5.1×3.4~4.2 μm，宽椭圆形，无色，厚壁，光滑，非淀粉质，嗜蓝。

　　夏秋季生于阔叶树倒木和储木上，造成木材白色腐朽。分布于华中和华南地区。

多孔菌、齿菌及革菌

图 709-1

图 709-2

709 约翰逊木层孔菌
***Phellinus johnsonianus* (Murrill) Ryvarden**

　　子实体多年生，新鲜时木栓质，干后木质。菌盖半圆形，外伸可达 1.5 cm，宽可达 4.5 cm，厚可达 2 cm；表面黑褐色至黑色，具不明显的同心环带，有时开裂；边缘钝，鲜黄色，遇氢氧化钾血红色。孔口表面黄褐色至锈褐色，具折光反应；圆形，每毫米 6~7 个；边缘薄，全缘。不育边缘明显，宽可达 5 mm。菌肉黄褐色，厚可达 15 mm。菌管与菌肉同色，长可达 5 mm。担孢子 2.8~3.2×2.2~2.6 μm，宽椭圆形至近球形，无色，厚壁，光滑，非淀粉质，不嗜蓝。

　　春季至秋季生于阔叶树死树上，造成木材白色腐朽。分布于华南地区。

图 710-1

710 金平木层孔菌
***Phellinus kanehirae* (Yasuda) Ryvarden**

子实体多年生，无柄或具侧生短柄，覆瓦状叠生。菌盖半圆形或扇形，外伸可达 7 cm，宽可达 10 cm，厚可达 1 cm；表面新鲜时黄褐色，干后灰褐色，被绒毛，具明显的同心环带；边缘锐。孔口表面新鲜时暗褐色，干后黑褐色，具弱折光反应；圆形，每毫米 6~7 个；边缘薄，全缘或撕裂状。菌肉暗褐色，异质，层间具一黑线，厚可达 5 mm。菌管干后灰褐色，长可达 5 mm。担孢子 3.1~3.9×2.2~3 μm，宽椭圆形，浅黄色，厚壁，光滑，非淀粉质，弱嗜蓝。

春季至秋季生于阔叶树死树和倒木上，造成木材白色腐朽。分布于华中和华南地区。

图 710-2

图 710-3

多孔菌、齿菌及革菌

图 711-1

图 711-2

图 711-3

图 711-4

图 711-5

图 712

711	**平滑木层孔菌**

Phellinus laevigatus (P. Karst.) Bourdot & Galzin

子实体多年生，平伏或平伏反卷，木栓质至木质。平伏时长可达 30 cm，宽可达 10 cm，厚可达 2 cm。菌盖窄半圆形，外伸可达 0.5 cm，宽可达 10 cm；表面暗褐色至黑色，无环带或具不明显的环带，具明显的皮壳，后期开裂至具裂缝；边缘钝。孔口表面黑红褐色至黑褐色，具强折光反应；圆形，每毫米 7~9 个；边缘厚，全缘。不育边缘黄褐色至锈褐色，宽可达 1 mm。菌肉深褐色，厚可达 5 mm。菌管与孔口表面同色，长可达 1.5 cm。担孢子 3~4×2.2~3 μm，宽椭圆形，无色，厚壁，光滑，非淀粉质，弱嗜蓝。

春季至秋季生于桦树倒木或腐木上，造成木材白色腐朽。药用。分布于东北和华北地区。

712	**落叶松木层孔菌**

Phellinus laricis (Jacz. ex Pilát) Pilát

子实体多年生，硬木质。菌盖贝壳形，外伸可达 8 cm，宽可达 16 cm，基部厚可达 2.5 cm；表面污褐色至暗红褐色或灰黑色，具同心环沟；边缘锐，污褐色，被硬毛。孔口表面黄褐色至锈褐色，略具折光反应；圆形至扭曲状，每毫米 2~3 个；边缘薄，全缘。不育边缘狭窄至几乎无。菌肉肉桂褐色，厚可达 5 mm。菌管分层不明显，长可达 2 cm。担孢子 4.1~5.2×3.5~4.5 μm，近球形至宽椭圆形，无色，壁薄至稍厚，光滑，非淀粉质，弱嗜蓝。

春季至秋季单生于落叶松活立木和倒木上，造成木材白色腐朽。药用。分布于东北地区。

多孔菌、齿菌及革菌

图 713-1

图 713-2

图 713-3

713 劳埃德木层孔菌

Phellinus lloydii (Cleland) G. Cunn.

　　子实体多年生，木栓质。菌盖半圆形或扇形，外伸可达 6 cm，宽可达 8 cm，厚可达 3 cm；表面新鲜时黑褐色至黑色，干后灰褐色，光滑，具明显的同心环带，有时具瘤状突起；边缘钝，暗褐色。孔口表面干后暗黑褐色；圆形，每毫米 5~7 个；边缘薄或厚，全缘。菌肉黄褐色，上表面具黑色皮壳，厚可达 2 cm。菌管干后黄褐色至黑褐色，分层不明显，长可达 10 mm。担孢子 5~6×4.3~5.3 μm，近球形，黑褐色，厚壁，光滑，非淀粉质，不嗜蓝。

　　夏秋季单生于荔枝、青冈及其他阔叶树倒木和腐木上，造成木材白色腐朽。分布于华南地区。

图 714-1

714　隆氏木层孔菌

Phellinus lundellii Niemelä

　　子实体多年生，平伏或平伏反卷，木栓质至木质。菌盖窄半圆形，外伸可达 3 cm，宽可达8 cm，厚可达 3 cm；表面黑色，具不明显的环带和皮壳，后期开裂至具裂缝；边缘钝。孔口表面黑红褐色至暗褐色，具弱折光反应；圆形，每毫米 4~6 个；边缘厚，全缘。不育边缘逐年缩减，宽可达 2 mm。菌肉深褐色，厚可达5 mm，具白色菌丝束。菌管黄褐色或暗褐色，分层不明显，长可达 2.5 cm，成熟菌管中具白色菌丝束。担孢子 4.5~5.5×3.5~4.5 μm，宽椭圆形，无色，厚壁，光滑，非淀粉质，弱嗜蓝。

　　春季至秋季生于桦树活立木和倒木上，造成木材白色腐朽。药用。分布于东北和西北地区。

图 714-2

图 714-3

多孔菌、齿菌及革菌

图 715-1

图 715-2

图 715-3

715 麦氏木层孔菌

Phellinus mcgregorii
(Bres.) Ryvarden

子实体多年生，平伏或平伏反卷，木栓质至木质。菌盖平展，外伸可达 2 cm，宽可达 5 cm，基部厚可达 1.5 cm；表面黄褐色，具同心环区和环沟；边缘钝，浅黄褐色。孔口表面新鲜时橘黄色，干后黑赭褐色，具弱折光反应；圆形，每毫米 5~7 个；边缘厚，全缘。不育边缘金黄色至鲜黄色，宽可达 1 mm。菌肉深褐色，厚可达 2 mm，上表面具皮壳。菌管与孔口表面同色，分层明显，长可达 1.3 cm，成熟菌管中具白色菌丝束。担孢子 4.7~5.8×3.7~4.6 μm，椭圆形，黄褐色，厚壁，光滑，非淀粉质，不嗜蓝。

春季至秋季生于阔叶树活立木、死树和倒木上，造成木材白色腐朽。药用。分布于华北、西北、华南和华中地区。

图 716-1

716 梅里尔木层孔菌
Phellinus merrillii
(Murrill) Ryvarden

子实体多年生，木栓质至木质。菌盖近马蹄形至扁平形，外伸可达 9 cm，宽可达 15 cm，厚可达 4.5 cm；表面新鲜时黄褐色至黑褐色，干后锈褐色，光滑，具不明显的同心环带；边缘钝，黄褐色。孔口表面新鲜时金黄褐色，干后暗黑褐色；圆形，每毫米 7~8 个；边缘厚，全缘。不育边缘明显，宽可达 1 mm。菌肉金黄色，具环区和分割黑线，上表面形成不明显皮壳，厚可达 2.5 cm。菌管干后暗褐色，分层不明显，长可达 2 cm。担孢子 4.4~5.2×3.8~4.7 μm，近球形，金黄褐色，厚壁，光滑，非淀粉质，不嗜蓝。

春秋季单生于阔叶树死树上，造成木材白色腐朽。分布于华南地区。

图 716-2

717 微孢木层孔菌
Phellinus minispora
B.K. Cui & Y.C. Dai

子实体多年生，平伏，不易与基物剥离，木栓质至木质，长可达 12 cm，宽可达 4 cm，厚可达 4 mm。孔口表面新鲜时黄褐色，干后暗褐色，略具折光反应；圆形至不规则形，每毫米 8~11 个；边缘薄，全缘。不育边缘窄至几乎无，浅黄色。菌肉暗褐色，厚可达 0.1 mm。菌管与孔口表面同色，分层明显，长可达 4 mm。担孢子 2~2.5×1.6~2 μm，宽椭圆形至近球形，浅黄色，壁稍厚，光滑，非淀粉质，弱嗜蓝。

夏秋季生于阔叶树活立木上，造成木材白色腐朽。分布于华中和华南地区。

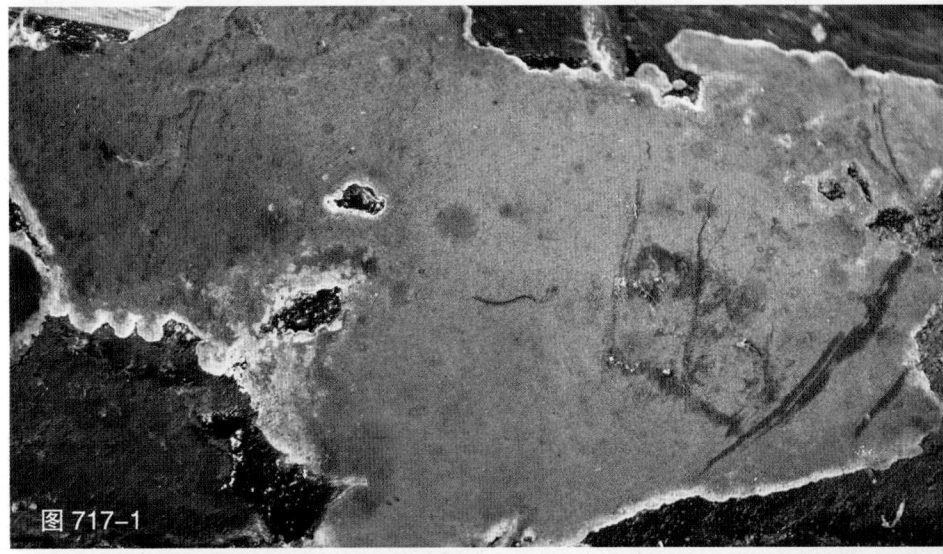

图 717-1

图 717-2

多孔菌、齿菌及革菌

图 718-1

图 718-2

图 719

718 桑木层孔菌
Phellinus mori Y.C. Dai & B.K. Cui

子实体多年生，平伏，不易与基物剥离，木栓质，长可达 15 cm，宽可达 6 cm，中部厚可达 10 mm。孔口表面新鲜时肉桂褐色，干后土黄色，具折光反应，严重开裂；圆形，每毫米 7~8 个；边缘薄，全缘。不育边缘窄至几乎无，与孔口表面同色。菌肉肉桂褐色至浅黄褐色，厚可达 0.1 mm。菌管与孔口表面同色，分层明显，长可达 10 mm，成熟菌管中具白色次生菌丝束。担孢子 4.3~5.2×3.8~4.6 μm，卵圆形至近球形，无色，厚壁，光滑，非淀粉质，中度嗜蓝。

春季至秋季生于桑树的活立木、死树和倒木上，造成木材白色腐朽。药用。分布于东北和华北地区。

719 黑木层孔菌
Phellinus nigricans (Fr.) P. Karst.

子实体多年生，木栓质至木质。菌盖平展，外伸可达 8 cm，宽可达 13 cm，基部厚可达 5 cm；表面灰褐色至黑褐色，具窄的同心环带和沟纹，成熟后开裂；边缘锐，肉桂褐色。孔口表面黄褐色；圆形，每毫米 5~6 个；边缘厚，全缘。不育边缘明显，黄褐色，宽可达 2 mm。菌肉锈褐色，厚可达 4 mm。菌肉上表面具明显皮壳。菌管锈褐色，分层明显，长可达 4.6 cm，管中具白色次生菌丝束。担孢子 5.8~6.5×4.9~6 μm，近球形至球形，无色，厚壁，非淀粉质，弱嗜蓝。

春季至秋季单生于桦树活立木、倒木和树桩上，造成木材白色腐朽。药用。分布于东北地区。

图 720-1

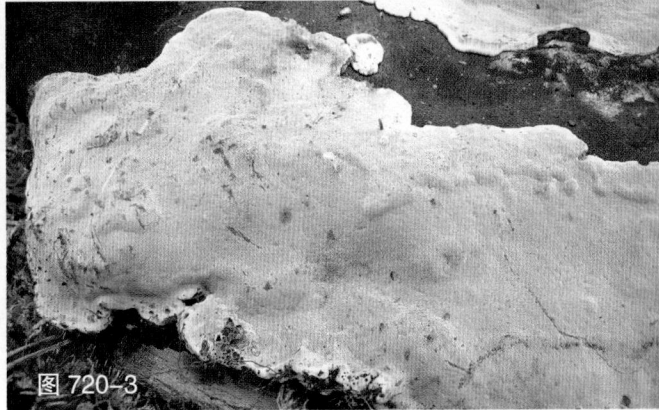

图 720-2

图 720-3

图 720-4

720 黑线木层孔菌

Phellinus nigrolimitatus (Romell) Bourdot & Galzin

≡ *Phellopilus nigrolimitatus* (Romell) Niemelä et al.

　　子实体多年生，平伏反卷或具明显菌盖，木栓质。平伏时长可达 24 cm，宽可达 7 cm，厚可达 4 cm。菌盖窄半圆形，外伸可达 3 cm，宽可达 15 cm，基部厚可达 4 cm；略海绵质，表面暗红褐色至浅灰黑色，被绒毛至短绒毛；边缘钝或锐，浅黄褐色，被绒毛。孔口表面浅黄褐色至污褐色，具折光反应；圆形，每毫米 6~7 个；边缘薄，全缘。不育边缘狭窄，成熟后略收缩。菌肉污褐色至浅栗褐色，厚可达 1 cm。菌管浅黄褐色，分层明显，长可达 3 cm，和菌肉层之间具一条明显的黑色细线。担孢子 4.8~6×1.6~2 μm，圆柱形，顶端明显渐尖，无色，薄壁，光滑，非淀粉质，不嗜蓝。

　　春季至秋季生于针叶树腐木上，造成木材白色腐朽。分布于东北地区。

多孔菌、齿菌及革菌

图 721

图 722-1

图 722-2

图 722-3

721 厚皮木层孔菌
Phellinus pachyphloeus
(Pat.) Pat.

子实体多年生，硬木质。菌盖近马蹄形，长可达 35 cm，宽可达 15 cm，厚可达 11 cm；表面新鲜时黑褐色，干后黑色，粗糙，不规则开裂，具不明显的同心环带；边缘钝，黄褐色。孔口表面新鲜时锈褐色，干后黑褐色；圆形，每毫米 7~9 个；边缘薄，全缘或略呈撕裂状。不育边缘宽可达 1 mm。菌肉褐色，表面形成黑色皮壳，厚可达 2 cm。菌管干后锈褐色，分层明显，长可达 9 cm，和菌肉层之间具一黑线。担孢子 3.7~4.2×2.8~3.2 μm，宽椭圆形，黄色，厚壁，光滑，非淀粉质，不嗜蓝。

春季至秋季单生于栲树等阔叶树活立木上，造成木材白色腐朽。分布于华南地区。

722 松木层孔菌
Phellinus pini (Brot.)
Bondartsev & Singer

子实体多年生，木栓质至木质。菌盖马蹄形，外伸可达 7 cm，宽可达 12 cm，基部厚可达 4 cm；表面灰色至黑色，具同心环沟和狭窄的环带，成熟后不规则开裂；边缘钝或锐，黑褐色，被硬毛。孔口表面锈褐色至棕褐色，略具折光反应；圆形至迷宫状，每毫米 2~3 个；边缘薄，全缘。不育边缘狭窄至几乎无。菌肉暗褐色，厚可达 5 mm。菌管分层不明显，长可达 35 mm。担孢子 4.2~5.2×3.3~4.3 μm，宽椭圆形，无色，非淀粉质，弱嗜蓝。

春季至秋季生于松树活立木和倒木上，造成木材白色腐朽。药用。分布于华北、华中和青藏地区。

图 723-1

图 723-2

暗色木层孔菌

Phellinus pullus (Mont. & Berk.) Ryvarden

　　子实体多年生，覆瓦状叠生或垂生，木栓质。菌盖半圆形至扇形，外伸可达 0.5 cm，宽可达 1 cm，厚可达 1 cm；表面新鲜时黑褐色，干后暗褐色，粗糙，具不明显的同心环带；边缘钝，黄褐色。孔口表面新鲜时金黄褐色，干后暗黑褐色；圆形，每毫米 8~11 个；边缘薄，全缘。不育边缘黄褐色，宽可达 0.5 mm。菌肉暗褐色，异质，具分割黑线，上层形成皮壳，下层菌肉木栓质，厚可达 5 mm。菌管干后暗褐色，分层不明显，长可达 5 mm。担孢子 2.8~3.5×2.1~2.6 μm，宽椭圆形，黄色，壁薄至稍厚，光滑，有时塌陷，非淀粉质，不嗜蓝。

　　春季至秋季生于活藤本植物上，造成木材白色腐朽。分布于华南地区。

多孔菌、齿菌及革菌

图 724-1

图 724-2

图 724-3

图 724-4

图 724-5

图 725-1

图 725-2

724 黑壳木层孔菌
Phellinus rhabarbarinus (Berk.) G. Cunn.

子实体多年生,覆瓦状叠生,木栓质。菌盖贝壳形,外伸可达 7 cm,宽可达 15 cm,基部厚可达 3 cm;表面浅黄褐色、灰褐色或黑色,具同心环沟和环纹;边缘钝。孔口表面污褐色至浅栗褐色,无折光反应;圆形,每毫米 7~9 个;边缘厚,全缘。不育边缘宽可达 2 mm。菌肉栗褐色,厚可达 2 cm。菌管与菌肉同色,长可达 12 mm。担孢子 3.3~4.1×2.1~2.4 μm,宽椭圆形至椭圆形,无色,薄壁,光滑,非淀粉质,不嗜蓝。

春季至秋季生于阔叶树活立木、倒木和树桩上,造成木材白色腐朽。分布于华中和华南地区。

725 裂蹄木层孔菌
Phellinus rimosus (Berk.) Pilát

子实体多年生,木质。菌盖马蹄形,外伸可达 10 cm,宽可达 16 cm,厚可达 9 cm;表面新鲜时黑褐色,干后黑色,粗糙,具同心环带,不规则开裂;边缘钝,黄褐色。孔口表面新鲜时锈褐色,干后褐色;圆形,每毫米 4~5 个;边缘厚,全缘。不育边缘黄褐色,宽可达 2 mm。菌肉褐色,上表面形成黑色皮壳,厚可达 1 cm。菌管干后黄褐色,木质,分层明显,长可达 8 cm。担孢子 4.8~6.2×4.1~5 μm,宽椭圆形至近球形,锈褐色,厚壁,光滑,非淀粉质,不嗜蓝。

春季至秋季单生于阔叶树死树和倒木上,造成木材白色腐朽。药用。分布于华南地区。

多孔菌、齿菌及革菌

图 726-1

图 726-2

726 锐边木层孔菌

Phellinus senex (Nees & Mont.) Imazeki

子实体多年生，覆瓦状叠生，木栓质。菌盖贝壳形，外伸可达11 cm，宽可达20 cm，基部厚可达5 cm；表面暗褐色至黑色，具同心环沟和环纹；边缘钝。孔口表面新鲜时栗褐色，干后黑褐色，略具折光反应；圆形，每毫米7~9个；边缘薄，全缘。不育边缘明显，宽可达2 mm。菌肉栗褐色，厚可达2 cm。菌管与菌肉同色，长可达3 cm。担孢子4~4.9×3.2~4 μm，宽椭圆形至近球形，无色，薄壁，光滑，通常四个黏结在一起，非淀粉质，弱嗜蓝。

春季至秋季生于阔叶树倒木上，造成木材白色腐朽。分布于华南地区。

图 726-3

727 硬毛木层孔菌

Phellinus setifer T. Hatt.

子实体一年生，平伏反卷，木栓质。菌盖贝壳形，外伸可达1 cm，宽可达4 cm，基部厚可达3 mm；表面干后黄褐色至黑褐色，被粗毛；边缘锐，鲜黄褐色。孔口表面干后黄褐色，具折光反应；圆形至多角形，每毫米3~4个；边缘薄，全缘。不育边缘明显，黄色，宽可达2 mm。菌肉黄褐色至暗黄褐色，厚可达0.4 mm。菌管黄褐色，长可达2.6 mm。担孢子5.8~7×2~2.5 μm，圆柱形，无色，薄壁，光滑，非淀粉质，不嗜蓝。

夏秋季生于阔叶树上，造成木材白色腐朽。分布于华中地区。

图 727-1

图 727-2

图 728-1

图 728-2

图 728-3

728 宽棱木层孔菌

Phellinus torulosus (Pers.) Bourdot & Galzin

　　子实体多年生，木栓质至木质。菌盖贝壳形，外伸可达 5 cm，宽可达 10 cm，基部厚可达 2 cm；表面暗褐色至黑色，具同心环沟和环纹；边缘钝。孔口表面新鲜时锈褐色，干后灰褐色，略具折光反应；圆形，每毫米 6~8 个；边缘厚，全缘。不育边缘明显，黄褐色，宽可达 2 mm。菌肉黄褐色，厚可达 1 cm。菌管与孔口表面同色，长可达 1 cm。担孢子 4.1~5×3.1~4 μm，宽椭圆形，无色，薄壁，光滑，非淀粉质，弱嗜蓝。

　　春季至秋季单生于松树和阔叶树基部或倒木上，造成木材白色腐朽。药用。分布于华南地区。

图 729-1

图 729-2

图 729-3

729 窄盖木层孔菌

Phellinus tremulae (Bondartsev) Bondartsev & P.N. Borisov

子实体多年生，新鲜时微带甜味，硬木质。菌盖三角形，外伸可达 7 cm，宽可达 12 cm，厚可达 4 cm; 表面灰黑色至黑色，具不明显的同心环带，具皮壳，有时开裂; 边缘钝。孔口表面深褐色; 圆形，每毫米 5~6 个; 边缘厚，全缘。不育边缘明显，锈褐色，宽可达 3 mm。菌肉褐色至暗褐色，厚可达 2 cm，具白色菌丝束，基部具颗粒状菌核。菌管棕褐色至污褐色，成熟菌管中具白色菌丝束，分层明显，层间具菌肉层间隔，长可达 2 cm。担孢子 4.7~5.2×3.2~4.3 μm，宽椭圆形，无色，壁稍厚，光滑，非淀粉质，弱嗜蓝。

春季至秋季生于杨树活立木和倒木上，尤以山杨树上最为常见，造成木材白色腐朽。药用。分布于东北地区。

多孔菌、齿菌及革菌

730 三色木层孔菌
Phellinus tricolor **(Bres.) Kotl.**

　　子实体多年生，具明显菌盖或平伏反卷，木质。菌盖半圆形或扇形，外伸可达 10 cm，宽可达 15 cm，厚可达 3 cm；表面新鲜时金黄色至褐色，干后黄褐色，粗糙，具明显的同心环带；边缘钝，黄色。孔口表面新鲜时暗褐色，干后黑褐色；圆形，每毫米 8~10个；边缘薄，全缘。不育边缘宽可达 1 mm。菌肉黄褐色，上表面形成黑色皮壳，厚可达 1 cm。菌管干后灰褐色，分层明显，长可达 2 cm。担孢子 3.9~4.8×3.1~4 μm，宽椭圆形至近球形，黄色，厚壁，光滑，非淀粉质，不嗜蓝。

　　春季至秋季单生于栲树及其他阔叶树的死树和倒木上，造成木材白色腐朽。分布于华南地区。

图 730

图 731-1

图 731-2

图 731-3

图 731-4

731 多瘤木层孔菌
Phellinus tuberculosus Niemelä

　　子实体多年生，具明显菌盖或平伏反卷，覆瓦状叠生，木质。菌盖半圆形至近马蹄形，外伸可达 8 cm，宽可达 15 cm，基部厚可达 4 cm；表面浅灰褐色至暗褐色，后期开裂；边缘钝，灰褐色。孔口表面灰褐色，无折光反应；圆形，每毫米 5~7 个；边缘厚，全缘。不育边缘污褐色，粗糙，宽可达 2 mm。菌肉黄褐色，厚可达 5 mm，具白色菌丝束。菌管红褐色，长 3.5 cm，分层明显，每层长可达 5 mm，有时在成熟菌管中具白色菌丝束。担孢子 4~5×3~4 μm，宽椭圆形，无色，厚壁，光滑，非淀粉质，弱嗜蓝。

　　春季至秋季生于蔷薇科特别是桃树和苹果树的活立木上，偶尔也生长在其他阔叶树上，造成木材白色腐朽。药用。分布于东北、华北、华中、西北和青藏地区。

图 732

732 茶褐木层孔菌
Phellinus umbrinellus (Bres.) Ryvarden

子实体多年生，平伏，不易与基物剥离，木栓质，长可达 20 cm，宽可达 8 cm，厚可达 8 mm。孔口表面新鲜时暗褐色，干后黑褐色，略具折光反应；多角形至扭曲状，每毫米 8~9 个；边缘薄，全缘至撕裂状。不育边缘明显，黑色，宽可达 2 mm。菌肉暗褐色，厚可达 2 mm。菌管黄褐色，分层明显，长可达 6 mm，具乳白色次生菌丝束。担孢子 3.8~4.5×3.1~3.9 μm，近球形，锈黄色，厚壁，光滑，非淀粉质，不嗜蓝。

春季至秋季生于阔叶树倒木上，造成木材白色腐朽。分布于华南地区。

图 733-1

733 瓦伯木层孔菌
Phellinus wahlbergii (Fr.) A.D. Reid

子实体多年生，覆瓦状叠生，木栓质。菌盖半圆形，外伸可达 8 cm，宽可达 12 cm，基部厚可达 3 cm；表面新鲜时黄褐色至暗褐色，干后黑色，具同心环沟和环纹；边缘钝。孔口表面栗褐色，无折光反应；圆形，每毫米 7~9 个；边缘厚，全缘。不育边缘宽可达 1 mm。菌肉褐色，厚可达 1 cm。菌管干后灰褐色，长可达 2 cm。担孢子 4.6~5.2×3.3~4.1 μm，宽椭圆形，无色，薄壁，光滑，非淀粉质，弱嗜蓝。

春季至秋季生于阔叶树死树上，造成木材白色腐朽。分布于华南地区。

图 733-2

图 733-3

多孔菌、齿菌及革菌

图 734-1

图 734-2

734 山野木层孔菌
Phellinus yamanoi (Imazeki) Parmasto

　　子实体多年生，木栓质。菌盖近马蹄形，外伸可达 12 cm，宽可达 20 cm，基部厚可达 5 cm；表面暗褐色至黑灰色，具同心环沟和狭窄的环带；边缘钝或锐，黄褐色至黑褐色，被硬毛。孔口表面锈褐色至肉桂褐色，略具折光反应；圆形至迷宫状，每毫米 2~3 个；边缘厚，全缘。不育边缘窄至几乎无。菌肉肉桂褐色至污褐色，厚可达 5 mm。菌管与孔口表面同色，分层明显，每层被薄的菌肉层隔开，长可达 45 mm。担孢子 4.2~5.2×3.9~4.6 μm，近球形至宽椭圆形，无色，壁薄至稍厚，光滑，非淀粉质，弱嗜蓝。

　　春季至秋季生于云杉的活立木和倒木上，造成木材白色腐朽。药用。分布于东北地区。

735 大射脉革菌
Phlebia gigantea **(Fr.) Donk**

≡ *Peniophora gigantea* (Fr.) Massee

子实体一年生，平伏，贴生，难与基物剥离，肉质至胶质，长可达 20 cm，宽可达 5 cm，厚可达 1 mm，中部稍厚，向边缘逐渐变薄。子实层体新鲜时灰白色、淡烟灰色至土灰色，成熟时浅赭色，光滑或粗糙，有时具疣状突起。不育边缘明显，白色至奶油色，棉絮状，宽可达 2 mm。担孢子 5.5~7×2.5~3.9 μm，椭圆形，无色，薄壁，光滑，非淀粉质，不嗜蓝。

秋季生于针叶树树桩上，造成木材白色腐朽。分布于东北和华中地区。

图 735

736 射脉革菌
Phlebia radiata **Fr.**

子实体一年生，平伏，难与基物剥离，肉质至胶质，长可达 60 cm，宽可达 25 cm，厚可达 3 mm。子实层体灰白色、肉桂色至紫褐色，呈辐射皱褶状，粗糙，有时具疣状突起。不育边缘明显，白色至奶油色，棉絮状，宽可达 2 mm。菌肉奶油色，厚可达 3 mm。担孢子 4.2~5.1×1.5~2 μm，近腊肠形，无色，薄壁，光滑，非淀粉质，不嗜蓝。

秋季生于阔叶树倒木上，造成木材白色腐朽。分布于东北和华中地区。

图 736

737 红褐射脉革菌
Phlebia rufa **(Pers.) M.P. Christ.**

子实体一年生，平伏，难与基物剥离，肉质至革质，长可达 40 cm，宽可达 15 cm，厚可达 2 mm。子实层体灰白色、淡烟灰色、浅赭色至红褐色，粗糙，有时具疣状突起。不育边缘明显，白色至奶油色，棉絮状，宽可达 2 mm。菌肉奶油色，厚可达 2 mm。担孢子 4~5×1.3~1.9 μm，近腊肠形，无色，薄壁，光滑，非淀粉质，不嗜蓝。

秋季生于针叶树倒木和腐木上，造成木材白色腐朽。分布于东北和华中地区。

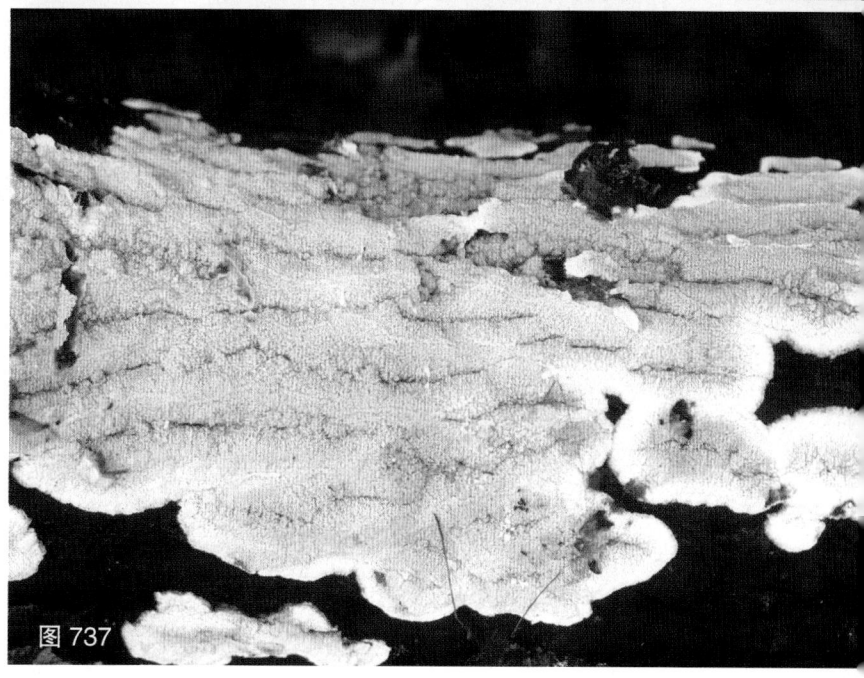
图 737

多孔菌、齿菌及革菌

中国大型菌物资源图鉴

图 738-1

图 738-2

738 胶质射脉革菌

***Phlebia tremellosa* (Schrad.)**

Nakasone & Burds.

≡ *Merulius tremellosus* Schrad.

　　子实体一年生，平伏反卷或具明显菌盖，覆瓦状叠生，新鲜时易与基物剥离，肉质至革质。菌盖窄半圆形，外伸可达 3 cm，宽可达 6 cm，厚可达 3 mm；表面白色、淡黄色至粉黄色，被小绒毛。子实层体浅肉桂色、橘黄色至锈橘色，具放射状脊，干后似浅孔状。孔口圆形，每毫米 3~4 个；边缘厚，全缘。不育边缘流苏状，宽约 3 mm。菌肉灰白色，厚可达 2 mm。菌管红褐色，长可达 1 mm。担孢子 4~4.5×1~1.5 µm，腊肠形，无色，薄壁，光滑，非淀粉质，不嗜蓝。

　　夏秋季生于阔叶树倒木和腐木上，造成木材白色腐朽。分布于东北、华北、西北、华中、青藏和内蒙古地区。

739 浅黄射脉卧孔菌
***Phlebiporia bubalina* Jia J. Chen et al.**

子实体一年生，平伏，不易与基物剥离，新鲜时无特殊气味，软，干后木栓质，长可达 11 cm，宽可达 4.5 cm，厚可达 1 mm。孔口表面新鲜时奶油色至浅黄色，干后变为浅黄色至浅粉色；圆形至多角形，每毫米 6~9 个；边缘薄，全缘至撕裂状。不育边缘奶油色，宽可达 1 mm。菌肉奶油色至浅粉色，极薄至几乎无。菌管与孔口表面同色，长可达 1 mm。担孢子 3~4×2~2.4 μm，椭圆形，无色，薄壁，光滑，非淀粉质，不嗜蓝。

秋季生于阔叶树腐木上，造成木材白色腐朽。分布于华中地区。

图 739

740 垂生叶孔菌
***Phylloporia dependens* Y.C. Dai**

子实体多年生，垂生，新鲜时木栓质，干后木质。菌盖圆柱形，外伸可达 5 cm，宽可达 4 cm，厚可达 5 cm；表面酒红褐色至黑褐色，具同心环沟，光滑；边缘钝。孔口表面新鲜时浅褐色，干后黄褐色，略具折光反应；圆形或多角形，每毫米 7~9 个；边缘薄，全缘。不育边缘窄至几乎无。菌肉黄褐色，厚可达 1 mm。菌管锈褐色，长可达 49 mm。担孢子 3~3.4×2.7~3 μm，宽椭圆形，浅黄色，厚壁，有时塌陷，非淀粉质，中度嗜蓝。

春季至秋季生于阔叶树倒木上，造成木材白色腐朽。分布于华中地区。

图 740

741 海南叶孔菌
***Phylloporia hainaniana* Y.C. Dai & B.K. Cui**

子实体一年生，覆瓦状叠生，软木栓质。菌盖切面三角形，外伸可达 0.7 cm，宽可达 1 cm，基部厚可达 1 cm；表面新鲜时橄榄黄色，干后黄褐色，被绒毛，无同心环带；边缘钝。孔口表面新鲜时浅黄色，干后肉桂色，略具折光反应；圆形至多角形，每毫米 4~6 个；边缘薄，全缘或略呈撕裂状。不育边缘窄，浅黄色。菌肉肉桂色至黄褐色，厚可达 8 mm，双层，中间具一黑色细线，上绒毛层软木栓质，下层菌肉木栓质。菌管肉桂色，长可达 2 mm。担孢子 4.6~5.6×3~3.6 μm，椭圆形，浅黄色，壁稍厚，有时塌陷，非淀粉质，弱嗜蓝。

夏秋季生于阔叶树活立木和小枝上，造成木材白色腐朽。分布于华南地区。

图 741

多孔菌、齿菌及革菌

图 742-1

图 742-2

742-3

742 褐贝叶孔菌

Phylloporia pectinata (Klotsch) Ryvarden

≡ *Phellinus pectinatus* (Klotzsch) Quél.

　　子实体多年生，覆瓦状叠生，木栓质。菌盖半圆形，外伸可达 3 cm，宽可达 5 cm，基部厚可达 0.5 cm；表面新鲜时黄褐色，干后暗褐色，被绒毛，具同心环带。孔口表面新鲜时黄褐色，干后暗褐色，略具折光反应；圆形，每毫米 8~11 个；边缘薄，全缘。不育边缘窄，黄褐色，宽可达 0.5 mm。菌肉暗褐色，厚可达 2 mm，双层，中间具一黑色细线，上绒毛层软木栓质，下层菌肉木栓质。菌管污褐色至灰褐色，长可达 3 mm。担孢子 2.4~3.3×2~2.5 µm，宽椭圆形，浅黄，壁稍厚，有时塌陷，非淀粉质，弱嗜蓝。

　　春季至秋季生于阔叶树活立木和死树上，造成木材白色腐朽。分布于华中、华南地区。

743 茶藨子叶孔菌
Phylloporia ribis (Schumach.)
Ryvarden

子实体多年生，覆瓦状叠生，木栓质。菌盖半圆形，外伸可达 4 cm，宽可达 8 cm，基部厚可达 1 cm；表面暗褐色，被微细绒毛，具同心环带，成熟后发育成薄的皮壳，有时具小瘤；边缘锐，活跃生长时金黄色。孔口表面黄褐色至锈褐色，略具折光反应；圆形，每毫米 6~8 个；边缘薄，全缘。菌肉金黄褐色至锈褐色，厚可达 8 mm，双层，中间具一黑色细线，上绒毛层软木栓质，下层菌肉木栓质。菌管污褐色，颜色比菌肉稍浅，分层不明显，长可达 2 mm。担孢子 3~3.9×2~2.5 μm，宽椭圆形，浅黄色，壁稍厚，非淀粉质，弱嗜蓝。

春季至秋季生于多种阔叶树基部或树桩上，造成木材白色腐朽。药用。分布于华北和华中地区。

图 743

744 软叶孔菌
Phylloporia weberiana
(Bres. & Henn. ex Sacc.)
Ryvarden

子实体多年生，软木栓质。菌盖半圆形至圆形，直径可达 5 cm，中部厚可达 2 cm；表面新鲜时黄褐色至锈褐色，干后锈褐色，具同心环带和厚绒毛层；边缘钝。孔口表面新鲜时暗褐色，干后灰褐色；圆形，每毫米 6~8 个；边缘薄，全缘。菌肉锈褐色，厚可达 18 mm，异质，双层，中间具一黑色细线，上绒毛层棉质，下层菌肉木栓质。菌管黄褐色，木栓质，长可达 2 mm。担孢子 3.2~4.1×2.2~3.3 μm，椭圆形，浅黄色，壁稍厚，光滑，非淀粉质，弱嗜蓝。

春季至秋季生于阔叶树活立木上，造成木材白色腐朽。分布于华南地区。

图 744

多孔菌、齿菌及革菌

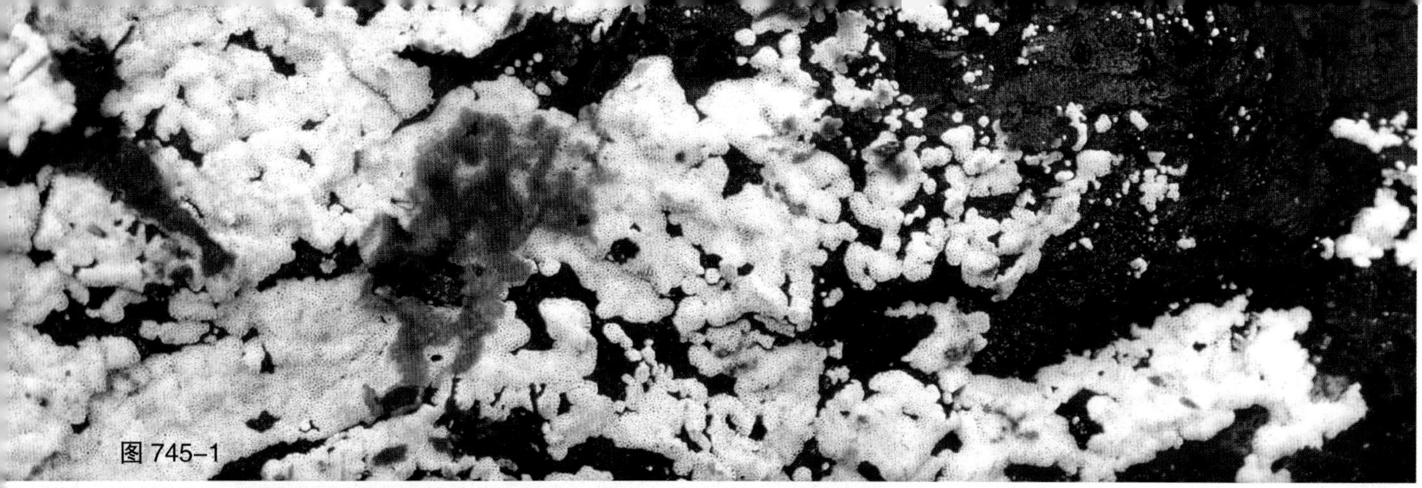

图 745-1

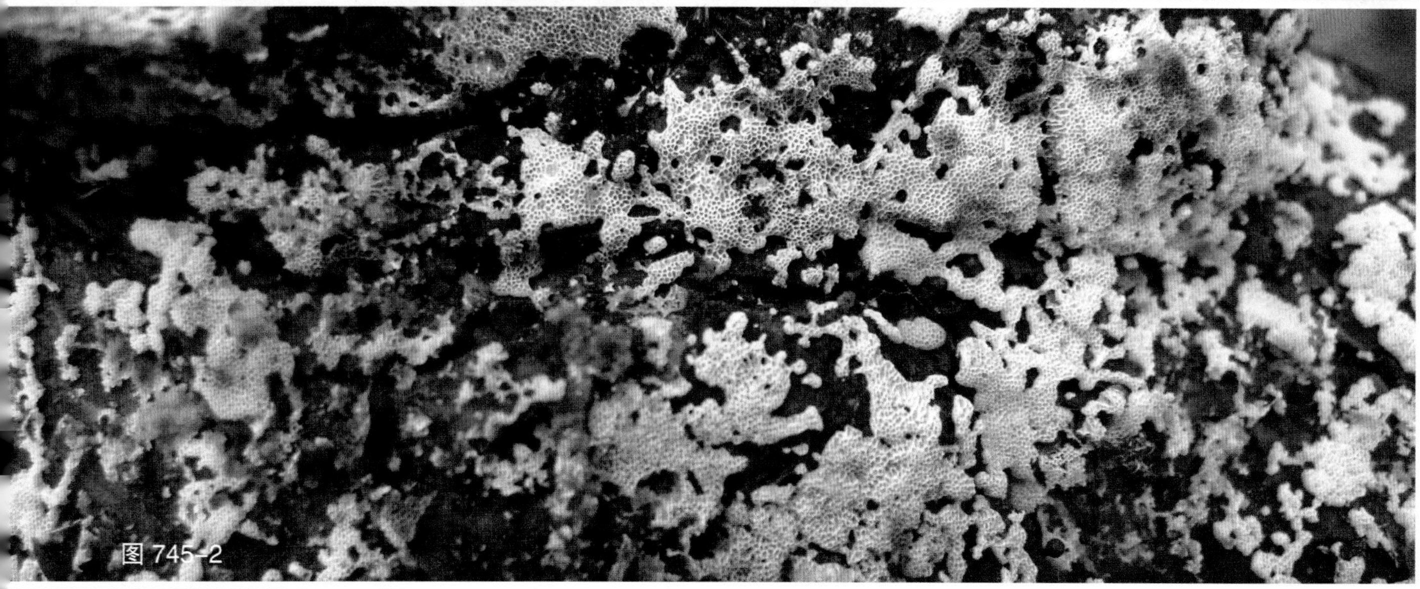

图 745-2

图 745-3

745 血红变色卧孔菌

Physisporinus sanguinolentus (Alb. & Schwein.) Pilát

子实体一年生，平伏，革质，长可达 20 cm，宽可达 5 cm，厚可达 0.7 mm。孔口表面新鲜时白色至奶油色，采后迅速呈现锈红色斑点，干后棕黄色、灰色至黑色，无折光反应；多角形，每毫米 5~7 个；边缘薄，全缘或略呈撕裂状。不育边缘几乎无。菌肉奶油色，厚可达 0.2 mm。菌管与菌肉同色，单层，干后脆革质，长可达 0.5 mm。担孢子 5~6.8×4.2~6 μm，宽椭圆形至近圆形，无色，薄壁，光滑，非淀粉质，不嗜蓝。

秋季生于针叶树倒木和腐木上，造成木材白色腐朽。分布于东北、华北、西北和青藏地区。

746 透明变色卧孔菌

Physisporinus vitreus (Pers.)
P. Karst.

子实体一年生，平伏，革质，长可达 10 cm，宽可达 3 cm，厚可达 2 mm。孔口表面新鲜时白色至蓝白色，半透明，触摸后变为褐色，干后变为赭色至淡粉褐色，无折光反应；多角形，每毫米 5~8 个；边缘薄，撕裂状。不育边缘奶油色至淡黄色。菌肉奶油色至淡黄褐色，革质，厚可达 1 mm。菌管与菌肉同色，长可达 1 mm。担孢子 5.1~7×4~5.7 μm，宽椭圆形，无色，薄壁，光滑，非淀粉质，不嗜蓝。

秋季生于阔叶树腐木上，造成木材白色腐朽。分布于东北、华北、华中地区。

图 746-1

图 746-2

747 垫变色卧孔菌

Physisporinus xylostromatoides
(Bres.) Y.C. Dai

≡ *Ceriporia xylostromatoides*
(Berk.) Ryvarden

子实体一年生，平伏，贴生，不易与基物剥离，软木栓质，长可达 20 cm，宽可达 5 cm，厚可达 1 mm。孔口表面初期白色、奶油色至灰白色，后期浅黄色，干后浅黄色至棕黄色；多角形或不规则形，每毫米 4~5 个；边缘薄，全缘或略呈撕裂状。不育边缘不明显或几乎无。菌肉奶油色，新鲜时棉质，厚可达 0.1 mm。菌管干后浅黄色，新鲜时软革质，长可达 1 mm。担孢子 4~5×3~4.5 μm，近球形，无色，薄壁，光滑，非淀粉质，不嗜蓝。

秋季生于阔叶树腐木上，造成木材白色腐朽。分布于东北、华北、华中和华南地区。

图 747

图 748-1

图 748-2

748 桦剥管孔菌
Piptoporus betulinus (Bull.) P. Karst.

　　子实体一年生，具侧生短柄或无柄，肉革质至木栓质。菌盖半圆形或圆形，直径可达 20 cm，中部厚可达 4 cm；表面新鲜时乳白色，干后乳褐色或黄褐色；边缘钝。孔口表面新鲜时乳白色，干后稻草色或浅褐色；近圆形，每毫米 5~7 个；边缘薄，全缘。菌肉奶油色，干后强烈收缩，海绵质或软木栓质，厚可达 3.5 cm，上表面具一浅褐色皮壳。菌管与孔口表面同色，干后硬纤维质，长可达 5 mm。菌柄新鲜时奶油色，干后黄褐色，光滑，长可达 3 cm，直径可达 3 cm。担孢子 4.3~5×1.5~2 μm，圆柱形，弯曲，有时腊肠形，无色，薄壁，非淀粉质，不嗜蓝。

　　夏秋季单生于桦树活立木和倒木上，造成木材褐色腐朽。药用。分布于东北、华北、西北、内蒙古和青藏地区。

图 749

749 栎剥管孔菌
Piptoporus quercinus (Schrad.) Pilát

子实体一年生，无柄或具柄状基部，新鲜时肉革质，干后软木栓质。菌盖半圆形或圆形，直径可达 15 cm，中部厚可达 5 cm；表面新鲜时金黄色和黄褐色，干后黄褐色，光滑，无环带；边缘钝，干后略波状。孔口表面新鲜时乳白色，干后稻草色或浅褐色；近圆形，每毫米 2~4 个；边缘薄，全缘。菌肉奶油色，厚可达 4 cm，上表面具一皮壳。菌管与孔口表面同色，干后硬纤维质，长可达 10 mm。担孢子 6.6~7.8×2.7~3 μm，圆柱形，弯曲，有时腊肠形，无色，薄壁，非淀粉质，不嗜蓝。

夏秋季生于壳斗科树木的死树或树桩上，造成木材褐色腐朽。分布于华中地区。

多孔菌、齿菌及革菌

图 750-1

图 750-2

750 梭伦剥管孔菌
Piptoporus soloniensis (Dubois) Pilát

子实体一年生，具侧生短柄或无柄，覆瓦状叠生，新鲜时软革质，干后软木栓质。菌盖半圆形或圆形，直径可达 28 cm，中部厚可达 30 mm；表面新鲜时乳白色，干后赭石色；边缘锐，新鲜时波状，干后内卷。孔口表面新鲜时乳白色，干后赭石色，无折光反应；近圆形，每毫米 4~5 个；边缘薄或略厚，全缘。菌肉新鲜时奶油色，肉质，干后浅黄色或浅粉黄色，海绵质或软木栓质，厚可达 20 mm。菌管与孔口表面同色，长可达 10 mm。菌柄新鲜时奶油色，干后浅赭石色，被细绒毛或光滑，长可达 2 cm，直径可达 2 cm。担孢子 4.8~6×2.8~3.8 μm，椭圆形，无色，薄壁，光滑，非淀粉质，不嗜蓝。

夏季生于阔叶树上，造成木材褐色腐朽。分布于东北、华中、华南地区。

751 簇扇菌
Polyozellus multiplex (Underw.) Murrill

子实体一年生，具侧生柄，聚生，肉质，干后脆骨质。菌盖扇状至漏斗形，直径可达 10 cm，厚可达 5 mm，从基部向边缘渐薄；表面深紫色、深紫罗兰色至深灰黑色；边缘锐，新鲜时波浪状，干后略内卷。子实层体浅灰色至灰色或灰黑色，平滑至稍呈皱褶状至脉纹状。菌肉蓝紫色，薄，脆。担孢子 4~6×4~5 μm，近形，表面有疣突。

夏秋季生于多种阔叶树林中地上。可食。分布于华中和青藏地区。

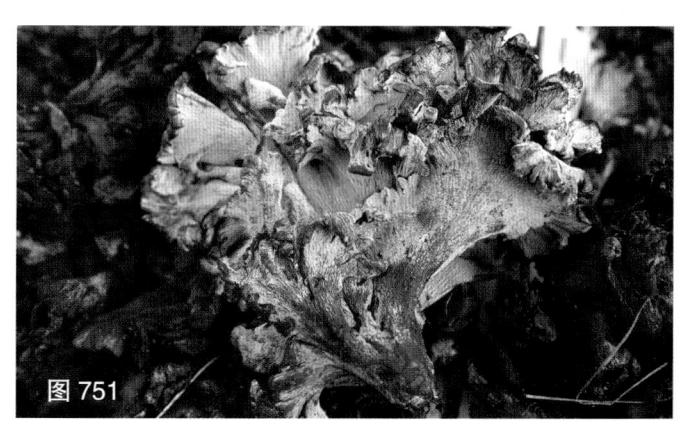

图 751

图 752-1

752 漏斗多孔菌

***Polyporus arcularius* (Batsch) Fr.**

≡ *Favolus arcularius* (Batsch) Fr.

子实体一年生，肉质至革质。菌盖圆形，直径可达 2 cm，厚可达 3 mm；表面新鲜时乳黄色，干后黄褐色，被暗褐色或红褐色鳞片；边缘锐，干后略内卷。孔口表面干后浅黄色或橘黄色；多角形，每毫米 1~4个；边缘薄，撕裂状。菌肉淡黄色至黄褐色，厚可达 1 mm。菌管与孔口表面同色，长可达 2 mm。菌柄与菌盖同色，干后皱缩，长可达 3 cm，直径可达 2 mm。担孢子 8.2~9.8×2.8~3.2 μm，圆柱形，略弯曲，无色，薄壁，光滑，非淀粉质，不嗜蓝。

夏季单生或数个簇生于多种阔叶树死树或倒木上，造成木材白色腐朽。药用。各区均有分布。

图 752-2

多孔菌、齿菌及革菌

图 753-1

图 753-2

图 754

753 褐多孔菌

Polyporus badius
(Pers.) Schwein.

子实体一年生，具侧生柄，肉质至革质。菌盖圆形或扇形，外伸可达 7 cm，宽可达 8 cm，厚可达 4 mm；表面灰黄色、深黄褐色、橙褐色至黑褐色，光滑；边缘锐，干后向卷。孔口表面新鲜时白色，干后浅黄色至橘黄色，具折光反应；近圆形，每毫米 6~8 个；边缘薄，全缘。菌肉新鲜时白色，干后淡黄色，厚可达 3 mm。菌管与孔口表面同色，长可达 1 mm。菌柄黑色，被绒毛，长可达 3 cm，直径可达 8 mm。担孢子 6.5~8×3~3.8 μm，圆柱形，无色，薄壁，光滑，非淀粉质，不嗜蓝。

夏季单生或聚生于阔叶树倒木上，造成木材白色腐朽。分布于东北和西北地区。

754 亚黑多孔菌

Polyporus blanchettianus
Berk. & Mont.

子实体一年生，具中生柄，肉质至革质。菌盖圆形，直径可达 6 cm，中部厚可达 2 mm；表面红褐色、黑褐色；边缘锐，波状。孔口表面新鲜时奶油色，干后土黄色；多角形，每毫米 8~10 个；边缘薄，全缘。菌肉棕黄色，厚可达 1 mm。菌管土黄色，长可达 1 mm。菌柄黑色，光滑，长可达 6 cm，直径可达 5 mm。担孢子 5.6~7×2.2~2.5 μm，圆柱形，无色，薄壁，光滑，非淀粉质，不嗜蓝。

夏季单生于阔叶树倒木上，造成木材白色腐朽。分布于华南地区。

图 755-1

755 冬生多孔菌
Polyporus brumalis (Pers.) Fr.

　　子实体一年生，具中生或侧生柄，革质。菌盖圆形，直径可达 9 cm，中部厚可达 7 mm；表面新鲜时深灰色、灰褐色或黑褐色。边缘锐，黄褐色，干后内卷。孔口表面初期奶油色，后期浅黄色，具折光反应；圆形至多角形，每毫米 3~4 个；边缘薄，全缘。不育边缘不明显至几乎无。菌肉乳白色，异质，下层硬革质，厚可达 2 mm，上层软木栓质，厚可达 3 mm，两层之间具一细的黑线。菌管浅黄色或浅黄褐色，长可达 2 mm。菌柄稻草色，被厚绒毛或粗毛，长可达 3 cm，直径可达 5 mm。担孢子 5.5~6.5×2~2.5 μm，圆柱形，有时稍弯曲，无色，薄壁，光滑，非淀粉质，不嗜蓝。

　　秋季单生或聚生于阔叶树上，造成木材白色腐朽。分布于东北、华北、华中、西北和青藏地区。

图 755-2

多孔菌、齿菌及革菌

图 756

图 757

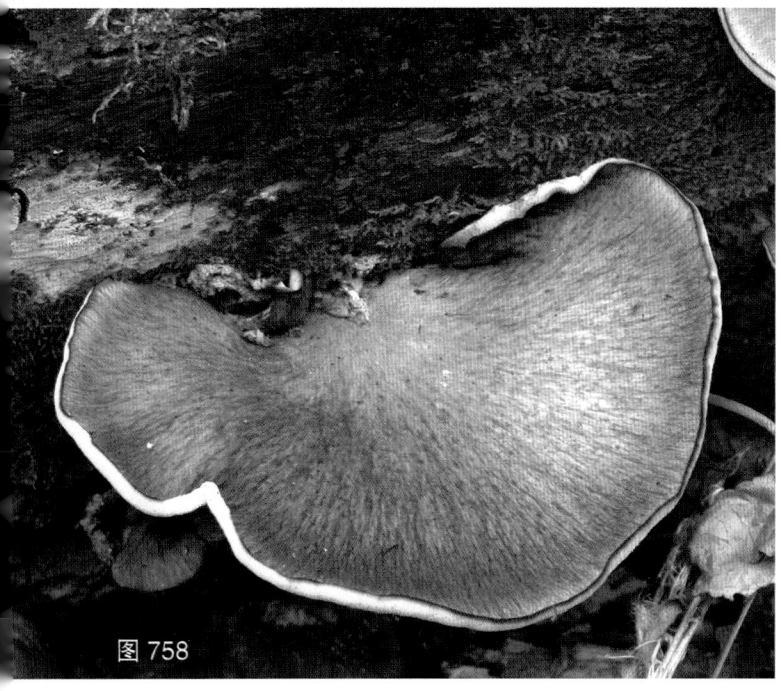

图 758

756 缘毛多孔菌
Polyporus ciliatus Fr.

子实体一年生，具中生柄，肉质至革质。菌盖圆形，直径可达 2 cm，厚可达 2 mm；表面黄褐色至茶褐色，被纤毛；边缘锐，干后略内卷。孔口表面初期奶油色，干后浅黄色或橘黄色；多角形，每毫米 4~5 个；边缘薄，略呈撕裂状。菌肉新鲜时白色，干后奶油色，厚可达 1 mm。菌管与孔口表面同色，长可达 1 mm。菌柄基部无黑色皮壳，被绒毛，长可达 1 cm，直径可达 3 mm。担孢子 6~7×2~2.5 μm，圆柱形，无色，薄壁，光滑，非淀粉质，不嗜蓝。

秋末单生于桦树等阔叶树倒木上，造成木材白色腐朽。分布于东北和内蒙古地区。

757 针叶树生多孔菌
Polyporus conifericola H.J. Xue & L.W. Zhou

子实体一年生，具中生或偏生柄，新鲜时革质，干后硬革质。菌盖圆形或漏斗形，直径可达 7 cm，厚可达 3 mm；表面黄褐色至黑褐色，光滑，具皮层。孔口表面新鲜时白色，干后稻草色至浅褐色，具折光反应；多角形或圆形，每毫米 7~10 个；边缘薄至稍厚，全缘或略撕裂状。菌肉奶油色，厚可达 2 mm。菌管与孔口表面同色，长可达 1 mm。菌柄黑色，光滑，长可达 5 cm，直径可达 6 mm。担孢子 6~8×2.3~3.1 μm，圆柱形，无色，薄壁，光滑，非淀粉质，不嗜蓝。

夏秋季单生或数个聚生于针叶树倒木和腐木上，造成木材白色腐朽。分布于东北地区。

758 灰皮多孔菌
Polyporus cuticulatus Y.C. Dai et al.

子实体一年生，具偏生柄，新鲜时肉质至软革质，干后脆质。菌盖圆形，直径可达 20 cm，厚可达 8 mm；表面浅灰色至灰黄褐色，光滑，具放射状纹和皮层。孔口表面新鲜时白色，干后稻草色；多角形或圆形，每毫米 3~5 个；边缘薄，全缘或略撕裂状。菌肉奶油色，厚可达 7 mm。菌管与孔口表面同色，长可达 1 mm。菌柄光滑，长可达 2 cm，直径可达 15 mm。担孢子 9~11×3.3~4.4 μm，圆柱形，无色，薄壁，光滑，非淀粉质，不嗜蓝。

夏秋季单生或数个聚生于阔叶树倒木和腐木上，造成木材白色腐朽。分布于华中和华南地区。

图 759-1

图 759-2

759 **小黑多孔菌**
Polyporus dictyopus Mont.

　　子实体一年生，具侧生柄或基部收缩成柄状，革质。菌盖扇形或半圆形，外伸可达 6 cm，宽可达 9 cm，基部厚可达 1.7 mm；表面红褐色至酒红褐色，光滑，具辐射状纵条纹；边缘锐，波浪状，干后常内卷。孔口表面奶油色至土黄色，具折光反应；多角形，每毫米 6~7 个；边缘薄，全缘，呈波浪状。菌肉奶油色至土黄色，厚可达 1 mm。菌管奶油色至土黄色，长可达 0.7 mm。菌柄黑色，长可达 9 mm，直径可达 5 mm。担孢子 5.7~7×2.2~3 μm，长圆柱形，无色，薄壁，光滑，非淀粉质，不嗜蓝。

　　夏秋季单生于阔叶树倒木或落枝上，造成木材白色腐朽。分布于华南地区。

多孔菌、齿菌及革菌

图 760

760 水曲柳多孔菌
Polyporus fraxinicola L.W. Zhou & Y.C. Dai

子实体一年生，或具侧生短柄，肉质至革质。菌盖半圆形，外伸可达 20 cm，宽可达 25 cm，中部厚可达 30 mm，从基部向边缘渐薄；表面乳白色至稻草色，光滑，无同心环带和环沟；边缘锐，新鲜时波状，干后内卷。孔口表面乳白色至浅黄色，无折光反应；多角形或近圆形，每毫米 2~4 个；边缘薄，全缘。菌肉奶油色至浅黄色，厚可达 25 mm。菌管与孔口表面同色，延生至菌柄上部，长可达 5 mm。菌柄新鲜时奶油色，干后浅黄褐色，长可达 2 cm，直径可达 15 mm。担孢子 6.5~8×2.8~3.7 μm，近纺锤形，顶端渐窄，无色，薄壁，光滑，非淀粉质，不嗜蓝。

夏季单生或覆瓦状叠生于蒙古栎树干上，造成木材白色腐朽。分布于东北和内蒙古地区。

图 761-1

761 条盖多孔菌
Polyporus grammocephalus Berk.

子实体一年生，具侧生柄，革质。菌盖扇形，直径可达 7 cm，中部厚可达 9 mm；表面新鲜时奶油色至浅褐色，成熟时灰白色，光滑，具放射状条纹；边缘波浪状，干后有时内卷。孔口表面浅黄色至褐色，具折光反应；圆形，每毫米 4~6 个，下延至菌柄；边缘薄，略呈撕裂状。菌肉奶油色至木材色，厚可达 4 mm。菌管淡褐色，长可达 6 mm。菌柄与孔口表面同色，长可达 1 cm，直径达 5 mm。担孢子 7~8.9×3~3.4 μm，长椭圆形至圆柱形，无色，薄壁，光滑，非淀粉质，不嗜蓝。

春季至秋季数个群生于阔叶树倒木和落枝上，造成木材白色腐朽。分布于华中和华南地区。

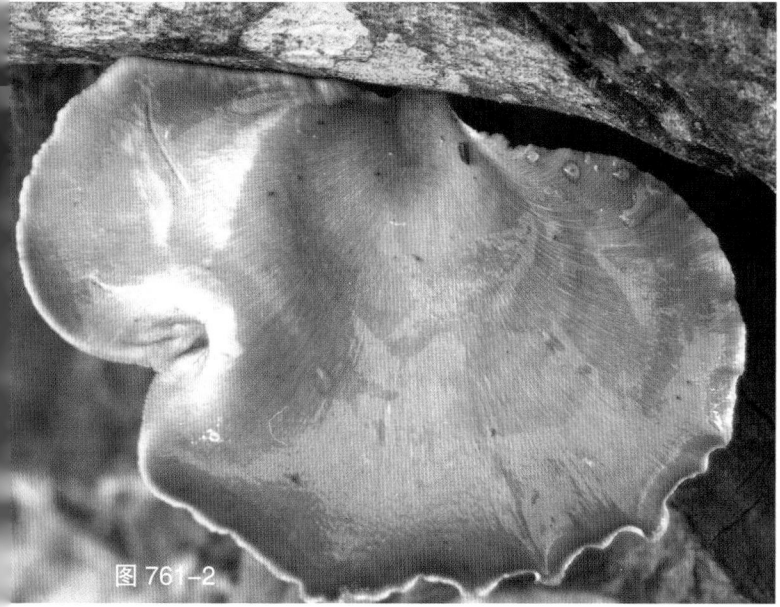

图 761-2

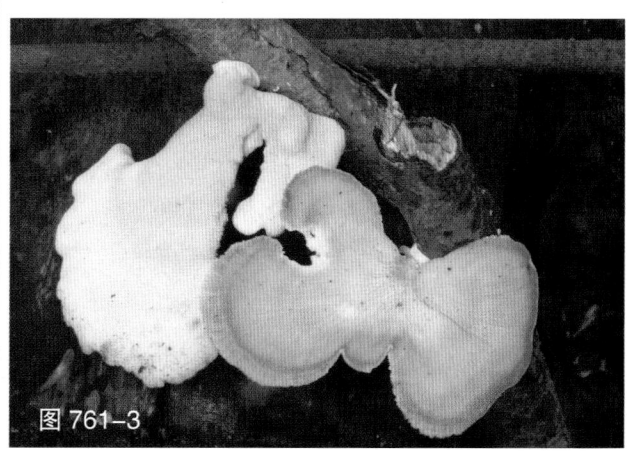

图 761-3

762 软肉多孔菌
Polyporus hapalopus H.J. Xue & L.W. Zhou

子实体一年生，具柄，肉质至革质。菌盖扇形，直径可达 4 cm，厚可达 5 mm；表面新鲜时土黄色，具皮层和放射状条纹；边缘锐，干后略内卷。孔口表面奶油色至蜜黄色；多角形，每毫米 4~6 个；边缘薄，撕裂状。菌肉稻草色，厚可达 4 mm。菌管与孔口表面同色，长可达 1 mm。菌柄与菌盖同色，长可达 2 cm，直径可达 2.5 cm。担孢子 6.1~6.9×2.2~2.4 μm，圆柱形，无色，薄壁，光滑，非淀粉质，不嗜蓝。

夏季数个簇生于多种阔叶树死树或倒木上，造成木材白色腐朽。分布于华南地区。

图 762

763 半煤烟多孔菌
Polyporus hemicapnodes Berk. & Broome

子实体一年生，具中生柄，革质。菌盖圆形或扇形，中部凹陷呈漏斗形，直径可达 2 cm，厚可达 3 mm，从基部向边缘渐薄；表面乳黄色至浅黄褐色，散布黑色小点；边缘锐，干后略内卷。孔口表面白色至灰黄色，具折光反应；多角形，每毫米 6~8 个；边缘薄，略呈撕裂状。菌肉奶油色至淡黄色，厚可达 1 mm。菌管与孔口表面同色，长可达 1 mm。菌柄黑色，被绒毛，长可达 2 cm，直径 2 mm。菌管延生至菌柄上部。担孢子 7~8.8×3.5~4 μm，圆柱形，无色，薄壁，光滑，非淀粉质，不嗜蓝。

夏季单生于阔叶树倒木上，造成木材白色腐朽。分布于东北地区。

图 763

764 理坡瑞多孔菌
Polyporus leprieurii Mont.

子实体一年生，具中生或侧生柄，革质。菌盖扇形或匙形，中部下凹或呈漏斗形，直径可达 5 cm，中部厚可达 2 mm；表面新鲜时白色至淡黄褐色，光滑，干后古铜色，具放射状条纹；边缘锐，黄褐色，干后稍内卷。孔口表面黄褐色至灰褐色；圆形至多角形，每毫米 4~5 个；边缘薄，全缘至略呈撕裂状。不育边缘不明显至几乎无。菌肉淡黄白色，厚可达 1.5 mm。菌管淡黄色，长可达 0.5 mm。菌柄黑色，光滑，长可达 5 cm，直径可达 4 mm。担孢子 6.8~7.8×2.5~3 μm，椭圆形至近椭圆形，无色，薄壁，光滑，非淀粉质，不嗜蓝。

秋季单生或数个群生于阔叶树落枝上，造成木材白色腐朽。分布于华南地区。

图 764

多孔菌、齿菌及革菌

图 765-1

图 765-2

图 766

765 三河多孔菌
Polyporus mikawai Lloyd

子实体一年生,具柄或似有柄,木栓质。菌盖扇形或近圆形,中部下凹或呈漏斗形,直径可达 8 cm,中部厚可达 0.3 cm;表面淡黄色至土黄色,光滑,具不明显的辐射状条纹;边缘锐,波浪状并撕裂,黄褐色,稍内卷。孔口表面淡黄色至黄褐色;圆形至椭圆形,每毫米 3~4 个;边缘薄,全缘至撕裂状。不育边缘几乎无。菌肉白色,厚可达 2 mm。菌管淡黄色,长可达 1 mm。菌柄黄色,长可达 3 cm,直径可达 8 mm。担孢子 9.2~10.2×3.2~4 μm,圆柱形,薄壁,光滑,非淀粉质,不嗜蓝。

夏秋季单生或聚生于阔叶树落枝上,造成木材白色腐朽。分布于华中和华南地区。

766 小多孔菌
Polyporus minor Z.S. Bi & G.Y. Zheng

子实体一年生,具侧生短柄,革质。菌盖半圆形或扇形,外伸可达 1.5 cm,宽可达 2 cm,基部厚可达 2.5 mm;表面新鲜时奶油色至浅黄色,干后橘黄色,光滑;边缘钝,波状。孔口表面奶油色至浅黄褐色;圆形,每毫米 3~4 个;边缘薄,全缘。菌肉干后浅黄色,厚可达 1.5 mm。菌管与孔口表面同色,长可达 1 mm,有时具菌丝钉。担孢子 7.5~9×3~4 μm,圆柱形,无色,光滑,薄壁,非淀粉质,不嗜蓝。

夏秋季单生于阔叶树枯枝上,造成木材白色腐朽。分布于华南地区。

767 摩鹿加多孔菌
Polyporus moluccensis
(Mont.) Ryvarden

子实体一年生，具侧生柄，覆瓦状叠生，新鲜时白色，成熟时奶油色，肉质。菌盖近扇形，外伸可达 1.5 cm，宽可达 2.5 cm，基部厚可达 2 mm；表面白色至乳黄色，光滑，具辐射状条纹；边缘钝，撕裂状，干后内卷。孔口表面乳白色至乳黄色；多角形，辐射状排列，每毫米 2~3 个；边缘薄，撕裂状。菌管比孔口表面颜色稍深，长可达 1.4 mm。菌肉厚可达 0.6 mm。菌柄长可达 3.2 mm，直径达 3 mm。担孢子 5.9~8×2.3~3.2 μm，长椭圆形至圆柱形，向末端渐细，无色，薄壁，光滑，非淀粉质，不嗜蓝。

夏季生于阔叶树倒木和腐木上，造成木材白色腐朽。分布于华南地区。

图 767-1

图 767-2

768 桑多孔菌
Polyporus mori (Pollini) Fr.

子实体一年生，具侧生柄，肉质至革质。菌盖半圆形至圆形，直径可达 5 cm，中部厚可达 5 mm；表面白色、橘红色或黄褐色，无同心环纹，具放射状条纹；边缘锐，与菌盖同色，干后内卷。孔口表面初期乳白色至奶油色，后期浅黄色，干后浅黄褐色；初期多角形，放射状排列，延生至菌柄上部，每毫米 1~2 个；边缘薄，全缘。菌肉奶油色，厚可达 1 mm。菌管奶油色，长可达 4 mm。菌柄浅黄色至褐色，光滑，长可达 1 cm，直径可达 4 mm。担孢子 9~10.5×3.2~4 μm，圆柱形，无色，薄壁，光滑，非淀粉质，不嗜蓝。

夏秋季单生或聚生于多种阔叶树死树、倒木和树桩上，造成木材白色腐朽。药用。各区均有分布。

图 768

多孔菌、齿菌及革菌

图 769-1

图 769-2

图 770

769 菲律宾多孔菌
Polyporus philippinensis Berk.

子实体一年生，具侧生柄或基部收缩成柄状，革质，具蘑菇气味。菌盖扇形至近圆形，外伸可达 4 cm，宽可达 6 cm，基部厚可达 8 mm；表面新鲜时黄褐色至土黄褐色，干后浅黄褐色至黄褐色，具明显辐射状条纹，基部呈沟状或脊状条纹；边缘锐，波状，干后内卷。孔口表面淡黄色至淡黄褐色；多角形，放射状伸长，长可达 3 mm，宽可达 1 mm；边缘薄，全缘。菌肉奶油色至淡黄褐色，厚可达 5 mm。菌管与孔口表面同色或略浅，长可达 3 mm，延生至菌柄上部。菌柄与菌盖同色，光滑，长可达 1 cm，直径可达 8 mm。担孢子 9~11×3.4~4 μm，圆柱形，无色，薄壁，光滑，非淀粉质，不嗜蓝。

夏季单生或聚生于阔叶树死树或倒木上，造成木材白色腐朽。分布于华南地区。

770 宽鳞多孔菌
Polyporus squamosus (Huds.) Fr.

子实体一年生，具侧生短柄或近无柄，覆瓦状叠生，肉质至革质。菌盖圆形或扇形，直径可达 40 cm，厚可达 4 cm；表面近白色、乳黄色至浅黄褐色，被暗褐色或红褐色鳞片；边缘锐，新鲜时波状，干后略内卷。孔口表面白色至黄褐色；多角形，每毫米 0.5~1.5 个；边缘薄，撕裂状。菌肉白色至奶油色，厚可达 30 mm。菌管与孔口表面同色，长可达 10 mm。菌柄基部黑色，被绒毛，通常被下延的菌管覆盖，长可达 5 cm，直径可达 20 mm。担孢子 13~16×4.5~5.6 μm，广圆柱形或略纺锤形，顶部渐窄，无色，薄壁，光滑，非淀粉质，不嗜蓝。

夏秋季生于多种阔叶树活立木、死树、倒木和树桩上，造成木材白色腐朽。药用。分布于东北、华北、华中和西北地区。

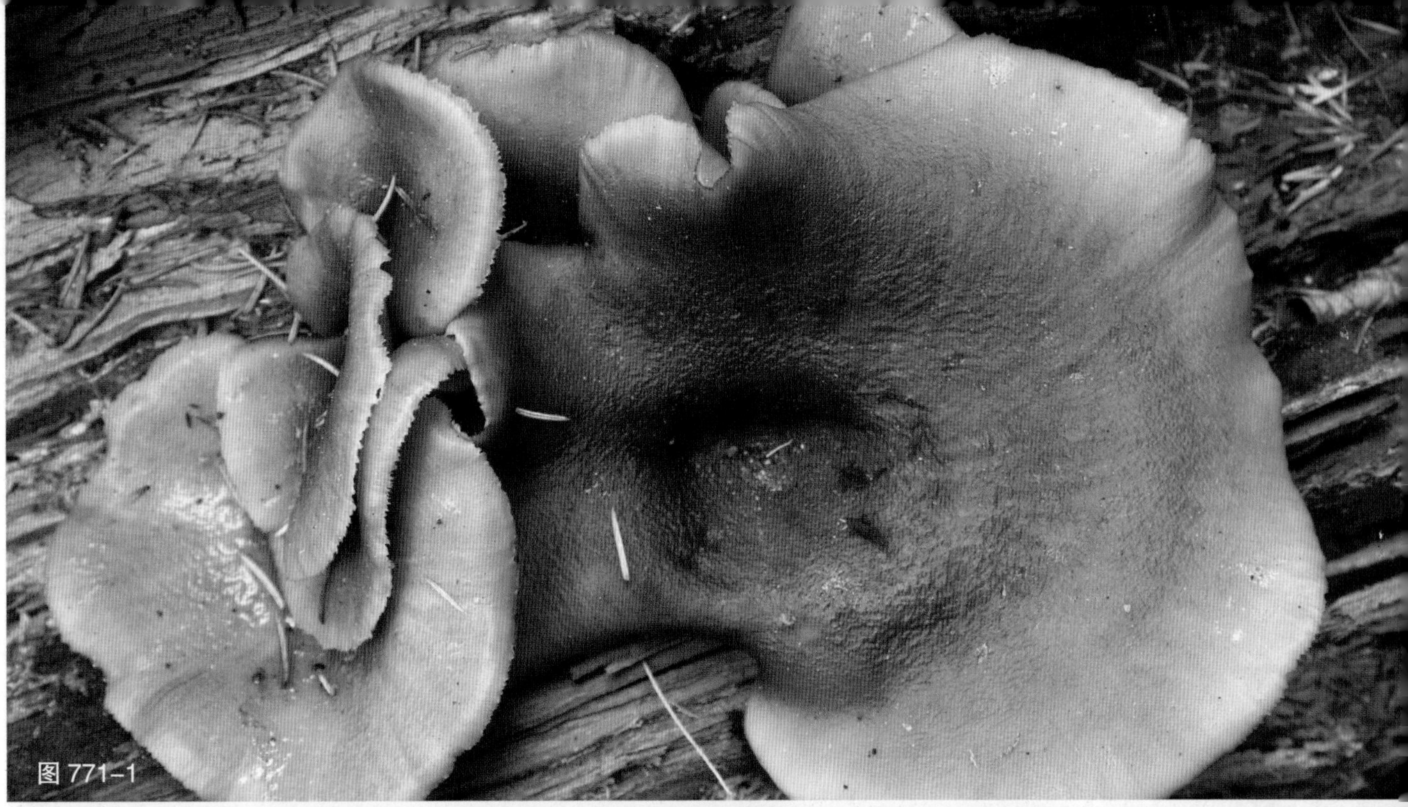

图 771-1

图 771-2

771 拟黑柄多孔菌

Polyporus submelanopus H.J. Xue & L.W. Zhou

　　子实体一年生，具中生柄，肉质至革质。菌盖圆形、扁平至浅漏斗形或中部下凹呈脐状，直径可达 10 cm，中部厚可达 0.7 cm；表面新鲜时暗黄褐色至红褐色，成熟时茶褐色，光滑，无环带；边缘锐，新鲜时与菌盖同色，干后暗红色，内卷或波浪状。孔口表面白色至暗黄褐色；近圆形至多角形，每毫米 3~5 个；边缘薄，全缘至撕裂状。菌肉新鲜时白色，中部厚可达 5 mm。菌管干后淡黄色，长可达 2 mm。菌柄暗褐色至黑色，近圆柱形，弯曲，光滑，基部膨大，长可达 6 cm，直径可达 0.5 cm。担孢子 8~10×3~3.9 μm，圆柱形，无色，薄壁，光滑，非淀粉质，不嗜蓝。

　　夏秋季单生于多种阔叶树倒木和腐木上，造成木材白色腐朽。药用。分布于西北地区。

多孔菌、齿菌及革菌

图 772-1

图 772-2

772 拟变形多孔菌
Polyporus subvarius C.J. Yu & Y.C. Dai

子实体一年生，具侧生柄，革质。菌盖圆形或扇形，直径可达 15 cm，厚可达 2 cm；表面土黄色，光滑，具放射状条带；边缘锐，波状。孔口表面土黄色；多角形，放射状排列，每毫米 1~2 个；边缘薄，全缘。菌肉奶油色，厚可达 16 mm。菌管奶油色，长可达 4 mm。菌柄基部黑褐色，被绒毛，长可达 2.5 cm，直径可达 1.5 cm。担孢子 9.2~12.6×3.9~4.9 μm，圆柱形，无色，薄壁，光滑，非淀粉质，不嗜蓝。

夏秋季群生于柳树活立木上，造成木材白色腐朽。分布于青藏地区。

773 太白多孔菌
Polyporus taibaiensis Y.C. Dai

子实体一年生，革质。菌盖圆形，直径可达 3.5 cm，厚可达 5 mm，从基部向边缘渐薄；表面肉桂黄色至黄褐色，具不明显的放射状条纹；边缘锐，波状，干后略内卷。孔口表面奶油色，干后黄褐色；圆形至多角形，每毫米 3~5 个；边缘薄，全缘至略呈撕裂状。菌肉奶油色，厚可达 3 mm。菌管与孔口表面同色，长可达 2 mm。担孢子 7.5~10.5×3.2~3.8 μm，梭形，无色，薄壁，光滑，非淀粉质，不嗜蓝。

夏秋季群生于杜鹃树的死树或树桩上，造成木材白色腐朽。分布于西北、华北地区。

图 773

774 栓多孔菌
Polyporus trametoides **Corner**

子实体一年生，具侧生柄，革质。菌盖扇形，外伸可达 3 cm，宽可达 4 cm，基部厚可达 3 mm；表面新鲜时赭色，干后黄褐色，光滑，具同心环区；边缘锐，波状。孔口表面奶油色，干后黄色；圆形至多角形，每毫米 3~5 个；边缘薄，全缘或撕裂状。菌肉奶油色至淡黄色，厚可达 1.5 mm。菌管与孔口表面同色或略浅，长可达 1.5 mm。菌柄与菌盖同色，光滑，长可达 1.3 cm，直径可达 5 mm。担孢子 6~7×2.3~3 μm，圆柱形，无色，薄壁，光滑，非淀粉质，不嗜蓝。

夏季单生于阔叶树倒木上，造成木材白色腐朽。分布于华南地区。

图 774

775 菌核多孔菌
Polyporus tuberaster **(Jacq.) Fr.**

子实体一年生，具侧生柄，单生于树木或数个群生于地面埋木上，肉质至革质。菌盖圆形、半圆形或扇形，中部凹陷，直径可达 15 cm，厚可达 1.5 cm，从基部向边缘渐薄；表面黄褐色至赭色，被茶褐色或深褐色斑块；边缘锐，被纤毛或略呈撕裂状，干后略内卷。孔口表面淡黄褐色至茶褐色；多角形，长可达 3 mm，宽可达 1.5 mm；边缘薄或厚，全缘或略呈撕裂状。菌肉白色至奶油色，厚可达 1.2 cm。菌管与孔口表面同色，长可达 3 mm，延生至菌柄上部。菌柄基部黑色，被绒毛，长可达 6 cm，直径可达 1 cm。担孢子 12~14×5~6 μm，圆柱形，无色，薄壁，光滑，非淀粉质，不嗜蓝。

夏季生于阔叶树倒木、埋木上，造成木材白色腐朽。分布于华北和华中地区。

图 775

图 776

776 潮润多孔菌
Polyporus udus Jungh.

　　子实体一年生，具中生或侧生柄，肉质至革质，干后强烈皱缩。菌盖贝壳形至扇形，直径可达 7 cm，中部厚可达 3.5 mm；表面新鲜时灰白色，干后黄褐色或浅褐色，无同心环纹；边缘锐，黄褐色，干后内卷。孔口表面新鲜时奶油色，干后浅黄色；多角形或圆形，每毫米 4~5 个；边缘薄，撕裂状。菌肉奶油色至白色，厚可达 2.5 mm。菌管干后浅黄色，长可达 1 mm。菌柄浅黄色至褐色，长可达 2 cm，直径可达 0.9 mm。担孢子 7.4~10×3.5~4.3 μm，长椭圆形至圆柱形，无色，薄壁，光滑，非淀粉质，不嗜蓝。

　　夏季单生或数个聚生于阔叶树倒木上，造成木材白色腐朽。分布于华南地区。

777 猪苓多孔菌（猪苓）
Polyporus umbellatus (Pers.) Fr.

　　子实体一年生，具中生柄，具地下菌核，柄从菌核生出，在基部分枝形成许多具中生柄的菌盖，肉质至革质。菌盖近圆形或漏斗形，直径可达 4 cm，厚可达 0.4 cm；表面灰褐色，具灰褐色细小鳞片，干后皱褶状；边缘与菌盖同色，波状，干后内卷。孔口表面白色至奶油色；不规则形，每毫米 2~3 个；边缘薄，全缘至略呈撕裂状。菌肉白色至奶油色，厚可达 2.5 mm。菌管与孔口表面同色，长可达 1.5 mm，延生至菌柄上部。菌柄多分枝，奶油色，长可达 7 cm，基部直径达 2.5 cm。担孢子 9~12×3.5~4.3 μm，圆柱形至舟形，无色，薄壁，光滑，非淀粉质，不嗜蓝。

　　夏秋季生于多种阔叶树特别是蒙古栎树桩附近的地上，造成木材白色腐朽。食药兼用；可人工栽培。分布于东北、华北、华南、西北和华中地区。

图 777

778 变形多孔菌
Polyporus varius (Pers.) Fr.

子实体一年生，具侧生柄，革质。菌盖圆形或扇形，有时漏斗形，直径可达 8 cm，厚可达10 mm，从基部向边缘渐薄；表面灰褐色至深褐色，被浅红褐色半透明斑点；边缘锐，新鲜时波浪状，干后略内卷。孔口表面浅黄色或黄褐色，无折光反应；多角形，每毫米 5~8 个；边缘薄，全缘。菌肉白色至奶油色，厚可达 8 mm。菌管浅黄色，新鲜时肉质，长可达 4 mm，延生至菌柄下部。菌柄基部黑褐色，被绒毛，长可达4 cm，直径可达 1.5 mm。担孢子7.5~9.5×2.5~3.3 μm，圆柱形，无色，薄壁，光滑，非淀粉质，不嗜蓝。

夏秋季单生于多种阔叶树特别是杨树的死树、倒木和树桩上，造成木材白色腐朽。药用。分布于东北、华北、华中和西北地区。

779 粉软卧孔菌
Poriodontia subvinosa
Parmasto

子实体一年生，平伏，革质，长可达 50 cm，宽可达 10 cm，厚可达 2 mm。孔口表面新鲜时粉红色至浅紫色，干后肉红色至淡紫褐色，无折光反应；不规则形，每毫米 2~4 个；边缘薄，撕裂状。不育边缘几乎无。菌肉淡紫褐色，棉质，厚可达 1 mm。菌管与菌肉同色，棉质，长可达 1 mm。担孢子 4~4.8×1.8~2.1 μm，腊肠形，无色，薄壁，光滑，非淀粉质，嗜蓝。

秋季生于针叶树倒木上，造成木材白色腐朽。分布于东北和青藏地区。

图 778

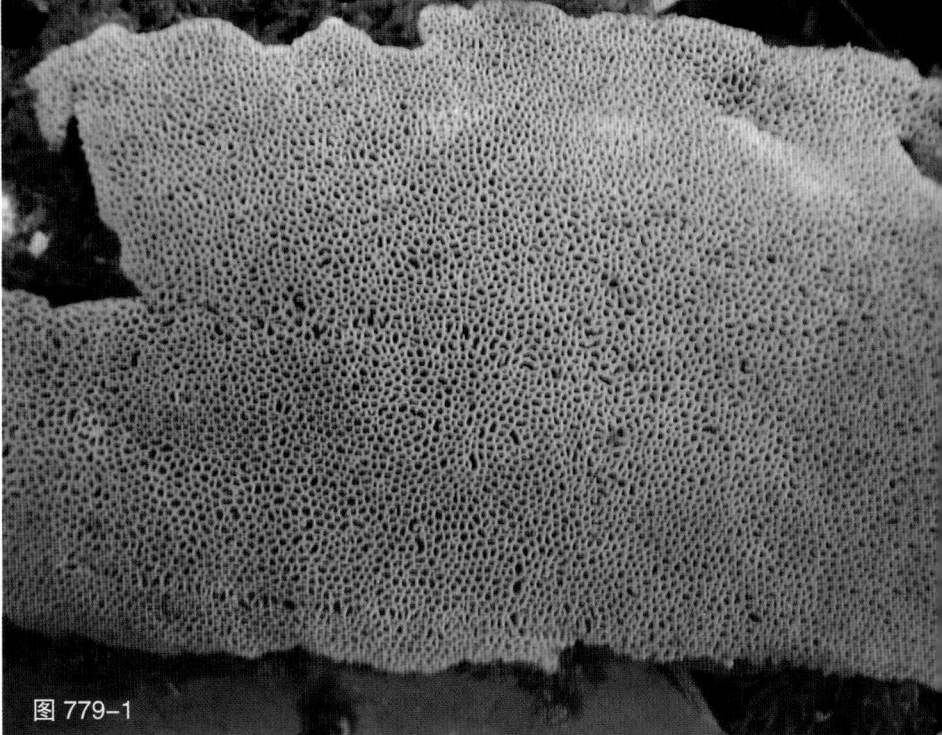

图 779-1

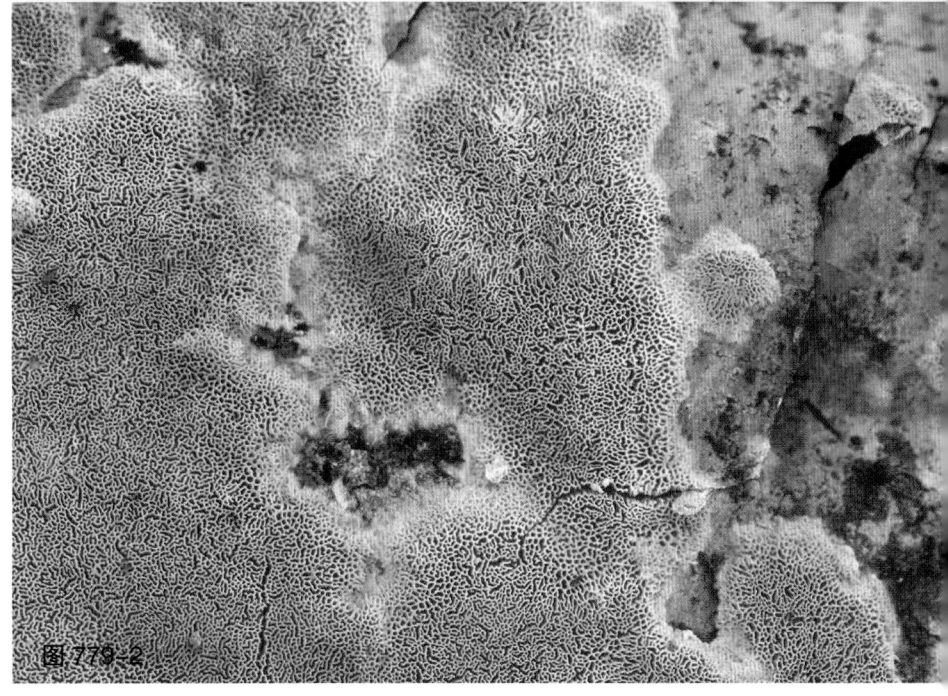

图 779-2

多孔菌、齿菌及革菌

图 780-1

图 780-2

图 780-3

780 赤杨波斯特孔菌
Postia alni Niemelä & Vampola

≡ *Oligoporus alni* (Niemelä & Vampola) Piątek

　　子实体一年生，革质，易碎。菌盖半圆形，外伸可达 3 cm，宽可达 6 cm，基部厚可达 1 cm；表面奶油色、乳灰色、蓝灰色至淡灰褐色；边缘锐或钝，波状，干后内卷。孔口表面初期乳白色至奶油色，后期灰色、淡灰蓝色至灰蓝色，无折光反应；近圆形至不规则形，每毫米 4~5 个；边缘薄，全缘至撕裂状。菌肉奶油色，脆，厚可达 6 mm。菌管灰蓝色，纤维质，长可达 4 mm。担孢子 3.5~4×1~1.2 μm，圆柱形至腊肠形，薄壁，光滑，非淀粉质，不嗜蓝。

　　秋季单生于阔叶树腐木上，造成木材褐色腐朽。各区均有分布。

图 781

781 **香波斯特孔菌**

Postia balsamea (Peck) Jülich

≡ *Oligoporus balsameus* (Peck) Gilb. & Ryvarden

　　子实体一年生，覆瓦状叠生，软木栓质。菌盖扇形，外伸可达 3 cm，宽可达 5 cm，基部厚可达 6 mm；表面奶油色至淡黄褐色，光滑或具突起，具不明显的同心环带；边缘锐，波状，新鲜时白色至奶油色，干后浅褐色，内卷。孔口表面新鲜时奶油色，干后浅褐色；圆形，每毫米 4~6 个；边缘薄，全缘或略呈撕裂状。不育边缘窄至几乎无。菌肉新鲜时乳白色，脆革质，厚可达 2 mm。菌管干后褐色，颜色比菌肉稍深，长可达 4 mm。担孢子 3.8~6×2~2.9 μm，长椭圆形至椭圆形，无色，薄壁，光滑，非淀粉质，不嗜蓝。

　　秋季生于针叶树上，造成木材褐色腐朽。分布于东北和青藏地区。

多孔菌、齿菌及革菌

图 782-1

图 782-2

图 782-3

图 782-4

782 灰蓝波斯特孔菌

Postia caesia (Schrad.) P. Karst.

≡ *Oligoporus caesius* (Schrad.) Gilb. & Ryvarden

　　子实体一年生，肉质至革质。菌盖半圆形或扇形，外伸可达 3 cm，宽可达 5 cm，基部厚可达 1.5 cm。菌盖表面新鲜时奶油色，后期灰蓝色至深蓝色，干后淡褐蓝色至污褐色，被绒毛；边缘较锐，干后内卷。孔口表面新鲜时奶油色至淡灰蓝色，干后黄褐色；多角形，每毫米 3~4 个；边缘薄，全缘至撕裂状。不育边缘几乎无。菌肉乳白色，厚 1~10 mm。菌管灰蓝色，纤维质，长可达 2~8 mm。担孢子 4.3~5.2×1~1.1 µm，腊肠形，非淀粉质，不嗜蓝。

　　秋季单生或数个左右连生于针叶树上，造成木材褐色腐朽。分布于东北、华北、西北、青藏、华中和华南地区。

783 灰波斯特孔菌
Postia cana H.S. Yuan & Y.C. Dai

子实体一年生，软木栓质。菌盖半圆形至扇形，外伸可达 5 cm，宽可达 10 cm，基部厚可达 1.5 cm；表面新鲜时粉灰色，干后鼠灰色至深灰色，具密绒毛，具明显同心环带，具辐射状环沟；边缘锐。孔口表面新鲜时奶油色，干后浅黄色；圆形至多角形，每毫米 4~5 个；边缘薄，全缘至稍撕裂。菌肉乳白色，软木栓质，厚可达 11 mm。菌管干后奶油色，木栓质，长可达 4 mm。担孢子 4~4.8×1~1.2 μm，腊肠形，无色，薄壁，光滑，非淀粉质，不嗜蓝。

秋季生于针叶树上，造成木材褐色腐朽。分布于华北地区。

图 783

784 异肉波斯特孔菌
Postia duplicata L.L. Shen et al.

子实体一年生，软木栓质。菌盖匙形，外伸可达 3.5 cm，宽可达 6 cm，基部厚可达 1.6 cm；表面奶油色，光滑，触摸或干后红褐色。孔口表面新鲜时白色，触摸或干后红褐色；不规则形，每毫米 3~4 个；边缘薄，全缘。不育边缘可达 1 mm。菌肉异质，上层较软、灰黄色，下层木栓质、浅黄色，层间具一黑线区，整个菌肉层可达 5 mm。菌管干后浅褐色，脆质，长可达 11 mm。担孢子 3.8~5.8×1.8~2.5 μm，腊肠形，无色，薄壁，光滑，非淀粉质，不嗜蓝。

秋季单生于针叶树上，造成木材褐色腐朽。分布于华中地区。

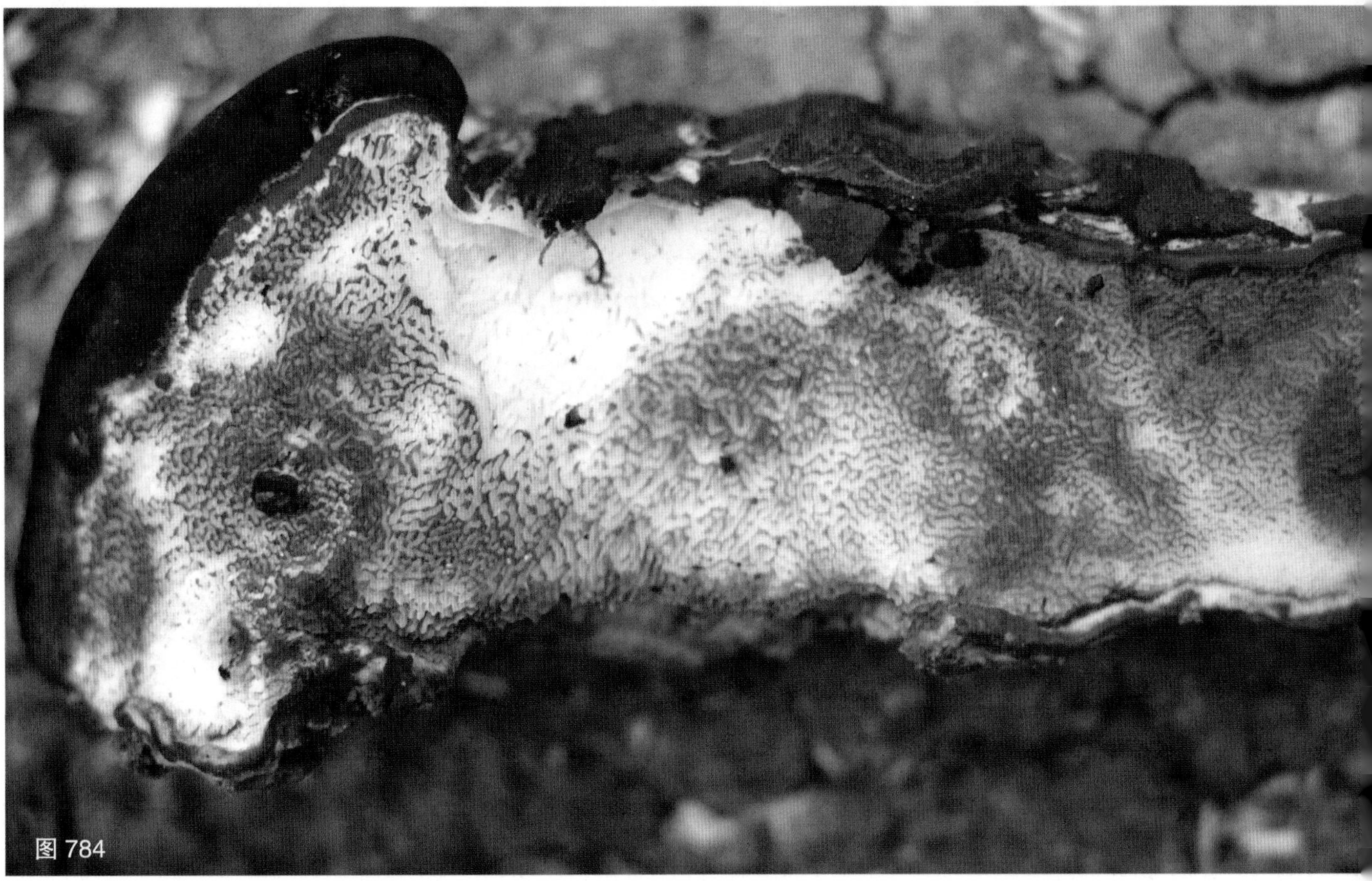

图 784

多孔菌、齿菌及革菌

785 脆波斯特孔菌

Postia fragilis (Fr.) Jülich

≡ *Oligoporus fragilis* (Fr.)
Gilb. & Ryvarden

子实体一年生，肉质至革质。菌盖肾形或扇形，外伸可达 3 cm，宽可达 7 cm，厚可达 1 cm；表面幼嫩时白色稍带褐色，成熟时褐色，被绒毛或粗毛，无环带；边缘稍钝，干后不内卷。孔口新鲜时雪白色，触摸后变为淡红褐色，干后变为深褐色；形状不规则，每毫米 2~3 个；边缘稍厚，撕裂状。菌肉淡褐色，脆革质，厚可达 5 mm。菌管与菌肉同色，长可达 7 mm。担孢子 3.5~4.2×1.1~1.6 µm，长椭圆形至腊肠形，无色，薄壁，光滑，非淀粉质，不嗜蓝。

秋季单生或左右连生于针叶树倒木上，造成木材褐色腐朽。分布于东北、华北、西北、青藏和华南地区。

图 785

786 胶孔波斯特孔菌

Postia gloeopora L.L. Shen et al.

子实体一年生，软木栓质。菌盖匙形，外伸可达 3 cm，宽可达 4 cm，基部厚可达 8 mm；表面新鲜时白色，具微绒毛，干后奶油色或浅黄色且光滑。孔口表面新鲜时白色，干后棕黄色；多角形，每毫米 3~4 个；边缘薄，撕裂状。不育边缘窄至几乎无。菌肉白色至奶油色，木栓质，厚可达 6 mm。菌管与孔口表面同色，干后脆质，长可达 2 mm。担孢子 3.8~4.3×2~2.3 µm，椭圆形，略弯，无色，薄壁，光滑，非淀粉质，不嗜蓝。

秋季单生于针叶树上，造成木材褐色腐朽。分布于青藏地区。

图 786

图 787-1

787 油斑波斯特孔菌
Postia guttulata (Sacc.) Jülich
≡ *Oligoporus guttulatus* (Sacc.)
Gilb. & Ryvarden

子实体一年生，肉质至革质，口感苦。菌盖扇形，外伸可达 10 cm，宽可达 15 cm，厚可达 2.8 cm；表面新鲜时白色，具淡褐色环纹，具油斑，干后淡黄色；边缘薄，干后不内卷。孔口表面淡褐色，略具折光反应；多角形至圆形，每毫米 3~5 个；边缘薄，全缘。不育边缘几乎无。菌肉淡褐色，脆革质，厚可达 24 mm。菌管与菌肉同色，长可达 4 mm。担孢子 3~4×1.9~2.2 μm，椭圆形，无色，薄壁，光滑，非淀粉质，不嗜蓝。

夏秋季单生于针叶树活立木、倒木和树桩上，造成木材褐色腐朽。药用。分布于东北和青藏地区。

图 787-2

788 绒毛波斯特孔菌
Postia hirsuta L.L. Shen & B.K. Cui

子实体一年生，软木栓质。菌盖扇形，外伸可达 4 cm，宽可达 5 cm，基部厚可达 2 cm；表面奶油色至淡鼠灰色，具密绒毛，无同心环带；边缘钝，新鲜时白色至奶油色，干后浅黄色。孔口表面新鲜时奶油色，干后浅黄色；圆形至多角形，每毫米 3~4 个；边缘薄，全缘。不育边缘可达 1 mm。菌肉乳白色，软木栓质，厚可达 17 mm。菌管干后浅黄色，长可达 3 mm。担孢子 4~4.8×1~1.2 μm，腊肠形，无色，薄壁，光滑，非淀粉质，不嗜蓝。

秋季生于阔叶树上，造成木材褐色腐朽。分布于西北地区。

图 788

多孔菌、齿菌及革菌

图 789

789 日本波斯特孔菌
Postia japonica Y.C. Dai & T. Hatt.

子实体一年生，覆瓦状叠生，革质。菌盖半圆形，外伸可达 5 cm，宽可达 8 cm，厚可达 1.3 cm；表面新鲜时灰白色至浅赭色，被微绒毛，具不明显的环区；边缘锐，波状。孔口表面奶油色至浅灰色；圆形，每毫米 2~3 个；边缘薄，全缘至撕裂状。菌肉奶油色，厚可达 5 mm。菌管与菌肉同色，长可达 8 mm。担孢子 4.5~5.5×3~3.5 μm，椭圆形，无色，薄壁，表面光滑，非淀粉质，不嗜蓝。

夏秋季生于阔叶树活立木上，造成木材褐色腐朽。分布于华中地区。

790 奶油波斯特孔菌
Postia lactea (Fr.) P. Karst.
≡ *Oligoporus lacteus* (Fr.) Gilb. & Ryvarden

子实体一年生，肉质至革质，口感苦。菌盖半圆形，外伸可达 3 cm，宽可达 10 cm，厚可达 1.5 cm；表面新鲜时白色，无环纹，干后淡黄褐色；边缘薄，干后不内卷。孔口表面淡褐色；形状不规则，每毫米 4~6 个；边缘薄，撕裂状。不育边缘几乎无。菌肉白色，厚可达 10 mm。菌管与菌肉同色，长可达 6 mm。担孢子 4~4.7×1~1.2 μm，腊肠形，无色，薄壁，表面光滑，非淀粉质，不嗜蓝。

夏秋季单生或数个左右连生于针阔叶树倒木和腐木上，造成木材褐色腐朽。药用。分布于东北、华北、华中、西北和青藏地区。

图 790

791 砖红波斯特孔菌
Postia lateritia Renvall

子实体一年生，肉质至革质。菌盖扇形，外伸可达 1 cm，宽可达 3 cm，厚可达 1 cm；表面奶油色，触摸后变为褐色，干后变为锈褐色；边缘锐，干后内卷。孔口表面新鲜时奶油色，触摸后变为红褐色，干后变为深褐色；多角形，每毫米 3~4 个；边缘薄，撕裂状。菌肉奶油色，厚可达 5 mm。菌管与菌肉同色，长可达 5 mm。担孢子 4.3~5×1.2~1.5 μm，腊肠形，无色，薄壁，光滑，非淀粉质，不嗜蓝。

秋季单生于针叶树腐木上，造成木材褐色腐朽。分布于东北地区。

图 791

792 斜管波斯特孔菌
Postia obliqua Y.L. Wei & W.M. Qin

子实体一年生，平伏，贴生，不易与基物剥离，肉革质，长可达 100 cm，宽可达 50 cm，厚可达 15 mm。孔口表面新鲜时白色，干后奶油色至浅褐色，无折光反应；圆形，每毫米 2~3 个；边缘薄，全缘至撕裂状。不育边缘不明显至几乎无。菌肉干后红褐色，厚可达 0.2 mm。菌管与菌肉几乎同色，长可达 15 mm。担孢子 4.8~6.3×2~2.5 μm，圆柱形，无色，薄壁，光滑，非淀粉质，不嗜蓝。

秋季生于针叶树死树上，造成木材褐色腐朽。分布于青藏地区。

图 792

图 793

图 794

图 795

793 白褐波斯特孔菌
Postia ochraceoalba L.L. Shen et al.

子实体一年生，覆瓦状叠生，新鲜软纤维质，干后脆质。菌盖半圆形，外伸可达 5.5 cm，宽可达 11 cm，基部厚可达 12 mm；表面新鲜时土黄色至灰褐色，光滑，具同心褐色环区。孔口表面新鲜时白色，干后棕黄色；多角形，每毫米 6~7 个；边缘薄，撕裂状。不育边缘宽可达 0.5 mm。菌肉白色，脆质，厚可达 10 mm。菌管白色至奶油色，干后脆质，长可达 2 mm。担孢子 4~4.5×1~1.2 μm，腊肠形，无色，薄壁，光滑，非淀粉质，不嗜蓝。

秋季生于针叶树上，造成木材褐色腐朽。分布于华中地区。

794 盖状波斯特孔菌
Postia pileata (Parmasto) Y.C. Dai & Renvall

= *Postia amylocystis* Y.C. Dai & Renvall

子实体一年生，平伏或平伏反卷，偶尔覆瓦状叠生，易剥离，肉质至软木栓质。平伏时长可达 6 cm，宽可达 4 cm，厚可达 3 mm。菌盖半圆形，外伸可达 2 cm，宽可达 4 cm，基部厚可达 5 mm；表面初期奶油色，后期浅橘黄色至浅黄色，干后淡黄褐色；边缘锐，波状，干后内卷。孔口表面新鲜时奶油色至淡橘黄色，干后浅黄色；圆形，每毫米 4~5 个；边缘薄，撕裂状。不育边缘奶油色，窄至几乎无。菌肉白色至奶油色，厚可达 1 mm。菌管与菌肉同色，长可达 4 mm。担孢子 3.8~4.8×0.9~1.1 μm，圆柱形至腊肠形，无色，薄壁，光滑，非淀粉质，不嗜蓝。

秋季生于阔叶树上，造成木材褐色腐朽。分布于东北、华南地区。

795 鲑色波斯特孔菌
Postia placenta (Fr.) M.J. Larsen & Lombard

≡ *Oligoporus placenta* (Fr.) Gilb. & Ryvarden

≡ *Rhodonia placenta* (Fr.) Niemelä et al.

子实体一年生，平伏，贴生，不易与基物剥离，肉革质，长可达 18 cm，宽可达 6 cm，厚可达 5 mm。孔口表面新鲜时鲑肉色、桃红色至橘黄色，干后淡褐色至黄褐色，无折光反应；圆形至多角形，每毫米 2~4 个；边缘薄，全缘至撕裂状。不育边缘不明显，颜色变浅，宽可达 1 mm。菌肉干后浅黄褐色，厚可达 0.2 mm。菌管与菌肉几乎同色，长可达 5 mm。担孢子 4~5.2×1.9~2.3 μm，椭圆形，无色，薄壁，光滑，非淀粉质，不嗜蓝。

秋季生于针叶树上，造成木材褐色腐朽。分布于东北和西北地区。

图 796

796 柄生波斯特孔菌
Postia stiptica (Pers.) Jülich

≡ *Oligoporus stipticus* (Pers.) Gilb. & Ryvarden

子实体一年生，具收缩的基部，单生或覆瓦状叠生，肉质至革质或硬骨质，口感非常苦。菌盖半圆形，外伸可达6 cm，宽可达10 cm，基部厚可达20 mm；表面新鲜时白色至奶油色，干后乳黄色；边缘钝，干后不内卷。孔口表面新鲜时乳白色，干后乳黄色至污黄色；圆形，每毫米4~6个；边缘薄，全缘。不育边缘明显，宽可达4 mm。菌肉奶油色，干后硬纤维质至硬骨质，具环区，厚可达15 mm。菌管新鲜时乳白色，纤维质，干后乳黄色，长可达5 mm。担孢子3.8~4.7×1.7~2 μm，长椭圆形，有时略弯曲，无色，薄壁，光滑，非淀粉质，不嗜蓝。

夏秋季生于针叶树上，造成木材褐色腐朽。分布于东北地区。

图 797

797 斑纹波斯特孔菌
Postia zebra Y.L. Wei & W.M. Qin

子实体一年生，覆瓦状叠生，肉质至革质。菌盖扇形，外伸可达2 cm，宽可达3 cm，基部厚可达1.2 mm，从基部向边缘逐渐变薄；表面新鲜时奶油色，干后黄褐色。孔口表面新鲜时乳白色，干后褐色，无折光反应；圆形至多角形，每毫米7~8个；边缘薄，撕裂状。菌肉奶油色，厚可达0.4 mm。菌管奶油色至浅褐色，长可达0.8 mm。担孢子3.6~4.3×2~2.4 μm，长椭圆形，无色，薄壁，光滑，非淀粉质，不嗜蓝。

秋季生于针叶树腐木上，造成木材褐色腐朽。分布于东北地区。

多孔菌、齿菌及革菌

图 798

图 799-1

图 799-2

798 浅红剖匝孔菌

798 **Pouzaroporia subrufa (Ellis & Dearn.) Vampola**

≡ *Poria subrufa* Ellis & Dearn.

≡ *Ceriporiopsis subrufa* (Ellis & Dearn.) Ginns

≡ *Fibroporia subrufa* (Ellis & Dearn.) Pouzar

子实体一年生，平伏，贴生，革质，无味，形状不规则，长可达 5 cm，宽可达 2 cm，中部厚可达 3 mm。孔口表面新鲜时白色，干后淡黄白色；多角形，每毫米 2~3 个；边缘薄，撕裂状。不育边缘不明显，絮状，宽可达 1 mm。菌肉黄色，几乎无。菌管与菌肉同色，长可达 3 mm。担孢子 6~6.3×4~4.5 μm，近椭圆形，无色，薄壁，光滑，非淀粉质，不嗜蓝。

夏秋季生于阔叶树腐木上，造成木材白色腐朽。分布于东北和华南地区。

799 胡桃纵隔担孔菌

799 **Protomerulius caryae (Schwein.) Ryvarden**

≡ *Aporpium caryae* (Schwein.) Teixeira & D.P. Rogers

≡ *Elmerina caryae* (Schwein.) D.A. Reid

子实体一年生，平伏，革质，长可达 18 cm，宽可达 5 cm，厚可达 2 mm。孔口表面新鲜时浅灰色至灰色，干后灰褐色至褐色，无折光反应；近圆形，每毫米 6~8 个；边缘厚，全缘。不育边缘明显，奶油色至浅灰色，宽可达 2 mm。菌肉灰褐色，厚可达 0.2 mm。菌管与孔口表面同色，长可达 1.8 mm。担孢子 5~6×1.9~2.9 μm，腊肠形，无色，薄壁，光滑，非淀粉质，不嗜蓝。

秋季生于阔叶树倒木和腐木上，造成木材白色腐朽。各区均有分布。

图 800

800 无锁纵隔担孔菌
Protomerulius efibulatus
Y.C. Dai & Y.L. Wei

子实体一年生，平伏，难与基物剥离，革质，长可达 18 cm，宽可达 4.5 cm，厚可达 2.5 mm。孔口表面新鲜时奶油色至浅黄色，触摸后变为褐色，干后变为褐色，无折光反应；近圆形，每毫米 6~8 个；边缘薄，全缘或略呈撕裂状。不育边缘不明显至几乎无。菌肉干后奶油色，厚可达 2 mm。菌管与孔口表面同色，长可达 0.5 mm。担孢子 4.3~5.5×2.5~3.3 μm，椭圆形，无色，薄壁，光滑，非淀粉质，不嗜蓝。

秋季生于阔叶树腐木上，造成木材白色腐朽。分布于华南地区。

801 帽形假棱孔菌
Pseudofavolus cucullatus (Mont.) Pat.

≡ *Favolus cucullatus* Mont.

≡ *Hexagonia cucullata* (Mont.) Murrill

子实体一年生，无柄或具侧生短柄，革质。菌盖半圆形，外伸可达 3 cm，宽可达 5 cm，基部厚可达 1.5 mm；表面新鲜时奶油色，具明显的辐射状条纹，干后浅黄褐色，光滑；边缘锐，波状，干后内卷。孔口表面新鲜时奶油色，干后淡黄褐色；六角形，每毫米 2~3 个；边缘薄，全缘或略呈撕裂状。菌肉干后浅黄褐色，厚可达 0.5 mm。菌管与孔口表面同色，长可达 1 mm。菌柄与菌盖同色，光滑，长可达 0.5 cm。担孢子 14~16×6~6.5 μm，圆柱形，无色，薄壁，光滑，非淀粉质，不嗜蓝。

夏秋季数个聚生于阔叶树死树上，造成木材白色腐朽。分布于华南地区。

图 801

多孔菌、齿菌及革菌

图 802

802 白色伪壶担菌
Pseudolagarobasidium calcareum (Cooke & Massee) Sheng H. Wu

子实体一年生，平伏，贴生，不易与基物剥离，新鲜时白色至奶油色，肉质至软革质，干后乳黄色至浅黄褐色，革质至软木栓质，长可达 12 cm，宽可达 3 cm，厚可达 1.5 mm。子实层体短齿状，干后不规则开裂，边缘窄至几乎无。菌齿排列紧密，通常剥离，有时合生；每毫米 4~7个；锥形，干后脆质，易碎，长可达 1.2 mm。菌肉层薄，干后软木栓质，厚可达 0.3 mm。担孢子 3.7~4.8×2.9~3.6 μm，宽椭圆形至近球形，无色，薄壁，光滑，非淀粉质，不嗜蓝。

秋季生于阔叶树倒木上，造成木材白色腐朽。分布于华南地区。

图 803

803 黄假皱孔菌
Pseudomerulius aureus (Fr.) Jülich

子实体一年生，平伏或平伏反卷，连生，新鲜时膜质，易从基物表面成片剥离，干后脆皮质，长可达 10 cm，宽可达 5 cm，厚可达 1 mm。子实层体新鲜时金黄色，具辐射状皱褶及皱纹。不育边缘明显，宽可达 2 mm，新鲜时白色，成熟时淡黄色。皱褶窄，深可达 2 mm，皱褶间距离可达 0.5~1 mm，成熟后相连形成不规则小凹坑。菌肉薄，软。担孢子 3.8~4.3×1.8~2 μm，圆柱形，顶部略尖，无色至淡黄色，壁稍厚，光滑，非淀粉质，嗜蓝。

夏秋季生于针叶树倒木和腐木上，造成木材褐色腐朽。药用。分布于东北、华北、华南和华中地区。

图 804

804 覆瓦假皱孔菌（覆瓦网褶菌 波纹桩菇）
Pseudomerulius curtisii (Berk.) Redhead & Ginns

≡ *Paxillus curtisii* Berk.

子实体一年生，平伏至反卷，肉质，干后脆质，易碎，具强烈腥臭味。菌盖近圆形，直径达 5 cm，厚可达 5 mm；表面新鲜时棕褐色、金黄色至黄褐色，光滑或被细绒毛，干后黑褐色；边缘锐，波状，与菌盖同色或略浅，干后内卷。不育边缘窄至几乎无，新鲜时鲜黄色。菌褶表面新鲜时黄褐色至蜜褐色，干后黑褐色；较密，波状，分叉交织成网状，不等长，厚可达 3 mm。菌肉薄，干后浅黄褐色至暗褐色，厚可达 2 mm。担孢子 3.1~4×1.7~2 μm，长椭圆形至圆柱形，无色，薄壁，光滑，非淀粉质，嗜蓝。

秋季生于针叶树倒木上，造成木材褐色腐朽。有毒。分布于华中和华南地区。

图 805-1

图 805-2

图 805-3

805 **蓝伏革菌**
Pulcherricium coeruleum (Lam.) Parmasto

　　子实体一年生，平伏，新鲜时无特殊气味，革质，长可达 50 cm，宽可达 15 cm，厚可达 5 mm。子实层体新鲜时深蓝色，干后污蓝色，光滑或具小疣突。不育边缘不明显，偶尔菌索状，宽可达 1 mm。担孢子 7~9×4~6 μm，椭圆形，无色，薄壁，光滑，非淀粉质，嗜蓝。

　　秋季生于阔叶树倒木上。分布于东北和内蒙古地区。

多孔菌、齿菌及革菌

图806

806 光亮小红孔菌
Pycnoporellus fulgens (Fr.) Donk

子实体一年生，覆瓦状叠生，肉质至脆革质。菌盖扇形，外伸可达 5 cm，宽可达 10 cm，基部厚可达 1.3 cm；表面新鲜时砖红色，被绒毛，具不明显的同心环带；边缘锐，乳黄色，干后颜色几乎不变。孔口表面红褐色，无折光反应；不规则形，每毫米 1~2 个；边缘薄，撕裂状。不育边缘几乎无。菌肉砖红色，厚可达 6 mm。菌管淡红褐色，长可达 7 mm。担孢子 4.8~6×2.6~3 μm，长椭圆形，无色，薄壁，光滑，非淀粉质，不嗜蓝。

夏季生于针叶树倒木上，造成木材白色腐朽。分布于东北地区。

807 鲜红密孔菌
Pycnoporus cinnabarinus (Jacq.) P. Karst.

子实体一年生，革质。菌盖扇形或肾形，外伸可达 3 cm，宽可达 5 cm，基部厚可达 0.5 cm；表面新鲜时砖红色，干后颜色几乎不变；边缘较尖锐。孔口表面新鲜时砖红色，干后颜色不变；近圆形，每毫米 3~4 个；边缘稍厚，全缘。不育边缘宽可达 1 mm。菌肉浅红褐色，厚可达 1 mm。菌管与孔口表面同色，长可达 4.5 mm。担孢子 4.2~5.7×2.1~2.8 μm，长椭圆形至圆柱形，无色，薄壁，光滑，非淀粉质，不嗜蓝。

夏秋季生于多种阔叶树倒木和腐木上，尤其以林边或阳光充分照射的地方最为常见，造成木材白色腐朽。药用。分布于东北、内蒙古、华北、华南、西北和华中地区。

图807

图 808-1

图 808-2

图 808-3

808 血红密孔菌

Pycnoporus sanguineus (L.) Murrill

子实体一年生，革质。菌盖扇形、半圆形或肾形，外伸可达 3 cm，宽可达 5 cm，基部厚可达 1.5 cm；表面新鲜时浅红褐色、锈褐色至黄褐色，后期褪色，干后颜色几乎不变；边缘锐，颜色较浅，有时波状。孔口表面新鲜时砖红色，干后颜色几乎不变；近圆形，每毫米 5~6 个；边缘薄，全缘。不育边缘明显，杏黄色，宽可达 1 mm。菌肉浅红褐色，厚可达 13 mm。菌管红褐色，长可达 2 mm。担孢子 3.6~4.4×1.7~2 μm，长椭圆形至圆柱形，无色，薄壁，光滑，非淀粉质，不嗜蓝。

夏秋季单生或簇生于多种阔叶树倒木、树桩和腐木上，造成木材白色腐朽。药用。各区均有分布。

图 808-4

多孔菌、齿菌及革菌

图 809

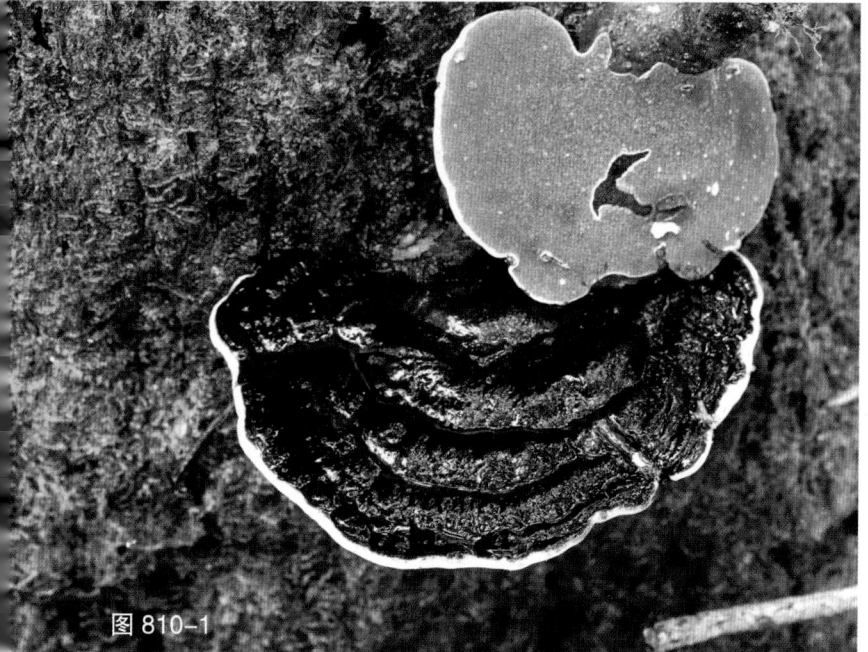

图 810-1

图 810-2

809 白边火木蹄孔菌

***Pyrofomes albomarginatus* (Lév.) Ryvarden**

≡ *Fomitopsis albomarginata* (Lév.) Imazeki

子实体多年生，木栓质。菌盖马蹄形，外伸可达 3 cm，宽可达 7 cm，基部厚可达 2 cm；表面红褐色至深红褐色，从基部向边缘颜色渐浅，光滑，具明显且宽的同心环区；边缘钝。孔口表面新鲜时白色至奶油色，干后桃红色；近圆形，每毫米 8~9 个；边缘稍厚，全缘。不育边缘明显，宽可达 1 mm。菌肉红褐色，厚可达 18 mm。菌管红褐色，长可达 4 mm。担孢子 2.1~2.7×0.3~0.4 μm，细腊肠形，无色，薄壁，光滑，非淀粉质，不嗜蓝。

春季至秋季生于阔叶树死树和腐木上，造成木材白色腐朽。分布于华南地区。

810 硬红皮孔菌

***Pyrrhoderma adamantinum* (Berk.) Imazeki**

子实体一年生，具短柄，木栓质。菌盖半圆形或圆形，外伸可达 5 cm，宽可达 7 cm，厚可达 1 cm；表面新鲜时黑褐色至黑色，干后灰褐色，光滑，具明显的同心环带；边缘钝，金黄褐色。孔口表面新鲜时污褐色，干后暗褐色；圆形，每毫米 5~6 个；边缘厚，全缘。不育边缘黄褐色，宽可达 1 mm。菌肉褐色，具放射状的白色菌丝束填充，厚可达 5 mm，上表面具黑色皮壳。菌管与孔口表面同色，长可达 5 mm。担孢子 6~7×4.5~5.9 μm，近球形，无色，薄壁，光滑，具液泡，非淀粉质，弱嗜蓝。

夏秋季单生于多种阔叶树倒木、树桩和腐木上，有时也在具腐木的地上出现，造成木材白色腐朽。药用。分布于华南和华中地区。

图 811

811 肿红皮孔菌
Pyrrhoderma scaurum (Lloyd) Ryvarden

　　子实体一年生，无柄或具侧生短柄，木栓质。菌盖半圆形或圆形，外伸可达 8 cm，宽可达 15 cm，厚可达 1.5 cm；表面新鲜时黄褐色至红褐色，干后暗褐色，光滑或具疣状物，具明显的同心环带；边缘锐。孔口表面新鲜时黄褐色，干后暗褐色，略具折光反应；圆形至多角形，每毫米 4~5 个；边缘薄，全缘或略呈撕裂状。不育边缘黄色，宽可达 4 mm。菌肉褐色，具环区，厚可达 10 mm，上表面具皮壳。菌管与孔口表面同色，长可达 5 mm。担孢子 5~6×4~4.6 μm，近球形，无色，薄壁，光滑，具液泡，非淀粉质，弱嗜蓝。

　　夏秋季单生或数个聚生于多种阔叶树倒木、树桩和腐木上，有时也在具腐木的地上出现，造成木材白色腐朽。分布于东北、华北、西北、华中和华南地区。

812 考氏齿舌革菌
Radulodon copelandii (Pat.) N. Maek.

≡ *Radulomyces copelandii* (Pat.) Hjortstam & Spooner

　　子实体一年生，平伏，贴生，不易与基物剥离，软革质，长可达 8 cm，宽可达 3 cm，厚可达 6 mm。子实层体奶油色至稻草色，干后锈褐色，齿状。菌齿长，顶端尖锐，脆质至纤维质，易折断，长可达 5 mm，直径可达为 0.5 mm；稀疏，每毫米 1~2 个，菌齿之间的子实层体表面光滑。不育边缘明显，白色至奶油色，渐薄，棉絮状，宽可达 2 mm。菌肉浅肉色，厚可达 1 mm。担孢子 5.9~6.9×5~6 μm，近球形，无色，壁稍厚，光滑，非淀粉质，不嗜蓝。

　　夏秋季生于阔叶树上，造成木材白色腐朽。分布于东北、西北、华北和华中地区。

图 812

多孔菌、齿菌及革菌

图813

813　藏红硬孔菌
***Rigidoporus crocatus* (Pat.) Ryvarden**

= *Rigidoporus nigrescens* (Bres.) Donk

子实体多年生，平伏，贴生，易与基物剥离，革质，长可达 40 cm，宽可达 10 cm，厚可达 5 mm。孔口表面新鲜时褐红色，干后浅咖啡色、暗桃红色或褐色；圆形或近圆形，每毫米 8~9 个；边缘薄至稍厚，全缘。不育边缘几乎无。菌肉浅褐色，厚可达 1 mm。菌管分层明显，与孔口表面同色或略浅，长可达 4 mm。担孢子 4~5.3×3~4.7 μm，宽椭圆形至近球形，无色，薄壁，光滑，非淀粉质，弱嗜蓝。

秋季生于针叶树腐木上，造成木材白色腐朽。分布于东北地区。

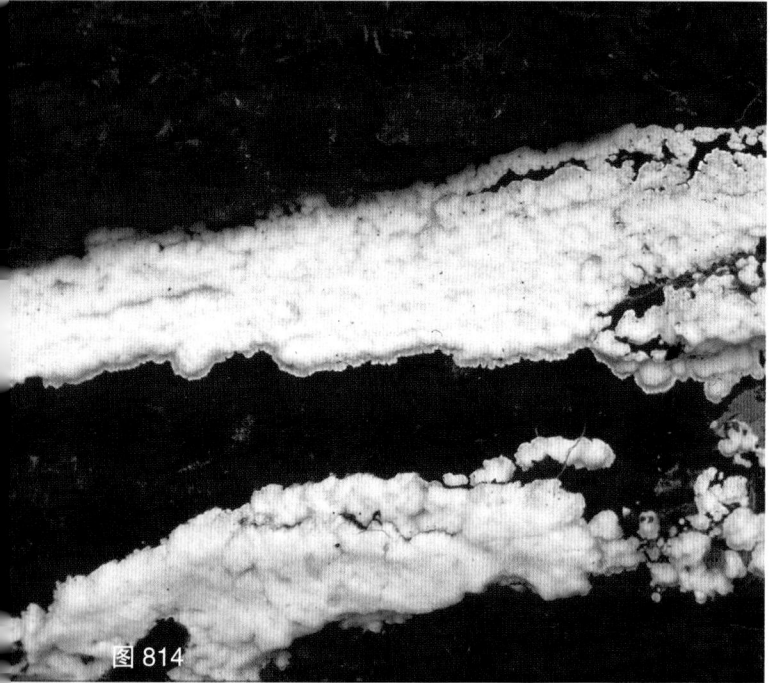

图814

814　突囊硬孔菌
***Rigidoporus eminens* Y.C. Dai**

子实体一年生，平伏，易与基物剥离，蜡质至软革质，干后强烈收缩，长可达 200 cm，宽可达 60 cm，厚可达 5 mm。孔口表面新鲜时白色至乳白色，无折光反应，触摸后变为浅褐色，干后变为奶油色或棕黄色，有时开裂；圆形至多角形，每毫米 7~8 个；边缘薄，全缘、撕裂状或齿状。不育边缘明显，白色，新鲜时蜡质，宽可达 0.5 mm。菌肉新鲜时白色，蜡质，干后奶油色，软木栓质，厚可达 0.3 mm。菌管新鲜时肉质，白色，干后奶油色或浅棕黄色，脆，长可达 4 mm。担孢子 4.2~6×3.9~5.2 μm，近球形，无色，薄壁，非淀粉质，不嗜蓝。

秋季生于阔叶树上，造成木材白色腐朽。分布于东北、华中、华南、青藏和西北地区。

图815

815　浅褐硬孔菌
***Rigidoporus hypobrunneus* (Petch) Corner**

子实体一年生，偶尔可存活二年，平伏，贴生，极难与基物剥离，木栓质，长可达 30 cm，宽可达 8 cm，厚可达 2 mm。孔口表面新鲜时灰褐色、褐色至暗褐色，触摸后变为暗褐色，干后变为污褐色至暗褐色，具明显的折光反应；圆形至多角形，每毫米 8~10 个；边缘薄，全缘。不育边缘明显或不明显，浅灰色，宽可达 0.5 mm。菌肉黄褐色至褐色，厚可达 0.5 mm。菌管干后与孔口表面同色，长可达 1.5 mm。担孢子 4~5×3~4 μm，近球形，无色，薄壁，光滑，非淀粉质，不嗜蓝。

夏秋季生于阔叶树活立木、倒木和腐木上，造成木材白色腐朽。分布于华南地区。

图 816

816 平丝硬孔菌

***Rigidoporus lineatus* (Pers.) Ryvarden**

= *Rigidoporus zonalis* (Berk.) Imazeki

　　子实体一年生，覆瓦状叠生，木栓质。菌盖半圆形至扇形，外伸可达 5 cm，宽可达 10 cm，厚可达 1.5 cm；表面土黄色、浅黄色或棕黄色，干后木材色，被微绒毛，具同心环纹，具放射纵皱纹；边缘逐渐变薄，锐或钝，波状，干后内卷。孔口表面新鲜时浅橘红色，干后赭色、棕灰色或灰褐色，略具折光反应；圆形或多角形，每毫米 8~10 个；边缘薄，全缘或撕裂状。不育边缘明显，宽可达 5 mm。菌肉厚可达 10 mm。菌管浅灰色至灰褐色，长可达 5 mm。担孢子 4.7~5.5×4.1~5 μm，近球形，无色，薄壁，非淀粉质，弱嗜蓝。

　　夏秋季生于阔叶树死树上，造成木材白色腐朽。分布于华南和华中地区。

图 817

817 小孔硬孔菌

***Rigidoporus microporus* (Sw.) Overeem**

　　子实体多年生，无柄，具明显菌盖或平伏反卷，覆瓦状叠生，木栓质。菌盖半圆形至扇形，外伸可达 6 cm，宽可达 8 cm，基部厚可达 17 mm；表面新鲜时乳白色，成熟时黄褐色至红褐色，光滑，具同心环纹；边缘锐，干后内卷。孔口表面新鲜时乳白色至奶油色，干后灰褐色，具折光反应；圆形，每毫米 8~11 个；边缘薄，全缘。不育边缘明显，奶油色，宽可达 3 mm。菌肉乳黄色，厚可达 5 mm。菌管奶油色至浅灰褐色，分层明显，长可达 12 mm。担孢子 3.8~5.3×3.1~5 μm，近球形，无色，薄壁至略厚壁，非淀粉质，弱嗜蓝。

　　春季至秋季生于阔叶树倒木和腐木上，造成木材白色腐朽。分布于华南和华中地区。

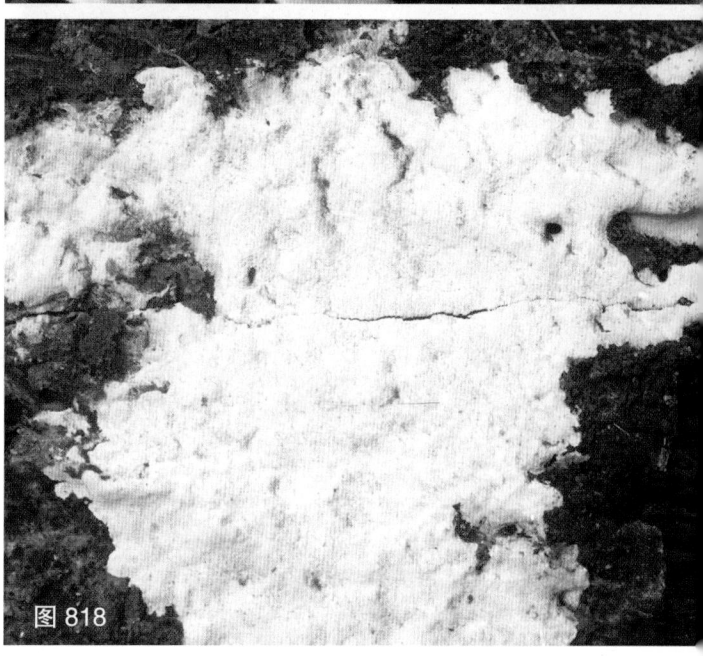

图 818

818 微小硬孔菌

***Rigidoporus minutus* B.K. Cui & Y.C. Dai**

　　子实体一年生至多年生，平伏，贴生，极难与基物剥离，革质，长可达 20 cm，宽可达 10 cm，厚可达 4 mm。孔口表面新鲜时白色至奶油色，干后浅黄色，具折光反应；圆形至多角形，每毫米 8~10 个；边缘薄，全缘。不育边缘窄至几乎无。菌肉奶油色至浅黄色，厚可达 1 mm。菌管干后与孔口表面同色，长可达 3 mm。担孢子 2~2.5×1.6~2.1 μm，宽椭圆形至近球形，无色，薄壁，光滑，非淀粉质，不嗜蓝。

　　夏秋季生于阔叶树树桩及腐木上，造成木材白色腐朽。分布于华南地区。

多孔菌、齿菌及革菌

图819

819 榆硬孔菌

Rigidoporus ulmarius (Sowerby) Imazeki

≡ *Fomitopsis ulmaria* (Sowerby) Bondartsev & Singer

子实体多年生，木栓质。菌盖半圆形，外伸可达4 cm，宽可达8 cm，厚可达2 cm；表面新鲜时浅黄色，干后土黄色；边缘钝，与菌盖颜色接近。孔口表面新鲜时乳白色或奶油色，干后肉桂色，具折光反应；圆形，每毫米5~6个；边缘薄，全缘。不育边缘明显，干后浅土黄色，宽可达2 mm。菌肉乳白色至浅黄色，厚可达10 mm。菌管新鲜时奶油色，干后浅黄色至肉桂色，分层明显，长可达10 mm。担孢子5.7~6.5×4.7~5.4 μm，宽椭圆形至近球形，无色，壁稍厚至厚，光滑，非淀粉质，弱嗜蓝。

春季至秋季生于多种阔叶树活立木、死树、倒木和树桩上，造成木材白色腐朽。药用。分布于华南和华中地区。

图820

820 坚硬孔菌

Rigidoporus vinctus (Berk.) Ryvarden

≡ *Junghuhnia vincta* (Berk.) Hood & M.A. Dick

子实体一年生或多年生，平伏，贴生，不易与基物剥离，革质，长可达15 cm，宽可达5 cm，厚可达2 mm。孔口表面新鲜时粉红色至锈褐色，干后赭色至紫褐色，明显开裂，具折光反应；多角形，每毫米9~10个；边缘薄，全缘。不育边缘明显，白色至奶油色，宽可达2 mm。菌肉赭色，厚可达1 mm。菌管与孔口表面同色，长可达1 mm。担孢子3.9~4.5×3.1~3.9 μm，近球形，无色，薄壁，光滑，非淀粉质，不嗜蓝。

春季至秋季生于阔叶树倒木和腐木上，造成木材白色腐朽。分布于华中和华南地区。

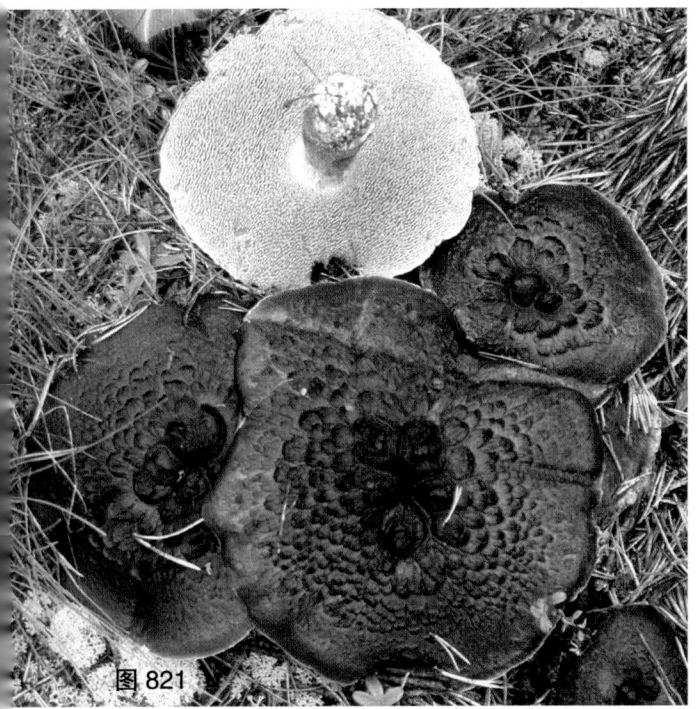

图821

821 翘鳞肉齿菌（黑虎掌菌）

Sarcodon imbricatus (L.) P. Karst.

子实体一年生，具中生柄，肉质至脆质。菌盖圆形，初期表面突起，后期扁平、中部脐状或下凹，有时呈浅漏斗形，直径可达20 cm；成熟后表面暗灰黑色，具暗灰色至黑褐色大鳞片，鳞片厚，覆瓦状，趋向中央极大并翘起，呈同心环状排列；边缘锐，波浪状，内卷。子实层体齿状。菌齿初期灰白色，后期深褐色；锥形，基部每毫米2~3个，长可达10 mm。菌肉新鲜时近白色，成熟后污白色至淡灰色，干后中部厚可达1 cm。菌柄淡褐色，圆柱形，基部等粗或膨大，长可达7 cm，直径可达2.5 cm。担孢子6~7×5~6.5 μm，近球形，无色，壁稍厚，具瘤状突起，非淀粉质，弱嗜蓝。

秋季单生于高山针叶林中地上，尤其以云杉和冷杉林中最为常见。药用。分布于西北和青藏地区。

图 822

822 **粗糙肉齿菌**

Sarcodon scabrosus (Fr.) P. Karst.

　　子实体较大，具中生柄，肉质，味道略苦。菌盖呈不规则圆形，表面突起，中心较低，直径可达 15 cm；表面新鲜时淡黄褐色，成熟后暗褐色，被贴生或平伏的放射状鳞片，鳞片初期淡褐色或棕褐色，后期暗褐色并翘起；边缘锐，波浪状，干后内卷。子实层体齿状，菌齿每毫米 4~6 个。菌肉新鲜时污白色，后期土黄色，脆质，中部厚可达 1 cm。菌柄淡褐色，圆柱形，内部空心，长可达 10 cm，直径可达 3.5 cm，基部黑褐色，不膨大，上部色浅，有齿延生。担孢子 5.3~7×4.2~5.5 μm，近球形，无色，壁稍厚，具瘤状突起，非淀粉质，弱嗜蓝。

　　夏秋季生于针叶林中地上。药用。分布于华北和青藏地区。

823 **奶色皮垫革菌**

Scytinostroma galactinum (Fr.) Donk

　　子实体一年生，平伏，不易与基物剥离，革质，白色、乳白色、奶油色至赭色，通常由中部向边缘颜色变浅和变薄，干后韧革质，浅黄色至黄褐色，长可达 40 cm，宽可达 12 cm，厚可达 1 mm。子实层体初期光滑，后期有时具小疣突。不育边缘窄至几乎无，颜色比中部浅。担孢子 4.8~6×3~3.8 μm，椭圆形，无色，厚壁，光滑，非淀粉质，不嗜蓝。

　　秋季生于松树倒木和腐木上，造成木材白色腐朽。分布于东北和华南地区。

图 823

多孔菌、齿菌及革菌

图 824

824 **扇索状干腐菌**
Serpula himantioides (Fr.) P. Karst.

≡ *Merulius himantioides* Fr.

子实体一年生，平伏，贴生，不易与基物剥离，肉质，含较多水分，干后软木栓质，收缩，易碎，长可达 24 cm，宽可达 6 cm，厚可达 1 mm。子实层体灰褐色、黄褐色、橘红褐色至红褐色，干后污褐色，皱孔状至网纹褶状，干后红褐色，软木栓质，厚可达 0.5 mm；边缘厚，全缘。不育边缘明显，白色至奶油色，棉絮状、流苏状或菌索状，宽可达 2 mm。菌肉奶油色，干后软木栓质，厚可达 0.5 mm。担孢子 8.5~10×4.8~5.3 μm，宽椭圆形，亮黄色，厚壁，光滑，非淀粉质，嗜蓝。

夏秋季生于针叶树腐木上，造成木材褐色腐朽。分布于东北和青藏地区。

825 **伏果干腐菌（干腐菌）**
Serpula lacrymans (Wulfen) J. Schröt.

子实体一年生，平伏至平伏反卷，有时具明显菌盖，具明显的菌索，新鲜时肉革质，干后革质。菌盖不规则形，外伸长可达 3 cm，宽可达 15 cm，厚可达 5 mm；表面新鲜时污白色至灰白色，干后灰褐色，光滑；边缘内卷。子实层体黄褐色，干后黑褐色，假孔状至皱褶状，菌孔或皱褶每毫米 1~2 个。不育边缘几乎无。菌肉干后土黄色，木栓质，厚可达 4 mm。菌管或皱褶与子实层体同色，木栓质，长可达 1 mm。担孢子 8.5~10×5~6.6 μm，椭圆形，黄褐色，厚壁，光滑，非淀粉质，嗜蓝。

春季至秋季生于针叶树倒木和建筑木上，造成木材褐色腐朽。药用。分布于青藏地区。

图 825

图 826

相似干腐菌

***Serpula similis* (Berk. & Broome) Ginns**

≡ *Gyrophana similis* (Berk. & Broome) Pat.

≡ *Merulius similis* Berk. & Broome

子实体一年生，覆瓦状叠生，肉质至软木栓质。菌盖扇形至不规则圆形，外伸可达 3 cm，宽可达 5 cm，基部厚可达 5 mm；表面奶油色至浅黄色，粗糙。子实层体黄褐色，皱孔状至网纹褶状，近中央部分绝大多数褶厚，边缘褶较小。不育边缘明显，新鲜时白色，干后浅黄色。菌肉浅奶油色，软木质至海绵质，厚可达 4 mm。担孢子 4.3~5×3.7~4.1 μm，近球形，亮黄色，厚壁，光滑，非淀粉质，嗜蓝。

夏秋季生于竹子根部，造成木材褐色腐朽。分布于华南地区。

软革干皮孔菌

***Skeletocutis alutacea* (J. Lowe) Jean Keller**

子实体一年生，平伏，革质，长可达 4 cm，宽可达 2 cm，厚可达 0.2 mm。孔口表面乳白色或奶油色；多角形至圆形，每毫米 6~7 个；边缘厚，絮状。不育边缘明显，具菌索，宽可达 2 mm。菌肉乳白色，软革质，厚可达 0.1 mm。菌管奶油色，长可达 0.15 mm。担孢子 3~4×1.4~1.9 μm，粗腊肠形至椭圆形，无色，薄壁，光滑，非淀粉质，不嗜蓝。

秋季生于阔叶树倒木和腐木上，造成木材白色腐朽。分布于华北、西北、华中和华南地区。

图 827

多孔菌、齿菌及革菌

图 828

图 829

<table>
<tr><td>828</td><td>浅黄干皮孔菌
Skeletocutis luteolus B.K. Cui &
Y.C. Dai</td><td>829</td><td>白干皮孔菌
Skeletocutis nivea (Jungh.) Jean Keller</td></tr>
</table>

828 **浅黄干皮孔菌**
Skeletocutis luteolus B.K. Cui & Y.C. Dai

子实体一年生，平伏，革质，长可达7 cm，宽可达3 cm，厚可达0.8 mm。孔口表面新鲜时乳白色或奶油色，触摸后变为浅黄色，干后变为浅棕黄色；多角形至圆形，每毫米5~7个；边缘薄，全缘或略呈撕裂状。不育边缘很窄至几乎无，奶油色。菌肉奶油色，干后软革质，厚可达0.5 mm。菌管奶油色至浅黄色，长可达0.3 mm。担孢子3~3.6×0.4~0.7 μm，腊肠形，无色，薄壁，光滑，非淀粉质，不嗜蓝。

秋季生于阔叶树和松树倒木、腐木及储木上，造成木材白色腐朽。分布于华中和华南地区。

829 **白干皮孔菌**
Skeletocutis nivea (Jungh.) Jean Keller

≡ *Incrustoporia nivea* (Jungh.) Ryvarden

≡ *Trametes nivea* (Jungh.) Corner

子实体一年生，平伏、平伏反卷或具明显菌盖，单生或覆瓦状叠生，革质。平伏时长可达6 cm，宽可达3 cm，厚可达3 mm。菌盖半圆形至窄半圆形，外伸可达1.5 cm，宽可达5 cm，中部厚可达4 mm；表面新鲜时乳白色，成熟时奶油色至浅黄色；边缘钝。孔口表面初期乳白色，后期奶油色，有时灰色或黑色，干后浅黄色至黄褐色，具折光反应；多角形，每毫米7~8个；边缘薄，全缘。不育边缘明显，奶油色，宽可达2 mm。菌肉乳白色，厚可达3 mm。菌管与孔口表面同色，长可达1 mm。担孢子3~3.8×0.5~0.8 μm，细圆柱形至腊肠形，无色，薄壁，光滑，非淀粉质，不嗜蓝。

夏秋季生于阔叶树倒木、朽木和落枝上，造成木材白色腐朽。各区均有分布。

图 830-1

830 广叶绣球菌
Sparassis latifolia Y.C. Dai & Zheng Wang

子实体一年生，具中生柄，整个子实体高可达 30 cm，直径可达 27 cm，肉质至革质，频繁叶状分枝。叶片初期白色至乳白色，后期乳白色至浅棕白色，新鲜时肉革质，干后黄褐色，脆质，边缘波状；单个叶片长可达 3 cm，宽可达 1.5 cm，厚可达 0.5 mm。菌柄大部分地下生，后逐渐变细，长可达 25 cm，与子实体着生处直径可达 15 mm。担孢子 4.5~5.5×3.5~4 μm，椭圆形，无色，薄壁，光滑，通常具 1 个大的液泡，非淀粉质，不嗜蓝。

夏秋季单生于针叶树树基部，造成木材褐色腐朽。食药兼用；可人工栽培。分布于东北和青藏地区。

图 830-2

图831

831 亚高山绣球菌
Sparassis subalpina Q. Zhao et al.

　　子实体一年生，具中生柄，整个子实体高可达16 cm，直径可达15 cm，肉质至革质，频繁叶状分枝。叶片初期粉白色至浅灰色，后期浅褐色，新鲜时肉革质，干后脆质，边缘波状、锯齿状，厚可达1.5 mm。菌柄长可达7 cm，向根部渐细。担孢子5.5~6.5×4~4.5 μm，椭圆形，无色，薄壁，光滑，通常具1个大的液泡，非淀粉质，不嗜蓝。

　　夏秋季单生于针叶树基部。幼时可食。分布于青藏地区。

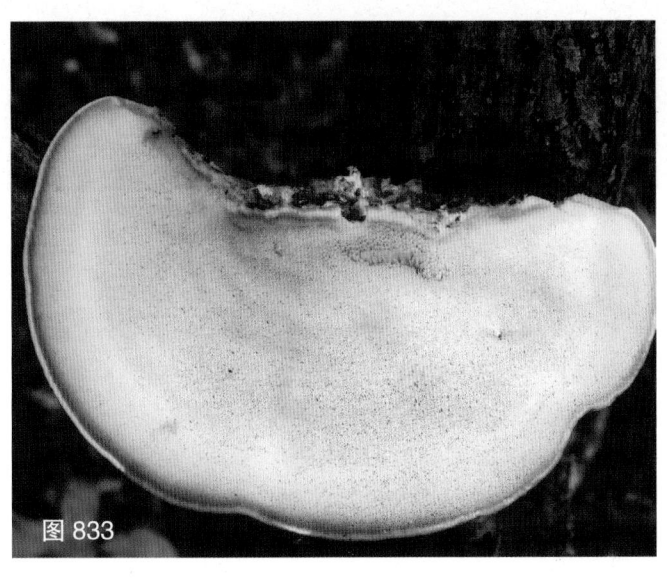
图832

832 莲蓬稀管菌
***Sparsitubus nelumbiformis* L.W. Hsu & J.D. Zhao**

子实体一至二年生,平伏反卷或具明显菌盖,木栓质。菌盖窄半圆形至盘形,外伸可达3 cm,宽可达1.5 cm,基部厚可达1.1 cm;表面新鲜时黄褐色,干后暗灰褐色,光滑,具不明显的同心环纹。孔口表面灰褐色;各自分离,圆形,每毫米2~4个。不育边缘突出,奶油色,宽可达4 mm,强烈内卷。菌肉粉黄褐色,具环纹,二年生的菌肉间具一黑线区,厚可达10 mm。菌管鼠灰色,长可达1 mm。担孢子4.5~5.4×3.8~4.4 μm,宽椭圆形至近球形,黄色,厚壁,光滑,具疣突,非淀粉质,嗜蓝。

夏秋季单生于阔叶树腐木上,造成木材白色腐朽。分布于华南地区。

833 优美毡被孔菌
***Spongipellis delectans* (Peck) Murrill**

子实体一年生,肉质至海绵质,干后强烈收缩,木栓质。菌盖半圆形,外伸可达14 cm,宽可达20 cm,基部厚可达50 mm;表面乳白色至土黄色,被绒毛,粗糙;边缘钝。孔口表面乳白色至土黄色;多角形,每毫米2~4个;边缘薄,全缘或略呈齿裂状。不育边缘不明显或几乎无。菌肉浅黄色,海绵质至木栓质,具明显环带,厚可达20 mm。菌管黄褐色,肉革质至纤维质,强烈扭曲,长可达30 mm。担孢子5.5~8×5~6 μm,宽椭圆形至近球形,无色,壁略厚,光滑,非淀粉质,不嗜蓝。

夏秋季单生于多种阔叶树上,造成木材白色腐朽。分布于东北、华北、西北和华中地区。

图 834

834 松软毡被孔菌
Spongipellis spumeus (Sowerby) Pat.

子实体一年生，肉质至海绵质，具弱苹果香味，干后强烈收缩，木栓质。菌盖半圆形或扇形，外伸可达 14 cm，宽可达 20 cm，基部厚可达 50 mm；表面白色至米黄色，被绒毛，粗糙；边缘钝。孔口表面乳白色至浅黄色；多角形，每毫米 2~3 个；边缘薄，略呈齿裂状。菌肉海绵质至木栓质，具明显环带，厚可达 20 mm。菌管革质至纤维质，强烈扭曲，长可达 30 mm。担孢子 5.5~8×5~6 μm，宽椭圆形至近球形，无色，壁略厚，光滑，非淀粉质，不嗜蓝。

夏秋季单生于阔叶树上，造成木材白色腐朽。分布于东北和华北地区。

835 黑刺齿耳菌

Steccherinum adustum (Schwein.) Banker

≡ *Mycorrhaphium adustum* (Schwein.) Maas Geest.

子实体一年生，具侧生或中生柄，革质。菌盖半圆形，外伸可达 3 cm，宽可达 5 cm，基部厚可达 5 mm；表面淡灰黄色至土黄色，具环纹和环沟；边缘锐，波浪状。子实层体大部分刺状。菌刺棕褐色，触摸后变为黑褐色至黑色，稠密，排列均匀，锥形，尖端光滑，刺长可达 2 mm，每毫米 4~8 个。不育边缘明显，宽可达 1 mm。菌肉白色，厚可达 3 mm。菌柄圆柱形，长达 2 cm，直径可达 3 mm。担孢子 3~3.6×1.2~1.7 μm，圆柱形，无色，薄壁，光滑，非淀粉质，不嗜蓝。

夏秋季生于阔叶树倒木上，造成木材白色腐朽。分布于东北、华中和华南地区。

图 835

836 毛缘齿耳菌

Steccherinum fimbriatum (Pers.) J. Erikss.

≡ *Gloiodon fimbriatus* (Pers.) Donk

≡ *Odontia fimbriata* Pers.

子实体一年生，平伏，长可达 20 cm，宽达 4 cm，厚可达 1 mm。子实层体淡紫褐色至灰黄褐色，短齿状。菌齿排列稀疏，不均匀，长可达 0.5 mm，每毫米 5~7 个。不育边缘呈绒毛状，具粗壮的菌索。菌肉革质，厚可达 0.4 mm。担孢子 3.1~3.7×2.1~2.4 μm，椭圆形，无色，薄壁，光滑，非淀粉质，不嗜蓝。

秋季生于阔叶树倒木上，造成木材白色腐朽。各区均有分布。

图 836

837 软刺齿耳菌

Steccherinum mukhinii Kotir. & Y.C. Dai

子实体一年生，平伏，革质，长可达 3 cm，宽可达 2 cm，厚可达 2.5 mm。子实层体新鲜时奶油色，干后淡灰黄褐色，刺状。菌齿排列稠密，均匀，柔软，锥形，单生，尖端分叉或不分叉，光滑。边缘菌刺较短，稍扁平，单生或连生，菌刺长可达 2 mm，每毫米 4~6 个。菌刺间部分粗糙，色或稍浅。不育边缘呈细绒毛状，宽可达 1 mm。菌肉奶油色，厚可达 0.5 mm。担孢子 2.8~3.2×1.7~2 μm，椭圆形，无色，薄壁，光滑，非淀粉质，不嗜蓝。

夏秋季生于冷杉倒木上，造成木材白色腐朽。分布于东北地区。

图 837

多孔菌、齿菌及革菌

图 838

图 839

838 赭色齿耳菌
Steccherinum ochraceum
(Pers.) Gray

子实体一年生，平伏反卷或具明显菌盖，覆瓦状叠生，革质。菌盖扇形或半圆形，外伸可达 1 cm，宽可达 3 cm，厚可达 1 mm；表面淡灰黄色，具环纹和环沟；边缘锐，干后内卷。子实层体齿状。菌齿排列稠密，长可达 2 mm，每毫米 4~6 个。菌肉分层，上层疏松，黄褐色至灰褐色；下层紧密，奶油色。不育边缘奶油色至淡黄色，宽可达 2 mm。担孢子 3~3.4×2~2.3 µm，椭圆形，无色，薄壁，光滑，非淀粉质，不嗜蓝。

夏秋季生于阔叶树死树、倒木和腐木上，造成木材白色腐朽。各区均有分布。

839 胶囊刺孢齿耳菌
Stecchericium seriatum
(Lloyd) Maas Geest.

子实体一年生，覆瓦状叠生，肉质至革质。菌盖半圆形，外伸可达 1 cm，宽可达 2 cm，厚可达 2 mm；表面淡灰黄色，具环沟；边缘锐，干后常内卷。子实层体新鲜时白色，干后稻草色，齿状。菌齿排列稠密，锥形，长可达 1 mm，每毫米 6~8 个。不育边缘奶白色，宽可达 2 mm。菌肉同质，厚可达 1 mm。担孢子 2.6~3.3×2.1~2.5 µm，椭圆形，无色，薄壁，具突起小刺，淀粉质，嗜蓝。

秋季生于阔叶树倒木上，造成木材白色腐朽。分布于华南地区。

图 840

840 匙状拟韧革菌
***Stereopsis humphreyi* (Burt) Redhead & D.A. Reid**

子实体一年生，具侧生菌柄，软革质。菌盖匙形、扇形、半圆形或近圆形，长径可达 4 cm，短径可达 2 cm；表面白色，被细绒毛或光滑，无同心环带；边缘锐，干后内卷。子实层体奶油色，近平滑，有时有不明显的辐射状皱纹。菌柄近圆柱形或向下变细，下部被绒毛，长可达 5 cm，直径可达 5 mm。担孢子 6~8×4~5 μm，近杏仁形至椭圆形，光滑。

夏季通常数个聚生于亚高山针叶林中地面腐殖质上。分布于青藏地区。

图 841

841 烟色血韧革菌
***Stereum gausapatum* (Fr.) Fr.**

子实体一年生，平伏反卷，覆瓦状叠生，革质。菌盖半圆形，外伸可达 2 cm，宽可达 5 cm，基部厚可达 1 mm；表面土黄色至锈褐色，被束状绒毛；边缘锐，波状。子实层体浅黄色至棕灰色，新鲜时触摸后迅速变为血红色，干后变为黄褐色至污褐色，光滑，有时具不规则疣突，具放射状纹。菌肉浅黄色至淡褐色，干后硬革质，厚可达 0.5 mm。担孢子 7~8×3~4 μm，长椭圆形至圆柱形，无色，薄壁，光滑，淀粉质，不嗜蓝。

春季至秋季生于多种阔叶树倒木上，造成木材白色腐朽。药用。分布于华中、华南地区。

多孔菌、齿菌及革菌

图 842

842 **粗毛韧革菌**
Stereum hirsutum (Willid.) Pers.

子实体一至二年生，平伏至具明显菌盖，覆瓦状叠生，韧革质。菌盖圆形至贝壳形，外伸可达 3 cm，宽可达 10 cm，基部厚可达 2 mm；表面浅黄色至锈黄色，具同心环纹，被灰白色至深灰色硬毛或粗绒毛；边缘锐，波状，干后内卷。子实层体奶油色至棕色，光滑或具瘤状突起。菌肉奶油色，厚可达 1 mm。绒毛层与菌肉层之间具一深褐色环带。担孢子 6.5~8.9×2.7~3.8 μm，圆柱形至腊肠形，无色，薄壁，光滑，淀粉质，不嗜蓝。

春季至秋季生于多种阔叶树倒木、树桩和储木上，造成木材白色腐朽。药用。分布于东北、华中和青藏地区。

图 843

843 扁韧革菌
***Stereum ostrea* (Blume & T. Nees) Fr.**

　　子实体一年生，无柄或具短柄，覆瓦状叠生，革质。菌盖半圆形或扇形，外伸可达 6 cm，宽可达 14 cm，基部厚可达 1 mm；表面鲜黄色至浅栗色，具明显的同心环带，被微细短绒毛；边缘薄，锐，新鲜时金黄色，全缘或开裂，干后内卷。子实层体肉色至蛋壳色，光滑。菌肉浅黄褐色，厚可达 1 mm。担孢子 5~6×2.2~3 μm，宽椭圆形，无色，薄壁，光滑，淀粉质，不嗜蓝。

　　春季至秋季生于阔叶树死树、倒木、树桩及腐木上，造成木材白色腐朽。分布于华南和华中等地区。

844 血红韧革菌
***Stereum sanguinolentum* (Alb. & Schwein.) Fr.**

　　子实体一年生，平伏至平伏反卷，覆瓦状叠生，革质。菌盖半圆形或扇形，外伸可达 3 cm，宽可达 5 cm，基部厚可达 1 mm；表面初期乳黄色至污黄色，后期部分暗灰褐色至黑褐色，干后污黄色、浅黄褐色至黑褐色，被粗绒毛，具明显环区；边缘锐，波状，干后内卷。子实层体新鲜时乳白色至粉褐色，触摸后迅速变为血红色，干后变为污黄色至浅黄褐色，光滑，有时具不规则疣突或具放射状纹。菌肉新鲜时奶油色，厚可达 1 mm。担孢子 5.2~6.2×2.7~3 μm，长椭圆形至圆柱形，无色，薄壁，光滑，淀粉质，不嗜蓝。

　　夏秋季生于针叶树上，造成木材白色腐朽。分布于东北、西北和青藏地区。

图 844

多孔菌、齿菌及革菌

图 845

845　绒毛韧革菌
Stereum subtomentosum Pouzar

　　子实体一年生，覆瓦状叠生，革质。菌盖匙形、扇形、半圆形或近圆形，外伸可达 5 cm，宽可达 7 cm，基部厚可达 1 mm；表面基部灰色至黑褐色，被黄褐色绒毛，具明显的同心环带；边缘锐，颜色稍浅，波状，干后内卷。子实层体土黄色至浅褐色，光滑，有时具不规则疣突，新鲜时触摸后变为黄褐色。菌肉浅黄褐色，厚可达 1 mm，绒毛层与菌肉层之间具一深褐色环带。担孢子 5.3~7×2~3 μm，长椭圆形至圆柱形，无色，薄壁，光滑，淀粉质，不嗜蓝。

　　春季至秋季生于阔叶树上，造成木材白色腐朽。分布于东北、华北、华中、青藏和西北地区。

846　毛边点孔菌
Stromatoscypha fimbriata (Pers.) Donk

　　子实体一年生，平伏，革质，长可达 10 cm，宽可达 4 cm，厚可达 1.2 mm。幼嫩时菌肉上具散布的乳头状突起，后突起膨大并于中心开裂，形成孔口，孔口逐渐扩大，并与相邻孔口壁连接。孔口表面淡黄色至淡黄褐色，无折光反应；多角形，每毫米 3~5 个；边缘薄，全缘。不育边缘明显，白色至奶油色，具菌索。菌肉白色至奶油色，厚可达 1 mm。菌管淡黄色至黄褐色，长可达 0.2 mm。担孢子 4.2~5.4×2~3 μm，椭圆形，无色，薄壁，光滑，淀粉质，不嗜蓝。

　　秋季生于针阔叶树上，造成木材白色腐朽。分布于东北和青藏地区。

图 846

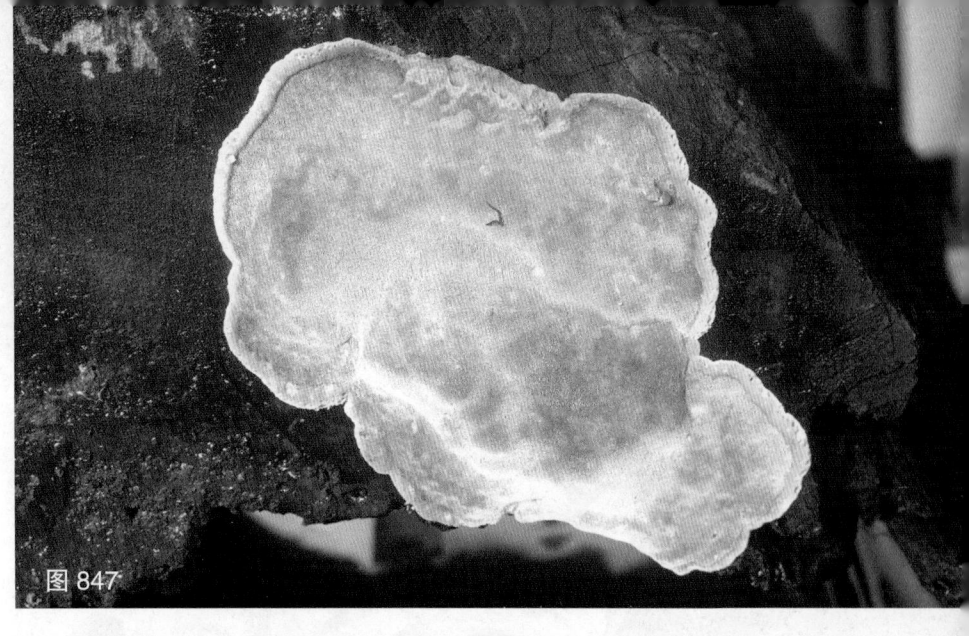
图 847

847 牛樟芝
Taiwanofungus camphoratus
(M. Zang & C.H. Su) Sheng
H. Wu et al.

≡ *Antrodia camphorata*
(M. Zang & C.H. Su)
Sheng H. Wu et al.
= *Antrodia cinnamomea*
T.T. Chang & W.N. Chou

子实体多年生，平伏至平伏反卷，有时具明显菌盖，紧贴于基物上，软木栓质，具苦味。平伏时长可达30 cm，宽可达 20 cm，中部厚可达 5 cm。菌盖近马蹄形，外伸可达 4 cm，宽可达 7 cm，厚可达 5 cm；表面红褐色至黑褐色，具同心环沟。孔口表面新鲜时鲑鱼色，干后淡黄色；圆形或略圆形，每毫米 4~6 个；边缘薄，全缘。不育边缘明显，与孔口表面同色，宽可达 2 mm。菌肉浅黄色，厚可达 5 mm。菌管与孔口表面同色，长可达 4.5 cm。担孢子 3.7~4.5×1.5~2 μm，长椭圆形至圆柱形，略弯，无色，薄壁，光滑，非淀粉质，不嗜蓝。

夏秋季生于樟树死树或倒木的空洞内，造成木材白色腐朽。药用；可人工栽培。分布于华南地区。

848 橙黄革菌
Thelephora aurantiotincta Corner

子实体一年生，丛生，珊瑚状多分枝，分枝叶片扇形，高可达 8 cm，宽可达 9 cm，橙黄色至黄褐色，边缘波状且颜色浅，新鲜时革质。子实层体光滑至有疣突，褐黄色至黄色。担孢子 6~8×5~7 μm，椭圆形至近球形，浅褐色，厚壁，具疣突。

夏秋季生于林中地上。可食。分布于华中地区。

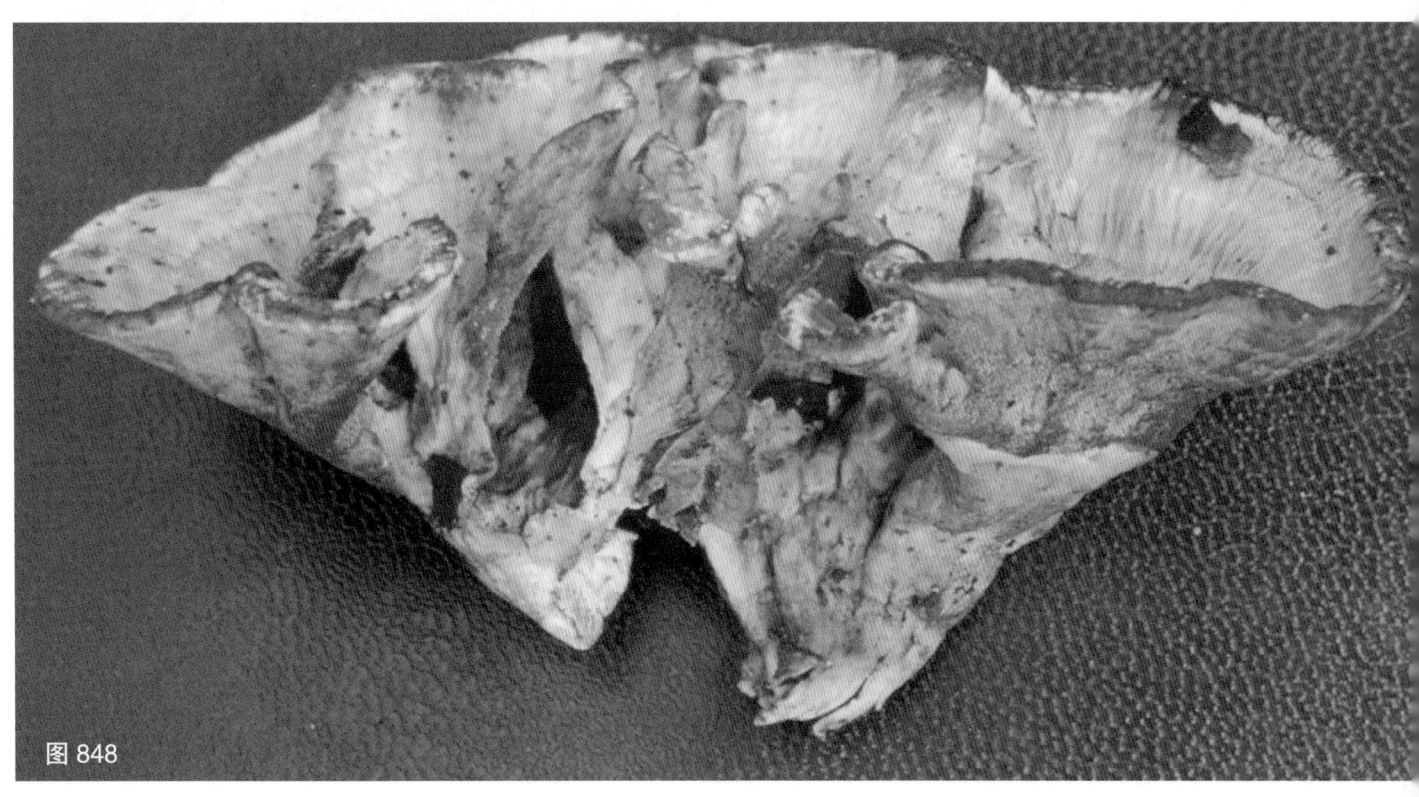
图 848

多孔菌、齿菌及革菌

图 849-1

849 干巴菌
Thelephora ganbajun M. Zang

子实体一年生，丛生，珊瑚状，多分枝，分枝叶片扇形，边缘波状，灰白色、灰色至灰黑色，具环纹，高可达 14 cm，宽可达 12 cm，新鲜时轻革质。子实层体光滑至有疣突，灰色，边缘颜色渐浅。担孢子 9~13×7~9 μm，椭圆形，浅褐色，厚壁，具疣突。

夏秋季生于松林中地上。可食。分布于华中地区。

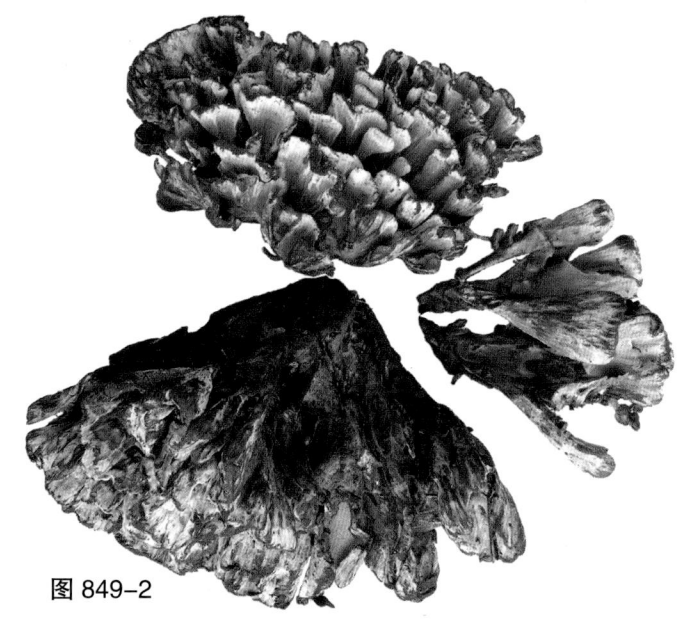

图 849-2

850 疣革菌
Thelephora terrestris Ehrh.

子实体一年生，具中生短柄，新鲜时革质，干后硬革质。菌盖扇形至半圆形，外伸可达 4 cm，宽可达 6 cm，厚可达 3 cm；表面暗红褐色至黑褐色，具同心环区；边缘渐薄，撕裂状。子实层体新鲜时灰褐色，干后褐色，粗糙。不育边缘明显，宽可达 2 mm。担孢子 6~11×5~9 μm，不规则形，褐色，厚壁，具疣突。

夏秋季丛生、聚生于针叶林中地上。分布于东北和青藏地区。

图 850

851 石色乳孔菌

Theleporus calcicolor

(Sacc. & P. Syd.) Ryvarden

子实体一年生，平伏，贴生，极难与基物剥离，革质，长可达 200 cm，宽可达 7 cm，厚可达 0.5 mm。孔口表面新鲜时白色至奶油色，干后颜色几乎不变；不规则形至迷宫状，每毫米 5~6 个；边缘薄，全缘。不育边缘不明显至几乎无。菌肉白色，厚可达 0.1 mm。菌管与孔口表面同色，长可达 0.5 mm。担孢子 5.2~6.2×3.1~3.8 μm，椭圆形至卵形，有时梨形或塌陷，无色，厚壁，光滑，弱拟糊精质，弱嗜蓝。

夏秋季生于阔叶树树桩、落枝及腐木上，造成木材白色腐朽。分布于华南地区。

图 851

图 852-1

852 红木色孔菌

Tinctoporellus epimiltinus

(Berk. & Broome) Ryvarden

子实体一年生至多年生，平伏，贴生，极难与基物剥离，硬木质，易碎，长可达 200 cm，宽可达 50 cm，厚可达 2 mm。孔口表面初期灰色至灰红色，触摸后变为红褐色，具弱折光反应；多角形至圆形，每毫米 7~9 个；边缘薄，全缘至略呈撕裂状。菌肉红褐色，厚可达 0.1 mm。菌管灰红褐色，长可达 2 mm。担孢子 3.5~4.1×2.5~3.5 μm，宽椭圆形至近球形，无色，薄壁，光滑，非淀粉质，不嗜蓝。

春季至秋季生于阔叶树腐木上，造成木材白色腐朽。分布于华南地区。

图 852-2

多孔菌、齿菌及革菌

图 853

853 **土黄色孔菌**
Tinctoporellus hinnuleus H.S. Yuan

子实体一年生，平伏，贴生，难与基质分离，木栓质，新鲜时无特殊气味，干后硬木栓质，长可达 300 cm，宽可达 50 cm，厚可达 1.2 mm。孔口表面新鲜时灰肉桂色至土黄色，干后土黄色至浅黄褐色；多角形，每毫米 4~6 个；边缘薄，常覆盖灰色粉末，稍撕裂。菌肉极薄，厚约 0.2 mm。不育边缘窄至几乎无。菌管黄褐色至肉桂色，硬木栓质，长可达 1 mm。担孢子 4.5~5.2×2.5~3 μm，椭圆形，无色，薄壁，光滑，非淀粉质，不嗜蓝。

秋季生于阔叶树上，造成木材白色腐朽。分布于华南地区。

图 854

854 **常见毛革菌**
Tomentella crinalis (Fr.) M.J. Larsen

子实体一年生，平伏，新鲜时软革质，易与基质分离，干后革质，长可达 40 cm，宽可达 20 cm，厚可达 8 mm。子实层体齿状，褐色；边缘逐渐变薄，黄褐色，宽可达 5 mm。菌齿褐色，干后暗褐色；锥形，每毫米 3~4 个。担孢子直径 7~8 μm，近球形，褐色，厚壁，具分枝刺，非淀粉质，不嗜蓝。

夏秋季生于阔叶树腐木上，造成木材白色腐朽。分布于东北地区。

855 **盘栓孔菌**
Trametes conchifer (Schwein.) Pilát

≡ *Poronidulus conchifer* (Schwein.) Murrill

子实体一年生，韧革质，具芳香味。菌盖半圆形，外伸可达 3 cm，宽可达 4 cm，中部厚达 3 mm；基部具一菌盘，浅黄色至黑褐色，直径可达 0.5 cm；表面奶油色至浅棕褐色，粗糙，具明显的同心环带，干后具不明显的放射状纵向条纹；边缘锐，浅黄色，波状。孔口表面奶油色至橙黄色；多角形，每毫米 3~5 个；边缘薄，撕裂状。不育边缘不明显或几乎无。菌肉乳白色，厚可达 1 mm。菌管与孔口表面同色，长可达 2 mm。担孢子 6.1~8×2~2.9 μm，圆柱形，无色，薄壁，光滑，非淀粉质，不嗜蓝。

秋季生于阔叶树上，造成木材白色腐朽。分布于东北地区。

图 855

图 856-1

图 856-2

图 856-3

856 **雅致栓孔菌**

Trametes elegans **(Spreng.) Fr.**

≡ *Lenzites elegans* (Spreng.) Pat.

　　子实体一年生，硬革质。菌盖半圆形，外伸可达 6 cm，宽可达 10 cm，中部厚可达 1.5 cm；表面白色至浅灰白色，基部具瘤状突起；边缘锐，完整，与菌盖同色。孔口表面奶油色至浅黄色；多角形至迷宫状，放射状排列，每毫米 2~3 个；边缘薄或厚，全缘。不育边缘奶油色，宽可达 2 mm。菌肉乳白色，厚可达 9 mm。菌管奶油色，长可达 6 mm。担孢子 4.9~6.1×2~2.8 μm，长椭圆形，无色，薄壁，光滑，非淀粉质，不嗜蓝。

　　春季至秋季单生于阔叶树倒木和腐木上，造成木材白色腐朽。药用。分布于华中和华南地区。

多孔菌、齿菌及革菌

图 857-1

图 857-2

857 迷宫栓孔菌

Trametes gibbosa (Pers.) Fr.

≡ *Daedalea gibbosa* (Pers.) Pers.

≡ *Lenzites gibbosa* (Pers.) Hemmi

　　子实体一年生，覆瓦状叠生，革质，具芳香味。菌盖半圆形或扇形，外伸可达 10 cm，宽可达 15 cm，中部厚可达 2.5 cm；表面乳白色至浅棕黄色，具明显的同心环纹；边缘锐，黄褐色。孔口表面乳白色至草黄色。子实层体基部和边缘孔口为长孔状，多角形，每毫米 1~2 个；中部为褶状，左右连成波浪状。孔口或菌褶边缘薄，略呈撕裂状。不育边缘不明显。菌肉乳白色，厚可达 1 cm。菌管奶油色或浅乳黄色，长可达 15 mm。担孢子 4~4.8×1.9~2.5 μm，圆柱形，无色，薄壁，光滑，非淀粉质，不嗜蓝。

　　夏秋季生于多种阔叶树倒木上，造成木材白色腐朽。药用。分布于东北、华北、西北和华中地区。

图 857-3

图 858-1

图 858-2

图 858-3

858 毛栓孔菌

***Trametes hirsuta* (Wulfen) Lloyd**

≡ *Coriolus hirsutus* (Wulfen) Pat.

≡ *Polystictus hirsutus* (Wulfen) Fr.

子实体一年生，覆瓦状叠生，革质。菌盖半圆形或扇形，外伸可达 4 cm，宽可达 10 cm，中部厚可达 13 mm；表面乳色至浅棕黄色，老熟部分常带青苔的青褐色，被硬毛和细微绒毛，具明显的同心环纹和环沟；边缘锐，黄褐色。孔口表面乳白色至灰褐色；多角形，每毫米 3~4 个；边缘薄，全缘。不育边缘不明显，宽可达 1 mm。菌肉乳白色，厚可达 5 mm。菌管奶油色或浅乳黄色，长可达 8 mm。担孢子 4.2~5.7×1.8~2.2 μm，圆柱形，无色，薄壁，光滑，非淀粉质，不嗜蓝。

春季至秋季生于多种阔叶树倒木、树桩和储木上，造成木材白色腐朽。药用。各区均有分布。

多孔菌、齿菌及革菌

图 859

图 860-1

图 860-2

859 马尼拉栓孔菌
***Trametes manilaensis* (Lloyd) Teng**

子实体一年生，革质，具芳香味。菌盖半圆形，外伸可达 7 cm，宽可达 11 cm，中部厚可达 2.5 cm；表面白色至烟灰色，具瘤状物；边缘钝，白色至奶油色，完整，波状。孔口表面奶油色至橘黄色，具折光反应；圆形至多角形，每毫米 2~3 个；边缘薄，全缘。不育边缘明显，奶油色，宽可达 2 mm。菌肉异质，上层浅灰色，下层白色，均为硬革质，厚可达 1.5 cm。菌管奶油色至浅黄色，长可达 1 cm。担孢子 5~7.8×2.2~3 μm，长椭圆形，无色，薄壁，光滑，非淀粉质，不嗜蓝。

夏秋季单生于合欢树树桩上，造成木材白色腐朽。分布于华南地区。

860 赭栓孔菌
***Trametes ochracea* (Pers.) Gilb. & Ryvarden**

≡ *Coriolus ochraceus* (Pers.) Prance
≡ *Polystictus ochraceus* (Pers.) Lloyd

子实体一年生，覆瓦状叠生，韧革质。菌盖半圆形或扇形，外伸可达 3 cm，宽可达 4 cm，中部厚可达 1.5 cm；表面奶油色至红褐色，具同心环带；边缘钝，奶油色。孔口表面奶油色至灰褐色；圆形，每毫米 3~5 个；边缘厚，全缘。不育边缘明显，宽可达 2 mm。菌肉乳白色，厚可达 1 cm。菌管与孔口表面同色，长可达 5 mm。担孢子 5.5~6.5×2~2.5 μm，圆柱形，无色，薄壁，光滑，非淀粉质，不嗜蓝。

夏秋季生于多种阔叶树上，造成木材白色腐朽。分布于东北、华北、西北、青藏、华中和内蒙古地区。

图 860-3

图 860-4

多孔菌、齿菌及革菌

图 861-1

图 861-2

图 862

东方栓孔菌

Trametes orientalis **(Yasuda) Imazeki**

≡ *Polystictus orientalis* Yasuda

子实体一年生，覆瓦状叠生，木栓质。菌盖近圆形，外伸可达 7 cm，宽可达 10 cm，中部厚可达 1.8 cm；表面奶油色至灰黄色，基部具瘤状突起，具同心环带和环沟；边缘奶油色、赭色至黄褐色。孔口表面初期奶油色，后期浅黄色，触摸后变为浅褐色；圆形，每毫米 3 个；边缘厚，全缘。菌肉奶油色，厚可达 1.3 cm。菌管与孔口表面同色，长可达 5 mm。担孢子 5.2~6.6×2.3~3.1 μm，长椭圆形，无色，薄壁，光滑。

春季至秋季生于阔叶树倒木和腐木上，造成木材白色腐朽。药用。分布于华中和华南地区。

绒毛栓孔菌

Trametes pubescens **(Schumach.)**

Pilát

≡ *Coriolus pubescens* (Schumach.)
  Quél.

≡ *Polystictus pubescens* (Schumach.)
  Gillot & Lucand

子实体一年生，覆瓦状叠生，木栓质。菌盖半圆形或扇形，外伸可达 3 cm，宽可达 5 cm，中部厚可达 7 mm；表面奶油色至灰褐色，被绒毛，具同心环带；边缘钝，浅黄色，干后略内卷。孔口表面奶油色至稻草色；多角形，每毫米 2~3 个；边缘薄，略呈撕裂状。不育边缘不明显，宽可达 1 mm。菌肉乳白色，厚可达 5 mm。菌管与菌肉同色，长可达 3 mm。担孢子 5.5~7×2~2.5 μm，圆柱形，无色，薄壁，光滑，非淀粉质，不嗜蓝。

春季至秋季生于阔叶树死树、倒木和树桩上，造成木材白色腐朽。药用。各区均有分布。

图 863-1

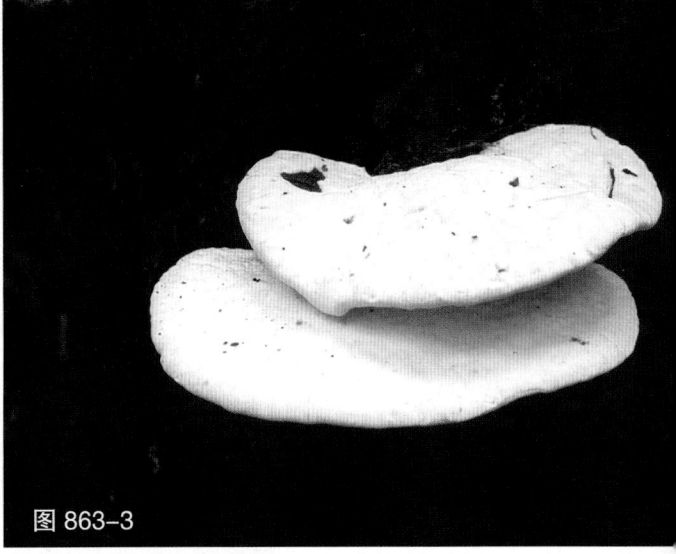

图 863-2

图 863-3

863 香栓孔菌

Trametes suaveolens (L.) Fr.

≡ _Daedalea suaveolens_ (L.) Pers.

子实体一年生，覆瓦状叠生，木栓质，具芳香味。菌盖半圆形，外伸可达 8 cm，宽可达 20 cm，中部厚可达 4 cm；表面乳白色至浅棕黄褐色，具疣突；边缘钝。孔口表面乳白色至黄褐色；近圆形，每毫米 1~2 个；边缘厚，全缘。不育边缘明显，宽可达 5 mm。菌肉乳白色，厚可达 30 mm。菌管浅乳黄色，长可达 10 mm。担孢子 6.4~9×2.9~4.3 μm，圆柱形，无色，薄壁，光滑，非淀粉质，不嗜蓝。

夏秋季生于杨树和柳树上，造成木材白色腐朽。分布于东北、华北、西北、华中、华南和内蒙古地区。

图 864-1

图 864-2

图 864-3

864 **毡毛栓孔菌**
Trametes velutina (Pers.) G. Cunn.

子实体一年生,覆瓦状叠生,革质,具芳香味。菌盖半圆形,外伸可达 2 cm,宽可达 5 cm,中部厚可达 4 mm;表面乳白色至浅黄褐色,被细微绒毛,具同心环带;边缘锐,黄褐色。孔口表面乳白色至浅乳黄色,具折光反应;多角形,每毫米 4~6 个;边缘薄,全缘。不育边缘明显,宽可达 2 mm。菌肉乳白色,厚可达 3 mm。菌管浅乳黄色,长可达 1 mm。担孢子 5~6×1.9~2.1 μm,圆柱形,无色,薄壁,光滑,非淀粉质,不嗜蓝。

秋季生于阔叶树倒木上,造成木材白色腐朽。分布于东北地区。

多孔菌、齿菌及革菌

图 865-1

图 865-2

865 云芝栓孔菌（云芝）
Trametes versicolor (L.) Lloyd

≡ *Coriolus versicolor* (L.) Quél.

≡ *Polystictus versicolor* (L.) Fr.

子实体一年生，覆瓦状叠生，革质。菌盖半圆形，外伸可达 8 cm，宽可达 10 cm，中部厚可达 0.5 cm；表面颜色变化多样，淡黄色至蓝灰色，被细密绒毛，具同心环带；边缘锐。孔口表面奶油色至烟灰色；多角形至近圆形，每毫米 4~5 个；边缘薄，撕裂状。不育边缘明显，宽可达 2 mm。菌肉乳白色，厚可达 2 mm。菌管烟灰色至灰褐色，长可达 3 mm。担孢子 4.1~5.3×1.8~2.2 μm，圆柱形，无色，薄壁，光滑，非淀粉质，不嗜蓝。

春季至秋季生于多种阔叶树倒木、树桩和储木上，造成木材白色腐朽。药用。各区均有分布。

图 865-3

图 865-4

866 白糙孢孔菌
Trechispora candidissima

(Schwein.) Bondartsev & Singer

子实体一年生，平伏，易与基物剥离，新鲜时软，干后易碎，长可达 20 cm，宽可达 5 cm，厚可达 1 mm。孔口表面白色，干后奶油色；圆形至不规则形，每毫米 2~4 个；边缘薄，全缘。不育边缘明显，有时具白色菌索。菌肉几乎无，厚可达 0.2 mm。菌管与孔口表面同色，长可达 0.8 mm。担孢子 3.5~4×2.5~3 μm，宽椭圆形，无色，薄壁，表面具疣突，非淀粉质，不嗜蓝。

秋季生于阔叶树腐木上，造成木材白色腐朽。分布于东北、华北、西北和青藏地区。

图 866

多孔菌、齿菌及革菌

图 867

867 袋囊糙孢孔菌

Trechispora hymenocystis (Berk. & Broome) K.H. Larss.

子实体一年生，平伏，易与基物剥离，新鲜时软，干后易碎，长可达 10 cm，宽可达 4 cm，厚可达 1 mm。孔口表面白色，干后奶油色；圆形至不规则形，每毫米 2~4 个；边缘薄，撕裂状。不育边缘明显，有时具白色菌索。菌肉几乎无，厚可达 0.1 mm。菌管与孔口表面同色，长可达 0.9 mm。担孢子 3~4×2.4~3.1 μm，宽椭圆形，无色，薄壁，表面具疣突，非淀粉质，不嗜蓝。

秋季生于阔叶树腐木上，造成木材白色腐朽。分布于东北、西北和青藏地区。

图 868

868 软糙孢孔菌

Trechispora mollusca (Pers.) Liberta

子实体一年生，平伏，不易与基物剥离，新鲜时软，干后易碎，长可达 15 cm，宽可达 5 cm，厚可达 0.3 mm。孔口表面白色至奶油色，干后稻草色；圆形，每毫米 3~5 个；边缘薄，全缘至撕裂状。不育边缘明显，有时具白色菌索。菌肉几乎无，厚可达 0.1 mm。菌管与孔口表面同色，长可达 0.2 mm。担孢子 2.9~3.3×2.2~2.8 μm，椭圆形，无色，薄壁，表面具疣突，非淀粉质，弱嗜蓝。

夏秋季生于阔叶树腐木上，造成木材白色腐朽。分布于东北、华北、西北和青藏地区。

图 869

869 白粗糙革孔菌

Trechispora nivea (Pers.) K.H. Larss.

子实体一年生，平伏，不易与基物剥离，软革质，干后易碎，长可达 40 cm，宽可达 12 cm，厚可达 1 mm。子实层体齿状。菌齿新鲜时白色至乳白色，干后奶油色至浅黄色，每毫米 4~5 个；近圆柱形，通常多个菌齿基部连在一起，干后脆，易折断，长可达 0.9 mm。不育边缘窄至几乎无。菌肉干后乳白色，厚可达 0.1 mm。担孢子 2.7~3×2.1~2.7 μm，近球形至宽椭圆形，无色，薄壁，表面具疣突，非淀粉质，弱嗜蓝。

夏秋季生于阔叶树腐木上，造成木材白色腐朽。各区均有分布。

图 870-1

870 冷杉附毛孔菌
Trichaptum abietinum
(Pers.) Ryvarden

子实体一年生，平伏至具明显菌盖，覆瓦状叠生，革质。平伏时长可达 200 cm，宽可达 10 cm，厚可达 2 mm。菌盖半圆形或扇形，外伸可达 4 cm，宽可达 6 cm，厚可达 2 mm；表面灰色至灰黑色，被细绒毛，具明显的同心环带；边缘锐，干后内卷。孔口表面紫色至赭色；边缘薄，撕裂状。不育边缘不明显。子实层体初期孔状，多角形，后期渐撕裂，齿状，每毫米 3~5个。菌肉异质，上层灰白色，下层褐色，厚可达 0.5 mm。菌管或齿灰褐色，长可达 1.5 mm。担孢子5.5~7×2.5~3 μm，圆柱形，略弯曲，无色，薄壁，光滑，非淀粉质，不嗜蓝。

春季至秋季生于针叶树死树、倒木和树桩上，造成木材白色腐朽。药用。分布于东北、华北、西北、华中和青藏地区。

图 870-2

多孔菌、齿菌及革菌

图 871-1

图 871-2

871 伯氏附毛孔菌

Trichaptum brastagii (Corner) T. Hatt.

　　子实体一年生，平伏至具明显菌盖或具侧生短柄，覆瓦状叠生，革质。菌盖匙形或扇形，外伸可达 2 cm，宽可达 3 cm，基部厚可达 1 mm；表面赭色至紫褐色，被细绒毛，具同心环带；边缘锐，干后内卷。孔口表面奶油色至棕黄色；多角形，每毫米 4~5 个；边缘薄，撕裂状。不育边缘明显，宽可达 1 mm。菌肉奶油色，厚可达 0.5 mm，明显异质，上层疏松，下层致密，层间具一不明显的褐色线。菌管与孔口表面同色，长可达 0.5 mm。担孢子 3.5~4.8×2~2.5 μm，短圆柱形，无色，薄壁，光滑，非淀粉质，不嗜蓝。

　　夏秋季生于五列木和其他阔叶树死树上，造成木材白色腐朽。分布于华中和华南地区。

872 毛囊附毛孔菌
Trichaptum byssogenum
(Jungh.) Ryvarden

子实体一年生，平伏至具明显菌盖，覆瓦状叠生，革质。菌盖窄半圆形或扇形，外伸可达 4 cm，宽可达 7 cm，中部厚可达 7 mm；表面紫褐色至土灰色，被糙硬毛，具同心环纹；边缘锐，黄褐色至紫褐色。孔口表面紫色至紫褐色；多角形，每毫米 1~2 个；边缘薄，撕裂状。不育边缘宽可达 1 mm。菌肉浅黄褐色，厚可达 2 mm。菌管与菌肉同色，长可达 5 mm。担孢子 5.7~6.4×3.4~3.6 μm，圆柱形，略弯曲，无色，薄壁，光滑，非淀粉质，不嗜蓝。

春季至秋季生于阔叶树倒木、腐木和建筑木上，造成木材白色腐朽。药用。分布于华中和华南地区。

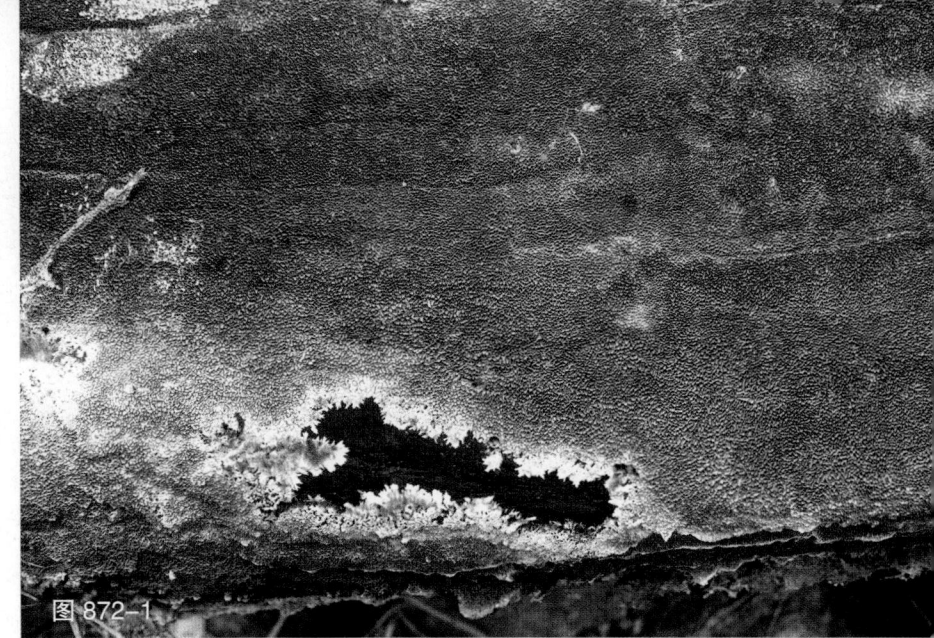

图 872-1

图 872-2

873 硬附毛孔菌
Trichaptum durum (Jungh.)
Corner

子实体多年生，平伏至反卷，或具明显菌盖，覆瓦状叠生，硬木质。平伏时长可达 50 cm，宽可达 10 cm，厚可达 5 mm。菌盖窄半圆形，外伸可达 2 cm，宽可达 4 cm，厚可达 4 mm；表面新鲜时灰褐色，干后紫褐色，光滑，无同心环带；边缘钝或锐。孔口表面紫褐色，具强折光反应；圆形至多角形，每毫米 8~10 个；边缘薄，全缘。菌肉黑褐色，厚可达 2.5 mm。菌管与孔口表面同色，长可达 1.5 mm。担孢子 3.2~4.1×2~2.2 μm，椭圆形，无色，薄壁，光滑，非淀粉质，不嗜蓝。

春季至秋季生于阔叶树死树、倒木及腐木上，造成木材白色腐朽。分布于华南地区。

图 873

多孔菌、齿菌及革菌

图 874

874 褐紫附毛孔菌
Trichaptum fuscoviolaceum
(Ehrenb.) Ryvarden

子实体一年生，平伏至反卷，覆瓦状叠生，革质。菌盖窄半圆形，外伸可达 2 cm，宽可达 5 cm，厚可达 4 mm；表面灰白色至紫褐色，被细微绒毛，具同心环带；边缘锐，白色至淡黄褐色，干后内卷。子实层体紫色至紫褐色。孔口不规则形至齿状，每毫米 2~4 个。不育边缘几乎无。菌肉较薄，厚可达 1 mm，异质，上层浅灰色、菌丝疏松，下层与子实层体同色、菌丝致密。菌齿与孔口表面同色，长可达 3 mm。担孢子 5.7~7.2×2.3~2.8 μm，圆柱形，稍弯曲，无色，薄壁，光滑，非淀粉质，不嗜蓝。

春季至秋季生于针叶树死树、倒木和树桩上，造成木材白色腐朽。药用。分布于东北、华北、西北、华中和青藏地区。

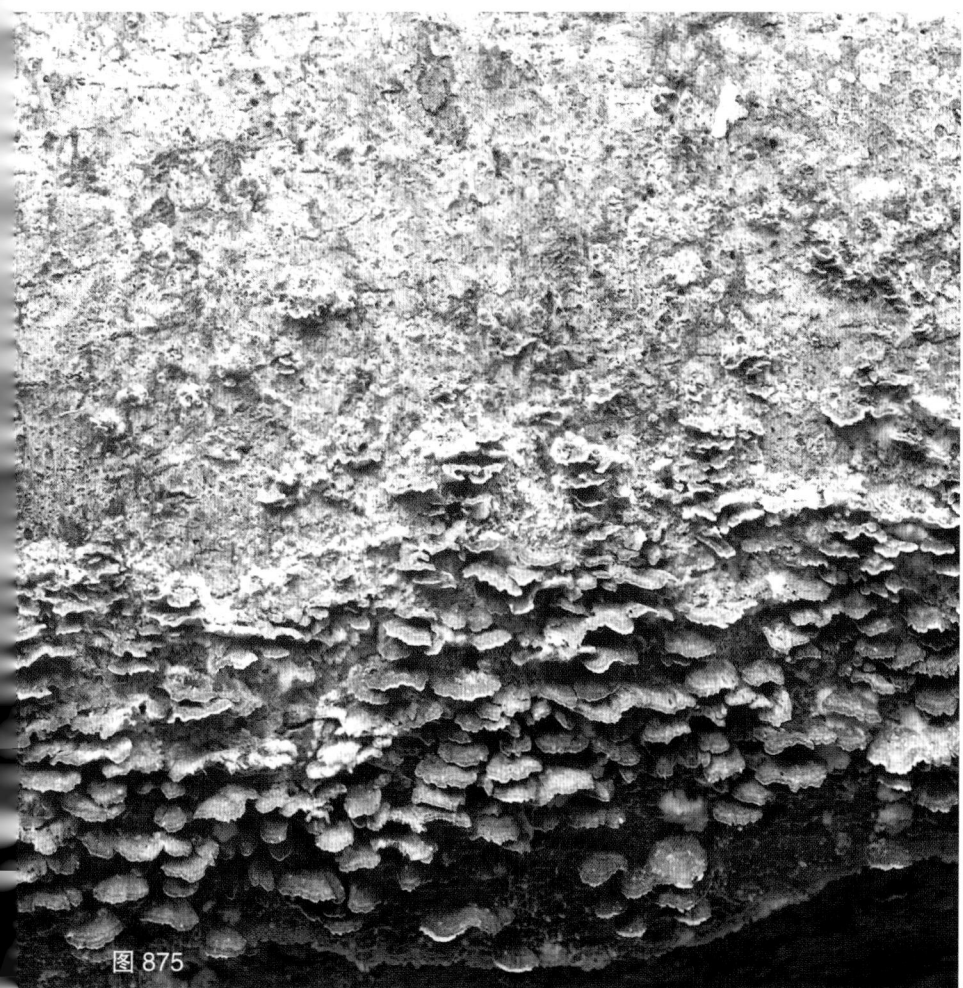

图 875

875 覆瓦附毛孔菌
Trichaptum imbricatum
Y.C. Dai & B.K. Cui

子实体一年生，覆瓦状叠生，革质。菌盖半圆形至扇形，外伸可达 1 cm，宽可达 2 cm，基部厚可达 2 mm；表面新鲜时浅赭黄色，干后土黄色，被细绒毛至光滑，具放射状细纹；边缘锐，干后内卷。孔口表面新鲜时白色，干后蜜黄色；多角形，每毫米 6~8 个；边缘薄，全缘至撕裂状。菌肉奶油色，厚可达 0.2 mm。菌管棕褐色，长可达 1.8 mm。担孢子 6~7.3×2~2.9 μm，圆柱形，无色，薄壁，光滑，非淀粉质，不嗜蓝。

夏秋季生于阔叶树倒木上，造成木材白色腐朽。分布于华南地区。

876 落叶松附毛孔菌
Trichaptum laricinum
(P. Karst.) Ryvarden

子实体一年生，具明显菌盖或平伏反卷，覆瓦状叠生，革质。菌盖窄半圆形，外伸可达 3 cm，宽可达 5 cm，厚可达 5 mm；表面灰白色或淡黄褐色，被绒毛，具同心环带和环沟；边缘锐，干后内卷。子实层体紫色至紫褐色，褶状。菌褶规则或分叉，每厘米 17~27 个，边缘薄，齿状；干后紫褐色，长可达 2 mm。不育边缘几乎无。菌肉异质，明显分层，上层棕褐色、疏松，下层淡紫色、致密，厚可达 1 mm。担孢子 6.1~7.2×2.1~2.7 μm，圆柱形，稍弯曲，无色，薄壁，光滑，非淀粉质，不嗜蓝。

夏秋季生于针叶树上，造成木材白色腐朽。分布于东北地区。

图 876

877 桦附毛孔菌
Trichaptum pargamenum
(Fr.) G. Cunn.

子实体一年生，覆瓦状叠生，革质。菌盖半圆形，外伸可达 2 cm，宽可达 3 cm，厚可达 6 mm；表面乳白色至淡黄褐色，被细密绒毛，具同心环带；边缘锐，干后略内卷。子实层体齿状。菌齿每毫米 1~2 个，菌齿长可达 4 mm。菌肉明显分层，上层乳白色，下层淡褐色，厚可达 3 mm。担孢子 4.5~5.6×2~2.5 μm，圆柱形，无色，薄壁，表面光滑，稍弯曲，非淀粉质，嗜蓝。

春季至秋季生于阔叶树特别是桦树的倒木和树桩上，造成木材白色腐朽。药用。各区均有分布。

图 877

多孔菌、齿菌及革菌

图 878

878 多年附毛孔菌
Trichaptum perenne
Y.C. Dai & H.S. Yuan

子实体多年生，木栓质。菌盖切面三角形，外伸可达6 cm，宽可达10 cm，基部厚可达5 cm；表面新鲜时绿灰色至土黄色或浅赭黄色，干后土黄色至土褐色，被细绒毛，具疣突；边缘钝。孔口表面紫褐色至咖啡色，具折光反应；圆形至多角形，每毫米2~3个；边缘厚，全缘。菌肉褐色，厚可达5 mm。菌管灰黄色，长可达45 mm。担孢子4~5.2×2~2.5 μm，长椭圆形，无色，薄壁，光滑，非淀粉质，不嗜蓝。

春季至秋季单生于阔叶树活立木树干上，造成木材白色腐朽。分布于华南地区。

图 879

879 罗汉松附毛孔菌
Trichaptum podocarpi
Y.C. Dai

子实体一年生，平伏，革质，长可达50 cm，宽可达10 cm，中部厚可达3 mm。孔口表面新鲜时粉黄色至紫黄褐色，触摸后变为褐色，干后灰褐色；多角形，每毫米1~3个；边缘薄壁，撕裂状。不育边缘明显，奶油色至粉黄色，宽可达1 mm。菌肉灰褐色，厚可达0.5 mm。菌管与孔口表面同色，长可达2.5 mm。担孢子5~7×1.8~2.2 μm，圆柱形至腊肠形，无色，薄壁，光滑，非淀粉质，不嗜蓝。

夏秋季生于鸡毛松腐木上，造成木材白色腐朽。分布于华南地区。

图 880

多囊附毛孔菌

Trichaptum polycystidiatum (Pilát) Y.C. Dai

子实体一年生，平伏至反卷，覆瓦状叠生，革质。平伏时长可达 15 cm，宽可达 5 cm。菌盖窄半圆形，外伸可达 2 cm，宽可达 4 cm，厚可达 4 mm；表面灰色至灰褐色，被细密绒毛，具同心环带；边缘锐，淡黄褐色，干后略内卷。子实层体新鲜时淡紫黄色，干后深赭褐色，褶状。不育边缘几乎无。菌肉异质，上层灰白色，下层淡褐色，菌肉厚可达 1 mm。菌褶齿状，每毫米 1~2 个，比子实层体颜色稍浅，长可达 3 mm。担孢子 5~6.4×1.5~2.2 μm，圆柱形，稍弯曲，无色，薄壁，光滑，非淀粉质，不嗜蓝。

夏秋季生于蒙古栎倒木上，造成木材白色腐朽。分布于东北和内蒙古地区。

881 加拿大干酪菌

Tyromyces canadensis (Overh.) J. Lowe

子实体一年生，覆瓦状叠生，肉质至革质。菌盖扇形或肾形，外伸可达 1 cm，宽可达 2 cm，基部厚可达 2 mm；表面新鲜时浅灰色，被暗色短绒毛，无同心环带和环沟。孔口表面新鲜时奶油色，干后淡褐色；多角形至不规则形，每毫米 4~6 个；边缘薄，撕裂状。不育边缘宽可达 1.5 mm。菌肉奶油色至淡褐色，厚可达 1 mm。菌管与菌肉同色，长可达 1 mm。担孢子 3~3.5×2.3~2.9 μm，宽椭圆形至卵圆形，无色，薄壁，平滑，非淀粉质，不嗜蓝。

秋季生于针叶树腐木上，造成木材白色腐朽。分布于东北地区。

图 881-1

图 881-2

多孔菌、齿菌及革菌

图 882-1

图 882-2

882 薄皮干酪菌
Tyromyces chioneus
(Fr.) P. Karst.

子实体一年生，肉质至革质。菌盖扇形，外伸可达 4 cm，宽可达 6 cm，基部厚可达 18 mm；表面新鲜时淡灰褐色；边缘锐，白色。孔口表面奶油色至淡褐色；圆形，每毫米 4~5 个；边缘薄，全缘。不育边缘几乎无。菌肉新鲜时乳白色，厚可达 15 mm。菌管乳黄色至淡黄褐色，长可达 3 mm。担孢子 3.6~4.4×1.3~1.8 μm，圆柱形至腊肠形，无色，薄壁，光滑，非淀粉质，不嗜蓝。

夏秋季单生于阔叶树落枝上，造成木材白色腐朽。各区均有分布。

883 毛蹄干酪菌
Tyromyces galactinus
(Berk.) J. Lowe

子实体一年生，覆瓦状叠生，肉质至革质。菌盖半圆形或近扇形，外伸可达 8 cm，宽可达 10 cm，中部厚可达 4 mm；表面白色至黄褐色，具辐射状褶皱；边缘薄，锐，干后稍内卷。孔口表面白色至黄褐色；多角形，每毫米 5~7 个；边缘薄，全缘至撕裂状。不育边缘几乎无。菌肉淡黄色，厚可达 1 mm。菌管与菌肉同色，长可达 3 mm。担孢子 2.8~3.6×2.2~2.8 μm，宽椭圆形，无色，薄壁，光滑，非淀粉质，不嗜蓝。

夏季生于阔叶树倒木上，造成木材白色腐朽。分布于华中地区。

图 883

图 884

884 楷米干酪菌

***Tyromyces kmetii* (Bres.) Bondartsev & Singer**

子实体一年生，肉质至革质。菌盖扇形，外伸可达 2 cm，宽可达 4 cm，基部厚可达 1.2 cm；表面奶油色至黄褐色，被绒毛。孔口表面奶油色至乳黄色；圆形，每毫米 4~5 个；边缘薄，全缘或撕裂状。不育边缘几乎无。菌肉新鲜时乳白色，厚可达 10 mm。菌管淡黄褐色，长可达 2 mm。担孢子 3.1~4.5×2~2.5 μm，椭圆形，无色，薄壁，光滑，非淀粉质，不嗜蓝。

秋季生于桦树等阔叶树倒木上，造成木材白色腐朽。分布于东北、西北和青藏地区。

885 西伯利亚干酪菌

***Tyromyces sibiricus* Penzina & Ryvarden**

子实体一年生，肉质至革质，干后强烈收缩。菌盖近圆形，外伸可达 8 cm，宽可达 10 cm，基部厚可达 4 cm；表面奶油色至棕褐色，被绒毛或粗毛，粗糙。边缘锐或钝，干后内卷。孔口表面奶油色至黄褐色；多角形，每毫米 3~5 个；边缘薄，撕裂状。菌肉奶油色至黄褐色，厚可达 20 mm。菌管与菌肉同色或颜色较深，长可达 20 mm。担孢子 5.1~6.1×4.2~4.7 μm，椭圆形至近圆形，薄壁，光滑，非淀粉质，不嗜蓝。

秋季单生于杨树活立木上，造成木材白色腐朽。分布于东北地区。

图 885

886 变形干酪菌

***Tyromyces transformatus* Núñez & Ryvarden**

子实体一年生，单生或覆瓦状叠生，肉质至油质。菌盖半圆形或近扇形，外伸可达 2 cm，宽可达 3.5 cm，中部厚可达 5 mm；表面奶油色至浅褐色；边缘钝，干后内卷。孔口表面奶油色至浅褐色；多角形，每毫米 4~6 个；边缘薄，全缘。菌肉奶油色，厚可达 2 mm。菌管与菌肉同色，长可达 3 mm。担孢子 4.7~5.7×3.5~4.3 μm，椭圆形，无色，薄壁，光滑，非淀粉质，不嗜蓝。

夏季生于阔叶树倒木上，造成木材白色腐朽。分布于华中地区。

图 886

多孔菌、齿菌及革菌

图 887-1

图 887-2

887 黑柄惠氏栓孔菌
Whitfordia scopulosa (Berk.) Núñez & Ryvarden

子实体多年生，革质至木栓质，具芳香味。菌盖半圆形，外伸可达 5 cm，宽可达 9 cm，中部厚可达 1.5 cm；表面奶油色至浅灰色，基部黑色，具同心环纹和微弱的环沟；边缘钝，波状。孔口表面奶油色至浅灰褐色，触摸后变为灰褐色；圆形至多角形，每毫米 6~8 个；边缘薄，全缘。不育边缘明显，奶油色，宽可达 1.5 mm。菌肉浅黄褐色，厚可达 9 mm。菌管浅褐色至褐色，长可达 6 mm。担孢子 5~7×2~2.5 μm，长椭圆形，无色，薄壁，光滑，非淀粉质，不嗜蓝。

夏秋季单生于阔叶树倒木上，造成木材白色腐朽。分布于华南地区。

888 茯苓沃菲卧孔菌（茯苓）
Wolfiporia cocos (F.A. Wolf)
Ryvarden & Gilb.

≡ *Poria cocos* F.A. Wolf

= *Wolfiporia extensa* (Peck) Ginns

子实体一年生，平伏，贴生，不易与基物剥离，革质，长可达 10 cm，宽可达 8 cm，中部厚可达 2 mm。孔口表面新鲜时白色，干后奶油色；圆形或近圆形至多角形，每毫米 0.5~2 个；边缘薄，撕裂状。不育边缘明显。菌肉奶油色，厚可达 0.5 mm。菌管与孔口表面同色或略浅，长可达 1.5 mm。担孢子 6.5~8.1×2.8~3.1 μm，圆柱形，无色，薄壁，光滑，非淀粉质，不嗜蓝。

秋季在针叶树特别是松树腐木上形成菌核。食药兼用。分布于华中、华北地区。

图 888

图 889

889 宽丝沃菲卧孔菌
Wolfiporia dilatohypha Ryvarden & Gilb.

子实体一年生，平伏，革质，长可达 100 cm，宽可达 20 cm，厚可达 5 mm。孔口表面新鲜时乳白色至浅玫瑰色，干后黄褐色；圆形至多角形，每毫米 4~5 个；边缘薄，全缘或略呈撕裂状。不育边缘几乎无。菌肉黄褐色，厚可达 2 mm。菌管与菌肉同色，长可达 3 mm。担孢子 3.6~4.7×2.8~3.3 μm，椭圆形，无色，薄壁，光滑，非淀粉质，不嗜蓝。

秋季生于蒙古栎腐木上，造成木材褐色腐朽。分布于东北、内蒙古地区。

890 黄孔赖特孔菌
Wrightoporia aurantipora T. Hatt.

子实体一年生，平伏或平伏反卷，革质至软木栓质，不规则形，长可达 5 cm，宽可达 3 cm，中部厚可达 0.5 cm。孔口表面淡黄色至暗黄色；多角形至不规则形，每毫米 2~4 个；边缘薄，全缘至略呈撕裂状。不育边缘明显，宽可达 2 mm。菌肉黄色，厚可达 3.5 mm。菌管淡黄色，长可达 1.5 mm。担孢子 3~3.5×2.1~2.3 μm，宽椭圆形至近球形，无色，厚壁，具疣突，淀粉质，嗜蓝。

夏秋季生于阔叶树腐木上，造成木材白色腐朽。分布于华南地区。

图 890

891 华南赖特孔菌
Wrightoporia austrosinensis Y.C. Dai

子实体一年生，平伏，不易与基物剥离，软棉质至革质，长可达 30 cm，宽可达 10 cm，中部厚可达 2 mm。孔口表面新鲜时白色至奶油色，干后奶油色至浅黄色；圆形至不规则形，每毫米 1~3 个；边缘薄，全缘至略呈撕裂状。不育边缘明显，白色，宽可达 4 mm。菌肉白色，厚可达 0.1 mm。菌管奶油色，棉质，长可达 2 mm。担孢子 3~3.2×2~2.4 μm，椭圆形，无色，薄壁，具小刺，淀粉质，不嗜蓝。

秋季生于松树腐木上，造成木材白色腐朽。分布于华南地区。

图 891

多孔菌、齿菌及革菌

图 892

892 榛色赖特孔菌

Wrightoporia avellanea
(Bres.) Pouzar

　　子实体一年生，平伏，易与基物剥离，膜质，长可达 13 cm，宽可达 5 cm，中部厚可达 4 mm。孔口表面新鲜时奶油色，干后稻草色；圆形至不规则形，每毫米 2~3 个；边缘薄，全缘至略呈撕裂状。不育边缘不明显，白色至奶油色。菌肉白色至奶油色，厚可达 0.2 mm。菌管与孔口表面同色，长可达 3.8 mm。担孢子 3.8~4.2×2.8~3.2 μm，近球形至宽椭圆形，无色，壁薄至稍厚，具小刺，淀粉质，不嗜蓝。

　　秋季生于松树腐木上，造成木材白色腐朽。分布于东北和华南地区。

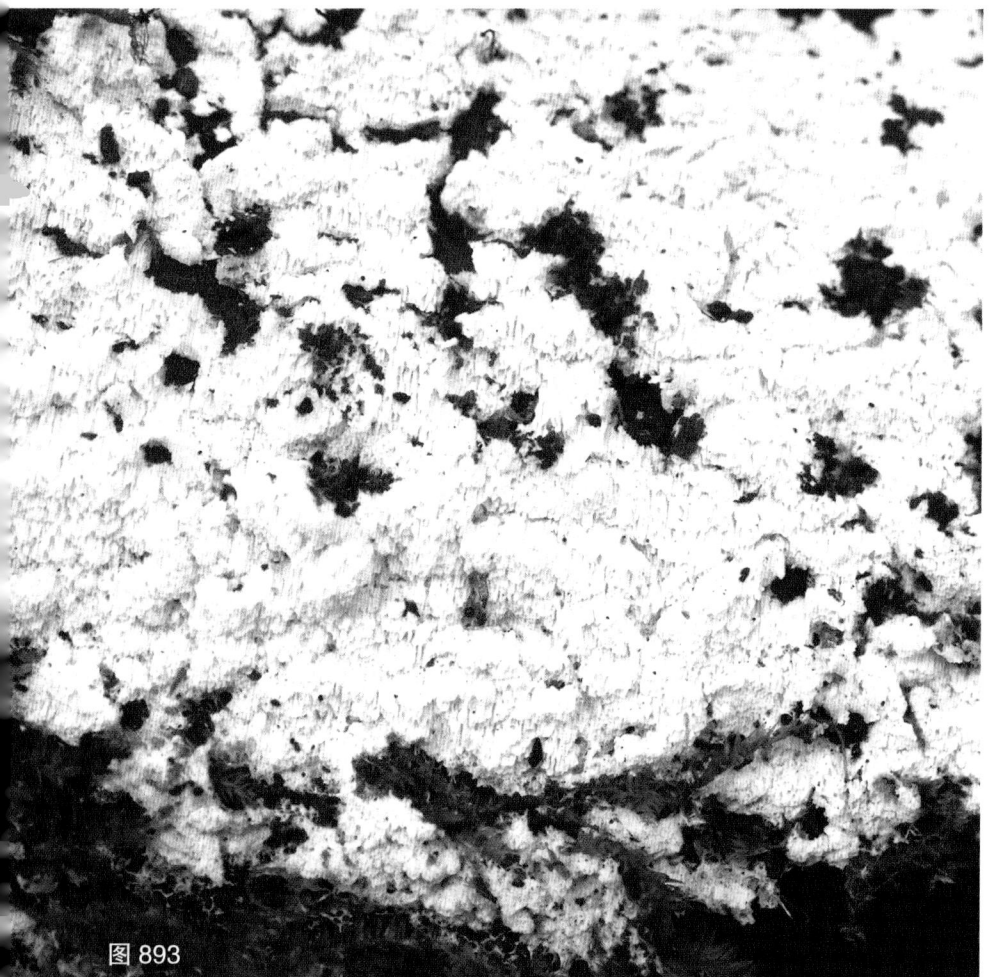

图 893

893 北方赖特孔菌

Wrightoporia borealis
Y.C. Dai

　　子实体一年生，平伏，难与基物剥离，软棉质至革质，长可达 20 cm，宽可达 10 cm，中部厚可达 1.2 mm。孔口表面新鲜时白色，干后奶油色至浅黄色；圆形至多角形，每毫米 2~4 个；边缘薄，撕裂状。不育边缘明显，具菌索，宽可达 2 mm。菌肉白色，厚可达 0.2 mm。菌管与孔口表面同色，棉质，长可达 1 mm。担孢子 3.9~4.6×3.2~3.8 μm，宽椭圆形，无色，薄壁，具小刺，淀粉质，嗜蓝。

　　秋季生于针叶树腐木上，造成木材白色腐朽。分布于东北地区。

图 894

894 木麻黄赖特孔菌
Wrightoporia casuarinicola Y.C. Dai & B.K. Cui

子实体一年生，平伏，易与基物剥离，革质，长可达 30 cm，宽可达 7 cm，中部厚可达 7 mm。孔口表面新鲜时紫色，干后紫褐色；圆形至多角形，每毫米 3~4 个；边缘薄，全缘至略呈撕裂状。不育边缘明显，白色至桃红色，宽可达 5 mm。菌肉酒红色，厚可达 1 mm。菌管与菌肉同色，长可达 6 mm。担孢子 3.5~3.9×2.7~3.2 μm，近球形至宽椭圆形，无色，壁薄至稍厚，具小刺，淀粉质，不嗜蓝。

夏季生于木麻黄根颈部，造成木材白色腐朽。分布于华南地区。

多孔菌、齿菌及革菌

中国大型菌物资源图鉴　681

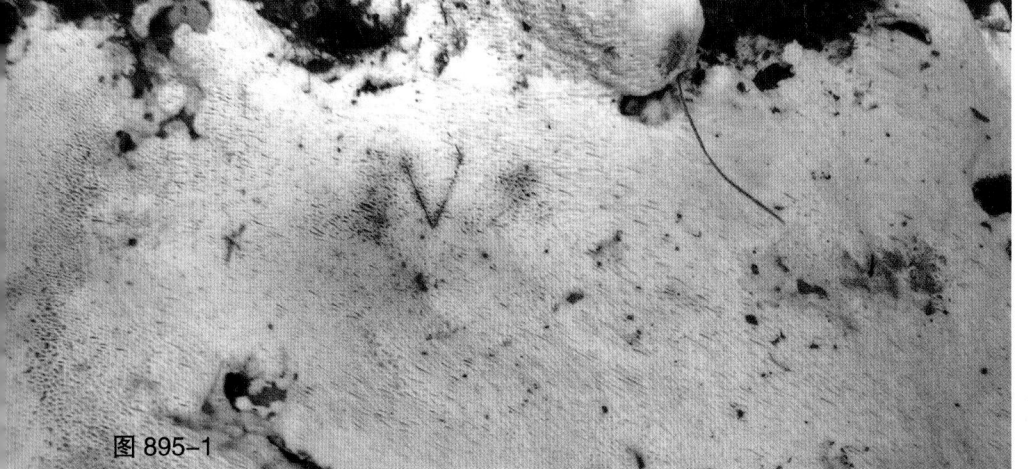

图 895-1

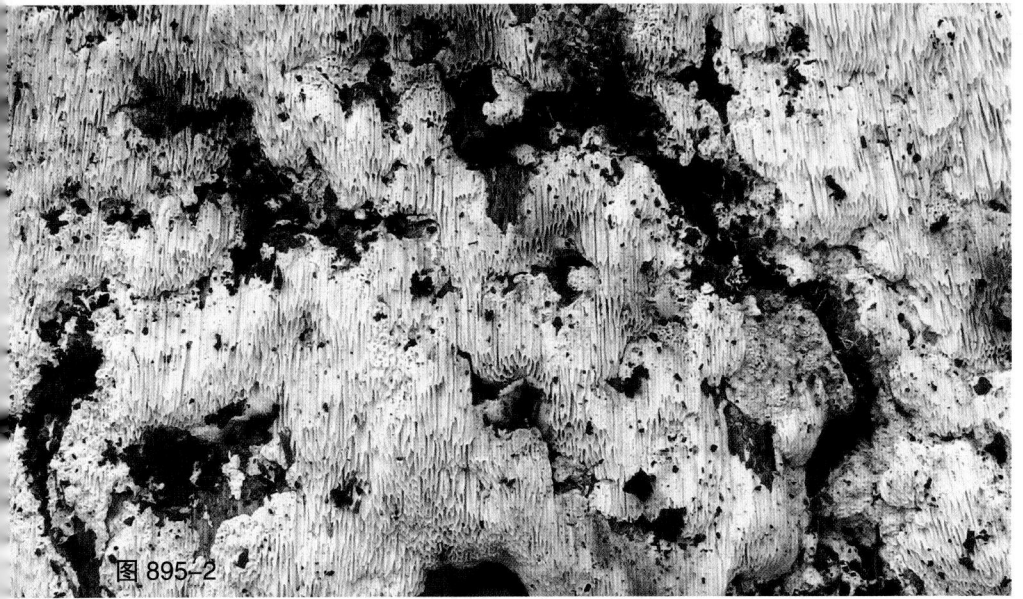

图 895-2

图 896-1

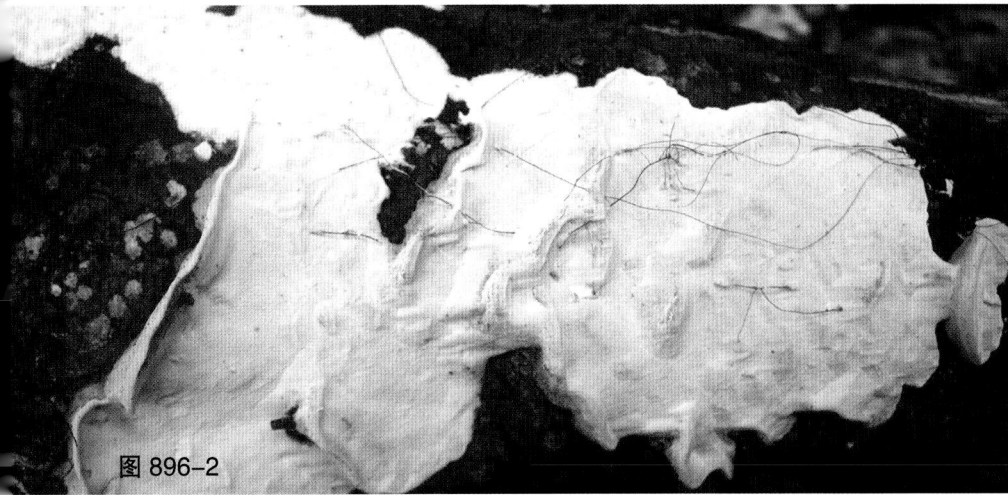

图 896-2

895 **柔软赖特孔菌**
Wrightoporia lenta
(Overholts &
J. Lowe) Pouzar

子实体一年生，平伏，易与基物剥离，软革质，长可达 16 cm，宽可达 5 cm，厚可达 5 mm。孔口表面淡黄色至黄褐色；形状不规则、略圆形至多角形，每毫米 2~3 个；边缘薄，撕裂状。不育边缘无。菌肉白色至淡黄色，厚可达 1 mm。菌管与孔口表面同色或略浅，长可达 5 mm。担孢子 5.3~7.1×4.8~5.8 μm，宽椭圆形至球形，无色，薄壁，表面具细微疣刺，淀粉质，不嗜蓝。

秋季生于针叶树腐木上，造成木材白色腐朽。分布于东北地区。

896 **浅黄赖特孔菌**
Wrightoporia luteola
B.K. Cui & Y.C. Dai

子实体一年生，平伏，易与基物剥离，软棉质，长可达 11 cm，宽可达 2.5 cm，中部厚可达 2.5 mm。孔口表面新鲜时棕黄色，干后黄褐色，具折光反应；多角形至不规则形，每毫米 5~8 个；边缘薄，全缘。不育边缘明显，奶油色至棕黄色，宽可达 1 mm。菌肉奶油色至棕黄色，厚可达 1 mm。菌管与孔口表面同色，长可达 1.5 mm。担孢子 2.8~3.7×2~2.9 μm，宽椭圆形至近球形，无色，薄壁，具小刺，淀粉质，不嗜蓝。

秋季生于阔叶树倒木上，造成木材白色腐朽。分布于华南地区。

图 897

897 **热带赖特孔菌**
Wrightoporia tropicalis (Cooke) Ryvarden

　　子实体多年生，平伏，韧革质，长可达 3 cm，宽可达 1.5 cm，厚可达 1 mm。孔口表面浅黄色至麦秆色；多角形，每毫米 7~8 个；边缘薄，撕裂状。不育边缘明显，宽可达 1 mm。菌肉浅黄色，厚可达 0.6 mm。菌管浅黄色至麦秆色，长可达 0.4 mm。担孢子 3~4×2~2.5 μm，宽椭圆形，无色，薄壁，具小刺，淀粉质，不嗜蓝。

　　秋季生于陆均松腐木及阔叶树落枝上，造成木材白色腐朽。分布于华南地区。

898 **平伏趋木革菌**
Xylobolus annosus (Berk. & Broome) Boidin

　　子实体多年生，平伏，极难与基物剥离，木质，长可达 200 cm，宽可达 40 cm，厚可达 5 mm。子实层体新鲜时灰白色至灰色，具折光反应，无裂纹，干后浅黄色至木材色，光滑或瘤状，具裂纹。菌肉褐色至咖啡色，厚可达 5 mm。担孢子 4~5×2.5~3 μm，圆柱形，顶端略弯曲，无色，壁薄至稍厚，光滑，拟糊精质，不嗜蓝。

　　春季至秋季生于阔叶树特别是托盘青冈的无皮倒木、树桩、储木及建筑木上，造成木材白色腐朽。药用。分布于华南地区。

图 898-1

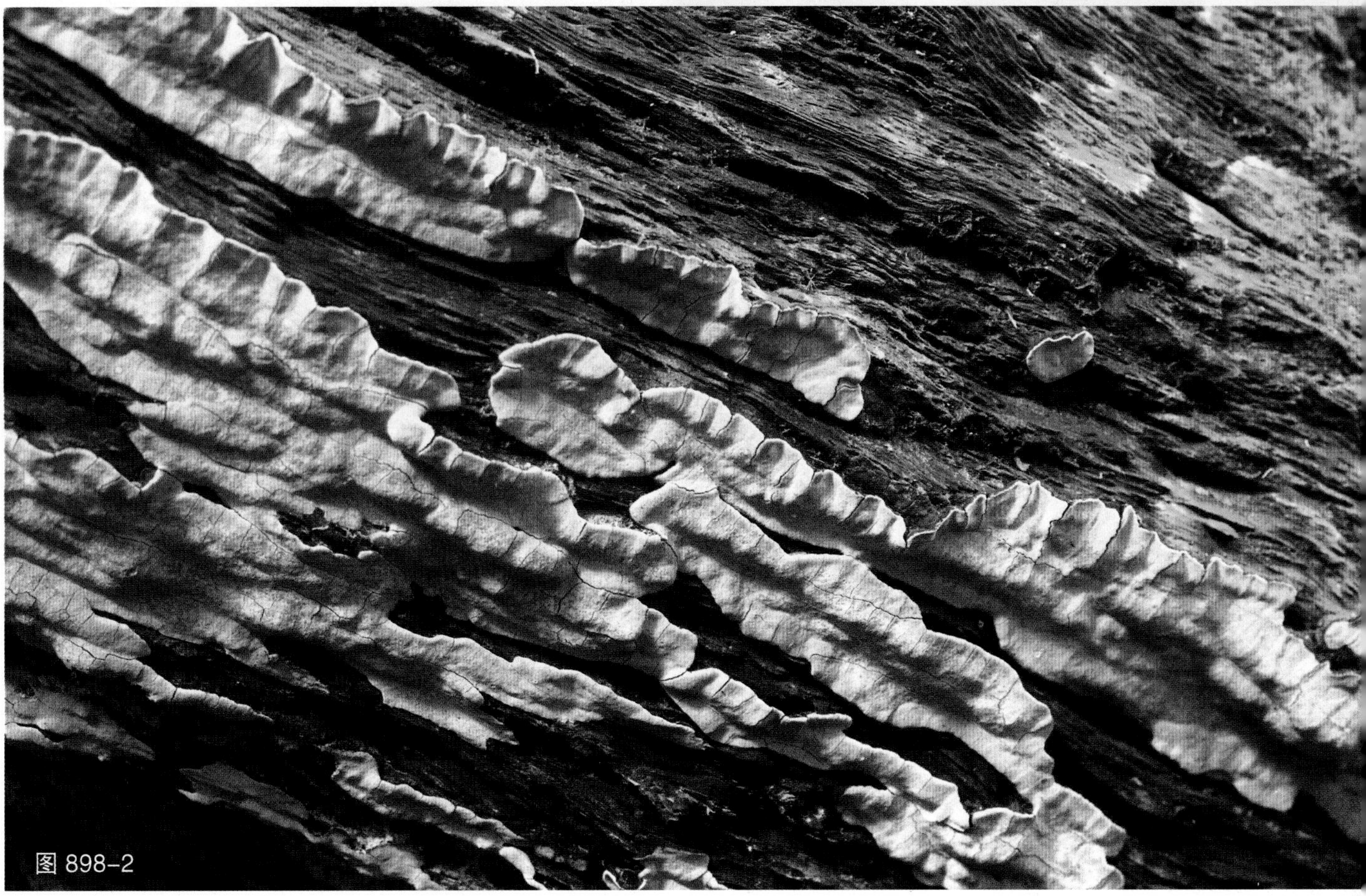

图 898-2

图 899

899 丛片木革菌
Xylobolus frustulatus (Pers.) P. Karst.

　　子实体多年生，平伏，极难与基物剥离，木质，不规则开裂，长可达 80 cm，宽可达 30 cm，厚可达 5 mm。子实层体新鲜时灰白色至灰色，干后浅黄色至棕黄色，光滑。菌肉褐色至咖啡色，厚可达 5 mm。担孢子 4~4.5×3~3.3 μm，椭圆形，无色，壁薄至稍厚，光滑，拟糊精质，不嗜蓝。

　　春季至秋季生于无皮栎倒木和树桩上，造成木材白色腐朽。药用。分布于东北和华中地区。

图 900-1

图 900-2

900 显趋木革菌

Xylobolus princeps (Jungh.) Boidin

子实体多年生，覆瓦状叠生，木栓质。菌盖半圆形，外伸可达 2 cm，宽可达 4 cm，基部厚可达 2 mm；表面新鲜时锈褐色至红褐色，干后咖啡色、暗锈褐色至黑褐色，具黑色环带或环区；边缘金黄色至黄褐色。子实层体灰白色、浅灰色至木材色，光滑或具瘤状突起。菌肉咖啡色，硬木质。该菌通常不育。

春季至秋季生于阔叶树倒木上，造成木材白色腐朽。分布于华南地区。

多孔菌、齿菌及革菌

图901

901　金丝趋木革菌
Xylobolus spectabilis (Klotzsch) Boidin

　　子实体一年生，覆瓦状叠生，革质。菌盖扇形，从基部向边缘渐薄，外伸可达 1.5 cm，宽可达 3 cm，基部厚可达 1 mm；表面浅黄色、黄褐色至褐色，从基部向边缘逐渐变浅，被灰白色细密绒毛，具同心环带；边缘锐，波状，黄褐色，干后内卷。子实层体初期奶油色，后期浅黄色，光滑。菌肉浅黄色，革质。担孢子 4.1~5.9×2.6~3 μm，宽椭圆形，无色，薄壁，光滑，淀粉质，不嗜蓝。

　　夏秋季生于阔叶树死树上，造成木材白色腐朽。分布于华中和华南地区。

中国大型菌物资源图鉴
ATLAS
OF CHINESE
MACROFUNGAL
RESOURCES

CHAPTER VI
CANTHARELLOID FUNGI

第六章
鸡油菌

图 902-1

图 902-2

902 **鸡油菌**（鸡蛋黄菌 杏黄菌）
Cantharellus cibarius **Fr.**

　　子实体高 4~12 cm，肉质，喇叭形，鲜杏黄色至蛋黄色。菌盖直径 3~12 cm，初期扁平，后下凹，平滑，生长盛期略黏，边缘波状，有时瓣裂，内卷。菌肉厚 2~4 mm，近白色至蛋黄色。有杏仁味。菌褶延生，棱褶状，狭窄而稀疏，分叉或相互交织。菌柄长 2~8 cm，直径 0.8~2 cm，向下渐细，杏黄色，光滑，实心。担孢子 7~10×5~6.5 μm，椭圆形，光滑，透明。

　　夏秋季生于针叶林或针阔混交林中地上。可食。分布于中国大部分地区。

图 903-1

903 小鸡油菌
***Cantharellus minor* Peck**

菌盖直径 1~3 cm，初期近半球形至扁平，中部下凹呈浅花瓣状或喇叭状，边缘弯曲或呈不规则波浪形，内卷，杏黄色至鲜黄色、蛋黄色或橙黄色，光滑。菌肉脆，薄，淡黄色或淡橘黄色，有较淡的芳香味。菌褶延生至近延生，稀疏，窄，棱脊状，蛋黄色或橙黄色。菌柄长 1.5~4 cm，直径 0.2~0.7 cm，圆柱形，上下近等粗或向下渐细，同菌盖颜色或稍浅，实心，后变空心。担孢子 6~10×4.5~6 μm，椭圆形至卵圆形，光滑，淡黄色至淡赭色，具小尖。

夏秋季群生于针阔混交林中地上。可食。分布于中国大部分地区。

图 903-2

鸡油菌

图904

904 疣孢鸡油菌
Cantharellus tuberculosporus M. Zang

　　菌盖直径3~7 cm，平展，中部有凹陷，黄色至黄褐色，光滑或表皮撕裂成黄褐色鳞片，边缘黄色至亮黄色。菌肉较薄。菌褶不典型，皱褶状至棱状，黄色至淡黄色。菌柄长3~7 cm，直径0.5~1 cm，圆柱形，黄色至淡黄色，实心。担孢子7.5~9.5×5.5~6.5 μm，椭圆形，光滑。

　　夏秋季生于亚高山针阔混交林中地上。可食。分布于青藏、华中地区。

905 金黄喇叭菌
Craterellus aureus Berk. & M.A. Curtis

　　子实体高7~12 cm，金黄色至老金黄色，近喇叭形。菌盖直径2~6 cm，边缘往往不等，呈波状，内卷或向上伸展，近光滑，有蜡质感，中部下凹至柄部，与柄无明显分界。菌褶阙如。子实层体平滑至近平滑。菌柄与菌盖相连形成筒状，长2~6 cm，直径0.3~0.8 cm，向基部渐细。担孢子7.5~10×6~7.5 μm，椭圆形，光滑，无色。

　　夏秋季群生或丛生于壳斗科等阔叶林中地上。可食。分布于华南地区。

图905

906 灰喇叭菌（灰号角）
***Craterellus cornucopioides* (L.) Pers.**

菌盖直径 3~8 cm，中部深凹，灰色、灰褐色至灰黑色，被细小鳞片，边缘波状或向下卷。菌肉薄。菌褶阙如。子实层体淡灰色至灰紫色，平滑至近平滑。菌柄长 2~5 cm，直径 0.5~1 cm，向下变细，灰色、灰褐色至灰黑色，空心。担子多 2 孢。担孢子 10~15×6~10 µm，椭圆形，光滑。

夏秋季生于针叶林或针阔混交林中地上。可食。分布于中国大部分地区。

图 906

907 变黄喇叭菌（薄喇叭菌）
***Craterellus lutescens* (Fr.) Fr.**

菌盖直径 3~8 cm，喇叭形，黄褐色至灰黄色，被细小鳞片，边缘波状或向下卷。菌肉薄。菌褶不典型，近平滑至有脉纹，延生，黄色至黄褐色。菌柄长 4~8 cm，直径 0.5~1 cm，圆柱形，黄色、金黄色至橘黄色，空心。担孢子 9~12×6~8.5 µm，椭圆形，光滑。

夏秋季生于针叶林或针阔混交林中地上。可食。分布于中国大部分地区。

图 907

908 桃红胶鸡油菌
***Gloeocantharellus persicinus* T.H. Li et al.**

菌盖略不等边，长 3.8~7 cm，宽 3.5~6 cm，凸镜形至扁平，或呈浅漏斗形，桃红色至浅橙红色，边缘波状或瓣裂，初期内卷。菌肉白色，伤不变色，干后变黄褐色。菌褶延生，稍密，白色带黄呈乳黄色，且带微青灰色，干后呈烟灰色或青褐色，不等长，有分叉。菌柄长 4~4.5 cm，直径 0.9~1.1 cm，圆柱形，中生至偏生，淡桃红色至浅黄色带粉红色，红色部分与菌盖同色或稍浅。担孢子 4.5~5×7~12 µm，长椭圆形，粗糙，褐色或黄褐色。子实层中的产油菌丝 5~7×40~50 µm，褐色。

夏秋季生于林中地上。分布于华南地区。

图 908

鸡油菌

图 909-1

图 909-2

图 909-3

909 毛钉菇（毛陀螺菌 喇叭陀螺菌 金号角）

Gomphus floccosus (Schwein.) Singer

　　菌盖直径 3~7 cm，喇叭形，黄色至橘红色，被红色鳞片，中央下陷至菌柄基部。菌褶不典型或阙如，皱褶状，延生，污白色至淡黄色。菌柄长 3~7 cm，直径 0.5~1.5 cm，圆柱形，污白色至淡黄色。担孢子 11~15×6~7.5 μm，椭圆形，平滑至稍粗糙。菌丝无锁状联合。

　　夏秋季生于针叶林中地上。有食后中毒的记录，建议不食。分布于中国大部分地区。

图 910

910 浅褐钉菇（浅褐陀螺菌）
Gomphus fujisanensis (S. Imai) Parmasto

菌盖直径 5~8 cm，喇叭状，淡粉褐色、淡黄褐色间黄白色，被淡褐色鳞片，中央下陷至菌柄基部。菌褶不典型，皱褶状，延生，污白色、米色至淡褐色。菌柄长 3~8 cm，直径 0.5~2 cm，污白色。担子 60~80×10~12 μm。担孢子 14~18×6~7.5 μm，椭圆形，稍粗糙。

夏秋季生于针叶林中地上。可食。分布于中国大部分地区。

911 考夫曼钉菇
Gomphus kauffmanii (A.H. Sm.) Corner

菌盖直径 2~15 cm，中部深度下陷呈漏斗形，边缘薄，波状，成熟后常开裂，奶油色至茶色或浅粉肉桂色，具直立或翻卷暗褐色鳞片。菌肉薄，纤维质，白色。菌褶延生，具钝脉状脊；具横脉；有分枝；奶油色至浅褐色，成熟后颜色变暗。菌柄长 6~12 cm，直径 2~4 cm，向下渐细，初期实心渐变空心，初期奶油色，后期变为浅褐色至暗褐色，伤后浅粉紫色，光滑。孢子 12~18×6~8 μm，椭圆形，稍粗糙。

春秋季单生、散生或群生于针叶林中地上。分布于东北地区。

图 911-1

图 911-2

鸡油菌

图 912

912 东方钉菇（东方陀螺菌）
***Gomphus orientalis* R.H. Petersen & M. Zang**

　　子实体常有分叉。菌盖直径 3~10 cm，扁平至平展，中央稍下陷，淡褐色至带紫色，被小鳞片。菌褶延生，淡褐色至淡紫色。菌柄长 1~3 cm，直径 1~2 cm，灰褐色带紫色。担子 80~100×10~13 μm。担孢子 10~16×4.5~7.5 μm，椭圆形，有疣。

　　夏秋季生于亚高山林中地上。可食。分布于青藏地区。

中国大型菌物资源图鉴
ATLAS
OF CHINESE
MACROFUNGAL
RESOURCES

CHAPTER VII
AGARICS

第七章
伞菌

图 913

913 球基蘑菇
***Agaricus abruptibulbus* Peck**

菌盖直径 4~10 cm，凸镜形至扁半球形，中部突起，后期平展；表面白色至浅黄白色，中部颜色深；边缘附有菌幕残片。菌肉厚，白色或浅黄色。菌褶离生，初期灰白色，渐变为浅黄褐色，后期呈紫褐色。菌柄长 5~15 cm，直径 1~3 cm，圆柱形，基部膨大呈近球形。菌环上位，白色，膜质，易脱落。担孢子 6~9×4~5 μm，椭圆形至宽椭圆形，光滑，暗黄褐色至深褐色。

夏秋季群生或散生于针阔混交林地或林缘草地。食用。分布于华中、华南等地区。

本种与白林地蘑菇 *A. silvicola* 相似，但后者菌柄无球状膨大的基部，且担孢子较小。

图 914

914 田野蘑菇
***Agaricus arvensis* Schaeff.**

菌盖直径 5.5~14 cm，初期半球形，后扁半球形至凸镜形，成熟后渐展开至平展，有时中部呈圆头状突起；新鲜时近白色，中部污白色，后渐变淡黄色至赭黄色；光滑；边缘常开裂。菌肉白色，较厚。菌褶离生，初期粉红色，成熟后变褐色至黑褐色，较密，不等长。菌柄长 4~10.5 cm，直径 1.5~2.5 cm，中生，近圆柱形，与菌盖同色，初期内部实心，后期变空心，伤不变色，有时基部略膨大。菌环上位，白色，膜质，较大且厚，易脱落。担孢子 7.3~9.7×4.8~6.1 μm，椭圆形至卵圆形，光滑，黄褐色至深褐色。

单生于草地上。食用。分布于东北、内蒙古和西北地区。

图 915-1

915 橙黄蘑菇（窄褶菇）
Agaricus augustus Fr.

　　菌盖直径 9~20 cm，初期近球形，渐变为扁半球形，后期平展，密布褐色鳞片，中部鳞片呈块状。菌肉厚，白色，伤后变黄色。菌褶离生，初期灰白色，渐变为粉红色，后期呈暗紫褐色至黑褐色。菌柄长 8~17 cm，直径 2~3.5 cm，基部膨大，菌环以上光滑，菌环以下覆有小鳞片。菌环双层，上位，白色或枯草黄色，膜质。担孢子 7~9.5×5~6.5 μm，椭圆形至近卵圆形，光滑，褐色。

　　夏秋季丛生于针阔混交林中地上。食用。分布于东北、西北、青藏等地区。

　　本种与赭鳞蘑菇 *A. subrufescens* 相似，但后者担孢子较小。

图 915-2

図 916-1

916 双孢蘑菇（双孢菇 白蘑菇 洋蘑菇）
***Agaricus bisporus* (J.E. Lange) Imbach**

　　菌盖直径 4~10 cm，近半球形至凸镜形；边缘常内卷；近白色至淡褐色，渐变淡黄色至黄褐色；有平伏纤毛，有鳞片，空气干燥环境下常有粗裂纹。菌肉白色，伤后变淡红色。菌褶初粉红色，渐变褐色至黑褐色，离生，不等长。菌柄长 3~6 cm，直径 1~2 cm，近圆柱形，白色，内部松软或实心。菌环单层，上位至中位，白色，膜质，易脱落。担孢子 5~8×4~6.5 μm，椭圆形，无芽孔，光滑，褐色。

　　散生至近群生于高山草原、草地、林地、田野、公园、道旁等处。著名食用菌，有白色和褐色品种；国内已普遍栽培。分布于东北、华中、青藏等地区。

图 916-2

图 916-3

图 916-4

图 916-5

图 917

| 917 | **巴氏蘑菇（姬松茸）** |

Agaricus blazei Murrill

　　菌盖直径 5.5~10.5 cm，幼时半球形至扁半球形，后渐展开，成熟时平展，有时中部平或稍下凹，具淡褐色或淡黄褐色的纤维状鳞片，边缘常附有菌幕残片。菌肉白色，较厚，伤后变黄色。菌褶离生，初期白色至肉粉色，成熟后变褐色至黑褐色，密，质脆，易碎。菌柄长 5.5~11.5 cm，直径 1.2~2.2 cm，近等粗或基部稍膨大，有时略弯曲，幼时菌环以下具小鳞片，实心。菌环上位，白色，膜质，薄，其下面具褐色棉絮状物，易脱落。担孢子 5.3~6.6×3.7~4.9 μm，宽椭圆形至卵圆形，表面光滑，淡黄褐色至黄褐色。

　　夏秋季群生于草地上。食药兼用；国内普遍栽培。分布于东北、华南和青藏地区。

| 918 | **蘑菇（四孢蘑菇 四孢菇 黑蘑菇 雷窝子）** |

Agaricus campestris L.

　　菌盖直径 5~10 cm，初期扁半球形，后期渐平展，有时中部下凹，白色至乳白色，光滑或后期具丛毛状鳞片，干燥时边缘常开裂。菌肉白色。菌褶离生，初期粉红色，后变红褐色至黑褐色。菌柄长 2~10 cm，直径 1~2 cm，近光滑或略带纤毛状物，白色。菌环单层，上位，白色，膜质，易脱落。担孢子 7~9×4.5~6 μm，椭圆形，灰褐色至暗黄褐色，光滑。

　　春至秋季单生或群生于草地、路旁、田野、堆肥场、林间空地等。食用。各区均有分布。

　　本种与田野蘑菇 *A. arvensis* 相似，但后者伤后会缓慢变黄色且菌柄基部常膨大。

图 918

图 919

番红花蘑菇

***Agaricus crocopeplus* Berk. & Broome**

菌盖直径 3~6 cm,初期近球形至半球形,成熟后近平展,具有橙红色长绒毛或丛毛状鳞片,边缘有菌幕残片。菌肉近柄处厚 3~4 mm,白色或污白色,后呈淡褐色。菌褶离生,稍密,不等长,初期污白色至淡褐色,成熟后颜色加深呈褐色。菌柄长 3~6 cm,直径 5~8 mm,圆柱形,成熟后空心,覆有与菌盖同色的长绒毛。菌环上位,不典型,为外菌幕残余物,与菌盖鳞片同质。担孢子 5~8×3.5~4.5 μm,椭圆形至卵圆形,光滑,灰褐色。

夏秋季生于林中地上。分布于华中、华南等地区。

本种与硫色囊蘑菇 *Cystoagaricus trisulphuratus* 和红鳞花边伞 *Hypholoma cinnabarinum* 形态十分相似,它们之间的关系有待研究。

920 甜蘑菇

***Agaricus dulcidulus* Schulzer**

菌盖直径 2~7 cm,初期凸镜形,边缘内卷,后期渐平展,密布紫褐色至浅粉色纤毛状物,表面灰粉色,中部色深。菌肉白色,伤后变黄色。菌褶离生,密,初期浅灰褐色,后期呈暗紫褐色。菌柄长 2~5 cm,直径 4~8 mm,圆柱形,基部膨大呈棒状至近球形;上部白色,从顶部向基部颜色渐深呈浅黄褐色。菌环中上位,近白色,膜质,易脱落。担孢子 4.5~6×3.5~4 μm,椭圆形,光滑。

夏秋季散生于阔叶林中地上。食用。分布于华南地区。

图 920

伞菌

图 921-1

图 921-2

921 灰鳞蘑菇
Agaricus moelleri Wasser

菌盖直径 6~7 cm，扁平状至伸展，中央有钝突，污白色，成熟后常变为淡粉色，被灰色、深灰色鳞片，中央近黑色。菌肉白色。菌褶离生，初期粉红色，后变为粉褐色。菌柄长 6~7 cm，直径 5~8 mm，圆柱形，基部近球形，有边缘，白色，内部菌肉黄色。菌环上位至中位，污白色，膜质，大型。各部位伤后变黄色。担子18~20×6~7 μm。担孢子 4.5~5.5×3~3.5 μm，椭圆形，光滑，褐色。

夏秋季生于阔叶林中地上。分布于中国大部分地区。

922 紫肉蘑菇
Agaricus porphyrizon P.D. Orton

菌盖直径 5~8 cm，初期半球形，后凸镜形至平展，有时中央凹陷，表面具暗红色至粉棕色鳞片，不易脱落，成熟后颜色稍淡，边缘内卷，开裂。菌肉白色，较厚，杏仁味。菌褶离生，幼时白色，成熟后灰色至紫黑色，边缘锯齿状，密。菌柄长 5~8 cm，直径 5~10 mm，白色，圆柱形，向基部渐粗，成熟后空心。菌环上位，白色，膜质。担孢子 5~6.5×3.5~4.5 μm，椭圆形，光滑，棕色至棕紫色。

夏秋季单生或群生于林地、公园中。有毒。分布于东北、华北地区。

图 922

图 923

923 假根蘑菇
Agaricus radicatus Schumach.

菌盖直径 4~9 cm，污白色，初期半球形，后渐平展，中部具黄褐色或浅褐色的平伏鳞片，向边缘渐稀少。菌肉白色，较厚，伤后稍变暗红色。菌褶离生，初期灰白色、粉红色，后期渐变为褐色至黑褐色，较密。菌柄长 5~6.5 cm，直径 8~12 mm，白色；菌环以下具白色鳞片，渐变褐色，后期脱落；基部膨大，具短小假根，伤后变浅黄色。菌环单层，上位，白色，膜质，较易脱落。担孢子 6.5~8×4.5~5.5 μm，椭圆形，光滑，褐色。

秋季单生或散生于林中地上。食用。分布于华北地区。

924 林地蘑菇
Agaricus silvaticus Schaeff.

菌盖直径 5~10 cm，初扁半球形，后期渐平展，近白色，中部覆有浅褐色或红褐色鳞片，向边缘渐稀少，干燥时边缘呈辐射状裂开。菌肉白色。菌褶离生，初期白色，渐变粉红色，后呈栗褐色至黑褐色。菌柄长 6~10 cm，直径 1~1.5 cm，白色，菌环以上有白色纤毛状鳞片；基部略膨大，伤后变污黄色。菌环单层，上位，白色，膜质。担孢子 5~6.5×3.5~4.5 μm，椭圆形，光滑，浅褐色。

夏秋季单生至群生于针阔混交林中地上。食用。分布于东北、华北、西北、华中等地区。

图 924

伞菌

图 925

925 白林地蘑菇
Agaricus silvicola (Vittad.) Peck

菌盖直径 5~11 cm，初期近球形至扁半球形，渐变为凸镜形，后期渐平展，白色或浅黄色，中部颜色呈浅褐色，具平伏的丝状纤毛，边缘常开裂。菌肉白色。菌褶离生，初期白色，渐变粉红色、褐色、黑褐色。菌柄长 6~13 cm，直径 0.5~1.5 cm，污白色，近圆柱形，基部稍膨大，伤后变黄色。菌环单层，上位，白色，膜质，下垂。担孢子 5~6.5×3~4.5 μm，圆形至卵形，光滑，暗褐色。

夏秋季单生或散生于林中地上。食用。分布于东北、华北、西北、华中等地区。

图 926

926 赭鳞蘑菇
Agaricus subrufescens Peck

菌盖直径 5~15 cm，初期扁半球形，渐变为凸镜形，后期稍平展，白色、灰白色至浅红褐色，密被绒毛状反卷的鳞片，边缘开裂。菌肉薄，白色。菌褶离生，初期白色，渐变为浅粉色，后期呈黑褐色。菌柄长 6~15 cm，直径 1~1.5 cm，菌环以下与菌盖近同色，具鳞片。菌环双层，上位，近白色，膜质。担孢子 6~7.5×4~5 μm，椭圆形，光滑，暗紫褐色。

秋季单生、群生或近丛生于林中地上。食用。分布于东北、华北、西北、华中等地区。

图 927

927 麻脸蘑菇
Agaricus urinascens (Jul. Schäff. & F.H. Møller) Singer

菌盖直径 9~16 cm，初期球形、扁半球形，后期渐平展；初期近白色，后期渐变为浅黄色；表面具麻点状平伏的褐色细鳞片。菌肉白色，厚。菌褶离生，近白色，渐变为粉红色至黑褐色，密，不等长。菌柄长 5.5~8 cm，直径 1.2~1.8 cm，白色，具浅黄色细鳞片，内部松软至实心，基部稍膨大，向上渐细。菌环单层，中位至上位，白色，膜质，较大而厚，不易脱落。担孢子 10.5~12×6~7 μm，椭圆形，光滑，褐色。

春至秋季单生至群生于草地上。食用。分布于东北、华北、西北、华中等地区。

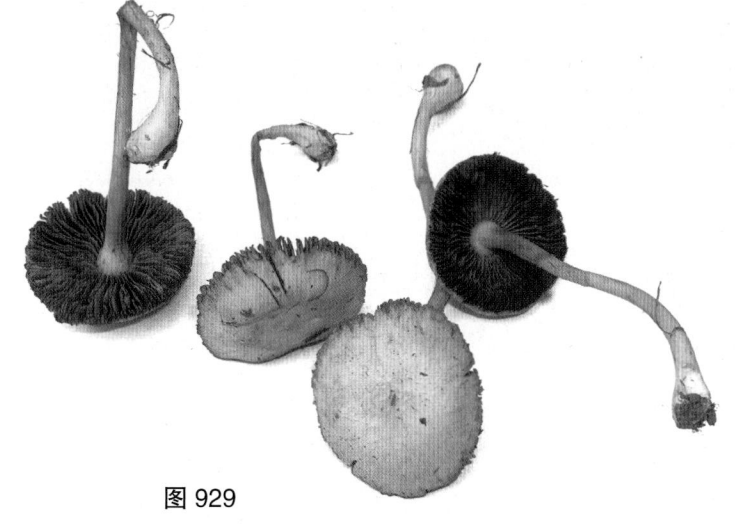

图 928

---

928 **黄斑蘑菇**

Agaricus xanthodermus Genev.

　　菌盖直径 4~8 cm，初时凸镜形或近方形，后渐平展；表面污白色，中央带淡棕色，光滑；边缘内卷，浅黄色。菌肉白色。菌褶淡粉色至黑褐色，较密，离生。菌柄长 5~15 cm，直径 1~2 cm，圆柱形，近基部膨大，白色，光滑，幼时实心，成熟后空心，基部球形膨大处黄色。菌环中上位，膜质。担孢子 5~6.5×3~4.5 μm，椭圆形，光滑，棕褐色。

　　夏秋季单生于林中地上、草地上、花园中。有毒。主要分布于西北、青藏等地区。

---

929 **布罗德韦田头菇（参照种）**

Agrocybe cf. *broadwayi* (Murrill) Dennis

　　菌盖直径 2~4 cm，半球形、凸镜形至近平展，黄白色、黄褐色至浅橙黄褐色，有时边缘带灰色，微黏至黏，有时有网状皱纹，老时可撕裂。菌肉厚，白色至近白色，无味。菌褶密，不等长，直生或弯生，老后与柄分离，烟褐色、褐色至茶褐色。菌柄长 4~6.5 cm，直径 3~6 mm，圆柱形，基部略膨大，黄白色、浅黄褐色，有条纹，基部有白色菌丝体。菌环易消失。担孢子 12.5~15×6.5~10 μm，椭圆形，光滑，有平截芽孔，茶褐色。

　　夏秋季散生于阔叶林中地上。分布于华南地区。

图 929

伞菌

图 930-1

图 930-2

930 柱状田头菇（茶树菇 茶薪菇 杨树菇）
Agrocybe cylindracea (DC.) Maire

菌盖直径 3~10 cm，初期半球形，后期凸镜形至平展，幼时深褐色至茶褐色，渐变淡褐色至淡土黄色，边缘色淡，中部色深，湿时稍黏，光滑或有皱纹，幼时附有菌幕并内卷。菌肉白色或污白色。菌褶直生至延生，密，不等长，初期白色，后期茶褐色至褐色。菌柄长 3~13 cm，直径 0.5~1.5 cm，圆柱形，近等粗，污白色，近基部颜色较深呈污褐色，表面纤维状。菌环上位，初白色，后上表面带担孢子的暗茶褐色，膜质至丝膜状，不易脱落。担孢子 7~10×4~6 μm，椭圆形，光滑，茶褐色。

春季丛生或单生于杨树、柳树等的腐木上。食用。国内有大规模栽培，商品名为"茶树菇"。分布于华中、华南等地区。

931 湿黏田头菇
Agrocybe erebia (Fr.) Kühner ex Singer

菌盖直径 1.5~7 cm，初期为平截的圆锥形，渐伸展为半球形，后平展，中部钝圆突起；边缘幼时内卷，成熟后上翘或反卷，平滑，水浸状，湿时中部深黄褐色、深褐色至深红褐色，有半透明的条纹，具白色菌幕残片。菌肉较薄，污白色。菌褶直生至稍有延生，稍密，不等长，初淡褐色至灰褐色。菌柄长 2.5~6.5 cm，直径 0.3~1 cm，圆柱形，通常基部稍膨大，实心，污白色至淡褐色，基部颜色较深。菌环中位至上位，白色，膜质，不易脱落。担孢子 7.8~13.6×4.8~7.8 μm，长椭圆形、卵圆形至扁桃形，顶端稍窄，光滑，无芽孔，茶褐色。

春至秋季群生于阔叶林中地上。可食。分布于东北、西北地区。

图 931

932 平田头菇
Agrocybe pediades (Fr.) Fayod

菌盖直径 1~3 cm，幼时半球形，后扁平状具突起；表面淡茶色至浅黄色，光滑，湿时黏；边缘幼时内卷，后平展。菌肉白色至浅黄色，较薄，伤不变色。菌褶弯生，初期奶油色，成熟后变褐色至锈棕色，较密，不等长。菌柄长 2~7 cm，直径 1~2 mm，近圆柱形，中生，见扭曲，与菌盖同色，表面具小纤维，初期实心，后变空心。菌环纤丝状，易消失。担孢子 11~14×7~8 μm，椭圆形，光滑，深褐色。

散生或群生于草地上。可食，但易与某些有毒的蘑菇混淆。分布于华南地区。

图 932

933 田头菇（春生田头菇 早生白菇）
Agrocybe praecox (Pers.) Fayod

菌盖直径 2~8 cm，初期圆锥形，后期扁半球形至扁平状具突起，后渐伸展至扁平状，有时稍突起；表面水浸状，湿时呈赭色至淡黄褐色、淡褐灰色；边缘幼时内卷，后渐平展，有时呈白色，湿时黏，光滑，或具皱纹或龟裂，幼时常有菌幕残片。菌肉白色至淡黄色，较薄。菌褶直生至近弯生，较密，不等长，初浅褐色后深褐色，具同色或颜色较浅的细小齿状边缘。菌柄长 3~10 cm，直径 0.3~1.2 cm，白色、浅黄褐色或淡褐色，基部稍膨大并且具白色菌索。菌环上位，白色，膜质，易脱落。担孢子 8~13×6.5~8 μm，卵圆形至椭圆形，具明显芽孔，光滑，蜜黄色。

春季散生或群生于稀疏的林中地上或田野、路边草地上。可食。分布于中国大部分地区。

图 933

图 934-1

图 934-2

图 934-3

934 柳生田头菇（柳树菇）

***Agrocybe salicacicola* Zhu L. Yang et al.**

菌盖直径 4~8 cm，初期半球形，渐变为扁半球形，后期渐平展，偶尔中部稍下陷；幼时盖缘内卷，后边缘渐平展，成熟时中部米黄色，向盖缘颜色渐浅至白色；表面光滑或中部常龟裂，不黏，无辐射状条纹；边缘常有菌幕残片。菌肉白色，伤不变色，较薄。菌褶延生，稠密，初浅褐色，成熟后灰褐色。菌柄长 5~10 cm，直径 5~8 mm，近圆柱形，污白色，上部具粉末状褐色小鳞片，向下渐稀。菌环较大，膜质，宿存或易脱落。担孢子 6.3~10.3×4.4~6.3 μm，椭圆形，光滑，茶褐色。

春季簇生于腐木上。食用；已人工栽培。分布于华中地区。

本种与柱状田头菇 *A. cylindracea* 相似，但后者菌盖颜色深，菌褶直生。

VII

图 934-4

图 934-5

图 934-6

图 935

935 长柄鹅膏
Amanita altipes Zhu L. Yang et al.

　　菌盖直径 4~9 cm，扁半球形至平展，浅黄色至黄色，中央稍深，被有毡状至絮状浅黄色、黄色至污黄色的菌幕残片，边缘有棱纹。菌肉白色。菌褶白色至浅黄色，褶缘浅黄色至黄色。菌柄长 9~16 cm，直径 0.5~1.8 cm，浅黄色；基部膨大呈近球形至卵形，其上半部被有黄色至浅黄色菌幕残余。菌环上位。担孢子 8~10×7.5~9.5 μm，球形至近球形，光滑，无色，非淀粉质。

　　夏秋季生于亚高山针叶林、阔叶林及针阔混交林中地上。可能有毒。分布于青藏地区。

图 936

936 乌白鳞鹅膏
Amanita castanopsidis Hongo

　　菌盖直径 6~13 cm，初期半球形至扁半球形，后平展，其上具圆锥状至角锥状菌幕残余物，初期白色，后渐变为污白色，顶端干后灰色至褐色，菌幕残余物至菌盖边缘渐小；边缘常具絮状物，平滑。菌肉白色，无特殊气味。菌褶离生至近离生，白色。菌柄长 6~13 cm，直径 1~2 cm，近圆柱形，白色，实心，基部膨大，假根状。菌环易破碎而消失。担孢子 9.3~12.6×7.5~9.1 μm，椭圆形至长椭圆形，表面光滑。

　　夏秋季生于阔叶林中地上。分布于华中、华南等地区。

图 937

937 圈托鹅膏
Amanita ceciliae (Berk. & Broome) Bas s.l.

菌盖直径 6~15 cm，初期钟形，渐变为半球形，后期平展；初期土黄色至深灰褐色，后期颜色渐深；中央具灰黑色粉质颗粒，边缘具条纹。菌肉薄，白色。菌褶白色或浅灰色，较密，离生，不等长。菌柄长 12~19 cm，直径 1~2 cm，圆柱形，基部稍膨大，上部白色，下部淡灰色，具白色绒毛状鳞片。菌托由 2~3 圈粉质环带组成。担孢子 11~13.5×10~13.5 μm，近球形，光滑，无色。

夏秋季单生或散生于林中地上。食用。分布于东北地区。国内其他地区也有本种的报道，但可能有误。

938 橙黄鹅膏
Amanita citrina (Schaeff.) Pers.

菌盖直径 5~8 cm，淡黄色至黄色，中央色稍深，被淡黄色块状鳞片，边缘平滑。菌肉白色。菌柄长 6~10 cm，直径 0.8~1.5 cm，白色至淡黄色，基部臼状至近平截。菌环上位，白色至淡黄色，膜质。担孢子 7~9.5×7~9 μm，球形至近球形，光滑，无色，淀粉质。

夏秋季生于具有壳斗科和松科植物的林中地上。有毒。各区均有分布。

图 938

939 显鳞鹅膏
Amanita clarisquamosa (S. Imai) S. Imai

菌盖直径 4~10 cm，污白色，中央带褐色，被灰褐色至褐色、破布状或膜状至纤丝状的菌幕残余，边缘棱纹短浅。菌肉白色。菌柄长 6~13 cm，直径 1~2 cm，白色。菌环上位，易破碎，常呈灰褐色粉状鳞片残存于菌柄上。菌托袋状，白色至污白色。担孢子 10~13.5×6~7 μm，椭圆形至长椭圆形，光滑，无色，淀粉质。

夏秋季生于具有壳斗科和松科植物的林中地上。有毒。各区均有分布。

图 939

伞菌

图 940-1

图 940-2

图 940-3

图 940-4

940 致命鹅膏（致命白毒伞）
Amanita exitialis Zhu L. Yang & T.H. Li

菌盖直径 4~8 cm，白色，中央有时米色，边缘平滑。菌柄长 7~9 cm，直径 0.5~1.5 cm，白色；基部近球形，直径 1~3 cm。菌环顶生至近顶生，膜质。菌托浅杯状。各部位遇 5% 氢氧化钾变为黄色。担子具 2 个小梗。担孢子 9.5~12×9~11.5 μm，球形至近球形，光滑，无色，淀粉质。

春季及初夏生于黧蒴栲（见右图）林中地上。剧毒，在采食野生白色菇类时须格外小心，注意将此剧毒菌从可食的蘑菇中区分出来。分布于华南、华中等地区。

图 941

941 小托柄鹅膏
Amanita farinosa Schwein.

菌盖直径 3~5 cm，浅灰色至浅褐色；边缘有长棱纹；菌幕残余粉末状，有时疣状至絮状，灰色至褐灰色。菌肉白色。菌褶白色，较密。菌柄长 5~8 cm，直径 3~6 mm，近圆柱形或向上逐渐变细，白色，基部膨大呈近球形至卵形，上半部被有灰色至褐灰色粉状菌幕残余。菌环无。担孢子 6.5~8×5.5~7 μm，近球形至宽椭圆形，光滑，无色，非淀粉质。

夏秋季生于林中地上。有毒。各区均有分布。

图 942

942 黄柄鹅膏
Amanita flavipes S. Imai

菌盖直径 3.5~12 cm，浅黄色至黄褐色；表面菌幕残余黄色至浅黄色，颗粒状至疣状。菌柄长 5~15 cm，直径 0.5~2 cm，白色、浅黄色至黄色；基部近球形、卵形至腹鼓状，直径 1.5~4 cm；上半部被有浅黄色至黄色、粉末状至疣状菌幕残余。菌环上位。担孢子7~9×5.5~7 μm，宽椭圆形至椭圆形，光滑，无色，淀粉质。

夏秋季生于针叶林、针阔混交林中地上。可能有毒，应避免采食。各区均有分布。

图 943

943 格纹鹅膏
Amanita fritillaria Sacc.

菌盖直径 4~10 cm，浅灰色、褐灰色至浅褐色，具辐射状隐生纤丝花纹，具深灰色至近黑色鳞片。菌柄长5~10 cm，直径 0.6~1.5 cm，白色至污白色，被灰色至褐色鳞片；基部呈近球形、陀螺形至梭形，直径 1~2.5 cm，其上半部被有深灰色、鼻烟色至近黑色鳞片。菌环上位。担孢子 7~9×5.5~7 μm，宽椭圆形至椭圆形，光滑，无色，淀粉质。

夏秋季散生或群生于针叶林、阔叶林中地上。有微毒，应避免采食。各区均有分布。

灰花纹鹅膏
Amanita fuliginea Hongo

　　菌盖直径 3~5 cm，深灰色至近黑色，具深色纤丝状隐花纹或斑纹。菌肉白色。菌柄长 6~10 cm，直径 0.5~1 cm，白色至浅灰色，常被浅褐色细小鳞片；基部近球形，直径 1~2.5 cm。菌环灰色，膜质。菌托浅杯状，白色至污白色。担孢子 7~9×6.5~8.5 μm，球形至近球形，光滑，无色，淀粉质。

　　夏秋季生于壳斗科和松科混交林中地上。剧毒。分布于华中、华南等地区。

图 944

图 945

灰褶鹅膏
Amanita griseofolia Zhu L. Yang

　　菌盖直径 3~7 cm，灰色至褐灰色，具灰色至深灰色、粉质颗粒状至毡状鳞片，边缘具棱纹。菌肉白色至灰白色。菌褶成熟时浅灰色，干后变为灰色至深灰色。菌柄长 8~16 cm，直径 0.5~1.5 cm，白色至污白色，被灰色纤丝状鳞片。菌环无。菌托灰色至深灰色，粉质。担孢子 10~13.5×9.5~13 μm，球形至近球形，光滑，无色，非淀粉质。

　　生于松科及壳斗科混交林中地上。可食。各区均有分布。

伞菌

图 946

946 灰疣鹅膏
Amanita griseoverrucosa
Zhu L. Yang

菌盖直径 7~13 cm，浅灰色至污白色，被浅灰色至灰色、疣状至锥状鳞片。菌肉厚，白色，肉质。菌柄长 6~12 cm，直径 0.7~2.5 cm，污白色至浅灰色；基部腹鼓状至梭形，直径 1.5~4 cm。菌环易破碎消失。担孢子 8~11×5.5~7 μm，宽椭圆形至椭圆形，光滑，无色，淀粉质。

夏秋季生于针叶林、阔叶林或针阔混交林中地上。毒性不明。分布于华中、华南等地区。

图 947

947 红黄鹅膏
Amanita hemibapha (Berk. & Broome) Sacc. s.l.

菌盖直径 6~15 cm，中部红色至橘红色，边缘黄色。菌肉近柄处厚，白色至带菌盖颜色。菌褶淡黄色至黄色。菌柄长 8~15 cm，直径 1~3 cm，浅黄色至黄色，被黄色至橘红色不规则蛇皮状鳞片。菌环上位，浅黄色至橙色。菌托袋状，高 2~5 cm，直径 2~5 cm，白色。担孢子 8~9.5×6.5~8 μm，近球形至宽椭圆形，光滑，无色，非淀粉质。

夏秋季生于阔叶林、针叶林或针阔混交林中地上。可食。分布于中国大部分地区。

948 本乡鹅膏
Amanita hongoi Bas

菌盖直径 9~16 cm，半球形、扁半球形至近平展，中部略突起，中央浅黄褐色至污黄色，外围渐变为白色至污白色，有灰白色至淡褐色角锥状鳞片。菌肉厚，白色。菌褶离生至近离生，密，白色带粉黄色，褶缘粉状。菌柄长 11~13 cm，直径 1~3 cm，圆柱形，略向下增粗，白色至污白色，被白色至浅褐色小鳞片；基部膨大，直径 2~7 cm，腹鼓状至近球形。菌环顶生至近顶生，白色至米色，上有辐射状细沟纹，下表面有疣突，膜质，易脱落消失，偶宿存。担孢子 7.5~9.5×6.5~8.5 μm，宽椭圆形至近球形，光滑，无色，淀粉质。

夏秋季生于阔叶林或针阔混交林中地上。分布于华中、华南等地区。

图 948

949 假球基鹅膏
Amanita ibotengutake T. Oda et al.

菌盖直径 6~15 cm，幼时球形至扁半球形，成熟后凸镜形至渐平展，表面光滑，湿时黏，布满白色至灰白色的点块状鳞片，老后或雨后部分脱落，边缘具条纹，烟褐色至褐灰色。菌褶白色至污白色，密，离生，不等长。菌柄长 7~12 cm，直径 1~2 cm，圆柱形，基部球形膨大，表面被纤维状鳞片，幼时粗壮、实心，成熟后内部松软至渐空心，灰白色。菌托呈环带状，位于菌柄基部膨大处。担孢子 10~12×7~9.5 μm，宽椭圆形，光滑，无色，非淀粉质。

夏秋季单生或散生于阔叶林或针阔混交林中地上。有毒。分布于东北地区。

图 949-1

图 949-2

图 950

950 异味鹅膏
Amanita kotohiraensis
Nagas. & Mitani

菌盖直径 5~8 cm，近半球形，后凸镜形至平展，白色，有时中央带米黄色，常有块状菌幕残留；边缘常悬垂有絮状物。菌肉白色，伤不变色，常有刺鼻气味。菌褶离生，浅黄色，密。菌柄长 6~13 cm，直径 0.5~1.5 cm，近圆柱形，白色，被白色细小鳞片；基部膨大，近球形，直径 1.5~4 cm，有环状排列的突起，常埋于土中。菌环上位至近顶生，白色，膜质，宿存悬垂于菌盖边缘，或破碎消失。担孢子 7.5~9.5×5~6.5 μm，宽椭圆形，光滑，无色，淀粉质。

夏秋季生于针阔混交林或常绿阔叶林中地上。有毒。分布于华中、华南等地区。

图 951

951 长棱鹅膏
Amanita longistriata S. Imai

菌盖直径 3~9 cm，初期呈半球形，后期渐平展，中央略突起，边缘灰色、浅灰色或浅黄色，有时略带有粉红色，中间灰棕色至褐色，有放射状的条纹。菌肉白色。菌褶宽 8~11 mm，初期呈粉红色，后期呈淡粉色，弯生，密，不等长。菌柄长 9~18 cm，直径 0.5~1.5 cm，近圆柱形，上部渐细，空心，初期粉红色，后期呈白色。菌环上位，膜质。菌托白色，苞状。担孢子 8~13×7.5~11 μm，宽椭圆形，光滑，无色，非淀粉质。

夏季生于阔叶林或针阔混交林中地上。分布于东北、华北等地区。

图 952

952 大果鹅膏

Amanita macrocarpa W.Q. Deng et al.

菌盖直径 15~40 cm，近半球形、扁半球形、凸镜形至平展，后期边缘上翘，幼时带淡橙色至淡橙红色，后褐橙色或淡褐色，边缘渐变污白色至淡褐色，有高 2~3 mm 的浅褐色至淡橙褐色（有时带粉红色）锥状至疣状鳞片。菌肉厚，白色，伤后变淡黄色。菌褶离生，白色至米黄色，较密。菌柄长 18~35 cm，直径 2~5 cm；基部膨大，直径 5.7~6.2 cm，圆柱形至倒棒状，污白色至淡橙黄色，被白色、淡红色至浅褐黄色小鳞片，近基部有白色、淡红色至浅褐色的疣状菌幕残余；内部白色，伤后变淡黄色。菌环中生偏上，污白色至米色，厚膜质，易脱落。担孢子 7~9×5~6 µm，椭圆形，光滑，无色，淀粉质。

春夏季单生至散生于阔叶林中地上。毒性未明。分布于华南地区。

953 隐花青鹅膏

Amanita manginiana Har. & Pat.

菌盖直径 5~15 cm，灰色、深灰色至褐色，具深色纤丝状隐生花纹或斑纹，边缘常悬挂有白色菌环残片。菌肉白色。菌褶离生，较密，不等长，白色。菌柄长 8~15 cm，直径 0.5~3 cm，白色，常被白色纤毛状至粉末状鳞片；基部腹鼓状至棒状。菌环顶生至近顶生，白色，膜质，易碎，易脱落。菌托浅杯状，白色至污白色。担孢子 6~8×5~7 µm，近球形至宽椭圆形，光滑，无色，淀粉质。

夏秋季散生于针叶林或阔叶林中地上。可食，但需注意与有毒种类区分。分布于华中地区。

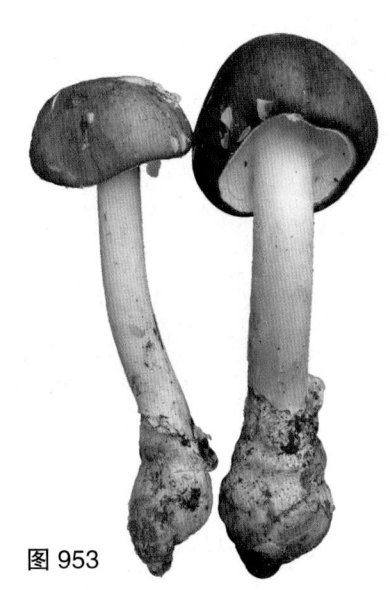

图 953

图 954

图 955

954 毒蝇鹅膏
Amanita muscaria (L.) Lam.

菌盖直径 5.7~7.4 cm，初期半球形，后期扁平至平展，有时中部稍凹，鲜时黏，边缘有短浅而不明显的棱纹，中部颜色深，橘红色至鲜红色，边缘淡橘黄色至米黄色。菌盖上的鳞片锥状、疣状或破布状，白色至浅黄色。菌肉白色。菌褶离生，较密，不等长，白色，干后米黄色，小菌褶近菌柄端多平截。菌柄长 12~13.5 cm，直径 0.4~1 cm，圆柱形，向下渐粗；基部膨大呈球形至近球形，直径 1.5~2 cm；下半部常被不规则状鳞片，内部松软至空心，白色，干后具褐色，鳞片白色。菌环上位，白色，膜质，宿存。担孢子 9~11×6~9 μm，宽椭圆形至椭圆形，稀近球形，光滑，无色，非淀粉质。

夏秋季群生或散生于壳斗科、松科植物组成的阔叶林、针阔混交林或针叶林中地上。有毒。分布于东北、内蒙古和西北地区。

955 拟卵盖鹅膏
Amanita neoovoidea Hongo

菌盖直径 5~13 cm，半球形、扁半球形至扁平，白色至污白色，湿时稍黏，无条纹，被粉末状物，往往覆盖大片黄白色至淡土黄色菌幕，盖缘常有撕裂的内菌幕附属物。菌肉白色，稍厚，伤后色稍暗且带红色。菌褶离生，密，不等长，白色带浅土黄褐色，褶缘有细粉粒。菌柄长 8~14 cm，直径 1.2~2.2 cm，圆柱形，基部延伸后近纺锤形，白色至污白色，有粉状或绵毛状鳞片，内部实心或松软，近白色。菌环上位，棉絮状至膜质，逐渐破碎脱落。菌托苞状，黄白色至浅土黄色（与菌盖上菌幕残留同色）。担孢子 8~10.5×6~8.5 μm，椭圆形或长椭圆形，光滑，无色，淀粉质。

夏秋季生于林中地上。有毒。分布于华中地区。

图956

956 欧氏鹅膏

Amanita oberwinklerana Zhu L. Yang & Yoshim. Doi

菌盖直径 3~6 cm，白色，有时米黄色，光滑或有时有 1~3 大片白色膜质菌幕残余。菌肉白色，伤不变色。菌褶离生，稍密，白色。菌柄长 5~7 cm，直径 0.5~1 cm，圆柱形；基部近球形，直径 1~2 cm。菌环上位，膜质。菌托浅杯状至苞状或几乎无。担孢子 8~10.5×6~8 μm，椭圆形，光滑，无色，淀粉质。

夏秋季生于针阔混交林中地上。分布于华中、华南等地区。

957 东方褐盖鹅膏

Amanita orientifulva Zhu L. Yang et al.

菌盖直径 5~15 cm，平展，红褐色至褐色或深褐色。菌肉白色，伤不变色。菌褶离生，稍稀至稍密，不等长，白色。菌柄长 8~15 cm，直径 0.5~3 cm，污白色至浅褐色，密被红褐色至灰褐色鳞片。菌环无。菌托袋状，高 4~6 cm，直径 1.5~5 cm，外表白色并有锈色斑。担孢子 10~14×9.5~13 μm，球形至近球形，光滑，无色，非淀粉质。

夏秋季生于针叶林、针阔混交林或阔叶林中地上。食毒不明。分布于中国大部分地区。

图957

伞菌

图 958

图 959

958 红褐鹅膏
Amanita orsonii Ash. Kumar & T.N. Lakh.

　　菌盖直径 3~12 cm，红褐色、黄褐色至灰褐色，被有污白色、浅灰色至灰褐色的近锥状、疣状、颗粒状至絮状菌幕残余。菌肉白色，伤后变淡红褐色。菌褶离生，稍密，不等长，白色。菌柄长 7~13 cm，直径 0.5~1.5 cm，基部近球形，其上半部被有环带状菌托。菌环上位，膜质，与菌柄同色，各部位伤后常慢变为红褐色。担孢子 7~9×5.5~7.5 μm，宽椭圆形至椭圆形，光滑，无色，淀粉质。

　　夏秋季单生或群生于针叶林或针阔混交林中地上。避免生食。分布于中国大部分地区。

959 卵孢鹅膏
Amanita ovalispora Boedijn

　　菌盖直径 4~7 cm，灰色至暗灰色，表面平滑或偶有白色菌幕残片，边缘有长棱纹。菌肉白色，伤不变色。菌褶离生，不等长，白色，干后常呈灰色或浅褐色。菌柄长 6~10 cm，直径 0.5~1.5 cm，上半部常被白色粉状鳞片。菌环无。菌托袋状至杯状，膜质。担孢子 9~11×7~9 μm，宽椭圆形至椭圆形，光滑，无色，非淀粉质。

　　夏秋季散生于阔叶林中地上。分布于华南、华中等地区。

图 960

960 淡玫瑰红鹅膏
Amanita pallidorosea
P. Zhang & Zhu L. Yang

菌盖直径 4~11 cm，初期呈斗笠形，后期渐平展，中央略突起，初期边缘呈白色，中间呈淡玫瑰红色，后期呈白色略带粉红色，有辐射状细条纹。菌肉白色，伤不变色。菌褶弯生，密，不等长，白色。菌柄长8~15 cm，直径 0.6~1.2 cm，近圆柱形，上部渐细，白色，有细小的纤维状鳞片，基部膨大。菌环上位，白色，膜质。菌托袋状，白色，不易脱落。担孢子 6~10×6~9 μm，球形或近球形，光滑，无色，淀粉质。

夏季单生或群生于阔叶林中地上。剧毒。分布于东北、华北等地区。

961 小豹斑鹅膏
Amanita parvipantherina
Zhu L. Yang et al.

菌盖直径 3~6 cm，浅黄色至黄色，被污白色、淡黄色至浅灰色的疣状至角锥状菌幕残余。菌肉白色，伤不变色。菌褶离生，不等长，白色。菌柄长 4~10 cm，直径 0.5~1 cm，浅黄色、米色至白色；基部膨大呈近球形至卵形，直径 1~2 cm；上部被有白色至淡黄色或浅灰色菌托。菌环较小，上位。担孢子 8.5~11.5×7~8.5 μm，宽椭圆形至椭圆形，光滑，无色，非淀粉质。

夏秋季生于针阔混交林中地上。可能有毒。分布于中国大部分地区。

图 961

伞菌

图 962-1

图 962-2

图 963

962　褐云鹅膏

Amanita porphyria Alb. & Schwein.

菌盖直径 4~9 cm，初期半球形至扁半球形，后平展，中部略微突起，边缘无条纹，初期灰褐色，后渐变为深褐色，具紫褐色鳞片，湿时稍黏。菌肉白色，薄。菌褶离生，较密，不等长，白色。菌柄长 6~12 cm，直径 1~1.5 cm，圆柱形或杵状。菌托浅杯状，与菌柄相连处呈浅灰色，具绒毛状鳞片。担孢子 8~9×7~9 μm，近球形，光滑，无色。

夏秋季单生或散生于林中地上。分布于东北地区。

963　假黄盖鹅膏

Amanita pseudogemmata Hongo

菌盖直径 4~9 cm，扁平至平展，被疣状至粉状有时毡状的菌幕残余，颜色变异较大，浅色的标本可呈黄色、硫黄色至浅黄褐色，深色的标本（特别是粉末脱落后）可呈橙褐色、橄榄褐色至灰褐色，边缘变浅；边缘有棱纹。菌肉白色至浅黄色。菌褶离生，米色，较密。菌柄长 6~10 cm，直径 0.5~1.5 cm，近圆柱形或向上渐细，与菌盖同色但较浅，上部及幼时大部分白色至米色，被黄色至褐色鳞片，内部白色，松软；基部直径 1.5~4 cm，膨大呈杵状。菌环上位，上表面黄色，下表面浅黄色，膜质。菌托杵状至浅杯状，上部常领口状，白色至浅黄色。担孢子 6.5~9.5×6~8.5 μm，宽椭圆形至近球形，光滑，无色，非淀粉质。

夏秋季生于阔叶林中地上。分布于华中、华南等地区。

964 假褐云斑鹅膏
Amanita pseudoporphyria Hongo

菌盖直径 4~12 cm，幼时半球形，后渐扁平、近平展至边缘上翘，褐灰色，中部色深，光滑，似有隐生纤毛及其形成的花纹，稍黏，有时附有菌幕碎片；边缘平滑无条棱，常附有白色絮状菌环残留物。菌肉白色，伤不变色，中部稍厚。菌褶离生，白色，密，不等长。菌柄长 5~12 cm，直径 0.6~1.8 cm，白色，常有纤毛状鳞片或白色絮状物，基部膨大后向下稍延伸呈假根状，实心。菌环上位，白色，膜质。菌托苞状或袋状，白色。担孢子 7.5~9×4~6 μm，卵圆形至宽椭圆形，光滑，无色，淀粉质。

夏秋季生于针叶林或阔叶林中地上。有人采食，但据报道含有少量毒素，故不宜采食。分布于华中等地区。

图 964

965 假灰托鹅膏
Amanita pseudovaginata Hongo

菌盖直径 3~6 cm，扁半球形、凸镜形至平展，常中部稍凹而最中央稍突起，灰色、浅灰色至灰褐色，边缘色浅，有时全菌盖近白色，光滑或有浅灰色至污白色的菌幕残片，边缘有长棱纹。菌肉白色。菌褶离生，白色，干后有时浅灰色，不等长。菌柄长 5~12 cm，直径 0.5~1.5 cm，近圆柱形，向上稍变细，近白色至灰白色，近光滑，空心，基部不膨大。菌环无。菌托高 1.5~2 cm，直径 1~2.5 cm，袋状至杯状，膜质，易碎，外表面白色至灰白色，有时浅灰色，常有黄褐色斑；内表面浅灰色至近白色。担孢子 9.5~12.5×8~10.5 μm，近球形至宽椭圆形，光滑，无色，非淀粉质。

夏秋季生于云南松林、马尾松林或马尾松与栎树等组成的针阔混交林中地上。分布于华北、西北、华中、华南等地区。

图 965

伞菌

图 966

966 赭盖鹅膏

***Amanita rubescens* Pers.**

　　菌盖直径 2~5.9 cm，扁半球形至平展，中央有突起，边缘有不明显的条纹，鲜时黏，浅土黄色或浅红褐色、灰褐色至蛋壳褐色，中部颜色较深，被白色破布状至毡状鳞片，易脱落。菌肉白色，伤后稍变红褐色。菌褶宽 3~5 mm，离生，白色至近白色，渐变红褐色，干后黄褐色，稍密。菌柄长 5~8 cm，直径 1~3 cm，近圆柱形，空心，具纤毛状鳞片，与菌盖同色，基部膨大呈近球形。菌环白色，膜质，易脱落。菌托由灰褐色絮状鳞片组成。担孢子 7~8.5×5.5~7 μm，宽椭圆形、椭圆形至近卵圆形，淀粉质，光滑，无色。

　　夏秋季单生或散生于针叶林和针阔混交林中地上。可食，但也有报道含溶血物质,故不能生食。分布于华中、华南等地区。

图 967

967 红托鹅膏

Amanita rubrovolvata S. Imai

　　菌盖直径 2~6.5 cm，红色至橘红色，边缘橘色至带黄色，被红色、橘红色至黄色粉末状至颗粒状菌幕残余。菌肉白色，伤不变色。菌褶离生，稍密，白色。菌柄长 5~10 cm，直径 0.5~1 cm，基部膨大至近球形，上半部被红色、橘红色至橙色粉末状菌幕残余。菌环上位。担孢子 7.5~9×7~8.5 μm，球形至近球形，光滑，无色，非淀粉质。

　　夏秋季生于林中地上。有毒。分布于中国大部分地区。

968 土红鹅膏

Amanita rufoferruginea Hongo

　　菌盖直径 4~7 cm，黄褐色，被土红色、橘红褐色至皮革褐色的菌幕残余。菌肉白色，伤不变色。菌褶白色。菌柄长 7~10 cm，直径 0.5~1 cm，密被土红色、锈红色粉末状鳞片；基部膨大，直径 1.5~2 cm；上半部被絮状至粉状菌幕残余。菌环上位，易碎。担孢子 7~9×6.5~8.5 μm，近球形，光滑，无色，非淀粉质。

　　夏秋季散生于针阔混交林中地上。有毒。分布于华中、华南等地区。

图 968

图 969-1

图 969-2

图 970

969 刻鳞鹅膏

Amanita sculpta Corner & Bas

菌盖直径 8~18 cm，幼时近半球形，边缘稍内卷，灰褐色、浅褐色至紫褐色；其上的菌幕残余锥状至疣状，灰褐色至深褐色；盖缘处鳞片更易脱落，边缘无沟纹，常垂挂有絮状附属物。菌肉白色至浅褐色，伤后变为褐色至深褐色。菌褶离生至近离生，初期白色稍带淡红色，后变为紫褐色，干后暗紫褐色至黑色，不等长。菌柄长 8~20 cm，上部直径 1~3 cm，圆柱形，常向上稍变细；基部直径 2.5~6 cm，近梭形至萝卜形。菌环上位，易碎。担孢子 8~11×8~10.5 μm，球形至近球形，光滑，无色，淀粉质。

夏秋季生于阔叶林中地上。可能有毒。分布于华中、华南等地区。

970 相似鹅膏（参照种）

Amanita cf. *similis* Boedijn

菌盖直径 8~20 cm，扁半球形至平展，中央突起，光滑，湿时黏，赭色至黄色，中央突起处褐色，边缘有棱纹。菌肉白色，菌盖表皮下浅黄色。菌褶离生至近离生，白色，偶浅黄色，较密，不等长；小菌褶近菌柄端多平截。菌柄长 9~18 cm，直径 1~3.5 cm，近圆柱形或向上稍变细，浅黄色至黄色，被黄褐色至黄色的蛇皮状鳞片，空心，基部不膨大。菌环淡黄色至浅橙黄色，膜质，着生于菌柄上部。菌托高 2~5 cm，宽 2~5 cm，袋状，白色。担孢子 9~12.5×7~9 μm，宽椭圆形至椭圆形，光滑，无色，非淀粉质。

夏秋季单生至群生于针叶林或针阔混交林中地上。分布于华中等地区。

971 中华鹅膏
Amanita sinensis Zhu L. Yang

菌盖直径 7~12 cm，初钟形、半球形，后扁半球形至平展，边缘几乎无至有较明显棱纹，灰白色至灰色，外被灰色、深灰色至灰褐色菌幕，可在中部形成疣状至颗粒状鳞片，近盖边缘呈小疣状至絮状，常部分脱落。菌肉较薄，白色。菌褶离生至近离生，较密，不等长，白色。菌柄地上部分长 8~15 cm，直径 1~2.5 cm，近圆柱形，污白色至浅灰色，具浅灰色、灰色至深灰色易脱落的粉末状至絮状鳞片；基部棒状至近梭形，常有较长呈假根状的地下部分。菌环顶生至近顶生，膜质，易脱落。担孢子 9.5~12.5×7~8.5 μm，宽椭圆形至椭圆形，光滑，无色，非淀粉质。

夏秋季生于针叶林或针阔混交林中地上。分布于华中、华南等地区。

图 971-1

图 971-2

图 972

972 角鳞灰鹅膏
Amanita spissacea S. Imai

菌盖直径 3.5~12 cm，初期呈半球形，后期渐平展，湿时稍黏，呈灰色至灰褐色，边缘有不明显的条纹，有黑褐色角状或颗粒状鳞片；鳞片呈带状密集分布，易脱落。菌肉白色。菌褶离生，较密，不等长，白色。菌柄长 3~12 cm，直径 1.5~2 cm，圆柱形，菌环以上部位颜色深，菌环以下呈灰色，有灰色纤维状鳞片，基部膨大。菌环上位，膜质，上面白色而下面灰色，边缘黑灰色。菌托呈颗粒状。担孢子 7.5~9×5.6~7.5 μm，宽椭圆形，平滑，无色，拟糊精质。

春至秋季单生或群生于针叶林或针阔混交林中地上。有毒。分布于华北、华中、华南等地区。

图 973

973 亚球基鹅膏
Amanita subglobosa
Zhu L. Yang

菌盖直径 4~10 cm，浅褐色至琥珀褐色；菌幕残余白色至浅黄色，角锥状至疣状。菌柄长 5~15 cm，直径 0.5~2 cm，圆柱形；基部近球形，直径 1.5~3.5 cm；上部被有小颗粒状至粉状的菌托，呈领口状。菌环上位，膜质。担孢子 8.5~12×7~9.5 μm，宽椭圆形至椭圆形，光滑，无色，非淀粉质。

夏秋季生于由松树、杨树和壳斗科植物组成的混交林中地上。可能有毒。分布于中国大部分地区。

974 **黄盖鹅膏**
Amanita subjunquillea S. Imai

　　菌盖直径 3~6 cm，黄褐色、污橙黄色至芥黄色。菌肉白色，近菌盖表皮附近黄色，伤不变色。菌褶离生，不等长，白色。菌柄长 4~12 cm，直径 0.3~1 cm，圆柱形，白色至浅黄色；基部近球形，直径 1~2 cm。菌环近顶生至上位，白色。菌托浅杯状，白色至污白色。担孢子 6.5~9.5×6~8 μm，球形至近球形，光滑，无色，淀粉质。

　　夏秋季生于林中地上。剧毒。分布于中国大部分地区。

图 974

图 975

图 976-1

图 976-2

975 **残托鹅膏有环变型**
Amanita sychnopyramis **f.** *subannulata*
Hongo

菌盖直径 3~8 cm，平展，浅褐色至深褐色，有白色至浅灰色的角锥状至圆锥状鳞片，基部色较深。菌肉白色，伤不变色。菌褶离生，不等长，白色。菌柄长 5~11 cm，直径 0.7~1.5 cm，圆柱形，基部膨大呈近球形至腹鼓状，上半部被疣状、小颗粒状至粉末状的菌托。菌环中下位至中位。担孢子 6.5~8.5×6~8 μm，球形至近球形，光滑，无色，非淀粉质。

夏秋季生于阔叶林或针阔混交林中地上。有毒。分布于华中、华南等地区。

976 **灰鹅膏（灰托柄菇 灰托鹅膏）**
Amanita vaginata **(Bull.) Lam.**

菌盖直径 3~8 cm，凸镜形至平展，灰色，有时具浅褐色，边缘有显著条纹，有时有成块的外菌幕残余。菌肉白色，伤不变色。菌褶离生，近白色。菌柄长 5~10 cm，直径 0.5~1.5 cm，白色至污白色，近光滑至被浅灰色至浅褐色的纤丝状鳞片。菌环无。菌托袋状至杯状，外表面白色至污白色，内表面白色。担孢子 9.5~11×9~10.5 μm，球形至近球形，光滑，无色，非淀粉质。

夏秋季生于松科和壳斗科林中地上。应避免生食。分布于中国大部分地区。

图 977-1

977 绒毡鹅膏
Amanita vestita Corner & Bas

菌盖直径 3~5 cm，凸镜形至平展，无沟纹，密被黄褐色、浅褐色至暗褐色绒状、絮状至毡状的菌幕；中部可有疣状鳞片，易脱落；盖缘常附絮状物。菌肉白色，伤不变色。菌褶离生至近离生，白色。菌柄长 4~6 cm，直径 0.5~1 cm，近圆柱形，稍向下增粗，灰白色至灰色，被近白色至浅灰色纤丝状至絮状鳞片。菌柄实心，白色；基部膨大，直径 1~2 cm，近梭形，有短假根。菌环上位，易破碎脱落。担孢子 7~10.5×5~7 μm，椭圆形，光滑，无色，淀粉质。

夏秋季散生于热带及南亚热带林中地上。分布于华南地区。

图 977-2

图 978-1

978 锥鳞白鹅膏
Amanita virgineoides Bas

菌盖直径 7~15 cm，半球
形至平展，白色，有圆锥
状至角锥状鳞片。菌柄长
10~20 cm，直径 1.5~3 cm，
圆柱形，白色，被白色絮状至
粉末状鳞片；基部腹鼓状至卵形，
被有疣状至颗粒状的菌托。菌环易碎，
下表面有疣状至锥状小突起。担孢
子 8~10×6~7.5 μm，宽椭圆形至
椭圆形，光滑，无色，淀粉质。

夏秋季生于针阔混交林
中地上。有毒。分布于中
国大部分地区。

图 978-2

979 鳞柄白鹅膏（鳞柄白毒伞）
Amanita virosa (Fr.) Bertill.

菌盖直径 2.4~5.3 cm，斗笠形至扁半
球形，后平展，中央有时微突起，纯白色，
中部突起略带黄色，新鲜时表面黏；菌盖
边缘具不明显的条纹，内卷，白色，有时
具浅灰色调。菌肉白色。菌褶离生，较密，
白色。菌柄长 7~15 cm，直径 0.4~1.2 cm，
圆柱形，内部松软，基部膨大呈球形，白
色，被白色细小鳞片。菌环上位或生于
菌柄顶部，膜质，白色。菌托较厚，呈苞
状，有时呈浅杯状或袋状，白色。担孢子
8.5~12.5×7.5~11.5 μm，球形至近球形，稀
宽椭圆形，光滑，无色，淀粉质。

夏秋季单生或散生于针叶林、针阔混
交林中地上。有毒，其毒性很强。分布于
东北、华北等地区。

本种外部形态与黄盖鹅膏白色变种
A. subjunquillea var. *alba* 相似。后者的担孢
子较小，球形至近球形，菌托由菌丝和膨
大细胞构成。而本种的担孢子近球形至宽
椭圆形；菌托中未见膨大细胞。

图 979

980 袁氏鹅膏
Amanita yuaniana Zhu L. Yang

菌盖直径 7~13 cm，近平展或平展突出，灰色至鼻烟褐色，具白色至污白色隐生花斑，并有隐生的辐射状纤丝，边缘有短沟纹。菌肉白色，伤不变色。菌褶离生，白色。菌柄长 7~14 cm，直径 1~2.5 cm，圆柱形，白色至浅灰色。菌环上位，易脱落。菌托袋状至杯状。担孢子 9.5~12×6.5~8 μm，椭圆形，光滑，无色，非淀粉质。

夏秋季生于针叶林或针阔混交林中地上。可食。分布于华中地区。

981 臧氏鹅膏
Amanita zangii Zhu L. Yang et al.

菌盖直径 5~6 cm，初扁半球形，后扁平至平展，白色至米色，有褐灰色、暗灰色至近黑色菌幕残余，常裂成环状排列的毡状、近纤毛状、近锥状或疣状鳞片；盖缘无沟纹，常附絮状物。菌肉白色。菌褶离生，密，不等长，白色。菌柄长 6~8 cm，直径 0.8~1.2 cm，近圆柱形，白色至米色，被有纤丝状至絮状鳞片；内部实心，白色；基部略膨大，直径 1.5~2 cm，近棒状至近球形，有白色至灰色粉状至絮状菌幕残余。菌环顶生至近顶生，白色，易破碎。担孢子 8.5~11.5×6.5~8 μm，椭圆形，淀粉质。

夏秋季生于热带林中地上。分布于华南等地区。

图 980

图 981

伞菌

图 982-1

图 982-2

982 棒柄杯伞
Ampulloclitocybe clavipes (Pers.) Redhead et al.

菌盖直径 3.5~7 cm，幼时扁平或稍下凹，后中部渐下凹呈漏斗形，中部常具小突起，新鲜时灰褐色或深褐色，中部色暗，光滑或被绒毛，初期边缘常内卷。菌肉白色，较厚。菌褶延生，薄、白色、乳白色或淡黄色，稍稀或较密，不等长。菌柄长 3~6.5 cm，直径 0.6~1.4 cm，圆柱形或近棒状，向基部膨大呈棒状，中生，表面具纤维状的条纹，与菌盖同色或稍浅，实心。担孢子 6~9.5×4~5.5 μm，近球形至椭圆形，光滑，无色。

夏秋季单生或群生于林中地上或枯枝落叶层。可食，但也有记载称其含微毒，尤其饮酒时食用易中毒，故采食时应注意。分布于东北、青藏、内蒙古等地区。

图 983

983 褐红炭褶菌
Anthracophyllum nigritum (Lév.) Kalchbr.

菌盖长 0.6~3.5 cm，宽 0.5~3 cm，近肾形、半圆形、扇形或椭圆形，有放射状沟纹，肉褐色至茶褐色或红茶褐色，有时具有浅色的边缘。菌肉薄，较韧，褐色至带淡黄绿色。菌褶稀疏，狭窄，共有 9~13 片完全菌褶及部分不完全菌褶，从着生基部呈辐射状排列生出；与菌盖同色至带灰色、灰褐色至暗褐色，个别有分叉。菌柄缺或极小，侧面着生。担孢子 6.5~9×4~5 μm，椭圆形，近无色至淡褐色。

夏秋季群生于阔叶树的枯枝上。分布于华南地区。

984 蜜环菌（榛蘑 小蜜环菌 蜜环蕈 栎蘑）
Armillaria mellea (Vahl.) P. Kumm.

　　菌盖直径 3~7 cm，扁半球形至平展，蜜黄色至黄褐色，被有棕色至褐色鳞片，中部较密。菌肉近白色至淡黄色，伤不变色。菌褶直生至短延生，近白色至淡黄色或带褐色，较菌盖色浅。菌柄长 5~10 cm，直径 0.3~1 cm，圆柱形，菌环以上白色，菌环以下灰褐色，被灰褐色鳞片。菌环上位，上表面白色，下表面浅褐色。担孢子 8.5~10×5~6 μm，椭圆形至长椭圆形，光滑，无色，非淀粉质。

　　夏秋季生于树木或腐木上。可食；可人工栽培。分布于中国大部分地区。

图 984

图 985

图 986

奥氏蜜环菌

Armillaria ostoyae

(Romagn.) Herink

　　菌盖直径 3~12 cm，初时凸镜形，红棕色至深棕色，后逐渐平展，颜色稍浅，边缘黄棕色，中央浅棕色，具浅褐色毛状鳞片，向边缘渐少。菌肉白色至污白色，部分个体在成熟时变为淡棕色。菌褶直生至延生，初时白色或污白色，后逐渐变为浅褐色。菌柄长 6~15 cm，直径 2~3 cm，圆柱形，初时污白色，后逐渐变为浅棕色，具毛状鳞片，基部常具黄色菌丝。具菌环。担孢子 8~11×5~7 μm，椭圆形，光滑，无色，非淀粉质。

　　夏秋季群生于针叶林中地上或树干基部。可食。分布于中国大部分地区。

假蜜环菌（发光假蜜环菌　亮菌）

Armillaria tabescens

(Scop.) Emel

　　菌盖直径 2.8~8.5 cm，幼时扁半球形，后渐平展，有时边缘稍翻起，蜜黄色或黄褐色，老后锈褐色，往往中部色深并有纤毛状小鳞片，不黏。菌肉白色或带乳黄色。菌褶白色至污白色，或稍带暗肉粉色，近延生，稍稀，不等长。菌柄长 2~13 cm，直径 3~9 mm，圆柱形，上部污白色，中部以下灰褐色至黑褐色，有时扭曲，具平伏丝状纤毛，内部松软至空心。菌环无。担孢子 7.5~10×5~7.5 μm，宽椭圆形至近卵圆形，光滑，无色，非淀粉质。

　　夏秋季丛生于林中阔叶树朽桩上及树干基部和根际。可食。分布于中国大部分地区。

图 987

987 褐阿氏菇

Arrhenia epichysium (Pers.) Redhead et al.

菌盖直径 1.5~3.5 cm，中部下陷呈凸镜形至漏斗形，边缘内卷，后期下弯，表面具透明条纹，水浸状，灰褐色至污褐色，光滑，中部具屑状鳞片。菌肉薄，浅褐色，气味温和。菌褶延生，浅灰色。菌柄长 1~3 cm，直径 2~3 mm，圆柱形，近等粗，基部常具白色绒毛状物，表面光滑，浅灰褐色。担孢子 7~8.5×4~4.5 μm，椭圆形至长椭圆形，光滑，无色，非淀粉质。

夏秋季单生或群生于针叶林、阔叶林或针阔混交林中腐木上。可食。分布于华北、东北地区。

988 勺形阿氏菇

Arrhenia spathulata

(Fr.) Redhead

菌盖宽 5~15 cm，贝壳形、匙形至扇形，表面具有辐射状的纤细绒毛，尤其是中央区域，湿时深灰棕色，干时颜色变淡一些，边缘缺刻状或波状。菌肉膜质。菌褶脉状、网状至褶状，稀平滑，灰白色。菌柄背生，极短或退化，表面被有细小绒毛，灰白色。担孢子 7~9×4.5~5.5 μm，椭圆形至近梨形，光滑，无色，非淀粉质。

单生或群生于枯腐木上的苔藓层。分布于东北地区。

图 988

伞菌

图 989-1

图 989-2

图 990

989 星孢寄生菇
Asterophora lycoperdoides (Bull.) Ditmar

　　菌盖直径 5~30 mm，初近球形，渐伸展为凸镜形，白色至淡灰色，成熟时带褐色，初期近光滑至有细纤毛，很快产生黄白色、土黄色至浅茶褐色的粉末状厚垣孢子。菌肉薄，近白色至带褐色，有使人不愉快的面粉气味。菌褶稍稀，白色至灰白色，有时分叉；小菌褶较多。菌柄长 1~4 cm，直径 2~6 mm，圆柱形，白色至淡灰褐色，基部有白色至带褐色菌丝体。担孢子 5~6×3~4 μm，椭圆形，无色。厚垣孢子直径 15~18 μm，近球形，因有近锥形粗刺而呈星形，黄色，大量生于菌盖表面。

　　夏秋季寄生于黑红菇 *R.nigricans* 等大型担子菌的子实体上，近群生至丛生。各区均有分布。

990 小孢伞

Baeospora myosura (Fr.) Singer

菌盖直径 1~2.5 cm，光滑，浅黄褐色至褐色，干后颜色变浅，与菌柄紧密连接，白色。菌肉薄，白色至近白色。菌褶直生，密，白色。菌柄长 3~5 cm，直径 1~3 mm，圆柱形，细长，光滑，颜色较菌盖浅，基部具有白色长绒毛。担孢子 4.5~6×2.5~3.5 μm，椭圆形，光滑，无色，淀粉质。

晚秋至冬季生于林内落地球果上。分布于东北地区。

图 991

991 淡紫小孢伞

Baeospora myriadophylla (Peck) Singer

菌盖直径 0.8~3 cm，平展凸镜形或平展，中心处浅凹陷，逐渐发育呈平展、波状或浅裂状，光滑，水浸状，幼时灰紫色至污紫色，成熟时灰棕色、紫棕色至淡灰色。菌肉白色、黄白色或略呈灰色。菌褶直生，极密，浅，幼时灰紫色至污紫色。菌柄长 2~5 cm，直径 1.5~4 mm，圆柱形，空心，顶端具细微的白粉状，幼时淡红灰色，成熟时光滑无毛，灰紫色，基部被短绒毛或棉绒毛。担孢子 3~4×2~2.5 μm，近球形至椭圆形，光滑，无色，淀粉质。

夏季生于针叶林中腐木上。分布于东北地区。

992 黄盖粪伞（粪伞 狗尿苔）

Bolbitius titubans (Bull.) Fr.

菌盖直径 1.5~5 cm，初期卵形或近圆形，渐变为宽钟形或宽凸镜形，后期渐平展，中部下陷，脆，黏，黄色或浅黄绿色，有时呈浅褐色或浅灰色，后褪色，中部浅黄色，向边缘呈浅灰色或浅棕色，光滑，常有褶纹。菌肉浅黄色，脆。菌褶离生，密，脆而软，近白色或浅黄色，渐变为肉桂锈色。菌柄长 3~12 cm，直径 2~4 mm，圆柱形，空心，脆，表面有微小鳞片、粉末状物、小菌毛或近光滑，白色，有时呈浅黄色。担孢子 10~16×6~9 μm，椭圆形，末端平截，光滑，锈褐色。

夏秋季单生、散生或群生于粪便上或施肥的草地上。分布于中国大部分地区。

图 992

图 993-1

图 993-2

993　**黄褐色孢菌**
Callistosporium luteoolivaceum
(Berk. & M.A. Curtis) Singer

　　菌盖直径 1.5~3 cm，平展或脐状，具秕糠状纹至光滑，橄榄棕色、橄榄黄色至暗土黄色，老后或干时暗黄棕色至深红棕色，遇氢氧化钾呈紫红色。菌肉薄，污白色或暗白色。菌褶直生，密，黄色或金黄色，干时暗红色至紫红色。菌柄长 2~5 cm，直径 5~8 mm，圆柱形或稍呈棒状，肉桂色、黄棕色或同菌盖色，老后或干时暗棕色至红棕色，纤维质，空心，有时具沟纹。气味温和或稍有辣味。担孢子 3~3.5×5~6 μm，宽椭圆形，表面光滑，无色，非淀粉质。

　　生于针叶林中腐木上。分布于东北及华中等地区。

图 994

994 **香杏丽蘑**（虎皮口蘑 虎皮香蕈）

Calocybe gambosa (Fr.) Donk

≡ *Tricholoma gambosum* (Fr.) P. Kumm.

　　菌盖直径 5~14 cm，初期近半球形，后渐变为凸镜形至平展，光滑，近白色至浅褐色，边缘内卷。菌肉白色，厚。菌褶白色，窄，密。菌柄长 3~8 cm，直径 2~4 cm，白色至浅黄色，实心。担孢子 5.5~6.5×3~4.5 μm，椭圆形，光滑，无色。

　　夏秋季群生于草原上。可食。分布于内蒙古、华北、东北等地区。

995 **尖帽风铃菌**〔挂钟菌〕

Calyptella capula (Holmsk.) Quél.

　　菌盖（菌杯）长 0.3~1.5 cm，宽 0.2~1 cm，倒挂杯状、吊钟形至长尖帽形或漏斗形，白色至乳白色，成熟后略变黄色，边缘平滑，膜质。内外壁光滑，杯口干后波状，外卷。菌柄长可达 2.5 mm，直径 0.5 mm，背生于菌盖上。担孢子 5~6×3~4 μm，长椭圆形，光滑，无色，非淀粉质。

　　夏秋季群生于禾本科植物腐朽茎秆上。分布于华南地区。

图 995

伞菌

996 脉褶菌

Campanella junghuhnii (Mont.) Singer

　　菌盖宽 0.4~2 cm，半圆形至圆扇形，表面白色至带淡黄色，干时奶油色、浅黄色至土黄色，平滑，初期盖向内卷，后渐伸展。菌肉薄，韧。菌褶黄白色，基部呈辐射状生出，褶间具有横脉，相互连成网格状，可延生到柄上，褶缘全缘。菌柄长 2~3 cm，直径 1 mm，圆柱形或弯曲圆柱形，侧生或偏生，纤维质。担孢子 8~10.5×5.5~7 μm，宽椭圆形至近腹鼓状，光滑，无色，非淀粉质。

　　夏秋季群生于林中枯竹上或阔叶树林中腐枝上。分布于东北、华中、华南等地区。

图 996

图 997

997 暗淡色脉褶菌

Campanella tristis (G. Stev.) Segedin

　　菌盖直径 0.4~3 cm，半圆形至肾形，幼时常呈碗状，表面白色、奶油色或淡灰色，略带一些淡蓝绿色，干时奶油色、浅黄色至土黄色，凸凹不平，有稀疏短小柔毛，边缘内卷。菌肉松软，薄，凝胶状，半透明。菌褶稀，薄，延生，8~10 条主脉由基部或菌柄处辐射状生出，褶间有小褶片及横脉交错排列呈网格状，白色至略带铜绿色。菌柄长 2~3 cm，直径 1 mm，圆柱形或弯曲圆柱形，侧生或偏生，有时不明显。担孢子 8~11×4.5~6 μm，宽椭圆形至近腹鼓状，光滑，无色，非淀粉质。

　　簇生或群生于针阔混交林中阔叶树的腐木或枯枝上。分布于东北地区。

　　本种老时或干时易与脉褶菌 *C. junghuhnii* 混淆，但后者囊状体为长棍棒状，通常 50 μm 以上，而本种的囊状体短小，仅 30 μm 左右。

图 998

998 脐形小鸡油菌

Cantharellula umbonata (J.F. Gmel.) Singer

　　菌盖直径 3~7 cm，初期半球形至扁半球形，中部下凹呈脐状，幼时边缘内卷，成熟后渐平展，表面具平伏小鳞片，灰褐色，湿时黑褐色或红褐色，干燥时浅灰色。菌肉薄，灰褐色或白色。菌褶直生至近延生，近蜡质，稍密，不等长，乳白色至白色。菌柄长 4~11 cm，直径 3~7 mm，圆柱形，内部松软至空心，浅灰褐色，上部具白色粉末，基部具白色纤维状绒毛。担孢子 9.1~11.4×3.7~4.6 μm，长椭圆形至椭圆形，光滑，无色，淀粉质。

　　夏秋季单生或群生于云杉林下苔藓丛中。可食。分布于西北等地区。

999 梭柄松苞菇（老人头 松苞菇 罗汉菌 梭柄乳头蘑）

Catathelasma ventricosum (Peck) Singer

菌盖直径 8~15 cm，半球形至扁平，污白色、灰白色至淡褐色，表面干或湿时黏，成熟后有时开裂，边缘内卷。菌肉肥厚，白色，伤不变色。菌褶延生，白色至米色。菌柄长 8~15 cm，直径 2.5~5 cm，圆柱形至近梭形，污白色至淡黄褐色，向下变细。菌环厚，膜质。担孢子 9~12×4~6 μm，椭圆形至圆柱形，光滑，无色，淀粉质。

夏秋季生于针叶林或针阔混交林中地上。可食。分布于中国大部分地区。

图 999

1000 细小毛筐菌

Chaetocalathus liliputianus (Mont.) Singer

菌盖宽 0.3~1 cm，侧背着生于基物上，倒杯形至扇形，膜质，纯白色，干，被绒毛，近着生点绒毛显著；边缘有沟纹，延伸至稍内卷。菌肉白色，极薄，无味。菌褶白色，由中央一点辐射而出，较密，不等长。菌柄无。担孢子 7.5~10×5~7 μm，宽椭圆形，光滑，无色，非淀粉质。

群生于阔叶林中腐木上。分布于华南地区。

图 1000

图 1001

1001 螺青褶伞
Chlorophyllum agaricoides (Czern.) Vellinga

菌盖直径 3~5 cm，初期卵圆形至球形，后常略撕裂稍展开或完全不展开仍包裹着菌柄上截，多少呈腹菌状，污白色至浅黄色，顶部具小突起。菌柄总长 4~7 cm，其中菌盖之下长 1~2.5 cm，直径 1~1.5 cm，向基部渐粗。外包被单层，厚 1~2 mm，初期光滑带粉色，后由柄处开裂，鳞片状。内部初时黄绿色至锈褐色，后渐浅至白色或带黄色，腔宽 1 mm，迷宫状，具菌褶样隔片。担孢子 6~8×6~7 μm，球形至近球形，光滑，黄色。

秋季单生或散生于草地上。药用。分布于东北、西北、内蒙古等地区。

1002 庭院青褶伞
Chlorophyllum hortense (Murrill) Vellinga

菌盖直径 3.5~5.5 cm，幼时近卵圆形，渐变锥形，后期近平展至平展中突，成熟时中部有显著的钝圆形突起，表面有淡黄色至黄褐色裂片，中部颜色较深，边缘变淡，裂片间呈白色，边缘常有白色绒毛。菌肉白色，伤不变色或变淡粉红色。菌褶稍密，离生，不等长，淡灰黄色，伤不变色。菌柄长 3~5.5 cm，直径 0.5~1.2 cm，常基部膨大，空心，浅白色至淡褐色，近基部颜色加深，伤后变淡红色至淡红褐色。菌环中生，膜质，乳白色至淡赭色，易脱落。担孢子 8~10.5×5.6~7.2 μm，宽椭圆形至卵圆形，厚壁，光滑，近无色至微黄色。

散生或群生于林缘或路边地上。分布于华南地区。

图 1002

图 1003-1

1003 铅青褶伞（铅绿褶菇）
Chlorophyllum molybdites (G. Mey.)
Massee

菌盖直径 5~25 cm，白色，半球形、扁半球形，后期近平展，中部稍突起，幼时表皮暗褐色或浅褐色，逐渐裂变为鳞片；中部鳞片大而厚，呈褐紫色，边缘渐少或脱落。菌肉白色或带浅粉红色，松软。菌褶离生，宽，不等长，初期污白色，后期浅绿色至青褐色或淡青灰色，褶缘有粉粒。菌柄长 10~28 cm，直径 1~2.5 cm，圆柱形，污白色至浅灰褐色，纤维质，菌环以上光滑，菌环以下有白色纤毛；基部稍膨大，空心；菌柄菌肉伤后变褐色，干时有芳香气味。菌环上位，膜质，可移动。担孢子 8~12×6~8 μm，宽卵圆形至宽椭圆形，光滑，近无色至淡青黄色，具平截芽孔。

夏秋季群生或散生，喜于雨后在草坪、蕉林地上生长。有毒。分布于内蒙古、华南地区。

本种是华南等地引起中毒事件最多的毒蘑菇种类之一，主要引起胃肠严重不适，对肝等脏器和神经系统等也能造成损害。可栽培，用于研究。

图 1003-2

伞菌

图 1004-1

图 1004-2

乳头青褶伞

Chlorophyllum neomastoideum

(Hongo) Vellinga

　　菌盖直径 6~10 cm，中央突起；表面
具褐色鳞片，中央的鳞片较大，周围的鳞
片细小。菌肉近白色，伤后变为红褐色。
菌褶离生，白色至米色，伤后变为红褐色。
菌柄长 10~12 cm，直径 0.6~1 cm，中生，
淡褐色至深褐色，基部膨大。菌环上位，
不易脱落。担孢子 7~9×5~6 μm，近椭圆
形至杏仁形，光滑，近无色，顶端具平截
芽孔。

　　夏秋季群生于竹林或其他林中地上。
有毒，应避免采食。分布于华中地区。

图 1005

1005 紫褶亚脐菇
Chromosera cyanophylla (Fr.) Redhead et al.

　　菌盖直径 0.6~2.5 cm，宽凸镜形至平展，成熟后中央处具有一个凹陷，表面光滑，幼时淡灰紫色，渐变为黄色至黄棕色，并带有一个白色的边缘。菌肉薄，黄白色。菌褶近延生，较稀至密，幼时淡紫色，成熟后淡紫色或奶油白色。菌柄长 10~35 cm，直径 1~2 mm，圆柱形，空心，基部有时近球形膨大，起初淡紫色，成熟后褪色至黄色或黄棕色，稍带淡紫色。担孢子 6~7.5×3~4 μm，椭圆形或泪滴状，光滑，无色，非淀粉质。

　　夏秋季散生于冷杉、松等针叶树腐木上。分布于东北地区。

图 1006

1006 刺孢伞
Cibaomyces glutinis Zhu L. Yang et al.

　　菌盖直径 3~4.5 cm，扁半球形，污白色、灰色至褐色，中央常突起。菌肉白色。菌褶白色至米色。菌柄长 3~9.5 cm，直径 3~8 mm，圆柱形，白色至淡灰色，胶黏，密被淡褐色毡状鳞片。担孢子 10.5~14×9~11.5 μm，近球形至宽椭圆形，有明显指状小刺，无色。

　　生于阔叶林中地上，假根与地下腐木相连。可食。分布于华中地区。

伞菌

图 1007

图 1008

图 1009

1007 绿褶托菇
Clarkeinda trachodes (Berk.) Singer

菌盖直径 8~15 cm，扁半球形，白色至污白色，被褐色至巧克力色的鳞片，中央的鳞片常保持完整，呈一大块状，周围的鳞片则在生长过程中撕裂成块状、反卷的小鳞片。菌肉近白色，伤后先变橘红色至红色，最后呈褐色。菌褶初期白色，后转为浅黄绿色，成熟时褐绿色至绿褐色。菌柄长 10~14 cm，直径 1~2 cm，圆柱形，与菌盖同色或带白色较浅。菌环上位，膜质。菌托膜质，白色。担孢子 6~7.5×4~5 μm，光滑，褐色。

夏秋季生于热带及南亚热带路边或林中地上。分布于华南地区。

1008 肋纹杯伞
Clitocybe costata Kühner & Romagn.

菌盖直径 3~5 cm，幼时平展，中央下凹，成熟后呈漏斗形；边缘具有条肋状条纹，盖缘波状；表面具有极其细小的一层绒毛，中央处具有粗绒毛，水浸状；赭棕色至米棕色，中央处色深。菌肉白色，薄。菌褶白色至污奶油色，宽，延生，近菌柄处具有分叉，边缘光滑至小圆齿状。菌柄长 3~4.5 cm，直径 5~8 mm，圆柱形，光滑，赭棕色，表面带有细小白色纤维。担孢子 5~7×3.5~4.5 μm，椭圆形，光滑，无色。

生于针阔混交林下的枯枝落叶层。分布于东北地区。

1009 白霜杯伞
Clitocybe dealbata (Sowerby)

P. Kumm.

菌盖直径 3~4 cm，初期半球形，后中部下凹，有时呈漏斗形，白色、浅黄色、浅黄褐色，边缘内卷或呈波浪状。菌肉白色。菌褶延生，较密，白色、黄白色。菌柄长 2~3.6 cm，直径 0.5~1 cm，近圆柱形，白色，基部稍膨大。担孢子 5~6×3.5~4 μm，近椭圆形，光滑，无色，非淀粉质。

夏秋季群生或丛生于林中地上。有毒。分布于西北、内蒙古等地区。

本种与落叶杯伞 *C. phyllophila* 相似，但后者担孢子卵圆形或近球形。

1010 杯伞
Clitocybe gibba (Pers.) P. Kumm.

菌盖直径 2~10 cm，初期扁半球形，逐渐平展，后期中部下凹呈漏斗形，幼时往往中央具小尖突，干燥，薄；表面淡黄色至淡褐色，初微有丝状柔毛，后变光滑；边缘锐，波状。菌肉白色，薄。菌褶延生，白色，薄，稍密，窄，不等长。菌柄长 2~5 cm，直径 0.5~1 cm，圆柱形，白色，与菌盖颜色相同或稍浅，表面光滑，内部松软，基部不膨大至稍膨大并有白色绒毛。担孢子 6~9×3.5~5 μm，近卵圆形、椭圆形或长杏仁形，光滑，无色，非淀粉质。

夏秋季单生或群生于阔叶林或针叶林中地上、腐枝落叶层或草地上。可食。分布于东北、华北、西北、青藏、内蒙古等地区。

图 1010

图 1011

1011 水粉杯伞（烟云杯伞）
Clitocybe nebularis (Batsch) P. Kumm.

菌盖直径 4.5~12 cm，初期漏斗形，后期渐变平展；浅灰褐色至污白色，中部色深；边缘平滑。菌肉白色，伤后不变色。菌褶延生，密，初期白色，后期呈淡黄色，不等长。菌柄长 5~10 cm，直径 1.5~4 cm，圆柱形，基部稍膨大，污白色，实心至空心。担孢子 5~7.2×3~4.5 μm，椭圆形，光滑，无色。

夏秋季簇生至散生于林中地上。可食，也有记载有毒。分布于东北、华北、西北、内蒙古、青藏等地区。本种与黄绿杯伞 *C. odora* 相似，但后者菌盖白色带浅黄绿色，菌肉较薄。

图 1012

1012 黄绿杯伞（香杯伞）
***Clitocybe odora* (Bull.) P. Kumm.**

　　菌盖直径 2~7 cm，初期半球形至扁球形，后扁平，中部下凹或有突起，白色、部分带浅黄绿色，顶部常具浅黄褐色；光滑，边缘条纹无或不明显。菌肉白色。菌褶直生至稍延生，较密，白色、乳白色至粉白色。菌柄长 2~5 cm，直径 1~1.5 cm，近圆柱形，白色至黄白色。担孢子 5.5~7×3.5~5 μm，卵圆形至宽椭圆形，光滑；无色。

　　夏秋季群生或散生于林中地上。可食。分布于西北地区。

图 1013

1013 落叶杯伞（白杯伞）
***Clitocybe phyllophila* (Pers.)**
P. Kumm.

　　菌盖直径 4.5~11 cm，初期扁球形，后期呈漏斗形，白色，表面具有白色绒毛，边缘光滑。菌肉白色，伤不变色。菌褶延生，稍密，白色，不等长，褶缘近平滑。菌柄长 4~9 cm，直径 0.4~1.2 cm，圆柱形，中生，微弯曲，白色，表面具纤细绒毛，空心。担孢子 4.5~7×2.8~4 μm，椭圆形、柠檬形，光滑，无色。

　　群生于阔叶林中地上。有毒。分布于东北、内蒙古、华南等地区。

图 1014

1014 赭杯伞
***Clitocybe sinopica* (Fr.) P. Kumm.**

　　菌盖直径 4~11 cm，初期扁球形，后期呈漏斗形，棕红色至赭色，表面具有纤细白色绒毛，边缘光滑。菌肉白色，伤不变色。菌褶延生，密，初期白色，后期渐变为淡黄色，不等长。菌柄长 4~9 cm，直径 0.4~1 cm，圆柱形，同菌盖色，空心。担孢子 8~9.5×6.5~5 μm，宽椭圆形至近卵圆形，光滑，无色。

　　夏秋季单生或群生于阔叶林中地上。可食。分布于东北、华南和西北地区。

图 1015

1015 细鳞杯伞
Clitocybe squamulosa (Pers.) P. Kumm.

菌盖直径 3~7 cm，幼时平展，边缘内卷；成熟后菌盖呈伞形或扁半球形，边缘稍下垂，边缘有时呈波状或圆锯齿形或有棱纹，表面具有密生小鳞片或纤维状毛；棕色、污棕色至肉桂棕色，老后或干时颜色稍淡，中央处色深，边缘色浅。菌肉白色或淡棕色，薄，湿时松软，干时实而脆。菌褶延生，白色至淡棕色，密至中等稀，窄至中等宽，有时具有分叉或具有横脉。担孢子6~7.5×4 μm，椭圆形，光滑，无色，非淀粉质。

生于针叶林下的枯枝落叶层。分布于东北地区。

1016 松木小杯伞
Clitocybula familia (Peck) Singer

菌盖直径 2~3 cm，扁半球形至平展，中央稍下陷，淡灰色，表皮有辐射状撕裂呈匍匐的丝状鳞片。菌肉白色，薄。菌褶弯生，白色。菌柄长 3~5 cm，直径 3~5 mm，圆柱形，白色至灰白色，被灰色至浅灰色细小鳞片。担孢子4~5.5×3.5~5 μm，球形至近球形，光滑，无色，淀粉质。

夏秋季生于林中腐木上。据记载可食。分布于东北地区。

图 1016

伞菌

1017 皱波斜盖伞（皱纹斜盖伞）
Clitopilus crispus Pat.

　　菌盖直径 2~7 cm，扁半球形至扁平，白色至粉白色，中央稍下陷至中凹，边缘内卷，边缘有辐射状排列的细脊突，末端呈流苏状。菌肉白色。菌褶宽 2~3 mm，延生，不等长，初期白色，后奶油色至粉红色。菌柄长 2~6 cm，直径 0.3~1 cm，白色。担孢子 6~7.5×4.5~5.5 μm，卵形、宽椭圆形至椭圆形，具 9~11 条棱纹，淡粉红色。

　　春至秋季生于热带路边土坡上或林中地上。用途不明。分布于华南地区。

图 1017-1

图 1017-2

图 1017-3

图 1017-4

伞菌

图 1018-1

图 1018-2

1018 斜盖伞
Clitopilus prunulus (Scop.) P. Kumm.

菌盖直径 3~10 cm，初扁半球形，后渐平展至稍下凹近浅盘状，似有细粉末至平滑，边缘呈波状并内卷，干燥；白色、污白色或浅灰色。菌肉厚，白色，有浓烈气味。菌褶延生，稍密，不等长，白色至粉红色。菌柄长 3~8 cm，直径 1.5 cm，近圆柱形，常偏生，光滑，白色或淡灰色，实心。担孢子 9~12×4~6 μm，宽椭圆形或近纺锤形（或类橄榄球形），具 6 条纵向的脊棱。

春夏季散生或群生于树林边缘的草地上。分布于华南、华中、西北等地区。

1019 淡灰黄斜盖伞
Clitopilus ravus W.Q. Deng & T.H. Li

菌盖直径 3~4 cm，初凸镜形，后平展；茶色、灰色或灰褐色至褐色，被褐色绒毛。菌肉较厚，白色，伤不变色。菌褶延生，密，不等长，小菌褶丰富，初白色，很快变为苍白肉粉色至粉色。菌柄长 3.5~4.5 cm，直径 0.4~1.2 cm，圆柱形，通常基部稍膨大，与菌盖部分同色或苍白色、橙灰色至浅棕色，被绒毛，条纹不明显，基部具白色毛状菌丝体。担孢子 11~13×5.5~6.5 μm，扁桃形或近纺锤形，具纵向脊纹，淡粉红色，壁稍厚。

夏秋季单生或散生于阔叶林中地上。分布于华中、华南地区。

图 1019

库克金钱菌
Collybia cookei (Bres.) J.D. Arnold

菌盖直径 0.3~1 cm，初期半球形，成熟后渐平展，白色至污白色，中部浅灰色，幼时边缘内卷，后平展呈缺刻状。菌肉白色，薄。菌褶直生至延生，稀，同菌盖色，不等长。菌柄长 2~5 cm，直径 0.3~1 mm，圆柱形，近白色，微弯曲，实心。菌核长达 0.6 cm，近球形，黄褐色。担孢子 3.9~5.2×2.6~3.3 μm，椭圆形至泪滴状，光滑，无色，非淀粉质。

夏秋季单生或群生于枯枝落叶上。分布于东北地区。

本种与菌核金钱菌 *C. tuberosa* 相似，但库克金钱菌菌核菌丝圆形，而后者菌核菌丝长椭圆形。

图 1020

疣孢贝伞
Conchomyces verrucisporus Overeem

菌盖宽 2~4 cm，扇形至平展半圆形，白色，表面干，具有极细小的绒毛，近基部绒毛渐厚至稍带淡棕色，干后整个表面呈黄白色、黄色至稍带肉色；边缘无条纹。菌肉薄，近白色至与菌盖同色。菌褶直生至稍延生，宽，白色，极密，不等长。菌柄短，淡棕色至棕色，或暗污白色。担孢子 6~7.5×4.5~5 μm，椭圆形至近球形，无色，有疣状刺，非淀粉质。

群生于阔叶树腐木上。分布于华南地区。

图 1021-1

图 1021-2

伞菌

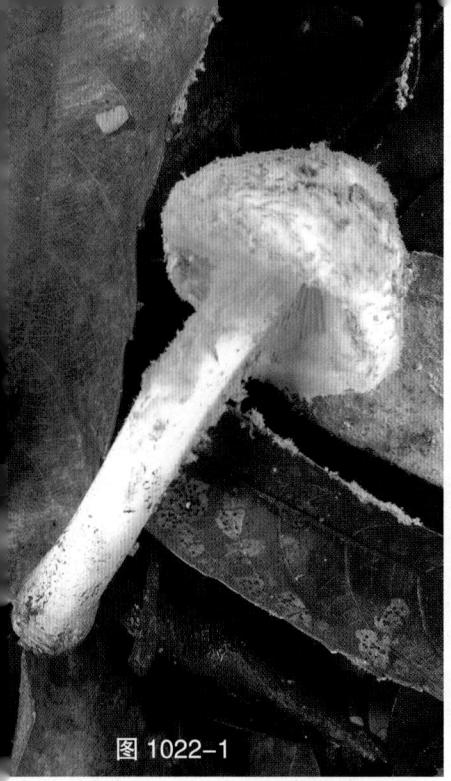

图 1022-1

图 1022-2

海绵粉环柄菇
Coniolepiota spongodes (Berk. & Broome) Vellinga

菌盖直径 2~4 cm，初近圆顶锥形至半球形，后凸镜形至近平展，具易脱落的粉紫色粉末状附属物，附属物脱落处白色至近白色。菌肉薄，白色。菌褶离生，白色，较密。菌柄长 2~4.5 cm，直径 2.5~5 mm，棒状，近基部稍膨大，被粉紫色粉末，与菌盖同色。担孢子 4.5~6.5×3~3.5 μm，长椭圆形，光滑，黄褐色至深褐色，弱拟糊精质。

单生于阔叶林中地上。分布于华南地区。

图 1023-1

图 1023-2

1023 **堆联脚伞**（堆钱菌 堆金钱菌）
Connopus acervatus (Fr.) K.W. Hughes et al.

≡ *Collybia acervata* (Fr.) P. Kumm.

菌盖直径 0.5~3 cm，幼时凸镜形，边缘内卷，成熟后渐平展，边缘渐上翘，红棕色至紫褐色，成熟后颜色变浅，表面光滑，边缘水浸状。菌肉与菌盖同色或稍浅，伤不变色。菌褶近离生，密，浅黄色至浅褐色，不等长。菌柄长 4~10 cm，直径 2~3 cm，圆柱形，中生，微弯曲，紫褐色。担孢子 5~6×2~2.5 μm，泪滴状至椭圆形，光滑，无色。

夏秋季簇生于针叶林和针阔混交林中地上或腐木上。可食。分布于东北和华中等地区。

图 1024

阿帕锥盖伞（白锥盖伞　乳白锥盖伞）
Conocybe apala (Fr.) Arnolds

　　菌盖直径 1~3 cm，斗笠形或伞状至钟形，薄且脆；黄白色至浅黄褐色，一般顶部色深，边缘近白色至黄白色，往往具细条纹；黏。菌肉污白色，薄。菌褶直生，密，窄，不等长；初期污白色渐变锈黄色。菌柄长 5~8 cm，直径 1~3 mm，白色或灰白色，附粉末状颗粒，圆柱形，等粗至向基部略膨大，空心。担孢子 12~18×6~10 μm，椭圆形至卵圆形，光滑，锈褐色。

　　夏秋季单生或群生于草地、路边或林缘草丛等腐殖质丰富的地上。分布于华南、华中等地区。

伞菌

图 1025-1

1025 环锥盖伞
Conocybe arrhenii (Fr.) Kits van Wav.

菌盖直径 1.1~2.4 cm，幼时圆锥形至钟形，成熟后呈斗笠形；黄褐色至灰褐色，中部颜色深；表面有白色绒毛，从顶部至边缘有放射状条纹，水浸状。菌肉薄，黄褐色。菌褶离生至直生，浅黄褐色至灰褐色。菌柄长 2.5~4 cm，直径 1.5~2 mm，圆柱形，表面具细小鳞片，鲜时上部分浅黄色，下部分颜色深。菌环中上位，白色或同菌盖颜色，易脱落。担孢子 14.5~17×7~9.5 µm，宽椭圆形，具芽孔，光滑，黄褐色。

夏秋季群生或散生于针阔混交林中腐木上。分布于东北地区。

图 1025-2

图 1026

1026 大孢锥盖伞
Conocybe macrospora (G.F. Atk.) Hauskn.

菌盖直径 1.2~2 cm，斗笠形至钟形；幼时边缘稍内卷，表面光滑，污棕色至淡黄棕色，老后或干时颜色稍淡，顶部颜色稍深，边缘色淡。菌肉淡黄棕色至棕色，气味不明显至无。菌褶近直生，黄褐色至锈褐色，稍密，不等长。菌柄长 4~7 cm，直径 1.5~4 mm，圆柱形，直且光滑；锈褐色，由上而下渐深。担孢子 22×7.5~12.5 μm，长圆柱形至圆柱形，光滑，淡锈色。

夏秋季群生于草地或腐木上。分布于东北地区。

伞菌

1027 **白小鬼伞（白假鬼伞）**
Coprinellus disseminatus (Pers.) J.E. Lange

　　菌盖直径 5~10 mm，初期卵形至钟形，后期平展，淡褐色至黄褐色，被白色至褐色颗粒状至絮状鳞片，边缘具长条纹。菌肉近白色，薄。菌褶初期白色，后转为褐色至近黑色，成熟时不自溶或仅缓慢自溶。菌柄长 2~4 cm，直径 1~2 mm，白色至灰白色。菌环无。担孢子 6.5~9.5×4~6 μm，椭圆形至卵形，光滑，淡灰褐色，顶端具芽孔。

　　夏秋季生于路边、林中的腐木或草地上。有文献记载幼时可食，但老时有毒，加之个体很小，故建议不食。分布于中国大部分地区。

图 1027-1

图 1027-2

图 1027-3

图 1027-4

图 1028-1

图 1028-2

1028 **晶粒小鬼伞**（晶粒鬼伞）
Coprinellus micaceus (Bull.)
Vilgalys et al.

　　菌盖直径 2~4 cm，初期卵形至钟形，后期平展，成熟后盖缘向上翻卷，淡黄色、黄褐色、红褐色至赭褐色，向边缘颜色渐浅呈灰色，水浸状；幼时有白色的颗粒状晶体，后渐消失；边缘有长条纹。菌肉近白色至淡赭褐色，薄，易碎。菌褶初期米黄色，后转为黑色，成熟时缓慢自溶。菌柄长 3~8.5 cm，直径 2~5 mm，圆柱形，近等粗，有时基部呈棒状或球茎状膨大，白色，具白色粉霜，后较光滑且渐变淡黄色，脆，空心。菌环无。担孢子 7~10×5~6 μm，椭圆形，光滑，灰褐色至暗棕褐色，顶端具平截芽孔。

　　春至秋季丛生或群生于阔叶林中树根部地上。有文献记载幼时可食，但建议不食。各区均有分布。

图 1029

图 1030-1

1029 辐毛小鬼伞（辐毛鬼伞）
Coprinellus radians (Desm.) Vilgalys et al.

菌盖幼时直径 0.2~0.6 cm，高 0.2~0.8 cm，成熟时直径达 0.5~2.5 cm，初期球形至卵圆形，后渐展开且盖缘上卷，具有白色的毛状鳞片，中部呈赭褐色、橄榄灰色，边缘白色，具小鳞片及条纹，老时开裂。菌肉薄，初期灰褐色。菌褶弯生至离生，幼时白色，后渐变黑色，稀，不等长，褶缘平滑。菌柄长 2~6.5 cm，直径 1~4 mm，圆柱形，向下渐粗，脆且易碎，空心。菌柄基部至基物表面上常有牛毛状菌丝覆盖。担孢子 10~12×6~7.5 μm，椭圆形，表面光滑，灰褐色至暗棕褐色，具有明显的芽孔。

春至秋季生于树桩及倒腐木上，往往成群丛生。分布于东北、西北等地区。

1030 墨汁拟鬼伞（墨汁鬼伞）
Coprinopsis atramentaria (Bull.)

Redhead et al.

菌盖直径 3.5~8.5 cm，初期卵圆形，后渐展开呈钟形至圆锥形，老时盖缘上卷，开伞时液化流墨汁状汁液，有褐色鳞片，边缘近光滑。菌肉薄，初期白色，后变为灰白色。菌褶弯生，密，不等长，幼时白色至灰白色，后渐变成灰褐色至黑色，最后变成黑色汁液。菌柄长 3.5~8.5 cm，直径 0.6~1.2 cm，圆柱形，向下渐粗，表面白色至灰白色，表面光滑或有纤维状小鳞片，空心。担孢子 7.5~10×5~6 μm，椭圆形至宽椭圆形，光滑，深灰褐色至黑褐色，具有明显的芽孔。

春至秋季在林中、田野、路边、村庄、公园等地上有腐木的地方丛生。幼时可食，因老时有毒，建议不食。各区均有分布。

图 1030-2

伞菌

图 1031

灰拟鬼伞（长根拟鬼伞 灰盖鬼伞 长根鬼伞 灰鬼伞）

Coprinopsis cinerea (Schaeff.) **Redhead et al.**

= *Coprinus radiatus* (Bolton) Gray

菌盖直径 2~5 cm，幼时椭圆形，白色至浅褐色或灰褐色，带污白色至银灰色绒毛状鳞片，成熟后逐渐变为钝圆锥形，表面灰褐色至灰色，边缘外卷，呈放射状开裂，并从边缘开始自溶。菌肉薄，白色至浅灰色。菌褶密，离生，初期白色，后变为灰褐色。菌柄长 5~12 cm，直径 0.4~1 cm，空心，具稀疏白色绒毛，基部膨大并形成长根。担孢子 8.4~11.8×5.8~7.8 μm，卵圆形至椭圆形，光滑，暗棕褐色。

夏秋季单生或散生于粪土、草堆上。分布于东北、华北、西北、华中等地区。

1032 费赖斯拟鬼伞（费赖斯鬼伞）

Coprinopsis friesii (Quél.) P. Karst.

菌盖直径 0.3~0.8 cm，高 0.2~0.6 cm，完全展开后直径达 1.5 cm，初期圆锥形、卵圆形至椭圆形，表面白色，中部呈赭色，菌幕撕裂后出现淡赭色斑块。菌肉薄，灰白色。菌褶离生，幼时白色，后渐变为灰色至黑色，稍密，不等长。菌柄长 3~5 cm，直径 1~1.5 mm，圆柱形，表面白色至灰白色，具稀疏的白色絮状小鳞片，有时基部呈棒状。担孢子 6.1~9.7×5.3~7.3 μm，卵圆形至长菱形且顶端圆，光滑，灰褐色至暗红褐色，具有明显的芽孔。

春至秋季通常群生于草地上。分布于东北地区。

图 1032

图 1033-1

图 1033-2

1033 白拟鬼伞（雪白鬼伞）
Coprinopsis nivea (Pers.)
Redhead et al.

菌盖直径 2~3 cm，白色，卵形至钟形，密被白色粉粒状菌幕残余。菌肉白色。菌褶离生，初期白色，后转灰色，成熟时近黑色。菌柄长 7~10 cm，直径 3~6 mm，白色至污白色，被白色粉末状鳞片，渐变光滑。菌环无。担子 25~35×12~15 μm。担孢子 12~16×10~14×7~9 μm，侧面观椭圆形，背腹观近柠檬形，光滑，近黑色，有芽孔。

夏秋季群生于高山草甸中牦牛粪上。分布于青藏地区。

1034 毛头鬼伞（鸡腿蘑 鸡腿菇）
Coprinus comatus (O.F. Müll.) Pers.

菌盖高 6~11 cm，直径 3~6 cm，幼圆筒形，后呈钟形，最后平展；初白色，有绢丝样光泽，顶部淡土黄色，光滑，后渐变深色，表皮开裂成平伏而反卷的鳞片；边缘具细条纹，有时呈粉红色。菌肉白色，中央厚，四周薄。菌褶初白色，后变为粉灰色至黑色，后期与菌盖边缘一同自溶为墨汁状。菌柄长 7~25 cm，直径 1~2 cm，圆柱形，基部纺锤形并深入土中，光滑，白色，空心，近基部渐膨大并向下渐细。菌环白色，膜质，后期可以上下移动，易脱落。担孢子 12.5~19×7.5~11 μm，椭圆形，光滑，黑色。

夏秋季群生或单生于草地、林中空地、路旁或田野上。幼时可食；已有人工栽培。分布于东北、华北、华中等地区。

图 1034-1

图 1034-2

图 1035

白紫丝膜菌
Cortinarius alboviolaceus (Pers.) Fr.

菌盖直径 3~10 cm，初时半球形，中部稍突起，边缘内卷，后平展，表面干，光滑，盖缘部位白色至淡紫色，中间部位为淡黄褐色，稍带紫色。菌肉浅紫色，较厚，伤后颜色变深。菌褶较密，初期浅紫色，后变褐色至锈褐色，不等长，弯生，边缘平整至波浪状。菌柄长 4~10 cm，直径 1~2 cm，向下渐粗，基部稍膨大，上部紫色，下部淡紫色至白紫色，伤后变灰紫色，实心。菌环上位，丝膜状，近白色、带灰紫色至淡黄褐色或带孢子的颜色，易消失。担孢子 8~11×5~6.5 μm，椭圆形至长椭圆形，粗糙有疣突，锈褐色。

夏秋季散生于针阔混交林或针叶林中地上。可食，也有记载有毒。分布于东北、青藏等地区。

图 1036

1036 **蜜环丝膜菌**
Cortinarius armillatus (Fr.) Fr.

菌盖直径 3~8 cm，初时半球形至钟形，中部突起，边缘内卷，后平展，常挂有淡红色残片，砖红色至红褐色，中部红褐色至深褐色，平滑。菌肉淡红褐色至淡褐色，较薄。菌褶直生至弯生，初时肉桂色，后期黄褐色至锈褐色，较稀，褶缘平整。菌柄长 6~12 cm，直径 0.5~1 cm，近圆柱形，中上部常残留多个砖红色环带，下部有纤维质残片，基部稍膨大，呈根状，实心。内菌幕上位，丝膜状或蜘蛛丝状，带锈褐色，易消失。担孢子 8.5~12×4.5~7 μm，椭圆形，表面具小疣，锈褐色。

秋季生于针阔混交林中地上。分布于华南、东北地区。

图 1037

1037 双环丝膜菌
Cortinarius bivelus (Fr.) Fr.

　　菌盖直径 3.8~7.5 cm，初期近球形，后期凸镜形并逐渐平展，有时中央稍突起，黄褐色至锈褐色，有时呈水浸状，中央颜色稍暗，具平伏的纤毛，边缘内弯至平直，有时附着白色的内菌幕残迹。菌肉白色至近白色。菌褶近直生，幼时浅黄褐色，成熟后变锈褐色，密，不等长。菌柄长 3.5~7 cm，直径 0.6~1.5 cm，近圆柱形，基部常膨大，表面最初覆盖白色羊毛状纤毛，渐变为浅褐色至土褐色，实心。内菌幕蜘蛛丝状，白色，后沾染担孢子而变锈褐色，成熟后常在菌柄表面形成环纹。担孢子 7.5~10.5×5~6.5 μm，椭圆形，有疣状突起，浅黄色至黄褐色。

　　夏秋季单生或群生于针阔混交林中地上。分布于东北、西北和青藏等地区。

1038 掷丝膜菌
Cortinarius bolaris (Pers.) Fr.

　　菌盖直径 2~3.5 cm，初期半球形，后期凸镜形，逐渐平展，有时中央具突起，浅黄色至褐黄色，密布着平伏的红褐色绒毛状小鳞片，边缘内弯至平展。菌肉白色，伤后变橘黄色。菌褶弯生，浅黄褐色至黄褐色，略带橄榄色，稍密，不等长。菌柄长 2.5~4.5 cm，直径 3~6 mm，圆柱形，基部稍膨大；幼时实心，成熟后变空心；表面浅黄色，密布平伏的红褐色绒毛状鳞片。内菌幕蜘蛛丝状，幼时近白色，成熟后因担孢子转成红褐色。担孢子 6~8×5~6 μm，近球形至卵圆形，表面具疣状突起，浅褐色。

　　夏秋季单生或群生于阔叶林或针阔混交林中地上。国外记载有毒。分布于华中地区。

图 1038

图 1039

1039 污褐丝膜菌（参照种）
***Cortinarius* cf. *bovinus* Fr.**

菌盖直径 4~8 cm，初时圆锥形至钟形，边缘内卷，后平展，盖面初时褐色至栗褐色，干后为污褐色至灰褐色，覆有平伏纤毛。菌肉淡褐色，中部较厚，向盖缘渐薄。菌褶弯生，宽幅，较密，初时淡褐色，后变为深褐色至锈褐色，褶缘平整呈波浪状。菌柄长 5~8 cm，直径 1~1.6 cm，圆柱形，或向下渐粗，基部膨大呈球茎状，污褐色并覆有污白色绒毛，中上部偶见污白色环带，易脱落，实心。内菌幕上位，丝膜状，白色至带锈褐色，易脱落。担孢子 7.5~11×5~6.5 μm，椭圆形，有小疣，锈褐色。

秋季生于针阔混交林或阔叶林中地上。分布于华中和东北等地区。

图 1040

1040 皱盖丝膜菌（参照种）（皱盖罗鳞伞）
***Cortinarius* cf. *caperatus* (Pers.) Fr.**

≡ *Agaricus caperatus* Pers.

≡ *Rozites caperatus* (Pers.) P. Karst.

子实体肉质，中等大至较大。菌盖直径 4~10 cm，初期扁半球形，后展开成扁平，中部广突起；盖面黄色至淡黄褐色，光滑或偶见粉末状残存外菌幕，老后或干燥后盖面出现凹凸不平的皱褶。菌肉白色至淡黄色，较厚。菌褶直生至弯生，初期乳白色，后期渐变为锈褐色，有白色横脉，幅宽，较密，褶缘平整，不等长。菌柄圆柱形，长 8~14 cm，直径 1.2~2 cm，淡黄色至黄色，纤维质，实心，基部有黄色菌幕残存。菌环上位至近中位，膜质，黄白色。担孢子 10~15 × 7~8.5 μm，椭圆形，淡锈褐色，粗糙，具小疣。

秋季生于针阔混交林或阔叶林中地上。分布于东北地区。

图 1041-1

图 1041-2

1041 黄棕丝膜菌
Cortinarius cinnamomeus (L.) Fr.

　　菌盖直径 2~6 cm，中部钝或具突起，表面干，青黄色、黄褐色或红褐色，中部色深，密被浅黄褐色小鳞片或放射状纤毛。菌肉浅橘黄色或稻草黄色，后变至褐色，薄，味柔和。菌褶直生至弯生，密，铬黄色、橘黄色或青黄色，后变至褐色或锈褐色。菌柄长 3~8 cm，直径 3~7 mm，圆柱形，上下等粗或稍弯曲，有时基部膨大呈球茎状，黄色至土黄色，被褐色细毛，伤后变暗色，实心至空心，基部常附有黄色菌索。内菌幕上位，蛛丝网状，黄色，易消失。担孢子 5.5~8.5×4~5.5 μm，柠檬形至宽椭圆形，稍粗糙，有麻点，淡锈褐色。

　　秋季群生或近丛生于云杉林等针叶林至针阔混交林中地上。可食。分布于东北、西北和青藏等地区。

图 1042-1

1042 黏柄丝膜菌（趟子蘑 油蘑 黏腿丝膜菌）

Cortinarius collinitus (Pers.) Fr.

菌盖直径 4~10 cm，初时近球形至钟形，边缘内卷，后平展中部突起，湿时胶黏，盖面光滑，肉桂色、土黄色至黄褐色，后期多为浅肉桂色。菌肉白色至淡黄色，后期为黄色带黄褐色，较厚。菌褶直生至弯生，密，初时淡黄色至土黄色，后变为锈褐色，褶缘平整。菌柄长 6~11 cm，直径 0.8~1.5 cm，圆柱形，等粗或向下渐细，上部白色至淡黄色，下部黄褐色至褐色，初时包有一层黏液，上端与丝膜连接，松软至实心。内菌幕上位，丝膜状，有时可形成不明显菌环，白色至带锈褐色，后期消失。担孢子 10~14×5.5~7.5 μm，杏仁形至近椭圆形，粗糙，有疣突，锈褐色至黄褐色。

秋季生于针阔混交林中地上。食用。分布于华南、东北等地区。

本种的主要特征是子实体由一层胶样的黏液包被，盖面光滑，土黄色至黄褐色。菌柄等粗或向下渐细，基部细而尖，上部白色，下部淡黄色至黄褐色。

图 1042-2

伞菌

图 1043

1043 铬黄丝膜菌（参照种）
Cortinarius* cf. *croceicolor
Kauffman

菌盖直径 4~9 cm，初时半球形，边缘内卷，后平展，中部突起，黄色至红黄色，中部有浓密的细小褐色鳞片或纤毛。菌肉白色至淡黄色，中部较厚，向边缘变薄。菌褶弯生，较密，宽幅，铬黄色至黄褐色，褶缘波浪状。菌柄长 4~9 cm，直径 0.5~1.3 cm，圆柱形或向下渐粗，淡黄色至铬黄色；基部膨大呈球茎状，裹有铬黄色至浅黄色菌索或外菌幕，实心。内菌幕上位，丝膜状，白色至锈褐色，易消失。担孢子 6~9×5~7.5 μm，近圆形至宽椭圆形，粗糙，有疣突，锈褐至黄褐色。

秋季生于阔叶林或针阔混交林中地上。分布于东北地区。

图 1044

1044 较高丝膜菌（参照种）
***Cortinarius* cf. *elatior* Fr.**

菌盖直径 3~9 cm，初时近球形，后渐变为圆锥形，中部突起。边缘内卷，后平展，胶黏；初时盖面为污黄色至黄褐色，稍带橄榄色，干后土黄色至污黄褐色；盖缘具放射状条纹，干后易开裂。菌肉较厚，近白色至淡黄色。菌褶弯生至离生，偶见直生，较密，宽幅，白色至土黄色，渐变为锈褐色，具横脉。菌柄长 6~13 cm，直径 0.6~1.2 cm，圆柱形，幼时淡紫色，后期淡黄色，胶黏，下部具裂片，实心。内菌幕不明显，易消失，且几乎不留痕迹。担孢子 12.5~15×6~9 μm，椭圆形，表面粗糙，具明显疣突，锈褐色至黄褐色。

秋季生于阔叶林或针阔混交林中地上。可食。分布于东北、华南、华中、青藏等地区。

图 1045

1045 喜山丝膜菌
Cortinarius emodensis Berk.

菌盖直径 6~15 cm，平展中突，黄褐色，有辐射状皱纹，被灰色至褐色绒毛状鳞片。菌褶初期紫罗兰色，后转为淡褐色至褐色。菌柄长 10~15 cm，直径 1~3.5 cm，圆柱形。菌肉黄色，伤不变色；幼时顶部淡紫罗兰色，成熟后变为淡黄色至淡褐色。菌环上位，厚，膜质，近白色、淡褐色至与菌柄同色。担孢子 13~16×8.5~11 μm，杏仁形至椭圆形，有细小疣突。

夏秋季生于高山、亚高山林中地上。可食。分布于青藏地区。

1046 喜山丝膜菌紫色变种
Cortinarius emodensis var. *vinacea* (Zhu L. Yang & W.K. Zheng) Peintner et al.

菌盖直径 6~15 cm，凸镜形至平展，紫色至紫罗兰色，有辐射状皱纹，被灰色至褐色绒毛状鳞片。菌肉近白色至黄褐色。菌褶初期紫罗兰色，后转为淡褐色至褐色。菌柄长 10~15 cm，直径 1~3.5 cm，圆柱形，上部淡紫罗兰色，下部淡褐色。菌环上位，厚，膜质，与菌柄同色至稍浅。担孢子 13~15×9~10.5 μm，椭圆形，杏仁形，有细小疣突，锈褐色。

夏秋季生于高山、亚高山林中地上。可食。分布于青藏地区。

图 1046

伞菌

图 1047

1047 拟盔孢伞丝膜菌
Cortinarius galeroides Hongo

菌盖直径 1~3 cm，初时圆锥形，后期呈斗笠形至平展，中部明显突起，表面土黄色，中部色深，边缘色淡，具条纹，水浸状。菌肉淡黄色，较薄。菌褶浅土黄色，直生至离生，稍稀，不等长。菌柄长 3~5 cm，直径 0.4~1 cm，近圆柱形，向下渐细；较盖色浅，顶部具细小粉粒，内部松软至空心。内菌幕上位，丝膜状，初白色，后锈褐色，易消失。担孢子 7.5~9.5×4.5~5.5 μm，椭圆形，有小瘤，锈褐色。

夏秋季群生于阔叶林中地上。分布于华中、东北地区。

图 1048

1048 半被毛丝膜菌
Cortinarius hemitrichus (Pers.) Fr.

菌盖直径 3~5 cm，初时半球形至圆锥形，覆有少量深褐色绒毛，后期展开呈斗笠形；盖皮易剥落，干后出现龟裂；盖面褐色至锈褐色，中部深褐色；盖缘常覆有污白色残片。菌肉淡黄色，较薄。菌褶直生或弯生，初时浅黄褐色，后期锈褐色，不等长，较密，宽幅。菌柄长 12~14 cm，直径 0.7~1.6 cm，圆柱形，初时污白色至紫褐色，后期黄褐色至污褐色，内部松软至实心。内菌幕上位，丝膜状，有时可形成菌环，初白色，后锈褐色。担孢子 5~10×4~6 μm，宽椭圆形，表面粗糙，具疣突。

夏秋季生于针阔混交林中地上。食用。分布于东北、西北、青藏等地区。

图 1049

1049 柯夫丝膜菌
Cortinarius korfii T.Z. Wei & Y.J. Yao

菌盖直径 4.2~13.5 cm，幼时近球形至钟形，后渐变为凸镜形至平展，中央常稍突起，幼时红褐色至紫褐色，边缘浅黄褐色，后变为土黄褐色至红褐色，略带橄榄色，中央略深色，不黏，有红褐色至深红褐色鳞片，边缘有放射状条纹和沟纹。菌肉白色至污白色，厚。菌褶近贴生，幼时浅灰紫色，渐变为浅紫灰色，成熟后呈土黄褐色至深锈褐色，略带蓝紫色，密，不等长。菌柄长 4.5~21 cm，直径 0.9~2 cm，圆柱形，基部膨大，上部白色，中下部幼时浅黄色，渐变为浅黄褐色至浅褐色，不黏，具黄褐色至暗褐色纤毛和纵条纹。内菌幕蜘蛛丝状，幼时近白色，后被担孢子沾染呈黄褐色。担孢子 10~16×8~10 μm，椭圆形至杏仁形，有疣突，黄褐色至褐色。

夏秋季单生或群生于针阔混交林中地上。分布于华中地区。

图 1050

1050 米黄丝膜菌（多形丝膜菌）
Cortinarius multiformis Fr.

菌盖直径 5~9 cm，初时半球形，中部稍突起或扁平，后平展，湿时稍黏，盖皮易剥落，淡黄色至土黄色，后淡锈褐色至黄褐色。菌肉白色，较厚。菌褶直生至弯生，初时白色至淡土黄色，干后变为黄褐色至近锈色，不等长，较密，宽幅，褶缘平整。菌柄长 3~8 cm，直径 0.8~2.5 cm，圆柱形或向下渐粗，基部膨大呈球茎状，有白色纤毛，淡黄色，后期为黄色，干后基部变为黄色或黄褐色，内部松软。内菌幕上位，丝膜状，白色，易消失。担孢子 9~12.5×6~7.5 μm，椭圆形至长椭圆形，有小疣，锈褐色。

夏秋季生于针阔混交林或阔叶林中地上。可食。分布于东北、华中、华南等地区。

1051 灰褐丝膜菌（参照种）
Cortinarius cf. *paleaceus* (Weinm.) Fr.

菌盖直径 2~5 cm，初时半球形至钟形，中部突起，边缘内卷，后平展，深褐色至灰褐色，覆有灰褐色的纤毛。菌肉污白色，较薄。菌褶弯生至近离生，幼时浅肉桂色，成熟后呈深肉桂色至锈褐色，较密，褶缘波浪状或锯齿状。菌柄长 3~7 cm，直径 0.6~1.2 cm，棒状，向下渐粗，基部膨大，初时污白色至浅褐色，后期为污褐色，松软至空心。内菌幕上位，丝膜状，白色，易脱落。担孢子 6.5~8.5×4~5 μm，长椭圆形，表面粗糙，具细小疣突，锈褐色。

秋季生于阔叶林中地上。分布于东北地区。

图 1051

图 1052

1052 鳞丝膜菌
Cortinarius pholideus (Lilj.) Fr.

菌盖直径 3~5 cm，初期钟形，边缘内卷，后平展，中部具脐突，由内向外呈深褐色至肉桂色；覆有浓密的暗褐色鳞片。菌肉薄，初时白色带堇色，后期变为污白色。菌褶直生至弯生，密，宽幅，初时白色带紫色，后期为土黄色至淡褐色，褶缘平整。菌柄长 4~9 cm，直径 0.5~1 cm，圆柱形，基部膨大，中上部淡紫色，下部污褐色，被有大量褐色鳞片，实心。内菌幕上位，丝膜状，白色，易脱落，在菌柄留下膜状菌环。担孢子 6.5~8×4.5~6 μm，椭圆形，粗糙，具疣突，锈褐色。

夏秋季生于阔叶林或针阔混交林中地上。分布于青藏和东北等地区。

1053 拟荷叶丝膜菌
Cortinarius pseudosalor J.E. Lange

菌盖直径 3~9 cm，初时钟形，或顶部突起至圆锥形，后平展，黏，赭黄色至黄褐色，中部为深褐色，边缘具有波状条纹。菌肉淡黄褐色，较薄。菌褶弯生，薄，较稀，初时褐色至黄褐色，后期为淡肉桂色，褶缘呈波浪状。菌柄长 10~13 cm，直径 0.6~1.5 cm，圆柱形，初时白色带淡紫色，后期紫色渐消失，变黄白色至黄褐色，黏，松软至空心。内菌幕上位，丝膜状，初白色，后锈褐色，可形成易脱落的菌环。担孢子 11.5~16×7.5~10 μm，椭圆形，粗糙具疣突，锈褐色。

秋季生于阔叶林中地上。分布于西北和东北地区。

图 1053

1054 紫丝膜菌
Cortinarius purpurascens Fr.

菌盖直径 4~11 cm,初时钟形,边缘内卷,后平展,中部稍突起,湿时稍黏,紫罗兰色,后期变为土黄色至淡褐色,盖缘紫色永久不褪。菌肉厚,初时淡紫色,后期为蓝紫色。菌褶弯生,密,幅窄,初时蓝紫色,伤后变为深紫色,老后或干后变为土黄色至锈褐色。菌柄长 4~12 cm,直径 1.2 cm,圆柱形,基部膨大,常呈有缘球茎,淡紫色至污白色,表面往往具有少量紫色纤毛,实心。内菌幕上位,丝膜状,蓝紫色,易消失。担孢子 8.5~10.5×4.5~5.5 μm,卵圆形至椭圆形,具小疣,锈褐色。

秋季生于阔叶林或针阔混交林中地上。分布于东北、华中、华南等地区。

图 1054

1055 紫红丝膜菌
Cortinarius rufoolivaceus (Pers.) Fr.

菌盖直径 5~10 cm,幼时半球形,成熟后凸镜形至平展,中央红褐色至紫褐色,周围逐渐变浅,红褐色至浅褐色,有光泽,湿润时黏,边缘长期保持内弯。菌肉近白色,略带紫色,厚。菌褶弯生,幼时橄榄色,成熟后黄褐色,密,不等长。菌柄长 4~6 cm,直径 1~2 cm,中生,圆柱形,基部膨大,实心,表面浅紫色,基部紫褐色,不黏。子实体干燥后呈明显的深紫红色。内菌幕丝膜状,可长时间附在菌柄中部,锈褐色。担孢子 9.5~13×6~7.5 μm,杏核状,具明显疣突,褐色至红褐色。

夏秋季群生于针阔混交林中地上。分布于西北、青藏地区。

图 1055

1056 血红丝膜菌(红丝膜菌)
Cortinarius sanguineus (Wulfen) Fr.

菌盖直径 2~6 cm,初时扁半球形,中部稍突起,后平展、微下凹,血红色至紫褐色,干后颜色变浅,幼时覆绒毛状鳞片,后期变光滑。菌肉淡血红色至血红色,较薄。菌褶直生,密,幅宽,褶缘平整,血红色至暗血红色,后期为锈褐色。菌柄长 4~9 cm,直径 4~7 mm,等粗,扭曲,表面有少量纤毛,血红色,伤后颜色变暗,纤维质,空心。内菌幕上位,丝膜状,血红色,易消失。担孢子 6.5~9×4~6 μm,长椭圆形,表面粗糙,具疣突,锈褐色。

夏秋季生于针叶林或针阔混交林中地上。食用。分布于西北、青藏地区。

图 1056

1057 半血红丝膜菌
Cortinarius semisanguineus (Fr.) Gillet

菌盖直径 3~6 cm，初期钟形，渐平展，中部钝或突起，黄色至黄褐色，偶见褐色纤毛。菌肉薄，较硬且脆，污白色至淡黄色。菌褶直生，后弯生，稍密，幅窄，血红色至暗红色，后期为黄褐色至锈褐色。菌柄长 4~7 cm，直径 4~7 mm，近圆柱形，铬黄色至橘黄色，具黄褐色纤毛，纤维质，实心。内菌幕上位，丝膜状，锈褐色，易消失至部分附着菌柄上部。担孢子 6~7×3.5~4.5 μm，椭圆形，具麻点，锈褐色。

夏秋季生于针阔混交林中地上。分布于东北地区。

图 1057

图 1058

 1058 亚石榴丝膜菌
Cortinarius subbalaustinus Rob. Henry

　　菌盖直径 5.2~7.2 cm，平展，有时中央稍突起，橙褐色至红褐色，湿润时呈水浸状，光滑，边缘平直，颜色较浅。菌肉黄褐色至浅红褐色。菌褶弯生，幼时浅褐色，成熟后变锈褐色，密，不等长。菌柄长 5.3~8.5 cm，直径 0.9~1.5 cm，圆柱形，基部有时略膨大，浅褐色，常覆盖白色细小纤丝，实心。内菌幕白色，后沾染担孢子而变锈褐色。担孢子 6~9.5×4~5.5 μm，椭圆形，有疣状突起，黄褐色至褐色。

　　夏秋季单生或群生于针阔混交林中地上。分布于华中、青藏地区。

1059 近紫柄丝膜菌
Cortinarius subpurpurascens (Batsch) Fr.

　　菌盖直径 6~11 cm，初时半球形，边缘内卷，后展开至扁平，中部多有下陷；盖缘波浪状，具浅沟状条纹；淡黄色至浅土黄色，典型的可带紫色；湿时稍黏，干后平滑。菌肉白色，较厚。菌褶直生，密，幅宽，幼时为淡肉桂色稍带紫色，老熟后为淡褐色，褶缘平整。菌柄长 5~9 cm，直径 1~1.5 cm，多为棒状，向下渐粗，基部膨大，上部为白色，下部至基部为白紫色，向下紫色渐深，偶有绒毛状黄褐色鳞片，内部松软至实心。内菌幕丝膜状至纤丝状，常带锈褐色，后期不明显。担孢子 8.5~10.5×5~6.5 μm，椭圆形，具疣突，浅锈色。

　　秋季生于阔叶林或针阔混交林中地上。分布于东北地区。

1060 亚野丝膜菌
Cortinarius subtorvus Lamoure

　　菌盖直径 4.5~6.6 cm，幼时近球形至凸镜形，后渐平展，中央常稍突起，湿润时深锈褐色至深紫褐色，略呈水浸状，光滑，有丝，边缘内卷至下弯，幼时附着白色内菌幕。菌肉白色，厚。菌褶近弯生，幼时浅紫褐色，成熟后深锈褐色，密，不等长。菌柄长 4.3~6.5 cm，直径 0.7~1.3 cm，中生，近圆柱形，基部膨大，表面上部覆盖白色羊毛状纤毛，常略带紫色，中下部浅褐色，常具环纹，实心。内菌幕白色，后沾染担孢子而变锈褐色。担孢子 7.5~10×4.5~5.5 μm，椭圆形至杏仁形，有弱疣状突起，浅黄褐色至黄褐色。

　　夏秋季生于灌丛地上，国外报道生于森林中。分布于华中、青藏地区。

图 1060

图 1061-1

图 1061-2

1061 细柄丝膜菌
Cortinarius tenuipes
(Hongo) Hongo

菌盖直径 3~5 cm，半球形、凸镜形至平展中突，黄色至褐黄色。菌肉污白色至米色，伤不变色。菌褶初期白色，后转为淡褐色至黄褐色。菌柄长 5~10 cm，直径 0.7~1 cm，圆柱形，白色至米色，被黄褐色纤丝状鳞片。内菌幕上位，可形成菌环，丝膜状，易消失。担孢子 6.5~8×3.5~4.5 μm，近杏仁形，具不明显小麻点，近光滑，锈褐色。

夏秋季生于阔叶林或针阔混交林中地上。可食。分布于中国大部分地区。

伞菌

图 1062

图 1063

1062 退紫丝膜菌
Cortinarius traganus (Fr.) Fr.

菌盖直径 5~11 cm，初时半球形，后平展至扁平，中部稍突起；污白色带浅紫色，后期紫色变浅，为污白色至淡黄褐色，覆有黄褐色绒毛，盖缘挂有絮状残片。菌肉淡黄褐色，较厚。菌褶直生，后弯生，稍密，幅较窄，锈褐色至黄褐色。菌柄长 5~11 cm，直径 1~2 cm，近棒状，基部膨大，污白色至黄褐色，有绒毛状或纤维状绒毛，实心。内菌幕上位，丝膜状，淡紫色，易消失。担孢子 8~11×4.5~6.5 μm，椭圆形，具疣突，锈褐色。

夏秋季生于针叶林中地上。分布于华中和东北等地区。

1063 常见丝膜菌（环带柄丝膜菌）
Cortinarius trivialis J.E. Lange

菌盖直径 3~8 cm，幼时圆锥形至半球形，后渐变为凸镜形至平展，中央常具较低的突起；浅黄褐色、褐色至红褐色，有时略带橄榄色，有光泽，湿润时黏滑，边缘长时间保持内弯。菌肉白色或近白色，较薄。菌褶近贴生，幼时奶油色，略带蓝灰色，成熟后锈褐色，密，不等长。菌柄长 4~10 cm，直径 0.5~1 cm，圆柱形，有时基部渐细呈根状，中下部为纤丝型膜状鞘包裹；近白色至黄褐色；湿时黏；常具环状近平行的轮纹。担孢子 10~15×6.5~8 μm，杏仁形，有明显的疣状突起，黄褐色。

夏秋季单生或群生于阔叶林、针叶林和针阔混交林中地上。主要分布于东北、华北、西北、青藏等地区。

图 1064

图 1065-1

1064 海绿丝膜菌（参照种）
Cortinarius cf. *venetus* (Fr.) Fr.

菌盖直径 3~6 cm，幼时半球形，成熟时凸镜形至平展，中央常具突起；中央绿褐色，边缘颜色变浅，具平伏的纤毛状鳞片。菌肉浅黄绿色，薄。菌褶弯生至近贴生，幼时黄绿色，成熟后锈褐色，稍密，不等长。菌柄长 3~6.5 cm，直径 0.5~1 cm，圆柱形，基部略膨大或呈根状，幼时实心，成熟后空心；表面浅黄绿色至浅绿褐色。内菌幕蜘蛛丝状，略带黄绿色。担孢子 5.5~7×5~6 μm，近球形，表面具疣突，黄褐色。

夏秋季单生或群生于针阔混交林或阔叶林中地上。分布于华中、青藏等地区。

1065 平盖靴耳
Crepidotus applanatus (Pers.) P. Kumm.

菌盖宽 1~4 cm，扇形、近半圆形或肾形，扁平，表面光滑，湿时水浸状，白色或黄白色，有茶褐色担孢子粉，后变至带褐色或浅土黄色，干时白色、黄白色或带浅粉黄色，盖缘湿时具条纹，薄，内卷，基部有白色软毛。菌肉薄，白色至污白色，柔软。菌褶从基部放射状生出，延生，较密，不等长，初期白色，后变至浅褐色或肉桂色。无菌柄或具短柄。担孢子 4.5~7×4.5~6.5 μm，宽椭圆形、球形至近球形，密生细小刺，或有麻点或小刺疣，淡褐色或锈色。

夏秋季群生、叠生或近覆瓦状生于阔叶树腐木或倒伏的阔叶树腐木上。分布于东北地区。

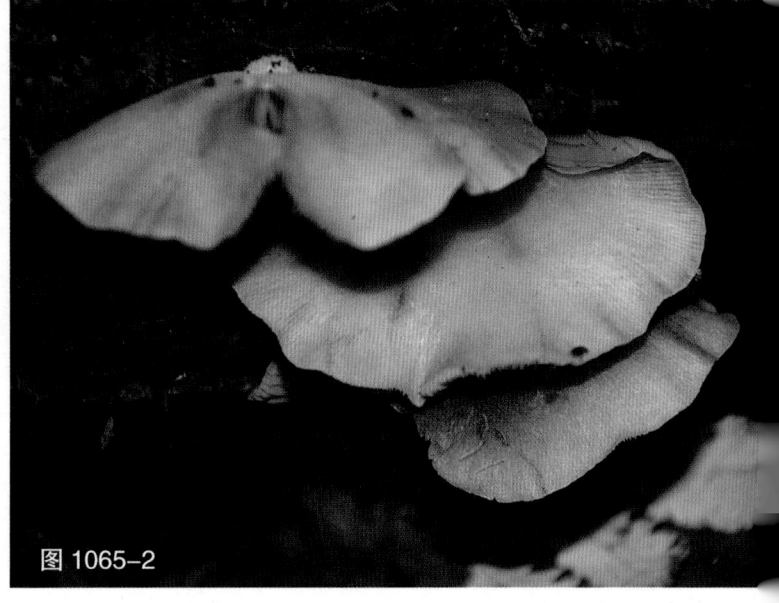

图 1065-2

伞菌

图 1066

1066 褐毛靴耳（基绒靴耳）
Crepidotus badiofloccosus S. Imai

菌盖宽 1~5.5 cm，近扇形、贝壳形或近半球形，边缘内卷，黄白色至污白黄色，密被褐色或深褐色毛状小鳞片，基部密生黄褐色或黄白色软毛。菌肉靠近基部较厚，白色。菌褶黄白色至污黄白色，后呈褐黄色至灰褐色。菌柄无或几乎无。担孢子 5~7×5.5~6.5 μm，球形，有微细尖状突起，具细小疣，黄褐色。

夏秋季群生于林中阔叶树枝或腐木上。毒性不明。分布于东北、华北、西北和内蒙古地区。

本种与黄褐毛靴耳 *C. fulvotomentosus* 相似，但后者菌盖臀形或半圆形，淡锈色，密被浅朽叶色的细鳞片，担孢子 7~10×5~6.5 μm，近球形，有小刺或小疣，浅锈色。

图 1067

1067 朱红靴耳
Crepidotus cinnabarinus Peck

菌盖宽 1~2 cm，扇形至贝壳形，朱红色，被细小毛状鳞片，边缘内卷。菌肉薄，污白色至粉红色。菌褶米色至粉红色，褶缘朱红色。菌柄侧生而短，近白色。担孢子 6.5~9×4.5~6 μm，宽椭圆形至近球形，有小疣，淡锈色。

夏秋季生于腐木上。分布于华中地区。

图 1068

1068 黏靴耳
Crepidotus mollis (Schaeff.) Staude

菌盖宽 1~6 cm，半圆形、扇形、贝壳形，或初期钟形，后期凸镜形至平展，水浸后半透明，黏，干后全部纯白色至灰白色或黄褐色至褐色，稍带黄土色，有绒毛和灰白色粉末，易脱落至光滑。菌柄无。菌肉薄，表皮下似胶质，近白色。菌褶延生至离生，稍密，从盖至基部辐射而出，不等长；初白色，后变为褐色、深肉桂色或淡锈色。担孢子 7.5~10×5~6.5 μm，椭圆形或卵圆形，光滑，淡锈色。

夏秋季叠生或群生于枯腐木上。可食。分布于中国大部分地区。

本种与丽靴耳 *C. calolepis* 相似，但后者子实体幼时菌盖表面有浓密的褐色绒毛。

伞菌

图 1069-1

图 1069-2

1069 硫黄靴耳
Crepidotus sulphurinus Imazeki & Toki

菌盖宽 0.5~1 cm，扇形至贝壳形，黄色、污黄色至硫黄色，基部被细小毛状鳞片，边缘波状或向下卷。菌肉薄，黄色。菌褶稍稀，黄褐色至锈褐色。菌柄侧生而短。担孢子 9~10×8~9 μm，球形至近球形，有小疣，淡锈色。

夏秋季生于腐木上。分布于华中、华南等地区。

1070 潮湿靴耳
Crepidotus uber (Berk. & M.A. Curtis) Sacc.

菌盖宽 0.5~1.2 cm，扇形、贝壳形、肾形至圆形；膜质至肉质；盖面湿时稍黏，吸水，黄色至暗褐色；表面光滑，无毛；基部有白色绒毛。菌褶从白色绒毛基部延生而出，密，老时赭色至锈色或褐色。菌肉薄，白色。无菌柄或退化，侧生。担孢子 6~8×4.5~5 μm，椭圆形，光滑，壁稍厚，淡锈色。

夏秋季群生或叠生于阔叶树（栎树）腐木上。分布于华中地区。

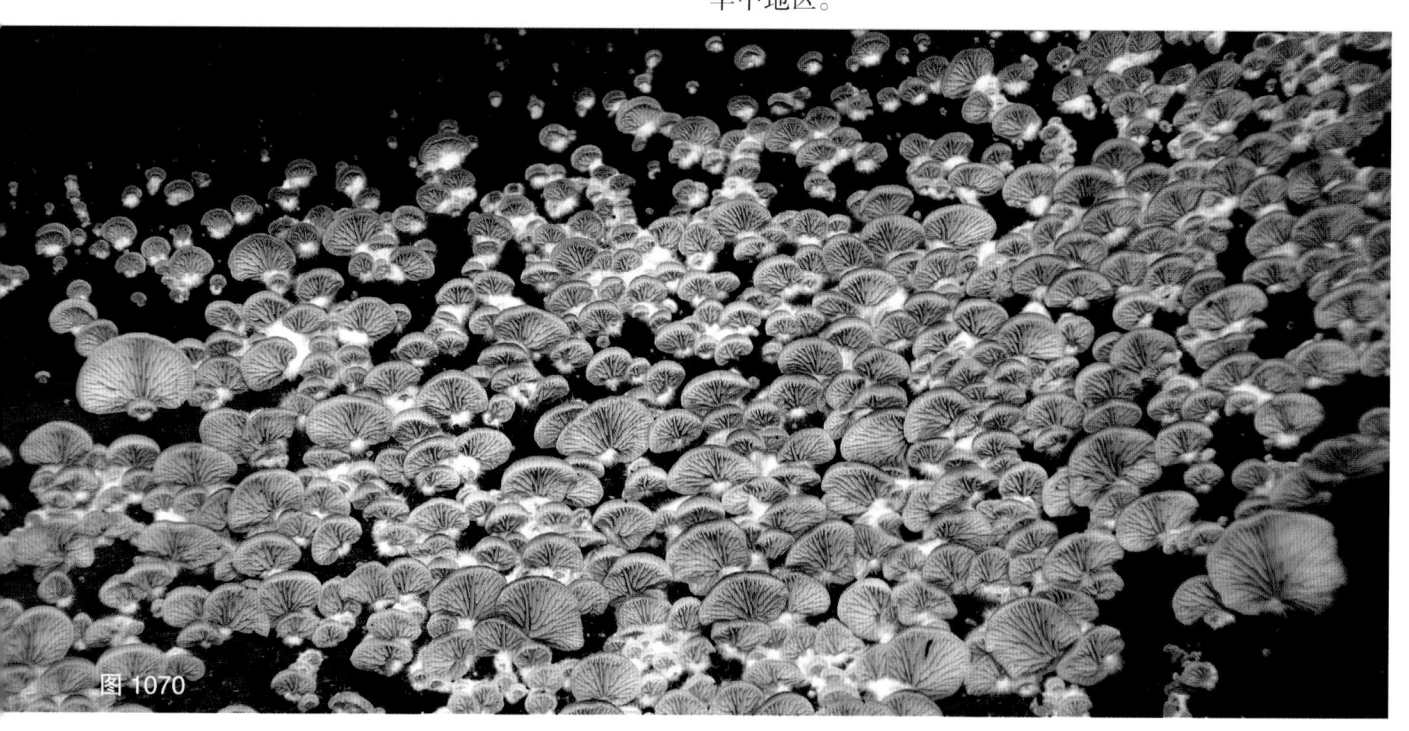

图 1070

图 1071

1071 毛皮伞
***Crinipellis scabella* (Alb. & Schwein.) Murrill**

菌盖直径 0.3~1.5 cm，初期凸镜形，后期渐变为半球形；表面具放射状褐色至红褐色的纤毛，向中心颜色渐深。菌肉白色，伤不变色。菌褶离生至直生，稀疏，不等长，白色，边缘平整。菌柄长 0.5~3 cm，直径 1~1.5 mm，圆柱形，棕褐色，表面有纤细绒毛。担孢子 8.5~9.5×4.5~6 μm，宽椭圆形至长圆形，光滑，无色，非淀粉质。

夏秋季簇生或散生于阔叶树腐木上。分布于东北地区。

1072 草地拱顶伞
***Cuphophyllus pratensis* (Fr.) Bon**

菌盖直径 4~7 cm，凸镜形至半球形，后期平展，边缘常开裂，浅杏色至橙色，表面光滑；边缘幼时光滑，后渐深波状。菌肉白色，伤不变色。菌褶近延生，稍稀，浅杏色至奶黄色，不等长，褶缘近平滑。菌柄长 2.5~7 cm，直径 1~2 cm，圆柱形，浅杏色至奶黄色，表面具浅条纹。担孢子 5~7.5×4~5 μm，椭圆形，光滑，无色，非淀粉质。

夏秋季散生于针阔混交林或针叶林中地上。食用。分布于东北地区。

图 1072

伞菌

图 1073

1073 金黄鳞盖伞
Cyptotrama asprata (Berk.) Redhead & Ginns

菌盖直径 2~3 cm，半球形至扁平，橘红色、黄色至淡黄色，被橘红色至橙色锥状鳞片，边缘内卷。菌肉薄，污白色至淡黄色。菌褶近直生，不等长，白色。菌柄长 2~4 cm，直径 2.5~4 mm，圆柱形，近白色至米色，被黄色至淡黄色鳞片。担孢子 7~9×5~6.5 μm，近杏仁形，光滑，无色，非淀粉质。

夏秋季生于腐木上。分布于华南、华中地区。

1074 皱盖囊皮伞
Cystoderma amianthinum (Scop.) Fayod

菌盖直径 2~4 cm，平展，中央有小突起，黄色至黄褐色，被同色细小疣突，不平滑。菌肉白色。菌褶白色至米色。菌柄长 5~7 cm，直径 3~6 mm，圆柱形，菌环以上白色至米色、光滑，菌环以下密被褐黄色细小鳞片。菌环易消失。担孢子 5~6.5×2.5~3.5 μm，光滑，无色，淀粉质。

夏秋季生于针阔混交林中地上。分布于中国大部分地区。

图 1074

1075 淡色囊皮伞
Cystoderma carcharias (Pers.) Fayod

菌盖直径 2~5 cm，幼时圆锥形，成熟后宽圆锥形、钟形至平展，表面细颗粒状或粉状；污白色至淡灰色，常带有粉棕色；边缘常有菌幕残留物而形成毛缘。菌肉白色，厚，具有刺激性气味。菌褶白色至奶油色，窄，带有延生的齿附在菌柄上，边缘光滑。菌柄长 2.5~5 cm，直径 3~5 mm，圆柱形，基部有时膨大，幼时实心，成熟后空心，菌环以上部分表面光滑、白色，菌环以下部分表面粉末状或颗粒状、白色至奶油色。菌环膜质，漏斗形。担孢子 4~6×3~4 μm，椭圆形，光滑，无色。

单生于林地苔藓丛中。分布于东北地区。

1076 金粒囊皮伞
Cystoderma fallax A.H. Sm. & Singer

菌盖直径 2~5 cm，初期凸镜形，后期渐平展，黄褐色至棕色，密布颗粒状物。菌肉浅黄褐色，伤不变色。菌褶延生，密，近白色至奶黄色，不等长，边缘近平整。菌柄长 3~6 cm，直径 3~6 mm，中生，浅黄褐色至棕色，具颗粒状物如同菌盖；菌环以上白色，无颗粒状物。菌环上位至中位，同菌柄色，易脱落。担孢子 3.5~5×2.8~4 μm，椭圆形，光滑，无色，淀粉质。

夏秋季生于针阔混交林中地上。食用。分布于东北地区。

图 1075

图 1076

伞菌

图 1077

图 1078-1

图 1078-2

1077 疣盖囊皮伞
Cystoderma granulosum (Batsch) Fayod

菌盖直径 2~4 cm，平展，中央有小突起，土褐色至红褐色，被同色细小疣突，不平滑。菌肉白色。菌褶白色至米色。菌柄长 5~7 cm，直径 3~6 mm，圆柱形，肉红色，菌环以上光滑，菌环以下密被土褐色至红褐色细小鳞片。菌环易消失。担孢子 3.5~4.5×2.5~3 μm，椭圆形，光滑，无色，非淀粉质。

夏秋季生于针阔混交林中地上或草丛中。分布于中国大部分地区。

1078 纤巧囊小伞（半裸囊小伞）
Cystolepiota seminuda (Lasch) Bon

菌盖直径 0.5~2 cm，表面白色至米色，但中央米色至淡黄褐色，被白色、淡粉红色至淡褐色粉末状鳞片。菌肉白色。菌褶离生，近白色至米色。菌柄长 1.5~4 cm，直径 1~2 mm，圆柱形，幼时被白色、淡粉红色至淡褐色粉末状鳞片，上半部白色至近白色，仅基部粉红褐色；老时菌柄下方大半部变为淡褐色、粉红褐色或酒红色，仅顶端白色至近白色；菌柄菌肉大部淡紫红色，顶部近白色。菌环上位，白色，易消失。担孢子 3.5~4.5×2.5~3 μm，椭圆形，表面光滑或有不明显的小疣，无色。

夏季生于针叶林或阔叶林地腐殖质上。分布于中国大部分地区。

图 1079-1

1079 雅薄伞
Delicatula integrella (Pers.) Fayod

　　菌盖直径 0.8~1.5 cm，凸镜形至平展，表面光滑，白色，湿时表面具有辐射状透明条纹。菌肉膜质，软，白色。菌褶白色，窄，脊状，不规则或中间有分叉，稀，近延生或菌褶邻近菌柄处有凹口，边缘光滑。菌柄长 1~2.5 cm，直径 0.5~1 mm，白色，透明，表面光滑或有细小纤毛，基部稍膨大，并稍带有白色的毛状菌丝，脆。担孢子 5.5~9.5×3~5.5 μm，椭圆形，光滑，无色。

　　夏秋季群生于腐朽木桩上。分布于西北和东北地区。

图 1079-2

图 1080

黄环圆头伞（黄环罗鳞伞）

Descolea flavoannulata (Lj.N. Vassiljeva) E. Horak

　　菌盖直径 6~8 cm，淡黄色、黄褐色至暗褐色，被有黄色细小鳞片；边缘有辐射状细条纹。菌肉与菌盖同色，伤不变色或稍暗色。菌褶初期黄色，后转为褐色至锈褐色。菌柄长 5~10 cm，直径 0.5~2 cm，圆柱形，淡黄色至黄褐色，基部有菌幕残余。菌环上位，膜质，黄色。担孢子 13~16×7.5~9 μm，柠檬形至杏仁形，有细小疣，锈褐色。

　　夏秋季生于林中地上。可食。分布于东北、华中等地区。

图 1081

败育粉褶蕈（斜盖粉褶蕈）

Entoloma abortivum (Berk. & M.A. Curtis) Donk

　　菌盖直径 3~10 cm，初扁半球形，后平展，中部稍下凹，干，灰白色、灰色、淡灰黄褐色至淡黄褐色，边缘整齐或呈波状。菌肉厚，白色。菌褶直生至延生，密，薄，初灰白色，后粉红色，不等长。菌柄长 3~8 cm，直径 0.5~1.5 cm，近圆柱形，实心，具不明显纵条纹，与菌盖同色或稍浅，基部有绒毛。担孢子 8~10.5×5.5~7 μm，5~6 角，异径，淡粉红色。

　　秋季单生、丛生或群生于有松树或栎树的针阔混交林或阔叶林中地上。可食。分布于东北、华中等地区。

　　本种与毒粉褶蕈 *E. sinuatum* 相似，但毒粉褶蕈菌褶直生至弯生，采食时须加注意。

图 1082

| 1082 | **高山粉褶蕈** |

Entoloma alpinum Xiao Lan He et al.

菌盖直径 0.9~3 cm, 幼时凸镜形至平展, 成熟后近漏斗形, 中央凹陷; 稻草色, 被淡黄色绒毛, 有稍许水渍状, 边缘无条纹。菌肉薄, 白色至与菌盖同色或稍浅。菌褶直生至短延生, 较稀, 初白色, 后变为粉红色。菌柄长 0.9~1.8 cm, 直径 1~4 mm, 中生, 圆柱形, 与菌盖同色或较浅, 被少量白色纤毛, 基部具白色绒毛。有少量淀粉味。担孢子 11.5~15×9~11.5 μm, 近等径至异径, 6~10 角, 壁较厚, 淡粉红色。

夏季生于阔叶林中地上。分布于华中地区。

| 1083 | **高粉褶蕈** |

Entoloma altissimum (Mass.)

E. Horak

菌盖直径 3.5~5 cm, 斗笠形至凸出, 干, 蓝色至蓝紫色, 伤后稍变绿色, 上密生褐色绒毛, 尤以中部为多, 有条纹。菌肉深蓝色, 伤后变绿色, 薄, 有辣味。菌褶盖缘处每厘米 10~22 片, 稀疏, 宽, 不等长, 弯生, 深蓝色, 成熟时带点担孢子的粉红色, 伤后变绿色。菌柄长 5~7 cm, 直径 3~5 mm, 圆柱形, 淡蓝色至蓝色, 有褐色绒毛及条纹, 脆骨质, 空心。担孢子宽 7.7~10 μm, 近方形, 具尖突, 淡粉红色。

夏秋季单生于阔叶林中地上。分布于华南地区。

图 1083

伞菌

图 1084

1084 窄孢粉褶蕈

***Entoloma angustispermum* Noordel. & O.V. Morozova**

菌盖直径 1.5~2 cm，幼时半球形，成熟后平突，中部凹陷，白色至米白色或微灰黄色，凹陷处颜色略深至淡灰褐色，不黏，具条纹和不明显细小鳞片。菌肉白色，薄。菌褶宽达 2 mm，直生至弯生，初白色后粉红色。菌柄长 5~7 cm，直径 1~2 mm，圆柱形，空心，脆，白色，半透明，光滑，基部具白色菌丝体。担孢子 9~13×5.5~7.6 μm，6~8 角，有时角度不明显，异径，壁较薄，淡粉红色。

生于阔叶林或针阔混交林中地上。分布于东北地区。

1085 蓝鳞粉褶蕈

***Entoloma azureosquamulosum* Xiao Lan He & T.H. Li**

菌盖直径 1~6 cm，半球形、凸镜形，后平展，无条纹，密被粒状小鳞片，深蓝色至带紫蓝色，中部较深色至近蓝黑色。菌肉近柄处厚 2 mm，白色带菌盖的蓝色。菌褶宽达 5 mm，弯生或近直生，具短延生小齿，密，较厚，初白色，后粉红色，不等长。菌柄长 4~5 cm，直径 4~8 mm，圆柱形或近棒状，极脆，与菌盖同色或较浅，具深蓝色颗粒状鳞片，基部具白色菌丝体。担孢子 9~10.5×6.5~8 μm，5~7 角，异径，壁较厚，淡粉红色。

散生于阔叶林中地上。分布于华中、华南等地区。

图 1085

1086 褐双孢粉褶蕈

***Entoloma bisporigerum* (P.D. Orton) Noordel.**

菌盖直径 2.5~4 cm，平展，中部略凹陷，凹陷处具宽突起，灰褐色至浅褐色，往往带粉肉色，不黏，水渍状，边缘具条纹。菌肉灰色，薄。菌褶宽达 4.5 mm，直生或弯生，较稀，薄，幼时白色至灰白色，成熟后浅灰褐色带粉色，具 2 排小菌褶。菌柄长 2.5~6.3 cm，直径 2.5~4.5 mm，圆柱形，空心，与菌盖同色或稍浅灰褐色，老时具纵条纹。担孢子 11.5~13.5×7.5~9 μm，6~9 角，角度明显但不规则，异径，厚壁，淡粉红色。

散生于阔叶林或针阔混交林中地上。分布于东北地区。

1087 棉絮状粉褶蕈小孢变种

Entoloma byssisedum* var. *microsporum

Esteve–Rav. & Noordel.

菌盖宽 0.5~2.5 cm，靴耳状或侧耳状，白色、灰色至灰褐色，具绒毛。菌肉薄，白色。菌褶宽达 2 mm，直生，较稀，近白色至带粉红色，边缘略呈波状。菌柄长 3~8 mm，直径 1~3 mm，偏生至侧生，较短，基部具白色菌丝体。担孢子 7.5~9.5×5.5~7.5 μm，5~6 角，角度明显，异径，淡粉红色。

生于阔叶树腐木上。分布于东北、华北和华中等地区。

图 1086

图 1087

图 1088

图 1089

图 1090-1

1088 蓝黄粉褶蕈

***Entoloma caeruleoflavum* T.H. Li &
Xiao Lan He**

菌盖直径 3~6 cm，凸镜形，成熟时渐平展，具不明显突起，具细微皮屑状附属物，中部蓝黑色至近黑色；边缘较淡，带蓝绿色、黄色和褐色色调，还常带担孢子的粉红色，有不明显沟纹或条纹。菌肉白色，薄。菌褶弯生，密，鲜黄色带粉红色，伤后变粉色至浅红褐色，菌褶边缘波状。菌柄长 5~10 cm，直径 0.4~1 cm，圆柱形，由上至下渐变粗，蓝色至深蓝色，具纵纤纹和略扭曲的条纹，基部具白色菌丝体。担孢子 6.5~7.5×6.3~7.3 μm，5~7 角，等径，淡粉红色。

散生于针阔混交林中地上。分布于华中地区。

1089 淡灰蓝粉褶蕈

***Entoloma caesiellum* Noordel. & Wölfel**

菌盖直径 1.5~3.5 cm，半球形至凸镜形，后平展，中央凹陷，淡黄灰色，中央色深，边缘稍带淡蓝色，稍许水浸状，边缘无明显条纹，中央被较多淡褐色鳞片，边缘被少量淡褐色绒毛或光滑。菌肉薄，近白色。菌褶宽达 5 mm，直生，较稀，初白色，后变为粉红色。菌柄长 5.5~7.5 cm，直径 1.5~3 mm，圆柱形，空心，天蓝色至蓝灰色，光滑，基部具白色绒毛。担孢子 9~10.5×6.5~8 μm，5~7 角，异径，壁较厚，淡粉红色。

春秋季散生于针阔混交林中地上。分布于东北地区。

1090 丛生粉褶蕈（肉褐色粉褶蕈）

***Entoloma caespitosum* W.M. Zhang**

= *Entoloma carneobrunneum* W.M. Zhang

菌盖直径 3~5 cm，斗笠形、凸镜形具脐突至平展具脐突，中部具明显乳突，淡紫红色、粉红褐色至红褐色，中央乳突及附近带灰褐色，光滑；边缘无条纹，后期可上翘。菌肉近柄处厚 0.5~1 mm，淡粉红色至淡紫红色，无气味。菌褶宽 2~5 mm，弯生至直生，盖缘处每厘米 18~21 片，不等长，初白色，后粉红色，干时浅棕色至棕色。菌柄长 3~9 cm，直径 2~6 mm，圆柱形，白色至近白色，空心，脆骨质，基部至近基部被白色菌丝体。担孢子 8.5~10.5×6~7.5 μm，6~8 角，异径，近椭圆形，具尖突，粉红色。

丛生或簇生于阔叶林中地上。分布于华南地区。

图 1090-2

图 1090-3

图 1091-1

图 1091-2

图 1091-3

1091 长春粉褶蕈

Entoloma changchunense Xiao Lan He & T.H. Li

　　菌盖直径 3~5 cm，半球形、凸镜形至平展中突，黄色至褐黄色。菌肉污白色至米色，伤不变色。菌褶初期白色，后转为淡褐色至黄褐色。菌柄长 5~10 cm，直径 0.7~1 cm，圆柱形，白色至米色，被黄褐色纤丝状鳞片。菌环丝膜状，易消失。担孢子 6.5~8×3.5~4.5 μm，近杏仁形，具不明显小麻点，近光滑，锈褐色。

　　夏秋季散生于针阔混交林中地上。分布于东北等地区。

图 1092

1092 十字孢粉褶蕈

Entoloma conferendum (Britzelm.) Noordel.

菌盖直径 2.3~5 cm，幼时圆锥形至半球形，成熟后锥状钟形至锥状凸镜形，略平展，中部具不明显乳突或无，有透明条纹直达菌盖中部，浅褐色、米褐色至灰褐色，中部略深，光滑，干。菌肉灰白色，薄。菌褶直生，密，初白色，后带粉色。菌柄长 3~7 cm，直径 0.3~0.5 cm，圆柱形，由上向下渐粗，与菌盖同色或稍浅，浅褐色，具白色粉末、纵条纹和丝状光泽；初实心后渐变空心，基部具白色菌丝体。担孢子 8.5~11.5×7.5~11 μm，形状多样，近方形、菱形至星形，厚壁，淡粉红色。

群生于阔叶林中倒木上或地上。分布于东北和西北等地区。

图 1093

1093 厚囊粉褶蕈

Entoloma crassicystidiatum T.H. Li & Xiao Lan He

菌盖直径 1~2.5 cm，幼时锥状凸镜形、近锥形至近钟形，成熟后稍平展，边缘撕裂，灰褐色、浅褐色至褐色，干，水渍状，初密被半直立的卷羊毛状纤毛或具鳞片状绒毛；边缘成熟后近光滑，具不明显的沟纹。菌肉厚达 1.5 mm，与菌盖同色，气味不明显。菌褶直生至弯生，具短的延生小齿，较菌盖色浅，灰褐色带粉色色调，较稀，厚，具 3 行小菌褶。菌柄长 2.5~3.5 cm，直径 2~3 mm，圆柱形，浅灰褐色，比菌盖稍浅，具纵条纹和较稀的绒毛。担孢子 11.5~14.5×7.5~9 μm，6~8 角，角度明显，异径，厚壁，淡粉红色。

散生于针阔混交林中沙质土上。分布于华南地区。

图 1094

1094 靴耳状粉褶蕈

Entoloma crepidotoides W.Q. Deng & T.H. Li

菌盖宽 5~15 mm，扇形至贝形，幼时白色，成熟后带粉色，被微细白色绒毛。菌褶初白色，后带粉红色，从着生基部辐射状长出，不等长，短延生。菌柄缺，只具一侧生的基部。担孢子 8~9×6~7 μm，6~7 角，异径，淡粉红色。菌盖外皮层菌丝直径 3~9 μm，毛皮状。无锁状联合。

群生于混交林中地上。分布于华南地区。

1095 修长粉褶蕈

Entoloma crocotillum Xiao Lan He

菌盖直径 5~15 mm，钟形、宽凸镜形至平展中凸形，表面被丛生绒毛或纤毛，初白色至奶油色，后变为橙白色、黄白色至浅粉色。菌肉薄，白色。菌褶直生，具短延生的齿，稍稀，白色至粉色。菌柄长 4~7 cm，直径 0.5~1.5 mm，圆柱形，空心，白色，半透明，光滑，很脆。担子 35~48×11~14 μm，宽棒状，具 4 个孢子。担孢子 9.5~12.5×7.5~9.5 μm，5~7 角，异径。缘生囊状体 35~65×7~17 μm，圆柱形、近纺锤形或宽棒状，薄壁，无色。有锁状联合。

生于针阔混交林或竹林地上。分布于华中和青藏地区。

图 1095

图 1096

图 1097

图 1098

1096 类铁刀木粉褶蕈
***Entoloma dysthaloides* Noordel.**

菌盖直径 5~12 mm，凸镜形、钟形至锥状凸镜形，有时平展凸镜形，具透明条纹可直达菌盖中部 3/4 处，灰褐色至浅褐色，具纤毛状小鳞片。菌肉薄，与菌盖同色，气味不明显。菌褶直生至弯生，具短的延生小齿，灰褐色至浅褐色，较稀至较密，褶缘略呈锯齿状。菌柄长 1.5~6 cm，直径 0.5~1.2 mm，圆柱形，与菌盖同色或稍浅，实心至空心，被灰白色或灰褐色纤毛，基部具黄褐色硬毛。担孢子 10.5~13×7~8.5 μm，5~7 角，角度明显，异径，淡粉红色至浅褐色。

散生于阔叶林 (椴、桦、栎和椴等) 中地上。分布于东北地区。

1097 美丽粉褶蕈
***Entoloma formosum* (Fr.) Noordel.**

菌盖直径 2~5 cm，幼时半球形、凸镜形、钟形至斗笠形，中部平截至不明显凹陷，深黄色、锈黄色至黄褐色，常带红色色调，具细微鳞片和辐射状条纹，边缘鳞片渐少，偶有撕裂。菌肉与菌盖同色或稍浅，近菌柄处厚约 1 mm，气味和味道不明显。菌褶直生，稍密，宽达 6 mm，初期近白色，后粉红色，具 3~4 行小菌褶。菌柄长 5~9 cm，直径 1.5~4.5 mm，圆柱形，中生，空心，颜色较菌盖浅，光滑，基部有白色菌丝体。担孢子 9.5~12.5 × 7~8.5 μm，5~6 角，异径，淡粉红色。

散生于针叶林缘伴有苔藓及落叶的地上。分布于东北及青藏地区。

1098 屑鳞粉褶蕈
***Entoloma furfuraceum* T.H. Li & Xiao Lan He**

菌盖直径 4~10 mm，近半球形、钝凸镜形至钟形，后平突至宽凸镜形，干，褐色、深灰褐色或紫褐色，密被麸状或皮屑状小鳞片或半直立粗毛，鳞片深灰色、灰褐色带紫色或与菌盖同色，具不明显的沟纹或条纹。菌肉薄，与菌盖同色。菌褶宽达 2.5 mm，直生，具短延生小齿，较稀，较厚，灰褐色，具 2 行小菌褶。菌柄长 3~5 cm，直径 0.5~1 mm，圆柱形，与菌盖同色或稍浅，具纵条纹，密被灰色至灰褐色麸状小鳞片；基部紫褐色，具硬毛。担孢子 9~11×6.5~8 μm，5~7 角，异径，略呈瘤状角，厚壁，淡粉红色至浅粉褐色。

散生于阔叶林中苔藓上。分布于东北地区。

1099 海南粉褶蕈

Entoloma hainanense T.H. Li &
Xiao Lan He

菌盖直径 5~6 cm，凸镜形，褐色略带紫色色调，具细微绒毛，具不规则皱纹，不黏，边缘无条纹或不明显。菌肉近柄处厚 4~4.5 mm，白色，气味不明显。菌褶宽达 5 mm，略厚，直生或近弯生，较密，浅黄色，成熟时带粉红色，不等长，具 2 行小菌褶。菌柄长 8~9.5 cm，直径 7~10 mm，基部直径达 16~18 mm，近棒状，实心，白色，基部具白色菌丝体。担孢子 9.5~11×8.5~10 μm，5~6 角，角度明显，近等径至异径，壁较厚，淡粉红色。

散生于阔叶林中地上。分布于华南地区。

图 1099

图 1100

1100 绿变粉褶蕈

Entoloma incanum (Fr.) Hesler

菌盖直径 1~1.5 cm，凸镜形或近钟形，中部具脐凹，黄绿色带灰褐色、绿褐色至浅黄褐色带绿色色调，有直达中部的放射状条纹，光滑或被微细鳞片。菌肉薄，白色。菌褶直生，较稀至较密，初白色，成熟后粉色或污粉色。菌柄长 3~6 cm，直径 2~3 mm，圆柱形，空心，青黄色，伤后变蓝绿色，基部具白色菌丝体。担孢子 11~14×8~10 μm，6~8 角，淡粉红色。

散生或群生于阔叶林中地上。分布于西北、青藏等地区。

伞菌

图 1101

1101 久住粉褶蕈
Entoloma kujuense (Hongo) Hongo & Izawa

菌盖直径 2.5~8 cm，幼时凸镜形或半球形，成熟后近平展，有时边缘撕裂，深紫色或紫蓝色，被天鹅绒状绒毛物或麸状小鳞片，不黏，边缘无条纹。菌肉白色，菌盖中部厚达 3 mm。菌褶宽达 5 mm，直生，具短延生小齿，初白色，后粉色，薄或者较厚，具 2~3 行小菌褶。菌柄长 3~6 cm，直径 0.3~0.7 mm，圆柱形，与菌盖同色，密被麸状小鳞片，实心，基部具白色菌丝体。担孢子 10~12.5×7~8.5 μm，6~7 角，异径，有时呈瘤状角，淡粉红色。

生于阔叶林中地上。分布于华中、华南等地区。

图 1102

1102 蜡蘑状粉褶蕈
Entoloma laccaroides T.H. Li & Xiao Lan He

菌盖直径 1.5~4 cm，凸镜形，中部脐凹或近漏斗形，黄白色至粉肉色，具明显条纹或浅沟纹，边缘锯齿状或波状。菌褶直生至短延生，宽达 7 mm，较厚，与菌盖同色，后粉红色，伤后变红褐色，边缘不规则或近波状。菌柄长 5~8 cm，直径 3~6 mm，圆柱形，中生，空心，具纵条纹，基部具白色菌丝体。担孢子宽 7.5~10.5 μm，方形，厚壁，带粉红色。缘生囊状体 27~95×5.5~12 μm，圆柱形至近棒状，具极浅的褐色胞内色素，薄壁。菌盖皮层菌丝直径 8~25 μm，圆柱形，平伏，具浅黄色颗粒状色素。具大量锁状联合。

生于阔叶林中地上。分布于华南地区。

图 1103

1103 辽宁粉褶蕈
Entoloma liaoningense Yu Li et al.

菌盖直径 1~1.5 cm，半球形或凸镜形至平突，中部略凹陷具脐突，即凹陷处常中央具小脐突，光滑，具放射状浅沟纹达菌盖中部，污黄色至浅灰褐色，近边缘略浅，沟纹处颜色较深。菌肉薄，灰白色。菌褶弯生或直生带延生小齿，较稀，幼时灰白色，成熟后变粉色，不等长。菌柄长 3.5~4.5 cm，直径 1~2.5 mm，圆柱形，空心，浅褐色，比菌盖颜色深，光滑，基部具白色菌丝体。担孢子 8~10.5×7~8.5 μm，5~6 角，近等径，淡粉红色。担子常具 2 个小梗。

生于针阔混交林或针叶林中地上。分布于东北地区。

本种与日本的双孢粉褶蕈 *E. bisporum* 极为相似，但后者担孢子异径。

图 1104

1104 纯黄粉褶蕈

Entoloma luteum Peck

菌盖直径 10~25 mm，半球形、凸镜形或近钟形，光滑至具纤毛，顶端具小鳞片，无脐突或尖突，浅黄色至深黄色，成熟后颜色变浅带粉红色，干，水渍状，具条纹。菌肉白色或带浅黄色，薄。菌褶直生或近离生，较稀，初白色，后变粉色。菌柄长 4.5~6.5 cm，直径 3~5 mm，圆柱形，空心，具纵条纹，脆。担孢子宽 7.5~9.5 μm，方形，淡粉红色。

单生或散生于林中地上。分布于华南地区。

1105 乳突粉褶蕈

Entoloma mastoideum T.H. Li & Xiao Lan He

菌盖直径 2.5~7 cm，幼时近圆锥形，后斗笠形或近平展，中部具尖突或乳突，具透明条纹或几乎无条纹，肉色、粉色或肉粉色，边缘略浅，光滑，边缘常明显超过菌褶。菌肉薄，白色。菌褶宽达 5 mm，直生，较密，初白色，后变为粉色，具 3~4 行小菌褶。菌柄长 3.5~9 cm，直径 3~8 mm，圆柱形，比菌盖颜色浅，白色、象牙白色至略带黄色，半透明，空心，较脆。担孢子 9.5~12×7~8 μm，6~8 角，角度较明显，异径，壁较厚，淡粉红色。

散生至丛生于阔叶林中沙质土上。分布于华南地区。

图 1105

伞菌

图 1106

1106 地中海粉褶蕈
Entoloma mediterraneense Noordel. & Hauskn.

　　菌盖直径 1.5~3.5 cm，凸镜形，中部略凹陷，无条纹或具不明显条纹，深灰色至灰褐色，略带灰蓝色，中部近黑褐色，被灰褐色小鳞片，边缘小鳞片渐稀至具短纤毛。菌肉近中部厚 0.5 mm，灰白色。菌褶弯生，具短延生小齿，较密，薄，幼时白色，成熟后变为粉色，具 3 行小菌褶，褶缘不规则，与褶面同色或浅蓝色。菌柄长 45~55 mm，直径 2.5~4 mm，圆柱形，空心，近污白色至深灰蓝色，具短绒毛或霜状物，基部具白色菌丝体。担孢子 8~10.5×6~7.5 μm，5~6 角，异径，淡粉红色。

　　生于阔叶林中地上。分布于东北地区。

1107 穆雷粉褶蕈
Entoloma murrayi (Berk. & M.A. Curtis) Sacc.

　　菌盖直径 2~4 cm，斗笠形至圆锥形，顶部具显著长尖突或乳突，光滑或具纤毛，成熟后略具丝状光泽，具条纹或浅沟纹，浅黄色至黄色或鲜黄色，有时带柠檬黄色。菌肉薄，近无色。菌褶宽达 5 mm，直生或弯生，较稀，具 2~3 行小菌褶，与菌盖同色至带粉红色。菌柄长 4~8 cm，直径 2~4 mm，圆柱形，光滑至具纤毛，黄白色、浅黄色至接近菌盖颜色，有细条纹，空心，向下稍膨大。担孢子宽 7~9.5 μm，方形，厚壁，淡粉红色。

　　夏秋季单生至群生于针阔混交林中地上。分布于华中、华南等地区。

图 1107

图 1108

图 1109

1108 近江粉褶蕈（黄条纹粉褶蕈 奥米粉褶蕈）
Entoloma omiense (Hongo) E. Horak

菌盖直径 3~4 cm，初圆锥形，后斗笠形至近钟形，中部常稍尖或稍钝，浅灰褐色至浅黄褐色，具条纹，光滑。菌肉薄，白色。菌褶宽达 5~7 mm，直生，较密，薄，幼时白色，成熟后粉红色至淡粉黄色，具 2~3 行小菌褶。菌柄长 5~14 cm，直径 3~4 mm，圆柱形，近白色至与菌盖颜色接近，光滑，基部具白色菌丝体。担孢子 9.5~12.5×9~11.5 μm，5~6 角，多 5 角，等径至近等径，淡粉红色。

单生或散生于地上。分布于华南和华中地区。

1109 淡色粉褶蕈（苍白粉褶蕈）
Entoloma pallidocarpum Noordel. & O.V. Morozova

菌盖直径 8~13 cm，凸镜形或近平展，水渍状，边缘处具透明条纹，米黄色至浅黄褐色，光滑。菌肉白色。菌褶直生，较密，幼时白色，后变粉色。菌柄长 5~8 cm，直径 13~17 mm，圆柱形，白色，初实心，后空心，基部具白色菌丝体。担孢子 7.5~9×6.5~8 μm，6~7 角，等径至近等径，厚壁，淡粉红色。

生于针阔混交林中地上。分布于东北地区。

1110 小方孢粉褶蕈
Entoloma parvifructum Xiao Lan He et al.

图 1110

菌盖直径 5~15 mm，圆锥形至近钟形，中部具明显脐突，具明显条纹或近沟纹，浅褐色至灰橙褐色，条纹或沟纹深灰褐色。菌肉薄，气味和味道不明显。 菌褶直生，带延生小齿，宽达 1.5 mm，较稀，初灰色，成熟后带粉红色。褶缘不育。菌柄长 5~6 cm，直径 0.5~1.5 mm，圆柱形，中生，空心，淡灰色，光滑，基部具白色菌丝体。担子 37~48×18~25 μm，粗棒状。担孢子宽 10~14.5 μm，方形，厚壁，带粉红色。缘生囊状体 40~65×8~17 μm，无色，薄壁。菌盖皮层菌丝平伏，末端细胞 50~200×6~15 μm，圆柱形或近纺锤形。具锁状联合。

生于阔叶林中地上。分布于华南及华中地区。

图 1111

1111 佩奇粉褶蕈
***Entoloma petchii* E. Horak**

菌盖直径 1.5~3.5 cm，初近半球形至凸镜形，成熟后平展，暗灰褐色至灰黑色，被黑褐色小鳞片，边缘无条纹。菌肉灰褐色，薄。菌褶宽达 5 mm，直生，稍密，稍厚，初褐色带灰色，成熟后粉红褐色至灰褐色带粉红色，褶缘黑褐色，具 2 行小菌褶。菌柄长 2~4 cm，直径 2~3 mm，圆柱形，被黑褐色小鳞片，空心，基部具白色菌丝体。担孢子宽 9.5~12 μm，方形，厚壁，淡粉红色。

秋季单生于阔叶林中地上。分布于华南地区。

1112 极细粉褶蕈
***Entoloma praegracile* Xiao Lan He & T.H. Li**

菌盖直径 0.8~2 cm，初凸镜形，后平展，中部略凹陷或平整，淡黄色、淡黄色带粉色或橙黄色，干后带较明显的橙红色，水渍状，透明条纹直达菌盖中部，光滑。菌肉薄，与菌盖同色。菌褶宽达 1 mm，直生带短延生小齿，较稀，初白色，后变为粉红色，具 1~2 行小菌褶。菌柄长 4~5 cm，直径 1~1.5 mm，圆柱形，与菌盖同色或较深，橙黄色，光滑，空心，较脆，基部具白色菌丝体。担孢子 9~10.5×6.5~8 μm，5~6 角，异径，有时角度不明显，壁较薄，淡粉红色。

丛生于阔叶林中地上。分布于华中、华南等地区。

图 1112

图 1113

1113 方孢粉褶蕈

Entoloma quadratum (Berk. & M.A. Curtis)
E. Horak

菌盖直径 1~6 cm，圆锥形至近钟形，有时具明显的尖突，橙黄色、橙红色、鲑鱼色至橙褐色，光滑，具直达中部的条纹或沟纹。菌肉近柄处厚达 1 mm，与菌盖同色。菌褶宽达 3 mm，弯生或直生，较稀，与菌盖同色，褶缘略呈波状，具 2 行小菌褶。菌柄长 3~6 cm，直径 2~4 mm，圆柱形，空心，纤维质至脆骨质，具纵条纹，与菌盖基本同色。担孢子宽 7.5~10.5 μm，方形，淡粉红色。

单生至散生于阔叶林中地上。分布于华南、华中等地区。

1114 粗柄粉褶蕈（参照种）

Entoloma cf. sarcopum Nagas. & Hongo

菌盖直径 6~9 cm，初期圆锥形，后呈半球形稍平展，中部平，具突起，表面平滑，鼠灰褐色，有白色丝光样条纹，后呈鼠灰色细条纹，边缘内卷。菌肉较薄，白色。菌褶弯生至近离生，宽，不等长，污白色至粉红色，边缘近波状或似锯齿状。菌柄长 9~14 cm，直径 0.9~1.2 cm，等粗或向下部渐粗，白色，平滑，实心。担孢子 9.5~12.5×7~8.5 μm，宽椭圆状多角形，光滑，浅粉红色。

夏秋季群生或单生于阔叶林或针阔混交林中地上。食用。分布于东北和西北地区。

图 1114

伞菌

图 1115-1

图 1115-2

1115 海螵蛸粉褶蕈

Entoloma sepium (Noulet & Dass.) **Richon & Roze**

　　菌盖直径 3~10 cm，凸镜形至平展突起至近平展，幼时被绒毛或细微纤毛，成熟后近光滑，灰色、灰褐色至浅黄褐色，伤后变淡橙红色至锈色。菌肉白色。菌褶直生，较密，白色至粉色，伤后变橙红色至锈色。菌柄长 6~10 cm，直径 0.7~1.5 cm，基部增粗更大，灰白色至灰褐色，伤后变橙黄色至橙红色，光滑或具有纤毛，基部有白色菌丝体。担孢子 8.5~11×8~10.5 μm，近等径，5~6 角，淡粉红色。

　　生于林中地上。食用。分布于东北和华北等地区。

　　本种与盾状粉褶蕈 *E. clypeatum* 非常相似，区别在于后者伤不变色。

1116 山东粉褶蕈

Entoloma shandongense T. Bau & J.R. Wang

菌盖直径 1~1.5 cm，圆锥形或半球形，中央稍凹陷，非水渍状，光滑；盖面蓝色稍带一点紫色，有少许绒毛；盖缘有半透明状条纹，颜色稍浅。菌肉薄，白色至浅褐色。菌褶近延生，稀疏，浅米黄色至浅粉红色。菌柄长 1~1.5 cm，宽 1~2 mm，中生至稍偏生，圆柱形至近棒状，基部逐渐变细，与菌褶颜色相同，淡米黄色至浅粉红色，基部呈浅褐色至白色。担孢子 5.6~7.2×8.3~10 μm，具 5~8 角，椭圆形，厚壁，淡粉红色。

生于阔叶林中草地上。分布于华北地区。

图 1116

1117 直柄粉褶蕈

Entoloma strictius (Peck) Sacc.

菌盖直径 2~6 cm，锥形，有时近钟形或略平展，中部具小乳突，灰白色、灰褐色或浅灰黄褐色，光滑，有不明显至稍明显条纹，边缘整齐。菌肉薄，与菌盖同色。菌褶直生，白色至粉色，较密，边缘波状。菌柄长 6.5~20 cm，直径 3~6 mm，圆柱形，空心，具纵条纹，扭曲，基部具白色菌丝体。担孢子 10~13×7.5~11 μm，5~6 角，异径，淡粉红色。

散生或群生于阔叶林中地上。分布于华中地区。

图 1117

1118 尖顶粉褶蕈

Entoloma stylophorum (Berk. & Broome) Sacc.

菌盖直径 0.7~1.4 cm，初圆锥形或凸镜形，后平突或平展，顶端具明显尖突或乳突，白色、黄白色或白色略带灰色至带微粉红色，具丝光纤毛。菌肉薄，白色。菌褶宽达 2 mm，直生，较稀至稍密，薄，具 2 行小菌褶，初白色，后变粉红色。菌柄长 3~4 cm，直径 1~2 mm，空心，白色或带奶油色，光滑或具细绒毛，基部具白色菌丝体。担孢子 9.5~11×7.5~9 μm，5~7 角，异径，淡粉红色。

散生于阔叶林中地上。分布于华南地区。

图 1118

伞菌

图 1119

1119 近蛛丝粉褶蕈

Entoloma subaraneosum Xiao Lan He & T.H. Li

菌盖直径 1.5~2 cm，幼时近凸镜形至钟形，顶端平截，后稍扩展，浅褐色至褐色，密被平伏的银白色或鼠灰色纤毛，无条纹。菌褶直生至弯生，近腹鼓状，较稀，初灰白色，后灰色或浅褐色带粉色。菌柄长 4.5~6 cm，直径 2~3 mm，圆柱形，与菌盖同色或稍浅，空心，具纵条纹，被灰白色或银灰色纤毛，基部具黄褐色或灰色带黄色绒毛或长纤毛。担孢子 9.5~12.5×7.5~8.5 μm，5~7 角，异径，具明显角度，厚壁，粉红色至粉褐色。

夏秋季散生于针阔混交林中地上。分布于东北地区。

1120 近杯伞状粉褶蕈

Entoloma subclitocyboides W.M. Zhang

菌盖直径 10~13 cm，杯伞状或漏斗形，初被短柔毛，后变光滑，米黄色、污黄色至淡黄褐色，中部至边缘渐浅，被浅褐色纤毛或极细鳞片，边缘渐光滑，边缘老后撕裂。菌肉厚达 2 mm，白色。菌褶宽达 8 mm，直生，极密，初白色，成熟后粉红色，不等长。菌柄长 6~7 cm，直径 1.1~1.8 cm，米色或污白色，比菌盖色浅，具条纹，上端具褐色细微颗粒，基部具白色菌丝体。担孢子 7~9×7~8.5 μm，4~5 角，多 5 角，等径，淡粉红色。

单生或散生于阔叶林中地上。分布于华南和华中地区。

图 1120

1121 近薄囊粉褶蕈

Entoloma subtenuicystidiatum

Xiao Lan He & T.H. Li

菌盖直径 0.8~2.5 cm，半球形至凸镜形，具条纹或沟纹，中部凹陷和具小鳞片，其余近光滑，黄色至深米色，中部略带红褐色。菌肉薄，近膜质。菌褶宽达 3 mm，直生，较密，初白色，后粉红色，褶缘褐色带粉色或与褶面同色，具 3 行小菌褶。菌柄长 4~6 cm，直径 1~2 mm，脆，半透明，白色或浅褐色带粉色，光滑，基部具白色菌丝体。担孢子 9.5~13×7.5~9 μm，6~9 角，异径，淡粉红色。

散生于细叶结缕草或狗牙根草地上。分布于华中地区。

图 1121

1122 沟纹粉褶蕈

Entoloma sulcatum (T.J. Baroni & Lodge)

Noordel. & Co-David

菌盖直径 7~15 mm，平展或平展中凹形，被少量绒毛或纤毛，初奶油色或近白色，后变浅粉色或橙白色，幼时有轻微沟纹，成熟后无条纹或有不明显沟纹。菌肉薄，白色。菌褶直生或直生具短延生的齿，白色至粉色。菌柄长 1.5~3 cm，直径 0.5~2 mm，圆柱形，光滑，与菌盖同色，常半透明。担子 26~35×9~11 μm，棒状，多具 4 个孢子。担孢子 9.5~12.5×7.5~9.5 μm，多 5~6 角，异径。缘生囊状体 35~60×9~20 μm，圆柱形至棒状，无色，薄壁。侧生囊状体无。无锁状联合。

生于针阔混交林中地上。分布于华南地区。

图 1122

1123 踝孢粉褶蕈

Entoloma talisporum Corner & E. Horak

菌盖直径 1~2.5 cm，凸镜形至平展中凹，干燥，被绒毛，具辐射状条纹，边缘整齐，部分内卷，白色、乳白色至白带黄色，中部颜色较深。菌肉薄，白色至黄色。菌褶盖缘处每厘米 8~14 片，直生至近延生，不等长，白色至黄白色，后粉红色。菌柄长 2~6 cm，直径 1~3 mm，圆柱形，基部被白色绒毛，稍膨大，空心，肉质，白色至黄白色。担孢子宽 6~8 μm，近方形，具尖突，光滑，淡粉红色。

散生或丛生于针阔混交林中地上。分布于华南等地区。

本种与印度粉褶蕈 *E. indicum* 较为相似，但后者担孢子较大。

图 1123

伞菌

图 1124

1124　纤弱粉褶蕈
Entoloma tenuissimum T.H. Li & Xiao Lan He

　　菌盖直径 3~8 mm，钝圆锥形、凸镜形、宽凸镜形至近钟形，干，具明显沟纹或透明条纹，灰褐色至浅褐色带粉色，边缘处变浅色，沟纹处颜色略深，被纤毛。菌肉薄，近白色。菌褶宽达 1 mm，直生至有延生小齿，初灰白色，成熟时浅褐色带粉色，具 2 行小菌褶。菌柄长 2.5~4 cm，直径 0.3~1 mm，与菌盖同色或稍浅，脆，具稀疏短纤毛，基部具浅黄褐色长硬毛。担孢子 14~18.5×9~11.5 μm，异径，6~9 角，淡粉红色至浅褐色。
　　散生于阔叶林中地上。分布于东北地区。

1125　喇叭状粉褶蕈
Entoloma tubaeforme T. H. Li et al.

　　菌盖直径 1.6~4 cm，明显中凹，漏斗形至喇叭状，被放射状纤毛或条纹，淡灰橙褐色至深褐色，边缘渐浅，中央凹陷处被深褐色细微鳞片，边缘渐光滑，干。菌肉白色，薄。菌褶延生，宽达 6 mm，初白色，成熟后粉红色，密，不等长，具小菌褶。菌柄长 2.2~4 cm，直径 2~4 mm，圆柱形，中生，近白色至带菌盖颜色，有时水渍状，常被白色细绒毛，基部具白色菌丝体。担孢子 8~11.5×6.5~9 μm，异径，4~6 角，厚壁。缘生囊状体 55~162×10~22 μm，圆柱形至棒状或烧瓶状。无侧生囊状体。具锁状联合。
　　群生于木麻黄林中地上。分布于华南地区。

图 1125

图 1126

1126　变绿粉褶蕈（变绿赤褶菇）
Entoloma virescens (Berk. & M.A. Curtis)
E. Horak

　　菌盖直径 2~3 cm，幼时圆锥形或凸镜形，成熟后稍平展，被纤维状小鳞片纤毛，蓝色、蓝绿色，伤后变绿色至绿褐色，具不明显条纹。菌肉厚 0.2~1 mm，与菌盖同色。菌褶宽达 4~6 mm，弯生，稍稀，幼时蓝色或与菌盖同色，成熟后略带粉色，具 2~3 行小菌褶。菌柄长 4~7 cm，直径 3~5 mm，具纵条纹或被纤毛，与菌盖同色或稍浅，伤后变绿色至绿褐色，基部稍膨大，具白色菌丝体。担孢子宽 9~12 μm，方形，尖突明显，淡粉红色。
　　夏秋季单生或群生于林中草地上。分布于华中、华南等地区。

图 1127-1

图 1127-2

图 1127-3

1127 丛伞胶孔菌
Favolaschia manipularis (Berk.) Teng

　　菌盖直径 1~3 cm，半球形至扁半球形，幼时菌盖表面上部白色，下部较透明，后渐褪色至污白色或褐色，表面可透视到管孔和条棱。菌肉较薄，与菌盖同色。菌管长 1.5~5 mm，孔状，直生，较菌盖色浅或污白色，蜡质，管口直径 0.5~1 mm，多角形。菌柄长 2~5 cm，直径 1.5~3 mm，圆柱形，中生，空心，同菌盖色或较浅，质脆，表面有细粉末至光滑。担孢子 6~8×4~5 μm，卵圆形或宽椭圆形，光滑，无色，淀粉质。

　　群生于腐木上。分布于华南地区。

图 1128

1128 疱状胶孔菌
Favolaschia pustulosa (Jungh.) Kuntze

　　菌盖宽达 3.2 cm，基部厚可达 2 mm，扇形至半圆形，外伸可达 2 cm；有与子实层体对应的网状纹，黄白色、奶油色至浅黄色；新鲜时肉质，干后胶质；边缘锐，干后内卷。子实层体孔状，孔口从菌盖基部至边缘依次变小，基部可达每毫米 0.5 个，最外缘可达每毫米 1~2 个，多角形，表面干后奶油色至淡黄色。菌肉厚 0.1 mm，奶油色至黄褐色，胶质。担孢子 6.5~8×6~7 μm，球形至近球形，壁稍厚，无色，淀粉质，嗜蓝。
　　夏秋季生于阔叶树倒木上，造成木材白色腐朽。分布于华南地区。

1129 东京胶孔菌
Favolaschia tonkinensis (Pat.) Kuntze

　　菌盖直径 1~2 cm，扇形，白色至米色，凹凸不平，纹饰与子实层体形状对应成网状，胶黏。子实层体管状，白色，管孔近圆形。菌柄无或很短。担子 30~40×6~8 μm。担孢子 8~12×7~10 μm，宽椭圆形至近球形，光滑，无色，淀粉质。
　　夏秋季生于腐竹茎等基物上。分布于华南地区。

图 1129

图 1130

1130 刺毛暗皮伞
***Flammulaster erinaceellus* (Peck) Watling**

菌盖直径为 1~4 cm，初期呈钝圆锥形至凸镜形，后期近平展，少数呈脐突状，暗锈褐色，具颗粒状至毡块状密集的土黄褐色小鳞片，易脱落；菌盖边缘初期附着菌幕残片，后期易脱落。菌肉薄，橄榄黄色至暗黄色。菌褶直生，初期灰白色至浅肉桂褐色，逐渐变为浅赭褐色，后期呈暗黄褐色，密。菌柄长 3~5 cm，直径 3~4 mm，圆柱形，菌环以上灰白色、覆白粉，菌环以下具有与菌盖表面相近的鳞片。菌环纤丝状，少数近膜质。担孢子 6.5~8×4~5 μm，椭圆形，光滑，淡褐色。

春秋季散生或群生于阔叶树腐木上。分布于东北地区。

1131 淡色冬菇
***Flammulina rossica* Redhead & R.H. Petersen**

菌盖直径 1.5~5 cm，扁平至平展，白色、米色至淡黄色，中央色较深，湿时稍黏。菌肉薄，白色。菌褶弯生，白色至米色。菌柄长 1.5~4 cm，直径 2~5 mm，顶部黄褐色，下部暗褐色至近黑色，被绒毛，不胶黏。担孢子 7.5~11×4~4.5 μm，椭圆形至长椭圆形，光滑，无色至微黄色，非淀粉质。

夏秋季生于高山柳腐木上。可食。分布于青藏地区。

图 1131

伞菌

图 1132-1

图 1132-2

1132 **冬菇**（金针菇 朴菰 构菌 毛柄金钱菌 冻菌）

Flammulina velutipes (Curtis)

Singer

　　菌盖直径 1.5~7 cm，幼时扁平球形，后扁平至平展，淡黄褐色至黄褐色，中央色较深，边缘乳黄色并有细条纹，湿时稍黏。菌肉中央厚，边缘薄，白色，柔软。菌褶弯生，白色至米色，稍密，不等长。菌柄长 3~7 cm，直径 0.2~1 cm，圆柱形，顶部黄褐色，下部暗褐色至近黑色，被绒毛，不胶黏，纤维质，内部松软，后空心，下部延伸似假根并紧紧靠在一起。担孢子 8~12×3.5~4.5 μm，椭圆形至长椭圆形，光滑，无色或淡黄色，非淀粉质。

　　早春和晚秋至初冬，在阔叶林腐木桩上或根部丛生，其假根着生于土中腐木上。可食，著名栽培食用菌，商品名为金针菇，有白色和褐色品种。各区均有分布。

图 1132-3

图 1133

图 1134

1133 云南冬菇
Flammulina yunnanensis Z.W. Ge & Zhu L. Yang

菌盖直径 1.5~3.5 cm，扁平至平展，黄色至奶油黄色，中央蜜黄色至淡橘黄色。菌肉薄，近白色至带菌盖颜色。菌褶弯生，白色至米色。菌柄长 3~6 cm，直径 3~7 mm，被绒毛。担孢子 5.5~6.5×3~4 μm，椭圆形，光滑，无色，非淀粉质。

夏秋季生于亚热带阔叶树腐木上。可食。分布于华中地区。

1134 白黄卷毛菇
Floccularia albolanaripes (G.F. Atk.) Redhead

菌盖直径 3.5~6.5 cm，扁平至平展，黄色至鲜黄色，被淡褐色细小鳞片，中央色稍深并有一明显突起。菌肉白色，伤不变色。菌褶弯生，米色至淡黄色。菌柄长 5~8 cm，直径 0.5~1 cm，顶部白色、光滑，中部及下部米色至淡黄色，被黄色、绒状至反卷的鳞片。担孢子 6~7.5×4~5 μm，椭圆形，无色，光滑，弱淀粉质。

夏秋季生于林中地上。分布于中国大部分地区。

图 1135

1135 **黄绿卷毛菇**（黄绿蜜环菌 黄环菌 黄蘑菇）
***Floccularia luteovirens* (Alb. & Schwein.) Pouzar**

≡ *Armillaria luteovirens* (Alb. & Schwein.) Sacc.

　　菌盖直径 5~13 cm，扁半球形、凸镜形至平展，中央稍突起至无突起，硫黄色、黄色至鲜黄色，干燥环境中易呈近白色，具絮毛状鳞片或表皮龟裂，或呈黄绿色至黄色反卷的粗鳞，边缘内卷。菌肉较厚，白色。菌褶较密，近直生至弯生，米色至黄色，或与菌盖色近似，常黄色更明显，不等长。菌柄长 3.5~9 cm，直径 1~2.6 cm，白色或带黄色，实心，菌环以下具黄色鳞片。菌环上位，黄色。担孢子 6~7×4~5 μm，椭圆形，近光滑至有极不明显的小麻点，无色，弱淀粉质。

　　夏秋季生于草原或高山草地上。美味食用菌。分布于华北、西北、青藏等地区。

图 1136

图 1137

1136 秋生盔孢伞
Galerina autumnalis (Peck) A.H. Sm. & Singer

菌盖直径 1.5~4.5 cm，半球形、钟形至平展，中部有乳状突起，赭色、黄褐色至褐色，湿时黏，具透明状条纹，水浸状。菌肉薄，褐色。菌褶宽达 5 mm，直生或稍延生，稍密，初期与菌盖同色，后期颜色变深为铁锈色。菌柄长 5.5~8 cm，直径 3~5 mm，棒状，空心，锈褐色，上部比下部颜色稍浅，上部有易脱落的、纤维质的菌环，基部有白色菌丝体。担孢子 8~9.5×5~6 μm，椭圆形，不等边，非淀粉质，无芽孔，表面有不明显皱纹或细小麻点，脐上光滑区明显，棕褐色至深褐色。

晚秋群生于腐烂的倒木上。有毒。分布于东北、西北、青藏等地区。

1137 簇生盔孢伞
Galerina fasciculata Hongo

菌盖直径 2~5 cm，初期半球形，后展开，表面不黏，光滑，暗肉桂色，水浸状，干后由中部向边缘呈淡黄色。菌肉薄，白色至淡黄色。菌褶直生至稍延生，肉桂色，边缘稍粉状，密或疏。菌柄长 6~9 cm，直径 2.5~5 mm，表面淡黄色至淡黏土色，空心，纤维状，顶部粉状，基部具有白色菌丝体。菌环中下位，污褐色，膜质，纤维状，脱落后无残留。担孢子 6~9×4~5 μm，长椭圆形、椭圆形至卵圆形，表面除脐上光滑区外具小疣，无芽孔，红褐色至褐色，非淀粉质。

秋季单生至簇生于林中地上。有毒。分布于华南地区。

本种易与秋生盔孢伞 *G. autumnalis* 混淆，区别在于本种菌环中下位、膜质，而后者菌环上位且纤维质。

1138 黄褐盔孢伞
Galerina helvoliceps (Berk. & M.A. Curtis) Singer

菌盖直径 1~4 cm，半球形至平展，有时中部有乳状突起。表面光滑，米黄色、黄色至赭黄色，湿时边缘有水浸状条纹且内卷，不黏。菌肉薄，白色或污白色。菌褶宽达 1~4 mm，直生、延生或弯生，不等长，叉状，稍疏，污黄色、赭黄色或黄褐色。菌柄长 1.5~7 cm，直径 1~7 mm，直或弯曲，空心，有时上部颜色稍浅呈污黄色，下部深褐色，基部有白色绒毛。菌环上位，污白色至黄色，膜质，薄。担孢子 8~11×5~6.5 μm，椭圆形至杏仁形，表面多小疣或褶皱，有明显的脐上光滑区，无芽孔，锈褐色，非淀粉质。

群生或散生于针阔混交林中腐木、倒木上。有毒。分布于东北地区。

本种与纹缘盔孢伞 *G. marginata* 接近，但前者有窄的不完整菌环，后者却无。前者担孢子比后者稍大。

图 1138

1139 长沟盔孢伞
Galerina sulciceps (Berk.) Boedijn

菌盖直径 1~3 cm，扁平至平展，黄褐色，中央稍下陷且具小乳突，边缘波状，具有明显可达菌盖中央的辐射状沟条。菌肉薄，近白色至淡褐色。菌褶弯生，淡褐色，稀。菌柄长 3~5 cm，直径 3~5 mm，顶部黄色，向下颜色变深，基部黑褐色。菌环无。担孢子 7.5~10×4.5~5 μm，杏仁形至椭圆形，具小疣和盔状外膜，锈褐色。

夏秋季生于热带至南亚热带林中腐殖质上或腐木上。剧毒。分布于华南、华中等地区。

图 1139

图 1140

1140 沟条盔孢伞
Galerina vittiformis (Fr.) Earle

菌盖直径 0.8~1.5 cm，圆锥形、钟形或平展，有时中部具有脐状尖突起，表面黄褐色，光滑，盖面由中心处向四周具有放射性条纹，干时条纹不明显。菌肉薄。菌褶直生，稀，全缘，黄褐色。菌柄长 2.5~3 cm，直径 1~1.5 mm，圆柱形，红褐色，上部表面被微小的与菌盖同色的纤毛，下部暗红褐色，空心。担孢子 9~12×5.5~7 μm，长椭圆形，表面具有细疣，脐上区光滑，无芽孔，表面具麻点，锈褐色，非淀粉质。

散生于针阔混交林内苔藓层中或苔藓覆盖的腐木上。有毒。分布于东北、内蒙古和西北地区。

本种与苔藓盔孢伞 *G. hypnorum* 相似，但是后者菌盖只有边缘有水浸状条纹，且有发育不完全的菌幕，担孢子椭圆形或卵圆形至杏仁形。

图 1141-1

图 1141-2

1141 绿褐裸伞
Gymnopilus aeruginosus (Peck) Singer

菌盖直径 2.5~7 cm，平展，污白色至淡紫色，局部淡绿色，被暗褐色鳞片。菌肉淡黄色至米色，苦。菌褶褐黄色至淡锈褐色。菌柄长 2~3 cm，直径 2~5 mm，近圆柱形，褐色至紫褐色，有细小纤丝状鳞片，基部菌丝体米色至淡黄色。菌环膜质，淡褐色。担孢子 7~8.5×4~5 μm，椭圆形至卵形，表面有小疣，无芽孔，锈褐色。

夏秋季生于林中腐木上。有毒。分布于中国大部分地区。

1142 橙褐裸伞
Gymnopilus aurantiobrunneus Z.S. Bi

菌盖直径 1.8~5 cm，扁半球形至平展形，浅黄色至黄褐色或锈褐色至紫褐色，不黏，上被绒毛及鳞片。菌肉近柄处厚 1~5 mm，白色或黄色至肉黄色或淡黄色，伤不变色。菌褶黄褐色或锈褐色，不等长。菌柄长 1~3.7 cm，直径 1~6 mm，中生至偏生，上有鳞片或纤毛，黄褐色或紫褐色。担孢子 5~8×4~5 μm，椭圆形，具细小疣至近平滑，无芽孔，锈褐色。

夏秋季散生或群生于阔叶林中腐木上。分布于华南地区。

图 1142

1143 热带紫褐裸伞（变色龙裸伞）
Gymnopilus dilepis (Berk. & Broome) Singer

菌盖直径 3~7 cm，平展，紫褐色，中央被褐色至暗褐色直立鳞片。菌肉淡黄色至米色，苦。菌褶褐黄色至淡锈褐色。菌柄长 4~7 cm，直径 0.3~1 cm，近圆柱形，褐色至紫褐色，有细小纤丝状鳞片。生殖菌丝米色至淡黄色。菌环丝膜状，易消失。担孢子 6~8.5×4.5~6 μm，椭圆形至卵形，表面有小疣，无芽孔，锈褐色。

夏秋季生于林中腐木上。有毒。分布于华南地区。

图 1143

1144 条缘裸伞
Gymnopilus liquiritiae (Pers.) P. Karst.

菌盖直径 3.5~5 cm，初期半球形至近钟形，后期平展；中部凹陷，表面湿润，光滑，淡黄色、玉米黄色至橙黄色，盖缘有细条纹。菌肉薄，味苦，黄色。菌褶初期黄色或黄锈色，后变肉桂色，窄，密，近直生，不等长。菌柄长 4.5~7 cm，直径 4~5 mm，圆柱形，细长或向上渐细，稍弯曲，与菌盖同色，淡黄色或近污白色，空心，具纤维状纵条纹，基部稍膨大，具白色细绒毛。菌环膜质或丝膜质，易脱落。担孢子 7~8.5×4~5.5 μm，近杏仁形或椭圆形，粗糙，具细疣或麻点，淡黄色或浅锈色。

夏秋季群生或近丛生于针叶林中腐木、枯木上。有毒。分布于东北、西北、青藏等地区。

图 1144

伞菌

图 1145-1

图 1145-2

图 1446

1145 橘黄裸伞
***Gymnopilus spectabilis* (Fr.) Singer**

菌盖直径 3~8 cm，扁平至平展，橘黄色至橘红色，中部色稍深，表面被褐色至淡褐色的纤毛状鳞片，鳞片易被雨水冲刷而脱落。菌肉厚达 10 mm，黄色至淡黄色，有苦味。菌褶弯生至近直生，较密，黄色、黄褐色至锈褐色。菌柄长 4~8 cm，直径 5~10 mm，近圆柱形，实心；表面淡黄色至黄色，被褐色至淡褐色纤毛状鳞片；基部渐细。菌环上位，膜质，黄色至黄褐色，上表面常落有大量担孢子而呈锈褐色。担孢子 7~9.5×5~6.5 μm，椭圆形，锈褐色，表面有疣突。缘生囊状体花瓶状。

夏秋季生于林中腐木上。有毒。分布于东北、西北、华中、青藏等地区。

1146 点地梅裸脚伞（安络小皮伞 点地梅小皮伞）
***Gymnopus androsaceus* (L.) J.L. Mata & R.H. Petersen**
≡ *Marasmius androsaceus* (L.) Fr.

菌盖直径 0.5~1.5 cm，半球形、凸镜形至平展，中部稍下陷至脐状，具放射状沟纹，浅褐色、黄褐色、灰褐色至暗褐色，光滑。菌肉薄，奶油色。菌褶直生，密至稍稀，不等长，窄，污白色至浅杏黄褐色，后期变暗。菌柄长 2.5~6.5 cm，直径 0.3~1 cm，光滑，黑褐色或稍浅，上部浅红褐色，下部近黑色，有时基部有浅黄色绒毛状物，常具黑褐色至黑色的细长菌索，菌索直径 0.5~1 mm。担孢子 5~8.5×3~4.5 μm，长椭圆形，无色，光滑，非淀粉质。

初夏至秋季生于较阴暗潮湿环境的植物残体，特别是枯树枝层上；雨后常大量发生。药用。分布于东北、华中和华南地区。

图 1147

1147　金黄裸脚伞
Gymnopus aquosus (Bull.) Antonín & Noordel.

菌盖直径 0.4~4 cm，幼时凸镜形，成熟后渐平展，金黄色，中部颜色较深，表面光滑，边缘水渍状。菌肉浅黄色，伤不变色。菌褶直生至近延生，稍密，浅黄色，不等长，褶缘近平滑。菌柄长 3~11 cm，直径 1~3 cm，圆柱形，中生，微弯曲，同菌盖色。担孢子 5.5~7×3~4 μm，椭圆形，光滑，淡黄色至无色，非淀粉质。

夏季簇生于针阔混交林中地上。分布于东北地区。

1148　绒柄裸脚伞（群生金钱菌）
Gymnopus confluens (Pers.) Antonín et al.

≡ *Collybia confluens* (Pers.) P. Kumm.

菌盖直径 1.5~4 cm，钟形至凸镜形，后渐平展，中部微突起，光滑，具放射状条纹或小纤维，淡褐色至淡红褐色。菌肉较薄，淡褐色。菌褶弯生至离生，稠密，窄，不等长，浅灰褐色至米黄色，褶缘白色。菌柄长 4~8.5 cm，直径 3~6 mm，圆柱形，中生，表面光滑或具沟纹，淡红褐色，向基部颜色渐深，具白色绒毛。担孢子 5.7~8.6×3.1~4.4 μm，椭圆形，光滑，无色，非淀粉质。

夏季或秋季群生或近丛生于林中腐枝层或落叶层上。可食。分布于中国大部分地区。

图 1148

伞菌

图 1149

1149 栎裸脚伞（栎金钱菌）
Gymnopus dryophilus (Bull.) Murrill

≡ *Collybia dryophila* (Bull.) P. Kumm.

　　菌盖直径 2~7 cm，初期凸镜形，后期平展，赭黄色至浅棕色，中部颜色较深，表面光滑，边缘平整至近波状，水渍状。菌肉白色，伤不变色。菌褶离生，稍密，污白色至浅黄色，不等长，褶缘平滑。菌柄长 3~7 cm，直径 0.3~5 mm，圆柱形，脆，黄褐色。担孢子 4.3~6.3×2.7~3.2 μm，椭圆形，光滑，无色，非淀粉质。

　　夏秋季簇生于林中地上。食用。分布于中国大部分地区。

图 1150

1150 梅内胡裸脚伞
Gymnopus menehune

Desjardin et al.

　　菌盖直径 0.8~2 cm，初期凸镜形，渐变平展至凸镜形，中部轻微下凹，干燥，光滑无毛，中部颜色较深，呈淡粉褐色至浅褐色，颜色向边缘渐淡；边缘幼时稍内卷，后伸展，稍有条纹或皱纹。菌肉薄，与菌盖同色至近白色。菌褶直生至近延生，较密，近白色或乳白色至带菌盖颜色。菌柄长 2.8~5.6 cm，直径 1~2 mm，圆柱形，空心，干燥，顶部与菌盖颜色接近，往下颜色渐深，呈暗褐色。担孢子 6~8×3~5 μm，近椭圆形至梨核形，光滑，无色，非淀粉质。

　　丛生于富含腐殖质或木麻黄枯枝落叶或其他阔叶树的林地上。分布于华南地区。

靴状裸脚伞（靴状金钱菌）
***Gymnopus peronatus* (Bolton) Gray**

≡ *Collybia peronata* (Bolton) P. Kumm.

菌盖直径 2.5~5 cm，初期凸镜形，后期渐平展，边缘常内卷，中部有微小突起，浅棕色至黄褐色，中部颜色深，向边缘逐渐变浅，边缘缺刻状，近水渍状。菌肉黄褐色，伤不变色。菌褶离生，稍密，黄褐色，不等长，褶缘平滑。菌柄长 5~8 cm，直径 3~5 mm，圆柱形，中生，同菌盖色，表面具细小鳞片，基部覆近黄色菌丝。担孢子 7.5~11.2×3.6~4.5 μm，椭圆形至镰刀形，光滑，无色，非淀粉质。

夏秋季散生于林缘枯叶上。分布于东北地区。

图 1151

密褶裸脚伞
***Gymnopus polyphyllus* (Peck) Halling**

菌盖直径 3~6 cm，幼时凸镜形，成熟时广凸镜形至平展或盖面中央具有浅凹陷，边缘反卷，有时呈波状，表面光滑，平坦，干，近中心呈暗棕色，边缘呈淡粉棕色。菌肉薄，白色。菌褶直生至延生，密，薄，偶尔分叉，白色，边缘平滑。菌柄长 3~5 cm，直径 2~5 mm，近圆柱形，表面肉桂色至白色透酒红褐色，具亮灰色的细绒毛或粗绒毛，有时顶端近光滑至白粉状，下部较密，空心。子实体有大蒜味或腐臭味。担孢子 5.5~7.5×2.5~3.5 μm，光滑，无色，非淀粉质。

群生于针阔混交林中地上。分布于东北地区。

图 1152

窄褶黏滑菇
Hebeloma angustilamellatum

(Zhu L. Yang & Z.W. Ge) B.J. Rees

菌盖直径 3~10 cm，淡褐色至黄褐色，至边缘变淡，具有辐射状皱纹，被细小菌幕残片。菌肉白色至污白色。菌褶密集，窄，淡黄色至褐色。菌柄长 5~12 cm，直径 0.5~1.5 cm，圆柱形，近白色至淡褐色。菌环上位，细小，易消失。担孢子 9.5~11×7~8.5 μm，侧面观杏仁形至近杏仁形，正面观近柠檬形，光滑，锈褐色。

生于热带至南亚热带林中地上。分布于华南地区。

图 1153

伞菌

图 1154

1154 大毒黏滑菇
Hebeloma crustuliniforme (Bull.) Quél.

菌盖直径 3~7.5 cm，初半球形至凸镜形，后展开，中部圆钝有突起；幼时淡赭色，中部呈浅黄色，盖缘颜色渐浅呈乳白色、灰白色或白色，后颜色变深呈乳白色、深米黄色或灰米黄色，湿时黏滑。菌肉厚，乳白色至白色，具有浓烈的萝卜味，微苦。菌褶近直生，密，幼时乳白色，后浅土黄色至深灰黄色，具白色不规则齿状缘。菌柄长 3~5 cm，直径 1~1.5 cm，粗圆柱形，基部膨大，表面具纤维状小鳞片，尤其是上部，污白色，后期下部渐渐变成淡黄色或淡黄褐色。担孢子 10~13×6~7 μm，杏仁形，表面具小疣，无芽孔，非拟糊精质。

单生或群生于阔叶林和针叶林中地上。有毒。分布于东北、华北地区。

1155 截形黏滑菇
Hebeloma truncatum (Schaeff.) P. Kumm.

菌盖直径 3~8 cm，幼时呈圆锥形至半球形，后渐展开呈凸镜形至渐平展，常呈波状，有时菌盖中部突起，表面光滑，湿时黏滑，幼时颜色较浅呈浅赭色，后呈深赭色至红褐色。菌肉薄，白色，具淡萝卜味，味微苦。菌褶直生至近弯生，稀，幼时浅土黄色至米黄色，后呈红褐色。菌柄长 3~5 cm，直径 1~2 cm，圆柱形至近棒状，有时向基部渐细，实心，幼时表面白色具白色絮状纤维，后菌柄下部渐渐变成淡黄色或淡黄褐色，具白色纤维状鳞片。担孢子 7.3~10.3×4.9~5.9 μm，杏仁形，表面微具小疣，无芽孔，淡黄褐色，拟糊精质。

单生或散生于针阔混交林中地上。分布于华中地区。

本种与深颜色的大黏滑菇 *H. sinapizans* 相近，后者具有浓烈的萝卜味及稍大的担孢子。

图 1155

图1156

1156 白褐半球盖菇

Hemistropharia albocrenulata (Peck) Jacobsson & E. Larss.

菌盖直径 3~12 cm，初期钟形，后期平展，中部往往突起，干后有光泽，黄褐色至红褐色，中部色深，向边缘渐浅，具直立或稍直立的棉绒状鳞片，后期往往干燥脱落。菌盖边缘平滑无条棱，有时挂有浅肉桂色绵毛状菌幕残片，后期反卷。菌肉厚，白色至污白色。菌褶稍弯生至直生，初期淡白色或污白色，后期肉桂褐色，稀，幅宽，较厚，褶缘色浅，钝锯齿状。菌柄长 3~10 cm，直径 0.7~1.5 cm，圆柱形，等粗或向下稍粗，菌环以上白色或带褐色，具粉状物；菌环以下肉桂色或污肉桂色，具纤毛状鳞片，内部软至空心。菌环上位，易消失。担孢子 12~15×6.5~8 μm，近纺锤形，光滑，褐黄色。

夏秋季群生或散生于针阔混交林中阔叶树根际，有时近丛生。可食。分布于东北、青藏等地区。

1157 地生亚侧耳

Hohenbuehelia geogenia

(DC.) Singer

菌盖宽 3~10 cm，花瓣状、扇形至匙形，初期淡肉桂色至肉桂色，后期淡肉桂色至浅黄褐色；边缘光滑、波浪状，中下部具白色至灰白色细小绒毛。菌肉白色，有蘑菇香味。菌褶白色，延生，白色至米色。菌柄长 1~2 cm，直径 0.5~1.5 cm，圆柱形，与菌盖同色，具白色至灰白色细小绒毛。担孢子 5.5~6.5×3.5~4 μm，椭圆形，非淀粉质。

群生于植物园、公园草地上。分布于中国大部分地区。

图1157

图 1158-1

1158 勺形亚侧耳（花瓣亚侧耳）
Hohenbuehelia petaloides (Bull.) Schulzer

菌盖宽 3~7 cm，勺形或扇形或匙形，向柄部渐细，无后沿，初白色，后呈淡粉灰色至浅褐色，水浸状，稍黏，边缘有不明显条纹。菌肉白色，无味。菌褶稠密，不等长，延生，窄，白色，干时淡奶油色或黄赭褐色。菌柄长 1~3 cm，直径 0.5~1 cm，圆柱形，侧生，污白色，有细绒毛。担孢子 6~8×4~5 μm，近椭圆形，光滑，无色，薄壁，有内含物，非淀粉质。

群生至叠生或近丛生于针阔混交林中腐木上。药用。分布于东北、华北、华中、华南等地区。

图 1158-2

1159 肾形亚侧耳
Hohenbuehelia reniformis (G. Mey.) Singer

菌盖直径 1~4 cm，半圆形至扇形，表面褐色、棕色至深棕色，表面上密被白色、灰白色至淡灰褐色鹅绒状绒毛，盖缘处近光滑，近基部处绒毛渐密，边缘内卷或波浪状。菌肉薄，分两层，上层是灰色的凝胶层，下层是白色肉质层。菌褶白色至淡灰色，老时呈淡黄色或米色，延生，窄，较密。无菌柄，背生在基物上；或具有近基部的着生点状的柄，灰褐色至淡黄褐色，基部具白色绒毛。担孢子 7.5~8×3~3.5 μm，圆柱形或椭圆形，光滑，无色。

夏秋季生于榆树、杨树等多种阔叶树腐木上。食用。分布于东北、西北、华北、华中等地区。

图 1159

1160 黑盖湿柄伞
Hydropus atriceps (Murrill) Singer

菌盖直径 0.8~1.8 cm，幼时钟形至凸镜形，表面光滑，成熟后渐平展，表面带有细小的纤毛，黑棕色、栗棕色至黑棕色；边缘窄，无条纹。菌肉深棕色至近棕色，气味不明显或无。菌褶宽 2.5~3 mm，深灰色至灰棕色，中等密，不等长，弯生或近直生，边缘色较深。菌柄长 3.5~4.7 cm，直径 2~5 mm，圆柱形，常弯曲，黑灰色至黑色，表面光滑，纤维质，空心。担孢子 6~7.5×4~5 μm，椭圆形，光滑，无色。

秋季丛生于腐木上。分布于东北地区。

1161 毛腿湿柄伞
Hydropus floccipes (Fr.) Singer

菌盖直径 1.2~2 cm，幼时凸镜形，成熟后渐平展，表面光滑，水浸状；菌盖中央稍具有一个圆形脐状突起，棕色至深棕色；边缘颜色渐淡呈淡棕色，具条纹。菌褶弯生，污白色，水浸状，稀或中等密。菌肉薄，污白色。菌柄长 2.5~4 cm，直径 2~3.5 mm，空心，近菌褶处表面污白色，具有纤维状毛，向基部渐呈棕色或深红棕色，表面向下渐光滑，具丝质光泽。担孢子 7~10×5~6 μm，椭圆形，光滑，无色。

夏季生于树皮或树干上。分布于华北地区。

图 1160

图 1161

图 1162

1162 墨染湿柄伞
Hydropus marginellus (Pers.) Singer

菌盖直径 0.6~1.5 cm, 幼时钟形至凸镜形, 成熟后渐平展, 有时略呈漏斗形, 中央处突起; 表面光滑, 带有透明状的条纹; 幼时色深, 烟棕色, 成熟后淡棕色至灰棕色; 边缘窄, 内卷状。菌肉膜质, 气味不明显。菌褶白色, 直生至近延生, 边缘棕色, 老时变黑。菌柄长 1~2 cm, 直径 3~7 mm, 圆柱形, 常弯曲, 灰棕色, 光滑, 表面带有细白粉状, 空心。担孢子 5.5~7.5×3~5 μm, 椭圆形, 光滑, 无色。

夏秋季生于冷杉树的树干上。分布于东北地区。

图 1163

1163 变黑湿柄伞
Hydropus nigrita (Berk. & M.A. Curtis) Singer

菌盖直径 1~3 cm, 幼时半球形至钟形, 成熟后呈凸镜形至平展, 边缘长于褶, 灰色至暗灰色, 成熟后或手触后变黑色。菌肉幼时白色, 老后或伤后变黑色。菌褶弯生, 密, 初期白色, 成熟后或手触后变黑色。菌柄长 1.5~3.5 cm, 直径 2~4 mm, 圆柱形或扁圆柱形, 表面具灰白色绒毛, 幼时白色至灰白色, 老后变黑色, 实心至空心, 纤维质。担孢子 4.5~5.5×3~5 μm, 近球形, 光滑, 无色, 非淀粉质。

夏季群生于针叶树腐木上。分布于东北等地区。

本种的主要特点是子实体老后或手触后变黑色, 容易识别。

1164 舟湿伞
Hygrocybe cantharellus (Schwein.) Murrill

菌盖直径 2~4 cm, 幼时钝圆锥形至凸镜形, 后中部下凹, 呈漏斗形; 菌盖表面初期绢状, 后中部具细微鳞片, 边缘贝壳形或波状, 幼时红棕色至橙红色, 老后变淡。菌肉薄, 污白色至橙黄色。菌褶延生, 稍稀, 橙色至黄色, 褶缘平滑。菌柄长 4~7 cm, 直径 3~5 mm, 圆柱形或稍扁圆形, 上下近等粗, 质地脆, 光滑, 上部橙黄色, 基部白色, 初实心, 后空心。担孢子 7.5~11×5~6.5 μm, 椭圆形, 光滑, 无色。

夏秋季群生或散生于红松林和云冷杉林中地上。食用。分布于东北、华中和青藏等地区。

图 1164

1165 锥形湿伞（变黑蜡伞 锥形蜡伞）
Hygrocybe conica (Schaeff.) P. Kumm.

≡ *Hygrophorus conicus* (Schaeff.) Fr.

菌盖直径 2~7 cm，初期圆锥形，后渐伸展，中部锐突，胶黏，很快变干，外表皮常破裂为纤维状绒毛；盖边缘常破裂上翘；幼时中部红棕色或橙黄色，边缘色淡，成熟后变为橄榄灰色至黑色，伤后迅速变为黑色。菌肉薄，初期淡红棕色，渐变为灰黑色，伤后变黑色。菌褶离生，稍密，薄，污白色至橙黄色，老后黑色，边缘通常锯齿状。菌柄长 6~13 cm，直径 0.5~1.2 cm，空心，圆柱形，常扭曲，湿润或干，不黏，质地极脆，上部暗红色或橙黄色，基部污白色，伤后和老后变黑色。担孢子 10.5~12.9×5.6~7.8 μm，椭圆形，光滑，无色。

夏秋季群生或散生于林中地上。有毒。分布于东北、华北、华中等地区。

图 1165

1166 具尖湿伞（参照种）
Hygrocybe cf. *cuspidata* (Peck) Murrill

菌盖直径 2~5 cm，初期锥形，渐平展，无毛，黏，猩红色，近边缘呈橙黄色至黄色，边缘具条纹，成熟时边缘常上翘或呈波浪状，常开裂。菌肉薄，淡黄色或白色，伤后稍变黑色或带灰色，不明显。菌褶离生或稍附生，成熟时稍稀，白色至淡黄色；褶缘脆，常损坏。菌柄长 5~9 cm，直径 0.5~1 cm，近圆柱形，光滑或具纵向沟纹，空心，上端橙色向下渐黄色，基部近白色。担孢子 7~10×4~7 μm，椭圆形，光滑，无色。

单生或散生于阔叶林中开阔地上。分布于华南地区。

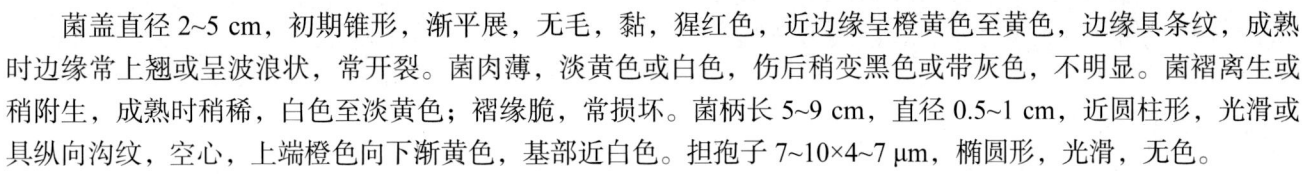

图 1166

伞菌

图 1167

1167 硬湿伞
***Hygrocybe firma* (Berk. & Broome) Singer**

菌盖直径 2~4 cm，初期扁平至平展，后期中央稍下陷，深红色、红色至橘黄色。菌肉薄，白色带淡褐色。菌褶延生，初期白色，后期淡黄色。菌柄长 3~5 cm，直径 3~5 mm，圆柱形，黄色，有时带红色。担子二型，大型担子 50~60×14~16 μm，小型担子 30~40×6~8 μm。担孢子二型，大型担孢子 13~18×7.5~11 μm，椭圆形至宽椭圆形；小型担孢子 6~9×3.5~5 μm，椭圆形，光滑，无色。

夏秋季生于热带路边土坡上或林中地上。分布于华南地区。

图 1168

1168 灰褐湿伞
Hygrocybe griseobrunnea
T.H. Li & C.Q. Wang

菌盖宽 1.6~3.2 cm，幼时平展，老后边缘上翘，中央常有裂口，灰色，局部带紫罗兰色，具黑褐色鳞片，老时部分鳞片脱落。菌肉薄，白色至带菌盖颜色。菌褶宽约 3 mm，近白色至白色，贴生至短延生，透明状，蜡质，易碎，每厘米约 4 片完全菌褶，两完全菌褶间具 1~3 片小菌褶。菌柄长 1.2~2.8 cm，直径 3~6.5 mm，圆柱形，白色至淡紫罗兰色或灰紫色，光滑。担孢子 6~8.5×4~6.5 μm，椭圆形，光滑，无色。

群生于阔叶林中的沙土地上。分布于华南地区。

图 1169-1

1169 小红湿伞（朱红蜡伞 小红蜡伞）

Hygrocybe miniata (Fr.) P. Kumm.

≡ *Hygrophorus miniatus* (Fr.) Fr.

菌盖直径 1~4 cm，初期扁半球形至钝圆锥形，后渐平展，中部略微突起，不黏，近光滑或具细微鳞片，湿时红棕色，干后色淡。菌肉薄，淡黄色。菌褶贴生至近延生，稀，较厚，蜡质，浅黄色。菌柄长 3~5 cm，直径 3~5 mm，圆柱形或略扁，有时弯曲，初实心，后空心，脆骨质，表面光滑，上部橙色略带红棕色，下部色淡。担孢子 7.5~11×5~6 μm，椭圆形，光滑，无色。

春末至秋季散生、群生于阔叶林中地上或草地上。可食。分布于东北、华中、华南等地区。

图 1169-2

图 1170

1170

变黑湿伞（参照种）

***Hygrocybe* cf. *nigrescens* (Quél.) Kühner**

菌盖直径 2~6 cm，初期圆锥形，后呈斗笠形，橙红色、橙黄色或鲜红色，常有暗色条纹，伤后或烘干后变黑色，边缘常开裂。菌肉浅黄色，伤后变黑色。菌褶浅黄色。菌柄长 4~12 cm，直径 0.5~1.2 cm，圆柱形，带橙色并有纵条纹，内部渐变空心，伤后变黑色，近基部更容易变黑色。担孢子 10~12×7.5~8.5 μm，椭圆形，光滑，近无色至带黄色。

夏秋季于针叶林或阔叶林中地上成群或分散生长。记载有毒，中毒后潜伏期较长，发病后剧烈吐泻，甚至因脱水而休克死亡。各区均有分布。

分子生物学证据显示，本文介绍的这个中国物种与欧洲变黑湿伞 *H. nigrescens* 有一定的差异，现暂作参照种处理。

图 1171

1171

青绿湿伞（青绿蜡伞）

***Hygrocybe psittacina* (Schaeff.) P. Kumm.**

≡ *Hygrophorus psittacinus* (Schaeff.) Fr.

菌盖直径 0.5~3.5 cm，初期呈斗笠形，后期渐平展；初期绿色，胶黏，后期或干后褪色呈黄色或橙黄色。菌肉薄，带黄色。菌褶直生，稍稀，不等长；初期绿色，后期褪色变为橙黄色。菌柄长 1.5~5 cm，直径 1~4 mm，初期黄绿色，后变黄色或橙色。担孢子 7~9×4.5~5 μm，椭圆形，光滑，无色至带黄色。

夏秋季生于针阔混交林中地上。可食。分布于东北和华南等地区。

图 1172-1

图 1172-2

图 1172-3

橙黄拟蜡伞

Hygrophoropsis aurantiaca (Wulfen) Maire

菌盖直径 2~7 cm，扁平，橘红色至黄褐色，中部色较深，被同色绒状鳞片。菌肉淡黄色。菌褶延生，密集，低矮，有横脉，橘黄色至橘红色，褶缘圆钝。菌柄长 3~6 cm，直径 3~8 mm，圆柱形，褐黄色。担孢子 6~8×4~5.5 μm，椭圆形至长椭圆形，光滑，无色至带黄色。

夏秋季生于林中地上。分布于中国大部分地区。

伞菌

图 1173

1173 黏白蜡伞（木蠹蛾蜡伞）
***Hygrophorus cossus* (Sowerby) Fr.**

　　菌盖直径 2~4 cm，半球形、扁半球形、凸镜形至平展，幼时白色，老熟后部分变黄色，黏，边缘稍内卷。菌肉幼时白色，老熟后变黄色，有明显的木蠹蛾气味。菌褶贴生至短延生，白色至浅暗黄色，较稀，两完全菌褶间具 1~3 片小菌褶。菌柄长 3~7 cm，直径 0.5~1 cm，圆柱形，基部常较细，白色，具纤维状毛，黏。担孢子 6~7×4~5 μm，椭圆形，光滑，无色。

　　单生或群生于阔叶林中地上。分布于华中、华南地区。

图 1174

1174 柠檬蜡伞（小黄蘑）
***Hygrophorus lucorum* Kalchbr.**

　　菌盖直径 3~5 cm，幼时近半球形，后渐平展，中部略微突起，湿时胶黏，光滑，柠檬黄色。菌肉污白色或淡黄色，中部略厚，气味淡，味道温和。菌褶延生，稍稀，初期污白色，渐变为淡黄色。菌柄长 5~9 cm，直径 0.7~1.5 cm，圆柱形，上下近等粗或下部稍粗，白色或淡黄色，表面很黏，初实心，后空心。担孢子 7.5~9×4~6.5 μm，椭圆形，光滑，无色。

　　夏秋季散生或群生于针阔混交林中地上。食用。分布于东北、华中和内蒙古地区。

图 1175-1

图 1175-2

1175 粉红蜡伞
Hygrophorus pudorinus (Fr.) Fr.

　　菌盖直径 5~13 cm，初期扁半球形，后渐平展，盖缘初内卷，具白色纤毛，肉质，湿时光滑，稍黏，初期淡黄色，渐变为肉粉色至肉红色，中部色深。菌肉厚，白色，味道柔和，具松香气味。菌褶直生至稍延生，稀，较厚，不等长，有横脉相连，白色，渐变为淡肉粉色，偶具肉粉色斑点。菌柄长 5~12 cm，直径 2~3 cm，圆柱形，上下近等粗或基部渐细，上部具白色绒毛状鳞片或絮状颗粒，下部具纤毛，与菌盖同色，湿时稍黏，实心。担孢子 8.5~11.2×5.3~6.2 μm，椭圆形，光滑，无色。

　　夏秋季群生于针阔混交林中地上。食用。分布于东北、华中等地区。

图 1176

1176 红菇蜡伞（淡红蜡伞 紫罗盘）
Hygrophorus russula (Schaeff.) Kauffman

　　菌盖直径 6~15 cm，初期凸镜形，后期渐平展，有时中部下陷；新鲜时黏滑，易变干，表面光滑，有时具细小鳞片，边缘初期内卷，浅红色至浅粉色，常具条纹和斑点。菌肉厚，韧，白色至粉色。菌褶直生至延生，密，初期白色，后期表面具浅红色斑点，不等长，蜡质。菌柄长 4~10 cm，直径 1.2~3.5 cm，圆柱形，近等粗，初期白色，后期与菌盖近同色，表面具细条纹，实心。担孢子 5.5~8×3.3~4.5 μm，椭圆形，光滑，近无色至带黄色。
　　秋季群生于针阔混交林中地上。分布于东北、华中等地区。

图 1177

1177 烟色垂幕菇（烟色沿丝伞）
Hypholoma capnoides (Fr.) P. Kumm.

≡ *Naematoloma capnoides* (Fr.) Karst.

　　菌盖直径 2~4 cm，初期半球形，后凸镜形至平展，盖缘初期内卷，后稍展开至有时上卷，潮湿时近水渍状，红褐色至赭褐色或浅橙褐色；盖缘灰黄色至灰白色，具有菌幕残片，幼时与菌柄由丝膜状白色菌幕连接，成熟后易消失。菌肉白色至灰色。菌褶直生至弯生，白色至烟紫褐色，最后呈深葡萄紫褐色。菌柄长 3~8 cm，直径 2~7 mm，圆柱形，初期上部白色至黄白色，成熟后从基部向上逐渐变为棕褐色至锈褐色，具有菌环痕迹。担孢子 7~8×4.5~5 μm，椭圆形至稍椭圆形，光滑，淡紫褐或紫灰色。
　　夏秋季丛生至簇生于针叶树腐木上或针阔混交林中腐木上。分布于东北、西北、华中等地区。

图 1178-1

1178 簇生垂幕菇（簇生沿丝伞）

Hypholoma fasciculare (Huds.) P. Kumm.

≡ *Naematoloma fasciculare* (Huds.) P. Karst.

菌盖直径 0.3~4 cm，初期圆锥形至钟形，近半球形至平展，中央钝至稍尖，硫黄色至盖顶稍红褐色至橙褐色，光滑，盖缘硫黄色至灰硫黄色，并吸水至稍水渍状，干后易转变为黑褐色至暗红褐色，或水渍状部位暗褐色，有时干后不变色；盖缘初期覆有黄色丝膜状菌幕残片，后期消失。菌肉浅黄色至柠檬黄色。菌褶弯生，初期硫黄色，后逐渐转变为橄榄绿色，最后转变为橄榄紫褐色。菌柄长 1~5 cm，直径 1~4 mm，圆柱形，硫黄色，向下逐渐变为橙黄色至暗红褐色，有时具有菌幕残痕或易消失的菌环，基部具有黄色绒毛。担孢子 5.5~6.5×4~4.5 µm，椭圆形至长椭圆形，光滑，淡紫灰色。

夏秋季簇生至丛生于腐烂的针阔叶树伐木、木桩、腐倒木、腐烂的树枝上，或埋入地下的腐木上。有毒。各区均有分布。

图 1178-2

伞菌

图 1179

1179　**砖红垂幕菇**（亚砖红沿丝伞　砖红韧黑伞）
***Hypholoma lateritium* (Schaeff.) P. Kumm.**

= *Naematoloma sublateritium* (Schaeff) P. Karst.

　　菌盖直径 1~9 cm，初期半球形至突起，后转变为宽突起至平展，有时凸顶圆头形，成熟后盖缘稍内卷或上卷，不黏至带湿气，浅茶褐色或红褐色至砖红色；边缘颜色浅，初期白色、黄白色、灰黄色至淡黄色，覆层白色至灰白色绵毛状柔毛，或具有菌幕残片，易脱落；盖顶通常不规则裂开。菌肉白色至近白色，伤后变暗色。菌褶弯生至稍直生，初期白色至黄白色，逐渐呈橄榄绿色后转变为暗灰色，最后呈浅紫褐色至深紫褐色，有时呈橄榄绿褐色或橄榄黄色。菌柄长 3~10 cm，直径 4~8 mm，上部白色至黄白色、水渍状白色，下部褐色至锈褐色。无菌环。担孢子 6~7×4~5 μm，宽椭圆形至椭圆形，光滑，淡紫灰色。

　　晚夏和秋季丛生至簇生于腐烂的阔叶树树皮、伐木、倒木、树桩或埋入地下的腐木上。有毒。分布于东北、华北、华中、内蒙古、西北等地区。

1180　**斑玉蕈**（蟹味菇　海鲜菇　真姬菇　玉蕈）
***Hypsizygus marmoreus*（Peck）H.E. Bigelow**

　　菌盖直径 2~5 cm，幼时扁半球形，后稍平展，中部稍突起，表面新鲜时污白色、浅灰白色、黄色，表面平滑，水浸状，中央有浅褐色隐斑纹，似大理石花纹；表面干后灰褐色，无环带，粗糙；边缘锐，干后内卷。菌肉稍厚，白色。菌褶近直生，污白色，干后变为浅黄褐色，密或稍稀，不等长，脆质。菌柄长 3~11 cm，直径 0.5~1 cm，圆柱形，细长稍弯曲，表面白色，平滑或有纵条纹，实心，往往丛生而基部相连或分叉。担孢子 4~5.5×3.5~4.5 μm，宽椭圆形或近球形，光滑，无色。

　　夏末至秋季丛生于阔叶树枯木及倒腐木上。可食；可栽培。优良食用菌，商品名为蟹味菇、海鲜菇。分布于东北、青藏等地区。

图 1180-1

图 1180-2

图 1180-3

图 1180-4

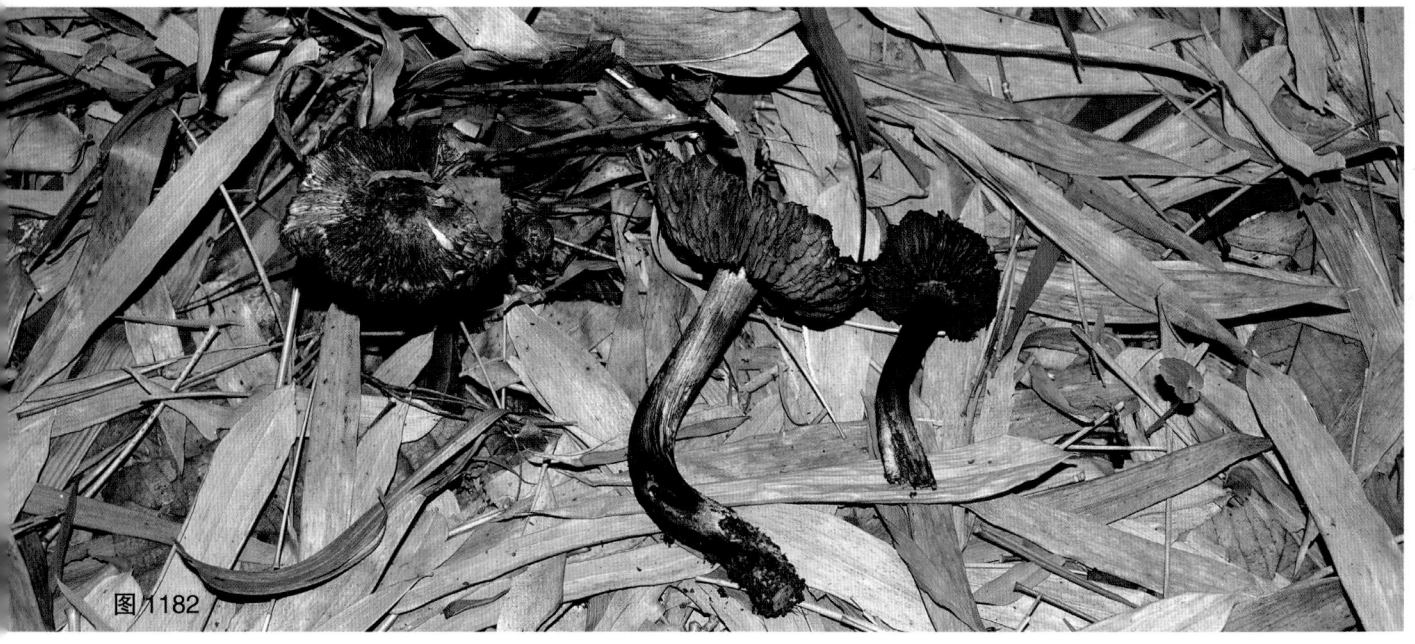

图 1181

1181 榆干玉蕈（榆干离褶伞）
Hypsizygus ulmarius (Bull.) Redhead

　　菌盖直径 8~16 cm，初期半球形至扁半球形，逐渐平展，光滑，中部浅赭石色，有时龟裂，边缘浅黄色。菌肉厚，白色。菌褶宽，弯生，稍密，白色或近白色。菌柄长 5~9.5 cm，直径 1~2 cm，圆柱形，实心，稍弯曲，偏生，白色。担孢子直径 5.4~6.5 μm，球形或近球形，光滑，无色。

　　夏秋季近丛生或丛生于榆树或其他阔叶树干上。食用。分布于东北和西北等地区。

1182 酒红丝盖伞
Inocybe adaequata (Britzelm.) Sacc.

　　菌盖直径 2.2~6 cm，幼时锥形至钟形，成熟后近平展至边缘上翻，红褐色至酒红色，后期颜色变暗，表面纤丝状，细缝裂，盖中央具钝突起，幼时菌盖边缘内卷，后展开。菌肉肉质，粉色。菌褶直生至近离生，密，幼时淡粉色，成熟后褐色，褶缘呈锯齿状。菌柄长 9~11 cm，直径 0.9~1.2 cm，圆柱形，上下等粗，表面纤丝状，暗粉色或酒红色，成熟后或伤后变黑色，具纵条纹，实心。担孢子 9.5~14.5×6~7.5 μm，近豆形，光滑，黄褐色。

　　夏季单生或散生于竹林、阔叶林或针叶林中地上。分布于东北、西北、青藏等地区。

图 1182

赭色丝盖伞
Inocybe assimilata Britzelm.

菌盖直径 1.5~2 cm，幼时钟形至半球形，后呈斗笠形或平展，盖中央具明显钝突起，有时边缘上翻，深褐色至暗褐色，颜色均一，表面粗纤丝状，细缝裂至边缘开裂。菌肉肉质，白色。菌褶密，直生，初期乳白色，后橄榄灰色，成熟后呈淡褐色，褶缘色淡，近柄端狭，向盖缘端渐膨大。菌柄长 3~4 cm，直径 2~3 mm，圆柱形，等粗或向下稍粗，基部膨大且具边缘，膨大处直径可达 5 mm，淡褐色至带淡肉色，中下部色渐淡，实心。担孢子 7~9×5~6.5 μm，不规则矩形，具不明显小疣，偶具明显突起，淡褐色至褐色。

夏季或秋季散生于阔叶林或针叶林内。分布于东北和华中地区。

图 1183

星孢丝盖伞
Inocybe asterospora Quél.

菌盖直径 2~3.5 cm，土黄褐色，表面有较明显的细缝裂，呈放射状条纹，边缘开裂，盖中央突起，突起处有不明显的平伏鳞片，盖缘无丝膜状菌幕残留。菌肉有很浓的土腥味，肉质，白色。菌褶宽可达 3.5 mm，弯生或稍离生，初期白色，后变灰色，中等密，褶片较薄，褶缘带白色。菌柄长 6~8 cm，直径 3~5 cm，圆柱形，实心，与菌盖同色，向下渐粗，被细密白霜，直至柄基部；基部球形膨大且具边缘，膨大处直径可达 6 mm。担孢子 10~11×8~9.5 μm，星形，淡褐色。

夏秋季单生于阔叶林中地上。分布于东北和西北等地。

本种的主要特征为担孢子星形，与米易丝盖伞 *I. miyiensis* 接近，但后者担孢子较大且多数担子仅有 2 个担子小梗。

图 1184

图 1185-1

图 1185-2

图 1185-3

1185 胡萝卜色丝盖伞
Inocybe caroticolor T. Bau & Y.G. Fan

菌盖直径 1.7~3.3 cm，幼时锥形至钟形，成熟后斗笠形至平展，中央具明显钝状突起，表面被平伏、辐射状鳞片，纤丝状，边缘开裂，橙黄色至杏黄色，幼时鳞片与菌盖同色，成熟后渐变褐色至红褐色，底色橘黄色至杏黄色或赭黄色。菌肉具明显芳香味，白色至淡杏黄色。菌褶宽达 3 mm，直生，密，幼时浅橘黄色至杏黄色，成熟后暗杏黄色至褐色，褶缘与褶面同色或稍淡；平滑。菌柄长 3~4.2 cm，直径 2~3 mm，圆柱形，等粗，实心，淡橘黄色至杏黄色，表面全部被粉末状颗粒。担孢子 6.5~9×5~6 μm，具 7~9 个明显至不明显疣突，黄褐色。

夏秋季单生或散生于栓皮栎林缘的路边。分布于华中地区。

图 1186

1186 薄褶丝盖伞
Inocybe casimiri Velen.

菌盖 1~2 cm，幼时半球形，被细密的刺毛状鳞片，褐黑色，成熟后渐平展，中央鳞片直立，向盖边缘逐渐平伏，深褐色，具蛛丝状菌幕或残留于菌盖边缘，易消失。菌肉白色，肉质，近表皮处带褐色。菌褶直生或弯生，稍密，幼时灰白色，后变淡褐色至褐色，褶缘浅色。菌柄长 2.8~3.5 cm，直径 2~2.5 mm，实心，上下等粗，菌幕残留处以上近白色带褐色，以下绵毛状，呈褐色且向下渐色深。担孢子 10~12.5×8~9.5 μm，具 13~15 个小疣突，淡褐色。无侧生囊状体。缘生囊状体 29~48×11~15 μm，薄壁，无色。

秋季生于褐色腐朽程度较深的树桩上。分布于东北、青藏地区。

本种在外观上与棉毛丝盖伞 *I. lanuginosa* 十分接近，但后者具有厚壁的侧生囊状体。

1187 绿褐丝盖伞
Inocybe corydalina Quél.

菌盖直径 2.6~4.5 cm，幼时钟形，成熟后呈凸镜形至平展，中央具钝突起，边缘长于菌褶，表面具平伏鳞片，纤丝状，灰褐色至褐色，有时赭褐色，中央具墨绿色，向边缘渐淡，有时不明显。菌肉厚 4~6 mm，肉质，白色至污白色，有香味。菌褶直生，很密，薄，幼时白色至灰白色，成熟后带褐色，褶缘微锯齿状，色淡。菌柄长 6~9.5 cm，直径 4~6 mm，圆柱形，等粗；基部稍膨大，直径可达 7~8 mm，实心，灰色至暗灰色；顶部具不明显的白色至灰白色纤维鳞片，向下为纤丝状，具纵条纹，常呈螺旋状；中部或中下部呈暗绿色或墨绿色，有时不明显；基部被灰白色绒毛状菌丝。担孢子 8~10×5~6 μm，椭圆形至杏仁形，光滑，黄色至黄褐色。

夏季散生于阔叶树与红松混交林中地上。分布于东北地区。

图 1187

1188 弯柄丝盖伞
Inocybe curvipes P. Karst.

菌盖 2.2~3.6 cm，幼时锥形，成熟后渐平展，中央具明显突起，突起处烟褐色，向边缘渐淡，表面被平伏的辐射状鳞片，老后边缘开裂。菌肉突起处厚 3 mm，白色，淡土腥味。菌褶宽达 3.5 mm，直生，较密，不等长，幼时灰白色带橄榄色，成熟后褐色，褶缘不平滑，色稍淡。菌柄长 3.5~4.5 cm，直径 3~5 mm，圆柱形，等粗，烟褐色，顶部和基部色淡，表面被绒毛状小纤维鳞片，基部有白色菌丝，实心。担孢子 9~11.5×5~6 μm，炮弹形，具明显至不明显的突起，淡褐色。

夏季单生或散生于林中地上或林缘路边，与杨树、柳树或落叶松关系密切。分布于东北地区。

本种的菌盖和菌柄与棉毛丝盖伞 *I. lanuginosa* 相近，但后者子实体颜色更深，担孢子形态明显不同。

图 1188

伞菌

中国大型菌物资源图鉴　857

图 1189

1189 甜苦丝盖伞
Inocybe dulcamara (Pers.) P. Kumm.

菌盖直径 1.5~2.5 cm，幼时半球形，成熟后近平展至中部下凹，表面被细密鳞片，由中央向边缘呈辐射状扩散，幼时边缘可见丝膜状菌幕残留，褐黄色，中部色深，向边缘渐淡。菌肉厚达 0.3 cm，肉质，土黄色，无明显气味。菌褶宽达 3 mm，延生，黄褐色带橄榄色，中等密，褶缘细小锯齿状。菌柄长 2.2~3 cm，直径 3~4 mm，圆柱形，等粗，表面纤维状，顶部具少许白霜状至细小头屑状颗粒。担孢子 8~10.5×6~7 μm，椭圆形至近豆形，光滑，黄褐色。

夏秋季单生至散生于阔叶树林下或路边。有毒。分布于东北、华北、西北、青藏等地区。

图 1190

1190 变红丝盖伞
Inocybe erubescens A. Blytt

菌盖直径 3~6.5 cm，幼时锥形至钟形，成熟后斗笠形至平展，幼时菌盖下弯，边缘内卷或不明显，老后菌盖边缘强烈上翻，中央突起，表面干，纤丝状，粗糙，细裂，成熟后有时边缘开裂；幼时菌盖边缘可见丝膜状菌幕残留；草黄色至赭黄色，伤后或老后逐渐带粉红色至橙红色。菌肉淀粉味不明显，肉质，白色至带粉红色或橙红色。菌褶密，直生，窄，幼时污白色至灰白色，成熟后或伤后带粉色，褶缘与褶面同色或稍淡。菌柄长 6.5~9 cm，直径 0.6~1.2 cm，圆柱形，等粗或上部渐细，基部球形膨大，实心，表面被细纤丝，顶部被粗纤维状或头屑状鳞片，中下部被白色菌丝体，表面白色至污白色，成熟后逐渐带粉红色或橙红色。担孢子 11~13.5×6.5~7.5 μm，椭圆形至长椭圆形，顶部钝，光滑，黄褐色。

夏季单生或散生于壳斗科林中地上。分布于华北、华中、西北等地区。

本种与土黄丝盖伞 *I. godeyi* 相似，但后者菌柄表面具有白色粉状颗粒。本种是丝盖伞属内毒性较大的种类，但北京地区民间仍有采食。

图 1191

1191　土味丝盖伞原变种

Inocybe geophylla var. *geophylla* (Bull.) P. Kumm.

　　菌盖直径 1.1~1.5 cm，幼时锥形，后逐渐平展，盖中央明显突起，光滑且具丝状质感，成熟后细缝裂至边缘明显开裂，白色或稍带淡黄色。菌肉浓土腥味，肉质，白色或带淡黄色。菌褶宽达 0.2 cm，幼时白色，后灰色至淡褐色，稍疏，直生，褶缘色淡。菌柄长 3~5.5 cm，直径 2~2.5 mm，圆柱形，等粗，基部稍粗，白色，顶部具白霜状鳞片，下部纤丝状，实心，常遭受虫蛀。担孢子大部分 8.5~9.5×5~6 μm，少数可达 12.5×6.5 μm，椭圆形，光滑，淡褐色。

　　夏秋季单生或散生于阔叶林或针叶林中地上。分布于东北、内蒙古和西北地区。

　　本种是丝盖伞属内少数白色种类之一，也是较为常见的种类。本种与荫生丝盖伞 *I. umbratica* 接近，但后者菌柄表面全部被白色粉状颗粒。

1192　土味丝盖伞紫丁香色变种

Inocybe geophylla var. *lilacina* (Peck) Gillet

　　菌盖直径 1.8~2.7 cm，幼时锥形或钟形，成熟后近平展，中部有较锐突起，光滑而呈纤丝感，淡紫丁香色，幼时色深，突起处淡土黄色或米黄色。菌肉带土腥味，肉质，近盖表皮处呈淡紫色。菌褶密，不等长，弯生且稍延生，幼时紫丁香色，后呈褐灰色至锈褐色，褶缘不平滑，色淡。菌柄长 4.5~6.5 cm，直径 2~4.5 mm，圆柱形，中部稍细，向下渐粗，基部钝或稍膨大，呈淡土黄色或米黄色，实心，表面近白色或呈淡紫色。担孢子 9~10×5~6 μm，椭圆形至肾形，顶部钝，淡褐色。

　　秋季散生于云冷杉林、针阔混交林或阔叶林中地上。分布于东北、青藏等地区。

　　本种因菌盖呈淡紫丁香色而成为丝盖伞属内较容易辨认的种类之一，并与土味丝盖伞蓝紫变种 *I. geophylla* var. *violacea* 十分接近，但后者子实体较小且颜色为蓝紫色。

图 1192

图 1193

1193 土味丝盖伞蓝紫变种
Inocybe geophylla var. *violacea* (Pat.) Sacc.

菌盖直径 1~1.5 cm，幼时锥形，后逐渐平展，中部有小突起，蓝紫色至深紫丁香色，中部突起处黄色，光滑。菌肉厚 1~2 mm，土味淡，肉质，白色。菌褶中等密，灰白色至黄褐色，直生，褶缘不平滑。菌柄长 2.2~3.2 cm，直径 1.5~2 mm，圆柱形，等粗或向下渐粗，基部膨大，蓝紫色，基部膨大处淡黄色，顶部具白霜状鳞片，实心。担孢子 8.5~10×5~6 μm，近杏仁形，顶端稍钝，光滑，黄褐色。

秋季散生于阔叶林中地上。分布于东北地区。

本种与土味丝盖伞紫丁香色变种 *I. geophylla* var. *lilacina* 接近，但后者子实体较大，颜色为淡紫丁香色。

图 1194

1194 光滑丝盖伞
Inocybe glabrescens Velen.

菌盖直径 2.5~3 cm，幼时钟形，后呈半球形，中部较平，无突起，表面纤丝状，米黄色至草黄色，中部淡褐色，边缘色较淡，具开裂。菌肉无明显气味，白色，肉质，近表皮处带褐色。菌褶密，直生或弯生，不等长，薄，幼时白色，后呈象牙白色，褶缘具细小齿。菌柄长 5~7 cm，直径 6~7 mm，圆柱形，实心，常遭受虫蛀，等粗或基部稍粗，顶部具白色粉状颗粒，向下渐不明显，具纵条纹，近光滑，污白色至乳白色，幼时菌柄下部可见白色绒毛状菌丝。担孢子 8.5~9.5×4.5~5.5 μm，杏仁形，顶部稍锐，光滑，褐色。

秋季生于蒙古栎、椴树、黄檗等阔叶林中地上。分布于东北地区。

图 1195

1195 土黄丝盖伞

Inocybe godeyi Gillet

　　菌盖直径 1.8~4.2 cm，幼时钟形，后呈斗笠形至平展；幼时边缘内卷，后伸展，盖中央具明显的钝状突起，盖表面丝质光滑，偶尔具不明显的鳞片，淡褐色，边缘色淡；成熟后逐渐带橙红色至粉红色，伤后即变橙红色至粉红色。菌肉土腥味，肉质，幼时白色，成熟后带橙红色。菌褶宽 2~4 mm，直生，密，幼时白色至灰白色，成熟后或伤后逐渐带橙红色至砖红色，褶缘色淡。菌柄长 3.7~5.8 cm，直径 4~6 mm，圆柱形，等粗，实心，具光泽，具纵条纹，常具有白色粉状颗粒，幼时米黄色至淡肉褐色，后逐渐变为橙红色，基部球形膨大并具明显边缘。担孢子 8.5~11×5.5~7 μm，杏仁形，顶部锐，光滑，黄褐色。

　　夏秋季生于阔叶林中地上。分布于华中和西北等地区。

　　本种因成熟后或伤后变红色而容易识别，与变红丝盖伞 *I. erubescens* 的区别在于后者无侧生囊状体。

1196 具纹丝盖伞

Inocybe grammata Quél.

　　菌盖直径 2.2~3.5 cm，幼时钟形，成熟后渐平展，盖中央具明显钝状突起；肉粉色至粉褐色；表面光滑，干燥，无细缝裂。菌肉有较浓的土腥味，肉质，白色带肉粉色。菌褶宽可达 5 mm，初期灰白色，后变灰褐色带肉粉色，密，直生，近柄处渐狭，褶片较薄，褶缘非平滑，微锯齿状，具有完整的边缘。菌柄长 4~5.5 cm，直径 3~4 mm，圆柱形，等粗，基部球形膨大，膨大处直径可达 6 mm，实心，肉粉色，表面被细密白霜。担孢子 7.5~9×5~6 μm，多角形至具疣状突起，黄褐色。

　　秋季单生于阔叶林或针叶林中地上、路边。分布于东北和华中等地区。

图 1196

图 1197

1197 海南丝盖伞
Inocybe hainanensis T. Bau & Y.G. Fan

菌盖直径 1.8~2.2 cm，幼时锥形至斗笠形或近半球形，成熟后凸镜形至近平展，表面纤丝状，成熟后近突起处表皮易破裂而形成不明显的块状鳞片，边缘具丝膜状菌幕残留，易消失，盖面草黄色至带褐色。菌肉厚 2 mm，乳白色至淡黄色。菌褶直生，密，褐黄色至褐色。菌柄长 2~2.5 cm，直径 2~3 mm，圆柱形，等粗，实心，基部稍膨大或不明显，淡紫丁香色。担孢子 8~10×5~6 μm，黄褐色，长椭圆形至略带角状。

生于热带阔叶林中地上。分布于华南地区。

1198 毛纹丝盖伞
Inocybe hirtella Bres.

菌盖直径 1.5~2 cm，幼时半球形，成熟后渐平展，中部具钝突，有时不明显，边缘下垂至伸展，有时开裂，纤丝状至绒状，土黄色至赭黄色，盖突起处带淡橙色或不明显鳞片，鳞片色深。菌肉有明显的苦杏仁味至带土腥味，肉质，白色。菌褶宽 2~3 mm，直生，密，幼时白色至灰白色，成熟后带褐色，褶缘色淡。菌柄长 3.3~4.5 cm，直径 3~4 mm，圆柱形，等粗，实心，基部膨大或不明显，具纵条纹，肉粉色，表面具白色粉末状颗粒，基部具白色绒毛状菌丝。担孢子 8.5~9.5×5~6 μm，近杏仁形至椭圆形，顶部钝至稍锐，光滑，黄褐色。

夏秋季散生于阔叶林中地上。分布于华中和东北地区。

本种与黄囊丝盖伞 *I. muricellata* 接近，但后者的子实体相对较大且菌柄为黄色至亮黄色。

图 1198

1199 暗毛丝盖伞
Inocybe lacera (Fr.) P. Kumm.

菌盖直径 1~1.5 cm，幼时锥形，后变为钟形，中央具明显或不明显的突起，褐色至暗褐色，向边缘渐淡，表面粗糙至被细密的褐色鳞片。菌肉肉质，白色，近表皮处带褐色。菌褶宽达 3 mm，中等密，直生，幼时灰白色，成熟后逐渐变为黄褐色，褶缘色淡。菌柄长 3~3.5 cm，直径 1~1.5 mm，圆柱形，等粗或向基部渐粗，基部膨大处直径达 2 mm，表面纤丝状，菌柄顶部和上部乳白色至灰白色，向下渐为褐灰色，实心。担孢子 10.5~13×4.5~5.5 μm，长椭圆形至长矩形，细长，边缘偶尔呈弱角状，顶部钝圆或稍平，光滑，黄褐色。

夏秋季单生或散生于阔叶林或针叶林中地上及林缘路边。分布于东北、西北和华中等地区。

图 1199

1200 棉毛丝盖伞
Inocybe lanuginosa
(Bull.) P. Kumm.

菌盖直径 0.8~1.5 cm，幼时半球形，成熟后菌盖呈斗笠形，表面被深褐色刺毛鳞，中部无明显突起，靠近盖中央部分鳞片直立，向盖边缘鳞片渐为平伏放射状，颜色较幼时淡。菌肉乳白色稍带褐色，无特殊气味。菌褶宽达 3 mm，幼时灰白色，后逐渐为淡褐色，直生，褶缘不平滑、色淡。菌柄长 2~3.2 cm，直径 3~4 mm，圆柱形，等粗，实心，被烟褐色纤毛状鳞片，顶部具少许白色粉末状颗粒覆盖，基部不膨大。担孢子 8~9×5.5~6.5 μm，淡褐色，具 7~10 个小突起。侧生囊状体与缘生囊状体相似，21~44×11~20 μm，厚壁，顶部尤为明显。

夏秋季单生或散生于针叶树腐木（深腐）上。分布于东北地区。

本种是丝盖伞属内为数不多的木生种类之一，其宏观特征与薄褶丝盖伞 *I. casimiri* 接近，但后者无侧生囊状体且缘生囊状体为薄壁。

图 1200

图 1201

1201 山地丝盖伞
Inocybe montana Kobayasi

菌盖直径 0.4~0.6 cm，幼时钟形，成熟后半球形，盖中央具不明显的钝突，淡灰褐色至褐色，幼时菌盖表面近光滑，成熟后具细小鳞片，鳞片灰白色，平伏至稍翘起，菌盖边缘细小开裂。菌肉白色至灰白色，肉质。菌褶宽约 1 mm，中等密，直生，幼时灰白色，成熟后黄白色，褶缘与褶面同色。菌柄长 1.2~1.5 cm，直径 1 mm，圆柱形，等粗，幼时淡褐色，顶部乳黄色，成熟后褐色，实心，基部白色，稍膨大。担孢子 8~9×6~7 μm，带不规则钝突，黄褐色。

夏季单生于亚高山针叶林内地上苔藓层中。分布于青藏地区。

本种子实体小，菌盖表面布满较小的块状鳞片，宏观特征与美孢丝盖伞 *I. calospora* 接近，但后者担孢子为针刺状。

图 1202

1202 光帽丝盖伞
Inocybe nitidiuscula (Britzelm.) Lapl.

菌盖直径 1.9~3 cm，幼时锥形，后呈钟形至渐平展，老后菌盖边缘上翻，盖中央具较小的突起，光滑、纤丝状，中央深褐色，向边缘渐淡，具有小缝裂，老后边缘开裂。菌肉白色或半透明，淡土腥味。菌褶宽达 3.5 mm，直生，老后近延生，中等密，不等长，幼时污白色，成熟后带褐色，褶缘与褶面同色。菌柄长 3~6 cm，直径 2~4 mm，圆柱形，等粗，上部粉褐色，下部淡褐色至灰白色，基部膨大且具白色绵毛状菌丝体。担孢子 9~11×5~6 μm，椭圆形至近胡桃形，光滑，淡褐色。

夏秋季单生或散生于阔叶林中地上。分布于东北地区。

图 1203

<table>
<tr><td>1203</td><td>**橄榄绿盖伞**</td></tr>
</table>

Inocybe olivaceonigra (E. Horak) Garrido

　　菌盖直径 1.1~2.3 cm，幼时锥形，成熟后渐平展，中部具钝突，边缘成熟后常开裂或向上反卷，表面纤丝状光滑，少具平伏鳞片；幼时为深墨绿色，后变为橄榄色带暗灰色，向边缘色淡。菌肉具土腥味，肉质，白色，近表皮处带绿色。菌褶宽 2.5~4.5 mm，直生，密，幼时乳白色至白色，后变为灰白色至褐色，褶缘色淡、非平滑。菌柄长 2.8~5 cm，直径 1.5~3 mm，圆柱形，等粗，实心，基部稍膨大，表面被白色粉末状颗粒，呈纵条纹，淡乳白色至米黄色，顶部和基部白色。担孢子 9~10×6~7.5 μm，具明显疣突，褐色。

　　夏季散生于壳斗科树林下。分布于华中等地区。

<table>
<tr><td>1204</td><td>**厚囊丝盖伞**</td></tr>
</table>

Inocybe pachypleura Takah. Kobay.

　　菌盖直径 0.9~1.1 cm，光滑，钟形至凸镜形，赭黄色，中部色淡，具不明显细缝裂，边缘常具细小开裂。菌肉厚 3~4 mm，具土腥味，白色。菌褶直生，密，褶缘色淡，白色至灰白色。菌柄长 2.8~3.5 cm，直径 4~5 mm，圆柱形，等粗，实心；基部膨大、具边缘，宽达 0.7 cm；表面被白色粉末状颗粒，肉粉色，基部白色。担孢子 7~8×5.5~6.5 μm，具弱疣突，褐色。

　　秋季单生于阔叶林中地上。分布于东北地区。

　　本种的识别特征是菌盖光滑，菌柄肉粉色且具白色粉末状颗粒，宏观上与具纹丝盖伞 *I. grammata* 接近，但后者菌盖中部具明显的钝突。

图 1204

图 1205

图 1206-1

图 1206-2

1205 裂丝盖伞

Inocybe rimosa (Bull.) P. Kumm.

菌盖直径可达 3~6.5 cm，幼时钟形，后平展，中部锐突，草黄色，细缝裂至开裂。菌肉白色至淡黄褐色。菌褶较密，窄，直生至近离生，草黄色、黄褐色至橄榄色，边缘色淡。菌柄长 6~9 cm，直径 3~5 mm，圆柱形，等粗，实心，白色至黄色，顶部具屑状鳞片，向下渐为纤维状鳞片。幼时可见菌幕残留，菌幕易消失。担孢子 9.5~14.5×6~8.5 μm，长椭圆形至豆形，光滑，褐色。

夏秋季生于多种阔叶林和针叶林中地上。药用。分布于东北、华北、西北、华中等地区。

1206 地丝盖伞

Inocybe terrigena (Fr.) Kuyper

菌盖直径 1.6~2.4 cm，幼时初半球形，边缘内卷，可见淡黄色丝膜状菌幕残留，后钟形，成熟后近平展至中部下凹，黄色至褐黄色，近光滑，表面被平伏鳞片，由中央向边缘呈辐射状扩散。菌肉肉质，乳黄色，气味不明显。菌褶宽达 5 mm，延生，幼时橄榄黄色，成熟后黄褐色，密，褶缘近平滑。菌柄长 3.5~5 cm，直径 6~8 mm，圆柱形，等粗，实心，菌柄顶部表面光滑，菌环以下被粗纤维鳞片，黄色至黄褐色。担孢子 8.5~9.5×4~5 μm，近豆形，光滑，黄褐色。

单生于针叶林或阔叶林路边，不常见。分布于东北和西北地区。

1207 荫生丝盖伞
Inocybe umbratica Quél.

菌盖直径 1.8~2.2 cm，幼时钟形，成熟后渐平展至反卷，中央具明显突起，白色至乳白色，表面光滑，干燥，盖缘稍长于褶，细缝裂至锯齿状，无丝膜状菌幕残留。菌肉较薄，肉质，白色。菌褶宽达 2.5 mm，初期灰白色，后变灰褐色，密，弯生，褶片较薄，褶缘微小锯齿状，非平滑，有时分叉。菌柄长 5.5~6.5 cm，直径 3~5 mm，圆柱形，实心，乳白色，等粗；基部球形膨大，具有完整的边缘，膨大处直径可达 6 mm；表面被细密白色粉状颗粒。担孢子 7~8×5~6 μm，卵圆形至椭圆形，具疣状突起，淡褐色。

夏秋季单生于阔叶林中地上。分布于东北地区。

本种与沼泽丝盖伞 *I. paludinella* 接近，但后者菌柄基部无球形膨大，且不具有完整的边缘。

1208 春生库恩菇
Kuehneromyces lignicola (Peck) Redhead

菌盖直径 1~3 cm，凸镜形，渐平展；边缘初期弯曲，后期下弯，平整至波状，湿时具条纹；表面光滑，水渍状，茶褐色，向边缘渐褪色呈黄褐色。菌肉薄，黄褐色，伤不变色。菌褶直生至弯生，稠密，浅污茶色，后期渐变为暗褐色。菌柄长 2~5 cm，直径 2~3 mm，等粗至向下渐粗，基部常弯曲，上部浅茶色、具粉状物，下部光滑至具稀疏纤丝，污酒红褐色至暗褐色，初期具填充物，后期空心。菌幕丝膜状，易消失，在菌柄上形成纤丝状残留痕迹。担孢子 5.5~8×3.5~4.5 μm，椭圆形，光滑，无色。

春季簇生于针叶树腐木上。分布于东北地区。

图 1207

图 1208

毛腿库恩菇（毛腿鳞伞 库恩菇）

Kuehneromyces mutabilis (Schaeff.) Singer & A.H. Sm.

≡ *Pholiota mutabilis* (Schaeff.) P. Kumm.

菌盖直径 2~6 cm，半球形或凸镜形，渐平展，中部常突起，边缘内卷；表面湿时稍黏，水渍状，光滑或具不明显的白色纤丝，黄褐色至茶褐色，中部常呈红褐色，边缘湿时具半透明条纹。菌肉白色至淡黄褐色。菌褶直生或稍延生，初期色浅，后期呈锈褐色。菌柄长 4~10 cm，直径 0.2~1 cm，中生，圆柱形，等粗，或向基部渐细；菌环以上近白色至黄褐色，具粉状物；菌环以下暗褐色，具反卷的灰白色至褐色的鳞片；菌柄基部无附着物或具白色絮状菌丝，内部松软后变空心。菌环上位，膜质。担孢子 5.5~7.5×3.5~4.5 μm，椭圆形或卵圆形，光滑，淡锈色。

夏秋季丛生于阔叶树倒木或树桩上。食用；可人工栽培。分布于东北、华北、西北、内蒙古、华中等地区。

图 1209-1

图 1209-2

图 1209-3

1210 白蜡蘑（白皮条菌）
***Laccaria alba* Zhu L. Yang & Lan Wang**

菌盖直径 1~3.5 cm，白色至污白色，有时带粉红色。菌肉薄，白色。菌褶淡粉红色。菌柄长 3~5 cm，直径 3~6 mm，近圆柱形，白色至污白色，光滑至有细小纤丝状鳞片，基部有白色菌丝体。担孢子 7~9.5×7~9 μm，球形至近球形，具长 1.5~2 μm 的小刺，无色。

夏秋季生于林中地上。可食。分布于华中地区。

1211 紫晶蜡蘑（紫蜡蘑 假花脸蘑 紫皮条菌）
***Laccaria amethystea* (Bull.) Murrill**

菌盖直径 2~5 cm，初扁球形，后渐平展，中央下凹呈脐状，蓝紫色或藕粉色至灰紫色，似蜡质，干燥时灰白色带紫色，后边缘波状或瓣状并有粗条纹，常有细小鳞片，不黏，有辐射状沟纹。菌肉同菌盖色，薄。菌褶直生至稍下延或近弯生，宽，稀疏，不等长，与菌盖同色或稍深，老时褪为黄褐色。菌柄长 3~8 cm，直径 2~8 mm，近圆柱形，与菌盖同色，有绒毛下部常弯曲。担孢子 8.5~13×7~11.5 μm，球形或宽椭圆形，有小刺或小疣，小刺长 1.5~2.5 μm，无色。

夏秋季单生或群生，有时近丛生于林中地上。可食。分布于中国大部分地区。

图 1211-1

图 1211-2

图 1212

1212 椭孢紫蜡蘑
Laccaria amethysteo-occidentalis G.M. Muell.

菌盖直径 0.5~6 cm，初期半球形至渐平展，中部常凹陷，幼时紫罗兰色，后渐变浅至土黄色；新鲜时表面具纤毛，干后粗糙，边缘缺刻状，不具条纹，水渍状。菌肉薄，幼时紫色，后渐变土黄色，气味温和。菌褶宽 0.5~1 mm，延生至离生，深波状至弓形，不等长，稀疏，紫罗兰色至灰紫色。菌柄长 2~5 cm，直径 2~5 mm，同菌盖色，表面具纤鳞，圆柱形，底部稍粗，具纤维状纵向条纹。担孢子 8.5~10.9×7.3~8.5 μm，宽椭圆形，表面具小刺，刺长 0.5~1 μm。

夏秋季散生于阔叶林中地上、路边沙质土上。分布于东北地区。

1213 窄褶蜡蘑
Laccaria angustilamella

Zhu L. Yang & Lan Wang

菌盖直径 2~3 cm，平展，肉色至淡肉色，中央灰色，边缘有放射状沟纹。菌肉薄，肉色至白色。菌褶肉色，窄。菌柄长 4~6 cm，直径 3~5 mm，近圆柱形，红褐色，有细小纤丝状鳞片，基部菌丝体白色。担孢子 8~11.5×8~11 μm，球形至近球形，具小刺，刺长 2.5~5 μm，近无色。

夏秋季生于亚热带常绿阔叶林中地上。可食。分布于华中地区。

图 1213

伞菌

图 1214

1214 **红蜡蘑**（蜡蘑 红皮条菌 红皮条蜡蘑）
Laccaria laccata (Scop.) Cooke

　　菌盖直径 2.5~4.5 cm，薄，近扁半球形，后渐平展并上翘，中央下凹呈脐状，鲜时肉红色、淡红褐色或灰蓝紫色，湿润时水浸状，干后呈肉色至藕粉色或浅紫色至蛋壳色，光滑或近光滑，边缘波状或瓣状并有粗条纹。菌肉与菌盖同色或粉褐色，薄。菌褶直生或近弯生，稀疏，宽，不等长，鲜时肉红色、淡红褐色或灰蓝紫色，附有白色粉末。菌柄长 3.5~8.5 cm，直径 3~8 mm，圆柱形，与菌盖同色，近圆柱形或稍扁圆，下部常弯曲，实心，纤维质，较韧，内部松软。担孢子 7.5~11×7~9 μm，近球形，具小刺，无色或带淡黄色。

　　夏秋季散生或群生于中低海拔的针叶林和阔叶林中地上及腐殖质上，或者林外沙土坡地上，有时近丛生。可食。各区均有分布。

1215 **长柄蜡蘑**
Laccaria longipes G.M. Muell.

　　菌盖直径 0.7~3.2 cm，半球形，中央微凹陷，新鲜时黄褐色至橙红色，干后土黄色，表面光滑，边缘具细条纹，缺刻状。菌肉薄，肉粉色至黄褐色，气味温和。菌褶宽 1.5~2 mm，延生，深波状，厚，不等长，稀，新鲜时肉粉色，干后红褐色至深灰色。菌柄长 4~11 cm，直径 1~3 mm，与菌盖同色，圆柱形，底部稍粗，具纤维状纵向条纹，表面具纤鳞，基部具白色菌丝体。担孢子直径 7.3~8.7 μm，球形，表面密布小刺，刺长 2~2.4 μm。

　　夏秋季散生于白桦、落叶松混交林中地上。分布于东北地区。

图 1215

图 1216

1216 条柄蜡蘑
Laccaria proxima (Boud.) Pat.

菌盖直径 2~7 cm，扁半球形至近平展，中部稍下凹，淡土红色，具微细小裂片，湿润时呈水浸状，边缘近波状且具细条纹。菌肉薄，淡肉红色。菌褶直生至延生，稀、宽、厚、淡肉红色，不等长。菌柄长 8~12 cm，直径 2~9 mm，近圆柱形，与菌盖同色或棕黄色，有纤维状纵条纹，具丝光，往往扭曲，内部松软，基部色浅并有白色绒毛。担孢子 7.5~9.5×6.5~8 μm，近卵圆形或近球形，具细小刺，无色。

夏秋季单生或群生于林中地上。可食。分布于东北、华中、内蒙古等地区。

1217 酒红蜡蘑
Laccaria vinaceoavellanea Hongo

菌盖直径 2~5 cm，扁半球形至平展，中部常下陷，肉褐色，常有细小鳞片，不黏，有长的辐射状沟纹。菌肉薄。菌褶直生至稍下延，与菌盖同色或色稍深。菌柄长 4~8 cm，直径 4~8 mm，近圆柱形，与菌盖同色。担孢子 7.5~9×7.5~9 μm，球形至近球形，具小刺，刺长 1.5~2.5 μm，近无色。

夏秋季生于林中地上。可食。分布于中国大部分地区。

图 1217

伞菌

图 1218

1218 橙红乳菇
Lactarius akahatsu Nobuj. Tanaka

菌盖直径 4~10 cm，初期扁半球形中间稍下凹，后期渐平展，中部下凹至漏斗形，边缘无条纹，淡橙色、淡黄色、淡黄褐色，湿时稍黏，具弱环纹。菌肉淡黄色，具橙色小点，气味温和。菌褶直生至短延生，近密，橙色，伤后变浅绿色，不等长。乳汁橙色。菌柄长 3~4 cm，直径 1~1.5 cm，肉质，浅橙红色，表面无窝斑，上下等粗。担孢子 8~9×6~7 μm，宽椭圆形至近椭圆形，表面具脊连成的近网纹状纹，淀粉质，无色。

夏季散生至群生于松林地上。可食。分布于东北、华中、华南地区。

1219 香乳菇
Lactarius camphoratus (Bull.) Fr.

菌盖直径 1~4 cm，凸镜形，渐变为宽凸镜形或中部凹陷，常具乳突，表面湿或干，光滑或具粉末状物，暗红褐色，常褪色至锈褐色或橙褐色，边缘后期渐呈圆齿状。菌肉浅肉桂色至近白色，硬且脆。菌褶直生或稍下延，密或稠密，近白色至浅粉色，成熟后常具浅红色至肉桂色。乳汁呈乳白色，乳清状。菌柄长 1~5.5 cm，直径 0.8~1 cm，等粗，光滑或基部具丝状物，颜色与菌盖相近或更浅。担孢子 7~8×6~7.5 μm，近球形至宽椭圆形，表面具疣突或散乱的脊状物，不连接成网，无色至近无色。

春至秋季单生、散生或群生于针叶林或阔叶林中地上。药用。分布于东北、西北、华中、华南等地区。

图 1219

1220 栗褐乳菇
***Lactarius castaneus* W.F. Chiu**

菌盖直径 4~9 cm，扁半球形至平展，表面灰黄色、淡褐色至褐橙色，胶黏，无环纹。菌肉淡褐色，苦涩。菌褶直生至延生，较密，白色至淡黄色。乳汁白色，不变色，有苦涩。菌柄长 4~8 cm，直径 0.5~1.5 cm，圆柱形或向上渐细，淡黄色至近白色，光滑，胶黏。担孢子 8.5~10.5×7~8.5 μm，宽椭圆形，近无色，有淀粉质的脊排列成不完整的网纹。

夏秋季生于针叶林中地上。分布于华中、青藏等地区。

图 1220

1221 鸡足山乳菇
***Lactarius chichuensis* W.F. Chiu**

菌盖直径 2~5 cm，平展下凹，中心具或不具棘突，边缘有时瓣裂；表面皱，干，光滑，有时呈水浸状或白霜状，老时边缘有时具半透明放射状条纹；红褐色，无环纹。菌肉与菌盖同色或稍淡，或近白色，稍苦涩至苦涩。菌褶直生至短延生，近密至密，与菌盖同色或稍深。乳汁白色，后变为水液样，无特殊气味。菌柄长 2~5.5 cm，直径 4~9 mm，中生或偏生，等粗或向下渐细。担孢子 6~7.5×5.5~7 μm，宽椭圆形，表面具由平行的脊和相连或离散的疣排列的典型斑马纹状纹。侧生大囊状体 47~90×6~12 μm，少见至丰富。

夏季散生至群生于壳斗科林中地上。分布于华中地区。

图 1221

图 1222

图 1223-1

图 1223-3

图 1223-2

1222　肉桂色乳菇
Lactarius cinnamomeus W.F. Chiu

　　菌盖直径 3~6 cm，扁半球形至平展，表面灰黄色、橄榄褐色至淡黄色、肉桂褐色，湿时胶黏，无环纹，有放射状皱纹。菌肉污白色，稍苦辣。菌褶直生至延生，密，白色至米色并带灰色至橙色色调。乳汁白色，不变色，有苦辣味。菌柄长 2~5 cm，直径 0.5~1 cm，圆柱形，与菌盖同色。担孢子 6.5~8×5.5~6.5 μm，宽椭圆形，近无色，有淀粉质的脊和疣连为不完整的网纹。

　　夏秋季生于针阔混交林中地上。分布于华中地区。

1223　松乳菇（美味松乳菇　美味乳菇）
Lactarius deliciosus (L.) Gray

　　菌盖直径 4~10 cm，扁半球形至平展，中央下凹，湿时稍黏，黄褐色至橘黄色，有同心环纹，中央下陷，边缘内卷。菌肉近白色至淡黄色或橙黄色，菌柄处颜色深，伤后呈青绿色，无辣味。菌褶幅窄，较密，橘黄色，伤后或老后缓慢变绿色。乳汁量少，橙色至胡萝卜色，不变色，或与空气接触后呈酒红色，无辣味。菌柄长 2~6 cm，直径 0.8~2 cm，圆柱形，与菌盖同色，具有深色窝斑。担孢子 7~9×5.5~7 μm，包括网纹可达 12×9 μm，宽椭圆形至卵形，有不完整网纹和离散短脊，近无色至带黄色，淀粉质。

　　夏秋季生于针叶林中地上。著名食用菌。分布于中国大部分地区。

1224 云杉乳菇
***Lactarius deterrimus* Gröger**

菌盖直径 5~10 cm，橘红色至橘黄色，局部带绿色色调，有不明显同心环纹。菌肉近白色，不辣。菌褶直生，鲜橘黄色，伤后缓慢变绿色。乳汁橘黄色至橘红色，从伤口流出后缓慢变绿色。菌柄长 3~6 cm，直径 1~3 cm，圆柱形，颜色较菌盖淡，近平滑。担孢子 8~10×6~7 μm，宽椭圆形至卵形，近无色，有不完整网纹和离散短脊，淀粉质。

夏秋季生于云杉林中地上。食用。分布于东北、青藏等地区。

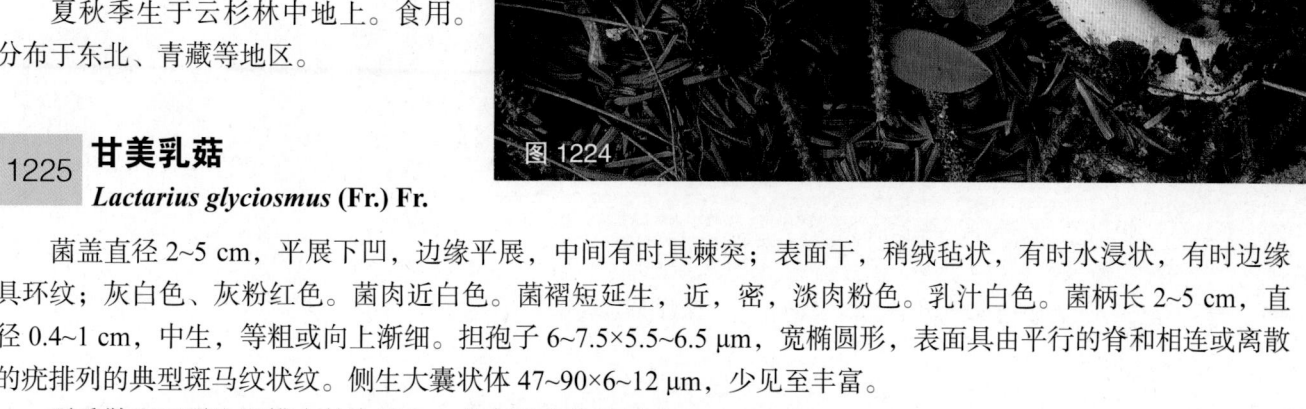

图 1224

1225 甘美乳菇
***Lactarius glyciosmus* (Fr.) Fr.**

菌盖直径 2~5 cm，平展下凹，边缘平展，中间有时具棘突；表面干，稍绒毡状，有时水浸状，有时边缘具环纹；灰白色、灰粉红色。菌肉近白色。菌褶短延生，近，密，淡肉粉色。乳汁白色。菌柄长 2~5 cm，直径 0.4~1 cm，中生，等粗或向上渐细。担孢子 6~7.5×5.5~6.5 μm，宽椭圆形，表面具由平行的脊和相连或离散的疣排列的典型斑马纹状纹。侧生大囊状体 47~90×6~12 μm，少见至丰富。

夏季散生至群生于桦木林中地上。分布于东北地区。

图 1225

伞菌

图 1226-2

图 1226-3

图 1226-1

1226 纤细乳菇
Lactarius gracilis Hongo

菌盖直径 1~3 cm，扁半球形至平展，褐色、红褐色至肉桂色，中央有一尖突，边缘具有明显的流苏状绒毛。菌肉淡褐色，不辣。菌褶乳汁少，白色。菌柄长 4~5 cm，直径 2~4 mm，圆柱形或向下渐粗，与菌盖同色或稍深，基部有硬毛。担孢子 7.5~8.5×6.5~7.5 μm，宽椭圆形，近无色，有完整至不完整的网纹，淀粉质。

夏秋季生于阔叶林或针阔混交林中地上。分布于中国大部分地区。

图 1227

1227 红汁乳菇
Lactarius hatsudake Nobuj. Tanaka

菌盖直径 3~6 cm，扁半球形至平展，灰红色至淡红色，有不清晰的环纹或无环纹，中央下陷，边缘内卷。菌肉淡红色，不辣。菌褶酒红色，伤后或成熟后缓慢变蓝绿色。乳汁少，酒红色，不变色，不辣。菌柄长 2~6 cm，直径 0.5~1 cm，伤后缓慢变蓝绿色，不具窝斑。担孢子 8~10×7~8.5 μm，宽椭圆形，近无色，有完整至不完整的网纹，淀粉质。

夏秋季生于针叶林中地上。食用。分布于中国大部分地区。

1228 毛脚乳菇
Lactarius hirtipes J.Z. Ying

菌盖直径 2~4 cm，扁半球形至平展，红褐色至橙褐色，中央下陷，无环纹。菌肉不辣。菌褶直生至延生。乳汁少，白色，不变色，稍苦涩。菌柄长 3~8 cm，直径 3~6 mm，圆柱形或向上渐细，与菌盖同色或稍浅，基部具硬毛。担孢子 6.5~8×6~7.5 μm，近球形至宽椭圆形，近无色，有完整至不完整的网纹，淀粉质。

夏秋季生于阔叶林中地上。分布于华中地区。

1229 翘鳞乳菇
Lactarius imbricatus M.X. Zhou & H.A. Wen

菌盖直径 2~5 cm，扁半球形至平展，灰色至污灰色，无环纹，被近黑色的鳞片，中部下陷但中央有一小突起。菌肉辣。菌褶乳汁丰富，白色，不变色，辣。菌柄长 2~3 cm，直径 3~6 mm，偏生，圆柱形或向上渐细，淡黄色至淡褐色，光滑。担孢子 7~9×5.5~6.5 μm，椭圆形至宽椭圆形，近无色，有脊和疣排列呈斑马纹状纹，淀粉质。

夏秋季生于亚高山针叶林中地上。分布于青藏地区。

图 1228

图 1229

图 1230

1230 木生乳菇
Lactarius lignicola W.F. Chiu

菌盖直径 3~5 cm，平展，后呈漏斗形，褐色至灰褐色，中部色较深，边缘色较淡，有不清晰的环纹或无环纹。菌肉白色，辣。菌褶淡黄色至黄褐色。乳汁白色，不变色，苦而辣。菌柄长 2~5 cm，直径 0.5~1 cm，常偏生，圆柱形，褐色，光滑。担孢子 7~8.5×6~7.5 μm，宽椭圆形，近无色，具由细线相连的疣突，淀粉质。

夏秋季生于阔叶林或针阔混交林中腐木上。分布于华中地区。

图 1231

1231 黑褐乳菇
Lactarius lignyotus Fr.

菌盖直径 4~10 cm，初期扁半球形，后渐平展，褐色至黑褐色，中部稍下凹，表面干，似有短绒毛，具黑褐色网纹。菌肉白色，较厚，伤后略变红色。菌褶宽，稀，延生，不等长，白色。乳汁白色至乳白色，与空气接触后变淡粉红色至淡粉褐色。菌柄长 3~10 cm，直径 0.4~1 cm，近圆柱形，与菌盖表面同色。顶端菌褶延伸形成黑褐色条纹，基部有时具绒毛。担孢子 9~12.5×8.5~11 μm，球形至近球形，具小刺和棱状网纹，无色，淀粉质。

夏秋季散生于林中地上，有记载生于针叶树腐木上。分布于东北、华中等地区。

图 1232

1232 橄榄褶乳菇
Lactarius necator (Bull.) Pers.

菌盖直径 5~12.5 cm，半球形，初期边缘内卷，后期渐平展，有时中部下陷，呈橄榄褐色或黄绿色，后期颜色变暗至近黑色，表面黏，具有绒状物。菌肉污白色，渐变褐色，具辛辣味。菌褶直生或延生，密，污白色或具橄榄褐色。乳汁白色。菌柄长 3~7 cm，直径 1~3 cm，颜色与菌盖相近。担孢子 7~8.5×6~7 μm，近球形，表面具脊状物，无色，淀粉质。

夏秋季群生或单生于针叶林或阔叶林中地上。可做香料。分布于东北、华中等地区。

图 1233

1233 红乳菇
***Lactarius rufus* (Scop.) Fr.**

　　菌盖直径 3~7 cm，平展下凹，后近浅漏斗形，中心具或不具棘突，表面干，常皱，稍绒毡状，红褐色、深红色，无环纹。菌肉浅红色，与菌盖同色或稍淡。菌褶延生，近密，浅红褐色。乳汁白色，不变色，无特殊气味。菌柄长 3~7 cm，直径 0.5~1 cm，中生，等粗或向下渐细。担孢子 6~7.5×5.5~6.5 μm，宽椭圆形，表面具由明显的脊和疣组成的较完整网状纹以及个别不相连的疣。侧生大囊状体 47~90×6~12 μm，少见至丰富。

　　夏季散生至群生于桦木林中地上。分布于东北地区。

1234 疝疼乳菇（毛头乳菇）
Lactarius torminosus
(Schaeff.) Gray

　　菌盖直径 5~10 cm，平展下凹，边缘平展；表面湿时稍黏，具贴生长毛；边缘具突出盖缘的长毛，有时具环纹；粉红色、淡红褐色。菌肉近白色。菌褶直生至短延生，密，淡粉红色。乳汁白色。菌柄长 2~5 cm，直径 1~2 cm，中生，等粗或向上渐细，粉红色。担孢子 8~9.5×6~7 μm，具不规则的脊相连为不完整的网纹，孤立的疣常见。侧生大囊状体 60~70×7~10 μm，不常见至常见。

　　夏秋季散生至群生于针阔混交林中地上。分布于华中地区。

图 1234

伞菌

图 1235

1235 杰氏多汁乳菇（稀褶绒多汁乳菇）
***Lactifluus gerardii* (Peck) Kuntze**

菌盖直径 2~10 cm，平展至反卷，中心常稍凹陷且具棘突，常放射状皱缩，近绒质感，表面干，灰黄色、黄褐色、褐色。菌肉厚 2~4 mm，白色。菌褶宽 0.7~1.2 cm，厚，极稀，延生，白色。乳汁白色，不变色，或变为水液样，柔和。菌柄长 3~8 cm，直径 0.5~1.7 cm，常向下渐细，表面与菌盖同色或稍深。担孢子 8~11.5×7.5~10 μm，近球形，有时宽椭圆形，表面具由较为规则的脊形成的完整的网状纹，偶具有孤立的疣突和游离的脊的末端。

夏秋季散生于阔叶林中地上。可食。分布于华中、华南等地区。

1236 蜡伞状多汁乳菇（稀褶多汁乳菇）
***Lactifluus hygrophoroides* (Berk. & M.A. Curtis) Kuntze**

菌盖直径 3~8 cm，中心凹陷，老熟后平展，边缘内卷，表面明显粉绒质感，常具不规则皱纹，橙褐色、橘红色、红褐色。菌肉厚 3~5 mm，近白色，柔和。菌褶宽 2~10 mm，延生，稀，浅黄白色、灰黄色、灰橙色。乳汁丰富，白色，不变色。菌柄长 1~4 cm，直径 0.6~1.5 cm，等粗或向下渐细，与菌盖同色或稍浅。担孢子 8~9.5×6.5~7.5 μm，椭圆形，表面具由脊相连成的不完整网状纹至近完整网状纹。

夏秋季散生于针阔混交林中地上。可食。分布于华中、华南等地区。

图 1236

图 1237

1237 辣多汁乳菇（白乳菇 辣乳菇 白多汁乳菇）
Lactifluus piperatus (L.) Roussel.

≡ *Lactarius piperatus* (L.) Pers.

　　菌盖直径 5~13 cm，初期扁半球形，中央呈脐状，最后下凹呈漏斗形，白色或稍带浅污黄白色或黄色，表面光滑或平滑，不黏或稍黏，脆，无环带，边缘初期内卷，后平展，盖缘渐薄微上翘，有时呈波状。菌肉厚，白色，坚脆，伤后不变色或微变浅土黄色，有辣味。菌褶白色或蛋壳色，狭窄，极密，不等长，分叉，近延生，后变为浅土黄色。乳汁白色，不变色。菌柄长 3~6 cm，直径 1.5~3 cm，短粗，白色，圆柱形，等粗或向下渐细，无毛。担孢子 6.5~8.7×5.5~7 μm，近球形或宽椭圆形，有小疣或稍粗糙，无色，淀粉质。

　　夏秋季散生或群生于针叶林和针阔混交林中地上。食用。分布于华中、华南等地区。

图 1238-1

1238 近辣多汁乳菇（近辣乳菇 近白乳菇）
Lactifluus subpiperatus (Hongo) Verbeken

≡ *Lactarius subpiperatus* Hongo

　　菌盖直径 9~10 cm，浅漏斗形，幼时边缘内卷，菌盖表面稍皱，干，白色至乳白色。菌肉厚 0.4 cm，白色。菌褶宽 3~4 mm，稍稀，延生。乳汁白色至奶油色，丰富，辣，缓慢变黄色至褐色，并可把菌体组织染成黄色至褐色。菌柄长 6.5~7 cm，直径 1.5~2 cm，向下渐粗，中生至略偏生，有霜粉质感，与菌盖同色。担孢子 5.5~7×5~6.5 μm，宽椭圆形、椭圆形，有稀疏的条脊和疣，近无色，淀粉质。侧生大囊状体 45~55×5.5~6.3 μm，丰富，近圆柱形、棒状，顶端圆钝，具浓稠内含物。

　　群生于壳斗科林中地上。分布于华中、华南等地区。

图 1238-2

图 1239

1239 亚绒盖多汁乳菇（亚绒盖乳菇）
Lactifluus subvellereus (Peck) Nuytinck

≡ *Lactarius subvellereus* Peck

菌盖宽 6~15 cm，扁半球形至半球形，中部下凹，渐平展，后呈浅漏斗形，盖面干，白色至污白色，有时稍带浅土黄色斑，表面密被微细绒毛，无环纹，干后或成熟后变为肉桂色，盖缘初时内卷，后伸展。菌肉致密，白色，极辛辣。菌褶幅窄，稠密，直生至稍延生，白色至浅黄色，伤后或干后呈肉桂色，不等长，常分叉。乳汁白色或略呈淡乳黄色，干后乳黄色，辛辣。菌柄长 3~8 cm，直径 2~3.5 cm，一般短粗，近圆柱形或向下稍渐细，白色有短绒毛，干后呈肉桂色。担孢子 7.5~10×5.5~8 μm，宽椭圆形、卵圆形至球形，有小疣并有连线，无色，淀粉质。

秋季单生或群生于阔叶林或针阔混交林中地上。分布于东北、华中等地区。

1240 薄囊多汁乳菇（薄囊乳菇）
Lactifluus tenuicystidiatus (X.H. Wang & Verbeken) X.H. Wang

≡ *Lactarius tenuicystidiatus* X.H. Wang & Verbeken

菌盖直径 6~10 cm，平展，中部下凹，表面黄色至褐黄色，绒状。菌肉不辣。菌褶延生，较稀，白色至奶油色。乳汁丰富，白色，无味至稍辣。菌柄长 3~7 cm，直径 1~3 cm，圆柱形或向上渐细，白色至米色，绒状至近光滑。担子具 4 个孢子。担孢子 6.5~8×5.5~7 μm，椭圆形，近无色，具由脊和疣组成的不完整网纹，淀粉质。大囊状体薄壁。

夏秋季生于阔叶林中地上。可食。分布于华中地区。

图 1240

图 1241-1

图 1241-2

<table>
<tr><td>1241</td><td></td></tr>
</table>

1241 **多汁乳菇**（红奶浆菌 牛奶菇 奶汁菇）

Lactifluus volemus (Fr.) Kuntze

≡ *Lactarius volemus* (Fr.) Fr.

　　菌盖直径 4~11 cm，初期扁半球形，后渐平展至中部下凹呈脐状，伸展后似漏斗形，橙红色、红褐色、栗褐色、黄褐色、琥珀褐色、深棠梨色或暗土红色，多覆盖有白粉状附属物，不黏，或湿时稍黏，无环带，表面光滑或稍带细绒毛，边缘初期内卷，后伸展。菌肉乳白色，伤后变淡褐色，硬脆，肥厚致密，不辣。菌褶白色或淡黄色，伤后变为褐黄色，稍密，直生至近延生，近柄处分叉，不等长，伤后有大量白色乳汁逸出。乳汁白色，不变色。菌柄长 3~10 cm，直径 1~2.5 cm，近圆柱形或向下稍变细，与菌盖同色或稍淡，近光滑或有细绒毛。担孢子 8.5~11×8~10 μm，近球形或球形，表面具网纹和微细疣，无色至淡黄色，淀粉质。

　　夏秋季散生、群生至稀单生于松林或针阔混交林中地上，常与松树形成菌根。可食。各区均有分布。

图 1241-3

图 1242

图 1243

1242 歪足乳金伞
Lactocollybia epia (Berk. & Broome) Pegler

菌盖直径 1~3 cm，扁半球形至平展，光滑，白色至奶油色。菌肉白色。菌褶直生至延生，白色至奶油色，较密。菌柄长 1~6 cm，直径 2~5 mm，与菌盖同色，常偏生。担孢子 6.5~8.5×4~5.5 μm，近杏仁形，光滑。侧生大囊状体 30~65×8~18 μm，近梭形，丰富。

夏秋季生于热带及南亚热带林中腐木上。分布于华南地区。

1243 耳状小香菇
Lentinellus auricula (Fr.) E. Ludw.

菌盖宽 3~4 cm，耳状、贝壳形或侧耳形，近基部被绒毛，白色、奶油白色或污白色，干后呈黄色，边缘内卷并撕裂或因强烈内卷而形成小菌盖，无条纹。菌肉薄，白色，干后呈黄色。菌褶宽 2.5 mm，直生或延生至基部，密至极密，白色至污白色，边缘细锯齿状，干后或老后呈黄色至黄棕色。菌柄无，叠生的子实体共同生于一个着生点上，具有弱的辛辣味或酸味。担孢子 2~3×2.5~3.5 μm，较小，近球形至球形，表面散布疣突，淀粉质。

夏季叠生于常绿阔叶林的腐木上。分布于华中地区。

1244 竹生小香菇

Lentinellus bambusinus T.H. Li et al.

菌盖宽 2~4.7 cm，黄白色至淡黄色，革质，柄上凹陷呈侧漏斗形，被绒毛。菌肉薄，伤不变色。菌褶长延伸，不等长，密，白色至淡黄色。菌柄长 3~5 cm，直径 2~4.5 mm，偏生至近侧生，白色至淡黄色，被绒毛，有纵条纹，革质，实心。担孢子 5.8~7.2×2.8~3.6 μm，椭圆形，无色，近光滑至稍粗糙，淀粉质。

夏秋季生于竹子茎上。分布于华中地区。

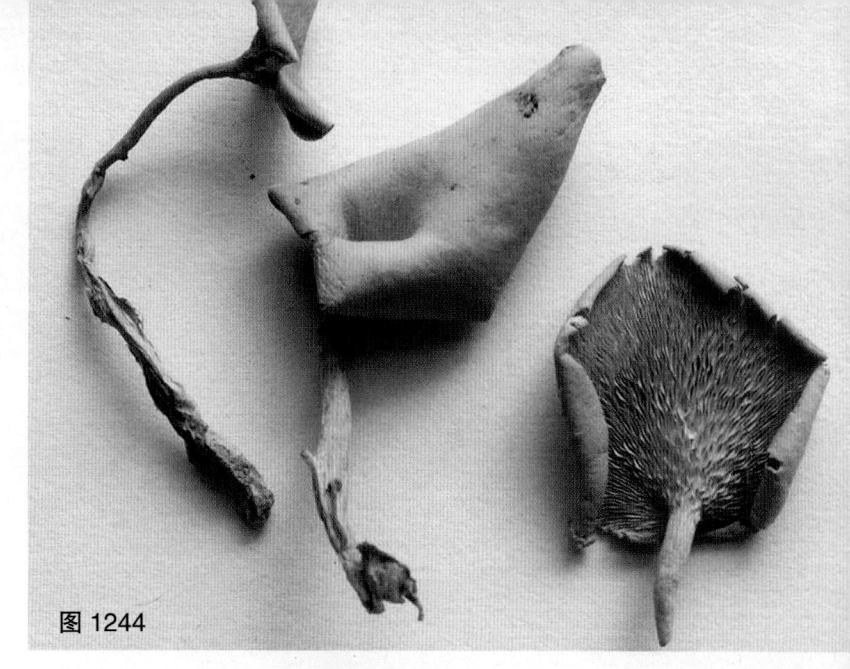

图 1244

1245 褐毛小香菇

Lentinellus brunnescens Lj.N. Vassiljeva

菌盖宽 3~5 cm，平展至凸镜形，淡褐色至淡黄褐色，菌盖整个表面被细小的刺状绒毛，基部密布绒毛，颜色渐深至黄褐色、褐色，边缘无条纹，内卷。菌肉白色，稍带黄色或淡褐色，厚实，尤其是基部菌肉坚韧。菌褶直生至延生，密至极密，薄，呈黄褐色，干后颜色稍深；边缘为整齐的锯齿状。菌柄长 1~2 cm，直径 1~1.5 cm，侧生，粗壮，与菌盖同色或稍深至黄褐色、褐色，表面密布粗毛。子实体辛辣味。担孢子 4.5~5×4.5~5 μm，球形至近球形，无色，强淀粉质。

单生或群生于针阔混交林中阔叶树的腐木上。分布于东北地区。

图 1245

1246 海狸色小香菇

Lentinellus castoreus (Fr.) Kühner & Maire

菌盖宽 2~5 cm，侧耳形，赭棕色、肉鲑棕色，或稍带粉红棕色，幼时内卷，向内渐生绒毛，近基部处绒毛密而厚，密布呈毯状，污白色或灰白色或带棕色。菌肉薄，污白色，厚实。菌褶深度延生，密，肉色至淡棕色；幼时边缘全缘，渐渐变成波浪状。菌柄无，基部宽，并带有淡红棕色至棕色的绒毛。子实体气味弱，稍麻辣。担孢子 4~5×3~3.5 μm，椭圆形至宽椭圆形，无色，薄壁，具疣突，淀粉质。

生于针阔混交林中腐木上。分布于青藏地区。

图 1246

伞菌

图 1247-1

图 1247-2

1247 **贝壳状小香菇**（螺壳状革耳 螺壳状小香菇）

Lentinellus cochleatus (Pers.) P. Karst.

　　菌盖宽 3~6 cm，初期为勺形或平展，后期呈心形或漏斗形，表面光滑，淡黄褐色或茶褐色，边缘稍内卷。菌肉白色或稍带淡棕色，近栓革质或革质。菌褶延生，密，淡黄褐色至肉桂色，边缘锯齿状。菌柄长 3~8 cm，直径 0.3~1.2 cm，侧生或偏生，与菌盖同色或稍淡，较韧，螺旋状扭曲并与其他菌柄融合在一起，延生的菌褶至菌柄上，向下具有深皱纹或具条棱。担孢子较小，3~4×4~5 μm，宽椭圆形至椭圆形，表面具有疣，无色，淀粉质。

　　生于针阔混交林或阔叶林中腐木上。分布于东北、西北、华中等地区。

　　本种与粗毛小香菇 *L. vulpinus* 相似，但是粗毛小香菇的子实体通常木质化，干时坚硬，而贝壳状小香菇具有较长的菌柄，非木质化，干时脆。

图 1248

1248 扇形小香菇
Lentinellus flabelliformis (Bolton) S. Ito

　　菌盖宽 0.8~2.5 cm，表面光滑，平展，淡棕色、肉桂棕色至榛色，幼时边缘全缘，老后边缘呈锯齿状或缺刻状，露出宽而稀的菌褶，菌盖边缘水浸状。菌肉白色或淡棕色，薄。菌褶近延生或延生，稀，边缘锯齿状，鲜时淡棕色。菌柄长 0.1~1 cm，直径 2~6 mm，表面光滑，淡棕色、棕色、暗红棕色或同盖色。子实体气味弱，稍带辛辣味。担孢子 4.5~6.5×3.5~5 μm，宽椭圆形，表面散布疣突，无色，淀粉质。

　　群生于针阔混交林的枯腐树皮至树干上。分布于东北、西北、华中等地区。

1249 吉林小香菇
Lentinellus jilinensis Yu Liu & T. Bau

　　菌盖宽 2~3 cm，幼时呈扇形或近勺形或近平展，中间凹陷呈脐状，光滑，肉桂色至淡粉棕色、红棕色，干时呈深红棕色至黑棕色；边缘色深，稍内卷。菌肉薄，软，白棕色至淡黄棕色。菌褶宽 2~2.5 mm，延生，较稀，淡粉棕色至肉桂色，边缘细锯齿状。菌柄长 2~4 cm，直径 3~7 mm，具有浅的纵向沟纹，偏生至侧生，肉桂色至淡粉棕色。子实体辛辣味。担孢子 4~5×3.5~4.5 μm，椭圆形至卵圆形，有疣，无色，淀粉质。

　　秋季单生或小群体着生于针叶树或落叶树腐木上。分布于东北地区。

　　本种与贝壳状小香菇 *L. cochleatus* 相似，但是本种的子实体单生，而不为合生，并且菌柄上无明显的纵棱。

图 1249

图 1250

1250 中国小香菇

Lentinellus sinensis R.H. Petersen

　　菌盖宽 3~10 cm，半圆形至宽楔形，凸镜形至贝壳形，近柄处具凹陷或沟纹，表面光滑，鲜时肉桂色至黄棕色，干时红棕色至烟草棕色；边缘平展，稍内卷。菌肉常水浸状，白色至淡棕色，纤维质。菌褶延生，极密，较窄；边缘近全缘，有时呈波浪状或不明显的锯齿状。菌柄长 4~10 mm，直径 4~8 mm，圆柱形，上部表面颜色同盖色，向下颜色渐深至基部深棕色。子实体具弱的辛辣味。担孢子 2.5~3.5×2~2.5 μm，宽椭圆形至近球形，有疣，无色，强淀粉质。

　　生于针阔混交林或阔叶林中的落叶树的腐木上。分布于东北地区。

图 1251

1251 北方小香菇

Lentinellus ursinus (Fr.) Kühner

　　菌盖宽 3~10 cm，侧耳形，表面干，淡褐色、肉桂色或红褐色，中部至基部着生有短小的细刺状纤毛，近基部处浓密，榛色至棕色，边缘淡棕色或肉桂色，稍水浸状；边缘内卷，全缘或裂齿状。菌肉淡棕色，软。菌褶宽 4~5 mm，直生至延生，密，淡棕色至肉桂棕色，边缘波状至锯齿状。菌柄无，着生基部宽，常密生有灰棕色粗毛。子实体具有强烈的酸味或胡椒味。担孢子 3.5~4.5×2.8~3.2 μm，较小，宽椭圆形至椭圆形，具小疣，无色，淀粉质。

　　夏秋季生于槭树、桦木等阔叶树腐木上。分布于东北、华北、华中、西北、青藏等地区。

图 1252

1252 粗毛小香菇
Lentinellus vulpinus (Sowerby) Kühner & Maire

　　菌盖宽 2~4 cm，侧耳形，表面淡棕色至淡黄棕色，成熟后或干时红棕色。幼时具有密而厚的淡黄色至淡棕色绒毛，近边缘内卷，具有辐射状的沟纹或条纹。菌肉厚 1~6 mm，污白色或淡棕色，近似木栓质。菌褶薄，延生，密，淡黄棕色至淡红棕色；边缘浅锯齿状。菌柄长 1.5~2.5 cm，直径 0.8~1.5 cm，侧生，常几个子实体的菌柄合生在一起，合生的菌柄具淡棕色纵向条纹，木质化，延生的菌褶在菌柄下部形成纵向的沟纹。子实体具辛辣味或弱酸味。担孢子 3.5~4×3~3.5 μm，椭圆形，具小疣，无色，淀粉质。

　　簇生于针阔混交林中榆树等阔叶树腐木上。分布于东北地区。

香菇（香蕈 香信 冬菇 花菇 香菰）
Lentinula edodes (Berk.) Pegler

菌盖直径 5~12 cm，呈扁半球形至平展，浅褐色、深褐色至深肉桂色，具深色鳞片，边缘处鳞片色浅或污白色，具毛状物或絮状物，干燥后的子实体有菊花状或龟甲状裂纹，菌缘初时内卷，后平展，早期菌盖边缘与菌柄间有淡褐色绵毛状的内菌幕，菌盖展开后，部分菌幕残留于菌缘。菌肉厚或较厚，白色，柔软而有韧性。菌褶白色，密，弯生，不等长。菌柄长 3~10 cm，直径 0.5~3 cm，中生或偏生，常向一侧弯曲，实心，坚韧，纤维质。菌环窄，易消失，菌环以下有纤毛状鳞片。担孢子 4.5~7×3~4 μm，椭圆形至卵圆形，光滑，无色。

秋季散生、单生于阔叶树倒木上。著名食用菌。分布于东北、华中、华南等地区。

图 1253-1

图 1253-2

图 1253-3

图 1253-4

图 1253-5

图 1254

1254 环柄香菇（环柄斗菇 环柄侧耳）
Lentinus sajor-caju (Fr.) Fr.

≡ *Pleurotus sajor-caju*（Fr.）Singer

菌盖直径 4~17 cm，软革质，干时变硬，凸镜形中凹至杯形、漏斗形或近扇形，开始污白色，常带灰色斑点，后淡黄色、灰黄褐色至灰褐色，光滑至被绒毛，有时被平伏暗色小鳞片，常具条纹，老时可龟裂。菌肉韧，干时坚硬，角质，白色。菌褶长延生，污白色，与盖同色至更暗，薄，窄，极密。菌柄长 1.5~5 cm，直径 0.8~1.5 cm，中生、偏生或侧生，圆柱形，硬，实心，白色至与菌盖同色。菌环明显至不明显，幼时白色至淡黄褐色，较厚，后期如脱落常仍有环痕。担孢子 5~8×2~2.5 μm，圆柱形，常弯曲，无色，非淀粉质。

夏秋季单生至群生于阔叶树和针阔混交林腐木上。分布于华南地区。

曾有人误用环柄香菇 *L. sajor-caju* 作为栽培食用菌肺形侧耳（凤尾菇）*P. pulmonarius* 的学名，但后者菌柄上无菌环。

图 1255-1

图 1255-2

<table>
<tr><td>1255</td></tr>
</table>

翘鳞香菇

Lentinus squarrosulus Mont.

菌盖直径 4~13 cm，薄且柔韧，凸镜形中凹至深漏斗形，灰白色、淡黄色或微褐色，干，被同心环状排列的上翘至平伏的灰色至褐色丛毛状小鳞片，后期鳞片脱落；边缘初内卷，薄，后浅裂或撕裂状。菌肉厚，革质，白色。菌褶延生，分叉，有时近柄处稍交织，白色至淡黄色，密，薄。菌柄长 1~3.5 cm，直径 0.4~1 cm，圆柱形，近中生至偏生或近侧生，常向下变细，实心，与菌盖同色，常基部稍暗，被丛毛状小鳞片。担孢子 5.5~8×1.7~2.5 μm，长椭圆形至近长方形，光滑，无色，非淀粉质。

群生、丛生或近叠生于针阔混交林或阔叶林中腐木上。幼时可食。分布于华南地区。

图 1256

图 1257

1256 红柄香菇
Lentinus suavissimus Fr.

菌盖宽 7~12 cm，宽凸镜形下凹至深脐状或近漏斗形；表面淡黄色至橙黄色、黄褐色，光滑无毛；边缘内卷，波状或瓣状开裂。菌肉厚，白色至淡黄色，坚韧。菌褶常延生，常在菌柄顶端联合交错成网状，白色或近白色，干时黄褐色，窄，较密。褶缘锯齿状。菌柄长 0.5~3 cm，直径 0.5~1.3 cm，中生、偏生、侧生或无，圆柱形，基部稍膨胀，实心；表面与菌盖同色至暗红褐色，光滑，上部有菌褶延生形成的网状结构，有时基部被长柔毛，基部有时长入基物的树皮中。担孢子 6~8×2.5~3.4 μm，近圆柱形，光滑，无色，非淀粉质。

夏秋季生于阔叶树枯立木上。幼时可食。分布于东北、西北和华中等地区。

1257 锐鳞环柄菇
Lepiota aspera (Pers.) Quél.

菌盖直径 4~10 cm，近平展，污白色至黄褐色，被锥状或颗粒状深色鳞片。菌肉白色，肉质。菌褶离生，污白色，密，不等长。菌柄长 5~12 cm，直径 0.5~2 cm，菌环以上污白色、近光滑，菌环以下被浅褐色、锥状、易脱落的鳞片。菌环上位，膜质。担孢子 5.5~7.5×2~3 μm，侧面观椭圆形至近圆柱形，背腹观近圆柱形，光滑，无色，拟糊精质。盖表鳞片由膨大细胞连成念珠状。

夏秋季生于公园或树林中。分布于中国大部分地区。

1258 肉褐色环柄菇（褐鳞小伞）

Lepiota brunneoincarnata
Chodat & C. Martín

菌盖直径 2.5~6 cm，初近锥形或钟形，后平展，中突，粉肉色至粉褐色，具粉褐色、粉红褐色或暗紫褐色鳞片；中央褐色，边缘没有鳞片的部位常呈白色或污白色。菌肉薄，白色。菌褶离生，白色至乳白色，密，不等长。菌柄长 3~6 cm，直径 4~8 mm，近圆柱形，空心，与菌盖同色，菌环以下常有鳞片，菌环以上颜色较浅，顶部近白色。菌环上位，往往只留有膜质的痕迹。担孢子 6.5~9×4~5 μm，卵圆形至宽椭圆形，光滑，无色，拟糊精质。

夏秋季生于阔叶林中地上。此菇极毒，含毒肽和毒伞肽。分布于东北、西北、华南等地区。

图 1258

1259 栗色环柄菇

Lepiota castanea Quél.

菌盖直径 2~4 cm，初期近钟形至扁平，后期平展而中部下凹，中央突起，表面土褐色至浅栗褐色，中部色暗，上面布满粒状小鳞片。菌肉薄，污白色。菌褶离生，呈黄白色，不等长，较密。菌柄长 2~4 cm，直径 2~4 mm，细，圆柱形，空心；菌环以上近光滑，污白色，菌环以下同菌盖色，有细小的呈环状排列的褐色鳞片。菌环不明显，上位。担孢子 9~12.5×4~5.5 μm，近梭形，光滑，无色，拟糊精质。

夏季生于针叶林中地上。分布于东北、华中等地区。

图 1259

图 1260-1

图 1260-2

图 1261-1

1260　细环柄菇（盾形环柄菇）
Lepiota clypeolaria (Bull.) P. Kumm.

菌盖直径 3~9 cm，污白色，被浅黄色、黄褐色、浅褐色至茶褐色鳞片。菌肉薄，肉质，白色。菌褶白色。菌柄长 5~12 cm，直径 0.4~1 cm，菌环以上近光滑、白色，菌环以下密被白色至浅褐色绒状鳞片，基部常具白色的菌索。菌环白色，绒状至近膜质，易脱落。担孢子 11~15×4.5~7 μm，侧面观纺锤形或近杏仁形，光滑，无色。

夏秋季生于林中地上。分布于中国大部分地区。

1261　光盖环柄菇
Lepiota coloratipes Vizzini et al.

菌盖直径 0.8~3 cm，污白色、米色至淡褐色，成熟时表面平滑。菌肉薄，肉质，白色。菌褶白色至米色。菌柄长 1.5~4 cm，直径 1~3 mm，表面浅肉色至淡褐色，有时污白色。菌环上位，丝膜状，易消失。担孢子 3~4×2.5~3 μm，宽椭圆形至椭圆形，光滑，无色，拟糊精质。盖表皮由子实层状排列的细胞组成。

夏秋季生于阔叶林或针阔混交林中腐殖质上。分布于华中地区。

图 1261-2

图 1261-3

图 1262-1

图 1262-2

1262 冠状环柄菇（小环柄菇）
Lepiota cristata (Bolton) P. Kumm.

　　菌盖直径 1~7 cm，白色至污白色，被红褐色至褐色鳞片，中央具钝的红褐色光滑突起。菌肉薄，白色，具令人作呕的气味。菌褶离生，白色。菌柄长 1.5~8 cm，直径 0.3~1 cm，白色，后变为红褐色。菌环上位，白色，易消失。担孢子5.5~8×2.5~4 μm，侧面观麦角形或近三角形，无色，拟糊精质。盖表鳞片由子实层状排列的细胞组成。

　　单生或群生于林中、路边、草坪等地上。有毒。分布于中国大部分地区。

图 1262-3

图 1263-1

图 1263-2

图 1264-1

1263 冠状环柄菇大孢变种

Lepiota cristata var. *macrospora* (Zhu L. Yang) J.F. Liang & Zhu L. Yang

菌盖直径 1.5~5 cm，白色至污白色，被红褐色至褐色的鳞片。菌肉污白色至淡红褐色，常具令人作呕的气味。菌褶离生，白色。菌柄长 2.5~7 cm，直径 2~4 mm，下半部红褐色，上半部色较浅，空心。菌环上位，白色，膜质，易脱落。担孢子 6~8×3~4 μm，侧面观近三角形，基部具延伸的距，腹面腹鼓状，两侧具明显突起，无色，拟糊精质。

单生或群生于林中、路边、草坪等地上。有毒。分布于中国大部分地区。

1264 拟冠状环柄菇

Lepiota cristatanea J.F. Liang & Zhu L. Yang

菌盖直径 1.5~4.5 cm，半球形至平展中央突起，白色至污白色，具红褐色、褐色至紫褐色的块状鳞片，中央具较钝的红褐色至暗褐色突起。菌肉薄，白色，常具令人作呕的气味。菌褶离生，白色。菌柄长 2~5.5 cm，直径 2~7 mm，近圆柱形，浅红褐色至黄褐色。菌环上位，白色，膜质，易脱落。担孢子 4~5.5×2.5~3 μm，侧面观近三角形，基部近平截，距不明显，腹面呈腹鼓状，背腹观卵圆形，无色，拟糊精质。

单生或群生于林中、路边、草坪中的地上。有毒。分布于华中地区。

图 1264-2

1265 白环柄菇

Lepiota erminea (Fr.) P. Kumm.

菌盖直径 3~5 cm，初期半球形，后期渐平展，中部具明显脐突，表面白色，具黄褐色鳞片，边缘具沟纹。菌肉薄，肉质，白色。菌褶白色，密，离生。菌柄长 6~9 cm，直径 3~6 mm，圆柱形，向基部渐粗，白色。菌环上位，白色，易脱落。担孢子 12.5~15.5×4.5~5.5 μm，近纺锤形，光滑，无色，拟糊精质。

夏秋季生于林中地上。分布于东北、华北、华中地区。

1266 绒鳞环柄菇

Lepiota fuscovinacea

F.H. Møller & J.E. Lange

菌盖直径 3~5 cm，密被淡褐色平伏或稍上翘的绒毛状至絮状鳞片；边缘常内卷，并悬挂有絮状物。菌肉白色，伤不变色。菌褶离生，白色至米色。菌柄长 4~6 cm，直径 3~7 mm，污白色、粉红色至肉红色，被褐色平伏或稍反卷的绒状至絮状鳞片。菌环易破碎而悬挂于菌盖边缘。担孢子 4.5~6×2~2.5 μm，侧面观椭圆形，光滑，无色，拟糊精质。

夏秋季单生或群生于林中或路边地上。分布于中国大部分地区，但较稀少。

图 1265

图 1266-1

图 1266-2

图 1267

1267　褐鳞环柄菇
Lepiota helveola Bres.

　　菌盖直径 1~4 cm，初期扁半球形，后平展，中部稍突起，表面密被红褐色或褐色小鳞片，常呈带状排列，中部鳞片密集。菌肉白色。菌褶离生，较密，白色。菌柄长 2~6 cm，直径 3~5 mm，圆柱形，淡黄褐色，基部稍膨大。菌环上位，小而易脱落。担孢子 5~9×3.5~5 μm，椭圆形，光滑，无色，拟糊精质。

　　春至秋季单生或群生于林中、林缘草地上。有毒。分布于华北、西北、华中等地区。

图 1268-1

图 1268-2

1268 雪白环柄菇
Lepiota nivalis W.F. Chiu

菌盖直径 1.2~2.5 cm，扁半球形至平展，白色，被辐射状丝质鳞片。菌肉薄，肉质，白色。菌褶离生，白色。菌柄长 2~3 cm，直径 2~3 mm，近圆柱形，白色。菌环白色，膜质。担孢子 6~7.5×3.5~4.5 μm，侧面观呈杏仁形，背腹观卵圆形，光滑，无色，拟糊精质。盖表皮由匍匐辐射状排列的直径 3~5 μm 的菌丝组成。

生于林中地上。分布于华中地区。

1269 粒鳞环柄菇
Lepiota pseudogranulosa Velen.

菌盖直径 1.5~2.5 cm，初半球形，后钟形至扁半球形，具淡黄褐色或淡粉黄色粒状鳞片，易脱落，白色，边缘具絮状残片。菌肉白色。菌褶离生，稍密，白色。菌柄长 3~7 cm，直径 1.5~2.5 mm，近圆柱形，具粉粒状鳞片。菌环上位，易脱落。担孢子 4.5~5.5×2~3 μm，椭圆形，光滑，无色，拟糊精质。

夏秋季散生或单生于林中地上。食用。分布于华南地区。

图 1269

伞菌

图 1270

1270 红褐环柄菇
Lepiota rubrotincta Peck

菌盖直径 3~6 cm，表皮红褐色、砖红色至暗红褐色，径向撕裂而形成鳞片。菌肉薄，膜质至肉质，白色。菌褶离生，白色。菌柄长 3.5~8 cm，直径 0.5~1 cm，近圆柱形，表面白色，光滑。菌环上位，膜质，白色。担孢子 7.5~9.5×4.5~5 μm，侧面观杏仁形，背腹观近卵圆形，光滑，无色，拟糊精质。盖表鳞片末端细胞披针形至近圆柱形。

生于林间草地上或林中地上。用途不明。分布于中国大部分地区。

1271 始兴环柄菇
Lepiota shixingensis Z.S. Bi & T.H. Li

菌盖宽 3.5~4 cm，近卵圆形、钟形、凸镜形具中突至平展具中突，橙色至橙褐色，中央深褐色，被小鳞片和小刺毛，常有许多黄色、橙色至紫褐色小液滴。菌肉白色，伤不变色。菌褶离生，稍密，不等长，黄色。菌柄长 4~7 cm，直径 5~7 mm，圆柱形，上部白色，下部淡褐色至与菌盖同色，空心，有绒毛和小刺毛。菌环上位，白色。担孢子 5~7×3.5~4.5 μm，近椭圆形，有芽孔，无色，光滑，拟糊精质。

散生于林中含植物残体的地上或腐木上。分布于华南地区。

图 1271

1272 红鳞环柄菇
Lepiota squamulosa T. Bau & Yu Li

菌盖直径 0.5~2 cm，半球形，后平展，中部突起，密被粉红色鳞片，边缘具外菌幕残余片。菌肉白色，薄。菌褶白色，稍密，弯生。菌柄长 1.8~3.5 cm，直径 1~2 mm，中生，纤维质，中下部密被与菌盖表面相同的鳞片，上部白色。菌环上位，易落。担孢子 4.5~5.5×2.5~3.5 μm，椭圆形，光滑，无色，非淀粉质。

夏季生于枯枝落叶上。分布于东北、内蒙古和华北地区。

1273 白香蘑
Lepista caespitosa (Bres.) Singer

菌盖直径 3~8 cm，凸镜形，后期近平展，表面白色，边缘近波状。菌肉白色。菌褶直生或稍下延，后期离生，密，白色至浅粉色。菌柄长 2~5 cm，直径 0.8~1 cm，向基部渐膨大。担孢子 5.5~6.5×3.5~4.5 μm，卵圆形至椭圆形，具小疣，无色。

夏秋季群生至丛生于阔叶林及针阔混交林中地上或腐殖质层上。可食。分布于华北、东北和西北地区。

图 1272

图 1273

图 1274-1

图 1274-2

图 1274-3

1274 **黄白香蘑**（狐色晶蘑　卷边杯伞　倒垂杯伞）

Lepista flaccida (Sowerby) Pat.

= *Clitocybe inversa* (Scop.) Quél.

　　菌盖直径 2.5~8 cm，凸镜形，后期渐平展，中部下陷至浅漏斗形，边缘初期内卷，有时呈波状至稍浅裂，表面湿，光滑，水渍状，浅橙褐色、粉褐色至肉桂色或红褐色，边缘颜色较浅。菌肉薄，与菌盖近同色，气味芳香，味道温和。菌褶延生，中等宽，密至稠密，浅杏黄色。菌柄长 2~7 cm，直径 5~7 mm，等粗或基部稍膨大，表面湿，具微细条纹，颜色与菌盖相近，基部具浅黄色菌丝体。担孢子 4~4.5×3.5~4 μm，近球形至宽椭圆形，表面具小刺，乳黄色。

　　秋季至初冬散生或群生于针叶林和阔叶林等林中地上。可食。分布于东北、西北、青藏等地区。

1275 淡色香蘑
Lepista irina (Fr.) H.E. Bigelow

菌盖直径 4~13 cm，扁平至平展，中央稍突起，白色、奶油色或浅肉色至米色，光滑，干，中央淡黄色至淡褐色，边缘内卷。菌肉厚，柔软，污白色至肉色。菌褶白色、污白色至肉色，密或较密，直生或稍弯生，不等长。菌柄长 5~12 cm，直径 1~2 cm，圆柱形，污白色至带肉粉色，有纵向沟纹和丝状鳞片，实心。担孢子 7.5~9.5×4~5.5 μm，椭圆形至宽椭圆形，近光滑或有细小疣，无色。

夏秋季生于针叶林、阔叶林或针阔混交林中地上。可食。分布于东北、内蒙古、西北、青藏等地区。

图 1275-1

1276 紫丁香蘑（紫晶蘑）
Lepista nuda (Bull.) Cooke

菌盖直径 3~12 cm，扁半球形至平展，有时中央下凹，盖皮湿润，光滑，初蓝紫色至丁香紫色，后褐紫色；边缘内卷。菌肉较厚，柔软，淡紫色，干后白色。菌褶直生至稍延生，不等长，密，蓝紫色或与盖面同色。菌柄长 4~8 cm，直径 0.7~2 cm，圆锥形，基部稍膨大，蓝紫色或与菌盖同色，下部光滑或有纵条纹，稍有弹性，实心。担孢子 5~8×3~5 μm，椭圆形，近光滑或具小麻点，无色。

秋季群生、近丛生、散生于针阔混交林中地上。食用。分布于东北、西北、华中、内蒙古等地区。

图 1275-2

图 1276

图 1277

1277 粉紫香蘑
Lepista personata (Fr.) Cooke

菌盖直径 5~16 cm，初期半球形或凸镜形，后期渐平展，奶油色至浅紫粉色，渐褪色至污白色。菌肉厚，白色至灰白色。菌褶离生至弯生，密，浅粉色、奶油色至浅褐色。菌柄长 5~7 cm，直径 1.5~3 cm，基部球茎膨大，有时向基部渐细，表面覆盖淡紫色纤维状鳞片。担孢子 7.5~8.5×4~5 μm，椭圆形，有小麻点，无色。

夏秋季群生于草地上或树林边缘。食药兼用。分布于东北、内蒙古和西北地区。

1278 花脸香蘑（花脸蘑 紫花脸）
Lepista sordida (Schumach.) Singer

菌盖直径 4~8 cm，幼时半球形，后平展，有时中部下凹，湿润时半透状或水浸状。新鲜时紫罗兰色，失水后颜色渐淡至黄褐色，边缘内卷，具不明显的条纹，常呈波状或瓣状。菌肉淡紫罗兰色，较薄，水浸状。菌褶直生，有时稍弯生或稍延生，中等密，淡紫色。菌柄长 4~6.5 cm，直径 0.3~1.2 cm，紫罗兰色，实心，基部多弯曲。担孢子 7~9.5×4~5.5 μm，宽椭圆形至卵圆形，粗糙至具麻点，无色。

初夏至夏季群生或近丛生于田野路边、草地、草原、农田附近、村庄路旁。食用；可栽培。分布于东北、西北、内蒙古、华中等地区。

图 1278

图 1279-1

1279 粉褶白环蘑

Leucoagaricus leucothites

(Vittad.) Wasser

菌盖直径 5~11 cm，白色至奶油色，表面光滑，有时出现龟裂，中央有时浅灰色至灰色。菌肉白色。菌褶离生，幼时白色，成熟后米色或略带粉色。菌柄长 5~15 cm，直径 0.5~2 cm，圆柱形，幼时白色，成熟后中下部多呈灰褐色。菌环中位，白色至奶油色，不易脱落。担孢子 8~9×5.5~6.5 μm，椭圆形，光滑，近无色，拟糊精质。

夏秋季单生或群生于林中地上、林缘草地上或草地上。可能有毒，避免采食。分布于中国大部分地区。

1280 翘鳞白环蘑

Leucoagaricus nympharum

(Kalchbr.) Bon

菌盖直径 5~13 cm，平展，白色至近白色，被暗灰褐色至黑褐色反卷鳞片。菌肉近白色至与菌盖同色或稍浅色。菌褶离生，白色至淡粉色，后淡褐色。菌柄长 4~13 cm，直径 0.4~1.5 cm，圆柱形，浅褐色至与菌盖同色。菌环中位，可活动，厚，米色至淡褐色。担孢子 8~11×5.5~7.5 μm，椭圆形至卵圆形，顶部不平截，光滑，无色，拟糊精质。

夏季生于茂密荫蔽的针叶林中地上或腐木上。分布于青藏地区。

图 1279-2

图 1280

伞菌

图 1281

1281 黄盖白环蘑
Leucoagaricus orientiflavus Z.W. Ge

菌盖直径 3~8 cm，平展，蜡黄色至鲜黄色，有黄白色絮状鳞片，边缘有条纹。菌肉白色至微黄色，伤不变色。菌褶离生，稍密，白色。菌柄长 5~10 cm，直径 0.5~1 cm，圆柱形，黄白色至浅黄色。菌环中上位，膜质，黄白色，可活动，易脱落。担孢子 6.5~7.5×3.5~4 μm，侧面观杏仁形，背腹观窄卵圆形，光滑，无色，拟糊精质。

夏季散生于路边和林中地上。分布于华中地区。

1282 纯黄白鬼伞
Leucocoprinus birnbaumii (Corda) Singer

菌盖直径 3~8 cm，被黄色、硫黄色至黄褐色鳞片，边缘具细密的辐射状条纹。菌肉乳白色。菌褶离生，乳黄色。菌柄长 4~11 cm，直径 2~5 mm，圆柱形，乳黄色至黄色，基部明显膨大。菌环中上位，上表面乳黄色至黄色，下表面淡黄色，易脱落。担孢子 9~10.5×6~7.5 μm，侧面观卵状椭圆形或杏仁形，背腹观椭圆形或卵圆形，具明显的芽孔，光滑，无色，拟糊精质。

夏秋季散生至群生于林中地上、路边及室内花盆中。据记载有毒。分布于中国大部分地区。

图 1282-1

图 1282-2

图 1283-1

图 1283-2

1283 易碎白鬼伞

Leucocoprinus fragilissimus (Ravenel ex Berk. & M.A. Curtis) Pat.

菌盖直径 2~4 cm，平展，膜质，易碎，具辐射状褶纹，近白色，被黄色至浅绿黄色的粉质细鳞。菌肉极薄。菌褶离生，黄白色。菌柄长 5~10 cm，直径 2~4 mm，圆柱形，淡绿黄色，脆弱。菌环上位，膜质，白色。担孢子 10~13×7~9 μm，侧面观卵状椭圆形至宽椭圆形，背腹观椭圆形或卵圆形，光滑，无色，拟糊精质。

夏秋季单生至散生于林中地上或草丛中地上。分布于华中、华南等地区。

图 1284-1

1284 球根白丝膜菌（白丝膜菌）

Leucocortinarius bulbiger (Alb. & Schwein.) Singer

菌盖直径 3~10 cm，扁半球形至平展，中部具不明显的突起，光滑，红褐色、褐色至淡褐色，被白色至污白色毡状鳞片，不黏。菌肉白色，伤不变色。菌褶弯生，白色至米色。菌柄长 4~9 cm，直径 0.5~1 cm，近圆柱形，近白色，被鳞片，基部明显膨大。担孢子 7.5~9×4.5~5.5 μm，椭圆形至宽椭圆形，厚壁，光滑，无色。

夏秋季生于林中地上。可食。分布于中国大部分地区。

图 1284-2

图 1285

图 1286-1

图 1286-2

1285 大白桩菇（雷蘑）

Leucopaxillus giganteus (Sowerby) Singer

　　菌盖直径 9~40 cm，幼时钟形，后近平展，中部多下凹，成熟后多呈浅漏斗形，污白色、青白色或带灰黄色，光滑，成熟后表面或具环纹；幼时边缘内卷，后逐渐伸展至稍上翻。菌肉白色，较厚。菌褶很密，窄，不等长，延生，白色至乳白色，老后为米黄色。菌柄长 4~8 cm，直径 2~3 cm，粗壮，白色至乳白色，光滑，肉质。担孢子 6.3~8×4~5 μm，宽椭圆形，近光滑，无色，淀粉质。

　　夏季或秋季生于草地、路边或林缘，常形成蘑菇圈。可食。分布于东北、西北和内蒙古地区。

1286 粉褶白桩菇

Leucopaxillus rhodoleucus (Romell) Kühner

　　菌盖直径 3~8 cm，扁平至平展，白色至奶油色，并常带粉红色，边缘内卷。菌肉较厚，白色。菌褶直生至弯生，粉红色至淡粉红色。菌柄长 4~8 cm，直径 0.5~2 cm，圆柱形，白色带粉红色。担孢子 6.5~8×5~6 μm，宽椭圆形，有疣突，淀粉质。

　　夏秋季生于亚高山林中地上。分布于青藏地区。

图 1287

1287 木生囊环菇
Leucopholiota lignicola (P. Karst.) Harmaja

　　菌盖直径 2.5~4 cm，半球形，深黄棕色至赭色，表面具有明显的鳞片，中部鳞片呈丛毛状；边缘内卷，幼时具有丝状菌幕，成熟后带有丝状的菌幕残余。菌肉厚，黄白色至白色稍带淡棕色。菌褶直生，密，不等长，污白色至淡污棕色。菌柄长 3.5~4.8 cm，宽 5~7 mm，圆柱形，与菌盖同色，表面具有明显的鳞片；基部膨大，色稍深，棕色；菌环以上淡棕色或污棕色，具浅纵棱。菌环上位。担孢子 4.5~6×2~2.5 μm，椭圆形，薄壁，无色，淀粉质。

　　秋季单生或散生于白桦等腐木上。分布于东北地区。

1288 地衣亚脐菇
Lichenomphalia hudsoniana
(H.S. Jenn.) Redhead et al.

　　菌盖直径 1~3 cm，扁半球形至平展，淡黄色至奶油色，光滑，不黏，中央下陷，边缘有辐射状沟纹。菌肉薄，近白色至淡黄色。菌褶直生，奶油色至淡黄色，较稀。菌柄长 3~5 cm，直径 3~5 mm，白色至污白色；基部叶状体直径 0.5~1.2 cm，绿色至深绿色。担孢子 7~8.5×3.5~4.5 μm，椭圆形，光滑，无色，淀粉质。

　　夏秋季生于亚高山林中地上。与藻类共生并形成叶状体和子实体。分布于青藏地区。

图 1288

伞菌

图 1289-1

图 1289-2

1289 赭黄黏伞
Limacella ochraceolutea P.D. Orton

菌盖直径 3~7 cm，半球形至扁平，初期褐黄色、褐色至肉桂褐色，凹凸不平，成熟后中央有钝突，褐黄色，至边缘色变淡，胶黏，边缘有胶化的菌幕残余。菌肉白色，伤不变色。菌褶离生，米色至近白色。菌柄长 5~10 cm，直径 0.3~1 cm，圆柱形，污白色，稍黏。菌环强烈胶化，常悬垂在菌盖边缘。担子 25~30×6~7 μm。担孢子 4~5×3.5~4 μm，宽椭圆形至近卵形，无色，表面有细小的疣突。

夏秋季生于林中地上。分布于华中地区。

图 1290

罗勒亚脐菇

Loreleia postii (Fr.) Redhead et al.

　　菌盖直径 5~8 cm，扁半圆形，成熟时近漏斗形，表面黄色稍带橙红色，中央处凹陷，脐状；边缘幼时内卷，具条纹，波状。菌肉近白色至淡黄色，干后近白色。菌褶较宽，较稀疏，延生，淡黄色。菌柄长 3~5 cm，直径 5~8 mm，圆柱形，弯曲，表面被细绒毛，淡黄褐色至褐色，中下部颜色稍深，基部具白色菌丝团状纤毛。担孢子 7~8×6.5~7.5 μm，球形，光滑，内含树脂状或颗粒状物，无色，非淀粉质。

　　夏秋季散生于林中地上。分布于东北地区。

1291 **银白离褶伞**（合生离褶伞 丛生杯伞）

Lyophyllum connatum (Schumach.) Singer

≡ *Clitocybe connata* (Schumach.) Gillet

　　菌盖直径 3~10 cm，初期凸镜形，后期渐平展，有时中部稍突，白色至近灰白色，近边缘具皱条纹。菌肉厚，白色。菌褶直生至延生，不等长，稠密，白色至浅黄色。菌柄长可达 15 cm，直径 2~5 cm，圆柱形，下部弯曲，常有许多菌柄丛生在一起，内部实心至松软。担孢子 5.5~7×2.5~3.5 μm，椭圆形，光滑，无色。

　　秋季丛生于阔叶林中地上。食用。分布于华北、东北和西北等地区。

图 1291

伞菌

图 1292-1　　　　　　　　　　　　　图 1292-2

1292　荷叶离褶伞（荷叶菇 冻菌 冷香菌 北风菌）
Lyophyllum decastes (Fr.) Singer

菌盖直径 5~16 cm，扁半球形至平展，中部下凹，灰白色至灰黄色，光滑，不黏，边缘平滑且初期内卷，后伸展呈不规则波状瓣裂。菌肉中部厚，白色。菌褶直生至延生，稍密至稠密，白色，不等长。菌柄长 3~8 cm，直径 0.7~1.8 cm，近圆柱形或稍扁，白色，光滑，实心。担孢子 5~7×4.8~6 μm，近球形，光滑，无色。夏秋季丛生于草地或阔叶林边缘落叶层或富含有机质的地上。可食。分布于东北、华北和华中地区。

1293　烟色离褶伞（簇生离褶伞 褐离褶伞 块根蘑）
Lyophyllum fumosum (Pers.) P.D. Orton

菌盖直径 3~6 cm，扁半球形至平展，灰色至灰褐色，光滑，不黏。菌肉白色，伤不变色。菌褶直生至弯生，白色至污白色，密。菌柄长 4~10 cm，直径 0.3~1 cm，圆柱形，白色至灰白色；多个菌柄长在一起，形成块状基部。担孢子 5~6.5×4~5 μm，宽椭圆形至近球形，光滑，无色。

夏秋季生于林中地上。可食。分布于中国大部分地区。

图 1293

VII

图 1294

1294 紫皮离褶伞
Lyophyllum ionides (Bull.) Kühner & Romagn.

　　菌盖直径 2~5 cm，扁半球形至扁平，紫罗兰色至蓝紫色，有时有灰色至褐色色调。菌肉近白色至淡褐色。菌褶弯生，白色至米色。菌柄长 3~6 cm，直径 3~6 mm，圆柱形，与菌盖同色或稍淡。担孢子 5~6×2.5~3 μm，椭圆形，光滑，无色。

　　夏秋季生于林中地上。可食。分布于中国大部分地区。

1295 白褐离褶伞
Lyophyllum leucophaeatum (P. Karst.) P. Karst.

　　菌盖直径 5~10 cm，凸镜形，后期渐平展，有时中部稍具突起，边缘波状，表面干，初期具毡毛状物，后期渐变为辐射状纤毛，稍呈水渍状，污白色、橄榄灰色至灰褐色，后期渐变为浅灰褐色至赭褐色。菌肉与菌盖近同色，伤后初期变蓝色，后变黑色。菌褶弯生至近延生，密，窄，污白色、浅褐色至灰褐色。菌柄长 6~9 cm，直径 1~2 cm，圆柱形，等粗或向下渐粗，表面与菌盖近同色，具暗色纤毛，干，基部具白色绒毛状物，上部具浅灰色粉末，空心。担孢子 6~8.5×2.5~3.5 μm，长椭圆形，具小疣，无色。

　　夏秋季单生或群生于针叶林、阔叶林或针阔混交林中地上。食用。分布于内蒙古和西北地区。

图 1295

图 1296

1296	**洛巴伊大口蘑（金福菇）**

Macrocybe lobayensis (R. Heim) Pegler & Lodge

　　菌盖直径 3~28 cm，污白色、象牙白色或淡灰褐色，不黏，初期半球形或扁半球形，后渐平展或中部稍下凹。菌肉厚，白色，无明显气味。菌褶较密，宽，弯生，不等长，白色。菌柄长 7~16 cm，直径 5.5~10 cm，基部可膨大至直径 10 cm 以上，常多个相连，白色，实心。担孢子 5~7.5×3.5~5 μm，卵圆形至宽椭圆形，光滑，无色。

　　春夏季常丛生至簇生于草地或蕉林地上。食用；已能人工栽培，商品名为金福菇。分布于华南地区。

1297	**大囊伞**

Macrocystidia cucumis

(Pers.) Joss.

　　菌盖直径 2~3 cm，扁半球形至扁平，中部红褐色至暗红褐色，边缘黄色。菌肉淡黄色，具有黄瓜味。菌褶弯生，白色至米色。菌柄长 2~4 cm，直径 3~6 mm，圆柱形，下部褐色至暗红褐色，上部色较淡。担孢子 8~10×4~5 μm，椭圆形至长椭圆形，光滑，无色。

　　夏秋季生于林中地上。分布于中国大部分地区。

图 1297

VII

图 1298-1

图 1298-2

<table>
<tr><td>1298</td><td>脱皮大环柄菇</td></tr>
</table>

1298 脱皮大环柄菇
Macrolepiota detersa Z.W. Ge et al.

菌盖直径 8~12 cm，白色至污白色，被褐色至浅褐色、易脱落的壳状鳞片。菌肉白色。菌褶白色至米色。菌柄长 10~20 cm，直径 1.5~3 cm，圆柱形，近白色，被同色细小鳞片或近光滑。菌环上位，白色，大，膜质，易破碎。担孢子 14~16×9.5~10.5 μm，侧面观椭圆形，类糊精质，顶部具有盖芽孔。盖表鳞片由栅状排列的近圆柱形菌丝组成。

夏秋季生于林下、林缘及路边地上。可食。分布于华中地区。

1299 长柄大环柄菇
Macrolepiota dolichaula (Berk. & Broome)
Pegler & R.W. Rayner

菌盖直径 6~16 cm，白色至污白色，被浅褐黄色至浅褐色的点状细鳞。菌肉肉质，白色。菌褶离生，白色至米色。菌柄长 7~24 cm，直径 0.8~2.5 cm，圆柱形，近白色，被同色细小鳞片或近光滑。菌环上位，膜质，白色。担孢子 12.5~16×8~10.5 μm，侧面观近椭圆形至卵形，顶部具有盖芽孔，近无色至淡黄色，类糊精质。盖表鳞片由栅状排列的近圆柱形菌丝组成。

夏秋季生于林下、林缘及路边地上。可食。分布于华南地区。

图 1299

伞菌

图 1300

1300 裂皮大环柄菇
Macrolepiota excoriata (Schaeff.) Wasser

　　菌盖直径 5~8 cm，初期球形，后平展，白色，中部呈淡土黄色，不黏，表面龟裂呈淡土黄色斑状鳞片。菌肉白色。菌褶离生，密，白色。菌柄长 5~11.5 cm，直径 7~9 mm，圆柱形，基部稍膨大，白色。菌环上位，白色，能上下活动，易脱落。担孢子 11.2~16.3×7.5~9.6 μm，椭圆形，光滑，无色，拟糊精质。

　　夏秋季群生或散生于草原、林中草地上。可食。分布于华北、西北、内蒙古、青藏等地区。

伞菌

图 1301

1301 高大环柄菇（高脚环柄菇 高环柄菇 高脚菇 雨伞菌）
***Macrolepiota procera* (Scop.) Singer**

菌盖直径 7~30 cm，初卵圆形，后平展具中突，中部褐色，有锈褐色棉絮状鳞片，边缘污白色，不黏。菌肉白色。菌褶离生，较密，白色。菌柄长 13~40 cm，直径 0.8~1.5 cm，圆柱形，与菌盖同色，具褐色细小鳞片，基部膨大呈球形。菌环上位，易脱落。担孢子 14~18×10~12 μm，卵圆形至宽椭圆形，光滑，无色，拟糊精质。

夏秋季单生或散生于草地或林缘地上。食用。各区均有分布。

1302 黄褶大环柄菇
***Macrolepiota subcitrophylla* Z.W. Ge**

菌盖直径 7~12 cm，近白色，具浅褐黄色至淡褐色、淡褐色或浅红褐色的片状鳞片。菌肉肉质，白色。菌褶浅黄色至奶油色。菌柄长 10~14 cm，直径 1~1.6 cm，圆柱形，密被淡黄色细鳞，基部膨大呈近球形至近平截状。菌环上位，膜质。担孢子 9.5~11.5×6.5~7.5 μm，侧面观卵状椭圆形至近杏仁形，光滑，顶部具有盖芽孔，无色，拟糊精质。盖表鳞片由呈栅状排列的细胞组成。

夏秋季单生或散生于针叶林缘地上。可食。分布于华中地区。

图 1302-1

图 1302-2

1303 具托大环柄菇
***Macrolepiota velosa* Vellinga & Zhu L. Yang**

菌盖直径 7~9 cm，被褐色至深褐色片状或块状鳞片；中央褐色至深褐色，在鳞片之外有时有白色至污白色的膜状残余。菌肉肉质，白色。菌褶白色。菌柄长 10~17 cm，直径 0.4~1 cm，基部膨大呈近球形。菌环上位。菌托浅杯状，膜质。担孢子 9~11×6~7.5 μm，近杏仁形至椭圆形，顶部具有盖芽孔，光滑，无色，拟糊精质。缘生囊状体窄棒状。盖表鳞片由近卵形至近球形的细胞链状组成。

夏秋季生于热带林地上。分布于华南地区。

1304 白微皮伞（白皮微皮伞）
***Marasmiellus candidus* (Fr.) Singer**

= *Marasmiellus albocorticis* Singer

菌盖宽 0.5~3 cm，扁平，钟形、凸镜形至平展，中央微凹，膜质，白色至灰白色，有绒毛，边缘有条纹或沟条纹。菌肉白色，极薄，无味道。菌褶直生至短延生，稀，白色，不等长，稍有分枝和横脉。菌柄长 0.3~2 cm，直径 1.5~4 mm，圆柱形，白色，下部色暗，后变暗灰褐色。担孢子 10~17×3~5 μm，瓜子形至长椭圆形，光滑，无色，非淀粉质。

群生或丛生于阔叶树的腐木或枯枝上。分布于华南地区。

图 1303

图 1304

伞菌

图 1305

1305 皮微皮伞
Marasmiellus corticum Singer

菌盖宽 0.6~4 cm，平展，凸镜形至扇形，中央下凹，膜质，干后胶质，白色，半透明，被白色细绒毛，具辐射沟纹或条纹。菌肉膜质，白色。菌褶直生，白色，稍稀，不等长。菌柄长 3~9 mm，直径 1~1.5 mm，圆柱形，偏生，常弯曲，白色，被绒毛，基部菌丝体白色至黄白色。担孢子 7~10×4~5.5 μm，椭圆形，光滑，无色。

夏秋季群生于针阔混交林中腐木上或竹竿上。分布于华南地区。

图 1306

1306 树生微皮伞
Marasmiellus dendroegrus Singer

菌盖直径 0.6~2 cm，淡黄褐色至褐色，平展至平展脐凹或突出脐凹，膜质，有辐射状沟纹。菌肉微黄褐色，极薄，无味。菌褶直生，不等长，有分叉，黄褐色至橙褐色或褐色。菌柄长 0.7~2.5 cm，直径 0.4~1.8 mm，圆柱形，中生至偏生，黄色至黄褐色，空心，黄色菌索发达。担孢子 5~7×3~4 μm，椭圆形至梨核形，光滑，无色。

夏秋季群生于阔叶林中腐木上。分布于华南地区。

图 1307

1307 半焦微皮伞
Marasmiellus epochnous (Berk. & Broome) Singer

菌盖宽 0.2~0.7 cm，贝壳形、凸镜形、肾形、近圆形至椭圆形，初期白色至近白色，后期微褐色至带粉红橙灰色，被粉末状细绒毛至近光滑，有沟纹。菌肉白色至带菌盖的颜色。菌褶白色，老后部分带淡褐色，直生或离生，不等长，分叉，稍稀至稍密。菌柄长 0.3~0.5 cm，直径 0.5 mm，偏生至近侧生，白色，被粉末状绒毛。担孢子 6~8×3.5~4.5 μm，椭圆形，光滑，无色。

夏秋季群生于阔叶林中枯枝上。分布于华南地区。

图 1308

1308 栎微皮伞（参照种）
Marasmiellus cf. *quercinus* Singer

　　菌盖直径 2~2.5 cm，凸镜形至平展微突，中部常稍为下凹，褐色、栗褐色至肉桂色，中央下凹处及边缘色较浅，呈浅黄色；被绒毛，边缘有不明显条纹。菌肉薄，较菌盖色浅。菌褶不等长，灰白色。菌柄长 4~8 cm，直径 2~3.5 mm，初颜色较浅，渐变淡褐色至暗褐色或与菌盖色接近，老时近黑褐色，纤维质，空心。担孢子 5~7×2.5~3.5 μm，卵圆形，光滑，无色。

　　夏秋季散生至群生于阔叶林中枯枝落叶上。分布于华南地区。

1309 枝生微皮伞
Marasmiellus ramealis (Bull.) Singer

　　菌盖直径 0.5~1 cm，幼时钟形，成熟后渐平展，菌盖中部稍下凹，表面具条状沟纹；淡粉色至淡褐色，中部色深；幼时菌盖边缘内卷，成熟后逐渐展开。菌肉薄，白色。菌褶较稀，近延生，污白色至淡粉色，不等长。菌柄长 0.5~1.5 cm，直径 1~2 mm，圆柱形或弯曲，上部色淡，下部为褐色至深褐色，表面被粉状颗粒，基部有绒毛，实心。担孢子 8~10×3~4 μm，披针形至长椭圆形，内部具油滴。

　　夏季生于枯枝或其他植物残体上，生长于较阴暗潮湿环境中，雨后常大量发生。分布于东北、青藏、内蒙古等地区。

图 1309

伞菌

图 1310

图 1311

1310 狭褶微皮伞
Marasmiellus stenophyllus (Mont.) Singer

菌盖宽 0.4~1.2 cm，白色，不黏，半球形至平展，或中央稍凹陷，膜质，有辐射状沟纹，上被短绒毛。菌肉极薄，白色。菌褶稀疏，狭窄，不等长，直生至短延生，白色。菌柄长 0.5~1.5 cm，直径 1~1.5 mm，圆柱形，白色，有时成熟后从基部起渐变淡肉桂褐色，有绒毛，柄基吸盘状，空心。担孢子 6~8×3~3.5 μm，梨核形，光滑，无色，非淀粉质。

夏秋季丛生、群生于阔叶林及针叶林中小枝上或腐木上。分布于华南地区。

1311 特洛伊微皮伞（参照种）
Marasmiellus cf. *troyanus* (Murrill) Dennis

菌盖宽 1.5~2 cm，偏圆形、肾形至扇形，白色至灰白色，有时带灰橙褐色或带肉红色，膜质，被粉末状绒毛，常有沟纹。菌肉薄，白色。菌褶直生，不等长，具微弱横脉，近白色。菌柄长 0.2~0.3 cm，直径 2~2.5 mm，侧生或偏生，圆柱形，近白色至淡褐色，有白色绒毛，实心。担孢子 8.5~10×4.5~5.5 μm，椭圆形至梨核形，光滑，无色，非淀粉质。

单生至近群生于阔叶林中腐木或枯枝上。分布于华南等地区。

1312 灰白小皮伞

Marasmius albogriseus (Peck) Singer

菌盖宽 1.5~3.3 cm，突出具脐凹至平展具脐凹，膜质，中央灰褐色，边缘灰白色，水渍状，具辐射条纹或弱沟纹，光滑或被稀疏白绒毛。菌肉与菌盖同色，边缘处消失。菌褶直生，较密，横脉明显，白色至近白色。菌柄长 3.2~5.8 cm，直径 2~4.5 mm，圆柱形，顶端淡褐色，下部褐色，被绒毛，纤维质，空心，基部有白色绒毛状菌丝体。担孢子 6~9×3.6~5 μm，梨核形，光滑，无色。

群生至近簇生于竹林和阔叶林落叶层上。分布于华南、华中等地区。

图 1312

1313 白紫小皮伞

Marasmius albopurpuratus

T.H. Li & C.Q. Wang

菌盖直径 1~2 cm，近凸镜形，中部凹陷且常具深沟纹，边缘稍内卷，多皱，光滑；初期中部紫色，边缘白色至乳白色，成熟后呈淡紫色，褶皱处颜色加深。菌肉薄，白色至乳白色。菌褶直生至近离生，初期白色、乳白色至淡紫色，成熟后颜色变淡，通常发育不完全，浅皱褶状，稀疏，多数未达菌盖边缘。菌柄长 6.3~9 cm，直径 1.5~3 mm，圆柱形，光滑，空心，上部紫白色至淡紫色，向下渐变褐色。担孢子 20~25×4~6 μm，近棒状至近纺锤形，薄壁，无色。

夏秋季散生至群生于木麻黄林落叶层或草地上。分布于华南地区。

图 1313

1314 白柄小皮伞

Marasmius albostipitatus

Chun Y. Deng & T.H. Li

菌盖直径 1.5~2.5 cm，钟形、凸镜形至斗笠形，橙色至深橙色，中央有一宽的脐突，边缘颜色稍浅，有弱条纹。菌肉薄，白色至淡黄色。菌褶直生，奶油色，较稀。菌柄长 3~6 cm，直径 2~3 mm，圆柱形，白色，光滑，无附属物。担孢子 7~13×3.5~5.6 μm，泪滴状至椭圆形，光滑，无色。

单生或群生于灌草丛腐殖质上。分布于华中地区。

图 1314

图 1315

1315 竹生小皮伞
Marasmius bambusinus Fr.

菌盖直径 0.3~1 cm，半球形至凸镜形，膜质，橙褐色至橙铁锈色，被微细绒毛，有时成熟后有弱沟纹。菌肉薄。菌褶直生，稀至较密，白色。菌柄长 4~8 cm，直径 0.5 mm，褐色，光滑，非直插入基物内，基部菌丝体白色。担孢子 17~24×3~4 μm，披针形至长梭形，光滑，无色，透明，薄壁，非淀粉质。

单生至群生于竹叶上。分布于华南等地区。

图 1316

1316 美丽小皮伞（参照种）
Marasmius cf. *bellus* Berk.

菌盖直径 1.5~2.5 cm，半球形至钟形，后平展具脐凹，膜质，浅黄色至黄白色，干，有绒毛或光滑，边缘整齐，有条纹。菌肉薄，白色。菌褶直生，稀疏，窄，淡黄色。菌柄长 3~6 cm，直径 1 mm，上部白色，下部橙色至褐色，被不明显绒毛或光滑，纤维质，空心，非直插入基物内，基部菌丝体白色，粗。担孢子 8~12×3~3.5 μm，椭圆形，有偏生尖突，光滑，无色。

群生至丛生于竹林中落叶或小枝上。分布于华南地区。

图 1317

1317 伯特路小皮伞
Marasmius berteroi (Lév.) Murrill

菌盖宽 0.4~2 cm，斗笠状、钟形至凸镜形，橙黄色、橙红色、橙褐色至铁锈色，干，被短绒毛，有沟纹，中微脐凹。菌肉薄，近白色至带菌盖颜色，无味道或有辣味。菌褶盖缘处每厘米 12~20 片，不等长，白色至浅黄色，直生至弯生。菌柄长 2~4 cm，直径 0.5~1.3 mm，与菌盖同色至带紫褐色，上部色较浅，有光泽，基部具菌丝体。担孢子 10~16×3~4.5 μm，梭形至披针形，光滑，无色。

夏秋季群生于阔叶林中枯枝落叶上。分布于华南地区。

1318 狭缩小皮伞
Marasmius coarctatus Wannathes et al.

菌盖直径 1.8~3.5 cm，凸镜形至平展，黄褐色至灰橙褐色，光滑或有弱条纹。菌肉薄，浅黄褐色。菌褶直生，近白色至浅黄色，密，褶缘与褶面同色或带菌盖颜色。菌柄长 3.5~6.5 cm，直径 1.5~3 mm，圆柱形，顶端近白色至浅黄色，基部橙褐色、黄褐色至灰褐色，光滑，无附属物，基部有黄色粗糙菌丝体。担孢子 5.5~9×3~3.5 μm，椭圆形，光滑，薄壁，透明，非淀粉质。

单生或群生于双子叶植物腐枝或腐叶上。分布于东北和华中等地区。

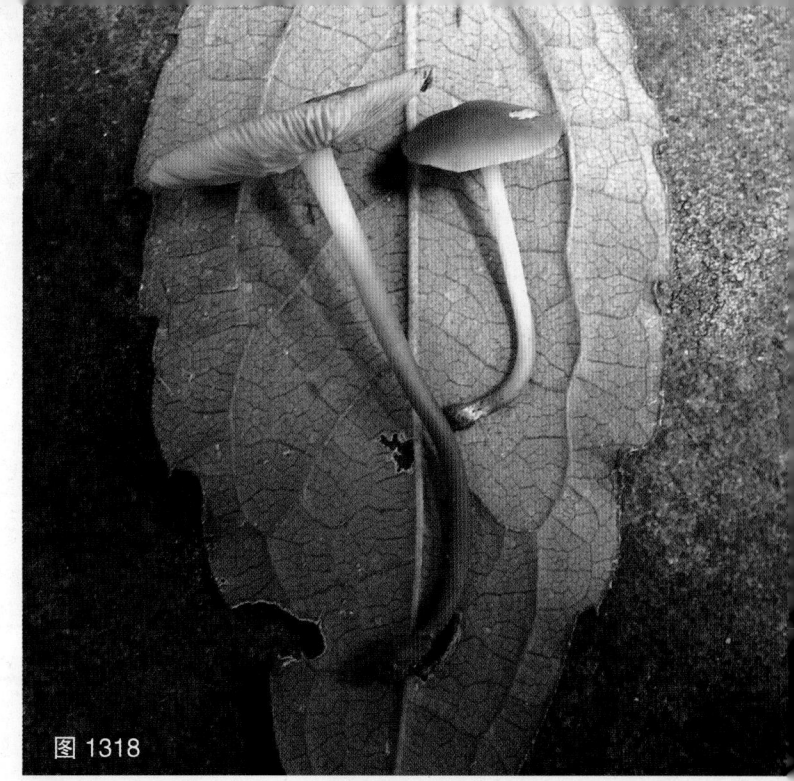

图 1318

1319 联柄小皮伞
Marasmius cohaerens (Pers.) Cooke & Quél.

菌盖直径 2.3~2.8 cm，凸镜形至平展，橙褐色至黄褐色，中部较暗，光滑或有弱条纹，有微细绒毛。菌肉薄，白色。菌褶近离生，白色，污白色，密。菌柄长 3~4 cm，直径 1~2 mm，圆柱形，橙褐色至红褐色；基部稍细，颜色较暗至近黑褐色，光滑，有白色粗糙菌丝体。担孢子 7~10.5×3.5~4.5 μm，椭圆形，光滑，薄壁，透明，非淀粉质。

单生或群生于双子叶植物腐枝、腐叶上。分布于华南等地区。

图 1319

1320 巧克力小皮伞
Marasmius coklatus Desjardin et al.

菌盖直径 2~3.5 cm，凸镜形具脐突至平展具脐突，有弱的条纹，中央黑褐色或暗棕褐色，边缘棕褐色至淡褐色。菌肉薄，白色至同菌盖颜色。菌褶附生至直生，稍稀，不等长，有横脉。菌柄长 4.5~7.5 cm，直径 4~5 mm，顶端褐色，基部暗褐色；基部菌丝体白色，绒毛状。担孢子 8~11.5×4.5~7 μm，椭圆形，光滑，透明，非淀粉质。

单生或群生于双子叶植物叶片上。分布于华南地区。

图 1320

伞菌

图 1321

1321 融合小皮伞小孢变种
Marasmius confertus var. *parvisporus* Antonín

菌盖直径 1.8~2.3 cm，钟形、扁半球形、凸镜形至平展，幼时橙色至橙红色，后中央红褐色，偶有褪色呈浅橙色，边缘颜色较浅，光滑，无条纹至有弱条纹。菌肉薄，白色。菌褶直生，白色，较窄，稍密，有横脉。菌柄长 3~7 cm，直径 2~3 mm，靠近菌盖部分白色，逐渐变为橙色、橙褐色或红褐色，基部菌丝体白色至淡黄色。担孢子 8~10×3~4 μm，椭圆形，非淀粉质，薄壁。

单生或群生于双子叶植物腐叶上。分布于华南等地区。

图 1322

1322 皱褶小皮伞（参照种）
Marasmius cf. *corrugatus* (Pat.) Sacc.

菌盖宽 2~4.3 cm，扁半球形、凸镜形至平展或平展具突起，橙色、淡橙褐色至灰橙色，中央色略深，光滑，常有弱条纹。菌肉薄，白色至与菌盖同色。菌褶直生至弯生，稍密，白色。菌柄长 3~5.5 cm，直径 1~3 mm，圆柱形，顶端近白色，基部逐渐变为橙褐色，基部菌丝体白色或淡褐色。担孢子 9~11×3~4 μm，椭圆形，光滑，无色。

生于腐木或落叶上。分布于华南地区。

图 1323

1323 叶生小皮伞
Marasmius epiphyllus (Pers.) Fr.

菌盖直径 0.4~1 cm，凸镜形或平展，有时中部下陷，白色至乳白色，膜质，具辐射状皱条纹。菌肉纤维质，韧。菌褶稀疏，白色，具分叉，形成脉络。菌柄长 1.5~3 cm，直径 1~2 mm，发丝状，上部近白色，向下呈浅红褐色。担孢子 9.5~11×3~4.5 μm，长椭圆形，光滑，无色，非淀粉质。

秋季单生或散生于枯枝落叶上。分布于华北、东北、华中等地区。

图 1324

1324 花盖小皮伞
Marasmius floriceps Berk. & M.A. Curtis

菌盖直径 1~3 cm，扁半球形、凸镜形至平展，有沟纹，中央有皱纹，橙色、橙红色至橙褐色，中部颜色较深。菌肉薄。菌褶附生，稍密，不等长，窄，白色。菌柄长 2~4.5 cm，直径 1~1.5 mm，圆柱形，空心，顶端近白色、黄白色至有点青黄色，向基部渐变橙褐色，基部菌丝体白色至淡黄色。担孢子 6.8~9.2×3~3.4 μm，椭圆形，薄壁，透明，无色，非淀粉质。

单生或群生于双子叶植物腐叶或腐枝上。分布于东北、华中、华南等地区。

1325 青黄小皮伞
Marasmius galbinus T.H. Li & Chun Y. Deng

菌盖直径 0.8~1.5 cm，幼时圆锥形，成熟时钟形至凸镜形，中央有皱纹，有明显条纹，水渍状，淡黄白色至微青白色，中央和条纹近白色。菌肉薄，黄白色。菌褶宽 1~2 mm，近离生，较稀，不等长。菌柄长 1.5~3 cm，直径 0.5~1 mm，圆柱形，空心，无毛，非直插入基物内，上半部近白色，下半部淡黄色至淡黄褐色，有白色至微黄色菌丝体。担孢子 14~16×4~5 μm，近梭形，常弯曲，光滑，无色，非淀粉质。

群生于双子叶植物或杂草的地上。分布于华南地区。

图 1325

图 1326

图 1327

1326 草生小皮伞（马尾小皮伞）
***Marasmius graminum* (Lib.) Berk.**

　　菌盖直径 0.4~0.6 cm，半球形或钟形，具脐凹，脐凹中部有小尖突，污白色至浅黄色，后期呈黄褐色、深橙色至褐色，有不明显绒毛或无，有放射状、深沟状条纹或沟纹。菌肉薄，白色，无味道。菌褶盖缘处每厘米 7~9 片，不等长，黄色，离生而有一项圈。菌柄长 0.2~1 cm，直径 0.5~1 mm，纤细，初上部淡黄色，下部或后期全部橙褐色至暗褐色。担孢子 8~12×3.5~4.5 μm，长梨核形，光滑，无色。

　　散生于阔叶林中草本植物和落叶上。分布于东北、内蒙古和华南等地区。

1327 红盖小皮伞
***Marasmius haematocephalus* (Mont.) Fr.**

　　菌盖直径 0.5~2.5 cm，初钟形，后凸镜形至平展具脐突，红褐色至紫红褐色，干，密生微细绒毛，有弱条纹或沟纹。菌肉薄。菌褶弯生至离生，稍稀，初白色，后转淡黄白色，很少小菌褶。菌柄长 3~5.5 cm，直径 0.5~1 mm，深褐色或暗褐色，近顶部黄白色，脆骨质，基部稍膨大呈吸盘状，上有白色菌丝体。担孢子 16~26×4~5.6 μm，近长梭形，光滑，无色。

　　群生于阔叶林中枯枝腐叶上。分布于西北、华中、华南等地区。

1328 蜜褐小皮伞（参照种）
***Marasmius* cf. *helvolus* Berk.**

菌盖宽 1~2 cm，初为凸镜形后平展，具脐突，膜质至半革质，浅灰褐色至深褐色，具辐射状条纹或沟纹，边缘常内卷。菌肉白色至黄白色，薄。菌褶直生，较密，白色至黄白色，不等长。菌柄长 4~6 cm，直径 1~2 mm，顶端黄白色，向下渐变褐色，纤维质，基部具白色绒毛及菌丝体。担孢子 12~15×3~4.5 μm，近梭形，光滑，无色。

散生至群生于阔叶林中落叶层上。分布于华南地区。

中国这个种菌盖颜色较暗，与南美该种记述略有差异，暂作参照种处理。

图 1328

1329 小鹿色小皮伞
***Marasmius hinnuleus* Berk. & M.A. Curtis**

菌盖直径 0.8~1 cm，凸镜形至平展，中央褐色、暗褐色，边缘灰橙褐色至灰黄褐色，有条纹，无毛。菌肉薄。菌褶附生至离生，白色，较稀，有少数小菌褶。菌柄长 2.5~3.5 cm，直径 0.5~1 mm，杆状，顶端白色，逐渐变为浅褐色、赭色至近黑褐色，基部菌丝体淡黄色。担孢子 8~11×3.8~5 μm，近长椭圆形，光滑，无色。

单生或群生于针阔混交林中阔叶树腐叶上。分布于华南等地区。

图 1329

伞菌

图 1330

图 1331-1

1330 湿伞状小皮伞

Marasmius hygrocybiformis

Chun Y. Deng & T.H. Li

菌盖直径 1.5~3 cm，平展，橙红色至红橙色，有弱条纹，颜色鲜艳并半透明，有光泽，外观近似湿伞属的种类。菌肉薄，白色至淡褐色。菌褶直生，黄白色、蜡黄色至浅黄色，半透明，较稀，褶缘部分带菌盖颜色。菌柄长 3~5 cm，直径 2~3 mm，纤细，圆柱形，淡绿色，半透明，光滑，基部有橙黄色菌丝体。担孢子 8.5~10.5×4~5.7 μm，椭圆形，光滑，无色。

单生或群生于双子叶植物腐枝腐叶上。分布于青藏地区。

1331 膜盖小皮伞（参照种）

Marasmius cf. *hymeniicephalus*

(Speg.) Singer

菌盖直径 0.7~4 cm，扁半球形、凸镜形至近平展，有时中央稍有脐凹或小微突，膜质，乳白色，有时稍带蛋壳色，有条纹或沟纹。菌肉极薄，白色。菌褶直生，白色至带微黄色，较密，有分叉和横脉。菌柄长 1.2~5 cm，直径 1~2.5 mm，圆柱形，顶端白色至黄白色，向下渐变乳黄色至黄褐色，被白色短绒毛，纤维质，空心，基部具白色绒毛，密集。担孢子 6~7×3~3.5 μm，椭圆形，光滑，无色。

群生至丛生于阔叶林中腐朽的枯枝落叶上。分布于华南和华北等地区。

图 1331-2

图 1332-1

大小皮伞
Marasmius maximus Hongo

菌盖直径 3.5~10 cm，初为钟形或半球形，后平展，常中部稍突起，表面稍呈水渍状，有辐射状沟纹呈皱褶状，黄褐色至棕褐色，中部常深褐色，四周多少褪色至淡褐色或淡黄色，有时近黄白色，干后甚至近白色。菌肉薄，半肉质到半革质。菌褶宽 2~7 mm，直生、凹生至离生，较稀，不等长，比菌盖色浅。菌柄长 5~9 cm，直径 2~3.5 mm，等粗，质硬，上部被粉末状附属物，实心。担孢子 7~9×3~4 μm，近纺锤形至椭圆形，光滑，无色，非淀粉质。缘生囊状体 16~30×6.5~10 μm，棍棒状至不规则形。

春至秋季散生、群生至丛生于林内落叶层较多的地上或草地上。各区均有分布。

图 1332-2

新无柄小皮伞（参照种）
Marasmius cf. *neosessilis* Singer

菌盖宽 0.4~1.8 cm，扇形或呈侧耳状，橙褐色或浅红褐色，老后或干后褪为肉色，膜质，不黏，有细短绒毛或光滑，边缘平整，有稀疏的浅沟纹。菌肉很薄，白色，无明显气味或有蒜味。菌褶稀疏似脉状，直立，黄白色或奶黄色，不等长或分叉，窄，有横脉。菌柄长 0.2 cm 左右，侧生或无，色浅或近菌盖色，有绒毛，实心。担孢子 6~9×3.5~5 μm，椭圆形或宽椭圆形，光滑，无色。

夏季雨后生于阔叶树（如樟树）的树皮、腐木或枯枝上。分布于华南地区。

图 1333

伞菌

图 1334-1

1334 黑顶小皮伞
Marasmius nigrodiscus (Peck) Halling

菌盖直径 3~10 cm，初钝凸镜形，后渐平展，浅黄色、灰黄色、橙黄色至黄褐色，中央色较深，黄褐色至棕褐色，通常干燥，潮湿时水渍状。菌肉薄，白色。菌褶直生至近离生，较稀，不等长，初白色，后浅黄色。菌柄长 6~10 cm，直径 0.6~1 cm，近白色或与菌盖同色，空心，基部有白色的菌丝体。担孢子 6~10×3~4.5 μm，椭圆形至泪滴状，光滑，薄壁，透明。

生于针叶林或针阔混交林中地上。分布于华中、华南等地区。

1335 隐形小皮伞（参照种）
Marasmius cf. occultatiformis Antonín et al.

菌盖直径 1~2.5 cm，半球形、凸镜形至平展，中央红褐色，边缘橙褐色。菌肉薄，近白色。菌褶直生，白色，较密。菌柄长 4~7 cm，直径 2~3 mm，圆柱形，顶端白色，透明，逐渐变为红褐色、暗褐色，非直插入基物内，基部菌丝体白色。担孢子 6.5~8×3~4 μm，椭圆形，光滑，无色。

单生或群生于云杉、冷杉、灌丛林中腐殖质上。分布于青藏地区。

图 1334-2

图 1335

1336 淡赭色小皮伞（参照种）
Marasmius* cf. *ochroleucus
Desjardin & E. Horak

菌盖直径 1.1~1.5 cm，凸镜形至平展凸镜形，黄色至奶油色，边缘颜色较浅，中央有尖突，有条纹，水渍状。菌肉薄。菌褶直生，白色，较窄。菌柄长 3~4.5 cm，直径 1~2 mm，顶端白色，透明，逐渐变为黄褐色，基部菌丝体白色至黄白色。担孢子 9.8~11.5×3.6~4.2 μm，长椭圆形，弯曲，光滑。

单生或群生于单子叶或双子叶植物叶片和腐枝上。分布于西北等地区。

图 1336

1337 硬柄小皮伞（硬柄皮伞 仙环小皮伞）
***Marasmius oreades* (Bolton) Fr.**

菌盖直径 2.5~5 cm，幼时扁平球形，成熟后逐渐平展，浅肉色至黄褐色，中部稍突起，边缘平滑，湿时可见条纹。菌肉薄，近白色至带菌盖颜色。菌褶白色至污白色，直生，稀疏，不等长。菌柄长 3~7 cm，直径 3~5 mm，圆柱形，淡黄白色至褐色，表面被一层绒毛状鳞片，实心。担孢子 7.5~9.5×3~3.5 μm，椭圆形，光滑，无色。

初夏至夏季的草地、路边、田野、森林等地容易形成蘑菇圈。食药兼用。分布于东北、华北、内蒙古、华中等地区。

图 1337

1338 紫条沟小皮伞
***Marasmius purpureostriatus* Hongo**

菌盖直径 1~2.5 cm，钟形至半球形，中部下凹呈脐形，顶端有一小突起，由盖顶部放射状形成紫褐色或浅紫褐色沟条，后期盖面色变浅。菌肉薄，污白色。菌褶近离生，污白色至乳白色，稀疏，不等长。菌柄长 4~11 cm，直径 2~3 mm，圆柱形，上部污白色，向基部渐呈褐色，表面有微细绒毛，基部常有白色粗毛，空心。担孢子 22.5~30×5~7 μm，长棒状，光滑，无色。

夏秋季生于阔叶林中枯枝落叶上，分布于东北、华北、华南等地区。

图 1338

伞菌

图 1339

1339 轮小皮伞
Marasmius rotalis Berk. & Broome

菌盖直径 1.5~7.5 mm，初半球形，后凸镜形，中央有一小乳突，白色、黄白色至淡褐色，中央颜色较深，有条纹或沟纹。菌肉薄，与菌盖同色。菌褶直生，形成一项圈。菌柄长 2~2.5 cm，直径 0.5~1 mm，圆柱形，空心，暗褐色，有黑色的菌索。担孢子 7~9×3~4 μm，椭圆形，光滑，无色。

生于腐叶上。分布于华南地区。

1340 毛褶小皮伞（参照种）
Marasmius cf. *setulosifolius* Singer

菌盖直径 0.8~3 cm，初为钟形至半球形或突出，后平展具脐突，中央具皱褶，淡黄色、橙肉桂色至淡锈色，不黏，光滑。菌肉薄，白色。菌褶直生，具 10~12 片完全菌褶，有小菌褶，窄，较菌盖色浅。菌柄长 2.5~4 cm，直径 0.7~2 mm，圆柱形，近白色、淡肉桂色、赭褐色至淡褐色；基部具辐射状的绒毛或粗毛，白色、肉桂色至淡黄褐色。担孢子 7.5~10×3~4 μm，椭圆形至近梭形，具偏生尖突，光滑，无色。缘生囊状体和侧生囊状体相同，15~30×3.8~8 μm，棒状至圆柱形，顶端分叉成帚状。盖皮层细胞 25~38×13~20 μm，帚状。

单生于针阔混交林或阔叶林中的小枝或落叶上。分布于华南地区。

本种与南美的毛褶小皮伞 *M. setulosifolius* 形态较为相似，但也有一定的区别——后者菌盖锈褐色明显，担孢子稍宽，盖皮层帚状细胞较小（15~25×9~10 μm）。暂作参照种处理。

图 1340-1

图 1340-2

1341 干小皮伞（琥珀小皮伞）
Marasmius siccus (Schwein.) Fr.

菌盖直径 1~2 cm，半球形、凸镜形至平展，橙黄色、赭黄色、橙色至深橙色，中央下陷，有脐突，有条纹。菌肉薄，白色。菌褶宽 1~1.5 mm，弯生至近离生，白色，较稀，有或无小菌褶，边缘带菌盖颜色，有些标本不明显。菌柄长 2~5 cm，直径 0.5~1.5 mm，圆柱形，上部白色，向下逐渐变为深栗色至黑色，光滑，有漆样光泽，基部有白色至黄白色的菌丝体。担孢子 16~21×3~4 μm，倒披针形，常弯曲，光滑，白色。

夏秋季群生或单生于林内阔叶树落叶上。分布于东北、华北、西北、华中等地区。

图 1341

1342 拟聚生小皮伞
Marasmius subabundans

Chun Y. Deng & T.H. Li

菌盖直径 0.8~1 cm，凸镜形至平展，光滑，干燥，黄白色、橙白色、淡橙色至橙黄色，边缘奶油色至奶白色。菌肉薄，黄白色。菌褶宽约 0.1 cm，直生，稍密，不等长，白色至黄白色。菌柄长 3~5 cm，直径 0.5~1 mm，圆柱形，顶端半透明，白色，基部淡褐色至褐色，基部菌丝体白色至黄白色。担孢子 7~9×3~4.5 μm，椭圆形至近梭形，光滑，无色。

群生于双子叶植物枯枝落叶层上。分布于华南地区。

图 1342

1343 素贴山小皮伞
Marasmius suthepensis

Wannathes et al.

菌盖宽 0.8~2.2 cm，凸镜形、渐平展，中央橙褐色至淡橙色，褪至淡黄色，边缘橙白色至淡黄色，有或无脐突，光滑至有弱的沟纹，无毛。菌肉薄，白色。菌褶直生至离生，较密，褶缘带菌盖颜色。菌柄长 2~5.5 cm，直径 1 mm，圆柱形，顶端黄白色，基部红褐色，基部菌丝体黄色。担孢子 10~13×3.1~4 μm，椭圆形，光滑，无色。

单生或群生于双子叶植物腐叶腐木上。分布于华中、华南等地区。

图 1343

图 1344

1344 白凸小皮伞
Marasmius umbo-albus
Chun Y. Deng & T.H. Li

菌盖直径 2~4 cm，凸镜形、宽凸镜形至平展，中央白色，稍突起，其余地方黄白色，水渍状，光滑无毛，有不明显至稍明显条纹。菌褶直生，有横脉，白色、乳白色。菌柄长 6~10 cm，直径 2~5 mm，圆柱形，空心，光滑，淡黄色、橙白色、橙褐色。担孢子 5.5~9×3~4 μm，梭形至近圆柱形，光滑，无色。

单生或群生于针阔混交林落叶层上。分布于华中地区。

图 1345

1345 杯伞状大金钱菌（宽褶菇）
Megacollybia clitocyboidea
R.H. Petersen et al.

菌盖直径 5~13 cm，幼时钟形，成熟后平展至上翻，中央稍下凹，鼠灰色至暗黑色，边缘常褪黄褐色，中央常粗糙，成熟后菌盖边缘常开裂。菌肉很薄，污白色。菌褶直生或近延生至菌柄顶部，近白色，老后呈灰白色或带粉色，稀或较稀。菌柄长 5~10 cm，直径 1~2 cm，圆柱形，上部污白色，下部带灰色，基部膨大，实心，表面绒毛状或呈粉状，基部幼时连接有白色至灰白色根状菌索。担孢子 6~9×5.5~7 μm，宽椭圆形，光滑，无色。

夏秋季生于腐木上或林中地上。分布于东北、青藏等地区。

1346 短柄铦囊蘑
Melanoleuca brevipes (Bull.) Pat.

菌盖直径 2.5~8.5 cm，凸镜形，后期渐平展，表面光滑，干，初期暗灰色至近黑色，后渐变为灰色至暗浅褐色。菌肉较厚，白色。菌褶弯生，密，白色。菌柄长 2~4 cm，直径 0.8~1.2 cm，短棒状，黄褐色至灰褐色，顶部颜色较浅。担孢子 6.5~9.5×5~6.5 μm，椭圆形至宽椭圆形，表面具小疣，无色，淀粉质。

夏秋季单生或群生于草地上。分布于东北和西北地区。

图 1346

1347 白柄铦囊蘑
Melanoleuca leucopoda X.D. Yu

菌盖直径 2~4 cm，初期中间稍突起，后渐伸展，表面肉桂色，中间颜色稍深，表面湿时黏，有绒毛。菌肉白色至奶油色。菌褶近弯生，较密，白色，有小菌褶。菌柄长 4~8 cm，直径 4~7 mm，圆柱形，白色，基部肉桂色，表面有绒毛，基部稍膨大。担孢子 10~14×6~8 μm，长椭圆形，表面有细长疣突，无色，淀粉质。囊状体梭形，厚壁，顶端有晶体状物质。

夏秋季散生于稀疏的林中地上。分布于东北地区。

本种与铦囊蘑 *M. cognata* 相似，但后者具有较大的菌盖，担孢子表面的突起形状也不同于本种。

图 1347

1348 紫柄铦囊蘑
Melanoleuca porphyropoda X.D. Yu

菌盖直径 3~4 cm，平展，边缘波状，表面深黄褐色，中间颜色稍深，表面有白色绒毛。菌肉白色至奶油色。菌褶延生，较密，白色，有小菌褶。菌柄长 5~6 cm，直径 5~7 mm，圆柱形，紫红色，具白色绒毛，基部稍膨大。担孢子 8~12×4.5~8 μm，椭圆形，表面有小疣，无色，淀粉质。

夏秋季散生于草地上。食用性不明。分布于东北地区。

本种与草生铦囊蘑 *M. graminicola* 和黑白铦囊蘑 *M. melaleuca* 相似，但后两个种的菌柄都不是紫红色。

图 1348

1349 疣柄铦囊蘑
Melanoleuca verrucipes (Fr.) Singer

菌盖直径 4~12 cm，凸镜形，后期渐平展，中部稍突起，近白色，中部呈黄褐色，表面光滑，边缘初期内卷，后期平展。菌肉味道温和，白色。菌褶密，污白色至污黄色。菌柄长 3~8 cm，直径 0.7~1.5 cm，圆柱形，与菌盖近同色，表面覆盖褐色至深褐色疣状物。担孢子 8~10×4.5~5.5 μm，椭圆形，表面具小疣，无色，淀粉质。

夏秋季群生或散生于针阔混交林中地上或林缘草地上。食用。分布于东北和青藏地区。

图 1349

图 1350-1

1350 红孢暗褶伞

***Melanophyllum haematospermum* (Bull.) Kreisel**

菌盖直径 0.5~3.5 cm，凸镜形至近平展，边缘稍下垂至平展，中央淡黄白色至淡白棕色，边缘色稍深，浅棕色至污白棕色，光滑，无条纹，非水浸状，密被褐色、暗褐色至近黑色细小的颗粒状至粉末状鳞片。菌肉薄，近白色至带菌盖颜色。菌褶密，不等长，直生至稍延生，浅黄棕色，带浅棕黄色、鲑棕色或紫红色至酒红色。菌柄长 2~6 cm，直径 1.5~4 mm，圆柱形，淡紫红色、紫红色至紫红褐色，下部被有易脱落的粉末状褐色至紫红褐色鳞片。菌环上位，易脱落。担孢子 4~5×2~3 μm，长椭圆形，表面有小疣。

生于地表腐殖质上。分布于东北和华中等地区。

1351 臭小盖伞

***Micromphale foetidum* (Sowerby) Singer**

菌盖直径 3~4.6 cm，平展，中央常凹陷，脐部深褐色至暗褐色，边缘稍浅，有沟纹，光滑，水渍状。菌肉薄，淡灰褐色或带菌盖颜色。菌褶直生至附生，较密，浅黄褐色。菌柄长 3~4 cm，直径 2~3 mm，顶端浅黄褐色，基部褐色、深褐色，空心，基部有黄白色绒毛和菌丝体。担孢子 7.5~9×3~4 μm，梨核形，光滑，无色。

散生于阔叶林中枯枝落叶上。分布于华南等地区。

图 1351-1

图 1351-2

图 1352

1352 糠鳞小蘑菇
***Micropsalliota furfuracea* R.L. Zhao et al.**

菌盖直径 2~3.5 cm，初期钝圆锥形，后伸展呈平突，污白色至稍带褐色，边缘有条纹，中央有较密的淡棕褐色平贴小鳞片，边缘小鳞片糠麸状。菌肉白色，伤后或老后变红褐色至暗褐色。菌褶离生，不等长，较密，棕黄褐色至棕褐色。菌柄长 2.5~3.5 cm，直径 2.5~3.5 mm，等粗，空心，纤维质，初期白色至淡黄色，伤后变红褐色，后期变暗褐色至暗紫褐色。菌环上位，单环。担孢子 6~7.5×3~4 μm，椭圆形，光滑，褐色。

群生或丛生于阔叶林中地上。分布于华南等地区。

1353 红顶小菇
***Mycena acicula* (Schaeff.) P. Kumm.**

菌盖直径 0.2~0.9 cm，初期半球形，后期渐变宽圆锥形，浅橙红色至橙黄色，向边缘颜色变浅；边缘具沟纹。菌肉薄，乳黄色至浅橙黄色，气味不明显。菌褶直生至弯生，边缘平整。菌柄长 1~5 cm，直径 1~2 mm，圆柱形，等粗，空心，稍黏，初期柠檬黄色，近基部渐变近白色，上部具白色粉末，基部具白色纤毛。担孢子 8.5~12×3~4 μm，长椭圆形至近梭形，光滑，无色，淀粉质。

夏秋季单生或散生于枯枝落叶上。分布于东北地区。

图 1353

伞菌

图 1354

图 1355

1354 香小菇
Mycena adonis (Bull.) Gray

　　菌盖直径 5~15 mm，近圆锥形，中部呈乳头状突起，老后逐渐平展，近光滑无毛，边缘具浅沟或半透明条纹状，粉鲑肉色、粉红色或鲜红色，老时渐褪色，有时呈淡白色。菌肉薄，近白色至带菌盖颜色。菌褶直生至延生，淡粉色至白色。菌柄长 3.5~5 cm，直径 1.5~2 mm，圆柱形，空心，脆，上部为淡粉色或粉红色，向下渐为白色，近透明，水浸状，表面具有微小的纤维状毛。担孢子 7~9×3.5~5 μm，椭圆形，内含多个油滴或微小颗粒，薄壁，芽孔明显，无色，淀粉质。

　　生于针阔混交林中腐木上。分布于东北地区。

　　本种的外观形态与红顶小菇 *M. acicula* 相似，但是本种的菌盖表面颜色偏粉红色，菌柄通常呈淡粉红色或近白色；而后者菌盖表面颜色偏橙红色，菌柄呈柠檬黄色或近白色。

1355 纤弱小菇
Mycena alphitophora (Berk.) Sacc.

　　菌盖直径 0.3~0.6 cm，初期凸镜形，后期渐变为钟形，表面覆盖白色粉末状物，具条纹，初期浅灰色，后期渐褪色为污白色。菌肉薄，气味和味道不明显。菌褶离生或稍延生，稀疏，窄，白色。菌柄长 2~3.5 cm，直径 1~2 mm，圆柱形，向基部渐膨大，表面密布白色绒毛，后期渐变为白色粉末。担孢子 7.5~9.5×4~5 μm，椭圆形，光滑，无色，淀粉质。

　　夏秋季单生至散生于枯枝落叶上。分布于东北和华中等地区。

图 1356

图 1357

1356 黄鳞小菇
Mycena auricoma Har. Takah.

菌盖直径 1~3 cm，半球形至平展，黄色至褐黄色，边缘色较浅。菌肉薄。菌褶米色至淡黄色。菌柄长 2~3 cm，直径 1~3 mm，圆柱形，白色至米色，空心。担孢子 5~7×3~4 μm，椭圆形至宽椭圆形，光滑，无色，淀粉质。缘生囊状体近梭形，顶部鞭状细长。

夏秋季生于林下腐木上。分布于华中地区。

1357 毛状小菇
Mycena capillaripes Peck

菌盖直径 1~2.5 cm，初时钟形，成熟后渐平展，凸镜形，顶部突起，表面光滑，具沟纹，灰褐色。菌肉极薄。菌褶直生，不等长，稀疏，污白色或灰色，边缘带粉色。菌柄长 4~6 cm，直径 1~2 mm，圆柱形，与菌盖同色或较菌盖色浅，有时近基部带褐色，脆骨质，空心，等粗或向基部渐粗，光滑，顶部偶有粉末状鳞片。担孢子 8~11×4~6.5 μm，椭圆形，光滑，无色，淀粉质。

秋季散生或群生于针叶林中地上。分布于东北地区。

伞菌

图 1358

1358 角凸小菇
Mycena corynephora Maas Geest.

菌盖直径 5~8 mm，钟形至伞形或半球形，表面近光滑或近白粉状，纯白色，边缘无条纹。菌肉极薄，白色，水浸状。菌褶稀，窄，直生。菌柄长 7~15 mm，直径 0.5~1.5 mm，圆柱形，细长，弯曲。担孢子 6~8×8~9.5 μm，球形或近球形，光滑，无色，淀粉质。盖皮层由一层球状细胞组成，球状细胞 6~27×8~31 μm，表面布满长短不等的疣状刺，透明，无色，常具有一短小柄状基部。无锁状联合。

生于阔叶树（柳）树皮上。分布于华南地区。

1359 黄柄小菇
Mycena epipterygia (Scop.) Gray

菌盖直径 1~2.5 cm，初期圆锥形至半球形，后期平展，有时中部稍突起，表面平滑，灰褐色至土黄色，湿时边缘有条纹，黏。菌肉薄，近白色至带菌盖颜色。菌褶直生至弯生，稍疏，浅白色。菌柄长 5~8.5 cm，直径 1~2 mm，黄绿色，下部被纤维状细毛。担孢子 8.5~10.5×5~6 μm，卵形至椭圆形，光滑，无色，淀粉质。

夏季丛生或群生于针阔混交林内阔叶树腐木上。分布于东北地区。

图 1359

图 1360

1360　盔盖小菇
Mycena galericulata (Scop.) Gray

菌盖直径 2~5 cm，幼时钟形，成熟后逐渐平展，半透明状，表面具沟纹或明显的褶皱；幼时颜色较深，后呈铅灰色，中部色深，边缘近白色，偶尔稍开裂。菌肉半透明，薄，无明显气味。菌褶稍密，白色，不等长，直生至弯生，幼时稍延生，有时分叉或在菌褶之间形成横脉。菌柄长 4~8 cm，直径 2~5 mm，圆柱形或扁平，幼时深灰色，成熟后呈灰色至灰白色，平滑，空心，软骨质，基部被白色毛状菌丝体。担孢子 9.5~12×7.5~9 μm，宽椭圆形，光滑，无色，淀粉质。

初夏至秋季生于森林中阔叶树或针叶树的树桩、腐木或枯枝上。分布于东北、内蒙古和华中地区。

伞菌

图 1361-1

图 1361-2

图 1361-3

1361 血红小菇（红汁小菇）
Mycena haematopus (Pers.) P. Kumm.

菌盖直径 2.5~5 cm，幼时圆锥形，逐渐变为钟形，具条纹；幼时暗红色，成熟后稍淡，中部色深，边缘色淡且常开裂呈较规则的锯齿状；幼时有白色粉末状细颗粒，后变光滑，伤后流出血红色汁液。菌肉薄，白色至酒红色。菌褶直生或近弯生，白色至灰白色，有时可见暗红色斑点，较密。菌柄长 3~6 cm，直径 2~3 mm，圆柱形或扁，等粗，与菌盖同色或稍淡，被白色细粉状颗粒，空心，脆质，基部被白色毛状菌丝体。担孢子 7.5~11×5~7 μm，宽椭圆形，光滑，无色，淀粉质。

初夏至秋季常簇生于腐朽程度较深的阔叶树腐木上。分布于东北、华中等地区。

图 1362

1362 黄小菇

Mycena luteopallens Peck

菌盖直径 0.8~1.5 cm，半球形或凸镜形，成熟时表面中央常具有一个微小的顶突，光滑，边缘具有半透明条纹或微波状；幼时亮橙黄色至鲜黄色，后褪至黄白色。菌肉薄，淡黄色至白色。菌褶直生，较稀，宽，淡黄色至稍带粉色，褶缘近白色。菌柄长 5~9 cm，直径 1~2 mm，圆柱形，上下等粗，空心，光滑至有细小绒毛，上部同菌盖色至橙黄色，向下渐呈淡黄色，基部具有浓密的绒毛。担孢子 8~9×4~4.5 μm，椭圆形或卵圆形，光滑，无色，淀粉质。

常生于山胡桃属植物的坚果外壳上。分布于东北地区。

1363 叶生小菇

Mycena metata (Fr.) P. Kumm.

菌盖直径 1~2 cm，圆锥形至钟形，边缘有时上卷，中央具脐突，光滑或具细小纤毛，边缘具条纹，水浸状，米黄棕色至近红棕色，中央处色深，红棕色或酒红色，向边缘色渐淡，近边缘处具细小纤毛。菌肉薄，淡棕色，水浸状。菌褶直生至近延生，黄棕色至淡红棕色，边缘光滑。菌柄长 5~8 cm，直径 1~2 mm，圆柱形，光滑，淡棕色至棕色，基部色较深，空心，脆。担孢子 7~9×3~4 μm，长椭圆形至梨形，光滑，无色，淀粉质。盖皮层菌丝壁表面具有指状或疣状突起。

群生或散生于落叶林或针叶林中枯腐叶或松针叶上。分布于东北地区。

图 1363

图 1364-1

图 1364-2

1364 暗花纹小菇
Mycena pelianthina (Fr.) Quél.

菌盖直径 1.5~5 cm，半球形至平展，表面光滑，湿时黏，水浸状，紫褐色，边缘具辐射性沟槽状条纹，半透明，淡紫色，有时略带肉粉色。菌肉薄，肉粉色，水浸状，常具明显的萝卜气味，成熟后气味较大。菌褶延生，不等长，较稀疏，紫色或深紫褐色，边缘呈波浪状或锯齿状。菌柄长 2~5 cm，直径 2~4 mm，空心，管状，中生，与菌盖同色或上部颜色略深，表面具纤维质条纹，基部具有白色绒毛。担孢子 6~7.5×3~4 μm，椭圆形，光滑。

群生或单生于阔叶林下腐殖质上。分布于东北地区。

本种与洁小菇 *M. pura* 相似，但菌柄较短，侧生囊状体顶端尖，内含物明显。

图 1365

1365 彩丽小菇
Mycena picta Harmaja

菌盖直径 2.5~5.5 mm，初圆桶形，后钟形，不扩展，顶部中心凹陷，具辐射状凹槽，表面光滑，干燥，湿时带有向心性半透明条纹，暗橄榄灰色至橄榄棕色，边缘浅黄色并略上卷。菌肉薄，浅褐色。菌褶直生至略延生，暗绿棕色，边缘微红黄色。菌柄长 3~5 cm，直径约 1 mm，线形，光滑，浅淡棕色至浅黄棕色。担孢子 5.5~10×3.2~5 μm，椭圆形至矩圆形，光滑，无色，淀粉质。

秋季散生于针阔混交林中地上。分布于东北、青藏等地区。

1366 沟柄小菇
Mycena polygramma (Bull.) Gray

菌盖直径 2~4 cm，初期圆锥形，后期呈钟形或平展，中央突起，表面平滑，灰色至灰褐色，有放射状条纹。菌肉薄，浅灰色。菌褶离生，稀疏，近白色。菌柄长 6~10 cm，直径 2~3 mm，圆柱形，上下等粗，基部附有根状菌索，光滑，无色，淀粉质。颜色比菌盖色淡，有明显的纵条纹。担孢子 9.5~12×6.5~8.5 μm，宽椭圆形，光滑，无色，淀粉质。

夏秋季生于阔叶林中枯枝落叶上。分布于东北、华北等地区。

1367 洁小菇（粉紫小菇）
Mycena pura (Pers.) P. Kumm.

菌盖直径 2.5~5 cm，幼时半球形，后平展至边缘稍上翻，具条纹；幼时紫红色，成熟后稍淡，中部色深，边缘色淡，并开裂呈较规则的锯齿状。菌肉薄，灰紫色。菌褶较密，直生或近弯生，通常在菌褶之间形成横脉，不等长，白色至灰白色，有时呈淡紫色。菌柄长 3~6 cm，直径 3~5 mm，圆柱形或扁，等粗或向下稍粗，与菌盖同色或稍淡，光滑，空心，软骨质，基部被白色毛状菌丝体。担孢子 6.5~8×4~5 μm，椭圆形，光滑，无色，淀粉质。

夏秋季散生于针阔混交林或针叶林中地上。分布于东北、内蒙古、西北和青藏等地区。

图 1366

图 1367

伞菌

図 1368

1368　粉色小菇

***Mycena rosea* Gramberg**

菌盖直径 1~2.5 cm，幼时半圆形，成熟后凸镜形，中央处带有突起，表面光滑或带有辐射状的纤毛，有透明状条纹，灰棕色至黄棕色，有时稍带有淡紫色，边缘锯齿状。菌肉水浸状，灰棕色，薄。菌褶幼时白色，成熟后灰棕色，有时稍带粉棕色，宽直生至近延生，边缘光滑，紫色至红棕色。菌柄长 2~4.5 cm，直径 1.5~2.5 mm，圆柱形，常弯曲，表面光滑，淡灰棕色并稍带有紫棕色，顶端色淡，有细白粉末，空心，下部色深，基部具有白色菌丝状粗毛。担孢子 9~13×6~8 μm，椭圆形，光滑，无色，非淀粉质。

群生于阔叶树腐木或枯枝落叶上。分布于华中地区。

本种与洁小菇 *M. pura* 形态相似，子实体均带有粉紫色系，但是后者的盖面近平展或凸镜形，表面无中央突起，而本种盖面中央具有明显的突起。

1369　血色小菇（红褐盖小菇）

***Mycena sanguinolenta* (Alb. & Schwein.) P. Kumm.**

菌盖直径 0.5~1.3 cm，圆锥形至钟形，呈紫红褐色，边缘色淡，湿的时候有放射状条纹。菌肉薄，近白色至带菌盖颜色。菌褶直生，白色或浅红色，略带红褐色。菌柄长 2.5~5 cm，直径 0.5~1 mm，与菌盖同色，根部有白毛，伤后有红色汁液流出。担孢子 7.5~9.5×4~4.5 μm。椭圆形，光滑，无色，淀粉质。

春秋季生于阔叶林及针阔混交林枯枝落叶上。分布于东北、华北、西北、华中、华南等地区。

图 1369-1

图 1369-2

图 1370-1

基盘小菇

Mycena stylobates (Pers.) P. Kumm.

菌盖直径 7~12 mm，表面黏，圆锥形至凸镜形，成熟后平展，具有半透明深沟状条纹，灰白色，有白粉末状附属物，中部棕灰色。菌肉薄，白色或半透明。菌褶稀，延生，近柄处菌褶易与菌柄分离，常在菌柄上形成一白色的假菌环。菌柄长 3~3.5 cm，直径 1~1.8 mm，直而脆，上部表面被白粉状，下部光滑，白色，基部具纤毛，呈圆盘状，白色。担孢子 7.5~9.5×3.5~4.5 μm，长椭圆形或扁豆形，光滑，无色，淀粉质。

生于松树等腐木、枯松针、枯草和秸秆上。分布于东北地区。

图 1370-2

1371 **绿缘小菇**

Mycena viridimarginata P. Karst.

菌盖直径 1~3.5 cm，幼时圆锥形、钟形，成熟后近平展，顶端具有一个小突起，光滑，边缘有深沟状半透明条纹，橄榄棕色至绿棕色。菌肉薄，黄白色至带菌盖颜色。菌褶延生或近直生，白色、黄白色至灰白色，菌盖边缘处菌褶带橄榄色、绿灰色。菌柄长 4~7 cm，直径 1~3 mm，圆柱形，空心，脆，具白粉状附属物，光滑，黄色至黄棕色，直或有时稍弯曲，近基部处黑色或黑棕色，表面覆有白色的绒毛。担孢子 6~7.5×9~10 μm，宽椭圆形至近圆形，具有明显尖突，光滑，无色，强淀粉质。

夏秋季生于针叶树腐木上或倒木的树干或枯枝上。分布于东北地区。

图 1371

伞菌

图 1372

1372 蒜味皮伞

Mycetinis scorodonius

(Fr.) A.W. Wilson & Desjardin

菌盖直径 1~2.5 cm，幼时半球形，成熟后逐渐平展，边缘稍向内弯曲，具放射状褶皱，干，光滑，黄褐色至带红色，颜色逐渐变淡。菌肉薄，近白色至黄白色。菌褶直生，较窄，稍稀疏，常分叉，色淡至肉粉色。菌柄长 2~6 cm，直径 1~2 mm，圆柱形或扁，顶部与菌盖同色或稍淡，其余部分为深褐色。子实体具有较明显的蒜味。担孢子 7~9×3~5 μm，长椭圆形，光滑，无色，淀粉质。

夏季生于针叶林中地上腐殖质或植物残体上。分布于东北地区。

1373 黏脐菇

Myxomphalia maura (Fr.) H.E. Bigelow

菌盖直径 2~5 cm，暗灰色至暗褐色，辐射状隐生丝纹，湿时黏，中央下陷。菌肉薄，灰白色、近白色或半透明。菌褶稍下延，污白色至淡灰色。菌柄长 3~5 cm，直径 3~5 mm，与菌盖同色，光滑。担孢子 5~5.5×3.5~4.5 μm，近球形至宽椭圆形，厚壁，光滑，无色，淀粉质。

夏秋季生于火烧迹地上。分布于青藏地区。

图 1373

洁丽新香菇（洁丽香菇 豹皮香菇 豹皮菇）

Neolentinus lepideus (Fr.) Redhead & Ginns

≡ *Lentinus lepideus* (Fr.) Fr.

菌盖直径 5~16 cm，半圆柱形或扁半球形，渐平展或中部下凹，乳白色至浅黄褐色或淡黄色，有深色或浅色大鳞片，边缘钝，有时开裂或波状。菌肉白色至奶油色，干后软木质。菌褶表面白色至奶油色，干后黄褐色，直生或延生至菌柄，宽，稍稀，不等长，褶缘锯齿状。菌柄长 4~7 cm，直径 0.8~3 cm，偏生，近圆柱形，有膜状绒毛，上部奶油色至浅黄色，基部浅褐色，有褐色至黑褐色鳞片。担孢子 9~13×3.5~5.5 μm，近圆柱形，薄壁。

夏秋季生于针叶树的腐木上，近丛生。可食，以幼时食用较好。各区均有分布。

图 1374

赭褐亚脐菇

Omphalina lilaceorosea Svrček & Kubička

菌盖直径 1~2.5 cm，帽状至近平展，中央处具有凹陷，呈脐状，表面赭褐色，水浸状；边缘平展或稍内卷，淡红棕色，成熟后或老时瓣裂并呈黑色。菌肉淡粉棕色至淡棕色。菌褶延生，较密，粉棕色至红棕色，表面常带有暗色的斑块。菌柄长 1~3 cm，直径 5~8 mm，圆柱形，常偏生，粉棕色至红棕色，表面常有白色菌丝状纤毛。担孢子 7.5~8.5×4.5~5 μm，椭圆形，光滑，无色，非淀粉质。

生于阔叶树腐木上。分布于东北地区。

图 1375

伞菌

1376 鞭囊类脐菇
Omphalotus flagelliformis Zhu L. Yang & B. Feng

菌盖直径 4~8 cm，成熟时漏斗形，有时中央有一小突起，红褐色至褐色。菌肉橘黄色，有不明显的鱼腥味。菌褶淡橘红色至橘黄色。菌柄长 5~12 cm，直径 1~2.5 cm，淡橘红色至橘黄色。担孢子 4~5.5× 3.5~4.5 μm，球形、近球形至宽椭圆形；光滑，近无色，非淀粉质。缘生囊状体 10~25×5~7 μm，棒状至近梭形，顶部鞭状。

生于地表腐殖质上。有毒。分布于华中地区。

图 1376

图 1377-1

图 1377-2

1377 **日本类脐菇（毒侧耳月夜菌）**

Omphalotus japonicus
(Kawam.) Kirchm. &
O.K. Mill.

　菌盖宽 6~23 cm。初期圆球形，后平展呈扇形、肾形或半圆形，菌盖边缘微下卷，表面橙黄色、肉桂色，近中央处有鳞片散生，中央暗紫色，组成不规则的斑纹，有棉絮状鳞片相间，有裂纹。菌肉淡黄色，新鲜子实体有令人不悦气味。菌褶达 2 cm，脆，纤维质，切开后基部有黑点，弯曲，近柄处下延。菌柄，长 1.5~2 cm，直径 2.5~4 cm，侧生。担孢子直径 13~18 μm，球形，光滑，无色。

　叠生于山毛榉或栎树枯干上。剧毒。分布于东北地区。

VII

图 1378-1

图 1378-2

图 1379

1378 木生杯伞
Ossicaulis lignatilis (Pers.) Redhead & Ginns

菌盖宽 1~3 cm，初期扁半球形，后期渐扁平至扇形，中部稍下陷，凹陷处有时被白色绒毛，其他部位光滑，灰色、白色，表面湿润，边缘内卷、外翻，有时开裂呈瓣状。菌肉白色。菌褶延生，往往在菌柄处交织，稠密，不等长，白色，边缘平滑。菌柄长 2~4.5 cm，直径 1.5~2.5 mm，近圆柱形，偏生，白色，常弯曲，实心至松软空心。担孢子 5~5.5×2.5~3.5 μm，椭圆形至卵圆形，光滑，无色，非淀粉质。

夏秋季群生至丛生于针阔混交林中阔叶树腐木上。分布于东北、华中、华南等地区。

1379 毕氏小奥德蘑
Oudemansiella bii Zhu L. Yang & Li F. Zhang

菌盖直径 4~8 cm，初期扁半球形，后平展，中部稍突起，光滑，稍有皱纹，湿时稍黏滑，黄褐色、灰黄褐色至灰褐色，有时较淡呈灰黄色。菌肉白色，伤不变色。菌褶白色，稍稀。菌柄（连同假根）总长 13~20 cm，直径 0.5~1 cm，其中地上部分长 5~10 cm，地下常有假根长达 10 cm，圆柱形，近地面部分最粗，顶端近白色，向下有与菌盖同色的小鳞片。担孢子 12~16×10~13 μm，宽椭圆形，光滑，无色，非淀粉质。

夏秋季散生或群生于针阔混交林中地上。分布于华南地区。

图 1380-1

图 1380-2

1380 褐褶缘小奥德蘑
***Oudemansiella brunneomarginata* Lj.N. Vassiljeva**

菌盖直径 3~10 cm，扁平至平展，往往凹凸不平；湿时胶黏；褐色、灰褐色至灰色，有时紫褐色，中部色较深。菌肉白色，无特殊气味。菌褶近直生至弯生，厚而稀，褶缘褐色、紫褐色至近黑色。菌柄长 4~10 cm，直径 3~10 mm，近圆柱形或向上逐渐变细，空心；表面污白色，被褐色、灰褐色、紫褐色至近黑色的鳞片；基部稍膨大，一般无假根。菌环阙如。担孢子 13~17×9.5~12 μm，杏仁形至椭圆形。缘生囊状体密集排列并构成不育带，含褐色至淡褐色胞内色素。

夏秋季生于温带阔叶树腐木上。可食。分布于东北地区。

1381 黏小奥德蘑
***Oudemansiella mucida* (Schrad.) Höhn.**

菌盖直径 4~12 cm，初期半球形，渐平展，水浸状，黏滑或胶黏，白色，边缘具稀疏而不明显条纹。菌肉薄，白色，较软。菌褶直生至弯生，宽，稀，不等长，白色或略带粉色。菌柄长 5~8 cm，直径 0.3~1 cm，圆柱形或基部膨大，纤维质，实心，上部白色，下部略带灰褐色。菌环上位，白色，膜质。担孢子 15.8~23.8×14.9~19.5 μm，近球形，光滑，无色。

北方夏秋季，南方春冬季群生、近丛生或单生于树桩或倒木、腐木上。食用。分布于东北、华北等地区。

图 1381

1382 东方小奥德蘑
***Oudemansiella orientalis* Zhu L. Yang**

菌盖直径 1.5~8 cm，污白色至灰褐色，胶黏。菌肉半透明至近白色。菌褶厚而稀。菌柄长 2~8 cm，直径 2~8 mm，圆柱形，淡褐色至近白色，被绒毛，基部膨大，无假根。菌环无。担孢子 11.5~14.5× 9.5~11 μm，宽椭圆形至椭圆形，有时近宽杏仁形，光滑，无色。缘生囊状体密集组成不育带；侧生囊状体 120~200×28~45 μm，顶端近头状。

夏秋季生于亚热带林中腐木上。可食。分布于华中地区。

图 1382

图 1383-1

图 1383-2

1383 长根小奥德蘑（长根干蘑）

Oudemansiella radicata (Relhan) Singer

≡ *Xerula radicata* (Relhan) Dörfelt

菌盖直径 3~7 cm，浅褐色、橄榄褐色至深褐色，光滑，湿时黏，幼时半球形，成熟后逐渐平展，中央有较宽阔的微突起或呈脐状、具辐射状条纹。菌肉较薄，肉质，白色。菌褶弯生，较宽，稍密，不等长，白色。菌柄长 6~20 cm，直径 0.5~1 cm，圆柱形，顶部白色，其余部分浅褐色，近光滑，有纵条纹，往往呈螺旋状，表皮脆质，内部菌肉纤维质，较松软，基部稍膨大且向下延伸形成很长的假根。担孢子 14~18×12~15 μm，近球形至球形，光滑，无色。

初夏至秋季生于阔叶林中或林缘地上。食用。分布于东北地区。

1384 拟黏小奥德蘑

Oudemansiella submucida Corner

菌盖直径 2~7 cm，扁平至平展，污白色，中部色稍深，胶黏。菌肉肉质，白色。菌褶厚而稀。菌柄长 2~8 cm，直径 2~8 mm，圆柱形，近白色至米色，被白色绒毛，基部膨大，无假根。菌环中上位，膜质。担孢子 18~24×16~21 μm，近球形至宽椭圆形。缘生囊状体密集组成不育带；侧生囊状体 140~210×40~50 μm，棒状至梭形。

夏秋季生于亚热带林中腐木上。可食。分布于华南、华中等地区。

图 1384

伞菌

图1385

图1386

1385 云南小奥德蘑

Oudemansiella yunnanensis

Zhu L. Yang & M. Zang

菌盖直径 3~7 cm，扁半球形至扁平，灰色、灰褐色至黄褐色，有时近白色，胶黏。菌肉白色。菌褶厚而稀。菌柄长 2~5 cm，直径 3~8 mm，中生至偏生，上部白色，下部淡褐色，基部稍膨大。菌环上位，易消失。担孢子 24~38×23~33 μm，球形、近球形，光滑，无色。

夏秋季生于亚热带高山、亚高山林中腐木上。可食。分布于青藏地区。

1386 钟形斑褶菇

Panaeolus campanulatus (L.) Quél.

菌盖直径 1.5~3 cm，初期圆锥形至钟形，后呈半球形，中央稍突，蛋壳色至灰褐色或带红褐色，边缘色浅，常有光泽，干时顶部常龟裂，后期变灰黑色；边缘表皮超越菌褶，悬有菌幕残片。菌肉薄，灰色至稍带褐色。菌褶直生或弯生，稍密，灰黑色，有黑色斑点。菌柄长 6~9 cm，直径 2~4 mm，圆柱形，初被白色粉末，褐色，向下颜色稍深，空心。菌环无。担孢子 9.5~13×8~9.5 μm，正面椭圆形至近六角形，光滑，暗褐色。

春秋季单生或群生于阔叶林缘地上、公园草地上、牧场草地上或畜粪堆上。有毒。分布于东北、华北、西北、华中、华南等地区。有人认为钟形斑褶菇 *P. campanulatus* 为蝶形斑褶菇 *P. papilionaceus* 的异名。

图 1387-1

图 1387-2

1387 环带斑褶菇
Panaeolus cinctulus (Bolten) Sacc.

　　菌盖直径 2~4.5 cm，扁半球形至平展，红褐色，很快变淡而呈淡灰褐色，水浸状，表面有细皱纹。菌肉污白色至淡灰色。菌褶弯生，淡灰色，有深灰色至近黑色的点状斑纹。菌柄长 6~10 cm，直径 3~5 mm，圆柱形，淡褐色并带紫色，有纵向细纹，被污白色至淡灰色细鳞。菌环无。担孢子 10~12× 8~9.5 μm，近柠檬形至透镜形，光滑，淡褐色至深褐色。

　　夏秋季生于林中腐殖质上。有毒。各区均有分布。

1388 变蓝斑褶菇（花斑褶伞）
Panaeolus cyanescens (Berk. & Broome) Sacc.

　　菌盖直径 1.5~6 cm，幼时半球形，后钟形至凸镜形，成熟后渐展开至平展，不黏；初浅棕色，成熟后渐白色或浅灰色，偶黄色或褐色、浅褐色至灰褐色，水渍状，干燥时易开裂，伤后变绿色或蓝色至蓝黑色。菌肉厚 1~3 mm，白色，伤后变蓝色至蓝黑色。菌褶直生或近直生，密，不等长，初灰色，成熟后黑色，褶缘锯齿状，有斑驳。菌柄长 5~12 cm，直径 2~6 mm，圆柱形，向基部稍膨大，上部白色，下部褐色或与菌盖同色，伤后变蓝黑色，有白色绒毛和条纹，空心。担孢子 11~15×8~10 μm，柠檬形，有顶生芽孔，光滑，黑褐色至烟黑色。

　　散生至群生于粪堆上、腐殖质丰富的林地上或草地上。有毒。分布于华中、华南等地区。

图 1388-1

图 1388-2

图 1389

1389 粪生斑褶菇
Panaeolus fimicola (Pers.) Gillet

菌盖直径 1.5~4 cm，初期圆锥形至钟形，后平展为扁半球形至半球形，中部钝或稍突起，灰白色至灰褐色，中部黄褐色至茶褐色，边缘有暗色环带。菌肉极薄，灰白色。菌褶直生，稍稀，幅宽，灰褐色，渐变为黑灰相间的花斑，最后变黑色，褶缘白色。菌柄长 2.5~10 cm，直径 2~3 mm，圆柱形，褐色，向下颜色稍深，空心。担孢子 12.5~15×8.5~11.5 μm，柠檬形，光滑，褐色至黑褐色。

夏季生于马粪堆及其周围地上。有毒。分布于东北、西北、内蒙古等地区。

图 1390

1390 大孢斑褶菇（参照种）
Panaeolus cf. papilionaceus (Bull.) Quél.

菌盖直径 2~4 cm，钟形，灰褐色至黄褐色，中部有时龟裂成鳞片，边缘有时有菌幕残余。菌肉污白色。菌褶弯生，灰黑色，有深浅色斑。菌柄长 8~12 cm，直径 3~5 mm，圆柱形，污白色至灰褐色。菌环上位，易消失。担孢子 17~22×8~12 μm，椭圆形，光滑，暗褐色，有芽孔。

夏秋季生于粪上或粪堆上。有毒。分布于中国大部分地区。

图 1391

1391 半卵形斑褶菇
Panaeolus semiovatus (Sowerby)

S. Lundell & Nannf.

= *Anellaria semiovata* (Sowerby)

A. Pearson & Dennis

菌盖直径 2~5 cm，钟形，污白色至米黄色，平滑至有皱纹，湿时黏，有时中部撕裂成鳞片。菌肉污白色至淡灰黄色。伤不变色。菌褶灰褐色，有深色斑纹。菌柄长 7~12 cm，直径 3~6 mm，圆柱形，与菌盖同色。菌环上位至中位，易消失。担孢子 17~20×9.5~12 μm，椭圆形，光滑，暗褐色，有芽孔。缘生囊状体 30~45×8~15 μm，花瓶状至近梭形。

夏秋季生于废弃的牧场上或牛马粪上。有毒。分布于西北、青藏等地区。

图 1392-1

1392　美味扇菇（元蘑　冻蘑）
***Panellus edulis* Y.C. Dai et al.**

　　菌盖宽可达 20 cm，呈半球形、扇形或肾形，鲜时盖面黏，覆有胶质膜，黄色、黄绿色带褐色或带紫色，有短细绒毛，有时近光滑；盖缘处平滑，初期内卷。菌肉厚达 1 cm，白色，柔软。菌褶延生，薄，幅宽，极密，白色至淡黄色。菌柄长 1~2 cm，直径 1.5~3 cm，短，粗壮，侧生，被有刺状绒毛或鳞片，淡黄色或黄绿色。子实体无味或具有新鲜的蘑菇味。担孢子 4.5~5.5×1.2~1.5 μm，光滑，无色，腊肠形。

　　秋季生于榆、桦等枯立木、倒木的腐木上。食用。分布于东北、西北地区。

图 1392-2

图 1393-1

图 1393-2

1393 鳞皮扇菇

***Panellus stipticus* (Bull.) P. Karst.**

菌盖宽 1~3 cm，扇形，浅土黄色、橙白色或黄褐色至褐色等，幼时为肉质，老后为革质，平展，边缘稍内卷，呈半圆形或肾形；边缘轮廓不规则形，有时呈撕裂或波状，干，有细绒毛或绵毛；成熟时具褶皱、龟裂纹或麸状小鳞片，棕色至淡黄棕色，有时褪色至污白色。菌肉白色、淡黄色或稍褐色。菌褶直生，密，常分叉，褶间有横脉，白色至淡黄棕色。菌柄侧生，短，基部渐细，淡肉桂色。担孢子 4~6×2~2.5 μm，椭圆形，光滑，无色，淀粉质。

春至秋季群生于阔叶树树桩、树干及枯枝上。有毒；药用。各区均有分布。

1394 纤毛革耳

Panus ciliatus (Lév.) T.W. May & A.E. Wood

菌盖直径 2~6 cm，中凹至深漏斗形，不黏，肉桂褐色至土红褐色，干时栗褐色，有时具淡紫色，被粗绒毛，边缘有刺毛，具同心环纹。菌肉厚常不足 1 mm，白色或浅褐色，革质。菌褶延生，甚密，苍白色、米黄色、淡黄色至木材褐色，有时带淡紫色。菌柄长 2.2~4 cm，直径 2.5~8 mm，常偏生，圆柱形，与菌盖同色，被粗厚绒毛，近菌褶基部有刺毛，纤维质，实心，常有假菌核。担孢子 5~6.5×2.8~3.4 μm，椭圆形，光滑，无色。

生于腐木中的假菌核上。分布于华南地区。

图 1394

1395 贝壳状革耳

Panus conchatus (Bull.) Fr.

菌盖直径 4~5 cm，平展至中凹，最后杯形或贝壳状；幼时紫色，表面黄白色、黄褐色或肉褐色；盖缘薄，强烈内卷，波状或浅裂，被绒毛或少量硬毛。菌肉韧革质。菌褶常延生，经常在菌柄顶端的表面稍联合，紫色或淡紫色，后污白色至淡黄色，边缘粉红色，褶缘平滑。菌柄长 1 cm，直径 0.6 cm，偏生至近侧生，短，圆柱形，实心，表面开始紫色，后褪至灰白色，被短绒毛至短糙硬毛。担孢子 5.4~6.7×2.8~3.5 μm，椭圆形至短圆柱形，光滑，无色。

生于腐木上。分布于东北、华北、西北、华中等地区。

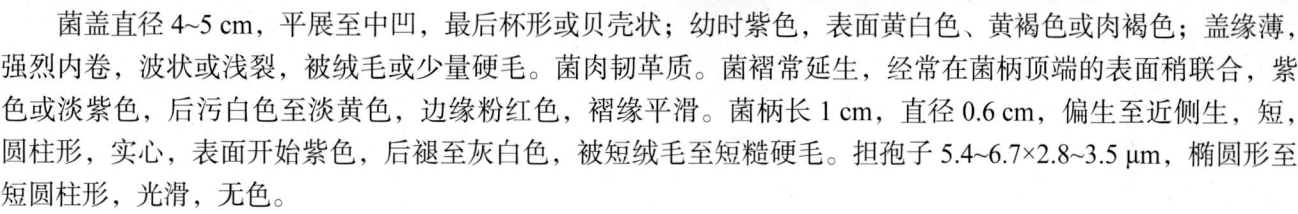

图 1395

伞菌

图 1396-1

图 1396-2

1396 淡黄褐革耳
Panus fulvidus Bres.

菌盖直径 1~4 cm，半球形至明显的凸镜形，有时中央有脐凹，表面淡黄褐色、黄褐色带点红色至茶褐色，中央暗灰褐色，干，有近同心环状排列的褐色小鳞片，小鳞片有时不明显，变光滑；菌盖边缘内卷，有明显的沟纹，甚至成折扇纹状。菌肉韧肉质至革质。菌褶弯生至离生，有时有短延生的齿，白色至浅黄色，稍窄，较稀疏，褶缘近平滑至不明显齿状。菌柄长 2~4 cm，直径 0.5~1 cm，中生至近中生，圆柱形，近等粗，基部稍膨大，实心；表面与菌盖同色或比菌盖色淡，有时近基部暗褐色，有少量糠麸状附属物或糠麸状小鳞片。担孢子 12~18×6~9 μm，近圆柱形，光滑，无色。

夏秋季生于腐木上。分布于东北、青藏等地区。

图 1397-1

图 1397-2

图 1397-3

1397 大革耳（猪肚菇 大杯香菇 巨大香菇 大斗菇 大漏斗菌）

Panus giganteus (Berk.) Corner

≡ *Lentinus giganteus* Berk.

菌盖直径 6~20 cm，幼时扁半球形至近扁平，中央下凹，逐渐呈漏斗形至碗形，淡黄色但中央暗，干，上附有灰白色或灰黑色菌幕残留物，中部色深有小鳞片，边缘强烈内卷然后延伸，有明显或不明显条纹。菌肉白色，略有气味。菌褶延生，稍交织，不等长，稍密至密，白色至淡黄色，具 3 种或 4 种长度的小菌褶。菌柄长 5~25 cm，直径 0.6~3 cm，多中生，圆柱形，近地面处略粗，向下渐尖，地下长达 18 cm，表面与菌盖同色，顶部苍白色、污白色至白色，有绒毛，实心至松软，内部白色，基部向下延伸呈根状。担孢子 6.5~10×5.5~7.5 μm，椭圆形，光滑，无色。

夏秋季单生或丛生于常绿阔叶林地下腐木上。可食；已人工栽培。分布于华中、华南地区。

图 1397-4

伞菌

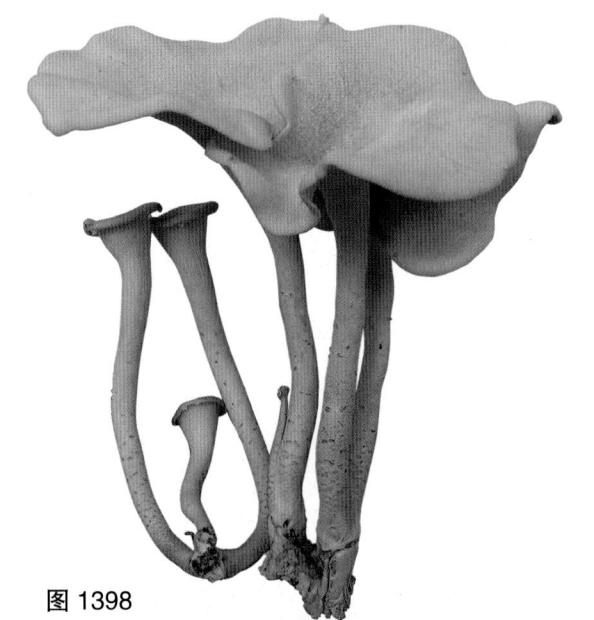

图 1398

1398 爪哇革耳（爪哇香菇）
Panus javanicus (Lév.) Corner

菌盖宽 3.5~16 cm，中部下凹至漏斗形，有绒毛或不明显的小鳞片至近光滑，干后浅土黄色或稍浅。菌肉白色，坚韧，革质。菌褶延生，污白色或同菌盖色，稠密，窄，不等长，干后色较菌盖深。菌柄长 3~18 cm，直径 1~3.5 cm，圆柱形，偏生至近中生，近白色至淡褐色，有绒毛及小鳞片，近圆柱形，实心。担孢子 5~6×2.5~3.5 μm，椭圆形，光滑，无色。

散生或丛生于腐木上。幼时可食。分布于华南地区。

1399 新粗毛革耳（野生革耳）
Panus neostrigosus Drechsler-Santos & Wartchow

= _Panus rudis_ Fr.

菌盖直径 3~10 cm，凸镜形渐下陷至漏斗形，浅黄褐色，中央淡褐色，边缘常带紫色或淡紫色，密布长绒毛、直立短刺毛或长粗毛，边缘毛更明显；边缘内卷，薄，常呈波状至略有撕裂。菌肉近菌柄处厚 1.5~2 mm，近边缘处薄，革质，白色。菌褶宽 1~2 mm，延生，黄白色至浅黄褐色，或褶缘带紫色，密，不等长。菌柄长 1~1.8 cm，直径 3~9 mm，圆柱形或具略膨大的基部，偏生至侧生，少中生，纤维质，实心，与菌盖同色但一般不带紫色，被绒毛至粗毛。担孢子 3.5~6×1.8~2.8 μm，卵形至椭圆形，光滑，无色。

生于针阔混交林和阔叶林中腐木上。各区均有分布。

图 1399-1

图 1399-2

图1400

1400 金毛近地伞

Parasola auricoma (Pat.) Redhead et al.

菌盖直径2~4 cm，初期钟形或半球形，成熟后展开呈斗笠形；顶端颜色较深呈深褐色，中部颜色变浅呈黄褐色；光滑；边缘呈褐色并具明显的放射状条纹；成熟后菌盖边缘开裂，逐渐溶化。菌肉薄，带菌盖的颜色。菌褶宽1~2 mm，离生，密，薄，初期白色略带褐色，成熟后灰色至黑色。菌柄长4~6 cm，直径2~3 mm，圆柱形，空心，白色至半透明，表面光滑，较脆。担孢子10~14×6~8 μm，椭圆形至卵圆形，光滑，灰黑色。

春末至夏初散生于树林地枯枝落叶层、草地上。分布于东北地区。

1401 射纹近地伞（射纹鬼伞）

Parasola leiocephala (P.D. Orton)

Redhead et al.

≡ *Coprinus leiocephalus* P.D. Orton

菌盖直径0.4~1 cm，初期卵圆形至圆柱形，渐变为钟形，后期平展，灰黄色至深黄色，中部颜色稍深，边缘具放射状条纹。菌肉薄，浅黄色。菌褶离生，灰色至灰黑色，薄。菌柄长5~9 cm，直径1~2 mm，圆柱形，白色，细长，空心。担孢子7~8.5×4.5~5 μm，椭圆形，光滑，黑褐色至黑色。

群生或单生于林中腐朽物上。分布于东北和华北等地区。

图1401

伞菌

图 1402-1

图 1402-2

图 1403-1

1402 薄肉近地伞

***Parasola plicatilis* (Curtis) Redhead et al.**

菌盖直径 1~3 cm，初期卵圆形，渐变为钟形，后期平展，淡灰色，中部稍下陷，带褐色，边缘放射状长条纹达菌盖中央。菌肉薄，污白色。菌褶近离生，稀疏，灰色至灰黑色，薄，不自溶。菌柄长 3~7 cm，直径 1~2 mm，圆柱形，白色，光滑，细长，空心。担子 25~35×11~13 μm。担孢子 10~12×8~10 μm，近柠檬形，黑褐色至黑色，表面光滑。有锁状联合。

单生或群生于草地、花圃中腐木屑或腐殖质上。各区均有分布。

1403 椭孢拟干蘑

***Paraxerula ellipsospora* Zhu L. Yang & J. Qin**

菌盖直径 2~5 cm，灰褐色至淡灰色，被白色至污白色绒毛。菌肉极薄，白色，菌褶弯生，稀疏，白色至米色。菌柄长 5~7 cm，直径 3~5 mm，圆柱形，上部白色，下部淡灰色至淡褐色，被污白色绒毛，基部稍膨大。菌环无。担孢子 10~13×5.5~7 μm，椭圆形至长椭圆形，光滑，薄壁。褶缘可育，缘生囊状体稀疏分布。

生于亚热带山地松林地上，与地下腐木相连。可食。分布于华中地区。

图 1403-2

VII

972 中国大型菌物资源图鉴

图 1404-1

图 1404-2

图 1404-3

1404 詹尼暗金钱菌
Phaeocollybia jennyae (P. Karst.) Romagn.

菌盖宽 1.5~4 cm，圆锥形至平展或扁锥形，具脐突，橙褐色或蜡褐色，有贴生绒毛或光滑，边缘稍内卷。菌肉薄，淡褐色。菌褶密，初近白色，后变锈色，不等长。菌柄长 4~5 cm，直径 3~4 mm，中生至偏生，圆柱形，近柄基部稍膨大，向下收缩呈假根状，上截及幼时近白色，后渐变褐色，光滑，纤维质，空心。担孢子 4.5~6×3~4.5 μm，卵圆形，有麻点，无芽孔，锈红褐色。

夏秋季单生至散生于针阔混交林或阔叶林中地上。分布于华南地区。

1405 紫色暗金钱菌
Phaeocollybia purpurea T.Z. Wei et al.

菌盖直径 2~6 cm，初近圆锥形，后平展但中央突起，紫罗兰色、灰紫色至褐紫色，光滑。菌肉紫色至紫灰色。菌褶直生，紫灰色至灰褐色。菌柄长 2~6 cm，直径 3~6 mm，圆柱形，紫灰色至灰紫色，有假根。担孢子 3.5~5×3~4 μm，椭圆形至近柠檬形，有细疣，锈褐色。缘生囊状体 20~30×3.5~5 μm，棒状，顶端有尾尖。

夏秋季生于亚热带林中地上。分布于华南、华中地区。

图 1405

图 1406-1

图 1406-2

1406 多脂鳞伞（黄伞）
Pholiota adiposa (Batsch)
P. Kumm.

　　菌盖直径 5~12 cm，初期扁半球形，后期平展，中部稍突起，湿时黏至胶黏，干时有光泽；柠檬黄色、谷黄色、污黄色或黄褐色，覆有一层透明黏液，边缘初时内卷，常挂有纤毛状菌幕残片。菌肉厚，致密，白色至淡黄色，气味柔和。菌褶近弯生至直生，稍密，黄色至锈黄色。菌柄长 4~11 cm，直径 0.6~1.3 cm，中生，表面黏，等粗或向下稍细，与菌盖表面同色，纤维质。担孢子 6~7.5×3~4.5 μm，卵圆形至椭圆形，薄壁，光滑，锈褐色。

　　春末至秋季群生、丛生于阔叶树倒木上。可食。各区均有分布。

图 1407

1407 少鳞黄鳞伞（桤生鳞伞）
Pholiota alnicola (Fr.) Singer

　　菌盖直径 3~7 cm，初期扁半球形，后期平展，中部稍突，湿润时稍黏，非水渍状，棕色或深肉桂色，边缘具散生的鳞片，易脱落。菌肉黄色，伤不变色。菌褶直生或稍弯生，初期灰白色或浅黄色，后期锈褐色。菌柄长 6~10 cm，直径 0.5~1.1 cm，圆柱形，顶部稍粗，向下渐细，黄褐色至深褐色，下部色深，常弯曲或扭曲，初期实心，后期空心。菌环白色，易脱落。担孢子 8~10.5×5~6 μm，卵圆形至椭圆形，光滑，黄褐色至锈褐色。

　　夏秋季群生、丛生于针阔混交林中朽木上。食用。分布于东北、西北、华中、华南等地区。

1408 金毛鳞伞
Pholiota aurivella (Batsch) P. Kumm.

　　菌盖直径 5~15 cm，初期扁半球形至凸镜形，后期展开，中部钝突，湿润时黏，干后有光泽，金黄色，后期锈黄色，具平伏的近三角形鳞片且呈同心环分布，中部密，后期易脱落。菌盖边缘初期内卷，挂有纤维状菌幕残留物。菌肉初期淡黄色，后期柠檬黄色。菌褶直生或延生，密，初期乳黄色，渐变黄锈色，后期褐色。菌柄长 6~12 cm，直径 0.6~1.4 cm，圆柱形，基部常为假根状，黏，上部黄色，下部锈褐色，初期菌环以下具阶梯状排列的反卷鳞片，后期消失，有时弯曲，实心。菌环上位，丝膜状，易消失。担孢子 7~10×4.5~6.5 μm，椭圆形，光滑，锈褐色。

　　秋季群生于林中腐木上。食用。分布于东北、华北、华中等地区。

图 1408-1

图 1408-2

图 1409

图 1410

1409 黄鳞伞
Pholiota flammans (Batsch) P. Kumm.

菌盖直径 3~8 cm，初期扁半球形，后期平展，中部稍突起。菌盖表面黏，柠檬黄色至橙黄色，具同心环排列的硫黄色绵毛状反卷的纤毛鳞片，后期大部分鳞片脱落；菌盖边缘具菌幕残片。菌肉硫黄色。菌褶直生，初期硫黄色，伤后变橙褐色，后期锈色。菌柄长 4~11 cm，直径 5~8 mm，中生，上下等粗或基部略膨大，有时稍弯曲，干，柠檬黄色，基部色深，菌环以下具反卷的绵毛状鳞片，实心，后期变空心。菌环上位，黄色，膜质，棉絮状，易消失。担孢子 4~5×2.5~3 μm，椭圆形，光滑，黄褐色。

夏秋季丛生于针叶树倒木、枯立木、原木和伐木上。食用。分布于东北、华中、华南等地区。

1410 胶状鳞伞
Pholiota gummosa (Lasch) Singer

菌盖直径 2~5 cm，初期半球形，后期呈凸镜形；初期具乳头状突起，渐变钝或稍下陷；边缘初期内卷，后渐平展或呈不规则波状；初期稍呈浅绿色，后期渐变为浅柠檬色，中部呈浅红色至浅红褐色，初期黏，后期干；表面具浅褐色平伏鳞片，后期常消失。菌肉薄，黄色。菌褶直生至稍延生，窄，浅黄色，后期渐变为浅黄褐色。菌柄长 3~8 cm，直径 3~7 mm，等粗，有时弯曲至扭曲，初期浅黄色至柠檬色，下部渐变为锈色，表面具块状菌幕残留物。担孢子 5.5~7×3.5~4 μm，椭圆形，光滑，黄褐色。

春秋季生于林中地上或木上。分布于东北地区。

图 1411

1411 烧地鳞伞（高地鳞伞）
Pholiota highlandensis (Peck) Quadr. & Lunghini

菌盖直径 2~5 cm，凸镜形，后期渐平展，表面黏，水渍状，黄褐色或红褐色，边缘色浅。菌肉薄，黄色至与菌盖同色，气味不明显。菌褶直生或弯生，初期灰白色至浅黄色，渐变为肉桂褐色，褶幅宽，密，边缘平或破裂。菌柄长 3~6 cm，直径 3~5 mm，圆柱形；初期顶端白色至黄白色，后期变为污褐色；下部灰白色，后期变为深褐色。菌环上位，浅黄色至浅肉桂色，纤丝状，易脱落。担孢子 6~8×4~4.5 μm，椭圆形至卵圆形，光滑，芽孔不明显，黄褐色。

生于火烧迹地上。分布于华中地区。

1412 黏环鳞伞
Pholiota lenta (Pers.) Singer

菌盖直径 3~8 cm，初期半球形，后期平展，中部钝，黏至胶黏，污白色至带黄色，中部颜色较深，初期具白色鳞片，后期易脱落。菌肉致密，带白色至浅黄色，气味和味道温和。菌褶弯生至直生，密，白色至淡黄色，后期呈赭肉桂色，边缘白色。菌柄长 4~8 cm，直径 0.4~1.2 cm，圆柱形，中生，基部膨大，菌环以上具白色粉粒，菌环以下白色或带黄褐色，表面具白色棉絮状鳞片，内部实心至松软。菌环中上位，白色，大，易消失。担孢子 5~6.7×3~4.5 μm，椭圆形，光滑，芽孔微小，黄褐色。

夏秋季群生或丛生于林中腐枝层或腐木上。分布于东北地区。

图 1412

1413 黏皮鳞伞
Pholiota lubrica (Pers.) Singer

菌盖直径 4~7 cm，初期扁半球形至半球形，后期平展，中部突起，湿润时胶黏，中部红褐色，边缘土黄色，具黄色胶质化的软毛鳞片，具条纹。菌肉灰白色，表皮下带黄色，中部厚，坚韧，气味温和。菌褶弯生、直生至稍延生，密，褶幅中等宽，初期淡色，后期赭色。菌柄长 5~8 cm，直径 4~6 mm，圆柱形，上下等粗或向上稍细，基部稍呈球茎膨大，初期灰白色，后期下部褐色，干，表面具纤毛，基部具软毛，纤维质，实心。菌环上位，丝膜状，污白色，易脱落。担孢子 6~7.5×3~4 μm，椭圆形，光滑，芽孔微小，淡黄褐色。

秋季群生于针阔混交林中腐枝层或腐木上。分布于东北、华中等地区。

图 1413

图 1414

图 1415

小孢鳞伞（滑菇 滑子蘑
光帽鳞伞）

***Pholiota microspora* (Berk.) Sacc.**

= *Pholiota nameko*

(T. Ito) S. Ito & S. Imai

菌盖直径 2~8 cm，初期扁半球形，后期平展，覆有一层胶黏液；光滑；初期红褐色，后期黄褐色至浅黄褐色，中部色深；边缘薄，具条纹，初期内卷，具胶质状菌幕残片。菌肉中央厚，边缘薄，致密，初期淡黄色至黄色，后期肉桂色。菌褶直生，稠密，褶幅宽，边缘波状，初期灰色，后期锈色。菌柄长 2~8 cm，直径 0.3~1.3 cm，圆柱形，上下等粗或向上稍细，菌环以上污白色带淡褐色，具丝状纤维；菌环以下与菌盖近同色，光滑，黏，实心或稍空心。菌环上位，膜质，薄，胶黏，易脱落。担孢子 5~6×3~4 μm，椭圆形至卵圆形，光滑，芽孔微小，薄壁，锈褐色。

夏秋季丛生或群生于阔叶树倒木或伐桩上。食用；已人工栽培，商品名为滑菇。分布于东北、华中等地区。

1415 杨鳞伞（白鳞伞）

***Pholiota populnea* (Pers.)**

Kuyper & Tjall.-Beuk.

= *Pholiota destruens* (Brond.)

Gillet

菌盖直径 6~15 cm，初期半球形，后期平展，湿时黏，灰白色至近白色或浅黄色至赭色，有白色鳞片，后期易脱落；边缘初期内卷，后期展开。菌肉厚，致密，白色，气味不明显。菌褶弯生至直生，密至稠密，初期白色，渐变为肉桂色，后期为深咖啡色。菌柄长 5~10 cm，直径1~2.5 cm，中生至略偏生，圆柱形，向上渐细，基部膨大。菌环上位，白色，绵毛状，易脱落，常在柄上留有痕迹。担孢子 7~8.5×4~5.5 μm，椭圆形至卵圆形，具明显的芽孔，顶端平截，光滑，锈黄色。

夏秋季单生或群生于阔叶林中树干部或基部。食用。分布于东北、内蒙古、西北、青藏等地区。

1416 暗黄鳞伞
Pholiota pseudosiparia A.H. Sm. & Hesler

菌盖直径 4~9 mm，凸镜形，渐平展至近钟形，干，具表皮细胞形成的颗粒状鳞片，污赭色至暗黄褐色，渐褪色至浅黄色或肉桂黄色。菌肉薄，浅黄色，无味。菌褶直生，初期浅黄色，后渐变为赭黄褐色，密，宽，边缘具细圆齿。菌柄长 1.1~2 cm，直径 0.5~2 mm，圆柱形，等粗，上部浅赭色，具白色粉状物，下部污茶褐色，表面具柔毛。担孢子 6.5~.8×4~5 μm，正面椭圆形、长椭圆形至近卵圆形，侧面稍呈豆形，光滑，黄褐色。

夏季散生于阔叶林原木或腐木上。分布于东北地区。

图 1416

图 1417

1417 泡状鳞伞
***Pholiota spumosa* (Fr.) Singer**

菌盖直径 2~6 cm，初期扁半球形，后平展至中部稍下凹，湿润时黏滑，黄色至硫黄色，往往带绿色，中部黄褐色，后期表皮破裂呈细小鳞片状；边缘初时内卷，挂有黄色棉绒状丝膜，易消失，后期稍上翘。菌肉薄，软，黄色至硫黄色，气味和味道温和。菌褶稍弯生至直生，稍密至密，褶幅中等宽，初期淡黄色至黄色，后期变褐色至锈褐色常带绿色。菌柄长 2~10 cm，直径 0.2~0.6 cm，圆柱形，等粗，顶部有白粉呈黄白色，下部褐色，纤维质，内部实心，后变空心。担孢子 6~8×3.5~5 µm，卵圆形至椭圆形，一端钝，顶端芽孔明显但不平截，光滑，黄褐色，非淀粉质。

夏秋季丛生或群生于针叶林及针阔混交林中地上及倒腐木上。分布于东北、西北、青藏等地区。

1418 翘鳞伞
***Pholiota squarrosa* (Vahl) P. Kumm.**

菌盖直径 3~9 cm，初期钟形至扁半球形，后期平展，中部稍突起，边缘内卷，干；锈黄色至黄褐色，具反卷的红褐色毛状鳞片；边缘初期常挂有菌幕残片。菌肉淡黄色。菌褶直生，初期淡黄色，渐变为污黄色带绿色或青黄色，后期污锈色或锈褐色，菌褶边缘平。菌柄长 4~12 cm，直径 0.4~1.5 cm，圆柱形，表面干，菌环以上黄色、光滑，菌环以下与菌盖表面近同色，密布红褐色反卷纤毛状鳞片。菌环上位，纤维质，常开裂，小，暗褐色，不易脱落。担孢子 6~9×4~5 µm，椭圆形，光滑，黄褐色。

夏秋季丛生于针叶树、阔叶树的倒木、树桩基部。食用。分布于东北、内蒙古、华北、华中等地区。

图 1418

图 1419-1

1419 尖鳞伞
Pholiota squarrosoides (Peck) Sacc.

菌盖直径 3~8 cm，初期扁半球形，渐突起呈半球形，后期平展，有时中部稍凹，边缘下弯，湿润时黏；浅土黄色至黄褐色，具肉桂色至栗褐色直立尖头的鳞片；鳞片干，中部密，向边缘渐稀或无；边缘初期内卷，往往附着菌幕残片。菌肉厚，白色稍带黄色。菌褶直生，初期淡黄色，后期呈肉桂色，边缘呈细锯齿状。菌柄长 5~12 cm，直径 0.5~1.2 cm，干，常弯曲，与菌盖表面近同色，菌环以上白色、近光滑，菌环以下具栗褐色或浅朽叶色棉绒状纤毛鳞片。菌环上位，淡褐色，绵毛状，膜质，易脱落。担孢子 4~5×2~3.5 μm，椭圆形，光滑，黄褐色。

夏秋季散生或丛生于阔叶树腐木或木桩上。食用。分布于东北、华北、华中等地区。

图 1419-2

伞菌

图 1420

地鳞伞
Pholiota terrestris Overh.

菌盖直径 2~8 cm，钝凸镜形至稍平展，具中突，淡黄褐色、褐色至近褐色，具近褐色纤维状鳞片。菌肉厚，鲜黄褐色至褐色，气味温和。菌褶直生，密，褶幅窄，初期淡色，后期肉桂色至赭褐色，边缘不平整。菌柄长 3~8 cm，直径 4~8 mm，圆柱形，上下等粗或向下渐细，灰色、黄色至近褐色，伤后偶尔变色，菌环以上具白色粉末，菌环以下具反卷的暗色鳞片，初实心，后变空心。菌环上位。担孢子 5~7×3.5~5 μm，椭圆形至卵圆形，有芽孔，光滑，黄褐色，非淀粉质。

春至秋季丛生于林内或路旁地上。分布于东北、华中等地区。

1421 变绿鳞伞
Pholiota virescens E.J. Tian & T. Bau

菌盖直径 2.8~6.4 cm，凸镜形，渐平展，边缘平，黏，初期整个菌盖呈暗酒红褐色，后期向边缘渐变暗绿色，表面光滑，近边缘处具由菌幕形成的少量褐色鳞片，边缘具褐色菌幕残留物。菌肉褐色，薄，气味温和。菌褶直生，初期色浅，渐变为暗肉桂褐色至暗绿褐色，密，中等宽，边缘平滑。菌柄长 2~4.3 cm，直径 4~5 mm，圆柱形，等粗，实心，上部白色，向下色渐深，基部呈污褐色，表面附着白色至褐色棉絮状物或纤丝状物。菌环上位，易脱落，脱落后留下褐色痕迹。担孢子 6~7.5×4~4.5 μm，椭圆形、长椭圆形至卵圆形，光滑，黄褐色。

夏季散生于阔叶树腐木上。分布于东北地区。

图 1421

1422 侧壁泡头菌
***Physalacria lateripariens* X. He & F.Z. Xue**

菌盖宽 0.5~3 mm，高 0.5~2.5 mm，中空；幼时球形，成熟后半球形或近伞形，朝地面部分平滑或呈皱褶状，白色。菌柄长 1~4.5 mm，直径 0.2~0.4 mm，近菌盖处较粗，向下变平直，至近基部渐细呈楔形。菌柄与菌盖相接处有束状菌丝形成短柱突起于空心的菌盖内侧，其先端有菌丝呈辐射状伸出。担孢子 4.5~5.5×2~3 μm，长椭圆形，平滑，非淀粉质。

夏秋季丛生或群生于针阔混交林中桦树倒木上。分布于东北地区。

图 1422

1423 黄侧火菇
***Pleuroflammula flammea* (Murrill) Singer**

菌盖宽 1~3 cm，凸镜形至肾形，具纤丝状物，成熟后变光滑，不黏，非水渍状至近水渍状，边缘菌幕残片呈齿状，黄色至黄褐色。菌肉浅黄色，味苦。菌褶离生，稍密，中等宽，肉桂色至褐色，后逐渐变深褐色，边缘浅色。菌柄长 4~5 mm，直径 1~1.5 mm，圆柱形，偏生，等粗至基部稍膨大，菌环以上色浅、光滑，菌环以下与菌盖近同色，具绒毛状物。菌环上位，膜质或纤丝状，黄色至黄褐色，易消失。担孢子 8~9×5~6 μm，卵圆形至椭圆形，光滑，黄褐色。

夏秋季群生于阔叶树腐木及枯木上。分布于东北地区。

图 1423

伞菌

中国大型菌物资源图鉴　　983

1424 伏鳞侧火菇
Pleuroflammula tuberculosa (Schaeff.) E. Horak

菌盖直径1.5~3 cm，凸镜形，边缘内卷，后渐平展，中突有或无，中部下陷，边缘常具菌幕残留物，初期柠檬色，后中央变为橙褐色或橙色，具密集平伏小鳞片。菌肉黄色。菌褶直生至稍弯生，初期灰白色，后期黄色至肉桂褐色，边缘灰白色，稍呈锯齿状。菌柄长2~5 cm，直径2~8 mm，圆柱形，常弯曲，等粗或基部稍膨大，上部浅色至柠檬黄色，下部深黄色，初期具橙色或与菌盖鳞片相似的纤毛或小鳞片。菌环不明显，丝膜状。担孢子6.5~9×4~5 μm，椭圆形，光滑，黄褐色。

夏季单生或簇生于落叶树腐木、原木或枯枝上。分布于东北、华中和华南等地区。

图 1424

图 1425

1425 具盖侧耳（大幕侧耳）
Pleurotus calyptratus (Lindblad.) Sacc.

子实体侧耳形，肉质。菌盖宽4~12 cm，幼时半圆形至贝壳形，烟灰色、淡黄色、乳白色、浅褐色，成熟后灰白色，被绒毛或光滑；边缘内卷、薄。菌肉厚1~3 mm，致密，白色。菌褶宽2~4 mm，延生至菌柄，不等长，稍密、密，盖缘处有小菌褶，白色至污黄色。菌柄无或基部短缩成似柄状物。菌幕膜质，源于菌盖边缘至菌盖基部，完整或破裂，白色、乳白色。担孢子9~14×3.75~5.5 μm，圆柱形或长椭圆形，顶端具明显突尖，光滑，无色，非淀粉质。

春至秋季叠生于阔叶树伐桩上。食用。分布于东北、西北和华中等地区。

图 1426-1

金顶侧耳（榆黄蘑 金顶蘑 榆黄侧耳 黄平菇）

Pleurotus citrinopileatus Singer

子实体丛生或覆瓦状叠生，常连成大片。菌盖直径 1~3 cm，初期扁平球形、偏漏斗形或扇形、漏斗形、偏心形、扁半球形或正扁半球形，光滑，为鲜艳的黄色、黄色至蜜黄色，薄，致密，盖缘波浪状或稍内卷，有时开裂呈瓣状，清香。菌褶宽 1~1.5 mm，延生，白色带黄色，稍密，往往在柄上形成沟状。菌柄长 2~6 cm，直径 5~8 mm，偏生至近中生，近圆柱形，向上渐细或上下同粗，白色带黄色，基部相连成簇。担孢子 7.5~9×2.3~2.8 μm，近圆柱形至长椭圆形，光滑，无色，非淀粉质。

夏秋季生于榆属树木的枯立木、倒木、树桩和原木上，偶尔见生于衰弱的活立木上。食药兼用。分布于东北、华北、西北、华中、华南等地区。

图 1426-2

伞菌

1427 桃红侧耳
Pleurotus djamor (Rumph.) Boedijn

子实体覆瓦状叠生或丛生，白色、淡粉色。菌盖宽 2.5~11 cm，匙形、肺形、贝壳形或扇形，表面光滑，成熟后盖中部被绒毛；边缘初期内卷，具有浅条纹，常浅裂，盖缘完整，生小菌盖。菌肉厚，边缘薄，脆，渐变坚硬。菌褶延生或深延生，常在柄处交织成两叉状或网状，密，褶幅极窄，薄，褶缘完整或锯齿状。菌柄长 2~12 cm，宽 2~5 cm，侧生，被绒毛。担孢子 7~10×3~4.5 μm，长椭圆形，光滑，无色，非淀粉质。

夏季生于热带地区阔叶树枯木上。可食。分布于华南地区。

图 1427

图 1428-1

1428 刺芹侧耳（杏鲍菇 刺芹菇 刺芹平菇）

Pleurotus eryngii (DC.) Quél.

菌盖直径 3~6 cm，初扁半球形，圆形、贝壳形，微下凹，光滑，浅黄色至污白色，密被浅褐色的鳞片；边缘内卷，有时开裂。菌肉肉质，干时坚硬，白色至奶油色。菌褶延生至柄，不交织，紫色，褶幅窄，稍密，具有小菌褶。菌柄长 10~30 cm，直径 4~10 cm，偏生，粗大，圆筒形，坚硬，基部被污白色绒毛。担孢子 7.5~8.8×2.5~4 μm，圆柱形、长椭圆形，光滑，无色，非淀粉质。

春末、夏末单生、群生或丛生于伞形花科植物如刺芹的茎基部。食用；已广泛人工栽培。国内自然分布存疑。

图 1428-2

伞菌

图 1429-1 图 1429-2

图 1429-3 图 1429-4

图 1429-5 图 1429-6

1429 刺芹侧耳托里变种（白灵侧耳 白灵菇）

Pleurotus eryngii var. *tuoliensis* C.J. Mou

菌盖宽 5~15 cm，匙形、扇形，具白色夹乳酪斑，边缘内卷，中间突，不黏，常龟裂。菌肉白色，伤不变色，厚。菌褶宽 1~2 mm，密，延生，白色。菌柄长 5~9 cm，直径 2~4 cm，侧生，白色，上部粗而基部较细，实心。担孢子 10~14×5~6 μm，椭圆形和长椭圆形，光滑，无色，非淀粉质。

春秋季寄生或腐生于伞形科植物新疆阿魏的根上。可食；已大规模人工栽培，商品名白灵菇。分布于西北地区。

有人采用内布罗迪侧耳 *Pleurotus nebrodensis* 作为中国栽培品种白灵菇的学名。内布罗迪侧耳模式产地在意大利西西里岛的内布罗迪（Nebrodi），刺芹侧耳托里变种模式产地在中国新疆，它们十分相似。

1430 黄毛侧耳
Pleurotus nidulans (Pers.) P. Kumm.

菌盖宽 2~4 cm，扁半球形或扇形、肾形，自基部辐射状发生，展开后下凹呈漏斗形，黄褐色，有粗绒毛；盖缘波浪状，常内卷，往往有褐色鳞片。菌肉薄，半肉质，含水少，干后 1~2.5 mm，革质，白色至淡黄色。菌褶延生或直生，黄褐色。菌柄无或在菌盖基部有短缩柄状物。担孢子 5~6×2~2.5 μm，圆柱形至长椭圆形，光滑，无色，非淀粉质。

春至秋季生于阔叶树倒木和原木上。可食。分布于东北、华北、西北、华中、华南等地区。

图 1430

1431 糙皮侧耳（平菇 蠔菇 蚝菌）
Pleurotus ostreatus (Jacq.) P. Kumm.

菌盖宽 4~14 cm，初为扁平形至微突起，后平展呈扇形、肾形、贝壳形、半圆形等形状，浅灰色至黑褐色，后逐渐变成暗黄褐色，光滑或湿润时很黏，被纤维状绒毛或光滑；盖缘薄，幼时内卷，后逐渐平展至向外翻，有时开裂，边缘无条纹。菌肉厚，肉质，白色，鲜时柔软，干时坚硬，但遇水后复性强。菌褶宽 2~4 mm，常延生，在柄上交织，白色、浅黄色至灰黄色。菌柄短或无柄，如有则侧生、稍偏生，长 1~3 cm，直径 1~2 cm，表面光滑或密生绒毛，白色，实心。担孢子 10~11.3×3.3~5 μm，圆柱形、长椭圆形，光滑，无色，非淀粉质。

晚秋生于椴、榆、槭等树的倒木、枯立木、树桩、原木上，也生于衰弱的活立木基部。食药兼用；已广泛人工栽培。分布于中国大部分地区。

图 1431-1

图 1431-3

图 1431-2

伞菌

图 1432

1432 **贝形侧耳**（贝形圆孢侧耳）
Pleurotus porrigens (Pers.) P. Kumm.

菌盖宽 1~2.5 cm，贝壳形、半圆形至扇形、肾形，自基部辐射状发生，肉质，白色，被似粉状物质或絮状物，基部被绒毛，菌盖边缘波浪状，内卷。菌肉厚 1~1.5 mm，白色，肉质，无味。菌褶宽 1~2 mm，延生，自基部辐射而出，不等长，中等密度，稍稀，盖缘处有小菌褶，白色。菌柄无或基部短缩成似柄状物。担孢子 6.3~9.5×5.3~7.5 μm，球形、近球形至椭圆形、卵圆形，顶端具明显尖突，光滑，无色，非淀粉质。

夏秋季生于针阔混交林或针叶林的腐木桩、倒木、腐木上或碱蓬干基部。可食。分布于东北、西北等地区。

图 1433

1433 **肺形侧耳**（凤尾菇 凤尾侧耳 肺形平菇 秀珍菇 印度鲍鱼菇）
Pleurotus pulmonarius (Fr.) Quél.

菌盖宽 2.5~10 cm 或更大，半圆形、扇形、肾形、贝壳形、圆形，初期盖缘内卷，后渐平展，中部稍凹陷或呈微漏斗形，盖缘成熟时开裂成瓣状，灰白色或黄褐色，表面平滑。菌肉肉质，较硬，复性强，白色至乳白色。菌褶短延生至菌柄顶端，在菌柄处交织，中等密度或稍密，不等长。菌柄无或有，如果有菌柄则长 0.8~2.5 cm，直径 0.7~1.2 cm，偏生、侧生，实心，基部被绒毛。担孢子 7.5~10×3~5 μm，长椭圆形、圆柱形、椭圆形，具明显的尖突，光滑，无色，非淀粉质。

春至秋季生于阔叶树枯木上。食用；已人工栽培。分布于东北、华中、华南等地区。

1434 黄光柄菇
Pluteus admirabilis (Peck) Peck

　　菌盖直径 0.9~3 cm，钟形、半球形至凸镜形，中央略突起，新鲜时湿润，初期亮黄色，后鹅黄色至黄褐色，有皱纹，边缘具条纹。菌肉薄，白色至黄色。菌褶离生，不等长，不分叉，稠密，初期白色，后黄色至粉红色。菌柄长 3~5 cm，直径 1.5~2.5 mm，圆柱形，基部稍膨大，近白色、淡黄色至黄色，脆骨质，内部松软至空心。担孢子 5~6.5×4.5~5.5 μm，卵圆形、宽椭圆形至近球形，光滑，粉红色。

　　夏秋季单生或群生于阔叶树腐木上。分布于华北和华中等地区。

图 1434-2

图 1434-1

图 1434-3

图 1434-4

伞菌

图 1435

1435 黑边光柄菇
Pluteus atromarginatus (Konrad) Kühner

菌盖直径 6~10 cm，钟形至平展，中部突起，有皱纹，淡褐色，具可脱落的灰褐色至黑褐色近絮状鳞片，近边缘具棱纹，最外常有一黑褐色细边。菌肉薄，白色，近表皮处褐色。菌褶较密，宽，离生，不等长，白色至淡红褐色，褶缘黑褐色。菌柄长 2.5~10 cm，直径 2~3 mm，与菌盖同色或较浅，具纤毛状条纹，下部有褐色点状鳞片，扭曲。担孢子 4.5~7×4~6 μm，宽椭圆形，光滑，带粉红色。

夏秋季丛生或群生于针叶树等腐木上。可食，但味稍差。分布于东北、西北、华中、华南等地区。

1436 橘红光柄菇
Pluteus aurantiorugosus (Trog) Sacc.

菌盖直径 3~4 cm，扁半球形至扁平，橘红色至玫瑰红色，至边缘渐变为黄色至橘黄色，边缘有辐射状短条纹。菌肉薄，白色。菌褶离生，较密，初白色，后粉红色，不等长。菌柄长 4~5.5 cm，直径 3~5 mm，圆柱形，黄色至淡黄色，光滑至有细小鳞片，基部有白色至粉红色菌丝。担孢子 5.5~6.5×4~5 μm，宽椭圆形至近球形，光滑，粉红色。

单生至散生于林内腐木上。分布于华中等地区。

图 1436

图 1437

1437 灰光柄菇

Pluteus cervinus (Schaeff.) P. Kumm.

菌盖直径 4~10 cm，初期半球形至凸镜形，后渐平展或平坦，中部黏，湿润，中央烟褐色、深褐色或焦茶色，有絮状绒毛，贴生，成熟时菌褶边缘呈波形浅裂状。菌肉灰白色带淡红色，厚实。菌褶稠密，初期白色，后期呈浅葡萄酒色至粉褐色，离生。菌柄长 4~11 cm，直径 0.5~1.5 cm，圆柱形，基部稍膨大呈球根状，白色，有深色或黑褐色长纤毛，纤维质。担孢子 5.5~8×4.5~8 μm，近球形、宽椭圆形或卵圆形，光滑，粉红色，非淀粉质。

单生或群生于各种落叶树腐木上，少生于针叶树腐木上。可食，但味较差。分布于内蒙古、东北、西北、华中等地区。

1438 金褐光柄菇

Pluteus chrysophaeus (Schaeff.) Quél.

菌盖直径 1~6 cm，初期近钟形或扁半球形，后期扁平，中部稍突起，湿润，黄色、暗黄色、棕黄色或褐黄色，顶部棕色至深棕色或有皱突起，边缘平滑且有细条纹。菌肉薄、脆，淡黄白色。菌褶稠密，稍厚，宽，黄棕色至肉色。菌柄长 2.5~4.5 cm，直径 3~8 mm，圆柱形至向下稍粗，基部稍膨大，黄白色至白色，柄上有纵条纹或白色纤毛状鳞片，内部松软至空心，近似透明。担孢子 6~7.5×4.5~6.5 μm，卵圆形至近圆形，光滑，粉红色。

群生于针阔混交林中腐木上。食毒不明。分布于华中地区。

图 1438

伞菌

中国大型菌物资源图鉴　993

图 1439

1439 裂盖光柄菇
Pluteus diettrichii Bres.

菌盖直径 2~5 cm，初近半球形，渐平展至中凹，淡灰褐色至灰褐色，近光滑或具色稍深的纤毛状鳞片，往往中部较多，干燥。菌肉薄，白色。菌褶白色至淡粉色，稍稀，离生，不等长。菌柄长 3~5 cm，直径 2~4 mm，近圆柱形，向下稍粗，与菌盖同色，或更接近白色，具绒毛，脆，内部实心至松软。担孢子 7~9×5~6.5 μm，宽椭圆形至近球形，光滑，粉红色。

夏秋季生于倒木上或林中地上。分布于东北、西北、青藏等地区。

图 1440

1440 鼠灰光柄菇
Pluteus ephebeus (Fr.) Gillet

菌盖直径 5~11 cm，初期近半球形，后渐平展，灰褐色至暗褐色，近光滑或具深色纤毛状鳞片，往往中部较多，稍黏。菌肉薄，白色。菌褶稍密，离生，不等长，白色至粉红色。菌柄长 7~9 cm，直径 0.4~1 cm，近圆柱形，与菌盖同色，上部近白色，具绒毛，脆，内部实心至松软。担孢子 6.2~8.3×4.5~6.2 μm，近卵圆形至椭圆形，稀近球形，光滑，粉红色。

夏秋季生于倒木上或林中地上。可食，但味较差。分布于华北、西北、华中、华南等地区。

1441 黄烟色光柄菇（参照种）
***Pluteus* cf. *flavofuligineus* G.F. Atk.**

菌盖直径 1.8~2.2 cm，初期近斗笠形，后渐平展至凸镜形，近光滑或具褐色纤毛，干燥，灰黄色至褐黄色，中部色深。菌肉薄，肉质，白色或近盖色。菌褶稍密，离生，不等长，腹鼓状，淡黄色。菌柄长 3.6~4.2 cm，直径 2~4 mm，近圆柱形，基部稍粗并附生白色绒毛，具纵条纹，淡黄色，脆，内部实心至松软。担孢子 5~6×4.5~5.5 μm，近球形至宽卵圆形，光滑，淡粉色。

夏秋季生于倒木上或林中地上。分布于东北地区。

图 1441

1442 粒盖光柄菇
***Pluteus granularis* Peck**

菌盖直径 2.5~6.5 cm，扁半球形至平展，中央稍突，不黏，肉桂色至浅灰黄色，中央处有焦茶色或深褐色小鳞片或小颗粒。菌肉薄，白色至灰白色。菌褶离生，不等长，白色至浅粉红色或浅肉桂色。菌柄长 4~6 cm，直径 3~5 mm，圆柱形，基部稍膨大，有颗粒状或麸糠状小鳞片，有条纹，纤维质，基部被有白色绒毛或菌丝体。担孢子 5.5~7.5×5~6.5 μm，近球形或卵形，光滑，淡粉红色。缘生囊状体 36~60×10~25 μm，顶端或具小尖突，薄壁。侧生囊状体 58~78×20~30 μm，顶端钝，薄壁。

生于阔叶树腐木上。分布于华中地区。

图 1442-1

图 1442-2

图 1443-1

图 1443-2

图 1443-3

图 1444

1443 灰顶光柄菇

Pluteus griseodiscus Jiang Xu & T.H. Li

　　菌盖直径 7~8 cm，近圆形至圆形，平展至中央稍凸，白色至污白色，中央具褐色小纤毛，边缘具短条纹。菌肉近菌柄处厚约 6 mm，白色。菌褶离生，近腹鼓状，宽 1.2~1.3 cm，稍密至稍稀疏，不等长，白色至浅粉红色。菌柄长 7.5~8 cm，直径 5~6 mm，近圆柱形，基部稍增大，白色，有时具透明纵纹，实心，质脆，基部具细小的白色绒毛。担孢子 6~8×5~6 μm，椭圆形或近球形，光滑，淡粉红色。缘生囊状体 47~72×9~12 μm，棒状，顶端尖锐，有时不规则分叉，壁略厚。侧生囊状体 65~115×12~27 μm，纺锤形或近烧瓶状，顶端有 3~4 个犄角或不规则凸出，厚壁。

　　生于阔叶树腐木上。分布于华南地区。

1444 硬毛光柄菇

Pluteus hispidulus (Fr.) Gillet

　　菌盖直径 1~2 cm，初圆锥形至凸镜形，后渐平展；中央暗色鳞片较密，深褐色或橄榄黑色；边缘灰色或淡褐色，可见灰白色至粉色的底色，被有纤毛或浅褐色小鳞片。菌肉厚 2 mm，白色至灰色，无味。菌褶离生，初期白色，后淡粉色至粉红色，不等长。菌柄长 1.5~3 cm，直径 1~2 mm，圆柱形，白色或浅灰色，具丝绢状光泽，有条纹，空心，基部有白色菌丝体。担孢子 5~7×4.5~6 μm，近球形至卵形，光滑，淡粉红色。

　　夏秋季生于阔叶树腐木上。分布于华中地区。

1445 狮黄光柄菇
Pluteus leoninus (Schaeff.) P. Kumm.

菌盖直径 2~6 cm，初期近钟形或扁半球形，后期扁平，中部稍突起，表面平滑，鲜黄色或橙黄色，顶部色深或有皱突起，边缘有细条纹及光泽，呈水浸状。菌肉薄脆，白色带黄色。菌褶密，稍宽，初期白色，后粉红色或肉色。菌柄长 3~8 cm，直径 0.4~1 cm，圆柱形，向下渐粗，基部稍膨大，表面黄白色，纤维状，下部颜色稍暗并有细纤维状条纹或暗褐色纤毛状鳞片，内部松软至变空心。担孢子 6~7×5~6 μm，近圆球形或椭圆形或卵形，光滑，淡粉红色至淡粉黄色。

夏秋季群生或丛生于阔叶树倒腐木上。分布于东北、西北、华中等地区。

图 1445

1446 长条纹光柄菇
Pluteus longistriatus (Peck) Peck

菌盖直径 2~6 cm，半球形至平展，中部褐灰色至暗灰褐色，有时颜色变浅呈灰橙褐色，四周颜色较浅，有长条纹、沟纹至皱纹，可见小疣。菌肉白色。菌褶离生，稍密，稍宽，不等长，初期近白色带粉色，后变至粉红色。菌柄长 3~7 cm，直径 4~8 mm，圆柱形，上部白色至黄白色，向下渐呈褐色，有条纹或纤毛状鳞片。担孢子 6~7×5~5.5 μm，宽椭圆形，光滑，浅粉红色至粉黄色。

秋季单生或群生于腐木上。可食。分布于华南地区。

图 1446-1

图 1446-2

1447 矮光柄菇
Pluteus nanus (Pers.) P. Kumm.

菌盖直径 1.5~3 cm，半球形，后扁平，中部钝或稍突起，灰橙褐色、暗褐色、栗褐色、煤色或焦茶色，中部甚至黑褐色，有粉状小绒毛，常有放射状皱纹。菌肉薄，白色至带菌盖颜色，无特殊气味。菌褶离生，较密，初时白色，后粉红色或浅鲑肉色至粉褐色，菌褶边缘有白色齿状绒毛。菌柄长 2~4 cm，直径 2~3.5 mm，圆柱形，白色至近白色，有时淡褐色，基部稍粗。担孢子 6.5~7.5×5~6 μm，近球形至球形，光滑，粉红色。

夏秋季散生或群生于林内阔叶树腐木上。分布于东北等地区。

图 1447

图 1448-1

图 1448-2

<table>
<tr><td>1448</td><td>**白光柄菇**</td></tr>
</table>

Pluteus pellitus (Pers.) P. Kumm.

　　菌盖直径 5~7 cm，近半球形至平展中突形，中央稍突起，白色、近白色，中部稍暗，有淡褐色纤毛，具丝光。菌肉较薄，白色。菌褶白色至粉红色，密，较宽，离生，不等长，边缘锯齿状。菌柄长 4~7 cm，直径 4~6 mm，圆柱形，具丝光，白色至近白色，基部稍膨大并有黄褐色纤维。担孢子 5~8×4~6 μm，近宽椭圆形，光滑，淡粉红色。

　　夏秋季单生或群生于腐木上。可食，但味较差。分布于东北、西北、华南等地区。

<table>
<tr><td>1449</td><td>**帽状光柄菇**</td></tr>
</table>

Pluteus petasatus (Fr.) Gillet

　　菌盖直径 4~15 cm，初期钟形至扁半球形，后期近平展；边缘内卷，中央稍凹陷；表面白色、乳白色至近灰白色，中部浅褐色至赭黄色，表面光滑，有放射状灰褐色纤毛或鳞片，有光泽。菌肉稍厚，松软，白色，伤不变色。菌褶密，初期白色，后期变为淡粉色至粉肉色，边缘偶有絮状物。菌柄长 5~15 cm，直径 1~1.5 cm，圆柱形，较粗壮，基部稍膨大，近光滑，白色，实心。担孢子 5.5~8×3.5~5 μm，宽椭圆形，光滑，淡粉红色。

　　夏末至秋季生于腐木或木屑上，常群生、近丛生，稀单生。此种在长白山区腐木桩上或木屑堆集地多见。可食。分布于东北和华北地区。

图 1449

1450 皱皮光柄菇

***Pluteus phlebophorus* (Ditmar) P. Kumm.**

菌盖直径 2~5 cm，初期半球形至扁半球形或圆锥形，后平展，中部稍突起，轻微水浸状，橙褐色、灰橙褐色、浅肝褐色或黄褐色至暗肉桂褐色或深烟色，多皱或有黑色肋脉，干燥时有细裂纹，无鳞片。菌肉薄，脆，白色，稍带酸味。菌褶离生，稍密，白色，后呈粉红色至肉色。菌柄长 2.7~6.5 cm，直径 1~7 mm，圆柱形，白色，基部常略粗，稍具丝绢状纤毛，内部实心。担孢子 6~8×4.5~6.5 μm，宽椭圆形或卵形，光滑，粉红色。缘生囊状体 20~58×10~25 μm。侧生囊状体 35~67×13~25 μm，泡状或具小顶端，薄壁。

夏秋季单生、群生或丛生于阔叶树腐木上。分布于东北、西北、青藏等地区。

图 1450-1

1451 粉褶光柄菇

***Pluteus plautus* (Weinm.) Gillet**

= *Pluteus depauperatus* Romagn.

菌盖直径 2.5~3 cm，扁半球形，后渐平展，粉灰色，中央淡褐色，光滑，后期表皮开裂形成褐色小鳞片，边缘有条纹。菌肉薄，污白色至近黄色或淡褐色，气味不明显。菌褶离生，粉白色至粉红褐色，不等长。菌柄长 3~4.5 cm，直径 2.5~3.5 mm，圆柱形，白色，下部带黄色，基部稍膨大。担孢子 6.5~8×5.5~7 μm，宽椭圆形至近球形或卵形，光滑，淡粉红色。缘生囊状体 60~80×12~30 μm。

秋季生于针叶树腐木上。分布于东北、青藏等地区。

图 1450-2

图 1451

图 1452

1452 球盖光柄菇
Pluteus podospileus Sacc. & Cub.

菌盖直径 1.5~3.5 cm，初期钟形，后渐平展，中央有略微小突起，焦茶色、栗色、灰橙褐色、暗红褐色或中央暗褐色至近黑褐色，柔软，有绒毛。菌肉白色、米色至带菌盖色，无明显气味。菌褶离生，稠密，不等长，初期白色，后变成肉桂色至粉红色。菌柄长 3~5 cm，直径 3~4 mm，圆柱形，基部稍膨大或呈白色小球根状，白色、近白色至浅灰色或带粉红色，被白色绒毛，近基部有纵向褐色条纹或小鳞片，内部松软至空心。担孢子 5~7×4~5.5 μm，近球形或宽椭圆形，光滑，带粉红色。

夏秋季群生于针叶树腐木上。分布于东北地区。

1453 波扎里光柄菇
Pluteus pouzarianus Singer

菌盖直径 3.5~4.5 cm，初期近钟形或扁半球形，后渐平展，有时中部稍突；灰棕色至深褐色，有时中部较暗至近黑褐色，或有时褪淡灰棕色带担孢子的粉红色，有时边缘色极淡；近光滑，具丝绢状光泽。菌肉白色，厚，无气味。菌褶较密，离生，不等长，初期白色，后变成粉红色。菌柄长 5~7 cm，直径 6~9 mm，圆柱形，白色，从下向上渐有纵褐色条纹或烟褐色纤毛，基部稍膨大且有白色菌丝体。担孢子 6~8×4~5.5 μm，椭圆形至卵形，光滑，淡粉红色。

散生或簇生于针叶林中腐木上。分布于东北地区。

图 1453

图 1454-1

图 1454-2

1454 柳生光柄菇
Pluteus salicinus (Pers.) P. Kumm.

菌盖直径 2~5.6 cm，初期半球形至扁半球形，后期平展中部稍突起，灰色、灰褐色至青灰褐色，中部暗灰色，常有细条纹。菌肉近白色、污白色或带灰色。菌褶较密，离生，白色带粉红色，不等长。菌柄长 5~9 cm，直径 3~6 mm，圆柱形，往往向下稍膨大，白色或渐变至与菌盖同色，光滑。担孢子 7~9×5~7 μm，椭圆形，光滑，淡粉红色。

夏秋季群生于腐木上。可食。分布于东北、西北、青藏等地区。

1455 网盖光柄菇（汤姆森光柄菇）
Pluteus thomsonii (Berk. & Broome) **Dennis**

菌盖直径 2~3.6 cm，具脐状突起至扁平或平展，茶色至深褐色，中部黑色至灰色，边缘栗色至白色，有放射皱纹至轻微的细脉纹，网状隆起，周边有放射状条纹。菌肉薄，白色。菌褶初期白色或灰色，成熟时粉色至褐色，渐密。菌柄长 2.4~6 cm，直径 1.5~6 mm，基部稍膨大，比菌盖色淡，有纵向纤维状条纹，表面附着茶褐色粉状小颗粒，空心，纤维质。担孢子 6~8×4~6.5 μm，近球形至宽椭圆形，光滑，麦秆黄色至淡粉红色。

秋季单生或群生于阔叶林中杂草下的腐木上。毒性不明。分布于东北、西北、华中、华南等地区。

图 1455

伞菌

图 1456-1

图 1456-2

1456 褐绒盖光柄菇
Pluteus tricuspidatus Velen.

菌盖直径 4~11 cm，初期半球形，展开后呈扁半球形，中心有突起，黄褐色或深褐色，绒状，有不规则放射状脉纹，边缘被黑褐色毛状鳞片或绒毛，中央呈暗褐色网纹状，近边缘网细密但色淡，无条纹。菌肉污白色，稍薄。菌褶幼时白色，后变粉红色至浅粉褐色，离生，稠密。菌柄长 5~8 cm，直径 0.4~2 cm，圆柱形，密布深色褐鳞片，基部稍膨大。担孢子 5.5~6.5×4~5 μm，近球形至卵形，光滑，淡粉红色。

夏秋季生于针叶林中腐木上。分布于东北和华南地区。

图 1457-1

图 1457-2

1457 网顶光柄菇
Pluteus umbrosus (Pers.) P. Kumm.

菌盖直径 3~9 cm，钟形至半球形，后展开呈扁半球形，黄褐色至肉桂色，有深褐色毛状鳞片，中央明显呈深褐色网状，近边缘处网细密但色淡，盖缘有细小纤毛。菌肉灰色或白色。菌褶幼时近白色，成熟后变粉红色至淡橙红色，褶缘暗褐色，密，幅宽。菌柄长 3~9 cm，直径 0.4~1.2 cm，基部稍膨大，白色，覆有细小褐色毛。担孢子 5.3~6.6×4.8~5.3 μm，宽椭圆形至近球形，光滑，淡粉红色。

夏秋季单生、群生或丛生于大青杨等阔叶树腐木上。分布于东北、西北、华中、华南等地区。

1458 双皮小脆柄菇
Psathyrella bipellis
(Quél.) A.H. Sm.

菌盖直径 1~4 cm，凸镜形，渐平展，初期呈暗紫色至紫红色，后期渐变为浅紫色至浅红褐色，表面具皱褶，边缘具明显条纹，菌盖边缘具菌幕残片。菌肉薄，脆，浅紫色。菌褶直生，密至稍稀疏，初期浅紫色，渐变为暗浅紫褐色至暗灰色，边缘近白色。菌柄长 4~12 cm，直径 2~5 mm，等粗，脆，上部浅粉色至浅紫色，下部近白色，光滑或具纤丝。菌环无。担孢子 12~15×6~8 μm，椭圆形，光滑，淡紫褐色。

春夏季散生至群生于林中地上或腐木上。分布于东北地区。

图 1458

图 1459

1459 黄盖小脆柄菇（白黄小脆柄菇）
Psathyrella candolleana (Fr.) Maire

菌盖直径 2~7 cm, 幼时圆锥形, 渐变为钟形, 老熟后平展；初期边缘悬挂花边状菌幕残片, 黄白色、淡黄色至浅褐色；具透明状条纹, 成熟后边缘开裂, 水浸状。菌肉薄, 污白色至灰棕色。菌褶密, 直生, 淡褐色至深紫褐色, 边缘齿状。菌柄长 4~7 cm, 直径 3~5 mm, 圆柱形, 基部略膨大, 幼时实心, 成熟后空心, 丝光质, 表面具白色纤毛。担孢子 6.5~8.2×3.5~5.1 μm, 椭圆形至长椭圆形, 光滑, 淡棕褐色。

夏秋季簇生于林中地上、田野、路旁等, 罕生于腐朽的木桩上。可食。分布于东北、华北、西北、华中等地区。

1460 早生小脆柄菇
Psathyrella gracilis (Fr.) Quél.

菌盖直径 2~4 cm, 初期半球形至扁半球形, 后渐平展；幼时黄色至浅棕色, 成熟后深棕色至深褐色, 中间颜色深, 边缘颜色稍浅, 水渍状, 干时表面有纵条纹及褶皱。菌肉薄, 浅褐色, 无气味。菌褶密, 浅棕色至褐色, 离生, 不等长, 边缘平滑。菌柄长 5~7 cm, 直径 2~4 mm, 圆柱形或基部稍膨大, 纤维质, 质地脆, 空心, 颜色较菌盖浅, 干时弯曲。担孢子 12~18×7~10 μm, 长椭圆形, 表面光滑, 有芽孔, 暗褐色。

春夏季生于阔叶林中腐木上或林中草地上。分布于东北、西北和华北地区。

图 1460

1461 丛毛小脆柄菇
Psathyrella kauffmanii A.H. Sm.

菌盖直径 2~6 cm，初期钟形，后渐平展，幼时表面具白色纤毛，后光滑，湿时表面具半透明条纹，边缘水浸状，棕色至暗灰棕色。菌肉薄，污白色至灰褐色。菌褶密，直生，灰白色至淡褐色，边缘具白色纤毛状物。菌柄长 6~7 cm，直径 3~5 mm，圆柱形，空心，丝光质，上下近等粗或上部略细。担孢子 7~8×4~4.5 μm，长椭圆形，光滑，暗褐色。

夏季散生于阔叶林中地上。分布于华南、华中和东北等地区。

图 1461

1462 丛生小脆柄菇
Psathyrella multissima (S. Imai) Hongo

菌盖直径 2~5 cm，初期近圆锥形至半球形，后渐平展至钟形，中部略微突起，湿时黄褐色至黄棕色，水浸状，边缘具细条纹。菌肉薄，淡褐色，味道淡。菌褶密，直生，初期淡棕色至棕褐色，成熟后灰黑色，不等长。菌柄长 0.8~2.5 cm，直径 3~5 mm，圆柱形，管状空心，灰白色；平滑或具白色绒毛状物。担孢子 7~11×4.6~5.2 μm，椭圆形，光滑，深红棕色至褐色。

夏秋季丛生于阔叶林中地上。分布于东北和西北地区。

图 1462

图 1463

1463　钝盖小脆柄菇
Psathyrella obtusata (Pers.) A.H. Sm.

　　菌盖直径 2~5 cm，幼时半球形至凸镜形，后渐平展，边缘具条纹，褐色至深棕色，水浸状。菌肉薄，污白色，气味温和清淡。菌褶直生，灰褐色至暗褐色，稍稀，不等长。菌柄长 2~8 cm，直径 0.5~1.2 cm，圆柱形，空心，近光滑，上部白色，下部淡棕色。担孢子 6.5~9.5×4.4~6 μm，椭圆形至长椭圆形，光滑，淡棕色。

　　夏季散生于阔叶林中地上。分布于东北、华北和华南等地区。

1464　奥林匹亚小脆柄菇
Psathyrella olympiana A.H. Sm.

　　菌盖直径 0.5~3 cm，幼时圆锥形至凸镜形，后渐平展；幼时具白色小纤毛，成熟后具透明条纹，边缘通常波状，水浸状，红棕色至暗褐色。菌肉薄，淡棕色，味淡。菌褶密，直生，不等长，污白色至深红棕色，边缘具白色纤维状物。菌柄长 3~6 cm，直径 3~5 mm，圆柱形或基部略膨大，质地脆，丝光质，上部微白色，基部淡棕色。担孢子 8~9×4~5 μm，长椭圆形，光滑，红棕色。

　　夏季单生或散生于林中地上。分布于东北地区。

图 1464

图 1465

1465 丸形小脆柄菇
Psathyrella piluliformis (Bull.) P.D. Orton

菌盖直径 2~5 cm，幼时半球形，渐变为钟形至平展，边缘具细条纹，水浸状，初期淡黄褐色，后黄褐色，边缘具纤毛状菌幕残留物。菌肉薄，气味温和清淡，湿时棕色，干后淡褐色。菌褶密，直生，灰褐色。菌柄长 2.5~8 cm，直径 3~6 mm，圆柱形，基部略膨大，空心，质地脆，上部赭棕色，基部深棕色。担孢子 4.5~6.5×3~4 μm，椭圆形至长椭圆形，光滑，淡棕色。

夏秋季簇生于阔叶林中树木基部或地上。可食。分布于东北和华中等地区。

1466 微小脆柄菇
Psathyrella pygmaea
(Bull.) Singer

菌盖直径 0.4~2 cm，初期扁半球形，后渐平展，中部钝圆，边缘具半透明条纹，水浸状，中部粉棕色，边缘淡褐色。菌肉薄，灰棕色。菌褶密，微白色至红棕色，直生，不等长。菌柄长 2~3 cm，直径 1~2 mm，圆柱形，脆，中生，空心，初期污白色，渐变为淡棕色，整个菌柄具白色粉霜状物。担孢子 4.7~6.9×3.5~4.9 μm，椭圆形至长椭圆形，光滑，橘棕色。

秋季群生于针阔混交林中腐木上。分布于东北地区。

图 1466

图 1467

1467 栗色小脆柄菇
Psathyrella spadicea (P. Kumm.) Singer

菌盖直径 2~6 cm，幼时凸镜形至扁半球形，后渐平展，成熟后边缘波浪状，淡褐色至深红棕色，水浸状。菌肉薄，灰白色，味淡。菌褶密，白色至红棕色，直生，不等长。菌柄长 3~7 cm，直径 0.5~1 cm，圆柱形，空心，丝光质，米白色至淡棕色，基部具白色绒毛，整个菌柄具纤毛。担孢子 8~9.5×4.5~5.1 μm，椭圆形，光滑，淡棕色。

夏季簇生于阔叶林中地上。分布于东北地区。

图 1468-1

1468 灰褐小脆柄菇
Psathyrella spadiceogrisea (Schaeff.) Maire

菌盖直径 2~5 cm，初期半球形至凸镜形，后渐平展，边缘具半透明条纹，红棕色至灰棕色，水浸状。菌肉薄，污白色至淡棕色，味清淡。菌褶密，直生，初期灰白色，渐变为淡棕色。菌柄长 4~7 cm，直径 3~5 mm，圆柱形，上部污白色，向下渐变为浅棕色。担孢子 7.4~9.5×4.2~5.5 μm，椭圆形至长椭圆形，光滑，橘棕色。

夏季散生于阔叶林中地上。分布于华南、华中和东北等地区。

图 1468-2

图 1469

1469 类连接小脆柄菇
Psathyrella spintrigeroides
P.D. Orton

　　菌盖直径 1~3 cm，幼时半球形至凸镜形，后渐平展，具分散的纤毛，边缘具菌幕残片，水浸状，中部淡棕色至深棕色，边缘色淡。菌肉薄，污白色至淡棕色，味道不明显。菌褶稍密，直生，不等长，淡棕色至深棕色。菌柄长 3~5 cm，直径 3~5 mm，空心，圆柱形，污白色至米白色。担孢子 7.7~8.5×3.7~5.1 μm，长椭圆形，光滑，黄棕色至棕色。

　　单生于针阔混交林中地上。分布于东北地区。

1470 香蒲小脆柄菇
Psathyrella typhae (Kalchbr.)
A. Pearson & Dennis

　　菌盖直径 1.5~2.5 cm，幼时半球形至凸镜形，后渐平展，初具淡褐色纤毛，后渐光滑，水浸状，湿时深红棕色，干后淡棕色。菌肉薄，污白色至淡棕色。菌褶密，直生，白色至淡棕色，边缘齿状，具白色纤毛。菌柄长 2~4 cm，直径 2~3 mm，圆柱形，中生，上下等粗或基部略大，空心，上部白色，向下渐变为淡棕色至灰棕色，整个菌柄具白色纤毛。担孢子 9~10×4.5~5 μm，长椭圆形，光滑，淡黄色。

　　群生于针阔混交林中腐木上。分布于东北地区。

图 1470

图 1471-1

图 1471-2

1471 毡毛小脆柄菇
Psathyrella velutina (Pers.) Singer

菌盖直径 4~7 cm，初期钟形，后期呈斗笠形，表面被毛状鳞片，初期边缘具白色菌幕残片；幼时土黄色、土褐色，成熟后渐变为黄褐色。菌肉薄，质脆，白色。菌褶离生，浅灰色至灰黑色，窄，不等长。菌柄长 4~11 cm，直径 5~9 mm，圆柱形或基部稍膨大，质脆，空心，上部具毛状鳞片。担孢子 9.2~12.2×6.4~7.5 μm，椭圆形至长椭圆形，具明显小疣，黑褐色。

春夏季群生于林中地上。可食。分布于东北等地区。

图 1472

1472 长孢假小蜜环菌
Pseudoarmillariella bacillaris Zhu L. Yang et al.

菌盖直径 2~6.5 cm，平展，中央下陷，红褐色至褐色，密被红褐色鳞片。菌肉淡黄色，伤不变色。菌褶延生，黄色。菌柄长 3~7 cm，直径 3~6 mm，圆柱形，表面黄色，被絮状鳞片。担孢子 8.5~12×2.5~3.5 μm，长椭圆形至杆状，光滑，无色。盖表鳞片由菌丝组成。

夏秋季生于亚高山林中腐木上。分布于青藏地区。

1473 灰假杯伞
Pseudoclitocybe cyathiformis (Bull.) Singer

菌盖直径 3~5 cm，平展、杯状或浅漏斗形，光滑，灰色至灰褐色，水浸状，幼时边缘内卷，成熟后逐渐展开。菌肉薄，灰白色。菌褶延生，灰色或灰白色，较密，不等长。菌柄长 4~6 cm，直径 0.5~1 cm，圆柱形，灰白色，基部有白色绒毛。担孢子 7.5~9.5×4.5~6 μm，椭圆形，光滑，无色。

夏季散生于阔叶林或针阔混交林中地上或腐朽的倒木上。分布于东北、西北和青藏等地区。

1474 喜粪生裸盖菇
Psilocybe coprophila (Bull.) P. Kumm.

菌盖直径 1~2.5 cm，凸镜形至半球形，伸展后中部脐凹，稍黏至黏，光滑，近边缘具细毛，灰褐色至暗褐色，干后灰黄褐色。菌肉薄，白色，无特殊气味。菌褶直生，灰褐色至深紫褐色，稍稀，幅宽，不等长，褶缘粗糙有颗粒。菌柄长 2~6 cm，直径 1~3 mm，圆柱形，近等粗，黄褐色至灰褐色，中部略深，上有绒毛，干燥，空心。菌环无。担孢子 10.5~13×7.5~8.5 μm，正面宽椭圆形至近六角形，侧面椭圆形，光滑，暗褐色。

夏秋季群生于粪堆上。有毒。各区均有分布。

图 1473

图 1474-1

图 1474-2

图 1475

1475 古巴裸盖菇
Psilocybe cubensis (Earle) Singer

菌盖直径 1.5~2.5 cm，锥形或半球形，后近平展而中部稍突起，有稀疏白色鳞片，边缘有白色残幕，无条棱，水浸状；幼时黄色，后呈赭色或奶油色，老熟时从边缘开始带白色，伤后变蓝黑色。菌肉近白色，伤后变蓝黑色。菌褶直生或弯生，暗灰色至暗紫褐色，最后黑紫色，褶缘白色。菌柄长 4~12 cm，直径 0.4~1.3 cm，圆柱形，基部膨大，菌环以下光滑或稍有鳞片，顶部有条纹，白色至奶油色或黄褐色，伤后变蓝黑色；内部松软或空心。菌环上位，膜质，白色，往往附有担孢子而呈暗紫褐色。担孢子 12~15.5×7~9 μm，近卵圆形，光滑，暗褐色。

夏季群生或单生于牛、马等动物的粪便上。著名毒蘑菇。所含裸盖菇素能引起神经性中毒，毒性反应快，有致幻作用，可造成时空感觉的错乱或昏迷，食量大时可致死。分布于华南等地区。

1476 台湾光盖伞
Psilocybe taiwanensis Zhu L. Yang & Guzmán

菌盖直径 2~3 cm，近锥形至平展，中央圆钝并常有小乳头状突起，褐色至茶褐色；边缘色较淡，常有白色菌幕残余。菌肉白色，伤后变蓝色。菌褶灰褐色、暗红褐色至暗紫罗兰色。菌柄长 5~8 cm，直径 2~5 mm，污白色至淡褐色，伤后局部变蓝色。担孢子 6~7×4~4.5 μm，侧面观近椭圆形，背腹观近菱形，有芽孔，光滑，暗褐色。

夏季簇生于林中地表腐殖质上。有毒。分布于华南地区。

图 1476

1477 小伏褶菌（小黑轮）
Resupinatus applicatus (Batsch) Gray

菌盖宽 1~3 cm，贝壳形至侧耳形，灰棕色至黑棕色，边缘光滑至具白粉状，向基部逐渐密被绒毛，灰白色或淡黄灰色，边缘具有透明状条纹。菌肉薄，凝胶状，亮棕色。菌褶延生，深棕色，窄而较密。无菌柄，偶有假菌柄，基部具有细小的灰白色的绒毛。担孢子 4.5~6×4~5 μm，球形或近球形，无色，非淀粉质，光滑。

背侧生至侧生于落叶树的腐木或枯枝上。分布于东北、华中、华南等地区。

图 1477

图 1478-1

图 1478-2

毛伏褶菌（毛黑轮）
Resupinatus trichotis (Pers.) Singer

　　菌盖宽 0.8~1.5 cm，半圆形或肾形，中央处突起，被粗绒毛，灰色至黑棕色或黑色。菌肉薄，凝胶状，暗棕色。菌褶从中心或偏心处的近基部的着生点辐射状发出，窄，中等稀，棕灰色至灰棕色至近黑色。菌柄无，着生基部被有暗棕色或黑色的绒毛。担孢子 4~5.5×4~4.5 μm，近球形或球形，光滑，无色，非淀粉质。

　　生于落叶树的腐木或枯枝上。分布于东北地区。

图 1479

1479　乳酪粉金钱菌（乳酪金钱菌　乳酪小皮伞）
***Rhodocollybia butyracea* (Bull.) Lennox**

≡ *Collybia butyracea* (Bull.) P. Kumm.

　　菌盖直径 3~7 cm，初半球形，后平展或上卷，中央稍突，表面常常水浸状，通常暗红褐色、褐色、土黄色或污白色，中央颜色较深，边缘颜色渐浅至土黄色。菌肉中部厚，边缘薄，气味温和。菌褶直生至近离生，极密，黄白色至污白色，不等长，边缘锯齿状。菌柄长 4~8 cm，直径 3~8 mm，圆柱形，基部膨大，淡黄色至土黄色，干时暗褐色，基部有黄白色至淡黄色细毛，空心，具纵向条纹。担孢子 5~7.5×3~4.5 μm，椭圆形，光滑，无色，非淀粉质。

　　夏秋季单生或群生于针叶林和针阔混交林中地上。可食。分布于东北、华中、青藏等地区。

图 1480

1480　斑粉金钱菌（斑金钱菌）
***Rhodocollybia maculata* (Alb. & Schwein.) Singer**

　　菌盖直径 6~10 cm，扁半球形至近扁平，中部钝或突起，表面白色或污白色，常有锈褐色斑点或斑纹，老后表面带黄色或褐色，平滑无毛；边缘幼时卷，无条纹。菌肉中部厚，白色，气味温和或有淀粉味。菌褶直生或离生，白色或带黄色，密，窄，不等长，褶缘锯齿状，常出现带红褐色斑痕。菌柄长 5~12 cm，直径 0.5~1.2 cm，圆柱形，细长，近基部常弯曲，有时中下部膨大和基部处延伸呈根状，具纵长条纹或扭曲的纵条沟，软骨质，内部松软至空心。担孢子 6~7.6×4~6.5 μm，近球形，光滑，无色，非淀粉质。

　　夏秋季群生或近丛生于松林中腐枝层、腐木或地上。食用。分布于西北、青藏等地区。

图 1481

1481 糙孢玫耳
Rhodotus asperior L.P. Tang et al.

菌盖直径 3~6 cm，扁平至平展，桃红色至粉红色，湿时黏，有时有网状皱褶，边缘内卷。菌肉粉红色至近白色。菌褶近离生，粉红色至浅肉色。菌柄长 3~5 cm，直径 3~8 mm，稍偏生，圆柱形，近白色至灰白色，基部稍膨大。担孢子 5~6.5×4.5~5.5 μm，宽椭圆形至近球形，非淀粉质，无色，薄壁，表面密被刺状疣突，疣突高 0.5~1.5 μm，直径 0.5~1 μm。

夏秋季生于常绿阔叶林中腐木上。可食。分布于华中和华南等地区。

1482 掌状玫耳
Rhodotus palmatus (Bull.) Maire

菌盖直径 1.5~6.2 cm，扁半球形至凸镜形，黄色至橘黄色，干时浅红色，常有凸网纹和不规则裂瓣。菌肉有弹性，胶质。菌褶近直生，近白色至带粉红色。菌柄长 1.5~5.5 cm，直径 0.8~1.5 cm，常偏生，浅粉色，基部近白色。担孢子 5.8~7×5.5~6.1 cm，近球形，表面具疣状突起，无色，非淀粉质。

夏秋季生于阔叶树腐木上。食用。分布于东北地区。

图 1482-1

图 1482-2

图 1483

1483 藓菇（腓骨瘦脐菇 腓骨小菇）
Rickenella fibula (Bull.) Raithelh.

菌盖直径 0.3~1 cm，浅半球形，中央脐状，黏，薄，脆，淡黄色或黄色至橙黄色，中央颜色较深，橙黄色至橙红色；表面具网纹，干燥时不易观察。菌肉白色，脆，无味。菌褶延生，疏，不等长，边缘整齐，白色至乳黄色。菌柄长 0.7~5 cm，直径 1~2 mm，细长圆柱形，上下等粗，乳黄色至浅橙色，被有细绒毛。担孢子 4~6×2~2.5 μm，椭圆形，光滑，非淀粉质。

夏秋季单生或散生于倒木上、苔藓层中。分布于东北地区。

1484 毛缘菇
Ripartites tricholoma (Alb. & Schwein.)
P. Karst.

菌盖直径 2~5 cm，斗笠形至渐平展，中部向下凹陷，边缘微波状，具条纹，有睫毛状刚毛或绒毛，白色，稍湿至干。菌肉肉质，白色。菌褶直生，密，宽，白色至渐变成淡肉桂色。菌柄长 2.5~5 cm，直径 2~5 mm，空心，较脆，白色至污棕色。担孢子 4.5~6×4~5 μm，近球形，具小疣，淡黄色。

秋季单生或群生于阔叶林中地上。分布于东北地区。

图 1484-1

图 1484-2

1485 黏柄小菇
Roridomyces roridus (Fr.) Rexer

　　菌盖直径 1~3.5 cm，半球形至钟形，不黏，灰褐色或污黄色，有时近白色，有明显的条纹。菌肉薄，白色。菌褶直生或延生，白色，稀疏。菌柄长 4~8 cm，直径 2~5 mm，表面胶黏，灰白色。担孢子 8.5~10.5×4.5~5.5 µm，椭圆形，光滑，无色，淀粉质。

　　夏季丛生于针阔混交林内阔叶树腐木上或草地上。分布于东北地区。

图 1485

图 1486

1486 铜绿红菇（青脸菌 紫菌 铜绿菇）
Russula aeruginea Lindbl.

菌盖直径 4.5~9.2 cm，初期扁半球形，后渐平展，中央凹至浅漏斗形，灰绿色至暗铜绿色，中央颜色较深，至边缘颜色渐浅，湿时黏，中央具放射状网纹，边缘有或无条纹，内卷，表皮易剥离。菌肉白色，中央较厚，边缘薄。菌褶直生至附生，稍密，基本等长，初期白色，后污白色至黄色。菌柄长 4~8 cm，直径 0.8~1.6 cm，圆柱形，幼时实心，老时空心，白色，向基部颜色渐深呈黄褐色。担孢子 7~8×6~7 μm，近球形至卵圆形，顶端钝圆，表面具小疣，近无色至淡黄色，淀粉质。

夏秋季单生或散生于阔叶林或针阔混交林中地上。食用。分布于东北和华南等地区。

1487 小白红菇（参照种）
Russula cf. *albida* Peck

菌盖直径 2.5~6 cm，扁平，中部稍下凹，白色，无毛，表皮黏而易撕开，边缘平滑或有不明显的短条棱。菌肉脆，白色。菌褶长短一致，稍密，直生至弯生，白色，褶间有横脉。菌柄长 2.2~6 cm，直径 0.5~1.5 cm，圆柱形，白色，内部松软。担孢子 8~9×7~8 μm，近球形、椭圆形，近无色，有钝小刺或小瘤，淀粉质。

夏秋季单生或群生于针阔混交林中地上。分布于华中和华南等地区。

图 1487

1488 白龟裂红菇

***Russula alboareolata* Hongo**

菌盖直径 4.5~8.5 cm，扁半球形、凸镜形但中央微凹，边缘幼时完整且内卷，成熟后边缘伸展，白色、粉白色至粉肉黄色，中部污白色甚至浅黄色，多带青色，湿时黏，常有不明显到稍明显的龟裂，有明显的条纹。菌肉白色至微粉红，伤不变色。菌褶较稀，贴生，白色至粉白色，等长。菌柄长 2.5~4.5 cm，直径 0.8~1.5 cm，近圆柱形，白色。担孢子 6~7.5×6~7 μm，椭圆形至近圆形，具小疣和不完整弱网纹，近无色，淀粉质。

单生于针叶林、阔叶林或针阔混交林中地上。分布于华南地区。

图 1488

1489 怡红菇（参照种）

***Russula* cf. *amoena* Quél.**

菌盖直径 5~9 cm，幼时半球形，后扁半球形，后平展，中部稍下凹，成熟后渐展开至边缘平展或微上翘，表面淡紫色至紫色，成熟后有分裂，边缘常具不明显条纹。菌肉白色，较脆。菌褶直生，白色或象牙白色，较密，等长。菌柄长 2~5 cm，直径 0.8~1.2 cm，中生，白色至浅酒红色，近圆柱形，空心，伤不变色，基部稍细。担孢子 5.5~7.5×4~5 μm，近球形，有细小刺，近无色，类淀粉质。

群生或散生于针叶林或针阔混交林中地上。分布于华中和华南等地区。

图 1489

1490 暗绿红菇

***Russula atroaeruginea* G.J. Li et al.**

菌盖直径 3~7 cm，半球形至平展，绿色至暗绿色并带黄色，中部色较深，边缘色较浅。菌肉白色，不变色，不辣。菌褶米色至淡黄色，分叉，有短菌褶。菌柄长 4~6 cm，直径 1~2 cm，近白色。担孢子 6.5~8.5×6~7.5 μm，近球形至宽椭圆形，表面被淀粉质的网脊和疣突，上脐部淀粉质不明显。

夏秋季生于亚高山暗针叶林中地上。分布于青藏地区。

图 1490

伞菌

图 1491

1491 黄斑红菇
Russula aurea Pers.

菌盖直径 4~9 cm，初期凸镜形或扁半球形，后期渐平展至中部稍下陷，湿时稍黏，橙红色或橙黄色，中部往往颜色较深，后期边缘具有条纹或不明显条纹。菌肉白色至淡黄色，肉质，味道温和或微辛辣。菌褶直生或离生，稀疏至稍稀疏，褶幅宽，赭黄色，边缘黄色，等长，有时不等长，褶间具横脉，近菌柄处常具分叉。菌柄长 3~8 cm，直径 1~2.5 cm，中生，上下等粗，白色或奶油色至金黄色，肉质，幼时内部松软，成熟后变空心。担孢子 7~9.5×6~8.5 μm，卵圆形至近球形，浅黄色，具小疣突或不规则棱脊，相连后呈近网状，淀粉质。

夏秋季单生或群生于针阔混交林中地上。分布于东北和华中等地区。

图 1492-1

图 1492-2

1492　柠黄红菇（黄白红菇）
Russula citrina Gillet

= *Russula ochroleuca* Fr.

　　菌盖直径 3~11.5 cm，初扁半球形，后平展至中央稍下凹，蜜黄色，赭色、黄色至暗黄色，中央颜色加深，呈橄榄绿色或黄褐色，湿时黏，边缘无条纹且稍内卷，表皮不易剥离。菌肉白色，气味有辛辣味，味道微辣。菌褶弯生至近离生，白色至黄色，等长，少数分叉，边缘整齐。菌柄长 3.5~8.3 cm，直径 1.5~2 cm，圆柱形，或基部稍膨大，白色至淡黄色，老时基部颜色加深至黄色或黄褐色，实心至空心。担孢子 6.5~9.1×5.8~8 μm，近球形，表面具小刺或小瘤，近无色，淀粉质。

　　夏秋季散生或群生于针阔混交林中地上。可食。分布于东北、西北、华中和华南等地区。

图 1493

1493 花盖红菇（花盖菇 蓝黄红菇）
Russula cyanoxantha (Schaeff.) Fr.

　　菌盖直径 5~14 cm，初期扁半球形至凸镜形，后期渐平展，中部下凹至漏斗形，边缘波状内卷；颜色多样，暗紫罗兰色至暗橄榄绿色，后期常呈淡青褐色、绿灰色，往往各色混杂，湿时或雨后稍黏，表皮层薄；边缘易剥离，无条纹，或老熟后有不明显条纹。菌肉白色，在近表皮处呈粉色或淡紫色，气味温和。菌褶直生至稍延生，白色，较密，不等长，褶间有横脉。菌柄长 5~10 cm，直径 1.5~3 cm，肉质，白色，有时下部呈粉色或淡紫色，上下等粗，内部松软。担孢子 7~8.5×6.5~7.5 μm，宽卵圆形至近球形，表面具分散小疣，少数疣间相连，无色，淀粉质。

　　夏秋季散生至群生于阔叶林中地上。分布于东北、华中等地区。

1494 美味红菇
Russula delica Fr.

　　菌盖直径 3~16 cm，初期凸镜形或扁半球形，中部脐状，后期渐平展，中部下凹至漏斗形，污白色，常具赭色或褐色色调，有时具锈褐色斑点；光滑或具细绒毛，不黏；边缘初期内卷，无条纹。菌肉厚，白色或近白色，伤不变色，味道温和至微麻或稍辛辣，有水果气味。菌褶延生，白色或近白色，稍密，不等长，边缘常具淡绿色。菌柄长 2~6 cm，直径 1.5~4 cm，短粗，实心，上下等粗或向下渐细，伤不变色，光滑或上部具纤毛状物。担孢子 7.6~9.5×7~8.5 μm，卵圆形至近球形，无色，表面具小刺或小疣突，稍有网纹，近无色，淀粉质。

　　夏秋季单生、散生或群生于针叶林或针阔混交林中地上。食用。分布于东北、青藏、内蒙古、华中、西北等地区。

图 1494

图 1495

1495 密褶红菇（密褶黑红菇 密褶黑菇 火炭菇 火炭菌）

***Russula densifolia* Secr. ex Gillet**

菌盖直径 5.5~10 cm，初期内卷，中部下凹呈脐形，后期外翻呈漏斗形，光滑，污白色、灰色至暗褐色。菌肉较厚，白色，伤后变红色至黑褐色。菌褶直生或延生，分叉，不等长，窄，很密，近白色，伤后变红褐色，老后黑褐色。菌柄长 2~4 cm，直径 1.6~2 cm，白色，伤后初期变红色，后变为黑褐色，实心。担孢子 7~9.5×5.5~7 μm，卵形，有疣与线组成的网纹，近无色，淀粉质。

夏秋季单生或散生于针叶林、阔叶林或针阔混交林下。有毒。各区均有分布。

图 1496

1496 毒红菇

***Russula emetica* (Schaeff.) Pers.**

菌盖直径 5~9 cm，初期呈扁半球形，后期变平展，老时下凹，黏，光滑，浅粉色至珊瑚红色，边缘色较淡，有棱纹，表皮易剥离。菌肉薄，白色，近表皮处红色，味苦。菌褶等长，纯白色，较稀，弯生，褶间有横脉。菌柄长 4~7.5 cm，直径 1~2.2 cm，圆柱形，白色或粉红色，内部松软。担孢子 8~10.5×7.5~9.5 μm，近球形，有小刺，无色，淀粉质。

夏秋季散生于林中地上。有毒。分布于东北、华北、华中、华南等地区。

1497 姜黄红菇
***Russula flavida* Frost**

菌盖直径 3~7 cm，初期扁半球形，中部下凹，后期呈浅漏斗形，呈鲜亮的金黄色或姜黄色，黏，渐呈现粗糙似粉状，边缘稍有条纹至有条棱。菌肉白色，口感麻辣，有不愉快之气味。菌褶直生至近离生，稍密至稀，污白色至带粉红白色，等长，褶间有横脉或分叉。菌柄长 3~7 cm，直径 0.8~2.1 cm，粗圆柱形，往往有纵的条沟窝，较盖面色深呈金黄色或深姜黄色，内部松软。担孢子 7.5~9×6~7.6 μm，近球形，有刺棱及网纹，近无色至淡黄色，淀粉质。

夏秋季单生或群生于针阔混交林中地上。分布于华南等地区。

图 1497

1498 臭红菇
***Russula foetens* Pers.**

菌盖直径 5~10 cm，初期扁半球形，后期渐平展，中部稍凹陷，浅黄色或污赭色至浅黄褐色，中部土褐色，表面光滑，黏，边缘具有由小疣组成的明显粗条纹。菌肉薄，污白色，近表皮处呈浅黄色，质脆，具腥臭气味；口感味道辛辣且具苦味。菌褶弯生，稠密，褶幅宽，初期污白色，后期渐变浅黄色，常具暗色斑痕，一般等长，较厚，基部具分叉。菌柄长 4~10 cm，直径 1.5~3 cm，较粗壮，上下等粗或向下稍渐细，污白色至污褐色，老熟或伤后常出现深色斑痕，内部松软渐变空心。担孢子 7.5~10×7~9.5 μm，球形至近球形，有明显小刺或疣突至棱纹，无色，淀粉质。

夏秋季群生或散生于针叶林或阔叶林中地上。有毒。各区均有分布。

图 1498

1499 小毒红菇
***Russula fragilis* Fr.**

菌盖直径 1.5~3 cm，初扁半球形，后近平展，中央下凹；幼时深粉色，后中央紫黑色，向边缘渐浅至灰粉色，表面光滑且具光泽，边缘老时具条纹，表皮易剥离。菌肉白色，具水果香味；口感味道辛辣，微苦。菌褶弯生，较密，白色至奶白色，等长，少数分叉，有时边缘圆锯齿状。菌柄长 2.5~6 cm，直径 0.5~2.2 cm，圆柱形，实心，后变松软至空心，表面具网纹，白色，老后变黄色。担孢子 6.3~8.8×5.4~7.9 μm，近球形，具小疣，小疣间形成网纹，近无色，淀粉质。

夏季散生于针阔混交林中地上。有毒。分布于东北、华中等地区。

图 1499

伞菌

图 1500

图 1501

灰肉红菇
Russula griseocarnosa
X.H. Wang et al.

菌盖直径 9~16 cm，扁平，中央常下陷，紫红色至紫红褐色，表皮易撕起。菌肉灰色，老时变深，不辣。菌褶成熟后带灰色。菌柄长 6~10 cm，直径 1.5~3 cm。担子 40~50×10~13 μm。担孢子 8~10×6.5~8 μm，近球形至椭圆形，表面被淀粉质的锥状小刺（刺长 1.5~2 μm），近无色至淡黄色，淀粉质。囊状体丰富，顶端细尖，中部壁厚。

夏秋季生于南亚热带常绿阔叶林中地上。著名野生食用菌。分布于华南地区。

广东红菇
Russula guangdongensis
Z.S. Bi & T.H. Li

菌盖直径 4~7 cm，扁半球中凹形至中凹形；幼时橙色，后橙褐色，带水渍状灰紫褐色；湿时黏；具明显的由颗粒状组成的棱纹。菌肉白色至带菌盖颜色，无味道，烘干时有浓郁的鸡蛋花香味。菌褶直生至稍延生，稍稀，宽约 6 mm，基本等长，乳白色至奶黄色。菌柄长 5~11 cm，直径 8~12 mm，圆柱形，橙黄色至橙褐色，被细绒毛。担孢子直径 8~11 μm（不包括棱刺），近球形，有棱刺和不完整的网纹，淡黄色，淀粉质。侧生囊状体 60~70×12~15 μm，近梭形，壁稍厚，黄色。

散生至群生于阔叶林中地上。分布于华中至华南地区。

本种浓郁的鸡蛋花香味及新鲜时鲜艳的橙色菌柄，在有较浓气味的红菇 *Russula* spp. 中相当特别。

图 1502-1

图 1502-2

1502 **日本红菇**
Russula japonica Hongo

菌盖直径 6~15 cm，中央凹至近漏斗形，边缘略内卷，白色，常有土黄色的色斑，湿时稍黏。菌肉脆，白色。菌褶直生至贴生，甚密，盖缘处每厘米约 30 片，不等长，部分分叉，白色，成熟时部分变乳黄色至土黄色，易碎。菌柄长 2.5~5 cm，直径 1.2~2.5 cm，中生至微偏生，白色。担孢子 6~7× 5~6 μm，宽椭圆形至近球形，具小刺，小刺间偶有连线，不形成网纹，无色，淀粉质。

散生至群生于阔叶林、针阔混交林或针叶林中地上。有毒。分布于华中、华南等地区。

伞菌

图 1503-1

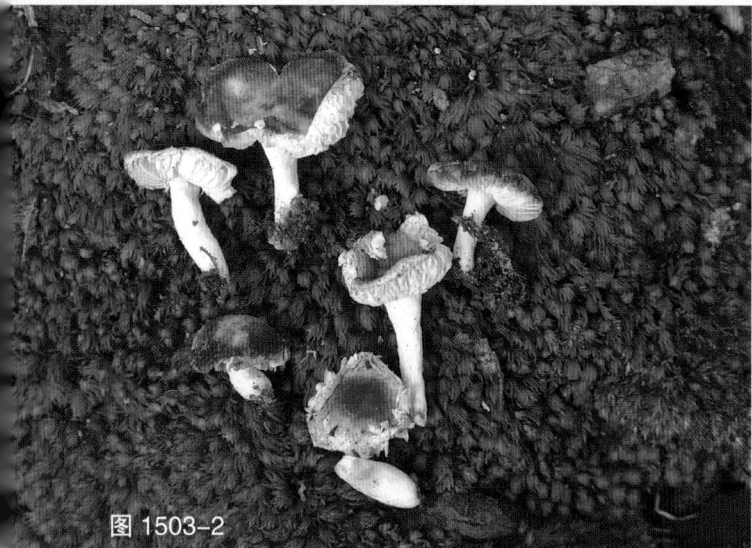

图 1503-2

图 1503-3

1503 小红菇小变种

***Russula minutula* var. *minor* Z.S. Bi**

菌盖直径 0.8~2 cm，初凸镜形，后平展中凹，粉红色至红色，有时带紫红色，边缘白色至黄白色，湿时黏，有时有条纹和撕裂。菌肉菌柄处厚 1~1.5 cm，白色，脆。菌褶宽 1~3 mm，白色至黄白色，等长，有横脉，直生至短延生。菌柄长 0.5~1.5 cm，直径 1~3.5 mm，柱形，白色，空心。担孢子 6~8×5~7 μm，近球形，有离生小刺，部分小刺较钝成小疣，无色至近无色，淀粉质。

单生至散生于阔叶林或针阔混交林中地上。分布于华南地区。

1504 黑红菇（稀褶黑菇 大黑菇）
Russula nigricans Fr.

菌盖直径 7~18 cm，初期呈扁半球形至凸镜形，中部具脐状凹陷，后期渐平展，中部下凹呈漏斗形，表面光滑；初期污白色，后变黑褐色；边缘初期内卷，后期边缘无条纹或具不明显条纹。菌肉较厚，污白色，伤后初期变浅红色，后期变为黑色，气味呈水果香味。菌褶直生至弯生，宽，稍稀疏至稀疏，灰白色，不等长，褶间有横脉，伤后初期变浅红色，逐渐变灰色，最后变为黑色。菌柄长 2~7 cm，直径 1~2.5 cm，上下等粗，表面光滑，初期污白色，后变黑褐色，内部实心，质地脆，伤后初期浅红色，渐变为近黑色。担孢子 7~8×6~7.5 μm，近球形，具由疣突相连形成的明显网纹，无色，淀粉质。

夏秋季群生或散生于阔叶林或针阔混交林中地上。分布于东北、华中和华南等地区。

图 1504

1505 青黄红菇
Russula olivacea (Schaeff.) Fr.

菌盖直径 6~16 cm，扁平，中央稍凹陷，不黏，颜色很多样，橄榄色、浅绿色，有时边缘和中部带浅紫红色，或单一的紫红色、紫色或红褐色。菌肉白色或乳白色，气味弱，略带水果味，味道柔和。菌褶初期密，后渐稀，分叉，直生至几乎离生，米黄色渐变为赭黄色，不等长，褶间有横脉。菌柄长 0.4~1.2 cm，直径 1~4 mm，近圆柱形，内部实心后变松软，白色，通常染有粉红色，或上部粉红色，罕全部为粉红色。担孢子 8.5~12×7.5~10 μm，近球形或卵形，有分散小刺，有时刺间相连，黄色，淀粉质。

夏秋季单生或群生于针阔混交林中地上。可食。分布于东北、华北、西北等地区。

图 1505

1506 沼泽红菇
Russula paludosa Britzelm.

菌盖直径 3.5~10.6 cm，幼时近半球形，后渐平展至中央向下凹陷；鲜红色至紫红色，中央颜色加深，表面光滑且具光泽，具细小的突起状小瘤，湿时黏，边缘平整而薄，老时具条纹，表皮不易剥离。菌肉白色，无气味；口感味道温和，微苦，稍涩。菌褶直生至弯生，幼时白色，后污白色或淡黄色，稍密，多分叉，有时边缘微红色。菌柄长 4.2~9.5 cm，直径 1~2.5 cm，圆柱形，具网纹，白色，基部微红色，伤后变黄色，基部逐渐变灰色。担孢子 7.5~10×6~8.5 μm，近球形至近卵圆形，表面具小疣，近无色至淡黄色，淀粉质。

夏秋季散生于针叶林中地上。分布于东北、青藏、华中等地区。

图 1506

图1507

1507 血红菇
Russula sanguinea (Bull.) Fr.

菌盖直径 3~10 cm，初期凸镜形，后期渐平展，中部下凹呈浅碟状，初期亮血红色至玫瑰红色，干后带紫色，后期常不规则褪色。菌肉白色，伤后不变色，具水果香味，味道辛辣。菌褶直生至稍延生，奶油色至浅赭色，稍密，褶幅窄，具分叉，等长。菌柄长 5~8 cm，直径 1~2 cm，上下等粗或向下稍细，通常与菌盖近同色，少数为白色，老熟后或触摸后呈橙黄色，内部实心。担孢子 7~8×6~7.5 μm，球形至近球形，无色，表面具小疣，疣间有连线，但不形成网纹。

生于林间地上。分布于东北、华北地区。

1508 点柄黄红菇（点柄臭黄菇）
Russula senecis S. Imai

菌盖直径 4~10 cm，初期近扁半球形至凸镜形，后期渐平展，平展后中部凹陷，边缘反卷，表面粗糙，具由小疣组成的明显粗条棱；赭黄褐色、污黄色至暗黄褐色；稍黏。菌肉浅黄色至暗黄色，具腥臭气味，口感味道辛辣。菌褶直生至稍延生，密，污白色至淡黄褐色，边缘具褐色斑点，等长或不等长。菌柄长 5~9 cm，直径 0.4~1 cm，上下等粗或向下渐细，有时呈近梭形，污黄色、暗褐色或肉桂褐色，具暗褐色小疣点，内部松软至空心，质地脆。担孢子 8~10×8~9 μm，近球形至卵圆形，具明显刺棱，浅黄色，淀粉质。

夏秋季单生或群生于针阔混交林中地上。文献记载有毒。分布于华中、华南等地区。

图1508

图 1509

1509 四川红菇
***Russula sichuanensis* G.J. Li & H.A. Wen**

菌盖直径 2~5 cm，近球形、半球形至钟形，污白色、白色至淡粉红色，边缘白色，湿时黏。菌肉白色，伤不变色，不辣。菌褶黄色至玉米黄色，有短菌褶，有时形成小腔。菌柄长 3~6 cm，直径 0.7~1.5 cm，白色，近光滑。担孢子 9.5~14×8~13 μm，近球形至球形，有疣突并连成网状，近无色至浅黄色，淀粉质。

夏秋季生于亚高山暗针叶林中地上。毒性不明。分布于青藏地区。

1510 茶褐红菇
***Russula sororia* Fr.**

菌盖直径 5~9 cm，初期扁半球形至凸镜形，后期渐平展，中部稍下凹；湿时黏滑，表面光滑；橄榄褐色至灰褐色，中部灰黑色，后期常常褪色，边缘颜色更浅；表皮在菌盖边缘处易剥离，边缘具由小疣构成的棱条纹。菌肉白色，味道辛辣，气味明显。菌褶离生，初期白色，后期变为浅奶油色，常具浅褐色至浅红褐色斑点，中部宽，褶幅密，褶间有横脉，不等长。菌柄长 3~6 cm，直径 1~2 cm，上下等粗或向下渐细，初期白色，后期变亮灰褐色，稍被绒毛，内部实心至空心。担孢子 6.5~7.5×5.5~6.5 μm，椭圆形至近球形，表面具小刺或小疣，淡黄色，淀粉质。

夏秋季单生或群生于林中地上。食用。分布于东北、青藏等地区。

图 1510

伞菌

图 1511-1

图 1511-2

1511 亚黑红菇（亚稀褶红菇 亚稀褶黑菇）
Russula subnigricans Hongo

菌盖直径 5~12 cm，初扁半球形，后近平展至中部下凹呈浅漏斗形，浅灰色、灰褐色至灰黑褐色，有时边缘色浅，表面干燥，有微细绒毛，无条纹。菌肉白色，伤后变红色。菌褶直生或近延生，近白色至浅黄白色，伤后变红色，稍稀疏，不等长，厚而脆，不分叉，往往有横脉。菌柄长 3~6 cm，直径 1~3 cm，圆柱形，灰色，较菌盖色浅。担孢子 6.5~9×6~8 μm，近球形，有疣和网纹，无色，淀粉质。

夏秋季散生或群生于阔叶林及针阔混交林中地上。剧毒。分布于华南和华中等地区。

本种与无毒的黑红菇 R. nigricans 十分相似，但后者伤后变浅红色，然后再明显变为黑色或近黑色。

1512 变绿红菇（绿红菇 绿菇 青头菌）
Russula virescens (Schaeff.) Fr. s.l.

菌盖直径 5~12 cm，初期近球形至凸镜形，后期渐伸展，中部常稍下凹；不黏，或湿时稍黏；浅绿色、铜绿色或灰橄榄黄绿色至灰绿色；具有锈褐色斑点，表面具有细毛状物或疣突，表皮常斑状龟裂，老熟时边缘具条纹，表皮不易剥离。菌肉厚，质地坚实，初期脆，后期变软，白色，伤不变色，或伤后变为黄锈色，味道柔和，气味不明显。菌褶离生至直生，初期白色，后期奶油色，老熟后边缘呈褐色，密，等长，具横脉。菌柄长 4~10 cm，直径 1~4 cm，上下等粗，白色，实心或内部松软。担孢子 7~9×6~7.5 μm，近球形至卵圆形或近卵圆形，表面具小疣，相连可形成不完整的网纹，无色，淀粉质。

夏秋季群生于阔叶林或针阔混交林中地上。著名野生食用菌。分布于中国大部分地区。

图 1512-1

图 1512-2

VII

图 1513-1

图 1513-2

1513 裂褶菌（八担柴 白花 天花菌 白参菌 树花）

***Schizophyllum commune* Fr.**

菌盖宽 5~20 mm,扇形,灰白色至黄棕色,被绒毛或粗毛;边缘内卷,常呈瓣状,有条纹。菌肉厚约 1 mm,白色,韧,无味。菌褶白色至棕黄色,不等长,褶缘中部纵裂成深沟纹。菌柄常无。担孢子 5~7×2~3.5 μm,椭圆形或腊肠形,光滑,无色,非淀粉质。

散生至群生,常叠生于腐木或腐竹上。幼嫩时可食,药用;可栽培。各区均有分布。

图 1513-3

图 1515-1

图 1515-2

1514 绒盖菇
Simocybe centunculus (Fr.) P. Karst.

菌盖直径 1~4 cm，扁平至平展，巧克力褐色，水浸状，边缘有辐射状透明条纹。菌肉薄，淡锈黄色。菌褶褐色至巧克力褐色并带灰色。菌柄长 3~6 cm，直径 2~4 mm，褐色，顶部有白色绒毛。担孢子 6.5~8.5×4.5~5 μm，椭圆形至近肾状，具有不明显的芽孔。

夏秋季生于针叶林或针阔混交林中腐木上。分布于青藏地区。

1515 白漏斗辛格杯伞
Singerocybe alboinfundibuliformis
(Seok) Zhu L. Yang et al.

菌盖直径 2~4 cm，中央下陷至菌柄基部，白色至米色，边缘有辐射状透明条纹。菌肉薄，白色，无特殊气味。菌褶下延，白色，低矮。菌柄长 3~6 cm，直径 3~7 mm，圆柱形，白色至米色，空心。担孢子 6~8×4~5 μm，椭圆形，光滑，无色，非淀粉质。

夏秋季生于针叶林或针阔混交林中地上或腐殖质上。分布于华中地区。

1516 热带辛格杯伞

Singerocybe humilis (Berk. & Broome) Zhu L. Yang & J. Qin

菌盖直径 3~5 cm，中央下陷至菌柄基部，表面白色至米色，边缘有辐射状透明条纹。菌肉薄，白色，无特殊气味。菌褶延生，白色，低矮，强烈网结。菌柄长 1~2 cm，直径 3~5 mm，圆柱形，白色至米色，空心。担孢子 4.5~6×2.5~3.5 μm，椭圆形至卵形，光滑，无色，非淀粉质。

秋季生于热带至南亚热带林中地上。分布于华南地区。

图 1516

1517 凹陷辛格杯伞

Singerocybe umbilicata Zhu L. Yang & J. Qin

菌盖直径 2~4 cm，中央下陷但不达菌柄基部，表面白色至米色，边缘波状。菌肉薄，白色，有令人作呕的气味。菌褶延生，白色。菌柄长 3~5 cm，直径 3~6 mm，圆柱形，白色、米色至淡褐色，空心。担孢子 5~8×3~4.5 μm，舟形，光滑，无色，非淀粉质。

夏秋季生于针叶林或针阔混交林中地上或腐殖质上。分布于华中地区。

图 1517-1

图 1517-2

伞菌

图 1518

1518 脐突菌瘿伞
Squamanita umbonata (Sumst.) Bas

菌盖直径 3.5 cm，中央突起，淡褐色、浅灰色至污白色，密被褐色、黄褐色至深褐色、辐射状撕裂的鳞片。菌肉白色至污白色。菌柄长 3~6.5 cm，直径 0.6~1.5 cm，圆柱形，污白色，密被褐色、黄褐色至深褐色鳞片；基部球状体 3.5~4.5×1.5~3.5 cm，淡灰色至淡褐色。担孢子 6~8.5×4~5 μm，椭圆形，光滑，无色，非淀粉质。

夏季生于林中地上。分布于华中地区。

1519 球果伞（种1）
Strobilurus sp.

菌盖直径 1~3 cm，扁平至平展，中央灰色至灰褐色，边缘近白色。菌肉白色。菌褶白色。菌柄长 3~7 cm，直径 1~3 mm，淡褐色至黄褐色，顶部近白色。担孢子 3~5×2~3 μm，泪滴状至瓜子形，光滑，无色。囊状体顶近花瓶状，多薄壁。

夏秋季生于林中华山松球果上。可食。分布于华中地区。

图 1519

图 1520

1520 铜绿球盖菇
Stropharia aeruginosa (Curtis) Quél.

菌盖直径 3~7 cm，钟形至半球形，后逐渐平展，中部丘形，有时平或微陷；初期菌盖表面覆层黏液，并具有白色绵毛状小鳞片，尤其盖缘，铜绿色至绿色，随着黏液层的消失盖色转变为黄绿色或灰褐绿色，通常菌盖表面铜绿色至绿色上具有不均匀黄色斑点。菌肉白色。菌褶直生至弯生，初期灰白色逐渐转变为灰紫褐色。菌柄长 4.5~7.5 cm，直径 4~8 mm，等粗或向上渐细，基部具有白色菌索。菌环上位或中位，膜质，易脱落。担孢子 8~9.5×5~6 μm，椭圆形，光滑，淡灰褐色。

夏秋季单生至散生于针叶林或针阔混交林中腐木上，或腐枝落叶层上，或肥沃土地上。可食。各区均有分布。

1521 吉林球盖菇
Stropharia jilinensis T. Bau & E.J. Tian

菌盖直径 4~12 cm，凸镜形，后期渐平展，边缘波状，灰紫罗兰色至暗黄褐色，表面黏，具覆瓦状平伏的黄褐色小鳞片；初期近边缘及边缘具白色鳞片。菌肉厚，灰白色，气味温和。菌褶直生至近延生，浅黄褐色至肉桂褐色，密，中等宽，边缘锯齿状。菌柄长 3.5~8 cm，直径 0.5~1.5 cm，等粗至基部膨大，中生，白色，表面具白色小鳞片，空心，基部具白色絮状菌丝。菌环膜质至丛毛状，白色。担孢子 6~7×4~5 μm，椭圆形至近卵圆形，光滑，淡灰褐色。

秋季单生于针叶林及针阔混交林中地上。可食。分布于东北地区。

图 1521

伞菌

图 1522-1

图 1522-2

图 1522-3

图 1522-4

1522 皱环球盖菇（大球盖菇 酒红球盖菇）
Stropharia rugosoannulata Farl. ex Murrill

　　菌盖直径 5.5~8 cm，扁半球形至扁平，或凸镜形，湿时稍黏，盖缘光滑或覆丛毛状鳞片，附着较多的菌幕残片，深葡萄酒褐色。菌肉厚，白色。菌褶直生，膜质，浅灰色至紫褐色；褶缘锯齿状，白色。菌柄长 6~12 cm，直径 0.9~2 cm，圆柱形至基部近球根状，白色至奶油色。菌环厚，双层，环上具有条纹，成熟后易脱落，白色。担孢子 11~13×7.5~8.5 μm，近六角形，光滑，淡灰褐色。

　　夏秋季单生或群生于土壤或枯枝落叶层中。食用。各区均有分布。

图 1523

1523	**盘状幕盖菇**
	Tectella patellaris (Fr.) Murrill

菌盖直径 8~15 mm，幼时圆柱形、陀螺形至杯形，后渐平展呈半圆形至贝壳形，从顶角下悬，边缘内卷；平滑；稍黏；褐色、烟灰色至浅粉肉桂色，初有细绒毛，后变光滑，成熟后颜色变淡呈浅黄褐色至茶褐色。菌肉肉质或近革质，较硬。菌褶薄、窄，黄褐色至淡褐色，最初由浅黄色至肉粉色被膜状的菌幕所覆盖。菌柄极短或无，近圆柱形，弯曲，偏生，光滑，与菌盖同色。担孢子 9.7~11.5×3.6~4.2 μm，长圆柱形至腊肠形，基部有一歪尖，光滑，无色，透明，淀粉质。

夏秋季生于白桦落叶松混交林中桦树枯枝上。分布于东北、西北、青藏等地区。

1524	**疣孢灰盖伞**（疣孢离褶伞）
	Tephrocybe tylicolor (Fr.) M.M. Moser

菌盖直径 0.6~1.5 cm，幼时凸镜形，成熟后近平展；表面光滑，湿，灰褐色至黑褐色；中央明显色深，黑褐色至黑色；边缘色淡，呈淡黄色至淡棕色，具条纹。菌褶污白色，离生，较稀至中等密。菌柄长 2~5 cm，直径 1~3 mm，圆柱形，纤维质，表面丝光质，污白色至淡棕色；菌柄近基部弯曲，深入基物中，基部具有白色至污白色的菌丝。担孢子 6~7×4~5 μm，近椭圆形、梨形或卵圆形，表面具有疣突，尖突明显，无色。

生于林中枯腐层。分布于东北地区。

图 1524

伞菌

中国大型菌物资源图鉴　　1039

图 1525

1525 金黄蚁巢伞（黄白蚁伞 黄鸡枞）
***Termitomyces aurantiacus* (R. Heim) R. Heim**

　　菌盖直径 5~15 cm，金黄色、黄褐色至褐黄色，中央有圆钝突起且色较深。菌肉白色，伤不变色。菌褶白色至淡粉红色，稠密。菌柄长 5~15 cm，直径 0.5~2 cm，白色至浅黄色，常被纤毛状或反卷的鳞片；假根近圆柱形，白色至污白色。菌环无。担孢子 6~8×4~5.5 μm，椭圆形，光滑，无色，非淀粉质。

　　夏季生于热带和亚热带地上，与地下白蚁巢穴相连。著名野生食用菌。分布于华南地区。

1526 球根蚁巢伞
***Termitomyces bulborhizus* T.Z. Wei et al.**

　　菌盖直径 10~20 cm，扁变球形至平展，淡褐色至黄褐色，中央具有一圆钝的突起。菌肉白色，伤不变色。菌褶离生，白色至淡粉红色。菌柄长 4~10 cm，直径 1~6 cm，假根近圆柱形，白色至淡褐色；在假根与菌柄衔接处往往膨大呈近球形，直径 3~9 cm。担孢子 6~9×4~6 μm，卵形至椭圆形，光滑，无色，非淀粉质。

　　夏季生于亚热带地上，与地下白蚁巢穴相连。著名野生食用菌。分布于华中、华南地区。

1527 盾尖蚁巢伞（斗鸡菇 白蚁伞）
***Termitomyces clypeatus* R. Heim**

　　菌盖直径 3~7 cm，扁半球形至平展，深灰色、灰色至淡灰色，中央具有一深色尖锐的突起。菌肉白色。菌褶离生，白色至淡粉红色。菌柄长 4~10 cm，直径 0.5~1.5 cm；假根近圆柱形，白色至污色。担孢子 5~7.5×3.5~4.5 μm，椭圆形，光滑，无色，非淀粉质。

　　夏季生于热带地上，与地下白蚁巢穴相连。著名野生食用菌。分布于华南地区。

图 1527

图 1526

1528 真根蚁巢伞（真根鸡枞）

Termitomyces eurrhizus (Berk.) R. Heim

菌盖直径 7~12 cm，灰色至浅灰色，圆锥形至平展，中央具尖突。菌褶离生，白色至淡粉红色。菌柄长 5~10 cm，直径 0.5~2 cm，近圆柱形，白色至灰白色；假根暗褐色至近黑色。菌环无。担孢子 6.5~8.5×4~5 μm，椭圆形，非淀粉质。

夏季生于热带和亚热带地上，与地下白蚁巢穴相连。著名野生食用菌。分布于华南地区。

1529 谷堆蚁巢伞（谷堆白蚁伞 套鞋带 谷堆菌 谷堆鸡枞 空柄华鸡枞）

Termitomyces heimii Natarajan

= *Sinotermitomyces cavus* M. Zang

菌盖直径 7~15 cm，钟形、斗笠形至平展，中部常突起，顶端呈钝圆，不具尖突，灰白色、淡褐灰色至中央暗褐色，边缘色变浅至近白色，光滑，湿时稍黏。菌肉厚，白色，伤不变色。菌褶白色至淡粉红色，离生，成熟时多少带淡粉红色并稍带白色，不等长。菌柄长 8~25 cm，直径 1~2.5 cm，纺锤形，上部白色至近白色；近地面部分膨大，直径 4~6 cm；地下部分颜色变暗褐色，延长呈根状并伸入地下蚁巢上。菌环常存在于近柄基部膨大处，薄膜状。担孢子 7~9×4~7 μm，椭圆形，光滑，无色，非淀粉质。

夏季生于热带地上，与地下白蚁巢穴相连。著名野生食用菌。分布于华南地区。

图 1528

图 1529

图 1530

图 1531

小蚁巢伞（小果蚁巢伞 小果鸡枞 斗篷鸡枞）
Termitomyces microcarpus (Berk. & Broome) R. Heim

　　菌盖直径 1~2.5 cm，扁半球形至平展，白色至污白色，中央具有一颜色较深的圆钝突起，边缘常反翘。菌肉白色。菌褶离生，白色至淡粉红色。菌柄长 2~5 cm，直径 2~4 mm；假根近圆柱形，白色至污色。担孢子 6.5~8×4.5~5.5 μm，椭圆形，光滑，无色，非淀粉质。

　　夏季生于热带和亚热带近地表或被败坏过的白蚁巢穴附近或路边。食用。分布于华南、华中等地区。

1531 **条纹蚁巢伞**
Termitomyces striatus (Beeli) R. Heim

　　菌盖直径 5~10 cm，圆锥形至平展，灰色、灰褐色至浅褐色，中央有较尖的突起且色较深，有辐射状纹理，边缘常撕裂。菌肉白色，伤不变色。菌褶离生，白色至淡粉红色，稠密。菌柄长 5~15 cm，直径 1~2 cm；假根污白色。担孢子 5.5~7.5×3.5~4.5 μm，无色，椭圆形，光滑，非淀粉质。

　　夏季生于热带和亚热带白蚁巢穴上。食用。分布于华南地区。

图 1532

1532 **黑柄四角孢伞**
Tetrapyrgos nigripes (Fr.) E. Horak

　　菌盖直径 5~10 mm，扁平至平展，淡灰色，中央暗褐色至近黑色、下陷，边缘有辐射状沟纹。菌肉薄，灰白色。菌褶直生至稍延生，灰白色，稍稀。菌柄长 10 mm，直径 0.5~1 mm，暗灰色至黑色，顶端近白色。担孢子宽 8~9 μm，3~5 叉，多数 4 叉，叉长达 7 μm，直径达 4 μm，无色，非淀粉质。

　　夏季生于热带和亚热带林中腐树枝上。分布于华南地区。

1533 **红橙口蘑**
Tricholoma aurantium

(Schaeff.) Ricken

　　菌盖直径 5~8 cm，扁半球形至平展，中央稍突起，橘红色至红褐色，有时有绿色至橄榄色色调，胶黏。菌肉白色，肉质。菌褶弯生，污白色。菌柄长 5~8 cm，直径 1~2 cm，污白色，中下部被褐色至灰色鳞片。担孢子 5~6.5×3.5~4 μm，宽椭圆形至椭圆形，光滑，无色，非淀粉质。

　　夏季生于针叶林中地上。分布于东北、青藏等地区。

图 1533

伞菌

1534 灰环口蘑
Tricholoma cingulatum (Almfelt)
Jacobashch

菌盖直径 3~5 cm，扁半球形至平展，中央稍突起、淡灰色，边缘近白色。菌肉白色。菌褶弯生，白色至米色。菌柄长 4~7 cm，直径 3~8 mm，白色至污白色。菌环中上位，白色，易消失，膜质。担孢子 4~6×2.5~3.5 μm，长椭圆形，光滑，无色，非淀粉质。

夏季生于林中地上。分布于中国大部分地区。

1535 黄褐口蘑
Tricholoma fulvum (DC.) Bigeard &
H. Guill.

菌盖直径 3~7 cm，初期半球形，后扁半球形至近平展，有时中部稍突，棕褐色，中部色深，湿时黏，具纤毛状鳞片，边缘内卷。菌肉黄白色。菌褶弯生，稍密，黄色至暗黄色。菌柄长 3~4 cm，直径 0.5~1 cm，黄褐色，上部色浅，向下颜色渐深，基部稍膨大具白色菌索。担孢子 6.2~7.7×5~5.5 μm，近球形，光滑，无色，非淀粉质。

秋季单生或群生于林中地上。食用。分布于东北、华中等地区。

图 1534

图 1535

图 1536-1

图 1536-2

图 1536-3

<table>
<tr><td>1536</td><td>**松口蘑**（松茸 松蘑 松菌 松树蘑）
Tricholoma matsutake (S. Ito & S. Imai) Singer</td></tr>
</table>

菌盖直径 6~25 cm，初期球形，后扁半球形至平展，中央稍突起，表面黄褐色至栗褐色，被黄褐色至暗褐色纤维状鳞片，边缘内卷。菌肉厚而致密，初白色，后变淡褐色，有浓香味。菌褶弯生，稠密，宽，不等长，白色、米色至褐色。菌柄长 10~20 cm，直径 1.5~3 cm，上下近等粗，圆柱形，与菌盖同色，被深褐色至淡褐色鳞片。菌环上位，纤维状。担孢子 6.5~7.5×5.5~6.5 μm，宽椭圆形，光滑，无色，非淀粉质。

秋季单生至群生于赤松、黑松及樟子松等松林中地上，常形成蘑菇圈，与松属形成外生菌根。著名食用菌，商品名为松茸。分布于东北、华中、青藏等地区。

图 1537-1

1537 蒙古口蘑（草原白蘑　口蘑　珍珠蘑）
Tricholoma mongolicum S. Imai

　　菌盖 5~17 cm，半球形，成熟后平展，白色，表面光滑，早期边缘内卷。菌肉白色，厚而致密。菌褶弯生，稠密，不等长，白色。菌柄长 3.5~6 cm，直径 1.5~3.5 cm，基部稍膨大，白色，实心。担孢子 6.5~8.1×4~5.8 μm，椭圆形，光滑无色，非淀粉质。

　　夏秋季生于草原上，常形成蘑菇圈。著名食用菌。分布于东北、华北、内蒙古地区。

图 1537-2

图 1538

1538 棕灰口蘑
Tricholoma myomyces (Pers.) J.E. Lange

= *Tricholoma terreum* (Schaeff.) P. Kumm.

　　菌盖直径 3~5 cm，扁半球形至平展，淡灰色、灰色至褐灰色，表面有匍匐的纤丝状鳞片。菌肉肉质，白色。菌褶弯生，白色至米色。菌柄长 3~5 cm，直径 0.4~1 cm，白色至污色，近光滑。担孢子 5.5~7×4~5 μm，椭圆形至宽椭圆形，光滑，无色，非淀粉质。

　　夏季生于林中地上。可食。分布于中国大部分地区。

1539 豹斑口蘑

***Tricholoma pardinum* (Pers.) Quél.**

菌盖直径 5~10 cm，扁半球形至平展，污白色，被褐色至暗褐色鳞片。菌肉肉质，白色。菌褶弯生，污白色至淡褐色。菌柄长 7~10 cm，直径 2~3 cm，白色，被淡褐色鳞片，基部膨大。担孢子 8~10×6.5~7.5 μm，椭圆形至宽椭圆形，光滑，白色，非淀粉质。缘生囊状体较大。

夏季生于林中地上。有毒。分布于中国大部分地区。

图 1539

1540 杨树口蘑

***Tricholoma populinum* J.E. Lange**

菌盖直径 5~14 cm，初期扁半球形至凸镜形，后期渐平展；边缘初期内卷，后期伸展呈波状；表面黏，浅褐色；中部呈红褐色，向边缘颜色渐浅，表面覆盖棕褐色细小鳞片。菌肉较厚，污白色，伤后颜色变暗。菌褶弯生，密，褶幅窄，污白色，渐变为浅红褐色，不等长，伤后颜色变暗。菌柄长 4~6 cm，直径 2~3.5 cm，比较粗壮，上下等粗至基部膨大，内部实心至松软，白色，伤后变浅红褐色。担孢子 4.8~5.5×3~5 μm，卵圆形至近球形，光滑，无色，非淀粉质。

秋季群生或散生于杨树林中沙质的土地上。可食。分布于东北和华北地区。

图 1540

1541 鳞柄口蘑

Tricholoma psammopus
(Kalchbr.) Quél.

菌盖直径 3~10 cm，凸镜形，后期平展，浅黄褐色至锈褐色，中部颜色较深，表面黏滑。菌肉厚，白色。菌褶弯生，密，不等长，初期白色，后渐变为稻草黄色，表面具锈色斑点。菌柄长 4~9 cm，直径 1~2 cm，上部具小颗粒，下部具锈褐色纤毛状鳞片。担孢子 6~7×4~5 μm，椭圆形，光滑，无色。

夏秋季群生或丛生于针叶林或阔叶林中地上。分布于西北、华中等地区。

图 1541

图 1542-1

1542 皂味口蘑
***Tricholoma saponaceum* (Fr.) P. Kumm.**

菌盖直径 6~10 cm，扁半球形至平展，中央稍突起、暗灰褐色，其余部分橄榄色，至边缘变为黄色至污白色，不黏。菌褶弯生，米色，较稀。菌柄长 10~16 cm，直径 1~2 cm，向下变细，白色，有白色至灰色鳞毛，基部带有粉红色斑点。菌盖菌肉白色，菌柄菌肉淡黄色，肥皂味。担孢子 4~5×3~3.5 μm，椭圆形，光滑，无色，非淀粉质。有锁状联合。

夏季生于阔叶林或针阔混交林中地上。有毒。分布于东北、华中等地区。

图 1542-2

图 1542-3

1543 黄绿口蘑
Tricholoma sejunctum
(Sowerby) Quél.

菌盖直径 3~9 cm，初期近圆锥形至凸镜形，后期渐平展，中部突起，表面湿润时稍黏，黄色或浅黄绿色，中部色深，表面具暗绿色纤毛状物，边缘平滑或波状，有时具菌幕残留物。菌肉稍厚，白色，近表皮处呈浅黄色，稍带苦味。菌褶直生至弯生，初期白色至灰粉色，后期近菌盖边缘呈浅黄色，稠密，较宽，不等长。菌柄长 5~12 cm，直径 0.8~2.5 cm，上下等粗，有时基部膨大，上部白色，向下渐变浅黄色，基部有时呈粉红色，内部实心至松软，上部表面具粉状物，下部具细小纤毛状物。担孢子 6.5~7.5×4.5~6 μm，近球形至宽椭圆形，光滑，无色，非淀粉质。

秋季群生于针阔混交林中地上。分布于东北、华中等地区。

图 1543

1544 硫色口蘑（参照种）
Tricholoma* cf. *sulphureum
(Bull.) P. Kumm.

菌盖直径 4~7 cm，扁半球形至平展，中央稍突起，狐褐色并带典型的硫黄色，不黏。菌肉淡黄色，煤气味浓。菌褶弯生，黄色，较密。菌柄长 8~10 cm，直径 0.6~1 cm，黄色，下半部带有绿色色调。担子 35~45×8~9.5 μm。担孢子 8.5~10×5~6 μm，椭圆形至近杏仁形，光滑，无色，非淀粉质。

夏季生于针阔混交林中地上。有毒。分布于东北、华中等地区。

图 1544

图 1545

| 1545 | **红鳞口蘑** |

Tricholoma vaccinum **(Schaeff.) P. Kumm.**

菌盖直径 3~5 cm，扁半球形至平展，淡红褐色，被深红褐色卷毛状鳞片。菌肉厚，肉质。菌褶弯生，淡粉红色。菌柄长 3~8 cm，直径 0.5~1.5 cm，与菌盖同色。担孢子 6.5~7.5×5~6 µm，宽椭圆形，光滑，无色，非淀粉质。

夏季生于针叶林及针阔混交林中地上。分布于东北、青藏等地区。

| 1546 | **黄拟口蘑（黄口蘑）** |

Tricholomopsis decora

(Fr.) Singer

菌盖直径 2~7 cm，初期凸镜形，边缘内卷，后期渐平展，中部下陷，边缘有时波状，黄色，表面密布浅褐色至灰褐色小鳞片，中部颜色较深。菌肉浅黄色至黄色，薄。菌褶直生至延生，黄色，密，不等长。菌柄长 2~8 cm，直径 5~8 mm，近等粗，浅黄色。担孢子 5.5~7.5×4~5.5 µm。

夏秋季单生、散生或群生于针叶树腐木上。分布于东北、华中等地区。

图 1546

図 1547

1547 赭红拟口蘑（赭红口蘑）
Tricholomopsis rutilans (Schaeff.) Singer

菌盖直径 5~10 cm，扁半球形至平展，黄褐色至褐黄色，中部色较深，密被红褐色鳞片。菌肉厚 3 mm，黄色至黄褐色。菌褶淡黄色至黄色。菌柄长 5~10 cm，直径 0.5~2 cm，淡黄色至黄色，被红褐色鳞片。担孢子 6~7.5×4~5.5 μm，椭圆形至长椭圆形，光滑，无色，非淀粉质。缘生囊状体 50~120×10~25 μm，内有色素。

夏季生于林中腐木上。分布于中国大部分地区。

1548 土黄拟口蘑
Tricholomopsis sasae Hongo

菌盖直径 1~6 cm，扁半球形至平展，中央稍突或稍低，褐土黄色或土黄色至浅土红色或黄色，有毛状小鳞片，中部较密。菌肉薄，黄色。菌褶近弯生，白色或黄色，边缘白粉末状，较密，不等长。菌柄长 2~5 cm，直径 3~7 mm，圆柱形，稍弯曲，污白色至淡黄色，空心。担孢子 5~6.5×4~5.3 μm，宽椭圆形或近球形，光滑，无色，非淀粉质。

夏秋季丛生于阔叶林或针阔混交林中腐木、枯枝落叶或草地上。食用。分布于华南地区。

图 1548

图 1549

1549 **紫褶十字孢口蘑（紫褶口蘑）**
Tricholosporum porphyrophyllum (S. Imai) Guzmán

　　菌盖直径 5~16 cm，初时污褐色，凸镜形，后逐渐平展；成熟后中部略凹陷，边缘外卷，不规则开裂，土褐色至黄褐色，中部颜色深，表面稍黏，边缘颜色稍浅。菌肉白色至黄白色，无特殊气味。菌褶密，弯生，紫色后期颜色渐浅至黄褐色，伤后变褐色。菌柄长 4.5~15 cm，直径 0.6~2.5 cm，上下等粗，基部膨大至球形，表面浅黄色至黄褐色，成熟后空心。担孢子 5~8×5~7.5μm，十字形。

　　夏秋季生于林中地上。分布于东北地区。

1550 **漏斗状沟褶菌**
Trogia infundibuliformis
Berk. & Broome

　　菌盖直径 2~4 cm，漏斗形，粉红色至淡肉色，有时带褐色色调。菌肉薄，白色至淡粉红色，柔韧。菌褶延生，低矮，稀疏，淡粉红色至污白色。菌柄长 1~3 cm，直径 2~4 mm，近圆柱形，较韧，基部菌丝白色。担孢子 7~9×3.5~5 μm，椭圆形，光滑，无色。

　　夏秋季生于热带至南亚热带林中腐木上。分布于华南地区。

图 1550

图 1551-1

图 1551-2

毒沟褶菌

Trogia venenata Zhu L. Yang et al.

　　菌盖宽 1~6 cm，扇形至花瓣状，粉红色至淡肉色，有时污白色至白色。菌肉薄，白色至淡粉红色，柔韧，无味。菌褶延生，低矮，稀疏，淡粉红色至污白色。菌柄长 0.3~2 cm，直径 2~4 mm，近圆柱形，较韧，基部菌丝白色。担孢子 6~8×4~5 μm，椭圆形至瓜子形，光滑，无色。

　　夏秋季生于亚热带常绿阔叶林或针阔混交林中腐木上。剧毒。分布于华中、华南地区。

图 1551-3

伞菌

菌盖直径 3~6 cm，凸镜形至平展，边缘向下弯曲，表面干，具丛毛状或鳞片状附属物，边缘存余残菌幕，湿时呈红棕色或棕色，水浸状；初期中央先褪色，呈淡棕色或肉桂色，其他部分褪色呈粉红色至肉桂色。菌肉粉红色至肉桂色。菌褶密，淡黄色或褐色。菌柄长 4~7.5 cm，直径 4~6 mm，圆柱形，纤维质，红棕色或酒红色，基部白色、粉状，空心。菌环上位，白色。担孢子 6~7.5×4.5~5 μm，椭圆形至长形，光滑，赭色至黄褐色或褐色至深棕色。

夏秋季群生或散生于针叶林中腐木上。分布于东北、华中等地区。

图 1552

1553 鳞皮假脐菇

Tubaria furfuracea (Pers.) Gillet

菌盖直径 1~3 cm，凸镜形至平展，初期边缘内卷，后展开呈波浪状，新鲜时表面湿，呈黄褐色或浅黄色，密被白色细小绒毛，边缘具水浸状条纹。菌肉薄，黄色至土黄色。菌褶淡黄色至黄褐色。菌柄长 2.5~5 cm，直径 1.5~4 mm，近等粗，黄色至黄褐色，空心，基部常有白色稠密的棉绒状菌丝。菌环不明显，常为纤维状的环形。担孢子 6~9×4.5~5 μm，倒卵形至椭圆形，光滑，赭黄色至肉色或淡黄色。

春夏季散生或群生于针叶林中腐木上、地上以及苔藓层上。分布于东北、西北、华中等地区。

图 1553

图 1554-1

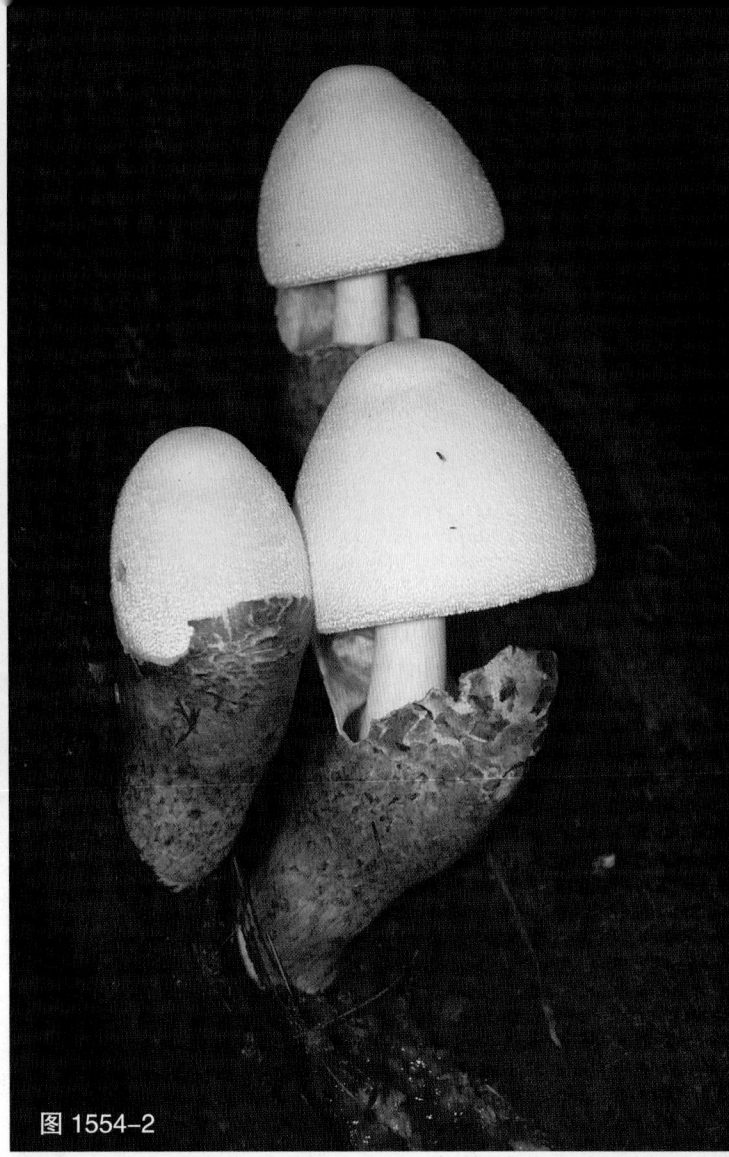

图 1554-2

1554 银丝草菇（银丝小包脚菇）

Volvariella bombycina (Schaeff.) Singer

菌盖直径 5~13 cm，初期凸镜形至钟形，后期渐平展，白色至浅黄色，具银丝状柔毛，往往菌盖表皮的边缘延伸且超过菌褶。菌肉较薄，白色。菌褶离生，初期白色，后期渐变为浅粉色，密。菌柄长5~15 cm，直径 1~2.5 cm，近圆柱形，向上渐细，白色，光滑，实心，稍弯曲。菌托大而厚，呈苞状，白色至浅黄色或污褐色，具裂纹或绒毛状鳞片。担孢子6.5~10×4.5~6.5 μm，宽椭圆形至卵圆形，光滑，淡粉红色。

夏秋季单生或群生于阔叶树腐木上。食用；可栽培。分布于东北、西北、华北、华中等地区。

1555 黏盖草菇

Volvariella gloiocephala (DC.) Boekhout & Enderle

菌盖直径 6~13 cm，初期钟形，后期渐平展，中部突起，表面光滑，黏，粉灰褐色至藕粉色，中部棕灰色，边缘具长条棱。菌肉白色至污白色。菌褶离生，初期灰白色，后期渐变为浅肉桂色，稍密。菌柄长 7~17 cm，直径 1~1.5 cm，圆柱形，向基部渐膨大，白色或较菌盖色浅，内部实心至松软。菌托白色，杯状。担孢子 10~14.5×7~8 μm，宽椭圆形至椭圆形，光滑，淡粉红色。

夏秋季单生或群生于草地或阔叶林中地上。食用，但也有文献记载有毒，慎食。分布于东北、华中、华南和西北等地区。

图 1555

伞菌

图 1556-1

图 1556-2

图 1556-3

1556 白毛草菇
Volvariella hypopithys (Fr.) Shaffer

菌盖直径 3~4 cm，初期钟形至半球形，开展后凸镜形，常中部突起，白色至污白色，老后可带担孢子的粉红色，有长纤毛，有不明显至明显条纹。菌肉白色至污白色。菌褶离生，稍密，白色、粉肉色至粉红色，不等长。菌柄长 1~5 cm，直径 2~3 mm，圆柱形，白色，内部实心至松软，基部膨大。菌托白色，近苞状至杯状。担孢子 5.5~9×4~6.5 μm，椭圆形，光滑，浅粉红色。

夏秋季单生至散生于草地或林中地上。既有记载可食，也有记载有毒，故不宜采食。各区均有分布。

图 1557

1557 雪白草菇
Volvariella nivea T.H. Li & Xiang L. Chen

　　菌盖直径 7~9 cm，初近圆锥形，后展开至凸镜形，纯白色，不黏，边缘完整，薄，无条纹。菌肉近菌柄处厚 4~5 mm，薄，白色，伤不变色，气味温和。菌褶宽 5~7 mm，离生，较密，菌盖边缘每厘米 8~9 片，幼时白色，成熟后变粉红色。菌柄长 10~11.5 cm，直径 7~8 mm，圆柱形，略带丝状条纹，白色。菌托肉质，苞状，白色。担孢子 6~7×4.5~5.5 μm，卵圆形至宽椭圆形，光滑，淡粉红色。

　　生于竹林或阔叶林中地上。分布于华南地区。

1558 矮小草菇（小包脚菇 矮小包脚菇）
Volvariella pusilla (Pers.) Singer

　　菌盖直径 0.5~5 cm，初期卵圆形，渐变为钟形至半球形，后期平展且中部突起，白色至污白色，表面干燥具丝状细毛，初期边缘平滑且有条纹。菌肉薄，白色。菌褶离生，白色至粉色。菌柄长 1~5 cm，直径 2~5 mm，圆柱形，白色，光滑，实心。菌托膜质，边缘常开裂。担孢子 5~6.5×4~5 μm，卵圆形至近球形，光滑，浅粉红色。

　　夏秋季单生或群生于草地、公园或林中地上。食用。分布于华北、西北、华中等地区。

图 1558

图 1559

图 1560-1　　　　图 1560-2

1559 褐毛小草菇
Volvariella subtaylor Hongo

　　菌盖直径 3~5 cm，扁平至平展，中央稍突起，污白色，被匍匐的、近辐射状的褐色至灰色纤丝状鳞片。菌肉白色。菌褶离生，淡粉红色。菌柄长 5~8 cm，直径 3~6 mm，白色至米色，被细绒毛至近光滑。菌托长 1~1.5 cm，直径 0.8~1.2 cm，杯状，褐色至灰褐色，薄，被近白色的绒毛。担孢子 6~7.5×4~5 μm，宽椭圆形至卵形，光滑，淡粉红色。

　　夏秋季生于针阔混交林中地上。分布于中国大部分地区。

1560 草菇（南华菇　秆菇　麻菇　稻草菇）
Volvariella volvacea (Bull.) Singer

　　菌盖直径可达 10 cm，厚可达 5 mm，表面新鲜时灰白色至深灰色，通常中部颜色深，边缘颜色渐浅，具放射状条纹，干后灰褐色；边缘锐，干后内卷。菌肉厚可达 2 mm，干后浅黄色，软木栓质。菌褶密，不等长，离生，初期奶油色，后期粉红色，干后黄褐色。菌柄长 7~9 cm，直径 0.5~2 cm，圆柱形，白色，光滑，纤维质，实心，干后浅黄色，脆质。菌托直径可达 5 cm，杯状，奶油色至灰黑色。担孢子 7.5~8.5×5~6 μm，椭圆形至宽椭圆形，光滑，淡粉红色，非淀粉质。

　　夏秋季生于草堆、富含有机质的草地上。食药兼用；已人工栽培。分布于华中和华南地区。

图 1560-3

图 1561-1

图 1561-2

黄干脐菇

Xeromphalina campanella (Batsch) Kühner & Maire

　　菌盖直径 1~3 cm，初期半球形，中部下凹呈脐状，后期边缘展开近漏斗形，表面湿润，光滑，橙黄色，边缘具明显的条纹。菌肉很薄，膜质，黄色。菌褶直生至延生，浅黄色至浅橙色，密至稍稀，不等长，稍宽，褶间有横脉相连。菌柄长 1~4 cm，直径 2~5 mm，圆柱形，常向下渐细，上部呈浅黄褐色，下部呈暗红褐色，内部松软至空心。担孢子 6~7.5×2~3.5 μm，椭圆形，光滑，无色，淀粉质。

　　夏秋季群生于林中腐朽木桩上。食用。分布于东北、华北、西北、华中、华南等地区。

伞菌

图 1562

1562 褐柄干脐菇

Xeromphalina cauticinalis (Fr.) Kühner & Maire

菌盖直径可达 2.5 cm，凸镜形全平展凸镜形或平展，中部具浅下陷，光滑，边缘具有宽的纵向条纹或皱褶，橙褐色至黄褐色，中部颜色较深。菌肉薄，黄色，脆。菌褶延生，稀疏，具有横脉，浅黄色。菌柄长 2~8 cm，直径 1~2 mm，圆柱形，基部膨大，上部浅黄色，下部浅红褐色至暗褐色，表面具有菌毛，或上部近光滑，基部具锈色菌毛。担孢子 4~7×2.5~3.5 μm，椭圆形，光滑，无色，淀粉质。

夏秋季单生、散生或群生于针叶林枯枝落叶层及腐木上。分布于西北地区。

图 1563-1

图 1563-2

1563 细柄干脐菇

Xeromphalina tenuipes (Schwein.) A.H. Sm.

　　菌盖直径 3~6 cm，扁半球形至平展，有时中央稍下陷，杏黄色、黄色至蜜黄色，中部色较深，有辐射状沟纹，被褐色绒毛但渐变光滑。菌肉薄，黄色。菌褶弯生，淡黄色至黄褐色，较稀。菌柄长 4~7 cm，直径 0.3~1 cm，圆柱形，被黄色、黄褐色（上半部）至暗褐色（下半部）绒毛。担孢子 7~9.5×4.5~5 μm，椭圆形至长椭圆形，光滑，无色，淀粉质。

　　夏季生于热带和亚热带林中腐木上。分布于华南地区。

图 1564

图 1565

1564	**中华干蘑**

Xerula sinopudens R.H. Petersen & Nagas.

菌盖直径 1~4.5 cm，扁半球形至凸镜形，中央突起，淡灰色、淡褐色至黄褐色，密被灰褐色至褐色硬毛。菌肉薄，白色至灰白色。菌褶弯生至直生，白色至米色，较稀。菌柄长 3~10 cm，直径 3~5 mm，圆柱形，被褐色硬毛。担孢子 10.5~13.5×9.5~12.5 μm，近球形至宽椭圆形，光滑，无色。侧生囊状体薄壁，无结晶。

夏季生于热带和亚热带林中地上。可食。分布于华南、华中等地区。

1565	**硬毛干蘑**

Xerula strigosa Zhu L. Yang et al.

菌盖直径 2~5 cm，扁半球形至凸镜形，黄褐色、深褐色至灰褐色，密被黄褐色硬毛。菌肉厚 4 mm，近白色。菌褶弯生至直生，白色至米色，稍稀。菌柄长 5~10 cm，直径 3~6 mm，被黄褐色硬毛。担孢子 11~15×9~11.5 μm，宽椭圆形至椭圆形。侧生囊状体厚壁，顶端有结晶。

夏季生于亚热带至温带林中地上。可食。分布于华中地区。

中国大型菌物资源图鉴
ATLAS
OF CHINESE
MACROFUNGAL
RESOURCES

CHAPTER VIII
BOLETES

第八章
牛肝菌

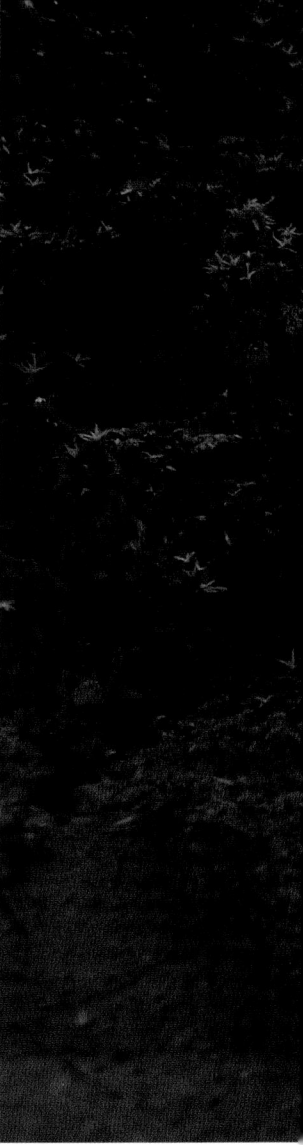

图 1566

1566 纤细金牛肝菌
Aureoboletus tenuis T.H. Li & Ming Zhang

菌盖直径 2~3.5 cm，初半球形，后凸镜形至近平展，鲜时黏，具明显皱纹或不规则浅网纹，中部棕色至红棕色，渐变淡，由深橘黄色、橙色、橙黄色至淡黄色，初期内卷。菌肉厚 3~4 mm，柔软，白色至淡黄白色，伤不变色或变淡粉红色。菌管淡黄色至淡黄绿色，长 8~10 mm，伤不变色。孔口直径 0.8~1 mm，圆形至多角形。菌柄长 4~7 cm，直径 0.3~0.7 cm，时有空心，淡红色至黄棕色，光滑，有时有不明显条纹，黏，基部菌丝体白色。担孢子 11~12×4~5 μm，椭圆形，光滑，薄壁。

夏秋季单生或散生于阔叶林中地上。分布于华南地区。

1567 西藏金牛肝菌
Aureoboletus thibetanus (Pat.) Hongo & Nagas.

菌盖直径 1.5~5 cm，栗褐色、锈褐色至淡褐色，有明显网纹，湿时胶黏，边缘有菌幕残余。菌肉白色，伤不变色。孔口表面及菌管成熟后带橄榄色。菌柄长 4~8 cm，直径 0.3~1 cm，圆柱形，无网纹，胶黏。担孢子 9.5~13.5×4.5~5.5 μm，长椭圆形至近梭形。囊状体内部近无色，外表被黄色至淡黄色的、在 5% 氢氧化钾中易全部溶解的折光性物质。

夏秋季生于针阔混交林中地上。分布于华中、青藏等地区。

1568 网翼南方牛肝菌
Austroboletus dictyotus (Boedijn) Wolfe

菌盖直径 5~9 cm，近半球形至平展，中部常有乳突状突起，被浅黄褐色至黄褐色鳞片，边缘有菌幕残余。菌肉白色，伤不变色。菌管与孔口表面淡粉色至粉色，伤不变色。菌柄长 8~11 cm，直径 2~3 cm，有网纹，无菌环。担孢子 18~23×8~10 μm，椭圆形或近纺锤形，中部具完整的网纹。

夏秋季生于林中地上。分布于华南地区。

图 1567

图 1568

牛肝菌

图 1569

1569 纺锤孢南方牛肝菌
Austroboletus fusisporus
(Kawam. ex Imazeki &
Hongo) Wolfe

菌盖直径 1.5~3.5 cm，初近球形，后近圆锥形至平展，中央常突起，干或稍黏，灰褐色至黄褐色，有小鳞片；边缘明显延伸，有灰白色菌幕残片悬垂。菌肉白色，伤不变色。菌管长 3~9 mm，初粉白色或灰粉色，渐变为淡紫红色至淡紫褐色，近柄处下凹至离生。孔口直径 1.5~2 mm，多角形，与菌管同色。菌柄长 3~8 cm，直径 0.3~0.5 cm，圆柱形，湿时黏，与菌盖同色，具明显突起的纵向网纹，有褐色绒毛状鳞片，实心，基部菌丝体白色。担孢子 13~17.5×7~9 μm，纺锤形，中部有疣状突起，两端近平滑，黄棕色至淡棕褐色。

夏秋季单生或散生于针阔混交林中地上。分布于华中、华南等地区。

1570 淡黄绿南方牛肝菌
Austroboletus subvirens
(Hongo) Wolfe

菌盖直径 3~5 cm，初半球形，后近平展，稍黏，很快干燥，并开裂呈细网眼状或鳞片状，橄榄绿色至淡棕绿色，边缘有菌幕残余。菌肉白色，伤不变色。菌管初期白色，后期呈淡粉色至粉褐色。孔口多角形，伤不变色。菌柄长 5~9 cm，直径 0.5~1 cm，圆柱形，干，湿时微黏，具有明显的不规则粗糙网纹，淡棕绿色至棕褐色，基部菌丝体白色。担孢子 12.5~15.5×4~4.5 μm，近梭形，粗糙似火山石样坑凹，开裂成不规则小块。

夏秋季生于阔叶林中地上。分布于华南地区。

图 1570

图 1571

1571 金色条孢牛肝菌
Boletellus chrysenteroides (Snell) Snell

菌盖直径 4~6 cm，初半球形，后渐平展，酱色、淡灰褐色、青灰褐色至紫红褐色，成熟及干燥时常有不规则裂纹，露出近白色带微紫粉红色。菌肉白色至黄白色，伤后变蓝色，随后带红色。菌管青黄色，凹生。孔口多角形，直径约 1 mm，伤后变蓝色。菌柄长 4.5~5 cm，直径 0.5~1 cm，圆柱形，常稍弯曲，与菌盖同色，有时顶部色较浅，覆有一层与菌盖同色的粉粒或糠麸状小鳞片，伤后变蓝色，随后再带红色，实心。担孢子 10~14×6~7.5 μm，椭圆形，有条棱，浅黄褐色。

夏秋季生于林中地上。分布于华南、华中等地区。

1572 木生条孢牛肝菌
Boletellus emodensis (Berk.)
Singer

菌盖直径 4.5~9 cm，扁平至平展，紫色至暗红色，成熟后裂成大的鳞片，边缘有菌幕残余。菌肉淡黄色，伤后变蓝色。菌管与孔口黄色，伤后变蓝色。菌柄长 6~8 cm，直径 0.6~1 cm，圆柱形，顶部淡黄色，下部与菌盖同色，无网纹。担孢子 18~23×8~10 μm，长椭圆形至近梭形，侧面观有 7~9 条纵脊。

夏秋季生于林中腐树桩或腐木上。据记载有毒。分布于华中、华南等地区。

图 1572

图 1573-1

图 1573-2

长柄条孢牛肝菌

Boletellus longicollis (Ces.) Pegler & T.W.K. Young

　　菌盖直径 5~9.5 cm，初半球形至扁球形，渐呈平展脐突状，有陷窝，胶黏，具有绒毛，呈网纹状，红褐色、棕褐色至灰栗褐色，有时边缘颜色较浅，呈淡灰紫色至近灰白色，边缘延伸，附有白色至淡灰紫色菌幕。菌肉黄白色至黄色，厚 6~8 mm，伤不变色至变微红色，或近表皮变血红色。菌管长 5~20 mm，在菌柄周围下陷至离生，黄色，伤不变色。孔口直径 0.5~1 mm，圆形，与菌管同色。菌柄长 14~25 cm，直径 0.5~1 cm，圆柱形，灰褐色至红褐色，有黏液，光滑至有纵条纹，空心，基部略膨大。菌环上位，白色至近粉白色，活动且易脱落。担孢子 10~14×9~11 μm，宽椭圆形至近球形，有纵棱，黄褐色。

　　单生至散生于阔叶林中地上。分布于华南地区。

图 1574-1

图 1574-2

1574 深红条孢牛肝菌

Boletellus obscurecoccineus (Höhn.) Singer

菌盖直径 3~7 cm，近半球形至平展，粉红色至暗绯红色，成熟时开裂形成小的鳞片。菌盖表面菌丝直立。菌肉淡黄色，伤不变色。菌管黄色至浅黄色，伤不变色。孔口较大，多角形，与菌管同色。菌柄长 3~10 cm，直径 0.3~1 cm，圆柱形，近顶端黄色，中部被浅红色鳞片，基部具白色菌丝体。担孢子 14~18×6~8 μm，长椭圆形，侧面有 7~10 条不明显的纵向脊，脊上无横纹。

夏秋季生于林中地上。分布于华中、华南等地区。

1575 小条孢牛肝菌

Boletellus shichianus (Teng & L. Ling) Teng

菌盖直径 1~1.5 cm，近半球形至平展，黄褐色至淡褐色，边缘色较淡，成熟后表皮开裂形成褐色的颗粒状鳞片。菌肉淡黄色，伤不变色。菌管黄色至浅黄色，伤不变色。孔口较大，多角形。菌柄长 3~5 cm，直径 0.2~0.3 cm，圆柱形，黄褐色，平滑，有暗条纹。担孢子 8~12×6.5~8 μm，椭圆形至宽椭圆形，有小疣。

夏秋季生于林中地上。分布于华中、华南等地区。

图 1575

牛肝菌

图 1576

1576 槐微牛肝菌（皱孔菌状微牛肝菌 白蜡木小牛肝菌）

Boletinellus merulioides (Schwein.) Murrill

菌盖直径 5~15 cm，初凸镜形，后渐平展，干至稍黏，光滑或覆盖微细纤丝，浅黄褐色至浅红褐色，伤后变暗黄褐色。菌肉近白色至浅黄色或黄色，伤不变色或缓慢变为蓝绿色。菌管较浅，辐射状排列，有时类似多横脉菌褶状，延生，不易与菌肉分离。孔口浅黄色至暗金黄色或橄榄色，伤后缓慢变蓝色，随后渐变为浅红褐色。菌柄长 2~4.5 cm，直径 0.5~2.8 cm，圆柱形，上部浅黄色，下部与菌盖相似，伤后变暗褐色。担孢子 8.5~10.9×4~5 μm，宽椭圆形，光滑，带橄榄色。

夏秋季单生、散生或群生于白蜡树下地上。分布于东北地区。

图 1577-1

图 1577-2

亚洲小牛肝菌（紫红小牛肝菌）
Boletinus asiaticus Singer

≡ *Suillus asiaticus* (Singer) Kretzer & T.D. Bruns

菌盖直径 3~10 cm，初期扁半球形，后期近平展，干，紫红色或血红色，密被纤毛状平伏或近直立的小鳞片，有时边缘稍翘起并附有菌幕，中部鳞片密而多直立。菌肉厚 3~7 mm，黄白色，伤不变色或渐变微弱的蓝色。菌管长 3~7 mm，延生，黄色至淡黄褐色。孔口大，多角形，呈复式放射状排列。菌柄长 4~8 cm，直径 0.5~1 cm，圆柱形，向下稍膨大，菌环以上与菌管同色，有时由菌管下延形成网纹，菌环以下与菌盖同色，近光滑或有小鳞片，实心或空心，基部菌丝体白色。菌环上位，与菌盖同色。担孢子 10~12×4.5~5.5 μm，近纺锤形或长椭圆形，光滑，淡黄棕色至淡橄榄绿色。

夏秋季生于针叶林或针阔混交林中地上。分布于东北、西北等地区。

图 1577-3

图 1578

1578 松林小牛肝菌
Boletinus pinetorum (W.F. Chiu) Teng

　　菌盖直径 3~8 cm，近半球形至平展，红褐色至淡褐色，光滑，湿时胶黏。菌管延生，淡黄色，伤不变色。孔口较大，呈复式辐射状排列。菌柄长 3~7 cm，直径 0.5~1 cm，圆柱形，与菌盖同色或稍淡，顶端淡黄色，有褐色细小鳞片。担孢子 7~9×3~4 μm，长椭圆形，光滑。菌盖皮层菌丝直立。

　　夏秋季生于针叶林中地上。分布于华中地区。

1579 青木氏牛肝菌
***Boletus aokii* Hongo**

菌盖直径 0.9~2.5 cm，凸镜形至近平展，初期红色至紫红色，成熟时呈红褐色，有时带青褐色，干，微具绒毛。菌肉厚 2~3 mm，淡黄色，伤后变蓝色。菌管直生至稍下延，黄色或稍带青黄色，伤后变蓝色。孔口多角形，近柄处可呈小褶片状，呈不明显放射状排列，与菌管同色，伤后变蓝色。菌柄长 1~2.2 cm，直径 0.2~0.3 cm，圆柱形，有弱纤维状条纹或微被麸糠状颗粒，红色至微紫红色，下端稍呈黄色。担孢子 8~13×3.8~5.2 μm，椭圆形至近棒状，光滑，黄棕色至略带橄榄绿色。

夏秋季单生或散生于阔叶林中地上。分布于华南地区。

图 1579

1580 双色牛肝菌
***Boletus bicolor* Raddi**

菌盖直径 5~15 cm，扁半球形至凸镜形，有细绒毛，粉红色至红褐色。菌肉黄色，伤后渐变蓝色，随后还原。菌管弯生，黄色，伤后变蓝色。孔口与菌管同色。菌柄长 7~12 cm，直径 2~3 cm，圆柱形，黄色至奶油色，有网纹。担孢子 9~12×3~4.5 μm，长椭圆形至近梭形，光滑，淡青黄色。

夏秋季生于针阔叶林中地上。可食。分布于中国大部分地区。

图 1580

图 1581-1

1581 茶褐牛肝菌（黑荞巴 黑牛肝）
Boletus brunneissimus W.F. Chiu

菌盖直径 5~10 cm，有绒毛，暗褐色、茶褐色至深肉桂色。菌肉淡黄色至黄色，伤后迅速变蓝色。菌管黄绿色，伤后变淡蓝色。孔口暗褐色至深肉桂色。菌柄长 5~10 cm，直径 1~3.5 cm，圆柱形，被暗褐色糠麸状鳞片，基部有暗褐色硬毛。担孢子 9~13×4~5 μm，长椭圆形至近梭形，光滑，淡青黄色。

夏秋季生于针阔混交林中地上。可食。分布于华中地区。

图 1581-2

图 1581-3

图 1582-1

图 1582-2

1582 **牛肝菌** (美味牛肝菌 粗腿菇 大脚菇)

Boletus edulis Bull.

　　菌盖直径 3~14 cm，初扁半球形，后平展，平滑至略起皱，不黏或湿时稍黏，黄褐色至红褐色，干后颜色变深，边缘内卷。菌肉新鲜时白色，厚，伤不变色。菌管近白色至黄绿色，直生或近弯生，或菌柄周围凹陷。孔口每毫米 2~3 个，圆形，与菌管同色，干后浅褐色至黄褐色。菌柄长 5~13 cm，直径 1.5~4 cm，近圆柱形至棒形，上部黄褐色，下部浅黄色，被有网纹，基部膨大。担孢子 11~15×4~5.5 μm，长椭圆形或舟形，光滑，壁厚，淡黄色。

　　生于多种阔叶树林中地上，有时也生于林缘及路边的空旷地上。可食。分布于东北、内蒙古、华中和西北地区。

牛肝菌

图 1583

1583 甘肃牛肝菌
***Boletus gansuensis* Q.B. Wang et al.**

菌盖直径 6~8 cm，半球形至凸镜形，淡红色、淡红褐色至灰红色，中部常褪色至带灰橄榄色，近光滑至具微绒毛，湿时微黏。菌肉近柄处厚 1~2 cm，白色至淡黄色，伤后立刻变蓝色至深蓝色。菌管长 0.8~1.2 cm，近柄处凹陷，淡黄色、黄色至橙黄色，伤后变蓝色。孔口淡红色带黄色至红色，不规则角形，每毫米 1~2 个，伤后变深蓝色或蓝黑色。菌柄长 7~12 cm，直径 0.6~1.2 cm，圆柱形，紫红色至暗红褐色，有麸糠状鳞片。担孢子 12~15.5×6~7 μm，椭圆形，光滑，淡蜜黄色。

夏秋季单生或散生于桦树林中地上。分布于西北地区。

图 1584

1584 皱盖牛肝菌
***Boletus hortonii* A.H. Sm. & Thiers**

菌盖直径 4~7.3 cm，凸镜形至近平展，干，湿时稍黏，起皱，淡黄棕色至黄棕色。菌肉近柄处厚 10 mm，白色，伤不变色。菌管长 8~10 mm，近柄处下凹成弯生至离生，橙黄色至稍带橄榄绿色，伤不变色。孔口每毫米 1~1.5 个，多角形，淡青黄色。菌柄长 5~8 cm，直径 1~2.2 cm，圆柱形，黄绿色至淡黄白色，基部菌丝体白色，假根状。担孢子 11~14×4~5.5 μm，长椭圆形，光滑，淡橄榄黄色。

夏秋季单生或散生于阔叶林或针阔混交林中地上。可食。分布于华南地区。

图 1585

1585 非美味牛肝菌
***Boletus inedulis* (Murrill) Murrill**

菌盖直径 6~13 cm，半球形至近平展，干，湿时稍黏，有绒质感，肉质，初期紫红色至红褐色，成熟后深褐色至紫褐色。菌肉厚 10~15 mm，初期灰白色，伤后变粉红色，随后逐渐变黑。菌管长 3~6 mm，黄色。孔口每毫米 2~3 个，致密，近柄处稍下凹，伤后变蓝色。菌柄长 4~8 cm，直径 1~1.5 cm，圆柱形，顶端部分为黄色，下 4/5 为紫红色，伤后初变蓝色，随后再变黑色。担孢子 8~10×3.8~4.5 μm，长椭圆形至长棒状，光滑，无色至淡黄棕色。

夏秋季单生或散生于壳斗科树林中地上。分布于华南地区。

图 1586-1

1586 考夫曼牛肝菌
Boletus kauffmanii Lohwag

菌盖直径 5~12 cm，扁半球形、凸镜形至近平展，暗黄褐色至灰黄色，被细小绒毛状鳞片。菌肉黄色至淡黄色，伤不变色，有苦味。菌管及孔口初期黄色，成熟后橄榄黄色至金黄色，伤后变黄褐色。菌柄长 7~13 cm，直径 2~3 cm，圆柱形，污黄色至淡褐色，大部被暗色网纹，基部有金黄色菌丝体。担孢子 9~13.5×4~5 μm，近梭形至长椭圆形，淡黄色。

夏秋季生于松林中地上。可食。分布于华中地区。

图 1586-2

牛肝菌

图 1587

暗红牛肝菌
Boletus kermesinus
Har. Takah. et al.

菌盖直径 5~9 cm，初半球形，后近平展，初期边缘稍内卷，光滑，湿时黏，红褐色至暗红色，边缘常亮红色，后期紫褐色，有时颜色深浅不一。菌肉厚 10~14 mm，黄白色至淡黄色，伤不变色或近菌管处渐变蓝色。菌管长 8~10 mm，近菌柄处下凹，亮黄色至黄色，伤后变蓝色。孔口小，红褐色至暗红色，伤后变蓝色。菌柄长 5~8 cm，直径 0.8~2 cm，圆柱形，向基部稍变细，有明显红褐色网纹，近基部网纹常开裂，基部菌丝体黄色。担孢子 15~20×5.5~6.5 μm，圆柱形，光滑，淡黄色。

单生或散生于林中地上，常与冷杉形成菌根关系。分布于青藏地区。

图 1588

橙黄牛肝菌
***Boletus laetissimus* Hongo**

菌盖直径 3~8 cm，初半球形，后渐平展，干，不黏，初有微绒毛，后近光滑，红橙色、橙色至橙黄色，伤后变蓝色。菌肉近柄处厚约 5 mm，黄色，伤后变蓝色。菌管橙红色至与菌盖颜色接近，但通常偏红色。孔口较小，致密，每毫米 2~3 个，在菌柄周围稍凹陷，伤后变蓝色。菌柄长 4~8 cm，直径 1.6~3 cm，圆柱形，与菌盖同色，有微绒毛或粉末，中下部有细条纹，基部菌丝体金黄色。担孢子 9~13×4~5 μm，长椭圆形，光滑，淡黄棕色。

夏秋季散生或群生于壳斗科树林中地上。分布于华南地区。

1589 华丽牛肝菌
***Boletus magnificus* W.F. Chiu**

菌盖直径 5~11 cm，扁半球形至平展，鲜红色、血红色至暗酒红色，伤后变暗蓝色，随后变暗褐色至黑褐色。菌肉黄色，伤后变蓝色。菌管柠檬黄色，成熟后为黄褐色，伤后速变蓝色。孔口红色，伤后变蓝色。菌柄长 6~15 cm，直径 2~4 cm，近圆柱形，常有红色细小疣点。担孢子 9~13×4.5~6 μm，长椭圆形至近梭形，淡黄色。

夏秋季生于针阔混交林中地上。可食。分布于华中地区。

图 1589

1590 美味牛肝菌
Boletus meiweiniuganjun Dentinger

菌盖直径 5~10 cm，半球形至凸镜形，表面常有凹陷，初期肉桂色至暗肉桂色，成熟后变浅色。菌管与孔口初期白色至米色，成熟后淡黄色至黄色并带橄榄色。菌柄长 7~12 cm，直径 2~4 cm，近棒状至近圆柱形，向下变粗，中部及下部被淡褐色网纹，顶部被污白色网纹，基部近白色。各部伤不变色。担孢子 11~16×4~5.5 μm，近梭形，光滑，淡青黄色。

夏秋季生于针叶林或针阔混交林中地上。可食。分布于华中地区。

图 1590

图 1591

1591 奇特牛肝菌（绒盖条孢牛肝菌 绒斑条孢牛肝菌）
Boletus mirabilis Murrill

≡ *Boletellus mirabilis* (Murrill) Singer

菌盖直径 5~13 cm，半球形、扁半球形到平展，干，具绒毛状小鳞片（往往密集成疣状），暗红褐色、紫褐色、灰紫褐色至近灰褐色，常有浅色近圆形斑纹，边缘表皮稍延伸呈近膜状。菌肉黄白色，伤后变暗色。菌管离生，较长，初期浅黄色，逐渐呈青黄色。孔口直径约 1 mm，圆形或近多角形，与菌管同色。菌柄长 8~12 cm，直径 1~3 cm，圆柱形，往往基部膨大，较菌盖颜色略浅，顶部呈黄色，中上部有长形的网纹。担孢子 16~25×6.5~9 μm，长椭圆形至近梭形，光滑，带黄色。

夏秋季生于针叶林腐木上或地上。可食。分布于华中地区。

图 1592-1

1592 芝麻牛肝菌
Boletus nigropunctatus
W.F. Chiu

菌盖直径 3~8 cm，半球形至平展，褐色至红褐色，有绒状鳞片，鳞片间呈白色。菌肉淡黄色，伤不变色。菌管黄色，伤不变色。孔口多角形，淡黄色。菌柄长 4~7 cm，直径 0.5~0.8 cm，圆柱形，污白色至淡黄色，被颗粒状鳞片，基部有白色菌丝体。担孢子 7~10×4.5~5.5 μm，长椭圆形至近梭形，光滑，淡黄色。

夏秋季生于林中地上或腐木上。分布于华中地区。

图 1592-2

牛肝菌

1593 深褐牛肝菌
Boletus obscureumbrinus Hongo

菌盖直径 8~13 cm，近半球形，暗褐色至深褐色，被绒毛。菌肉米色至淡黄色，伤后缓慢变蓝色。菌管黄色，伤后缓慢变蓝色。孔口初期肉桂褐色，成熟后稍变淡色，伤后缓慢变蓝色。菌柄长 4~8 cm，直径 1.5~3 cm，圆柱形，顶部污黄色，中下部红褐色至暗褐色；基部具硬毛。担孢子 9~12×4~4.5 μm，长椭圆形至近梭形，光滑，淡黄色。

夏秋季生于林中地上。可食。分布于华中、华南等地区。

图 1593

1594 小牛肝菌
Boletus paluster Peck

菌盖直径 2~10 cm，初半球形或近钟形，后扁半球形至近平展，中部略凸，紫色至近血红色，具纤毛状或丛毛状小鳞片，边缘后期近波状，湿时黏。菌肉黄色，伤不变色至稍变褐色，稍有酸味。菌管延生，黄色至污黄色，放射状排列。孔口多角形。菌柄长 3~8 cm，直径 0.5~1 cm，圆柱形，顶部具网纹，下部污黄色，有红色棉毛或纤毛状鳞片或花纹，实心。菌环上位，膜质，薄，浅褐色，易破碎。担孢子 7~8×3~3.5 μm，椭圆形至近椭圆形，光滑，浅黄色。缘生囊状体和侧生囊状体 40~80×7.5~13 μm，近纺锤形或柱形。

夏秋季生于松树、落叶松等针阔混交林中地上。可食。分布于东北、华北等地区。

图 1594

1595 栎林牛肝菌
Boletus quercinus Hongo

菌盖直径 5~8.2 cm，半球形至平展，干，初期红褐色，成熟后颜色变淡，渐变为淡红褐色、淡粉白色至近白色，有时有裂纹。菌肉厚 15~18 mm，白色至淡黄色，伤后变蓝色，无味道或有轻微辣味。菌管长 3~6 mm，黄色至淡黄红色，伤后变蓝色至蓝黑色，近柄处下凹呈离生。孔口砖红色至酒红色，多角形，伤后变蓝黑色。菌柄长 5~9 cm，直径 1.2~1.3 cm，圆柱形，中生，少数偏生，初期红色至红褐色，后期颜色变淡，呈灰红褐色稍带白色至灰白色，基部菌丝体白色。担孢子 8~11×4~5 μm，长椭圆形，光滑，淡黄棕色。

夏秋季单生或散生于阔叶林中地上。分布于华中、华南等地区。

图 1595

1596 网盖牛肝菌
Boletus reticuloceps
（M. Zang et al.）
Q.B. Wang & Y.J. Yao

菌盖直径 5~15 cm，扁半球形至凸镜形，常具明显网状脊凸，密被黄褐色、褐色或深褐色糠麸状鳞片。菌肉白色，伤不变色。菌管白色，成熟后橄榄黄色。孔口白色至污白色，成熟后橄榄黄色，伤不变色。菌柄长 6~16 cm，直径 1.5~3 cm，圆柱形，被污白色至褐色网纹。担孢子 13~18×5~6 μm，长椭圆形至近梭形，光滑，淡黄色。菌盖表皮由不规则排列的有横隔的菌丝组成。

夏秋季生于亚高山针阔混交林中地上。可食。分布于青藏地区。

图 1596-1

图 1596-2

图 1596-3

牛肝菌

图 1597

1597 **粉黄牛肝菌**
Boletus roseoflavus Hai B. Li & Hai L. Wei

　　菌盖直径 6~12 cm，半球形、扁半球形至凸镜形，有绒状感或短绒毛，紫红色、玫瑰红色至粉红色，成熟后颜色变淡。菌肉黄色至米黄色，伤后稍变色。菌管及孔口黄色，伤后变蓝色。菌柄长 7~12 cm，直径 1.5~3 cm，圆柱形，上半部有网纹，下半部网纹不明显。菌柄菌肉淡黄色至米黄色，伤后局部变蓝色。担孢子 9~12×3.5~4.5 μm，长椭圆形至近梭形，光滑，淡黄色。

　　夏秋季生于针叶林中地上。可食。分布于中国大部分地区。

图 1598

1598　中华牛肝菌
Boletus sinicus W.F. Chiu

菌盖直径 6~10 cm，半球形至近平展，淡红色、砖红色至暗红色。菌肉米黄色，伤后变淡蓝色或在局部地方变为淡蓝色。菌管淡黄色，伤后变蓝色。孔口红色，伤后变蓝色。菌柄长 6~10 cm，直径 1.5~3 cm，圆柱形，被红色网纹。担孢子 10~13×5~6 μm，长椭圆形至近梭形，光滑，淡黄色。

夏秋季生于针叶林中地上。可食。分布于中国大部分地区。

1599　华金黄牛肝菌
Boletus sinoaurantiacus M. Zang & R.H. Petersen

菌盖直径 2~5 cm，半球形至凸镜形，橘黄色至橘红色，通常较鲜艳。菌肉米黄色，伤不变色。菌管淡黄色。孔口黄色。菌柄长 5~8 cm，直径 0.5~1 cm，圆柱形，中部及上部与菌盖同色，基部近白色，被细小糠麸状鳞片或绒毛。担孢子 12~15×5~6 μm，长椭圆形至近梭形，光滑，淡黄色。

夏秋季生于阔叶林中地上。分布于华中、华南等地区。

图 1599-1

图 1599-2

图 1600-1

图 1600-2

1600　亚绒盖牛肝菌（细绒牛肝菌）
Boletus subtomentosus L.

　　菌盖直径 4.5~15 cm，初期半球形，后期渐平展，黄褐色至深土褐色，成熟后呈酱紫色，干燥，密被绒毛，干时易龟裂。菌肉白色至乳白色，伤不变色。菌管直生或弯生，有时近延生，呈黄绿色或淡黄褐色。孔口多角形。菌柄长 5~8 cm，直径 1~1.2 cm，圆柱形，无网纹至顶部偶有不显著的网纹或棱纹，实心，淡黄色或淡黄褐色。担孢子 11~14×4.5~5.2 μm，椭圆形或近纺锤形，光滑，淡黄褐色。

　　夏秋季散生于阔叶林中地上。可食。分布于东北、西北、华中和华南等地区。

图 1601

1601　褐绒柄牛肝菌
Boletus subvelutipes Peck

　　菌盖直径 6~13 cm，初期半球形，红棕色，有密集绒毛；后期渐平展，橙黄色，成熟后干裂。菌肉黄色，伤后变蓝色，略带酸味。菌管直生或弯生，浅黄色。孔口直径 1 mm 左右，初期呈红色，后期呈红棕色至浅黄带红色。菌柄长 1~3 cm，直径 12~39 mm，圆柱形，上下等粗，实心，上部呈红橙色至橙色，下部呈红褐色。担孢子 13~18×5~6.5 μm，纺锤形，光滑，淡黄色。

　　夏季生于针阔混交林中地上。可食，但也有记载认为有毒。分布于东北、华北等地区。

图 1602-1

1602 戴氏牛肝菌
Boletus taianus W.F. Chiu

菌盖宽 5~7 cm，半球形至近扁平，有绒毛至近
光滑，不黏，淡青灰色，常带橙褐色至酱红色，边
缘常内卷。菌肉白色，坚实，伤后变淡蓝色，而菌
柄菌肉伤后变粉红色。菌管长 5~8 mm，黄色至青黄
色，伤后变蓝色，直生。孔口直径约 1 mm，多角形，
血红色或暗大红色，伤后变暗蓝色。菌柄长 6~8 cm，
直径 1.5~2 cm，圆柱形，上半部有网纹，海棠玫瑰
红色，近基部褐色至灰色。担孢子 8~9 ×3~4 μm，椭
圆形至近纺锤形，光滑，淡橄榄色或近无色。

夏秋季单生或散生于阔叶林、针阔混交林中地
上。分布于华中、华南等地区。

图 1602-2

1603 褐孔牛肝菌
Boletus umbriniporus Hongo

菌盖直径 5~10 cm，扁半球形至凸镜形，茶褐
色至暗褐色，有绒质感。菌肉黄色至米色，伤后速
变暗蓝色。菌管淡黄色，伤后变蓝色。孔口肉桂褐
色，伤后变蓝色至近黑色。菌柄长 5~12 cm，直径
0.5~1.5 cm，圆柱形，被肉桂褐色至红褐色糠麸状鳞
片，基部常黄色至黄褐色。担孢子 12~13×4~5 μm，
长椭圆形至近梭形，光滑，淡橄榄黄色。

夏秋季生于阔林中地上。可食。分布于华中地区。

图 1603

牛肝菌

图 1604

1604 毒牛肝菌
Boletus venenatus Nagas.

菌盖直径 8~15 cm，扁半球形至不规则凸镜形，黄褐色至褐黄色，边缘稍延生。菌肉黄色至米黄色，伤后速变暗蓝色。菌管淡黄色至黄褐色，伤后稍变蓝色。孔口淡黄色，伤后变蓝色、随后呈褐色。菌柄长 7~12 cm，直径 1.5~3 cm，圆柱形，淡黄色，近光滑，仅顶部有不清晰的网纹，基部有黄色菌丝体。担孢子 13~16×4.5~5.5 μm，长椭圆形至近梭形，光滑，淡橄榄黄色。

夏秋季生于针叶林中地上。有毒。分布于华中地区。

图 1605

1605 紫褐牛肝菌
Boletus violaceofuscus W.F. Chiu

菌盖直径 5~10 cm，扁半球形至凸镜形，紫褐色至蓝紫色，有皱纹，边缘颜色较淡至有一白边。菌肉白色，伤不变色。菌管及孔口污白色至橄榄黄色。菌柄长 5~10 cm，直径 1~2 cm，圆柱形，有明显污白色网纹，基部有白色菌丝。担孢子 10~14×5~6 μm，长椭圆形至近梭形，光滑，淡黄色。

夏秋季生于阔叶林中地上。可食。分布于华中、华南等地区。

图 1606-1

图 1606-2

1606 **黏盖牛肝菌**

Boletus viscidiceps B. Feng et al.

菌盖直径 8.5~13 cm，扁平至平展，黄褐色至褐色，有皱纹，湿时胶黏，边缘色较淡。菌肉白色，伤不变色。菌管长达 15 mm，幼时白色，成熟后青黄色，伤不变色，老时局部区域有褐色调。孔口与菌管同色，近圆形。菌柄长 12~13 cm，直径 3~3.5 cm，近圆柱形，粗壮；表面褐色至灰褐色，具粗糙的网纹；基部白色，近无网纹。担孢子 13~16×4~5 μm，近梭形，光滑，淡黄色。菌盖表皮胶黏，具栅栏层；栅栏层由纵向排列的有横隔的菌丝组成，在栅栏层表面有近辐射状排列的菌丝。

夏秋季生于亚热带常绿阔叶林中地上。可食。分布于华中地区。

图 1607-1

1607 **毡盖美牛肝菌**

Caloboletus panniformis (Taneyama & Har. Takah.) **Vizzini**

菌盖直径 6~12 cm，半球形至扁半球形，密被灰褐色、褐色至红褐色的毡状至绒状鳞片，边缘稍延生。菌肉黄色至淡黄色，渐变淡蓝色，味苦。菌管及孔口初期米色，成熟后黄色至污黄色，伤后速变蓝色。菌柄长 7~12 cm，直径 2~3 cm，向下变粗，中下部红色，顶部污黄色，密被红褐色至红色细鳞，上半部有时被网纹。担孢子 11~16×4~6 μm，近梭形，光滑，淡黄色。菌盖表皮由不规则排列的菌丝组成。

夏秋季生于针叶林或针阔混交林中地上。分布于中国大部分地区，特别是华中地区。

图 1607-2

牛肝菌

图 1608

图 1609

图 1610

1608 云南美牛肝菌
***Caloboletus yunnanensis* Kuan Zhao & Zhu L. Yang**

菌盖直径 5~10 cm，扁平至平展，黄褐色至暗褐色，干燥，被纤丝状至绒状鳞片，边缘稍内卷。菌肉味苦，粉红色至淡红色，下部菌肉伤后速变淡蓝色，随后缓慢恢复为本色。菌管及孔口黄褐色至淡黄色，伤后速变蓝色，随后缓慢恢复为本色。菌柄长 5~10 cm，直径 1~1.8 cm，近圆柱形，黄灰色至淡灰色，向上变为淡紫色，顶端淡黄色至黄色，平滑。菌柄菌肉红褐色，伤后缓慢变淡蓝色，再缓慢恢复为本色。担孢子 8.5~9×6.5~7 μm，卵形至椭圆形，光滑，淡黄色。

夏秋季生于针叶林中地上。味苦不宜食用。分布于华中地区。

1609 辐射辣牛肝菌
***Chalciporus radiatus* Ming Zhang & T.H. Li**

菌盖直径 1~3 cm，初期半球形，后渐凸镜形至平展，灰黄色、灰褐色至黄褐色，表面干，光滑至具微绒毛，边缘稍内卷。菌肉近柄处厚 0.5~0.8 cm，黄白色至淡黄色，伤后变亮黄色。菌管长 0.3~0.4 cm，近延生至延生，初期淡黄色至橘黄色，成熟后淡黄褐色、深褐色至红褐色，伤不变色。孔口每毫米 0.5~1 个，不规则角形，辐射状排列，成熟后近褶片状，与菌管同色，伤不变色。菌柄长 3~4 cm，直径 0.3~0.8 cm，圆柱形，棕褐色至红褐色，有麸糠状鳞片。担孢子 7~8×3~4 μm，近纺锤形至近椭圆形，光滑，淡黄色至带褐色。

夏秋季单生或散生于针叶林中地上。分布于华中地区。

1610 易混色钉菇
***Chroogomphus confusus* Yan C. Li & Zhu L. Yang**

菌盖直径 1.5~4 cm，钝圆锥形至半球形，褐黄色至橘黄色，带红褐色。菌肉橘黄色。菌褶延伸，稀疏，橘黄色，后变灰橘黄色。菌柄长 2.5~8 cm，直径 0.5~1 cm，圆柱形，黄色至灰黄色，带粉红色调，菌柄基部有淡灰色菌丝体。担孢子 15~20×5~7 μm，近梭形至椭圆形，光滑，淡褐色，拟淀粉质。

夏秋季生于针叶林中地上，多与三针松类植物共生。可食。分布于东北、青藏、华中等地区。

1611 细丝色钉菇
Chroogomphus filiformis Yan C. Li & Zhu L. Yang

菌盖直径 2~6 cm，凸镜形，橄榄色、灰黄色至红褐色，被褐色鳞片。菌肉橘黄色。菌褶淡橘黄色至灰褐色。菌柄长 2~7 cm，直径 0.4~1 cm，圆柱形，淡褐色至与菌盖同色，部分淡黄色，被褐色鳞片，基部菌丝体淡黄色至粉红色。担孢子 16~19×6~7 μm，近梭形，光滑，淡褐色。

生于针叶林中地上，多与五针松类植物共生。可食。分布于华中地区。

图 1611

1612 东方色钉菇
Chroogomphus orientirutilus Yan C. Li & Zhu L. Yang

菌盖直径 2~6 cm，扁半球形至中央稍突起，红褐色、褐色至淡血红色。菌肉黄褐色至橘黄色。菌褶稍延伸，橘黄色至灰色。菌柄长 3~6 cm，直径 0.3~1.3 cm，圆柱形，污黄色，下部黄色，基部菌丝体白色至肉红色。担孢子 15.5~19.5×5.5~7 μm，椭圆形至近梭形，光滑，淡褐色。

生于针叶林中地上，多与三针松类植物共生。可食。分布于华中地区。

图 1612

牛肝菌

图 1613-1

图 1613-2

1613　拟绒盖色钉菇

Chroogomphus
pseudotomentosus
O.K. Mill. & Aime

　　菌盖直径 4~7 cm，橘黄色至黄褐色，中央色较深，被绒毛状至纤丝状鳞片，边缘有弱条纹。菌肉橘黄色至淡黄色。菌褶淡橘黄色至灰褐色。菌柄长 7~15 cm，直径 1~2 cm，圆柱形，淡黄色至橘黄色，被绒毛状至纤丝状鳞片，基部菌丝体淡橙红色。菌环上位，不明显，易消失。担孢子 14.5~18×8~9.5 μm，椭圆形，光滑，淡褐色。

　　生于针叶林中地上。可食。分布于中国大部分地区。

图 1614

1614
淡紫色钉菇
Chroogomphus purpurascens (Lj.N. Vassiljeva) M.M. Nazarova

菌盖直径 2~7 cm，初期半球形，渐变为钟形，浅咖啡色至褐色，光滑，湿时稍黏；后期平展，中部略微凸起，干时有光泽。菌肉薄，新鲜时淡红色，干后淡紫红色，近菌柄处略带黄色。菌褶稀，延生，初期浅黄色，后渐变为紫褐色，不等长。菌柄长 7~15 cm，直径 1~3 cm，圆柱形或向下渐细，实心，稍黏，与菌盖同色且基部浅黄色。菌环上位，易消失。担孢子 17~21×6.5~8.5 μm，长椭圆形，光滑，棕色至浅褐色。

夏秋季单生或群生于林中地上。可食。分布于东北、华北等地区。

1615
淡粉色钉菇
Chroogomphus roseolus Yan C. Li &
Zhu L. Yang

菌盖直径 2~2.5 cm，扁半球形，淡粉红色，边缘紫红色，被绒毛状至纤丝状鳞片。菌肉橘黄色至淡黄色。菌褶延伸，稀疏，淡橘黄色至灰橘黄色。菌柄长 3~6 cm，直径 0.3~0.6 cm，圆柱形，淡橘黄色，被淡粉红色鳞片，基部菌丝体淡粉红色。担孢子 15~19×6~7.5 μm，椭圆形至近梭形，光滑，淡褐色。

生于针阔混交林中地上，多与三针松类植物共生。可食。分布于华中地区。

图 1615

图 1616-1

1616 绒毛色钉菇
Chroogomphus
tomentosus
(Murrill) O.K. Mill.

菌盖直径 5~7 cm，初期近圆锥形至半球形，渐平展且中部略微突起，后期下凹呈漏斗形，浅粉红色至黄褐色，中部色深，干时浅红褐色，具绒毛状鳞片，湿时稍黏。菌肉较厚，初期淡褐色，后渐变为粉红色。菌褶厚，延生，初期灰白色，渐变为灰色或褐色。菌柄长 5~9 cm，直径 0.8~2.8 cm，圆柱形，与菌盖同色或稍浅，实心，上部具丝膜状菌幕，后渐消失形成菌环迹痕。担孢子 16~20×7.5~8.5 μm，长椭圆形，光滑，淡黄褐色。

夏秋季生于云杉、冷杉等针叶林中地上，与云杉、赤松、高山松形成外生菌根。可食。分布于东北地区。

图 1616-2

牛肝菌

1617 科耐牛肝菌

Corneroboletus indecorus (Massee)

N.K. Zeng & Zhu L. Yang

菌盖直径 3~6 cm，初期半球形，成熟后扁平，暗红色至红褐色，胶黏，有皱纹，被白色至污白色、近锥状的小鳞片。菌肉白色至米色，伤不变色。菌管及孔口淡黄色至橄榄黄色，伤后缓慢变为淡褐色至红褐色。菌柄长 4~8 cm，直径 0.5~0.7 cm，圆柱形，与菌盖同色，被糠麸状鳞片。担孢子 9~13×5~6 μm，近梭形至长椭圆形，光学显微镜下近光滑，电镜扫描下可见疣状至不规则杆菌状纹。

夏秋季群生于阔叶林中地上。分布于华南地区。

图 1617

1618 华粉蓝牛肝菌

Cyanoboletus sinopulverulentus (Gelardi & Vizzini) Gelardi et al.

菌盖直径 3~5 cm，初期半球形，后平展，边缘稍内卷，干，有微绒毛，不开裂，深褐色，伤后变黑褐色。菌肉近柄处厚 6 mm，白色，伤后速变深蓝色。菌管贴生至近延生，长 3~4 mm，深黄色，伤后速变深蓝色。孔口小，宽 0.5~0.8 mm，不规则多角形，与菌管同色，伤后变蓝黑色。菌柄长 3~5 cm，直径 0.8~1 cm，圆柱形，密被粉末或微绒毛，与菌盖同色，伤后变蓝黑色。担孢子 9~14.5×5~6 μm，长椭圆形至近梭形，薄壁，光滑，淡黄色。

夏秋季单生或散生于林中地上。分布于华北地区。

图 1618

图1619

1619 黏铆钉菇
Gomphidius glutinosus (Schaeff.) Fr.

菌盖直径 7~10 cm，凸镜形至平展，灰紫色、淡褐色至褐色，胶黏。菌褶较稀，污白色至淡褐色。菌柄长 8~12 cm，直径 1~2 cm，圆柱形，污白色，上部有易消失的菌环，基部亮黄色。担孢子 15~22×6~7 μm，椭圆形，光滑，淡灰褐色。

夏秋季生于针叶林中地上。可食。分布于东北、青藏、华北等地区。

1620 斑点铆钉菇
Gomphidius maculatus (Scop.) Fr.

菌盖直径 3~6.5 cm，初期扁半球形至扁平，后期平展，有时中部稍下陷，淡粉褐色至浅褐色或暗褐色，后期具黑褐色斑点，光滑，湿时黏。菌肉厚，污白色至浅肉桂色。菌褶延生，稀疏，宽，厚，初期近白色，后期渐变为酒红灰色或烟灰色。菌柄长 4.5~8 cm，直径 1~2 cm，圆柱形，初期近白色，后期渐形成墨色条斑或斑点。担孢子 15~20×5~8 μm，长椭圆形至近梭形，光滑，灰褐色至黑褐色。

夏秋季单生、散生或群生于针叶林中地上。食用。分布于东北、青藏、华北等地区。

图 1620

牛肝菌

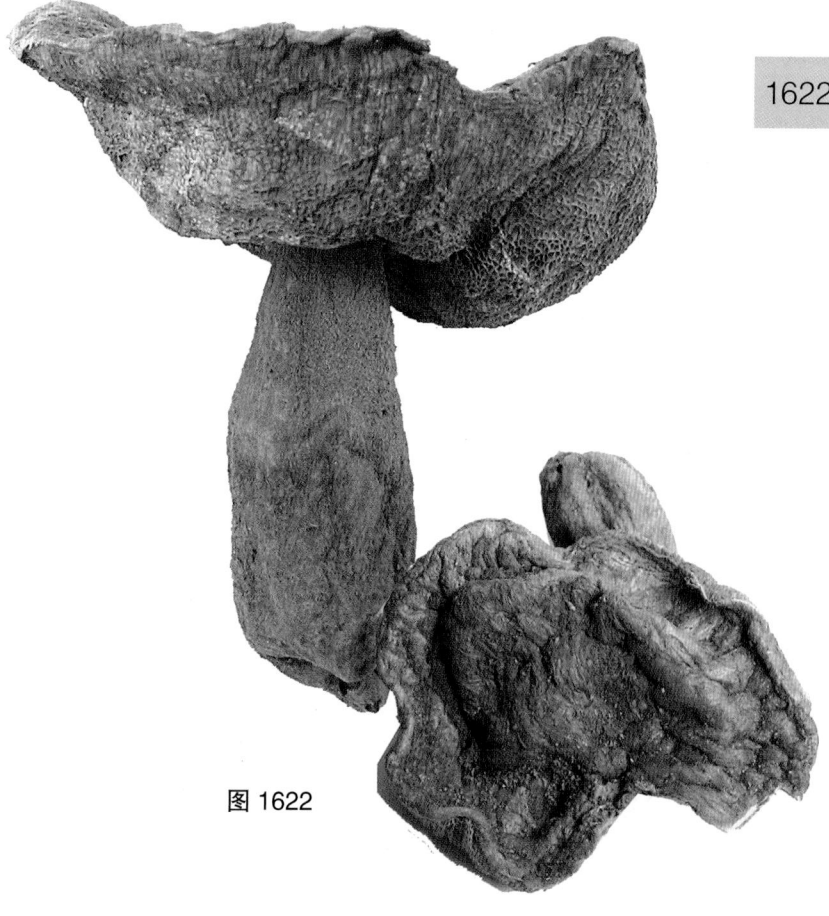

图 1621

1621 铅色短孢牛肝菌
Gyrodon lividus (Bull.) Fr.

　　菌盖直径 8~17 cm，初期半球形，后期扁半球形，呈灰褐色至暗褐红色，密被粗糙的绒毛，边缘内卷。菌肉黄白色，伤后变蓝色，中部厚，边缘薄。菌管延生，黄绿褐色至青褐色，辐射状排列。孔口大小不等。菌柄长 3~6 cm，直径 1~2 cm，圆柱形，较菌盖色浅，实心，近光滑。担孢子 4.5~6×3~4 μm，近圆球形至宽椭圆形，往往内含 1 个大油球，光滑，淡黄色。

　　夏秋季群生于针阔混交林中地上。可食。分布于华中、华南等地区。

图 1622

1622 褐丛毛圆孔牛肝菌
Gyroporus brunneofloccosus T.H. Li et al.

　　菌盖直径 5~8 cm，半球形，中央突起或平展，橙褐色至浅褐色，不黏，菌盖和菌柄纤维质，被绒毛状鳞片或粗毛。菌肉白色，伤后变浅绿色，随后变深绿色或深蓝色。菌管长 3~8 mm，黄白色或浅黄色。孔口每毫米 1~2 个，多角形，伤后变浅绿色，随后变深绿色或深蓝色。菌柄长 5~7 cm，直径 1.5~2.3 cm，倒棒形，与菌盖同色，中部往往有弱的菌环痕迹。担孢子 5~8.5×4~5.3 μm，宽椭圆形，光滑，淡黄色。

　　夏秋季散生至群生于针阔混交林或针叶林下。分布于华南地区。

　　该种与蓝圆孔牛肝菌 *G. cyanescens* 相似，但两者菌盖颜色与担孢子大小差别较大。

图 1623-1

1623 栗色圆孔牛肝菌（栎牛肝菌 褐空柄牛肝菌）
Gyroporus castaneus (Bull.) Quél.

菌盖直径 2~6 cm，扁半环形至平展，栗褐色、褐色、肉桂色至暗肉桂色，边缘稍变淡色，成熟后常表皮龟裂。菌管及孔口初期米色至淡黄色，成熟后污黄色。菌柄长 5~7 cm，直径 0.3~0.8 cm，近圆柱形，与菌盖表面同色，被细小鳞片；内部菌肉松软至中空，基部有淡粉红色菌丝体。各部位伤不变色。担孢子 8.5~11.5×5.5~6.5 μm，椭圆形至宽椭圆形，光滑，近无色。有锁状联合。

夏秋季生于针叶林或针阔混交林中地上。可食，但有报道食后会引起不适，建议避免采食。分布于中国大部分地区。

图 1623-2

图 1623-3

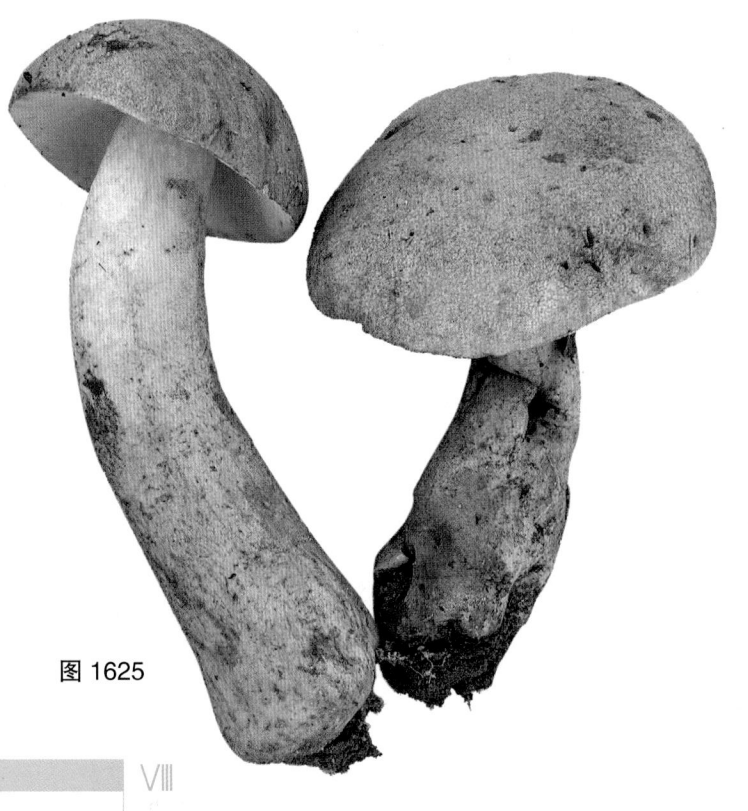

图 1624

| 1624 | **蓝圆孔牛肝菌**（蓝空柄牛肝菌）
Gyroporus cyanescens (Bull.) Quél. |

菌盖直径 6~8 cm，初期半球形，后近平展，污白色、淡黄白色至黄白色，有平伏的绒毛。菌肉厚 8~10 mm，白色，伤后迅速变蓝色。菌管密，在柄周围凹陷，初期乳白色，成熟后呈淡黄色，伤后变蓝色。孔口圆形，每毫米 2~3 个。菌柄长 6~11 cm，直径 1~1.5 cm，圆筒形，与菌盖同色，伤变蓝色，空心。担孢子 7.5~10×5~5.5 μm，光滑，近椭圆形，无色至近淡黄色。

夏秋季单生、散生或群生于阔叶林或针阔混交林中地上。分布于华中地区。

| 1625 | **长囊体圆孔牛肝菌**
Gyroporus longicystidiatus Nagas. & **Hongo** |

菌盖直径 5~8 cm，平展，橘黄色，边缘淡橘黄色至灰橘黄色，被同色细小鳞片。菌肉伤不变色。子实层体初期米色，成熟后污白色至淡黄色，伤后变淡褐色。菌柄长 4~8 cm，直径 1.5~2.1 cm，圆柱形至棒状，与菌盖同色，不平，被硬毛状鳞片；内部初海绵状，后空心。担孢子 7.5~9.5×4.5~6 μm，椭圆形，近无色。

夏季散生于针阔混交林中地上。分布于华南地区。

图 1625

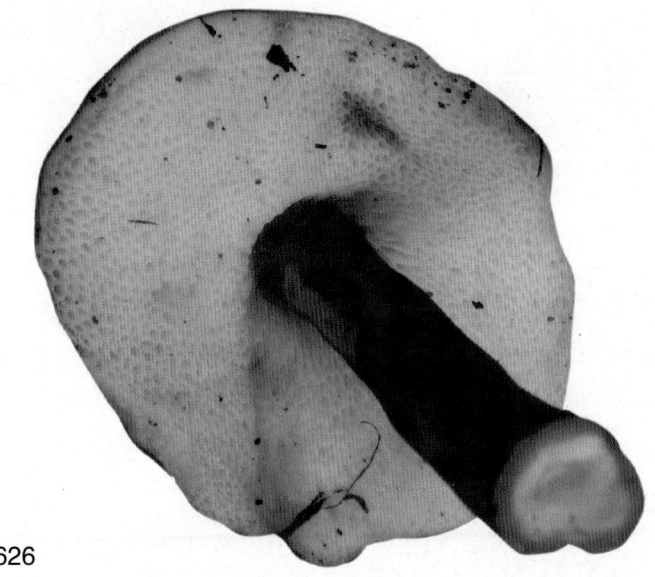

图 1626

1626 紫褐圆孔牛肝菌
Gyroporus purpurinus (Snell) Singer

　　菌盖直径 2.5~8 cm, 初期扁半球形, 渐平展, 有时中部下凹, 干, 有细绒毛, 紫褐色至暗红褐色或暗酒红色。菌肉白色, 无明显气味。菌管直生至近离生, 初期白色, 后期带黄色。孔口细小, 初期白色, 后渐变至黄色。菌柄长 3~7 cm, 直径 0.5~1 cm, 圆柱形, 与菌盖同色或稍浅, 初期松软变至明显空心。担孢子 7.5~10×5.5~6.5 μm, 椭圆形, 光滑, 近无色。

　　夏秋季群生或散生于壳斗科等阔叶林中地上。可食。分布于华北、华南等地区。

1627 黄脚粉孢牛肝菌
Harrya chromapes
(Frost) Halling et al.

　　菌盖直径 5~8 cm, 凸镜形, 渐扁平至平展, 干燥具微绒毛, 粉红色至桃红色, 成熟后褪色。菌管及孔口淡粉色, 伤不变色。菌柄长 5~10 cm, 直径 1~2 cm, 近圆柱形, 向下渐粗, 污白色, 密被粉红色至红色鳞片, 基部黄色, 菌丝体黄色至橙黄色。菌盖菌肉及菌柄上部菌肉白色至污白色, 菌柄基部菌肉黄色, 无苦味, 伤不变色。担孢子 12~15×4~5.5 μm, 椭圆形至近纺锤形, 光滑, 近无色至带粉红色。

　　夏秋季生于针叶林或针阔混交林中地上。有人采食, 但可能有毒。分布于青藏地区。

图 1627

图 1628

1628 日本网孢牛肝菌
Heimioporus japonicus (Hongo) E. Horak

菌盖直径 3~10 cm，半球形至平展，紫红色至暗红色，光滑或具有微细绒毛。菌肉近柄处厚 5~8 mm，白色至淡黄色，伤不变色或微变蓝色。菌管长 3~5 mm，在菌柄周围稍下陷，黄色至黄绿色，伤不变色或微变蓝色。孔口小，多角形。菌柄长 6~14.5 cm，直径 0.8~1.5 cm，圆柱形，与菌盖同色，但顶端靠近菌管处与菌管颜色相同，有明显的网纹状疣突，实心，基部有白色菌丝体。担孢子 11~14×7~8 μm，椭圆形，壁上具有明显的网格状纹，淡黄色。

夏秋季散生于阔叶林或针阔混交林中地上。有毒,误食常导致呕吐、腹泻等症状。分布于华南、华中等地区。

1629 网孢牛肝菌（圆花孢牛肝菌）
Heimioporus retisporus (Pat. & C.F. Baker) E. Horak

菌盖直径 4~10 cm，扁半球形至平展，被绒毛，砖红色至红褐色。菌肉黄色，伤不变色或变色不明显。菌管弯生，黄色，伤不变色或微变蓝色。孔口与菌管同色。菌柄长 6~12 cm，直径 1.5~2.5 cm，圆柱形，顶部黄色，中下部红色至土红色，被明显紫红色至土红色网纹。担孢子 15~20×11~14 μm，椭圆形至宽椭圆形，有不完整网纹，浅黄色。

夏秋季散生于阔叶林或针阔混交林中地上。有毒，误食常导致呕吐、腹泻等症状。分布于华南地区。

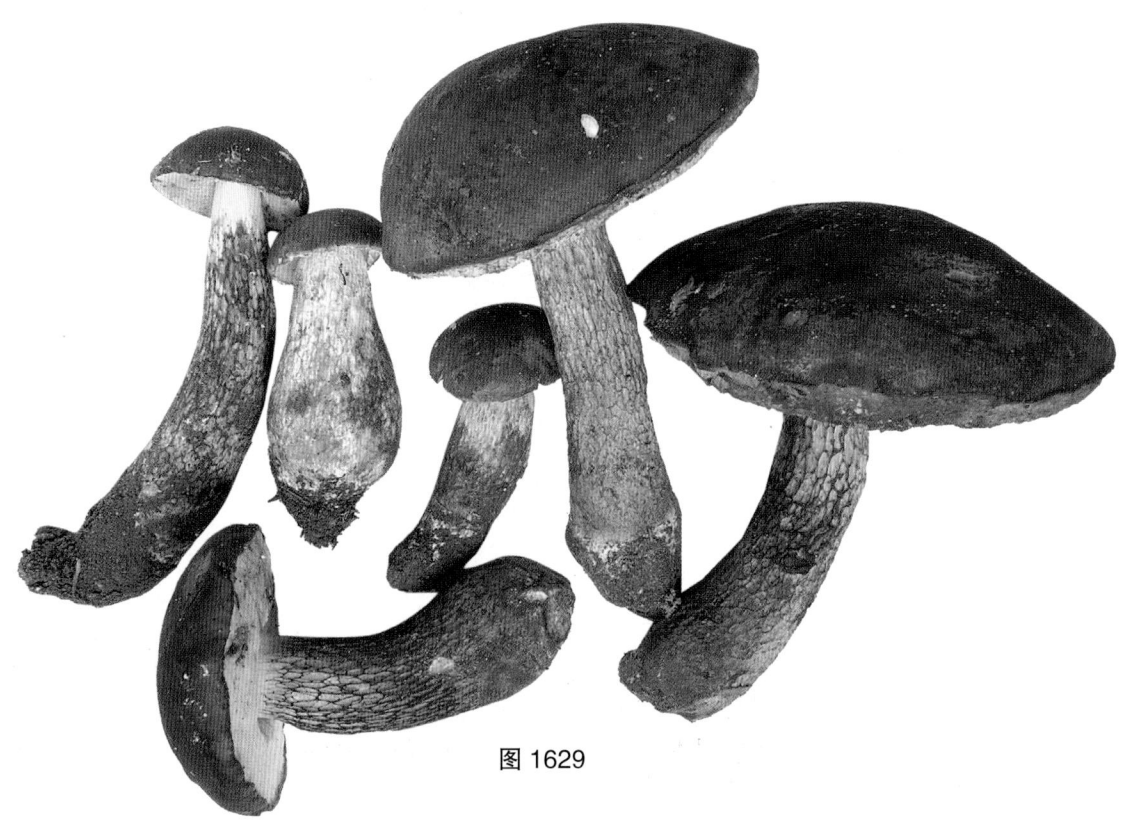

图 1629

图 1630-1

图 1630-2

1630 小褐牛肝菌
Imleria parva Xue T. Zhu & Zhu L. Yang

菌盖直径 2.5~3.5 cm，初扁半球形，渐扁平至平展，暗褐色至栗褐色，干时绒状，湿时稍黏，边缘稍延生或内卷。菌盖菌肉米色至淡黄色，伤后缓慢变淡蓝色；菌柄菌肉污白色至淡褐色。菌管初期米色至淡黄色，成熟后橄榄黄色，伤后变蓝色。孔口与菌管同色。菌柄长 4~7 cm，直径 0.3~0.7 cm，圆柱形，与菌盖同色或稍淡，密被暗褐色鳞片，基部有白色菌丝体。担孢子 9~11×3.5~4.5 μm，梭形，光滑，淡黄色。菌盖表皮由栅状排列的有横隔的菌丝组成，埋藏于胶质层中。

夏秋季生于针叶林或针阔混交林中地上。分布于华中、华南地区。

1631 亚高山褐牛肝菌
Imleria subalpina
Xue T. Zhu & Zhu L. Yang

菌盖直径 4~8 cm，扁半球形，渐扁平至平展，红褐色至暗褐色，湿时稍黏，边缘稍延伸。菌肉米色至黄色，伤后缓慢变淡蓝色。菌管及孔口初期淡黄色至柠檬黄色，成熟后橄榄黄色，伤后缓慢变蓝色。菌柄长 5~7 cm，直径 0.8~1.7 cm，圆柱形至棒形，向下渐粗，顶端淡黄色，其他部位与菌盖同色或稍淡，被淡褐色至暗褐色鳞片。担孢子 11~15×4.5~6 μm，梭形，光滑浅黄色。菌盖表皮由埋藏于胶质层中的栅状排列的菌丝组成。

夏秋季生于针叶林中地上。分布于华中、青藏等地区。

图 1631

牛肝菌

图 1632

1632	**远东疣柄牛肝菌**

Leccinum extremiorientale
(Lj.N. Vassiljeva) Singer

菌盖直径 8~15 cm，扁半球形至平展，杏黄色至褐黄色，有时带红褐色，湿时黏，干燥时表皮强烈龟裂。菌肉奶油色至黄色，伤不变色。菌管弯生。孔口与菌管淡灰黄色、浅黄色至淡灰黄褐色。菌柄长 6~15 cm，直径 2~4 cm，棒形至近圆柱形，杏黄色至褐黄色，被黄色至黄褐色或带红褐色小鳞片。担孢子 10~13×3.5~4.5 μm，长椭圆形至近梭形，光滑，浅黄色。

夏秋季生于林中地上。可食。分布于中国大部分地区。

1633	**褐疣柄牛肝菌**

Leccinum scabrum **(Bull.) Gray**

菌盖直径 4.5~15 cm，半球形，灰褐色至黄褐色，有时暗褐色，光滑或近无毛，湿时稍黏。菌肉白色，伤后几乎不变色或变淡粉红色。菌管弯生或离生，黄白色至灰褐色。孔口密，圆形，与菌管同色，伤后变橄榄绿色。菌柄长 5~10 cm，直径 1.5~3 cm，近圆柱形，向下渐粗，白色至灰白色，具纵纹和褐色颗粒状鳞片。担孢子 9.9~11.8×4.9~6.8 μm，长椭圆形或近纺锤形，光滑，淡黄褐色。

夏秋季单生或散生于阔叶林或针阔混交林中地上。可食。分布于东北、内蒙古和青藏等地区。

图 1633

图 1634

1634 **栗色黏盖牛肝菌**

Mucilopilus castaneiceps

(Hongo) Hid. Takah.

　　菌盖直径 3~5 cm，扁半球形，湿时较黏，红褐色至肉褐色，边缘色较淡。菌肉白色至污白色，伤不变色。菌管与孔口淡粉色至粉紫色。菌柄长 5~7 cm，直径 0.3~1 cm，圆柱形，白色，具有纵向排列的网纹。担孢子 12~14×5~6 μm，光滑，近无色。菌盖鳞片由栅状排列的胶质菌丝组成。

　　夏秋季生于阔叶林或针阔混交林中地上。分布于华中地区。

1635 **卷边桩菇（卷边网褶菌）**

Paxillus involutus (Batsch) Fr.

图 1635

　　菌盖直径 6~16 cm，初期半球形至扁半球形，后渐平展，中部下凹呈漏斗状，边缘内卷，黄褐色至橄榄褐色，湿时稍黏，成熟后具少量绒毛至近光滑。菌肉较厚，浅黄色。菌褶延生，较密，有横脉，不等长，靠近菌柄部分的菌褶间连接成网状，黄绿色至青褐色，伤后变暗褐色。菌柄长 5~9 cm，直径 0.6~1.6 cm，圆柱形或基部稍膨大，偏生，实心，与菌盖同色。担孢子 6~11.5×5.5~7 μm，椭圆形，光滑，锈褐色。

　　春末至秋季群生、丛生或散生于杨树等阔叶树林中地上。可食。分布于东北、内蒙古等地区。

图 1636-1

1636 东方桩菇

Paxillus orientalis Gelardi et al.

菌盖直径 4~5.5 cm，浅漏斗状形，中央有时有一小突起，边缘内卷，污白色至淡灰褐色，被褐色鳞片。菌肉污白色。菌褶下延，密，污白色至淡褐色，伤后变灰褐色。菌柄长 2~5 cm，直径 0.5~1.5 cm，圆柱形，淡灰色至淡褐色，光滑。担孢子 6~8×4~5 μm，宽椭圆形至卵形，光滑，薄壁，浅锈褐色。

生于针阔混交林中地上。可能有毒。分布于华中地区。

图 1636-2

图 1637-1

1637　暗褐脉柄牛肝菌（暗褐网柄牛肝菌）

Phlebopus portentosus (Berk. & Broome) Boedijn

菌盖直径 12~20 cm，半球形、凸镜形至近平展，近光滑，黄褐色、褐色、绿褐色至暗褐色。菌肉厚 2.5~3 cm，淡黄色，伤后渐变蓝色。菌管长 10~20 mm，污黄色至淡黄色。孔口小，多角形，与菌管同色至带灰黄色。菌柄长 9~13 cm，直径 4~7 cm，圆柱形至棒形，粗壮，向基部膨大，被绒毛，暗褐色、金黄褐色至黄褐色，内部菌肉黄色，伤后变淡棕褐色。担孢子 6~12×5~9 μm，光滑，宽椭圆形，淡黄棕色至淡绿棕色。

夏秋季生于李树等阔叶林中树下。可食；已有人工栽培。分布于华南、华中地区。

图 1637-2

图 1637-3

牛肝菌

图 1638

| 1638 | **美丽褶孔牛肝菌** |

Phylloporus bellus (Massee) Corner

　　菌盖直径 4~6 cm，扁平至平展，被黄褐色至红褐色绒状鳞片。菌肉米色至淡黄色，伤不变色或稍变蓝色。菌褶延生，稍稀，黄色，伤后变蓝色。菌柄长 3~7 cm，直径 0.5~0.7 cm，圆柱形，被绒毛，黄褐色至红褐色，基部有白色菌丝体。担孢子 9~12×4~5 μm，长椭圆形至近梭形，光滑，青黄色。菌盖表皮由栅状排列、直径 6~20 μm 的菌丝组成。

　　生于针阔混交林中地上。可食。分布于华南地区。

| 1639 | **褐盖褶孔牛肝菌** |

Phylloporus brunneiceps

N.K. Zeng et al.

　　菌盖直径 4~5 cm，扁平至平展，中央稍下陷，被褐色至深褐色绒状鳞片。菌肉米色至淡黄色，伤不变色。菌褶延生，稍稀，黄色，伤后变蓝色。菌柄长 3~4 cm，直径 0.4~0.7 cm，圆柱形，常弯曲，被细绒毛，黄色至黄褐色，上半部有纵纹，基部有淡黄色菌丝体。担孢子 10~12×4~4.5 μm，长椭圆形至近梭形，光滑，浅青黄色。菌盖表皮由栅状排列、直径 4~11 μm 的菌丝组成。

　　生于针阔混交林中地上。可食。分布于华南地区。

图 1639

图 1640

1640 鳞盖褶孔牛肝菌
Phylloporus imbricatus N.K. Zeng et al.

　　菌盖直径 5~11 cm，扁平至平展，表皮可裂成黄褐色、褐色、暗褐色至红褐色鳞片。菌肉米色至淡黄色，伤不变色。子实层体黄色，伤后变蓝色，随后缓慢恢复至黄色。菌柄长 5~10 cm，直径 0.3~1.5 cm，黄褐色、褐色至褐红色。担孢子 10~13×4~5 μm，长椭圆形至近梭形，光滑，浅青黄色。

　　生于亚高山针叶林中地上。可食。分布于青藏地区。

1641 潞西褶孔牛肝菌
Phylloporus luxiensis M. Zang

　　菌盖直径 4~8 cm，扁平至平展，被褐色、肉桂褐色至灰褐色鳞片。菌肉白色，伤不变色。菌褶延生，黄色、黄褐色至污黄色，伤不变色。菌柄长 2~6 cm，直径 0.3~1 cm，圆柱形，上半部有纵纹并被红褐色至紫褐色细小鳞片，下半部黄褐色、褐色至灰褐色。担孢子 9.5~12.5×4.5~5 μm，长椭圆形至近梭形，光滑，浅青黄色。

　　生于常绿阔叶林中地上。可食。分布于华南、华中等地区。

图 1641

牛肝菌

图 1642

1642 斑盖褶孔牛肝菌
Phylloporus maculatus N.K. Zeng et al.

菌盖直径 2~5 cm，扁平至平展，褐色至暗褐色，有点状斑纹。菌肉米色至淡黄色，伤不变色。菌褶延生，黄色，伤后变蓝色，随后缓慢恢复至黄色。菌柄长 2~4 cm，直径 0.5~0.6 cm，圆柱形，被细小褐色鳞片。担孢子 10~12×4~4.5 μm，长椭圆形至近梭形，光滑，浅青黄色。

生于阔叶林中地上。可食。分布于华南地区。

1643 厚囊褶孔牛肝菌
Phylloporus pachycystidiatus N.K. Zeng et al.

菌盖直径 3~5 cm，扁平至平展，被黄褐色至红褐色绒状鳞片。菌肉米色至淡黄色，伤不变色。菌褶延生，稀疏，黄色，伤后变蓝色。菌柄长 2~4 cm，直径 0.5~0.6 cm，圆柱形，上部黄褐色至红褐色，下部色较浅，基部有白色菌丝体。担孢子 11~14×4.5~5 μm，长椭圆形至近梭形，光滑，青黄色。囊状体厚壁。

夏秋季生于阔叶林中地上。可食。分布于华南、华中等地区。

图 1643

1644 淡红褶孔牛肝菌
Phylloporus rubeolus
N.K. Zeng et al.

菌盖直径 2.5~7 cm，扁平至平展，中央稍下陷，被褐红色绒状鳞片。菌肉米色至淡黄色，伤不变色。菌褶延生，黄色，伤后变蓝色。菌柄长 3~6 cm，直径 0.4~1 cm，圆柱形，褐色至褐红色，基部有白色菌丝体。担孢子 9~12×4~5 μm，长椭圆形至近梭形，光滑，青黄色。

夏秋季生于阔叶林中地上。可食。分布于华中地区。

图 1644

1645 红鳞褶孔牛肝菌
Phylloporus rubrosquamosus
N.K. Zeng et al.

菌盖直径 4.5~6 cm，扁平至平展，中央稍下陷，粉褐色至褐黄色，被红色绒状鳞片。菌肉米色至淡黄色，伤不变色。菌褶延生，稀疏，黄色，伤后变蓝色。菌柄长 5~8 cm，直径 0.6~0.7 cm，圆柱形，与菌盖同色，被黄褐色至红色鳞片，基部有白色菌丝体。担孢子 11~12.5×4.5~5 μm，长椭圆形至近梭形，光滑，青黄色。

夏秋季生于阔叶林中地上。可食。分布于华中地区。

图 1645

1646 云南褶孔牛肝菌
Phylloporus yunnanensis
N.K. Zeng et al.

菌盖直径 4~6.5 cm，扁平至平展，中央常下陷，米色至淡黄色，密被淡黄色、褐色至红褐色绒状鳞片。菌肉伤不变色。菌褶延生，黄色，伤后变蓝色。菌柄长 3~7 cm，直径 0.4~0.7 cm，圆柱形，被黄褐色至红褐色绒状鳞片，基部有淡黄色菌丝体。担孢子 10~12×4.5~4.5 μm，长椭圆形至近梭形，光滑，浅青黄色。菌盖表皮由栅状排列、直径 6~23 μm 的菌丝组成。

夏秋季生于阔叶林中地上。可食。分布于华中地区。

图 1646

牛肝菌

图 1647-1

1647 黑紫红孢牛肝菌（黑紫粉孢牛肝菌）

Porphyrellus nigropurpureus (Hongo) Yan C. Li & Zhu L. Yang

≡ *Tylopilus nigropurpureus* Hongo

菌盖直径 2~10 cm，半球形至平展，黑褐色至紫黑色，干，具微绒毛，常有细裂纹，边缘初期内卷，后平展。菌肉白色至灰色，伤后变粉红色，然后变紫灰色、紫黑色至黑色，有苦味。菌管长 5~15 mm，直生至离生，近白色至带粉黄白色。孔口初期与菌管颜色相近或相同，后期容易带黑褐色或紫黑色。菌管与孔口伤后变色同菌肉。菌柄长 6~9 cm，直径 1~2.5 cm，圆柱形，与菌盖同色，具有粉灰褐色细小的绒毛状腺点，具明显的黑色网纹。担孢子 9~11×4~5 μm，光滑，长椭圆形，近无色至淡粉红色。

单生或散生于壳斗科等植物林中地上。分布于华南地区。

图 1647-2

红孢牛肝菌

Porphyrellus porphyrosporus
(Fr. & Hök) E.-J. Gilbert

菌盖直径 6~10 cm，半球形至平展，灰褐色至黑褐色，具绒状鳞片。菌孔表面黑粉色至灰粉色，伤后变蓝色。菌柄长 8~10 cm，直径 1~2 cm，与菌盖同色，但基部近白色。菌盖与菌柄菌肉白色至灰白色，伤后变暗褐色。担孢子 13~16.5×5.5~6.5 μm，长椭圆形至近梭形，光滑，粉红色至灰粉红色。

夏秋季生于针叶林中地上。分布于东北、青藏等地区。

图 1648

金粒粉末牛肝菌

Pulveroboletus auriflammeus
(Berk. & M.A. Curtis) Singer

菌盖直径 2~7 cm，半球形、凸镜形至平展，不黏，有橙黄色、橙色至金黄色粉末。菌肉近柄处厚 8~10 mm，白色，伤不变色。菌管长 3~6 mm，弯生至近延生，淡黄色至黄绿色，较易与菌肉分离。孔口宽 0.5~1 mm，多角形，橙黄色带黄绿色，伤不变色。菌柄长 7~10 cm，直径 0.8~1.5 mm，圆柱形，常向基部稍膨大，地下部分多呈假根状，实心，肉质，有橙黄色粉末，稍有条纹。担孢子 7~9×4.5~5.5 μm，宽椭圆形，光滑，淡黄棕色。

夏秋季单生或散生于壳斗科等植物林中地上。分布于华南地区。

图 1649

牛肝菌

图 1650

图 1651

1650 褐糙粉末牛肝菌
Pulveroboletus brunneoscabrosus
Har. Takah.

菌盖直径 20~50 mm, 初期半球形, 后平展, 干, 湿时稍黏, 附有柠檬黄色、黄褐色至褐色的粉末状物质, 常开裂形成不规则的鳞片状, 初期有丝状菌幕存在, 成熟后菌盖边缘有黄色菌幕残余悬挂。菌肉厚 3~5 mm, 淡黄色, 伤后变蓝色。菌管长 4~6 mm, 近菌柄处下凹, 初期青黄色, 成熟后呈淡黄褐色, 伤不变色或微变蓝色。孔口与菌管同色。菌柄长 6~10 cm, 直径 1.5~2 cm, 圆柱形, 向基部稍膨大, 附有与菌盖同色的粉末状物质, 基部菌丝体白色。担孢子 7~10×4~5 μm, 宽椭圆形, 光滑, 淡黄色。

单生或散生于林中地上。分布于华南地区。

1651 疸黄粉末牛肝菌
Pulveroboletus icterinus
(Pat. & C.F. Baker) Watling

子实体初期陀螺形, 有发达的粉末状外菌膜。菌盖直径 2~5.5 cm, 扁半球形至凸镜形, 覆有一层厚的硫黄色粉末, 有时部分带灰硫黄色, 可裂成块状, 粉末脱离之后呈淡紫红色至红褐色。菌幕从盖缘延伸至菌柄, 硫黄色, 粉末状, 破裂后残余物部分挂在菌盖边缘, 部分附着在菌柄形成易脱落的粉末状菌环。菌肉黄白色, 伤后变浅蓝色, 无味道, 有硫黄气味。菌管短延生或弯生, 橙黄色、粉黄色至淡肉褐色, 伤后变青绿色、蓝褐色或蓝绿色。孔口多角形。菌柄长 2~7.5 cm, 直径 6~8 mm, 中生至偏生, 圆柱形, 上粗下细, 上覆有硫黄色粉末, 伤后变灰蓝色至蓝色。菌环上位, 硫黄色, 易脱落。担孢子 8~10×3.5~6 μm, 椭圆形, 光滑, 浅黄色。

夏秋季单生于针阔混交林中地上。分布于华南地区。

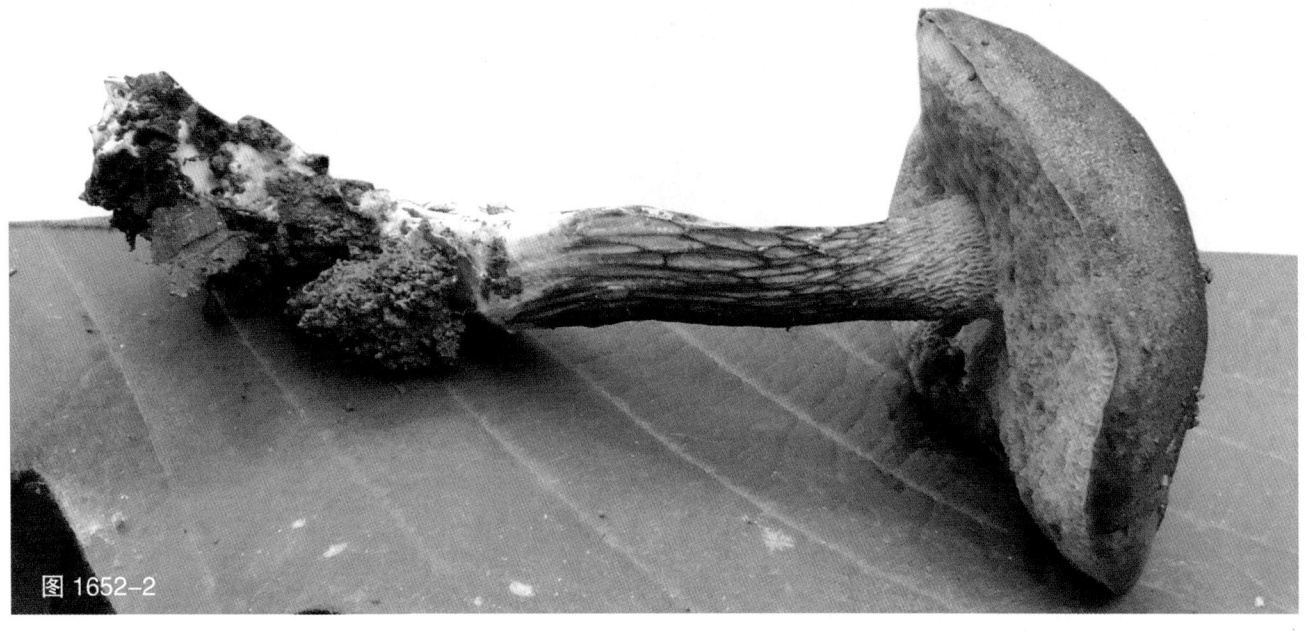

图 1652-1

1652 灰褐网柄牛肝菌（灰褐牛肝菌）

***Retiboletus griseus* (Frost) Manfr. Binder & Bresinsky**

≡ *Boletus griseus* Frost

　　菌盖直径 5~10 cm，扁半球形至凸镜形，暗灰色至暗黑灰色，被细小绒毛。菌肉近白色至黄白色，伤不变色至变淡褐色。菌管与孔口成熟后污白色，伤后变淡褐色。菌柄长 7~10 cm，直径 2~3 cm，圆柱形，淡褐色至灰色，大部分被暗灰色至近黑色网纹，基部有黄褐色菌丝体。担孢子 9~14×4~5 μm，近梭形至长椭圆形，光滑，黄褐色。

　　夏秋季生于壳斗科等阔叶林或针阔混交林中地上。可食。分布于中国大部分地区。

图 1652-2

图 1653-1

图 1653-2

1653 黑网柄牛肝菌
Retiboletus nigerrimus (R. Heim)
Manfr. Binder & Bresinsky

　　菌盖直径 5~14 cm，扁球形、凸镜形至近平展，暗灰色、灰褐色至灰黑色，光滑至被细微绒毛。菌肉污白色至浅灰绿色，伤后变浅灰色或暗灰色至蓝灰色和黑色。菌管长 5~8 mm，灰白色、淡灰绿色至浅褐色带粉红色，伤后变蓝灰色至灰黑色，近柄处稍下凹，弯生至离生。孔口小，近多角形，近白色、灰白色至与菌管同色，伤后变蓝灰色至灰黑色。菌柄长 4~18.5 cm，直径 1~2.5 cm，圆柱形，初期近白色至黄白色，后期变浅绿褐色至淡灰绿色，有粉末状绒毛，具明显粗网纹，伤后变黑色，实心。菌柄基部常稍膨大，向地下延伸呈假根状。担孢子 8.5~11.5×3.5~4.5 μm，长椭圆形至近梭形，光滑，淡黄色。

　　夏秋季单生或散生于阔叶林或针阔混交林中地上。分布于华南、华中等地区。

1654 玉红牛肝菌

Rubinoboletus balloui (Peck) Heinem. & Rammeloo

菌盖直径 3~7 cm，突起至近平展，橙红色、红褐色至橙褐色，光滑或具微绒毛状，干。菌肉厚 1~2 cm，白色至淡黄色，伤不变色。菌管较短，长 1~3 mm，淡黄色，成熟后颜色加深，稍带粉色，直生或稍弯生。孔口多角形，与菌管同色。菌柄长 3~6 cm，直径 1.5~3 cm，圆柱形，实心，黄色至淡橙红色，有不明显的网纹或纵条纹，上下近等粗或向基部稍膨大，基部菌丝体白色。担孢子较小，5~7×4~5 μm，宽椭圆形至卵圆形，薄壁，光滑，淡粉红色。

夏秋季生于林中地上。分布于华南、华中等地区。

图 1654-2

图 1654-3

图 1655-1

图 1655-2

1655 宽孢红牛肝菌
Rubroboletus latisporus Kuan Zhao & Zhu L. Yang

菌盖直径 7~10 cm,扁平至平展,血红色,湿时胶黏。菌肉淡黄色,伤后迅速变蓝色,之后缓慢恢复至淡黄色。菌管黄色,伤后变蓝色。孔口橘红色至黄色,伤后迅速变蓝色。菌柄长 8~10 cm,直径 2~2.5 cm,近圆柱形,上部黄色,下部红褐色,有暗红色点状物。担孢子 11~13×6~6.5 μm,卵形至椭圆形,光滑,近无色至带粉红色。

夏秋季生于针叶林或针阔混交林中地上。分布于华中地区。

图 1656

1656 黏盖华牛肝菌
Sinoboletus gelatinosus
M. Zang & R.H. Petersen

菌盖直径 4~6 cm,初扁半球形,成熟时平展,砖红色至暗红色,湿时胶黏。菌管金黄色。孔口金黄色。菌柄长 5~8 cm,直径 0.5~1 cm,圆柱形,与菌盖同色或稍淡,胶黏,无网纹。子实体各部位伤后几乎不变色。担孢子 9~14×5~6 μm,长椭圆形至近梭形,光滑,淡黄色。

夏秋季生于阔叶林或针阔混交林中地上。分布于华中地区。

图 1657-1

1657 刺头松塔牛肝菌
Strobilomyces echinocephalus Gelardi & Vizzini

　　菌盖直径 3~5 cm，初半球形，后凸镜形至近平展，污白色，密被黑色至暗紫黑色、直立锥状鳞片，边缘悬垂有黑色菌幕残余。菌肉白色，伤后变褐色，随后变近黑色。菌管及孔口污白色至褐灰色，伤后变褐色，随后变近黑色。菌柄长 6~10 cm，直径 0.5~1 cm，圆柱形，密被黑色至近黑色鳞片。担孢子 7~10×6.5~8 µm，近球形至宽椭圆形，有完整网纹。

　　夏季生于针阔混交林中地上。分布于华中地区。

图 1657-2

图 1657-3

牛肝菌

图 1658

1658 黄纱松塔牛肝菌
Strobilomyces mirandus Corner

　　菌盖直径 2.5~6 cm，半球形，初黄色至褐黄色，后变褐色至近黑色，密被淡黄色、淡褐色至黑色鳞片，边缘悬垂有黄色至污黄色菌幕残余。菌肉白色，伤后变红褐色，随后变黑色。菌管及孔口成熟后白色至灰粉红色，后变灰褐色至深褐色。菌柄长 6~10 cm，直径 0.5~0.8 cm，圆柱形，黄色至黄褐色，有时附有菌幕残余物。担孢子 7.5~8.5×6.5~7.5 μm，近球形至宽椭圆形，有完整网纹。

　　夏季生于热带森林中地上。分布于华南地区。

图 1659-1

1659 半裸松塔牛肝菌
Strobilomyces seminudus Hongo

菌盖直径 7~9 cm，初半球形，后扁半球形至近平展，污白色至淡灰色，被黑灰色至近黑色绒状近平伏的鳞片，伤后变黑褐色，常龟裂，露出白色菌肉，初期边缘悬垂有近黑色的菌幕残余。菌肉白色至污白色或淡灰色，伤后变红褐色至淡橘红色，之后渐变为黑灰色。菌管近柄处下凹，褐灰色，伤后变褐色，很快再变为近黑色。孔口每毫米 1~2 个，多角形，近白色、灰白色至灰黑色。菌柄长 4~10 cm，直径 0.6~1.3 cm，圆柱形，上部密被淡灰色至灰白色绒毛，下部被近黑色绒状鳞片，顶部网纹较明显。担孢子 8~10×7~9 μm，近球形，有不完整网纹及疣突，褐色至深褐色。

夏秋季生于栲树、栎树等壳斗科植物组成的亚热带常绿阔叶林中地上。分布于华中、华南等地区。

图 1659-2

牛肝菌

图 1660

图 1661

1660 松塔牛肝菌
Strobilomyces strobilaceus
(Scop.) Berk.

菌盖直径 2~15 cm，初期半球形，后渐平展，黑褐色至黑色或紫褐色，有粗糙的毡毛状鳞片或疣，直立，菌幕脱落常残留在菌盖边缘。菌管长 10~15 mm，直生或稍延生，污白色或灰色，后渐变褐色或淡黑色。孔口宽 1~1.2 mm，多角形，与菌管同色。菌柄长 4.5~13.5 cm，直径 0.6~2 cm，圆柱形，与菌盖同色，顶端有网棱，下部有鳞片和绒毛。担孢子 8~15×7.8~12 μm，近球形或略呈椭圆形，有网纹或棱纹，淡褐色至暗褐色。

夏秋季单生或群生于阔叶林或针阔混交林中地上。可食。分布于华北、西北、华中、华南等地区。

1661 疣柄松塔牛肝菌
Strobilomyces verruculosus
Hirot. Sato

菌盖直径 3~12 cm，初期半球形，后近平展，干，初期淡黑色至紫黑色，成熟后呈暗褐色或黑褐色，附有致密的细小疣状突起，并开裂。菌肉厚 1~2 cm，淡白色。菌管长 8~15 mm，微下延，初期白色至灰白色，成熟后呈煤烟色。孔口呈不规则多角形，伤后变粉红色，随后变黑色。菌柄长 6~12 cm，直径 1~3.5 cm，圆柱形至棒形，与菌盖同色，有浅网纹或细小疣突，常开裂呈不规则鳞片状。各部位伤后变粉红色，随后变黑色。担孢子 9~11×9~11 μm，近圆形，粗糙，深褐色。

单生或散生于林中地上。分布于华南地区。

图 1662-1

1662 美洲乳牛肝菌
Suillus americanus (Peck) Snell

菌盖直径 2~6 cm，扁半球形，污黄色至奶油黄色，中央有时有不明显的突起，近边缘常被有粉红色或红褐色毡状鳞片，菌盖边缘常有菌幕残余，但后期消失。菌肉淡黄色至米色，伤不变色。菌管黄色，成熟后污黄色至金黄色，伤后缓慢变淡褐色。孔口辐射状排列，与菌管同色。菌柄长 4~7 cm，直径 0.3~1 cm，圆柱形，淡黄色至米色，被红褐色至褐色点状鳞片，基部有白色至粉红色菌丝体。菌环上位，污白色至黄色，易消失。担孢子 8~10×3.5~4 μm，近梭形，光滑，近无色至浅黄色。

夏秋季生于华山松林中地上。幼时可食。分布于华中地区。

图 1662-2   图 1662-3

图 1663

图 1664

1663 黏盖乳牛肝菌
***Suillus bovinus* (Pers.) Roussel**

菌盖直径4~10 cm，初期半球形，后期渐平展，边缘初期内卷，后期呈波状，肉色、浅赭黄色、浅褐色、赭色至黄褐色，常具显著的亮粉色，干后呈肉桂色，边缘颜色较浅，胶黏，干时有光泽，光滑或具微小鳞片。菌肉淡黄色至奶油色，有时具浅粉色。菌管延生，不易与菌肉分离，淡黄褐色。孔口中等大小至较大，呈多角形或不规则形，常呈放射状排列。菌柄长2~7 cm，直径0.8~1.5 cm，圆柱形，有时向下渐细，光滑，与菌盖同色，但常较浅，基部有白色棉絮状菌丝体。担孢子7.8~10×3~4 μm，椭圆形至长椭圆形，光滑，浅黄色。

夏秋季丛生或群生于针叶林中地上。可食。分布于华中、华南等地区。

1664 空柄乳牛肝菌
***Suillus cavipes* (Opat.) A.H. Sm. & Thiers**

菌盖直径2.5~8.7 cm，半球形至平展，赭褐色或污黄色，粗糙，具与菌盖颜色相同的绒毛状鳞片，内卷。菌肉乳白色或淡黄色，伤不变色。菌管延生，乳白色至柠檬黄色，与菌肉不易分离。孔口直径1~3.5 mm，较稀疏，多角形，放射状排列。菌柄长3.9~5 cm，直径1.2~1.7 cm，圆柱形，中空，棕褐色或污黄色，切开后乳白色或污黄色。菌环上位，初期与菌盖相连，乳白色，后常变褐色，膜状，较薄。担孢子7.3~10.9×3.2~5.1 μm，长椭圆形，光滑，薄壁，淡黄色。

夏秋季单生或散生于针阔混交林中地上。可食。分布于东北、西北等地区。

1665 点柄乳牛肝菌
（点柄黏盖牛肝 栗壳牛肝菌）
***Suillus granulatus* (L.) Roussel**

菌盖直径4~10 cm，扁半球形或近扁平，有时也呈圆柱形，后变为凸镜形，淡黄色或黄褐色，黏，新鲜时橘黄色至褐红色，干后有光泽，变为黄褐色至红褐色，边缘钝或锐，内卷。菌肉新鲜时奶油色，后淡黄色。菌管直生或稍延生，黄白色至黄色。孔口新鲜时浅黄色至黄色，干后变为黄褐色。菌柄长3~10 cm，直径0.8~1.6 cm，近圆柱形，初期上部浅黄色至黄色，有腺点，中部褐橘黄色，基部浅黄色至黄色。担孢子6.5~9.5×3.5~4 μm，椭圆形，光滑，黄褐色。

夏秋季散生、群生或丛生于松树林或针阔混交林中地上。可食。分布于东北、华北、华中等地区。

图 1665

图 1666-1

图 1666-2

1666 厚环乳牛肝菌
Suillus grevillei (Klotzsch) Singer

菌盖直径 2~8 cm，初期扁半球形，后中央突起，新鲜时橘黄色至红褐色，黏，干后深褐色，有时边缘有菌幕残片附着。菌肉新鲜时淡黄色，干后深褐色。菌管直生或近延生，初期色淡，新鲜时橘黄色，干后变淡灰黄色、淡褐黄色或深褐色。孔口直径 1~3 mm，与菌管同色。菌柄长 4~8.5 cm，直径 0.5~1.5 cm，圆柱形，黄色、淡褐色至与菌盖同色，顶端有网纹，基部颜色较浅。菌环上位，厚，白黄色，易脱落。担孢子 7.5~10×3~4 μm，长椭圆形或近纺锤形，光滑，带橄榄黄色。

秋季生于落叶松等林中地上。可食。分布于东北地区。

1667 黄白乳牛肝菌（黄黏盖牛肝菌）
Suillus placidus (Bonord.) Singer

菌盖直径 6~10 cm，扁半球形，后近平展，湿时黏滑，干后有光泽，初期黄白色至鹅毛黄色，成熟后变污黄褐色。菌肉白色至黄白色，伤不变色。菌管直生至延生。孔口黄色至污黄色，多角形，每毫米 1~2 个。菌柄长 3~5 cm，直径 0.7~1.4 cm，近圆柱形，内部实心，散布乳白色至淡黄色小腺点，后变暗褐色小点。担孢子 7.5~11×3.5~4.8 μm，长椭圆形，光滑。

夏秋季群生于松树林和针阔混交林中地上。可能有毒，食后往往引起腹泻；有人浸泡、煮沸、淘洗后食用；慎食。分布于东北、华南等地区。

图 1667

图 1668

1668 美丽乳牛肝菌
Suillus spectabilis (Peck) Pomerl. & A.H. Sm.

菌盖直径 5~12 cm，初期半球形至扁半球形，后渐平展，黏，初期酒红色，成熟后带黄色，具有白色至灰白色块状鳞片。菌肉厚 1~2 cm，黄色，伤后变红色，具香味。菌管直生或稍延生，呈放射状，黄色至土黄色。孔口呈多角形。菌柄长 4~7 cm，直径 1~2 cm，圆柱形，等粗或基部稍膨大，实心，上部淡黄色，菌环以下酒红色。菌环上位，胶黏。担孢子 12~14×5~6 μm，长椭圆形，光滑，近无色至淡黄色。

秋季单生或丛生于落叶松林中地上。记载可食，但民间鲜有采食者。分布于东北地区。

图 1669

图 1670

绒盖乳牛肝菌
Suillus tomentosus
(Kauffman) Singer

菌盖直径 2.4~7 cm，半球形至平展，黄褐色至深褐色，黏，光滑，边缘平整，有时边缘上翘，被棉毛状小鳞片，鳞片呈斑点状，褐色至红褐色。菌肉亮黄色，较厚，伤不变色或极慢变蓝色，与菌柄连接处略带粉色。菌管直生至稍延生，绿黄色至黄褐色，后期暗褐色至暗棕褐色，伤后变青蓝色，较密。孔口直径 0.4~0.8 mm。菌柄长 4~6.8 cm，直径 0.8~2.5 cm，圆柱形，光滑，上部黄色，下部近似菌盖色，实心，具黑色腺点。菌环上位，易脱落，较薄，黏。担孢子 5.7~10.5×3~4.2 μm，长椭圆形，薄壁，光滑，近无色至淡黄色。

夏秋季单生或散生于针阔混交林中地上。可食。分布于华南地区。

黏柄乳牛肝菌
Suillus viscidipes Hongo

菌盖直径 1.5~3 cm，扁半球形，褐色至肉桂色，胶黏，有皱纹，边缘色较淡。菌肉黄色，伤不变色。菌管黄色至橄榄黄色，伤不变色。孔口多角形，与菌管同色。菌柄长 3~5 cm，直径 0.3~0.5 cm，圆柱形，淡肉色至污白色，胶黏。菌环上位，白色，胶黏，易消失。担孢子 10~15×4~5 μm，长椭圆形至近梭形，光滑，近无色至淡黄色。

夏秋季生于针阔混交林中地上。分布于华中地区。

图 1671-1

1671 灰环乳牛肝菌
Suillus viscidus (L.) Roussel

菌盖直径 3.7~8.8 cm，半球形至
平展，中央突起，污白色至灰绿色，
稍黏，具褐色易脱落块状鳞片，边缘
稍内卷。菌肉乳白色，较厚，伤后近
柄处微变绿色。菌管延生，初期白色
至灰白色，成熟后变褐色。孔口直径
1~2 mm，多角形，放射状排列，不
易与菌肉分离，与菌管同色，伤后
略变青绿色。菌柄长 5.3~7.4 cm，直
径 1.1~1.8 cm，圆柱形，基部稍膨大，
粗糙，形成网纹，灰色至污褐色，实心，
内部菌肉切开后微变绿色。菌环上位，
膜质，有时略带红色，易消失。担孢
子 11~14×4.5~6 μm，长椭圆形，光滑，
薄壁，近无色至淡黄色。

夏秋季单生或群生于针阔混交林
中地上。可食。分布于东北、华中地区。

本种和同为落叶松林下的淡灰乳
牛肝菌 *S. grisellus* 较为相似，但后者
菌盖顶端较平截或脐突状，且菌管伤
不变色。

图 1671-2

牛肝菌

图 1672-1

图 1672-2

1672 紫盖牛肝菌（紫盖粉孢牛肝菌 羊肝菌 超群粉孢牛肝菌 铅紫牛肝菌）

Sutorius eximius (Peck) Halling et al.

≡ *Tylopilus eximius* (Peck) Singer

菌盖直径 5~12 cm，扁半球形，暗紫色、铅紫色至紫罗兰褐色，不黏或湿时稍黏。菌肉灰白色，伤后变紫灰色。菌管淡紫色至淡肉色。孔口成熟后淡紫色至粉褐色。菌柄长 5~15 cm，直径 1~3 cm，圆柱形，紫灰色至灰色，密被紫色至紫褐色细小鳞片。担孢子 11~14×3.5~4.5 μm，长椭圆形至近梭形，光滑，近无色至淡黄色。

夏季生于针叶林、阔叶林或针阔混交林中地上。有人采食。分布于东北、华中、华南等地区。

1673 耳状小塔氏菌（耳状网褶菌）

Tapinella panuoides (Fr.) E.-J. Gilbert

菌盖直径 2~6.5 cm，花瓣状至扇形，棕褐色至黄褐色，基部具粗毛状物，其余部分具绒毛，边缘常浅裂或波状。菌肉灰白色，初期韧，后期松软。菌褶延生，密，窄，辐射状生长，弯曲，具横脉，在基部形成网状，乳黄色，后渐变为杏黄色至棕褐色，边缘平滑。无菌柄。担孢子 4~5.5×3~3.5 μm，宽椭圆形，光滑，浅黄色或浅褐色。

夏秋季群生于针叶树腐木上。分布于东北、华北、华中、华南等地区。

图 1673

图 1674

苦粉孢牛肝菌

Tylopilus felleus (Bull.) P. Karst.

　　菌盖直径 5~10 cm，扁半球形至平展，光滑，灰白色至灰褐色。菌肉近白色，伤不变色，味苦。菌管与孔口淡粉色。菌柄长 5~10 cm，直径 0.5~3 cm，圆柱形，淡褐色至褐色，中上部位具有明显的网纹，基部有白色菌丝体。担孢子 14~16×4.5~5.5 μm，近纺锤形至腹鼓状，光滑，淡粉红色。

　　夏秋季生于针叶林或针阔混交林中地上。有毒。分布于东北地区。

　　标本形态与欧洲该种标本相比虽不够典型，但分子系统发育研究证明，该标本确系苦粉孢牛肝菌。

牛肝菌

图 1675

1675 新苦粉孢牛肝菌
***Tylopilus neofelleus* Hongo**

菌盖直径 5~16 cm，扁半球形至平展，干燥具微绒毛，浅紫罗兰色至褐色。菌肉白色至污白色，伤不变色，味苦。菌管与孔口淡粉色，伤不变色。菌柄长 5~16 cm，直径 1.5~4 cm，圆柱形，褐色，顶端常呈淡紫色，光滑，不具网纹，基部有白色菌丝体。担孢子 8~9×3~4 μm，近纺锤形至腹鼓状，光滑，淡粉红色。菌盖表皮层由放射状至松散缠绕的菌丝组成。

夏秋季生于针叶林或针阔混交林中地上。有毒。分布于东北、华中等地区。

图 1676

1676 大津粉孢牛肝菌
***Tylopilus otsuensis* Hongo**

菌盖直径 5~10 cm，半球形至近平展，有微绒毛至光滑，湿时微黏，橄榄绿色、橄榄绿灰褐色至带紫色的栗褐色，有时边缘颜色稍淡。菌肉近柄处厚 10 mm，白色，伤后缓慢变粉褐色或淡红褐色。菌管长 7~10 mm，污白色至粉白色，伤后变粉褐色，近柄处稍下凹至与菌柄离生。孔口每毫米 2 个，近圆形至多角形，与菌管同色。菌柄长 6~8.5 cm，直径 1~2 cm，圆柱形，与菌盖同色，常更深色，有纵条纹和类粉末状绒毛，基部菌丝体白色。担孢子 5~6.5×4~5 μm，宽椭圆形至近卵圆形，光滑，带粉红色。

夏秋季单生或散生于针叶林或针阔混交林中地上。分布于华中、华南等地区。

图 1677-1

图 1677-2

类铅紫粉孢牛肝菌

Tylopilus plumbeoviolaceoides T.H. Li et al.

菌盖直径 3~10 cm,半球形至平展,深灰紫色、暗紫褐色或紫色带棕色至栗褐色,颜色变化较大,易随生长环境及成熟程度变化,湿时黏,光滑至稍带微绒毛。菌肉近柄处厚 3~8 mm,白色至近白色,伤后变粉红色至淡紫红色,味道极苦。菌管长 6~12 mm,初时灰白色至粉白色,渐变粉色至浅紫褐色,伤不变色或稍变粉褐色,近柄处下凹,离生至微弯生或延生。孔口每毫米 1 个,多角形。菌柄长 4~9 cm,直径 0.5~1.2 cm,圆柱形,与菌盖同色至略浅色或带灰紫红色,光滑或顶部稍带纵条纹或细网纹,基部有白色菌丝体。担孢子 8.5~10.5×3~4 μm,长椭圆形至近梭形,光滑,近无色至淡粉棕色。

春季散生至群生于壳斗科树林中地上。不能食用。分布于华南地区。

图 1677-3

图 1677-4

图 1677-5

图 1678

1678 粗壮粉孢牛肝菌（假南牛肝菌）

Tylopilus valens (Corner) Hongo & Nagas.

≡ *Pseudoaustroboletus valens* (Corner) Yan C. Li & Zhu L. Yang

　　菌盖直径 5~10 cm，凸镜形至平展，灰色至灰褐色，干至黏。菌肉近柄处厚 16 mm，白色，伤不变色。菌管灰白色、白色至淡粉红色，近柄处稍下凹，近直生。孔口圆形，灰白色，伤不变色至变灰褐色。菌柄长 2.7~12 cm，直径 1.5~2.5 cm，圆柱形，顶端有菌管下延形成的棱纹，有明显突起的网纹，灰白色至白色，伤不变色至变褐色，基部有白色菌丝体。担孢子 12.5~15.5×4~5.5 μm，椭圆形至近棱形，光滑，淡粉黄色至近无色。菌盖表皮由纵向至不规则排列的有横隔的直径 5~10.5 μm 菌丝组成。

　　夏秋季单生或散生于常绿阔叶林和针阔混交林中地上。分布于华中、华南等地区。

图 1679-1

1679 绿盖粉孢牛肝菌
Tylopilus virens (W.F. Chiu) Hongo

菌盖直径 3~8 cm，扁半球形至平展，暗绿色、草绿色至芥黄色，具纤维状至绒毛状鳞片。菌肉黄色至淡黄色，伤不变色。菌管与菌孔淡粉色，伤不变色。菌柄长 3~7 cm，直径 0.5~1.5 cm，近圆柱形至棒形，黄色至淡黄色，基部亮黄色。担孢子 11.5~13.5×5~5.5 μm，近纺锤形至腹鼓状，光滑，淡粉红色。

夏秋季生于针叶林或针阔混交林中地上。可食。分布于华中地区。

图 1679-2

图 1679-3

图 1680

| 1680 | **拟垂边红孢纱牛肝菌** |

Veloporphyrellus pseudovelatus Yan C. Li & Zhu L. Yang

菌盖直径 2~5 cm, 半球形至平展, 中央常钝圆锥形, 密被褐色至栗褐色鳞片; 边缘延伸, 悬垂有菌幕残余。菌肉白色, 伤不变色。菌管与菌孔淡粉红色, 伤不变色。菌柄长 3~7 cm, 直径 0.5~0.8 cm, 圆柱形, 淡栗褐色, 光滑。担孢子 12~15×4~5 μm, 梭形至椭圆形, 光滑, 淡粉红色。

夏季生于油杉林及松林等针叶林中地上。分布于华中地区。

| 1681 | **垂边红孢纱牛肝菌** |

Veloporphyrellus velatus (Rostr.) Yan C. Li & Zhu L. Yang

菌盖直径 4 cm, 扁半球形, 密被褐色、红褐色至暗褐色鳞片, 边缘延伸, 悬垂有白色菌幕残余。菌肉白色, 伤不变色。菌管及孔口淡粉红色, 伤不变色。菌柄长 7.2 cm, 直径 0.6~0.8 cm, 圆柱形, 上部黄白色带粉红色, 下部淡褐色至与菌盖同色。担孢子 11~12.5×4.5~5 μm, 椭圆形、长椭圆形至近梭形, 光滑, 淡粉红色。

夏季生于热带森林中地上。分布于华南地区。

图 1681

图 1682

1682 金褐孢牛肝菌（参照种）
Xanthoconium cf. *affine* (Peck) Singer

菌盖直径 3~8 cm，扁半球形至凸镜形，光滑，深褐色、黄褐色至褐色，常轻微皱缩，湿时微黏滑。菌肉白色，伤不变色或渐变褐色。菌管长 5~10 mm，灰白色、淡褐色至橙褐色，近柄处凹陷，伤不变色或变褐色。孔口小，多角形。菌柄长 5~8 cm，直径 8~12 mm，圆柱形至棒形，近光滑，有纵条纹，与菌盖同色，或颜色较菌盖稍淡，基部灰白色，有白色菌丝体。担孢子 9~12×3.5~4 μm，长椭圆形至近梭形，光滑，金褐色至深褐色。

夏秋季生于阔叶林中地上。分布于华南地区。

中国标本的担孢子比美洲文献描述的担孢子稍短，暂作该种的参照种处理。

1683 红小绒盖牛肝菌
Xerocomellus chrysenteron (Bull.) Šutara
≡ *Xerocomus chrysenteron* (Bull.) Quél.

菌盖直径 4~10 cm，初期半球形，后期平展，暗红色或红褐色，后呈污褐色或土黄色，干燥，被绒毛，常有细小龟裂，表皮易剥落。菌肉浅黄色，伤后变蓝色。菌管长 10~15 mm，直生，亮黄色。孔口宽 1~2 mm，不整齐，复式排列，多角形。菌柄长 4~8 cm，直径 8~15 mm，圆柱形，稍扭曲，上部带黄色，常有红色小点或条纹，无网纹，实心。担孢子 10~14×5~6.5 μm，椭圆形或纺锤形，平滑，带淡黄褐色。

夏秋季散生或群生于阔叶林中地上。可食。分布于东北、华北、华中、华南等地区。

图 1683

图 1684

1684 血色小绒盖牛肝菌
Xerocomellus rubellus (Krombh.) Šutara

≡ *Xerocomus rubellus* (Krombh.) Quél.

菌盖直径 2~6 cm，初期半球形，后期渐平展，呈深红色至红褐色，密布细小的绒毛。菌肉白色至乳黄色，伤后变蓝绿色。菌管长 0.5~1 cm，弯生或直生。孔口圆形或多角形，淡黄色。菌柄长 5~7.5 cm，直径 0.5~1.5 cm；上部呈柠檬黄色，有网纹；下部呈淡红色，光滑；基部膨大，呈黑褐色，实心；菌柄菌肉淡黄色，伤后变蓝色。担孢子 10~13×4~5 μm，长椭圆形，光滑，淡黄色。

夏秋季群生于云杉、松、栎等树形成的阔叶林或针阔混交林中地上。可食。分布于东北、华北、华中、华南等地区。

图 1685

1685 肝褐绒盖牛肝菌
Xerocomus cheoi (W.F. Chiu) F.L. Tai

菌盖直径 2~5 cm，扁半球形至平展，初期肝褐色，后期肉桂褐色，被深褐色丝状鳞片。菌肉污白色，伤后变淡褐色或淡红色。菌管及孔口黄色，伤后变蓝色。菌柄长 3~6 cm，直径 0.3~0.7 cm，圆柱形，污白色至淡褐色，光滑。担孢子 8~11×4~5 μm，长椭圆形至近梭形，光滑，淡黄色至青黄色。

夏秋季生于针阔混交林中地上。分布于华中地区。

1686　小绒盖牛肝菌

Xerocomus parvulus Hongo

菌盖直径 1~3 cm，扁半球形至近平展，不黏，褐色，有绒毛或绒毛状小鳞片，边缘色较淡。菌肉淡黄色，伤不变色或变色不明显。菌管黄色，伤不变色。孔口多角形，复式排列，与菌管同色。菌柄长 2~2.5 cm，直径 0.3~0.5 cm，圆柱形，与菌盖近同色，但顶部黄色，有不明显纵纹，被点状细小鳞片。担孢子 7.5~11×5~6.5 μm，长椭圆形至近梭形，光滑，淡黄色。

夏秋季生于阔叶林中地上。分布于华中地区。

图 1686

1687　褶孔绒盖牛肝菌

Xerocomus porophyllus T.H. Li et al.

菌盖直径 5~8 cm，中部突起至平展，酒红褐色至紫红褐色，干，有绒毛至有近屑状小鳞片，常微裂。菌肉厚 5~20 mm，白色至近白色，有时淡粉色，伤不变色。菌管长 2~5 mm，延生，部分孔状部分褶状，通常近柄处呈褶片状，有小横脉，外围较多为孔状，黄棕色。形成菌孔时孔口宽 1.5~3 mm，多角形。菌柄长 33~45 mm，直径 5~15 mm，圆柱形，向下略变细，淡黄色至淡褐色，基部有白色菌丝体。担孢子 7.5~10.5×5~7 μm，长椭圆形，淡黄棕色。

夏秋季单生或散生于阔叶树林中地上。分布于华南地区。

图 1687-1

图 1687-2

牛肝菌

中国大型菌物资源图鉴　1143

图 1688

1688 紫孔绒盖牛肝菌
Xerocomus puniceoporus T.H. Li et al.

　　菌盖直径 2~2.5 cm，凸镜形至平展，有棕褐色至红褐色或暗褐色的绒毛，不规则龟裂，裂缝露出菌肉呈白色至淡黄色，边缘薄稍内卷。菌肉近柄处厚 2~4 mm，白色，伤不变色。菌管延生，黄色。孔口不规则多角形，近柄处略呈褶状，不明显放射状排列；边缘呈红色。菌柄长 2~2.5 cm，直径 0.2~0.3 cm，圆柱形，弱纤维质，密布暗红色似糠麸状小点。担孢子 7~10.5×3.5~5 μm，椭圆形至近梭状，光滑，黄棕色至略带橄榄绿色，薄壁。
　　单生或散生于针阔混交林中地上。分布于华南地区。

图 1689

1689 云南绒盖牛肝菌
Xerocomus yunnanensis (W.F. Chiu) F.L. Tai

　　菌盖直径 2~4 cm，扁半球形至平展，不黏，褐色，具绒状鳞片。菌肉淡黄色，伤不变色。菌管及孔口柠檬黄色，伤不变色。菌柄长 3~4 cm，直径 0.3~0.8 cm，圆柱形，污白色，有纵纹，基部稍膨大；菌柄菌肉白色，伤不变色。担孢子 7.5~11×3~4.5 μm，长椭圆形至近梭形，光滑，淡黄色。
　　夏秋季生于阔叶林中地上。分布于华中地区。

图 1690

绿盖臧氏牛肝菌
Zangia chlorinosma (Wolfe & Bougher) Yan C. Li & Zhu L. Yang

　　菌盖直径 5~8 cm，扁半球形，黄褐色至蜜黄色并带橄榄色。菌肉伤不变色。菌管及孔口成熟后淡粉红色至粉紫色，伤不变色。菌柄长 4~9 cm，直径 0.7~1.2 cm，圆柱形，粉红色至暗粉红色，被粉红色鳞片，基部亮黄色，内部菌肉伤后稍变蓝色。担孢子 13~15×6~7.5 μm，长椭圆形，淡粉红色。

　　夏季生于针叶林和针阔混交林中地上。分布于青藏地区。

黄盖臧氏牛肝菌
Zangia citrina Yan C. Li &
Zhu L. Yang

　　菌盖直径 2~5 cm，平展，柠檬黄色、淡黄色至黄色，平滑至凹凸不平。菌肉污白色，伤不变色。菌管淡粉红色。孔口成熟后淡粉红色，伤不变色。菌柄长 4~7 cm，直径 0.4~0.7 cm，圆柱形，黄色，被粉红色鳞片。担孢子 11~13.5 × 4.5~5.5 μm，近梭形至长椭圆形，光滑，近无色至淡粉红色。

　　夏季生于阔叶林或针阔混交林中地上。分布于华中、华南等地区。

图 1691

图1692

1692 红盖臧氏牛肝菌
Zangia erythrocephala Yan C. Li & Zhu L. Yang

菌盖直径 3~8 cm，扁半球形，红色、暗红色、紫红色至红褐色。菌肉近白色带粉色，伤不变色。菌管淡粉红色。孔口淡粉红色，伤不变色。菌柄长 4~9 cm，直径 0.5~1.2 cm，圆柱形，淡红色至粉红色，被粉红色鳞片，基部亮黄色，内部菌肉伤后稍变色。担孢子 12~15×5.5~6.5 μm，近梭形至长椭圆形，光滑，淡粉红色。菌盖表皮由纵向链状排列的膨大细胞组成，末端细胞有时由菌丝组成。

夏季生于针叶林和针阔混交林中地上。分布于华中、青藏等地区。

1693 绿褐臧氏牛肝菌
Zangia olivacea Yan C. Li & Zhu L. Yang

菌盖直径 4~7 cm，扁半球形，橄榄色至绿褐色。菌肉近白色带粉色，伤不变色，或变色不明显。菌管淡粉红色。孔口成熟后淡粉红色，伤不变色。菌柄长 8~13 cm，直径 1~2 cm，圆柱形至棒形，被粉红色鳞片，基部亮黄色，内部菌肉伤后缓慢变淡蓝色。担孢子 12.5~15.5×6~7 μm，近梭形至长椭圆形。菌盖表皮由纵向链状排列的膨大细胞组成，末端细胞有时由菌丝组成。

夏季生于针叶林中地上。分布于华中、青藏地区。

图1693

1694 红绿臧氏牛肝菌

Zangia olivaceobrunnea Yan C. Li & Zhu L. Yang

菌盖直径 4~6 cm，扁半球形，橄榄褐色至红褐色，稍凹凸不平。菌肉近白色带粉黄色，伤后很少区域变淡蓝色。菌管淡粉红色。孔口成熟后淡粉红色，伤不变色。菌柄长 6~12 cm，直径 0.4~1 cm，圆柱形，伤后稍变淡蓝色，被粉红色至紫色鳞片，内部菌肉伤后缓慢变淡蓝色。担孢子 12.5~15.5×5~6 μm，近梭形至长椭圆形，光滑，淡粉红色。

夏季生于针阔混交林中地上。分布于华中区。

图 1694-1

图 1694-2

图 1695

1695 臧氏牛肝菌
Zangia roseola Yan C. Li & Zhu L. Yang

菌盖直径 3~8 cm，扁半球形，红色、暗红色、紫红色至红褐色。菌肉近白色带粉色，伤不变色。菌管淡粉红色。孔口淡粉红色，伤不变色。菌柄长 4~9 cm，直径 0.5~1.2 cm，圆柱形，淡红色至粉红色，被粉红色鳞片，基部亮黄色，内部菌肉伤后稍变色。担孢子 12~15×5.5~6.5 μm，近梭形至长椭圆形，光滑，淡粉红色。菌盖表皮由纵向链状排列的膨大细胞组成，末端细胞有时由菌丝组成。

夏季生于针叶林和针阔混交林中地上。分布于华中地区。

中国大型菌物资源图鉴
ATLAS
OF CHINESE
MACROFUNGAL
RESOURCES

CHAPTER IX
GASTEROID FUNGI

第九章
腹菌

图 1696

1696 阿切尔尾花菌
***Anthurus archeri* (Berk.) E. Fisch.**

菌蕾宽 1.5~2 cm，高 1.8~2.5 cm，卵形，白色，有糠麸状附属物。成熟时菌柄和托臂伸出孢托。菌柄短柱形，空心。托臂长 3~7 cm，近柱形，末端常渐尖呈近锥形，2~5 根，顶端红色，初期顶端相连，随后分离。孢体生于托臂的内侧表面，暗青黄褐色至近灰黑色，黏，有臭味，干后暗青灰褐色至近灰黑色。担孢子 5~6×2~2.5 μm，长椭圆形，光滑，无色至浅青黄色。

夏秋季单生或散生于阔叶林中地上。一般视为毒菌或怀疑有毒。分布于华中、华南等地区。

图 1697

1697 硬皮地星
***Astraeus hygrometricus* (Pers.) Morgan**

子实体直径 1~3 cm，未开裂时呈球形至扁球形，初期黄色至黄褐色，渐变成灰色至灰褐色。外包被厚，分为 3 层，外层薄而松软，中层纤维质，内层软骨质，成熟时开裂成 7~9 瓣，裂片呈星状展开，潮湿时外翻至反卷，干燥时强烈内卷，外表面干时灰色至灰褐色，湿时深褐色至黑褐色，内侧褐色，通常具较深的裂痕。内包被直径 1.2~3 cm，薄，膜质，近球形至扁球形，灰色至褐色，成熟时顶部开裂成一个孔口。担孢子直径 7.5~10.5 μm，球形，薄壁，具疣状或刺状突起，褐色。孢丝近无色，厚壁，无隔，分枝。

夏秋季散生于阔叶林中地上或林缘空旷的地上。药用。分布于中国大部分地区。

图 1698

1698 硬皮地星朝鲜变种
***Astraeus hygrometricus* var. *koreanus* V.J. Staněk**

子实体幼时直径 1.5 cm，球形或扁球形，半埋生于土中，基部附有黑色的短根状菌束，成熟后露出地面。外包被开裂，星状，15~18 瓣裂，干燥时向内卷曲，分为 3 层，外层薄，中层纤维质，内层软骨质，灰白色，龟裂状。内包被膜质，薄，光滑，淡灰色，呈袋状，基部和外皮愈合，顶端形成一小口。担孢子直径 8~13 μm，球形，厚壁，有疣状突起，褐色。孢丝直径 4~7 μm，分枝较少，丝状，厚壁，淡黄色，有时可见内部狭窄的细胞腔，有锁状联合。

夏秋季生于针叶林中沙土地上。药用。分布于华北地区。

1699　毛柄钉灰包
Battarrea stevenii (Libosch.) Fr.

子实体新鲜时肉质至革质，无特殊气味。包被与帽状柄顶相连接，近球形，成熟后开裂，孢体散失。包被隆起和菌柄一起形成伞状，成熟后奶油色至浅黄色，木栓质，开裂后直径可达 8 cm，中部厚可达 3 mm。菌柄长可达 25 cm，直径可达 2 cm，粗糙，具纵沟，空心，干后奶油色至黄褐色，木质，具粗糙覆瓦状鳞片，后期鳞片脱离。担孢子 5.4~7×5~6 µm，近球形至球形，金黄色，厚壁，具微小刺，外壁具凹痕，非淀粉质。

夏季生于沙地或沙漠上。药用。分布于西北地区。

图 1699

1700　黑铅色灰球菌
Bovista nigrescens Pers.

子实体直径可达 5 cm，球形、近球形或不规则球形，不育基部固定于地上，新鲜时具特殊气味，成熟时易从地表脱落。外包被新鲜时白色至奶油色，被微绒毛至光滑，成熟时灰白色至橄榄褐色，有时具不规则龟裂。产孢组织幼嫩时白色，柔软，成熟时黄褐色或橄榄褐色，呈棉质的粉状物。担孢子 7~8×6.7~7.8 µm，近球形至球形，黄褐色，厚壁，壁可达 1 µm，具长刺，刺长达 1 µm，非淀粉质。

夏秋季生于草地或林地上。药用。分布于西北地区。

图 1700

图 1701-1

1701 小灰球菌（小静灰球菌 小静马勃 小马勃）
Bovista pusilla (Batsch) Pers.

子实体直径 1~2 cm，近球形至球形，白色、黄色至浅茶褐色，无不育基部，基部具根状菌索。包被分为两层，外包被上有细小且易脱落的颗粒；内包被光滑，成熟时顶端开一小口。孢体蜜黄色至浅茶褐色。担孢子直径 3~4 μm，球形，浅黄色，近光滑，有时具短柄。孢丝浅黄色，分枝，宽 3~4 μm。

夏秋季生于林中地上或草地上。药用。各区均有分布。

图 1701-2

腹菌

图 1702-1

图 1702-2

1702 红皮丽口菌（丽口包菌）
Calostoma cinnabarinum Desv.

子实体头部直径 1.5~2 cm，球形，鲜红色至橙红色，顶端开口处有 5~7 片深红色突起的褶皱，成熟后渐开裂，开裂后具红色粉末状物。菌柄长 1.5~4 cm，直径 0.6~2 cm，圆柱形，黄色至黄棕色，由许多条浅黄色胶质线状体交织成柱状，海绵质。担孢子 14~20×7~9.5 μm，椭圆形至长方形，无色至浅黄色，具网状凹。

夏秋季群生或散生于阔叶林中地上。药用。分布于华中、华南等地区。

1703 日本丽口菌
Calostoma japonicum Henn.

子实体头部 0.5~1.2 cm，直径 0.5~1 cm，近球形或近梨形，具明显褶皱，基部有柄。菌柄长 0.5~1 cm，直径 3~8 mm。嘴部红色，呈星状开裂，裂片分叉。外包被污白色，成熟后龟裂为颗粒状疣突。内包被软骨质。孢体铅灰色。担子圆柱形或棒形，4~10 个孢子。担孢子 11~13×6~7 μm，椭圆形，近透明无色，表面具细小的颗粒状突起。

群生于松树及栎树等林中地上。分布于东北、华中、华南等地区。

图 1703-1　　图 1703-2

1704 小丽口菌
Calostoma miniata M. Zang

子实体高 5~8 mm，直径 5~7 mm，球形至近球形，基部无柄。嘴部红色，孔口扁平。外包被淡褐色至黄褐色，成熟后龟裂为细小的颗粒状疣突，基部有假根。担孢子 17~20 μm，球形，具网状纹。

夏秋季生于针阔混交林或阔叶林中地上。分布于华中地区。

图 1704

1705 粟粒皮秃马勃
Calvatia boninensis S. Ito & S. Imai

子实体直径 3~8 cm，近球形或近陀螺形，不育基部通常宽而短，表皮细绒状，龟裂为栗色、褐红色或棕褐色细小斑块或斑纹。包被褐色，成熟开裂时上部易消失，柄状基部不易消失。产孢组织幼时白色至近白色，后变黄色，呈棉絮状，成熟后孢粉暗褐色。担孢子 4~5.5×3~4 μm，宽椭圆形至近球形，有小疣，淡青黄色。

夏秋季单生或群生于林中腐殖质丰富的地上。幼时可食用。分布于东北、华北、华南等地区。

图 1705

1706 白秃马勃
Calvatia candida (Rostk.) Hollós

子实体直径可达 10 cm，球形、近球形，无柄或具一短柄，新鲜时无气味，干后具特殊气味或臭味，成熟后易从地表脱落。外包被新鲜时白色至奶油色，光滑，成熟时淡黄色，薄，脆，呈不规则块状，易剥落。产孢组织幼嫩时白色，柔软，成熟时黄色，呈棉质的粉状物。担孢子 5~5.5×4.9~5.4 μm，球形或近球形，黄褐色，壁稍厚至厚，具密集疣状小突起，极少数光滑，非淀粉质，嗜蓝。

夏秋季单生或数个群生于草地或沙地上，有时也生长于灌木林地上。幼时可食用，药用。分布于东北、华北、内蒙古和西北地区。

图 1706

图 1707

1707 头状秃马勃（头状马勃）
Calvatia craniiformis (Schwein.) Fr.

子实体高 5.5~14.5 cm，直径 4.5~10 cm，陀螺形，不育基部发达，以根状菌索固着在地上。包被分为两层，薄，黄褐色至酱褐色，初期具微细绒毛，后渐变光滑，成熟后顶部开裂，成片状脱落。产孢组织幼时白色，后变为蜜黄色。担孢子直径 2.8~4 μm，球形或宽椭圆形，具极细的小疣，淡黄色。孢丝淡褐色，厚壁，有稀少分枝和横隔。

夏秋季单生或散生于阔叶林中地上、路边和草地上。幼时可食，药用。各区均有分布。

图 1708

1708 加德纳秃马勃
Calvatia gardneri (Berk.) Lloyd

子实体宽 4~8 cm，高 4~7 cm，幼时梨形，后近陀螺形，成熟时起皱呈近脑状，有不育基部。外包被幼时近白色至奶油色，后变淡黄色，伤后变黄色、橙黄色至橙色或黄褐色，干后赭色，有颗粒状至碎屑状附属物。不育基部颜色较浅，稍有突起物。包被厚 0.5~0.8 mm，奶油色，后变黄色，干后为褐色，顶部整体易开裂消失，不育基部包被不易消失。产孢组织白色至近白色，后变黄色至褐色，呈棉絮状，鲜时有不愉快气味。担孢子直径 4~4.3 μm，球形至近球形，有透明小刺，淡赭色。

生于腐殖质土壤表面。分布于华南等地区。

图 1709-1

1709 大秃马勃（大马勃 马勃 巨马勃）
Calvatia gigantea (Batsch) Lloyd

　　子实体直径 15~35 cm 或更大，球形、近球形或不规则球形，无柄，不育基部无或很小，由粗菌索与地面相连。外包被初为白色或污白色，后变浅黄色或淡绿黄色，初具微绒毛，鹿皮状，光滑或粗糙，有些部位具网纹，薄，脆，成熟后开裂成不规则块状剥落。产孢组织幼时白色，柔软，后变硫黄色或橄榄褐色。担孢子 3.5~5.5×3~5 μm，卵圆形、杏仁形或球形，光滑或有时具细微小疣，厚壁，淡青黄色或浅橄榄色。孢丝长，与担孢子同色，稍分枝，具横隔但稀少，浅橄榄色。

　　夏秋季单生或群生于旷野的草地上。幼时可食，药用。各区均有分布。

图 1709-2

图 1709-3

腹菌

中国大型菌物资源图鉴　1159

图 1710

1710 紫色秃马勃（杯形马勃 紫色马勃）
Calvatia lilacina (Mont. & Berk.) Henn.

子实体宽 5~10 cm，近球形或陀螺形，不育基部发达。外包被薄，幼时常污褐色，光滑或具斑纹，一般两层，表层成熟后易龟裂成块状，并渐脱落，露出内部紫色的孢体。成熟后担孢子及孢丝散落，留下近杯形的不育基部。担孢子 4.5~6×4~5.5 μm，近球形，有小刺，略带紫褐色。

夏秋季单生或散生于野外空旷的草地或草原上。幼时可食，药用。分布于华北、西北、华中、华南等地区。

1711 红笼头菌福岛变型
Clathrus ruber f. *kusanoi* Kobayasi

子实体直径 3~7 cm，中型或大型。菌蕾球形，白色，以菌丝束结构固定在地上。孢托卵圆形至近球形，高 6~20 cm，直径 5~25 cm，笼头状，红色，海绵质，网格五角形，外侧平滑至有皱，内侧不平整，具带臭味的暗橄榄褐色黏液状孢体。担孢子 5~6.5×2.5~3 μm，椭圆形至杆形，光滑、无色。

春秋季生于林地上、山坡草地上。分布于华中、华南等地区。

图 1711

图 1712

1712 白蛋巢菌

Crucibulum laeve (Huds.) Kambly

子实体高 3~7 mm，直径 4~10 mm，鸟巢状、浅杯形至桶形，无柄，成熟前顶部有褐黄色至淡黄色盖膜，内有数个扁球形的小包。包被外表淡黄色、褐黄色至黄色，被绒毛，后渐光滑，褐色，最后渐呈灰色；内侧光滑，灰色至污白色。盖膜上有深肉桂色绒毛。小包直径 1.5~2 mm，扁球形，有皱纹，由一纤细的根状菌索固定于包被内壁上，其表面有一层白色的外膜，外膜脱落后变成黑色。担孢子 7.6~12×4.5~6 μm，椭圆形至近卵形，厚壁，光滑，无色。

夏秋季生于阔叶林或针阔混交林中腐枝、腐木上。各区均有分布。

图 1713-1

图 1713-2

1713 **粪生黑蛋巢菌**
Cyathus stercoreus (Schwein.) De Toni

子实体高 1.4 cm，直径 8 mm，倒圆锥形、小碗形、鸟巢状或杯形，有时基部狭缩延伸成短或较长的柄，呈高脚杯形或漏斗形。基部菌丝垫明显，褐色。包被外侧浅色至暗色，被灰白色至浅黄色的绒毛或粗硬毛；内侧浅灰色、暗栗色、褐色、污褐色至近黑色，口缘平整，偶具污褐色的流苏，内外侧光滑，无条纹。小包数个，小包 1~2.5×1~2.2 mm，扁圆形或近圆形，黑色，具光泽，由根状菌索固定于杯中。担孢子 18~35×16~32 μm，近球形，厚壁。

夏秋季多群生于粪土上。药用。各区均有分布。

IX

图 1714

1714 隆纹黑蛋巢菌
Cyathus striatus (Huds.) Willd.

子实体高 10~15 mm，直径 5~10 mm，倒锥形至杯形，基部狭缩成短柄，成熟前顶部有淡灰色盖膜。包被外表暗褐色、褐色至灰褐色，被硬毛，褶纹初期不明显，毛脱落后有明显纵褶；内侧灰白色至银灰色，有明显纵条纹。小包直径 1.5~2.5 mm，扁球形，褐色、淡褐色至黑色，由根状菌索固定于杯中。担孢子 15~25×8~12 μm，椭圆形至矩椭圆形，厚壁。

夏秋季群生于落叶林中朽木或腐殖质多的地上。分布于中国大部分地区。

1715 短裙竹荪
Dictyophora duplicata (Bosc) E. Fisch.

菌蕾高 5~7 cm，直径 3~5 cm，卵形至近球形，污白色至土黄色，成熟后具菌盖、菌裙和菌柄，菌柄基部具根状菌索。菌盖钟形，高约 5 cm，直径可达 4 cm，顶端平。网格边缘白色至奶油色，其余部分绿褐色至绿黑色，呈黏液状，具恶臭味的孢体。菌裙网状，白色，长可达菌柄的 1/3。菌柄长可达 15 cm，基部直径 3 cm，圆柱形，白色，新鲜时海绵质，空心，干后纤维质。担孢子 3~3.9×1.5~1.8 μm，长椭圆形至短圆柱形，浅黄色，壁稍厚，光滑，非淀粉质，不嗜蓝。

春夏季单生或聚生于阔叶林中地上。食药兼用;可人工栽培。分布于中国大部分地区。

图 1715

腹菌

图 1716-1

图 1716-2

长裙竹荪
Dictyophora indusiata (Vent.) Desv.

　　菌蕾高 7~11 cm，直径 5~7.5 cm，卵形至近球形，土灰色至灰褐色，具不规则裂纹，无臭无味，成熟后具菌盖、菌裙、菌柄和菌托。菌盖钟形至近锥形，高 4~6 cm，直径 3~5 cm，顶部平截，具开口。网格边缘白色至奶油色，具恶臭的孢体。产孢组织暗褐色，呈黏液状，具臭味。菌裙网状，白色，长可达菌柄基部。菌柄长 8~18 cm，直径 2~3 cm，圆柱形，白色，海绵质，空心。菌托污白色至淡褐色。担孢子 3~4×1.5~2 μm，长椭圆形至短圆柱形或近椭圆形，无色，光滑，薄壁，非淀粉质。

　　春至秋季单生或群生于阔叶林中地上，特别是竹林中地上。著名食药兼用菌；可人工栽培。分布于华北、华中、华南等地区。

图 1717

1717 黄裙竹荪
Dictyophora multicolor Berk. & Broome

菌蕾高 4~5 cm，直径 3~4 cm，卵形至近球形，奶油色至污白色，无臭无味，成熟后具菌盖、菌裙和菌柄。菌盖钟形，高可达 4 cm，基部直径可达 4 cm，顶端圆盘形。突起的网格边缘橘黄色至黄色，网格内具恶臭味暗褐色的黏液状孢体。菌柄长可达 12 cm，基部具根状菌索，基部直径可达 3 cm，初期白色，后期浅黄色，新鲜时海绵质，空心，干后纤维质。担孢子 3~3.9×1.4~1.9 μm，长椭圆形至短圆柱形，无色，壁稍厚，光滑，非淀粉质，弱嗜蓝。

春夏季散生至群生于竹林下，偶尔也生于阔叶树林下。通常认为有毒，不宜食用；可药用。分布于华中、华南等地区。

腹菌

中国大型菌物资源图鉴　　1165

图 1718

1718 红托竹荪
***Dictyophora rubrovolvata* M. Zang et al.**

菌蕾卵形，成熟后具菌盖、菌裙、菌柄和菌托。菌盖高 4~6 cm，直径 4~5 cm，钟形至近锥形，具网格，顶端平截，有穿孔。产孢组织暗褐色，恶臭。菌裙白色，钟形，高达 7 cm。网眼直径 0.5~1.5 cm，多角形至近圆形。菌柄长 10~20 cm，直径 3~5 cm，圆柱形，白色，海绵质，空心。菌托紫色至紫红色。担孢子 4~5×1.5~2 μm，椭圆形至长椭圆形，无色，光滑，薄壁，非淀粉质。

夏秋季生于林中特别是竹林中地上。可食；可栽培。分布于华中地区。

1719 脱盖灰包（脱顶马勃）
***Disciseda cervina* (Berk.)**
G. Cunn.

子实体高 2 cm，直径 2~3 cm，扁球形。外包被易脱落，为混有菌丝、碎屑的硬壳，青黄色至黄褐色，底部纵向开裂，露出内包被。内包被浅黄色至污白色，脆，粗糙，覆有胶质层，基部突出的口碎裂。产孢组织粉末状，深紫色至紫黑色。担孢子直径 5.5~6.7 μm，球形，具小疣，暗紫褐色。

夏季单生或群生于草原沙质土上。食用。分布于东北、华北、西北、内蒙古等地区。

图 1719

1720 攀枝花内笼头菌（内笼头菌）
***Endoclathrus panzhihuaensis* B. Liu et al.**

子实体直径 3~6 cm，球形，基部有白色根状菌索。包被 3 层，厚 3~5 mm，成熟时也不开裂。外层幼时白色，成熟时浅黄色、橙黄色至淡杏红色，干后淡褐色；中层为胶质层；内层膜质，包裹着孢托与孢体。包被表面有 50·60 个六角形凸网格，网格宽 10~18 mm，六角形的边长 5~12 mm，网脊显著突起。孢托无柄，空心，笼头菌状，网格六角形，与外包被所显现的网格重叠，与内包被内壁紧密连生不分离；孢托网格的内侧有黏稠的绿褐色孢体。担孢子 4.2~5×1.3~1.8 μm，短圆柱形至长椭圆形，两端钝圆，光滑，无色至稍带青色。

散生于以云南松和赤松为主的林中地上。分布于华中地区。

图 1720

图 1721

1721 荒漠胃腹菌

Galeropsis desertorum Velen. & Dvořák

菌盖长 1~3 cm，宽 4~6 mm，圆柱形或近梭形，浅灰褐色。菌柄长 6~15 cm，直径 1~2 mm，圆柱形至近线形，细长，白色。产孢组织锈褐色。担孢子 12~17×5~9 μm，椭圆形，光滑，近透明至淡锈黄色。

生于沙地草场上。分布于东北、华北等地区。

1722 毛嘴地星

Geastrum fimbriatum Fr.

菌蕾高 1~1.5 cm，宽 1~2 cm，近球形，黄褐色至浅红褐色，顶部突起或有喙。开裂后外包被反卷，多数为浅囊状或深囊状，开裂至 1/2 处或大于、小于 1/2 处，形成 5~11 瓣裂片，以 6~9 瓣为多。裂片瓣宽或窄，渐尖，向外反卷于包被盘下，或平展仅先端反卷。外层薄，部分脱落。担孢子直径 2.5~4 μm，球形或近球形，多数具微疣突至微刺突尖，有时相连，浅棕色至黑棕色。

夏末秋初生于林中腐枝落叶层地上，散生或近群生，有时单生。药用。各区均有分布。

图 1722

图 1723-1

图 1723-2

图 1723-3

图 1723-4

1723 木生地星

Geastrum mirabile Mont.

菌蕾宽 3~5 mm，球形至倒卵形。外包被基部袋形，上半部开裂成 5 瓣，外侧乳白色至米黄色，内侧灰褐色。内包被无柄，薄，膜质，灰褐色至近暗灰色。嘴部平滑，具光泽，圆锥形，有一明显环带，其颜色较内包被的其他部分浅。担孢子直径 3~4 μm，球形，具微细小疣，褐色。

夏秋季生于倒木或树桩上。分布于华南地区。

图 1724

1724 篦齿地星
***Geastrum pectinatum* Pers.**

菌蕾直径 1.3~2.6 cm，近球形。成熟时外包被上部开裂形成5~8 瓣裂片。裂片狭窄，常向外反卷于外包被盘下或水平展开，肉质层较厚，暗栗色、污褐色至黑色，完整留存或部分脱落。内包被直径1.2~2.5 cm，近球形至梨形，暗烟色至暗褐色；顶部嘴明显，狭圆锥形或近柱形，高 5~8 mm，具细褶皱，正下方具细褶皱和长 3~7 mm的柄。担孢子直径 6~8.5 μm，球形或近球形，具长柱形突起的小疣。

夏秋季单生或群生于林中地上。药用。分布于西北、华中等地区。

图 1725-1

1725 粉背地星
***Geastrum rufescens* Pers.**

菌蕾开裂前近球形，宽 2.5~4.5 cm，顶端嘴部不明显。成熟后外包被开裂成 6~9 瓣，反卷，张开时总宽可达 5~8 cm，外层松软，易成片剥离；中层纤维质，外表呈蛋壳色，内侧菱色；内层肉质，新鲜时厚，常裂成块状脱落，干后变灰褐色膜状。内包被宽 1.5~3 cm，无柄，膜质，粉灰色，顶部不定形或呈撕裂开口状。担孢子直径3.5~5.5 μm，球形，褐色，具小疣。孢丝厚壁，褐色，不分枝，直径3~6 μm 或更粗。

夏末秋季在林间地上成群或分散生长。分布于华北、西北、华中等地区。

图 1725-2

图 1726-1

1726 袋形地星
Geastrum saccatum Fr.

　　菌蕾高 1~3 cm，直径 1~3 cm，扁球形、近球形、卵圆形、梨形，顶部呈喙状，基部具根状菌索。外包被污白色至深褐色，具不规则皱纹、纵裂纹，并生有绒毛；成熟后开裂成 5~8 片瓣裂，肉质，较厚，基部袋状。内包被扁球形，深陷于外包被中，顶部呈近圆锥形。产孢组织中有囊轴。担孢子直径 3~4 μm，球形至近球形，褐色，有疣突，稍粗糙。

　　夏秋季生于阔叶林和针阔混交林中地上，有时也生于林缘的空旷地上。药用。分布于中国大部分地区。

图 1726-2

腹菌

图 1727

1727 尖顶地星
***Geastrum triplex* Jungh.**

　　菌蕾直径 1~4 cm，近球形。成熟时外包被开裂成 5~7 瓣，裂片向外反卷，外表光滑，蛋壳色，内层肉质，干后变薄，栗褐色，中部易分离并脱落，仅留基部。内包被高 1.2~3.8 cm，直径 1~3.9 cm，近球形、卵形、洋葱状扁球形，顶部常有长或短的喙，或呈脐突状，淡褐色、暗栗色至污褐色。无柄。担孢子直径 3~4.5 μm，近球形，具小疣。

　　夏秋季单生至散生于林中地上。药用。分布于华北、西北、华中、内蒙古地区。

1728 绒皮地星
***Geastrum velutinum* Morgan**

　　菌蕾幼时扁球形，直径 1.5~2 cm。外包被有草黄色、肉色、土黄色绒毛，成熟时囊状，开裂成 5~7 瓣裂片，宽 1.9~5 cm。内包被直径 1~2 cm，近球形，顶部呈圆锥形突起，沙土色、暗烟色、浅褐色至污褐色，长有褐色绒毛，少数被有白粉层。担孢子直径 2.5~4.5 μm，近球形，暗棕色至黑褐色，具微细疣突或微刺突。

　　夏秋季单生或丛生于林中地上或植物残体上。药用。分布于西北、华中、华南等地区。

图 1728

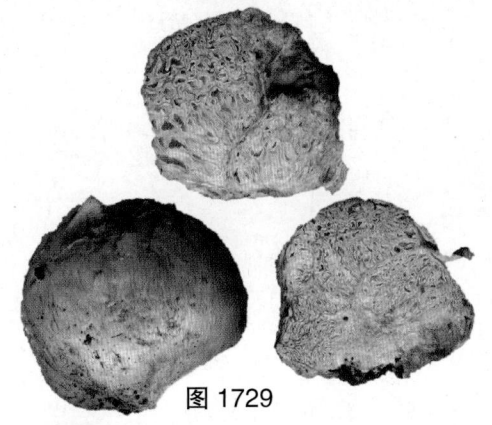

图 1729

1729 轴腹菌
Hydnangium carneum Wallr.

子实体直径 0.5~2 cm，不规则扁球形。包被薄，膜质，近光滑，新鲜时淡粉红色，干后呈棕黄色。孢体新鲜时白色至粉红色，干后呈黄白色，其中有无数迷路状小腔，子实层着生在腔室内壁上。担孢子直径 9~12 μm（小刺除外），无色透明，非淀粉质。

常生于桉树林中地上。分布于华中地区。

1730 白网球菌
Ileodictyon gracile Berk.

菌蕾直径 2~3 cm，初期卵形，白色，光滑，成熟后外包被开裂长出孢托。孢托直径 4~18 cm，圆形笼状，由 10~28 个多边形网格（托臂）构成。托臂光滑，在交接处膨大，白色，内表面附着黏的、橄榄褐色孢体。担孢子 4~5×2~2.5 μm，椭圆形至卵形，光滑，无色至青黄色。

夏秋季单生或群生于阔叶树下地上。分布于华中、华南等地区。

图 1730

1731 小林块腹菌
Kobayasia nipponica (Kobayasi) S. Imai & A. Kawam.

子实体宽 2~7 cm，近球形、椭圆形或块状，表皮较薄，表面平滑或稍粗糙，凹凸不平，干后黄白色至淡黄褐色，有深褶皱，污白色至浅土黄色。包被厚 0.5 mm。产孢体由隔板分成许多曲折小室，橄榄绿色，多数暗绿色舌形软组织之间充满透明液体，成熟后表皮破裂，柔软组织色变深。担孢子 4~5.5×2~2.5 μm，长椭圆形，平滑，无色至淡黄绿色。

秋季生于松林中地上。分布于东北、华中、华南等地区。

图 1731

图 1732

| 1732 | **双柱小林鬼笔**
Linderia bicolumnata (Lloyd) G. Cunn.

　　子实体直径 1~2 cm，幼时呈卵形，基部附有树枝状菌索。成熟时，表皮开裂，孢托以双柱伸出。菌柄长 5~7 cm，直径 5~10 mm，上部细，中间向外侧弯曲，呈淡红色至橙黄色，下部为白色。子实层附有黏液，有很强烈的粪臭味。担孢子 3~5×1.5~2 μm，椭圆形，无色。

　　秋季群生于庭院、林地富含有机质的地上。分布于华北地区。

| 1733 | **钩刺马勃**
Lycoperdon echinatum
Pers.

　　子实体高 2~4 cm，宽 2~4.5 cm，近球形至近梨形，不育基部较短，浅青褐色，具粗壮暗褐色的长刺。刺成丛，基部分离，顶部聚集，后期脱落，遗留周围小疣，使包被呈网状斑纹。内包被成熟后紫褐色。担孢子直径 5~5.5 μm，近球形，具小疣和易脱落的细柄，褐色。

　　夏秋季单生或群生于阔叶林中地上。药用。分布于华中地区。

图 1733

图 1734-1

1734 白鳞马勃
Lycoperdon mam-miforme Pers.

子实体高 5~7 cm，宽 4~6 cm，陀螺形，不育基部较发达，初期白色，后略带黄褐色，表面具厚白色块状或斑状鳞片，后期鳞片脱落而光滑。顶部稍突起，成熟后破裂一孔口，内孢体白色，老后渐变为黄褐色至暗褐色。担孢子直径 4.5~5.6 μm，近球形，褐色，具疣。

夏秋季单生或群生于林中草地上。药用。分布于西北、青藏等地区。

图 1734-2

腹菌

图 1735-1

1735 网纹马勃（网纹灰包）
Lycoperdon perlatum **Pers.**

子实体高 3~8 cm，宽 2~6 cm，倒卵形至陀螺形，表面覆盖疣状和锥形突起，易脱落，脱落后在表面形成淡色圆点，连接成网纹，初期近白色或奶油色，后变灰黄色至黄色，老后淡褐色。不育基部发达或伸长如柄。担孢子直径 3.5~4 μm，球形，壁稍薄，具微细刺状或疣状突起，无色或淡黄色。

夏秋季群生于针叶林或阔叶林中地上，有时生于腐木上或路边的草地上。幼时可食，药用。各区均有分布。

图 1735-2

图 1735-3

图 1736

1736 梨形马勃（梨形灰包）

***Lycoperdon pyriforme* Schaeff.**

　　子实体高 2~4.5 cm，宽 1.8~4.8 cm，梨形、近球形或短棒形，具短柄，不育基部发达，由白色根状菌索固定于基物上，新鲜时奶油色至淡褐黄色，老后栗褐色，分为头部和柄部。头部表面具疣状颗粒或细刺，或具网纹。老后孢体变为橄榄色，呈棉絮状并混杂褐色担孢子粉。担孢子直径 3.5~4.5 μm，球形，褐色或橄榄色，平滑，薄壁，含 1 个大油珠。

　　夏秋季丛生、散生或密集群生于阔叶树腐木上，有时也生于林中地上。幼时可食，老后药用。各区均有分布。

1737 长根马勃（长根静灰球）

Lycoperdon radicatum

Durieu & Mont.

　　≡ *Bovistella radicata*

　　　(Durieu & Mont.) Pat.

　　子实体宽 6~8 cm，球形或椭圆形，具粗壮假根。初时外包被污白色至浅褐色，成熟后褐色，具粉末状鳞片，易脱落。内包被顶端开口，膜质，具光泽，浅褐色至茶褐色。孢体浅青褐色。担孢子 4.5~5.4×4 μm，近球形，褐色，光滑，内具 1 个油滴，具 1 个透明小柄。

　　夏秋季生于林中地上、草地上。药用。分布于东北、西北、华中等地区。

图 1737

腹菌

图 1738

1738 暗褐马勃
Lycoperdon umbrinum Pers.

　　子实体宽 3~5.5 cm，宽 2.5~5 cm，近球形、扁球形至圆陀螺形。外包被幼时白色至污白色，后呈浅褐色至深褐色，成熟时龟裂为颗粒或小刺粒，不易脱落，老后部分脱落。不育基部发达，连接有污白色的根状菌索。担孢子直径 4~5.2 μm，球形，粗糙，内部有 1 个油滴，褐色，带长达 1 μm 的短柄。

　　夏秋季生于混交林中地上，偶尔生于腐木上。药用。各区均有分布。

1739 龟裂马勃（浮雕秃马勃 龟裂秃马勃）
Lycoperdon utriforme Bull.

　　子实体高 8~16 cm，宽 6~18 cm，近陀螺形或近不规则球形，白色，渐变为淡锈色、浅褐色。外包被常龟裂，内包被薄，成熟时顶部裂成碎片，露出青色的孢体。不育基部较大，有横隔与孢体隔开。孢体青黄色。担孢子 3.5~5.8×3.5~5.5 μm，球形至近球形，光滑，青黄色。

　　散生于草地上。幼时可食，药用。分布于中国大部分地区。

图 1739

图 1740-1

1740 圆柱散尾鬼笔
Lysurus gardneri Berk.

子实体初期卵形，高 2~4 cm，成熟时高 5~12 cm，直径 1.5~2.5 cm，圆柱形，空心。顶部分叉部分高 1.5~3 cm，具 4~5 个爪状托臂。爪状托臂产孢部分暗灰色，近基部不产孢部分白色。初期托臂相互连接一起，后期可彼此分离，除外侧面小部分位置外产生暗褐色孢体黏液，有臭味。菌柄白色，圆柱形，松软呈海绵状。菌托污白色，苞状，基部往往有白色根状菌索。担孢子 4~5×1.5 μm，椭圆形，半透明。

夏秋季常群生。分布于华北、华中等地区。

图 1740-2

腹菌

图 1741-1

图 1741-2

图 1741-3

<table>
<tbody>
<tr><td>1741</td><td>**五棱散尾鬼笔**</td></tr>
</tbody>
</table>

1741 五棱散尾鬼笔

Lysurus mokusin (L.) Fr.

子实体成熟时高 10~13 cm,直径 1.5~3 cm,初期卵形,笔形。托臂 4~7 条,红色至粉红色,近顶生。顶端不育,粉红色,初连生,后分开。孢体黏液橄榄褐色,生于托臂内侧。菌柄长 7~10 cm,直径 1~2 cm,具有 4~7 条纵向棱脊,粉红色至红色。菌托直径 1.5~2.5 cm,近球形,外表白色至污白色。担孢子 4~4.5×1~2 μm,长椭圆形至杆形。

生于林中地上或草地上。有毒。分布于中国大部分地区。

腹菌

图 1742

图 1743

1742 竹林蛇头菌（参照种）
Mutinus cf. _bambusinus_
(Zoll.) E. Fisch.

菌蕾高 1~2 cm，宽 0.5~1.3 cm，卵形到长椭圆形，白色。成熟时孢托从包被内伸出，由上部的产孢部分与下部的菌柄组成，总高 4~6 cm。产孢部分长 1.5~2.5 cm，直径 4~6 mm，近长筒形至近长圆锥形，有许多圆钝的粒状或疱疹状突起，覆盖有黏稠暗青灰色的孢体，孢体脱落后呈深红色，顶端稍平截。菌柄长 2~3.5 cm，直径 5~8 mm，圆柱形，向下渐粗，淡橙黄色至淡黄色，近基部黄白色，空心。菌托 1~2×0.5~1 cm。担孢子 4~5×2~3 μm，椭圆形，无色至淡青色，光滑。

生于竹林及阔叶林中地上。分布于华南地区。

我国这一标本与竹林蛇头菌 _M. bambusinus_ 相似，产孢部分与菌柄分界明显，但后者菌柄部分通常黄色并不明显；其细小产孢部分和黄色菌柄部分与婆罗洲蛇头菌 _M. borneensis_ 相似，但后者产孢部分常呈青黄色至黄色。

1743 蛇头菌
Mutinus caninus (Huds.) Fr.

子实体高 6~10 cm。菌盖鲜红色，与菌柄无明显界限，圆锥形，顶端具小孔，长 1~2 cm，近平滑或有疣状突起，其上具暗绿色黏稠并有腥臭气味的孢体。菌柄上部粉红色，向下部渐变白色。菌托高 1.5~3.5 cm，直径 0.6~1.2 cm，卵圆形至近椭圆形，白色。担孢子 3~5.5×1.3~1.9 μm，长椭圆形，无色。

夏秋季单生或散生于林中地上，有时群生。有毒。分布于东北、华北等地区。

图 1744

1744 雅致蛇头菌（参照种）

Mutinus **cf.** *elegans* **(Mont.) E. Fisch.**

幼时菌蕾高 2~3 cm，宽 1~2 cm，长卵形。成熟子实体总高 8~14 cm，由上部产孢部分与下部菌柄组成，但二者无明显分界。产孢部分长 3~4.5 cm，宽 0.7~1.2 cm，长圆锥形，覆盖有黏稠暗青灰色的孢体，孢体脱落后呈红色至橙红色，顶端常有穿孔。菌柄长 4~10 cm，直径 1~2 cm，圆柱形，橙红色至淡黄色，近基部黄白色，中空。菌托高 2~3.5 cm，直径 1.5~2.5 cm，近白色至白带紫红色。担孢子 4~7×2~3 μm，椭圆形，无色至淡青色，光滑。

生于台湾相思等阔叶林中地上。分布于华南及华中地区。

本种与竹林蛇头菌 *M. bambusinus* 相似，但产孢部分分界不明显；与霞氏蛇头菌 *M. ravenelii* 相似，但后者产孢部分常较短，分界处明显且稍膨大后再缩细成锥形。

1745 栓皮马勃（树皮丝马勃）

Mycenastrum corium

(Guers.) Desv.

子实体直径约 6 cm，球形或椭球形，下部收缩变窄，有褶皱，有两层包被。外包被易脱落，残留少量鳞片在内包被上。内包被干时呈深黑褐色，栓质，厚度约 1.5 mm，有不规律的散布小孔。子实体成熟后，表面呈不规则开裂释放担孢子。担孢子 11.7~12.7×10.9~11.9 μm，球形至近球形，有疣突，常有网纹。孢丝宽度为 9~11 μm，较短，分枝，沿分枝顶端渐尖且有很多粗壮的刺，淡黄色，厚壁。

秋季单生或群生于庭院、路旁草地上。分布于东北地区。

图 1745

腹菌

图 1746-1

1746 黄包红蛋巢菌
Nidula shingbaensis K. Das & R.L. Zhao

子实体高 4~10 mm，直径 4~6 mm，无柄，坛
状至桶状，幼时顶部有一白色盖膜。包被淡黄
色、褐黄色至黄色，外表被白色至近白色绒
毛，内侧平滑、淡黄色至黄褐色。小包直径
1~1.5 mm，透镜状，肉桂色至巧克力褐色。
担孢子 7~9×4.5~5.5 μm，椭圆形至卵状椭圆
形，厚壁。

夏秋季生于阔叶林或针阔混交林中地
上。分布于华中地区。

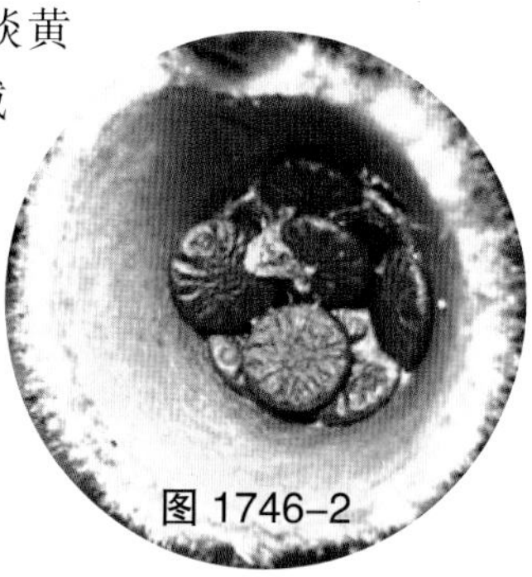

图 1746-2

图 1746-3

图 1746-4

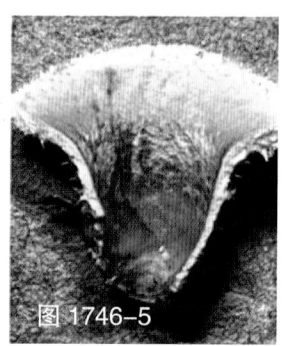

图 1746-5

图 1746-6

IX

图 1747-1

1747 鬼笔腹菌
Phallogaster saccatus Morgan

　　子实体高 3~5 cm，直径 2~3 cm，卵形、梨形至近球形，幼时实心，成熟后空心。包被单层，淡橄榄色，有时有粉红色调，星散分布有穿孔。产孢组织胶黏，成熟时全部自溶，仅剩下大量担孢子黏附于包被的内壁上。担孢子堆暗绿色至橄榄色。菌柄短，无菌托。担孢子 5~6.5×1.8~2.3 μm，长椭圆形至杆形。

　　生于亚高山针叶林中腐殖质上。分布于青藏地区。

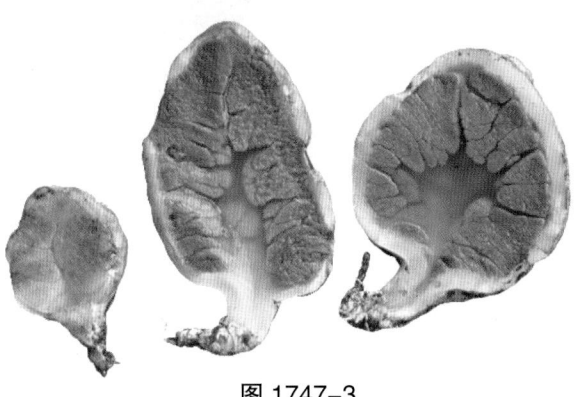

图 1747-2

图 1747-3

图 1747-4

图 1748

1748 黄脉鬼笔（重脉鬼笔）
Phallus flavocostatus Kreisel

= *Phallus costatus* (Penz.) Lloyd

子实体高 7.5~10 cm，幼时包裹在白色卵圆形的包里，当开裂时菌柄伸长。菌盖呈钟形，有不规则突起的网纹，黄色至亮黄色，或呈橙黄色并具暗绿色孢液，有腥臭味。菌柄近圆筒形，白黄色至浅黄色，空心，呈海绵状。菌托高约 3 cm，白色，苞状，厚。担孢子 3~4.5×1.2~2.4 μm，长椭圆形，无色。

夏秋季多群生于林中倒腐木上。分布于东北等地区。

1749 台湾鬼笔
Phallus formosanus Kobayasi

菌盖高 8 cm，宽 10 cm，钝圆锥形，有不规则多角形网格，顶部有穿孔。网格直径 2~6 mm，深达 6 mm，有暗色黏液状孢体。无孢体部分初期与菌柄同色，部分褐橙色，后期渐变为浅褐色至褐色。孢体黏液状，灰绿色、暗绿褐色至近黑褐色，有臭味。菌柄长达 25 cm，直径达 8 cm，近圆柱形到近梭形，粉红白色、浅粉红色至粉红色，海绵状，有约 100 个外形不规则、直径 1~2 cm 的网眼状小洞。菌托高 6~7 cm，直径 5~6 cm，近杯形。担孢子 3~3.7×1.2~1.5 μm，长椭圆形，两端钝圆，微带淡绿色。

生于林间地上。分布于华南地区。

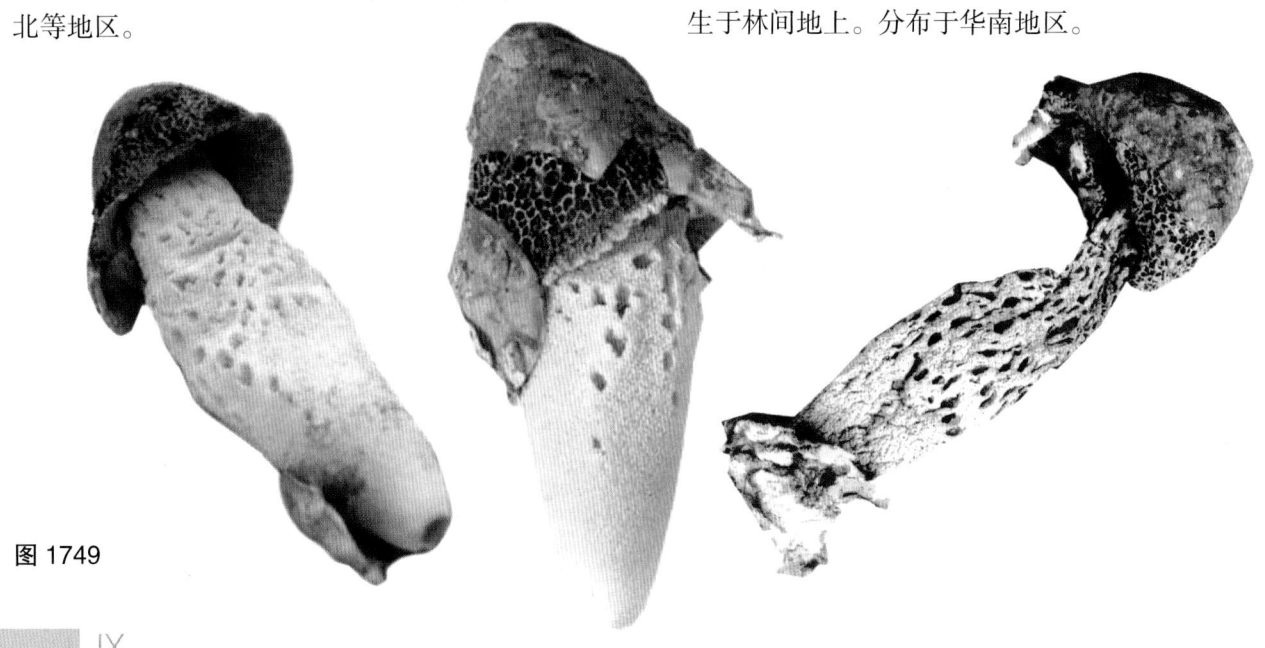

图 1749

图 1750-1

1750 白鬼笔

***Phallus impudicus* L.**

菌蕾幼时卵形，富有弹性，外包被白色，基部有白色至灰白色根状菌索。成熟后菌盖和菌柄逐渐伸出外包被，总长 10~20 cm，直径 3~5 cm。菌盖圆锥形，被橄榄色孢体，老后消失。菌柄长 10~15 cm，上部粉红色，向下颜色渐淡，有蜂窝状脉纹。担孢子 4~5×1.5~2.5 μm，椭圆形至长椭圆形，光滑，内部有 2 个油滴，带褐色。

夏季散生于竹林、阔叶林或针阔混交林中地上，或草地上。食药兼用；可栽培。分布于东北、华南、内蒙古、西北、华中地区。

图 1750-2

腹菌

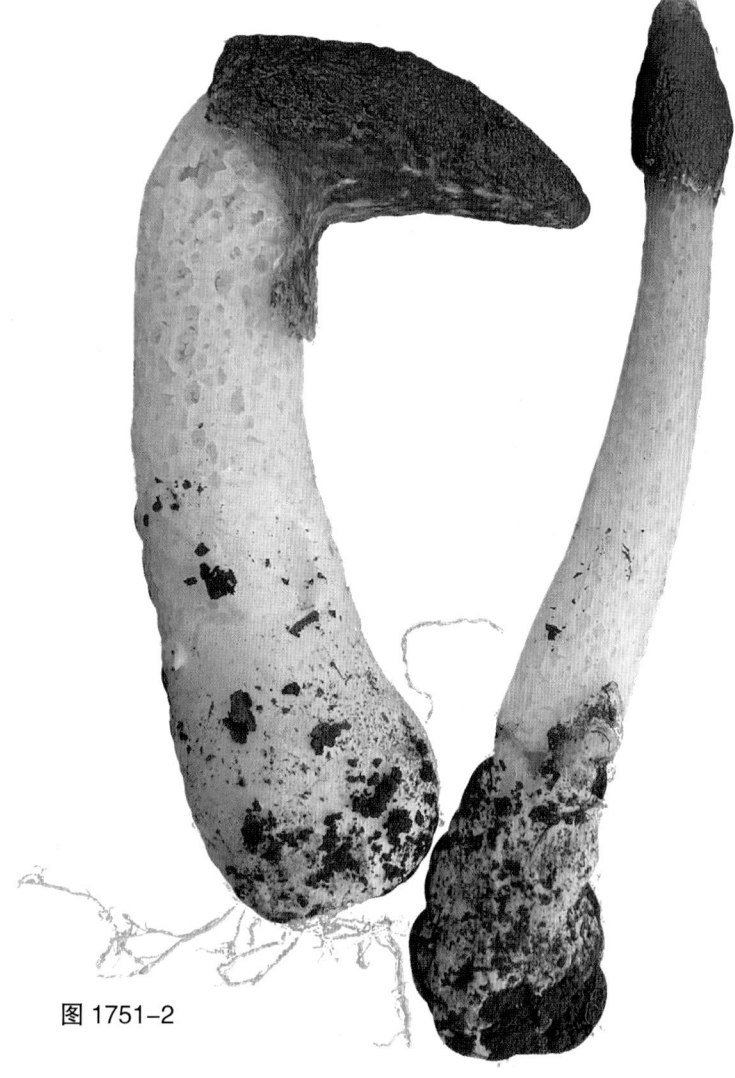

图 1751-1

图 1751-2

1751 红鬼笔
***Phallus rubicundus* (Bosc) Fr.**

　　菌蕾幼时椭圆形或蛋形，外包被白色至灰白色，基部有白色至灰白色根状菌索，成熟后菌盖和菌柄逐渐伸出外包被，总高 10~20 cm，直径 2~3 cm。菌盖高 1.5~4 cm，直径 1~2 cm，钟形至圆锥形，红色至橘红色，顶部成熟时有一穿孔，表面被橄榄色孢液，老后橄榄色黏性物质逐渐消失。孢体橄榄褐色。菌柄长 7~15 cm，直径 1~2.5 cm，圆柱形，上部红色、洋红色至粉红色，下部色变淡至白色至灰白色，海绵质，表面有蜂窝状脉纹。菌托直径 1.5~3 cm，近球形，污白色。担孢子 3.5~4.5×1.5~2 μm，椭圆形，近无色。

　　夏季生于林缘、路边、庭院草地上，雨后成群出现。药用；有毒。分布于华南、华中、华北等地区。

1752 黄鬼笔
Phallus tenuis
(E. Fisch.) Kuntz.

菌蕾幼时卵形，成熟时外包被开裂，形成菌盖、菌柄与菌托。菌盖钟形至近锥形，高 2~3 cm，直径 1~2 cm，黄色，顶端近平截，表面有网格。孢体橄榄褐色。菌柄长 7~10 cm，直径 1~2 cm，圆柱形，黄色至硫黄色。菌托直径 1.5~2.5 cm，近球形，外表污白色至淡褐色。担孢子 2.5~3.5×1~2 μm，长椭圆形至杆形，光滑，近无色。

生于亚高山针叶林地腐殖质上。有毒。分布于中国大部分地区。

1753 纤细鬼笔
Phallus tenuissimus
T.H. Li et al.

菌蕾高 0.5~1.2 cm，宽 4~8 mm，球形至卵圆形。包被白色至浅黄色，成熟时从顶部破裂。在菌柄基部形成菌托，从内部伸出孢托，孢托由菌盖与菌柄组成。菌盖高 0.8~1.5 cm，宽 4~7 mm，钟形至圆锥形，顶部有孔口与中空的菌柄相通，表面有网格，浅黄色、黄色至灰黄色。网格明显，0.3~1×0.2~0.8 mm，深 0.2~0.4 mm，不规则多角形。孢体生长于菌盖表面，橄榄色至青褐色，黏液状。菌柄长 5~7 mm，直径 2~4 mm，纤细，浅黄色，干后略深色，海绵质，较软弱，外层小腔室大部分向外开口，使外表面呈网格状至近蜂窝状。菌托白色至浅黄色。担孢子 3.3~4×1.1~1.4 μm，近柱形，光滑，浅橄榄色至近无色。

群生至丛生于地上。分布于华中地区。

本种形态与颜色同黄鬼笔 *P. tenuis* 相似，但比后者更为纤细，担孢子也较窄。

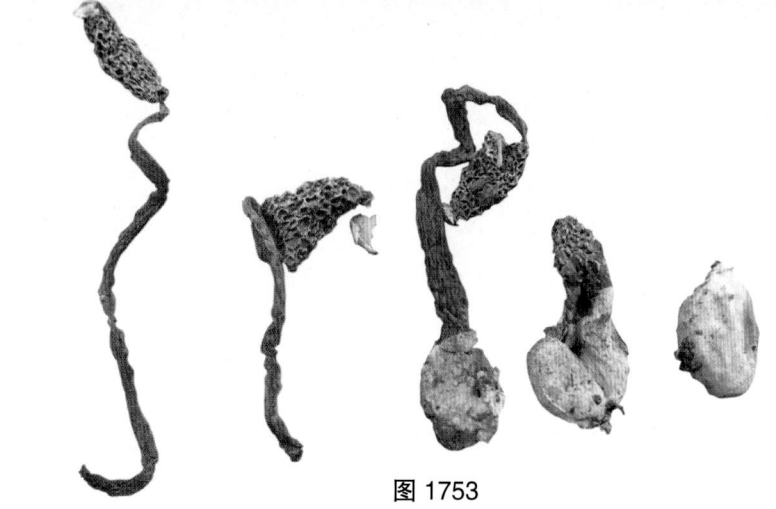

图 1752

图 1753

图 1754-1

1754 豆马勃（彩色豆马勃 豆包菌）

Pisolithus arhizus (Scop.) Rauschert

= *Pisolithus tinctorius* (Pers.) Coker & Couch

子实体直径 3.5~16 cm，不规则球形至扁球形或近似头状，下部明显缩小形成菌柄。包被薄而易碎，光滑，表面初期为米黄色，后变为褐色至锈褐色，最后为青褐色，成熟后上部片状脱落，切开剖面有彩色豆状物。菌柄长达 5.5 cm，直径达 3 cm，由一团青黄色的根状菌索固定于附着物上。担孢子直径 7.5~9.5 μm，球形，密布小刺，褐色。

夏秋季单生或群生于松树等林中沙地或草地上。药用。分布于华中、华南等地区。

图 1754-2

图 1754-3

图 1755

1755 纺锤爪鬼笔（纺锤三叉鬼笔）
***Pseudocolus fusiformis* (E. Fisch.) Lloyd**

菌蕾幼时直径 1~2 cm，卵形，基部附有白色的根状菌索。成熟后包被开裂，长出 3 根托臂。托臂顶部连接在一起，呈浅红色至橙黄色，外侧有 4~6 个泡沫状的小室，内侧有管状的小室。托臂基部汇合，白色，短，上部子实层附有褐色至黑褐色的黏液，具有强烈的臭味。担孢子 4~7×2~3 μm，长椭圆形，无色。

夏季群生于路边荒地、草地上。分布于华北、华南等地区。

1756 奇异蒯氏包
***Queletia mirabilis* Fr.**

菌盖直径 3~4.5 cm，高 1~2 cm，球形至近球形。顶部不规则开裂。包被大部分缺失，仅存留于基部，厚 0.3~0.5 cm，膜质，外表面光滑，近白色；内表面粗糙，不规则，褐色至赭色。产孢组织赭色，丰富，具有近白色孢丝。菌柄长 2.5~4.5 cm，直径 0.8~1.5 cm，圆柱形，赭褐色，基部颜色渐变浅，撕裂状，木质。孢子直径 10~15 μm，近球形，淡黄色。

散生至群生于沙地上。分布于西北地区。

图 1756

中国大型菌物资源图鉴　1191

图 1757-1

图 1757-2

1757 红根须腹菌（参照种）
Rhizopogon cf. *roseolus*
(Corda) Th. Fr.

　　子实体直径 1~2.5 cm，扁球形至近球形，初期近白色至黄褐色带红色，后大部分黄褐色部分带红色，伤后变红色，基部由白色至淡黄褐色的根状菌索固着地上。产孢组织初期白色，逐渐变暗色至灰褐色，伤后变带红色。担子棒形，多数具 8 个孢子，有时为 4 个孢子或 6 个孢子。担孢子 6~9×3~4 μm，近梭形至椭圆形或近肾形，光滑，无色。

　　埋生或半埋生于林中地下或地表，逐渐部分至近全部露出地面。可食。分布于华中、华南等地区。

　　本文介绍的这种中国真菌与国外报道的红根须腹菌 *R. roseolus* 相似，但经初步研究它们仍有一定的差异，现作参照种处理。

图 1757-3

图 1758-1

图 1758-2

1758 双孢罗叶腹菌

Rossbeevera bispora

(B.C. Zhang & Y.N. Yu)
T. Lebel & Orihara

子实体直径 1~2 cm，近球形至扁形，无柄，基部具根状菌索。包被灰白色、部分褐色或灰褐色，有裂纹，伤后变暗蓝色。孢体幼时微褐色至暗褐色，小腔宽 0.3~1 mm，空虚或充满担孢子。中柱阙如。菌髓片局部或全部胶质化。担孢子 15~21×6~8 μm，椭圆形至短梭形，顶端钝。

夏秋季生于阔叶林中地上。分布于华南地区。

图 1759-1

图 1759-2

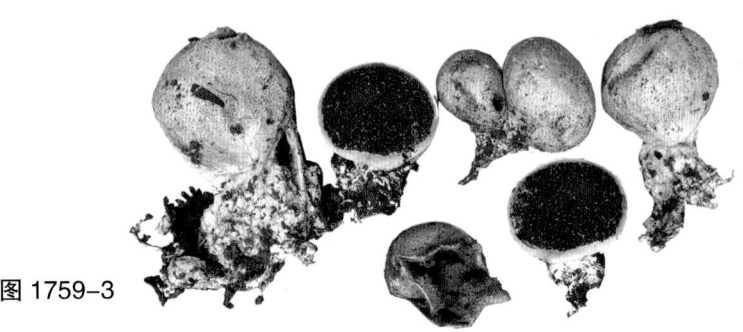

图 1759-3

1759 **网硬皮马勃**
（**马勃状硬皮马勃**）
Scleroderma areolatum
Ehrenb.

　　子实体直径 2~5 cm，球形至扁球形，下部缩成柄状基部，其下形成许多根状菌索，浅土黄色。包被表面土黄色，被网状龟裂形的褐色鳞片，成熟时顶端不规则开裂。孢体初期灰紫色，后期灰色至暗灰色，成熟后粉末状。担孢子直径 9~11 μm，球形至近球形，褐色至浅褐色，密被小刺。孢丝褐色，厚壁，顶端膨大呈粗棒形。

　　夏季生于林中地上。有毒；成熟后可药用。分布于中国大部分地区。

图 1760-1

| 1760 | **大孢硬皮马勃** |

Scleroderma bovista Fr.

子实体直径可达 5 cm，不规则球形至扁球形，由白色根状菌索固定于地上，成熟时易从地表脱落。包被新鲜时奶油色、赭色、浅灰色至灰褐色，薄，有韧性，光滑或有鳞片，有时具不规则龟裂，新鲜时无特殊气味。产孢组织幼嫩时灰白色，柔软；成熟时黑褐色或橄榄褐色，呈棉质的粉状物。孢体暗青褐色。担孢子直径 10~18 μm，球形，有网棱，暗褐色。

夏秋季常数个群生或簇生于林中地上。幼时可食用；药用。各区均有分布。

图 1760-2

腹菌

图 1761

1761 光硬皮马勃
Scleroderma cepa Pers.

子实体直径 2~10 cm，近球形至扁球形、梨形，黄白色至黄褐色，有青灰色至灰褐色裂片状鳞片，基部无柄至有一团根状菌索绻缩成柄状基。包被厚 1.5~4 mm，初白色至带粉红色，伤后变淡粉红色至粉红褐色或淡褐色，干后变薄，后期呈不规则开裂，外包被则外卷或星状反卷。孢体初白色，松软，渐呈紫黑色，粉末状。担孢子直径 8~12 μm，球形至或近球形，褐色，具长 1~2 μm 的小刺。

夏秋季散生或群生于林中地上。分布于华中地区。

图 1762

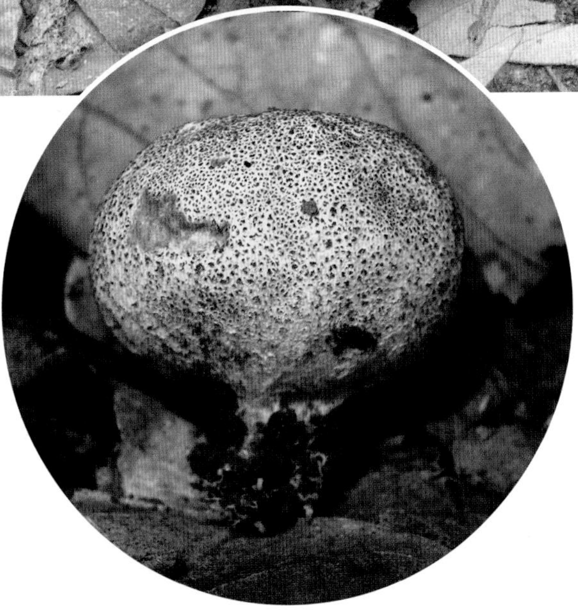

1762 黄硬皮马勃（黄皮马勃 黄灰包）
Scleroderma flavidum Ellis & Everh.

子实体直径 4~9 cm，扁圆球形至近球形，无菌柄或有柄状基部。外包被新鲜时黄色至佛手黄色或杏黄色，后渐为黄褐色至灰青黄色，具深褐色至黑褐色的小斑片或小鳞片，成熟时呈不规则开裂，包被切面及内表面黄色至鲜佛手黄色。孢体灰褐色或紫灰色，后变暗棕灰色至灰褐色或紫黑色。担孢子 5.8~7×5.6~6.9 μm（包括小刺直径为 7~10 μm），近球形至球形，黄褐色至暗褐色，厚壁，非淀粉质，不嗜蓝。

夏秋季群生或单生于阔叶林或针阔混交林中地上。药用。分布于华中、华南等地区。

图 1763-1

1763 多根硬皮马勃

Scleroderma polyrhizum

(J.F. Gmel.) Pers.

子实体未开裂时宽 4~8 cm，近球形、梨形至马铃薯形，基部往往以白色根状菌索固定于基物上，初浅黄白色，后浅土黄色至土黄褐色，部分干燥的表皮近灰白色，粗糙，常有龟裂纹或斑状鳞片，成熟时呈星状开裂，裂片反卷。包被厚且较坚硬，似革质，伤后稍变褐色或变色不明显。孢体成熟后暗褐色至黑褐色。担孢子直径 5~13 μm（包括小刺），球形，具小疣刺，小疣刺常连接成不完整的网状，褐色。

夏秋季单生或群生于林间空旷地或草丛中。分布于华中、华南等地区。

图 1763-2

图 1764

图 1765

1764 多疣硬皮马勃
Scleroderma verrucosum (Bull.) Pers.

子实体直径 3~8 cm,球形至扁球形,下部缩成柄状基部。包被较薄(厚约 1 mm),土黄色至淡褐色,有深褐色小鳞片。孢体茶褐色,成熟后粉末状。担孢子直径 8~11 μm,球形至近球形,褐色至浅褐色,有小刺,无网纹。

夏季生于林中地上。幼时有人采食。分布于中国大部分地区。

1765 云南硬皮马勃
Scleroderma yunnanense Y. Wang

子实体直径 2~6 cm,球形至扁球形,下端缩成柄状基部。包被厚 2~5 mm,硬木栓质,橙黄色至土黄色,初期近平滑,后期表皮逐渐龟裂呈鳞片状,包被内侧近白色。孢体初期灰紫色,后期呈暗紫褐色,成熟后粉末状。担孢子 7.5~8.5×7~8 μm,球形至近球形,褐色至浅褐色,密被小刺。

夏季生于林中地上。可食。分布于华中、华南等地区。

图 1766-1

1766 黄柄笼头菌
Simblum gracile Berk.

菌蕾卵形至球形,白色,成熟时包被开裂伸出孢托。孢托直径 1~5 cm,近球形,具 20~30 个五边形至六边形的浅红色至橙色格孔,外表面具脊,边缘具褶皱,内表面平整至具微小的脊。菌柄长 5~12 cm,直径 1~3 cm,圆柱形,黄色,海绵质,空心,基部具白色菌托。孢体附着在孢托内表面,橄榄绿色,具恶臭气味。担孢子 4.5~5×1.8~3 μm,椭圆形至短杆形,光滑,近无色至带淡青绿色。

生于林中地上。分布于华北、华中等地区。

图 1766-2

图 1767

1767 球盖柄笼头菌
Simblum sphaerocephalum Schltdl.

　　菌蕾幼时直径 2~2.4 cm，卵形，基部有白色根状菌索，后期外菌幕破裂形成菌托，内部伸出孢托。孢托头部橙红色至深红色，近球形，窗格状，约 12 个格，格径 4~10 mm，格内生有红褐色的黏液，具有强烈的粪臭味。菌柄长 3~10 cm，直径 1.5~3 cm，粉红色至黄白色带粉红色，空心，顶端开裂，缩小，基部稍尖，壁呈海绵状。菌托白色，不规则开裂。担孢子 4.5~5×2~2.5 μm，椭圆形，光滑，无色。

　　夏季群生于林中地上。分布于华北、西北等地区。

IX

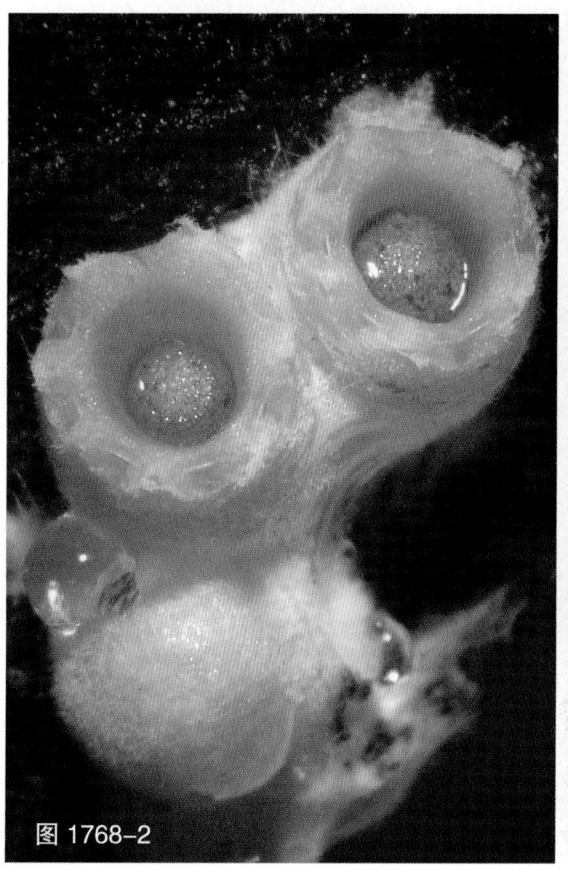

图 1768-1

1768 弹球菌

Sphaerobolus stellatus Tode

子实体直径 1.5~2 mm，近球形，淡黄色，被白色细绒毛。外包被多层，厚，成熟时星状开裂，露出橘黄色内表面，内部有 1 枚扁球形小包。小包直径 1~1.5 mm，红褐色至巧克力色，胶黏，内含担子、担孢子、芽孢等。内包被膜质，污白色至米色，强力外翻而将小包弹出子实体。担孢子 8~10×5~6.5 μm，卵形至椭圆形，光滑。芽孢 10~20×5~7 μm，椭圆形至肾形。

夏季生于林中腐木上。分布于中国大部分地区。

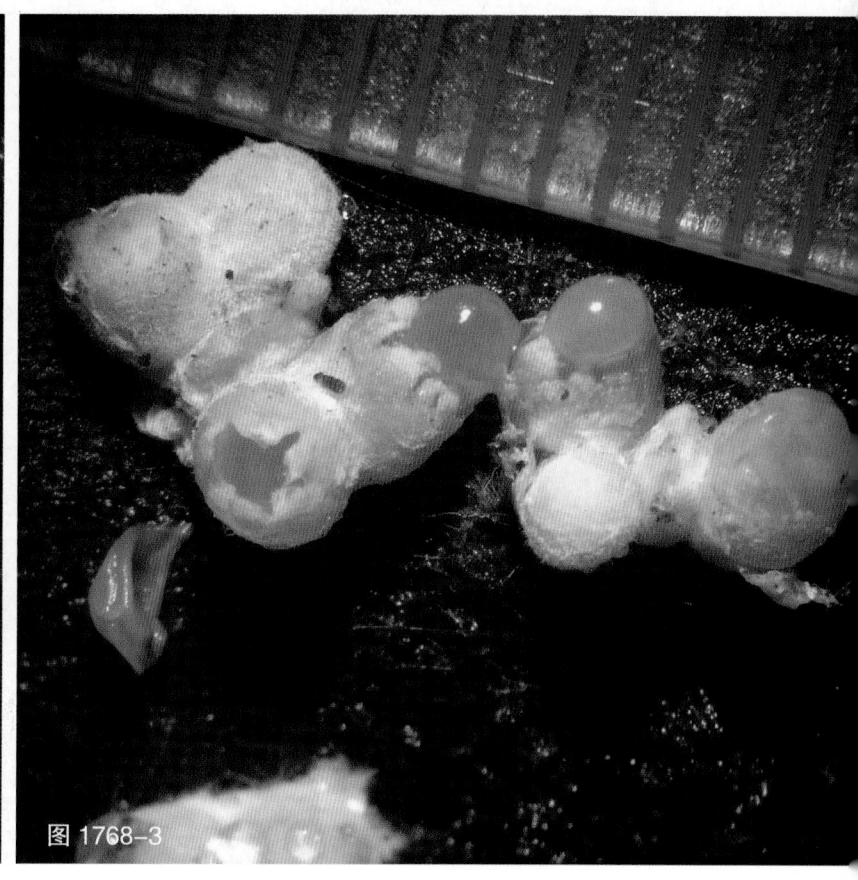

图 1768-2

图 1768-3

腹菌

图 1769-1

1769 褐柄灰锤
Tulostoma bonianum Pat.

子实体高 4~5 cm，锤形。包被直径约 1 cm，近球形，深咖啡色，具颗粒状小疣，小疣后期脱落。顶孔直径约 1 mm，圆形，灰白色，小管状，稍向外突出。菌柄长 3~5 cm，直径 2.5~3 mm，圆柱形，坚硬，与包被同色，有鳞片，基部有一团菌丝体，内部白色，嵌于包被基部的凹穴内。孢体松软，粉质，谷黄色。担孢子直径 4~5.5 μm，近球形，有小疣，黄色。

群生于阔叶林中地上。药用。分布于东北、华北、华中等地区。

图 1769-2

腹菌

图 1770-1

图 1770-2

图 1770-3

1770 柄灰锤

***Tulostoma brumale* Pers.**

子实体高 3~12 cm，锤形。外包被常脱落只留存基部。内包被直径 1~2 cm，近球形，有细小鳞片或近光滑，膜质，浅赭色、稻草色、褐色至污褐色，渐褪为近白色。顶孔直径 2 mm，圆形小管状，稍向外突出，边缘完整，与包被近同色。菌柄长 2~10 cm，直径 3~5 mm，圆柱形，有纵向条纹，具小鳞片，深肉桂色、污白色、淡褐色至稻草色，被污褐色鳞片，内部白色，基部具球形的菌丝体。担孢子直径 4.5~7.5 μm，球形，具有小疣突。

夏秋季生于柏树林下腐殖质上或沙土地上。药用。分布于中国大部分地区。

中国大型菌物资源图鉴
ATLAS
OF CHINESE
MACROFUNGAL
RESOURCES

CHAPTER X
LARGER PATHOGENIC
FUNGI ON CROPS

第十章
作物大型病原
真菌

图 1771

1771 麦角菌
Claviceps purpurea (Fr.) Tul.

菌核长 1~2 cm，宽 3~4 mm，圆柱形或角状，稍弯曲，初期柔软，具黏性，干燥后变硬，紫黑色或紫棕色，内部近白色。一个菌核上可生出子座 20~30 个。子座明显分为头部和柄部两个部位。头部宽 1.5~3 mm，近球形，赭色或橘红色，表面具突出斑点状的子囊壳孔口。不育菌柄圆柱形，细长多弯曲，光滑，红褐色。子囊壳 200~260×140~180 μm，完全埋生，仅孔口稍突出，瓶状。子囊 125~160×5 μm，圆柱形，无色，薄壁，内含 8 个子囊孢子。侧丝稍尖。子囊孢子 55~75×0.6~1 μm，线形，薄壁，光滑，无色。

春夏季生于禾本科植物的花序上。药用；有毒。各区均有分布。

图 1772

1772 德钦外担子菌
Exobasidium deqenense
Zhen Ying Li & L. Guo

子实体寄生于杜鹃幼叶上，导致叶变形成为菌瘿。菌瘿长 1~4 cm，直径 0.5~3 cm，瘤状、半球形至球形，白色至近米色。子实层生于子实体表面。担子 50~70×8~10 μm，圆柱形至长棒形，双孢。担孢子 11~20×6.5~8.5 μm，椭圆形，无色，光滑，成熟时有 1~3 隔。

夏秋季生于林中，寄生于杜鹃幼叶上。分布于青藏地区。

图 1773-1

1773 梨胶锈菌（梨锈病病菌）
***Gymnosporangium asiaticum* Miyabe ex G. Yamada**

病原菌在桧柏上形成冬孢子角越冬，翌年春天冬孢子借风力传播到梨树等的嫩枝叶和幼果上危害，夏天产生锈孢子再借风力传播到桧柏上。病斑初小圆形，黄色，后产生蜜黄色到黑色小粒点（性孢子器），性孢子器成熟后潮湿时分泌带性孢子的黏液，之后（常在叶背面）长出多根灰白色或淡黄色的管状锈孢子角，成熟后散发锈孢子。

冬孢子角一般长 2~5 mm。冬孢子 35~75×14~28 μm，椭圆形，黄褐色，有无色的柄，双胞，每细胞近分隔处具 2 个芽孔，有时顶部也有芽孔。冬孢子可萌发长出 4 胞的原菌丝，每细胞长 1 个担孢子。担孢子 10~15×8~9 μm，无色，单胞。性孢子器 8~12×3~3.5 μm，瓶状至葫芦形，埋生于作物表皮下。性孢子纺锤形，单胞，无色。锈孢子器长 5~6 mm，直径 0.2~0.5 mm，长筒形，常丛生于叶背面。锈孢子 18~20×19~24 μm，近球形，橙黄色，表面瘤状。

寄生于柏树及梨树、海棠等植物上。分布于东北、华北、西北、华中等地区。

图 1773-2

图 1774-1

1774 山田胶锈菌
Gymnosporangium yamadae
Miyabe

病原菌主要侵害叶片、新树梢、幼果和果梗。

叶表面病斑常圆形，中央橙黄色，有光泽，边缘淡黄色，有黄色晕圈，后在中央产生蜜黄色微突的小粒点（性孢子器），其后再在病斑背面隆起并长出 10 多根灰黄色的毛管状锈孢子器。锈孢子器长 5~12 mm，直径 0.2~0.5 mm，内有大量褐色锈孢子，成熟后从锈孢子器顶端开列散出。果实上病斑初期与叶片症状相似，后期也可产生毛管状锈孢子器。锈孢子 18~28×16~26 μm，近球形，壁厚 1~3 μm，有小刺，具 4~7 个芽孔。

寄生于苹果、海棠、梨和山楂等蔷薇科果树上。广泛分布于中国蔷薇科果树主栽区。

图 1774-2

图 1775

1775 **稻小球腔菌**（水稻小球菌核病病菌 稻小粒菌核病菌 水稻小球菌核菌）

Magnaporthe salvinii (Catt.) R.A. Krause & R.K. Webste

= *Nakataea sigmoidea* (Cavara) Hara

= *Helminthosporium sigmoideum* Cavara

　　菌核直径 0.2~0.4 mm，球形、椭圆形、圆柱形或不规则形，表面粗糙，黑色无光泽，剖面外层黑色，内层淡褐色。分生孢子梗深褐色，不分枝。分生孢子 40~63×11~15 μm，新月形，有隔膜 0~4 个，多 3 隔，中央两细胞暗褐色，两端细胞色淡。

　　寄生于水稻茎秆上。广泛分布于中国水稻主栽区。

作物大型病原真菌

图 1776-1

图 1776-2

1776 **稻粒尾孢黑粉菌**（水稻粒黑粉病病菌 乌米谷 乌籽 狼尾草腥黑粉菌）

Neovossia horrida (Takah.) Padwick & A. Khan

= *Tilletia barclayana* (Bref.) Sacc. & P. Syd.

孢子堆生于禾本科作物子房内，危害部分小穗，在颖壳内产生黑粉。部分受害谷粒内外颖间有一黑色舌形突起，常有黑色液体渗出。厚垣孢子 25~35×23~30 μm，球形至宽椭圆形，黑色，密布齿状突起。齿状突起高 2.5~4 μm，基部多角形，稍弯曲，顶端尖，近无色。担孢子 40~55×1.7~2 μm，线状，无色，无隔膜。次生小孢子 10~14×1.8~2.1 μm，圆柱形。

寄生于水稻谷粒上。广泛分布于中国水稻栽培区。

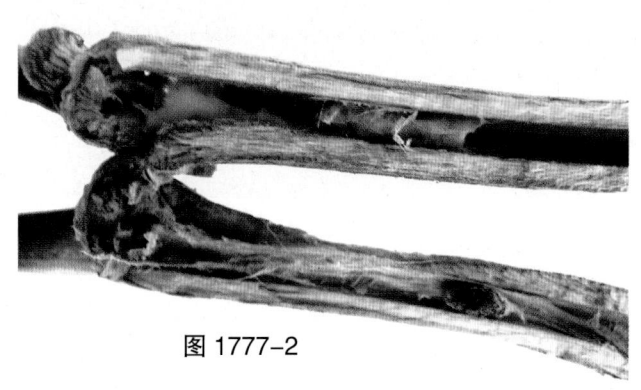

图 1777-1

图 1777-2

图 1777-3

1777 核盘菌（菌核病病菌）
Sclerotinia sclerotiorum (Lib.) de Bary

  菌核 1~6.5×1~3.5 mm，鼠粪状，初白色，后表面变黑色。菌核可萌发产生 1~30 个浅褐色盘形或扁平状子囊盘。子囊盘直径 3.5~5 mm，初棕黄色至略带白色，成熟时暗红色或淡红褐色，可弹射出烟雾状子囊孢子。菌柄长 5~15 mm，有的可达 6~7 cm，刚伸出土面时乳白色或肉色，顶部逐渐展开呈杯形或盘形。子囊棍棒状，无色，具 8 个子囊孢子。子囊孢子 10~15×5~10 μm，椭圆形，单胞，无色。

  寄生于油菜、辣椒、向日葵等十字花科、菊科、茄科、葫芦科、豆科等多种作物上，导致产生菌核病，可侵染作物的根、茎、花、果等各部。各区均有分布。

图 1778-2

图 1778-3

图 1778-1

图 1778-4

图 1778-5

1778 丝轴黑粉菌（丝轴团散黑粉菌 丝黑穗病病菌）
Sphacelotheca reiliana (J.G. Kühn) G.P. Clinton

≡ *Sporisorium reilianum* (J.G. Kühn) Langdon & Full.

≡ *Ustilago reiliana* J.G. Kühn

　　病穗的黑粉为冬孢子堆。冬孢子堆大小与形状不一，长 3~16 cm，直径 3~12 cm，多呈瘤状，初有白膜包裹，后期白膜破裂露出黑粉状冬孢子。冬孢子 10~15×9~13 μm，壁厚 2 μm，近球形，黄褐色、褐色、暗紫色或赤褐色至黑褐色，具小刺，未成熟前时聚集呈球形，球体直径 60~180 μm，成熟后分散，并露出寄主组织形成细丝，有时混有直径 7~16 μm 的球形无色不育细胞。成熟冬孢子可萌发产生具 3 个分隔的稍有分枝的先菌丝体，各细胞顶生或侧生出 1 个担孢子。担孢子直径 7~15 μm，无色，单胞，近圆形。担孢子还可以芽生方式产生次生担孢子。有时冬孢子也可以直接产生分枝菌丝。

　　常生于玉米和高粱等作物的花序中。丝轴黑粉菌生理分化现象明显，侵染玉米的与侵染高粱的通常不能相互侵染，或侵染能力极低。各区均有分布。

作物大型病原真菌

图 1779-1　　图 1779-2

1779 高粱散孢堆黑粉菌（高粱散黑穗病病菌）

Sporisorium cruentum (J.G. Kühn) Vánky

冬孢子堆长达 1.4 cm，卵圆形，中部有发达稍弯曲的堆轴，外有薄膜，成熟时薄膜易破裂露出黑褐色粉状冬孢子。冬孢子 10~17×8~15 μm，近圆形或椭圆形，红褐色或黑褐色，壁上具有微刺。通常冬孢子萌发产生 4 个细胞的先菌丝体，其上侧生担孢子，担孢子也可芽生次生担孢子。在高温下冬孢子也可萌发后直接产生分枝菌丝。

生于花序子房中，有时也侵染花器。分布于中国大部分地区。

1780 高粱坚孢堆黑粉菌（高粱坚黑穗病病菌）

Sporisorium sorghi Ehrenb. ex Link

冬孢子堆长 3~7 mm，生于寄主的子房内，椭圆形至圆柱形，初有坚硬不易破裂的灰色膜包裹，成熟后外膜顶端破裂露出黑褐色孢子堆和较短的中轴。不育细胞 7~14×6~13 μm，近圆形，成组或串生，无色。冬孢子直径 4~8 μm，圆形或近圆形，黄褐色至红褐色，具有微刺及刺间稀疏的疣。冬孢子可萌发产生具 2~3 个隔膜的先菌丝体，各细胞顶生或侧生一至数个担孢子。其中一种担孢子 10~13×2~3 μm，纺锤形，无色；另一种担孢子能产生分枝萌芽管。

常生于高粱花序中。分布于东北、华北等地区。

图 1780-1

图 1780-2

图 1781

1781 高粱柱孢堆黑粉菌（高粱柱黑穗病病菌）
Sporisorium sorghicola J.Y. Liang et J.Y. Yao

感染病穗前冬孢子堆长 3~8 mm，常多个冬孢子堆结合生于高粱花序、叶片、叶鞘及茎秆等部位，初有灰白色被膜包围，后期被膜破裂散露出黑褐色冬孢子。不育细胞 10~15×10~12 μm，近球形，无色至浅褐色，光滑，单个或成串。冬孢子 5.5~9×5~7 μm，圆形或宽椭圆形，褐色，具细刺，刺间有小疣。冬孢子萌发产生具有 3 个隔膜的先菌丝体，每个细胞可产生 1 个担孢子。

生于高粱各部位。主要危害花穗。分布于东北、西北和华北地区。

1782 瓜亡革菌（水稻纹枯病病菌）
Thanatephorus cucumeris (A.B. Frank) Donk
= *Rhizoctonia solani* J.G. Kühn

病菌自然条件下大多以无性世代之菌丝及菌核方式存在，不产生分生孢子。病斑上常有稀疏白色蛛丝状菌丝体。菌丝直径 6~10 μm，部分菌丝互相纠结形成菌核。菌核直径 1.5~5 mm，呈扁球形或种子状，初期黄褐色，后期褐色至棕褐色甚至黑褐色，可多个相连呈不规则形。菌核细胞 7~55×4.5~22 μm，各种形状，浅褐色。人工培养时可形成担子器。担孢子 7~10×4.5~6 μm。

生于水稻等植物组织上。菌核长于病部组织内或叶鞘与茎秆间或病斑表面。病菌也可侵染多种植物幼苗或幼株的茎基部引起立枯病。各区均有分布。

图 1782-1

图 1782-2

图 1783-1

1783 稻绿核菌（稻麦角菌 稻曲病病菌）

***Ustilaginoidea virens* (Cooke) Takah.**

≡ *Villosiclava virens* (M. Sakurai ex Nakata) E. Tanaka & C. Tanaka

≡ *Claviceps virens* M. Sakurai ex Nakata

= *Ustilaginoidea oryzae* (Pat.) Bref.

菌核长 2~20 mm，扁平、长椭圆形，初为白色，老熟后变墨绿色。通常一病谷粒内生菌核 2~4 粒，成熟时容易脱落。分生孢子座 6~12×4~6 mm，表面墨绿色，内层橙黄色，中心白色。分生孢子梗直径 2~3 μm。分生孢子 4~5 μm，近球形，单胞，厚壁，有瘤突。菌核直径 1~4 mm，从分生孢子座生出，长椭圆形。子座可在土表萌发产生，有长柄，头部直径 1~3 mm，近球形，橙黄色，外围生子囊壳。子囊壳瓶形。子囊 180~220×4~8 μm，圆筒形，无色。子囊孢子 120~180×0.5~1 μm，线形，单胞，无色。厚垣孢子 4~8×3~7 μm，近球形，表面有瘤状突起，墨绿色。

寄生于水稻谷粒上。分布于中国大部分地区。

图 1783-2

图 1783-3

作物大型病原真菌

图 1784-1

图 1784-2

1784 菰黑粉菌

Ustilago esculenta Henn.

子实体长可达 5 mm，宽可达 3 mm，生长于菰（茭白）叶部，圆柱形至纺锤形，黑褐色。可在叶上形成菌斑并造成枯萎。孢子堆和菌丝埋生于菰秆基中。单个黑粉孢子堆 1~15×0.5~3 mm，近圆形至长卵形，褐色、暗褐色至近黑色，后期孢子堆可相互融合，几乎充满整个茭白秆基部，呈黑色粉末状。黑粉孢子 6~12×6~8 μm，球形至近球形，褐色至淡褐色，有疣突或微小刺，疣突间有连线，厚壁。

夏秋季生于菰上，刺激植物，引起秆基膨大，幼嫩时形成可作蔬菜食用的茭白。分布于中国大部分地区。

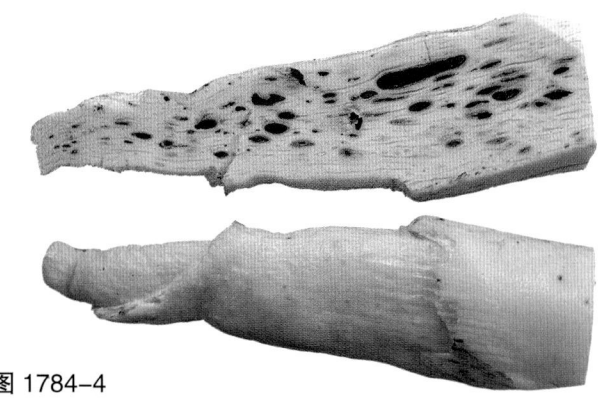

图 1784-4

图 1784-3

图 1784-5

图 1785-1

1785 玉米黑粉菌
Ustilago maydis (DC.) Corda

子实体长可达 30 cm，宽可达 20 cm，高可达 15 cm，球形、半球形、椭圆形、纺锤形或不规则形，单生或数个聚生。子实层体初期乳白色，海绵质；后期灰白色，脆质，通常不规则开裂。冬孢子粉外漏，黑粉孢子 8~12×7.5~11 μm，近球形至球形，有时椭圆形或卵圆形，橄榄褐色，具微小刺，非淀粉质，不嗜蓝。

秋季专性生于玉米属植物上。食药兼用。各区均有分布。

图 1785-2

作物大型病原真菌

图 1786-1

图 1786-2

大麦黑粉菌
Ustilago nuda
(C.N. Jensen) Rostr.

子实体长可达 3 mm，直径可达 1.5 mm，一年生，生长于大麦和青稞花序的小穗中，聚生，初期具薄膜包裹，薄膜初期乳白色，后期灰白色，成熟后薄膜破裂，单个形状与麦粒相似。黑粉孢子 5.5~7×4~5.9 μm，宽椭圆形至近球形，黄褐色，厚壁，具微小刺，有时塌陷或开裂，非淀粉质，不嗜蓝。

夏季专性生于大麦和青稞植物上。药用。分布于中国大部分地区。

中国大型菌物资源图鉴
ATLAS
OF CHINESE
MACROFUNGAL
RESOURCES

CHAPTER XI
LARGER MYXOMYCETES

第十一章
大型黏菌

图 1787

1787 灰团网菌
Arcyria cinerea (Bull.) Pers.

孢囊宽 0.1~0.8 mm，高 0.5~2 mm，长棒形、近圆柱形或卵圆形，有时近球形，浅灰色、灰色或褐黄色。囊被早脱落，有时残存于伸展后的孢丝网体上。杯托小，与孢囊同色或色略深，外侧有槽，内侧有微小突起。菌柄长 0.2~1.5 mm，纤细，与孢囊同色，有时近黑色，内含圆胞。基质层膜质，成片。孢丝与孢囊同色，连着牢固，网线密，密布钝刺，有时有宽齿及横纹。孢子直径 6.5~8 μm，球形，成堆时与孢囊同色。原生质团白色，少有灰色或黄色。

散生于死木、枯枝、落叶及草食兽粪上，有时孢囊柄相融连成束。各区均有分布。

图 1788

1788 暗红团网菌
Arcyria denudata (L.) Wettst.

孢囊高 1.5~6 mm，宽 0.5~1 mm，有柄，卵圆形或短圆柱形，向上渐细，深玫红色至砖红色，最后变为红褐色。囊被早脱落，杯托深杯状，有褶皱，内侧有细网纹及小刺。菌柄长 0.5~1.5 mm，直径 0.1 mm，有槽，与孢囊同色或近黑色。孢丝网体与杯托连着牢固，直立，有弹性，红褐色或暗黄色，主要有宽齿，伴以半环及刺，为平行的螺旋方式排列，其间有疣，基部孢丝近光滑。孢子直径 6~7.5 μm，球形，成堆时红色或红褐色，光学显微镜下近无色或淡红色，密生小疣点。原生质团乳白色。

集群生于死木上。各区均有分布。

图 1789

1789 盔帽团网菌
Arcyria galericulata B. Zhang & Yu Li

孢囊全高 1~1.5 mm，聚集，或者 3~8 个柄联合融成一簇，有柄，柄长 0.8~1 mm，成熟后孢丝弹伸达到 2~2.2 mm。孢囊卵形或短圆柱形，红褐色。基质层膜质。囊被单层，膜质，在孢囊顶端持久留存盔帽形永久的囊被。盔帽形囊被外部有圆形凹陷，囊被内部布满疣突。孢囊下部留存为杯托，膜质。孢丝直径 3 μm，有弹性，分枝连接，透射光下浅橘黄色，有宽齿，伴以半环及刺，平行，螺旋方式排列。孢子直径 6~8 μm，球形，成堆时黄褐色，光学显微镜下无色或淡红色，密生小疣点。

生于死木上。分布于东北地区。

图 1790

1790 黄垂网菌
***Arcyria obvelata* (Oeder) Onsberg**

孢囊高 1.5~2 mm，宽 0.3~0.5 mm，伸展后可达 4~10 mm，有柄，圆柱形，匍匐状，起初鲜黄色，后变浅赭色或黄褐色。囊被早脱落，杯托浅，黄色，膜质，内表面有细刺和网纹。柄短或无，基部收缩。基质层膜质。孢丝网体与杯托连着不牢固，易脱落，同色，弹性强，有大刺及小刺，其间有不规则连线，分枝连接处为近三角形膨大。孢子直径 6~8 μm，球形，具小疣，成堆时黄褐色或近黄色，光学显微镜下近无色。

密集群生于死木上。分布于东北、华中、华南等地区。

图 1790

1791 彩囊钙丝菌
***Badhamia utricularis* (Bull.) Berk.**

孢囊直径为 0.5~0.8 mm，近球形，灰白色，有天蓝、翠绿、玫紫彩色晕光。囊被膜质，无色透明或白色，有颗粒物质。柄细弱，匍匐状，分叉或有融联，带黄色或淡褐色。基质层不发达，带黄褐色。孢丝白色，扁平，充满石灰质颗粒，均匀稀疏，结成网状。孢子直径为 10~12.2 μm，常 6 个至近 20 个结成疏松的团，易分散，球形、近球形，有明显小刺，成堆时暗紫褐色至近黑色。

丛生于倒木上。分布于东北、西北、华中等地区。

图 1791

1792 纹丝菌
***Calomyxa metallica* (Berk.) Nieuwl.**

孢囊直径 0.4~1 mm，球形、近球形或垫状，无柄或很少有极短柄，有时为联囊体，长可达 10 mm，暗黄色或铜色。囊被膜质，半透明。孢丝和孢子堆灰黄色，或带粉色。孢丝直径 0.5~2 μm，为实线，有分枝，卷曲，淡黄色，有一行小刺以螺旋方式排列，形成由小刺排成的一条疏松螺纹带，末端渐细，有时与囊被相连。孢子直径 8~13 μm，球形，有疣，显微镜下淡黄色或近无色。

密集群生或散生于腐木、树皮或枯叶上。分布于东北、华中等地区。

图 1792

图 1793-1

1793 鹅绒菌

Ceratiomyxa fruticulosa (O.F. Müll.) T. Macbr.

子实体高 1~10 mm，白色，为丛生直立柱形，树枝状分叉，或疏或密，或互相联结，较少为平展而无直立枝。基质层常扩展，有时也产生孢子。孢子 8~13×6~8 μm，生在纤细的小梗顶上，形状大小差异较大，多数卵圆形或椭圆形，有时球形或近球形，成堆时白色，光学显微镜下无色透明。原生质团水状，带黄色、粉色、杏黄色或绿色。

一般生于腐木上，有时也生于落叶和其他植物残体上。各区均有分布。

根据子实体形态分为两个变种：①鹅绒菌树枝状变种 *C. fruticulosa* var. *arbuscula*，子实体呈树枝状。②鹅绒菌蜂窝状变种 *C. fruticulosa* var. *porioides*，子实体呈蜂窝状。

图 1793-2

图 1793-3

大型黏菌

图 1794-1

图 1794-2

1794 白头高杯菌
Craterium leucocephalum (Pers.) Ditmar

孢囊直径 0.3~0.6 mm，全高 0.5~1.7 mm，直立有柄。囊被双层，内层膜质，外层粗糙，密布石灰质颗粒，上部灰白色，下部黄褐色至红褐色，近软骨质，囊顶稍突起，盖状开裂，留存深高杯体。柄近红褐色，有纵肋，为全高的 1/4~1/2。孢丝连线无色，分叉处稍扩展。石灰结白色，不规则形，中部聚成假囊轴，大，白色。孢子直径 7.3~9 μm，球形，成堆时黑色，光学显微镜下堇紫褐色，有小疣。原生质团鲜黄色。

群生于枯枝落叶上，也见于腐木上或螺壳等其他基质上。各区均有分布。

1795 赭褐筛菌
Cribraria argillacea (Pers.) Pers.

孢囊密集群生或为假复囊体，多数直径 0.6~1 mm，球形至近球形，有短柄或无柄，暗赭色或土黄色。囊被上部易消失，下部留存杯体。杯体具辐射状细肋线，向上尖细。网与杯体界限不明显，网凋落后杯缘内卷，网体无厚大节，扁，连线较粗。部分为单生孢囊，下部杯体不甚明显，多穿孔，完全呈网体。基质层明显，由网脉上生出柄及孢囊。柄极短，最长仅达 1 mm，有纵褶，暗褐色或黑色。网体及杯体充满原质粒。原质粒直径 0.5~1.5 μm，长形、圆形或不规则形，小的色深，大的色浅。孢子直径 6.25~7.5 μm，球形，近光滑，有的具细点，成堆时土黄色至土褐色，光学显微镜下稍浅。

群生于死木上。各区均有分布。

图 1795

XI

1796 白柄菌
***Diachea leucopodia* (Bull.) Rostaf.**

孢囊高 1.2~1.8 mm，宽 0.4~0.5 mm，长卵形至长椭圆形，钝头，有柄，可成大片，少数 2~3 个生在一起，有蓝色、紫色、褐色、灰色金属光泽。囊被膜质。菌柄为全高的 1/3~1/2，白色，含石灰质颗粒，粗壮。囊轴长达孢囊的 1/2 以上。石灰质颗粒和基质层白色。孢丝褐色，从囊轴各处伸出，弯曲，分枝并联结成网。孢子直径 7.5~9 μm，球形，有不均匀小疣，成堆时深褐色，光学显微镜下淡紫褐色。

群生于枯枝落叶上。分布于东北地区。

图 1796

1797 线筒菌
***Dictydiaethalium plumbeum* (Schumach.) Rostaf. ex Lister**

子实体为多个孢囊组成的假复囊体。孢囊高 1~3 mm，宽 0.2~0.6 mm，紧密排成栅栏层，暗黄色至黄褐色甚至红褐色，宽可达 10 cm 以上。基质层厚，同色，持久，扩展超出子实体底边，银色或污白色。加厚的囊盖联成皮层，为有网格状的小鼓包的壳。开裂时皮层各囊盖分开，线状的假孢丝连着在囊盖的各个角上，多为 4~6 根，光滑，直径 3.6~5 mm，囊被其余部分易消失。孢子直径 8.5~12.5 μm，近球形，有小刺或稍粗糙，成堆时赭色或土黄色，很少鲜黄色或暗红色，光学显微镜下近无色至淡黄色。原生质团粉红色至玫红色。

生于死木或树皮上。分布于东北、华南等地区。

图 1797

大型黏菌

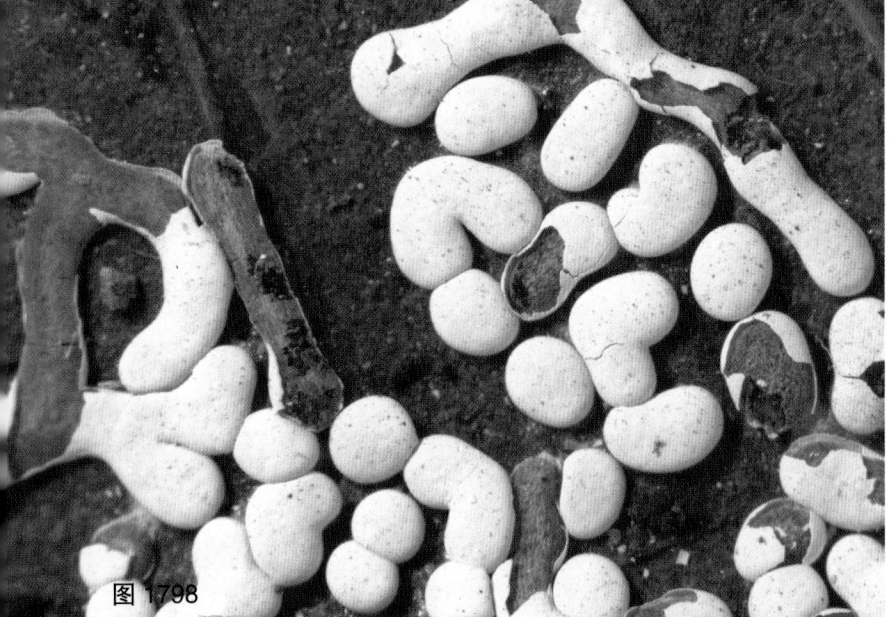

图 1798

图 1799

图 1800

1798 垫形双皮菌
Diderma effusum (Schwein.) Morgan

孢囊直径 0.5~0.75 mm，垫状，无柄，灰白色，有时集结在一起，呈网格状，也可扩展为假复囊体。囊被双层，外层光滑，钙质，贝壳形；内层灰色，膜质；内外两层分开，外层易脱落，多数呈盖状脱落。含石灰质颗粒。囊轴扁垫状，粉褐色或浅粉色，石灰质。孢丝较细，无色，直，未见分枝，顶端有结状联结。孢子直径 6~10 μm，近球形，有疣，成堆时暗紫色，光学显微镜下浅褐色。原生质团白色。

生于落叶、草茎、腐木或草食动物粪便上。各区均有分布。

1799 穿孔钙皮菌
Didymium perforatum Yamash.

联囊体宽 1~1.5 cm，网状、迷路状。囊被薄，淡褐色，透明，密布白色至黄白色石灰质结晶，结晶体大。无囊轴。孢丝直径 1.5~2 μm，网状，分叉处有扩大片，暗褐色。孢子直径 10~15 μm，球形，有疣，成堆时黑褐色，光学显微镜下紫褐色。原生质团褐色。

生于死叶上。分布于华中地区。

1800 煤绒菌
Fuligo septica (L.) F.H. Wigg.

复囊体宽 2~20 cm，厚 1~3 cm，垫状，很少近似联囊体，黄色。皮层有石灰质，较厚而脆，易分离。孢丝石灰结白色、黄色或带红色，梭形，连接线无色透明，有时稀少。孢子直径 6~10 μm，球形，有细刺，成堆时暗黑色，光学显微镜下紫褐色。原生质团黄色居多，较少白色或乳白色。

生于菌棒、腐木、植物残体、活植物及土壤上。各区均有分布。

1801 细柄半网菌
Hemitrichia calyculata (Speg.) M.L. Farr

孢囊直径 0.6~0.8 mm,全高可达 1~3 mm,有柄,球形或陀螺形,青黄褐色。囊被薄,膜质,上部开裂,下部留存为杯托,内侧有小的多角形乳突,其间有连线。菌柄高 0.5~2 mm,细,均匀,与孢囊有明显界线,暗褐色。基质层膜质,暗红褐色。孢丝丰富,直径 5.2~7 μm,为有弹性的网体,分枝联结,螺纹带 4~5 条,规整,带上有密短绒毛,散头少,钝圆,透射光下淡青褐色。孢子直径 7.5~8.1 μm,球形,成堆时黄色,有不完整,细网纹,透射光下黄色。

散生于死木上。分布于中国大部分地区。

图 1801

1802 棒形半网菌
Hemitrichia clavata (Pers.) Rostaf.

孢囊高 0.7~2 mm,全高可达 3 mm,有柄,梨形或陀螺形,鲜黄色或青褐色。菌柄较短粗。孢丝丰富,直径 5.2~5.7 μm,为有弹性的网体,螺纹带 4~6 条,规整,带有稀疏的短绒毛,散头少,钝圆膨大带一尖突,淡黄色。孢子直径 7.5~8.6 μm,球形,有完整细网纹,成堆浅黄色。原生质团黄色或玫红色。

群生、少数散生于死木上。各区均有分布。

图 1802

1803 绞丝半网菌
Hemitrichia intorta (Lister) Lister

孢囊直径 0.4~0.6 mm,有柄,近球形,暗褐色。囊被成硬壳,有颗粒物质加厚,从上部不规则开裂,下部留存杯托。柄高可达 0.2 mm,暗褐色,粗壮,有槽,基质层明显,片状,近革质,暗黄褐色。孢丝直径 3.5~4 μm,较长,不分枝或分枝,有时相互拧绕。螺纹带 3~4 条,不规整,突起呈脊状,带间有纵线,散头少,末端骤细,尖长约 20 μm,有螺纹带延伸。孢子直径 9~10 μm,成堆时褐黄色,光学显微镜下淡黄色,近球形,有铆钉状细疣。

密集群生于死木上。分布于东北地区。

图 1803

大型黏菌

1804 蛇形半网菌
Hemitrichia serpula (Scop.) Rostaf.

联囊体常扩展成网状，可达数厘米宽，鲜黄色、锈色或褐色。囊被膜质，内表面有密条纹及稀疏长刺，透明，不规则纵向开裂。基质层不发达，黄褐色，孢丝成堆时金黄色。孢丝直径 5~8 μm，为一团黄色长线，分枝少，仅基部连着囊基。螺纹带 3~4 条，较规整，有长刺，最长可达 5 μm，散头少，末端钝圆，有长刺，淡黄色。孢子直径 10~14.3 μm，近球形，成堆时金黄色，光学显微镜下有稀疏网纹，浅黄色。原生质团先白色后黄色。

群生于腐木上。各区均有分布。

图 1804

1805 光果菌
Leocarpus fragilis (J. Dicks.) Rostaf.

孢囊直径 0.6~1.6 mm，全高 2~4 mm，短圆柱形或倒卵圆形至近球形，有柄，或无柄而以囊基收缩着生，浅黄色或赭色至栗褐色或深红褐色。囊被光滑，发亮，脆，分为三层，外层软骨质，中层石灰质，内层膜质、无色透明。有柄软弱，近白色或黄色，实为膜质基质层的延伸。孢丝二型，一型为满含石灰质的白色网体，一型为无色透明细扁管线结部扩大的网体，两者相连而有明显区别。孢子直径 12~14 μm，球形，有粗疣，成堆时黑色，光学显微镜下褐色，一侧有浅色区。原生质团嫩黄色至橙黄色。

群生或丛生于落叶、死枝、腐木及活草上。分布于东北和西北地区。

图 1805-1

图 1805-2

图 1806-1

图 1806-2

图 1806-3

1806 小粉瘤菌

Lycogala exiguum Morgan

　　复囊体直径 0.5~10 mm，近球形，子实体幼时为深粉红色，成熟时颜色变暗，近于黑色。皮层黄褐色，有一层密疣状小鳞片，颜色暗，紫黑色或黑色，起初垫状，内容均一，以后变为扁平表面呈细网格状，从顶上开裂，不规则。假孢丝直径 2~10 μm，为无色或黄色的分枝管体，从皮层内侧伸出，基部常光滑，其余部分粗糙有横褶皱。孢子直径 4~6 μm，近球形，隐约有不完整的网纹或不规整的线条和疣点，有时近光滑，成堆时粉红赭青色，光学显微镜下近无色。

　　散生或群生于死木上。各区均有分布。

大型黏菌

图 1807

大粉瘤菌

Lycogala flavofuscum (Ehrenb.) Rostaf.

　　复囊体宽 2~7 cm, 垫状或近球形, 有时梨形并有短柄。子实体幼时为肉粉色, 成熟时为银灰色、赭色至紫褐色。皮层近光滑, 稍有光, 或有小坑窝, 厚, 脆。有柄时膜质, 索状, 无色。假孢丝近无色, 分枝并联结, 有皱纹、有疣突或近光滑, 主枝直径 25~60 μm, 小枝直径 6~25 μm, 分枝处扩大, 散头钝圆。孢子直径 5~6 μm, 球形, 有网纹, 成堆时黄褐色, 光学显微镜下无色。原生质团白色、浅粉红色, 渐变为黄褐色至污白色。

　　单个散生或成小丛生于死木或活立木上。分布于东北与华北地区。

暗红变毛菌

Metatrichia vesparium (Batsch) Nann.-Bremek.

　　孢囊直径 0.4~0.8 mm, 高 1~2 mm, 全高可达 3 mm 以上, 有柄或近无柄, 密丛生, 或近似假复囊体, 倒卵圆形至长卵圆形, 暗红色、暗红褐色或近黑色, 有金属光泽。柄常融联成束, 较粗, 砖红色, 有沟槽。孢子堆和孢丝褐红色。弹丝直径 4~5.5 μm, 极长, 很少分枝, 折回扭绕如绳索状。螺纹带 3~4 条, 较规整, 有许多 1~5 μm 的长刺, 末端钝头带 1~2 个粗大刺, 淡褐色。孢子直径 8.5~12 μm, 近球形, 疣较长, 少簇生, 光学显微镜下淡褐色。原生质团黄色、深红色至黑色。

　　生于死木上。各区均有分布。

图 1808-1

图 1808-2

图 1809

图 1810

图 1811

1809 金孢盖碗菌
Perichaena chrysosperma (Curr.) Lister

孢囊直径 0.2~0.5 mm，形状多样。联囊体弯曲，环状、蠕虫状或网状，暗赭色、红褐色、暗栗褐色或近黑色，有金属光泽。囊被双层，外层膜质发亮，有时不完整或缺，仅基部存在；内层薄，近膜质，开裂不规则。菌柄无或极短，近黑色。孢丝直径 2.6~4.7 μm，管状，散头圆形膨大，有长 2.6~3.9 μm 的长刺，不分枝或分枝，表面布满细而均匀的网纹，淡黄色。孢子直径 8.3~10.4 μm，近球形，有细疣，成堆时暗黄色。

散生或群生于死木、树皮或落叶及食草动物粪便上。分布于东北地区。

1810 针箍菌
Physarella oblonga

(Berk. & M.A. Curtis) Morgan

孢囊直径可达 1 mm，全高可达 3 mm，有柄，群生，有时无柄或成联囊体，圆柱形，一般垂头，向内深凹呈杯状。囊被无色或带绿色，有黄色、褐色、红色，有时有白色的石灰质鳞片，鳞片稀疏或连成贝壳形，从上面开裂，外部不规则，或呈花瓣状，向外翻出，露出内侧的石灰质钉齿状孢丝和中间无刺的内层囊被，像圆柱形的假囊轴。柄圆或扁，空心，一般长，红色，半透明。基质层不透明。孢丝二型，一型为石灰质刺状的不分叉或分叉结构，从囊被外层的内侧向内深入；一型为董紫色细线状网体，带有少数梭形黄色或白色石灰结。孢子直径 6~8 μm，董紫褐色，球形，有细小疣点，近光滑。原生质团鲜黄色或白色。

生于死木和落叶上。各区均有分布。

1811 两瓣绒泡菌
Physarum bivalve Pers.

联囊体高 0.7~1.2 mm，长，侧扁，波状弯曲或分枝连成网体状，白色、灰白色、灰黄色，间有小的单个扇形孢囊。基质层膜质，灰褐色，半透明，收缩为一脊线。囊被双层，外层有厚的石灰质，顶部开裂线外最多，白色；内层膜质，无色，稍有晕光，与外层贴连，沿预成的脊线开裂，外壁瓣裂。孢丝密，无色，石灰结大，白色，不规则或多角形或棱柱形，联结线短。孢子直径 8.5~10 μm，近球形，密生小刺，成时堆黑色，光学显微镜下带紫褐色。

散生至群生于落叶、枯枝、苔藓和其他植物性残体上，少见于活草和腐木上。各区均有分布。

1812 团聚绒泡菌
Physarum conglomeratum (Fr.) Rostaf.

孢囊宽 0.3~0.4 mm，卵圆形，无柄，密集群生，常挤成多角形，浅黄色。囊被双层，外层石灰质，脆，外层内侧光滑如瓷；内层半透明，持久，有网纹或小而圆形的颗粒，有光泽，开裂时外层与内层分开。孢丝由分枝的透明细线联结白色不规则形的石灰结组成。孢子直径 9~10.5 μm，球形，有小疣点，成堆时黑色，光学显微镜下紫褐色。

生于腐木上。分布于西北地区。

图 1812

1813 蛇形绒泡菌
Physarum serpula Morgan

联囊体宽 0.2~0.4 mm，直或弯曲线条状、环状至网状，常夹有球形的孢囊，暗黄色或赭色，很少有鲜黄色，常褪色。囊被单层，薄，膜质，均匀覆盖一层石灰质颗粒，基质层扩展。孢丝密。石灰结多，大，多角形，分叉，黄白色。联结线短，少，无色。孢子直径 10~13 μm，球形，有小疣，一侧较光滑，色泽较浅，成堆时暗黑色，光学显微镜下浅褐色。

生于落叶、树皮、腐木、地衣、老熟伞菌上。分布于东北和华北地区。

图 1813

1814 线膜菌
Reticularia lycoperdon Bull.

复囊体宽 2~8 cm，有时可达 10 cm 以上，垫状或近球形，起初有一银色薄皮层，后变褐色。基质层白色，在子实体基部周围形成明显边缘。假孢丝从基部起为直立膜片状，树状分叉，有扩大片，最终分为扁平、弯曲的锈褐色线条。孢子直径 6~10 μm，分散或结成松团，球形或陀螺形，约 2/3 面上有网纹，成堆时锈褐色。原生质团乳白色。

群生于死木上。分布于东北和西北地区。

图 1814

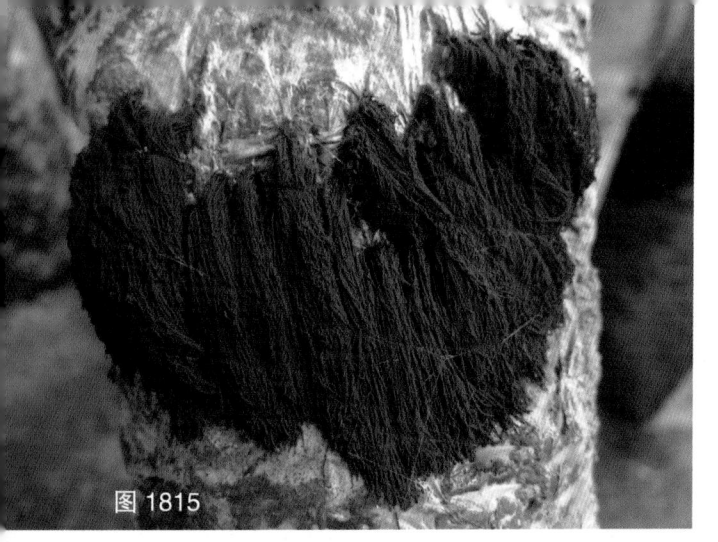

图 1815

1815 长发丝菌
***Stemonaria longa* (Peck) Nann.-Bremek. et al.**

孢囊长 1~3.5 cm，细长圆柱形，较细弱，顶钝圆，有柄，大多数倒挂或下垂，黑褐色。菌柄较短，黑色，有光泽。基质层膜质，黑褐色，发亮。囊轴可达囊顶，较细弱，黑褐色。孢丝稀疏，大多数二分叉成锐角，近囊轴处有少数分枝联结，尖端较硬，直，游离。孢子直径 7.5~11 μm，球形，有小疣，疣间有连线；成堆时黑褐色，光学显微镜下暗褐色。原生质团未见。

密集生于死木上。分布于东北、华北、华中等地区。

1816 锈发网菌
***Stemonitis axifera* (Bull.) T. Macbr.**

孢囊总高 7~20 mm，丛生成小簇到中簇，偶尔成大片，着生在共同的基质层上，长圆柱形，顶端稍尖，鲜锈褐色。菌柄高 3~7 mm，黑色有光泽。囊轴向上渐细；在囊顶下分散。孢丝褐色，分枝并联结成中等密度的网体。网细密，网孔多角形，宽 5~20 μm，光滑平整，浅色，持久。孢子直径 4~7.5 μm，球形或近球形，有微小疣点，成堆时锈褐色至红褐色，显微镜下淡锈褐色。

生于腐木上。各区均有分布。

图 1816

图 1817

| 1817 | **美发网菌** |

Stemonitis splendens Rostaf.

孢囊高 5~30 mm, 细长圆柱形, 顶端钝圆, 常密集丛生, 形成大群落, 有时互相粘连, 红褐色、紫褐色至近黑色。菌柄高 1~6 mm, 黑色, 光亮。孢丝稀疏, 紫褐色带铜色光泽, 分枝联结少, 小枝末梢与孢囊表面网相连。表面网平整光滑完整, 网孔大小差异很大, 轮廓为圆形或多角形。孢子直径 7~9 μm, 球形, 密布细疣, 成堆时紫黑褐色, 光学显微镜下黄褐色至紫褐色。原生质团浅黄色或白色。

生于腐木和树皮上, 经常见于倒木上, 有时在老熟的多孔菌及其他植物残体上。各区均有分布。

| 1818 | **环壁团毛菌** |

Trichia varia (Pers.) Pers.

孢囊宽 0.4~0.8 mm, 长 0.4~1.2 mm, 球形、近球形或短蠕虫形, 橙色、赭色或青褐色。囊被单层, 膜质, 有晕光或表面有颗粒物质。无柄或有极短的黑柄。基质层扩展, 角质, 不明显。弹丝长 6~10 μm, 直径 3.1~5.2 μm, 淡黄色, 简单, 有 2 条或 3 条螺纹带, 不规整, 光滑, 末梢尖细, 略弯。孢子直径 11.7~14.6 μm, 近球形, 有柱状疣, 成堆时橙黄色, 光学显微镜下淡黄色。

密群生或散生于死木上。各区均有分布。

大型黏菌

图 1819-1

图 1819-2

图 1819-3

1819 筒菌

Tubifera ferruginosa (Batsch) J.F. Gmel.

孢囊高可达 5 mm, 宽 0.4 mm, 圆柱形至卵圆形, 通常密集互相挤压呈多角形, 形成假复囊体, 最宽可达 15 cm, 无柄, 着生在扩展的海绵状基质层上, 很少疏丛生。子实体幼时为肉粉色至粉红色, 成熟时变至深红褐色或紫褐色。囊被薄, 膜质, 半透明, 有光, 持久, 顶部圆凸, 由此开裂, 或呈盖状, 囊被内侧有散生小突起。基质层发达, 无色或淡色。孢子直径 5~8 μm, 球形, 约 3/4 面上有网纹, 成堆时暗红褐色, 光学显微镜下色浅。原生质团起初无色或水白色, 很少黄色, 后变乳白色、玫红色, 产生子实体时红褐色。

生于死木、落叶或植物残体上。分布于东北、华中、华南等地区。

XI

1. **白色腐朽（white rot）**：木材腐朽菌分泌胞外酶，降解木质素优于降解半纤维素和纤维素，降解过程常留下较多白色至浅色的纤维素和半纤维素，简称白腐。

2. **半埋生（subembedded）**：指子囊壳[118]部分包埋于子座[124]内的着生式样。

3. **孢囊被（peridium，复数 peridia）**：指包裹着孢子囊[7]的全部外部组织，成熟时易破裂或消失。也称囊被或包被。

4. **孢囊轴（columella，复数 columellae）**：指黏菌[79]孢子囊[7]内的轴状构造。在不同的黏菌物种中，孢囊轴可以是囊柄在孢囊内的延伸部分或是孢囊柄基部突起的球形、圆锥形或长形的结构。

5. **孢丝（capillitium，复数 capillitia）**：某些黏菌[79]孢子囊[7]内原生质体部分形成孢子，另一部分分化形成不育的丝状结构称为孢丝。在腹菌[38]产孢组织[6]中，一种厚壁的菌丝[62]也被称为孢丝。

6. **孢体（gleba，复数 glebae）**：腹菌类的产孢结构，位于包被[3]内部，也称产孢组织。

7. **孢子囊（sporangium，复数 sporangia）**：黏菌[79]孢子内生的孢子器叫孢子囊，简称孢囊。

8. **表生（superficial）**：指子囊壳[118]全部或几乎全部外露，仅基部着生于子座[124]表面的着生式样。

9. **柄生囊状体（caulocystidium，复数 caulocystidia）**：生于菌柄[52]表面的囊状体[76]，简称柄囊体。

10. **病原真菌（pathogenic fungus，复数 pathogenic fungi）**：可寄生于特定寄主或一定范围寄主群体并引起病害的真菌。

11. **不嗜蓝（acyanophilous）**：在棉蓝试剂中，如果担孢子[20]、菌丝[62]、囊状体[76]、细胞壁等不变色，则称为不嗜蓝。

12. **不育边缘（sterile margin）**：子实层体[122]外侧边缘不育部分，常见于多孔菌[30]子实层体边缘非孔状部分。

13. **不育基部（sterile tissue）**：指腹菌[38]产孢组织[6]的基部。该部分组织不产生孢子，仅对孢体[6]有支撑作用。

14. **侧生囊状体（pleurocystidium，复数 pleurocystidia）**：生于大型担子菌[22]菌褶[68]两侧或菌管[55]内侧的囊状体[76]，简称侧囊体。

15. **侧丝（paraphysis，复数 paraphyses）**：在子囊盘[120]和子囊壳[118]的子实层[121]中，与子囊[114]并排生长的不育丝状结构。

16. **齿菌（hydnaceous fungus，复数 hydnaceous fungi; teeth fungus，复数 teeth fungi）**：指子实层体[122]呈齿状的大型担子菌[22]。

17. **春孢子（aecidiospore，复数 aecidiospores）**：又称锈孢子，锈菌生活史中由锈孢子器[97]产生的一种双核孢子，球形或卵形，通常表面有刺或疣。

18. **丛生 簇生（caespitose，caespitous，tufted，fasciculate，fascicled）**：指子实体[123]成丛、成片的状态，即菌柄[52]基部聚集在一起的生长方式。

---

* 各词条按汉语拼音字母顺序排序。释文中的角码是所涉及名词所在词条的序号，依角码提示可以查到该名词的释义。

19. **大囊状体**（macrocystidium, 复数 macrocystidia）：红菇科等伞菌[84]菌褶[68]中出现的一类含有针状物或强折光物的囊状体[76]，其基部有横隔。其中，生于菌褶两侧的大囊状体称为侧生大囊状体（pleuromacrocystidium，复数 pleuromacrocystidia），生于菌褶边缘的大囊状体称为缘生大囊状体（cheilomacrocystidium，复数 cheilomacrocystidia）。

20. **担孢子**（basidiospore, 复数 basidiospores）：担子菌[22]外生于担子[21]上的经核配、减数分裂形成的有性孢子[103]，由小梗与担子相连。

21. **担子**（basidium, 复数 basidia）：担子菌[22]中产生担孢子[20]的细胞，通常顶端膨大呈棒形。

22. **担子菌**（basidiomycete, 复数 basidiomycetes）：产生担子[21]和担孢子[20]的真菌。

23. **担子体**（basidioma, 复数 basidiomata）：又称担子果（basidiocarp）、子实体[123]，指担子菌门真菌有性生殖阶段形成的结构，由双核菌丝组成，其上产生担子[21]和担孢子[20]。

24. **单生**（solitary, single）：指子实体[123]单独生长的方式。

25. **弹丝**（elater, 复数 elaters）：在团毛菌科黏菌[79]的子实体[123]中，不连着孢囊[7]任何部分，游离在孢子中间并有弹性的类似孢丝[5]的结构。

26. **地衣**（lichen, 复数 lichens）：藻类或蓝绿藻与真菌的共生体，两者紧密地结合在一起，像一个单独的个体。

27. **淀粉质**（amyloid）：指孢子或其他组织结构在梅氏试剂[74]中呈蓝色至蓝黑色的反应，这与淀粉遇碘的反应类似，故称之为淀粉质。

28. **叠生**（superposed）：多指无菌柄[52]子实体[123]的菌盖[53]上下重叠生长在一起的生长方式。

29. **冬孢子**（teliospore, 复数 teliospores）：锈菌在生活史中继夏孢子[95]后形成的厚垣孢子[44]。当寄主植物接近生长终期时，由夏孢子产生的双核菌丝体产生冬孢子形成冬孢子堆，成熟后仍保持原状在寄主表皮之下休眠。冬孢子较夏孢子更具抗逆性，大多具有越冬性。

30. **多孔菌**（polypore, 复数 polypores; polyporoid fungus, 复数 polyporoid fungi）：指子实体[123]革质至木质，子实层体[122]主要呈孔状的一类大型真菌，部分种类的子实层体形态变化较大，可发育形成迷宫状（迷路状）、褶片状或齿耙状等。

31. **非淀粉质**（non-amyloid）：指孢子或其他组织结构在梅氏试剂[74]中不改变颜色的反应。

32. **分孢子**（part spore, 复数 part spores）：在虫草等部分子囊菌[117]种类中，由多细胞的线形子囊孢子[115]断裂形成的单细胞的孢子。

33. **分生孢子**（conidium, 复数 conidia）：为无性孢子[93]，常形成于产孢细胞的末端或侧面。在某些情况下，一个原已存在的菌丝细胞可以转变成为一个分生孢子。

34. **分生孢子梗**（conidiophore, 复数 conidiophores）：一种简单或分枝的菌丝[62]，在其顶端或侧面有一个或多个产分生孢子[33]的细胞。

35. **腐生**（saprophytic）：指真菌生于死亡的动植物残体上，并从中摄取营养的方式。

36. **附生**（adnexed）：指菌褶[68]与菌柄[52]之间有较窄的联结的着生式样，即菌褶在接近菌柄处变窄后与菌柄联结，有时也称凹生。

37. **复囊体**（aethalium, 复数 aethalia）：在黏菌[79]中，指大型的、有时呈块状有时为垫状的子实体[123]。它是许多孢囊[7]错综复杂紧密地堆集交织在一起形成的，表面有一共同的皮层。

38. **腹菌**（gasteroid fungus, 复数 gasteroid fungi）：指担孢子[20]成熟于子实体[123]内部的一类真菌。其外部有明显的包被[3]，内部为产孢组织[6]，担孢子通常没有弹射功能，在包被破裂后，担孢子才能释放。

39. **盖生囊状体**（pileocystidium, 复数 pileocystidia）：生于菌盖[53]表面的囊状体[76]，简称盖囊体。

40. **革菌（thelephoroid fungus, 复数 thelephoroid fungi）**：指子实体[123] 片状、革质至膜质，子实层体[122] 平滑至疣状的一类大型担子菌[22]。本书中广义的革菌包括具较典型菌盖[53] 的狭义革菌、部分平伏于基物上且具菌盖的韧革菌（sterioid fungus，复数 sterioid fungi）和平伏生长于基物上的伏革菌（corticioid fungus，复数 corticioid fungi）。

41. **共生（symbiotic）**：指一种生物（如真菌）与其他生物（如植物）互惠互利地生活在一起的营养方式。

42. **骨架菌丝（skeletal hypha, 复数 skeletal hyphae）**：部分多孔菌[30] 等大型担子菌[22] 所具有的壁厚、通常不分枝、平直或稍弯曲的一类菌丝[62]，有骨架支撑作用。

43. **褐色腐朽（brown rot）**：木材腐朽菌有选择地降解木材中的纤维素和半纤维素，但不降解木质素，被降解后的木材通常破裂或呈颗粒状，颜色为褐色，简称褐腐。

44. **厚垣孢子（chlamydospore, 复数 chlamydospores）**：由厚壁的菌丝体[64] 产生的分生孢子[33]，一般为休眠孢子。

45. **鸡油菌（chanterelle, 复数 chanterelles; cantharelloid fungus, 复数 cantharelloid fungi）**：指子实体[123] 肉质，子实层体[122] 平滑、近平滑、脊状至褶状，常见形状为喇叭形、陀螺形甚至近伞形的大型担子菌[22]。若子实层体褶状时，菌褶[68] 通常比一般伞菌[84] 的厚且浅，长延生[100]。有时可把鸡油菌视为伞菌中的一大类群。

46. **基质层（hypothallus, 复数 hypothalli）**：黏菌[79] 原生质团[105] 产生子实体[123] 时，一部分原生质遗留在子实体下面和基物上干缩而成。

47. **寄生（parasite）**：指一种生物（如真菌）生活于另一种生物体的体内或体表，从中摄取养分以维持生活的方式。

48. **假复囊体（pseudoaethalium, 复数 pseudoaethalia）**：指某些黏菌[79] 由许多孢囊[7] 紧密聚集或堆叠形成的构造。其外形像复囊体[37]，但各个孢囊仍保持各自明显独立的结构，内部物质并不相融，表面也没有共同的皮层。

49. **胶质菌（jelly fungus, 复数 jelly fungi）**：指子实体[123] 胶质、干后坚硬、担子[21] 有分隔或呈叉状的大型真菌，如银耳、木耳和胶角耳等。这类真菌的担子，与大多数大型担子菌[22] 的无分隔、非叉状的典型棒形担子不同。

50. **具边缘的球状膨大（marginately bulbose）**：指大型担子菌[22] 的菌柄[52] 基部球形膨大，并在膨大处上方下凹形成清晰可辨的边缘。

51. **具小横脉（intervenose）**：指菌褶[68] 之间具横向脉络状的突起。

52. **菌柄（stipe, 复数 stipes）**：指子实体[123] 中起支撑作用的柄状结构。有的物种无菌柄。

53. **菌盖（cap, 复数 caps; pileus, 复数 pilei）**：子实体[123] 上部或顶端的帽状结构。

54. **菌盖皮层（pileipellis）**：显微镜下观察到的菌盖[53] 表皮的细胞结构，也称菌盖表皮、盖表皮或盖皮。根据细胞排列方式不同，菌盖皮层可划分为多种类型。

55. **菌管（tube, 复数 tubes）**：大型担子菌[22] 菌盖[53] 下面产生的管状子实层体[122] 结构。

56. **菌管单层（single layered）**：多孔菌[30] 形成的一层菌管[55]。

57. **菌管多层（multiple layered）**：多孔菌[30] 形成的多层菌管[55]。某些多孔菌可在一年或每一个生长季节甚至每一个旱雨间隔期增加一层菌管。

58. **菌核（sclerotium, 复数 sclerotia）**：由菌丝[62] 聚集和黏附而形成的一种团状、颗粒状的休眠体。它也是糖类和脂类等营养物质的贮藏体。

59. **菌环（annulus, 复数 annuli）**：指伞菌[84] 内菌幕[60] 开伞后残留于菌柄[52] 上的环状或裙子状结构。

60. **菌幕（veil, 复数 veils）**：指包裹在伞菌[84] 幼小子实体[123] 外面或联结在菌盖[53] 和菌柄[52] 间的膜状结构，是大型真菌子实体的组成部分。前者称外菌幕，后者称内菌幕。子实体幼时由菌幕包被，当子实体成熟或开伞后，有时在菌盖表面、菌盖边缘及菌柄上形成菌幕残余。许多伞菌不形成菌幕。

61. **菌肉（context, flesh）**：指大型真菌子实体[123]除表皮与产孢结构之外的内部组织结构，通常分菌盖菌肉和菌柄菌肉。前者为菌盖表皮[54]和子实层体[122]之间的部分，后者为菌柄[52]的内部组织。其质地、气味、颜色和菌丝[62]类型为物种分类的依据。

62. **菌丝（hypha, 复数 hyphae）**：大多数菌物的基本结构单位，为管状的细丝。

63. **菌丝钉（hyphal peg, 复数 hyphal pegs）**：指多孔菌[30]等种类中生长在菌管[55]壁上或孔口[69]上的一种不育结构，由多根菌丝[62]构成，多呈钉子状。

64. **菌丝体（mycelium, 复数 mycelia）**：由许多菌丝[62]集合在一起构成的宏观结构或营养体。通常菌丝形态需在显微镜下观察，而菌丝体则肉眼可见。

65. **菌髓（trama, 复数 tramae）**：通常指菌褶[68]或菌管[55]的髓部。

66. **菌索（rhizomorph, 复数 rhizomorphs）**：有些高等真菌形成的索状、发状至根状的结构，周围有包被，尖端是生长点，多生在树皮下或地下，具输送物质和延伸的功能，在不适宜的生长环境下呈休眠状态。通常也称作菌丝索或根状菌索。

67. **菌托（volva, 复数 volvae）**：指在伞菌[84]等成熟个体下端的菌幕[60]残余，其形状多样。

68. **菌褶（lamella, 复数 lamellae; gill, 复数 gills）**：伞菌[84]中构成子实层体[122]的片状结构，即菌盖[53]内侧或下表面具有的片状或褶状结构。

69. **孔口（pore, 复数 pores）**：多孔菌[30]或牛肝菌[80]中，子实层体[122]菌管[55]末端的开口。

70. **离生（free, seperate）**：指菌褶[68]与菌柄[52]之间有空隙，菌褶与菌柄不直接接触的着生式样。

71. **联络菌丝（binding hypha, 复数 binding hyphae）**：多孔菌[30]类的一种特殊菌丝[62]，其分枝多、弯曲、壁厚，常相互交错地将骨架菌丝[42]联络起来。

72. **联囊体（plasmoidiocarp, 复数 plasmoidiocarps）**：黏菌[79]中无柄的孢囊[7]联结成长条状结构，其中孢囊在一定程度上保持着原生质团[105]的形态。

73. **埋生（embedded）**：指子囊壳[118]包埋于子座[124]内的着生式样。

74. **梅氏试剂（Melzer's reagent）**：是真菌分类研究中常用的一种试剂，用于检测研究对象是否为淀粉质。其配方如下：水合氯醛 100 g，碘 1.5 g，碘化钾 5 g，蒸馏水 100 ml。先将碘和碘化钾研合，加蒸馏水溶解，再同水合氯醛混合。

75. **囊盘被（epithecium, 复数 epithecia）**：在部分子囊菌[117]中，子实层体[122]表面的一层由侧丝[15]顶端分叉联结而成的组织，也称囊层被。

76. **囊状体（cystidium, 复数 cystidia）**：子实体[123]中任何表面生长的、在形状上有别于其他细胞的不育细胞。

77. **内包被（endoperidium, 复数 endoperidia）**：包裹孢体[6]的最内层包被[3]。

78. **拟糊精质（dextrinoid）**：指孢子或其他组织结构在梅氏试剂[74]中呈棕色至红棕色的反应。

79. **黏菌（slime mold, 复数 slime molds; myxomycete, 复数 myxomycetes）**：具有类似于原生动物的原生质团[105]阶段和类似于真菌有性生殖阶段的一类真核生物，现归于原生动物界。

80. **牛肝菌（bolete, 复数 boletes）**：指子实体[123]肉质、子实层体[122]多为管孔状的一类大型真菌。

81. **瓶梗（phialide, 复数 phialides）**：一种末端开口的产分生孢子[33]的细胞，可产生向基部生长的分生孢子链。

82. **全缘（entire）**：指多孔菌[30]孔口[69]或伞菌[84]菌褶[68]边缘整齐规则。

83. **群生（gregarious）**：指成群的多个相互独立的菌物个体彼此生长得比较近，但不联结在一起的生长方式。

84. **伞菌（agaric, 复数 agarics）**：指具有伞形子实体 [123] 的担子菌 [22]，通常为肉质、膜质或偶为革质并具有菌褶 [68]，分类学上归属于担子菌门（Basidiomycota）蘑菇纲（Agaricomycetes）。多数种类属于蘑菇目（Agaricales），还包括红菇目（Russulales）的红菇科（Russulaceae）、多孔菌目（Polyporales）多孔菌科（Polyporaceae）下的香菇属（Lentinus）和革耳属（Panus）等肉质至革质且具有菌褶的类群。它们也称蘑菇。

85. **珊瑚菌（coral fungus, 复数 coral fungi; club fungus, 复数 club fungi）**：通常指由基部生出多回分枝、圆柱形、向上分叉的、形似珊瑚的真菌。有些珊瑚菌物种的形态较为简单，只形成不分枝的豆芽状、棒形至圆柱形子实体 [123]。

86. **生殖菌丝（generative hypha, 复数 generative hyphae）**：指担子菌 [22] 中一类有分枝和隔膜、内部原生质稠密、薄壁和多具锁状联合 [90] 的菌丝 [62]。生殖菌丝是形成菌丝体 [64] 内所有其他结构的菌丝。

87. **石灰结（lime node, 复数 lime nodes）**：部分黏菌 [79] 种类的原生质团 [105] 中含有较多的钙质，在形成子实体 [123] 时分泌出来沉积在某些部位和结构中，表现为不定形的石灰质小颗粒或一定形状的结晶体，无色或呈蓝色、紫色、黄色、橙色、红色等。

88. **嗜蓝（cyanophilous）**：指在棉蓝试剂中担孢子 [20]、菌丝 [62]、囊状体 [76] 或细胞壁等变为蓝色的反应。

89. **丝膜（cortina, 复数 cortinae）**：指覆盖于某些伞菌 [84] 菌褶 [68] 上的或联结于菌柄 [52] 和菌盖 [53] 边缘的蛛丝状结构。

90. **锁状联合（clamp connection, 复数 clamp connections）**：有些担子菌 [22] 的次生菌丝在细胞分裂时，会在横隔膜处形成一个锁状或扣子状的结构，即为锁状联合。

91. **外包被（exoperidium, 复数 exoperidia）**：腹菌 [38] 等子实体 [123] 中包裹孢体 [6] 的最外层包被 [3]。

92. **弯生（sinuate）**：指菌褶 [68] 在与菌柄 [52] 上端相连的部位有下陷弯曲的着生式样。

93. **无性孢子（asexual spore, 复数 asexual spores）**：营养体不经过核配和减数分裂所产生的孢子。

94. **无性型（anamorph, 复数 anamorphs）**：在多型性生活史中，菌物无性阶段的表型。

95. **夏孢子（urediniospore, 复数 urediniospores）**：指在双核菌丝体形成的夏孢子器中所产生的双核无性孢子。这类孢子为锈菌特有，厚壁且多被微刺，初期在寄主体内生活，后穿破表皮向外扩散。

96. **先菌丝体（promycelium, 复数 promycelia）**：通过黑粉菌孢子或冬孢子 [29] 的萌发管直接形成的菌丝体 [64]。

97. **锈孢子器（aecium, 复数 aecia）**：在某些锈菌菌丝 [62] 侵染的寄主组织中形成的一种由双核细胞构成的、有或无包被的结构。由于连续的细胞分裂，随即产生锈孢子和孢子链。

98. **蕈菌（mushroom, 复数 mushrooms）**：能形成大型子实体 [123] 的真菌，即广义的蘑菇或伞菌 [84]。

99. **芽孔（germ pore, 复数 germ pores）**：指孢子壁上的小孔，顶生或偏生，较孢子壁颜色稍浅，芽管从这里伸出。通常也叫萌发芽孔或顶孔。芽孔可分为有盖芽孔和无盖芽孔。

100. **延生（decurrent）**：指菌褶 [68] 在菌柄 [52] 表面向下延伸的着生式样。向下延伸较短的为短延生（sub-decurrent），延伸较长的为长延生（strongly decurrent）。

101. **叶状体（thallus, 复数 thalli）**：一些地衣 [26] 的营养体。

102. **异质（duplex）**：指菌肉 [61] 质地不均匀一致。如菌肉分为两层或多层，典型的如上层疏松、下层致密等。

103. **有性孢子（sexual spore, 复数 sexual spores）**：营养体经过核配和减数分裂所产生的孢子。

104. **有性型（teleomorph, 复数 teleomorphs）**：在多型性生活史中，菌物有性阶段的表型。

105. **原生质团（plasmodium, 复数 plasmodia）**：由质膜包裹着的、多核的、可移动的、肉眼可见的、由原生质组成的黏菌 [79] 营养体。原生质团常具鲜艳的色彩，它不断地变形流动，吞噬食物，最终形成子实体 [123]。

106. **原质粒（plasmodic granule, 复数 plasmodic granules）**：黏菌[79]中形成于囊被[3]表面的细小暗色颗粒状物质。多形成于筛菌科物种的囊被上。

107. **圆胞（spore-like cell, 复数 spore-like cells）**：团毛菌科黏菌[79]在原生质团[105]形成子实体[123]过程中，菌柄[52]中留下的类似孢子状的细胞结构。

108. **缘生囊状体（cheilocystidium, 复数 cheilocystidia）**：生于大型担子菌[22]菌褶[68]或孔口[69]边缘的囊状体[76]，简称缘囊体。

109. **折光反应（shinning）**：指多孔菌[30]孔口[69]表面在不同方向显示不同颜色的现象。

110. **直生（adnate）**：指菌褶[68]垂直着生于菌柄[52]上的着生式样。

111. **直生带垂齿（adnate with a decurrent tooth）**：指菌褶[68]与菌柄[52]联结部位向下延伸呈垂齿状的着生式样。

112. **帚状细胞（broom-cell, 复数 broom-cells）**：在小皮伞等大型担子菌[22]菌盖表皮[54]或者菌褶[68]边缘产生的似扫帚状的细胞。这类细胞顶端或上部多有指状或疣状突起。

113. **子层托　孢托（receptaculum, 复数 receptacula; receptacle, 复数 receptacles）**：指子囊菌[117]和担子菌[22]中支撑子实层[121]的结构。

114. **子囊（ascus, 复数 asci）**：指产生子囊孢子[115]的细胞。这类细胞往往棒形或袋形，顶生。每个子囊内含有特定数目的子囊孢子。

115. **子囊孢子（ascospore, 复数 ascospores）**：在子囊菌[117]的子囊[114]内，通过核配、减数分裂等过程所产生的有性孢子[103]。在同一子囊中，这类孢子通常有2、4、8、16或32个，典型的子囊中有8个子囊孢子。

116. **子囊果（ascocarp, 复数 ascocarps）**：含有子囊[114]的产孢体，也称作囊实体。

117. **子囊菌（ascomycetes）**：在有性阶段，在子囊[114]内产生子囊孢子[115]的真菌。

118. **子囊壳（perithecium, 复数 perithecia）**：子囊果[116]上一种包裹着子实层[121]的球形、卵形或梨形的构造。子囊壳通常具有孔口和自身的壁，内部为空腔，子实层着生于子囊壳内壁上，成熟时子囊[114]及子囊孢子[115]从孔口散出或溢出。

119. **子囊帽（operculum, 复数 opercula）**：子囊[114]顶端加厚或者不加厚的一种特殊结构，又称子囊盖或囊盖。

120. **子囊盘（apothecium, 复数 apothecia）**：一个着生子囊[114]和侧丝[15]的盘状或杯状结构。

121. **子实层（hymenium, 复数 hymenia）**：担子菌[22]及子囊菌[117]可育的层状结构，通常由担子[21]和囊状体[76]或子囊[114]与侧丝[15]等平行排列而成。

122. **子实层体（hymenophore, hymenophorum, 复数 hymenophora）**：一个个体中全部子实层[121]的总和。通常说来，子实层的形态需在显微镜下观察，而子实层体的特征可以直接用肉眼观察。

123. **子实体（fruiting body, 复数 fruiting bodies）**：指产生孢子的菌物个体。如子囊果[116]和担子体[23]等。

124. **子座（stroma）**：某些高等真菌的菌丝体[64]形成的一种垫状、柱状、棒状或头状的容纳子实层[121]的结构。

[1] 阿历索保罗 C J, 明斯 C W, 布莱克韦尔 M. 菌物学概论 [M]. 姚一建, 李玉, 主译. 北京: 中国农业出版社, 2002.

[2] 包海鹰, 图力古尔, 李玉. 蘑菇的毒性成分及其应用研究现状 [J]. 吉林农业大学学报, 1999, 21(4): 107–113.

[3] 包晴忠, 魏玉莲, 袁海生, 等. 中国云南一种新的阔叶树干基腐朽病 [J]. 林业科学研究, 2006, 19(2): 246–247.

[4] 毕志树, 李泰辉. 广东地区红菇属的分类初报及一新种和一新变种 [J]. 广西植物, 1986, 6(3): 193–199.

[5] 毕志树, 李泰辉, 章卫民, 等. 海南伞菌初志 [M]. 广州: 广东高等教育出版社, 1997.

[6] 毕志树, 李泰辉, 郑国扬. 裸伞属的两个新种 [J]. 真菌学报, 1986, 5(2): 93–98.

[7] 毕志树, 郑国扬, 李泰辉. 广东大型真菌志 [M]. 广州: 广东科技出版社, 1994.

[8] 毕志树, 郑国扬, 李泰辉. 粤北山区大型真菌志 [M]. 广州: 广东科技出版社, 1990.

[9] 边杉, 叶波平, 奚涛, 等. 灰树花多糖的研究进展 [J]. 药物生物技术, 2004, 11(1): 60–63.

[10] 陈策, 图力古尔, 包海鹰. 人工蛹虫草的化学成分分析 [J]. 食品科学, 2013, 34(11): 36–40.

[11] 陈今朝, 图力古尔. 无丝盘菌属——中国无丝盘菌纲一新记录属 [J]. 菌物学报, 2009, 28(6): 857–859.

[12] 陈世骧, 陈受宜. 生物的界级分类 [J]. 动物分类学报, 1979, 4(1): 1–12.

[13] 程鑫颖, 包海鹰, 丁燕, 等. 瓦宁木层孔菌中多酚和黄酮类成分分离及清除自由基活性的研究 [J]. 菌物学报, 2011, 30(2): 281–287.

[14] 迟会敏, 刘玉. 马勃治疗足癣的疗效观察 [J]. 中国社区医师, 2003, 18(10): 43.

[15] 崔宝凯, 孙向前, 陈建新, 等. 浙江天目山两种新的阔叶树心材腐朽病 [J]. 林业科学研究, 2007, 20(1): 97–100.

[16] 戴安·布里德森, 伦纳·福门. 标本馆手册 [M]. 姚一建, 夏念和, 李德铢, 李玉, 译. 伦敦: 皇家植物园, 1998.

[17] 戴芳澜. 中国真菌总汇 [M]. 北京: 科学出版社, 1979.

[18] 戴贤才, 李泰辉, 李万方, 等. 四川省甘孜州菌类志 [M]. 成都: 四川科学技术出版社, 1994.

[19] 戴玉成. 广东省多孔菌的多样性 [J]. 菌物研究, 2012, 10(3): 133–142.

[20] 戴玉成. 药用担子菌——鲍氏层孔菌 (桑黄) 的新认识 [J]. 中草药, 2003, 34(1): 94–95.

[21] 戴玉成. 异担子菌及其病害防治的研究现状 [J]. 林业科学研究, 2005, 18(5): 615–620.

[22] 戴玉成. 中国储木及建筑木材腐朽菌图志 [M]. 北京: 科学出版社, 2009.

[23] 戴玉成. 中国林木病原腐朽菌图志 [M]. 北京: 科学出版社, 2005.

[24] 戴玉成. 中国木本植物病原木材腐朽菌研究 [J]. 菌物学报, 2012, 31(4): 493–509.

[25] 戴玉成, 高强. 刺槐心材腐朽病初报 [J]. 东北林业大学学报, 2005, 33(1): 95–98.

[26] 戴玉成, 李玉. 中国六种重要药用真菌名称的说明 [J]. 菌物学报, 2011, 30(4): 515–518.

[27] 戴玉成, 秦国夫, 徐梅卿. 中国东北地区的立木腐朽菌 [J]. 林业科学研究, 2000, 13(1): 15–22.

[28] 戴玉成, 图力古尔. 中国东北食药用真菌图志 [M]. 北京: 科学出版社, 2007.

[29] 戴玉成, 魏玉莲, 徐梅卿, 等. 四川栲树心材腐朽病初报 [J]. 林业科学研究, 2004, 17(2): 251–254.

[30] 戴玉成, 吴兴亮, 魏玉莲, 等. 中国海南台湾相思树干基腐朽病 [J]. 林业科学研究, 2004, 17(3): 352–355.

[31] 戴玉成, 吴兴亮, 徐梅卿. 山鸡椒树上一种新的干基腐朽病 [J]. 林业科学研究, 2002, 15(5): 555–558.

[32] 戴玉成, 徐梅卿, 杨忠, 等. 中国储木及建筑木材腐朽菌（Ⅰ）[J]. 林业科学研究, 2008, 21(1): 49–54.

[33] 戴玉成, 杨祝良. 中国药用真菌名录及部分名称的修订 [J]. 菌物学报, 2008, 27(6): 801–824.

[34] 戴玉成, 周丽伟, 杨祝良, 等. 中国食用菌名录 [J]. 菌物学报, 2010, 29(1): 1–21.

[35] 邓春英, 李泰辉. 中国一新记录种——黑顶小皮伞 [J]. 菌物学报, 2008, 27(5): 768–770.

[36] 邓叔群. 中国的真菌 [M]. 北京: 科学出版社, 1963.

[37] 邓旺秋, 李泰辉, 陈南枝, 等. 栽培食用菌猪肚菇的学名考证 [J]. 食用菌学报, 2006, 13(3): 71–74.

[38] 董露璐, 赵敏, 安晓丽, 等. 裂蹄木层孔菌子实体水提物诱导 HepG2 细胞凋亡的初步研究 [J]. 菌物学报, 2009, 28(3): 451–455.

[39] 福建省三明地区真菌试验站. 福建菌类图鉴（一）[G]. 1973.

[40] 福建省三明地区真菌研究所. 福建菌类图鉴（二）[G]. 1978.

[41] 郭秋霞, 范宇光, 图力古尔. 采自吉林省的中国丝盖伞属新记录种 [J]. 菌物学报, 2014, 33(1): 162–166.

[42] 国家药典委员会. 中华人民共和国药典 [M]. 北京: 化学工业出版社, 2005.

[43] 何坚, 冯孝章. 桦褐孔菌化学成分的研究 [J]. 中草药, 2001, 32(1): 4–6.

[44] 何晓兰, 李泰辉, 姜子德. 中国粉褶蕈属白色种类 3 个新记录种 [J]. 菌物学报, 2010, 29(6): 920–923.

[45] 胡鸥, 连张飞, 张君逸, 等. 樟芝的药用保健价值及开发应用 (综述)[J]. 亚热带植物科学, 2006, 35(4): 75–78.

[46] 黄滨南, 张秀娟, 邹翔, 等. 黑木耳多糖抗肿瘤作用的研究 [J]. 哈尔滨商业大学学报: 自然科学版, 2004, 20(6): 650–651.

[47] 黄年来. 俄罗斯神秘的民间药用真菌——桦褐孔菌 [J]. 中国食用菌, 2002, 21(4): 7–8.

[48] 黄年来. 中国大型真菌原色图鉴 [M]. 北京: 中国农业出版社, 1998.

[49] 黄年来. 中国食用菌百科 [M]. 北京: 中国农业出版社, 1997.

[50] 金春花, 姜秀莲, 王英军, 等. 灵芝多糖活血化淤作用实验研究 [J]. 中草药, 1998, 29(7): 470–472.

[51] 兰进, 徐锦堂, 贺秀霞. 我国子囊菌亚门药用真菌资源及利用 [J]. 中药材, 1996, 19(1): 11–13.

[52] 李传华, 张明, 章炉军, 等. 巴楚蘑菇学名考证 [J]. 食用菌学报, 2012, 19(4): 52–54.

[53] 李坚. 木材保护学 [M]. 北京: 科学出版社, 2006.

[54] 李建宗, 胡新文, 彭寅斌. 湖南大型真菌志 [M]. 长沙: 湖南师范大学出版社, 1993.

[55] 李娟, STEFFEN K, 戴玉成. 板栗心材褐腐病初报 [J]. 东北林业大学学报, 2006, 34(5): 98–99.

[56] 李俊峰. 云芝的生物学特征、药理作用及应用前景 [J]. 安徽农业科学, 2003, 31(3): 509–510.

[57] 李荣芷, 何云庆. 灵芝抗衰老机理与活性成分灵芝多糖的化学与构效研究 [J]. 北京医科大学学报, 1991, 23(6): 473–475.

[58] 李茹光. 东北地区大型经济真菌 [M]. 长春: 东北师范大学出版社, 1998.

[59] 李茹光. 东北食用、药用及有毒蘑菇 [M]. 长春: 东北师范大学出版社, 1992.

[60] 李茹光. 吉林省有毒有害真菌 [M]. 长春: 吉林人民出版社, 1980.

[61] 李茹光. 吉林省真菌志: 第一卷　担子菌亚门 [M]. 长春: 东北师范大学出版社, 1991.

[62] 李思维, 邹立勇, 尹宜发. 槐耳颗粒在肿瘤临床中的应用 [J]. 中国肿瘤, 2005, 14(10): 698–700.

[63] 李泰辉, 邓旺秋, 邓春英, 等. 中国小香菇属一新种 [J]. 菌物研究, 2012, 10(3): 130–132.

参考文献

[64] 李泰辉, 赖建平, 章卫民. 我国褶孔菌属的已知种类 [J]. 中国食用菌, 1992, 11(6): 29–30.

[65] 李巍, 包海鹰, 图力古尔. 乳孔硫黄菌的化学成分和抗氧化活性 [J]. 菌物学报, 2014, 33(2): 365–374.

[66] 李玉. "鬼屎" 考 [J]. 吉林农业大学学报, 2002, 24(2): 1–4.

[67] 李玉. 菌物资源学 [M]. 北京: 中国农业出版社, 2013.

[68] 李玉. 黏菌学: 一片丰饶的沃土, 一个极具激励性的研究领域——从第一届至第三届国际黏菌学术会议看世界黏菌研究
动向 [J]. 吉林农业大学学报, 2002, 24(1): 1–10.

[69] 李玉. 中国孢子植物志: 黏菌卷一 [M]. 北京: 科学出版社, 2008.

[70] 李玉. 中国孢子植物志: 黏菌卷二 [M]. 北京: 科学出版社, 2008.

[71] 李玉. 中国黑木耳 [M]. 长春: 长春出版社, 2001.

[72] 李玉, 李惠中. 原生动物学 [M]. 北京: 科学出版社, 1999.

[73] 李玉, 图力古尔. 中国长白山蘑菇 [M]. 北京: 科学出版社, 2003.

[74] 李玉, 图力古尔. 中国真菌志: 第四十五卷　侧耳—香菇型真菌 [M]. 北京: 科学出版社, 2014.

[75] 梁伟, 包海鹰. 山野木层孔菌子实体中抑制 H_{22} 荷瘤小鼠肿瘤的活性成分研究 [J]. 菌物学报, 2011, 30(4): 630–635.

[76] 林仁心, 吴锦忠, 陈伯义, 等. 隐孔菌的发酵培养及次生产物定性分析 [J]. 海峡药学, 1997, 9(1): 134–135.

[77] 林树钱. 中国药用菌生产与产品开发 [M]. 北京: 中国农业出版社, 2000.

[78] 刘波. 山西大型食用真菌 [M]. 太原: 山西高校联合出版社, 1991.

[79] 刘波. 中国药用真菌 [M]. 太原: 山西人民出版社, 1978.

[80] 刘福文, 李建阳, 卢福元. 云芝糖肽治疗乙型病毒性肝炎 33 例 [J]. 浙江中西医结合杂志, 2002, 12(11): 692.

[81] 刘高强, 王晓玲. 灵芝免疫调节和抗肿瘤作用的研究进展 [J]. 菌物学报, 2010, 29(1): 152–158.

[82] 刘汉彬, 包海鹰, 崔宝凯. 椭圆嗜蓝孢孔菌子实体的化学成分 [J]. 菌物学报, 2011, 30: 459–463.

[83] 刘吉开. 高等真菌化学 [M]. 北京: 中国科学技术出版社, 2004.

[84] 刘兰芳, 李青山, 高东奇, 等. 槐耳颗粒对老年晚期非小细胞肺癌生活质量的影响 [J]. 肿瘤学杂志, 2006, 12(1): 70–71.

[85] 刘伦沛. 药用真菌资源及其开发利用 [J]. 凯里学院学报, 2009, 27(3): 50–53.

[86] 刘培贵, 袁明生, 王向华, 等. 松茸群生物资源及其合理利用与有效保护 [J]. 自然资源学报, 1999, 14(3): 245–252.

[87] 刘瑞, 侯亚义, 张伟云, 等. 云芝子实体提取物的抗肿瘤作用研究 [J]. 医学研究生学报, 2004, 17(5): 413–419.

[88] 刘宇, 图力古尔. 中国小香菇属二新种 [J]. 菌物学报, 2011, 30(5): 680–685.

[89] 刘宇, 图力古尔, 李泰辉. 亚侧耳属 Hohenbuehelia 三个中国新记录种 [J]. 菌物学报, 2010, 29(3): 454–458.

[90] 刘振伟, 史秀娟. 灰树花的研究开发现状 [J]. 食用菌, 2001, 23(4): 5–6.

[91] 吕国英, 潘慧娟, 吴永志, 等. 蛹虫草无性型菌丝体提取液体外抗氧化活性研究 [J]. 菌物学报, 2009, 28(4): 597–602.

[92] 卯晓岚. 毒蘑菇识别 [M]. 北京: 科学普及出版社, 1987.

[93] 卯晓岚. 中国大型真菌 [M]. 郑州: 河南科学技术出版社, 2000.

[94] 卯晓岚. 中国经济真菌 [M]. 北京: 科学出版社, 1998.

[95] 卯晓岚. 中国蕈菌 [M]. 北京: 科学出版社, 2009.

[96] 卯晓岚, 蒋长坪, 欧珠次旺. 西藏大型经济真菌 [M]. 北京: 北京科学技术出版社, 1993.

[97] 莫顺燕, 杨永春, 石建功. 桑黄化学成分研究 [J]. 中国中药杂志, 2003, 28(4): 339–341.

[98] 普琼惠, 陈虹, 陈若芸. 松杉灵芝的化学成分研究 [J]. 中草药, 2005, 36(4): 502–504.

[99] 裘维蕃. 菌物学大全 [M]. 北京: 科学出版社, 1998.

[100] 裘维蕃. 云南牛肝菌图志 [M]. 北京: 科学出版社, 1957.

[101]《全国中草药汇编》编写组.全国中草药汇编 [M].北京:人民卫生出版社,1975.

[102] 任伟.云南森林病害 [M].昆明:云南科技出版社,1993.

[103] 上海农业科学院食用菌研究所.中国食用菌志 [M].北京:中国林业出版社,1991.

[104] 尚衍重,姜俊清.立木和木材腐朽与变色 [M].哈尔滨:东北林业大学出版社,1996.

[105] 邵力平,项存悌.中国森林蘑菇 [M].哈尔滨:东北林业大学出版社,1997.

[106] 申进文,余海尤,霍云凤,等.斜生褐孔菌多糖组分的纯化及其生物活性研究 [J].菌物学报,2009,28(4):564–570.

[107] 宋爱荣,王光远,赵晨,等.火针层孔菌(桑黄)粗多糖对荷瘤小鼠的免疫调节研究 [J].菌物学报,2009,28(2):295–298.

[108] 孙德立,包海鹰,图力古尔.鲍氏层孔菌子实体的化学成分研究 [J].菌物学报,2011,30(2):361–365.

[109] 孙培龙,徐双阳,杨开,等.珍稀药用真菌桑黄的国内外研究进展 [J].微生物学通报,2006,33(2):119–123.

[110] 陶美华,章卫民,钟韩,等.针层孔菌属 (Phellinus) 中药用真菌的研究概述 [J].食用菌学报,2005,12(4):65–72.

[111] 田恩静,图力古尔.中国侧火菇属 2 新记录种 [J].东北林业大学学报,2011,39(9):128–129.

[112] 田恩静,图力古尔.中国鳞伞属鳞伞亚属新记录种 [J].菌物学报,2013,32(5):907–912.

[113] 佟春兰,包海鹰,图力古尔.蒙古口蘑子实体石油醚提取物的化学成分及抑菌活性 [J].菌物学报,2010,29(4):619–624.

[114] 图力古尔.大青沟自然保护区菌物多样性 [M].呼和浩特:内蒙古教育出版社,2004.

[115] 图力古尔.多彩的蘑菇世界:东北亚地区原生态蘑菇图谱 [M].上海:上海科学普及出版社,2012.

[116] 图力古尔.中国真菌志:第四十九卷　球盖菇科(Ⅰ)[M].北京:科学出版社,2014.

[117] 图力古尔,李玉.大青沟自然保护区大型真菌区系多样性的研究 [J].生物多样性,2000,8(1):73–80.

[118] 图力古尔,刘宇.中国亚脐菇型真菌三新记录种 [J].菌物学报,2010,29(5):767–770.

[119] 图力古尔,张惠.采自长白山的盔孢菌属真菌新记录 [J].菌物学报,2012,31(1):55–61.

[120] 图力古尔,包海鹰,李玉.中国毒蘑菇名录 [J].菌物学报,2014,33(3):517–548.

[121] 图力古尔,陈今朝,王耀,等.长白山阔叶红松林大型真菌多样性 [J].生态学报,2010,30(17):4549–4558.

[122] 图力古尔,王建瑞,崔宝凯,等.山东省大型真菌物种多样性 [J].菌物学报,2013,32(4):643–670.

[123] 图力古尔,王建瑞,鲁铁,等.山东蕈菌生物多样性保育与利用 [M].北京:科学出版社,2014.

[124] 图力古尔,杨乐,李玉.长白山红松阔叶林黏菌生态多样性 [J].生态学报,2005,25(12):3133–3140.

[125] 图力古尔,YEVGENIYA M BULAKH,庄剑云,等.乌苏里江流域的伞菌及其它大型担子菌 [J].菌物学报,2007,26(3):349–368.

[126] 汪雯翰,王钦博,张劲松,等.鲍姆木层孔菌(桑黄)脂溶性提取物对 PC12 神经元细胞衰老的保护作用 [J].菌物学报,2011,30(5):760–766.

[127] 王贵宾,董露璐,姬媛媛,等.鲍姆木层孔菌多糖对 HepG2 细胞增殖及侵袭相关能力的抑制作用 [J].菌物学报,2011,30(2):288–294.

[128] 王竞,张震宇,江明华,等.灵芝对小鼠空间分辨学习与记忆的影响 [J].天然产物研究与开发,1996,8(2):25–28.

[129] 王兰英,赵晨,田雪梅,等.樟薄孔菌发酵液醇沉物的急性毒性和对小鼠肝癌 H_{22} 体内抑瘤活性 [J].菌物学报,2010,29(4):612–615.

[130] 王林丽,吴寒寅,罗桂芳.猪苓的药理作用及临床应用 [J].中国药业,2000,9(10):58–59.

[131] 王向华,刘培贵,于富强.云南野生商品蘑菇图鉴 [M].昆明:云南科技出版社,2004.

[132] 温克,陈劲,李红,等.桑黄等四种抗癌药物抗癌活性比较 [J].吉林大学学报:医学版,2002,28(3):247–248.

[133] 吴兴亮,戴玉成,李泰辉,等.中国热带真菌 [M].北京:科学出版社,2011.

[134] 吴兴亮,臧穆,夏同珩.灵芝及其他真菌彩色图志 [M].贵阳:贵州科技出版社,1997.

参考文献

[135] 谢支锡, 王云, 王柏. 长白山伞菌图志 [M]. 长春: 吉林科学技术出版社, 1986.

[136] 邢来君, 李明春. 普通真菌学 [M]. 北京: 高等教育出版社, 1999.

[137] 徐崇敬. 英日汉食用菌词典 [M]. 上海: 上海科学技术文献出版社, 2000.

[138] 徐锦堂. 中国药用真菌学 [M]. 北京: 北京医科大学, 中国协和医科大学联合出版社, 1997.

[139] 颜艳, 白文忠, 王立安, 等. 灵芝多糖对顺铂引起的呕吐具抑制作用 [J]. 菌物学报, 2009, 28(3): 456–462.

[140] 杨明俊, 杨庆尧, 杨晓彤. 云芝糖肽的免疫和抗肿瘤药理活性研究进展 [J]. 食品工业科技, 2011, 32(12): 565–568.

[141] 杨树东, 包海鹰. 茯苓中三萜类和多糖类成分的研究进展 [J]. 菌物研究, 2005, 3(3): 55–61.

[142] 杨相甫, 李发启, 韩书亮, 等. 河南大别山药用大型真菌资源研究 [J]. 武汉植物学研究, 2005, 23(4): 393–397.

[143] 杨真威, 姜瑞芝, 陈英红, 等. 耙齿菌糖蛋白的提取分离、理化性质及抗炎活性 [J]. 天然产物研究与开发, 2005, 17(3): 280–282.

[144] 杨真威, 姜瑞芝, 陈英红, 等. 耙齿菌糖蛋白 I1–2–1 的化学研究 [J]. 中草药, 2005, 36(8): 1130–1132.

[145] 杨仲亚. 毒菌中毒防治手册 [M]. 北京: 人民卫生出版社, 1983.

[146] 杨祝良. 中国真菌志: 第二十七卷 鹅膏科 [M]. 北京: 科学出版社, 2005.

[147] 殷勤燕. 灵芝抗肿瘤作用的研究现状 [J]. 中国食用菌, 1996, 15(4): 28.

[148] 应建浙, 卯晓岚, 马启明. 中国药用真菌图鉴 [M]. 北京: 科学出版社, 1987.

[149] 应建浙, 臧穆. 西南地区大型真菌 [M]. 北京: 科学出版社, 1994.

[150] 应建浙, 赵继鼎, 卯晓岚, 等. 食用蘑菇 [M]. 北京: 科学出版社, 1982.

[151] 游洋, 包海鹰. 不同成熟期大秃马勃子实体提取物的抑菌活性及其挥发油成分分析 [J]. 菌物学报, 2011, 30(3): 477–485.

[152] 于荣利, 张桂玲, 秦旭升. 灰树花研究进展 [J]. 上海农业学报, 2005, 21(3): 101–105.

[153] 袁博, 朱峰, 陈永强, 等. 斑点嗜蓝孢孔菌化学成分、生物活性及水提物荧光猝灭研究 [J]. 菌物学报, 2011, 30(3): 464–471.

[154] 袁明生, 孙佩琼. 四川蕈菌 [M]. 成都: 四川科学技术出版社, 1995.

[155] 袁嗣令. 中国乔、灌木病害 [M]. 北京: 科学出版社, 1997.

[156] 云南卫生防疫站. 云南常见的食菌与毒菌 [M]. 昆明: 云南人民出版社, 1961.

[157] 昝立峰, 包海鹰, 图力古尔, 等. 粗毛纤孔菌子实体化学成分 [J]. 菌物学报, 2013, 32(1): 150–156.

[158] 臧穆. 中国真菌志: 第二十二卷 牛肝菌科 (Ⅰ) [M]. 北京: 科学出版社, 2006.

[159] 翟志武, 李成文, 韩春英, 等. 云芝糖肽研究进展 [J]. 山东医药工业, 2003, 22(1): 30–31.

[160] 张兵影, 薛志强, 邓建新, 等. 茯苓健脾作用活性部位的研究 [J]. 菌物研究, 2007, 5(2): 110–112.

[161] 张惠, 图力古尔. 中国假脐菇属二新记录种 [J]. 菌物学报, 2010, 29(4): 588–591.

[162] 张敏, 纪晓光, 贝祝春, 等. 桑黄多糖抗肿瘤作用 [J]. 中药药理与临床, 2006, 22(3/4): 56–58.

[163] 张鹏, 包海鹰, 图力古尔. 珊瑚状猴头菌子实体化学成分研究 [J]. 中草药, 2012, 43(12): 2356–2360.

[164] 张树庭, 卯晓岚. 香港蕈菌 [M]. 香港: 中文大学出版社, 1995.

[165] 张万国, 胡晋红, 蔡溱, 等. 桑黄抗大鼠肝纤维化与抗脂质过氧化 [J]. 中成药, 2002, 24(4): 281–283.

[166] 张新超, 郭丽琼, 彭志妮, 等. 灰树花孔菌固体发酵基质抗氧化活性成分研究 [J]. 菌物学报, 2011, 30(2): 331–337.

[167] 张玉英, 龚珊, 张惠琴. 云芝糖肽镇痛抗炎作用的实验研究 [J]. 苏州大学学报: 医学版, 2004, 24(5): 652–653.

[168] 张芷旋, 范羽, 周清华, 等. 槐耳清膏对人高转移大细胞肺癌细胞 L9981 血管生成相关基因表达的影响 [J]. 中国肺癌杂志, 2006, 9(2): 137–139.

[169] 章卫民, 李泰辉, 毕志树, 等. 海南省粉褶蕈属的分类研究Ⅰ [J]. 真菌学报, 1994, 13(3): 188–198.

[170] 章卫民, 李泰辉, 毕志树, 等. 海南省粉褶蕈属的分类研究 II [J]. 真菌学报, 1994, 13(4): 260–263.

[171] 赵会珍, 胥艳艳, 付晓燕, 等. 马勃的食药用价值及其研究进展 [J]. 微生物学通报, 2007, 34(2): 367–369.

[172] 赵济. 中国自然地理 [M]. 北京: 高等教育出版社, 2010.

[173] 赵继鼎, 张小青. 中国真菌志: 第十八卷　灵芝科 [M]. 北京: 科学出版社, 2000.

[174] 赵琪, 张颖, 袁理春. 云南老君山药用真菌资源初步调查 [J]. 微生物学杂志, 2006, 26(4): 85–88.

[175] 赵世光, 王林. 灵芝发酵液酸性醇提物抗慢性支气管炎疗效的研究 [J]. 菌物学报, 2009, 28(6): 832–837.

[176] 赵震宇, 卯晓岚. 新疆大型真菌图鉴 [M]. 乌鲁木齐: 新疆八一农学院, 1986.

[177] 郑国扬, 毕志树. 厚孢孔菌属一新种 [J]. 真菌学报, 1989, 8(3): 198–201.

[178] 郑克岩, 张洁, 林相友, 等. 松杉灵芝多糖的抗突变作用 [J]. 吉林大学学报: 理学版, 2005, 43(2): 235–237.

[179] 中国科学院青藏高原综合科学考察队. 西藏真菌 [M]. 北京: 科学出版社, 1983.

[180] 中国科学院微生物研究所真菌组. 毒蘑菇 [M]. 北京: 科学出版社, 1975.

[181] 周慧明. 木材防腐 [M]. 北京: 中国林业出版社, 1991.

[182] 周丽伟, 戴玉成. 中国多孔菌多样性初探: 物种、区系和生态功能 [J]. 生物多样性, 2013, 21(4): 499–506.

[183] 周忠波, 马红霞, 图力古尔. 树舌 (Ganoderma lipsiense) 化学成分及药理学研究进展 [J]. 菌物研究, 2005, 3(1): 35–42.

[184] 周仲铭. 林木病理学 [M]. 北京: 中国林业出版社，1990.

[185] AANDSTAD S, RYVARDEN L. Aphyllophorales on wooden fences in Norway[J]. Windahlia, 1987, 17: 49–54.

[186] ALFREDSEN G, SOLHEIM H, JENSSEN K M. Evaluation of decay fungi in Norwegian buildings[C]. International Research Group on Wood Protection, IRG/WP05–10562, 2005: 1–2.

[187] BANERJEE P, SUNDBERG W J. The genus *Pluteus* section *Pluteus* (Pluteaceae, Agaricales) in the midwestern United States[J]. Mycotaxon, 1995, 53: 189–246.

[188] BAU T, LIU Y. A new species of *Gautieria* from China[J]. Mycotaxon, 2013, 123(4): 289–292.

[189] BRAVERY A F, BERRY R W, CAREY J K, et al. Recognizing wood rot and insect damage in buildings[M]. 3rd ed. Watford: Building Research Establishment, 2003.

[190] CAO Y, WU S H, DAI Y C. Species clarification of the prize medicinal *Ganoderma* mushroom "Lingzhi" [J]. Fungal Diversity, 2012, 56 (1): 49–62.

[191] CAVALIER-SMITH T. Systems of kingdoms[A]. The McGraw-Hill Editorial Staff. McGraw Hill Yearbook of Science and Technology[M]. New York: McGraw-Hill Publishing Co., 1989: 175–179.

[192] CAVALIER-SMITH T. The origin of cells, a symbiosis between genes, catalysts and membranes[J]. Cold Spring Harbor Symposia on Quantitative Biology, 1987, 52: 805–824.

[193] CAVALIER-SMITH T. The origin of eukaryote and archaebacterial cells[J]. Annals of the New York Academy of Sciences, 1987, 503: 17–54.

[194] CAVALIER-SMITH T. The origin of fungi and pseudofungi[A]// RAYNER A D M, BRASIER C M, MOORE D. Evolutionary biology of the fungi [M]. Cambridge,Eng.: Cambridge University Press, 1987.

[195] CAVALIER-SMITH T. The simultaneous symbiotic origin of mitochondria, chloroplasts, and microbodies[J]. Annals of the New York Academy of Sciences, 1987, 503: 55–71.

[196] CHEN C H, YANG S W, SHEN Y C. New steroid acids from *Antrodia cinnamomea*, a fungal parasite of *Cinnamomum micranthum*[J]. Journal of Natural Products, 1995, 58(11): 1655–1661.

[197] COPELAND E. Genera Hymenophyllacearum[J]. Philippine Journal of Science, 1938, 67: 2–110.

[198] CUI B K, DAI Y C. A new species of *Pyrofomes* (Basidiomycota, Polyporaceae) from China[J]. Nova Hedwigia, 2011, 93(3/4): 437–441.

[199] CUI B K, DAI Y C. Molecular phylogeny and morphology reveal a new species of *Amyloporia* (Basidiomycota) from China[J]. Antonie van Leeuwenhoek, 2013, 104(5): 817–827.

[200] CUI B K, DAI Y C. Wood-decaying fungi in eastern Himalayas 3. Polypores from Laojunshan Mountains, Yunnan Province[J]. Mycosystema, 2012, 31: 485–492.

[201] CUI B K, DAI Y C, DECOCK C. Two species of *Perenniporia* (Basidiomycota, Aphyllophorales) new to China[J]. Fungal Science, 2006, 21: 23–28.

[202] CUI B K, DAI Y C, LI J. Polypores from Baishilazi Nature Reserve, Liaoning Province[J]. Mycosystema, 2005, 24: 174–183.

[203] CUI B K, DU P, DAI Y C. Three new species of *Inonotus* (Basidiomycota, Hymenochaetaceae) from China[J]. Mycological Progress, 2011, 10(1): 107–114.

[204] CUI B K, LI H J, DAI Y C. Wood-rotting fungi in eastern China 6. Two new species of *Antrodia* (Basidiomycota) from Yellow Mountain, Anhui Province[J]. Mycotaxon, 2011, 116: 13–20.

[205] CUI B K, TANG L P, DAI Y C. Morphological and molecular evidences of a new species of *Lignosus* (Polyporales, Basidiomycota) from tropical China[J]. Mycological Progress, 2011, 10(3): 267–271.

[206] CUI B K, ZHAO C L, DAI Y C. *Melanoderma microcarpum* gen. et sp. nov. (Basidiomycota) from China[J]. Mycotaxon, 2011, 116: 295–302.

[207] DAI Y C. A revised checklist of corticioid and hydnoid fungi in China for 2010[J]. Mycoscience, 2011, 52(1): 69–79.

[208] DAI Y C. Changbai wood-rotting fungi 7. A checklist of the polypores[J]. Fungal Science, 1996, 11(3/4): 79–105.

[209] DAI Y C. Polypore diversity in China with an annotated checklist of Chinese polypores[J]. Mycoscience, 2012, 53(1): 49–80.

[210] DAI Y C. Two new polypores from tropical China and renaming two species in *Polyporus* and *Phellinus*[J]. Mycoscience, 2012, 53(1): 40–44.

[211] DAI Y C, CUI B K. *Fomitiporia ellipsoidea* has the largest fruiting body among the fungi[J]. Fungal Biology, 2011, 115(9): 813–814.

[212] DAI Y C, CUI B K, HUANG M Y. Polypores from eastern Inner Mongolia[J]. Nova Hedwigia, 2007, 84(3/4): 513–520.

[213] DAI Y C, CUI B K, YUAN H S. *Trichaptum* (Basidiomycota, Hymenochaetales) from China with a description of three new species[J]. Mycological Progress, 2009, 8(4): 281–287.

[214] DAI Y C, CUI B K, YUAN H S, et al. Pathogenic wood-decaying fungi in China[J]. Forest Pathology, 2007, 37(2): 105–120.

[215] DAI Y C, CUI B K, YUAN H S, et al. Wood-inhabiting fungi in southern China 4. Polypores from Hainan Province[J]. Annales Botanici Fennici, 2011, 48(3): 219–231.

[216] DAI Y C, HE X S, WANGHE K Y, et al. Wood-decaying fungi in eastern Himalayas 2. Species from Qingcheng Mts. Sichuan Province[J]. Mycosystema, 2012, 31(2): 168–173.

[217] DAI Y C, LI H J. Type studies on *Coltricia* and *Coltriciella* described by E. J. H. Corner from Southeast Asia[J]. Mycoscience, 2012, 53(5): 337–346.

[218] DAI Y C, LI T H. *Megasporoporia major* (Basidiomycota), a new combination[J]. Mycosystema, 2002, 21(4): 519–521.

[219] DAI Y C, PENTTILÄ R. Polypore diversity of Fenglin Nature Reserve, northeastern China[J]. Annales Botanici Fennici, 2006, 43(2): 81–96.

[220] DAI Y C, WANG Z, BINDER M, et al. Phylogeny and a new species of *Sparassis* (Polyporales, Basidiomycota): evidence

from mitochondrial apt6, nuclear rDNA and rpb2 genes[J]. Mycologia, 2006, 98(4): 548–592.

[221] DAI Y C, WEI Y L, WU X L. Polypores from Hainan Province 1[J]. Journal of Fungal Research, 2004, 2(1): 53–57.

[222] DAI Y C, WEI Y L, YUAN H S, et al. Polypores from Altay and Tian Mts. in Xinjiang, northwest China[J]. Cryptogamie Mycologie, 2007, 28(4): 269–279.

[223] DAI Y C, WU S H. A preliminary study on corticioid fungi in Hainan Province[J]. Journal of Fungal Research, 2010, 8(1): 1–4.

[224] DAI Y C, XU M Q. Studies on the medicinal polypore, *Phellinus baumii*, and its kin, *P. linteus*[J]. Mycotaxon, 1998, 67: 191–200.

[225] DAI Y C, YANG Z L, CUI B K, et al. Species diversity and utilization of medicinal mushrooms and fungi in China (review)[J]. International Journal of Medicinal Mushrooms, 2009, 11(3): 287–302.

[226] DAI Y C, YU C J, WANG H C. Polypores from eastern Xizang (Tibet), western China[J]. Annales Botanici Fennici, 2007, 44(2): 135–145.

[227] DAI Y C, YU C J, YUAN H S, et al. Polypores from Hainan Province 2[J]. Guizhou Science, 2009, 27(1): 54–58.

[228] DAI Y C, ZHOU L W, STEFFEN K. Wood-decaying fungi in eastern Himalayas 1. Polypores from Zixishan Nature Reserve, Yunnan Province[J]. Mycosystema, 2011, 30(3): 674–679.

[229] DENG C Y, LI T H. *Gloeocantharellus persicinus*, a new species from China[J]. Mycotaxon, 2008, 106: 449–453.

[230] DENG C Y, LI T H. *Marasmius galbinus*, a new species from China[J]. Mycotaxon, 2011, 115:495–500.

[231] DENG C Y, LI T H, LI T, et al. New species and new Chinese records of *Marasmius* sect. *Sicci*[J]. Cryptogonie mycologie, 2012, 33(4): 439–451.

[232] DENG C Y, LI T H, SONG B. A new species and a new record of *Marasmius* from China[J]. Mycotaxon, 2011, 116:341–347.

[233] DENG W Q, LI T H, LI P, et al. A new species of *Amanita* section *Lepidella* from South China[J]. Mycological Progress, 2014, 13:211–217.

[234] DENG W Q, LI T H, SHEN Y H. A new species of *Clitopilus* from southwestern China[J]. Mycotaxon, 2012, 122: 443–447.

[235] DENG W Q, LI T H, SHEN Y H. A study of the types and additional materials of *Clitocybe pseudophyllophila* and *Clitocybe subcandicans*[J]. Mycotaxon, 2008, 103: 377–380.

[236] DENG W Q, LI T H, WANG C Q, et al. A new crepidotoid *Entoloma* species from Hainan Island (China)[J]. Mycoscience, 2015, 56(3): 340–344.

[237] DENG W Q, SHEN Y H, LI T H. A small cyathiform new species of *Clitopilus* from Guangdong, China[J]. Mycosystema, 2013, 532(5): 781–784.

[238] DU P, CUI B K, DAI Y C. Assessment of genetic diversity among wild *Auricularia polytricha* populations in China using ISSR markers[J]. Cryptogamie Mycologie, 2012, 33(3): 191–201.

[239] DU P, CUI B K, DAI Y C. Genetic diversity of wild *Auricularia polytricha* in Yunnan Province of south-western China revealed by sequence-related amplified polymorphism (SRAP) analysis[J]. Journal of Medicinal Plants Research, 2011, 5: 1374–1381.

[240] DU P, CUI B K, DAI Y C. High genetic diversity in wild culinary-medicinal wood ear mushroom, *Auricularia polytricha* (Mont.) Sacc. , in tropical China revealed by ISSR analysis[J]. International Journal of Medicinal Mushrooms, 2011, 13(3): 289–298.

[241] EBERBERGE I, DE MATOS SIMOES R, KUPCZOK A, et al. A consistent phylogenetic backbone for the fungi[J]. Molecular Biology and Evolution, 2012, 29(5): 1319–1334.

[242] ERIKSSON J, HJORTSTAM K, RYVARDEN L. The Corticiaceae of North Europe 5. *Mycoaciella-Phanerochaete*[M]. Oslo:

Fungiflora, 1978.

[243] ERIKSSON J, HJORTSTAM K, RYVARDEN L. The Corticiaceae of North Europe 6. *Phlebia-Sarcodontia*[M]. Oslo: Fungiflora, 1981.

[244] ERIKSSON J, HJORTSTAM K, RYVARDEN L. The Corticiaceae of North Europe 7. *Schizopora-Suillosporium*[M]. Oslo: Fungiflora, 1984.

[245] ERIKSSON J, RYVARDEN L. The Corticiaceae of North Europe 2. *Aleurodiscus-Confertobasidium*[M]. Oslo: Fungiflora, 1973.

[246] ERIKSSON J, RYVARDEN L. The Corticiaceae of North Europe 3. *Coronicium-Hyphoderma*[M]. Oslo: Fungiflora, 1975.

[247] ERIKSSON J, RYVARDEN L. The Corticiaceae of North Europe 4. *Hyphodermella-Mycoacia*[M]. Oslo: Fungiflora, 1976.

[248] FAN Y G, BAU T. *Inocybe hainanensis*, new lilac-stiped species from tropical China[J]. Mycosystema, 2014, 33(5): 954–960.

[249] FAN Y G, BAU T. Two striking *Inocybe* species from Yunnan Province, China[J]. Mycotaxon, 2013, 123(13): 169–181.

[250] FAN Y G, BAU T, TAKAHITO K Y. Newly recorded species of *Inocybe* collected from Liaoning and Inner Mongolia[J]. Mycosystema, 2013, 32(2): 302–308.

[251] GE Z W, YANG Z L, VELLINGA E C. The genus *Macrolepiota* (Basidiomycota) in China[J]. Fungal Diversity, 2010, 45: 81–98.

[252] GE Z W, YANG Z L, ZHANG P, et al. *Flammulina* species from China inferred by morphological and molecular data[J]. Fungal Diversity , 2008, 32: 59–68.

[253] GUO H, SI J, LI Z H, ET AL. Two new triterpenoids from the fungus *Perenniporia maackiae*[J]. Journal of Asian Natural Products Research, 2013, 15(3): 253–257.

[254] HAECKEL E. Generelle Morphologie der Organismen[M]. Berlin: Reimer, 1866.

[255] HAO Y J, QIN J, YANG Z L. *Cibaomyces*, a new genus of Physalacriaceae from East Asia[J]. Phytotaxa, 2014, 162(4): 198–210.

[256] HÄRKÖNEN M, NIEMELÄ T, Mwasumbi L. Tanzanian mushrooms: Edible, harmful and other fungi[J]. Norrlinia, 2003, 10: 1–200.

[257] HAWKSWORTH D L, KIRK P M, SUTTON B C, et al. Ainsworth & Bisby's Dictionary of the Fungi[M]. 8th ed. Wallingford: CAB International, 1995.

[258] HE S H, DAI Y C. Taxonomy and phylogeny of *Hymenochaete* and allied genera of Hymenochaetaceae (Basidiomycota) in China[J]. Fungal Diversity, 2012, 56(1): 77–93.

[259] HE X L, HORAK E, LI T H, et al. Two new cuboid-spored species of *Entoloma* s. l. (Agaricales, Entolomataceae) from southern China[J]. Cryptogamie Mycologie, 2015, 36 (2): 237–250.

[260] HE X L, LI T H, JIANG Z D, et al. *Entoloma mastoideum* and *E. praegracile*—two new species from China[J]. Mycotaxon, 2011, 116:413–419.

[261] HE X L, LI T H, JIANG Z D, et al. Four new species of *Entoloma* s.l. (Agaricales) from southern China[J]. Mycological Progress, 2012, 11: 915–925.

[262] HE X L, LI T H, JIANG Z D, et al. Type studies on four *Entoloma* species from South China[J]. Mycotaxon, 2012, 121: 435–445.

[263] HE X L, LI T H, PENG W H, et al. A taxonomic revision of *Entoloma subclitocyboides* and *E. subinfundibuliforme* from Hainan Island, South China[J]. Mycoscience, 2013, 55(2): 103–107.

[264] HE X L, LI T H, XI P G, et al. Phylogeny of *Entoloma* s.l. subgenus *Pouzarella*, with descriptions of five new species from

China[J]. Fungal Diversity, 2013, 58: 227–243.

[265] HE X L, PENG W H, GAN B C. Morphological and molecular evidence for a new species in *Entoloma* subgenus *Claudopus* from Sichuan Province, southwest China[J]. Mycoscience, 2015, 56: 326–331.

[266] HE X L, YE X J, LI T H, et al. New and noteworthy species of white *Entoloma* (Agaricales, Entolomataceae) in China[J]. Phytotaxa, 2015, 205 (2): 99–110.

[267] HJORTSTAM K, LARSSON K H, RYVARDEN L. The Corticiaceae of North Europe 1. Introduction and Keys[M]. Oslo: Fungiflora, 1987.

[268] HORAK E. Agaricales of New Zealand 1: Pluteaceae-Entolomataceae. Fungi of New Zealand, vol. 5[J]. Fungal Diversity Research Series, 2008, 19: 1–305.

[269] HORIKOSHI T. The ecological role of fungi in global scale[J]. Transctions of the Mycological Society of Japan, 1996, 37: 23.

[270] HSEU Y C, CHANG W C, HSEU Y T, et al. Protection of oxidative damage by aqueous extract from *Antrodia camphorata* mycelia in normal human erythrocytes[J]. Life Sciences, 2002, 71(4): 469–482.

[271] JUSTO A, MALYSHEVA E, BULYONKOVA T, et al. Molecular phylogeny and phylogeography of Holarctic species of *Pluteus* section *Pluteus* (Agaricales: Pluteaceae), with description of twelve new species[J]. Phytotaxa, 2014, 180 (1): 1–85.

[272] JUSTO A, MINNIS A M, GHIGNONE S, et al. Species recognition in *Pluteus* and *Volvopluteus* (Pluteaceae, Agaricales): morphology, geography and phylogeny[J]. Mycological Progress, 2011, 10(4): 453–479.

[273] JUSTO A, VIZZINI A, MINNIS A M, et al. Phylogeny of the Pluteaceae (Agaricales, Basidiomycota): Taxonomy and character evolution[J]. Fungal biology, 2011, 115(1): 1–20.

[274] KIM B K, ROBBERS J E, CHUNG K S, et al. Antitumor components of *Cryptoporus volvatus*[J]. Korean Journal of Mycology, 1982, 10: 111–117.

[275] KIRK P M, CANNON P F, DAVID J C, et al. Ainsworth & Bisby's Dictionary of the Fungi[M]. 9th ed. Wallingford: CAB International, 2001.

[276] KIRK P M, CANNON P F, MINTER D W, et al. Dictionary of the fungi[M]. 10th ed. Wallingford: CAB International, 2008.

[277] KIRSCHNER R, YANG Z L. *Dacryoscyphus chrysochilus*, a new staurosporous anamorph with cupulate conidiomata from China and with affinities to the Dacrymycetales (Basidiomycota)[J]. Antonie van Leeuwenhoek International Journal of General and Molecular Microbiology, 2005, 87(4): 329–337.

[278] KIRSCHNER R, YANG Z L, ZHAO Q, et al. *Ovipoculum album*, a new anamorph with gelatinous cupulate bulbilliferous conidiomata from China and with affinities to the Auriculariales (Basidiomycota)[J]. Fungal Diversity, 2005, 43(1): 55–65.

[279] LI H Z, LI Y. Myxomycetes from China Ⅵ: A new species of *Dianema*[J]. Mycosystema, 1990, 3: 89–92.

[280] LI J, XIONG H X, ZHOU X S, et al. *Polypores* (Basidiomycetes) from Henan Province in central China[J]. Sydowia, 2007, 59(1): 125–137.

[281] LI T H, CHEN X L, SHEN Y H, et al. A white species of *Volvariella* (Basidiomycota, Agaricales) from southern China[J]. Mycotaxon, 2009, 109:255–261.

[282] LI T H, DENG C Y, SONG B. A distinct species of *Cordyceps* on coleopterous larvae hidden in twigs[J]. Mycotaxon, 2008, 103: 365–369.

[283] LI T H, DENG W Q, SONG B. A new cyanescent species of *Gyroporus* from China[J]. Fungal Diversity, 2003,12: 123–127.

[284] LI T H, HU H P, DENG W Q, et al. *Ganoderma leucocontextum*, a new member of the *G. lucidum* complex from southwestern China [J]. Mycoscience, 2014, 56: 81–85.

[285] LI T H, LIU B, SONG B, et al. A new species of *Phallus* from China and *P. formosanus*, new to the mainland[J]. Mycotaxon, 2005, 91: 309–314.

[286] LI T H, SONG B, SHEN Y H. A new species of *Tylopilus* from Guangdong[J]. Mycosystema, 2002, 21(1): 3–5.

[287] LI Y. Two new species of *Cribraria* (Liceales) from China[J]. Mycoscience, 2002, 43(2): 247–250.

[288] LI Y, AZBUKINA Z M. Fungi of Ussuri River Valley[M]. Beijing: Science Press, 2011.

[289] LI Y, CHEN S L, LI H Z. Myxomycetes from China Ⅷ: The genus *Oligonema* new to China with a new species[J]. Mycosystema, 1992, 5: 171–174.

[290] LI Y, CHEN S L, LI H Z. Myxomycetes from China Ⅹ: Additions and notes to Trichiaceae from China[J]. Mycosystema, 1993, 6: 107–112.

[291] LI Y, LI H Z. Myxomycetes from China Ⅰ: A checklist of Myxomycetes from China[J]. Mycotaxon, 1989, 35(2): 429–436.

[292] LI Y, LI H Z. Myxomycetes from China Ⅲ: Deseription of a new species, *Cribraria media*, and discussion of the relationship between *Cribraria* and *Dictydium* [J]. Mycotaxon, 1995, 53: 69–80.

[293] LI Y, LI H Z. Myxomycetes from China Ⅻ: A new species of *Licea*[J]. Myxosystema, 1994, 7: 133–135.

[294] LI Y, LI H Z, CHEN S L. Myxomycetes from China Ⅸ: A new species of *Trichia*[J]. Mycosystema, 1992, 5: 175–178.

[295] LI Y, WANG Q, CHEN S L. New records of Liceales from China[J]. Mycotaxon, 2004, 90(2): 437–446.

[296] LI Y C, FENG B, YANG Z L. *Zangia*, a new genus of Boletaceae supported by molecular and morphological evidence[J]. Fungal Diversity, 2011, 49(1): 125–143.

[297] LI Y C, ORTIZ-SANTANA B, ZENG N K, et al. Molecular phylogeny and taxonomy of the genus *Veloporphyrellus* (Boletales: Boletaceae)[J]. Mycologia, 2014, 106(2): 291–306.

[298] LI Y C, YANG Z L, TOLGOR B. Phylogenetic and biogeographic relationships of *Chroogomphus* species as inferred from molecular and morphological data[J]. Fungal Diversity, 2009, 38: 85–104.

[299] LIM Y W, JUNG H S. *Irpex hydnoides*, sp. nov. is new to science, based on morphological, cultural and molecular characters[J]. Mycologia, 2003, 95(4): 694–699.

[300] LIN Q Y, LI T H, SONG B. *Cordyceps guangdongensis* sp. nov. from China[J]. Mycotaxon, 2008, 103: 371–376.

[301] LINNAEUS C. Species Plantarum[M]. Holmiae: Impensis Laurentii Salvii, 1753.

[302] LIU Y, BAU T. A new species of *Hohenbuehelia* from China[J]. Mycotaxon, 2009, 108(2): 445–448.

[303] MARTIN G M, ALEXOPOULOS C J. The Myxomycetes[M]. Iowa: University of Iowa Press, 1969.

[304] MAU J L, TSAI S Y, TSENG Y H, et al. Antioxidant properties of hot water extracts from *Ganoderma tsugae* Murrill[J]. Lebensmittel-Wissenschaft und–Technologie, 2005, 38(6): 589–597.

[305] MICHAEL A R, DENNIS P G, THOMAS M O, et al. A higher level classification of all living organisms [J]. Plos One, 2015, 10(6): e0130114. doi: 10. 1371.

[306] MINNIS A M, SUNDBERG W J. *Pluteus* section *Celluloderma* in the U. S. A. [J]. North American Fungi, 2010, 5(1): 1–107.

[307] MOORE D, ROBSON G D, TRINCI A P J. 21st Century Guidebook to Fungi[M]. Cambridge Eng.: Cambridge University Press , 2011.

[308] MOORE R T. Ustomycota, a new division of higher fungi[J]. Antonie van Leewenhoek, 1971, 38: 567–584.

[309] NAGAO H. Mycological Red Data Book in progress and in the future[J]. Transactions of the Mycological Society of Japan, 1999, 40: 44–48.

[310] NEDA H. Correct name for "nameko" [J]. Mycoscience, 2008, 49(1): 88–91.

参考文献

[311] NIEMELÄ T. Polypores, liginicolous fungi[J]. Norrlinia, 2005, 13: 1–320.

[312] NÚÑEZ M, RYVARDEN L. East Asian polypores 2. Polyporaceaes. lato[J]. Synopsis Fungorum, 2001, 14: 170–522.

[313] ORTON P D. British fungus flora, agarics and boleti 4: Pluteaceae: *Pluteus* and *Volvariella*[M]. Edinburgh: Royal Botanic Garden, 1986.

[314] OTA Y, HATTORI T, BANIK M T, et al. The genus *Laetiporus* (Basidiomycota, Polyporales) in East Asia[J]. Mycological Research, 2009, 113(11): 1283–1300.

[315] PARK W H, LEE H D. Illustrated book of Korean medicinal mushrooms[M]. Seoul: Kyohak Publisher Co. , Ltd. , 1999.

[316] PATTERSON D J, SOGIN M L. Eukaryote origins and protistan diversity[A]// HARTMAN H, MATSUNO K. The origin and evolution of the cell[M]. New York: World Scientific Publishers, 1992.

[317] PEGLER D N. A preliminary Agaric flora of East Africa[J]. Kew Bulletion Additional Series, 1977, 6: 1–615.

[318] PEGLER D N. Agaric flora of Lesser Antilles[J]. Kew Bulletion Additional Series, 1983, 9: 1–668.

[319] PEGLER D N. Agaric flora of Sri Lanka[J]. Kew Bulletion Additional Series, 1986, 12: 1–519.

[320] PERRINGS C A, MALER K G. Biodiversity conservation: problems and policies[M]. Dordrecht: Kluwer Academic Publishers, 1994.

[321] PETERSEN J H. FARVEKORT. The Danish Mycological Society's colour-chart[M]. Greve: Foreningen til Svampekundskabens Fremme, 1996.

[322] PRADEEP C K, JUSTO A, VRINDA K B, et al. Two new species of *Pluteus* (Pluteaceae, Agaricales) from India and additional observations on *Pluteus chrysaegis*[J]. Mycological Progress, 2012, 11(4): 869–878.

[323] QIN J, FENG B, YANG Z L, et al. The taxonomic foundation, species circumscription and continental endemisms of *Singerocybe*: evidence from morphological and molecular data[J]. Mycologia, 2014, 106(5): 1015–1026.

[324] QIN J, HAO Y J, YANG Z L, et al. *Paraxerula ellipsospora*, a new Asian species of Physalacriaceae[J]. Mycological Progress, 2014, 13(3): 639–647.

[325] RATTRAY P, MCGILL G, CLARKE D D. Antagonistic effects of a range of fungi to *Serpula lacrymans*[C]. Guadeloupe: International Research Group on Wood Preservation, 1996: 1–11.

[326] RAYNER R W. A mycological colour chart[M]. Kew: Commonwealth Mycological Institute, 1970.

[327] ROY A, DE A B. Polyporaceae of India[M]. Dehradun: International Book Distributors, 1996.

[328] RYVARDEN L, GILBERTSON R L. European polypores 1[J]. Synopsis Fungorum, 1993, 6: 1–387.

[329] RYVARDEN L, GILBERTSON R L. European polypores 2[J]. Synopsis Fungorum , 1994, 7: 394–743.

[330] RYVARDEN L, JOHANSEN I. A preliminary polypore flora of East Africa[M]. Oslo: Fungiflora, 1980.

[331] SCHMIDT O. Indoor wood-decay Basidiomyctes: damage, causal fungi, physiology, identification and characterization, prevention and control[J]. Mycological Progress, 2007, 6(4): 261–279.

[332] SHEN Y C, WANG Y H, CHOU Y C, et al. Evaluation of the anti-inflammatory activity of zhankuic acids isolated from the fruiting bodies of *Antrodia camphorata*[J]. Planta Medica, 2004, 70(4): 310–314.

[333] SI J, CUI B K, DAI Y C. Decolorization of chemically different dyes by white-rot fungi in submerged cultures[J]. Annals of Microbiology, 2013, 63(3): 1099–1108.

[334] SI J, PENG F, CUI B K. Purification, biochemical characterization and dye decolorization capacity of an alkali-resistant and metal-tolerant laccase from *Trametes pubescens*[J]. Bioresource Technology, 2013, 128: 49–57.

[335] SINGER R. Monographs of South American basidiomycetes, especially those of the east slope of the Andes and Brazil: 1. The

参考文献

genus *Pluteus* in South America[J]. Lloydia, 1958, 21: 195–299.

[336] THEODORE M L, STEVENSON T W, JOHNSON G C, et al. Comparison of *Serpula lacrymans* isolates using RAPD PCR[J]. Mycological Research, 1995, 99(4): 447–450.

[337] TIAN E J, BAU T. *Pholiota virescens*, a new species from China[J]. Mycotaxon, 2012, 121: 153–157.

[338] TIAN E J, BAU T. *Stropharia jilinensis*, a new species (Strophariaceae, Agaricales) from China[J]. Nova Hedwigia, 2014, 99(1/2): 271–276.

[339] TIAN X M, YU H Y, ZHOU L W, et al. Phylogeny and taxonomy of the *Inonotus linteus* complex[J]. Fungal Diversity, 2013, 58(1): 159–169.

[340] VELLINGA E, YANG Z L. *Volvolepiota* and *Macrolepiota-Macrolepiota velosa*, a new species from China[J]. Mycotaxon, 2003, 85: 183–186.

[341] VIZZIN A, PERRONE L, GELARDI M, et al. A new collection of *Chlorophyllum hortense* (Agaricaceae, Agaricales) from southeastern China: molecular confirmation and morphological notes[J]. Rivista Micologica Romana, 2014, 91(1): 3–19.

[342] VLASÁK J, LI H J, ZHOU L W, et al. A further study on *Inonotus linteus* complex (Hymenochaetales, Basidiomycota) in tropical America[J]. Phytotaxa, 2013, 124(1): 25–36.

[343] WANG C Q, LI T H, HUANG H, et al. *Marasmius albopurpureus*, a new species of section *Globulares* from Baili Island, China[J]. Mycological Progress. 2015, 14:32.

[344] WANG C Q, LI T H, SONG B. *Hygrocybe griseobrunnea*, a new brown species from China[J]. Mycotaxon, 2013, 125: 243–249.

[345] WANG C Q, LI T H, ZHANG M, et al. A new species of *Hygrocybe* subsect. *Squamulosae* from South China[J]. Mycoscience, 2015, 56: 345–349.

[346] WANG D M, WU S H. Two species of *Ganoderma* new to Taiwan[J]. Mycotaxon, 2007, 102: 373–378.

[347] WANG J C, HU S H, SU C H, et al. Antitumor and immunoenhancing activities of polysaccharide from culture broth of *Hericium* spp. [J]. Kaohsiung Journal of Medical Science, 2001, 17(9): 461–467.

[348] WANG J R, BAU T. A new species and a new record of the genus *Entoloma* from China[J]. Mycotaxon, 2013, 124: 165–171.

[349] WANG L, YANG Z L, LIU J H. Two new species of *Laccaria* (Basidiomycetes) from China[J]. Nova Hedwigia, 2004, 79(3/4): 511–517.

[350] WANG Q B, LI T H, YAO Y J. A new species of *Boletus* from Gansu Province, China[J]. Mycotaxon, 2003, 88: 439–446.

[351] WANG W, YUAN T Q, CUI B K, et al. Pretreatment of *Populus tomentosa* with *Trametes velutina* supplemented with inorganic salts enhances enzymatic hydrolysis for ethanol production[J]. Biotechnology Letters, 2012, 34(12): 2241–2246.

[352] WANG W, YUAN T Q, WANG K, et al. Combination of biological pretreatment with liquid hot water pretreatment to enhance enzymatic hydrolysis of *Populus tomentosa*[J]. Bioresource Technology, 2012, 107: 282–286.

[353] WANG X H, YANG Z L, LI Y C, et al. *Russula griseocarnosa* sp. nov. (Russulaceae, Russulales), a commercially important edible mushroom in tropical China: mycorrhiza, phylogenetic position, and taxonomy[J]. Nova Hedwigia, 2009, 88(1/2): 269–282.

[354] WANG Y, HALL I R. Edible mycorrhizal mushrooms: challenges and achievements[J].Canadian Journal of Botany, 2004, 82(8): 1063–1073.

[355] WEI T Z, YAO Y J, LI T H. First record of *Termitomyces bulborhizus* in China[J]. Mycotaxon, 2003, 88: 433–438.

[356] WEI Y L, CUI B K, LI J, et al. A checklist of polypores from Liaoning Province[J]. Fungal Science, 2005, 20(1/2): 11–18.

[357] WEI Y L, DAI Y C. Notes on *Ceriporiopsis* in China[J]. Fungal Science, 2004, 19(1/2): 47–51.

[358] WEI Y L, DAI Y C, YU C J. A check of polypores on *Larix* in northeast China[J]. Chinese Forestry Science Technology, 2003, 2(3): 64–68.

[359] WHITTAKER R H. New concepts of kingdoms or organisms. Evolutionary relations are better represented by new classifications than by the traditional two kingdoms[J]. Science, 1969, 163(3863): 150–160.

[360] WHITTAKER R H. On the broad classification of organisms[J]. The Quarterly Review of Biology, 1959, 34(3): 210–226.

[361] WOESE C R, FOX G E. Phylogenetic structure of the prokaryotic domain: The primary kingdoms[J]. Proceedings of the National Academy of Sciences of the United States of America,1977, 74:5088–5090.

[362] WOESE C R, KANDLER O, WHEELIS M L. Towards a natural system of organisms: Proposal for the domains Archaea, Bacteria, and Eucarya[J]. Proceedings of the National Academy of Sciences of the United States, 1990, 87(12): 4576–4579.

[363] WU F, YUAN Y, MALYSHEVA V F, et al. Species clarification of the most important and cultivated *Auricularia* mushroom "Heimuer": evidence from morphological and molecular data[J]. Phytotaxa, 2014, 186 (5): 241–253.

[364] WU S H, DAI Y C, HATTORI T, et al. Species clarification for the medicinally valuable 'sanghuang' mushroom[J]. Botanical Studies, 2012, 53: 135–149.

[365] WU S H, RYVARDEN L, CHANG T T. *Antrodia camphorata* ("niu–chang–chih"), new combination of a medicinal fungus in Taiwan[J]. Taiwan Botanical Bulletin of Academia Sinica, 1997, 38: 273–275.

[366] WU S H, ZANG M. *Cryptoporus sinensis* sp. nov. , a new polypore found in China[J]. Mycotaxon, 2000, 74(2): 415–422.

[367] XIONG H X, DAI Y C. A new species of *Inonotus* (Basidiomycota, Hymenochaetaceae) from China[J]. Cryptogamie Mycologie, 2008, 29(3): 279–283.

[368] XIONG H X, DAI Y C, Miettinen O. Notes on the genus *Hyphodontia* (Basidiomycota, Aphyllophorales) in China[J]. Mycosystema, 2007, 26(2): 165–170.

[369] YAN W J, LI T H, ZHANG M, et al. *Xerocomus porophyllus* sp. nov., morphologically intermediate between *Phylloporus* and *Xerocomus*[J]. Mycotaxon, 2013, 124: 255–262.

[370] YANG S S, TOLGOR B. Three new records of *Crepidotus* from northern China[J]. Nova Hedwigia, 2014, 98 (3/4): 507–513.

[371] YANG S S, BAU T, LI T H. New Chinese records of *Pluteus* collected from Jilin Province, China[J]. Mycosystema, 2011, 30(5): 794–798.

[372] YANG Z L. Die *Amanita*-Arten von Südwestchina[J]. Bibliotheca Mycologica, 1997, 170: 1–240.

[373] YANG Z L, FENG B. The genus *Omphalotus* (Omphalotaceae) in China[J]. Mycosystema, 2013, 32(3): 545–556.

[374] YANG Z L, FENG B, HAO Y J. *Pseudoarmillariella bacillaris*, a new species with bacilliform basidiospores in Asia[J]. Mycosystema, 2013, 32 (suppl.): 127–132.

[375] YANG Z L, LI T H. Notes on three white Amanitae of section *Phalloideae* (Amanitaceae) from China[J]. Mycotaxon, 2001, 78: 439–448.

[376] YANG Z L, LI T H, WU XL. Revising of *Amanita* collections from Hainan, Southern China[J]. Fungal Diversity, 2001, 6:149–165.

[377] YANG Z L, LI Y C, TANG L P, et al. *Trogia venenata* (Agaricales), a novel poisonous species which has caused hundreds of deaths in southwestern China[J]. Mycological Progress, 2012, 11(4): 937–945.

[378] YANG Z L, WEISS M, OBERWINKLER F. New species of *Amanita* from the eastern Himalaya and adjacent regions[J]. Mycologia, 2004, 96(3): 636–646.

[379] YANG Z L, ZHANG L F, MUELLER G M, et al. A new systematic arrangement of the genus *Oudemansiella* s. str.

(Physalacriaceae, Agaricales)[J]. Mycosystema, 2009, 28(1): 1–13.

[380] YU C J, DAI Y C. *Funalia gallica* (Basidiomycota, Polyporaceae), a polypore new to China[J]. Guizhou Science, 2009, 27(1): 37–39.

[381] YU C J, LI J, DAI Y C. Two polypores from Yunnan new to China[J]. Mycosystema, 2008, 27(1): 145–150.

[382] YU H Y, ZHAO C L, DAI Y C. *Inonotus niveomarginatus* and *I. tenuissimus* spp. nov. (Hymenochaetales), resupinate species from tropical China[J]. Mycotaxon, 2013, 124: 61–68.

[383] YUAN H S, DAI Y C. Studies on *Gloeophyllum* in China[J]. Mycosystema, 2004, 23: 173–176.

[384] YUAN H S, DAI Y C. Wood-inhabiting fungi in southern China 6. Polypores from Guangxi Autonomous Region[J]. Annales Botanici Fennici, 2012, 49(5/6): 341–351.

[385] YUAN H S, DAI Y C, STEFFEN K. Screening and evaluation of white rot fungi to decolourise synthetic dyes, with particular reference to *Antrodiella albocinnamomea*[J]. Mycology, 2012，3(2): 100–108.

[386] YUAN H S, DAI Y C, WU S H. Two new species of *Junghuhnia* (Polyporales) from Taiwan and a key to all species known worldwide of the genus[J]. Sydowia, 2012, 64(1): 137–145.

[387] YUAN H S, LI J, HUANG M Y, et al. *Antrodiella stipitate* sp. nov. from Heilongjiang Province, northeastern China, and a critical checklist of polypores from the area[J]. Cryptogamie Mycologie, 2006, 27(1): 21–29.

[388] ZENG N K, CAI Q, YANG Z L. *Corneroboletus*, a new genus to accommodate the Southeast Asian *Boletus indecorus*[J]. Mycologia, 2012, 104(6): 1420–1432.

[389] ZENG N K, TANG L P, LI Y C, et al. The genus *Phylloporus* (Boletaceae, Boletales) from China: morphological and multilocus DNA sequence analyses[J]. Fungal Diversity , 2013, 58(1): 73–101.

[390] ZENG N K, TANG L P, YANG Z L. Type studies on two species of *Phylloporus* (Boletaceae, Boletales) described from southwestern China[J]. Mycotaxon, 2011, 117: 19–28.

[391] ZHANG B, LI Y. Myxomycetes from China 16: *Arcyodes incarnata* and *Licea retiformis*, newly recorded for China[J]. Mycotaxon, 2012, 122: 157–160.

[392] ZHANG B, LI Y, ZHANG Q, et al. Myxomycetes from China 15: *Arcyria galericulata* sp. nov.[J]. Mycotaxon, 2012, 12: 401–405.

[393] ZHANG M, LI T H, BAU T, et al. A new species of *Xerocomus* from southern China[J]. Mycotaxon, 2012, 121: 23–27.

[394] ZHANG M, LI T H, SONG B. A new slender species of *Aureoboletus* from southern China[J]. Mycotaxon, 2014, 128: 195–202.

[395] ZHANG M, LI T H, XU J, et al. A new violet brown *Aureoboletus* (Boletaceae) from Guangdong of China[J]. Mycoscience, 2015, 56: 481–485.

[396] ZHANG M, WANG C Q, LI T H, et al. A new species of *Chalciporus* (Boletaceae, Boletales) with strongly radially arranged pores[J]. Mycoscience, 2015, doi.org/10.1016/j.myc.2015.07.004.

[397] ZHANG P, CHEN Z H, XIAO B, et al. Lethal amanitas of East Asia characterized by morphological and molecular data[J]. Fungal Diversity, 2010, 42(1): 119–133.

[398] ZHANG P, YANG Z L, GE Z W. Two new species of *Ramaria* from southwestern China[J]. Mycotaxon, 2006, 94: 235–240.

[399] ZHANG W M, LI T H, CHEN Y Q, et al. *Cordyceps campsosterna*, a new pathogen of *Campsosternus auratus*[J]. Fungal Diversity, 2004, 17: 239–242

[400] ZHAO C L, CUI B K, DAI Y C. New species and phylogeny of *Perenniporia* based on morphological and molecular characters[J]. Fungal Diversity, 2013, 58(1): 47–60.

[401] ZHAO J D. The Ganodermataceae in China[J]. Bibliotheca Mycologica, 1989,132: 1–176.

[402] ZHAO J D, ZHANG X Q. The polypores of China[J]. Bibliotheca Mycologica, 1992, 145: 1–524.

[403] ZHAO Q, FENG B, YANG Z L, et al. New species and distinctive geographical divergences of the genus *Sparassis* (Basidiomycota): evidence from morphological and molecular data[J]. Mycological Progress, 2013, 12(2): 445–454.

[404] ZHENG W F, DAI Y C, SUN J, et al. Metabonomic analysis on production of antioxidant secondary metabolites by two geographically isolated strains of *Inonotus obliquus* in submerged cultures[J]. Mycosystema, 2010, 29(6): 897–910.

[405] ZHENG W F, LIU Y B, PAN S Y, et al. Involvements of S–nitrosylation and denitrosylation in the production of polyphenols by *Inonotus obliquus*[J]. Applied Microbiology and Biotechnology, 2011, 90(5): 1763–1772.

[406] ZHENG W F, ZHANG M M, ZHAO Y X, et al. Analysis of antioxidant metabolites by solvent extraction from sclerotia of *Inonotus obliquus* (chaga)[J]. Phytochemical Analysis, 2011, 22(2): 95–102.

[407] ZHENG W F, ZHAO Y X, ZHENG X, et al. Production of antioxidant and antitumor metabolites by submerged culture of *Inonotus obliquus* co-culture with *Phellinus punctatus*[J]. Applied Microbiology and Biotechnology, 2011, 89(1): 157–167.

[408] ZHOU L W, DAI Y C. Phylogeny and taxonomy of *Phylloporia* (Hymenochaetales) with the description of five new species and a key to worldwide species[J]. Mycologia, 2012, 104(1): 211–222.

[409] ZHOU L W, DAI Y C. Progress report on the study of wood-decaying fungi in China[J]. Chinese Science Bulletin, 2012, 57(33): 4328–4335.

[410] ZHOU L W, DAI Y C. Recognizing ecological patterns of wood-decaying polypores on gymnosperm and angiosperm trees in northeast China[J]. Fungal Ecology, 2012, 5(2): 230–235.

[411] ZHOU L W, DAI Y C. Taxonomy and phylogeny of hydnoid Russulales: two new genera, three new species and two new combination species[J]. Mycologia, 2013, 105(3): 636–649.

[412] ZHOU L W, DAI Y C. Wood-inhabiting fungi in southern China 5. New species of *Theleporus* and *Grammothele* (Polyporales, Basidiomycota)[J]. Mycologia, 2012, 104(4): 915–924.

[413] ZHOU X S, DAI Y C, WU X L. *Grammothele lineate* (Basidiomycota, Polyporales) new to China[J]. Guizhou Science, 2009, 27(1): 40–42.

[414] ZHUANG W Y. Higher fungi of tropical China[M]. Ithaca: Mycotaxon Ltd., 2001.

[415] ZHUANG W Y, BAU T. A new inoperculate discomycete with compound fruitbodies[J]. Mycotaxon , 2008, 104: 391–398.

[416] ZHUANG W Y, YANG Z L. A new species of *Agyrium* from Yunnan, China[J]. Mycotaxon, 2006, 96: 169–172.

[417] ZHUANG W Y, YANG Z L. Some pezizaliean fungi from alpine areas of southwestern China[J]. Mycologia Montenegrina, 2008, 10: 235–249.

索引

菌物中文名称索引

M

麻菇 1 060

麻脸蘑菇 22，708

马鞍菌 33，128，129

马鞍菌科 62

马鞍菌属 62

马勃 18，22，23，27，40，60，1 159

马勃属 64

马勃状硬皮马勃 1 194

马尼拉栓孔菌 660

马尾小皮伞 932

蚂蚁虫草 152

蚂蚁线虫草 152

麦角菌 1 208

麦角菌科 63

麦角菌属 63

麦氏木层孔菌 576

脉柄牛肝菌属 69

脉褶菌 750，752

脉褶菌属 66

毛杯菌属 62

毛边点孔菌 652

毛边容氏孔菌 491

毛柄钉灰包 40，1 153

毛柄金钱菌 826

毛钉菇 694

毛蜂窝孔菌 436

毛伏褶菌 16，1 013

毛革菌属 76

毛茛葡萄孢盘菌 85

毛黑轮 16，1 013

毛脚乳菇 879

毛筐菌属 66

毛霉目 10

毛霉亚门 8，10

毛木耳 11，216

毛囊附毛孔菌 671

毛皮伞 797

毛皮伞属 66

毛舌菌 188

毛舌菌属 61

毛栓孔菌 659

毛蹄干酪菌 676

毛头鬼伞 57，775

毛头乳菇 881

毛腿库恩菇 16，34，35，868

毛腿鳞伞 868

毛腿湿柄伞 841

毛陀螺菌 694

毛纹丝盖伞 862

毛杨氏孔菌 490

毛榆孔菌 374

毛缘齿耳菌 647

毛缘菇 16，1 016

毛缘菇属 68

毛缘毛杯菌 29，90

毛褶小皮伞 938

毛褶小皮伞（参照种） 938

毛状小菇 945

毛嘴地星 1 167

铆钉菇科 69

铆钉菇属 69

帽形假棱孔菌 629

帽状光柄菇 998

玫耳属 67

玫瑰斑肉齿耳 327

玫瑰拟层孔菌 18，396

玫瑰拟蜡孔菌 321

梅尔枝瑚菌 253

梅里尔木层孔菌 577

梅内胡裸脚伞 31，836

煤绒菌 17，27，32，33，41，1 232

煤绒菌属 78

霉拟蜡孔菌 320

美孢丝盖伞 864

美发网菌 1 241

T

X

索引

菌物拉丁学名索引

A

Abortiporus 73

Abortiporus biennis 19，260

Abundisporus 74

Abundisporus pubertatis 261

Abundisporus quercicola 262

Abundisporus roseoalbus 262

Acanthophysium mirabile 268

Agaricaceae 64

Agaricales 64

Agaricomycetes 9，64

Agaricomycetidae 64

Agaricomycotina 8，9，59，64

Agaricostilbomycetes 9

Agaricus 18，22，27，33，38，39，
40，45，59，64

Agaricus abruptibulbus 700

Agaricus arvensis 34，35，36，700，704

Agaricus augustus 701

Agaricus bisporus 57，702

Agaricus blazei 704

Agaricus campestris 22，35，36，704

Agaricus caperatus 778

Agaricus crocopeplus 705

Agaricus dulcidulus 705

Agaricus moelleri 706

Agaricus porphyrizon 17，22，706

Agaricus radicatus 707

Agaricus silvaticus 707

Agaricus silvicola 700，708

Agaricus subrufescens 701，708

Agaricus urinascens 22，708

Agaricus xanthodermus 709

Agrocybe 18，67

Agrocybe cf. *broadwayi* 709

Agrocybe cylindracea 57，710，712

Agrocybe erebia 38，710

Agrocybe pediades 711

Agrocybe praecox 711

Agrocybe salicacicola 57，712

Agyriaceae 61

Agyriales 61

Agyrium 61

Agyrium aurantium 44，82

Albatrellaceae 75

Albatrellus 75

Albatrellus confluens 263

Albatrellus dispansus 264

Albatrellus ellisii 264

Albatrellus ovinus 37，265

Albatrellus piceiphilus 38，265

Albatrellus syringae 266

Albatrellus tibetanus 267

Albatrellus zhuangii 25，27，267

Aleuria 62

Aleuria aurantia 83

Aleurodiscus 76

Aleurodiscus mirabilis 268

Amanita 59，64

Amanita altipes 44，714

Amanita castanopsidis 714

V

W

X

跋

《中国大型菌物资源图鉴》马上就要出版了！我们的心情都十分欣喜——就像母亲期待婴儿出生一样期待着著作的面世，因为它凝聚了作者多年的心血。

本书的共同主编按姓氏笔画排列。戴玉成提供了多孔菌、齿菌及革菌的图片，数量几近全书的 1/3。图力古尔、李泰辉提供了伞菌及子囊菌的图片。杨祝良提供了鹅膏菌、牛肝菌包括大量新种的图片。同时，范黎、李增智、马海霞等（其余恕不一一列及）分别提供了各自研究领域的精品。李泰辉在全书的文字整理过程中尤其是杀青阶段付出了大量辛勤的劳动。

中国是北半球生物多样性最丰富的国家，其中的大型菌物更是丰富多彩。但这千姿百态的大型菌物到底是些什么种类呢？这是一个巨大的谜团，一直在吸引着我们不断地探索。经过数十年的研究，我们才窥探到这其中的点滴。相对于自然界中实际存在的大型菌物种类，本图鉴中介绍的 1 819 种并不算很多。然而，能图文并茂地介绍 1 800 种以上大型菌物的著作，在世界范围内却并不常见，在中国更是史无前例！这样的著作何以如此之稀罕？究其原因故然很多，但就作者的感受而言，最重要的原因是：难！

首先，菌物的准确鉴定并不容易。虽然当今科学技术在突飞猛进，上天下海看似无所不能；然而，人类对菌物的认识却仍然有限，以往从未被发现或被错误鉴定的种类绝非少数！因此，鉴定每一个物种对菌物学家来说都是一个不小的挑战，有时候哪怕是鉴定最常见的"普通种类"也相当困难！如果时空回到公元 2000 年以前，当有人说在中国经常食用的黑木耳是欧洲木耳 *Auricularia auricula-judea* (Bull.) Quél.，东北地区大量采食的元蘑（即冬蘑）是欧洲的亚侧耳 *Hohenbuehelia serotina* (Pers.) Singer，云南雨季市场上大量销售的"白牛肝"是牛肝菌 *Boletus edulis* Bull.，最常见的栽培灵芝是欧洲的亮

跋
中国大型菌物资源图鉴　1347

盖灵芝 *Ganoderma lucidum* (Curtis) P. Karst.，华南地区最常见的剧毒蘑菇白毒伞就是欧洲的春生鹅膏 *Amanita verna* (Bull.) Lam.，等等，几乎没有人对这些"普通种类"的鉴定产生怀疑。而现在，经过本书编著者们的系统考究，已有充分的科学证据证明：这些鉴定的确是错误的！它们实际上是中国（或亚洲）本土的种类，其正确的学名应分别为：黑木耳 *A. heimuer* F. Wu et al.、美味扇菇 *Panellus edulis* Y. C. Dai et al.、美味牛肝菌 *B. meiweiniuganjun* Dentinger、灵芝 *G. lingzhi* Sheng H. Wu et al. 和致命鹅膏 *A. exitialis* Zhu L. Yang & T.H. Li。重新认识一个"普通种类"或查证一个新种，当然没有辨认人所共知的狮子、老虎那么容易，从新种发现、论证至论文的发表，通常需要数月甚至数年或更长的时间。例如，我们对白肉灵芝 *G. leucocontextum* T.H. Li et al. 的认识就经历了一个 20 多年的漫长过程——作者之一于 20 世纪 80 年代就在四川省首次采集到了该种的标本并"理所当然"地鉴定为"*G. lucidum*"，90 年代初深入观察和比较了欧洲的标本后便开始对原来的鉴定产生了怀疑，但直到近年与合作者在西藏自治区及四川省内再次采集到理想的标本并获得充分的形态学与分子系统学证据后，最终到 2014 年才得以证明它是个新种。本书中有 260 多种是本书五名主要作者带领的研究团队最早发现并发表的种类，若非有长期的积淀,恐难有如此众多的第一手研究资料。常见"普通种类"的鉴定尚且不敢轻易妄下结论，新种的考证更是颇费周折，工作量之大及辨真伪之难可见一斑。

　　但凡从事野外生物资源调查研究，大概都会遇到过各种各样的艰难险阻——日晒雨淋之苦、峻岭深沟之险、蠓虻鼠蚁之扰、蛇蝎蜂蜱之毒，等等。这都毋庸赘言。但值得一提的是，在野外拍摄大型菌物照片尤其不易。许多大型菌物都喜欢生长于阴暗潮湿的密林之中，采集季节又多逢雨季，拍摄多有不便，而且还常有成群的蚊、蝇、蚂蟥或毒虫骚扰，使人难以有片刻

跋

的安宁拍出理想的照片；另外，不少大型菌物适合拍照的时期相当短暂，稀有种类的照片更是来之不易。本书采用的照片，完全有赖于作者们多年的积累及同行朋友的无私奉献。

本书从开始撰写至出版历时三载有余。这三年多时间里，著者们在完成各自的教学与科研任务之余，挤出时间完成书稿的撰写、统稿、编排、校对与修改等工作，任务之繁重远超原来的想象。为了追求科学的准确性、版面的艺术性、文字的可读性，作者与出版社相关人员群策群力，常常废寝忘食，共同奋战了无数个日日夜夜，经过反复修改方才成就此书。作者就此新书即将付印的机会，再次谨向支持我们的同行朋友们以及中原农民出版社的领导与编辑、排版和校对人员表示诚挚的谢意！

人类对大型菌物资源的认识仍在进行，科学探索之路远未终止。我们不希望把本书视作著者们数十年工作的总结，而是希望它能成为今后探索中国菌物资源多样性研究的一个新台阶，成为向更高目标前进的新开始。相信不远的将来，我国将有更多大型菌物资源的新发现。由于近年菌物分类学的迅速发展，菌物学名与分类学地位的变化频次也在加快，加上著者的能力等因素所限，书中粗疏不当与错误遗漏之处在所难免，随着时间的推移与科学认识水平的提高，不足之处也会更加突显，衷心肯请读者批评指正。我们真心希望有更多的有志之士加入这一领域，为提高我国菌物学研究的水平添砖加瓦。我们愿意与大家共同努力，为打开"中国菌物资源种类"的迷宫之门不懈探索，永远进取。

作者 于 2015 年 7 月

跋

致谢

本书的撰写出版得到了国内外众多同行的鼎力支持，特别鸣谢：

中国科学院微生物研究所魏江春院士和香港中文大学生物系荣休讲座教授张树庭先生为本书作序。

中原农民出版社的领导、编辑、设计及发行等众多人士为本书的出版做出的巨大努力。

河南省遥感测绘院协助制作了本书的大型菌物资源地理分区图。

中国科学院微生物研究所真菌与地衣标本馆（HMAS）、中国科学院昆明植物研究所隐花植物标本馆（HKAS）、广东省微生物研究所真菌标本馆（GDGM）、吉林农业大学菌物标本馆（HMJAU）、中国科学院沈阳应用生态研究所东北生物标本馆（IFP）和北京林业大学标本馆（BJFC）等为本书提供了大量详实的佐证标本。

英国皇家植物园丘园标本馆（K）、奥地利维也纳大学植物研究所标本馆（WU）、美国哈佛大学隐花植物标本馆（FH）、日本国立自然与科学博物馆植物研究部标本馆（TNS）为作者研究相关模式标本和权威标本提供了大力支持。

在撰写有关菌物地理与生态环境方面的内容时，得到了华南植物园张奠湘研究员、邢福武研究员、陈红锋研究员等植物学家的帮助。

…………

衷心感谢为本书的编写与出版提供帮助的所有朋友！